生命科学实验指南

精编蛋白质科学实验指南

〔美〕J.E.科林根 等　著

李慎涛 等　译

科学出版社

北 京

图字:01-2005-3956 号

内 容 简 介

本书是《最新蛋白质科学实验指南》(Current Protocols in Protein Science;CPPS)一书的精编版本,内容全部取材于该书和每季度更新的服务手册,其详细提供了多种实验方案,并包含实验材料、步骤和每种技术的参考文献等信息,可使有经验的研究人员将其作为独立的实验室指南来使用。

由于蛋白质具有多样性,其分析也必须包括很广范的结构和理化方法,因此每个研究人员都必须尽可能多地掌握最新方法和传统方法。本指南中既包括特定的详细方案,也包括使方法适应手头特定项目的策略,相信能够有助于读者进一步深入进行蛋白质科学和相关领域的研究。

图书在版编目(CIP)数据

精编蛋白质科学实验指南/(美)科林根(Coligan J. E.)等著;李慎涛等译.—北京:科学出版社,2007

(生命科学实验指南系列)

ISBN 978-7-03-018086-5

Ⅰ. 精… Ⅱ.①科… ②李… Ⅲ. 蛋白质-实验-指南 Ⅳ. Q51-33

中国版本图书馆 CIP 数据核字(2006)第 113819 号

责任编辑:李 悦 彭克里 席 慧/责任校对:张 琪
责任印制:赵 博/封面设计:耕者

科 学 出 版 社 出版
北京东黄城根北街 16 号
邮政编码: 100717
http://www.sciencep.com

北京中石油彩色印刷有限责任公司印刷
科学出版社发行 各地新华书店经销
*
2007 年 1 月第 一 版 开本:787×1092 1/16
2021 年 1 月第七次印刷 印张:49
字数:1 114 000

定价:248.00 元
(如有印装质量问题,我社负责调换)

本书译校者名单

主　　译：

李慎涛　　首都医科大学

张富春　　新疆大学

其他译校者：（按姓氏拼音排序）

陈振文　　首都医科大学

冯晓黎　　新疆大学

兰海燕　　新疆大学

李江伟　　新疆大学

廖晓萍　　华南农业大学

蔺晓薇　　中日友好医院

马　纪　　新疆大学

马静云　　华南农业大学

祁雅慧　　首都医科大学

温铭杰　　首都医科大学

姚维成　　青岛大学医学院

于丽华　　首都医科大学儿童医院

张国君　　首都医科大学宣武医院

章金刚　　军事医学科学院野战输血研究所

朱俊萍　　首都医科大学

译者的话

人类基因组测序的完成标志着"后基因组"时代的到来。同时，随着生物信息学、分子生物学、细胞生物学、遗传学、免疫学、结构生物学等相关学科的发展，蛋白质科学研究已进入了一个全新的时代。

在国家有关部门的支持下，我国结构基因组学和蛋白质组学的研究项目已相继启动。在结构基因学研究领域，已取得了多项世界先进水平的研究成果。尤其在蛋白质组学研究领域，2002年我国率先提出了"人类肝脏蛋白质组计划"，到目前为止，该项目已取得一系列重要的科研成果。在蛋白质产业方面，也有多种诊断试剂、疫苗和药物进入市场。可以说，我国蛋白质科学的研究正在越来越受到国际同行的瞩目。

目前，对于从事蛋白质研究的科学工作者来说，迫切需要一本具有指导意义的实验参考书。本书的原著是一本极具影响力的蛋白质科学研究的实验指导书，科学出版社及时地将其引进，并组织了一批一线科研工作者完成了本书的翻译工作。

本书用大量篇幅介绍了蛋白质制备、检测和分析的传统方法，如蛋白质的提取、表达、纯化和定性分析等，并对最常用的技术，如层析和电泳，进行了详细介绍。蛋白质-蛋白质相互作用是蛋白质科学研究的一个热点，本书用两章的篇幅对其鉴定和定量分析的方法进行了介绍；蛋白质组学是蛋白质科学的另一个热点，本书对其方法学和具体操作亦有详细的介绍。此外，生物信息学在现代蛋白质科学研究中发挥着越来越重要的作用，本书对常用的生物信息学分析方法进行了概括，通过生物信息学分析，可以了解蛋白质的基本特性，对研究方案的设计和实验数据的分析处理都具有重要的指导意义。总之，本书包括了蛋白质科学研究所需的几乎所有的常用技术和最新方法，代表了蛋白质科学研究的当前水平，是一本很好的实验用书。相信本书的出版对我国的蛋白质科学研究会起到积极的推动作用。

在本书的翻译过程中，得到了科学出版社莫结胜编辑、李悦编辑和庞在堂编辑的大力帮助，他们为本书的顺利出版付出了辛勤的劳动，在此表示衷心的感谢！同时，欢迎广大读者对本书批评指正，不胜感激。

李慎涛

2006年12月8日于首都医科大学

前　言

　　蛋白质像人一样，很有个性，但又有很多共同点。结构特点很相似的蛋白质，其物理特性会截然不同，这种异质性会给有志于研究蛋白质结构和功能的科学家提出很大挑战，因为我们不能够根据蛋白质的序列和结构来预测其生物学和物理功能，例如，已知一种蛋白质的三级结构，我们不能够准确地预测如何对其进行结晶和纯化。因此，尽管随着生物信息学能力的日益增强，我们能够使这一过程更加合理，但蛋白质化学的许多方面还要靠经验的方法。随着分子生物学、遗传学、结构生物学和相关学科的发展，蛋白质科学也正在不断地复兴，对有关蛋白质方法的参考资料的需求也不断增长。使用重组的方法，现在能够过量表达正常形式和重新设计形式的蛋白质，并能够创造具有独特新特性的嵌合蛋白质。表达有亲和标签的蛋白质特别有助于蛋白质的纯化。高水平地表达那些在通常情况下低丰度的蛋白质以及对其氨基酸序列进行操作，这种能力为研究蛋白质的排列和其相关的生物学过程（体外和体内两种情况下）提供了空前的机会。蛋白质的生物化学、生物物理和高分辨率结构分析与相关基因的操作（在培养的细胞或整个哺乳动物中）组合在一起已在生物技术和分子医学的许多领域取得了惊人的进展。

　　由于蛋白质具有这样的多样性，其分析也必须包括很广范的结构和理化方法，每个研究人员的方法库中必须都包括新方法和老方法（传统方法），而且，适合于纯化和初步定性与目的生物学活性有关的蛋白质的方法，通常并不适合于分析相应的过量表达的重组蛋白。本指南中既包括特定的详细方案，也包括使方法适应手头特定项目的策略，是为那些几乎没有蛋白质分离和定性经验的科学工作者而设计的，可能是研究生和在其他生物学科受过训练的科学工作者。同时，本书中介绍的大量技术可以保证即使是经验丰富的专家也会找到新的有用的方法，而且会受益于本书中便捷的标准信息和方法的编排方式，通常情况下，这些标准信息和方法必须要从许多资料中精选。

　　《精编蛋白质科学实验指南》是《最新蛋白质科学实验指南》（*Current Protocols in Protein Science*；CPPS）一书中方法的精编本，取材于原书和每季度更新的服务手册，本书包括了《最新蛋白质科学实验指南》中所有基本方法的逐步叙述。《精编蛋白质科学实验指南》拟作为实验室手册使用，供那些熟悉《最新蛋白质科学实验指南》中详细解释的研究生和博士后使用，但是，也提供了足够的细节，以使有经验的研究人员将其作为独立的实验室指南来使用。对于其他的信息，我们建议读者参考《最新蛋白质科学实验指南》中详细的注释和注解。

　　尽管掌握了本书介绍的技术能够使读者进行蛋白质科学和相关领域的研究，但是，无论是本书还是 CPPS 都不适于替代研究生的蛋白质科学课程，也不适于作为本领域的综合教材。此外，我们强烈建议读者与更有经验的研究人员一起在实验室中得到第一手的经验。

怎样使用本手册

结构

本书的主题是以章的形式组织的，方案包含在每章的单元内，单元通常叙述一种方法，包括一种或多种方案，方案又包括材料、步骤和每种技术的参考文献，在本书的参考文献部分可以找到全部的参考文献。本书的顺序和组织一般按《最新蛋白质科学实验指南》的顺序和组织来处理，尽管在所有情况下单元号并不对应，但是两种版本的单元标题是完全相同的，这样，拥有两种版本的读者需要查找更多的注释细节时，会发现很容易也很方便地进行交叉参考。

在全书中许多操作步骤被反复使用，为了避免重复这些信息，在各单元之间广泛地使用了交叉参考，这有助于减轻过长、复杂方案的负担，不必叙述制备原料和分析结果所需的辅助操作过程的步骤。一些叙述常用技术（如凝胶电泳、离子交换层析）的单元也与叙述其应用的单元建立了交叉参考。如无论什么时候，当在一种方案中需要分离或鉴定一条蛋白质带时，便可以交叉参考第 10 章的适当单元（叙述凝胶电泳的各种操作过程）（即第 10.1 单元）。对于某些广泛使用的技术（如透析），读者可参考附录 3；对于在分子生物学和细胞生物学的常用方法，读者可参考《最新分子生物学实验指南》和《最新细胞生物学实验指南》。

在各种方法中所用试剂和溶液的配方列在附录 1 中。其他附录包括常用的度量制和数据（附录 2）、常用技术（附录 3）以及试剂和设备供货商的名称和地址（附录 4）。

方案

本书中的每个单元都包含多种方案，每种方案又由一系列的步骤组成。在每个单元中，首先介绍基本方案，这通常是推荐的或最通用的方法。备择方案则可在以下情况使用：要达到同样的目的，可以使用不同的设备和试剂；在方法中起始材料需要改变；或终产物的要求与基本方案中的不同。辅助方案叙述在基本方案或备择方案中所需要的额外步骤，这些步骤与核心方案是分离的，因为它们也可用于本书中的其他方法中，或因为它们需要在与基本方案步骤不同的时间范围进行操作。

试剂和溶液

在操作开始之前，每种方案所需的试剂都逐条地列在材料列表中。其中许多都是常用的贮液，一些是常用的缓冲液或培养基，而另一些是某种特定方法所需的独特溶液，后一种溶液的配方列在附录 1 中。注意一些溶液的名称在多个单元中是相同的（如裂解缓冲液），而配方是不同的，必须按适当的配方来配制试剂。为了避免混淆，在附录 1 中，每种试剂名称后面的括号内列出了所用配方的单元。那些常用缓冲液和溶液（如 TE 缓冲液和 PBS）除外。

注意：除非另有说明，在本书的所有方案中都应当使用 Milli-Q 纯水（或相当的），在配制所有试剂和溶液时，也要使用这种水。

设备

现代蛋白质实验室中的标准设备列在下页的表内，在本书中广泛地使用到这些设备。每种方案的材料列表中只包括"专业化的"项目，即那些在实验室中不容易得到或需要特殊制备的项目。

商品供货商

在整本书中，我们推荐了化学品、生物材料和设备的商品供货商。在某些情况下，一些著名品牌具有优秀的质量，或是市场中惟一合适的产品；在另外一些情况下，作者对这种方案的经历局限于这种品牌。在后一种情况下，我们给出了一些建议，以帮助蛋白质科学实验人员中的新手。同时我们鼓励有经验的研究人员使用他们自己喜欢的品牌进行实验，在附录 4 中提供了本书中提到的所有供货商的地址、电话号码、传真号码和网站。

参考文献

本书只列出了有限数量的最基本的参考文献，作为每个单元的背景，这些被列在每个单元的最后，全书的参考文献则列在本书末尾，此外参考文献部分也可以找到所引用的其他文献（如在数字和表格中）。对于那些想更深入地了解这些方法背景和应用方面的读者，可以参考《最新蛋白质科学实验指南》的相关单元。

安全性考虑

进行这些方案的任何人都会遇到以下危险的或潜在危险的材料：①放射性物质；②有毒的化学品和致癌剂或致畸剂；③致病的和传染性生物制剂；④某些重组 DNA 构建体。尽管在适当的单元内已包括一些警告，但是我们强调用户应当谨慎操作，养成良好的实验室操作习惯，所有的材料必须严格符合当地和国家的规定。

致谢

John Wiley & Sons 公司的《最新蛋白质科学实验指南》编委会成员为我们提供了将本书结集所需要的支持和帮助，帮助过我们的人有：Virginia Chanda、Amy Fluet、Scott Holmes、Nadine Kavanaugh、Susan Lieberman、Allen Ranz、Katie Stence、Gwen Taylor、Mary Keith Trawick 和 Elizabeth Harkins。我们要特别感谢许多同事（在我们自己的实验室中和全世界的科研和产业实验室中），他们为本书提供材料并分享了他们的方法和经验。最后，我们感谢 Hidde Ploegh 博士帮助我们策划和出版原始的版本《最新蛋白质科学实验指南》。

在本书每个方案的材料列表中也列出了特殊的设备，我们并未试图将每个实验过程所需要的所有设备一一列出，而只是提及那些在实验室可能并未常备或需要特殊制备的设备。在现代生物化学实验室中，应当备有以下各种标准设备。以下是本书中常常用到的设备，而这些设备并未包括在各个单独的材料列表中。

高压设备

天平 分析天平和制备天平。

桌布 塑料布垫（包括"蓝色垫子"）。

离心机 许多实验过程都需要低速（6000 r/min）和高速（20 000 r/min）制冷式离心机和一台超速（20 000～80 000 r/min）离心机，至少需要一台可离心标准 0.5 ml 和 1.5 ml 微量离心管的微型离心机，一台台式吊桶式离心机（带可离心 96 孔微孔板的适配器）也很有用。

注意：在本手册中，离心速度全部表示为 g 或 r/min（带例子转子的型号），读者应参阅附录 2 中的图解，将速度转换成其自己的转子型号。

冷室 4℃或冷盒。

计算机和打印机

容器 用于凝胶和膜洗涤的塑料和玻璃平皿。

暗室和显影罐 或 X-Omat 自动 X 射线胶片显影仪（柯达）。

干冰

过滤装置 用于在硝酸纤维素膜或其他膜上收集酸沉淀。

烧瓶 玻璃瓶（如锥形瓶、beveled shaker）。

组分收集器

冰箱 用于−20℃和−70℃温育和贮藏。

盖革氏读数器

干胶仪

凝胶电泳设备 至少有一套满足不同分子质量大小的水平电泳设备和一套小型水平电泳设备、一套满足不同分子质量大小的垂直电泳设备和一套小型垂直电泳设备，根据需要，配备一套用于二维蛋白质凝胶的专用电泳设备

加热块 进行酶学反应时，能够放试管和（或）微量离心管的恒温金属加热块十分方便。

可热封性塑料袋和装置

通风橱 化学通风橱和微生物学通风橱。

制冰机

恒温箱（37℃） 用于培养细菌。我们推荐采用可以容纳"组织培养"转鼓的恒温箱，可用于在18 mm×150 mm 的试管中培养 5 ml 培养物，New Brunswick Scientific 公司生产一种方便、耐用的试管转鼓。

恒温箱/摇床 一种封闭式摇床（如 New Brunswick 公司的恒温摇床）可摇动 4 L 的烧瓶，这对培养 1 L 的大肠杆菌是必需的，对于少量的烧瓶培养物的培养，旋转式水浴摇床（New Brunswick R76）很有用。

灯箱 用于观看凝胶和放射自显影。

液氮

冻干机

磁力搅拌器 （带加热器很有用）和搅拌棒。

微量离心机 Eppendorf 型，最高转速为 12 000～14 000 r/min。

微量离心管 1.5 ml 和 0.5 ml。

微波炉 用于熔化琼脂和琼脂糖。

研钵和研杵

裁纸刀 大号，可用来裁切 46 cm×57 cm 的 Whatman 滤纸。

纸巾

Parafilm 膜

巴斯德吸管和吸球

pH 计

pH 试纸

移液器 使用一次性吸头，移液量为 1～1000 μl。最好全职研究人员每位各一套，一套专门用于放射性实验。

塑料包装膜 （如 Saran 包装膜）。

Polaroid 照相机和紫外透射仪 用于染色凝胶的照相。

细胞刮 橡胶的或塑料的。

电源 对于凝胶电泳，300 V 电源就足够了；而对于某些应用，需要 2000～3000 V 的电源。

试管架 旋转试管和微量离心管。

放射线保护屏 （Lucite 或 Plexiglas）。

放射性废物容器 用于液体和固体废物。

冰箱 4℃。

防护眼镜

解剖刀和刀片

闪烁读数仪

剪刀

封口机

摇床 定轨摇床和平台摇床，室温或 37℃。

分光光度计 紫外和可见光。

真空旋转蒸发器 （Savant）。

组织培养设备 CO_2 培养箱、相差显微镜、液氮贮存罐和层流罩。

紫外光源 长波和短波，固定式或手持式。

旋涡混合器

水浴 至少两台，可调温至 80℃。

纯水仪 如 Milli-Q 系统（Millipore）或相当的。

李慎涛 译 蔺晓薇 校

参　编　者

Terri Addona
Millennium Pharmaceuticals
Cambridge, Massachusetts

Ronald S. Annan
SmithKline & Beecham
  Pharmaceuticals
King of Prussia, Pennsylvania

Ioana Annis
Union Carbide Corporation
Bound Brook, New Jersey

Tsutomu Arakawa
Alliance Protein Laboratories, Inc.
Thousand Oaks, California

Rosamonde E. Banks
St. James's University Hospital
Leeds, United Kingdom

George Barany
University of Minnesota
Minneapolis, Minnesota

Alan J. Barrett
Babraham Institute
Babraham, United Kingdom

Susannah J. Bauman
The University of North Carolina
  at Chapel Hill
Chapel Hill, North Carolina

Dorothy Beckett
University of Maryland
College Park, Maryland

Gillian E. Begg
The Wistar Institute
Philadelphia, Pennsylvania

Alain Bernard
Glaxo Institute for Molecular
  Biology
Geneva, Switzerland

Juan S. Bonifacino
National Institute of Child Health
  and Human Development
Bethesda, Maryland

Reinhard I. Boysen
Monash University
Victoria, Australia

Ineke Braakman
University of Amsterdam Academic
  Medical Centre
Amsterdam, The Netherlands

Roger Brent
The Molecular Sciences Institute
Berkeley, California

Crawford Brown
British Bio-Technology
Cowley, United Kingdom

A. L. Burlingame
University of California
San Francisco, California

Gerard Cagney
University of Washington
Seattle, Washington
and Banting and Best Institute of
  Medical Research
University of Toronto
Toronto, Canada

John F. Carpenter
University of Colorado Health
  Sciences Center
Denver, Colorado

Steven A. Carr
SmithKline & Beecham
  Pharmaceuticals
King of Prussia, Pennsylvania

Miles W. Carroll
Oxford BioMedica
Oxford, United Kingdom

Nigel Carter
The Salk Institute
La Jolla, California

Lin Chen
AxCell Biosciences Corporation
Newtown, Pennsylvania

Su Chen
Chiron Corporation
Emeryville, California

Wei-Er Chen
Mount Sinai School of Medicine
New York, New York

Frank C. Church
The University of North Carolina
  at Chapel Hill
Chapel Hill, North Carolina

Jeffrey J. Clare
Wellcome Research Laboratories
Beckenham, United Kingdom

Karl Clauser
Millennium Pharmaceuticals
Cambridge, Massachusetts

Neil Cook
Amersham Biosciences
Cardiff, United Kingdom

Norman Cooper
National Institute of Allergy &
  Infectious Diseases
Bethesda, Maryland

Olivier Coux
CRBM-CNRS
Montpellier, France

Mark W. Crankshaw
Washington University School of
  Medicine
St. Louis, Missouri

Rachel A. Craven
St. James's University Hospital
Leeds, United Kingdom

Dan L. Crimmins
Washington University School of
  Medicine
St. Louis, Missouri

Esteban C. Dell'Angelica
National Institute of Child Health
  and Human Development
Bethesda, Maryland

Jean-Bernard Denault
The Burnham Institute
La Jolla, California

Nancy D. Denslow
University of Florida
Gainesville, Florida

Sharon Y. R. Dent
M. D. Anderson Cancer Center
Houston, Texas

Tamara L. Doering
Cornell University Medical College
New York, New York

Michael L. Doyle
SmithKline & Beecham
  Pharmaceuticals
King of Prussia, Pennsylvania

Ben M. Dunn
University of Florida
Gainesville, Florida

Patricia L. Earl
National Institute of Allergy &
    Infectious Diseases
Bethesda, Maryland

Lynn A. Echan
The Wistar Institute
Philadelphia, Pennsylvania

Diane G. Edmondson
M. D. Anderson Cancer Center
Houston, Texas

Elaine A. Elion
Harvard Medical School
Boston, Massachusetts

Paul T. Englund
Johns Hopkins Medical School
Baltimore, Maryland

Joseph Fernandez
The Rockefeller University
New York, New York

Russell L. Finley, Jr.
Wayne State University School of
    Medicine
Detroit, Michigan

Verna Frasca
Amersham Pharmacia Biotech
Piscataway, New Jersey

Hudson H. Freeze
The Burnham Institute
La Jolla, California

Sean Gallagher
UVP, Inc.
Upland, California

Kieran F. Geoghegan
Pfizer, Inc.
Groton, Connecticut

Michael Glickman
The Technion
Haifa, Israel

Erica A. Golemis
Fox Chase Cancer Center
Philadelphia, Pennsylvania

Gregory A. Grant
Washington University School of
    Medicine
St. Louis, Missouri

David Gray
Chiron Corporation
Emeryville, California

Gerald R. Grimsley
The Texas A&M University System
    Health Science Center
College Station, Texas

Nicolas Guex
Glaxo Wellcome Experimental
    Research
Geneva, Switzerland

Jeno Gyuris
Mitotix, Inc.
Cambridge, Massachusetts

Lars Hagel
Pharmacia Biotech AB
Uppsala, Sweden

Sandra Harper
The Wistar Institute
Philadelphia, Pennsylvania

Gerald W. Hart
The Johns Hopkins University
    Medical School
Baltimore, Maryland

James L. Hartley
Science Applications International
    Corporation (SAIC)/National
    Cancer
Institute Frederick, Maryland

Milton T. W. Hearn
Monash University
Victoria, Australia

Daniel N. Hebert
Yale University School of Medicine
New Haven, Connecticut

William J. Henzel
Genentech, Inc.
So. San Francisco, California

Mark Hochstrasser
Yale University
New Haven, Connecticut

Alison Hopkins
Amersham Biosciences
Cardiff, United Kingdom

L. Huang
University of California
San Francisco, California

Kevin Hughes
Amersham Biosciences
Cardiff, United Kingdom

Tony Hunter
The Salk Institute for Biological
    Studies
La Jolla, California

Caroline S. Jackson
National Institute for Medical
    Research
London, United Kingdom

C. R. Jiménez
University of California
San Francisco, California

Robert M. Kennedy
Pharmacia Biotech, Inc.
Piscataway, New Jersey

Mikhail G. Kolonin
Wayne State University School of
    Medicine
Detroit, Michigan

Stanley R. Krystek, Jr.
Bristol-Myers Squibb Pharmaceutical
    Research Institute
Princeton, New Jersey

Jeffrey D. Laney
Yale University
New Haven, Connecticut

Thomas M. Laue
University of New Hampshire
Durham, New Hampshire

Edward R. LaVallie
Genetics Institute, Inc.
Cambridge, Massachusetts

Terry D. Lee
Beckman Research Institute of
    the City of Hope
Duarte, California

Shu-Mei Liang
North American Vaccine Corp.
Beltsville, Maryland

Kathryn S. Lilley
University of Cambridge
Cambridge, United Kingdom

Rex Lovrien
University of Minnesota
St. Paul, Minnesota

Elizabeth J. Luna
Worcester Foundation for
    Biomedical Research
Shrewsbury, Massachusetts

Johnny Ma
Chiron Corporation
Emeryville, California

Henryk Mach
Merck Research Laboratories
West Point, Pennsylvania

Thomas L. Madden
National Center for Biotechnology
  Information
Bethesda, Maryland

Anthony I. Magee
National Institute for Medical
  Research
London, United Kingdom

George I. Makhatadze
Texas Tech University
Lubbock, Texas

Mark C. Manning
University of Colorado Health
  Science Center
Denver, Colorado

Marc A. Marti-Renom
The Rockefeller University
New York, New York

Daumantas Matulis
3-Dimensional Pharmaceuticals, Inc.
Yardley, Pennsylvania

John McCoy
Genetics Institute
Cambridge, Massachusetts

William J. Metzler
Bristol-Myers Squibb Pharmaceutical
  Research Institute
Princeton, New Jersey

C. Russell Middaugh
Merck Research Laboratories
West Point, Pennsylvania

Sheenah M. Mische
Boehringer Ingelheim
  Pharmaceuticals
Ridgefield, Connecticut

Roger E. Moore
Beckman Research Institute of
  the City of Hope
Duarte, California

Bernard Moss
National Institute of Allergy &
  Infectious Diseases
Bethesda, Maryland

Jacek Mozdzanowski
The Wistar Institute
Philadelphia, Pennsylvania

Jiri Novotny
Bristol-Myers Squibb Pharmaceutical
  Research Institute
Princeton, New Jersey

C. Nick Pace
The Texas A&M University System
  Health Science Center
College Station, Texas

Roger H. Pain
Jozef Stefan Institute
Ljubljana, Slovenia

Ira Palmer
National Institutes of Health
Bethesda, Maryland

Marina A.A. Parry
Actelion Pharmaceuticals
Allschwil, Switzerland

Mark Payton
Glaxo Institute for Molecular
  Biology
Geneva, Switzerland

Manuel C. Peitsch
Glaxo Wellcome Experimental
  Research
Geneva, Switzerland

Kevin J. Petty
University of Texas Southwestern
  Medical Center
Dallas, Texas

Allen T. Phillips
Pennsylvania State University
University Park, Pennsylvania

John S. Philo
Alliance Protein Laboratories
Thousand Oaks, California

Leland D. Powell
University of California San Diego
La Jolla, California

Y. Qiu
University of California
San Francisco, California

Kathryn M. Radford
Glaxo Institute for Molecular
  Biology
Geneva, Switzerland

Theodore W. Randolph
University of Colorado
Boulder, Colorado

David F. Reim
The Wistar Institute
Philadelphia, Pennsylvania

Pier Giorgio Righetti
University of Milan
Milan, Italy

Lise R. Riviere
Pfizer, Inc.
Groton, Connecticut

Stuart J. Rodda
Chiron Technologies Pty. Ltd.
Victoria, Australia

Michael A. Romanos
Wellcome Research Laboratories
Beckenham, United Kingdom

Keith Rose
University Medical Center
Geneva, Switzerland

Andrej Sali
The Rockefeller University
New York, New York

Guy S. Salvesen
The Burnham Institute
La Jolla, California

Gautam Sarath
University of Nebraska
Lincoln, Nebraska

Ton N. M. Schumacher
Massachusetts Institute of
  Technology
Cambridge, Massachusetts

Steven D. Schwartzbach
University of Memphis
Memphis, Tennessee

Torsten Schwede
Glaxo Wellcome Experimental
  Research
Geneva, Switzerland

R. K. Scopes
LaTrobe University
Bundoora, Australia

William H. Scouten
Utah State University
Logan, Utah

Brian Seed
Massachusetts General Hospital
  and Harvard Medical School
Boston, Massachusetts

Bartholomew M. Sefton
The Salk Institute
La Jolla, California

Ilya Serebriiskii
Fox Chase Cancer Center
Philadelphia, Pennsylvania

Shirish Shenolikar
Duke University Medical Center
Durham, North Carolina

Rajindar S. Sohal
Southern Methodist University
Dallas, Texas

David W. Speicher
The Wistar Institute
Philadelphia, Pennsylvania

Jane C. Spetzler
Vanderbilt University School of
    Medicine
Nashville, Tennessee

Timothy A. Springer
Center for Blood Research
Harvard Medical School
Boston, Massachusetts

Earle Stellwagen
University of Iowa
Iowa City, Iowa

Julie M. Stone
Massachusetts General Hospital
Boston, Massachusetts

Kathryn L. Stone
Yale University
New Haven, Connecticut

John T. Stults
Genentech, Inc.
So. San Francisco, California

Shyam Subramanian
Merck Research Laboratories
West Point, Pennsylvania

James P. Tam
Vanderbilt University School of
    Medicine
Nashville, Tennessee

Paul Tempst
Memorial Sloan-Kettering Cancer
    Center
New York, New York

Theodore J. Tsomides
Massachusetts Institute of
    Technology
Cambridge, Massachusetts

Peter Uetz
University of Washington
Seattle, Washington
and Research Center Karlsruhe
Karlsruhe, Germany

Jeanine A. Ursitti
The Wistar Institute
Philadelphia, Pennsylvania

Peter van der Geer
University of California San Diego
La Jolla, California

Daniel Voytas
Iowa State University
Ames, Iowa

Kevin K.W. Wang
Pfizer Global Research and
    Development
Ann Arbor, Michigan

Jie Wen
Amgen, Inc.
Thousand Oaks, California

Herbert C. Whinna
The University of North Carolina
    at Chapel Hill
Chapel Hill, North Carolina

Sherwin Wilk
Mount Sinai School of Medicine
New York, New York

Alan Williams
Pharmacia Biotech, Inc.
Piscataway, New Jersey

Kenneth R. Williams
Yale University
New Haven, Connecticut

Paul T. Wingfield
National Institutes of Health
Bethesda, Maryland

Tyra G. Wolfsberg
National Center for Biotechnology
    Information
Bethesda, Maryland

Linda S. Wyatt
National Institute of Allergy &
    Infectious Diseases
Bethesda, Maryland

Dong Xu
Oak Ridge National Laboratory
Oak Ridge, Tennessee

Ying Xu
Oak Ridge National Laboratory
Oak Ridge, Tennessee

Liang-Jun Yan
Southern Methodist University
Dallas, Texas

Bozidar Yerkovich
The Rockefeller University
New York, New York

Mary K. Young
Beckman Research Institute of
    the City of Hope
Duarte, California

Louis Zumstein
Introgen Therapeutics, Inc.
Houston, Texas

推荐的背景读物

Branden, C. and Tooze, J. 1991. Introduction to Protein Structure. Garland Publishing, New York.

Easy-to-read overview of basic structural principles of proteins with extensive illustrations.

Creighton, T.E. 1993. Proteins: Structures and Molecular Properties. W.H. Freeman and Company.

Clear and concise descriptions of biophysical and structural protein chemistry.

Jagow, G. and Schagger, H. 1994. A Practical Guide to Membrane Protein Purification. Academic Press, San Diego.

Deals with specific problems encountered when purifying membrane-associated proteins.

Kyte, J. 1994. Structure in Protein Chemistry. Garland Publishing, New York.

Comprehensive overview of structural principles of proteins with emphasis on physical chemistry approaches.

Scopes, R.K. 1994. Protein Purification: Principles and Practice. Springer-Verlag, New York.

In-depth description of most conventional protein purification methods.

Zubay, G.L., Parson, W.W., and Vance, D.E. 1995. Principles of Biochemistry. William C. Brown Publishers, Dubuque, Iowa.

A current biochemistry textbook whose protein-related chapters provide a comprehensive background for readers with no formal training in biochemistry.

John E. Coligan, Ben M. Dunn,
David W. Speicher, and Paul T. Wingfield

目　　录

第1章　蛋白质纯化和定性的策略

1.1单元　蛋白质纯化和定性概述

目标和研究对象

  蛋白质纯化的特定要求变化很大，工业上用的许多酶其实并不很纯，但是，只要它们能够胜任工作，也就足够了。"加工"用酶（如 α 淀粉酶、蛋白酶和脂肪酶）被成吨地生产，主要以细菌培养物分泌产物的形式来生产。为了尽可能地降低成本，这些酶只经过了有限的纯化工艺。而在另一种极端情况下，用于研究和分析的酶产品则需要进行高度的纯化，以保证污染物的活性不会干扰酶的目的用途，任何熟悉分子生物学用酶的人都知道，微量的 DNA 酶或 RNA 酶污染可能会造成精心设计的实验全盘皆输。

  1960 年和 1970 年可以被视为蛋白质和酶研究的顶峰，蛋白质纯化所用的大多数方法都是在那个时期建立的，至少其原理是在那时建立的。较近代的进展主要是仪器装备方面，用来优化每种方法学的应用。分子生物学的快速发展刺激了仪器装备的进展，因为基因产物的分离通常要早于基因的分离。一方面由于使用微量的蛋白质就足以对这些产物进行定性分析（如部分测序），所以对大规模甚至中等规模蛋白质生产方法的需求下降，这样，设计专门用于处理毫克至微克范围蛋白质量的现代设备得到了极速的发展；而另一方面，使用 X 射线晶体学和核磁共振（NMR）的结构研究需要几百克的纯蛋白质，因此在实验室研究中仍然需要大规模的设备和方法。

  所研究的蛋白质性质也发生了很大的变化，尽管酶曾经是最热的研究对象，但现在已被一些非酶类的蛋白质（如生长因子、激素受体、病毒抗原和膜转运蛋白）所超越。在这些蛋白质中，有许多在天然材料中的含量极微，其纯化会成为一项主要的工作。在过去曾进行了巨大的努力，使用了千克量的起始原料（如人体器官），而最后只得到了几微克的纯产物。而现在更通常的做法是使用遗传学的方法：在蛋白质被纯化之前甚至在被正确鉴定之前克隆基因，然后在适当的宿主细胞培养物或生物中表达，表达水平会比原始材料高几个数量级，这样会使得纯化工作相对简单。预先知道一些蛋白质的物理特性会很有用，有助于建立适当的纯化方案，从重组材料中纯化蛋白质。从另一方面讲，现在制备融合蛋的方法很多，可通过亲和技术进行纯化，而不必知道目的蛋白的任何性质，而且也有方法对表达产物进行修饰，以进一步简化纯化步骤。

  在选用蛋白质纯化的方法时，必须首先考虑使用这种方法的理由。因为根据不同的要求，方法的变化很大。一个极端的例子是：如果某种蛋白质只有一种独一无二的纯化方法，在资金充足、设备良好的实验室中，可使用这种方法获得少量的产物用于测序，以便能够进行基因分离。在这种情况下，设备和试剂的费用不是问题，产物的总体回收率低也可以被接受，只要产物足够纯就可以了。另一个极端的例子是：当某种蛋白质需要连续大量地进行商业化生产时，则需要考虑的主要问题是工艺的高回收率和经济性。

蛋白质定性可能会包括结构、功能和遗传学的信息，要进行这样的研究很可能会需要至少克级量的纯蛋白质。理想的纯化应当步骤少、每步的回收率高，然而，如果每步的回收率差（＜50％），应当有一些指标来表明是什么原因导致了活性损失，是因为追求纯度而丢弃在其他组分中了，还是活性真的损失了。如果是后一种情况，终产物的活性会低于总活性，尽管用标准分析会显示很好的同质性（homogeneity）。在每一步的回收率和纯化效果之间的选择会是一个问题，取层析峰的一个窄截取（cut）峰会得到很纯的组分，但是在另一方面也损失了大量的较低纯度的活性成分，在做这样的抉择时，必须要遵循这样的准则：如果产量不重要，那么为了纯度而选择低产量就合乎逻辑。

蛋白质纯化的原料

对于从事蛋白质纯化项目的许多人来说，原料是无法选择的，他们正在研究某一特定的生物组织或器官，目的是从这种原料中纯化某种蛋白质，但是仍然可以找到一些稍简单的方法。例如，如果很难得到大量的原料，最好先用易得原料的物种进行试验，典型的例子是：当所研究的物种是人时，由于实际情况和（或）道德的原因而不容易得到组织样品。在这种情况下，通常到容易得到哺乳动物组织的地方（如屠宰场），使用牛、绵羊或猪的替代原料进行试验，一旦设计出一种从替代原料中纯化蛋白质的方案，那么要研制一种从人原料中纯化蛋白质的方案就会容易得多——使用完全相同的方法就会取得满意的效果。在大约 1 亿年（这是将大多数高等哺乳动物分类在一起的一个时间范围）间分化的物种之间，蛋白质含量的差异十分微小，这样，来源于不同动物的蛋白质用各种分级分离的方法分离时，其分离行为很可能相似。如用猪的组织设计出的一种方案很可能只需要进行很小的修改就可以用在人的组织上。

另外主要关注蛋白质（特别是酶）的功能。在整个进化过程中，通常情况下，哪些功能和作用是十分保守的？在这种情况下，对可能的原料来源进行初步的筛选，最好也对文献进行初步的筛选，然后再确定适合于研究目的的原料。应当考虑的问题如下：①终产物需要具有的功能。例如，可能需要酶具有低 K_m 值，那么只选择具有最高活性的材料可能会不足以满足要求。②生产或得到这种原料是否方便；致病性或可提取性（extractability）方面是否存在问题。③蛋白质的量是否会随着生长条件或生长期的变化而变化；如果放置时间过长，原料中的蛋白质是否会变质。显然我们需要一种单位体积能够稳定地生产最高量目的蛋白的原料，以便能够研制一种好的纯化方法。④原料的贮存条件。要考虑到无论什么时候要尝试一种纯化方法时，并不一定都能够马上得到新鲜的原料，这一点很重要。

以上是在开始一个蛋白质纯化项目时针对常规情况需要考虑的问题，然而，将基因在宿主生物或培养细胞内表达，以重组产物的形式来纯化蛋白质，这些技术变得越来越常见。当然，这需要能够得到编码目的蛋白的基因。在 20 世纪 80 年代以前，通常用根据氨基酸序列信息合成的寡核苷酸杂交来获得这样的材料，这至少还需要进行一次蛋白质纯化。最近，使用遗传学技术能够分离许多编码未知的蛋白质基因，尽管可能从未对这些蛋白质进行过直接研究，但是随着人类基因组计划的完成和相关 DNA 测序技术的进步，可以得到许多已知和未知的蛋白质基因，而且能够以重组的形式表达，无需再从宿主物种中进行纯化，因此出现了一些蛋白质纯化的全新考虑因素，包括对基因结构进行修饰的可能性（修饰不仅是为了提高表达水平、改变蛋白质产物本身以增强其目的功能，而且对纯化的帮助也同样重要）。可以在细菌、酵母、昆虫细胞和动物组织培养物中表达重组蛋白。

蛋白质的检测和分析

在蛋白质纯化过程中，需要进行两种测量，最好对每个组分都进行测量。必须测量总蛋白质和目的蛋白的量（通常是测量生物学活性）。大多数常用分析方法的详细情况见第 3 章。没有一种确定蛋白质是否存在的方法，就不可能分离蛋白质，因此，必须要有一种分析方法（定量的或至少半定量的）来确定哪种组分中含有大多数的目的蛋白。

有的分析方法方便、快捷（如酶活性的即时分光光度法测量），有的则是既耗时又繁琐的生物学分析。后者可能需要几天才能出结果，而且这种情况很棘手，因为当知道了蛋白质在哪个组分时，蛋白质可能由于降解或失活已经丢失，而且，这种丢失直到下一步完成并对其产物进行分析后才能清楚。因此，任何快速的分析方法都具有优势，尽管往往会由于加快了分析速度而降低了准确性。

测量总蛋白质很有用，因为这可以表明每一步的纯化程度，但除非下一步特别依赖于有多少蛋白质存在，否则总蛋白质测量也并不是十分重要，可以留出一个小样品，当纯化完成后再进行测量。然而，知道最终产物（假设是纯样品）中有多少蛋白质则十分重要，因为据此可以计算比活（如果该蛋白质有活性的话），并可与其他制备物的比活进行比较。通常的目标是获得尽可能高的比活（考虑到回收率），这意味着要保留尽可能多的目的蛋白，而最后总蛋白质的量则越少越好。

蛋白质分离和纯化方法

蛋白质纯化的现有方法范围很广，从简单的沉淀（从 19 世纪就开始使用）到复杂的层析和亲和技术，后者不断地得到发展和改进。方法可被分成几种不同的类别（或许最好的一种是基于正在研究的蛋白质的特性），如根据蛋白质的特点，可以将方法分成明显不同但又相互关联的 4 组：表面特征、结构、净电荷和生物学特性。

基于蛋白质表面特征的方法

表面特征包括电荷分布和可及性（accessibility）、疏水氨基酸残基链的表面分布以及在较少程度上蛋白质在某 pH 时的净电荷（见净电荷的讨论）。研究表面特征的方法主要依赖于溶解度的特性，通过对溶解蛋白质的溶剂进行各种处理，使蛋白质的溶解度发生变化，从而引起沉淀。获得含有大量可溶性目的蛋白提取物的方法见第 4 章。可以对溶剂（几乎总是含有低浓度缓冲盐的水）进行处理来改变其特性，如离子强度、介电常数、pH、温度和去污剂浓度，这些特性中的任何一个都可以选择性地沉淀某些蛋白质；相反，通过改变溶剂的组成，也可以从不溶性的蛋白质中选择性地溶解某些蛋白质。疏水残基的表面分布是溶解度特性的一个重要决定因素，在疏水层析中也探索了疏水残基的表面分布，并且使用了反相法（见第 11.6 单元）和水相疏水相互作用层析（见第 8.4 单元）。

在这组方法中还包括高度特异性的免疫亲和层析技术（见第 9.5 单元）。此方法使用直接抗蛋白质表面上一个表位的抗体从混合物中将目的蛋白分离出来。

基于整个结构（大小和形状）的方法

尽管蛋白质的大小和形状会对其溶解度有一定的影响，但是探索这些特性的主要方法还是凝胶过滤（见第8.3单元）。此外，制备型凝胶电泳利用分子大小的差异进行分离。蛋白质大小的范围很大，从最小的分子质量约5000 Da的蛋白质（被分类为蛋白质，而不是肽）到几百万道尔顿的大分子复合物。许多蛋白质在具有生物活性的状态下为寡聚体，由一个以上的多肽组成，这种寡聚体可以被解离，尽管在正常情况下整体结构会受到破坏。这样，许多蛋白质有两种（或更多）"大小"：天然状态的大小和在变性和解离状态下多肽的大小。凝胶过滤法通常只处理天然蛋白质，而电泳法则通常用来分离解离和变性的多肽。

基于净电荷的方法

利用蛋白质全部净电荷的两种技术是离子交换层析（见第8.2单元）和电泳（见第10章）。离子交换剂结合带电荷的分子，而且基本只有两种离子交换剂：阴离子和阳离子。蛋白质的净电荷取决于pH——在低pH时带正电荷，在高pH时带负电荷，而在之间的某个特定的点净电荷为零，这个点被称作等电点（pI）。必须强调的是，在等电点，蛋白质有许多的电荷，在这种pH下，总的负电荷恰好与总的正电荷相等。最大带电荷状态（不管电荷符号）是在pH为6.0～9.0时，对于大多数蛋白质来说，这是最稳定的pH范围，因为这包括常见的生理pH。离子交换剂由固定化的带电基团组成，能够吸引带不同电荷的蛋白质，这些离子交换剂能够提供对天然蛋白质具有最高分辨率的分离方式。高效反相层析具有同等甚至更高的分辨率，但是，其在吸附过程中涉及至少部分变性，所以对于敏感的蛋白质（如酶），建议不要使用这种方法。使用离子交换层析的蛋白质纯化主要使用带正电荷的阴离子交换剂，最简单的理由是在中性pH时大多数的蛋白质带负电荷（即具有较低的等电点）。

基于生物学特性的方法（亲和法）

从其他蛋白质中分离目的蛋白的一种强有力的方法是使用生物特异性的方法。在这种方法中，利用了蛋白质特定的生物学特性。除了从理论上能够通过免疫亲和层析进行纯化蛋白质以外（见第9.5单元），亲和法只局限于具有某种特异结合特性的蛋白质，免疫亲和层析是所有亲和技术中最特异的。大多数目的蛋白的确有特定的配体；酶有底物和辅助因子，激素结合蛋白和受体分子被设计用来特异性地紧密结合特定的激素和其他因子。在亲和层析（见第9章）技术中，将与蛋白质结合的配体（或能够与蛋白质结合的抗体）固定化，则能够选择性地吸附目的蛋白。另外也有利用生物特异性相互作用原理的非层析方法。

蛋白质产物的定性

一旦得到了一种纯的蛋白质，就可以用于某个特定的目的，如酶分析（如葡萄糖氧化酶和乳酸脱氢酶）或用作治疗剂（如胰岛素和生长激素）。然而，当一种蛋白质被首次分离到时，通常要在结构和功能方面对其进行定性。在一个新蛋白质定性的过程中，通常希望得到一些特征，这些特征包括用 SDS 聚丙烯酰胺凝胶电泳（见第 10 章）和（或）凝胶过滤（见第 8.3 单元）确定的分子质量，或至少是亚基的大小，也可以展现光谱特性［如紫外光谱（色氨酸和酪氨酸的含量）］、圆二色谱（CD）（二级结构）和带辅基蛋白的特性（如定量和光谱）。应当确定糖蛋白上的糖类的数量和性质（见第 12 章）。此外，如果这个基因是首次被报道，则应当给出一些氨基末端序列的分析，如果有可能，也应当给出相似序列的数据库搜索结果。应当表明功能性蛋白质具有适当的功能，对于酶最好表明详细的动力学定性。最后，可以确定蛋白质的整体三维结构，这需要蛋白质的晶体，任何成功的结晶尝试都应当报道。

蛋白质纯化实验室

对蛋白质纯化实验室的要求不能准确地进行阐述，因为这在很大程度上取决于所要分离蛋白质的类型和量。综合来考虑，应当有一套处理亚微克（submicrogram）量的设备，另外还需要有一套处理几克（multigram）量的设备。一个从事于蛋白质纯化的实验室可能不需要小规模的设备，例如，如果这个实验室纯化通常可以得到大量的血浆蛋白质。另一个实验室可能会装备最新的高效设备，但不能够（或不需要）处理超过几克蛋白质的量。

假若一个实验室不需要处理极大量的蛋白质，并且不处理各种类型和来源的蛋白质，则只需要一些基本的设备。要得到起始材料并对其进行提取，需要匀浆设备和离心机来除去不溶性的残留物。当从组织或细胞的粗提物开始进行分级分离时，需要不易被颗粒阻塞的设备和材料。第一步所用的吸附剂和类似的材料要相对便宜，以便在使用几次后，由于不易处理的杂质残留而使其效率下降，可以将其废弃。同时也应当考虑到在开始的步骤要比后续的步骤处理的量大一些，这样，试剂的费用会是一个主要的考虑因素，在一步或两步后，样品应当足够清洁，以便能够使用高效设备。

高效液相色谱（HPLC）是一个具有不同含义的术语。对一些人来说，它专指反相色谱；而对另外一些人来说，它包括所有的层析，假如设备是全自动的，而且使用了高效吸附剂。一种设计专门用于蛋白质的高效系统——快速蛋白质液相层析（FPLC，由 Pharmacia Biotech 生产）使用标准的蛋白质层析，如离子交换、疏水相互作用和凝胶过滤。根据 FPLC 的设计，能够放大到较大的设备上，所以可以很快地将实验室的方法转化到大规模的生产上。使用 FPLC 分离蛋白质时，蛋白质能够保持其天然活性构象，而使用反相 HPLC 时，在吸附和洗脱期间，常常至少会引起蛋白质的瞬时变性。反相 HPLC 具有强大的解析能力，但它最适合于肽和分子质量小于约 30 kDa 的蛋白质。使用较老类型低压吸附剂的层析有时被称为"低效"或"开放柱"层析，这些说法未必准确，需要简单的组分收集器或监测设备，这种设备主要用于较大规模的操作（几十毫克和更大量的蛋白质），可能在纯化方案的早期（使用 HPLC 以前）使用。

各种各样的柱子，包括含有专门填料的预装柱和自行装填的空柱，其规格和类型取决于操作的规模。必须具备几种阴离子交换柱（不同的规格）、一两种阳离子交换柱和凝胶过滤填料，以及一系列的其他填料，如疏水相互作用材料、染料填料、羟基磷灰石填料、色谱聚焦填料和专用的亲和填料。

装备良好的蛋白质纯化实验室还应当有制备电泳和等电聚焦设备，当其他技术不能有效地分离蛋白质时，这些设备偶尔还可以使用。

除了在实际分离过程中所用的设备以外，还需要各种其他设备，特别是当需要快速更换缓冲液，简便浓缩蛋白质时，这些操作需要如透析膜（见附录3B）、超滤器和各种规格的凝胶排阻柱（见第8.3单元）之类的器材。

最后，需要对制备物进行检测和分析的设备。在生物化学实验室中，大多数这样的设备是最基本的配置，包括分光光度计、闪烁计数仪、分析用凝胶仪和毛细管电泳仪，免疫印迹材料和免疫化学试剂。

参考文献：Janson and Ryden 1998；Scopes 1996；Simpson and Nice 1989
作者：R. K. Scopes

1.2单元　蛋白质纯化流程图

用蛋白质纯化流程图表示纯化不同类型蛋白质所用方法的大体轮廓，通常将纯化步骤分为三个阶段：①处理原料中蛋白质和其他分子的粗混合物；②处理产生接近均一性的产物；③精制步骤，除去微量的污染物，这一步对于治疗用蛋白质特别重要。

可溶性重组蛋白

用重组方式表达的蛋白质可能会是：①在细胞质中，可溶；②包含体（见不可溶重组蛋白）形式，不可溶；③从细胞中分泌到培养基中；④分泌到周质间隙（如在革兰氏阴性菌）；⑤与细胞器或膜组分相关的。另外，这些蛋白质可能会以如下方式被表达：⑥正常的、成熟的、天然状态的蛋白质；⑦含有天然的前导肽，这种肽会被正常地加工处理；⑧与一种肽融合表达，这种肽对于蛋白质来说是非天然的；⑨缺乏糖基化或其他翻译后修饰，或未正确折叠。第①～⑤种可能性会影响得到纯化起始材料所用的提取方法，第⑥～⑨种情况会影响纯化所用的方法。

纯化可溶性重组蛋白的图解见图1.1。第一阶段是得到含有目的蛋白的澄清溶液，无用的杂蛋白质越少越好。对于可溶性的细胞质蛋白质，在第①种情况，通常不能够有效地除去可溶性的无用杂蛋白质，但是，在第②～⑤种情况，表达的蛋白质与细胞质间隔开来，这样便可以在开始阶段就进行分离。

在开始纯化之前，可能会需要一步浓缩步骤，特别是如果蛋白质是被分泌到培养基中，通常情况下使用超滤，特别是当提取物中含有阻塞超滤膜的颗粒时。

在细胞的细胞质内重组表达之后通过细胞破碎进行提取，会导致大量的核酸与蛋白质溶解在一起。有许多处理方法能够除去核酸，用链霉素沉淀核糖体材料，阳离子聚合物［如鱼精蛋白（一种碱性蛋白质）和聚乙烯亚胺（polyethylenimine）］能够与核酸形成不溶性的复合物（在低离子强度下）。此外，加入少量的DNA酶可以降低DNA引起的黏度。

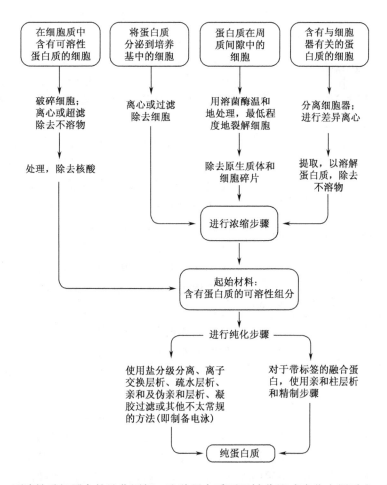

图 1.1　可溶性重组蛋白的纯化图解，这种蛋白质可以被分泌或定位在周质内、膜组分内，或在大多数情况下在细胞质内。第一步是得到含有可溶性目的蛋白的提取物，之后，可以进行常规的纯化步骤，或用亲和方法纯化带有标签的融合蛋白。

不可溶性重组蛋白

　　已发现在细菌（主要是大肠杆菌）中表达的许多蛋白质不能够正确地折叠，结果出现聚集，在细胞的细胞质内形成大的、不可溶的包含体（见第 6 章），尽管这会增加得到满意量的活性天然产物的困难，但也大大简化了纯化的起始阶段。

　　不可溶性重组蛋白的纯化图解见图 1.2。细胞破碎后，通过差异离心能够得到纯度相当好的包含体，然而，这时必须将其溶解，通过促进正确的折叠，产生有活性的蛋白质。通常用盐酸胍和（或）尿素来溶解包含体，并加入巯基化合物（如巯基乙醇或谷胱甘肽），破坏已经形成的二硫键，并防止重新形成二硫键，为使蛋白质正确地折叠，可能需要往溶液中加入许多成分，并慢慢去除污剂，后者可以通过简单地稀释或透析来进行。在低蛋白质浓度时折叠进行得最好，所以稀释可能就足够了。如果天然蛋白质不含二硫键，创造氧化还原的条件是很重要的，以便巯基化合物的氧化作用能够适度地（但不要过度）进行，通常联合使用还原型谷胱甘肽和氧化型谷胱甘肽。此外，已发现

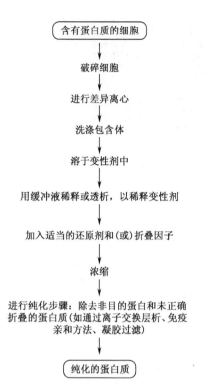

含有蛋白质的细胞

↓

破碎细胞

↓

进行差异离心

↓

洗涤包含体

↓

溶于变性剂中

↓

用缓冲液稀释或透析，以稀释变性剂

↓

加入适当的还原剂和(或)折叠因子

↓

浓缩

↓

进行纯化步骤：除去非目的蛋白和未正确折叠的蛋白(如通过离子交换层析、免疫亲和方法、凝胶过滤)

↓

纯化的蛋白质

图 1.2　在宿主细胞的细胞质中以包含体形式生产的不可溶性重组蛋白的纯化图解。必须将细胞破碎开，然后通过差异离心分离不可溶的包含体，使用变性溶剂来溶解，当除去变性剂后，溶解的蛋白质发生复性，还需要进一步的精制步骤来除去少量的污染蛋白质和未正确折叠的蛋白质。另外的信息见第 6.3～6.5 单元。

在许多情况下，酶蛋白质二硫键异构酶的作用（通过交换反应可以形成和破坏二硫键）是有益的，如果天然蛋白质是来自于细胞内的蛋白质，它可能就不含二硫键，但是，它会含有半胱氨酸，所以应当保持完全的还原条件。特定的方法学将在第 6.5 单元中讨论。

如果没有其他细胞内成分的帮助，并非所有的蛋白质都能够折叠。分子伴侣（chaperonin）是使变性蛋白质重新折叠的蛋白质，如在热激过程中形成的那些蛋白质（Zeilstra-Ryalls et al. 1991）。研究最多的是大肠杆菌分子伴侣 GroEL 和 GorES，许多蛋白质的复性都需要这两种分子伴侣和 ATP。脯氨酸残基能够接受蛋白质的两种异构构象，通过脯氨酰异构酶将错误的构象转化为正确的构象，有助于蛋白质的折叠。目前，还不能大规模使用分子伴侣，一方面是因为分子伴侣的成本高；另一方面是因为这些分子伴侣只有在体外很低的蛋白质浓度时才有好的效果。

一旦蛋白质折叠了，即可以进行纯化，纯化时要除去少量的仍未正确折叠的蛋白质以及任何其他与原始包含体一起被捕捉的宿主蛋白质。前一种情况可能会很困难，因为未正确折叠的蛋白质与正确折叠的蛋白质具有相似的大小和电荷。但是，层析技术可以利用折叠构象产生的很细微的差异，在理想的情况下，可以使用特异性地抗未正确折叠类型或抗正确折叠类型蛋白质的抗体的免疫亲和技术将混合物分开。

可溶性非重组蛋白

可溶性蛋白质的来源很多，不可能对得到起始提取物（从中能够分离到目的蛋白）所用的方法给出一个完整的概述。这些来源可以被分类为微生物、植物或动物，如图 1.3 所示。但是，应当根据起始提取物的获得方法将这些来源依次细分类。特别是细胞外蛋白质和细胞内蛋白质之间有区别。对于细胞内蛋白质，需要将细胞破碎，使蛋白质释放出来；对于细胞外蛋白质，如果能够直接得到细胞外液，则不会污染细胞内蛋白质。细胞外来源包括微生物培养基、植物和动物组织培养基、毒液、乳、血液和脑脊液。可溶性蛋白质也会出现在细胞器（如线粒体）内，分离这些蛋白质时，最好先分离细胞器，然后再将细胞器破碎，释放出蛋白质。

起始提取物通常含有 5～20 mg/ml 蛋白质，尽管也能够处理更低的浓度，特别是小规模操作时，要达到这个水平，在开始纯化之前可能会需要一步浓缩的步骤。然而，

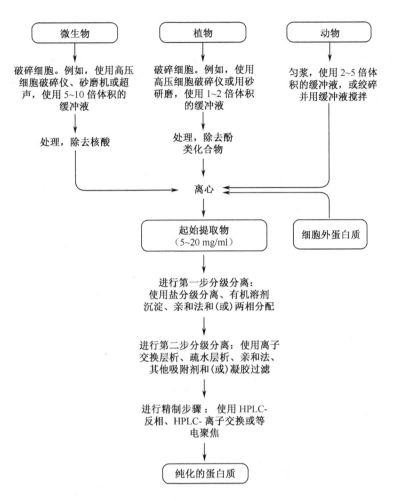

图 1.3　存在于天然宿主细胞中的可溶性蛋白质的纯化图解。必须将细胞破碎，以释放出蛋白质，通常每克细胞加入 2～10 ml 适当的缓冲液，在除去不溶性材料后，处理通常需要几步，按正确的顺序使用各种标准的分级分离方法。要生产高纯度蛋白质，可能会需要最后的精制步骤，以除去最终的微量污染物。在第 6.2 单元可以找到另外的信息。

每一种规则都有例外，对于浓度很高的蛋白质也能够进行处理，如使用两相分配（two-phase partitioning）（Walter and Johansson　1994）。当大规模分离蛋白质时，处理的体积成为主要的问题，所以使样品浓度最大化会成为一个重要的目标。起始提取物应当澄清，通常是通过离心来使其澄清，在大规模操作时，超滤法正得到越来越广泛地使用。为了得到适于标准分级分离方法的提取物，可能需要对某些提取物进行预处理，以除去过量的核酸、酚类化合物的脂类。

　　分级分离步骤可以分为三步（这有点勉强）：第一步分级分离、第二步分级分离和第三步精制。第二步处理（处理大量的不全是蛋白质的提取物）可能会包含那些容易污染并且不能够多次使用的材料，这样，首选的方法无需使用如在 HPLC 中所使用的昂贵试剂或吸附剂。如果不是高程度的纯化，传统的盐分级分离和较少使用的有机溶剂分级分离就能够达到理想水平的浓缩，并除去大量不需要的非蛋白质材料。另外，第一步也可以使用高选择性的亲和方法，但是只有在亲和材料的制造成本便宜和（或）提取物是简单澄清的溶液时才可以使用，对于混浊的全细胞匀浆物则不可使用。

第二步处理实现主要的纯化，在不同情况下可能会需要两步甚至更多的步骤。主要的方法有离子交换和疏水相互作用层析、凝胶过滤和亲和技术（见第8章和第9章）。最后，可能还需要通过精制除去极微量的污染物，这要使用高分辨率的方法，如反相HPLC（见第11.6单元）和等电聚焦（IEF；见第10.3单元）。由于每种蛋白质都有其独特的特性，对于所使用的方法也无法一概而论。

膜相关的和不可溶性重组蛋白

在生理上不可溶的蛋白质，在提取和除去可溶性的蛋白质以后，也能够得到纯化，

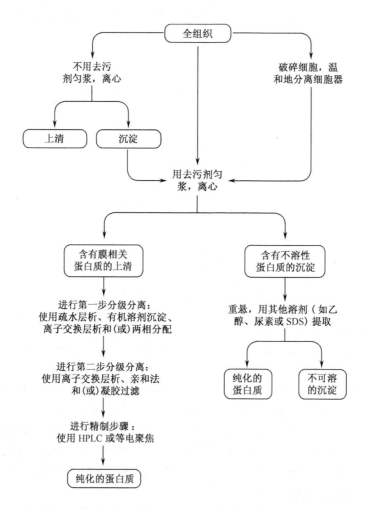

图1.4　与膜相关的和溶解性差的蛋白质（非重组的）的纯化图解。通过分离含有目的蛋白的细胞器，可以实现第一步的纯化。通常用非离子型去污剂来溶解膜蛋白，尽管松散解离的蛋白质也可以在高pH、含EDTA（或使用少量的有机溶剂，如正丁醇）的条件下不用去污剂来提取，如果自始至终都需要有去污剂来维持蛋白质的完整性，则需要对常规的分级分离方法进行一些修改。

从而在提取这一步就得到实质性的纯化（图 1.4；也见第 6.1 单元和第 6.2 单元）。要进行一次纯化，几乎总是要得到可溶性的目的蛋白，这通常需要加入溶解剂（如去污剂）。某些蛋白质即使是经过了去污剂处理也不可溶，那么可以通过除去可溶性蛋白质来得到实质性的纯化。在组织破碎过程中，一些与膜相关的蛋白质会变得部分可溶，而在特定组分中的回收率会很低。在这种情况下，最好通过在匀浆缓冲液中加入去污剂来溶解全组织。使用去污剂来提取不可溶性的残基可以区别对待，一些蛋白质在低去污剂浓度下就可以释放出来，而另一些则需要将膜组分完全溶解。合适的去污剂包括非离子型（如 Triton）和弱酸型（如胆酸衍生物），像硫酸酯（如 SDS）一类的强酸性去污剂通常会引起变性。

将蛋白质吸附到柱（使用特殊的吸附去污剂的介质）上，然后用不含去污剂的缓冲液洗脱，或者甚至通过用不容易混合的有机溶剂（在这种溶剂内，去污剂被分开）提取，可以将去污剂除去。另一方面，许多膜蛋白在所有情况下都需要有去污剂的存在，以保持溶解和天然构象，这包括大多数的构成整体所必需的膜蛋白（如细胞色素 P_{450}）、穿膜受体和转运蛋白。最敏感的蛋白质需要天然脂类的一个特定组合（除了去污剂以外）来维持其完整性。纯化方法包括用于可溶性蛋白质纯化的大多数方法，但是，如果自始至终需要去污剂的话，有些方法建议不要使用。例如，硫酸铵沉淀通常会引起去污剂-蛋白质复合物从溶液中析出来，在离心时漂浮在上面，而不是沉在底下，这可能会有用，但当重新溶解时，这种"漂浮物"的去污剂含量会较高。疏水层析可能会很有用，因为膜蛋白本来就是疏水的。

可以通过变性（使用如 SDS 和盐酸胍之类的化合物）溶解在正常去污剂中完全不可溶的内在膜蛋白（integral membrane protein）。一些交联的蛋白质（如弹性蛋白）的共价键不被破坏就不会溶解。

参考文献：Deutscher 1990；von Jagow et al. 1994
作者：R. K. Scopes

李慎涛 译　于丽华 校

第 2 章　计算分析

按照本章提供的方法，只需输入蛋白质的线性序列信息，即可推导蛋白质之间家族及结构和功能关系的重要信息，一旦得到了真实的序列信息（特别是全基因序列），最急切想知道的问题是蛋白质可能会具有什么样的结构。要回答这一问题，第一步是分析相应氨基酸序列的疏水和亲水区域。我们特别感兴趣的是疏水残基的类型（特别是穿膜螺旋、亮氨酸拉链和两性分子片段），这些可以表明蛋白质的结构甚至功能特性。在第 2.1 单元中综述了用来对蛋白质内氨基酸残基相对疏水性进行定量的亲/疏水量表（hydropathy scale）、亲/疏水性指数（hydropathy index），及其在蛋白质序列中的应用。

基于线性序列，可使用更精密复杂的分析来预测整个蛋白质的二级结构，这些内容在第 2.2 单元中进行了综述。此单元中的讨论包括每种方法在不同类型蛋白质中使用时的优缺点，并对如何获得必需的软件给出了一些指导。

在第 2.3 单元中提供了序列搜索和比较的各种 BLAST 程序的使用建议，详细列出了搜索命令和搜索序列的提交方案，并列举了搜索结果的实例。

一旦发现了一个新序列，许多科学工作者不可避免地要推测其可能的三维结构。要得到这个信息，重要的一步是搜索具有相关序列的蛋白质，因为通过家族关系可能会发现重要的线索，可用于这一目的的适当数据库见第 2.4 单元。在第 2.5 单元中介绍了这些方法的差异。如果序列相关性程度较高的蛋白质的结构已得到解析，那么通过比较蛋白质建模会获得巨大的成功。有关使用 SwissModel 网络服务器进行比较建模的详细情况和所需步骤详见第 2.6 单元。在第 2.7 单元中讨论了许多比较建模的方法。

作者：Ben M.Dunn

2.1 单元　用于蛋白质序列分析的疏水分布图

要构建亲/疏水分布图（hydropathy profile）需要两个元素：①一级结构；②亲/疏水量表。通过翻译 cDNA 或对蛋白质测序可以得到一级结构。对单个氨基酸的疏水性和亲水性（从特定的亲/疏水量表推测）与蛋白质序列上邻近的几个残基的值进行平均或组合，然后将局部的平均值或总和对氨基酸序列进行作图，即可得到一种蛋白质的亲/疏水分布图。在这种疏水性图中，疏水区和亲水区分别被表示为最大值和最小值，这样，亲/疏水分布图的基本用途是从一种蛋白质的氨基酸序列来预测其整体的亲/疏水性（疏水性或亲水性）。局部亲/疏水值的分布状态使我们能够对蛋白质的整体折叠模式有一个了解。

方法学

选择亲/疏水量表

确定单个氨基酸序列亲/疏水分布图的第一步是选择合适的量表。本单元主要集中在 4 种亲/疏水量表上：Hopp 和 Woods 量表、Kyte 和 Doolittle 量表、Eisenberg 量表和 GES 量表。4 种量表（表 2.1）中每种氨基酸亲/疏水指数之间的差异主要是由于制订该表的实验数据的差异和优化每种量表的方法学所引起的。由 Hopp 和 Woods（1981）制订的亲水性量表是基于疏水性和亲水性氨基酸的溶解性值而制订的。在由 Kyte 和 Doolittle（1982）及 Eisenberg（1984）制订的量表中，亲/疏水指数是一种氨基酸对疏水相的相对亲和力的值。GES 量表（Engleman et al. 1986）是基于螺旋结构的理化特性和几种能够反映氨基酸侧链在水相和膜双层之间分配情况的能量因子。

表 2.1　部分量表的疏水性指数[a]

氨基酸	H & W	K & D	Eisenberg	GES
中性的、疏水的、脂肪族的				
Gly	0.0	−0.4	0.16	−1.0
Ala	−0.5	1.8	0.25	−1.6
Val	−1.5	4.2	0.54	−2.6
Ile	−1.8	4.5	0.73	−3.1
Leu	−1.8	3.8	0.53	−2.8
Met	−1.3	1.9	0.26	−3.4
中性的、疏水的、芳香族的				
Phe	−2.5	2.8	0.61	−3.7
Tyr	−2.3	−1.3	0.02	0.7
Trp	−3.4	−0.9	0.37	−1.9
中性的、亲水的				
Ser	0.3	−0.8	−0.26	−0.6
Thr	−0.4	−0.7	−0.18	−1.2
Asn	0.2	−3.5	−0.64	4.8
Gln	0.2	−3.5	−0.69	4.1
酸性的、亲水的				
Asp	3.0	−3.5	−0.72	9.2
Glu	3.0	−3.5	−0.62	8.2
碱性的、亲水的				
His	−0.5	−3.2	−0.40	3.0
Lys	3.0	−3.9	−1.1	8.8
Arg	3.0	−4.5	−1.8	12.3
含硫醇的				
Cys	−1.0	2.5	0.04	−2.0
亚氨酸				
Pro	0.0	−1.6	−0.07	0.2

　　a H & W、Hopp 和 Woods；K & D、Kyte 和 Doolittle。

由于所有的亲/疏水量表在概念上是相似的，所以在将其用于某个特定的问题时，所用策略也应当是类似的。不管所选定的量表如何，经验表明，综合使用几种不同的亲/疏水量表和不同的预测规则会趋向于构建蛋白质疏水性的共有图。

在本章中，将 Hopp 和 Woods 量表和 GES 量表的值乘以 -1，以便这些量表与其他的量表一致，最大峰对应疏水性，最小峰对应亲水性（表 2.1 中的量表值未被修饰）。这样，所示的 Hopp 和 Woods 图及 GES 图为反转图。

应用扫描窗口平均技术

选择了适当的量表以后，下一步是构建蛋白质的亲/疏水分布图。为了构建分布图，在全长的蛋白质序列内，对来源于蛋白质中每个残基亲/疏水量表的数值进行反复的平均，这种方法通常被称为扫描窗口平均技术（scanning window averaging technique）。在实际应用中，对蛋白质链上给定数目的连续氨基酸的单个亲/疏水值（疏水性或亲水性）求和，即可得到亲/疏水性的值。随着将每个氨基酸作为新的总和的开始（图 2.1）。在整个序列中，亲/疏水值的总和逐渐增多，在正在求和的片段的中心（或第一个）氨基酸的位置，将所求的和（或平均数）对序列位置作图。

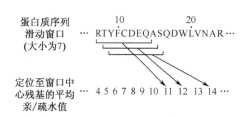

图 2.1　扫描窗口平均技术图示。

在所计算的亲/疏水分布图中，识别在结构上能说明特点的能力主要取决于扫描窗口的宽度，即在求和时所包括的氨基酸数目。对于某个特定的问题，在选取适当的窗口大小时，应当使用所要研究的结构特性的长度作为向导。例如，穿膜螺旋的长度约为 20 个残基，但球形蛋白质的螺旋则趋向于短很多。这样，在搜索穿膜螺旋时可选择较大的窗口，而对于预测表面位点或二级结构，7 或 9 个氨基酸的长度则更为合适。

阈值或临界值

为了便于分析亲/疏水分布图，定义一个阈值会很方便，即幅度。在这个幅度以上，被认为是某个连续区域一部分的某个特定氨基酸，必须要保留的亲/疏水值。对于某个特定的分布图，阈值的实际选择通常依靠经验。例如，如果要对已知膜蛋白序列的穿膜螺旋进行分析，则合适的阈值会是能够在亲/疏水分布图中画出约 20 个氨基酸峰的阈值。

应用

预测相互作用位点

在以阐明蛋白质（三维结构未知）的抗原结构和表面特性为主要目标的研究中，亲/疏水分布图有着广泛的用途。抗原位点一般位于蛋白质的表面，在蛋白质的表面，主要的疏水残基既暴露在溶剂中又易于与抗体进行相互作用，这样，在抗原位点和高疏水性区域之间可能会存在良好的相关性。亲/疏水分布图还可以突出蛋白质表面的其他特性。例如，在天然状态下，人的血红蛋白为四聚体，由两个 α 亚基和两个 β 亚基构成。在天然蛋白中，β亚基和α亚基互相折叠在一起，形成与球形蛋白质内部十分相像的完整区域，由于这些完整的区域是疏水的，因此可以通过检查亲/疏水分布图得知疏水性区域，通过这种方法来鉴定潜在的亚基相互作用表面。

分布图与二级结构的相关

亲/疏水分布图一个越来越重要的应用是其与二级结构预测工具（见第 2.2 单元）的联合使用。图 2.2 是白细胞介素 1β（IL-1β）的亲/疏水分布图，是应用 Eisenberg 量表（图 2.2A）与 Kyte 和 Doolittle 量表（图 2.2B）构建的，所用扫描窗口为 7 个氨基酸，分布图上部的实线条代表这种全 β 蛋白质晶体结构中所见到的 β 链的位置。尽管在 Kyte 和 Doolittle 法与 Eisenberg 法之间量表的幅度存在差异，但是在这两种分布图中，疏水性（最大峰）与 β 链的位置都具有较好的相关性，疏水性与 β 折叠结构元件的相关性能够直接反映这样一种事实，即 β 折叠通常位于蛋白质的疏水内部，这样，它们是由最能够与这种疏水环境相容的残基组成。亲水性（最小峰）与蛋白质转角的位置之间也具有很好的相关性，对于白细胞介素 1β 来说，在结构中鉴定到的所有转角基本上都与最小峰相对应。较大的 α 螺旋似乎都与最大峰相关。与 β 折叠一样，α 螺旋通常见于蛋白质疏水核的疏水区内。然而，由于两条螺旋亲水和疏水残基散在分布的特性，亲/疏水分布图在预测这些螺旋的位置时用途不大。而且，由于螺旋和折叠都可以形成最大峰，所以亲/疏水分布图不足以区分它们。当与蛋白质二级结构预测算法（见第 2.2 单元）联合使用时，二级结构与蛋白质亲/疏水特性的相关性最为密切。

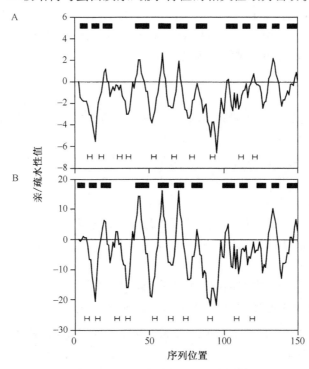

图 2.2 用 7 个氨基酸大小的扫描窗口得到的白细胞介素 1β 的亲/疏水性分布图。分布图上方的棒状线表明了 β 链的位置，分布图下面的线标记出转角的位置。A. 用 Eisenberg 量表得到的分布图；B. 用 Kyte 和 Doolittle 量表得到的分布图。

预测蛋白质的穿膜区

　　或许亲/疏水分布图最常见的用途是预测蛋白质的穿膜区。除了亲/疏水量表外，还有几种基于在蛋白质膜区域中每个氨基酸的统计学分布膜偏好性量表（preference scale），对已知膜蛋白的结构进行分析，能够将各种量表的预测规则进行优化。此外，对双分子层的疏水厚度进行估计能够对预测穿越双分子层所需螺旋氨基酸的最少数目提供指导，最少数目估计为 20。通过加入其他分析穿膜区亲/疏水分布图的规则，大大地方便了推定的穿膜螺旋的预测，也就是说，在分布图中最大值必须超过约 20 个残基。尽管能够对螺旋的位置进行可信地预测，但是，无论是 Kyte 和 Doolittle 法还是 GES 法都不能对穿膜区的边界进行准确的预测。值得庆幸的是，序列的可视化检查和穿膜螺旋的普通特性常可用来划出穿膜区和螺旋每一端的分界残基。对穿膜区都要考虑的一些常规特性如下：①穿膜区中的氨基酸约 75% 为疏水性的（Leu、Ile、Val、Met、Phe、Trp、Tyr、Cys、Ala、Pro 和 Gly）。②在约 20% 的穿膜螺旋中见到了脯氨酸残基，但只在 3% 的球形蛋白质中见到了脯氨酸残基。③在靠近穿膜螺旋和水的界面处成簇地存在芳香族残基。

　　对单次穿膜膜蛋白穿膜区氨基酸的位置偏好性已进行了鉴定，可以作为确定穿膜区末端的进一步指导；希望对于多中心膜蛋白来说，这些偏好性会相似。位置偏好性定义了具有以下特点的一个基序：一种细胞外末端侧翼区域（Asp、Ser 和 Pro）；一种细胞外-分界面区域（Trp）；一种穿膜结构域，主要由疏水性残基组成（Leu、Ile、Val、Met、Phe、Trp、Cys、Ala、Pro 和 Gly）；一种细胞内-分界面区域（Tyr、Trp 和 Phe）和一种细胞内末端侧翼区域（Lys 和 Arg）。对穿膜蛋白使用这些序列分析规则大大改善了使用亲/疏水分布图预测穿膜区的结果。

结论

1. 事实上掌握所有的亲/疏水量表都能够以同样的方式来揭示结构信息。选择合适的亲/疏水量表取决于实用和（或）个人喜好。

2. 对所要检查的结构元件，窗口扫描方法应当使用合适的窗口大小：对于预测表面位点或二级结构，使用 7 个或 9 个氨基酸大小的窗口；对于预测穿膜区，使用 19 个氨基酸大小的窗口。

3. 使用最小峰（亲水性）可以实现对相互作用位点的鉴定。

4. 对于蛋白质结构预测的方法学（见第 2.2 单元），蛋白质二级结构与亲/疏水分布图的相关性会很有用。

5. 使用各种不同的量表和方案能够对完整膜蛋白的穿膜区进行预测，应当使用可以利用的序列分析规则来增强对亲/疏水分布图的分析。

参考文献：Eisenberg 1984；Engleman et al. 1986；Hopp 1989；Hopp and Woods 1981；Kyte and Doolittle 1982

作者：Stanley R. Krystek, Jr., William J. Metzler and Jiri Novotny

2.2 单元 蛋白质二级结构预测

二级结构预测的方法

Chou 和 Fasman 法

　　最流行的二级结构预测方案是 Chou 和 Fasman（1974a，1974b）的统计学方法。基于一个蛋白质结构数据库，根据以下三种功能对每个氨基酸类型的构象偏好性参数集进行计算：①在每种蛋白质内某种特定氨基酸类型的相对频率；②在某种给定类型的二级结构内，这种氨基酸的出现率（occurrence）；③在每种类型的二级结构内出现的氨基酸残基的片段。依靠现有的构象偏好性参数，笔者推论出一套预测蛋白质二级结构的经验规则，这些初始的预测着眼于 α 螺旋、β 链和无规卷曲结构，后来根据日益增加的蛋白质信息进行了完善，包括对转角（Chou and Fasman 1977，1978a，1978b）和蛋白质类别（Chou 1989）的结构预测。

　　Chou 和 Fasman 的分析表明，对螺旋偏好性最大的残基位于靠近螺旋中心的地方，而对螺旋偏好性低的残基会成簇地出现在螺旋的末端。对于螺旋和链，残基被独立地分类为强构成元件（former）、构成元件、弱构成元件、无用元件（indifferent）、离解元件（breaker）和强离解元件。表 2.2 包含一个构象偏好性参数和完善后的构象指定（assignment）的列表，此结果是通过对 64 种蛋白质分析后得出的。将这些值与转角偏好性组合（表 2.3）来进行序列预测。

表 2.2　α 螺旋和 β 链ª 的构象偏好性和指定

α 螺旋			β 链		
残基	Pα	指定	残基	Pβ	指定
Glu	1.44	Hα	Val	1.64	Hβ
Ala	1.39	Hα	Ile	1.57	Hβ
Met	1.32	Hα	Thr	1.33	hβ
Leu	1.30	Hα	Tyr	1.31	hβ
Lys	1.21	hα	Trp	1.24	hβ
His	1.12	hα	Phe	1.23	hβ
Gln	1.12	hα	Leu	1.17	hβ
Phe	1.11	hα	Cys	1.07	hβ
Asp	1.06	hα	Met	1.01	Iβ
Trp	1.03	Iα	Gln	1.00	Iβ
Arg	1.00	Iα	Ser	0.94	iβ
Ile	0.99	iα	Arg	0.94	iβ
Val	0.97	iα	Gly	0.87	iβ
Cys	0.95	iα	His	0.83	iβ
Thr	0.78	iα	Ala	0.79	iβ
Asn	0.78	iα	Lys	0.73	bβ
Tyr	0.73	bα	Asp	0.66	bβ

α 螺旋			β 链		
残基	Pα	指定	残基	Pβ	指定
Ser	0.72	bα	Asn	0.66	bβ
Gly	0.63	Bα	Pro	0.62	Bβ
Pro	0.55	Bα	Glu	0.51	Bβ

a 引自 Chou (1989)。定义：Hα，强螺旋构成元件；hα，螺旋构成元件；Iα，弱螺旋构成元件；iα，无用元件；bα，螺旋离解元件；Bα，强螺旋离解元件；Hβ，强 β 链构成元件；hβ，β 链构成元件；Iβ，弱 β 链构成元件；iβ，无用元件；bβ，β 链离解元件；Bβ，强 β 链离解元件。

表 2.3　构象偏好性和 β 转角的指定^a

残基	偏好性	β 转角的位置偏好性[b]			
		f_i	f_{i+1}	f_{i+2}	f_{i+3}
Asn	1.56	Asn 0.161	Pro 0.301	Asn 0.191	Trp 0.167
Gly	1.56	Cys 0.149	Ser 0.139	Gly 0.190	Gly 0.152
Pro	1.52	Asp 0.147	Lys 0.115	Asp 0.179	Cys 0.128
Asp	1.46	His 0.140	Asp 0.110	Ser 0.125	Tyr 0.125
Ser	1.43	Ser 0.120	Thr 0.108	Cys 0.117	Ser 0.106
Cys	1.19	Pro 0.102	Arg 0.106	Tyr 0.114	Gln 0.098
Tyr	1.14	Gly 0.102	Gln 0.098	Arg 0.099	Lys 0.095
Lys	1.01	Thr 0.086	Gly 0.085	His 0.093	Asn 0.091
Gln	0.98	Tyr 0.082	Asn 0.083	Glu 0.077	Arg 0.085
Thr	0.96	Trp 0.077	Met 0.082	Lys 0.072	Asp 0.081
Trp	0.96	Gln 0.074	Ala 0.076	Thr 0.065	Thr 0.079
Arg	0.95	Arg 0.070	Tyr 0.065	Phe 0.065	Leu 0.070
His	0.95	Met 0.068	Glu 0.060	Trp 0.064	Pro 0.068
Glu	0.74	Val 0.062	Cys 0.053	Gln 0.037	Phe 0.065
Ala	0.66	Leu 0.061	Val 0.048	Leu 0.036	Glu 0.064
Met	0.60	Ala 0.060	His 0.047	Ala 0.035	Ala 0.058
Phe	0.60	Phe 0.059	Phe 0.041	Pro 0.034	Ile 0.056
Leu	0.59	Glu 0.056	Ile 0.034	Val 0.028	Met 0.055
Val	0.50	Lys 0.055	Leu 0.025	Met 0.014	His 0.054
Ile	0.47	Ile 0.043	Trp 0.013	Ile 0.013	Val 0.053

a 引自 Chou 和 Fasman (1977，1978a，1978b) 的值。

b 位置偏好性 f_i 的定义为：在一个 β 转角的 i 位置发现的某个特定氨基酸相对出现的频率。

　　已明确在氨基酸序列语法中螺旋的起始信号与终止信号是截然不同的，这对螺旋预测策略做出了很重要的贡献。蛋白质中 α 螺旋结构通常是通过靠近螺旋末端的未配对主链氨基和羧基与末端侧翼的氨基酸侧链之间形成交互的氢键来稳定的，螺旋末端残基指 N 帽和 C 帽。由于脯氨酸独特的表面形状，常常会在 N 帽＋1 的位置处见到这种氨基酸，而且被认为是 α 螺旋的起始氨基酸。典型地占据 α 螺旋 N 帽和 C 帽位置的残基如表 2.4 所示。

表 2.4 α螺旋[a] 中氨基酸的位置偏好性

作用	残基	作用	残基
氨基端稳定(N 帽)	Gly	氨基端去稳定	His($^+$),Lys,Arg
	Ser,Thr		Val,Leu,Ile,Met
	Asp,Glu	羧基端去稳定	Ser
	Asn,Gln		Asp
	His		Val,Leu,Ile,Met
羧基端稳定(C 帽)	Gly		
	Asn		
	His($^+$),Lys,Arg		

a Fersht 和 Serrone(1993),Presta 和 Rose(1998),Richardson 和 Richardson(1988)。残基以作用幅度增加的顺序排列。

Garnier、Osguthorpe 和 Robson 法

Garnier、Osguthorpe 和 Robson（GOR）法（Garnier and Robson 1989）是一种普及很广的二级结构预测方法，已捆绑进许多计算机软件包中，如遗传学计算机小组（GCG）的软件包。尽管 GOR 法整合了 Chou-Fasman 统计学方法的所有元素，但它还使用信息理论来做出最终的决定。

GOR 法在指定某个特定残基的构象时，考虑到了序列中与其相距较远的那些残基对此残基的影响。研究表明，残基构象的互相依赖可达相距 8 个氨基酸，在此基础上，GOR 法将单个残基的信息值指定到多肽链上的每个氨基酸，一个氨基酸的预测构象状态就是有最高阳性信息值的状态。GORIII 法是本方法的一个延伸，它使用配对的信息来代替方向信息。对于可能配对的氨基酸以及在中心残基 8 个氨基酸范围内的氨基酸，GORIII 法提取单个残基的信息值和配对的信息值。GOR 法预测的准确度与 Chou 和 Fasman 法相似，可用来检查 Chou 和 Fasman 法所获得的结果。

EMBL 分布图神经网络法

EMBL 分布图神经网络（EMBL profile neural network method）（PHD）预测法一个很重要的特点是使用了多序列比对（Rost and Sander 1993a，1993b），同源蛋白质通常具有完全相同的三维折叠（三级结构）。这样，用结构家族对多序列比对进行分组，并作为输入信息，要确定在预测时使用哪种蛋白质序列，PHD 法使用一种有权重的动态编程方法（MaxHom）来搜索序列数据库，产生输入序列的一个家族分布图，并对每个片段位置上的氨基酸频率进行计算，用于预测。结果表明，与单序列预测相比，多序列比提高二级结构预测的准确性大于 6%。

PHD 法使用一种参考网络或神经网络，这种网络在非同源蛋白质结构数据库上进行了训练和测试。这种结构预测的网络系统由三层组成，在第一层中，根据多比对序列来预测二级结构，结果传入第二层，在此综合考虑与蛋白质序列邻近的二级结构元件，从而能够允许最邻近的结构对蛋白质某一特定区域的结构产生影响，网络的第三层对经过不同训练网络的结果进行平均。

PSA 法

蛋白质序列分析（PSA）法（Stultz et al. 1993）是在没有任何同源蛋白质序列或结构信息的情况下计算某个已知氨基酸属于某个特定二级结构元件的可能性。为实现这种功能，已建立了 15 种具有相似二级结构和三级结构的单结构域蛋白质超类别（superclass）或巨类别（macroclass）的数学模型。进行结构预测时，PSA 法使用氨基酸序列来计算某个特定氨基酸残基被包含在每种建模二级结构元件中的可能性，同时也计算了所提交序列是某预先定义超类别的一个成员的可能性。这样，除了可对二级结构预测进行评定以外，PSA 法还能够提供包含在预测的结构超类别（structural superclass）中潜在的三级结构信息。

螺旋轮法

螺旋轮（helical wheel）是一种圆形图，代表从螺旋轴上方向下看所见到的视图。这种方法是用来发现被极性溶剂掩盖掉的带有疏水面的螺旋，用图形表示，能表明极性和（或）非极性残基朝螺旋的一个面成簇排列。

二级结构预测方法的应用

Chou 和 Fasman 法的应用

Chou 和 Fasman 法得到广泛应用的部分原因是这种方法应用简单、容易理解和分析时具有交互式的特性。而且，与其他方法相比，其预测的准确性也较好，需按以下步骤来使用这种方法。

1. 为了计算多肽主链上的 α 螺旋、β 折叠和转角的概率，通过平均技术（见第 2.1 单元的扫描窗口平均技术）将每种类型二级结构的构象偏好性参数进行了局部的平滑。
2. 将 α 螺旋、β 折叠和转角的概率对序列位置作图，以便进行解释。一般情况下，根据最高的曲线来指定构象（图 2.3）。

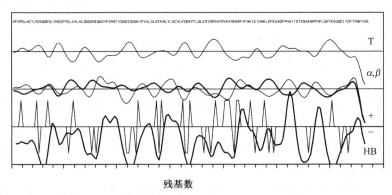

残基数

图 2.3 使用 Chou 和 Fasman 法对白细胞介素 1β 进行二级结构预测。在氨基酸序列下给出了转角预测（T）、α 螺旋（细线）和 β 链（粗线）预测、正电荷（向上的齿）和负电荷（向下的齿）的位置，这是从氨基酸侧链和疏水性分布图（HB）得来的。

3. 根据构象偏好性参数，将氨基酸指定为 α 螺旋和 β 折叠区的构成元件、离解元件或无用元件。
4. 程序的可选项通常包括基于 Chou 和 Fasman 规则的完全预测，可将 Chou 和 Fasman 规则与序列分析方法（例如，使用其他经验性的方法，如疏水性分布图作图、柔性预测、带电荷残基作图和表面概率计算）组合使用，用户也可以在交互式的环境下进行预测（表 2.5）。

表 2.5　二级结构相关性

结构	特性
β 链	通常与疏水峰相对应
	β 分支的氨基酸（Val、Ile、Thr）最典型
	带正电荷的残基相对丰富
	实际上带负电荷的残基（Glu）从不出现
	平均残基长度为 7，在疏水性图上形成短的尖峰
	β 突出（bulge）会出现在边界（edge）链，通常是小氨基酸和甘氨酸（如免疫球蛋白 V 折叠，G 链中的 Gly-Xxx-Gly 序列）
α 螺旋	疏水峰较长，具有精细的结构（齿状）。理想状态下，精细结构表现出 $n+4$ 的循环
	典型的有 Glu、Ala、Leu
	在 N 帽和 C 帽的位置存在氨基酸偏好性
	脯氨酸能够出现在球形蛋白质螺旋的第一个转角，而且大多数情况下占据 N 帽＋1 的位置
	脯氨酸"纽结"螺旋，在穿膜螺旋中出现得很多
	甘氨酸通常出现在 C 帽位置
	疏水残基通常占据 N 帽＋4 和 C 帽－4 的位置
	螺旋可能会被彻底包埋，不表现出两亲性

GOR 法的应用

GOR 法被集成到许多商业和学术蛋白质结构分析软件包中。这种方法能够提供某个特定残基处于一种特定构象状态的估计概率，而且用户只需要输入目的序列就可以预测氨基酸的构象。GOR 法有两种输出形式：第一种是从本方法预测得到的转角、α 螺旋和 β 链的图形；第二种是整个蛋白质结构预测的总结，这与 Chou 和 Fasman 法相似。

PHD 法的应用

只有通过电子邮件或因特网（http：//protein.html）才能进入 PHD 法。要使用 PHD 法进行序列分析，只需要将序列提供给 EMBL PredictProtein 服务器。此外，也可以提交预先比对好的序列或要在这种预测方法中使用的确定的同源序列集。如果只提交了单条序列，程序会搜索序列数据库，一旦发现了同源序列，就会根据多序列比对进行序列预测。本法的输出由几页组成，描述网络和分析结果，包括与本分析中所用的序列比对具有同源性的任何蛋白质的列表、可及性（accessibility）的定义和预测准确性的可信度系数。这种方法可提供溶剂可及性和二级结构的预测。

PSA 法的应用

被称作蛋白质序列分析（PSA）系统的电子邮件服务器（psa-request@darwin.bu.edu）接受以蛋白质氨基酸序列为输入格式的服务。在序列分析完成后，服务器向查询者返回 4 个输出文件：①总结三级结构类型概率和最可能的超类别的文本文件；②包含类别和超类别概率图形的文件；③含有用轮廓图表示的二级结构概率分布的文件；④包含用二维图表示的二级结构概率分布的文件。

参考文献：Chou 1989；Chou and Fasman 1974a，1974b，1977，1978a，1978b；Garnier and Robson 1989；Rost and Sander 1993a，1993b；Stultz et al. 1993

作者：Stanley R. Krystek，Jr.，William J. Metzler and Jiri Novotny

2.3 单元　使用 BLAST 程序家族进行序列相似性搜索

进入 BLAST 程序和文档

最早和最流行的进入 BLAST 程序组的方法是通过美国国家生物技术信息中心（NCBI）的因特网站点，网址是：http://www.ncbi.nlm.nih.gov/BLAST/。对于要在不公开的本地数据库或下载的 NCBI 数据库复本上运行 BLAST 的用户，NCBI 提供 BLAST 程序的单机版本，为最新版本的 IRIX、Solaris、DEC OSF1 和 Win32 系统提供了 BLAST 二进制程序和文档，可以在 NCBI 匿名 FTP 服务器上找到 BLAST 2.0 的可执行文件，网址为：ftp://ncbi.nlm.nih.gov/blast/executables/。

BLAST 也可以作为客户服务器程序来运行，在这种情况下，用户在本地机上安装客户端软件，本地机通过网络与 NCBI 的服务器进行通讯，这对要在 NCBI 数据库上进行大量搜索的研究人员特别有用，可在 NCBI 匿名 FTP 服务器上找到 BLAST 客户端软件，网址为：ftp://ncbi.nlm.nih.gov/blast/network/netblast。

使用 NCBI 的 BLAST 电子邮件服务器，将含有核苷酸或蛋白质查询序列的正确格式的电子邮件信息发送到 blast@ncbi.nlm.nih.gov，也可以进行相似的搜索，查询序列与指定的数据库进行比较后，用电子邮件的形式返回结果，要得到如何使用电子邮件 BLAST 搜索的信息，发送一条含有"HELP"的信息到上述地址。

本单元主要介绍能在 NCBI 网站上进行的 BLAST 搜索，其他方法主要提供给 BLAST 的高级用户或那些有特殊需要的用户，对于这些服务中的任何一种如果有问题可以直接与 blast-help@ncbi.nlm.nih.gov 联系。

BLAST 介绍

基本和高级 BLAST 搜索

BLAST 2.0 有基本和高级两种版本。在两种版本中，用户都可以选择 BLAST 程序的类型和所要搜索的数据库，而且可以选择是否对查询序列进行过滤以屏蔽低复杂度的区域。高级版本还允许用户修改参数。对于大多数研究人员来说，基本版本（使用默认参数）已足够。

BLAST 程序

已开发出 5 种 BLAST 程序,来保证序列相似性搜索(使用多种核苷酸和蛋白质查询序列和数据库)(表 2.6)。所要运行的 BLAST 搜索的类型取决于所希望得到的信息类型。

表 2.6 BLAST 搜索程序

程序	查询序列	数据库序列	备注
BLASTP	蛋白质	蛋白质	可用标准的方式运行,或用更灵敏的迭代方式(PSI-BLAST),它用以前的搜索结果来建立一个后一轮相似性搜索的分布图
BLASTN	核苷酸 (两条链)	核苷酸	对有关速度的(而不是灵敏度的)参数进行了优化,不是为了发现远缘的编码序列。能够对查询序列的互补链自动进行检查
BLASTX	核苷酸 (6 种可读框翻译)	蛋白质	对可能存在移框错误的原始数据[EST、HTG 和其他"单边"序列(single-pass sequence)]特别有用
TBLASTN	蛋白质	核苷酸 (6 种可读框翻译)	在 EST 数据库中对查询序列进行搜索时是必需的,常对发现数据库序列中的未知可读框或移框错误有用
TBLASTX	核苷酸 (6 种可读框翻译)	核苷酸 (6 种可读框翻译)	只有在 BLASTN 和 BLASTX 未找到结果时才使用,只限于搜索 EST、STS、HTGS、GSS 和 Alu 数据库

NCBI 数据库

在序列相似性搜索的过程中,一个最常见的错误是未能使用最新的数据库进行搜索。NCBI 创建了 GenBank 数据库,并每天更新,而且每天都与日本 DNA 数据库(DDBJ)和欧洲分子生物学实验室(EMBL)进行数据共享。使用 BLAST 网页、客户端服务器或电子邮件服务器进行 NCBI 数据库搜索,可以保证进入最新的数据库。NCBI 提供了大量的数据库来进行序列相似性搜索,在以下网址有数据库的最新列表和描述:http://www.ncbi.nlm.nih.gov/BLAST/blast_databases.html。

设定查询序列的格式

使用 BLAST 网页的用户可以通过以下方式来开始搜索:直接输入序列,或如果在序列数据库中已有这条序列,则可以输入数据库的登录号或 NCBI 的 gi 识别符。输入新序列的首选格式为所谓的 FASTA 格式,但是,如果序列不是 FASTA 格式,或序列中间有数字和空格的话,BLAST 仍然会接受查询。FASTA 格式的序列开始是一行描叙,接着是几行序列信息,描叙行与序列信息之间通过头一栏中的">"(大于)符号来区分。FASTA 格式的序列实例:

```
>aaseq Human choroideremia protein
MADNLPTEFDVVIIGTGLPESILAAACSRSGQRVLHIDSRSYYGGNWASFSFSGLLSWLKEYQQNNDIGE
...NNVVMAKLESSEESKNLESPEKHLQN
```

省略符号代表其他的序列，实际上，上述序列的完整序列已经在 NCBI 数据库中，gi 识别符为 116365，Swiss-Prot 登录号为 P26374。在 BLAST 网页上可以输入这两种识别符中的任意一种。识别符的类型（用于核苷酸序列或蛋白质序列）必须与这种搜索中所用的查询序列的类型相匹配，通过搜索 NCBI 的 Entrez 核苷酸数据库（网址：http://www.ncbi.nlm.nih.gov/Entrez），可以得到由核苷酸登录号编码的蛋白质序列的识别符。

过滤程序

无论核苷酸序列还是蛋白质序列可能都会含有低复杂度的区域，即含有同聚序列（homopolymeric tract）、短重复序列（short-period repeat）或富含一种或仅仅少数残基片段的区域。这种低复杂度区域通常会产生假的 BLAST 高分，这种高分反映了组成的偏差，但不能反映有意义的位置对位置性的比对。对查询序列进行过滤（即对核苷酸序列中的重复序列用字符串 n 代替，蛋白质序列中的重复序列用 X 代替）能够避免潜在的易于混淆的配对，如与数据库中的低复杂度、富含脯氨酸的区域或 poly（A）尾命中（hit）。通过默认设置，通过 NCBI BLAST 网页进行的所有搜索都自动对查询序列进行过滤，BLAST 客户端、电子邮件服务器和单机程序也都自动过滤。然而，也可以关闭过滤，甚至在 BLAST 网页上也可以关闭过滤。在最后的 BLAST 报告中，被过滤掉的序列用字符串 n 或 X 表示（nnnnnnnnnn 或 XXXXXXXXX）。

查看 BLAST 结果

默认方法是将结果显示在用户开始搜索的浏览器窗口中，并带有超文本链接，能够更容易地分析结果。由于 BLAST 服务器可能会忙，有时通过电子邮件接收 BLAST 结果会更有效。电子邮件结果可以是纯文本格式或 HTML 格式。HTML 格式的结果必须在网页浏览器中打开，而且所形成的文件含有超文本链接。

BLAST 程序

BLASTP

BLASTP 程序将要查询的蛋白质序列与蛋白质数据库进行比较，结果见图 2.4。BLASTP 搜索的命中列表见图 2.5。命中列表的每一行由 4 个字段组成。第一个字段包括数据库名称、登录号和匹配序列的座位（locus）名称，由竖线隔开。第二个字段含有序列简短的文本描叙。第三个字段含有比对得分 [单位为比特（bit）]。得分较高的命中位于列表的顶端。用很常规的术语来讲，这个得分是用一个公式计算的，在这个公式中考虑到了相似或完全相同的残基，也考虑到了为了使序列对位排列而必须要引进的间隔（gap）。第四个字段含有期望（E）值，它能对统计学意义进行估计。E 值反映了当随机进行分析时，多少次才能见到这样的得分。统计分析在 E 值<0.05 时认为有意义。然而，对比对的检验需要确定生物学意义。在命中列表中显示的命中数的默认值最多为 500。

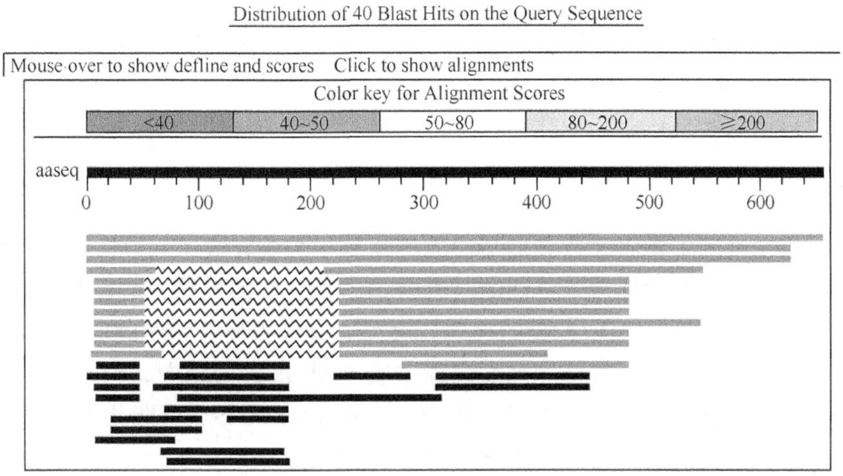

图 2.4 BLASTP 报告。

Sequences producing significant alignments:	Score (bits)	E Value
sp|P26374|RAE2_HUMAN RAB PROTEINS GERANYLGERANYLTRANSFERASE COM...	1223	0.0
sp|P24386|RAE1_HUMAN RAB PROTEINS GERANYLGERANYLTRANSFERASE COM...	881	0.0
sp|P37727|RAE1_RAT RAB PROTEINS GERANYLGERANYLTRANSFERASE COMPO...	856	0.0
sp|P39958|GDI1_YEAST SECRETORY PATHWAY GDP DISSOCIATION INHIBITOR	127	6e-29
sp|P50397|GDIB_MOUSE RAB GDP DISSOCIATION INHIBITOR BETA (RAB G...	124	5e-28
sp|P21856|GDIA_BOVIN RAB GDP DISSOCIATION INHIBITOR ALPHA (RAB ...	122	1e-27
sp|P50398|GDIA_RAT RAB GDP DISSOCIATION INHIBITOR ALPHA (RAB GD...	122	1e-27
sp|P31150|GDIA_HUMAN RAB GDP DISSOCIATION INHIBITOR ALPHA (RAB ...	122	2e-27
sp|P50395|GDIB_HUMAN RAB GDP DISSOCIATION INHIBITOR BETA (RAB G...	121	4e-27
sp|Q10305|YD4C_SCHPO PUTATIVE SECRETORY PATHWAY GDP DISSOCIATIO...	121	4e-27
sp|P50399|GDIB_RAT RAB GDP DISSOCIATION INHIBITOR BETA (RAB GDI...	120	7e-27
sp|P32864|RAEP_YEAST RAB PROTEINS GERANYLGERANYLTRANSFERASE COM...	98	5e-20
sp|P50396|GDIA_MOUSE RAB GDP DISSOCIATION INHIBITOR ALPHA (RAB ...	80	9e-15
sp|Q49398|GLF_MYCGE UDP-GALACTOPYRANOSE MUTASE	35	0.35
sp|P24588|AK79_HUMAN A-KINASE ANCHOR PROTEIN 79 (AKAP 79) (CAMP...	35	0.46
sp|P36225|MAP4_BOVIN MICROTUBULE-ASSOCIATED PROTEIN 4 (MICROTUB...	34	0.79
sp|Q46337|SOXA_CORSP SARCOSINE OXIDASE ALPHA SUBUNIT	34	0.79
sp|P30599|CHS2_USTMA CHITIN SYNTHASE 2 (CHITIN-UDP ACETYL-GLUCO...	33	1.4
sp|P53911|YNN6_YEAST HYPOTHETICAL 49.4 KD PROTEIN IN NAM9-FPR1 ...	32	2.3
sp|P75499|GLF_MYCPN UDP-GALACTOPYRANOSE MUTASE	32	2.3
sp|P37747|GLF_ECOLI UDP-GALACTOPYRANOSE MUTASE	32	3.1
sp|P40142|TKT_MOUSE TRANSKETOLASE (TK) (P68)	32	4.0
sp|P10587|MYSG_CHICK MYOSIN HEAVY CHAIN, GIZZARD SMOOTH MUSCLE	32	4.0
sp|P50137|TKT_RAT TRANSKETOLASE (TK)	32	4.0
sp|Q02455|MLP1_YEAST MYOSIN-LIKE PROTEIN MLP1	31	5.2
sp|P52538|DNBI_HSV6Z MAJOR DNA-BINDING PROTEIN (MDBP)	31	6.9
sp|P52338|DNBI_HSV6U MAJOR DNA-BINDING PROTEIN (MDBP)	31	6.9
sp|P37637|YHIV_ECOLI HYPOTHETICAL 111.5 KD PROTEIN IN HDED-GADA...	31	9.0
sp|Q02469|FRDA_SHEPU FUMARATE REDUCTASE FLAVOPROTEIN SUBUNIT PR...	31	9.0
sp|Q01550|TANA_XENLA TANABIN	31	9.0
sp|P49731|MIS5_SCHPO MIS5 PROTEIN	31	9.0

图 2.5 BLASTP 报告命中列表的实例。

BLASTX

BLASTX 搜索能够将要查询的核苷酸序列进行 6 种可读框的翻译后与蛋白质数据库进行比较。当研究人员对一个 DNA 分子进行了测序，但不知道编码序列的读框、可读框的开始或终止，或不知道编码蛋白质的功能，这时最常用 BLASTX。对分析可能含有测序错误或移框错误的原始序列（如 EST、HTG 或 GSS）信息也很有用，对 NC-BI 的 nr 蛋白质数据库进行 BLASTX 搜索能够快速地找到核苷酸序列中的可读框与任何已定性蛋白质之间的任何相似性。

TBLASTN

TBLASTN 搜索能够将要查询的蛋白质序列与一个核苷酸序列数据库的 6 种可读框翻译结果进行比较。在发现与未定性的（有时是质量较低的）核苷酸序列（如在 EST、STS、HTGS 和 GSS 数据库中发现的序列）可读框编码的蛋白质序列的新相似性方面，TBLASTN 搜索特别有用。这些序列的翻译未收录到 nr 数据库中，因为这些序列尚未注释。TBLASTN 最常用于搜索与目的蛋白相似的 EST，EST 可能代表来源于不同物种或基因家族其他成员蛋白质的直系同源物（ortholog）。

BLASTN

BLASTN 是对速度进行了优化，而不是对灵敏度进行了优化。这种算法使用一种简单的系统来评定比对，匹配给正分，不匹配给负分。只有在要对核苷酸序列进行直接比较时才应当使用 BLASTN。BLASTN 的结果不应当用于对编码蛋白质的功能进行任何预测。一般情况下，涉及蛋白质比较的搜索更加准确，这是因为蛋白质所用的字母表较大（蛋白质有 20 种残基，而核苷酸只有 4 种），而且遗传密码有简并性（具有不同三个碱基的两个密码子通常会编码同一种氨基酸）。用于蛋白质比较的更为复杂的评分系统也考虑了不同残基之间的相似性。

PSI-BLAST

位点特异性迭代 BLAST（PSI-BLAST）先进行常规的 BLASTP，但随后使用最有意义的点在内部计算一种分布图。分布图可以被理解为一个表，在这个表中列出了在保守的蛋白质结构域的每个位置上发现一个残基的概率，使用查询序列和最有意义匹配之间的保守区域来计算分布图。通常认为这些区域对蛋白质的功能十分重要。然后可使用分布图进行另一轮搜索（迭代），再将新的命中也加入到分布图中，使用上一次迭代结果计算的新分布图，还可以重复新一轮循环。每次 PSI-BLAST 迭代都考虑前一轮发现的最有意义的序列（即那些低于包括在分布图中阈值的序列）。这种算法比 BLASTP 更准确，而且更有可能发现远缘关系的序列。

参考文献：Altschul et al. 1994, 1997
作者：Tyra G. Wolfsberg and Thomas L. Madden

2.4 单元 因特网上的蛋白质数据库

在本单元中要讨论的数据库的网址及其他网址列在表 2.7 中。

表 2.7 部分蛋白质数据库的网址和容量

数据库	网址	容量[a]
序列		
GeneCards	http://bioinfo.weizmann.ac.il/cards/	14 519 个基因
Genome Channel	http://compbio.ornl.gov/channel/	NA
KEGG	http://www.genome.ad.jp/kegg/	433 051 个基因
nr	http://www.ncbi.nlm.nih.gov/BLAST/	1 296 341 条序列
OWL	http://www.bioinf.man.ac.uk/dbbrowser/OWL/	279 796 条序列
PEDANT	http://pedant.mips.biochem.mpg.de	NA
PIR	http://pir.georgetown.edu	1 173 204 条序列
PRF	http://www.genome.ad.jp/htbin/www_bfind?prf	216 752 条序列
SwissProt	http://www.expasy.ch/sprot/sprot-top.html	123 192 条序列
SYSTERS	http://systers.molgen.mpg.de/	290 811 条序列
TrEMBL	http://www.expasy.ch/sprot/sprot-top.html	829 760 条序列
结构		
3Dee	http://www.compbio.dundee.ac.uk/3Dee/	NA
BioMagResBank	http://www.bmrb.wisc.edu	2494 个结构
EBI-MSD	http://msd.ebi.ac.uk	NA
Enzyme Structures	http://www.biochem.ucl.ac.uk/bsm/enzymes/	10 208 个结构
GRASS	http://trantor.bioc.columbia.edu/GRASS/	NA
Image Library	http://www.imb-jena.de/IMAGE.html	NA
MolMovDB	http://bioinfo.mbb.yale.edu/MolMovDB/	NA
PDB	http://www.rcsb.org/pdb/	20 473 个结构
PDBsum	http://www.biochem.ucl.ac.uk/bsm/pdbsum	21 361 个结构
PRESAGE	http://presage.berkeley.edu/	NA
STING	http://trantor.bioc.columbia.edu/STING/	NA
WPDB	http://www.sdsc.edu/pb/wpdb/	>6000 个结构
序列家族		
BLOCKS	http://www.blocks.fhcrc.org/	8656 blocks
COG	http://www.ncbi.nlm.nih.gov/COG/	104 101 条序列
DOMO	http://www.infobiogen.fr/services/domo/	83 054 条序列
Pfam	http://www.sanger.ac.uk/Pfam/	5193 个家族
PRINTS	http://www.bioinf.man.ac.uk/dbbrowser/PRINTS/	1750 个位点
ProClass	http://pir.georgetown.edu/gfserver/proclass.html	155 868 条序列
ProDom	http://protein.toulouse.inra.fr/prodom.html	481 952 条序列
PROSITE	http://www.expasy.ch/prosite/	1614 个位点
SBASE	http://hydra.icgeb.trieste.it/~kristian/SBASE/	338 655 条序列
结构家族		
CATH	http://www.biochem.ucl.ac.uk/bsm/cath/	36 480 个结构域

数据库	网址	容量[a]
CE	http://cl.sdsc.edu/ce.html	NA
CL	http://cl.sdsc.edu/cl1.html	NA
Dali Domain Dictionary	http://columba.ebi.ac.uk:8765/holm/ddd2.cgi	771 个结构域类别
FSSP	http://www2.ebi.ac.uk/dali/fssp/	3242 个家族
HOMSTRAD	http://www-cryst.bioc.cam.ac.uk/~homstrad/	1033 个家族
HSSP	http://swift.embl-heidelberg.de/hssp/	NA
PartsList	http://bioinfo.mbb.yale.edu/align/	NA
SCOP	http://scop.mrc-lmb.cam.ac.uk/scop/	17 406 个结构
VAST	http://www.ncbi.nlm.nih.gov/Structure/VAST/vast.shtml	>18 000 个结构域
功能家族		
Breast Cancer Gene	http://condor.bcm.tmc.edu/ermb/bcgd/	NA
EF-hand CaBP	http://structbio.vanderbilt.edu/cabp_database/	NA
GPCRDB（receptors）	http://www.gpcr.org/7tm/	NA
MEROPS（peptidase）	http://merops.sanger.ac.uk/	NA
MHCPEP（peptides）	http://wehih.wehi.edu.au/mhcpep/	13 000 种肽
O-GlycBase	http://www.cbs.dtu.dk/databases/OGLYCBASE/	242 种糖蛋白
PDD	http://www-lecb.ncifcrf.gov/PDD/	NA
PROCAT	http://www.biochem.ucl.ac.uk/bsm/PROCAT/PROCAT.html	NA
RNase P	http://www.mbio.ncsu.edu/RNaseP/home.html	NA
Tumor Gene	http://condor.bcm.tmc.edu/oncogene.html	>300 种基因
结合		
BIND	http://binddb.org	15 141 种相互作用
DIP	http://dip.doe-mbi.ucla.edu	22 229 种相互作用
GRID	http://biodata.mshri.on.ca/grid/	13 819 种相互作用
Protein-Protein Interface	http://www-lmmb.ncifcrf.gov:80/~tsai/	NA
ReLiBase	http://relibase.rutgers.edu/	11 938 种蛋白质
能量学		
ProTherm	http://www.rtc.riken.go.jp/jouhou/Protherm/protherm.html	13 046 个条目
参考文献		
MEDLINE	http://www.ncbi.nlm.nih.gov/PubMed/	>12 000 000 个引用
SeqAnalRef	http://www.expasy.ch/seqanalref/	NA
复合的		
3DinSight	http://www.rtc.riken.go.jp/jouhou/3dinsight/3dinsight.html	NA
Entrez	http://www.ncbi.nlm.nih.gov/Entrez/	NA
SRS	http://srs.ebi.ac.uk	264 种数据库

a NA,在印刷时容量未知,截止至 2003 年 3 月。

蛋白质结构数据库

在国际上，对蛋白质结构处理和分配的惟一贮存库是蛋白质信息数据库（protein data bank，PDB；http://www.rcsb.org/pdb/）。PDB 中的大多数结构都是通过 X 射线晶体学和核磁共振（NMR）的实验而确定的。每个 PDB 条目由一个四字符的识别符

（PDB ID）来表示，在这种识别符中，第一个字符总是 0～9 中的一个数字（如 1cau，256b）。

PDB 提供三种搜索方法：通过 PDB ID、通过 SearchLite 和通过 SearchFields。SearchLite 是一种简单的关键词搜索，例如，使用蛋白质名称或作者名；使用 Search-Fields（作为一种高级搜索引擎）搜索时，允许用户指定蛋白质的特性，如酶委员会（EC）编号、结合配体的名称、蛋白质大小的范围、X 射线结构分辨率的范围和二级结构的内容。

PDB 文件格式仍然是蛋白质学术界所用的主要格式，由三部分组成：注解、坐标和连接（connectivity）。连接部分表明原子间的化学连接，是可选项，它列在 PDB 文件的尾部，开始行是关键词 coinfect；坐标行的每一行是一个原子的三维坐标，由 ATOM（对标准的氨基酸）或 HETATM（对非标准的基团）开始，每一行表明原子序号、正交坐标（三个值）、占有率（occupancy）、温度系数和片段识别符；PDB 文件格式的注解部分包括几十种可能的记录类型，包括 HEADER（蛋白质名称和发行日期）、COMPND（条目的分子成分）、SOURCE（生物来源）、AUTHOR（作者列表）、SS-BOND（二硫键）、SLTBRG（盐桥）、SITE（组成重要位点的基团）、HET（非标准的基团或残基；异型杂种）、MODRES（对标准残基的修饰）、SEQRES（主链残基的原始序列）、HELIX（螺旋亚结构）、SHEET（折叠亚结构）和 REMARK（其他信息和注释）。

当浏览器的设置支持虚拟现实建模语言（virtual reality modeling language，VRML）察看器、RasMol、Chime 或 QuickPDB 时，PDB 允许用户通过这些免费绘制工具交互察看分子结构。PDB 提供有关蛋白质的相关信息，如二级结构比对和几何结构。每个 PDB 条目还链接了大量来自于二级数据库的注解。

蛋白质家族数据库

根据蛋白质的进化、结构或功能的关系，可以将其分类。一个蛋白质在置于其家族的情况下要比单个蛋白质本身能提供更多的信息。例如，在整个家族都保守的残基常预示着具有特殊的功能，分类在同一功能家族的两个蛋白质会表明它们具有相似的结构，即使两者的序列之间并无明显的相似性。

基于序列的蛋白质家族数据库

基于序列的蛋白质家族是根据多序列比对分布图而分类的，分布图可以包括一个长结构域（典型情况下为 100 个残基或更长），也可以只包括短的序列基序。几种基于序列的方法主要使用长结构域的分布图，包括 Pfam、ProDom、SBASE 和蛋白质直系同源簇数据库（clusters of orthologous group，COG）。这些方法的不同之处是用于构建家族的技术不同。Pfam 使用隐马尔科夫模型来构建许多常见蛋白质结构域的多序列比对；ProDom 蛋白质结构域数据库是由基于递归（recursive）PSI-BLAST 搜索的直系同源结构域组成的（见第 2.3 单元）；SBASE 是通过 BLAST 邻域（neighbor）组织的，并通过决定各种功能性和结构性结构域的标准蛋白质名称进行分类；COG 在很广的种系发生范围内确定直系同源物家族，其主要目标是发现远古的保守结构域。

一些方法基于序列中小保守基序的"指纹",如 PROSITE、PRINTS 和 BLOCKS。在蛋白质序列家族中,一些区域的保守性在进化的过程中要比其他区域好。这些区域通常对于蛋白质的功能或对其三级结构的维持是很重要的,所以适合于指纹法。可用指纹将新测序的蛋白质归类到某个特定的家族中。

其他基于序列的蛋白质家族数据库由多种来源组成。ProClass 数据库是一个非冗余蛋白质数据库,它根据 PROSITE 模式和 PIR 超家族联合定义的家族关系进行组织。MEGACLASS 服务器提供由不同方法进行的分类,包括 Pfam、BLOCKS、PRINTS、ProDom 和 SBASE。MOTIF 搜索引擎(http://motif.genome.ad.jp/)包括 PROSITE、BLOCKS、ProDom 和 PRINTS。

基于结构的蛋白质家族数据库

通过结构-结构比较,在结构中可以很清楚地揭示蛋白质之间的层次结构(hierarchical)关系。不同的结构-结构比较方法产生不同的结构家族。CATH(类型、构架、拓扑学和同源超家族)是一种蛋白质结构域结构的层次分类数据库;CE(Combinatorial Extension of the optimal path)提供 PDB 条目的结构邻域(structural neighbor),包括结构-结构比对和三级叠加(superposition);FSSP(基于蛋白质结构-结构比对的折叠分类)除了基于全链的分类、序列邻域(sequence neighbor)和多结构比对外,还能提供蛋白质家族树(protein family tree)和结构域字典(domain dictionary);SCOP(蛋白质结构分类)使用增强的手工分类、类别、折叠、超家族和家族分类;VAST(矢量比对搜索工具)包括有代表性的结构比对和三维叠加。在这 5 种数据库中,SCOP 提供与功能更相关的信息。

基于功能的蛋白质家族数据库

有多种蛋白质功能家族数据库是从不同侧重面进行分类的。ENZYME 数据库包含各种酶的以下信息:EC 号、推荐的名称、可选名称、催化活性、辅因子、进入 Swiss-Prot 条目的指针和与该酶缺乏有关的任何疾病的指针。PROCAT 是一个三维酶活性位点模板的数据库;基于生物医学文献,PDD(蛋白质疾病数据库)建立了疾病与在血清、尿和其他常规人体液中可见到的蛋白质的关系。

参考文献:Bairoch and Apweiler 1999;Bernstein et al. 1977
作者:Dong Xu and Ying Xu

2.5 单元 蛋白质三级结构预测

本单元讨论了三种类型的三级结构预测:同源性建模、折叠子识别[包括线程法(threading)]和从头结构预测(ab initio structure prediction)。表 2.8 列出了许多蛋白质结构预测工具的网址。

表 2.8　蛋白质结构预测工具的网址

程序	网址	类型[a]
序列比对		
ALIGN	http://www2.igh.cnrs.fr/bin/align-guess.cgi	服务器
BLAST	http://www.ncbi.nlm.nih.gov/BLAST/	服务器
FASTA	http://www.embl-heidelberg.de/cgi/fasta-wrapper-free	服务器
KESTREL	http://www.cse.ucsc.edu/research/kestrel/	服务器
SSEARCH	http://vega.igh.cnrs.fr/bin/ssearch-guess.cgi	服务器
同源性建模		
COMPOSER	http://www-cryst.bioc.cam.ac.uk	SGI 可执行程序
CONGEN	http://www.congenomics.com/congen/congen toc.html	可执行程序
CPHmodels	http://www.cbs.dtu.dk/services/CPHmodels/	服务器
MODELLER	http://guitar.rockefeller.edu/modeller/	可执行程序
SwissModel	http://www.expasy.ch/swissmod/SWISS-MODEL.html	服务器
WHAT IF	http://www.sander.embl-heidelberg.de/whatif/	可执行程序
序列分布图法		
PSI-BLAST	http://www.ncbi.nlm.nih.gov/BLAST/	服务器
SAM-T99	http://www.cse.ucsc.edu/research/compbio/sam.html	服务器
单元势线程法		
123D	http://www-lmmb.ncifcrf.gov/~nicka/123D.html	服务器
SAS	http://www.biochem.ucl.ac.uk/bsm/sas/	服务器
UCLA-DOE	http://www.doe-mbi.ucla.edu/people/frsvr/frsvr.html	服务器
对势线程法		
NCBI Package	http://www.ncbi.nlm.nih.gov/Structure/	可执行程序
PROSPECT	http://compbio.ornl.gov/structure/prospect/	可执行程序
THREADER	http://bioinf.cs.vcl.ac.uk/threader	可执行程序
ToPLign	http://cartan.gmd.de/ToPLign.html	服务器

a 未指定机型的可执行文件可在多种平台上运行。缩写：GUI，图形用户界面；SGI，Silicon Graphic,Inc.。

同源性建模

同源性建模法通常由三步组成：①用已知的三级结构创建蛋白质模板，并将查询序列和其模板进行比对；②根据查询蛋白质与模板结构的比对，建立查询蛋白质的模型；③评定模型的质量。

模板搜索和比对

常规的同源性建模要求查询序列和其模板之间有足够的序列相似性，以便使用成对序列-序列比对能够识别模板，并创建明确的比对。最常用的序列-序列比对工具是BLAST（见第2.3单元）。使用BLAST对蛋白质数据库（PDB，见第2.4单元）进行搜索可能是进行同源性建模最好的起始点，如果选定的模板或比对存在任何的不确定性，可以使用更灵敏但较慢的方法，如 FASTA 和 Smith-Waterman 比对（附加在SSERACH 和 KESTREL 中，表2.8）。

建立原子模型

一些自动同源性建模服务器［如 SwissProt（见第 2.6 单元）和 CPHmodels］提供提交序列的界面，可以在此界面上直接得到模型，或通过电子邮件得到模型。WHAT IF 程序提供了可选项，可以快速地创建一个粗略的模型，或使用更好但较慢的方法来创建一个结构。另一个程序是 COMPOSER，它有免费的学术用版本，也集成在商业分子建模软件包 SYBYL 中。最常用的同源性建模程序是 MODELLER，模型结构先使用扩展（extended）链，然后通过使查询序列和其结构已知模板之间比对的空间限制（spatial restraint）达到要求，折叠成一个精密的模型，特别是它尝试从模板结构中保存主链的二面角或氢的成键特征。同时，MODELLER 使用物理力场来避免原子内的碰撞（clash），在比对内有间隙的环状（loop）区，MODELLER 使用来自于许多三级结构已知蛋白质比对的统计学信息。通过与模拟退火的共轭梯度（conjugate gradient）和分子动力学进行优化，得到最终的三维模型。使用 MODELLER 创建一个模型需要至少三个输入文件：模板的三维坐标文件、查询序列与模板之间的比对文件，以及运行 MODELLER 的一个脚本文件。

模型评定和修善

模型的质量主要取决于查询蛋白质和模板之间的序列一致性（identity），序列一致性越高，可提供的结构同源性建模就越准确。同源性建模的另一个挑战是对具有很多比对间隙区域的构建。尽管通常可以成功地对具有短比对间隙的环（loop）建模，但是在查询序列中插入约 8 个或更多的残基通常不能可信地建模。使用其他计算工具对模型进行评定是很重要的，如使用 WHAT IF 和 PROCHECK 这样的程序可以检测错误。通过 PROVE 还可以对模型的总体质量进行进一步的评定，PROVE 检查评定的结构与高质量实验结构的标准原子体积的偏差，如果发现错误，可以对比对进行调整，并可以对模型进行重建。另一种方法是创建多个模型，并找到错误最少的最好的模型。

序列分布图法

序列分布图法根据多序列比对的分布图检测远缘同系物，要得到可信的结果，成对序列比对需要高的序列一致性（通常为 25% 或更高）。相近同系物的分布图可以显著地增加潜在的信号，同时降低噪声（noise）。这样，很低的序列一致性（可低至 15%）就能够得到高质量的比对。使用序列分布图法的成功工具有两种：PSI-BLAST（见第 2.3 单元）和 SAM-T98（用于序列比对建模系统）。PSI-BLAST 使用位置特异性评分矩阵（position-specific score matrix）搜索蛋白质数据库，这种评分矩阵来源于 BLAST 找到的相似序列的多序列比对。搜索会反复进行，直到找到满意匹配，搜索也会进行会聚（通常总计会进行 3 到 4 次迭代）。在每一次迭代中，位置特异性评分矩阵会使用新的序列和前一次迭代找到的序列进行更新。可以使用 PSI-BLAST 默认的参数设置，然而，通过尝试不同的设置可能会找到更远缘的同系物。

线程法

蛋白质线程法（threading）的基本概念可以总结为：已知一个未知结构的蛋白质序列（s），线程法搜索所有模板（T），以找到最适合 s 的模板。线程法需要 4 种组件：①用作模板的典型三维蛋白质结构的文库（T）；②描述 s 和 t（t 是 T 中的单个模板）适合度（fitness）的一个能量函数；③一种线程法算法来搜索某给定的 s-t 对可能比对中的最低能量；④一种估计预测结构可信度水平的标准。

单元势线程法

单元势线程法（singleton-potential threading）使用局部的三维环境信息（如二级结构的类型、环境极性的程度、接近溶剂的残基表面的组分）对模板结构中每个残基的位置构建一个一维的结构分布图，通过动态编程可以确定查询序列和模板之间最佳的一维比对，根据最佳得分或其统计学意义来选择最终的模板。单元势线程法能够根据多序列比对将二级结构预测和位置依赖性的分布图整合进能量函数内。有几个服务器可进行单元势线程法，如 123D、TOPITS、SAS 和 UCLA-DOE 结构预测服务器。

对势线程法

对势线程法（pairwise-potential threading）使用从结构数据库编制的得分函数将两个氨基酸的倾向性（propensity）考虑在一个指定的距离内，通常加上单元能量（singleton energy）。已有几种对势线程法程序，包括 NCBI 的线程法软件包、PROFIT、PROSPECT 和 THREADER。PROSPECT（PROtein Structure Prediction and Evaluation Computer Toolkit，蛋白质结构预测和评价计算机工具包）找到某个给定的能量函数与成对相互作用（pairwise interaction）的全局最佳比对，当使用一个距离临界值（cutoff）时，本系统才能够有效地运行。目前有两套线程法模板：蛋白质链（由 FSSP 非冗余集合定义的）和精确的结构域（由 DALI 非冗余结构域文库定义的）。系统允许用户将用其他计算工具得到的实验结果作为限制条件输入到线程法处理当中，这些限制条件包括：二硫键、查询序列中某个残基与模板中某个残基之间的匹配、由神经网络程序 PHD（一种全自动的电子邮件服务器，网址为：http://dodo.cpmc.columbia.edu/predictprotein/）得到的二级结构预测，以及使用 SAM 得到的基于多序列比对的位置特异性分布图。PROSPECT 也提供使用 Z 得分的可信度评定和模型的精准度，它有一个通向 MODELLER 的界面，来构建原子结构，PROSPECT 能以一种非常简单的方式运行，但对于高级用户，也提供了很多的可选项，PROSPECT 的详细手册可在 http://compbio.rrnl.gov/structure/prospect/找到。

从头结构预测

从头蛋白质结构预测通过对描述氨基酸物理特性或统计学偏好性的能量函数进行优化来得到结构模型。运行从头预测程序需要很长的计算时间，而且预测结果通常不可信。当局部结构或多或少地得到了确定时，将其组装可以显著地减少计算搜索的空间（与对单个残基进行折叠相比），这样便可以增加预测良好结构的机会。通常使用遗传算法或蒙特卡洛（Monte Carlo）模拟来进行优化，基于二级结构元件中扭转角的经验信息可以建立局部的结构，像用 LINUS（local independently nucleated units of structure）程序得到的那样。对于建立局部的结构，微线程法（mini-threading method）会更有效，微线程法通过得到模板短结构片段与查询序列之间的匹配来构建局部的结构。

参考文献：Altschul et al. 1997；CASP 1995，1997，1999；Xu et al. 1998

作者：Dong Xu and Ying Xu

2.6 单元 蛋白质三级结构建模

词汇

为了讲述清楚，在本单元中所用的一些术语定义如下：

比较蛋白质建模（comparative protein modeling）也常被称作"同源性建模"或"基于知识的建模"（knowledge-based modeling），即一个过程，通过这个过程来构建模型。

核心（core） 蛋白质结构的一部分，可以认为在一个蛋白质家族中核心是高度保守的。

ExPDB SwissModel 模板结构数据库，含有 PDB 中每个蛋白质链的条目。

首次法（first approach） 最简单的 SwissModel 查询，首先通过因特网界面提交序列，目标序列和模板序列之间的比对自动生成。

优化方式（optimise mode） 较为复杂的 SwissModel 查询，首先提交由 SPDBV 生成的目标文件，可以手工调整目标序列和模板序列之间的序列比对。

PDB 蛋白质数据库，存入通过实验方法解析的蛋白质结构。

P（n）BLAST（见第 2.3 单元） 不可信概率。

蛋白质链（protein chain） 单条的多肽链，PDB 文件中可能含有一条以上的蛋白质链。

参考模板（reference template） 通常模板与目标序列有很高的序列相似性。

rmsd 一个原子集之间的根平均方差，代表两个比较结构之间原子在三维空间中的平均位移。

SPDBV Swiss-Pdb 查看器，一个交互式软件来显示、分析和修改蛋白质结构。

目标序列（target sequence） 要建模的蛋白质序列。

模板结构（template structure） 通过实验方法解析的结构，用作建模的模板（PDB 或 ExPDB 文件）。

模板序列（template sequence） 上述定义的模板的蛋白质序列。

进入 SwissModel 程序和文档

SwissModel 是一个基于因特网的蛋白质三级结构自动比较建模的服务器，SwissModel 查询可以通过 ExPASy 因特网站点（http://Swissmodel.expasy.org）维护的表格进行提交，建议安装 Swiss-Pdb 查看器（SPDBV）软件，这种软件有 PC、Macintosh、SGI 和 i86LINUS 操作平台，也可以从 ExPASy（http://www.expasy.ch/spdbv/mainpage.htm）下载这种软件，SPDBV 是一种交互式的序列-结构工作平台，它作为 SwissModel 的客户端进行工作，能够对蛋白质结构进行显示、分析和修改，通过默认设置，SwissModel 将返回 SPDBV 目标文件，这种文件中不但含有模型的坐标，而且还含有所有空间上叠加的模板和其相对应的截短的结构比对，这样可以使用 SPDBV 来调整目标序列和模板序列之间的比对，并提交相应的建模查询。

ExPDB 数据库

SwissModel 使用 ExPDB 文件作为建模模板，这些 ExPDB 文件来自于 PDB 数据库，建模方法通常被用于蛋白质的单体，而许多 PDB 文件含有一个以上的蛋白质链，这样，便建立了 ExPDB 数据库。在这种数据库中，一个给定 PDB 文件中的每条链被分割成不同的条目，例如，PDB 条目 4MDH 含有两条蛋白质链（A 和 B），这样将生成两个相应的 ExPDB 条目 4MDHA 和 4MDHB，一些 PDB 文件只含有一条链，没有特定的链名称（如 1CRN），在这种情况下，加一 "_" 作为 ExPDB 的名称（1CRN_）。

SwissModel 的设计是用于蛋白质的，这样，在 ExPDB 文件中只保存氨基酸（或修改的氨基酸），这意味着所有 N 端封闭基团（如乙酰基）和水分子会被除去，然而，假如酶辅因子、磷酸化残基和离子与蛋白质链有密切的关系，则予以保留，尽管在建模方法本身的过程中尚未使用它们，但在返回给用户的 SPDBV 目标文件中仍然保留它们，这样能够对模型进行快速检查，以搞清楚这些非蛋白质的分子是否能够被保留在模型中。

创建首次法建模查询的格式

必须设定的项

你必须提供有效的电子邮件地址、姓名和查询的标题，输入序列的首选格式是 FASTA 格式（见第 2.3 单元）。另外，如果序列已存在于 SwissProt 数据库中，也可以提供其登录号，也接受其他的格式，如原始序列、GCG 和 SwissProt，多余的空格和数字被跳过。

可选项

通过比较目标序列和 ExPDB 模板序列，可以实现自动模板选择，可以改变用于选择建模模板的 BLAST2 P(n) 阈值，所用的默认值是 10^{-5}，对于与目标序列一致性较高的模板，可以选择一个较低的值（10^{-10}），而较高的值（10^{-4}）将能够使用相似性更远的模板。建模方法可以选择高达 5 种的模板，然而，也可能会选择出一种非最佳模板的混合物，这种情况见于当在模板数据库中有同一种蛋白质的几种远缘结构时（如酶原/天然酶），建议明确地提供所用 ExPDB 模板的名称。

找到最佳的模板

点击 http://swissmodel.expasy.org 的 "Search Templates" 链接，通过因特网服务器可以用目标序列对 ExPDB 数据库进行搜索，以找到可得到的模板，所有要做的事情是在网络的搜索表格中输入目标序列（FASTA 格式）。BLAST2 P(n) 对所得到的结果报告进行分类，报告包含建议的 ExPDB 模板名称、对其阐明所用的方法（X 射线、NMR）、分辨率（对 X 射线法）和一个简短的描述。相应 PDB 条目的超链接能够使你得到有关用于生成 ExPDB 模板结构的详细信息（PDB 文件中的 REMARK 字段通常很有指导意义），通过一个超链接也可以得到要建模序列与模板之间比对区域的详细情况，可选择多达 5 种模板来进行建模。

使用专用模板

在任何可能的情况下，尽可能使用服务器维护的 ExPDB 模板，因为这些模板由 SwissModel 进行处理，可最佳地使用。然而，在某些情况下，你可能要使用在 ExPDB 数据库中还没有的模板，"首次法"和"优化方式"都可以使用专用模板，为了保证最大可能的成功，模板必须：①为 PDB 格式；②只含有一条带所有主链（无间隙）的蛋白质链；③无非蛋白质原子（在 PDB 文件中被标记为"HETATM"）。

观看 SwissModel 结果

你可以指定以正常的方式传送结果，在这种情况下，只传送模型的坐标和方法的详细工作记录，简洁方式将只返回模型的坐标，而不传送工作记录文件。

默认方式将返回详细建模方法的工作记录和一个 SwissPDB 查看器目标文件，这个文件将包含最终的模型和在三维空间内叠加的模板。这样可以对模型进行分析，并与其自身的模板进行比较，如果由于原始序列比对不好而造成模型的某些区域可疑，可以对其进行修改，再以优化方式查询的方式直接将改变后的比对提交到 SwissModel，在默认状态下，模型将以电子邮件附件的方式传送，如果你的电子邮件程序不支持附件，你可以指定以纯 ASCII 格式接收结果。

参考文献：Guex and Peitsch 1997；Guex et al. 1999
作者：Nicolas Guex, Torsten Schwede and Manuel C. Peitsch

2.7 单元　比较蛋白质结构预测

比较建模主要根据某给定蛋白质序列（目标）与结构已知的一个或几个蛋白质之间的比对来预测蛋白质的三维结构。

比较建模的步骤

折叠子评定和模板选择

比较建模的起点是鉴定与目标序列有关的所有蛋白质结构，然后选择哪些将被用作模板的结构（图 2.6）。使用网上的大量蛋白质序列和结构数据库以及使用网上的数据库扫描软件（表 2.9），这一步可以很方便地完成，使用目标序列作为查询序列对如蛋白质数据库（PDB）、SCOP、DALL 和 CATH（见第 2.4 单元）的结构数据库进行搜索也可以找到模板。

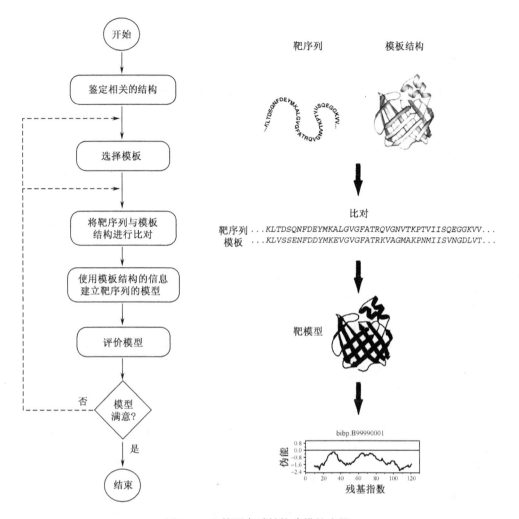

图 2.6 比较蛋白质结构建模的步骤。

表 2.9 对比较建模有用的程序和网络服务器

名称	类型[a]	因特网地址[b]
数据库		
CATH	S	http://www.biochem.ucl.ac.uk/bsm/cath/
GenBank	S	http://www.ncbi.nlm.nih.gov/Genbank/
GeneCensus	S	http://bioinfo.mbb.yale.edu/genome/
MODBASE	S	http://guitar.rockefeller.edu/modbase/
PDB	S	http://www.rcsb.org/pdb/
PRESAGE	S	http://presage.berkeley.edu
SCOP	S	http://scop.mrc-lmb.cam.ac.uk/scop/
TrEMBL	S	http://srs.ebi.ac.uk
模板搜索		
123D	S	http://123d.ncifcrf.gov/123D+.html
BLAST	S	http://www.ncbi.nlm.nih.gov/BLAST/
DALI	S	http://www2.ebi.ac.uk/dali/

名称	类型[a]	因特网地址[b]
模板搜索		
FastA	S	http://www.ebi.ac.uk/fasta33/
MATCHMAKER	P	http://bioinformatics.burnham-inst.org
PHD，TOPITS	S	http://cubic.bioc.columbia.edu/predictprotein/
PROFIT	P	http://www.came.sbg.ac.at
THREADER	P	http://insulin.brunel.ac.uk/~jones/threader.html
FRSVR	S	http://fold.doe-mbi.ucla.edu
序列比对		
BCM SERVER	S	http://searchlauncher.bcm.tmc.edu
BLAST2	S	http://www.ncbi.nlm.nih.gov/gorf/bl2.html
BLOCK MAKER	S	http://blocks.fhcrc.org/blocks/blockmkr/make_blocks.html
CLUSTAL	S	http://www2.ebi.ac.uk/clustalw/
FASTA3	S	http://www2.ebi.ac.uk/fasta3/
MULTALIN	S	http://pbil.ibcp.fr
建模		
COMPOSER	P	http://www.tripos.com/software/composer.html
CONGEN	P	http://www.congenomics.com/congen/congen.html
ICM	P	http://www.molsoft.com
InsightII	P	http://www.accelrys.com
MODELLER	P	http://guitar.rockefeller.edu/modeller/modeller.html
QUANTA	P	http://www.accelrys.com
SYBYL	P	http://www.tripos.com
SCWRL	P	http://www.fccc.edu/research/labs/dunbrack/scwrl/
SWISS-MOD	S	http://www.expasy.org/swissmod/SWISS-MODEL.html
WHAT IF	P	http://www.cmbi.kun.nl/whatif/
模型评价		
ANOLEA	S	http://www.fundp.ac.be/sciences/biologie/bms/CGI/anolea.html
AQUA	P	http://urchin.bmrb.wisc.edu/~jurgen/aqua/
BIOTECH[c]	S	http://biotech.embl-heidelberg.de:8400
ERRAT	S	http://www.doe-mbi.ucla.edu/Services/ERRAT/
PROCHECK	P	http://www.biochem.ucl.ac.uk/~roman/procheck/procheck.html
ProsaII	P	http://www.came.sbg.ac.at
PROVE	S	http://www.ucmb.ulb.ac.be/UCMB/PROVE
SQUID	P	http://www.ysbl.york.ac.uk/~oldfield/squid/
VERIFY3D	S	http://www.doe-mbi.ucla.edu/Services/Verify_3D/
WHATCHECK	P	http://www.sander.embl-heidelberg.de/whatcheck/
方法评价		
CASP	S	http://predictioncenter.llnl.gov
CAFASP	S	http://cafasp.bioinfo.pl
EVA	S	http://cubic.bioc.columbia.edu/eva/
LiveBench	S	http://bioinfo.pl/LiveBench/

a S,服务器;P,程序。

b 其中一些站点在另外的计算机上建立了镜像。

c BIOTECH 服务器使用 PROCHECK 和 WHATCHECK 进行结构评价。

有三组主要的蛋白质比较方法,它们在折叠子鉴定中很有用。第一组包括使用成对序列-序列比较独立地对目标序列与每个数据库序列进行比较的方法。这些方法在搜索相关蛋白质序列和结构方面的操作已进行了彻底的研究,在这一组中,常用的程序包括FASTA 和 BLAST(见第 2.3 单元)。第二组方法依靠多序列比较来改善搜索的灵敏度,这些方法反复地扩张目标序列同源物的集合。对于某个给定的序列,首先从序列数据库中收集一个同源物集合,从查询序列和其同源物中创建一个有权重的多重比对,从比对中创建一个位置特异性评分矩阵,用此矩阵搜索数据库,找到另外的同源物。重复这些步骤,直到再找不到其他的同源物。第三组方法由所谓的线程法或三维模板匹配法组成,对独立用于每个序列-结构对的结构依赖性评分函数,通过比对的优化预测某个给定目标序列是否与许多已知的三维折叠子中的任何一个相适应,即将目标序列穿过(threaded)一个三维折叠子文库。当没有找到可很好地与建模目标相关的序列时,这种方法特别有用。这样,搜索不会受序列分布图法灵敏度增高的影响。一种有用的折叠子评定方法是:接受通过任何方法得到的不确定的比对,基于这种匹配,建立一个目标序列的全原子比较模型,通过评价所生成的比较模型对这种匹配是否真实做出最后的判定。

一旦得到了所有相关蛋白质结构的列表,则有必要选择那些适合于给定建模问题的模板。通常情况下,目标与模板序列之间的整体序列相似性越高,则得到的模型越好,当选择这些模板时,还应当考虑到几种其他的因素:

1. 蛋白质家族(包括目的蛋白和模板)通常能够组织成亚家族,构建多序列比对和进化树能够帮助从与目标序列最近的亚家族中选择模板。

2. 应当将模板环境设成模型所要求的环境,环境包括除序列外的所有决定蛋白质结构的因素(如溶剂、pH、配体和四级相互作用)。

3. 在模板选择中,实验模板结构的质量是另一个重要的因素,晶体结构的分辨率和 R 因子以及 NMR 结构每个残基中的限制条件(restraint)的数目都是准确性的指标。使用几个与目标序列大致等距的模板通常会增加模型的准确性。

目标-模板比对

一旦选择了模板,应当使用一种特殊的方法对目标序列和模板结构进行比对,多序列比对的一个常用的程序是 CLUSTAL,在网络服务器上也可以得到这个程序(表 2.9)。在较为困难的比对情况下,依靠多结构和序列信息常常会有所帮助。首先通过模板结构叠加制备潜在的模板比对,然后将与模板很好相关并易于与模板比对的序列添加到比对中,对目标序列进行同样的处理,最后将两种分布图互相比对,并尽可能地考虑到结构的信息。

模型建立

一旦建立了初始的目标-模板比对,可使用多种方法(表 2.9)来构建目标蛋白质的三维模型。最初的而且目前还在广泛使用的构建目标蛋白质三维模型的方法是刚体组装(rigid-body assembly)(Greer 1990)。其他一些基于片段匹配来建模的方法依靠模板中保守原子的大致位置。第三类方法通过满足空间限制条件来建模,这些方法使用距离几何学或优化技术来满足从比对得到的空间限制条件。

模型评价

　　可以从整体上和从个别区域来评价模型的准确性,有许多模型评价程序和服务器(表 2.9)。

　　模型评价的第一步是确定模型是否有正确的折叠子,如果选用了正确的模板,而且模板至少与目标序列的比对大致正确,则这个模型会有正确的折叠子。与最近模板有高的序列相似性、有意义的基于能量的 Z 得分或在目标序列中主要的功能残基或结构残基保守,这些通常都能够增加模型折叠子的可信度。一旦接受了一种模型的折叠子,根据目标序列和模板序列之间的相似性可以得到较为详细的对整体模型准确性的评价,序列一致性高于 30％可较好地进行预测,预测的准确性也会较理想。除了目标-模板序列相似性以外,环境可明显地影响模型的准确性。例如,一些钙结合蛋白在结合钙以后,构象会发生很大的变化,如果使用无钙模板对目的蛋白结合钙的状态进行建模,这种模型很可能会不正确,不管目标-模板相似性或模板结构的准确性如何,对一个模型的基本要求是要有良好的立体化学特征,评价立体化学的一些有用程序(表 2.9)有:PROCHECK、PRO-CHECK-NMR、AQUA、SQUID 和 WHATCHECK。这些程序检查的特征包括:键长、键角、肽键和侧链环平面性(ring planarity)、手性、主链和侧链扭转角以及未结合原子对之间的碰撞。还有一些检验三维模型的方法完全考虑到了由高分辨率蛋白质结构得到的许多空间特征,这些方法基于平均力(mean force)的三维分布图和统计学可能性,使用这种方法的程序(表 2.9)有 VERIFY3D、PROSAII、HARMONY 和 ANOLEA。

参考文献:Fiser and Sali 2002;Marti-Renom et al. 2000;Sali and Overington 1994
作者:Marc A.Marti-Renom, Bozidar Yerkovich and Andrej Sali

李慎涛 译　于丽华 校

第3章 检测和分析方法

一个以蛋白质为研究对象的项目,其成功与否常常可追溯到在不同阶段用于对样品进行定性的分析方法的质量。在设计分离方法时,定性和定量分析有助于确定样品。对目的蛋白特性(如是否有高含量的芳香族氨基酸)的了解,可以帮助适当的确定分析方法,有助于确定目的蛋白在复杂的混合物中的位置。对于一种分离的蛋白质,确定了其特性便创立了一个标准,以后的研究人员可以用此标准来评价他们的方案和最终产物。在一系列步骤的开始、中间和结束时对蛋白质量的准确定量是评价一种方法收率的惟一有效的方法。如果在一步特定的纯化步骤之后,发现蛋白质有明显的损失,并且目的蛋白的纯度无实质性的增加,这表明这一步骤应当省去或应当进行修改。

在第3.1单元叙述了对蛋白质样品定性的分光光度法,在不同波长测量蛋白质中芳香族氨基酸的吸收,是一种很有用的测量蛋白质浓度的方法,这是种非破坏性方法,需要很少的样品或时间。

另一种方法是通过氨基酸分析(定性分析)来确定纯度、通过定量分析来确定浓度。第3.2单元叙述了样品制备的要求和从原始分析数据计算氨基酸比率的方法,氨基酸分析精度和灵敏度的明显进步使这种被忽略多年的方法得到新生。

增强蛋白质检测灵敏度的常规方法是对蛋白质进行放射性标记,详见第3.3单元。这种方法也可用来帮助定量肽与其他分子的结合,也可以用于放射免疫分析。这里介绍了几种碘化(引入^{125}I或^{131}I)的方法,方法的选择取决于样品类型、对氧化作用敏感的残基的含量和对功能至关重要的氨基酸,也提供了处理放射性样品的方法、将标记肽和未标记肽分开的方法、等摩尔和高水平(使用放射性和非放射性碘同位素混合物)碘化的方法。当没有 Tyr 或 His 残基时,或由于这些残基对功能至关重要而不能被碘化时,可使用^{14}C或^{3}H掺入的备选方法来代替。所叙述的方法包括通过乙酰化[用 Bolton-Hunter 试剂(碘化对羟基苯丙酸-N-琥珀酰亚胺酯)或无水醋酸在赖氨酸的氨基上或氨基末端乙酰化]进行标记、通过还原性烷化进行标记、用碘乙酸或碘乙酰胺对 Lys 残基进行标记,同时也介绍了一种包括标记氨基酸掺入的综合性方法。

第3.4单元讨论了样品中总蛋白质含量的测量方法,三种方法基于将 Cu^{2+} 还原为 Cu^{+},之后通过多种试剂[缩二脲、Hartree-Lowry 试剂和二喹啉甲酸(bicinchoninic acid)]与一价铜离子的螯合作用进行测量。此外,还叙述了一种基于蛋白质水解和茚三酮反应的总蛋白质定量测量方法以及一种使用考马斯染料结合的测量方法。

用一种易于检测的基团标记蛋白质是一种很好的方法。例如,通过细胞内摄作用(internalization)或区室化作用(compartmentalization)研究蛋白质的运动。有许多试剂能够将生物素附加到蛋白质的功能基团或表面上(见第3.5单元),可以通过抗生物素蛋白或链霉抗生物素蛋白的强特异性结合实现检测和定位,这些试剂也可以用于标记细胞表面的蛋白质。

蛋白质检测的另一种高度特异性方法是将放射标记的氨基酸掺入到蛋白质内,使用正常的细胞机器(cellular machinery;见第 3.6 单元)能够将特定的放射标记氨基酸整合到蛋白质内。叙述了能够研究细胞游走(cellular trafficking)的脉冲标记方法和增强检测相对稀有蛋白质的长期标记方法。

作者: Ben M.Dunn

3.1 单元　分光光度法确定蛋白质浓度

基本方案 1　计算一个蛋白质的摩尔吸收系数

这种计算对于含有至少一个色氨酸残基的球形蛋白质效果最好,使用以下方程在 280 nm 计算一个蛋白质的摩尔吸收系数(ϵ_{280})

$$\epsilon_{280}[\text{M}^{-1}\text{cm}^{-1}]=(5500\times n_{\text{Trp}})+(1490\times n_{\text{Tyr}})+(125\times n_{\text{s-s}}) \quad (公式 3.1)$$

在此方程中,蛋白质中三种发色基团（色氨酸、酪氨酸和半胱氨酸）的平均摩尔吸收值（ϵ）见表 3.1 的第一栏,n_{Trp} 和 n_{Tyr} 分别为色氨酸和酪氨酸残基数,$n_{\text{s-s}}$ 为二硫键的数目。如果不知道 $n_{\text{s-s}}$,对于细胞溶质的蛋白质,$n_{\text{s-s}}=0$,对于分泌型蛋白质,$n_{\text{s-s}}=n_{\text{Cys}}/2$。

表 3.1　用于确定蛋白质 ϵ 值的色氨酸、酪氨酸和二硫键的 ϵ（$\text{M}^{-1}\text{cm}^{-1}$）值

在折叠蛋白质[a]中的 ϵ_{280} 平均值	在以下波长(nm)[b]下,在 6.0 mol/L GdmCl 中,模型化合物的 ϵ 值				
	276	278	279	280	282
Trp 5500	5400	5600	5660	5690	5600
Tyr 1490	1450	1400	1345	1280	1200
S-S 125	145	127	120	120	100

a 引自 Pace 和 Schmid(1997),已获 IRL 出版社的准许。

b 数据是对 N-乙酰-L-色氨酸胺、Gly-L-Tyr-Gly 和 S-S,在 6.0 mol/L 的 GdmCl,0.02 mol/L 的磷酸盐缓冲液,pH 6.5。数值引自 Gill 和 von Hippel;原始数据引自 Edelhoch(1967)。

基本方案 2　折叠蛋白质摩尔吸收系数的测定

材料
- 缓冲液 A:0.04 mol/L 磷酸钾缓冲液,pH 6.5
- 缓冲液 B:0.02 mol/L 磷酸钾缓冲液,pH 6.5
- 蛋白质溶液（约 1 mg 蛋白质溶于 0.25 ml 缓冲液 B 中）
- 6.6 mol/L 盐酸胍（GdmCl,超纯）,溶于缓冲液 A 中
- 双光束吸收分光光度计
- 两个石英比色杯,长 10 mm,宽 4 mm

注意:使用 0.45 μm 的注射器式滤器过滤所有的溶剂,以除去灰尘颗粒。

1. 让分光光度计和紫外及可见光灯预热 30 min。当室温在 20～30℃时,不需要预热,彻底清洁石英比色杯并将其干燥。

2. 往样品和对照比色杯中加入 910 μl 缓冲液 B，在 250～350 nm 扫描吸收值，这个基线应当是平的，当将比色杯移走后，从仪器基线的偏差不应当超过 0.005。

3. 记录基线，然后在 276 nm、278 nm、279 nm、280 nm 和 282 nm 处单个地测量吸收值。

   在天然蛋白质的最大吸收处计算 ε_U，通常情况下，ε_U 在这个范围内。

4. 往样品比色杯中加入 90 μl 蛋白质溶液，往对照比色杯中加入 90 μl 缓冲液 B，仔细混合，按步骤 2 和 3 的方法记录光谱。重复测量，以确定可重复性。

5. 减去基线和缓冲液在 276 nm、278 nm、279 nm、280 nm 和 282 nm 处的各自吸收值，得到折叠蛋白质（A_F）的吸收值。

6. 对于未折叠蛋白质的吸收值（A_U），使用 910 μl 6.6 mol/L GdmCl（溶于缓冲液 A 中）代替缓冲液 B，重复第 2～5 步。

7. 如果在 320 nm 以上吸收值大于零，纠正光散射，将 A_{330} 乘以 1.929，得到 280 nm 处的光散射值，或者将 A_{330} 乘以 1.986，得到 278 nm 处的光散射值，在这些波长下，从 A_F 和 A_U 中减去这些值。

8. 使用公式 3.1（见基本方案 1）计算未折叠蛋白质在 276～282 nm 的摩尔吸收系数（ε_U），但要减去这些残基在 6.0 mol/L GdmCl 中相应的值（表 3.1）。

9. 使用方程 $\varepsilon_F = \varepsilon_U \times (A_F / A_U)$ 计算在这个波长范围内折叠蛋白质的摩尔吸收系数（ε_F）。

基本方案 3　使用摩尔吸收系数通过吸收光谱测定蛋白质的浓度

材料

- 纯蛋白质溶液，溶于蒸馏水或缓冲液中
- 分光光度计，带紫外灯和可见光灯
- 石英比色杯

1. 让分光光度计和紫外及可见光灯预热 30 min。

2. 在确定 ε 的波长和 330 nm 处，用空白溶剂将分光光度计调零，移去比色杯，倒掉溶剂，将比色杯彻底干燥。

3. 将蛋白质溶液加入比色杯内，重新放入分光光度计内，在适当的波长下（如 A_{280}）记录样品的吸收值，如果吸收值不在 0.2～1.0 的范围内，制备新的蛋白质溶液，直到吸收值在这个范围内。

4. 如果必要，纠正光散射（见基本方案 2 第 7 步）。

5. 计算蛋白质浓度（c）：
$$c(\text{mg/ml}) = (A_{280} \times \text{mol.wt.}) / (\varepsilon_{280} \times l)$$
在公式中，mol.wt. 为蛋白质的分子质量，l 为光径（通常为 1 cm）。

基本方案 4　通过 205 nm 处的吸收光谱测定蛋白质的浓度

对于不含色氨酸或酪氨酸残基的蛋白质，这是首选的方法。用无吸收的缓冲液或溶剂将蛋白质稀释为 1～100 μg/ml，效果最好，当在这种远紫外区域进行测定时，对于选择缓冲液，表 3.2 提供了有用的信息。

表 3.2　在远紫外区域各种盐和缓冲液的吸光度[a]

成分[b]	在以下波长下无吸收	在 0.1 cm 的比色杯中，0.01 mol/L 溶液的吸光度			
		210 nm	200 nm	190 nm	180 nm
$NaClO_4$	170 nm	0	0	0	0
NaF，KF	170 nm	0	0	0	0
硼酸	180 nm	0	0	0	0
NaCl	205 nm	0	0.02	>0.5	0.5
Na_2HPO_4	210 nm	0	0.05	0.3	>0.5
NaH_2PO_4	195 nm	0	0	0.01	0.15
醋酸钠	220 nm	0.03	0.17	>0.5	>0.5
甘氨酸	220 nm	0.03	0.1	>0.5	>0.5
二乙胺	240 nm	0.4	>0.5	>0.5	>0.5
NaOH，pH 12	230 nm	>0.5	>2	>2	>2
硼酸/NaOH，pH 9.1	200 nm	0	0	0.09	0.3
Tricine，pH 8.5	230 nm	0.22	0.44	>0.5	>0.5
Tris，pH 8.0	220 nm	0.02	0.13	0.24	>0.5
HEPES，pH 7.5	230 nm	0.37	0.5	>0.5	>0.5
PIPES，pH 7.0	230 nm	0.20	0.49	0.29	>0.5
MOPS，pH 7.0	230 nm	0.10	0.34	0.28	>0.5
MES，pH 6.0	230 nm	0.07	0.29	0.29	>0.5
二甲砷酸盐，pH 6.0	210 nm	0.01	0.20	0.22	>0.5

a 表引自 Schmid（1997），已得到 IRL 出版社的准许。

b 缓冲液用 1 mol/L NaOH 或 0.5 mol/L H_2SO_4 滴定至所标示的 pH。

附加材料（也见基本方案 3）

- Brij 35 溶液：0.01%（V/V）Brij 35（Sigma 公司），溶于一种适合于溶解样品蛋白质的水溶液中

1. 将蛋白质溶于 Brij 35 溶液中。
2. 让分光光度计和紫外光灯预热 30 min。
3. 用 Brij 35 溶液将分光光度计调零，然后测量溶于 Brij 35 中的蛋白质样品的吸收值（A_{205}）。
4a. 如果已知这种蛋白质的 ε_{205}，使用以下公式来计算浓度：

$$c(mg/ml) = (A_{205} \times mol.wt.)/(\varepsilon_{205} \times l)$$

4b. 如果不知道这种蛋白质的 ε_{205}，使用以下公式估计浓度：

$$c(mg/ml) = A_{205}/31 \times l$$

基本方案 5　粗蛋白质提取液总蛋白质浓度的测定

本方案最适合于在纯化方法的早期来监视蛋白质浓度。

材料

- 分光光度计，带紫外灯和可见光灯
- 石英比色杯
- 蛋白质提取物样品

1. 让分光光度计和紫外及可见光灯预热 30 min，在 280 nm 处，用空白溶剂（首选蒸馏水或缓冲液）将分光光度计调零。
2. 移去比色杯，倒掉溶剂，将比色杯彻底干燥，加入蛋白质提取物，将比色杯重新放入分光光度计内，在 280 nm 处记录样品的吸收值。
3. 假设 1 mg/ml 蛋白质溶液的吸光度为 1.3，估计蛋白质的浓度。
4. 可选：为了更好地估计含有核酸的蛋白质的浓度，在 260 nm 和 280 nm 测量吸收值，使用下面的方程计算：

$$c(\mathrm{mg/ml}) = 1.55 \times A_{280} - 0.76 \times A_{260}$$

参考文献：Edelhoch 1967；Pace and Schmid 1997；Pace et al. 1995；Scopes 1974；Stoscheck 1990

作者：Gerald R. Grimsley and C. Nick Pace

3.2 单元　定量氨基酸分析

样品制备

定量氨基酸分析的成功与否主要取决于样品的质量，以及样品基质（即所有成分的聚集体，包括盐、去污剂和杂质）的准确成分。以下部分给出了成功制备样品的几点建议。

样品浓缩

氨基酸分析的理想样品为 10～100 μl 水中含有 1～10 mmol 的蛋白质，在低浓度缓冲液（如果维持活性需要的话）或纯水中透析过的样品最好，因为盐、去污剂、高浓度的缓冲液或其他药剂会干扰水解或分析。如果①冻干样品集中在圆锥管的底部；②在冻干前，溶液的总离子强度＜50 μmol/L，通常也可以使用冻干的样品。

总蛋白质的估计

总蛋白质量的估计有利于设计准确的分析方法。可用的方法有：比色法染料结合分析（见第 3.4 单元）、A_{280} 测量（见第 3.1 单元）或活性分析，在活性分析法中，将结果与标准值进行比较。

来自 PVDF 的样品

基于乙内酰苯硫脲（phenylthiohydantoin，PTH）化学的分析仪能够从点到膜上的样品中得到成分的信息（见第 10.7 单元），将从测序仪样品室回收的样品印迹片进行酸水解并进行分析，能够大致估计蛋白质的量，如果量大于测序分析的常规用量（10 pmol），则说明蛋白质样品的 N 端被封闭。

平均组成的计算

表 3.3 为一个 24 kDa 的重组蛋白的分析结果，初始的样品体积为 1 ml，估计含有

约 4 mg 的总蛋白质，取 30 μl 进行分析，估计含有 120 μg 蛋白质，或约 5 nmol，将其移入玻璃管内进行水解，然后在室温下真空干燥，加入 1 ml 6 mol/L HCl 后，将玻璃管在冰浴中冷却，然后抽成真空，用气体火焰密封玻璃管，在 124℃水解 24 h，然后在低真空状态下除去 HCl。将样品重新溶于 1.0 ml 应用缓冲液中，加入 50 nmol 的正亮氨酸作为内标，取 50 μl 样品用离子交换层析分析，使用 Beckman 6300 系统，用茚三酮检测。

表 3.3 用于计算一个 24 kDa 蛋白质氨基酸组成的数据

氨基酸	测量的纳摩尔数	预期比率[a]	观察到的比率 1	观察到的比率 2
Asp	155	23	22.7	21.8
Thr	78	13	11.4	10.9
Ser	63	13	9.2	8.9
Glu	153	21	22.4	21.5
Pro	52	7	7.6	7.3
Gly	157	22	23.0	22.1
Ala	90	12	13.1	12.6
Val	159	23	23.3	22.3
Met	24	5	3.5	3.4
Ile	88	13	12.9	12.3
Leu	138	19	20.2	19.4
Tyr	43	6	6.3	6.1
Phe	56	8	8.2	7.9
His	16	3	2.3	2.3
Lys	121	17	17.7	17.0
Arg	53	7	7.8	7.4

a 预期比率基于蛋白质的氨基酸序列。

1. 首先计算所检测蛋白质的总纳摩尔数，即将表 3.3 第二栏的数字相加，总数为 1446 nmol。
2. 将总纳摩尔数除以预期氨基酸总数（基于蛋白质序列，在此为 212），得到每个残基的平均纳摩尔数：1446 nmol/212 个残基＝6.82 nmol/个残基。如果不知道蛋白质总数，可以用分子质量除以 110 来估计。
3. 将测量的每个氨基酸的纳摩尔数除以每个残基的平均纳摩尔数（第 2 步），得到每个氨基酸的观察到的比率。对于 Asp，155/6.82＝22.7，这些比率可以与第三栏中的预期比率进行比较，对于大多数的氨基酸来说，比率 1 与预期比率相吻合。
4. 每个残基的平均纳摩尔数（第 2 步）是基于分析一个 30 μl 的样品而得到的，总的 1 ml 样品含有约 5.46 mg 的蛋白质（平均 mol/残基×g/mol 蛋白质×1000/30）。

　　在这个样品中，Ser、Thr、His 和 Met 的观察的比率 1 的值分别要比预期值低约 30%、13%、24%和 30%。对于这 4 种氨基酸，这些值是典型的，但原因却不同，由于 Ser 和 Thr 在酸水解的过程中部分降解，所以损失 10%～40%是正常的。His 和 Met 的值不正常，很可能是由于这两种氨基酸在蛋白质中的频率相对低而引起的。由于这些已知的原因，大多数的研究人员选择去掉这些敏感残基（Ser 和 Thr）的值以及量低氨基酸（在这里为 His 和 Met）的值，单独计算这些氨基酸每个残基的平均纳摩尔数，可以得到正确的比率，见表 3.3 的最后一栏（观察到的比率 2）。在这个例子中，由于每个残基的平均纳摩尔数较高（7.11），导致计算的值改变高达 0.9。观察到的比率 1 与预期比率的偏差为 1‰～32‰，平均为 8.8‰，当不考虑 Ser（32‰）、Met（32‰）和 His（24‰）这些高变量时，观察到的比率 2 与预期比率的平均偏差降到 4.1‰。

参考文献：Ozols 1990

作者：Ben Dunn

3.3 单元　肽和蛋白质的体外放射标记

基本方案 1　使用碘珠对酪氨酸或组氨酸残基进行碘化

材料

- 碘珠（Pierce 公司）：无孔的聚苯乙烯珠，带有固定化氧化剂 *N*-氯苯磺酰胺（*N*-chlorobenzenesulfonamide）
- 0.1 mol/L 磷酸钠，pH 6.0 或 pH 8.5
- 无载体 $Na^{125}I$ 或 $Na^{131}I$（Amersham 公司、DuPont NEH 公司或 ICN Biomedicals 公司）
- 肽，最好溶于 ≤0.4 ml 水中或 0.1 mol/L 磷酸钠中
- 甲醇
- HPLC 溶剂 A：0.1%（*V/V*）三氟醋酸（TFA）水溶液
- 0.1 mol/L NaOH
- HPLC 溶剂 B：0.1%（*V/V*）TFA（溶于乙腈中）
- 滤纸
- 带有斜面针头尖的 100 μl 注射器或放射性移液器（hot pipettor）（如放射性专用）
- 固相提取装置（如 Sep-Pak 或 Sep-Pak 加 C18 柱，Waters 公司）
- Luer-tipped 注射器（1 ml、5 ml 和 20 ml）和一个 23G 针头
- 12 mm×75 mm 聚丙烯或其他塑料管
- 旋转蒸发器

1. 用 1 ml 0.1 mol/L 磷酸钠，pH 6.0（首先标记酪氨酸）或 pH 8.5（标记组氨酸和酪氨酸）洗涤碘珠，用滤纸干燥，加到 0.5 ml 同样的缓冲液中（在有盖的微量离心管或小反应管中），进行微量标记时，使用两份碘珠（也见辅助方案 1）。
   碘珠能与大多数的盐（包括叠氮化物）、离解剂和去污剂相容，但是，不能与还原剂或溶解聚苯乙烯的有机溶剂[如二甲基亚砜（DMSO）和二甲基甲酰胺（DMF）]相容。

2. 使用带有斜面吸头的 100 μl 注射器或放射性专用移液器（hot pipettor）加 $Na^{125}I$ 或 $Na^{131}I$（通常为 1～5 mCi），盖好试管，室温放置 5 min，不时地摇动混合物。
   $Na^{125}I$ 以各种浓度的 NaOH 的形式提供，NaOH 的浓度越稀越好，因为稀 NaOH 改

变反应 pH 的可能性较低。

3. 将肽（通常为 0.05～2.0 mg）加入到反应中，盖好试管，放置 30 min，不时地摇动。调整反应时间至 45 min（如果希望，可以更长），或如果关注对象是氧化敏感性的残基（色氨酸、甲硫氨酸、半胱氨酸），则调整时间为 5～10 min。

4. 在碘化反应期间，准备一根 C18 柱，连接一个注射器，将 5 ml 甲醇注入柱中，再注入 5 ml 水，然后 10～20 ml HPLC 溶剂 A，维持约 2 ml/min 的流速，在更换溶剂时不要弄反柱的方向，避免进入气泡，也不能让柱流干。

   尽管这种 Sep-Pak 法能够最有效地从肽中分离未结合的放射性碘，但是也可以选择离子交换（见第 8.2 单元）、凝胶过滤（见第 8.3 单元）和透析（见附录 3B）。

5. 使用 1 ml 的注射器和 23G 针头从管中移出混合物，小心地去掉针头，将混合物慢慢加到预先处理的 Sep-Pak 柱上，将洗脱液收集到放射性液体废物容器内。

6. 用 20 ml HPLC 溶剂 A 洗涤 Sep-Pak 柱，以放射性废液的方式收集洗脱液，用 5 ml 0.1 mol/L NaOH 中和废液。

7. 从 Sep-Pak 柱上洗脱两个组分，装入 12 mm×75 mm 塑料管内。第一个组分用 4 ml 1:1 的 HPLC 溶剂 A/B 洗脱，第二个组分用 4 ml HPLC 溶剂 B 洗脱。

   由于现在已除去未结合的碘，所以只要维持适当的防护，就可以从手套箱（glove box）或其他碘化设施内取出试管。

8. 在旋转蒸发器内干燥，重新溶于水中或所希望的缓冲液中，合并组分。根据需要，检测放射性比度（specific radioactivity）、估计肽的回收率、检测肽的浓度和检测 cpm（用 γ 辐射计数仪）。

   放射性比度（cpm/μg）＝测定的放射性活度（cpm/μl）/肽浓度（μg/μl）。要转化成毫居里，使用 1 mCi＝2.22×10^9 dpm 和 cpm＝dpm×γ 计数仪的计数效率（通常为 50%～75%）。对于欠佳的碘化结果，参见表 3.4 找到可能的原因和解决办法。

表 3.4　碘化反应的问题及解决办法

问题	可能的原因	解决办法
碘掺入欠佳	肽含有还原剂,如来源于合成/切割	HPLC 纯化,或在使用前将肽脱盐
	肽含有去污剂或其他被碘化的成分	用 HPLC 纯化肽
	由于三级结构的关系,酪氨酸/组氨酸残基无活性	用变性剂处理肽;使用另外的策略,如 Bolton-Hunter 试剂
	碘珠无活性	检测颜色(见辅助方案 1);使用新批号的碘珠
肽回收率欠佳	溶解度的问题	更换溶剂系统或调整 pH
	从 Sep-Pak 柱上洗脱不下来	改用离子交换、凝胶过滤或透析
	非特异性损失	增加肽量或加入载体蛋白质(在碘化反应之后) 用氯胺 T 代替碘珠
标记的肽无活性	酪氨酸对活性至关重要	缩短碘化时间和(或)用较少的标记 使用另外的策略,如 Bolton-Hunter 试剂
	其他肽损坏	使用另外的策略

备择方案 1　用氯胺 T 或 Iodogen 在酪氨酸或组氨酸残基碘化

尽管备择方案 1 和 2 要比碘珠法稍微麻烦一些，但是在对少量的肽（<0.05 mg）进行操作时，这两种方法的回收率较高。

附加材料（也见基本方案 1）

- 阴离子交换树脂，如 Dowex 1-X8，氯化物型，100～200 目（Bio-Rad 公司）
- 凝胶过滤柱，如 Sephadex G-10 或 G-25（Pharmacia Biotech）或 Excellulose 脱盐柱（Pierce 公司；也可选用阴离子交换柱）
- 1.0 mg/ml BSA，溶于 PBS 中，含有 0.02％的叠氮钠（NaN_3）
- 1.0 mg/ml N-氯-4-甲苯磺酰胺（N-chloro-4-methylbenzenesulfonamide）钠盐（氯胺 T），溶于 0.1 mol/L 磷酸钠中，使用前现配
- 1,3,4,5-四氯-3α,6α-二苯甘脲(1,3,4,6-tetrachloro-3α,6α-diphenylglycoluril)（Iodogen；Pierce 公司）、二氯甲烷、氮气和玻璃管或管形瓶（代替氯胺 T）
- 酪氨酸饱和水溶液（约 0.4 mg/ml，25℃）
- 2.5 mg/ml 焦亚硫酸钠（$Na_2S_2O_5$），溶于 0.1 mol/L 磷酸钠中，使用前现配（代替酪氨酸溶液）
- 巴斯德吸管或 1 ml 注射器（底部带玻璃棉塞）

1. 将 Dowex 树脂重悬于水中，倒入加塞的巴斯德吸管中，用>20 ml 的 1.0 mg/ml BSA 洗涤。另一种方法是，用 BSA 平衡凝胶过滤柱，避免气泡进入柱子内，不要让柱子流干。

   对于短肽（<20 个残基），应当使用阴离子交换柱，带大量负电荷（如磷酸化的）肽和很短的肽（<10 个残基）会被保留在阴离子交换柱上，所以应当使用固相提取（见基本方案 1）来脱盐。

2a. 氯胺 T 法：将肽放入一个小试管中，加入 pH 6.0（标记酪氨酸）或 pH 8.5（标记组氨酸和酪氨酸）的 0.1 mol/L 磷酸钠，至总体积为 100～300 μl，往肽中加入 $Na^{125}I$ 或 $Na^{131}I$，之后再加入 10 μl 氯胺 T，混合，放置 1 min。

2b. Iodogen 法：用 Iodogen 涂一支玻璃试管。方法是：将试剂溶于二氯甲烷中，加入到试管内，在干燥的氮气流下将溶剂吹干，往肽中加入 $Na^{125}I$ 或 $Na^{131}I$（如第 2a 步），室温下放置 10 min。

   Iodogen 涂过的试管在干燥器中避光可以保存数月。

3. 加入 50 μl 饱和酪氨酸溶液，淬灭反应。另一种方法是，加入 10 μl 焦亚硫酸钠（这种还原剂对肽的损坏可能更大），淬灭反应。

4. 将混合物加到 Dowex 或凝胶过滤柱上，使用 BSA 溶液洗脱，用 12 mm×75 mm 的塑料管收集 0.5 ml 的组分。

备择方案 2　使用乳酸过氧化物酶在酪氨酸或组氨酸残基碘化

使用这种方法，碘化仅限于酪氨酸，而且放射性比度可能较低，由于在反应过程中，乳酸过氧化物酶被碘化，所以必须使用凝胶过滤（见第 8.3 单元）、离子交换层析

（见第 8.2 单元）或其他方法将标记的目的肽或蛋白质与标记的乳酸过氧化物酶分开。

附加材料（也见基本方案 1）

- 0.2 mg/ml 的乳酸过氧化物酶，溶于 PBS 中
- 0.01％的 H_2O_2，溶于 PBS 中（在使用前，现用 30％的贮液稀释）
- 2 U/ml 的葡萄糖氧化酶（溶于 PBS 中）和 0.1 mol/L 的 D-葡萄糖（溶于 PBS 中）（代替 H_2O_2）

1. 将肽放入含有 PBS 的试管中，最好≥1.0 mg/ml，体积要小。
2. 加入 $10\mu l$ 0.2 mg/ml 的乳酸过氧化物酶，之后加入 $Na^{125}I$ 或 $Na^{131}I$，将试管盖好，混合。

   在反应中不能加入叠氮化物，因为它能抑制乳酸过氧化物酶。
3. 加入 $10\mu l$ 0.01％的 H_2O_2，室温放置 10 min。另一种方法是，加入 $10\mu l$ 2 U/ml 的葡萄糖氧化酶和 $10\mu l$ 0.1 mol/L 的葡萄糖，4℃温育 10 min，这样可以原位产生 H_2O_2。
4. 终止反应，除去未结合的放射性碘化物（见备择方案 1 的第 1、3 和 4 步）。

辅助方案 1 等摩尔碘化以获得产物的高收率

在基本方案 1 和备择方案 1 和 2 中介绍的方法导致微量标记（只有少数的肽分子碘化），对于蛋白质，微量标记可以使蛋白质活性损失降至最低，而且相当多的蛋白质分子至少在其一个酪氨酸上有一个碘原子，然而，对于短肽，大于 99％的分子未被修饰。

为了标记更高比例的肽，可往 ^{125}I 中加入非放射性的 $Na^{127}I$（"载体"），使碘化产物的收率增高，并得到一种在化学上等价的 ^{125}I 和 ^{127}I 标记的肽混合物。对于碘珠、氯胺 T 或 Iodogen，进行碘化时，按上述方法进行所有的步骤，并进行两种修改：第一，在使用前，往 $Na^{125}I$ 中加入 0.1 mol/L 的 $Na^{127}I$ 水溶液，摩尔比要超过肽的 2～5 倍，以得到高产量的碘化产物（70％～95％），第二，必须使用足量的氧化剂，以氧化总碘化物。对于碘珠，根据生产商确定的氧化能力使用，即 $(0.55\pm0.05)\mu mol/$碘珠。

为了得到最大的放射性比度，使用高达等摩尔量的 ^{125}I（如 40 mCi）标记少量的肽（如 30 μg），用 HPLC 从碘化产物中分离未标记的肽（见辅助方案 2）。

也可以只用 ^{127}I 碘化，在这种情况下，产物无放射性，但在化学上和标记的产物是等价的。这种方法在测试碘化方法和评定碘化对肽活性的影响时特别有用。

辅助方案 2 用 HPLC 从碘化产物中分离未标记的肽

为了得到化学上均一的标记肽，通过反相 HPLC 可以将碘化产物互相分开，并可以与未标记的肽分开，在反相 HPLC 柱（如短肽用 C18 柱，较长的肽疏水性肽用 C4 柱）碘化肽的保留时间要大于其未标记物的保留时间。

在大多数的碘化中，会生成一种以上的产物，即使这种肽只有一个酪氨酸也是如此，因为只要碘化物的摩尔数超过肽的摩尔数，第二个碘原子与单碘酪氨酸的亲电加成（electrophilic addition）就不会结束。当出现两个或三个以上的碘化残基时，标记产物会很复杂，HPLC 也不能将单个的产物分开，但是仍然能够从标记混合物中除去未标

记的产物。通过反相 HPLC，即使是 50～100 个残基长的肽也能够从其碘化衍生物中分离出来。

对于只有一个碘化残基的肽，通过 HPLC 通常很容易将这两种产物分开，而且通过其放射性比度很容易进行鉴定，其放射性比度的比率为 1：2。图 3.1 表明了以化学计量的比例（stoichiometrically）标记的 2.0 mg 8 个残基的肽的结果，并通过 HPLC 分离未反应的肽、单碘化的肽和双碘化的肽。如果能够进行 Edman 降解，可以通过测定酪氨酸和（或）组氨酸的单碘化和双碘化衍生物，直接对标记的产物进行定性。要注意，在碘化过程中，含有色氨酸、甲硫氨酸或半胱氨酸的肽也能够被碘化，所形成的碘化产物（放射性标记的和未标记的）在 HPLC 上为一单独的峰，这使产物的鉴定更为复杂。

当使用 ^{125}I 和 ^{127}I 混合物进行化学计量的碘化时，用在碘珠法中所叙述的方法（见基本方案 1 第 8 步），能够测量产物混合物的放射性比度或单个 HPLC 纯化峰的放射性比度。然而，当只使用 ^{125}I 进行微量标记和用 HPLC 除去未标记的肽时，则可按以下方法简单地计算放射性比度：无载体 ^{125}I 的放射性比度（约为 2000 Ci/mmol）乘以 ^{125}I 与肽的摩尔比率（如单碘化的肽为 1、双碘化的肽为 2，以此类推）。当已用 HPLC 将 ^{125}I 标记的产物与未标记肽分开，但尚未将其分成单一的成分时，将 ^{125}I 与肽的平均摩尔比率取为可碘化残基数，进行同样的计算，例如，一个 1 kDa 的肽（有两个用 ^{125}I 标记的酪氨酸残基，并用 HPLC 与未标记的肽分开了）的放射性比度约为 5×10^9 cpm/μg，假设每个标记肽平均有两个 ^{125}I 原子。

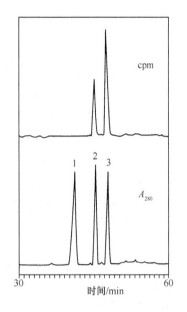

图 3.1 肽 LSPFPYDL 的化学计量碘化和用 HPLC 分离未标记的原料（峰 1）、单碘化（峰 2）和双碘化（峰 3）产物。使用 20 mCi Na ^{125}I 和 5 μmol Na ^{127}I 在 pH 7.0（用 6 个碘珠）碘化 2 mg 的肽，注入一根 Vydac C4 半制备柱中，用 1%/min 的乙腈梯度洗脱，流速为 3 ml/min。三个峰的放射性比度分别为 $<10^5$ cpm/μg、2.1×10^7 cpm/μg 和 4.6×10^7 cpm/μg。

注意：尽管用 γ 计数器能够分析 HPLC 组分的放射性，但最好使用在线式与紫外吸收检测器串联的放射性同位素检测器。

基本方案 2　用 Bolton-Hunter 试剂在赖氨酸残基或 N 端碘化

与上述方法不同，对于每个被修饰的位点，肽电荷将下降一个单位（pH 在氨基酸 pK_a 值以下）。

现在可以购得 ^{125}I 标记的 Bolton-Hunter 试剂，有单碘化型（约 2000 Ci/mmol）和双碘化型（约 4000 Ci/mmol）。一种节省成本的方法是从比较便宜的未标记试剂通过碘化作用来制备 ^{125}I 标记的 Bolton-Hunter 试剂，即先使用碘珠（见基本方案 1）或氯胺 T（见备择方案 1）碘化，之后再提取至无水的苯中，操作快速是至关重要的，以降低水解，但放射性比度会较低，除非从标记产物中将未反应的 Bolton-Hunter 试剂除去。另一种方法是，可以先将肽用未标记的 Bolton-Hunter 试剂修饰，然后再用上述任何一种方法放射性碘化，但这样也会导致酪氨酸或组氨酸残基的放射性标记，并将肽暴露于氧化条件中。

材料

- 0.1%（m/V）明胶，溶于 0.1 mol/L 的硼酸钠（pH 8.5）中
- ^{125}I标记的 3-(4-羟苯基) 丙酸 N-羟基琥珀酰亚胺酯（Bolton-Hunter 试剂；Amersham 公司、DuPont NEH 公司或 ICN Biomedicals 公司）
- 肽，最好≥1 mg/ml，溶于≤100 μl 的 0.1 mol/L 的硼酸钠（pH 8.5）中
- 1 mol/L 甘氨酸，溶于 0.1 mol/L 的硼酸钠（pH 8.5）中
- 0.1 mol/L 的硼酸钠，pH 8.5
- 凝胶过滤柱，如 Sephadex G-10
- 液氮罐和与针头匹配的导出管
- 12 mm×75 mm 聚丙烯或其他塑料管

1. 用 0.1%明胶/0.1 mol/L 的硼酸钠（pH 8.5）平衡凝胶过滤柱。

   如果在最终的制备物中不希望含有明胶（如后面紧接着要进行碘化），则调整柱子并用所选的缓冲液重新平衡。另一种方法是，用 Sep-Pak 柱代替凝胶过滤柱，从标记的肽中分离副产物和盐（见基本方案 1 第 4～8 步）。

2. 刚好在使用前，将一个针头插入到橡胶隔板内，让温和的液氮气流进入，使用生产商提供的活性炭阱作为排气孔，以收集所有释放出来的挥发性放射性碘，使 ^{125}I标记的 Bolton-Hunter 试剂脱水至干燥，不要将溶液溅至管形瓶的上部。

   如果使用未标记的 Bolton-Hunter 试剂，用无水有机溶剂制备贮液，在反应时用硼酸盐缓冲液稀释，摩尔浓度应超过肽摩尔浓度 3～5 倍。

3. 在冰上将在硼酸盐缓冲液中的肽冷却至 0℃，将肽加入到干燥的 ^{125}I标记的 Bolton-Hunter 试剂中（肽浓度越高，掺入的越多），0℃放置 15～30 min，不时地摇动反应物。

   可以用磷酸盐或碳酸氢盐缓冲液（pH 8.5）代替硼酸盐缓冲液，但不要使用含有胺的（如氨、甘氨酸、Tris）缓冲液及叠氮化物和巯基化合物。

4. 加入 100 μl 1 mol/L 的甘氨酸（溶于 0.1 mol/L 的硼酸钠中，pH 8.5），淬灭反应，放置 5 min，或使用相应量的 Tris 或任何其他胺来淬灭反应。

   在 0℃较长时间的（>4 h）温育能够改善收率，也不需要用试剂进行淬灭。

5. 将混合物上凝胶过滤柱，使用硼酸盐（或其他）缓冲液洗脱，收集 0.5 ml 的组分于 12 mm×75 mm 的塑料管中。用手持式 γ 计数器监测各组分，或在 γ 计数器中对每个组分的小份进行计数，以定位含有肽的组分，如果希望，用 HPLC 分离产物，并检测放射性比度（见辅助方案 2）。

基本方案 3　通过酸酐乙酰化在赖氨酸残基或 N 端进行 ^{14}C 或 ^{3}H 标记

用 ^{14}C 或 ^{3}H 标记能够得到较长的半衰期，但标记肽的放射性比度通常相对较低，

最常见的副反应是酪氨酸的 *O*-乙酰化，在温和的碱性条件下，这种副反应是可逆的。

材料

- 饱和醋酸钠溶液
- 肽，最好≥1 mg/ml，溶于≤100 μl 的水中或醋酸钠中
- ［^{14}C］或［^{3}H］无水醋酸（Amersham 公司、DuPont NEH 公司或 ICN Biomedic-als 公司）
- 无水醋酸，未标记的（可选）

1. 往肽中加入 1 倍体积的饱和醋酸钠溶液（除非肽已经在这种缓冲液中），在冰上冷却至 0℃。
2. 在 4 个等量的小份中，加入［^{14}C］或［^{3}H］无水醋酸（含或不含 2 摩尔当量的未标记无水醋酸），时间间隔 10～15 min，如果希望，可以加入过量未标记的无水醋酸，以增强标记（类似于化学计量和微量碘化，见辅助方案 1）。
3. 用凝胶过滤（见第 8.3 单元）、透析（见附录 3B）或固相提取（见基本方案 1 第 4～8 步）除去副产物，在适当的闪烁液（scintillation cocktail）中对组分计数，用 HPLC 可能能够分离单个的产物（见辅助方案 2）。

备择方案 3　通过还原性烷基化在赖氨酸残基或 N 端进行 ^{14}C 或 ^{3}H 标记

用 ^{3}H 标记能够得到较高的放射性比度，据报道可达≥50 Ci/mmol，与乙酰化不同，氨基上的净电荷未发生实质性地改变（pK_a 值只有小的改变）。

材料

- 0.2 mol/L 的硼酸钠，pH 9.0
- 肽，最好≥1 mg/ml，溶于 0.1～1 ml 0.2 mol/L 的硼酸钠（pH 9.0）中
- 37%（12.4 mol/L）甲醛贮液或［^{14}C］甲醛
- ［^{3}H］硼氢化钠（Amersham 公司、DuPont NEH 公司或 ICN Biomedicals 公司）、［^{3}H］硼氢化氰钠（Amersham 公司）或未标记的试剂
- 0.01 mol/L NaOH

1. 往肽中加入 1 倍体积 0.2 mol/L 的硼酸钠（pH 9.0）（除非肽已经在这种缓冲液中），在冰上冷却至 0℃。
2. 进行 ^{3}H 标记时，将 12.4 mol/L 的甲醛贮液稀释至 0.1～0.2 mol/L，将其加入肽（置于冰上）中，摩尔数要超过氨基摩尔数 2～6 倍（如 10～20 μl）。进行 ^{14}C 标记时，使用［^{14}C］甲醛。
3. 进行 ^{3}H 标记时，立即将［^{3}H］硼氢化钠或［^{3}H］硼氢化氰钠溶于 0.01 mol/L NaOH 中，使终浓度为 1.0 Ci/ml，加入到肽中，在冰上温育 10 min。硼氢化钠和甲醛的摩尔比为 0.25：0.4（如 30～50 μl）。进行 ^{14}C 标记时，使用未标记的试剂。

首选硼氢化氰钠，因为它能够还原最初在肽和甲醛之间所形成的希夫碱（Schiff base），而不还原二硫化物或醛。

4. 按基本方案 3 的第 3 步操作。

备择方案 4　用碘乙酸或碘乙酰胺在赖氨酸残基进行 ^{14}C 或 ^{3}H 标记

可能的副反应是组氨酸、甲硫氨酸或赖氨酸的烷基化，通常情况下，通过调整 pH 和其他反应条件可以控制。

材料

- 0.5 mol/L Tris·Cl/6 mol/L 盐酸胍/2 mmol/L EDTA 二钠，pH 8.6
- 肽，最好≥1 mg/ml，溶于 0.1～1 ml 0.5 mol/L Tris·Cl/6 mol/L 盐酸胍/ 2 mmol/L EDTA 二钠（pH 8.6）中
- 二硫苏糖醇（DTT）
- 1 mol/L NaOH
- ［^{14}C］或［^{3}H］碘乙酸或［^{14}C］碘乙酰胺（Amersham 公司、DuPont NEH 公司 或 ICN Biomedicals 公司）
- 碘乙酸或碘乙酰胺，未标记的（可选）

1. 在 0.5 mol/L Tris·Cl/6 mol/L 盐酸胍/2 mmol/L EDTA 二钠（pH 8.6）中制备肽 溶液，37℃温育 1 h，加入 EDTA（摩尔浓度超过二硫化物 50 倍），37℃温育过夜。
2. 冷却至室温，加入所希望量的放射性标记的碘乙酸（或碘乙酰胺）（溶于 1/10 体积 的 1 mol/L NaOH 中）。如果希望，可以另外加入未标记的碘乙酸（或碘乙酰胺），摩尔数要超过 DTT 摩尔数 2 倍，以增强标记（类似于化学计量和微量碘化，见辅助 方案 1）。在黑暗处温育 30 min。
3. 按基本方案 3 的第 3 步操作。

基本方案 4　在肽合成过程中引入标记的氨基酸残基

这种方法能够得到大量放射性标记的肽，而且肽的结构未受到影响，这是任何其他 方法都办不到的。已有商品化的含有 ^{14}C 或 ^{3}H（对于甲硫氨酸，^{35}S）的氨基酸，也已很 好地建立了将各种保护性基团加到这些氨基酸上的方法，典型情况下，放射性比度要比 放射性碘化的肽低 2 个或 3 个数量级。最简单的方法是选择在固相合成过程中只需要在 其 α 氨基进行保护的放射性氨基酸（而其侧链氨基不需要保护，如 ^{14}C-或 ^{3}H-标记的丙 氨酸、异亮氨酸、亮氨酸、缬氨酸或苯丙氨酸，都可以从 Amersham 公司、DuPont NEH 公司、ICN Biomedicals 公司或 Sigma 公司购得）。如果在肽合成过程中使用传统 的叔丁氧羟基（t-butyloxycarbonyl；t-BOC）化学法，有多种方法将 t-BOC 加到 α 氨基 上。下面简单地介绍了将 t-BOC 加到亮氨酸 α 氨基上的方法。

材料

- 未标记和 ^{14}C 或 ^{3}H 标记的亮氨酸（1～10 mCi）
- 三乙胺
- 2-叔丁氧羟基氨基-2-苯乙腈（BOC-ON，Aldrich 公司）
- 二氧杂环己烷（dioxane）
- 无水乙醚

- 1.0 mol/L HCl，4℃
- 25 ml 圆底烧瓶
- 分离用漏斗

1. 往 25 ml 圆底烧瓶中加入 131 mg 的 L-亮氨酸（1 mmol）和所希望微居里数的 ^{14}C 或 ^{3}H 标记的 L-亮氨酸（商品为水溶液）。

2. 加入（按顺序）210 μl 三乙胺（1.5 mmol）、271 mg BOC-ON（1.1 mmol）和 600 μl 二氧杂环己烷与足量 600 μl 水的混合物（如果标记氨基酸商品在 400 μl 水中，加入 600 μl 二氧杂环己烷和 200 μl 水），室温下用磁力搅拌棒搅拌 3 h。

3. 加入 2 ml 水和 2 ml 乙醚，将反应混合物移至分离用漏斗上，滤干水层（底部）（含有 t-BOC-亮氨酸产物的 TEA 盐），在分离漏斗中用等体积的乙醚洗涤 3 次，以除去不要的肟（亮黄色）。

4. 加入少量 1.0 mol/L HCl（4℃），调整水层至 pH 2，沉淀 t-BOC 氨基酸产物（从盐转化为游离的酸）。

5. 往分离用漏斗内的水层中加入等体积的乙醚，摇动，滤干水层，保留乙醚层（含有产物），将水层再用乙醚提取 2 次，将乙醚层合并于三角锥瓶内。

6. 让产物在冰上结晶几个小时或 4℃ 过夜，先用温和的液氮气流吹去一些乙醚可能会有所帮助，用冷乙醚小心地洗涤白色的结晶产物，在用于肽合成之前，用茚三酮（Sarin et al. 1981）或其他分析方法来检查 t-BOC 氨基酸氨基的惰性。

备择方案 5 在肽合成过程中在 N 端进行选择性标记

在用固相法合成肽之后，在氨基酸侧链（包括赖氨酸侧链）被去保护之前，可以选择性地标记含有一个或多个赖氨酸氨基的肽的 N 端。例如，可以使用新合成的保护的肽的 N 端乙酰化作用来用 ^{14}C 或 ^{3}H 标记肽，而不影响可能对活性极为重要的赖氨酸残基（见基本方案 3）。另外，加入 Bolton-Hunter 基团能够在这个位置进行后续的碘化（见基本方案 2），如果有酪氨酸存在，它也将被碘化，除非使用放射性标记的 Bolton-Hunter 试剂。

许多其他试剂也可以被用于在肽的末端对肽进行修饰。例如，使用二硝基氟苯（100 mol）、N,N-二异丙基乙胺（20 mol）和二氯甲烷（作为耦联反应的溶剂；在室温下暗处摇动 2 h；T. Tsomides，未发表的实验观察）可以将二硝基苯基（DNP）特异性地加到结合在树脂上的受保护肽的 N 端。

用于 N 端标记反应方案的特定细节取决于肽合成和切割所包含的特有的化学，尤其是在肽侧链去保护步骤（如氟化氢或三氟醋酸）中，特异性加到 N 端的任何标记都必须要稳定。在上面的例子中，在用三氯甲烷磺酸去保护的过程中，DNP 是稳定的。

参考文献：Fraker and Speck 1978；Markwell 1982；Means and Feeney 1971；Tsomides and Eisen 1993
作者：Ton N. M. Schumacher and Theodore J. Tsomides

3.4 单元　总蛋白质的分析

表 3.5～表 3.7 提供了对总蛋白质进行各种分析的样本大小、检测范围、灵敏度和干扰化合物的比较。

表 3.5　总蛋白质定量分析方法总结

分析	样本大小	检测范围/(μg/ml)
双缩脲法	1 ml	1000～10 000
Hartree-Lowry 法	1 ml	100～600
BCA 法	100 μl	200～1000
茚三酮法	1 ml	20～50
紫外吸收法(见第 3.1 单元)	1 ml	30～300
考马斯染料结合法	100～200 μl	60～300

表 3.6　分光光度分析标准曲线的斜率[a]

分析	校准化合物	测量斜率
二硝基水杨酸盐(DNS)	葡萄糖	5.50 A_{575}(mg 糖/ml f.a.v.)$^{-1}$cm^{-1}
Nelson-Somogyi 还原糖	葡萄糖	$6.3 \times 10^{-3} A_{520}$(mmol 葡萄糖/ml f.a.v.)$^{-1}$cm^{-1}
酚硫酸中性糖	甘露糖	$8.6 \times 10^{-2} A_{485}$($\mu$g 糖/ml f.a.v.)$^{-1}$cm^{-1}
双缩脲蛋白质	BSA	$2.3 \times 10^{-4} A_{550}$($\mu$g 蛋白质/ml f.a.v.)$^{-1}$cm^{-1}
Bradford 分析	BSA	4.5×10^{-2}～$5.5 \times 10^{-2} A_{595}$($\mu$g 蛋白质/ml f.a.v.)$^{-1}$cm^{-1}
Hartree-Lowry 蛋白质	BSA	$1.7 \times 10^{-2} A_{650}$($\mu$g 蛋白质/ml f.a.v.)$^{-1}$cm^{-1}
二喹啉甲酸蛋白质	BSA	$1.5 \times 10^{-2} A_{562}$($\mu$g 蛋白质/ml f.a.v.)$^{-1}$cm^{-1}
微量凯氏定氮比色法	硫酸铵	1.3 A_{660}(μg 氮/ml f.a.v.)$^{-1}$cm^{-1}

a 缩写:BSA,牛血清白蛋白;f.a.v.,最终分析体积。

表 3.7　总蛋白质定量分析的干扰化合物[a]

分析	干扰化合物	分析	干扰化合物
双缩脲	硫酸铵	二喹啉甲酸	EDTA
	葡萄糖		>10 mmol/L 蔗糖或葡萄糖
	巯基化合物		1.0 mol/L 甘氨酸
	磷酸钠		>0.5% 硫酸铵
Hartree-Lowry 法	EDTA		2 mol/L 醋酸钠
	盐酸胍		1 mol/L 磷酸钠
	Triton X-100	酸消化-茚三酮	硫酸铵
	SDS		氨基糖
	Brij 35	紫外吸收法(见第 3.1 单元)	色素
	>0.1 mol/L Tris		酚类化合物
	硫酸铵		有机辅因子
	>1 mol/L 醋酸钠	Bradford	>0.5% Triton X-100
	>1 mol/L 磷酸钠		>0.1% SDS
			脱氧胆酸钠

a 更全面的讨论见 Smith 等(1985)。

基本方案 1　总蛋白质定量的双缩脲分析

适量的用于溶解蛋白质的去污剂（如脱氧胆酸或 SDS）对这种分析的影响可以忽略不计，少量的还原剂和强氧化剂对分析有不利的影响。

材料（带√的项见附录 1）

- 校准标准物：如 10～20 mg/ml 的 BSA（结晶的、冻干的或 Cohn 组分 V 制备物，含 96%～98% 的蛋白质和 3%～4% 的水，Sigma 公司）
- 用于制备蛋白质样品的缓冲液或溶剂
- 蛋白质样品，浓度为 1～10 mg/ml

√ 双缩脲试剂

- 分光光度计和 1 cm 的比色杯

1. 在用于制备样品的缓冲液或溶剂中制备校准标准物的连续稀释样品，对于 BSA，使用 2～12.5 mg/ml 的浓度（在 1 cm 的比色杯中，最终分析浓度为蛋白质 0.40～2.50 mg/ml 的样品 A_{550} 读数为 0.10～0.70）。
2. 在含有 4 ml 双缩脲试剂的各试管中，分别加入 1 ml 蛋白质样品、1 ml 各种稀释度的标准样品或 1 ml 用于制备样品的缓冲液或溶剂（对照标准），室温温育 20 min。
3. 在 1 cm 的比色杯中测量在 550 nm（A_{550}）处的净吸收值，如果分光光度计不能自动给出净吸收值，从样品和标准物中减去对照标准。如果样品的 A_{550} 大于 1 或 2（取决于分光光度计），不要稀释反应混合液，稀释原始的蛋白质样品，重新分析。
4. 将标准物的净 A_{550} 对蛋白质浓度（单位是 μg/ml f.a.v.）作图，通过内插法确定样品的蛋白质浓度，计算标准曲线的斜率，在同样的单位（表 3.6）下，斜率与近似的分光光度吸收系数（分析的灵敏度）成正比。

使用指定最终分析体积（f.a.v）的浓度单位能够与来自文献的值进行比较。

基本方案 2　总蛋白质定量的 Hartree-Lowry 分析

材料（带√的项见附录 1）

- 校准标准物：300 μg/ml 的 BSA（结晶的，Sigma）
- 用于制备蛋白质样品的缓冲液或溶剂
- 蛋白质样品，浓度为 100～600 μg/ml

√ Hartree-Lowry 试剂

- 50℃水浴
- 分光光度计和 1 cm 的比色杯

1. 在用于制备样品的同一种缓冲液或溶剂中制备校准标准物的连续稀释样品，浓度为 30～150 μg/ml（蛋白质的最终分析浓度为 6～60 μg/ml，A_{650} 读数为 0.20～0.80）。
2. 在含有 0.90 ml Hartree-Lowry 试剂 A 的各试管中，分别加入 1 ml 蛋白质样品、1 ml各种稀释度的标准样品或 1 ml 用于制备样品的缓冲液或溶剂（对照标准），在 50℃水浴中温育 10 min，然后冷却至室温。

3. 加入 0.1 ml Hartree-Lowry 试剂 B，混合，室温温育 10 min。

4. 快速加入 3 ml Hartree-Lowry 试剂 C，彻底混合，在 50℃水浴中温育 10 min，并冷却至室温。

5. 按基本方案 1 的第 3 步和第 4 步分析，但使用在 650 nm（A_{650}）处的吸收值。

也可以使用其他测量方法进行比较，如在同样波长下的加权吸收系数（$E_1^{1\%}$）。$E_1^{1\%}$ 的定义如下，在此式中，c 为浓度（g 干重/100 ml f.a.v.），b 为光径长度（cm）。

$$E_{1\,cm}^{1\%}=\frac{230\,A_\lambda}{c\times10^6\,\mu g/g\times b}=\frac{2.3\times10^{-2}\,A_\lambda\times cm^{-1}}{\mu g/ml\ f.a.v.}$$

基本方案 3　总蛋白质定量的二喹啉甲酸（BCA）分析

温育时间和温度、用于校准的标准蛋白质和其他因素的不同，使总蛋白质 BCA 分析的灵敏度也有所不同。一些类型的化合物（如还原糖和氨离子）对分析有干扰，有时还很严重，如果将干扰化合物消除（如通过透析；见辅助方案 2），BCA 分析就既简单又灵敏。

材料（带√的项见附录 1）

- 校准标准物：1 mg/ml 的 BSA
- 用于制备蛋白质样品的缓冲液或溶剂
- 蛋白质样品

√ BCA 试剂 A/B 混合液

- 分光光度计和比色杯

1. 在用于制备样品的缓冲液或溶剂中制备校准标准物的连续稀释样品，浓度为 0.2～1.0 mg/ml。

2. 对于 2.1 ml 的最终分析体积（f.a.v.），将（在不同的试管中）100 μl 蛋白质样品、各种稀释度的标准样品或用于制备样品的缓冲液或溶剂（对照标准）与 2 ml BCA 试剂 A/B 混合液混合。如果必要，可放大最终分析体积，以适应比色杯的规格。

3. 37℃温育 30 min，冷却至室温。

4. 快速加入 3 ml Hartree-Lowry 试剂 C，彻底混合，在 50℃水浴中温育 10 min，并冷却至室温。

5. 按基本方案 1 的第 3 步和第 4 步分析，但使用在 562 nm（A_{562}）处的吸收值。

基本方案 4　总蛋白质定量的酸消化——茚三酮法

将蛋白质水解成氨基酸，然后通过茚三酮衍生作用对氨基酸进行定量。尽管单个的氨基酸并不产生等量的颜色，但使用亮氨酸作为校准标准物时，大多数蛋白质能够得到合理的结果，不过也有例外，例如，那些含有异常成分〔如高含量的羟脯氨酸和脯氨酸、特别的硫成分（半胱氨酸）〕或高度糖基化的蛋白质。如果样品很稀或含有污染物或干扰化合物，可以使用 TCA 进行沉淀和浓缩（见辅助方案 3），氨离子能够与茚三酮产生很强的颜色（几乎与亮氨酸相当），但可通过 TCA 沉淀将其除去。

材料（带√的项见附录1）

- H_2SO_4
- 蛋白质样品
- NaOH
- 校准标准物：如0.2 mg/ml的亮氨酸，稀释 1/2～1/20

√ 茚三酮试剂

- 50%（V/V）异丙醇（可选）
- 热封管（见辅助方案1）
- 100℃水浴

1. 在热封管中，向 20～50 μg 蛋白质样品中加入 H_2SO_4，使酸的终浓度为 3%（此处%表示浓酸的体积比稀释）。在氮气层之下将管封好（见辅助方案1），在 100～105℃温育 12～15 h（过夜）。

2. 打开管，加入一体积 6% 的 NaOH，中和 H_2SO_4。例如，要中和 1 ml 6% 的 H_2SO_4（约 1.15 mol/L），需要使用约 1.53 ml 6%（m/V）的 NaOH（0.75 mol/L），中和后的样品体积应当接近 1 ml，最终分析体积（第 3 步）接近 3 ml。

3. 在不同的试管中，向中和的样品和等体积的稀释校准标准物及单独的缓冲液（对照标准物）中分别加入 2 ml 茚三酮试剂，在 100℃（沸腾的）水浴中温育 20 min，冷却至室温。

   校准标准物和对照标准物应当呈亮蓝色，样品为较深的紫蓝色，颜色很深的样品应当用 50%（V/V）异丙醇稀释 2～5 倍（将所有的标准物都稀释至同样的程度）。可以在温育之后用试剂进行稀释，没有必要重复分析。

4. 按基本方案 1 的第 3 步和第 4 步分析，但使用在 570 nm（A_{570}）处的吸收值。对于主要由羟脯氨酸和脯氨酸组成的蛋白质，在 440 nm（应当制备一套单独的校准标准物）处读数，在计算时要确信包括所有的稀释因素。

辅助方案 1 热封玻璃管

材料

- Pyrex 玻璃试管，10～12 mm 直径×10 cm 长度
- 氮气
- 气体氧火源
- 玻璃棒
- 三角锉

1. 将 Pyrex 玻璃试管（含有样品）置于冰上，短暂地用氮气覆盖，小心地调整氮气流，防止将酸溶液溅出。

2. 使用气体氧火焰，将一小玻璃棒熔化至试管口上，作为把手，用火焰在试管体周围加热（约在试管口下面 2 cm 处），直到试管变软和塌陷（图 3.2）。

3. 慢慢地退下把手和试管上部多余的部分，保持密封周围试管壁的厚度。

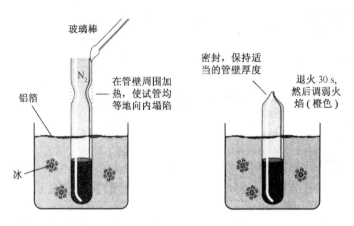

图 3.2　热封酸水解用的试管。

4. 当密封处熔合后，将火焰温度调小至橙色，然后再调至红色火焰，在密封中烧约30 s，以使玻璃退火。不要封得太厚（容易破碎），也不要牵拉密封处，以防止变得太薄（容易吹出）。

5. 酸水解之后，用锐利的三角锉在管子上划一深的划痕（约绕管壁的1/3），将管子打开。加热一根玻璃棒，使其炽热，将划痕打湿，将炽热的玻璃棒加到划痕上，使管子破裂，上部分应当很容易拿掉。

基本方案 5　测量总蛋白质的考马斯染料结合分析（Bradford 分析）

材料（带√的项见附录 1）

- 校准标准物：1.5 mg/ml 的 BSA 和 1.5 mg/ml 的溶菌酶
- 用于制备蛋白质样品的缓冲液或溶剂
- 蛋白质样品

√ 考马斯染料试剂

1. 在用于制备样品的缓冲液或溶剂中制备校准标准物的连续稀释样品，蛋白质浓度为150～750 μg/ml，使用 BSA 作为最常用的标准物（尽管 BSA 比大多数蛋白质有更大的常规染料结合能力）。根据所要测量的蛋白质种类的不同，用与样品蛋白质相关的各种蛋白质（甚至样品蛋白质的纯化产物）进行校准可能会很有用。

2. 在含有 5 ml 考马斯染料试剂的各试管中，分别加入 100 μl 蛋白质样品、各种稀释度的校准标准物或用于制备样品的缓冲液（对照标准物），混合，室温温育 10 min。

3. 按基本方案 1 的第 3 步和第 4 步分析，但使用在 595 nm（A_{595}）处的吸收值。

辅助方案 2　蛋白质样品的凝胶透析

本方法用于将小的干扰分子和盐从蛋白质样品中透析去除（图 3.3）。这是一种微量至半微量的方法，可代替常规的透析和一次性小压力膜试剂盒或 MWCO 值为5000～10 000的微量离心式过滤管。

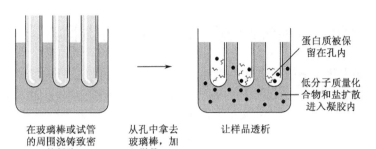

在玻璃棒或试管　　从孔中拿去　　　让样品透析
的周围浇铸致密　　玻璃棒，加
　的凝胶　　　　　入样品

蛋白质被保
留在孔内

低分子质量化
合物和盐扩散
进入凝胶内

图 3.3　通过低分子质量化合物向外扩散进入凝胶铸模的小腔中进行透析（Beyer　1983）。

材料

- 12％～15％聚丙烯酰胺凝胶溶液（表 10.1）或 2％～5％的琼脂糖
- 蛋白质样品
- 小玻璃棒或试管
- 烧杯

1. 将小玻璃棒或试管悬挂在烧杯内（图 3.3），棒/管的规格应当能够制出足以装下样品的孔。
2. 制备用 0.8％～1.5％双丙烯酰胺交联的 12％～15％聚丙烯酰胺凝胶溶液，倒入烧杯中，深度为能够制出足以装下样品的孔，也可以使用 2％～5％的琼脂糖。
3. 让凝胶聚合，然后除去棒/管。要保存凝胶，用水覆盖以防止干掉，在使用前，倒掉水，吸干。
4. 将蛋白质样品加入孔中，室温下静置 30～60 min，如果孔的直径大于 5 mm，透析 1～2 h 或更长的时间，用移液器回收透析后的样品。

辅助方案 3　蛋白质样品的三氯醋酸沉淀

材料

- 10％（m/V）的三氯醋酸（TCA）
- 蛋白质样品
- 可热封的管（可选）
- 中性缓冲液或碱

1. 往蛋白质样品中加入 10％（m/V）的三氯醋酸（TCA），至终浓度为 3％～4％（m/V），室温下静置 2～5 min。如果样品要进行酸水解（见基本方案 4），在可热封的管中进行 TCA 沉淀（见辅助方案 1），移去上清，将沉淀物直接溶于 3％的 H_2SO_4 中。
2. 移去上清，根据下一步分析所用的方法，将沉淀物重悬于中性缓冲液或碱中。

参考文献：Bradford 1976；Hartree 1972；Lowry et al. 1951；Sedmark and Grossberg 1977；Smith et al. 1985

作者：Rex Lovrien and Daumantas Matulis

3.5单元　溶液中和细胞表面上蛋白质的生物素化

商品的生物素化试剂的列表见表3.8。

表3.8　商品的生物素化试剂

试剂	供应商	相对分子质量	备注
与伯胺进行特异性反应（见基本方案1、辅助方案2）			
NHS-生物素	Pierce、Sigma、Vector Labs	341.4	溶于DMF或DMSO；−20℃保存所有的NSH试剂，并加干燥剂
Sulfo-NHS-生物素	Pierce、Sigma、Vector Labs	443.4	水溶性
NHS-LC-生物素	Pierce、Sigma、Vector Labs	454.5	溶于DMF或DMSO；间隔臂改善结合蛋白质的生物素与亲和介质的可及性
NHS-SS-生物素	Pierce	606.7	溶于DMF；可被二硫键还原切割
2-Iminobiotin-NHS	Calbiochem、Pierce	421.3	溶于DMF；与抗生物素蛋白表现出pH敏感的结合
与巯基进行特异性反应（见基本方案2、辅助方案1和2）			
碘乙酰-LC-生物素	Pierce	510.4	溶于DMF或DMSO；在pH 7.5以上与氨基反应
生物素-LC-马来酰亚胺	Sigma	479.6	溶于DMF；在pH 7.5以上与氨基反应
马来酰亚胺基-丙酰-生物素	Molecular Probes、Pierce	523.6	溶于DMF；在pH 7.5以上与氨基反应
生物素-HPDP	Pierce	539.8	溶于DMSO；可被二硫键还原切割，重新生成开始的半胱氨酰

基本方案1　将生物素共价连接到赖氨酸上

本方案在很广的体积范围（50 μl～50 ml，可能更大的体积）内都能够很好地工作。

材料（带√的项见附录1）

- 约1 mg/ml纯化的蛋白质
- √ 交联缓冲液，冰浴
- 2 mg/ml的N-羟基丁二酰亚胺长链生物素（NHS-LC-生物素；Pierce公司、Vector Labs公司），溶于二甲基甲酰胺（DMF）中，室温，使用前现配制
- 50 mmol/L甘氨酸，溶于交联缓冲液中
- 叠氮钠（NaN$_3$）或硫柳汞（可选）
- 甘油（可选）
- 0.22 μm滤器，如Spin-X离心式滤器（Costar公司）或注射器式滤器（Nalgene公司）
- 冻存管（Corning公司）或带O形圈盖的试管（Saratedt公司；可选）
- 液氮杜瓦瓶（可选）

注意：NHS-生物素应当－20℃保存，并加干燥剂，当融化后，在打开容器之前，应当彻底温暖至室温。

1. 如果必要，在交联缓冲液中透析纯化后的蛋白质（见第 4.1 单元和附录 3B），以除去极微量的干扰缓冲成分（如叠氮化物、甘氨酸、铵离子和 Tris），对 100 倍体积的交联缓冲液透析 48 h，更换 3 或 4 次缓冲液（如果干扰剂的起始浓度相对较低，在 16 h 和 24 h 时换 2 次缓冲液就足够了）。

2. 往 20 倍体积约 1 mg/ml 的蛋白质（溶于交联缓冲液中）中加入 1 倍体积的 NHS-LC-生物素（溶于 DMF 中）（生物素与蛋白质的摩尔比约为 10∶1），在冰浴上温育约 1 h，不时地混合一下。

   如果有沉淀的问题，假设不需要与抗生物素蛋白的最高亲和结合（由 LC 间隔臂提供），可以使用 Sulfo-NHS-生物素。使用同样的最终生物素/蛋白质摩尔比（约 10∶1）。对于每种蛋白质，要靠经验来确定最佳的生物素/蛋白质摩尔比和生物素化的时间，对最高掺入和蛋白质功能的保留进行平衡。比率范围为 1∶1～60∶1，标记时间可高达 18 h。

3. 加入 1 倍体积的 50 mmol/L 甘氨酸，结合未反应的生物素，对所希望的缓冲液（标记后可以使用任何的缓冲液）进行彻底的透析，以除去甘氨酸和未反应的生物素，透析≥36 h，更换 3 次或 3 次以上的透析液，每次为 500 倍体积。

   在 Econo-Pac 10DG 脱盐柱（Bio-Rad 公司）或 Sephadex G-25（Pharmacia Biotech 公司；见第 8.3 单元）柱上，通过凝胶过滤可以很快地除去未掺入的 Sulfo-NHS-生物素。

4. 将生物素化的蛋白质过 0.22 μm 的滤器除菌。如果希望，加入 0.02%（m/V）的 NaN$_3$（如果 pH＜7.0）或 0.1% 的硫柳汞（较高的 pH）。冰上或 4℃保存。

5. 可选（首选）：确定最佳保存条件，在以下条件下保存小份：
   a. 在无菌冻存管（Corning 公司）或带 O 形圈盖的试管（Saratedt 公司）中，使用干冰/乙醇浆体快速冷冻，之后－20℃、－70℃保存或在液氮杜瓦瓶中保存。
   b. 与等量的甘油混合，－20℃保存。
   c. 冰上保存。
   d. 4℃保存。

   定期取出小份，测试生物学、结合或酶活性。蛋白质小份和更长久保存的批量蛋白质小份应当避免反复冻融。

6. 确定蛋白质浓度（见第 3.4 单元）。用固相竞争分析法（Savage et al. 1992）估计与蛋白质交联的生物素，或只简单地确定是否已发生了生物素化（即通过免疫印迹；见第 10.7 单元）。

基本方案 2 将生物素共价连接到巯基上

材料（带√的项见附录 1）
- 0.5 mg/ml 的目的蛋白或细胞组分，如纯化的膜
- √ 100 mmol/L 磷酸钠/5 mmol/L EDTA，pH 8.3（见单独的配方）
- 4 mmol/L 碘乙酰-LC-生物素（Pierce 公司）（溶于 DMF 中），新鲜配制或从 －20℃的贮液配制

1. 如果必要，将蛋白质或细胞组分中的蛋白质二硫键还原（见辅助方案 1），用透析（见第 4.1 单元和附录 3B）、凝胶过滤（见第 8.3 单元）或离心式过滤（见第 15.1 单元）除去巯基还原剂，使用磷酸钠/EDTA 缓冲液配制还原性蛋白质溶液，如果样品必须透析很长的时间，往透析缓冲液中吹入氮气泡，以降低氧化。

2. 往每毫升样品中加入 20 μl 4 mmol/L 碘乙酰-LC-生物素（溶于 DMF 中）（提供蛋白质与半胱氨酸"平均"数目的等摩尔比）。

   使用生物素-LC-马来酰亚胺或马来酰亚胺基-丙酰-生物素（表 3.8）时，将 pH 降到 6.5～7.5，以防止与伯胺反应。用生物素-HPDP 衍生的蛋白质不应当暴露于巯基还原剂中，除非希望对标记进行逆转。

3. 室温温育约 2 h，或 0～4℃温育过夜。

4. 用凝胶过滤或透析除去未反应的试剂，用 0.22 μm 滤器过滤，0～4℃保存生物素化的蛋白质，或将生物素化的膜分成小份，−20℃保存。

辅助方案 1　二硫键的还原

要在蛋白质的半胱氨酸上产生生物素化（使用巯基指导的生物素试剂）所需的游离巯基，可能会需要将其二硫键还原（见基本方案 2）。二硫键还原也可用于从抗生物素蛋白亲和柱上洗脱带 NHS-SS-生物素标签的蛋白质（见基本方案 1）。

材料（带√的项见附录 1）

- 1～10 mg/ml 纯化的蛋白质
- √ 还原缓冲液：100 mmol/L 磷酸钠/5 mmol/L EDTA，pH 6.0（见单独的配方）
- 还原剂：50 mmol/L 二硫苏糖醇（DTT）、100 mmol/L 2-巯基乙醇（2-ME）或 100 mmol/L 巯基乙胺·HCl（Sigma 公司）
- Econo-Pac 10DG 脱盐柱（Bio-Rad 公司）或 Sephadex G-25 柱（Pharmacia Biotech 公司）

1. 如果必要，在还原缓冲液中透析目的蛋白（见第 4.1 单元和附录 3B）。

2. 往 1 倍体积的还原剂中加入 1 倍体积的 10 mg/ml 纯化的蛋白质（溶于还原缓冲液中），37℃温育 1 h，不时地混合一下。

3. 在温育期间，用还原缓冲液平衡 Econo-Pac 10DG 脱盐柱或 Sephadex G-25 柱，柱中应当有起始蛋白质 10 倍体积的介质。

4. 将反应冷却至室温，使用平衡好的柱子通过凝胶过滤层析除去多余的还原剂，收集至少 10 个组分，每个组分含约 1 倍体积（与起始蛋白质溶液相同的体积）。

5. 在 280 nm（A_{280}）处读各组分的吸收值，合并与第一个吸收峰对应的组分，立即用于半胱氨酰指导的生物素化（见基本方案 2）。

辅助方案 2　生物素化蛋白质的检测

材料（带√的项见附录 1）

- 生物素化的实验用蛋白质（见基本方案 1 和 2）

- 生物素化蛋白质分子质量标准（Bio-Rad 公司或 Vector Labs 公司）
- 牛血清白蛋白
- √ PBS
- ^{125}I-Bolton-Hunter-标记的抗生物素蛋白（DuPont NEN 公司）或抗生物素蛋白-生物素复合物（ABC）试剂盒（如 Vector Labs Vectastain 公司或 Pierce Immuno-Pure 公司）
- √ 抗生物素蛋白缓冲液（可选，用于^{125}I标记）
- 硝酸纤维素膜

1. 在一维 SDS 聚丙烯酰胺凝胶（见第 10.1 单元）的不同道中对生物素化的实验用蛋白质和生物素化蛋白质分子质量标准进行电泳，转移到硝酸纤维素膜上（见第 10.5 单元），在 22℃用 3％（m/V）的 BSA（溶于 PBS 中）封闭约 1 h，不要使用含奶粉的封闭剂。
2a. 对于放射性抗生物素蛋白：将斑点在 0.5 μCi 的^{125}I-Bolton-Hunter-标记的抗生物素蛋白（溶于 5 ml 抗生物素蛋白缓冲液中）中 22℃温育 2 h，用不含抗生物素蛋白或 BSA 的同一种缓冲液彻底洗膜，空气干燥，对胶片曝光。
2b. 对于与抗生物素蛋白连接的发光基团：按 ABC 试剂盒的生产商说明书进行操作，可以购得单个蛋白质、固定组织上的蛋白质、组织切片和微孔板形式的试剂盒。

参考文献：Wilcheck and Bayer 1990
作者：Elizabeth J. Luna

3.6 单元 用氨基酸进行代谢标记

在进行蛋白质的代谢标记时，[^{35}S] 甲硫氨酸是首选的放射性标记的氨基酸，因为其比活性（＞800 Ci/mmol）高，而且易于检测。

警告：在标记过程中，能够释放出挥发性的含有^{35}S 的化合物，将含有^{35}S 甲硫氨酸的溶液保持在盖密实的管中，在用放射性物质进行工作或处理放射性物质时，要遵守所有的规章制度。

注意：所有与活细胞进行接触的溶液的器材必须无菌，这样应当使用相应的无菌技术。

注意：所有培养物温育都应当在湿润的 37℃、5％ CO_2 孵箱中进行，除非另有要求，某些培养基（如 DMEM）会需要不同水平的 CO_2，以维持 pH 7.4。

基本方案 用 [^{35}S] 甲硫氨酸对悬浮细胞进行脉冲标记

材料（带√的项见附录 1）

- [^{35}S] L-甲硫氨酸（＞800 Ci/mmol）或^{35}S 标记的蛋白质水解物（＞1000 Ci/mmol）
- √ 脉冲标记培养基，加温至 37℃
- 细胞悬液（如 Jurkat、RBL、K562、BW5147 或 T 或 B 细胞杂交瘤细胞），生长在湿润的 37℃、5％ CO_2 孵箱中或从组织（如淋巴细胞）中制备

√ PBS，冰冷的

• 真空抽吸器，带装液体放射性废物的阱

1. 在室温融化 $[^{35}S]$ 甲硫氨酸，在预温（37℃）的脉冲标记培养基中配制 0.1～0.2 Ci/mmol 的工作液。

2. 在室温下，离心（300 g，5 min）收集 0.5×10^7～2×10^7 个悬浮细胞。

3. 吸去上清，轻轻弹击管底重悬细胞，加入 10 ml 预温的脉冲标记培养基，颠倒混合，室温下 300 g 离心 5 min。重复这一步骤一次。

4. 在预温的脉冲标记培养基中重悬细胞，浓度为 5×10^6 个/ml，37℃ 水浴中温育 15 min，定时颠倒管子，室温下 300 g 离心 5 min，吸去上清。

5. 将细胞重悬于 2 ml $[^{35}S]$ 甲硫氨酸（第 1 步）中，盖紧盖子，在 37℃ 水浴中温育 10～30 min，不时地通过轻轻颠倒来重悬。当标记时间高达 6 h 时，为了得到最佳效果，使用较少的细胞和（或）更多的标记培养基。

6. 4℃、300 g 离心 5 min，吸去上清，在 10 ml 冰冷的 PBS 中轻轻旋动使其重悬，重复离心，如果必要，可在冰上保存细胞达几小时，或 -80℃ 冷冻保存几天，使用前在冰上融化。

7. 可选：用 TCA 沉淀（见辅助方案 1）确定掺入的量。

备择方案 1　用 $[^{35}S]$ 甲硫氨酸对贴壁细胞进行脉冲标记

附加材料（也见基本方案）

• 贴壁细胞（如 HeLa、NRK、M1、COS-1、CV-1 或原始培养物中的成纤维细胞或内皮细胞）

• 100 mm 组织培养皿

1. 在 100 mm 组织培养皿中，让贴壁细胞生长至 80%～90% 的满度（confluency）（0.5×10^7～2×10^7 个细胞，取决于细胞的类型）。

2. 制备 $[^{35}S]$ 甲硫氨酸工作液（见基本方案第 1 步）。

3. 从培养皿中吸去培养基，用 10 ml 预温（37℃）的脉冲标记培养基轻轻旋动来洗涤 2 次，每次洗涤后吸去培养基。

4. 加入 5 ml 预温的脉冲标记培养基，在湿润的 37℃、5% CO_2 孵箱中温育 15 min。

5. 从细胞中除去培养基，加入 2 ml $[^{35}S]$ 甲硫氨酸工作液（第 2 步），在 CO_2 孵箱中温育 10～30 min。

6. 从细胞中除去培养基，用 10 ml 冰冷的 PBS 洗涤一次，移去 PBS，再加入 10 ml 冰冷的 PBS，用一次性塑料细胞刮或橡胶刮棒小心地刮细胞，将悬液移至 15 ml 的离心管中，4℃、300 g 离心 5 min，弃上清。

如果在标记期间细胞已经分离，将细胞和标记培养基刮到一个 15 ml 的离心管中，然后通过离心洗涤。

7. 可选：用 TCA 沉淀（见辅助方案 1）确定掺入的量。

备择方案 2　用 [^{35}S] 甲硫氨酸对细胞进行脉冲追踪标记

附加材料（也见基本方案和备择方案 1；带√的项见附录 1）

√追踪标记培养基，37℃

1. 对每个时间点的每个样品制备 $0.5 \times 10^7 \sim 2 \times 10^7$ 个细胞，每 $0.5 \times 10^7 \sim 2 \times 10^7$ 个细胞用 2 ml $0.1 \sim 0.2$ mCi/ml 的 [^{35}S] 甲硫氨酸脉冲标记 $10 \sim 30$ min（见基本方案的第 $1 \sim 5$ 步，或见备择方案 1 的第 $1 \sim 5$ 步）。

2. 移去标记培养基，用 10 ml 37℃的追踪标记培养基洗涤一次，加入 10 ml 37℃的追踪标记培养基，要快速终止，往标记混合液中加入 20 ml 追踪标记培养基。

   追踪标记≤2 h，悬浮细胞的终浓度应当为 2×10^6 个/ml；追踪标记>2 h，悬浮细胞的终浓度应当为 0.5×10^6 个/ml。对于贴壁细胞，加入 10 ml/100 mm 培养皿。

3. 在 37℃温育所希望的时间。在盖紧盖子的管子中旋转温育细胞悬液，在 CO_2 孵箱中温育贴壁细胞，然后刮下细胞，移至 15 ml 的离心管中。

4. 4℃、300 *g* 离心 5 min 收集细胞，弃去上清，或收集上清用于分析分泌到或脱落到培养基中的蛋白质。

5. 可选：用 TCA 沉淀（见辅助方案 1）确定掺入的量。

备择方案 3　用 [^{35}S] 甲硫氨酸对细胞进行长期标记

长期标记指细胞的连续代谢标记，时间为 $6 \sim 32$ h，下面所叙述的条件适合于悬浮细胞或贴壁细胞的过夜（约 16 h）标记。

附加材料（也见基本方案和备择方案 1；带√的项见附录 1）

√长期标记培养基，温热至 37℃

• 75 cm^2 的组织培养瓶

1. 在预温（37℃）的长期标记培养基中配制 $0.02 \sim 0.1$ mCi/ml 的 [^{35}S] 甲硫氨酸工作液（见基本方案第 1 步）。

2a. 对于悬浮细胞：在预温的长期标记培养基中制备并洗涤一次细胞（见基本方案第 2 步和第 3 步），在 25 ml $0.02 \sim 0.1$ mCi/ml 的 [^{35}S] 甲硫氨酸中重悬 $0.5 \times 10^7 \sim 2 \times 10^7$ 个细胞，移至 75 cm^2 的组织培养瓶中。

2b. 对于贴壁细胞：在 CO_2 孵箱中，在 75 cm^2 的组织培养瓶中生长 $0.5 \times 10^7 \sim 2 \times 10^7$ 个细胞（80%~90%的满度），用预温的长期标记培养基洗涤一次（见备择方案 1 第 3 步），加入 25 ml $0.02 \sim 0.1$ mCi/ml 的 [^{35}S] 甲硫氨酸。

3. 拧紧盖子，在 CO_2 孵箱中温育 16 h。

4. 洗涤细胞，确定掺入（见基本方案第 6 步和第 7 步，或备择方案 1 第 6 步和第 7 步）。

辅助方案　用 TCA 沉淀确定标记掺入

材料（带√的项见附录 1）

• 标记的悬浮细胞（见基本方案或备择方案 $1 \sim 3$）

- BSA/NaN$_3$：1 mg/ml BSA，含有 0.02%（m/V）叠氮钠（NaN$_3$）
- √ 10%（m/V）TCA 溶液，冰冷
- 乙醇
- 连接到真空线上的过滤设备
- 2.5 cm 玻璃微纤维滤片（Whatman，GF/C）

警告：TCA 具有强腐蚀性，在配制和处理 TCA 溶液时，要保护眼睛，防止与皮肤接触。

1. 往 0.1 ml BSA/NaN$_3$ 中加入 10～20 μl 标记的悬浮细胞，放到冰上，加入 1 ml 冰冷的 10%（m/V）TCA 溶液，剧烈涡旋，在冰上温育 30 min。
2. 在真空下，在过滤设备上过 2.5 cm 玻璃微纤维滤片，用 5 ml 冰冷的 10%（m/V）TCA 溶液洗涤滤片 2 次，再用乙醇洗涤 2 次，空气干燥 30 min。

警告：洗涤液应当按混合化学/放射性废物处理，废弃时应当遵守适用的安全性规则。

3. 在玻璃微纤维滤片上点同样体积的在第 1 步中用到的放射性标记的细胞悬液，空气干燥。
4. 将所有的滤片移至 20 ml 的闪烁管中，加入 5 ml 闪烁液，在闪烁仪上测量放射性，计算可沉淀的 TCA 标记物（第 2 步）与总放射性（第 3 步）的比率。

参考文献：Coligan et al. 1983
作者：Juan S. Bonifacino

李慎涛 译　于丽华 校

第4章 提取、稳定和浓缩

研究人员在制备纯化蛋白质的原料时，可选择的方法很多，最实用而且最多产的方法通常要使用重组 DNA 技术，详见第 5 章～第 7 章。这种方法的优点很多，包括能够大量地表达那些在天然材料中含量极微的蛋白质。对这些蛋白质的鉴定，可能仅仅进行过功能分析或分析性检测，甚至只推测了它是某个基因可读框的产物。用重组技术制备的蛋白质可用于蛋白质的功能和结构定性，也可以用来制备抗体。这些抗体可用来研究某种蛋白质在组织和细胞器中的表达谱，这些信息在评定蛋白质的生物学功能中发挥着重要的作用。

在某些情况下，对于蛋白质的纯化，重组技术可能并不是可选的方法，特别是当希望得到的蛋白质具有天然的翻译后修饰时，更是如此。通常情况下，重组表达系统不能够实现天然的翻译后修饰。重组技术也不适用于原始基因（parent gene）尚未鉴定的蛋白质（尽管这种情况越来越少）。对于这类的蛋白质，可以用组织和（或）培养的细胞作为起始材料的来源。从这些原料中进行纯化时，通常先要进行细胞分离或细胞器分离才能富集目的蛋白。本章不讨论这种方法的方法学，但介绍了离心和分级分离的方法。

对于其他的纯化步骤、分析、保存和（或）结构与功能特性的检查，需要对蛋白质进行浓缩和（或）更换溶剂。所以本章的第 4.1 单元介绍了通过透析和超滤进行脱盐、浓缩和（或）更换缓冲液的方法。与这些方法联合使用，第 4.2 单元提供了蛋白质选择性沉淀的方案，可用来除去污染物、浓缩和更换缓冲液。最后，第 4.3 单元介绍了蛋白质长期保存的方法，主要是为了维持结构和功能的完整性，也提到了会诱发蛋白质聚集和破坏的因素，并叙述了化学降解的主要途径，之后讨论了蛋白质长期保存的条件。

作者：John E. Coligan

4.1单元 用透析和超滤法脱盐、浓缩和更换缓冲液
基本方案 1 用再生纤维素透析袋进行脱盐、浓缩和更换缓冲液

当样品体积小于 200 ml 时，使用这种方案最好，对于更大的体积，可使用多个透析袋，但首选的方法是切向流渗滤（见备择方案 1）。在附录 3B 中提供了使用膜扩散的标准透析的其他信息。

材料（见附录 1 中带√的条目）

- 50%（*V/V*）乙醇，装于大洗瓶中
- √ 10 mmol/L EDTA，pH 8.0
- 0.05 mol/L NaHCO₃
- 0.1%（*m/V*）叠氮钠（可选）
- 蛋白质溶液（如果必要，通过离心使其澄清）
- 透析袋：再生纤维素，对于常规的蛋白质，使用 MWCO 12 000（如 Spectra/Por 4

型，Spectrum 公司）；对于小蛋白质，使用 MWCO 3500（如 Spectra/Por 3 型），4℃保存于塑料袋中

- 透析袋夹（可选）：每个透析袋两个（一个加重的，一个不加重的，如 Spectra/Por 透析袋夹和加重透析袋夹，Spectrum 公司）
- 小塑料漏斗
- 电导计和探头（可选）

1. 选择合适 MWCO 的透析袋，宽度以在≤25 cm 的长度内能装下样品为宜（表 4.1）。剪下需要长度加 10 cm 的干透析袋，只能用无粉末手套触摸透析袋。

表 4.1 各种直径透析袋的大概容量

扁平宽度/mm	非扁平直径/mm	体积/长度/(ml/cm)
10	6.4	0.3
18	11.5	1.0
25	16	2.0
45	29	6.4
54	34	9.3
75	48	18

2. 将剪下的透析袋浸入蒸馏水中，用两个手指捏住透析袋将两层分捻开。使用大洗瓶，用 50%乙醇彻底冲洗透析袋里外侧。

3. 在一个 1 L 的烧杯中混合 400 ml 10 mmol/L EDTA（pH 8.0）和 400 ml 0.05 mol/L NaHCO₃，将透析袋移入烧杯中，用磁力搅拌器搅拌 30 min。

4. 用 800 ml 水替换溶液，搅拌 10 min，重复一次，将透析袋移入新蒸馏水中。也可以将透析袋盖好，4℃保存于含 0.1%叠氮钠的水中。任何时候都不能让透析袋变干。
   对于蛋白质方面的工作，建议不要煮透析袋。为了更彻底地除去甘油和硫，可以将透析袋浸入 1 L 50%的乙醇中，50℃加热 1 h，来代替第 2 步。再生纤维素透析袋可以高压，但会改变 MWCO。现在有一种单独包装的 14 cm 长的透析袋，是经辐射灭菌的，不含甘油、硫或重金属（Spectra/Por Biotech Sterile Membrance，Spectrum 公司）。

5. 用一个加重透析袋夹或两个双结紧紧地关闭透析袋的一端，用两个手指挤出袋中多余的水，用一个小塑料漏斗往透析袋中加入蛋白质样品，然后用手指挤，让蛋白质样品到达底部并排出空气所占的空间。用一个非加重透析袋夹一个或两个双结关闭透析袋，剪去多余的袋子，往样品区加适当的压力，检查每一端有无渗漏。
   过多的空气空间会导致体积增加，使样品稀释。如果样品的盐浓度很高，可能会需要增加透析袋的体积，以防止透析袋破裂。如果样品很黏，应当用透析缓冲液稀释，以便于向外扩散。

6. 将透析袋放入烧杯中，烧杯中装有适当温度（通常为 4℃，以增加蛋白质的稳定性）的透析缓冲液，所用的缓冲液样品比例至少为 10：1（可高达 100：1），确信透析袋被完全浸没，开始在磁力搅拌器上搅拌。

7. 通过测定透析缓冲液的电导来监测，当透析液的电导增加慢下来了（表明接近平衡）时，更换透析缓冲液。照此更换缓冲液，直到在经过 1～2 h 的搅拌后电导基本保持不变为止。如果没有电导仪，至少再更换一次缓冲液，间隔时间为 4～6 h（若样品体积较大或透析袋大于 20 mm，间隔时间可为 8～12 h）。

8. 从缓冲液中取出透析袋，用蒸馏水冲洗，正好在一个夹子（或结）的下方拿住透析袋，除去夹子（或剪掉结），将透析过的样品小心地倒入一个合适的容器内。如果由于缓冲液的渗入使透析袋特别紧的话，将透析袋的一端放入一个足以装下整个样品的烧杯内，在靠近下面结的地方，用一根长针扎破透析袋，使样品流入烧杯内。

9. 通过比较透析样品和未用过的透析缓冲液的电导值，证实达到了所希望的盐浓度。

基本方案 2 用不对称圆盘膜超滤进行浓缩或透析

用超滤可以很容易地浓缩起始浓度≤20 mg/ml 的蛋白质样品。由于大多数的盐与水一起通过膜，所以样品的体积减少不会明显地改变缓冲液的组成。另一种可用的方法是使用恒定体积超滤进行透析（渗滤）来除去或更换盐，而蛋白质的浓度不变。

材料

- 蛋白质溶液（如果必要，通过离心使其澄清）
- 5%（V/V）乙醇
- 超滤膜（YM10，Amicon 公司；PLGC，Millipore 公司；或 Molecular/Por C 型，Spectrum 公司），MWCO>10 000，直径与搅拌室相适合。
- 超滤器，搅拌室型（8000 系列，Amicon 公司或 Molecular/Por、Spectrum 公司），带以与 N_2 源相连的管子
- 玻璃漏斗，漏斗柄的直径正好能通过室加样孔（可选，在某些型号的池中使用）
- 超滤液收集容器（带刻度的 Griffin 烧杯）
- 加压样品池（可选，用于大体积的稀蛋白质样品，或用于带持续补加新缓冲液的超滤，如 Spectrum Spectra/Chron Pressure Reservoir 或 Amicon RG5 Fiberglass Reservoir）
- N_2 气瓶和二级压力调节器，能够控制输出压力高达 100 psi*

1. 用蒸馏水冲洗新超滤膜，让其彻底湿透。只能用无粉末的手套接触膜，拿住膜的边缘，防止将其擦伤。

2. 将超滤膜装入超滤室内，光面朝上。根据样品的量，选用最大的实用超滤室规格（及膜直径）（超滤室通常有 10～400 ml 的规格）。结束系统安装，确保 O 形圈密封（如果使用）完整，并正确地安放在超滤膜上，以防止渗漏。

3. 往超滤室内加样品至最大操作体积，可以通过加样孔直接倒入样品，或使用随超滤室一起提供的玻璃漏斗，避免漏斗尖接触膜，将加样孔的盖盖好，检查压力释放阀是否处于关闭的位置。

4. 于冷处（以增强蛋白质的稳定性）在磁力搅拌器上搅拌，以不产生泡沫或无剧烈振

---

    * psi 为非法定计量单位，1 psi＝6.89 kPa。——译者注

动的最高转速为宜。将出液管对准超滤液收集容器。

如果磁力搅拌器变热，应当在搅拌器表面和超滤室底部之间放置一块 0.5 in（1 in＝ 2.54 cm）厚的泡沫聚苯乙烯板。

5. 将超滤室连接到氮气调节器上，调节压力至 50 psi。当开始淌时，检查超滤器的底部（在此处筒体与 O 形圈相连）有无液体。如果有液体，则除去压力，检查安装有无渗漏。

根据膜的型号和 MWCO，可能会需要增高或降低压力，但是，对大多数的搅拌室而言，压力不应当超过 70 psi。

6. 监测流速（表 4.2）和超滤液的体积，直到达到所希望的浓缩率。如果样品总体积超过了超滤室的容量，当体积下降了 1/3 时，可以重新装满超滤室，当样品体积是超滤室容量的许多倍时，使用加压样品池。

在恒温和恒压的情况下，流速是超滤膜面积和超滤程度［能够避免浓度极化（polarization）的超滤程度］的函数。蛋白质在膜表面的聚集会导致滤过变慢，甚至样品的蛋白质浓度相对较低时也一样。由于黏度的影响，在 4℃时的滤过率通常只有在 25℃时一半。

不要将样品浓缩到样品接触不到搅拌棒的位置，因为除了浓度很稀的样品以外，所有的样品，没有搅拌都会导致严重的浓度极化。

表 4.2　圆盘型超滤膜的典型流速

膜[a]	MWCO /kDa	25℃时的大概流速/[ml/(min·cm²)]	
		水	蛋白质溶液
Amicon			
YM3	3	0.07[b]	0.07[c]
YM10	10	0.2[b]	0.15[c]
YM30	30	0.9[b]	0.2[c]
PM10	10	2.5[b]	0.2[c]
PM30	30	4.0[b]	0.3[c]
Spectrum			
Molecular/Por C 型	3	0.1[d]	—
Molecular/Por C 型	10	0.2[d]	—
Millipore			
Ultrafree	10	0.05[e]	0.05[f]
Ultrafree	30	0.4[e]	0.1[f]

a 供应商的地址和电话号码见附录 4；

b 在 55 psi 测定；

c 在 55 psi 测定，使用 0.1% 白蛋白；

d 在 50 psi 测定；

e 在 2000 g 测定；

f 在 2000 g 测定，使用 0.1% IgG。

7. 关闭搅拌器和氮气流，让超滤室内的压力慢慢释放，然后重新搅拌 2 min，重悬凝胶层中的蛋白质。关闭搅拌器，通过倾倒或从加样孔中用移液器吸的方法移出超滤液。如果膜是反复使用的，注意不要让移液管接触到膜表面。

8. 如果膜是反复使用的，从边缘将其拿住，用蒸馏水仔细冲洗，并尽快地按生产商建议的清洁方法进行清洁，在任何时候都要保持膜湿润，然后于4℃保存于5%的乙醇（在盖好的容器中）中。

Millipore PLGC（MWCO 10 000）或 PLTK（MWCO 30 000）纤维素膜为一次性使用，Amicon YM 系列或 Spectrum Molecular/Por C 型膜可以将其在 0.001 mol/L SDS 或 1% Terg-A-Zyme（Baxter 或 VWR）中泡几个小时，然后用蒸馏水彻底冲洗，这样便可以清洗。

备择方案 1　用切向流超滤进行渗滤或浓缩

这里所描述的方法使用 Millipore Minitan 超滤系统，设计用于 200 ml～2 L 样品，但是，如果样品浓度不高，也可以处理更大体积的样品。设备包括 Spectrum MP-3 系统和 Amicon CH2PRS 浓缩器，这两种设备都使用螺旋绕制式膜滤芯（spiral-wound membrane cartridge）。

附加材料（也见基本方案 1）

- 1%（m/V）Terg-A-Zyme 试剂（如 Baxter 或 VWR），40℃
- 0.05%（m/V）叠氮钠
- Minitan 膜片式滤板（Millipore 公司），由纤维素制成（PLGC，MWCO 10 000 或 PLTK，MWCO 30 000）或由聚砜制成（PTTK，MWCO 30 000）。
- Minitan 丙烯酸超滤系统，带泵和管子（Millipore 公司）
- 软管卡箍（用螺丝可以调节）
- 能够装下全部样品的容器

1. 选择合适 MWCO 的滤板。
   使用 MWCO 30 000 膜的滤过率较高，但是，使用这样的膜时，如果在渗滤时滤过样品的体积过大，会导致相对分子质量小于 50 000 的蛋白质有一些损失，也有 MWCO 较低（MWCO 1000、3000 和 5000）的膜，但这些滤膜滤过较慢，而且可能排斥某些缓冲液离子，这样，要完全更换缓冲液，需要较大的滤出液体积。

2. 拆开 Minitan 超滤室，露出下端的丙烯酸复合管，在丙烯酸表面放置第一层硅树脂保留液隔片，小心地将一块滤板向下放到对齐销子上，直到紧挨着硅树脂隔片，依此放入第二块硅树脂保留液隔片，然后放入另一块滤板，直到堆积了所需要层数的滤板，在每一层要改变滤板的左右方向，以形成切向流。装入上面的丙烯酸复合管，然后装入顶部的钢板，加上垫圈和螺钉帽，用扭力扳手拧紧至推荐的压力，这样安装就完成了。
   可以使用总共 60 cm² 的滤板，多级滤板通过提供更大的横断面面积以线性方式增加滤过率。

3. 将管子连到底部复合管的保留物入口上，通过泵将其连接到样品池上，同样，将管子连到顶部复合管的保留物出口上，并将其放入样品池中，在这段管子上安一个软管卡箍，以便必要时使穿过膜的压力增大。将两个滤出液出口管连接至收集容器内，在每根出口管上安一个软管卡箍，可以使用一个 Y 形管子接头将两个滤出液出口连到一根管子上。

4. 将少量的透析缓冲液放入样品池中，将泵慢慢调至操作速度的中间范围，保持泵运转，直到透析缓冲液循环通过并清洗了滤板和整个管线，停止泵，废弃样品池和收集容器内的液体。

5. 在样品池中加满蛋白质样品，重新启动泵，用软管卡箍关闭滤出液，将液流调节到 100% 重循环，测量液流，重新调节泵速，直到得到最大的横向流（入口压力为25 psi）。

6. 打开滤出液出口，开始收集超滤液，对于稀样品，重循环流/滤出液流的比率为 20∶1 时可得到满意的效果，但是为了防止浓度极化，更高的比率会更好。

7. 在滤过进行的过程中，不断地往样品池中加入新鲜的透析缓冲液，以保持原来的体积，直到超滤液的体积是原始样品体积的 3～5 倍（表明除去了 95%～99% 的可扩散材料）。如果希望进行浓缩，在此时可以让样品体积下降，直到得到所希望的体积。

8. 用软管卡箍关闭滤出液管子，将泵速减慢，以终止滤过。从样品池中取出保留液入口管，放入新鲜的透析缓冲液中，让泵将样品推入池中，直到收集到的缓冲液体积与系统的内部体积相等（通常约为 25 ml），将泵停止，移出样品池中的内容物。

9. 清洁系统和膜，先将水泵过所有的管路，以冲出剩余的样品和缓冲液中的盐，然后用 1% 的 Terg-A-Zyme（40℃）在系统中循环 30 min，从同一个样品池的滤出液出口和保留液出口收集流出液，以便重新使用。用 5～10 L 蒸馏水冲洗系统，废弃从滤出液和保留液管线中流出的所有液体，确定所有的管线都进行了冲洗。拆开超滤器，将滤板 4℃ 保存于 0.05% 的叠氮钠溶液（在盖好的容器中）中。

备择方案 2　用离心式超滤器进行微量浓缩和脱盐

已有商品的一次性超滤微量浓缩管，有各种范围的 MWCO 值，其规格适合于处理 50 μl～2 ml 的样品。微量浓缩管沉淀可与 0.22 μm 的微孔膜联合使用，以除去像聚丙烯酰胺这样的大颗粒（如 Amicon 公司的 Micropure Separator inserts）。离心式超滤管也有适合于样品体积≥10～25 ml 的各种规格。

附加材料（也见基本方案 1）

- 离心式微量浓缩管：如 Microcon-10、Microcon-30 或 Microcon-50（分别为 MW-CO 10 000、30 000 和 50 000，Amicon 公司）；Ultrafree-MC，MWCO 5000、10 000或 30 000（Millipore 公司）；或 Centri/Por，MWCO 10 000、25 000 或 50 000（Spectrum 公司）。

1. 吸取≤500 μl 的蛋白质样品，加到微量浓缩管内盖好。当只使用一只微量浓缩管或几只之间的重量不匹配时，用以前用过的微量浓缩管制作一个平衡管。

2. 在微量离心机上 4℃ 离心 20～40 min，速度为生产商指定的速度（Microcon 管可高达 13 000 g；Ultrafree 管可高达 5000 g）。如果样品浓缩得不够，继续离心 20 min，观察体积是否减少，大多数离心式微量浓缩管设计成在 5～15 μl 时停止浓缩。

典型的离心时间是在 4℃时将 500 μl 0.1%的牛血清白蛋白浓缩成 10 μl 所需的时间，Microcon-30 为 20 min、Microcon-10 为 70 min。这些时间是在 25℃时的 2 倍，在每种情况下的回收率约为 59%。

3. 可选：如果只脱盐而不浓缩，从微型离心机中取出浓缩管，从滤过液管上拧下样品池，将滤过液管内的滤过液倒掉，将样品池重新装到滤过液管上，加入足够量的合适的缓冲液，以恢复原来的样品体积，盖好盖，颠倒混合。如果用电导测量确定的离子强度未达到所希望的值，重复离心和补加缓冲液。

4. 移去浓缩管的盖子，将滤过部分倒转放入生产商提供的保留液管上，将倒转的浓缩管放回离心机内甩 15 s，将浓缩液甩移到管子的尖端，从保留液管中回收样品。

对于某些微量浓缩管，当样品很稀（≤25 μg/ml）时，微量浓缩管的管壁及膜本身对蛋白质的吸附可能会很明显，将整个浓缩管泡在 5%的 Tween20 中过夜，之后再用蒸馏水彻底清洗，使其表面钝化，这样可以帮助解决这个问题。

参考文献：Pohl 1990；Scopes 1996

作者：Allen T. Phillips

4.2 单元　蛋白质的选择性沉淀

沉淀方法的选择很可能取决于逆转沉淀（得到蛋白质和弃去多余的沉淀剂）的难易程度。对于蛋白质的大多数应用，蛋白质中必须不含沉淀剂。很强的沉淀剂（如聚合电解质）可能很难或很慢（或既难又慢）从目的蛋白中除去或释放出来。所以，要先将打算弃掉的非目的蛋白沉淀，最好使用合成的聚合电解质进行共沉淀（见基本方案 5），然后使用聚集性较差但较易控制和可逆的沉淀剂来捕获上清中剩余的蛋白质（如基本方案 1~4）。

策略设计

样品的澄清

在进行沉淀之前，样品必须澄清。图 4.1 总结了蛋白质溶液澄清的步骤，如果通过常规的方法不能将微粒离心或过滤除去，那么变化 pH/盐可能会起作用，或者可以将溶液在 Whatman 1 号滤纸上用 2~4 mm 的"助滤"层来过滤。合适的助滤材料包括纤维素纤维（Schleicher 和 Schuell 公司的 Filter-Aid 或 Fisher 公司的 Hyflo Supercel）、硅藻土材料（如 Aldrich 公司的 Celatom、Baxter 公司的 Kieselguhr 或 Sigma 公司的硅藻土）、硅酸盐（如 Aldrich 公司的 Celite）、专门的陶土吸附剂、钙矿物、膨润土或漂白土。

如果助滤剂和 pH/盐变化不起作用，可以使用一些更强的颗粒和胶体胶凝剂（colloid agglomerating agent）[如合成的聚合电解质（见基本方案 5）]或金属离子絮凝剂（metal-ion flocculating agent）（如铝离子）。这些试剂加入的量特别有限（μg/ml~mg/ml样品），谨慎地慢慢加入，凝结不要的颗粒而不沉淀目的蛋白。用常规的 K$^+$、Na$^+$ 或 NH$_4^+$ 型的阳离子交换树脂可以很方便地除去多余的金属离子（见基本方案 2），也可以尝试大 MWCO（>30 000）的压力膜超滤（见第 4.1 单元）。

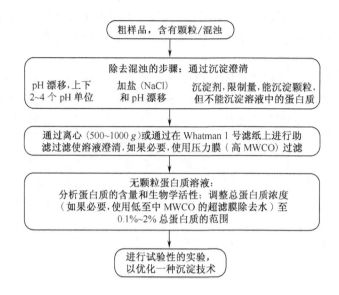

图 4.1　在沉淀蛋白质之前，从粗溶液中除去颗粒（如混浊和细胞壁）的开始步骤和可选步骤。要从蛋白质中除去混浊，只有少量的沉淀剂有效；然而，浓度不应当达到目的蛋白开始沉淀的最低阈值。缩写：MWCO，分子质量截留值。

样品浓缩

　　超出正常蛋白质沉淀剂工作范围的很稀的样品可能会需要通过冻干或压力膜超滤（见第 4.1 单元）进行浓缩。在某些情况下，最好用能够改变 pH 的缓冲液稀释样品，然后再进行浓缩，所希望的蛋白质起始浓度（澄清，无混浊）一般为 0.01%～2%。

基本方案 1　用盐析选择性沉淀

　　在建立沉淀蛋白质的最初盐析方案时，硫酸铵是最好的选择。图 4.2 说明了盐析的主要步骤，从没有颗粒物的蛋白质混合物溶液开始，使用分步盐析的方法将粗混合物分级分离成两个部分，只有一个部分含有目的蛋白。

材料

- 粗蛋白质溶液，澄清的（见策略设计）
- 适当的 pH 缓冲液
- 硫酸铵

1. 将蛋白质样品对 pH 缓冲液或 pH 缓冲液/硫酸铵混合液透析（见第 4.1 单元和附录 3B）。硫酸盐的浓度要低于使蛋白质开始沉淀所需的盐浓度。

2. 进行一个预实验来确定蛋白质浓度、pH、盐浓度、温度和温育时间（图 4.3）。在小试管中放入一系列的小份样品（图 4.3），或使用 3×3 或 4×4 的板。在开始的试验中使用大的步级（如 1 个或 2 个 pH 单位，或 5～10 倍的盐浓度差异），在后续的试验中可以将步级变窄。

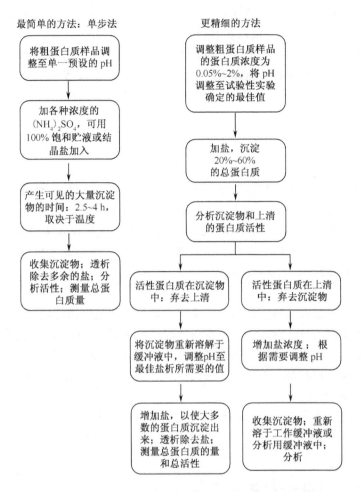

图 4.2　两种盐析方案（单步法和两步法），从无颗粒的粗蛋白质水
溶液开始（如细胞或组织提取液或离心后的发酵培养物）。

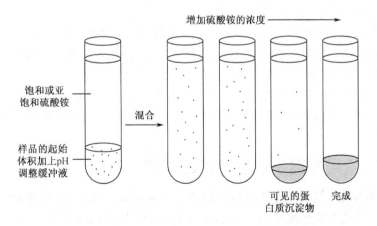

图 4.3　小规模盐析试验。最大硫酸铵浓度约为 4 mol/L，沉淀物的生成取决于蛋白质
和不要的材料（有时在样品中析出，或在组分中析出，与目的蛋白分开）。其他可调整
的参数有：pH、温度和起始样品的浓度。

预实验应当能够确定目的蛋白是否会先沉淀，反之先去掉非目的蛋白（或许还有其他材料），然后再在第二阶段沉淀目的蛋白。

硫酸铵在水中的饱和浓度约为 4.1 mol/L。Scopes（1987）引用的两个关系式给出了要改变硫酸铵的摩尔浓度（mol/L）和饱和度百分比（S）需往 1 L 溶液（20℃）加入硫酸铵的克数：

$$g=\frac{553(M_2-M_1)}{4.05-0.3M_2}$$

$$g=\frac{553(S_2-S_1)}{100-0.3S_2}$$

这两个关系式适合于硫酸铵水溶液，对溶于各种缓冲液中的蛋白质和含有未知浓度其他盐的蛋白质，尽管这两个关系式不够准确，但对估计加盐量还是很有用的。

通常通过加入酸（HCl）、碱（NaOH、KOH 或氨）或缓冲液来调整 pH。通常情况下，需要避免加入过大的总体积，所以必须要考虑到样品本身的缓冲能力。如果可行，通常最好用约 0.1 mol/L 或 0.2 mol/L HCl 或相当浓度的氨水来调整蛋白质的 pH。

注意：在加入强酸或强碱的过程中，应当仔细地搅拌蛋白质溶液，注意温度的改变。

3. 根据第 2 步得到的最佳值，调整粗蛋白质溶液的浓度和 pH，加入硫酸铵至沉淀所需要的最佳浓度，温育（使用最佳温度和时间），直到沉淀物形成。

4. 倒掉上清，收集沉淀物。如果简单的处理和倾析（decantation）不起作用，通过低速离心（10～100 g）收集沉淀物。

5. 将沉淀重新溶于适合于下一步的缓冲液（如电泳缓冲液或分析缓冲液）中。如果必要，用透析（见第 4.1 单元和附录 3B）或压力超滤（见第 4.1 单元）除去多余的盐。

备择方案 1　用分步盐析选择性沉淀

1. 进行预实验和第一轮沉淀（见基本方案 1 第 1～4 步），但沉淀物和上清都要收集，并分别分析相应的生物学活性。

2a. 如果活性组分是沉淀物：将其溶解于适于分析或下步常规方法的缓冲液中。

2b. 如果活性组分（或其中的一部分）在上清中：在新的预实验和大规模沉淀中，增加 5%～10% 的盐浓度，也许会改变 0.5～1 个 pH 单位。

在调整 pH 之前改变盐浓度会得到不同的效果，反之亦然。

3. 收集沉淀物和上清，分析各自相应的生物学活性。重复第 2b 步和第 3 步，使目的蛋白尽可能的纯。

基本方案 2　用等离子沉淀选择性沉淀：柱法

本方案中的柱法只适用于那些在其等离点（isoionic point）可溶的蛋白质。在本方法中使用了 6% 或 8% 交联度的 Amberlite 树脂，相当的 Dowex 交换剂（Dowex 1 和 Dowex 50 系列，也是 6%～8% 交联度的细粒）也有同样的效果。

材料

• 阳离子交换剂：Amberlite IR-120 H$^+$ 树脂（Sigma 公司或 Aldrich 公司）

- 阴离子交换剂：Amberlite IRA-400Cl⁻ 树脂（Sigma 公司或 Aldrich 公司）
- 0.5 mol/L 和 1 mol/L NaOH 或 KOH
- 0.5～1 mol/L HCl
- 0.2 mol/L 醋酸
- 0.2 mol/L 氢氧化铵
- 粗蛋白质溶液，澄清的（见策略设计）
- 塑料烧杯
- 大布氏漏斗
- Whatman 1 号滤纸
- 适当规格的层析柱

1. 确定所需要的交换容量。

    下面是所用计算方法的一个例子。假定要对 50 ml 5% 的血清白蛋白（溶于 0.2 mol/L 醋酸盐缓冲液中，pH 4.0）去离子，根据滴定曲线（白蛋白的 pI 为 5.0），每个蛋白质分子（相对分子质量为 67 000）有约 35 个平衡离子（如 Cl⁻），约 1.3 meq 的离子，缓冲液含有约 10 meq 的醋酸盐和 10 meq 的 Na⁺ 平衡离子，因此共有 22 meq 的离子要进行交换。混合床（mixed bed）的计算：1 ml 沉降的混合床树脂结合 1 meq 的离子，所以至少需要约 12 ml[①] 树脂。这样，一个 2 cm×30 cm 的床（含有 80～90 cm³ 的混合床树脂）足以超过将所有无机离子、缓冲液和蛋白质平衡离子除去所需要的最少量（超过约 4 倍）。

2. 将 IR-120H⁺ 阳离子交换剂树脂放入烧杯内，用过量的约 0.5 mol/L 的 NaOH 或 KOH 覆盖，孵育约 20 min，将树脂转化为 Na⁺ 或 K⁺ 型，转移至含有 Whatman 1 号滤纸的大布氏漏斗上，用水洗涤，转移至烧杯中，用过量的 0.5～1 mol/L 的 HCl 覆盖，孵育 20 min。重复水洗，至少还需要进行一次交换循环。

3. 将 IRA-400Cl⁻ 树脂放入烧杯内，用过量的约 1 mol/L 的 NaOH 或 KOH 覆盖，孵育约 20 min，将树脂转化为 OH⁻ 型。按第 2 步的方法用水洗涤。冷藏，在几天内使用。

4. 对于预交换的保护带（guard band），将 IRA-400OH⁻（第 3 步）与 0.2 mol/L 的醋酸反应，然后用水洗涤，制备阴离子交换剂 IRA-400Ac⁺。将 IR-120H⁺（来自第 2 步）与 0.2 mol/L 的氢氧化铵反应，然后用水洗涤，制备 IR-120NH₄⁺。

5. 混合并将离子交换树脂装入柱内（图 4.4），为了防止混合树脂的分层，应当缓缓加入。

    IR-120H⁺ 的交换容量约为 1.8 meq/ml，IRA-400OH⁻ 约为 1.2 meq/ml。因此，要制备 100 ml 的混合树脂，只需将 40 ml H⁺ 型阳离子交换剂和 60 ml OH⁻ 型阴离子交换剂混合即可，体积比与其内在的交换容量比成反比。混合床交换剂可以冷藏（不得冷冻）很长一段时间，而不会发生自中和（self-neutralization）。尽管可以买到预先混合好的混合床交换剂，但还是建议在实验室中混合交换剂。

---

① 原文有误，应为 22ml。——译者注

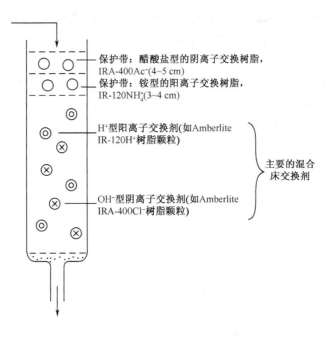

图 4.4 去离子柱，Dintzis 设计。通过这根柱以后，蛋白质将不含有盐，而且会
自动调整至蛋白质的等离点，这种柱用于那些在等离点仍然可溶的蛋白质。

6. 确定所需要的流速。

如果混合床除去所有盐的能力为中等，那么一根 2 cm×30 cm 的柱能够在约 3 h 内对 50～100 ml 1%～5% 的蛋白质溶液去离子，合适的流速平均为 0.5～1 ml/min。

7. 对粗蛋白质溶液进行柱分离，并对目的蛋白进行生物学活性分析。

8. 用过的树脂的再生。用 0.2 mol/L 的 HCl 冲洗树脂，往用过的混合床树脂浆（在水中）中加入结晶 KCl，从阳离子交换剂中倾析出阴离子交换树脂浆。如果希望的话，可以单独地将其恢复到其各自的 OH^- 型和 H^+ 型。

备择方案 2 用等离子沉淀选择性沉淀：透析法

在柱法（见基本方案 2）中，去离子后立即发生沉淀的蛋白质很麻烦，为了克服这个问题，可以将要去离子和要沉淀的蛋白质（处于等离子状态）装在透析袋中。透析袋的分子质量截留值能够将目的蛋白保留在袋中（常规透析方法见第 4.1 单元和附录 3B）。将封好的透析袋放入含有混合床树脂浆［每 200～400 ml 透析溶剂中含有 40～60 g 混合床树脂浆（50～80 ml 湿树脂，见基本方案 2）］的筒或容器中，盐和蛋白质平衡离子通过膜进行交换，并被袋外的交换剂树脂捕获，而目的蛋白沉淀物则留在袋中。对透析袋内的内容物进行离心，即可回收沉淀的蛋白质。由于随着透析袋内蛋白质浓度的下降，盐析和扩散也会变慢，所以这种方法要比过柱法慢。

基本方案 3 使用 C_4 和 C_5 有机共溶剂选择性沉淀

该方法主要是针对叔丁醇而言的，但在某些情况下，也可以使用 C_5 共溶剂（如戊醇）。而使用 C_2 有机共溶剂的沉淀将在第 12.1 单元中叙述。

材料

- 硫酸铵
- 缓冲系统
- 粗蛋白质溶液，澄清的（见策略设计）
- C_4 有机共溶剂（如叔丁醇，分析级）

1. 加硫酸铵和缓冲液，适当地调整粗蛋白质溶液的盐浓度和 pH，通过预实验确定正确的量。

   硫酸铵的量通常低于简单盐析所用的量（20％～100％饱和度），即加入的量低于可引起沉淀的量。

2. 每毫升粗蛋白质溶液加入 0.5～1 ml 的 C_4 有机共溶剂，混合，孵育，直到形成三个相：底部的水相、中间的沉淀的蛋白质层和上部的有机层。各个相之间彼此互相饱和。

3. 将中间相转移至容积约为蛋白质沉淀物体积 2 倍的离心管中，于 4～25℃、10 g 离心。

4. 将沉淀物重新溶于适当的缓冲液中，进行适当的生物学分析。

   在有些种类的三相分配中，先在使非目的蛋白沉淀的初始 pH 下进行，然后再改变水相的 pH 和（或）加入更多的盐，得到含有目的蛋白的第二种沉淀物。pH、盐浓度和其他参数可以产生许多种类的变化。

基本方案 4　使用蛋白质排阻和拥挤剂及渗透物选择性沉淀

用于蛋白质沉淀的拥挤（crowding）和分子排阻聚合物包括聚乙二醇（PEG）、聚丙二醇（PPG）、聚乙烯醇（PVA）、甲基纤维素、葡聚糖和羟丙基葡聚糖。用于蛋白质沉淀的渗透物（osmolyte）和两性离子（zwitterion）包括蔗糖、2-甲基-2,4-戊二醇（MPD）、棉籽糖、麦芽糖、肌氨酸和甜菜碱（betaine）。

材料

- 粗蛋白质溶液，澄清的（见策略设计）
- 适当的 pH 缓冲液
- 沉淀剂：中性聚合物或渗透物

1. 进行预实验以确定蛋白质和沉淀剂的最佳浓度以及最佳的 pH、温度和孵育时间。

2. 配制蛋白质溶液和沉淀剂的水溶液。如果需要，中度加热以溶解，使浓度最大化，因为机制取决于分子拥挤，而且当混合时这些成分互相稀释。

3. 将蛋白质溶液和沉淀剂混合，孵育，直到形成沉淀物，收集沉淀物。

4. 如果必要，将蛋白质从聚合物上释放下来。对于葡聚糖，中等的量可以用葡聚糖酶降解。共沉淀的蛋白质可以被离子交换介质结合，而中性的聚合物则被洗脱掉，通过改变 pH 和（或）盐浓度（见第 8.2 单元）可以将蛋白质从交换剂上取代下来。

5. 对目的蛋白进行生物学分析。

基本方案 5 使用合成的和半合成的聚合电解质选择性沉淀

图 4.5 列出了聚合电解质介导的蛋白质沉淀的主要步骤。有 4 类聚合电解质能够沉淀蛋白质：①合成的聚合电解质［如酸盐（聚阴离子）］、聚乙烯亚胺（PEI，一种聚阳离子）和乙烯基聚合物［如聚丙烯酸酯（PAA）和聚甲基丙烯酸酯（PMA）］；②半合成的聚合电解质［如羧甲基纤维素（CMC）、硫酸化纤维素和硫酸化葡聚糖］；③鱼精蛋白（碱性很强的蛋白质）；④天然存在的硫酸多糖（如肝素和硫酸软骨素）。

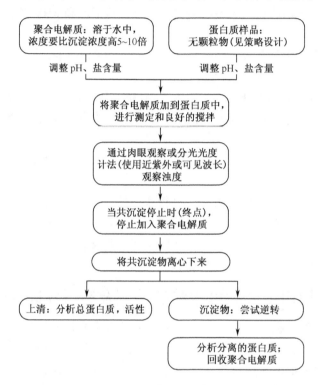

图 4.5 使用聚合电解质与蛋白质共沉淀的主要步骤。"分段"加入是将聚合电解质贮液的小份缓慢地（仔细搅拌）加入到接近沉淀形成阈值（用眼睛所见到的或分光光度计浊度测定）的蛋白质样品中。

材料

- 水溶性聚合电解质（Sigma 公司或 Aldrich 公司）
- 粗蛋白质溶液，澄清的（见策略设计）
- 试管
- 玻璃或塑料比色杯
- 分光光度计

1. 选择一种聚合电解质。先用 2～4 种容易得到的水溶性聚合电解质。多酸（如聚丙烯酸）和多碱（如聚乙烯亚胺）可以用 NaOH 或 HCl 滴定，并能够提供缓冲。如果在混合以前，聚合电解质和蛋白质的 pH 不匹配，混合物的 pH 会发生改变，如果必要，应当测量 pH，以确定主要成分混合后的 H^+ 转移。

2. 配制聚合电解质的水贮液，浓度为最终共沉淀浓度的 3~10 倍。

3. 小规模地编排几支试管，加入约 2 ml 澄清的蛋白质样品和 0.05~1 ml 的每种聚合电解质贮液，取 3 或 4 种不同的 pH，以构建一个聚合电解质/蛋白质混合物的矩阵，观察出现混浊的点。

目的是粗略地定位（根据浊度）共沉淀的起始点、共沉淀的终止点、所用聚合电解质和蛋白质的相对浓度和最佳 pH。尽管系统之间的差异很大，但是通常情况下，蛋白质的起始浓度为 0.05%~3%（m/W）时，会得到较好的沉淀量（在最佳 pH），聚合电解质的浓度通常较低，如为蛋白质量的 2%~20%（m/W）。

4. 进行更精细的预实验，用玻璃或塑料比色杯测量浊度。为了放大规模，应当控制好聚合物加入的速度（即在接近沉淀形成阈值时，将聚合物缓慢地加入到蛋白质样品中，要用可以重复的小份贮液加入）、控制温度（水浴）并使用磁力搅拌棒混合。在 400~500 nm 的范围内，测量分光光度吸收，以确定明显的共沉淀是否开始。

上升很快的吸收表明浊度（颗粒共沉淀的结果）形成的范围。

5. 进行大规模（full-scale）的分离，离心收集沉淀物，保留上清并分析总蛋白质活性。

6. 逆转共沉淀物，将被捕获的蛋白质从合成的聚合物上释放下来。

这一步应先将颗粒溶于水或缓冲液中，调整 pH 至聚合电解质和蛋白质具有同样电荷（如都是阴离子或都是阳离子）的点，通过往羧化物聚合电解质中加入金属离子（Ca^{2+} 或 Ba^{2+} 的氯化物形式）通常能够将聚合电解质分离出来。也可以尝试在带相反电荷的颗粒树脂上吸附聚合电解质，如用 DEAE 纤维素吸附羧化物聚合电解质。

7. 对目的蛋白进行生物学分析，回收聚合电解质。

基本方案 6　使用金属和多酚杂多阴离子选择性沉淀

在这种方法中，在酸性条件下所用的无机阴离子包括：高氯酸盐、钨酸盐、磷钨酸盐、钼酸盐、磷钼酸盐、钨硅酸盐（tungstosilicate）和氰亚铁酸盐。无机离子（在酸性至中性条件下使用）包括：磺基水杨酸盐、苦味酸盐和各种植物多酚和鞣酸盐。

在明显沉淀之前，在强酸性条件下，蛋白质分子被酸膨胀（acid-expanded）并保持可溶。当加入杂多阴离子并让其结合时，蛋白质分子被迫恢复到致密的与水结合差的构象，在溶液中，蛋白质分子膨胀和收缩（导致沉淀物形成）之后可以再使用生物物理工具（Fink 1995）。在另外的杂多阴离子（如高氯酸盐和钨酸盐，浓度为 0.2%~2% 或 3%）的进一步驱动下，蛋白质与这些阴离子共沉淀，形成密集的聚集物，这些聚集物很容易沉降或用离心法沉淀下来。

在一些沉淀蛋白质的方法中，高氯酸（$HClO_4$）是首选的沉淀剂，因为在 205 nm 以上，它可被紫外线透过。高氯酸沉淀完整的蛋白质分子，但不沉淀其低分子质量的片段（氨基酸和寡肽），这是用许多蛋白水解酶进行分析的基础——在蛋白水解分析终止时，整个的或完整的蛋白质被极少百分比的 $HClO_4$ 沉淀出来，蛋白水解片段留在上清中，随后可进行 A_{280} 测量，能够直接测量蛋白质在加入 $HClO_4$ 之前的水解量。

参考文献：Rothstein 1994；Scopes 1987

作者：Rex E. Lovrien and Daumantas Matulis

4.3 单元　蛋白质的长期保存

纯化了一种蛋白质以后，在进一步研究和使用之前，往往需要保存几周或几个月的时间。要对蛋白质进行基本的科学研究，在保存过程中其理化特性不能改变，这是至关重要的。例如，酶活性位点处的甲硫氨酸残基的氧化会导致蛋白质失活。另外，蛋白质的许多组分会沉淀，这样不能够再用于蛋白质结构和功能的研究。

使用药用重组蛋白深入地研究了蛋白质的降解机制和防止蛋白质在保存期间破坏的最佳方法。对于获准用于人类的那些蛋白质，对每种降解产物都必须进行定性，而且在最终的配方中必须能够有效地抑制降解，以便产品在贮存 18～24 个月之后仍然安全有效。一个主要的问题是非天然蛋白质聚集物的形成，即使在相对低的水平（如总剂量的 1%～2%）下，这种聚集物也会在患者上引起不良反应。相反，对于一些蛋白质，某种一定类型的化学降解（如脱酰胺作用）不会改变其活性和安全性。由于对治疗用蛋白质的稳定性要求十分严格，通过对这些系统的研究，对如何使蛋白质降解最少化有了很深的了解。

本综述的目的是总结一下这方面的信息，因为研究人员在保存纯化后的蛋白质时都会面对一些这样的问题。本综述首先简单地介绍了引起蛋白质聚集的因素和引起蛋白质破坏的通路（或多个通路），然后重点介绍了蛋白质的主要化学降解，最后介绍了使用各种保存策略来增强蛋白质的长期稳定性。当适于在此进行讨论时，笔者会指出需要避免的主要错误。

蛋白质聚集

在许多学术实验室，一种蛋白质有稳定性问题的第一个指征是出现沉淀物，这种沉淀物中通常含有非天然的蛋白质聚集物。通常认为这种聚集是不可逆转的，因为通常不能够恢复天然的蛋白质构象，除非将聚集物溶于高浓度的离液剂（chaotrope）溶液中，再通过除去离液剂使蛋白质分子重新折叠。多种剧烈的应激都能够诱发蛋白质聚集和沉淀，包括将蛋白质暴露于界面（如在混合和搅拌过程中的空气-水界面或在过滤期间的液体-固体界面）、pH 下降、冻融、暴露于亚变性浓度的离液剂以及暴露于升高的温度，这些应激通常会扰动蛋白质的天然三级结构，形成能够聚集的（aggregation-competent）、部分去折叠的分子。然而，必须要认识到即使在"生理条件"下（如 pH 7，37℃；从热力学上讲，在这样的条件下，天然蛋白质构象是最有利的），在适当的时间范围内（如几天至几周）也能够发生聚集。最近的研究表明，蛋白质分子最致密的天然构象只要受到轻微地扰动便能够形成聚集物（如 Kendrick et al. 1998，Kim et al. 2000，Webb et al. 2001）。这样，蛋白质在水溶液中长期保存的过程中，聚集是一个主要的问题，即使是采取了一些措施来避免将蛋白质暴露于明显的剧烈应激中。

如果非天然蛋白质聚集物（为可见沉淀物的前体）足够小（如二聚体、四聚体、八聚体），那么便能够保持可溶。用体积排阻层析和（或）光散射技术可以很容易地检测到可溶性的聚集物。知道其水平很重要，因为与天然蛋白质相比，其结构和（或）活性可能发生了改变。更重要的是，可溶性聚集物即使在很低的水平（如仅 2%～3%）也能组装成核，这种核能够促进蛋白质快速聚集和沉淀，这解释了为什么一种蛋白质似乎"稳定"了几周或几个月，活性只有少量的损失，而突然形成大量的沉淀物的现象。认为可溶性聚集物在达到触发晶核生成的阈值水平之前沉淀不会发生，相反，将含有可溶性聚集物的蛋白质暴露于一种剧烈的应激（如搅拌或过滤）时能够快速地促进晶核生成和沉淀。

化学降解

尽管氨基酸侧链的多功能性能够引起很多的化学修饰，但是，氧化和水解反应还是最主要的（Manning et al. 1989；Vokin et al. 1997；Jaenicke 2000）。在甲硫氨酸和半胱氨酸残基以及含有芳香族侧链的氨基酸（即色氨酸、组氨酸和酪氨酸）最容易发生氧化作用，水解既可以发生在氨基酸侧链（像在天冬酰胺和谷氨酰胺残基发生的脱酰胺作用）也可以发生在肽主链上，引起肽基团的切割。

分子氧的存在或在批量药物、赋形剂或容器中的氧化性污染物都可以很容易地引起氧化作用（Cleland et al. 1993）。例如，缓冲液中会有极少量的具有氧化还原活性的金属离子，能够引起氧化作用。此外，瓶塞含有残留的游离原子团杂质，也能够引起氧化性损坏。高度溶剂暴露型（highly solvent exposed）残基最容易发生氧化作用，但是在水溶液中长期保存，即便是内部的残基也能够氧化，通过加入一些稳定剂（如蔗糖），对天然状态压实（compaction），可以延缓部分暴露残基的氧化率（DePaz et al. 2000；Hovorka et al. 2001）。

天冬酰胺残基的脱酰胺作用高度取决于邻近的残基，如果下一个位置上是甘氨酸，其降解的速度最快（Patel and Borchardt 1990a）。多肽链局部的柔性（Kossiakoff 1988；Kosky et al. 1999）也能够影响脱酰胺作用，大多数的重要的外部因子（如 pH 和缓冲液种类）能够加速这种反应，在碱性 pH 和某些高浓度缓冲液（如磷酸盐）存在时，反应速度特别快（Patel and Borchardt 1990b）。

肽主链的非酶水解（称为蛋白质水解）最有可能发生在天冬酰胺残基，特别是其侧翼位置上是脯氨酸时（Manning et al. 1989）。此外，这种反应既可以是酸催化也可以是碱催化。在蛋白质长期保存期间观察到的其他不太常见的化学反应有：二硫键交换（Constantin et al. 1994）、消旋化（Senderoff et al. 1998）和 β 消除（Manning et al. 1989；Volkin et al. 1997）。

在不冻的水溶液中保存

保存蛋白质最方便的方式是在冰箱中（即 4～8℃）以不冻水溶液的形式保存，对于短期保存或蛋白质特别稳定，这是最有效的方法；然而，必须要认识到即使蛋白质不聚集，也会有渐进的化学降解（特别是氧化）。

在溶液条件（优化了天然状态的热力学稳定性）下，聚集能够被最小化，因为蛋白质总体已脱离了部分折叠、能够聚集的种类（Kim et al. 2000）。例如，大多数蛋白质的 pH 范围相对较窄，在此 pH 范围以上去折叠的自由能最大，同样，热切与天然状态结合的特异性配基（如钙或辅因子）能够大大地增加天然状态的稳定性。非特异性稳定剂（如蔗糖）也有益处，但是，这些化合物必须要用到至少 0.5 mol/L 时才有效果，这些化合物被优先地从蛋白质分子表面排阻，结果蛋白质的化学势增高（Timasheff 1998）。排阻的幅度和化学电势的增高与蛋白质分子的表面积成正比，这样，部分或完全去折叠的状态大于天然构象。结果，天然状态与去折叠状态之间的自由能能障（free-energy barrier）增大了。

许多添加剂通过优先排阻（preferential exclusion）的机制［包括盐析盐（如硫酸铵）、氨基酸（如甘氨酸）、多元醇（如聚乙二醇）和糖（如蔗糖）］来发挥作用。在维持热力学稳定性中似乎特别有作用的一种化合物是柠檬酸盐，其作用机制尚未得到研究，但很可能是通过优先排阻的机制而发挥作用。

在降低浓度的条件下保存蛋白质也可以降低蛋白质的聚集率，聚集通常是一种二级动力学过程或高级动力学过程，这样其速率对蛋白质的浓度十分敏感。然而，蛋白质的浓度也不应当降得太低（如<约 0.1 mg/ml），以防止吸附到贮存容器壁上而损失大量的蛋白质。

对于许多蛋白质，保存在高离子强度溶液（如磷酸盐缓冲液加约 150 mmol/L NaCl）中有利于非天然聚集物的形成。这是因为溶液中离子的电荷屏蔽（shielding）降低了蛋白质分子之间的电荷-电荷排斥。然而，必须靠经验来确定离子强度对某种给定蛋白质物理稳定性的实际作用。

以盐析沉淀物的形式保存

商品酶运输和保存常用的一种方法是以盐析沉淀物的形式来运输和保存。在研究实验室中，盐析（见第 4.2 单元）是蛋白质纯化过程中分级分离的一种常规方法，也是保存纯化后的蛋白质的一种方法。最常见的是，使用相对高浓度（如 70% 饱和度）的硫酸铵来沉淀蛋白质（见附录 3D）。盐析的机制与通过溶质的优先排阻使热力学稳定性增高的机制相同，在盐析的过程中，加入足够的溶质，结果使蛋白质的化学势升高，足以大大降低其溶解度。在盐析沉淀物中，蛋白质分子的结构仍然保持天然状态，通过稀释（如透析）盐析剂，蛋白质分子溶解，而且应当是天然的并具有功能，不需要重折叠。

对于同一种蛋白质来说，在盐析沉淀物中保存和在水溶液中保存相比，前者的保存稳定性大大提高。通常情况下，在 4℃ 保存，盐析的蛋白质沉淀能够保持稳定几个月，由于在溶液中游离蛋白质分子的浓度极低，所以非天然聚集物的形成被抑制，而且，盐析溶质将大大增加蛋白质分子天然状态的热力学稳定性，这两种作用从根本上消除了溶液相中部分折叠的、能够聚集的蛋白质分子。同样，盐析蛋白质分子的构象动力学应当明显地下降，使化学降解率最小化（至少是内部残基）。

尽管盐析蛋白质沉淀通常被保存在冰箱冷藏室中，但是将悬浮液冷冻可进一步增加其贮存稳定性。盐析化合物是有效的蛋白质冷冻保护剂（见下文），在天然蛋白质分子的沉淀物中，冷冻引起的损伤应当是最小的，通过降低温度，化学降解的速度可明显减慢。

以冻结溶液的形式保存

可溶性蛋白质制备物的冷冻是最常用的保存方法之一。将一支装有蛋白质溶液的试管放入机械冰柜中既简单又方便，在低温中，化学降解的速度通常降低，而且如果冷冻

本身不引起蛋白质变性，样品应当稳定几周至几个月，特别是将蛋白质样品保存在
-80℃或更低的温度中。然而，冷冻能够引起蛋白质变性，这是因为一些应激而造成
的，这些应激包括：低温、溶质的浓度、冰-液体界面的形成和潜在的 pH 剧烈下降
（见下文）。在溶液中加入冷冻保护剂能够减少这种降解的风险，非特异性冷冻保护的机
制与添加剂增加在水溶液中的热力学稳定性的机制相同（Heller et al. 1996），而且在
两种情况下同一种化合物都有效。良好的蛋白质冷冻保护剂的例子包括：甘油、盐析盐
（见上文）和二糖。对剧烈的冻融应激的保护程度通常与溶质的起始浓度成正比，要得
到最佳保护，通常需要浓度高于 0.3 mol/L。

在冻融过程中，另一类能够提供保护的化合物是表面活性剂，如聚山梨醇酯和聚乙
二醇，通常在低至 0.1%（m/V）的浓度就能够得到最佳的效果。认为表面活性剂通过
与蛋白质分子竞争冰-液体界面来抑制蛋白质变性（Chang et al. 1996）。

其他蛋白质（如 BSA）和合成的聚合物也能够抑制冷冻引起的蛋白质去折叠，所
需浓度相对较低（约为百分之几）。尽管这些化合物被优先地从蛋白质的表面排阻，但
是，其摩尔浓度并不足以高至能够通过这种机制来明显地改变蛋白质的化学势能，相
反，在冷冻期间，聚合物似乎是通过在空间上影响去折叠（由于大分子拥挤）来抑制蛋
白质变性的。

通过增加蛋白质的起始浓度，能够增强在冻融过程中蛋白质制备物对损伤的耐受
性。如果在一个给定的冻融样品中。所见到的蛋白质损伤是由于蛋白质吸附到引起变性
的冰-液体界面而引起的，那么这种损伤对于一个给定的样品体积是一定的。这样，当
蛋白质的起始浓度增高时，变性蛋白质分子的百分比就会下降。而且，上面讨论的通过
排阻体积效应的保护也可以用于同一种蛋白质溶液的单个蛋白质分子上。

要测定一个给定的溶液是否适合于冷冻保存，可以先冷冻一些小份，然后在次日融
化。通常情况下，如果蛋白质能够耐受剧烈的冻融应激，那么当在同一种溶液中冷冻
时，它就具有相对好的保存稳定性。对于-80℃和-20℃保存，应当首选-80℃。第
一，较低的温度可以较大程度地减慢降解反应；第二，在很多地方，冰箱冷冻室内通常
达不到-20℃，特别是靠近门的地方，而且在无霜冰箱中，样品会经过反复的冻融；最
后，-20℃接近某些盐的共融点温度，温度在这个温度上下循环能够引起共融晶体的溶
化和重新形成，从而会引起蛋白质变性。

反复冻融能够逐渐地增加样品的蛋白质变性，应当避免。相反，应当将蛋白质溶液
分成许多小份，可根据需要取出小份、融化，然后使用。

研究人员在冷冻保存蛋白质时最常犯的错误是使用磷酸钠缓冲液。在冷冻的过程
中，二碱基的盐结晶，而酸性盐仍然保持可溶。这样，在冷冻溶液中，磷酸钠的 pH 会
下降很多（如 pH 4），这会引起许多的蛋白质变性（如 Anchordoquy and Carpenter
1996）。在冷冻期间 pH 不太可能发生改变的缓冲液有柠檬酸盐、Tris 和组氨酸。

以冻干固体的形式保存

一种按适当配方制造的冻干蛋白质制剂能够在几年内保持稳定，即使是在室温
（Carpenter and Chang 1996）；然而，冻干配方的最佳溶液组成和工艺条件的研制远远
超出了典型学术实验室的能力范围。一个主要的困难是大多数实验室中所用的冻干机通

常没有控制样品温度的能力，不能达到低水平的残留水（如低于质量的 1%～2%），而低水平的残留水是冻干产品长期保存活性所需要的。要有效地干燥样品，在冻干过程的最后阶段，其温度必须升至高于室温，而且，在干燥过程中如果没有温度控制，样品会坍塌成块，使其更难除去水分。

对于某种给定的冻干机，即使能够研制出合适的工艺条件，使用正确的添加剂也是至关重要的，以防止在冻干和干燥期间蛋白质的变性（综述见 Carpenter and Chang 1996；Carpenter et al. 1997）。在这些应激期间和在以冻干固体的形式保存期间，二糖蔗糖和海藻糖对于蛋白质的保护很有效。这些糖是非还原性的，不应当使用还原性糖（如葡萄糖和麦芽糖），因为其会通过美拉德反应（Maillard reaction）降解蛋白质。

在冷冻期间，保护的程度取决于起始的总糖浓度，而在干燥期间，保护的程度取决于糖：蛋白质的质量比率（Carpenter and Chang 1996）。如上所述，冷冻保护是由于从蛋白质表面的优先排阻，这样便增加了去折叠的自由能，在干燥期间，随着与蛋白质分子表面发生水合作用的水被除去，蛋白质分子去折叠，糖能够通过在冻干蛋白质的失水位置结合氢来防止这种破坏。

冻干制剂的保存稳定性取决于低残留水含量（如低于质量的 1%～2%）、在冷冻和干燥期间天然蛋白质构象的保留（可用保护性添加剂来实现）和样品保存［低于非结晶相（含有蛋白质和稳定性糖）的玻璃跃迁温度］（Carpenter and Chang 1996）。测量这些物理参数通常超出了大多数学术实验室的能力。

这样，对于大多数实验室，只有在发现所有其他增强保存稳定性的方法都不适合时才应当考虑冻干。如果必须使用非最佳的工艺（即没有办法控制冻干机中的样品温度），而且也不能够测量重要的物理参数，那么还有机会得到一种稳定的冻干制剂吗？答案是"可能"。实际的方法是制备浓度相对高的蛋白质（能够增加对冷冻的耐受性，并减少要干燥的体积），使用足够的海藻糖或蔗糖来抑制在冷冻和干燥中的去折叠。如果蛋白质制剂能够耐受冷冻，糖：蛋白质的质量比率在 1～2 通常就能有效地防止在干燥过程中蛋白质的去折叠。在冷冻期间，如果需要保护，糖的起始浓度通常需要达到 200～300 mmol/L才能得到最佳保护。

加入一种碳水化合物聚合物（如葡聚糖、聚蔗糖、羟乙基淀粉）可能也会有益处，这种聚合物能够提供样品体积并增加非结晶相的玻璃跃迁温度。有时需要加入增量剂来防止在干燥期间蛋白质从容器中逸出，而且，这些聚合的非结晶的增量剂使得样品的干燥更容易，并且不发生坍塌。2%～3%（m/V）的聚合物起始浓度通常能够提供适当的膨胀（bulking）。

样品冷冻通常采用以下两种方法：将其放入机械冰柜中或将样品容器浸入液氮中。最好将制剂分到几支小试管（如 1.5 ml 聚丙烯微量离心管）中，不要在少量的容器内冻干相对大体积的样品。

冷冻样品应当放在一个容器中（如干燥器或烧瓶），将容器连接到冻干机上，并立即开始抽真空。在工艺的第一阶段（除去冰），升华冷却应当保持样品冷冻，当除去冰以后，样品温度将升至室温。在这一段时间内，从剩余的非冰相中除去部分的水，样品应当在真空下保持足够的时间，以"完成"干燥过程。实际上干燥永远不会完成。更正确地说是水含量最后达到一个最低的水平，在此之后，在室温和真空条件下，再延长时间也不会进一步干燥。在室温干燥以后，在蔗糖或海藻糖配方中残留的水含量通常高于质量的 4%～5%，必须靠经验来确定所需要的实际干燥时间，但是，如果没有所需的测试设备，这可能会成为一个问题。为了安全起见，例如，对于一个体积为 0.5 ml 的典型样品，建议将样品在真空下保持至少 1～3 天，而且，为了尽可能地减少蛋白质的降解，建议将冻干样品−20℃保存，在−80℃保存更好。与简单地冷冻溶液相比，所有这些努力似乎是多余的，特别是当对于非最佳状态下冻干的样品可能还需要在零下温度保存时。

选择适当的保存方法

保存方法的选择取决于几个因素，包括蛋白质内在的稳定性、所需的保存时间的长短和对于防止破坏所要求的程度。这些因素有很大的变异性，但是，在大多数情况下都应当遵守以下常规的准则。

如果仅仅是要将小批量的纯化蛋白质保存约几天的时间，那么通常只要以非冷冻的溶液形式 4℃保存即可；如果需要保存较长的时间，或如果有明显的蛋白质降解（如可见的沉淀物或不可接受的功能损失），那么就应当选择冷冻保存或以盐析沉淀物的形式保存（见第 4.2 单元；附录 3D）。这两种方法都比较简单，而且如果操作得当的话，能够保持几周至几个月的保存稳定性。在设计一种盐析策略之后，应当先进行冻融预实验，以确定某种给定的蛋白质制剂对这种应激的耐受性，如果在这种处理期间蛋白质稳定，那么用冷冻的方式进行长期保存将有可能提供适当的稳定性。然而，如果预实验表明蛋白质对这种剧烈的冻融应激敏感的话，则必须试验适当的冷冻保护剂，或尝试应用蛋白质盐析，后者可能更容易些，不需要花很大的气力来优化冻融耐受性，在这一点上，所用方法的选择取决于对蛋白质先前的经验，以及某个实验室成功处理蛋白质保存稳定性问题的历史。最后，只有当所有的其他方法失败了或当需要在室温保存很长的时间（如 18～24 个月）时，才尝试冻干。

蛋白酶的抑制

本综述的完成有这样一个前提，即假设蛋白质的纯化足够好，有害水平的蛋白酶被除去。当然，即使是使用高度精制的纯化方案（能使制剂的均一性大于 99%），仍然会残留足够的能够将"纯化后的"蛋白质迅速水解的蛋白酶活性。通过 SDS-PAGE（见第 10.1 单元）通常可以很容易地识别水解，在 SDS-PAGE 能够出现蛋白质片段。与非酶水解相比，酶水解的速度相对较快（如时间范围在几个小时或几天）。如果出现蛋白质水解，那么就必须对蛋白质进行进一步的纯化，或必须往制剂中加入蛋白酶抑制剂。在 Roche 分子生物化学试剂网站（http://www.roche.com/prodinfo_fst.htm?/pro-teaseinhibitor/prod07.htm）可以找到蛋白酶抑制剂选择和使用的详细指导。

参考文献：Jaenicke 2000
作者：John F. Carpenter，Mark C. Manning and Theodore W. Randolph

姚维成 译　于丽华 李慎涛 校

第5章 重组蛋白的生产

本章论述使用常用的表达系统进行重组蛋白生产的技术,有关含有编码目的蛋白基因的表达载体或质粒的实际构建方法在其他地方已详细叙述(Sambrook and Russel 2001;Ausubel et al. 2003)。

使用最广泛、最重要的表达系统是用大肠杆菌作为宿主细胞的系统。第5.1单元综述了在大肠杆菌中生产蛋白质的策略,所叙述的常规基因表达策略包括直接细胞内表达、蛋白质分泌到周质间隙和融合蛋白的表达,其中的一些策略(如分泌方法)可解决包含体形成这类的常见问题,其他方法(如包含亲和标签的融合蛋白)只是有助于蛋白质的纯化。

第5.2单元和第5.3单元介绍了在转化的大肠杆菌细胞中表达蛋白质的方案。首先,在大肠杆菌中表达蛋白质需要用表达载体转化适当的宿主菌株;其次,根据所用的特定宿主菌株和可控制的转录启动子,对生长条件和诱导基因表达的方法进行优化,也介绍了使用几种最常用的表达载体在摇瓶中小规模表达的标准方法;最后,介绍了检测蛋白质表达水平及其可溶性和定位(细胞内或周质中)的方法。

根据第5.2单元所述的小规模实验选定了合适的宿主/载体组合后,就可以在发酵罐中进行大规模的蛋白质生产,并严密监视细胞的生长。第5.3单元介绍了使用固定量的培养基的分批发酵方式。对标准的补料分批工艺进行改良,可将重金属衍生物硒甲硫氨酸引入到重组蛋白中,以便于其 X 射线结构的测定,也可合用稳定性同位素^{2}H、^{13}C和^{15}N一致地标记蛋白质,使用核磁共振(NMR)光谱法进行高分辨率结构研究需要同位素标记的蛋白质。该单元还介绍了生长监测和无菌度检查的方案。

有几种基于真核细胞的表达系统可用于过量生产重组蛋白(参见 Ausubel et al. 2003,第16章)。一种使用重组杆状病毒感染的昆虫细胞的系统已得到了广泛地应用,在《最新蛋白质科学实验指南》中对使用杆状病毒系统表达蛋白质进行了综述。杆状病毒感染的昆虫细胞在生物反应器中大规模生长,需要大量(L)的病毒贮液(见第5.4单元),这些贮液必须有已知的滴度,并在小规模培养(1~3 L)中进行分析,以评价和优化蛋白质的表达。为了建立蛋白质纯化方法和分离中等量的重组蛋白,在摇床中或在转瓶中进行小规模的培养,可以提供足够的起始材料。大规模昆虫细胞培养需要更复杂的设备,使用生物反应器以分批的方式或灌注的方式进行培养,通过离心或切向流微孔过滤收获细胞,保留细胞(对于细胞内表达的蛋白质)或培养基(对于分泌的蛋白质),用于下游处理。

酵母是另一种重要的用于蛋白质表达的真核宿主。在 Ausubel 等(2003)的第13章叙述了酿酒酵母(面包酵母)的分子生物学。在《最新蛋白质科学实验指南》中综述了在酿酒酵母表达蛋白质的方法。在此书中,作为个例研究,详细叙述了获得高水平生产分泌到细胞外培养基中的人糖蛋白抗凝血酶 III 所需的技巧。除酿酒酵母以外的其他酵母株也已被用于异源蛋白质表达,包括嗜甲基(methylotropic)酵母巴斯德毕赤酵母

（*Pichia pastoris*）。使用这种宿主系统可能要比更常用的酿酒酵母有一些优点，其表达水平（特别是对于细胞内蛋白质）会高一些。在《最新蛋白质科学实验指南》中对使用巴斯德毕赤酵母系统表达蛋白质进行了综述，介绍了常用的表达载体，还有许多使用这种系统成功表达的蛋白质实例。在第5.5单元中，介绍了带有各种表达载体（用于外源蛋白质表达）的酿酒酵母和巴斯德毕赤酵母株的培养方案。

在《最新蛋白质科学实验指南》中综述了使用哺乳动物细胞表达蛋白质。此单元综述了使用稳定表达方法生产蛋白质所涉及的各个阶段。在本书中，第5.6单元叙述了流程图和有关适当宿主的信息，第5.7单元叙述了使用各种培养条件在哺乳动物细胞中生产重组蛋白的方案。这些方案还附有大量的辅助方案，包括下游处理中的一些初始步骤。

对于在哺乳动物细胞中的蛋白质瞬时表达，在第5.8单元和第5.9单元中介绍了构建重组痘病毒的方法，使用这种表达系统生产的蛋白质能够进行正常的哺乳动物翻译后加工。

蛋白质表达载体的选择取决于蛋白质的目的用途和特性（见第5.10单元）。如果一种蛋白质能够在大肠杆菌中可溶性表达（直接进入胞质内或分泌到周质中），那么就可能分离到大量正确折叠并有活性的蛋白质（如见第6.2单元）。另一方面，如果一种蛋白质必须进行翻译后修饰（即糖基化或磷酸化），则必须使用真核表达系统。此外，如果一种蛋白质在大肠杆菌中不可溶性表达，尝试在真核系统中表达是解决这个问题的一种方法。

杆状病毒系统是对大肠杆菌系统的补充，对于许多研究人员来说，它是首选的系统，特别是表达需要翻译后修饰的蛋白质。酵母有这样的优点，生长成本低（相当于大肠杆菌），但能够生产高度糖基化的蛋白质；但是，偶尔情况下，高水平生产的蛋白质不可溶（又与大肠杆菌相似），如果在临床研究中需要一种糖蛋白，通常情况下必须使用哺乳动物细胞表达来生产。然而，任何一种载体都有缺点（如Bradley 1990）。此外，在《重组蛋白手册》（Pharmacia Biotech公司 1994）中总结了所有常用宿主系统的优缺点。

不同于任何一种表达某种特定蛋白质的表达系统，Gateway通用克隆技术（Invitrogen公司）能够快速筛选许多不同的载体和宿主组合。在第5.11单元中，介绍了在多种宿主中进行蛋白质表达的Gateway系统，并提供了传统的和高通量的蛋白质表达实例。

作者：Paul T. Wingfield

5.1单元　在大肠杆菌中生产重组蛋白

在大肠杆菌中表达外源基因的基本方法是先将外源基因插入到表达载体中，通常是插入到质粒（从商品供应商或从已发表研究的作者处得到）内。下一步是用质粒转化适当的大肠杆菌宿主菌株，如通过电穿孔。对转化的细胞进行质粒稳定性的评价，并在诱导表达载体中的可控转录启动子之后，评价外源蛋白质的表达。一旦用小规模的摇瓶实验证实了表达系统的成功（见第5.2单元），便可以在大规模发酵系统中使用转化的大肠杆菌菌株（见第5.3单元），并可以用改变的氨基酸（如用硒甲硫氨酸代替甲硫氨酸）或稳定的同位素标签来生产重组蛋白，以便于结构研究，然后对蛋白质进行纯化（见第6章）和定性（见第7章）。

如果要在大肠杆菌中表达的基因来源于真核生物，那么它必须是cDNA拷贝，因为大肠杆菌不能够从真核基因的基因组拷贝的转录物中识别和剪切掉内含子。典型的大肠杆菌表达载体包括以下元件：选择性标记、复制原点、启动子和翻译起始序列。

使用融合蛋白表达系统基本上解决了克隆化基因产物难以成功过表达的问题，这种方法将编码目的蛋白的基因与一种高效表达的蛋白质伴侣（表5.1）在翻译时融合。使用融合标签（加在蛋白质N端或C端的一小段氨基酸，表5.2）有助于融合蛋白的纯化和检测。

表5.1　常见的融合蛋白

融合蛋白	特异的纯化方法[a]
麦芽糖结合蛋白	麦芽糖结合
谷胱甘肽-*S*-转移酶	谷胱甘肽结合
硫氧还蛋白	选择性释放、热稳定性、MCAC
A蛋白	IgG结合
β-半乳糖苷酶	APTG或抗β-半乳糖苷酶抗体结合
氯霉素乙酰转移酶	氯霉素结合
*lac*阻抑物	*lac*操纵基因结合（Lundeberg et al. 1990）
半乳糖结合蛋白	半乳糖结合
环麦芽糖糊精葡糖转移酶	环糊精结合
λ *c*II蛋白	无
TrpE蛋白	无

a MCAC，金属螯合亲和层析；IgG，免疫球蛋白；APTG，*p*-氨基-β-D-硫代半乳糖苷。

表5.2　融合标签

氨基酸标签	配基	参考文献/供应商
多组氨酸	金属螯合亲和树脂	Qiagen公司
多天门冬氨酸	阴离子交换树脂	Dalbøge et al.(1987)
多精氨酸	阳离子交换树脂	Brewer and Sassenfeld(1985)
多苯丙氨酸	HIC树脂[a]	Persson et al.(1988)
多半胱氨酸	巯基化合物	Persson et al.(1988)
体内生物素化肽	抗生物素蛋白或抗生物素蛋白链菌素	Schatz(1993)
Flag肽	抗Flag肽抗体	International Biotechnologies(IBI)

a HIC，疏水相互作用层析（见第8.4单元）。

参考文献：LaVallie et al. 1993a，1993b
作者：Edward R. LaVallie

5.2单元　大肠杆菌表达系统的选择

用大肠杆菌作为蛋白质工厂能够满足研究人员的需要，这是一种从天然来源中纯化蛋白质的较完善的可选方法。此外，当研究人员分离到一种基因并且要研究它所编码的蛋白质时，下一步要做的工作便是表达（外源基因的定向合成）。

表 5.3 列出了大多数有用的发酵工艺所用的表达菌株。在表 5.4 中总结了 4 种应用最广泛的表达系统。对于使用温控型启动子来诱导大肠杆菌热激反应的系统，可以使用在这种反应中部分或完全缺陷的菌株（如 *E.coli* B、HB101 或 DH5α）。

表 5.3　大肠杆菌发酵菌株

菌株	基因型	来源	备注
B	野生型	ATCC 23227/nonK12 lon 缺陷	常用
B834	F⁻ *ompT gal met r*B*m*B(DE3)ᵃ	Novagen	用 T7 表达的硒甲硫氨酸标记的宿主
BL21	F⁻ *ompT r*B*m*B(DE3)ᵃ	Novagen	T7 表达的宿主
DH1	F⁻ *gyrA96 recA1 relA1 endA1 thi-1 hsdR17 supE44* λ⁻ *mcrA mcrB nalR*	ATCC 33849	常规宿主
DH5α	F⁻ *gyrA96 recA1 relA1 endA1 thi-1 hsdR17 supE44* δ*lacU169* (Φ80*lacZδM15*) λ⁻ *mcrA mcrB nalR*	GIBCO/BRL	常规宿主
HMS174	F⁻ *recA r*K12⁻ *m*K12⁺ *Rif*R	Novagen	T7 表达的宿主
HB101	F⁻ *leuB6 thi-1 hsdS20 lacY1 proA2 ara-14 galK2 xyl-5 mtl-1 recA13 rpsL20 supE44* λ⁻ *mcrA strR*	ATCC33694	在 42℃ 被抑制
JM101	*supE thi-1* δ(*lac-proAB*) F′[*traD36 proAB*⁺ *lacI*q *lacZδM15*]	ATCC 33876	*lac* 和 *tac* 表达宿主
MM294	F⁻ *endA1 thi-1 hsdR17 supE44* λ⁻ *mcrA mcrB*	ATCC 33625	常规宿主
RV308	*su*⁻ Δ*lacX74 gal*ⅡSⅡ::OP308 *strA*	ATCC 31608	分泌表达宿主
SG936	F⁻ *lac*(am) *trp*(am) *pho*(am) *supC*(ts) *rpsL mal*(am) *htpR*(am) *tsx*::Tn10 *lonR9*	ATCC 39624	热激反应缺陷
W3110	F⁻ λ⁻ *mcrA mcrB*	ATCC 27325	常规宿主

a λDE3 溶原。

表 5.4　表达系统总结

启动子	阻遏物	诱导	宿主	选择	参考文献
p_L	cI857	30～42℃	*E.coli* B	Tet	Remaut et al.1987
lac, tac	lacIQ	IPTG	*E.coli* JM101	Amp	Stahl and Murry 1989
trp	Trp	IAAᵃ	*E.coli* B	Tet	Rosenberg et al.1984
T7	lacIQ	IPTG	*E.coli* BL21(DE3) *E.coli* HMS174(DE3)	Amp/Cm	Studier and Moffar 1986

a 通过色氨酸饥饿可自然地诱导 *trp* 启动子；加入 IAA 为可选方法。

基本方案 1　在 p_L 启动子控制下的表达：温度诱导

与含有 p_L 启动子载体一起使用的大肠杆菌宿主菌必须含有一种由 $cI857$ 编码的温度敏感的阻遏蛋白，或作为休眠噬菌体整合到宿主的染色体中，或构建在携带外源基因的同一质粒中。在高温下，$cI857$ 基因的表达被灭活，呈现阻遏作用，使 p_L 启动子下游的基因转录。细胞首先在 30℃生长至理想的密度，然后将温度升至 42℃，便可诱导蛋白质的合成，合适的抗生素是由表达载体决定的。

材料（带√的项见附录 1）

- 含有在 p_L 启动子控制下的目的蛋白基因质粒转化的大肠杆菌宿主菌株（如 Coli B、W3110）
- √ LB 培养基
- √ 1000×抗生素贮液
- 20 ml 无菌培养管
- 42℃水浴摇床
- 150 ml 摇瓶，无菌

1. 制备少量大肠杆菌宿主菌株的液体培养物，该大肠杆菌是由处于稳定期的含有在 p_L 启动子控制下的目的蛋白基因质粒转化的。方法是：从新鲜的 LB 琼脂平板上挑单菌落，接种于含有 2 ml LB 培养基（补加适当的抗生素贮液）的 20 ml 管中，将培养管在 30℃旋转摇床中 200 r/min 温育过夜，不要超过 30℃。

2. 用 PBS 将一小份菌液稀释 10 倍，用水作空白对照，测 OD_{600} 值，以证实培养物已达到稳定期（在 1 cm 光径的比色杯中，OD 值为 1~2；OD 值为 1 时，相当于 0.5×10^9~1×10^9 个/ml）。

3. 将一个含有 50 ml LB 培养基（含适当的抗生素）的 150 ml 摇瓶放入 42℃水浴摇床中，预热培养基。要确保温度准确（过低的温度将导致阻遏物的灭活不完全，诱导不佳），注意某些宿主菌（如大肠杆菌 HB101）不能耐受 42℃，在此温度下生长明显降低。

4. 将 2 ml 过夜培养物转移至含有预温培养基的瓶中，取 1 ml 样品，按第 5 步所述的方法进行处理。将 50 ml 培养物放回 42℃水浴摇床中，在剧烈振荡（200 r/min）下温育 3 h。在温育的最后，取另外 1 ml 样品。在接种和取样品时，操作要快，以保持温度稳定。

5. 在温室条件下，用最大速度离心每种样品 2 min，弃去上清，进行 SDS-PAGE 分析（见辅助方案 2）。如果要保存的话，在 SDS-PAGE 前，沉淀物可于−20℃长期保存。

6. 用剩余的 50 ml 培养物来分析质粒稳定性、确定样品的可溶性（见辅助方案 3）或制备周质提取物或细胞外培养基样品（见辅助方案 4 和 5）以获得重组蛋白。如果要保存的话，保存剩余的培养物（见辅助方案 1）。

基本方案 2　在 *trp* 启动子控制下的表达：化学诱导

细胞在最低营养培养基中生长至对数生长期，以获得色氨酸饥饿，用色氨酸类似物吲哚-3-丙烯酸灭活残余的 *trp* 阻遏物。

材料（带√的项见附录1）

- 用含有 *trp* 启动子和目的蛋白基因的质粒转化的大肠杆菌宿主菌株
- √ M9 最低营养培养基加 0.5%（*m/V*）酪蛋白水解物（Difco 公司）
- √ 1000×抗生素贮液
- √ 400×吲哚-3-丙烯酸（IAA）
- 20 ml 无菌培养管
- 150 ml 摇瓶
- 37℃定轨摇床

1. 从新鲜的琼脂平板上挑取含有 *trp* 启动子和目的蛋白基因质粒转化的大肠杆菌宿主菌株的单一菌落，接种含有 2 ml M9 培养基（含 0.5% 的酪蛋白水解物和适量的抗生素）的 20 ml 培养管，将培养管在定轨摇床上（200 r/min）37℃培养过夜。
2. 用水作空白对照，测 OD_{600}。
3. 将过夜培养物移至含有 50 ml M9 培养基/酪蛋白水解物（补加适量的抗生素）的 150 ml 培养管内。
4. 取 1 ml 起始样品，立即按第 7 步的方法进行处理或−20℃保存。
5. 在 37℃定轨摇床中，剧烈振荡（200 r/min），将培养物温育 1～2 h，测 OD_{600}，以确保细胞进入完全对数生长期（OD_{600} 为 0.2～0.5）。
6. 加入 400×IAA 贮液至终浓度为 1×TAA（25 µg/ml）诱导蛋白质表达，继续培养 3 h，取第二份（终）1 ml 样品。
7. 对于每个 1 ml 样品，于室温下，用最大速度离心 2 min，弃去上清，进行 SDS-PAGE 分析（见辅助方案 2）。如果要保存的话，−20℃保存沉淀物。
8. 用剩余的培养物来分析蛋白质的可溶性（见辅助方案 3）、蛋白质在周质（见辅助方案 4）或培养基中（见辅助方案 5）的定位，或分析质粒稳定性。如果希望，保存剩余的培养物（见辅助方案 1）。

备择方案 1　在 *lac/tac* 启动子控制下的表达

对于在 *lac* 启动子或 *tac* 启动子（*lac* 和 *trp* 启动子的杂交体）控制下的蛋白质表达，通常往培养基中加入异丙基-β-D-硫代半乳糖苷（IPTG），使 *lac* 阻遏物释放，从而诱导表达。宿主菌必须在染色体或质粒（含目的基因的质粒或兼容的质粒）中含有 *lacI* 阻遏物基因。对于这些启动子，按基本方案 2（*trp* 启动子）进行操作，但应当用适当转化的宿主菌作为起始材料，而且第 6 步的诱导，用 100×IPTG（终浓度为 0.4～1.0 mmol/L；见附录 1）代替 400×IAA。

备择方案 2　T7 RNA 聚合酶/启动子表达系统

这种方案是通过具有高度活性和效率的 T7 RNA 聚合酶的 *lacUV5* 启动子进行诱导，它与 T7 启动子（*p~T7~*）结合，并在其控制下转录基因。该方案使用大肠杆菌宿主菌，该宿主菌 DNA 中整合有 *lacUV5* 控制下的 T7 RNA 聚合酶基因，同时该宿主菌转

化有在 p_{T7} 控制下的氨苄青霉素抗性基因和目的蛋白基因的质粒 DNA。对于这种系统，可按基本方案 2（trp 启动子）的步骤进行操作，但应当用适当转化的宿主菌作为起始材料，使用氨苄青霉素选择，而且第 6 步的诱导，用 100×IPTG（终浓度为 0.5～1 mmol/L；见附录 1）代替 400×IAA。

将该系统进行改造，使其能够通过第二个质粒（如 pLysE 或 pLysS，它们也编码氯霉素抗性）诱导 T7 溶菌酶（它与聚合酶结合，这样便在非诱导条件下停止转录），而且能够在第二种抗生素选择下维持生存。因此还可以利用第二种抗生素（如 30 mg/L 的氯霉素）进行选择。

辅助方案 1　菌株保存

材料（带√的项见附录 1）

- 转化的大肠杆菌宿主菌株
- √ LB 培养基
- √ 1000×抗生素贮液
- √ 20%（V/V）甘油，无菌的
- √ LB 平板
- 20 ml 培养管
- 30℃或 37℃定轨摇床

1. 从新鲜琼脂平板上挑单菌落，接种 2 ml LB 培养基（补加适当的抗生素；在 20 ml 培养管中），在定轨摇床上培养过夜。对于基于 p_L 的系统，温度为 30℃，对于其他系统，温度为 37℃。
2. 核实细胞处于稳定期（OD_{600} 为 1～2），用 50 μl 接种含有 2 ml LB 培养基（加入适当的抗生素）的 20 ml 的培养管，培养 2～3 h。
3. 在每个冷冻管中加入 0.9 ml 培养物，标记，充分涡旋混合，立即冷冻，于−80℃保存冷冻后的菌株。
4. 要从冷冻保存物开始新的培养，用无菌环刮冷冻管的表面，然后在 LB 平板上划线，或浸入液体培养基中，将冷冻管放回−80℃保存。

辅助方案 2　SDS-PAGE 分析样品的制备

目的是在变性条件下将样品中的所有蛋白质溶解到溶液中，以便在 SDS 胶中通过一维电泳能够分辨混合物。如果必要，制备过量的样品，以便能够在几块胶上重复上样。一旦在 SDS 样品缓冲液中溶解，样品便能够在−20℃保存多年。

材料（带√的项见附录 1）

- 目的样品（见基本方案 1 和 2、备择方案 1 和 2）
- √ 2×SDS 样品缓冲液
- 牙签，无菌的
- 超声破碎仪（Branson 公司，带微探头）

1a. *可溶性样品*：在 1.5 ml 的微量离心管中，将样品加到等体积的 2×SDS 样品缓冲液中。

1b. *沉淀物样品*：用无菌牙签将 5～10 mg 的沉淀物移至一个预先称重的 1.5 ml 的微量离心管中，称重沉淀物。每 10 mg 加入 400 μl 1×SDS 样品缓冲液，在 30～50 W 功率下超声 10 s 重悬，始终将超声破碎仪探头置于液面下面，以防止产生泡沫。

2. 在加热块中加热至 90℃，保持 5 min。按 SDS-PAGE 进行操作（见第 10.1 单元）。

辅助方案 3　可溶性分析

为了确定后续的纯化策略，需要分析重组蛋白的可溶性（见第 6.1 单元）。

材料
- 表达目的蛋白的转化大肠杆菌宿主菌株
- 25 mmol/L HEPES（pH 7.6；高压，4℃保存可达 1 年）
- 50 ml 和 5 ml 离心管
- 离心机（如 Sorvall RC5B，带 SS34 转头），4℃
- 超声破碎仪

注意：在整个过程中，细胞都应当置于冰浴中，以使样品的改变降低至最低程度。

1. 在 50 ml 离心管中，4℃、4000 g 离心 15 min，收获 25 ml 表达目的蛋白的转化大肠杆菌宿主细胞，弃上清，将沉淀重悬于 1～1.5 ml 25 mmol/L 的 HEPES（pH 7.6），得到 OD_{600} 的值约为 40。

2. 将离心管置于冰浴中，超声 3 次，每次 1 min，每次脉冲之间间隔 30 s，以防过热。在 1.5 ml 的微量离心管中取 100 μl 细胞裂解物（总蛋白质），−20℃保存备用。

3. 将悬液移至 5 ml 的离心管中，4℃、30 000 g（在 SS34 转头中为 16 000 r/min）离心 30 min，将上清（可溶组分）倒入另一个 5 ml 的管中，使其与沉淀物（不可溶组分）分开。

4. 制备三种组分（总组分、可溶组分和不可溶组分），用于 SDS-PAGE 分析（见辅助方案 2）。

辅助方案 4　周质提取物的制备

本方案叙述了用小规模的方法来证实蛋白质表达定位于大肠杆菌周质间隙中。

材料（带√的项见附录 1）
- 表达目的蛋白的转化大肠杆菌细胞
- √ PBS
- 20% 蔗糖（m/V）/10 mmol/L Tris·Cl（pH 7.5；附录 1），冰冷
- √ 0.5 mol/L EDTA（pH 8.0）
- 冰冷水

注意：在整个过程中，细胞都应当置于冰浴中，以使样品的改变降至最低程度。

1. 在 1.5 ml 离心管中放入约 2×10⁹ 个表达目的蛋白的转化大肠杆菌细胞（OD_{600} 为 1

时相当于约 10^9 个细胞），4℃，最大转速离心 2 min，弃上清，将沉淀重悬于 1 ml PBS 中，将管子充分涡旋混合。

2. 重复离心，弃上清，将沉淀重悬于 150 μl 冰冷的 20％蔗糖/10 mmol/L Tris・Cl（pH 7.5）中，充分涡旋混合，加入 5 μl 0.5 mol/L 的 EDTA（pH 8.0）。

3. 取出 50 μl 代表总细胞组分的小份，−20℃保存，将剩余的样品置于冰上保持 10 min，以使 EDTA 能够将细胞壁结构变疏松。

4. 将细胞碎片离心 5 min，弃上清，在 100 μl 冰水中剧烈涡旋，重悬沉淀。

5. 在冰上放置 10 min，然后离心 5 min。

6. 小心地收集上清（周质组分）于 1.5 ml 离心管中，−20℃保存。

7. 用棉签除去沉淀中剩余的液体，在 100 μl 冰水中重悬沉淀，保存此溶液，作为细胞质和膜组分。

8. 制备三种组分（全细胞组分、周质组分和胞质/膜组分），进行 SDS-PAGE 分析（见辅助方案 2）。

辅助方案 5　细胞外培养基样品的制备

通过分析培养基中的样品能够检查指导目的蛋白细胞外分泌的表达系统。如果培养基中蛋白质浓度很低（如低于 100 mg/L），可以加入牛血清白蛋白（BSA）作为沉淀的载体和核。

材料

- 表达目的蛋白的转化大肠杆菌细胞
- 2 g/L BSA（可选；用 0.22 μm 的膜除菌，4℃保存≤1 个月）
- 200 g/L 的三氯醋酸（TCA；用 0.22 μm 的滤器除菌，4℃保存≤1 个月）
- 70％（V/V）乙醇
- 适于水溶液的 0.22 μm 膜

1. 在 1.5 ml 的微量离心管中放入 1 ml 表达目的蛋白的大肠杆菌细胞培养物，4℃，最高转速离心 2 min，收集上清，将其过 0.22 μm 的膜，收入 1.5 ml 的微量离心管中，弃沉淀。

2. 可选：加入 100 μl 2 g/L 的 BSA。

3. 加入 1 ml 200 g/L 的 TCA，充分涡旋，将管置于冰上 15～30 min，以使蛋白质沉淀。

4. 4℃、最高转速离心 10 min，弃上清，用 2 ml 70％乙醇洗涤沉淀物至少 2 次，以除去 TCA。

5. 制备沉淀物用于 SDS-PAGE 分析（见辅助方案 2）。

参考文献：Goeddel 1990；Remaut et al. 1987；Studier and Moffat 1986
作者：Alain Bernard and Mark Payton

5.3单元　最适宜于蛋白质生产的大肠杆菌的发酵和生长

在进行分批发酵之前,必须设定菌株、载体、表达系统及蛋白质定位和纯化的策略,这些策略有多种选择。在第5.1单元中综述了在大肠杆菌中的蛋白质表达方法,在第5.2单元中简要叙述了转化细胞和在摇瓶中小规模地在各种表达系统中诱导外源蛋白质合成的方法。表5.3列出了适于在发酵罐中使用的大肠杆菌菌株。本单元中的方案适用于重组蛋白定位于细胞内或周质中的表达系统,然而,在目的蛋白分泌到细胞外的情况下,应当保存培养基本身,而不是细胞沉淀物,对培养基进行浓缩,并进行纯化。

基本方案　以分批发酵的方式生产重组蛋白

有几个生产商生产实验室用的发酵设备(1～20 L)。对气、水、蒸汽和电等都有明确的质量和数量要求。对于特殊的要求,请咨询发酵罐生产商。

材料(带√的项见附录1)

- 表达目的蛋白的转化大肠杆菌宿主菌株(见第5.2单元)
- √ 含适当抗生素的LB培养基
- 消泡剂:聚丙二醇2000(纯品,室温可长期保存)
- 营养液(可选,用于分批补料工艺;见备择方案1)
- √ ECPM1培养基
- 无菌空气
- 85%(m/V)H_3PO_4
- 28%(m/V)NH_4OH
- 70%(V/V)乙醇喷雾剂
- 氮气(N_2)
- √ 400×IAA 或 100×IPTG(可选)
- 发酵罐(1～10 L)
- 5 ml 和 50 ml 无菌注射器和 1 mm×40 mm 针头
- 蠕动泵(可选)
- 离心机,能力可达 6 L(如 Sorvall RC3B,带 H6000A 转头)和离心杯
- 热封性塑料袋和热封仪

准备接种物和发酵罐

1. 在含适当抗生素的LB培养基中制备所要的转化大肠杆菌宿主菌株的过夜培养物。制备体积等于所要发酵体积的 1%～10%,用水作空白对照测定过夜培养物的 OD_{600},以确认培养物已达到稳定期(即 $OD>1.5$;见辅助方案1)。将培养物放到一边,接种发酵罐(第15步)。

2. 将发酵罐的反应腔放空,检查其内壁、搅拌器转轴挡板或其他部位上是否残留有生物材料。

3. 根据生产商的说明书校准传感器(如 pH 和 pO_2 电极、细胞负荷和压力表)。每运行10次左右校准大多数的传感器,在每次运行前校准 pH 和 pO_2 电极。

pO_2 电极的校准是粗略地确定电极对溶氧的改变是否有反应，在第 12 步，当 pO_2 电极处于灭菌的发酵培养基中时，对其进行精准的校准。

4. 准备附属的线路、转移容器和通道（包括隔片和加入接种物、酸、碱、消泡剂、营养液和诱导剂的线路）。高压灭菌，当将消泡剂和营养液连在各自的线路上时，如果可能的话，也对消泡剂和营养液（如果用的话）灭菌。如果营养液对热敏感的话，则按配方中所指导的方法进行除菌。

5. 制备 ECPM1 培养基：在水中混合所有可热灭菌的成分，达到最终浓度的 80%，倒入发酵罐中。当发酵体积＞5 L 时，以浓缩液（100×终浓度）的形式溶解所有的成分，并倒入发酵罐中。

6. 直接往反应腔内加水来调整灭菌前的体积。从培养物的终体积（不应当超过发酵罐总体积的 3/4）减去接种物、热敏感成分、抗生素和灭菌过程中蒸发的水来确定灭菌前的体积，也必须考虑到在灭菌过程中从蒸汽冷凝而加入的水。

   液体损失或增加的量不应当超过培养物终体积的 10%，而且最好凭经验来确定，即用水进行模拟试验，在灭菌前和灭菌后准确地测量液面。

7. 开始灭菌周期，对于耐高压加热的玻璃转移容器（通常为 1～5 L），从发酵罐上拆下所有的线缆和管线，让发酵腔的内侧与通向发酵罐顶部空间的一个或两个线路（用空气滤器保护）相通。如果可能，将高压灭菌器的温度传感器直接插入发酵罐的温度通道中。对于能够原位灭菌的转移容器，使用自动程序控制器。

8. 在 121℃灭菌 30 min，使用≤40℃/min 的冷却速度，如果太高，限制冷却水流。

9. 当温度达到 102～108℃时，用无菌空气 [0.05～0.1 bar（1 bar＝10^5 Pa）] 将顶部空间的压力加到反应器中，开始让水流过回流冷却器，以冷凝废气。

   一旦压力稳定了，让小的空气流通过顶部空间（0.2 L 空气/培养/min）来干燥废气滤器，这也是一种很好的实用方法。

10. 要校准 pH 时，在生物安全操作台内，将 85% H_3PO_4 倒入一个转移容器（酸）内，将 28% NH_4OH 倒入另一个转移容器（碱）内，用无菌针头刺入一个无菌隔片通道内，这样便可在无菌条件下将酸、碱、消泡剂线路连接至发酵罐上，使用火焰灭菌和（或）70%乙醇喷雾来确保无菌度。在连接完成之后，可以用蒸汽对一些接插件进行再次灭菌。

11. 一旦温度≤40℃，用针头刺入一个隔片通道内，用无菌注射器将热敏感性的 ECPM1 培养基成分加入。

12. 校准 pO_2 传感器：在剧烈搅拌（≥500 r/min）下，以 0.5 体积空气/体积培养物/min 的速率通入空气，调整 100%的饱和点。每 10 次灭菌周期后，也用 N_2 代替空气来校准传感器的零点。

13. 调整所有的环境参数。典型的设置是：温度，30～37℃；pH，7.0；搅拌，300 r/min；空气流，1 体积/体积培养物/min；pO_2，100%空气饱和。

14. 在无菌条件下取出少量样品，检查无菌度（见辅助方案 2）。

    可以提前 2～3 天准备无菌发酵罐，但在使用新鲜样品接种前，要确认无菌度。由于这种无菌度检查的结果要在 12～16 h 后才能知道，所以本操作过程仍要启动并继续，如果在接种前或接种后检测到任何污染，则取消整个操作，并清洗发酵罐。

接种发酵罐、生长细胞和收获

15. 在无菌条件下将接种物线路连接到发酵罐的隔片通道上，通过在线蠕动泵或通过用无菌空气对接种物容器加压，将接种物（第 1 步）转移到反应腔内，这样便可以接种发酵罐，拆下接种物线路，用 70% 乙醇喷隔片和针头。

16. 间隔 1 h 取一次样，测定样品的 OD_{600} 值（见辅助方案 1），监测生长。当达到目标细胞浓度时，开始诱导。尽管目标细胞浓度取决于菌株和表达系统，但作为一个通常的规则，当目标浓度达到 OD_{600} 为 5～10 时，开始诱导。

17. 通过温度或化学诱导来诱导蛋白质的表达：

 a. p_L 系统：将温度快速地（在几分钟内）由 30℃ 升至 42℃，继续培养 5 h。

 b. trp 启动子系统：加入 IAA 至终浓度为 25 mg/L（见第 5.2 单元），继续培养至稳定期（通常过夜）。

 c. lac 和 tac 启动子及 T7 系统：加入 IPTG 至终浓度为 0.5～1 mmol/L（见第 5.2 单元），继续培养 5 h。

18. 每间隔 1 h，通过测定 OD_{600} 来监测生长情况，并制备用于 PAGE 的样品（见第 5.2 单元），来监测重组蛋白的表达情况。

 应当使用上述时间线（time line）来进行预实验。当确定了高表达（用 PAGE 判断）和高细胞密度的最好组合后，可将最佳收获时间用于后续的实验中。

 如果细胞生长监测表明发生了细胞裂解，应开始收获。

19. 将发酵罐加压，将反应器内培养物移至一个过渡容器内，将液体培养物装入离心杯内（最好在生物安全操作台内进行），记录培养物的终体积，以估计最终细胞收率。在任何时候都要尽量避免气溶胶，使用带无菌过滤通气口的密封容器。

20. 4℃、5000 g（用 H6000A 转头为 4000 r/min）离心 15 min。

21. 从每个离心杯中收集沉淀物，都放入一个热封性塑料袋内，保留少量的沉淀物（50～100 mg）用于 PAGE 分析（第 18 步），以确认离心是否改变了目的蛋白的表达水平。如果蛋白质被分泌到细胞外的培养基中，收集上清，用切线流超滤进行浓缩。

22. 热封装有沉淀物的塑料袋，−20℃ 可保存达几个月。对于敏感性的膜受体，在干冰/乙醇中快速冷冻，−70℃ 保存。

备择方案 1   用重金属衍生物进行重组蛋白的体内标记

 为了最大程度地掺入硒甲硫氨酸来代替甲硫氨酸，最好使用甲硫氨酸营养缺陷型的宿主菌株。

附加材料（也见基本方案 1；带√的项见附录 1）

- 甲硫氨酸营养缺陷型的宿主菌株：$E.coli$ DL41 或 B834（表 5.3）
- 含有目的蛋白基因的表达载体
- √ DLM 培养基
- √ LB 培养基或其他完全丰富培养基

1. 用含有目的蛋白基因的表达载体转化甲硫氨酸营养缺陷型的宿主菌，对于 T7 表达系统，使用大肠杆菌 B834（带或不带 pLys 质粒）。用摇瓶诱导试验来测试转化子的表达。

2. 制备 DLM 培养基（与发酵罐相同的体积），室温下保存。

3. 在发酵罐中制备完全丰富培养基，用重组菌株接种（见基本方案 1 第 1 步~第 16 步）。在丰富培养基中生长过夜，对于 p_L 菌株，温度为 30℃，其他菌株为 37℃。

4. 取样测定 OD_{600}（应当为 20~30）。用分批离心杯离心（见基本方案 1 第 19 步~第 21 步）在无菌条件下收获细胞，停止发酵罐上的所有控制环。

5. 将每种沉淀物重悬于 DLM 培养基中，使 OD 为 10~15，合并到一个无菌容器内，移回至发酵罐中，重新启动控制环。

6. 放置 30 min，使所有的环境参数都稳定在其设定点，之后进行诱导表达（见基本方案 1 第 17 步）。监测表达并收获细胞（见基本方案 1 第 18 步~第 22 步）。

备择方案 2　重组蛋白的稳定同位素标记

本方法需要使用含盐、微量元素和酵母提取物的半组合培养基（semi-defined medium），可单独或组合使用三种标记 [^{13}C、^{15}N 和（或）^{2}H]。

附加材料（也见基本方案 1；带√的项见附录 1）

√ HCDM1 培养基

- 50%（m/V）[^{13}C] 葡萄糖
- D_2O
- 100 g/L $^{15}NH_4Cl$ 贮液
- 纠正 pH 用的碱：2 mol/L NaOH（用于 ^{15}N 标记）

1. 准备接种物和发酵罐，开始分批发酵（见基本方案 1 第 1 步~第 14 步），但使用 HCDM1 培养基，并使用 50% [^{13}C] 葡萄糖作为营养液（将补料罐放在平衡或上样池上）。进行 ^{2}H 标记时，用 D_2O 代替水来配制 HCDM1 培养基。

2. 培养基灭菌后，使用无菌注射器加入 10 g/L 的 [^{13}C] 葡萄糖，并往每升发酵体积中加入第一个 5 ml 的 100 g/L $^{15}NH_4Cl$ 贮液（见基本方案 1 第 12 步）。

3. 接种发酵罐（见基本方案 1 第 15 步），让细胞生长，当首次加入的 [^{13}C] 葡萄糖耗尽时，开始用 [^{13}C] 葡萄糖补料，pO_2 的急剧上升表明葡萄糖快要耗尽，所以降低了氧消耗。

要设定起始和随后的补料率，使用以下方程

$$F = \mu \times V_f \times OD_{600}/(Y \times 0.4 \times 0.5)$$

在此方程中，F 是补料率(ml/h)，μ 是目标生长率(h^{-1})，V_f 是发酵罐的体积(L)，Y 是每单位碳源的细胞团的产量(g/g)，0.4 是从 OD 换算成细胞团的系数($OD/g/L$)，0.5 是补料溶液中葡萄糖的浓度(g/ml)。μ 的值使用 0.3/h，Y 的估计值为 0.4。

4. 定期测定 OD_{600} 来监测生长，当 OD_{600} 约为 5 时，加入第二批 $^{15}NH_4Cl$，并开始诱导蛋白质表达(见基本方案 1 第 17 步)。由于不希望高的细胞密度，控制 pO_2，并不需要纯 O_2。

5. 在诱导后 1 h，加入最后一批 $^{15}NH_4Cl$，开始监测蛋白质的表达、收获细胞(见基本方案

1第18步～第22步),同时继续满足生长所需的葡萄糖补加率。

辅助方案 1　监测生长

对于发酵工艺控制,分光光度法快速、可信、简单。显微镜计数是一种备择方法,但这种方法过于麻烦而且费时,也有在线传感器的方法,而且已被成功应用,但是,因其大多数对颗粒物、气泡、污垢敏感,而使校准漂移。

分光光度法:将测试样品(如大肠杆菌接种物或发酵培养基)放入 1 cm 光径的分光光度比色杯中,在对照比色杯内装上水,在固定波长分光光度计(600 nm 或 660 nm)上测定 OD_{600}。对于在丰富培养基中生长的培养物,根据经验,1 OD 单位约为 10^9 个/ml,OD 计数大于 0.4 时,不能准确地与细胞数相关,应当用 PBS 将样品稀释 10 倍或 100 倍,使 OD 计数在 0.4 的范围内。由于在不同的仪器之间在 600 nm 处的吸收会有变动,通常可差 2 倍,最好使用通过其他方法(使用计数载玻片或测定能存活的菌落)定量的培养物来校准仪器。

细胞计数:取一块干净的计数载玻片(或血细胞计数器),用一块干净的盖玻片将其覆盖,将 0.1 ml 或 1 ml 的移液管浸入受试样品中,让移液管的末端形成一小滴的液体,在玻片周围,其轻轻接触载玻片的表面,使用设置在 100 倍的相差显微镜对细胞计数,并计算细胞密度。在计数载玻片一个小方格中的每个细胞相当于 2×10^7 个/ml。

辅助方案 2　检查无菌度

快速检查:在微生物安全操作台内进行,将 100 μl 受试样品(如发酵培养基)铺到一块 LB 平板(附录 1)和一块 LB/抗生素平板上,30℃培养过夜,检查有无菌落出现。

更灵敏的检测:在微生物安全操作台内进行,用真空抽吸的方法,让多达 100 ml 的受试样品通过置于无菌滤膜夹持器内的 0.45 μm 的膜(Millipore 公司,HA 型或 HC 型),打开膜夹持器,将膜面朝上放到一块 LB 平板(附录 1)上,将平板 30℃温育 24～48 h,检查有无菌落出现。

参考文献:McNeil and Harvey 1990
作者:Alain Bernard and Mark Payton

5.4 单元　在杆状病毒系统中的蛋白质表达

昆虫细胞-重组杆状病毒共培养提供了一种蛋白质生产系统,能够生产可溶形式的重组蛋白,这种蛋白质具有大多数的翻译后修饰,该方法是对细菌系统(见第 5.1～5.3 单元)的一种补充。此外,病毒基因组较大(130 kb),能够克隆大的 DNA 片段,从而能够表达复杂的蛋白质聚集体。本单元介绍有关在杆状病毒表达系统中大规模生产重组蛋白的方法,第 5.4 单元对这种系统进行了综述。使用本单元中的方案时,需要先将目的蛋白克隆到适当的载体中,才能够在强的杆状病毒启动子的控制下在培养的昆虫细胞中表达,而且在预实验中已经分析了用重组病毒感染细胞和重组蛋白的生产。在已有的几本手册(Murphy and Piwnica-Worms 1994a,1994b;Summers and Smith 1987)中能够找到重组杆状病毒构建、培养的昆虫细胞的维持和小规模表达实验分析的详细方法。

尽管这种方法使用病毒,但使用杆状病毒表达系统表达的重组蛋白对人无害,因为这种病毒不能感染非昆虫来源的细胞。虽然如此,处理病毒贮液和感染的培养物时,应当在防护良好的设备、材料和房间内进行,要与保存未感染细胞系的设备、材料和房间分开,这有助于防止宿主细胞系贮存物的意外潜在的病毒感染。

注意:所有方案都应当在无抗生素存在的情况下用严格的无菌技术进行操作。

基本方案 1 病毒贮液的大规模生产

材料

- 草地夜蛾(*Spodoptera frugiperda*;*Sf9*)细胞(ATCC,Pharminogen 公司,Invitrogen 公司)
- 昆虫细胞培养基(Life Technologies 公司):TC100 或 IPL41,含 5%~10%(*m/V*)胎牛血清(FCS)或无血清 Sf-900II。
- 纯重组病毒(10^7 pfu/ml)
- 1 mol/L NaOH
- 1~10 L 的摇瓶或转瓶
- 27℃振荡培养箱,湿度可控
- 低速离心机(Sorvall RC3B 或相当的)
- 1L 玻璃圆底离心杯(Corning 公司或 Bellco 公司),无菌的
- 175 cm² 组织培养瓶

1. 在湿度可控的 27℃振荡培养箱中,在含有预温昆虫培养基(含或不含血清)的摇瓶或转瓶中制备 500 ml *Sf9* 细胞培养物,使用低液体/总体积比率(<0.4),搅拌速度设定在 50~100 r/min,以确保培养物通气良好,同时将机械剪切效应最小化。

   在不含剪切保护剂的培养基中应当加入 2 g/L 的 Pluronic F-68(BASF)。

   Sf9 细胞应当在与方案中所选用的同一种培养基中以单层培养或小摇床培养的方式维持并每周定期传代 2 或 3 次。

2. 取出培养物样品,监测细胞生长(用血细胞计数器计数;见第 5.3 单元)、细胞活力[用形态学和台盼蓝拒染法(trypan blue exclusion)]和营养水平,以确保适宜的生长环境,适当的培养物应当有最少 2×10^5~3×10^5 个/ml、细胞活力大于 98%。典型情况下,葡萄糖和谷氨酰胺的水平分别不应当低于 0.2 g/L 和 0.2 mmol/L。

3. 当培养物达到对数中期(1×10^6~5×10^6 个/ml)时,用纯的重组病毒感染,MOI 为 0.01~0.1,将转瓶或摇瓶转移至专门处理病毒感染培养物的生物安全操作台内,小心地打开瓶子,用无菌移液管加入适量的病毒培养物,轻轻回荡混合,盖好瓶子,放回培养箱内。

   感染强度(multiplicity of infection,MOI)是感染性病毒颗粒与细胞的比率,病毒溶液的体积(V_v,单位是 ml)是这样计算的:$V_v = \text{MOI}\times N\times V_c/T$。在此公式中,$N$ 培养物中的细胞密度(个/ml),V_c 是培养物的体积(ml),T 是病毒溶液的滴度(pfu/ml)。

   低 MOI(<0.1)能够使细胞在感染后以某种程度生长,这样可以使感染细胞的数较高,并生产高滴度的病毒贮液。

4. 在控制湿度下,在 27℃ 振荡培养箱中温育 4～5 天,让病毒生成,每天监测细胞密度。

在感染后 4～5 天,大部分(>50%)的细胞出现感染的标志:细胞体较大、核密实、膜粗糙以及某些细胞系呈香肠状外观,在这个时期,成活力应当<20%。

5. 收获培养物:在无菌玻璃圆底离心杯中 4℃,200 g 离心 30 min,除去细胞碎片。保留上清作为贮液,在丢弃细胞碎片前,将沉淀物在 1 mol/L NaOH 中浸泡 30 min,以灭活所有的病毒。

6. 取少量的样品(如 5 ml)进行病毒滴定,其余的贮液可 4℃ 保存几个月,在 175 cm³ 组织培养瓶中避光保存,使用前滴定病毒贮液。

小于 10^7 pfu/ml 的病毒贮液没有使用价值,应当废弃,$1×10^7$～$5×10^7$ pfu/ml 被认为是低滴度,所希望的平均滴度为 10^8 pfu/ml。

基本方案 2　表达动力学的确定

以下方案可用于比较宿主细胞系、培养基、病毒构建体和常规工艺参数(如细胞密度、MOI、pH 和搅拌),结果可用来确定大规模生产系统的时间(见基本方案 3 和备择方案)。

材料

- 细胞系:草地夜蛾(*Sf*9,*Sf* 21;ATCC、Pharminogen 公司、Invitrogen 公司)或粉纹夜蛾(*Trichoplusia ni*;*Tn*5 细胞系;High Five 细胞系,Invitrogen 公司)
- 昆虫细胞培养基:TC100(GIBCO/BRL 公司)或 IPL41(GIBCO/BRL 公司),无血清或含 5%～10%(*m/V*)胎牛血清(FCS);或 Ex-Cell 401 或 Ex-Cell 405(JRH Biosciences 公司)或 Sf-900 II (GIBCO/BRL 公司),无血清
- 重组病毒贮液(见基本方案 1)
- 1 mol/L NaOH
- 1.5～3 L 摇瓶或转瓶
- 27℃ 培养箱,湿度可控

1. 要分析每种细胞培养物和感染的变量,在含有 0.5～1 L 昆虫细胞培养基(含或不含血清)的 1.5～3 L 摇瓶或转瓶中,制备单独的细胞培养物,将瓶放入 27℃ 培养箱中,让细胞生长,监测细胞生长、细胞活力和营养水平(见基本方案 1 第 2 步)。

通常情况下,*Sf*9 细胞对病毒生产是最佳的,*Tn*5 细胞对于分泌的蛋白质是最佳的。

2. 在无菌条件下,加入重组病毒贮液,在高 MOI 下感染培养物(5～10;见基本方案 1 第 3 步),对于含有血清的培养基,使用的细胞密度为 $\leqslant 1×10^6$ 个/ml,对于无血清培养基,使用的培养物高达 $5×10^6$ 个/ml,将培养物放回 27℃ 培养箱中,在控制的湿度条件下培养。

3. 取 10 ml 的培养物样品,测量营养水平,制备进行蛋白质分析的样品,每天监测营养水平和细胞活力(用台盼蓝)2 次,直到感染后 4～5 天。

细胞大小的增加是感染的一个良好标志,这种方法好于台盼蓝拒染法。

4. 根据目的蛋白表达的动力学确定最佳收获时间,蛋白质表达的动力学是基于 SDS-PAGE(见第 10.1 单元)、免疫印迹(见第 10.7 单元)和生物学分析。对于某些蛋白质,由于递增的蛋白质酶解的降解,在实际的表达峰值前收获可能会有益处,在 1 mol/L

NaOH 中中和受试培养物 30 min,弃掉。

基本方案 3 在生物反应器中生产

材料

- 昆虫细胞培养基:TC100 或 IPL41(Life Technologies 公司),无血清或含 5%~10% (m/V)的胎牛血清(FCS);或 Ex-Cell 401(JRH Biosciences 公司)或 Sf-900 II(Life Technologies 公司),无血清
- 接种物(15%~20%生物反应器的体积):未感染的昆虫细胞在高活力下和在完全对数生长期的摇瓶或转瓶培养
- 重组病毒贮液(见基本方案 1)
- 生物反应器,配备温度、pH、搅拌、空气流和 pO_2 控制
- Millipak 滤器,无菌的(Millipore 公司)
- 病毒贮液和接种物转移容器,配备转移线路
- 蠕动泵(可选)

1. 准备生物反应器:检查反应腔壁、搅拌轴挡板或其他部位,应无残留的生物材料;校准温度、pH、pO_2 和压力传感器;用高压灭菌将附属线路和转移容器消毒(见第 5.3 单元)。用水充满反应腔,以便所有探头的尖端都浸入水中,灭菌,放空反应器。

2. 连接培养基添加线路,通过一个除菌滤器加入昆虫细胞培养基(终体积的 75%~80%),拆下培养基添加线路。

3. 将所有参数设定在所希望的点,如果可能,让反应器在未接种的状态下放置 24~48 h,检查无菌度。

   在控制培养物中溶氧水平的现有方法(如空气流速、搅拌、通过顶部空间控制)当中,通过喷头间歇加入纯 O_2 是最容易监测的方法。通过反应器顶部空间的持续空气流(每分钟 1 L 空气/升培养物)也能够抑制在设定点周围可能的波动。通常情况下,设定点为 30%~50%空气饱和度为最佳。

4. 用接种物接种生物反应器,起始密度为 $2×10^5$~$3×10^5$ 个/ml,如果必要,在生物安全操作台内,合并培养物,转移至一个无菌的接种转移容器内,使用一个在放空或充满反应器时尚未使用过的隔片通道,按第 5.3 单元所述的方法连接转移容器。

5. 在无菌条件下,通过蠕动泵或通过用无菌空气对转移容器加压的方法将接种物转移至反应器内,在转移过程中,始终避免泡沫形成。

6. 监测细胞生长,直至细胞密度达到最大水平的一半(根据接种物生长曲线估计)。

7. 使用无菌技术加入重组病毒贮液,在高感染强度(MOI=5~10;见基本方案 1 第 3 步)下感染培养物,让病毒感染、病毒复制和蛋白质表达进行 4~5 天,每天取样 2 次测定细胞活力和营养水平,并进行蛋白质分析。

8. 在最佳时间点收获来终止这一过程(确定最佳时间,见基本方案 2),用离心或切向流超滤(见辅助方案)收获,根据目的蛋白的定位来保存细胞沉淀物或上清。

   在任何后续工艺的前后都应当收集有代表性的样品,以监测目的蛋白稳定性或构象的变化。

备择方案　用灌注培养生产

灌注培养可以使细胞达到高密度,这样便可以增加蛋白质的产量,特别是蛋白质为分泌型时。除了需要两个罐和泵用于加入和除去多余的培养基外,设备要求与基本方案3相同。当用昆虫细胞接种反应器以后,需要往培养物中加入新鲜的培养基,添加速度逐渐升高,以满足细胞密度的增加,要用相同的速度除去用过的培养基(无细胞),以保持反应器体积的恒定,由于需要大的收集罐,所以这种方案最容易在1～5 L规模的反应器中实现。

附加材料(也见基本方案3)

- 细胞截留装置:离心式滤器(spin filter)、内膜式滤器(internal membrance filter)、外膜式滤器(external membrance filter)或外部离心机(external centrifuge)
- 发酵罐水平控制器(接触电极)
- 培养基补料和过滤液聚丙烯收集罐(反应器体积的10～15倍,Nalgene公司)
- 用于补料罐的上样池或电子天平(Metter或相当的)
- 蠕动泵(Watston-Marlow公司或相当的)

1. 准备生物反应器并开始培养(见基本方案3第1～6步),在生物反应器上安装细胞截留装置和发酵罐水平控制器,当培养物体积减少时,发酵罐水平控制器能够激活向反应器中添加新鲜培养基。

2. 在补料罐中配制大体积的培养基,将罐放到上样池或电子天平上,连接到反应器上。

3. 将过滤液收集罐连接到细胞截留装置的过滤液通道上,设定蠕动泵用于培养基的添加和过滤液的除去。

4. 监测细胞生长,在分批操作时,一旦细胞密度达到了最高密度的一半,开始用昆虫细胞培养基灌注,设定除去过滤液的蠕动泵,将速度设定在每天0.5反应器体积。每单位时间内记录补料罐重量的变化(要考虑补料培养基的密度),监测补料速度。

5. 逐渐增加灌注速度,与细胞密度的增加呈正比,灌注3～5天,以达到目标细胞密度(1×10^7～3×10^{7}个/ml,活力＞95％)。

   最好先在未感染的条件下运行一次预灌注工艺,以确定用给定的设备、细胞系和培养基能够得到的最大细胞密度。

6. 往反应器中加入重组病毒贮液来感染培养物(见基本方案3第7步),取5 ml样品,作为蛋白质表达分析的阴性对照。感染后,关闭除去过滤液的泵,停止灌注一小段时间(1～2 h),以让病毒附着和(或)侵入。

   由于细胞密度通常较高,要实现高的MOI可能会很困难,然而,在很低的MOI(0.01)感染时仍然与用高MOI的分批操作具有同样的生产效率。

   在停止灌注期间,为了避免营养达到极限,在进行感染的时间内,可将补料速度增加2～3倍。

7. 将除去过滤液的泵调整至最大灌注速度(3～4反应器体积/天),让感染进行至少4天,监测细胞活力和蛋白质的表达。

8. 为了避免过滤液中产物的稀释(如果蛋白质是分泌型的),每24 h除去一次累积的过滤液,用超滤浓缩(见辅助方案)。

如果分泌型蛋白质的表达是在晚期启动子的控制之下,在感染后前 24 h 所累积的过滤液通常几乎不含有目的产物,可以废弃。

辅助方案　收获

根据目的蛋白的定位,或保存细胞沉淀物,或保存上清组分,以用于进一步的纯化,为了抑制可能的降解,在所有情况下都应当加入蛋白酶抑制剂并将温度保持在约 4℃。然而,在实际工作中,在将材料浓缩至小体积之前加入蛋白酶抑制剂会很昂贵。

材料(带√的项见附录 1)

√ 蛋白酶抑制剂混合物

- 1 L 圆底离心杯(Bellco 公司),无菌的
- 低速离心机(Sorvall RC3B 或相当的),连续离心机(Heareus 离心机或相当的),或切向流微量过滤系统(Microgon KrosFloⅡ 或相当的;≥0.04 m²/L 培养物)

用分批离心的方法收获(≤5 L):

1a. 通过顶部空间加压的方法,将反应器中的培养物转移至 1 L 圆底玻璃离心杯中。

2a. 200 g 离心 30 min,用切向流超滤浓缩无细胞的上清。

用连续离心的方法收获(5～20 L):

1b. 将离心机的入口管连接到反应器的收获阈上,然后将离心机的过滤液出口管连接到收获罐上。

2b. 开始离心,200 g、250 ml/min,检查上清是澄清的、不含细胞,用切向流超滤浓缩无细胞的上清。

用切向流微量过滤的方法收获(>20 L):

1c. 将过滤系统的入口连接到反应器的收获阈上,将截留液管连接到反应器底部的返回通道上,要确保返回通道浸入培养物中,以防产生泡沫。

2c. 设定循环速度和穿膜压力,使平均剪切速度<2500/s,穿膜压力不得超过500 mbar。

3c. 让过滤液管处于关闭状态,开动循环泵,在不过滤状态下开动 3～5 min,然后打开过滤液管,快速进行过滤(<1 h)。当反应器快要空了时,将截留液移至离心杯中,按第 2a 步的方法进行离心和浓缩。

参考文献:King and Possee 1992;Murphy and Piwnica-Worms 1994a,1994b;O'Reilley et al. 1994;Summers and Smith 1987;Tokashiki and Takamatsu 1993

作者:Alain Bernard,Mark Payton and Kathryn R.Radford

5.5 单元　用于生产外源蛋白质的酵母培养

酿酒酵母表达系统通常是基于酵母的 2 μm 质粒,但在启动子和选择标记的选择上是不同的,这影响到必须使用的培养基和诱导条件,在适当的菌株中必须使用带营养缺陷型选择标记的载体(如在 *leu2* 菌株中使用 *LEU2* 质粒),而且必须在适当的选择培养基(即含有所有必需添加成分的最低营养培养基)中生长。带显性选择标记(如

$G418^r$)的载体可用于任何的宿主菌,并在丰富培养基中选择,呈现较高的生长速度和细胞密度。

注意:与细胞接触的所有溶液和设备都应当无菌,因此应当使用正确的无菌技术。

基本方案 1　使用酿酒酵母半乳糖-调控的载体小规模表达

通过加入半乳糖,半乳糖-调控的启动子(GAL1、GAL7、GAL10)可被诱导大于 1000 倍,但会被葡萄糖强烈地抑制,所以对于在葡萄糖中生长的培养物,只有在除去葡萄糖以后才能够获得最大的诱导效率。要实现快速诱导,可使用非抑制碳源(如棉籽糖)来培养细胞,然后直接加入半乳糖诱导。

使用很稳定的载体或具有显性选择标记的载体,可以在丰富培养基中生长和诱导,以获得最高的细胞密度。在质粒需要营养缺陷性的选择时,至少在起始培养时必须使用最低营养选择培养基,尽管诱导本身仍然能够在丰富培养基中按常规方法进行,下面介绍的方案适宜于 5～1000 ml 的培养体积。

材料(带√的项见附录 1)

　√ YP 肉汤或 YNB 培养基,各含有 2%(m/V)的棉籽糖
- 50 mg/ml G418(100×)或用于营养缺陷性选择的添加物,根据需要而定
- 用半乳糖-调控表达载体转化的并涂在选择培养基上的酿酒酵母(Ausubel et al. 1995;见第 13 章)
- 20%(m/V)半乳糖(过滤除菌,室温保存)
- 25 ml 塑料通用容器,无菌的(如 Nunc 公司)
- 30℃振荡培养箱
- Heraeus omnifuge 离心机和 2250 转头(或相当的)
- 15 ml 聚丙烯 snap-top 管(可选)
- Centricon 浓缩器(Amicon 公司;可选;见第 4.1 单元)

1. 在一个 25 ml 塑料通用容器中加入 10 ml 含有 2%棉籽糖的 YP 肉汤,对于带 G418 抗性标记的载体,加入 0.5 mg/ml G418;对于带营养缺陷性标记的不稳定性载体,使用含 2%棉籽糖和适当添加物的 YNB 培养基(细胞密度会低 5 倍)。用转化的酿酒酵母单菌落接种,30℃振荡培养过夜。

   如果有必要维持严谨的表达阻抑,在诱导前可以使用葡萄糖,但是,在将细胞重悬于诱导培养基中之前,必须先在无菌生理盐水中洗涤并离心细胞,除去过量的葡萄糖。在葡萄糖中生长的培养物在诱导前会有一个几小时的滞后期。

2. 测量 A_{600},将培养物稀释于 10 ml 含 2%棉籽糖的 YP 肉汤中,使 A_{600} 为 0.25(通常需要稀释 20 倍)。30℃振荡培养,直到培养物密度达到 A_{600} 约为 1(4～5 h)。

3. 加入 1 ml 20%的半乳糖诱导培养物,30℃振荡培养 8～24 h(过夜),测量诱导后培养物的 A_{600}(应为 10～15)。

   为了增加分泌蛋白质的浓度,在诱导前通过离心将细胞浓缩 20 倍,在最低营养培养基中加入酪蛋白水解物(见附录 1)或用磷酸钾将 pH 调至 6.0(未缓冲培养基的 pH 可达约 4),可以改善产量。

4a. 细胞内蛋白质表达:4℃、2000 g 离心 5 min,将沉淀重悬于 10 ml 水中,移至 15 ml 聚丙烯 snap-top 管中,再次离心,除去多余的水,将沉淀物−70℃保存。

4b. 分泌型蛋白质表达:4℃、2000 g 离心 5 min,收集上清,使用 Centricon 浓缩器通过超滤浓缩蛋白质,将蛋白质浓缩物−70℃保存,保留细胞沉淀物以进行分析。

5. 对于细胞内表达的蛋白质,分析细胞沉淀物;对于分泌型表达的蛋白质,分析细胞沉淀物和上清。

备择方案 1　使用葡萄糖阻抑型 ADH2 载体表达

ADH2 启动子可被葡萄糖阻抑 100 倍,要维持阻抑,细胞必须在过量(8%)的葡萄糖中生长,最好也将转化子保存在含 8% 葡萄糖的平板上。

附加材料(也见基本方案 1;带√的项见附录 1)

　　√ 含 8%(m/V)葡萄糖的 YP 肉汤

- 用葡萄糖阻抑型 ADH2 表达载体转化的并涂在选择培养基上的酿酒酵母(Ausubel et al. 1995;见第 13 章)
- 含 2%(m/V)棉籽糖/2%(V/V)乙醇或 1%(m/V)葡萄糖的 YP 肉汤
- 100 ml 锥形瓶,无菌的
- Diastix 葡萄糖测试条(Bayer Diagnostics 公司;可选)

1. 在含 8% 葡萄糖和适当添加物的 YP 肉汤中制备 10 ml 处于对数生长期的酿酒酵母转化子的培养物(见基本方案 1 第 1 步和第 2 步)。

2. 20℃、2000 g 离心 5 min,将沉淀重悬于 10 ml 无菌水中。

3. 再次离心,将沉淀重悬于含 2% 棉籽糖/2% 乙醇的 YP 肉汤中,在 100 ml 锥形瓶中,30℃ 剧烈振荡培养 8~24 h(过夜)。

　　在几小时的滞后以后开始诱导。

　　另一种方法是:用过夜起始培养物接种含 1% 葡萄糖的 YP 肉汤,使 A_{600} 约为 0.5(通常需要稀释 100 倍),30℃ 剧烈振荡培养 8~24 h。如果可能,使用 Diastix 葡萄糖测试条监测葡萄糖的消耗。

4. 测量 A_{600},4℃、2000 g 离心 5 min,用细胞沉淀物分析细胞内表达的蛋白质,用细胞沉淀物和上清分析分泌型表达的蛋白质。

备择方案 2　使用带糖酵解基因启动子的载体表达

由于使用组成型载体常常遇到不稳定的问题,所以建议自始至终使用选择培养基。

附加材料(见基本方案 1;带√的项见附录 1)

- 用含糖酵解基因启动子(如 PGK、GAPDH 和 ADH1)表达载体转化的并涂在选择培养基上的酿酒酵母(Ausubel et al. 1995;见第 13 章)

　　√ 含 2%(m/V)葡萄糖和所需添加物的 YNB 培养基

1. 在含 2% 葡萄糖和所需添加物的 YNB 培养基中制备酿酒酵母转化子的过夜起始培养物(见基本方案 1 第 1 步)。

使用含糖酵解基因启动子载体的组成型高水平表达会引起细胞的代谢负担过重,通常情况下,这种细胞的倍增时间(doubling time)要比未转化的细胞长 3~4 h。

2. 测量 A_{600}(应当约为5),将过夜培养物稀释于 10 ml 新加入添加物的 YNB 培养基中,使 A_{600} 为 0.0025。

   使用含高浓度(如 8%)葡萄糖的培养基会改善表达水平,因为糖酵解启动子具有部分葡萄糖诱导功能。

3. 30℃振荡培养,直到 A_{600} 达 0.25~0.5(18~24 h),4℃、2000 g 离心 5 min,收获细胞进行分析。

4. 对于细胞内表达的蛋白质,分析细胞沉淀物;对于分泌型表达的蛋白质,分析细胞沉淀物和上清。

基本方案 2   在巴斯德毕赤酵母中小规模表达

巴斯德毕赤酵母的小规模培养用于表达蛋白质的初始分析,并用于监测已建立的表达菌株,在 Invitrogen Life Technologies 公司的网站(www.lifetech.com)上可以得到有关使用巴斯德毕赤酵母表达系统进行蛋白质表达的信息和试剂。

材料(带√的项见附录 1)

√ 含 2%(m/V)甘油的 YNB 培养基
- 用表达载体转化的并涂在选择培养基上的巴斯德毕赤酵母(见第 5.7 单元和 Ausubel et al. 1995;见第 13 章)

√ 含 1%(V/V)甲醇的 YNB 培养基
- 25 ml 塑料通用容器,无菌的
- 30℃振荡培养箱
- Heraeus omnifuge 离心机和 2250 转头(或相当的)
- 15 ml 聚丙烯 snap-top 管(可选)
- Centricon 浓缩器(Amicon 公司;可选;见第 4.1 单元)

1. 在一个 25 ml 塑料通用容器中放入 10 ml 含 2%(m/V)甘油的 YNB 培养基,用转化的巴斯德毕赤酵母单菌落接种,30℃振荡培养过夜。

2. 测量 A_{600},将培养物稀释于 10 ml 含 2%(m/V)甘油的 YNB 培养基中,使 A_{600} 在 0.25(通常需要稀释 20 倍),30℃剧烈振荡培养 6~8 h,以得到处于对数生长期的培养物。

3. 4℃、2000 g 离心 5 min,将细胞沉淀物重悬于 10 ml 无菌水中。

4. 再次离心,将沉淀重悬于含 1%(V/V)甲醇的 YNB 培养中,在最大通气条件(如在 100 ml 锥形瓶中,使用剧烈振荡)下,30℃培养 1~5 天,如果诱导时间大于 1 天,次日加入另外 0.5%的甲醇,以补充蒸发。测量诱导后培养物的 A_{600}(应当为 5~10)。

   应当预先摸索生长的时程(time course),以确定最佳诱导时间,使获得最大收率。

   为了增加分泌蛋白质的浓度,在诱导之前,培养较大体积的培养物(如 100 ml)并将其浓缩,然后将其重悬于 5 ml 含甲醇的诱导培养基中,通过抑制细胞外蛋白酶,可以改善某些分泌型蛋白质的产量。例如,通过缓冲 pH,或通过加入富含氨基酸的添加物(如酪蛋白水解物;见附录 1)或蛋白胨。

5. 分离并分析细胞沉淀物和(或)上清(见基本方案 1 第 4 步和第 5 步)。

辅助方案　蛋白质提取物的小规模制备

材料(带√的项见附录 1)
- 来自转化酵母细胞诱导后培养物的细胞沉淀物
- √ 蛋白质提取缓冲液,冰冷的
- √ 5×蛋白质酶抑制剂混合物
- 15 ml 聚丙烯 snap-top 管
- √ 0.45 mm 玻璃珠,酸洗过的
- 台式旋涡混合器(如 IKA-Vibrax-VXR,带测试管架)

1. 在 15 ml 聚丙烯 snap-top 管中,将来自转化酵母细胞诱导后培养物的细胞沉淀物重悬于 0.5 ml 冰冷的蛋白质提取缓冲液(加 125 μl 5×蛋白酶抑制剂混合物)。

2. 加玻璃珠至弯月面高度的 2/3 处,在冷室中,将管子放在台式旋涡混合器上全速涡旋 10 min。另一种方法是,用手涡旋,阵发快速涡旋 3 s,再间歇 30 s,如此反复 6 次,使用相差光学显微镜检查细胞破裂(完整的细胞看起来明亮,破裂的细胞为暗相的"空壳")。

   对于制备规模的培养物,可使用 Bead Beater(BioSpec Products),以确保有效的破碎;对于大于 2 L 的高密度发酵,需要带有效冷却功能的较大的玻璃珠研磨机(Dyno Mill)。

3. 用细尖塑料巴斯德吸管回收细胞提取液,为了尽可能彻底地回收提取液,用 0.5 ml 冰冷的蛋白质提取缓冲液重新提取玻璃珠。

   另一种方法是,将细胞提取物和玻璃株于 4℃、1000 g 离心 2 min,让其通过一个一次性的塑料滤器(如 Poly-Prep 层析柱,Bio-Rad)。检查确定目的蛋白未被滤器截留。

   对于细胞溶质蛋白质的大规模纯化,可将制备物 4℃,100 000 g 离心 1 h,以沉淀膜。

4. 使用标准分析方法(如 Bio-Rad 蛋白质分析;见第 3.4 单元)确定提取物的总蛋白质浓度。

   10 ml 培养物($A_{600}=10$)的总蛋白质收率约为 10 mg。

5. 如果希望,4℃、12 000 g 离心 15 min 分离不溶性蛋白质,将可溶性蛋白质转移至一支新管中,确定蛋白质浓度;保留这些蛋白质和含有不溶性蛋白质的沉淀,用于分析。

6. −20℃或−70℃保存蛋白质提取物,为了确定可溶性蛋白质的比例,将不溶性蛋白质沉淀重悬于等体积的与可溶性蛋白质制备物相同的缓冲液中,用 SDS-PAGE(见第 10.1 单元)分析等体积的总蛋白质、可溶性蛋白质和不溶性蛋白质。

   一旦溶解后,便会出现沉淀(大部分由细胞膜组成),在 SDS-PAGE 前,应当将其分散(如用移液器上下吹打)。

参考文献:Ausubel et al. 2003;Cregg et al.1987;McNeil and Harvey 1990;Romanos et al.1995
作者:Michael A.Romanos,Jeffrey J.Clare and Crawford Brown

5.6 单元　哺乳动物细胞蛋白质表达的概况

图 5.1 概要说明了哺乳动物细胞蛋白质表达所用的稳定表达方法,尽管有大量用于蛋白质表达的哺乳动物细胞宿主,但是仅有少数细胞可用作生产药用蛋白质的系统,在这些细胞宿主中,最常用的被列在表 5.5 中,选用的细胞系应当具备以下条件:①能够持续生长;②能够悬浮生长(在生物反应器中);③由潜在致病性病毒引起的偶发性感染的风险较低;④具有遗传稳定性;⑤在细胞核学、形态学、同工酶和基因拷贝数方面易于定性。现在已有大量的宿主细胞系统,也可得到基于病毒或 cDNA 的载体,并且能够进行稳定表达或瞬时表达,这就需要用户根据最终的目标来制订表达策略。图 5.2 表明了哺乳动物表达载体的特征,对于哺乳动物和其他表达系统的比较,见第 5.10 单元。

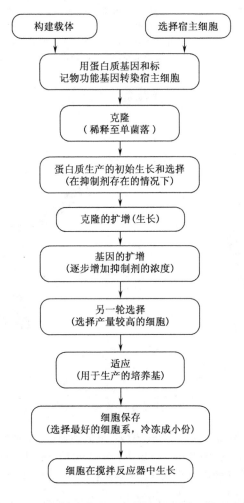

图 5.1　哺乳动物细胞表达系统设计过程流程图。

表 5.5 常用哺乳动物细胞宿主

细胞系	描述	生长	用途	来源[a]
人				
Namalwa	Burkitt 淋巴瘤-转化的类淋巴母细胞	大规模悬浮培养	α-干扰素的生产（如 Burroughs Wellcome 公司）	ATCC♯CRL-1432
HeLa	非整倍体宫颈癌细胞	小规模悬浮培养	生产少量的研究材料（几毫克）	ATCC♯CCL-2
293	转化的肾细胞	小规模悬浮培养	生产少量的研究材料（几毫克）	ATCC♯CCL-1573
WI-38	人二倍体正常胚胎肺细胞	仅贴壁培养	生产病毒的宿主	ATCC♯CCL-75
MRC-5	人二倍体正常胚胎肺细胞	仅贴壁培养	生产病毒的较强壮的宿主（如甲型肝炎）	ATCC♯CCL-171
HepG2	肝癌转化细胞	贴壁培养	小规模评价表达（如 HBVsAg）	ATCC♯HB-8065
啮齿动物				
3T3	Swiss 鼠胚胎成纤维细胞	贴壁培养	用于检测转化剂、表达评价	ATCC♯CCL-92
L-929	正常结缔组织成纤维细胞	贴壁培养	小规模评价表达	ATCC♯CCL-1
骨髓瘤（如 NS/O）	许多类型	小规模悬浮培养	单克隆抗体生产	ATCC（和商品来源）
BHK-21	幼仓鼠肾细胞	小规模悬浮培养	病毒生产或稳定基因整合的宿主	ATCC♯CCL-10
CHO-K1	中国仓鼠卵巢细胞	小规模悬浮培养	用于谷氨酰胺合成酶系统	ATCC♯CCL-61
CHO DG44	中国仓鼠卵巢细胞	小规模悬浮培养	DHFR 共扩增宿主	L.Chasin[b]
CHO DXB11	中国仓鼠卵巢细胞	小规模悬浮培养	DHFR 共扩增首选宿主	L.Chasin[b]
猴				
COS-7	转化的非洲绿猴肾细胞	小规模贴壁	瞬时表达宿主	ATCC♯CCL-1651
Vero	正常非洲绿猴肾细胞	小规模贴壁	病毒生产	ATCC♯CCL-81

a 缩写：ATCC，美国标准菌库（见附录 4）。

b E-mail：lac2@columbia.edu。

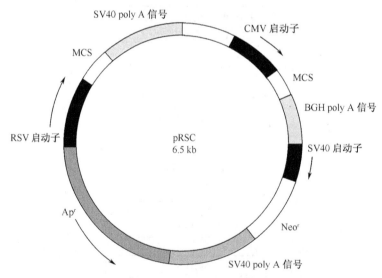

图 5.2 由 Tsang 等（1997）发表的基于 pRSC 载体的哺乳动物表达载体的图解，经过允许后进行了修改。质粒有两种多克隆位点（MCS）和 3 个启动子，一个启动子驱动新霉素抗性蛋白质的表达，而两种 MCS 各具有特定的启动子，可用来整合进扩增标记物（DHFR）和目的蛋白基因。

参考文献：Aitken 1996；Allen et al. 1995；Conradt et al. 1990；Doms et al. 1993；Gething and Sambrook 1992；Han and Martinage 1992；Hirschberg and Snider 1987；Hurtley and Helenius 1989；Hwang et al.1992；Jenkins et al.1996；Kaufman 1990a, 1990b；Kaufman et al. 1986；Neurath 1989；Okamoto et al. 1991；Rothman 1994

作者：David Gray

5.7 单元　在哺乳动物细胞中生产重组蛋白

当将 DNA 转移至哺乳动物宿主细胞中时,基因的表达有两种情况:DNA 不整合到染色体 DNA 中(瞬时表达)或整合到具有转录活性的染色体基因座中(稳定表达)。当一次生产几百微克纯化的蛋白质就足够时,使用快速、瞬时表达比较合适,持续生产较大量的纯蛋白质的最佳策略是稳定表达。在本单元中叙述了使用 CHO 细胞稳定地生产蛋白质的方案,介绍了使用商品质粒表达载体(表 5.6)进行转染的方法,同时也介绍了选择稳定性表达的方法和提高转染细胞表达水平的方法。随后,介绍了获得足够量蛋白质产物的有效细胞生长的方法,整个工艺的一般流程如图 5.1 所示。

注意:在所有水缓冲液试剂中使用 Milli-Q 纯化的水。

与活细胞接触的所有试剂和设备都应当无菌,因此应当使用正确的无菌技术。

除另有说明外,所有培养物的温育都是在 37℃、5% CO_2 的湿润培养箱中进行。

表 5.6　转染 CHO 细胞[a] 的商品载体

策略	启动子	poly A	选择标记	大肠杆菌选择标记	质粒和供应商	备注
双质粒载体共转染	SV40、hC-MV	SV40	*Neo*、*Pac*	*Amp*	pSI, pCI (Promega 公司);pPUR, pSV2neo (Clontech 公司);pSVK3 (Pharmacia 公司)	
单质粒载体(调控匣)	hCMV、RSV、SV40、MMTV	SV40、BGH	*Neo*、*Zeo*	*Amp*、*Zeo*	pcDNA3.1, pZeoSV2, pRc/CMV2, pRc/RSV (Invitrogen 公司);pMAMneo (Clontech 公司);pCI-neo (Promega 公司)	
	hCMV	SV40	*GS*	*Amp*	pEE14 (CellTech 公司)	用带 MSX 的谷氨酰胺合成酶扩增
单质粒载体(双顺反子匣)	hCMV	BGH	*Neo*、*Hyg*	*Amp*	pIRES1neo, pIRES1hyg(Clontech 公司)	使用脑心肌炎病毒的 IRES 序列
特殊质粒载体	pCMV	BGH	*Zeo*	*Amp*	pSecTag (Invitrogen 公司)	分泌缺乏信号肽的蛋白质
					pHook (Invitrogen 公司)	用磁性亲和细胞分选术(MACS)分离阳性克隆
					pTracer-CMV(Invitrogen 公司)	用 GFP 和 FACS 分离阳性克隆

a 缩写:hCMV,人巨细胞病毒(CMV)主要立即早期启动子;*Hyg*,潮霉素磷酸转移酶 B 基因;MSX,氨基亚砜蛋氨酸(methionine sulfoximine)基因;*Neo*,氨基糖苷磷酸转移酶 II 基因;*Pac*,嘌呤霉素抗性基因;RSV,劳斯肉瘤病毒(Rous sarcoma virus)长末端重复序列;*Zeo*,Zeocin 抗性基因。

基本方案 1　用碱裂解/阴离子交换捕获法纯化质粒

将目的基因插入质粒的多克隆区中，商品质粒可提供元件的各种选择。图 5.3 表明了一个亚类。碱裂解/阴离子交换捕获法常用于制备转染宿主细胞用的大量 DNA。

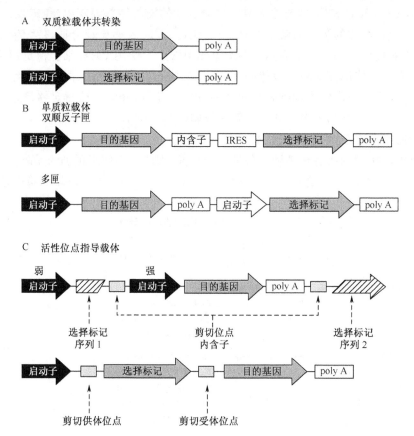

图 5.3　常用转染策略的表达载体元件。表明了在表 5.6 中所述的商品载体类型的双质粒载体（A）和单质粒载体（B）。为了得到高表达水平，活性位点指导的载体（C）可能会有优点。缩写：IRES，内部核糖体进入位点。

已有几种商品 DNA 质粒制备试剂盒，如 Plasmid Maxi Kit（Qiagen 公司）、Wizard Maxipreps（Promega 公司）和 FlexiPrep Kit（Pharmacia Biotech 公司）。试剂盒包括如方案中所述的重悬缓冲液、裂解液和中和液。

材料（带√的项见附录 1）

- 含目的基因的 cDNA
- 含适当顺式作用元件的质粒（图 5.3；见第 5.2 单元）
- 大肠杆菌感受态细胞（如 DH5α；Life Technologies 公司）
- √ LB 培养基（见第 5.2 单元），含用于选择的抗生素（如 100 μg/ml 氨苄青霉素、40 μg/ml 卡那霉素或 25 μg/ml 四环素，取决于质粒试剂盒）
- √ 重悬缓冲液（见配方）

- 裂解液：0.2 mol/L NaOH/1%（m/V）SDS
- 中和液：1.3～3.0 mol/L 醋酸钾，pH 4.8～5.5
- 异丙醇
- √ TE 缓冲液
- 80%（m/V）乙醇
- 用于细菌培养的无菌试管
- 环境摇床（New Brunswick Scientific 公司）
- 紫外/可见光分光光度计（如 Perkin-Elmer 公司）
- 3 L 锥形瓶
- Beckman J2-21 离心机，带 JA-10 转头或 Sorvall RC-5B 离心机，带 GS-3 转头（或相当的）和适当的聚碳酸酯离心杯

1. 将接头连接到含目的基因的 cDNA 上。将 cDNA 插入到适当的质粒载体中，用载体转化大肠杆菌宿主细胞。
2. 制备起始培养物：从含有转化子的选择琼脂平板上挑单菌落，接种于含有 5 ml LB 培养基（含适当的选择抗生素）的无菌玻璃试管中，37℃剧烈振荡培养 6～8 h（或在环境摇床上，将速度设定为约 300 r/min），直到 OD_{600} 达到 2～4。
3. 在含有 1L LB 培养基（含适当的选择抗生素）的 3 L 锥形瓶中加入 1 ml 起始培养物，37℃剧烈振荡（约 300 r/min），培养 12～16 h。
4. 将细胞悬液移至聚碳酸酯离心杯中，4℃、6000 g（用 JA-10 转头或 GS-3 转头中为 6000 r/min）离心 15 min，慢慢倒出上清，将沉淀重悬于 30 ml 的重悬缓冲液中。
5. 加入 30 ml 裂解液，通过颠倒（不得使用旋涡仪）充分混合，室温温育约 10 min（当溶液变为相对清亮和黏稠时，裂解就完全了）。
6. 加入 30 ml 中和液，立即通过颠倒混合，4～8℃、1000～14 000 g（用 JA-10 转头或 GS-3 转头中为 7500～9000 r/min）离心 20 min。
7. 将清亮的裂解物移至一支新管中，加入 0.5 倍体积的异丙醇沉淀粗 DNA，4～8℃、15 000 g（用 JA-10 转头或 GS-3 转头中为 9200 r/min）离心 30 min，在离心管沉淀物预期黏着的区域做上标记，因为在异丙醇沉淀后，沉淀物可能会看不到，在 2 ml TE 缓冲液中溶解 DNA。
8. 将重悬的 DNA 加到阴离子交换树脂上（如由 Qiagen 公司 Plasmid Maxi Kit 提供的；也见 Budelier and Schorr 1998）。用 80% 的乙醇或试剂盒带的洗涤缓冲液洗涤树脂。
9. 用 TE 缓冲液或试剂盒带的洗脱液从树脂上洗脱 DNA，使用紫外/可见光分光光度计测量 OD_{260}（50 μg/ml＝1.0 OD_{260}）确定 DNA 浓度。在转染宿主细胞中直接使用或－20℃保存。

基本方案 2　用脂质体转染法转染细胞

在以下的方案中，所用的脂试剂是 Lipofectamine，使用 CHO 细胞时，该试剂很有效。对于其他类型的细胞，其他商品脂（如 Life Technologies 公司、Boehringer Mannheim 公司和 Invitrogen 公司）可能会更合适。

材料（带√的项见附录 1）

- 中国仓鼠卵巢（CHO）细胞（表 5.5）

  √αMEM 培养基，含和不含 10% FBS（见配方）

- Lipofectamine（Life Technologies 公司；4℃保存可达 6 个月）

- 要转化的质粒 DNA（见基本方案 1）

- 100 mm 组织培养皿或 T-75 培养瓶

- 聚苯乙烯管

1. 用 αMEM 培养基/10% FBS 铺 CHO 细胞，密度为每个 100 mm 组织培养皿或 T-75 培养瓶中含 $1.5 \times 10^6 \sim 3.0 \times 10^6$ 个活细胞。温育约 24 h，得到 50%～80% 的汇合度。

2. 在聚苯乙烯管中，用 0.8 ml 无血清的 αMEM 培养基稀释 48 μl Lipofectamine，在另一个聚苯乙烯管中，用 0.8 ml 无血清的 αMEM 培养基稀释 8 μg 的质粒 DNA。

3. 将脂和 DNA 溶液混合，室温温育 45 min，以形成复合物，在 6.4 ml 无血清的 αMEM 培养基中稀释复合物。

4. 用 10～20 ml 无血清的 αMEM 培养基洗涤每个平皿中的细胞，移去培养基，然后往细胞中加入稀释后的脂-DNA 复合物。

5. 在正常培养条件下温育 5～6 h，用 αMEM/10% FBS 代替复合物，然后温育 24～48 h，这时便可以对细胞进行瞬时分析或选择（见基本方案 3）。

   注意：αMEM 的配方中不包含抗生素。

基本方案 3 用遗传霉素（G418）进行新霉素磷酸转移酶(NPT II)的选择

最常用的一种显性选择标记物是新霉素磷酸转移酶（NPT II，氨基糖苷磷酸转移酶 II），它能够使细胞在 G418（遗传霉素）存在的情况下生长。其他常用的选择方法有谷氨酰胺合成酶（GS）系统（Kingston et al. 1993）和隐性标记物，如二氢叶酸还原酶（DHFR），第一步选择是在无核苷的培养基中进行（见基本方案 4）。

材料（带√的项见附录 1）

- 汇合度在 50%～70% 的转化细胞培养物，在 T-25 或 T-75 培养瓶中（转染后 24～48 h；见基本方案 2）

- √ αMEM 培养基，含 5%～10% FBS 和 0.1～1.0 mg/ml G418 [遗传霉素，Life Technologies 公司；用在 100 mmol/L HEPES（pH 7.0～7.2）中配制的 50 mg/ml 的贮液加入；对于浓度的优化，见辅助方案]

- 24 孔和 96 孔平底组织培养板

- 倒置显微镜

- T-75 组织培养瓶

1. 在转染后 24～48 h，用胰蛋白酶消化收获细胞，用台盼蓝拒染法对活细胞进行计数。

2. 在 96 孔组织培养板的每个孔中加入 200 μl αMEM 培养基（含 FBS 和 G418），往每个孔中加入 100～1000 个细胞。

3. 每 3～4 天更换一次选择培养基，用倒置显微镜观察细胞，监测细胞的死亡和脱落，应当在 3 周内出现大的活细胞集落（含 100～200 个细胞）。

4. 随着集落的生长和汇合（由培养基中酚红指示剂的颜色改变来指示，随着 pH 的下降，酚红指示剂的颜色由暗红色变为橙色），筛选单个目的蛋白克隆。

   用 ELISA 分析上清中的分泌蛋白质，对于胞质蛋白质，通过检测替代性标记物［如绿色荧光蛋白（GFP）］来筛选细胞；对于膜蛋白，可用免疫荧光染色，之后再用流式细胞计数分选术来筛选。另一种方法是挑选 10～20 个克隆，用 ELISA 或免疫印迹来筛选细胞裂解物。

5. 用胰蛋白酶消化具有生产能力的活克隆，移至 24 孔板的孔中，每个孔中含 2 ml 选择培养基。

6. 当细胞达到汇合度以后，用胰蛋白酶消化并移至含 20 ml 培养基的 T-75 培养瓶中，当细胞生长至 80%～90% 的汇合度时，用胰蛋白酶消化并转移至一个新培养瓶中进行亚培养，细胞浓度为 1×10^4 个/cm^2，以使细胞继续生长。

辅助方案　对 G418 背景敏感性的确定

按以下所述的方法确定最佳药物浓度，将浓度设定在能够在 2～3 周内杀死未转染细胞所需的最低浓度。当细胞汇合时，选择会变得不够严格，特别是用 G418 选择时，可能是由于代谢活性变低所致。

附加材料（见基本方案 3）

- 含各种浓度（100～1000 $\mu g/ml$，增量为 100 $\mu g/ml$）的 G418（在 50 mg/ml 的贮液加入 100 mmol/L HEPES，pH 7.0～7.2）的选择培养基
- 100 mm 组织培养瓶

1. 在含各种浓度 G418 的选择培养基中，每个 100 mm 组织培养瓶中铺 0.6×10^6 ～ 1.2×10^6 个细胞，开始培养。

2. 每 3～4 天更换一次培养基，用倒置显微镜观察细胞。

3. 确定在 2 周后完全杀死细胞所需的 G418 的最低浓度。

基本方案 4　用氨甲蝶呤（MTX）扩增二氢叶酸还原酶（DHFR）

选择后，表达水平通常不足以进行大规模的蛋白质生产，通过扩增来增加基因的拷贝数是获得高产细胞株的一种方法，让细胞在含有抑制选择标记物活性的药物中适应性地生长，这种适应通常是为了克服抑制而使基因拷贝数增加所引起的，逐步增加药物的浓度和细胞的适应使细胞系得到扩增。

材料（带√的项见附录 1）

- 汇合度在 50%～70% 的转化细胞培养物，在 T-25 或 T-75 培养瓶中（转染后 24～48 h；见基本方案 2）
- 无核苷 αMEM 培养基（见配方，但略去核苷），含 10% 用透析方法除去核苷的

FBS（HyClone 公司）

- 10 mmol/L 氨甲蝶呤（MTX）（Sigma 公司； 20℃保存可达 1 年，用前融化）
- 24 孔和 96 孔平底组织培养板
- T-25 组织培养瓶
- 100 mm 组织培养瓶

1. 在 96 孔组织培养板中铺细胞（见基本方案 3 第 1 步和第 2 步），但使用无核苷 αMEM/10% FBS（用透析方法除去核苷的），开始培养。

2. 随着集落的生长和汇合，筛选克隆，用胰蛋白酶消化集落，移至一个 24 孔板中（见基本方案 3 第 4 步和第 5 步），但使用无核苷 αMEM/10% FBS（用透析方法除去核苷的）。

3. 当细胞达到汇合度以后，用胰蛋白酶消化，用一半接种含 5~10 ml 无核苷 αMEM/10% FBS（用透析方法除去核苷的）的 T-25 组织培养瓶，将所有克隆的剩余细胞合并到一个容器中，在第 4 步中使用。

   对移至 T-25 组织培养瓶中的克隆可以进行选择。

   在这一阶段（在扩增步骤开始之前），建议进行筛选。

4. 在一系列的 100 mm 平皿中，分别将合并后的细胞接种至含有 0.02 μm^*、0.05 μm^*、0.1 μm^* 和 0.2 μm^* MTX 的无核苷 αMEM/10% FBS（用透析方法除去核苷的）中，浓度为 $0.6 \times 10^6 \sim 1.2 \times 10^6$ 个/ml。

5. 每 3~4 天用含同样浓度 MTX 的新鲜培养基更换一次培养基，用倒置显微镜观察细胞，监测细胞的死亡和脱落，应当在 3 周内出现大的活细胞集落（含 100~200 个细胞）。

6. 用胰蛋白酶消化细胞，用台盼蓝拒染法对活细胞计数。

7. 从 96 孔组织培养板的各个孔（含各种浓度的氨甲蝶呤）往 200 μl 含与前面所用同样浓度 MTX 的培养基中铺细胞，密度为每个孔 0.3~1.0 个活细胞，温育，直到细胞汇合，然后移至 24 孔板中，筛选具有生产能力的克隆（见基本方案 3 第 4 步）。

8. 为了进一步扩增，将剩余的细胞铺到含 MTX 浓度是前面所用浓度 2~5 倍（即 0.5 μm^*、1 μm^*、2 μm^*、5 μm^* 和 10 μm^* MTX）的选择培养基中，细胞密度为 $0.6 \times 10^6 \sim 1.2 \times 10^6$ 个/100 mm 细胞培养瓶。

9. 当细胞适应了下一水平的氨甲蝶呤后，重复第 6~8 步。

基本方案 5 通过多次传代使悬浮细胞适应生产培养基

材料（带√的项见附录 1）

√ 无核苷 αMEM 培养基（见配方，但略去核苷），含 10% 用透析方法除去核苷的 FBS（用于 DHFR 选择/MTX 扩增细胞）或含 10% FBS 的常规 αMEM 培养基（按适合于用其他选择/扩增方法生产的细胞的方法制备）

- 在 T-75 组织培养瓶中的处于对数生长中期的稳定转染细胞培养物（或融化 1 ml

---

* μm 有误，应为 $\mu mol/L$。——译者注

冷冻保存的细胞小份），用 DHFR 选择/MTX 扩增（见基本方案 4）或其他选择/扩增方法

- 分散酶（dispase）溶液（Boehringer Mannheim 公司；可选）

√ 含 10%、1% 和 0.5% 透析 FBS 的 DMEM/F12 用户改良培养基（见配方）

- 10 mmol/L 氨甲蝶呤（MTX）贮液（Sigma 公司；−20℃保存可达 1 年）
- CD CHO 培养基（用于 DHFR 系统，Life Technologies 公司），超级 CHO（用于非 DHFR 系统；Bio-Whittaker 公司），或 CHO-S-SFM（用于非 DHFR 系统；Life Technologies 公司）；可选，用于适应无血清培养基
- 1 g/L Nucellin-Zn 盐（重组胰岛素；Eli Lilly 公司）；可选，用于适应无血清培养基
- T-175 培养瓶
- 无菌 25 ml 移液管
- 无菌 45 ml 聚碳酸酯螺盖管
- 倒置相差显微镜
- 250 ml 摇瓶
- 水平式摇床（New Brunswick Scientific 公司）

1. 预温育一个 T-175 培养瓶，加入 50 ml 预温的新鲜 αMEM/10% FBS（如果通过基本方案 4 生产，不含核苷并含用于扩增的 MTX 浓度；按适合于其他选择/扩增方法的方法制备），将培养瓶放在培养箱中，直到制备好接种物。

2. 用无菌的 25 ml 移液管从含有对数生长中期（50%～90% 汇合度）的稳定转染细胞的 T-175 培养瓶中移去培养基，用胰蛋白酶消化，将细胞收获于无菌的 45 ml 聚碳酸酯螺盖管中。

   如果从一个组织培养瓶中将培养物移至 5 个摇瓶中开始悬浮适应，新培养物的起始浓度为约 $1×10^5$ 个/ml。

3. 用台盼蓝拒染法确定活细胞的浓度，或如果有明显的团块，加入 0.3～2.4 U/ml 的分散酶，37℃温育 15 min，然后用台盼蓝拒染法计数活细胞，往 T-175 培养瓶中加入一定体积的接种物，使活细胞浓度为 $1×10^4$ 个/ml。

4. 使用倒置相差显微镜，在 125× 放大倍数下定期观察细胞，当细胞达到 50% 汇合度时，用添加 10% 透析的 FBS 的 DMEM/F12 培养基更换用过的培养基，所用 MTX 的浓度与以前相同。继续培养，使用倒置显微镜定期观察细胞。

5. 当细胞达到 80%～95% 汇合度时，用胰蛋白酶消化并收获细胞，确定活细胞的密度，计算所需接种物的体积，以在 100 ml 中终浓度为 $1×10^5$ 个/ml。同时准备一个 250 ml 的摇瓶，内含 100 ml 新鲜的 DMEM/F12/10% 透析 FBS/MTX，37℃预温育。

6. 根据所计算的接种物体积，从摇瓶中移出等体积的培养基，并转入相应体积的接种物，轻轻旋转混合，然后取出 0.25 ml 的样品，确定接种后活细胞的密度，松松地盖上培养瓶，在水平式摇床上以转速 75～125 r/min 开始振荡培养。

7. 继续培养，根据生长曲线计算特异生长率，并计算特异生产率，每天确定活细胞的密度，在接种后第 4 天，或当细胞密度达到 $4×10^5$ 个/ml 时，按第 6 步的方法，转

移足够的细胞接种至传代瓶中进行第二次传代。

8. 传代细胞，每次更换培养基时都使用同样的培养基，直到传代-特异生长率达到恒定的最大值。在这次传代时，将培养基中的血清浓度降至 1% 的透析 FBS。

9. 当传代-特异生长率不再增高时，将血清浓度降至 0.5%，重复适应性传代，当生长率不再增高时，说明细胞已适应了最低血清水平。

10. 为了证实细胞已适应了最低血清水平，将其分到两个瓶中，一个瓶的培养基中添加 10% 的 FBS，另一个瓶的培养基中添加 0.5% 的 FBS，确定其生长率，对于正确适应了的细胞，生长率不应当有大的差异。

11. 如果想进行无血清生长：通过反复的适应步骤，进行进一步的从 0.5% 血清到 0% 血清的适应，最后一轮使用无特定蛋白质的培养基 [如 CD CHO、超级 CHO 或 CHO-S-SFM（或相当的）]，添加 5 mg/L 的 Nucellin（用 1 g/L 的贮液加入），并逐渐降至 1 mg/L。

12. 冷冻适应的细胞或用分批的方式进行生长（见基本方案 6）。

基本方案 6　细胞在大规模转瓶中以分批的方式生长

最终生产规模取决于表达水平、纯化收率和研究人员所需蛋白质的质量，烧瓶能够提供 100 ml 的培养物，而小玻璃旋转罐能够用于生产高达 3 L 的培养物。当需要再大体积的液体培养物时，转瓶在设计上会变得更加复杂，包括溶氧（dO_2）控制器和 pH 控制器，使用 20 L 的旋转罐能够得到体积大于 5 L 的培养物。

培养体积增大所需要的设备容量也会变大，这会比较麻烦，需要将其安置在一个固定的位置。为了给培养物提供充足的氧气，需要在温室中安装一个这样的旋转罐，或使用外部环绕式带式加热器（Watlow）。旋转罐通常装有顶部进入式机械搅拌器（Bellco Biotechnology 公司），通过装有滤器（Mott Cups）的喷射管用 O_2/空气混合物喷射，并将 CO_2/O_2/空气混合物加入到顶部空间内，这样便可以实现对培养物的氧供应。同样，通过使用在线式 pH 电极，使用自动 pH 控制器或每天手动 pH 检查，加入 0.5 mol/L NaOH 调整 pH，也可以实现对 pH 的控制。

当希望连续使用 MTX 时，则使用无核苷培养基和透析的 FBS。在大多数情况下，稳定的整合和生产已经适应了低于 1 μmol/L 水平的 MTX，不应当需要连续使用氨甲蝶呤。

材料

- 1 ml 冷冻管或处于对数中期的已适应悬浮培养的细胞（见基本方案 5）
- 细胞已适应了的培养基（见基本方案 5），添加 4 mmol/L L-谷氨酰胺和 4.5～5.5 g/L D-葡萄糖
- 医疗级、无菌过滤的 5% CO_2/空气混合物
- 医疗级、无菌过滤的 100% O_2（如果必要）
- 250 ml 螺盖摇瓶
- 水平式摇床（New Brunswick Scientific 公司）
- 1 L 和 5 L 硼硅酸盐玻璃旋转罐（Bellco Biotechnology 公司）
- 平板式搅拌器平台（Bellco Biotechnology 公司）

- 20 L 硼硅酸盐玻璃旋转罐（Bellco Biotechnology 公司），装有可灭菌的溶氧电极（Ingold 公司）和 pH 电极（Ingold 公司或 Broadley James 公司）
- 蠕动泵（泵头为 15、16、24 号；转速为 0～600 r/min；Watson-Marlow 公司或 Cole-Parmer 公司）
- 无菌硅酮管（Pt-cured；15、16、24 号；Masterflex from Cole-Parmer 公司）
- 无菌 50 ml 注射器

1. 在（37±1）℃的水浴中，轻轻摇动约 2 min，融化 1 ml 冷冻管的培养物。

2. 往一个 250 ml 螺盖摇瓶中加入 100 ml 细胞已适应了的培养基（添加 L-谷氨酰胺和 D-葡萄糖，预温至 37℃），然后加入足量体积的细胞，接种培养基，使细胞密度在 1×10^5 个/ml，在湿润的（37±0.5）℃、5% CO_2 的培养箱中，在水平式摇床上以 100 r/min 的转速温育培养瓶，每天测量活细胞的密度，当培养物达到对数中期（3～4 天）时，细胞适合于接种含有 400 ml 培养基的 1 L 旋转罐。

3. 往一个预温育的（5% CO_2，37℃）1 L 玻璃旋转罐中加入 400 ml 37℃的培养基，通过侧臂加入 100 ml 处于对数生长中期的摇瓶培养物，确定接种后活细胞的密度，然后将旋转罐放入在平板式搅拌器平台上的培养箱中，将搅拌器速度设定在 60～80 r/min，温育，每天测量活细胞的密度，当培养物达到对数中期（3～4 天）时，细胞适合于接种含有 1600 ml 培养基的 5 L 旋转罐。

   在第 4、6 和 8 天，在 400 ml 旋转培养物中加入葡萄糖至终浓度为 2 g/L 和谷胺酰胺至终浓度为 2 mmol/L，同时每天监测 pH，并用 0.5 mol/L NaOH 调整至 7.0～7.4，这样可继续培养。

4. 往一个预温育的 5 L 玻璃旋转罐中加入 1600 ml 37℃的培养基，加入 400 ml 处于对数生长中期的培养物，确定接种后活细胞的密度，按第 3 步所述的方法在搅拌下温育，每天测量活细胞的密度，监测生长率和特异生产率。当培养物达到对数中期（3～4 天）时，细胞适合于接种含有 4500 ml 培养基的 20 L 旋转罐。

   按上述方法加入营养物，在 5 L 罐中的培养也可以继续进行。

   生长曲线可帮助研究人员选择收获细胞（适当的活力和细胞密度）的点，如果需要更大的体积（高达 16 L），可从第 5 步继续向前进行。

5. 将一个 20 L 的旋转罐在温室中 37℃预温育过夜，通过喷射器注入过滤的无菌的 5% CO_2/空气混合物，往罐中加入 4.5 L 新鲜的预温的培养基，使用蠕动泵（用 16 号硅酮管）或通过重力（在接种物瓶和旋转罐接种物通道之间，使用 16 号硅酮管）加入 1.5 L 处于对数生长中期的培养物，确定接种后活细胞的密度。

   接种后，如果细胞密度在 0.5×10^5～1.5×10^5 个/ml 的范围内，表面通气便足以供应细胞氧气。

6. 将顶部空间的空气/5% CO_2 混合物的流速设定在 100 ml/min，使用无菌管和预先灭菌的 50 ml 注射器通过侧臂通道每天取出培养物样品。

7. 随着培养物的生长，而且溶氧开始下降至 50% 空气饱和度（用 dO_2 电极测量），将喷射器中的空气/5% CO_2 混合物的流速设定在约 25 ml/min，随着氧需求量的增加，提高流速，高达 50 ml/min。

如果使用空气/5% CO_2 混合物满足不了氧需求量（即 dO_2 保持在 50% 饱和度以下），可往混合物中加入 100% 的氧，将溶氧维持在 20%～100% 饱和度，使用自动 pH 控制或每天手动加入 0.5 mol/L NaOH 将 pH 维持在 7.2～7.4。

8. 当培养物达到对数中期（在第 4 天附近）时，使用蠕动泵和 16 号硅酮管（见第 5 步）加入 6 L 预温（37℃）的培养基。

9. 当这 12 L 培养物达到对数中期（在第 6 天附近）时，加入 4 L 新鲜的预温（37℃）的培养基。

这 16 L 培养物可以生长至所希望的收获点，或用补料收获（feed-and-bleed）的方式进行操作。在补料收获方式中，通常从对数生长晚期培养物中收获 4～10 L 培养基，并补充等体积的新鲜培养基。

10. 收获蛋白质产物（见基本方案 8 和 9）。

基本方案 7　细胞在大规模分批反应器中的生长

在实验室/中试厂中，搅拌罐生物反应器的规模可达 10～200 L。生物反应器与旋转玻璃罐及同类装置的区别在于其稳健的不锈钢设计和温度、溶氧、pH 的自动控制，以及检测重要参数（如培养基流速、气体流速、压力、重量和液体水平）的仪表。生物反应器在其腔底部的周围应当有插 pH 电极和溶氧电极的通道，生物反应器需要通过一种滤头式装置（位于反应器的底部）或通过一种钻孔喷射器加入氧，对于高达 500 L 的生物反应器，笔者建议使用滤头式设计。

材料

- 在旋转罐中的处于对数生长中期的细胞接种物（见基本方案 6）
- 超滤去离子水
- 细胞已适应了的培养基（见基本方案 5），添加 8 mmol/L L-谷氨酰胺和 4.5～5.5 g/L D-葡萄糖
- 医疗级无菌过滤的 95% N_2/5% CO_2 和 95% 空气/5% CO_2 混合物和 100% 氧气
- 10～100 L 生物反应器（New Brunswick Scientific 公司、Bioengineering 公司、Braun 公司、New MBR 公司、Applikon 公司）带有：
    无菌管（Pharmed 公司）和连接管焊机 SCD IIB（Terumo Medical 公司）
    pH 电极（Broadley James 公司或 Ingold 公司），校准的
    溶氧电极（Ingold 公司），预先测定过的
    接种物转移瓶，带与无菌 16 号管（Bellco Biotechnology 公司）相连的底侧通道
- 足以装下生物反应器发酵腔的高压灭菌锅（Finn Aqua 公司）
- YSI 2700 Select 葡萄糖、谷氨酰胺和乳酸盐分析仪（YSI Instruments 公司；推荐使用）
- 用于氨和乳酸盐的 IBI Biolyzer（Kodak Lab Research Products 公司；推荐使用）

1. 安装生物反应器部件，如搅拌器、喷射器线路、出气线路、上部顶部空间气体入口、加碱线路、加培养基线路、接种物转移线路、收获线路和样品通道线路。

2. 按生物反应器每升工作体积制备 0.1～0.15 L 处于对数生长中期的培养物，作为接种物。对于一个 100 L 的生物反应器，使用 10～15 L 用 20 L 旋转罐方法（见基本方案 6）生产的接种物。

3. 校准 pH 电极并从侧通道插进反应器中，插入预先测定过的溶氧电极，如果不马上进行灭菌，将发酵腔内注满超滤过的去离子水，以覆盖电极，在灭菌前，放掉水。

4. 每升发酵腔体积加入约 10 ml 超滤过的去离子水，高压灭菌发酵腔，121℃、1 h，在冷却期，使用慢排气。

5. 将培养基泵入发酵腔内以覆盖电极，用 95% N_2/5% CO_2 混合物以每分钟约 0.005 发酵腔液体体积的速度向培养基和顶部空间内喷气来平衡系统，让培养基达到 37℃ 的工作温度。当平衡（需要约 5 h）结束后（通过 x 轴渐近的溶氧痕量来判断），将溶氧电极设定在 0% 空气饱和度，然后往发酵腔内喷入 95% 空气/5% CO_2 混合物，将溶氧电极的范围设定在 95% 空气饱和度。

6. 将培养基体积调整为最终目标收获体积的 40%，37℃平衡，然后使用接种物转移瓶接种，1×10^5～2×10^5 个/ml。

7. 将喷射空气流速设定在约 0.005 发酵腔体积的空气/发酵腔液体体积，将溶氧控制器设定在根据需要往喷射器中加入纯（100%）氧，清除顶部空间 0.0025 发酵腔液体体积的空气，搅拌培养物，转速为 1000～1500 cm/s 的桨尖速度（tip speed）。

8. 继续培养，每天测定生长率和接种后活细胞的密度，从第 2 天开始补加培养基，每天调整速度，使速度为 2 L 体积中每天约 1×10^9 个总的活细胞，直到达到目标体积，这时，停止补加新鲜培养基。

9. 在起始补料分批期和最后分批期期间，将 pH 维持在 7.2±0.1、温度维持在(37±0.5)℃、溶氧维持在 20%～100% 空气饱和度。

10. 使用无菌的软袋收获蛋白质产物（见基本方案 8 和 9）。

备择方案　在生物反应器中连续培养细胞的生长

连续培养是指在操作生物反应器时以特定的速度除去细胞并以同样的速度更换新鲜培养基，加入培养基的速度与培养物体积的比率被称为稀释率。操作连续培养时，可使用也可不使用细胞截留装置，这取决于培养物的用途。截留装置通常是内置式的离心式滤器（spin filter）（随生物反应器提供）、具有细胞重新利用功能的外置式切向流微孔过滤装置（Millipore 公司、A/G Tech、Sartorius 公司、Pall-Filtron 公司）、具有细胞截留功能的外置式离心装置（Sorvall 的 Centritech），或倾斜的沉降面（inclined settling surface；用户定制设计的；可是内置式的或外置式的），也有声学沉淀器（Sonosep），可用于 10～30 L 规模的生物反应器。

附加材料（见基本方案 7）

- 带连续操作附件的生物反应器（咨询 New Brunswick Scientific 公司、New MBR 公司、Bioengineering AG 公司、Braun 公司或其他发酵罐生产商；对于需要细胞截留的灌注操作，使用带离心式滤器设计的反应器，如 New MBR 公司或 Braun 公司）
- 用于收集培养基的无菌袋（Stedim Laboratories 公司）或无菌不锈钢容器

1. 安装并接种生物反应器（见基本方案 7 第 1～7 步），进行简单的连续培养和灌注培养时，补加培养基的速度为 2 L 中每天约 1×10^9 个总的活细胞，直至达到反应器的总操作体积。

2. 当细胞达到对数生长期的中期至晚期时，根据所希望的稀释率（每反应器工作体积每天所加入到发酵腔中的培养基体积），以目标速度开始除去细胞，往反应器中补加新鲜培养基，以保持恒定的体积。

   使用灌注反应器时，截留装置可将细胞返回到生物反应器的培养基中，细胞密度持续增加，直到由于营养消耗或有毒产物（如氨和乳酸盐）增加而限制细胞密度的增加时，这时会达到一种稳定态条件，细胞密度将保持恒定。

3. 当从生物反应器中移出条件培养基时，将其收集在无菌袋或不锈钢容器中，将培养基冷却至 4～8℃，以将产物降解降低到最低程度。

4. 维持 pH 在 7.2±0.1、温度（37±0.5）℃、溶氧在 20％～100％的空气饱和度。

5. 收获蛋白质产物（见基本方案 8 和 9）。

基本方案 8　从转瓶培养物和大规模反应器中收获分泌的产物

细胞培养物回收方案流程图如图 5.4 所示。

材料（带√的项见附录 1）
- 分批培养的细胞（见基本方案 6 或 7 或备择方案）
- √ PBS 或 TE 缓冲液
- 无菌的一次性培养基和收获用软袋（Stedim Laboratories 公司）
- 制冷离心机：Sorvall RC-5B 或 RC-3B、Beckman J2-21 或 S600，或相当的
- 微过滤系统：带用于细胞浓缩和碎片/产物分离的膜（Sartorius 公司、Pall-Filtron 公司或 Millipore 公司）
- 用于大规模碎片分离的深层过滤膜（Cuno Bio-Cap 90 SP 或 Sartorius 公司或 Millipore 公司的相当产品）
- 过滤除菌膜盒（0.2 μm 的膜；Sartorius 公司、Pall 公司或 Millipore 公司）
- 硅酮管，高压灭菌的
- 无菌聚碳酸酯容器
- 超滤系统：带用于蛋白质浓缩的膜（MWCO 10 kDa；Sartorius 公司、Pall-Filtron 公司或 Millipore 公司）

1. 使用无菌硅酮管和蠕动泵从反应器的收获通道取出培养基，收集于一个无菌容器内，如预先灭菌的玻璃罐或无菌的一次性塑料软袋，将收集的材料冷却至 4～10℃。

2a. ≤6 L：4～10℃、1000～4000 g 离心 10 min，使用带标准转头的 Sorvall RC-3B 离心机。

2b. 6～20 L：4～10℃、4000 g 离心 15 min，使用容量较大的实验室用离心机（如 Sorvall RC-5B），使用配备 6 个 1 L 离心杯套桶的旋翼式转头（swinging bucket rotor）。

2c. >20 L：使用适合于每 2 L 培养物约 1 ft^2（1 ft^2＝9.290 304×10^{-2} m^2）（0.2～

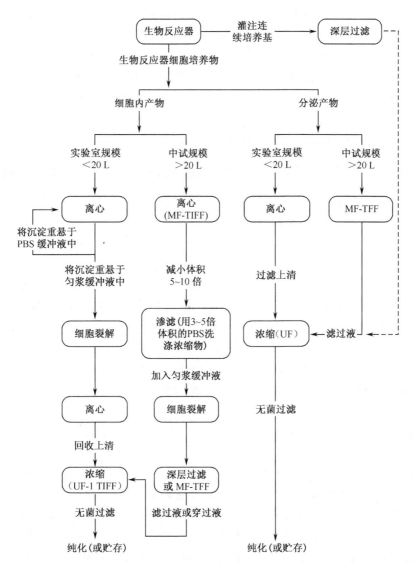

图 5.4 用于实验室和中试工艺的细胞培养物产物回收流程图，标明了细胞内蛋白质和分泌蛋白质的可选项。缩写：MF，微过滤；TOF[①]，切向流过滤；UP，超滤。

0.45 μm的孔范围）的微孔切向流滤器（wide-channel nonscreened microporous cross-filtration unit），让细胞回流通过截留液回路（loop），使入口表压≤10 psi。在穿过液线路上，用蠕动泵将穿膜表压限制在 <4 psi（1 psi＝6.89476×10³ Pa），通过减少 10 倍体积，将细胞浓缩在保留过滤流中，然后再穿过 3 倍体积的 PBS，洗涤细胞并回收保留的产物，将穿过液冷却，收集到无菌塑料袋或无菌容器中。

3. 使用一个冲洗过的预先湿润的液体深层滤器过滤离心上清、灌注条件培养基或穿过液，之后用一个预先湿润的或冲洗过的 0.2 μm 的膜滤器过滤，将高压灭菌硅酮管连

---

① 在此图的缩写中，原文似有误，TIFF 和 TOF 都应当为 TFF，UP 应当为 UF。——译者注

接至滤器无菌的一侧，将产物回收到无菌聚碳酸酯容器或无菌塑料袋内，用最少量（50～100 ml）的 TE 缓冲液或 PBS 冲洗滤器，回收产物。

4. 可选：使用 10 kDa MWCO 超滤膜（尺寸为每 20 L 1 ft^2 过滤膜），通过切向流超滤进一步浓缩过滤液，回流时入口表压为 20～30 psi，穿膜表压为 10～15 psi。

对于小规模的系统（Millipore 公司、Sartorius 公司或 Filtron Slice 系统），100 ml 的最小回流回路体积是可行的，并将决定最大物理浓缩参数。

5. 用 50～100 ml TE 缓冲液或 PBS 冲洗过滤回路和滤器，回收产物。

基本方案 9　从转瓶培养物的大规模反应器中收获与细胞相关的产物

材料（带√的项见附录 1）

- 分批培养的细胞（见基本方案 6 或 7 或备择方案 3）
- √ PBS
- √ 匀浆缓冲液，4℃
- 细胞匀浆器：如 Microfluidizer（Microfluidics 公司）、Tissumizer（Tekmar-Dohrmann 公司）、Dounce 匀浆器（Bellco Biotechnology 公司）或 Manton-Gaulin-APV 匀浆器（APV-Gaulin 公司）

1. 将来自分批培养的细胞悬液进行离心或切向流微过滤（见基本方案 8 第 2a～2c 步），但保留离心沉淀物或切向过滤浓缩后的液体，将细胞在 4～10℃保存。

2. 将细胞重悬于 3～5 倍体积的 PBS（或其他等渗缓冲液）中，4～10℃、1000～4000 g 离心 10 min，将沉淀物重悬于 2～3 倍体积的 4℃匀浆缓冲液中，使用组织匀浆器在 4℃裂解细胞。

对于较大的体积，可以将悬液高速［在直径为 0.25～0.5 in 的管形回流回路中，泵出口的压力为 10～20 psi（表压）］循环通过齿轮泵。

3a. 体积少于 20 L 时：将匀浆物 4℃、5000 g 离心 30 min，以除去大量的碎片，在贮存或用于进一步处理之前，将上清用膜除菌，上清中含有释放的可溶性蛋白质。

3b. 体积较大时：使用微过滤/切向流过滤除去碎片，入口表压为 20 psi，在穿过线路上用蠕动泵将穿膜表压限制在＜4 psi，用 3～5 倍体积的缓冲液洗涤保留的浓缩的碎片，在贮存或用于进一步处理之前，将穿过液用膜除菌，穿过液含有释放的可溶性蛋白质。

截留的浓缩浆体（slurry）便是含有完整膜蛋白的细胞碎片。

按分泌型蛋白质所用的方法（见基本方案 8），使用切向流超滤可以浓缩穿过的液流。

参考文献：Butler 1991；Freshney 1992；Kriegler 1990
作者：Su Chen, David Gray, Johnny Ma and Shyamsundar Subramanian

5.8 单元　细胞培养物和痘病毒贮液的制备

由于标准痘病毒株具有广的宿主范围，因此在细胞系的选择上也具有很广的范围，

表 5.7 总结了特定细胞系的首选用途。

注意：在进行本单元的所有方法时都要使用无菌技术，最好在生物安全橱中进行。

表 5.7　在特定痘病毒方案中所用的细胞系

细胞系	用途[a]	方法[b]
HeLa S3	病毒贮液制备	见第 5.9 单元基本方案 3
	病毒纯化	
	噬斑扩增	见第 5.10 单元基本方案 3
BS-C-1	噬斑分析	
	转染(可选)	见第 5.10 单元基本方案 1
	XGPRT 选择	见第 5.10 单元基本方案 2
	噬斑扩增(可选)	见第 5.10 单元基本方案 3
CV-1	转染	见第 5.10 单元基本方案 1
	病毒贮液制备(可选)	见第 5.9 单元基本方案 3
	噬斑分析(可选)	
HuTK⁻143B	TK 选择	见第 5.10 单元基本方案 2
	噬斑分析(可选)	
	转染(可选)	见第 5.10 单元基本方案 1
CEF	MVA 法	
BHK-21	MVA 法	

　a 先列出了每种细胞系的首选用途；如果标有"可选"，则该细胞系可用于标明的方法，但结果没有使用首选细胞系的结果好。MVA，改良的安卡拉病毒。

　b 未列出的其他方法，见 CPPS。

基本方案 1　单层细胞的培养

材料（带 √ 的项见附录 1）

- 装在冷冻安瓿中的细胞：BS-C-1（ATCC♯CCL26）、CV-1（ATCC♯CCL70）、HuTK⁻143B（ATCC♯CRL8303）或 BHK-21（ATCC♯CCL10）细胞
- 70%（V/V）乙醇
- 起始和维持培养基（表 5.8），37℃

√ PBS（可选）

- 胰蛋白酶/EDTA：0.25%（m/V）胰蛋白酶/0.02%（m/V）EDTA，37℃
- 25 cm² 和 150 cm² 组织培养瓶
- 湿润的、37℃、5% CO_2 培养箱

表 5.8　用于细胞系生长和维持的培养基[a]

细胞系	维持培养基	起始培养基
BHK-21	完全 MEM-10	完全 MEM-20
BS-C-1	完全 MEM-10	完全 MEM-20
CEF	完全 MEM-10	完全 MEM-10
CV-1	完全的 DMEM-10	完全的 DMEM-20
HeLa S3	转瓶完全培养基-5	完全 MEM-10
HuTK⁻143B	完全 MEM-10/BrdU	完全 MEM-20/BrdU

　a 配方见附录 1。

1. 在 37℃水浴中融化一支冷冻细胞的安瓿，用 70％乙醇将安瓿尖部消毒，打破安瓿颈，用移液管将细胞移入一个 25 cm² 的组织培养瓶（装有 5 ml 起始培养基）中，转动培养瓶，使细胞均匀地分布，放入湿润的 5％ CO_2 培养箱中 37℃培养过夜。

2. 吸出起始培养基，换成维持培养基，将细胞放回培养箱内，每天检查细胞的汇合度。

3. 当细胞长成汇合的单层时，吸出培养基，用 PBS 或胰蛋白酶/EDTA 洗涤一次细胞，以除去残留的血清。

4. 用足量的 37℃胰蛋白酶/EDTA 刚好覆盖细胞单层（如一个 25 cm² 的组织培养瓶用 0.3 ml），静置 30～40 s，摇动培养瓶，使细胞完全分开。

5. 加入 1.4 ml 维持培养基，用吸管来回吹打细胞悬液几次，以分散细胞团块（这些细胞可用于传代）。

6. 取 0.5 ml 细胞悬液，将其加到一个新的 150 cm² 组织培养瓶（含有 30 ml 维持培养基）中，转动培养瓶，使细胞均匀地分布，放入 37℃的 CO_2 培养箱中，直到细胞汇合（约 1 周），大约每间隔一周按约 1：20 的比例分到维持培养基中来维持细胞。

基本方案 2 悬浮细胞的培养

材料（带√的项见附录 1）

- 装在冷冻安瓿中的 HeLa S3 细胞（ATCC：CCL2.2）
- 70％（V/V）乙醇
- √ 完全 MEM-10 培养基，37℃
- 胰蛋白酶/EDTA：0.25％（m/V）胰蛋白酶/0.02％（m/V）EDTA，37℃
- √ 转瓶完全培养基-5，37℃
- 25 cm² 组织培养瓶
- 湿润的、37℃、5％ CO_2 培养箱
- Sorvall H-6000A 转头（或相当的）和 50 ml 离心管
- 100 ml 或 200 ml 通气转瓶（vented spinner bottle）和带滤器的盖（Bellco 公司）

1. 在 37℃水浴中融化一支冷冻 HeLa S3 细胞的安瓿，用 70％乙醇将安瓿尖部消毒，打破安瓿颈，用移液管将细胞移入一个 25 cm² 的组织培养瓶（装有 5 ml 完全 MEM-10 培养基）中，转动培养瓶，使细胞均匀地分布，放入湿润的 5％ CO_2 培养箱中 37℃培养过夜。

2. 吸出起始培养基，用 0.5 ml 37℃胰蛋白酶/EDTA 覆盖细胞，静置 30～40 s。

3. 加入 10 ml 转瓶完全培养基-5，将细胞移入一个 50 ml 的离心管中，室温下，1800 g（Sorvall H-6000A 转头为 2500 r/min）离心 5 min，弃上清。

4. 加入 5 ml 转瓶完全培养基-5，用吸管来回吹打细胞悬液几次，以分散细胞团块，将悬液移入一个含有 50 ml 转瓶完全培养基-5 的 100 ml 或 200 ml 通气转瓶中。

5. 取出 1 ml 细胞悬液，用血细胞计数器计数细胞，加入转瓶完全培养基-5，使培养物密度达 $3 \times 10^5 \sim 4 \times 10^5$ 个/ml。将细胞放入不含 CO_2 的 37℃培养箱中旋转培养。

6. 让细胞生长 2 天，每天进行细胞计数并加入转瓶完全培养基-5，使培养物浓度维持在 $3 \times 10^5 \sim 4 \times 10^5$ 个/ml。

7. 取出 1 ml 细胞悬液，用血细胞计数器计数细胞，当密度达到 $3\times10^5\sim4\times10^5$ 个/ml 时，用转瓶完全培养基-5 稀释细胞到 1.5×10^5 或 2.5×10^5 个/ml，分别于隔日或每天加入。

8. 将一个 100 ml 或 200 ml 通气转瓶（分别含有 50 ml 或 100 ml 细胞）放入不含 CO_2 的 37℃培养箱中旋转培养，每 1～2 天传代一次，将细胞密度维持在 $1.5\times10^5\sim5\times10^5$ 个/ml。

基本方案 3　痘病毒贮液的制备

从 HeLa S3 细胞的转瓶培养物或从单层培养物可以制备病毒贮液。

材料（带√的项见附录1）

- 悬浮培养的 HeLa S3 细胞（见基本方案 2）
- √ 完全 MEM-10 和 MEM-2.5 培养基，37℃
- 痘病毒（ATCC♯VR1354 或相当的）
- 0.25 mg/ml 胰蛋白酶（2×结晶的、无盐的；Worthington 公司；过滤除菌，－20℃保存）
- 干冰/乙醇浴
- Sorvall H-6000A 转头（或相当的）
- 150 cm^2 组织培养瓶
- 湿润的 37℃、5% CO_2 培养箱

1. 用血细胞计数器对悬浮培养的 HeLa S3 细胞计数，将 5×10^7 个细胞于室温1800 g（Sorvall H-6000A 转头为 2500 r/min）离心 5 min，弃上清，将细胞重悬于 25 ml 37℃的完全 MEM-10 培养基中，加到一个 150 cm^2 的组织培养瓶中，放入湿润的 5% CO_2 培养箱内培养过夜。

   另一种方法是，在一个 150 cm^2 组织培养瓶中制备单层细胞（见基本方案 1），再按第 2 步继续操作。

2. 刚好在使用前，将等体积的痘病毒贮液与 0.25 mg/ml 胰蛋白酶混合，剧烈涡旋，在 37℃水浴中温育 30 min，在整个温育过程中，每间隔 5～10 min 涡旋一下。将胰蛋白酶消化的病毒稀释到完全 MEM-2.5 培养基中，浓度为 $2.5\times10^7\sim7.5\times10^7$ pfu/ml（病毒贮液通常约为 2×10^9 pfu/ml，但是由于来源不同，可能会低很多）。

3. 从 150 cm^2 组织培养瓶中倾去或吸出培养基，加入 2 ml 稀释的、胰蛋白酶消化的病毒（最佳感染强度为 1～3 pfu/个细胞），在 37℃ CO_2 培养箱中放置 2 h，每间隔 30 min 用手摇动一下。

4. 用 25 ml 完全 MEM-2.5 培养基覆盖细胞，在 37℃ CO_2 培养箱中放 3 天。

5. 通过摇动从瓶上分离受感染的细胞，倾倒或用移液管移至一个无菌的塑料螺盖管中，5～10℃、1800 g 离心 5 min，弃上清，通过轻轻吹打或涡旋，将细胞重悬于 2 ml 完全 MEM-2.5 培养基（每个起始 150 cm^2 组织培养瓶）中。

6. 在干冰/乙醇中冷冻、在 37℃水浴中融化并涡旋，裂解细胞，进行总计 3 次冻融循环，将病毒贮液置于冰上，分成 0.5～2 ml 的小份，－70℃长期保存。

强烈建议制备足够用于进一步实验的病毒种子贮液，常见的错误是连续传代病毒。

作者：Patricia L. Earl, Norman Cooper, Linda S. Wyatt, Bernard Moss and Miles W. Carroll

5.9 单元　重组痘病毒的构建

在痘病毒中的基因表达流程图如图 5.5 所示。用于各种目的的适当细胞如表 5.7 所示，HeLa S3 细胞被用于痘病毒的大规模生长。对于胸腺嘧啶脱氧核苷激酶（TK）选择，使用 HuTK⁻ 143B 细胞；对于黄嘌呤-鸟嘌呤磷酸核糖转移酶（XGPRT）选择，使用 BS-C-1 细胞。CV-1 或 BS-C-1 细胞被用于转染，每种都可用于确定病毒的效价。

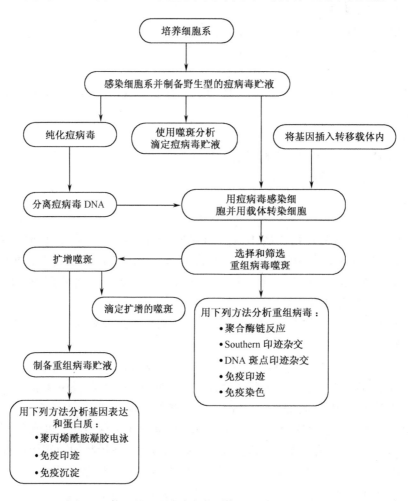

图 5.5　使用重组痘病毒系统进行基因表达的流程图。

警告：当使用标准的痘病毒进行实验时，要小心操作，并遵循 2 级生物安全（BL-2）标准，在生物安全橱中进行制备病毒的所有步骤。

注意：除另有说明外，所有的培养都应当在湿润的 37℃、5% CO_2 培养箱中进行，与活细胞接触的所有试剂和设备都要无菌，因此应当使用无菌技术。

基本方案 1 用痘病毒载体转染痘病毒感染的细胞

将目的外源基因亚克隆到一种质粒转移载体（图 5.6 和图 5.7）中，将这种载体转染进入已经用痘病毒感染的细胞中，痘病毒基因组与质粒中的同源序列发生同源重组（图 5.6）。

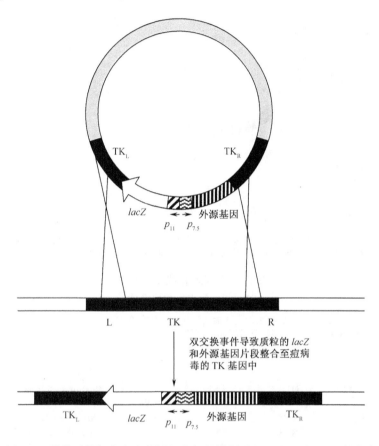

图 5.6 转染质粒与痘病毒基因组之间的同源重组，TK_L 和 TK_R 是痘病毒 DNA 序列，位于外源基因的两侧，p_{11} 和 $p_{7.5}$ 是启动子。

材料（带√的项见附录 1）

- 培养的 CV-1、BS-C-1 或 CEF 细胞（见第 5.8 单元）
- √ 完全 MEM-10 和 MEM-2.5 培养基
- 痘病毒贮液（见第 5.8 单元）
- 0.25 mg/ml 胰蛋白酶（2×结晶的、无盐的；Worthington 公司；膜除菌，−20℃保存）
- √ 转染缓冲液
- 目的基因的重组质粒 DNA，亚克隆于 pSC11、pRB21、pSC65、pLW9 或其他适当载体（表 5.9）的多克隆位点中。
- 2.5 mol/L $CaCl_2$（可选）

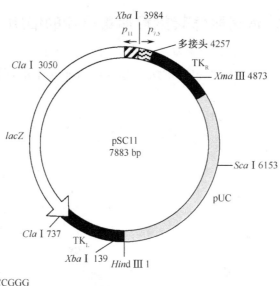

多接头
pSC11 CCCGGG
　　　└Sma I┘

　　　　　　　　　　　STOPSTOPSTOP
pSC11ss GTCGACAGGCCTAATTAATTAA
　　　└Sal I┘└Stu I┘

pSC11　S-B-A-K-N　GTCGACGTACAGATCTGTACGGGCCCGTACGGTACCGTACGCGGCCGC
　　　　　　　└Sal I┘　　└Bgl II┘　　└Apa I┘　└Kpn I┘　└Not I┘

图 5.7　质粒转移载体 pSC11。

表 5.9　痘病毒转移载体

载体[a]	启动子[b]	克隆位点[c]	插入位点[d]	选择/筛选	参考文献
pGS20	$p_{7.5}$(E/L)	BamHI；SmaI	TK	TK$^-$	Mackett et al. 1984
pSC11	$p_{7.5}$(E/L)	SmaI；MCS	TK	TK$^-$，β-gal	Chakrabarti et al. 1985；Earl et al. 1990；Bacik et al. 1994
pMJ 601,pMJ 602	p_{syn}(L)	MCS	TK	TK$^-$，β-gal	Davison and Moss　1990
pRB21	p_{syn}(E/L)	MCS	F12L/F13L	噬斑	Blasco and Moss　1995
pMC02	p_{syn}(E/L)	MCS	TK	TK$^-$，GUS	Carroll and Moss　1995
pSC59	p_{syn}(E/L)	MCS	TK	TK$^-$	Chakrabarti et al. 1997
pSC65	p_{syn}(E/L)	MCS	TK	TK$^-$，β-gal	Chakrabarti et al. 1997
pJS4	p_{syn}(E/L)×2	MCS	TK	TK$^-$	Chakrabarti et al. 1997
pJS5	p_{syn}(E/L)×2	MCS	TK	TK$^-$，gpt[e]	Chakrabarti et al. 1997
pG06	p_{syn}(E/L)×2	MCS	Del III	瞬时 gpt[e]	Sutter et al. 1994
pLW-7	p_{syn}(E/L)	MCS	Del III	瞬时 gpt[e]	Wyatt et al. 1996
pMC03	p_{syn}(E/L)	MCS	Del III	GUS	Carroll and Moss　1995
pLW-9	p_{H5}(E/L)	MCS	Del III	瞬时 gpt[e]	Wyatt et al. 1996
pLW-17	p_{H5}(E/L)	MCS	Del II	无	L. Wyatt and B. Moss,未公开发表
pLW-21	p_{syn}(E/L)	MCS	Del II	无	L. Wyatt and B. Moss,未公开发表
pLW-22	p_{syn}(E/L)	MCS	Del II	β-gal	L. Wyatt and B. Moss,未公开发表
pLW-24	$p_{7.5}$(E/L)	MCS	Del II	无	L. Wyatt and B. Moss,未公开发表

　　a pRB21 是为使用痘病毒 vRB12(F13L 基因有缺失)而特别设计的,pG06、pLW-7、pMC03、pLW-9、pLW-17、pLW-21、pLW-22 和 pLW-24 质粒设计用于 MVA。

　　b 缩写:E,早期;L,晚期;E/L,早期和晚期;"×2"标志是指可用于表达两个基因的两个方向相反的启动子。

　　c SmaI 消化后形成平端,可用来克隆任何具有平端的片段;MCS 指多克隆位点。

　　d 缩写:TK,胸腺嘧啶脱氧核苷激酶基因座;F12L/F13L,F12L 和 F13L 可读框之间;Del III,在 MVA 中自然缺失的位点。

　　e 瞬时选择:在重组过程中,从重组痘病毒中缺失了 XGPRT 基因。

- 20 mmol/L HEPES，pH 7.4（可选）
- DOTAP 脂质体转染试剂（Boehringer Mannheim 公司，可选）
- OptiMEM 培养基（Life Technologies 公司，可选）
- 干冰/乙醇浴
- 25 cm² 组织培养瓶
- 12 mm×75 mm 聚苯乙烯管
- 一次性细胞刮或橡胶细胞刮，无菌的
- 15 ml 圆底离心管
- Sorvall 离心机，带 H-6000A 转头（或相当的）

1. 用在完全 MEM-10 培养基中的 1×10^6 个 CV-1、BS-C-1 或 CEF 细胞接种一个 25 cm² 的培养瓶，培养至接近汇合（通常过夜）。

2. 在即将使用前，将等体积的痘病毒贮液和 0.25 mg/ml 胰蛋白酶混合，剧烈涡旋，在 37℃水浴中温育 30 min，在温育过程中，每间隔 5～10 min 涡旋一下，将胰蛋白酶消化的或超声处理的病毒稀释到完全 MEM-2.5 培养基中，浓度为 1.5×10^5 pfu/ml（病毒贮液通常约为 2×10^9 pfu/ml，但是由于来源不同，可能会低很多）。

3. 从汇合的细胞单层中吸出培养基，用 1 ml 稀释的痘病毒（0.05 pfu/个细胞）感染，温育 2 h，每 15 min 摇动一下，在感染期结束前约 30 min 制备 DNA（第 4a 步或第 4b 步）。

CaCl₂ 法：

4a. 在一支 12 mm×75 mm 聚苯乙烯管中加入 1 ml 转染缓冲液，加入 5～10 μg（<50 μl）含有目的基因的重组质粒，缓慢加入 50 μl 2.5 mol/L CaCl₂，十分小心地混合（不得涡旋），室温静置 20～30 min（应当出现细小的沉淀）。

5a. 从细胞单层（第 3 步）吸出病毒接种物，往细胞中加入 DNA 沉淀物（第 4a 步），室温温育 30 min，加入 9 ml 完全 MEM-10 培养基，37℃温育 3～4 h，接第 6 步。

DOTAP 法：

4b. 往一支 12 mm×75 mm 的聚苯乙烯管中加入 70 μl 20 mmol/L HEPES（pH 7.4）和 30 μl DOTAP。在第二支试管中，往 20 mmol/L HEPES 中加入 5 μg 含有目的基因的重组质粒，终体积为 100 μl，将 DNA 溶液加入到 DOTAP 溶液中，室温放置 15 min，然后加入 1 ml OptiMEM 培养基。

5b. 从细胞单层（第 3 步）吸出病毒接种物，往细胞中加入 DNA/DOTAP（第 4b 步），37℃温育 3～4 h，接第 6 步。

6. 吸出培养基，用 5 ml 完全 MEM-10 培养基更换，37℃温育 2 天。

7. 用一次性细胞刮或无菌橡胶细胞刮将细胞刮下，移入至一个 15 ml 的圆底离心管中，5～10℃、1800 g（Sorvall H-6000A 转头为 2500 r/min）离心 5 min，吸出并弃去培养基，将细胞重悬于 0.5 ml 的完全 MEM-2.5 培养基中。

8. 通过 3 次冻融循环裂解细胞：在干冰/乙醇浴中冷冻，在 37℃水浴中融化，涡旋，再重复 2 次。将裂解物于 -70℃保存，直到需要选择和筛选时（见基本方案 2）。

基本方案 2　重组病毒噬斑的选择和筛选

对于标准的痘病毒株，介绍了包括黄嘌呤-鸟嘌呤磷酸核糖转移酶（XGPRT）或胸腺嘧啶脱氧核苷激酶（TK）的方法，用于选择含有重组 DNA 的病毒噬斑。一种更新、更简单的无药物性方法（噬斑选择）是基于修复会引起亲本病毒形成针尖状噬斑的突变，β-半乳糖苷酶筛选或 β-葡萄糖苷酸酶（GUS）筛选可单独使用，也可以与 TK 选择一起使用，以将 TK⁻ 重组子和自发的 TK⁻ 突变体区分开来。

材料（带√的项见附录 1）

- BS-C-1、HuTK⁻ 143B、BHK-21 或 CEF 汇合的单层细胞（见第 5.8 单元）和适当的完全培养基
- √ 完全 MEM-2.5 培养基
- 选择试剂（用于 XGPRT 选择，过滤除菌，−20℃保存）：

  10 mg/ml（400×）霉酚酸（MPA；Calbiochem 公司），溶于 0.1 mol/L NaOH

  10 mg/ml（40×）黄嘌呤，溶于 0.1 mol/L NaOH

  10 mg/ml（670×）次黄嘌呤，溶于 0.1 mol/L NaOH
- 转染细胞裂解物（见基本方案 1）
- 0.25 mg/ml 胰蛋白酶（2×2 倍结晶的和不含盐的溶液；Worthington 公司；过滤除菌，−20℃保存）
- 2%低熔点（LMP）琼脂糖（Life Technologies 公司），高压灭菌
- √ 完全 2×噬斑培养基-5
- 5 mg/ml 5-溴脱氧尿苷（BrdU；用于 TK 选择，过滤除菌，−20℃保存）
- 10 mg/ml 中性红，溶于 H_2O 中
- 4% Xgal，溶于二甲基酰胺中（可选，用于 β-半乳糖苷酶筛选）
- 2% Xgluc，溶于二甲基酰胺中（可选，用于 GUS 筛选）
- 干冰/乙醇浴
- 6 孔、35 mm 组织培养板
- 超声波破碎仪（如 Sonics and Materials 公司的 VC-600 型超声处理仪）
- 45℃水浴
- 塞有棉花的巴斯德吸管，无菌的

1. 用胰蛋白酶消化汇合的单层培养物，按第 5.8 单元中基本方案 1 的第 3～5 步重悬于适当的完全培养基中。对于 XGRPT 选择、噬斑选择或颜色筛选，使用 BS-C-1 细胞；对于 TK 选择，使用 HuTK⁻ 143B 细胞。

2. 使用血细胞计数器计数细胞，在 6 孔组织培养板中每孔铺 5×10^5 个细胞（最终为 2 ml/孔），温育，直到细胞汇合（<24 h）。

3. 对于 XGRPT 选择，在过滤除菌的完全 MEM-2.5 培养基（含有 1×MPA、1×黄嘌呤和 1×次黄嘌呤）中预温育 12～24 h；对于噬斑选择、TK 选择或颜色筛选方法，可跳过预温育步骤，直接进入第 4 步。

4. 刚好在使用前，混合 100 μl 转染细胞裂解物和 100 μl 0.25 mg/ml 胰蛋白酶，剧烈涡

旋，在 37℃ 水浴中温育 30 min。在温育过程中，每间隔 5～10 min 涡旋一下，然后在冰上超声处理 20～30 s。

5. 在完全 MEM-2.5 培养基中，制备 4 种 10 倍连续稀释（10^{-1}～10^{-4}）的胰蛋白酶消化的和（或）超声处理的细胞裂解物。对于 XGRPT 选择，按第 3 步加入 MPA、黄嘌呤和次黄嘌呤。

6. 从细胞单层（来自第 2 步或第 3 步）吸出培养基，每孔用 1.0 ml 稀释的裂解物感染，只使用 10^{-2} 和 10^{-4} 的稀释度，温育 2 h，每间隔 30 min 摇动一下。

7. 在 2 h 的感染结束之前，熔化 2% LMP 琼脂糖（1.5 ml/孔），放入 45℃ 水浴中冷却（在用其覆盖细胞前，要确保冷却至 45℃）。制备必需量的选择性噬斑培养基（1.5 ml/孔）并加温至 45℃，即向完全的 2×噬斑培养基-5 中加入以下成分：

   a. 对于 XGPRT 选择，加入 2×MPA、黄嘌呤和次黄嘌呤；

   b. 对于 TK 选择，加入 1/100 体积 5 mg/ml 的 BrdU；

   c. 对于噬斑选择或颜色筛选，不加入任何成分。

   将等体积的 2% LMP 琼脂糖和选择性噬斑培养基混合。

8. 从感染的细胞（第 6 步）吸出病毒接种物，用 3 ml 选择性琼脂（第 7 步）覆盖每个孔，让其在室温或 4℃ 固化，温育 2 天。

9. 混合以下成分，制备第二层琼脂糖覆盖物：

   1 ml/孔预温（45℃）的 2% LMP 琼脂糖

   1 ml/孔预温（45℃）的 2×噬斑培养基-5

   1/100 体积的 10 mg/ml 中性红

   1/120 体积的 4% Xgal（只用于 β-半乳糖苷酶筛选）

   1/100 体积的 2% Xgluc（只用于 GUS 筛选）。

   往每个孔内加 2 ml，让其固化，并温育过夜。

   活细胞能够摄入中性红，细胞单层的感染区域将呈现无色的噬斑。在 Xgal 或 Xgluc 分别存在的情况下，含有表达 β-gal 或 GUS（即重组噬斑）的感染细胞的噬斑呈现蓝色，这样便可以与无色的（亲本的）噬斑区分开来。

   在这种覆盖培养基中，没有必要加入 FBS、谷氨酰胺、青霉素/四环素或任何选择药物。

10. 在无菌的微量离心管中加入 0.5 ml 完全 MEM-2.5 培养基，当温育期结束时（第 9 步），通过挤压塞有棉花的巴斯德吸管上的橡皮球并将管尖插入琼脂糖内接近噬斑的地方，挑一个界限清晰的噬斑。刮细胞单层并将琼脂糖块吸入管内，移至一支含有 0.5 ml 完全 MEM-2.5 培养基的管中，用单独的吸管挑 6～12 个噬斑，将每个噬斑放入单独的管中。

11. 涡旋每支含有病毒的管，通过 3 次冻融裂解细胞：在干冰/乙醇浴中冷冻，在 37℃ 水浴中融化，涡旋，再重复 2 次。

12. 将含有病毒的管放入含有冰浴的超声破碎仪中，最大功率下超声 20～30 s。

    如果只使用 TK 选择，应当用 PCR、DNA 斑点印迹杂交或免疫印迹检测噬斑分离物，因为一些噬斑会含有自发的 TK⁻ 突变，而不是重组病毒。

13. 对于每个噬斑分离物，制备适当细胞系的一块 6 孔板的单层（第 1～3 步）。对于

XGPRT 选择，按第 3 步用选择药物预温育。

14. 在完全 MEM-2.5 培养基中，对每个噬斑都进行 3 个 10 倍的连续稀释（$10^{-1} \sim 10^{-3}$）。对于 XGPRT 选择，按第 5 步在病毒分离物的连续稀释中都包含选择药物。

15. 从细胞单层吸出培养基，用 1.0 ml 每种稀释度的病毒感染 2 个孔，温育 2 h，每间隔 30 min，用手摇动一下。

16. 重复第 7～12 步，将噬斑纯化 3 轮或更多轮，以保证克隆出纯的重组病毒。

在每一步都应当保存一半的每种贮液，以防下一步污染或失败。

基本方案 3　噬斑的扩增

材料（带√的项见附录 1）

- 重悬的重组噬斑（见基本方案 2）
- 在一块 12 孔的 22 mm 组织培养板和一个 25 cm² 组织培养瓶中的适当细胞的汇合单层培养物（见第 5.8 单元）
- √　完全 MEM-2.5 和 MEM-10 培养基
- 选择试剂（用于 XGPRT 选择，过滤除菌，−20℃保存）：
  10 mg/ml（400×）霉酚酸（MPA；Calbiochem），溶于 0.1 mol/L NaOH
  10 mg/ml（40×）黄嘌呤，溶于 0.1 mol/L NaOH
  10 mg/ml（670×）次黄嘌呤，溶于 0.1 mol/L NaOH
- 5 mg/ml 5-溴脱氧尿苷（BrdU；用于 TK 选择，过滤除菌，−20℃保存）
- 干冰/乙醇浴
- HeLa S3 细胞的转瓶培养物（见第 5.8 单元）
- 超声波破碎仪（如 Sonics and Materials 公司的 VC-600 型超声处理仪）
- 15 ml 圆底离心管
- Sorvall 离心机，带 H-6000A 转头（或相当的）
- 150 cm² 组织培养瓶

1. 将含有重悬重组噬斑的管放入含有冰水的超声破碎仪中，最大功率下超声破碎 20～30 s。

2. 对于 XGPRT 选择，在含有 MEM-2.5 培养基（含有 1×MPA、1×黄嘌呤和 1×次黄嘌呤）的 12 孔板中，将适当汇合度的单层培养物预温育 12～24 h。

3. 在 12 孔板中，用 250 μl 每种噬斑分离物感染适当汇合度的单层培养物，温育 1～2 h，每间隔 15 min 摇动一下。

4. 用 1 ml 含有 1×MPA、黄嘌呤和次黄嘌呤（对于 XGPRT 选择）或 1/200 体积的 5 mg/ml BrdU（对于 TK 选择）的完全 MEM-2.5 培养基覆盖，温育 2 天，或直到出现明显的细胞致病作用（细胞变圆）。

5. 刮下细胞，移入微量离心管中，最高转速离心 30 s，吸出并弃去上清，将细胞重悬于 0.5 ml 完全 MEM-2.5 培养基中。

6. 通过 3 次冻融循环裂解细胞：在干冰/乙醇浴中冷冻，在 37℃水浴中融化，涡旋，再重复 2 次。将含有细胞悬液的管放入超声破碎仪中，最大功率下超声破碎 20～30 s。
   在每一步都应当保存一半的每种贮液，以防下一步污染或失败。

7. 要放大培养物的规模，将 0.25 ml 裂解物稀释于 0.75 ml 含有选择剂（第 2 步）的完全 MEM-2.5 培养基中，感染在 25 cm² 组织培养瓶中的适当汇合度的单层培养物，温育 30 min。

8. 用 4 ml 含适当选择剂（第 4 步）的完全 MEM-2.5 培养基覆盖，温育 2 天，或直到出现明显的细胞致病作用。

9. 刮下细胞，移入 15 ml 圆底离心管中，5～10℃、1800 g（Sorvall H-6000A 转头为 2500 r/min）离心 5 min，将细胞重悬于 0.5 ml 完全 MEM-2.5 培养基中，重复冻融循环和超声（第 6 步）。

10a. 对于 HeLa S3 细胞：使用血细胞计数器对转瓶培养物进行细胞计数，将 5×10^7 个细胞于室温 1800 g 离心 5 min，将细胞重悬于 25 ml 完全 MEM-2.5 培养基中，加到一个 150 cm² 组织培养瓶中，温育过夜。

10b. 对于单层细胞：在一个 150 cm² 组织培养瓶中准备细胞单层。

11. 用 0.25 ml 裂解物（第 9 步）和 1.75 ml 完全 MEM-2.5 培养基混合物更换培养基，温育 1 h，每间隔 15～30 min 摇动一下培养瓶，用 25 ml 完全 MEM-2.5 培养基覆盖，温育 3 天（不需要选择）。

12. 通过摇动（如果必要可以刮）从培养瓶上分离细胞，用移液管移至离心管中，5～10℃、1800 g 离心 5 min，将细胞重悬于 2 ml 完全 MEM-2.5 培养基中，进行冻融循环（第 6 步），确定病毒贮液的滴度，－70℃冷冻病毒贮液。

将病毒用 *Hind* III 消化，通过 PCR 或 Southern 印迹分析可以证实重组病毒的纯度，已克隆外源基因的片段（TK 选择时为 5.1 kb 的 *Hind* III J 片段）应当增加插入子的大小。

笔者强烈建议制备适合于进一步使用的最终重组病毒的种子贮液，一个常见的错误是连续传代病毒。

参考文献：Mackett et al. 1984；Moss 1996；Piccini et al. 1987
作者：Patricia L. Earl, Bernard Moss, Linda S. Wyatt and Miles W. Carroll

5.10 单元　细胞蛋白质表达系统的选择

本单元的目的是指导如何选择适当的基于细胞的表达系统来获得适当数量和质量的蛋白质。有多种系统可供选择，每种系统都各有优点和缺点，这取决于使用者的项目目的。在大多数情况下，常用的已得到良好阐述的系统会是合适的选择，即大肠杆菌（见第 5.1 和第 5.3 单元）、杆状病毒（见第 5.4 单元）、酿酒酵母和巴斯德毕赤酵母的酵母系统（见第 5.5 单元）、哺乳动物 CHO 细胞（见第 5.6 单元和第 5.7 单元）和在痘病毒中的瞬时表达（见第 5.8 单元和第 5.9 单元）。这些表达系统都是常用的系统，在一个装备有基本分子生物学工具、细胞生长条件（摇瓶或发酵系统）和蛋白质回收与纯化设备的常规实验室中都可以应用，这些系统被广泛地用于异源蛋白质的表达，而且根据历史回顾可对应用范围进行预测，对于能够得到的蛋白质的可能效价和量，以及细胞生长时间和培养基的复杂度和成本（表 5.10 和表 5.11），根据这些历史资料，使用者可以进行初步的估计。

表 5.10 常规表达系统的应用

常规宿主	策略	收率/(g/L)	表达(% TCP)[a]	备注
E. coli	直接细胞内:包含体	0.5~5	5%~25%	常用策略
	直接细胞内:可溶性	0.5~5	5%~25%	少量蛋白质以可溶性胞质产物的形式积累
	分泌	<0.5	0.3%~4% (纯度为80%)	以可溶蛋白质的形式在周质中积累;在周质中纯度很高;一些不可溶的聚集物
	融合	1~3	5%~15%	表达的稳定性增强;最近的方法促进可溶性胞质产物的形成;需要从产物上切去融合蛋白
	膜	<1	<5%	最近用于生产一些有功能性的真核生物膜蛋白
酿酒酵母	分泌	<0.25	<1%(在培养基中纯度为30%~60%)	尽管可能高度甘露糖基化,但已有许多正常分泌蛋白质的实例
	直接细胞内:可溶性	1~4	5%~20%	在大肠杆菌以不溶性聚集物表达的蛋白质可以在酵母(FV111a)中以可溶性的形式表达
	直接细胞内:包含体	1~4	5%~20%	在许多情况下会出现聚集的包含体样的产物(HAS)
巴斯德毕赤酵母[b]	分泌	0.2~4	0.5%~10%(在培养基中纯度为30%~80%)	高细胞密度(300~500 g湿细胞/L)导致高容量的生产效率
	直接细胞内	0.2~12	1%~30%	高表达和高细胞密度提供高的生产效率
汉森酵母[b]	分泌	0.2~3	0.5%~10%(在培养基中纯度为30%~80%)	与巴斯德毕赤酵母相似
	直接细胞内	0.2~8	1%~20%	稍微低于巴斯德毕赤酵母
哺乳动物细胞	分泌	0.001~0.1	<0.5%(在培养基中为1%~5%)	低生产效率,但可能能够进行复杂的翻译后修饰
	细胞内	0.001	<0.1%	很少用的策略,但可用于内质网和膜蛋白
昆虫细胞 (Sf9)	杆状病毒 (AcMNPV[c])	0.001~0.5	<30%	提供了得到几百毫克蛋白质的快速方法;翻译后修饰可能有限

a % TCP,总细胞蛋白质。

b 商品化系统:巴斯德毕赤酵母来自 Salk Institute Biotechnology/Industrial Associates (SIBIA)和 Philips Petroleum 公司;汉森酵母来自 Rhein Biotech 公司。

c AcMNPV,苜蓿银纹夜蛾多核型多角体病毒(基于杆状病毒的系统最常用的病毒)。

表 5.11 表达系统的比较[a]

特点	大肠杆菌	酵母	昆虫细胞	哺乳动物细胞
细胞生长	快(30 min)	快(90 min)	慢(18~24 h)	慢(24 h)
生长培养基的复杂度	最低营养	最低营养	复杂	复杂
生长培养基的成本	低	低	高	高
表达水平	高	低至高	低至高	高
细胞外表达	分泌到周质中	分泌到培养基中	分泌到培养基中	分泌到培养基中

a 从 Fernandez 和 Hoeffler(1999)改编,已得到 Elsevier 出版社的准许。

天然真核生物的蛋白质含有氨基酸侧链的各种翻译后修饰，这些修饰是正确的体内生物学功能所需要的，对氨基酸侧链的修饰在另外的水平上提供了蛋白质功能的多样性。这样，在选择表达系统，最重要的决策为是否需要复杂的和特异的翻译后修饰以及确定在项目中所需的纯蛋白质的量，决策流程图如图5.8所示。在大多数情况下，可以使用标准的最常用的方法（表5.12），对用于异源表达的现有宿主细胞的各种选择能够提供必需的翻译后修饰（表5.13）。如图5.8所示，第二条标准也会影响宿主细胞的选用，这会引导使用者选择更专业化的表达系统（表5.14）。

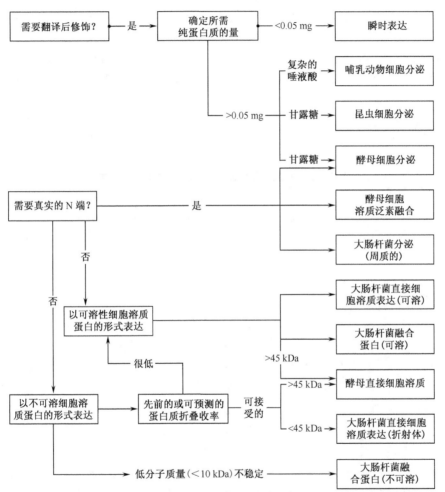

图5.8 初步表达策略选择的决策流程图。主要的选择是大肠杆菌、酵母、昆虫细胞和哺乳动物细胞表达。第一个主要决策是蛋白质是否需要翻译后修饰特点（如糖基化、磷酸化、羧基化或酰化）。当需要时，应当选择真核宿主，如果需要复杂的聚糖，则需要使用哺乳动物宿主，或需要进一步的投资来生产一种工程化的昆虫细胞宿主。当聚糖结构的严格性不十分重要但使用者希望检查聚糖对蛋白质功能的一般影响时，使用酵母或昆虫细胞方法比较有利。第二个最重要的决策是所需的蛋白质量，当需要很大的量时，需要在具有高生产率的系统中稳定地表达，所需蛋白质量的确定包括工艺收率计算，这应当包括在大肠杆菌中基于包含体的折叠收率。其他决策点有：N端甲硫氨酸的去除是否具有很重要的意义？是否希望可溶性表达的蛋白质？是否需要融合-亲和策略？蛋白质能否有效地折叠？蛋白质是否大于45 kDa？是否在真核宿主中更易于表达为有活性的蛋白质？在某些情况下，特定的系统是很重要的，在文中也进行了讨论。

表 5.12 常用细胞表达系统策略

宿主	策略	备注
大肠杆菌（见第5.1单元和第5.2单元）	细胞内融合蛋白	获得直接表达时不稳定的小蛋白质的策略
	直接细胞内	在极少数情况下可表达可溶性的有活性的蛋白质；大多数情况下形成包含体
酿酒酵母（见第5.5单元）	分泌	能够进行大多数的翻译后修饰；小蛋白质和较大的蛋白质以高甘露型糖基化的形式分泌表达
	细胞内直接	有可能高水平表达
哺乳动物细胞（CHO；见第5.7单元）	分泌	能够进行类似人的翻译后修饰；能够产生复杂的糖基化
昆虫细胞（Sf9，Sf21，Tn5；见第5.4单元）	杆状病毒载体	生产带糖基化和其他翻译后修饰的蛋白质；高水平表达；N-连接聚糖为甘露糖修饰的，但未被半乳糖化或唾液酸化
瞬时表达（见第5.8单元和第5.9单元）	痘病毒-HeLa	生产少量的蛋白质；可用痘病毒转染许多哺乳动物细胞宿主（不是CHO）

表 5.13 在不同宿主细胞中蛋白质的翻译后修饰[a]

翻译后修饰	表达系统			
	E. coli	酵母	昆虫细胞（杆病毒）	哺乳动物细胞
N-乙酰化	是[b]	是	是	是
酰化	否	是	是	是
酰胺化	否	是	是	是
谷氨酸的 γ-羧基化	否	否	否	是
N-糖基化	否	高甘露糖	简单，无唾液酸	复杂
O-糖基化	否	是	是	是
异源二聚体	是	是	是	是
羟基化	否	是	是	是
豆蔻酰化	是[b]	是	是	是
棕榈酰化	是[b]	是	是	是
磷酸化	是[c]	是	是	是
蛋白质折叠	通常需要重新折叠	可能需要重新折叠	正确折叠	正确折叠
蛋白质水解加工处理	大肠杆菌膜蛋白信号序列去除	是	是	是
硫酸化	否	否	是	是
N-甲硫氨酸去除	是（和部分的）	是（和部分的）	是	是

a 从 Yarranton（1992）、Fernandez 和 Hoeffler（1999）和第5.6单元改编。

b 已观察到少数几种异源蛋白质基于宿主的 N-乙酰化、豆蔻酰化和棕榈酰化，但这些修饰可能具有高度的蛋白质特异性，并且能够保证定量修饰，预期蛋白质有保证的修饰可能会需要修饰酶的共表达或使用一种真核表达系统。

c 大肠杆菌具有有限的磷酸化能力（无酪氨酸修饰），大肠杆菌宿主蛋白质的修饰的确发生，但要确保在异源表达期间的修饰，需要共表达适当的激酶（如 Stratagene 的 TKB1 菌株能够进行酪氨酸修饰）。

表 5.14 专门的表达策略

宿主细胞	策略	菌株	载体	备注
E.coli	细胞内融合	常规的(见第5.2单元,表5.3)	见第5.1单元,表5.1	小的不稳定的蛋白质在包含体中得到稳定
	融合标签	常规的(见第5.2单元,表5.3)	见第5.1单元,表5.2	使用配体亲和方法改善纯化;常可产生可溶性的细胞溶质产物
	周质的(分泌)	BL21 (DE3)、RV308(见第5.2单元,表5.3)	pET26b(Novagen)	提供有利于二硫键形成和折叠的氧化环境;使N端的甲硫氨酸被去除,产生真正的序列
	膜定位	pop 6510 (thr leu tonB thi lacY1 recA dex5 metA supE)	pAC1	用于功能性膜蛋白生产的实例
	低温(20~25℃)			能够增加在细胞溶质中表达的可溶性(Schein·1989)
酿酒酵母	细胞溶质泛素融合	各种	各种	能够实现高水平表达,并带天然的加工处理,以去除N端的Met(Barr et al. 1991)
巴斯德毕赤酵母	分泌		整合载体(需要分泌信号)	高生产效率
	细胞溶质的		整合载体	高生产效率
汉森酵母	分泌	RB11	整合载体 pRBM-OXApro MF α-基因	高生产效率
	细胞溶质	RB11	整合载体 pRBM-OXApro基因	高生产效率
瞬时表达	培养基	HEK 293、COS、BHK	质粒(哺乳动物细胞表达);病毒载体(辛德毕斯病毒、塞姆利基森林病毒、腺病毒、痘病毒)	在1~10 L规模的搅拌式生物反应器中,大规模瞬时表达能够产生1~20 mg/L

参考文献:Fernandez and Hoeffler, 1999;Rai and Padh, 2001;Amersham Pharmacia Biotech, 2001
作者:David Gray and Shyam Subramanian

5.11单元 使用 Gateway 系统在多种宿主中进行蛋白质表达

现代生物学在很大程度上依赖于克隆的 DNA 分子,已有几百种质粒和病毒载体,这促进了生物科学的许多进展。大部分这些载体的设计是用来在一些新的环境(如在异源宿主中或在易于纯化的水平上)中表达一个基因。使用这种手段的一个障碍是需要使用传统的限制酶和连接酶工具将目的基因转移到新载体中,而这通常很麻烦,并且费时。

Gateway 克隆方法(Invitrogen 公司;www.lifetech.com)能够通过体外位点特异

性重组将基因克隆并随后转移至任何载体中。然而，一个基因只克隆一次就可以在所有可得的宿主-载体组合中表达，并得到满意的结果，这往往是做不到的，这是因为不同的生物将 mRNA 翻译成蛋白质的机制不同，而且当设计一种表达构建体时，总是必须要进行一些选择（如有或无终止密码子）。使用 Gateway 克隆方法进行蛋白质表达的实例见表 5.15。

表 5.15　用于一种或几种基因蛋白质表达的 Gateway 克隆的实例[a]

表达宿主	所表达的蛋白质	参考文献
人细胞,酵母	MASK 激酶和突变体,表达用于活性和报道基因分析、免疫沉淀、双杂交	Dan et al. 2001
人	所表达的 Y 神经肽受体,所研究的配体结合	Holmberg et al. 2002
昆虫	从昆虫细胞分泌和纯化的有活性的糖基转移酶	Iwai et al. 2002
人	DCC 与直肠癌相关的膜蛋白,表达为用于共免疫沉淀、凋亡的融合蛋白	Liu et al. 2002
大肠杆菌	DHFR 被表达为与 TEV 的融合蛋白,在除去 GST 标签后活性增强	Wang et al. 2001
大肠杆菌	Klotho 同系物,以与 GST 融合的形式被表达、纯化和分析	Arking et al. 2002
人	由与 GST 融合决定的 Dicer 定位	Billy et al. 2001
酵母	用于表达有毒性的果蝇细胞周期蛋白 A 的条件表达载体	Finley et al. 2002
人	Atrogin 1 与 GST 融合表达,用于共免疫沉淀	Gomes et al. 2001
人	在人细胞中,两个大肠杆菌海藻糖合成酶基因被融合、表达	Lao et al. 2001

a 缩写:DCC,在结肠直肠癌中缺失的蛋白质;DHFR,二氢叶酸还原酶;GFP,绿色荧光蛋白;GST,谷胱甘肽-S-转移酶;MASK,多锚蛋白重复序列单 KH 结构域;TEV,烟草蚀纹病毒蛋白酶位点。

Gateway 克隆使用体外位点特异性重组（而不是使用限制酶和连接酶）将一个基因从一种载体中移动到另一种载体中（图 5.9）。位点特异性重组可以被想像成限制性内切核酸酶切割和连接的组合，但有一个重要的不同：位点特异性重组酶切割反应所产生的 DNA 末端不能够漫游及通过随机碰撞找到连接伴侣，相反，连接伴侣是反应混合物的一部分，DNA 末端从一个伴侣转移到另一个伴侣是被编程的，并受到控制。

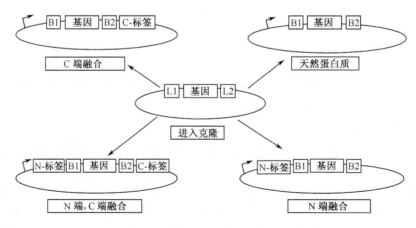

图 5.9　用于蛋白质表达的 Gateway 克隆

Gateway 克隆的一个主要吸引力是可能（而且，实际上到目前为止）所有的 Gateway 克隆和载体都是互相兼容的。通过转换，所有的 Gateway 表达载体都具有相同的读框（在某些融合载体的情况下）和相同的 *att* 重组位点方向，所有基因都以兼容读框的形式被克隆到 Gateway 载体内。将现有的表达载体转换成与 Gateway 载体兼容的载体并不复杂，需要将一个 1.7 kb 的匣连接到任何克隆位点内。由于读框和方向都是固定的，而且用 Gateway 进行亚克隆很方便，所以不同实验室之间可以交换载体和基因，并可立即使用。在处理大基因（≥10 kb）或大载体（≥100 kb）时，Gateway 也特别有用，因为 *att* 重组位点应当极其稀有，而且因为位点特异性重组的协调机制将两种DNA 伴侣带入反应复合物中（Weisberg and Landy 1983）。

由于 Gateway 克隆和亚克隆使用所有 4 种 λ 噬菌体重组位点（*att*B、*att*P、*att*L 和 *att*R），在此只有 *att*B 位点值得考虑，因为在产生重组蛋白的表达克隆中只存在 *att*B 位点。有两种 *att*B 位点：*att*B1 位于基因的氨基侧，*att*B2 位于羧基。如果将一个可读框以标准读框克隆在 *att*B1 和 *att*B2 之间，并将 *att*B1-ORF-*att*B2 区翻译（即在氨基端和羧基端都融合），所生成的蛋白质将含有如图 5.10 所示的序列。到目前为止，制备抗*att*B1 和 *att*B2 肽的抗体的尝试尚未获成功（G. Temple 个人通信）。Gateway 克隆和蛋白质表达所需的基序如图 5.11 所示。

图 5.10　常规读框中 *att*B1 和 *att*B2 位点以及在一个表达蛋白质的克隆中的方向，只有在氨基融合（*att*B1）或羧基融合（*att*B2）的情况下，所示出的氨基酸才为目的蛋白的一部分。认为对 *att* 位点最重要的碱基被标为粗体。

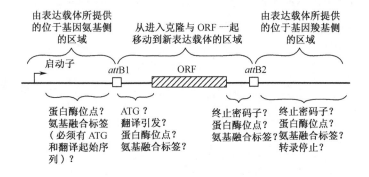

图 5.11　Gateway 克隆（*att*B 位点）和蛋白质表达所需的基序。

应当注意到现在已经知道了一些更短、更有效的 *att*B 位点，而且可能有大量的序列柔性（flexibility；Cheo et al. 2001），以便，如可以将翻译信号构建在新的 *att*B1 内。然而，使用这种新的 *att* 位点可能需要重新构建 Gateway 系统的其他质粒，与现有Gateway 载体和基因文库的兼容性会消失。

如图 5.9 所示，在 Gateway 系统中，一个可读框（ORF）的起始克隆被称为入门克隆（entry clone）。由于大容量（100 bp）的侧翼 *att*L 位点，入门克隆中的 ORF 不能够被有效地表达。实际上，入门克隆的载体主链通常在 *att*L 上游含有转录终止子，以降低 ORF 的有害表达和减少由此而可能产生的毒性，通常通过体外含 *att*B PCR 产物的重组来获得入门克隆。

有两种通过体外位点特异性重组能够将 DNA 片段从一个载体中转移到另一个载体中的商用技术。Echo 系统（Invitrogen 公司）使用 Cre-lox 重组将含有目的基因的质粒与含有启动子和（如果希望）氨基端融合结构域的质粒融合；Creator 技术（BD Bio-Sciences 公司）也是基于 Cre-lox 重组，将一个含有目的基因和药物抗性标记（位于基因的 3 端）转移到一种新的载体中。基于 Cre-lox 方法的缺点是：① *lox* 位点（34 bp）比 *att*B 位点（21～25 bp）大；②单链 *lox*P 位点（当在 mRNA 中时）位于 5-UTR 时，会形成抑制表达的十字形（Liu et al. 1998）；③羧基端融合很复杂（在真核细胞中需要内含子剪切）或不可能融合（大肠杆菌表达必须包括起始 ORF，不能更换）；④不能通过重组从表达克隆中回收基因。优点是系统相对简单，并且 Cre 重组的成本较低。

将传统亚克隆（REaL，即限制酶和连接酶）所用的选择与 Gateway、Echo 和 Creator 进行比较很有意义。对于 REaL，新载体的线性化和抑制载体的环化（除非载体已连接上目的基因，如磷酸酶处理、不相容性末端）是基本要求。这样，用限制酶对受体载体进行完全的消化是很重要的，对插入片段和载体末端碱基的完全消化也同样重要。相反，对于重组克隆方法，受体载体通常都是环形的，并且形成目的克隆产物的新共价键根本不涉及 5′端和 3′端。相反，使用遗传选择来避免未反应的受体载体和供体载体，重组反应发生在重组位点内。尽管遗传选择增加了一些成本［特殊的大肠杆菌菌株和（或）培养基］，但是其很大的优点是载体制备容易和具有通用性。用重组位点代替酶切位点的成本较大，但从这种成本中可得到高的特异性，同时重要的是所有的反应都可以用几乎相同的试剂和条件来完成（可能会需要一些改良来补偿 DNA 浓度和大小），而且克隆产物的精确结构（即方向和读框）完全由起始试剂所决定。

参考文献：Hartley et al. 2000
作者：James L. Hartley

李慎涛 译　于丽华 校

第6章 重组蛋白的纯化

蛋白质过表达的主要目的是获得纯化的蛋白质，这也是本章的主题，过表达所用的各种系统见本书的第5章和其他书籍（如 Ausubel et al. 2003 的第16章节）。任何蛋白质（重组的或非重组的）的纯化主要取决于起始材料（或原料），一些天然蛋白质（如细胞受体和生长因子）在生物原料中的量可能甚微，需要复杂的纯化方案才能得到微量部分纯或完全纯的蛋白质。使用重组原料，过表达的蛋白质通常（尽管不总是）很丰富，这样，可得到的蛋白质量一般不是主要的因素。当然必须已经克隆了表达重组蛋白的基因，对于使用各种宿主/载体系统生产的过表达的蛋白质，存在的分歧是其在非共价结构（即构象上的——蛋白质是否正确地折叠或聚集？）和共价结构（即是否存在正确的二硫键模式以及是否需要诸如糖基化之类的翻译后修饰？）两个方面的真实性（authenticity）。在《最新蛋白质科学实验指南》的第 6.1 单元介绍了多种方案，用图示叙述了蛋白质纯化的方法。

如果重组材料中的目的蛋白是可溶性的，那么可以使用标准方法进行分离，通常要用到柱层析。在第 6.2 单元中，以白细胞介素 1β（IL-1β）的纯化为例，说明了纯化在大肠杆菌中表达的高丰度可溶性蛋白质的基本方案，使用基本分级分离和层析方法，通常也可以纯化其他可溶性的蛋白质。从表达和纯化两个方面来看，在某种程度上，IL-1β 是一种理想的蛋白质，真实的蛋白质并未进行翻译后修饰，而且尽管它含有两个巯基，但它不含二硫键，对于这个蛋白质，真实的蛋白质和重组的蛋白质具有相同的共价结构。

在许多情况下，在大肠杆菌宿主中高水平表达的蛋白质形成高度聚集的蛋白质（被称为包含体），按第 6.1 单元（见第 5.3 单元）所概述的方法，使用细胞裂解物和简单的离心方案便可以确定蛋白质是可溶的还是不可溶的，包含体中的蛋白质通常具有正确的一级序列，与其天然的蛋白质和真实的蛋白质完全相同，但由于非共价差异或构象差异，这些蛋白质发生聚集并且无活性。在第 6.3 单元中，叙述了通过简单的洗涤方法从大肠杆菌裂解物中制备不可溶的包含体蛋白质。

在纯化包含体中的不可溶蛋白之前，必须先将其提取并溶解，在这个方面，其纯化与膜内在蛋白（intrinsic membrane protein）的提取相似，然而，包含体蛋白质的溶解需要使用如高浓度尿素或盐酸胍（见附录 3A）之类的试剂进行变性，而膜蛋白的提取则在非变性条件（使用非离子去污剂或两性离子去污剂）下正常进行。由于溶解后的重组蛋白被变性或被去折叠，所以要使其恢复其功能和生物学特性，必须折叠成正确的三级和四级结构。

使用一些较完善的方法，可以将在天然条件下分离的许多非重组蛋白进行变性和复性，在第 6.4 单元中，简要地总结了蛋白质的折叠，以阐明蛋白质折叠实验所需的一些理论背景。

从包含体中制备折叠的、具有活性的重组蛋白涉及被称为"制备性蛋白质折叠"的工艺，在传统的蛋白质折叠实验中，使用纯的天然蛋白质（如核糖核酸酶）来研究可逆的变性/复性过程，以得到有关折叠通路的信息（Pain 1994）。在这些实验中，通常使用低的蛋白质浓度（在 µg/ml 的范围），以最大程度地降低导致聚集的非特异性分子内和分子间相互作用。在制备性蛋白质折叠中，目标是使用相对高的起始浓度（在 mg/ml 的范围）和低反应体积得到尽可能高收率的折叠蛋白质，在第 6.5 单元中叙述了实现这一目标的各种策略。

在制备性蛋白质折叠中，除了需要避免聚集或最大程度地降低聚集以外，还需要形成正确的二硫键，在使用蛋白质变性剂和还原剂（见第 6.3 单元）从包含体中提取重组蛋白以后，溶解的蛋白质被去折叠，而且巯基（如果有的话）被还原。为了形成正确折叠的蛋白质，必须要重新形成二硫键，并且蛋白质必须折叠，两者通常以相伴的方式进行。

对纯或部分纯的蛋白质进行折叠可能会更好，这可以形成较高收率的折叠蛋白质。在第 6.3 单元中，举例叙述了使用盐酸胍的凝胶过滤方法和在折叠前部分地纯化所提取的变性蛋白质的快速方法。

在第 6.5 单元中叙述了在大肠杆菌表达的不可溶性蛋白质的折叠和纯化的三个实例，使用盐酸胍从包含体中提取牛生长激素，然后将蛋白质折叠，最后用常规的层析方法进行纯化。在折叠过程中，使用一种溶剂添加剂（助溶剂）将聚集降低至最小的程度，在这种情况下，尿素的浓度要控制好（即非变性条件），利用基于氧化型和还原型谷胱甘肽的氧化还原系统（oxido-shuffling system）能够增强二硫键的氧化。

在第二个实例中，人白细胞介素 2（T 细胞生长因子）的纯化，使用了一种不同的方法，用醋酸从包含体中提取蛋白质，然后在同样的酸中用凝胶过滤进行分级分离，用简单的对水进行透析的方法将部分纯化的蛋白质进行折叠和空气氧化，由于白细胞介素 2 含有 3 个巯基，而只有两个参与分子内的二硫键，在折叠过程中很可能会形成错误的二硫键，使用一种基于 HPLC 的辅助方案，能够快速地确定二硫键形成的模式。最后，使用制备型反相 HPLC 将折叠的蛋白质纯化。蛋白质的酸稳定性很显然是一种优势，也是整个工艺成功所必需的。

第三个实例叙述了免疫缺陷病毒（HIV-1）整合酶催化结构域的纯化，这种蛋白质是 HIV-1 生命周期所必需的，因而是一种潜在的药物靶标。以一种融合蛋白的形式表达整合酶催化结构域，在这种融合蛋白的 N 端含有另外 20 个氨基酸，这种"融合结构域"含有 6 个组氨酸残基，通常被称作组氨酸标签，带组氨酸标签蛋白质的表达是一种很常用的技术，因为这样可以在天然和变性条件下用金属螯合亲和层析（MCAC）来纯化蛋白质。往复性溶液中缓慢连续地加入变性的蛋白质，用变性剂提取并用凝胶过滤和 MCAC 部分纯化的 HIV-1 融合酶折叠成天然的蛋白质，这种方法最初是由 Ruldolph 和其同事（Ruldolph 1989）所叙述，通常可用于在折叠过程中避免聚集和（或）将聚集降至最低程度。用特异的蛋白酶消化（在这个实例中，所用的蛋白酶是凝血酶，也叙述了其操作方法和特异性除去的方法）从折叠后的融合蛋白中除去组氨酸标签。

在大肠杆菌中生产融合蛋白的一种广泛应用的方法是谷胱甘肽 S 转移酶（GST）系统，与组氨酸标签融合蛋白相似，有一种简单的亲和层析方法（使用固定化的谷胱甘肽作为亲和基质）来纯化 GST 融合蛋白，GST 融合蛋白的亲和纯化可能要比用于组氨酸标签的金属螯合亲和层析更特异，但它也有一个缺点，不能在变性条件下进行。整合蛋白通常含有特异性蛋白酶酶切位点的接头区，通常这个位点是凝血酶所特异的，这样，一旦纯化得到 GST 融合蛋白，通过蛋白酶解很容易将目的蛋白释放出来，进一步的纯化可能会需要另一轮的亲和层析（除去 GST）和凝胶过滤去除多余的凝血酶和其他微量的污染物。纯化可能会只需要凝胶过滤的步骤，这取决于各种蛋白质产物的大小（GST 是一种 51 kDa 的二聚体，凝血酶的分子质量为约 36 kDa）。在第 6.6 单元叙述了 GST 融合蛋白的表达和纯化，如果 GST 融合蛋白不可溶、形成包含体，在进行亲和层析之前，必须将其溶解并折叠成类似天然态的构象，该单元也叙述了使用蛋白质变性剂尿素的提取和折叠方案，（应当注意：GST 部分很容易从尿素或盐酸胍变性的样品中折叠。）并且叙述了融合蛋白的蛋白酶解切割和进一步纯化的方案。

另一种很常见的基因整合系统基于大肠杆菌细胞内酶硫氧还蛋白，这种分子质量为 12 kDa 的单体蛋白质溶解性很好，而且已得到很好地定性，目的蛋白既可以放在硫氧还蛋白的 N 端（蛋白质–硫氧还蛋白），也可以放在硫氧还蛋白的 C 端（硫氧还蛋白–蛋白质），这种双定位（组氨酸标签融合蛋白也可以）与 GST 融合蛋白不一样，因为 GST 部分通常都位于 N 端。值得注意的是，由于硫氧还蛋白是一种单体的蛋白质，对于一些寡聚蛋白质来说，它要比诸如二聚体的 GST 更适合于作为整合蛋白伴侣（Hurd and Hornby 1996），在第 6.7 单元中，叙述了硫氧还蛋白融合蛋白的构建和表达方案。

需要强调的是，尽管在本章中所叙述的大多数方案是用于特定的例子，但是这些方案能够很好地代表在实验室规模从大肠杆菌中制备重组蛋白常规所用的方法，某种已知蛋白质的每一种特性（如溶解度、等电点、pH 稳定性和巯基残基的数目）将决定任何特定纯化步骤或折叠过程所需的条件。除非纯化后的蛋白质的定性能够提供有用的指导，通常靠经验来对方法进行优化。

参考文献：Hurd and Hornby 1996；Pain 1994
作者：Paul T. Wingfield

6.1 单元　在大肠杆菌中生产的重组蛋白的纯化概述

对于大多数研究人员来说，用于重组蛋白生产的首选宿主系统是大肠杆菌，这是由于遗传操作容易、能够得到优化的表达质粒、生长容易。表 6.1 简要地总结了使用大肠

表 6.1　蛋白质在大肠杆菌中的表达

蛋白质表达[a]	定位[b]	可溶	优点	缺点
天然序列	C	是	高水平表达	N 端的甲硫氨酸会被保留
			直接纯化，回收率良好	对蛋白酶解敏感
	C	否	高水平表达	必须进行蛋白质折叠
			可保护免受蛋白酶解	纯化后的天然蛋白质的回收率可
			可以避免蛋白质对细胞的毒性作用	能会低至零
			部分纯化容易（洗涤沉淀物图 6.1）	N 端的甲硫氨酸会被保留

蛋白质表达[a]	定位[b]	可溶	优点	缺点
	C	是	高水平表达	要得到天然的序列，需要对融合
			使用亲和标签蛋白质有助于纯化	蛋白进行位点特异性的切割
			通过融合伴侣能够增强表达蛋白质（或肽）	天然蛋白质的总收率
			的溶解度和稳定性	可能会低
			经过位点特异性切割之后，能够得到真实	
			的 N 端（不总正确）	
天然-融合	C	否	见天然可溶性蛋白的评论	见天然可溶性蛋白的评论
			有助于变性蛋白质的纯化（如组氨酸标签）	需要蛋白质折叠
			通过结合到亲和介质上可能会增强蛋白质的	
			折叠（Sinha et al. 1994；见第 9.4 单元）	
天然-分泌	C	否		分泌前导序列未被加工，通常不
				尝试进行纯化
	P/M	是	纯化容易	表达水平和回收率可能会低
			正确的 N 端	
			蛋白质发生折叠和氧化	
	P	否	正确的 N 端	必须进行蛋白质折叠
			表达水平可能会高	
			可能会被保护免受蛋白酶解	

　　a 天然，天然蛋白质序列，包括任何位点特异性突变和缺失；天然-融合，带 N 端或 C 端延伸序列（如多组氨酸标签）的天然序列；天然-分泌，N 端带编码大肠杆菌分泌信号（如 OmpA）前导序列的天然序列。

　　b C，细胞质；P，周质间隙；M，培养基。

杆菌的各种表达方案的优点和缺点。如果在大肠杆菌中表达蛋白质或折叠包含体蛋白质的尝试失败了，那么必须考虑真核表达系统。究竟使用哪种系统，通常是由实验室可得到的专门技术条件所决定的。

确定溶解度

　　图 6.1 表示了用一种简单的离心方法如何确定在大肠杆菌中表达的蛋白质的溶解度。应当注意，在工作中的溶解度定义是：使用黏度或密度与水接近的溶剂，100 000 g 离心 100 min 以后，在上清中存在蛋白质，用 SDS-PAGE（见第 10.1 单元）分析各组分中的重组蛋白，如果需要更灵敏的方法，可以使用免疫印迹法（见第 10.7 单元）或生物学分析。

　　用高压细胞破碎仪（见第 6.2 单元）进行细胞破碎将同时破坏外膜和内膜，在革兰氏阴性菌（如大肠杆菌）中，位于外膜下的肽聚糖层将被碎成片，低速离心（10 000 g，30 min）能够将未被破碎的细胞、细菌外膜和肽聚糖成分和高度聚集的包含体蛋白质（沉淀组分）与可溶性的细菌蛋白质、可溶性重组蛋白和多聚材料（包括核糖体蛋白质复合物和内膜囊泡）（上清组分）分离开来，将低速离心上清高速离心（100 000 g，90 min）能够沉淀聚合物。然后可以从澄清的上清中回收可溶性的蛋白质（主要来源于胞质和周质间隙），使用常规的方法（见第 6.2 单元）直接纯化低速离心或高速离心上清中的可溶性蛋白质。

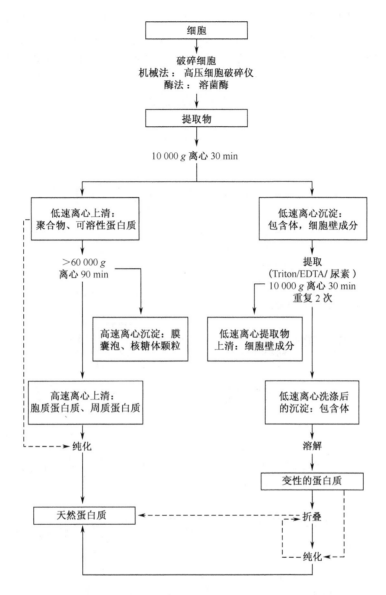

图 6.1　大肠杆菌细胞裂解物的差异离心。用高压细胞破碎仪或溶菌酶处理破碎细胞,来自细胞质或周质的不溶性(包含体)蛋白质位于低速离心的沉淀中,对沉淀进行预提取,除去外膜和肽聚糖成分,用强变性剂(如盐酸胍)从洗涤后的沉淀中提取包含体,将溶解后的已变性和还原的蛋白质(游离巯基)直接进行折叠和氧化(形成二硫键)或在折叠之前进行纯化。可溶性的蛋白质(来自周质和胞质)位于低速离心和高速离心的上清中,高速离心上清可直接用于层析,而低速离心上清需要用其他技术(如硫酸铵分级分离或膜过滤)进行澄清。

蛋白质定位

　　在大肠杆菌中表达掺入一种分泌载体的蛋白质时,可以利用这样的优点:重组蛋白将被定位在周质间隙和(或)培养基中。分泌进入培养基是由于从周质中的"渗漏",

似乎取决于积累的水平的发酵条件。图 6.2 总结了选择性地从周质间隙或培养基中回收蛋白质所用的方法（见第 5.2 单元），高水平地分泌到周质中有时导致聚集物的形成，类似于胞质中的包含体，在正常的细胞破碎之后，从低速离心的沉淀中可以提取周质包含体（图 6.1）。

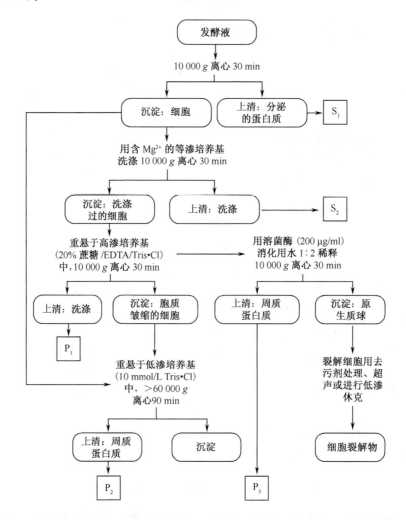

图 6.2　在大肠杆菌中分泌的蛋白质和周质蛋白质的定位。通过一种分泌载体产生的周质蛋白质能够进入到培养基中，通过离心（上清，S_1）或过滤可将其回收，用等渗溶液（如稍微具有缓冲能力的 0.15 mol/L NaCl 或 0.25 mol/L 蔗糖）洗涤细胞也可以释放蛋白质（S_2），通过等渗休克（直接将正常细胞糊或胞质皱缩的细胞糊悬于低渗培养基中）可以释放区室化的周质蛋白质。将细胞悬于高渗培养基中，然后离心，这样可以制备胞质皱缩的细胞糊。（在高渗培养基中，细胞收缩，从细胞壁分离内膜，被称作渗透压致敏。）高渗洗涤通常释放蛋白质（P_1），休克细胞的上清（P_2）将含有大肠杆菌的组成型蛋白质和重组产物。也可以用溶菌酶处理渗透压致敏的细胞，使外膜片段化，这样便可以释放周质蛋白质（P_3）。溶菌酶处理的沉淀中含有原生质球（外膜片段化的细胞），用去污剂、超声或低渗休克很容易将其破碎，释放出胞质蛋白质。

　　将培养基进行离心或过滤可以回收培养基中的蛋白质，这些步骤可以除去完整的细胞或大的碎片，澄清后的蛋白质通常较稀，在用亲和层析或常规层析纯化之前通常要进行浓缩，通过渗透休克（首选方法）或用溶菌酶选择性地破坏外膜和肽聚糖层可以选择性地释放周质蛋白质。

除了用于破碎细菌区室外，溶菌酶还常用于制备完全的细胞裂解物，特别是在没有高压细胞破碎仪的实验室中，用去污剂或通过简短的超声可以破碎用溶菌酶处理过的细胞（见第 6.5 单元）。

有用的微量（<1 ml）大肠杆菌细胞分级分离方法是基于渗透休克处理（Yarranton and Mountain 1992）或对细胞进行反复冻融（Johnson and Hecht 1994）。第 5.2 单元叙述了制备用于 SDS-PAGE 分析的周质提取物样品和细胞外培养基样品的小规模（1～25 ml）方法。

分离可溶性蛋白质

在图 6.3（见第 1 章）中，总结了常用于从大肠杆菌中分离可溶性重组或非重组蛋白的一些方法的流程图，在此图中，"进行亲和方法"不仅指常规的亲和纯化方法（见第 9 章），而且也指基于使用融合蛋白的亲和方法，在第 6.2 单元中详细叙述了可溶性蛋白质白细胞介素 1β（IL-1β）纯化的特定方案。

分离不可溶性蛋白质

在细胞破碎后（图 6.1），位于低速离心沉淀组分中的在大肠杆菌中表达的重组蛋白是高度聚集的（即包含体），包含体通常来源于胞质中或周质中（如果使用分泌载体）的蛋白质聚集，由于与细菌核酸的相互作用，蛋白质也可以位于低速或高速离心沉淀组分中，而且，如果已知蛋白质在体外能够聚合（如病毒核衣壳亚基），那么在大肠杆菌中表达时也可能导致程度不一的体内聚合，这样的蛋白质会分布在上清组分和沉淀组分中。也有膜蛋白的实例，当在大肠杆菌中表达时，可与内胞质膜缔合，可用非变性去污剂（Bibi and Bija 1994 和本文中的参考文献）将其提取。由于与

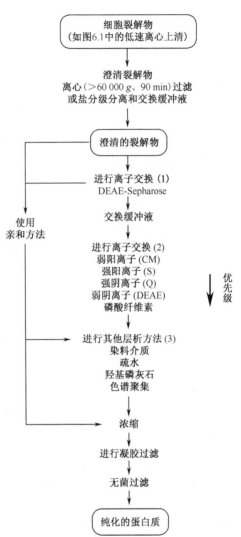

图 6.3 从大肠杆菌裂解物中纯化可溶性蛋白质。离子交换树脂的缩写如下：CM，羧甲基；DEAE，二乙基氨基乙基；Q，季铵；S，磺酸甲酯。离子交换（2）和其他方法（3）阶段的优先级是基于作者的观点，并不能代表共同的观点。另一方面，在早期阶段，使用基于 DEAE 的介质是一种常规的操作，在将裂解物澄清后，在早期可使用亲和法（见第 9 章）。

上述折叠蛋白质有关的相互作用而引起的明显不可溶，应当尝试在非变性条件下提取，例如，使用含有盐（如 0.25～1.0 mol/L NaCl）和非变性去污剂（如 10 mmol/L CHAPS 或 2％ Triton X-100）的各种 pH 缓冲液。由于传统的包含体形成而引起的蛋白质不可溶，需要用变性溶剂进行提取。图 6.4 的流程图显示了可能用于处理从包含体中提取的蛋白质的方法。

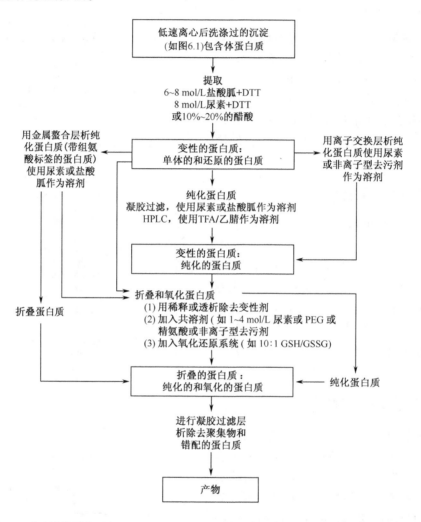

图 6.4　大肠杆菌包含体蛋白质的折叠和纯化。用诸如盐酸胍、尿素或有机酸之类的蛋白质变性剂提取蛋白质，加入还原剂二硫苏糖醇（DTT），以防止错误的二硫键形成（特别是分子间的二硫键），可以使用各种方法纯化变性的蛋白质，然后进行折叠，或直接进行折叠。通常情况下，建议在折叠前进行一些纯化（如在盐酸胍中进行凝胶过滤），因为这样通常可得到高的收率，可同时进行蛋白质的折叠和氧化，低分子质量的巯基化合物／二硫化物对［如还原型（GSH）和氧化型（GSSG）谷胱甘肽］能够催化二硫键的形成，GSH／GSSG 的比率通常为 5∶1～10∶1。加入共溶剂以维持折叠过程中的稳定性，如果必要，纯化折叠的蛋白质（如果直接折叠蛋白质，通常需要纯化），对于除去聚集的和（或）错配的蛋白质，凝胶过滤是一种很有用的最终步骤。

　　通过机械法（见第 6.2 单元）、使用溶菌酶的酶法（见第 6.5 单元）或通过多种方法的组合（见第 6.5 单元），能够破碎细胞，当使用固定角转头洗涤裂解物时，低速离心的沉淀至少由两种浅色层和一层深色密实的沉淀（位于管底）组成（图6.5）。

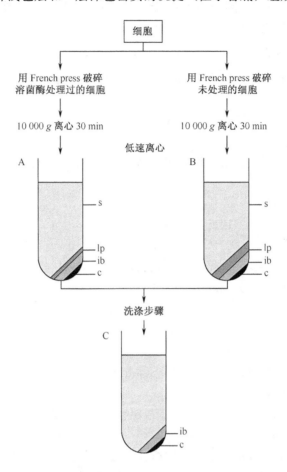

图6.5 使用溶菌酶和高压细胞破碎仪制备洗涤过的沉淀，将细胞用溶菌酶预先处理或不经过预先处理，用高压细胞破碎仪破碎细胞，使用固定角转头低速离心后，离心管中的内容物具有如图所示的特性。A管和B管的内容物被标记为：s，上清；lp，松软的沉淀物；ib，包含体蛋白质；c，未破碎的细胞的大细胞碎片。松软的沉淀物材料来自于外细胞壁和外膜。将不溶性材料洗涤后（见第6.3单元），沉淀物应当主要由包含体层（C管）组成，而且上清应当十分清澈。

参考文献：Banayx 1999；Bowden et al. 1991；Cole 1996；Cornelis 2000；Creighton 1993；De Bernardez Clark et al. 1999；Ellis 1994；Ellis and Hart 1999；Georgiou and Valax 1999；Gilbert 1995；Goldberg et al. 1991；Heppel 1967；Johnson and Hecht 1994；Lilie et al. 1998；London et al. 1974；Marston and Hartley 1990；Nilsson et al. 1997；Petsch and Anspach 2000；Rudolph et al. 1997；Sherman et al. 1985；Stahl et al. 1997；Timasheff and Arakawa 1997；Wingfield et al. 1997；Zhang et al. 1998

作者：Paul T. Wingfield

6.2单元 从大肠杆菌中制备可溶性蛋白质

所述的纯化方案是用于表达量颇丰（＞5％总蛋白质）的蛋白质纯化的典型方案。

基本方案 在大肠杆菌中可溶性表达的一种蛋白质：白细胞介素 1β 的纯化

材料（带√的项目见附录1）

- DEAE Sepharose CL-4B 树脂（Amersham Pharmacia Biotech 公司）

√阴离子交换缓冲液，pH 8.5

- 0.26%（m/V）次氯酸钠/70%（V/V）乙醇或 5%（V/V）漂白剂（如 Clorox）/ 70%（V/V）乙醇

- 来自发酵（见第 5.3 单元）的含有 IL-1β 的大肠杆菌细胞（约 50 g 湿重）

- 裂解缓冲液（见配方）

- 2 mol/L 氢氧化钠

- 硫酸铵[$(NH_4)_2SO_4$]，用乳钵和研棒研磨

√阳离子交换缓冲液

- CM Sepharose CL-4B（Amersham Pharmacia Biotech 公司）

√阳离子交换缓冲液/250 mmol/L NaCl

- Tris 碱

- 氮气（可选）

√凝胶过滤缓冲液

- Ultrogel AcA54 凝胶渗透树脂（BioSepra 公司）

√冻干缓冲液（可选）

- 2 L 或 3 L 热压结玻璃漏斗，带滤盘（粗孔）和 5 L 滤瓶

- 电导计（Radiometer America）

- 5 cm×50 cm 和 2.5 cm×100 cm 层析柱（最好是玻璃的），带可调节的接头（Amersham Pharmacia Biotech 公司，Amicon 公司，或相当的）

- PK50 包装储器（Amersham Pharmacia Biotech 公司）

- 蠕动泵、紫外检测仪和组分收集器（Amersham Pharmacia Biotech 公司，或相当的）

- 16 mm×150 mm 培养管

- Aminco 实验室用压力破碎仪，带 40 ml 压力破碎腔和快速填充盒（SLM-AMINCO）

- 1 L 商用捣碎器（Waring）

- 250 ml、500 ml 和 1000 ml 不锈钢烧杯

- 组织研磨器匀浆器（Polytron 公司 Model PT 10/35，Brinkmann 公司）

- 超声波匀浆器，≥400 W，带隔音箱（Branson 公司或相当的）

- 制备型离心机（如 Beckman J2-21M），带 Beckman JA-14（容量为 6 ml×250 ml）或 JA-20（容量为 8 ml×50 ml）转头和离心杯

- 超速离心机（Beckman Optima XL-90），带 Beckman Ti45（容量为 6 ml×100 ml）或 Ti35（容量为 6 ml×94 ml）转头

- Spectra/Por 1 透析袋（Spectrum 公司）

- 梯度混合器（Model 2000，Life Technologies 公司；工作体积为 0.65～2 L）
- 200 ml 或 400 ml 搅拌式超滤室和 Diaflo PM10 或 YM3 超滤膜（截留值分别为 3 kDa或 10 kDa；Amicon 公司；可选）
- Millex-GV 0.22μm 孔径的滤器（Millipore 公司）
- 10 ml 或 20 ml 注射器

注意：除另有说明外，所有的方案步骤都在 4℃进行，离心步骤的离心力是指最大的 g（即管底处的离心力）。

1. 将 400～500 ml DEAE Sepharose CL-4B 离子交换树脂倒入一个热压结玻璃漏斗中，用几升水洗涤，之后用 1 L 离子交换缓冲液（pH 8.5）洗涤，用实验室用真空系统（如吸水泵）进行过滤，不得让树脂干掉，测量起始缓冲液和洗脱缓冲液的电导率，以确保两者相同。

2. 按照生产商的说明，将洗涤过的树脂重悬于阴离子交换树脂缓冲液中，沉降下的树脂占总体积的 75%，缓冲液占 25%。在滤瓶中脱气，倒入带有装柱桶的 5 cm×50 cm 层析柱中（压实后的床高为 20～50 cm 或 390～490 ml 压实后的树脂）。

   有关装柱的细节，参见第 8.4 单元，由于随着温度的升高气体的溶解度下降，所以通常在室温下装柱，然后在冷室或冷箱中运行。

3. 使用蠕动泵，在 100～150 ml/h 的流速下用阴离子交换缓冲液洗脱柱子，确保柱内容物无压缩，使用紫外检测仪在 260 nm 或 280 nm 处监测洗脱液，用组分收集器收集约 15 ml 的组分至 16 mm×150 mm 培养管中，检查缓冲液和洗脱液的 pH 和电导，直到两者相同。

   压缩表明加至柱子上的压力太高（见生产商关于最大流速的建议）。

4. 用 0.26%次氯酸钠/70%乙醇清洁会与细胞直接接触的工作台区域，安装压力破碎仪的装料室，冷却至 4℃，安装到 Aminco 实验室用压力破碎仪上。

   在使用高压细胞破碎仪之前，更换位于流动阀总成末端的尼龙球，或至少要检查其是否变形。

   20 K 快速填料式高压细胞破碎仪的装料室（活塞直径为 1 in）的容量为 40 ml，当安装在高压细胞破碎仪上时，可以连续地填料，对于小规模的工作，可用微型的高压细胞破碎仪装料室（活塞直径为 3/8 in）。

5. 在室温融化大肠杆菌细胞（约 50 g 湿重），使用 Waring 捣碎器，将其重悬于 150 ml 的裂解缓冲液中，将悬液放入不锈钢烧杯中，用 Polytron 公司组织研磨器匀浆器进行匀浆，直到检测不到细胞团块。

警告：在对大肠杆菌进行操作时，要戴一次性手套和防护眼镜，高压匀浆可能会产生气溶胶。

6. 裂解细胞：让细胞两次通过高压细胞破碎仪，工作压力 16 000～18 000 lb/in^2（用高倍率设定，压力表读数在 1011～1135），每次通过破碎仪后，将悬液冷却至 4℃，当往填料室内填料时，避免将空气吸入气缸内，以防止产生泡沫。

   如果没有高压细胞破碎仪，可在裂解缓冲液中加入 200 μg/ml 的溶菌酶（Worthing-ton）和 0.05%（m/V）的脱氧胆酸钠（Calbiochem 公司），将细胞在 20～25℃温育约 20 min，间歇地用组织研磨器匀浆，这样来破碎细胞（Burgess and Jendrisak 1975）。在第 6.5 单元中叙述了用溶菌酶处理的超声来破碎细胞。

7. 将悬液（在不锈钢烧杯中）置于冰浴中，使用超声破碎仪，满功率下超声 5 min，工作状态为 50%（开 0.5 s、关 0.5 s），在超声的过程中，用磁力搅拌器搅拌悬液。

警告：戴声音防护耳塞保护耳朵免受超声噪音，由于超声会产生一些气溶胶，如果可能的话，在微生物操作柜内使用超声破碎仪。

　　使用牛胰腺 DNA 酶 I（25～50 μg/ml；Worthington）和 RNA 酶 I（50 μg/ml；Worthington）在 4～10℃ 消化 15～30 min，也能够降低黏度，应当用 5 mmol/L $MgCl_2$ 代替裂解缓冲液中的 EDTA。

8. 将样品转移至离心杯中，22 000 g（JA-14 转头为 12 000 r/min，或 JA-20 转头为 13 500 r/min）、4℃ 离心 40 min，倒出上清，合并，约 100 000 g（Ti45 转头为 30 000 r/min）、4℃ 重新离心 90 min。

9. 用阴离子交换缓冲液稀释上清（约 160 ml），上清：阴离子交换缓冲液为 1:2（3 倍），用 2 mol/L NaOH 调 pH 至 8.5（如果必要），测量电导，如果电导＞5.0～5.3 mS/cm，用水稀释样品，如果不立即将样品上 DEAE 柱，将其置于 0～4℃ 保存。

10. 将澄清的裂解液（480～500 ml）上 DEAE Sepharose 柱（第 3 步），流速为 150 ml/h，用阴离子交换缓冲液洗脱，收集 15 ml 的组分，直到洗脱液的吸收接近基线值，用 SDS-PAGE（见第 10.1 单元）分析每一个峰的第二或第三组分。

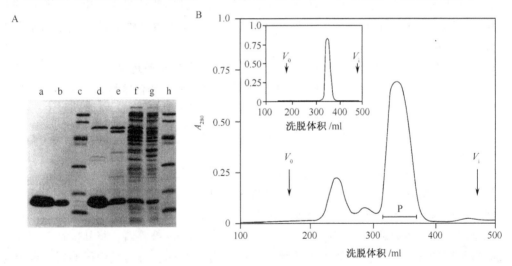

图 6.6　IL-1β 的纯化。A. 各阶段样品的 SDS-PAGE 分析，分析是在一块尺寸为 12 cm×16 cm×1.5 mm 的胶上进行的。a 道，纯化后的蛋白质（上样量为 100 μg）；b 道，纯化后的蛋白质（上样量为 10 μg）；d 道，CM Sepharose 合并液（80%）；e 道，硫酸铵分级分离后的 DEAE Sepharose 合并液（56%）；f 道，高速离心上清（DEAE Sepharose 柱的起始材料；13.5%）；g 道，细胞裂解液（12.0%）。百分比是指考马氏亮蓝染色凝胶泳道的光密度扫描所确定的组分中特定的 IL-1β 含量。c 和 h 道含有以下蛋白质标准物（低分子质量标准物由 Bio-Rad 提供）：磷酸化酶 b（97.4 kDa）、牛血清白蛋白（66.2 kDa），鸡卵清蛋白（45 kDa），牛碳酸酐酶（31 kDa），大豆胰蛋白酶抑制剂（21.5 kDa）和鸡蛋清溶菌酶（14.4 kDa）。B. 在 Ultrogel AcA54 柱上的凝胶过滤分析结果，表明了排阻体积（V_0）和分离体积（V_i）。附加插图，合并组分（在大层析图中被标记为 P）中蛋白质的分析型再次层析。

IL-1β通常位于柱穿过液的后2/3（约500 ml），SDS-PAGE结果的实例见图6.6A。用含1 mol/L NaCl的柱缓冲液分步洗脱，能够除去柱子中的大部分蛋白质污染物，使用后，应当从柱子中取出树脂，在烧结的玻璃漏斗中，用1 L 2 mol/L NaCl/0.5%（m/V）Triton X-100洗涤，之后用1 L水洗涤，如果要保存树脂，将其重悬于5%乙醇或5 mmol/L叠氮钠中，4℃保存。为了避免交叉污染，将所用过的树脂只用于IL-1β的纯化。

11. 合并来自DEAE Sepharose柱的含有IL-1β的组分，记录体积（约500 ml），将此溶液移至一个1 L的烧杯中（最好是不锈钢烧杯），在0℃，每100 ml溶液加入30.2 g粉末（NH₄）₂SO₄（51.3%的饱和度或2 mol/L的终浓度），慢慢加入（30 min以上），用磁力搅拌器轻轻混合，然后进一步进行30 min的混合。

12. 22 000 g（JA-14转头为12 000 r/min）、4℃离心30 min，将上清倒入烧杯中，每100 ml溶液再加入17 g（NH₄）₂SO₄（77%的饱和度或3 mol/L的终浓度），搅拌平衡，离心，倒出上清，将管倒放在一张纸巾上，将沉淀沥干。

13. 将沉淀重悬于约300 ml的阳离子交换缓冲液中，将悬液转移至Spectra/Por 1透析袋（至容量的1/2～3/4中），用两个夹子将每侧封好，对5 L阳离子交换缓冲液透析过夜，至少更换一次缓冲液。

    应事先准备好透析袋：在5 mmol/L EDTA中，90～95℃加热30～60 min，用水充分洗涤，4℃保存于10%（V/V）乙醇中，在处理透析袋时要戴手套，在戴以前要检查是否有漏洞，要确保磁力搅拌棒不摩擦透析袋，有关透析的更多信息见附录3B。

14. 在透析的过程中，准备约200～225 ml CM Sepharose CL-4B树脂，先用水洗涤，再用阳离子交换缓冲液（pH 5.7）洗涤（第1步），脱气，装入一根5 cm×50 cm的柱中（如第2步，压实后的床高为11～12 cm），使用蠕动泵以100～150 ml/h的流速用阳离子交换缓冲液洗脱柱子，用紫外检测仪在260 nm或280 nm处监测洗脱液，直到缓冲液和洗脱液的pH和电导相同。

15. 透析以后，从透析袋中取出稍微混浊的溶液，22 000 g（JA-14转头为12 000 r/min）、4℃离心30 min，保留上清，检查透析物的pH和电导，如果必要，用水稀释，以便电导在1.0～1.2 mS/cm（在4～6℃）。

16. 上CM Sepharose柱，流速为150 ml/h，当柱洗脱液的紫外吸收接近基线时，在阳离子交换缓冲液中制备0～250 mmol/L NaCl梯度，方法是：在梯度混合器的内腔中加入500 ml缓冲液，在外腔中加入500 ml缓冲液/250 mmol/L NaCl（总体积为1 L或约4.5倍柱体积），将梯度以150 ml/h的流速加到柱上，收集15 ml的组分。用约100 mmol/L的NaCl将IL-1β从柱上洗脱下来，IL-1β将位于主要的吸收峰。

17. 用放在吸收流动池后面的在线式电导仪监测梯度的进展，用SDS-PAGE分析所有组分，将含IL-1β的组分合并。

    剩余的纯化为凝胶过滤，它不能除去大小与IL-1β（17.4 kDa）接近的污染物，由于IL-1β被很好地表达（>5%总蛋白质），选择组分时应当考虑纯度而不是产量。

    用过的CM-Sepharose可以清洁后按第10步的方法保存。

    使用CM Sepharose Fast Flow或SP Sepharose FF（都是Amersham Pharmacia Biotech 公司的产品）可以得到类似的结果，优点是流速较快。

18a. 用超滤法浓缩蛋白质：用 Tris 碱调 CM Sepharose 合并液（150～250 ml）至 pH 7.5，安装一台 200～400 ml 的搅拌式超滤器，装有洗涤过的超滤膜，按照生产商的建议用氮气加压，将从超滤器中的流出液收集到量筒中，偶尔测量 280 nm 处的吸收，以检查膜是否渗漏，当超滤器内的液体约为 15 ml 时，去掉超滤器的压力，用前端带一小段聚乙烯管的巴斯德吸管小心地取出溶液，以防止刮坏膜。用约 3 ml 凝胶过滤缓冲液洗涤膜，将洗涤液加到主要的浓缩液中。

根据蛋白质的大小选择超滤膜的孔径大小，膜可以重新使用，4℃保存于 5%的乙醇中。

18b. 用盐沉淀法浓缩蛋白质：用 Tris 碱调 CM Sepharose 合并液至 pH 7.5，在 0℃，往每 100 ml 溶液中慢慢加入 53.9 g（NH₄）₂SO₄（82.2%的饱和度或 3.2 mol/L 的终浓度），按基本的盐沉淀方法（第 11 和第 12 步）进行操作，将沉淀重悬于 18～20 ml 的凝胶过滤缓冲液中。

19. 准备约 480 ml Ultrogel AcA54 树脂，先用水洗涤，再用凝胶过滤缓冲液洗涤（第 1 步），脱气，装入一根 2.5 cm×100 cm 的柱中（第 2 步），速度为约 35 ml/h，一次倒入的树脂量应当是树脂能够自由流动但又浓缩至足以产生压实的柱床，提前准备柱子，以便在浓缩步骤一结束便可以上样。

有关凝胶过滤柱的制备和洗脱的细节见第 6.3 和第 8.3 单元，用少量的有色标准物预通过柱子，可以检查一根新装凝胶过滤柱的装柱不规则性。蓝色葡聚糖会被凝胶介质排阻，在空体积（V_0，等于总柱体积的 30%～35%）中被洗脱下来；细胞色素 c（红色；12.4 kDa）会在与 IL-1β 被预期的位置处被洗脱下来；重铬酸钾（黄色）会被完全保留在凝胶介质内，会在保留体积（V_i，约 480 ml）处洗脱下来。

也可以使用 Superdex 75 凝胶过滤介质（Amersham Pharmacia Biotech 公司），由于它能够使用较高的流速，所以它与 FPLC 和 BioPilot 系统能够更好地兼容。

20. 用接在 10 ml 或 20 ml 注射器上的 Millex-GV 0.22 μm 滤器过滤浓缩的蛋白质（第 18 步），将 20 ml 上到凝胶过滤柱上（样品体积应当约为总柱体积的 4%），用巴斯德吸管或通过三通阀和注射器将样品直接加到柱的顶部，不需要移开顶部流动接头。

进行分析型分离时，样品体积不应当超过柱体积的 2.5%。

21. 用凝胶过滤缓冲液洗脱柱子，流速为 35 ml/h，收集 10 ml 的组分，用 SDS-PAGE 监测各组分，合并含有纯蛋白质的组分（图 6.6A），如果必要，用超滤浓缩（第 18a 步），通过测量在 280 nm 处的吸收，使用 10.61 [L/(mmol·cm)] 的摩尔吸收系数（ε）（相当于使用 1 cm 光程的比色杯，1 mg/ml 的溶液的吸收为 0.63）确定纯化后的 IL-1β 的蛋白质浓度。

22. 对于短期的保存（≤12 个月），用 Millex-GV 0.22 μm 滤器过滤蛋白质，将小份分装于无菌塑料管中，用干冰/乙醇快速冷冻，−80℃保存。对于长期的保存（>12 个月），将蛋白质冻干，用挥发性的缓冲液（如 50 mmol/L 的碳酸氢铵）或非挥发性的缓冲液（如冻干缓冲液）透析样品。

为了省去透析步骤，在进行凝胶过滤时，可以使用基于磷酸盐的缓冲液来代替

Tris·Cl凝胶过滤缓冲液。

参考文献：Wingfield et al. 1986
作者：Paul T. Wingfield

6.3单元　从大肠杆菌中制备和提取不溶性（包含体）蛋白质

基本方案1　从大肠杆菌中制备和提取不溶性（包含体）蛋白质

材料（带√的项见附录1）

- 0.26%（m/V）次氯酸钠/70%（V/V）乙醇或5%（V/V）漂白剂（如Clorox公司）/70%（V/V）乙醇
- 来自发酵（见第5.3单元）的含有目的蛋白的大肠杆菌细胞

√裂缓冲液

√洗涤缓冲液，含和不含尿素和Triton X-100

√提取缓冲液

- Aminco实验室用压力破碎仪，带40 ml压力破碎腔和快速填充盒（SLM-AMIN-CO公司）
- 1 L商用捣碎器（Waring公司）
- 250 ml、500 ml不锈钢烧杯
- 组织研磨器匀浆器（Polytron公司 Model PT 10/35，Brinkmann公司）
- 超声波匀浆器，≥400 W，带隔音箱（Branson公司或相当的）
- 制备型离心机（如Beckman J2-21M），带Beckman JA-14（容量为6 ml×250 ml）或JA-20（容量为8 ml×50 ml）转头和离心杯
- 0.22 μm注射器式滤器（如Millipore公司的Millex）
- 20 ml一次性注射器

1. 制备裂解的大肠杆菌细胞（见第6.2单元第4～6步），每克湿重的细胞使用4 ml裂解缓冲液，超声（如第7步），然后22 000 g（JA-14转头为12 000 r/min或JA-20转头为13 500 r/min）、4℃离心1 h，澄清悬液。

   在用高压细胞破碎仪破碎细胞之前，可以用溶菌酶预处理细胞，方法是：在加有200 μg/ml溶菌酶的裂解缓冲液中，20～25℃温育约20 min，用组织研磨器不断地匀浆（见第6.5单元的基本方案），这会有助于在洗涤过程中除去肽聚糖和外膜蛋白质污染物。

2. 小心地从沉淀中将上清倒出，使用组织匀浆器，将沉淀重悬于洗涤缓冲液中，每克湿重的细胞用4～6 ml的洗涤缓冲液。

   洗涤缓冲液中的尿素浓度通常为1～4 mol/L，去污剂的浓度通常为0.5%～5%。

3. 将悬液22 000 g、4℃离心30 min，弃上清，使用组织匀浆器，将沉淀重悬于洗涤缓冲液中，每克湿重的细胞用4～6 ml的洗涤缓冲液。重复这一步骤，直到上清变清（至少还需要2次）。

4. 用不含尿素和Triton X-100的洗涤缓冲液悬浮沉淀，每克湿重的细胞用4～6 ml的

缓冲液，22 000 g、4℃离心 30 min，如果必要，将洗涤过的沉淀－80℃保存。

5. 在室温下，用组织匀浆器将沉淀重悬于提取缓冲液中，如果要将提取液进行凝胶过滤，每克湿重的原始细胞用 0.5～1.0 ml 的缓冲液，如果将提取液用于蛋白质折叠步骤，每克湿重的原始细胞用 2～4 ml 的缓冲液。

为了估计洗涤后沉淀物中重组蛋白的量，使用以下原则：① 1％的表达水平相当于每 1 g 湿细胞含约 1 mg 的重组蛋白。② 在洗过的沉淀物中，高度聚集的重组蛋白的回收率约为细胞中原始重组蛋白的 75％。③ 约 60％洗过的总沉淀物蛋白质都来源于重组蛋白。这样，如果处理 50 g 的细胞，而且表达水平为 5％的话，洗过的沉淀物含有约 200 mg 重组蛋白。

如果要进行凝胶过滤，用 40～50 ml 的提取缓冲液（见基本方案 2）溶解 50 g 湿重大肠杆菌细胞沉淀物，提取液中重组蛋白的浓度将会为 4～5 mg/ml。如果要直接进行蛋白质折叠（第 6.5 单元），用 100～200 ml 缓冲液提取沉淀物，重组蛋白的浓度将会为 1～2 mg/ml。

6. 100 000 g（Ti45 转头为 30 000 r/min 或 Ti70 转头为 32 000 r/min）、4℃离心 1 h，小心地倒出上清，用连接在 20 ml 一次性注射器上的 0.22 μm 的注射器式滤器过滤。

7. 使用澄清的包含体提取液制备折叠的蛋白质（见第 6.5 单元），或用凝胶过滤进一步纯化（见基本方案 2）。保存：分成 10～20 ml 的小份，装于塑料或聚乙烯容器内，至总容量的 50％～75％，－80℃保存。

基本方案 2 在盐酸胍存在的情况下进行中压凝胶过滤层析

在上面单独列出的层析系统的各种部件（泵、阀、检测器和样品环）是 BioPilot 层析系统（Amersham Pharmacia Biotech 公司）的部件，是用来运行 XK 50/100 柱的，使用 FPLC 层析系统（也是 Amersham Pharmacia Biotech 公司的产品）来运行较小的 XK 柱（直径为 2.6 cm 和 2.5 cm），设计用于中小规模的工作，有关设备的详细情况，参见生产商的资料。

材料（带 √ 的项见附录 1）

- 凝胶过滤介质：Superdex 200 PG（制备级；Amersham Pharmacia Biotech 公司；也见表 6.2）
- 5％（V/V）乙醇
- √ 凝胶过滤缓冲液
- 含目的蛋白的大肠杆菌细胞的盐酸胍提取液（见基本方案 1）
- 4～6 L 塑料烧杯
- 层析柱：Amersham Pharmacia Biotech 公司的 XK 16/100、26/100 或 50/100
- 装柱器：Amersham Pharmacia Biotech 公司的 RK 16/26（用于直径为 16 mm 和 26 mm 的柱子）和 RK 50（用于直径为 50 mm 的柱子）
- 层析泵：Amersham Pharmacia Biotech 公司的 P-6000 或 P-500
- 进样阀（在样品环和泵之间选择）
- 紫外检测仪和组分收集器
- 样品环（由柱的规格确定其体积）

- 16 mm×20 mm 培养管

表 6.2 适合用于含盐酸胍的溶液的凝胶过滤介质

| 介质[a] | 分子质量范围/kDa | | 参考文献 |
	天然蛋白质	去折叠的蛋白质[b]	
Sepharose CL-6B	10～4000	1～80	Mann and Fish 1972
Bio-Gel A-5m	10～5000	1～80	Mann and Fish 1972
Sepharose CL-4B	60～20000	10～300	Mann and Fish 1972
Sephacryl S-100 HR	1～100	<1～30[c]	—
Sephacryl S-200 HR	5～250	1～50	Belew et al. 1978
Sephacryl S-300 HR	10～1500	1～100[c]	—
Sephacryl S-400 HR	20～8000	1～>100[c]	—
Superdex 75	3～70	<1～25	I.P and P.T.W. （未发表观察）
Superdex 200	10～600	1～80	I.P and P.T.W. （未发表观察）

a 除了 Bio-Gel A-5m（来自 Bio-Rad 公司）外，所有树脂都来自 Amersham Pharmacia Biotech 公司，Sepharose 和 Bio-Gel 介质通常在低压力下运行，所有其他树脂都可以在低压或中压下运行，用一台层析泵（如基本方案 2 所示）可以得到中压，该泵通常都包含在 Amersham Pharmacia Biotech 公司 FPLC 系统或 BioPilot 系统中。

b 在去折叠态中的分级分离范围的资料是指用盐酸胍去折叠的蛋白质，然而，这些指导也适用于用尿素去折叠的洗脱的蛋白质（假定这些蛋白质是无规卷曲）。

c 根据天然蛋白质的分级分离范围得到的估计值。

1. 在大塑料烧杯中用 5％的乙醇洗涤凝胶过滤介质，让介质沉降，调节液体的体积，使用凝胶浆的浓度为 65％～75％，对于一根 XK 50/100 柱，准备约 2 L 的凝胶浆。

2. 垂直固定层析柱，用水准仪调整位置，安装装柱器，加入足量的 5％乙醇，将柱子底部几厘米的空气排出，夹紧柱子底部的夹子。

3. 在塑料烧杯中轻轻地混合凝胶过滤介质，用真空瓶和实验室用真空泵脱气 5～10 min，小心地倒入柱中，沿柱子的管壁倒入介质，避免产生气泡，让柱子静置 5 min，然后松开柱子底部的夹子。

4. 将层析泵连接到装柱器上，以适当的流速（根据生产商的说明书）泵入 5％的乙醇（脱气的），装柱时的压力要大于柱子运行时所用的压力（高达 2 倍），但不要大于柱子的最大压力限制，对于 XK 50/100 柱（限压为 0.5 MPa），装柱流速约为 30 ml/h，压力约为 0.4 MPa。

5. 当介质沉降以后，关闭泵，并关闭柱子的底部，从装柱器吸出液体，卸下装柱器，小心操作，在任何时候都不得让空气进入柱床内。

6. 将柱子顶部接头装到柱子上，将接头的顶部放到压实的介质上面，轻轻地压缩介质，将泵重新连接到柱子上，用水洗涤柱子，流速为能够产生运行时所用最大压力的流速，如果介质继续沉降，重新调整顶部接头，使其与凝胶紧密接触。

从这一步往后，所有的操作步骤都在 4℃进行。

7. 用 ≥1 倍体积的凝胶过滤缓冲液平衡柱子。

凝胶过滤缓冲液中盐酸胍的浓度较低,其中的大多数蛋白质处于去折叠态,如果洗脱的蛋白质行为异常(如出现一个以上的峰,或洗脱位置与其大小不符),可增加盐酸胍的浓度。

8. 运行柱子,流速为所产生的反压大约是装柱时(第 4 步)所产生的反压的一半,测量实际流速,对于在 0.4 MPa 下装的 XK 50/100 柱,运行压力约为 0.2 MPa。

   这时的流速为 5～10 ml/min,在这种流速下,需要运行 3～6 h 才能结束。

9. 用管将柱子的末端与紫外检测仪和组分收集器连接。

10. 将要分离的盐酸胍提取液上到样品环中,上样体积不得大于总柱体积的 5%,最佳上样量为 2%(XK 50/100 柱约为 40 ml),在 280 nm(或 230 nm,如果蛋白质的消光系数特别低)监测柱子流出液。对于 XK 50/100 柱,弃掉头 500 ml 流出液(空体积约为 570 ml),然后在 16 mm×20 mm 的培养管中收集 15～20 ml 的组分。运行一个柱体积(约 1900 ml),以确保从柱子中洗脱下所有的上样材料。

11. 用于制备折叠的蛋白质(见第 6.5 单元)。

    由于盐酸胍与 SDS 形成沉淀,在进行 SDS-PAGE 之前,必须将盐酸胍除去,用 90% 的乙醇沉淀可以将柱组分中的蛋白质与盐酸胍分开(Pepinsky 1991)。

参考文献: Fish et al. 1969; Mann and Fish 1972; Pepinsky 1991

作者: Ira Palmer and Paul T. Wingfield

6.4 单元 蛋白质折叠概述

蛋白质是怎样折叠的

当蛋白质被表达为不可溶的聚集物(即细菌包含体)时,要得到具有功能的蛋白质,首先必须要做的是在变性剂(如 6 mol/L 的盐酸胍)中分散包含体(见第 6.3 单元),这样可得到一种溶液,这种溶液是去折叠的,实质上是非相互作用的多肽链。下一个问题是怎样回收具有独特构象、功能构象和三维构象的蛋白质。

所有的信息都在序列中

Anfinsen(1973)表明:蛋白质折叠是热力学驱动的唯一结果,热力学驱动导致特定非共价相互作用和二硫键的形成,这是具有功能状态的特征。换言之,蛋白质折叠是由于在折叠条件下,蛋白质的天然态要比其去折叠态稳定。决定这两种态相对稳定性的信息只存在于一级序列中,不需要任何其他的能量或信息。对于完整多肽链折叠的内在能力,能够增加折叠收率和速度的其他因素[如伴侣蛋白、蛋白质二硫键异构酶(PDI)和肽基脯氨酸顺反异构酶(peptidyl prolyl *cis-trans* isomerase,PPI)]都依赖于这种热力学驱动。

蛋白质沿着有限数目的通路折叠

在折叠的过程中,蛋白质从大量的构象(即去折叠态)开始,这些构象快速地缩合,使可以得到的途径(中间态)数目减少,直到最后达到具有功能的折叠态(好像是通过一种单一的通路)。随着蛋白质的折叠,可能的中间态数目越来越有限,这样,进一步的折叠被限定在这样的通路内，即通过这样的通路，大多数能够与多肽链接近的构象态被排除在外。这样，蛋白质在体内折叠时，其速度能够与合成的速度保持一致，在体外，蛋白质分子能够以几十毫秒到几千毫秒的半衰期折叠。

先看一下那些在天然态时不含二硫键的蛋白质，在折叠通路的很早期（少于几毫秒），链折拢（collapse）成中间体。在这种中间体中，大量的二级结构和疏水核被装配，二级结构元件的稳定和侧链的包装仍在进行，直到形成密实的中间体［被称作"熔球"（molten globule）］。实际上这种熔球含有所有的天然二级结构，而且在许多蛋白质中，已表明这种熔球积累到一种显著的程度（Ptitsyn et al. 1990）。尽管熔球的拓扑结构与天然态蛋白质的拓扑结构相似，但仍然缺乏天然态的特异性和永久性的三级相互作用特点，这解释了它为什么能够与疏水探针 8-苯氨基萘-1-磺酸（8-anilino-1-naphtha-lene sulfonic acid，ANS）结合，大概也可解释所观察到的聚集倾向，最后，熔球折叠成天然态，这步反应通常是折叠过程中限制速度的一步。

尽管已表明在折叠过程中，有几种蛋白质表现出多重动力学相（multiple kinetic phases），因而也表现出小的能障（energy barrier），但早期很快（$t_{1/2} = 1 \sim 25$ ms）。在折叠中所观察到的许多较慢的步骤是由于连接 X-Pro 残基肽键的顺反异构化作用较慢而造成的（Nall 1994）。这种异构化作用（半衰期为分钟级）发生在折叠的后期，所以也发生在折拢形式的蛋白质内。在顺反异构化的过程中，键的可及性变化不定（是由多肽链的折拢态而引起的），这解释了为什么在催化体外反应中 PPI 的成功率也有些变化不定。

与这些通常较快的折叠过程相比，含有二硫键的蛋白质在体外折叠稍慢一些，当非共价相互作用相对较强而且是驱动折叠（至少到熔球态）的主要因素时，在二硫键形成之前的折叠阶段将与上述情况相似。然而，在一些含有二硫键蛋白质中，非共价键较弱，这样，将平衡向密实折叠态转换的驱动力一定是来自于天然二硫键的形成，在这些情况下，在折叠过程中积累的中间体将相对较多。

PDI 位于内质网腔中，当蛋白质在体内折叠时，在催化蛋白质二硫键形成中，PDI 发挥着重要的作用，在许多情况下，可用酶来提高体外折叠的速度，使用 PDI 的成功率不稳定，蛋白质巯基的可及性变化不定可以解释这种现象，由于 PDI 是一种低效率的酶，要实现这种催化需要很大的量。

聚集是折叠的主要竞争者

大多数蛋白质表现出缔合的倾向，这反映了蛋白质表面的大部分（通常约为 50%）是非极性的，在折叠中间体中，暴露到溶剂中的非极性基团的比例还要高一些，那么，在实践中经常遇到聚集也就不足为怪了。噬菌体刺突蛋白突变体（Haase-Pettingell and King 1988）和 α-1-抗胰蛋白酶（Lomas et al. 1993）很好地说明了在体内折叠过程中的聚集，伴侣蛋白质家族的一个主要作用是防止在细胞中与折叠竞争而聚集（Hlodan and Hartl 1994）。在多聚体蛋白质中，其亚基链之间强烈地相互作用（常常通过大的非极性表面）。这样，在折叠过程中，聚集成为一个很大的问题，出现这种情况不足为怪，图 6.7 表明了收率与聚集的依赖性。

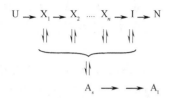

图 6.7　收率与聚集的依赖性的图示。去折叠蛋白质（U）通过中间体形式折叠（$X_1 \sim X_n$），然后通过熔球（I）折叠成天然态（N）。某些或所有的中间体将能够缔合，开始时是可逆的，形成小的聚集物（A_s），然而，它们随后将不可逆地缔合，形成较大的不可溶聚集物（A_l），聚集的速度（r_a）将取决于中间体的浓度（因而也取决于折叠通路中单一步骤的速度常数），也取决于每种中间体（X_i）的聚集速度常数（$K_{i,aggr}$），其关系为：$r_a = K_{i,aggr}[X_i]$。所以，聚集将取决于总蛋白质浓度和每种中间体的溶解性特性。

怎样折叠蛋白质

从在上述讨论中概述的三种原理可知，在蛋白质变性后，要成功地回收具有功能的蛋白质，必须满足以下三组条件：① 折叠的蛋白质应当是最稳定态（见"所有的信息都在序列中"）；② 使折叠变慢或封闭折叠的动力学障碍（kinetic barrier）应当最小化（见"蛋白质沿着有限数目的通路折叠"）；③ 折叠中间体之间的分子间聚集应当降低到可接受的限度（见"聚集是折叠的主要竞争者"）。应当考虑到这三种目标，因为它们与在折叠重组蛋白时遇到的具体问题有关，这样，它们会为第 6.5 单元中的方案提供理论基础。

稳定天然的具有功能的状态

"简单的"情况

某些蛋白质（如磷酸甘油酸激酶）是由单条完整的多肽链组成的，这是一种简单的情况。在这种情况中，确定折叠和三维构象稳定性所需的所有信息都存在于序列中。在这种情况下，天然态将代表最容易接近的稳定态，在此过程中有二硫键参与，二硫键补充了非共价相互作用，在天然三维构象和折叠中间体（见下面）的稳定性和特异性中发挥了作用。在天然态和中间体态两者的稳定性方面，共价结合的配体（如细胞色素 c 中的血红素）也发挥了作用，所以，在折叠中起着重要的作用（Roder and Elove　1994）。

当这样的蛋白质受到变性剂（如盐酸胍）的作用时，在正常情况下可以观察到一种可逆的去折叠过渡（图 6.8），对于大多数的蛋白质来说，平衡过渡区域只反映了天然态和去折叠态的比例变化，因为在平衡中折叠中间体的浓度相当低。要从 6 mol/L 盐酸胍溶解的包含体中折叠蛋白质，变性剂的浓度必须降至天然平台区（plateau region）的值以内，所以，通过实验确定一种过渡曲线是很有用的。

变性剂的作用。在折叠过渡曲线的平台区内，随着变性剂浓度的增加，天然蛋白质的稳定性下降。为了蛋白质的稳定性，需要限制变性剂的浓度，但是，这样做会有不利的一面，即蛋白质缔合的倾向也会降低，这也适用于在折叠过程中形成的瞬时中间体。盐酸胍不仅是一种比尿素更强（在摩尔基础上更有效约 2.5 倍）的变性剂，而且它对蛋白质中不同化学基团的溶解效率也与尿素不同，特别是对肽键的溶解能力比率，相对于对一般的非极性侧链的溶解能力比率，盐酸胍要比尿素更大一些（Lapanje et al. 1978；Mitchinson and Pain　1985）。这样，对于折叠中间体 [已形成二级结构（在此二级结构中，肽键被溶剂包埋），但非极性基团更暴露] 来说，在稳定中间体，防止其聚集方面，尿素可能比盐酸胍更有效（假定变性剂的浓度是在此浓度下尿素和盐酸胍两者对整个蛋白质稳定性具有相同的作用）。所以，在变性过程中，也偶尔使用尿素作为中间体溶剂。

共溶剂的作用。共溶剂 {如甘油和乙二醇、葡萄糖和蔗糖、一些阴离子（如磷酸盐

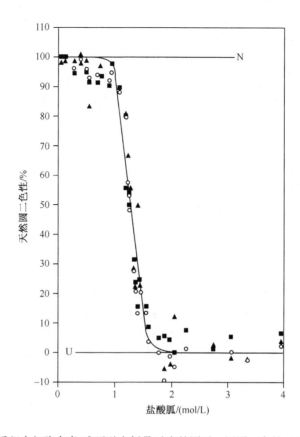

纵轴标签：天然圆二色性/%

横轴标签：盐酸胍/(mol/L)

图 6.8　在盐酸胍中重组白细胞介素 1β 可逆去折叠过度的图示，用圆二色性（CD）监测。在 260 nm（三角）、287 nm（圆圈）和 295 nm（方块）测量了近紫外 CD（表明三级结构的改变）。分别标明了天然态（上部，N）和去折叠态（下部，U）的平台区，表明在这种变性剂浓度内，蛋白质构象无 CD 可检测到的改变。在远紫外区进行的 CD 测量（反映二级结构的改变）所得到的曲线与该曲线一致，这表明在平衡中这种过渡主要是两种状态，即主要只有天然态和去折叠态存在（Craig et al. 1987）。

和硫酸盐）和一些阳离子 [如 2-(N-吗啉代)乙磺酸（MES）]} 能够显著地稳定蛋白质，防止尿素或盐酸胍引起的变性，它们对折叠速度常数的影响极小或没有影响，但能够明显地降低去折叠速度常数。在某些理想的情况下，只需往含有变性剂的溶液中加入硫酸盐就可以使去折叠的蛋白质重新折叠（Mitchinson and Pain　1985）。然而，这些共溶剂（通过稳定疏水相互作用而发挥作用）也能够稳定聚集物，所以，其应用可能有限，对于一些含有相对高比例极性残基的蛋白质可能会有用。

通过蛋白酶解加工的蛋白质

其他蛋白质（如胰凝乳蛋白酶）来源于经过蛋白酶解切割处理过的前体，是由许多链组成的，在体外折叠时，来源于以这种方式激活的前体的功能性蛋白质具有一个更为复杂的问题，在激活的过程中，确定构象所需的一些信息（最初存在于完整的前体蛋白质中）丢失，其构象是通过二硫键来稳定的。例如，即使在无变性剂存在的情况下，还原胰岛素中的二硫键也会导致去折叠，进而发生聚集（Anfinsen　1967）。青霉素酰基转移酶不含二硫键，在酶原中没有连接肽（linking peptide）时很难折叠（Lindsay and

Pain 1991)。在这两种情况下，认为至少连接肽的部分功能是来增加两种结构元件之间有效相互作用的频率（Hlodan et al. 1991）。

这样的蛋白质变性不是一种简单的在热力学上可逆的过程，当无法通过生产和激活前蛋白（preprotein）来得到具有功能的蛋白质时，可能会不得不单独生产每条链，而且必须使用交替折叠和装配的策略。例如，如果一条链单独折叠时发生聚集，将其稀释于已经折叠的第二条链的溶液中，通过这种方法折叠，会使其稳定成为折叠态（Lindsay and Pain 1991）。起稳定作用的共溶剂能够诱导各条单独的链形成类似天然的构象，促进了装配成具有功能分子的链。

形成二硫键的蛋白质

二硫键能够稳定天然构象，其程度在蛋白质之间各有不同。整体稳定在热力学上可以用侧链和骨架非共价相互作用的平衡（图 6.9）和共价相互作用（图 6.10）来表示，在共价相互作用中，两个巯基形成二硫键。在一种极端的情况下，即折叠条件（如变性剂的浓度和 pH）引起非共价相互作用，而且这种相互作用强到足以使蛋白质稳定在类似天然的状态，同时天然的巯基对被迫相互靠近（即图 6.9 所示的平衡偏向右侧），在这种情况下，形成二硫键时会需要极小的氧化压力。另一方面，如果非共价相互作用相对较弱［即图 6.9 所示的平衡明显偏向左侧，这样便朝向蛋白质的伸展态（expanded state）］，要使平衡偏向天然态时会需要较多的能量（较强的氧化势能）（Gilbert 1994）。

$$U(-SH)_{2n} \rightleftharpoons N'(-SH)_{2n}$$

图 6.9 在蛋白质折叠过程中，非共价相互作用的平衡，在此 n 是在天然、具有功能的蛋白质中二硫键的数目。

$$X-SH + HS-Y \rightleftharpoons X-S-S-Y$$

图 6.10 在蛋白质折叠过程中，共价相互作用（二硫键形成）的平衡，X 和 Y 是折叠中的蛋白质氨基酸序列中的半胱氨酸残基，这些残基在折叠好的结构特异性地相互作用。

要折叠含有二硫键的蛋白质，必须要注意在半胱氨酸巯基氧化中所涉及的共价键的化学，有两种可能的主要折叠途径：一种是在痕量重金属存在的情况下，利用空气的氧化作用（图 6.11）；另外一种涉及二硫化物中间体的形成（图 6.12）。尽管前一种途径在使用大体积时要便宜一些，但是不容易优化和控制；后一种途径利用低分子质量的二巯基化合物（R-S-S-R），通常是谷胱甘肽。在具体实践中，需要使用由还原型谷胱甘肽（GSH）和氧化型谷胱甘肽（GSSG）组合的氧化还原对来建立适当的氧化"压力"，这种"压力"能够使折叠中间体中的二硫化物生成和断裂，这样，非共价相互作用能够将蛋白质改组成其最低自由能状态。从上述讨论的能量平衡可知，在不同的蛋白质之间，这种最低自由能状态是不同的，所以，最佳氧化还原条件将会不同，然而，对于许多蛋白质来说，GSH/GSSG 的摩尔比为 10：1（GSH 的浓度为 2～5 mmol/L）时，折叠成天然状态的比率最大。由于在氧化的每一步中都涉及 S⁻ 基团的亲核攻击（nucleophilic attack）（图 6.12），在 pH 6～10 时，二硫化合物形成的速度可能会增加，然而，pH 可能也会以一种无法预知的方式来影响折叠中间体的稳定性。当非共价相互作用单独不能够生成致密的中间体（即图 6.9 所示的平衡偏向左侧）时，加入起稳定作用的共溶剂（如磷酸盐或硫酸盐）能够使平衡偏向致密的方向，这样，有可能增加二硫化合物形成和交换的速度。能够影响中间体稳定性的其他因素（如离子强度和温度）也会影响折叠的动力学和收率。

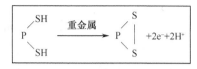

图 6.11　在痕量重金属存在的情况下，通过空气氧化作用形成二硫键。

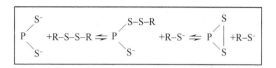

图 6.12　通过混合的二硫化物中间体形成二硫键。

获得可接受的折叠速度

在去折叠过渡的平台区（图 6.8）内，折叠的速度通常会与变性剂的浓度成反比，在达到热变性的温度，折叠的速度会增加，对于一些折叠速度受到脯氨酸顺反异构化（见"蛋白质沿着有限数目的通路折叠"，上面）限制的蛋白质，加入肽基脯氨酰顺反异构酶，能够增加速度（Nall　1994）。然而，对于缺乏二硫键的蛋白质，从实际应用的角度来说，速度没有收率重要。

含有二硫键的蛋白质在体外的折叠速度可能会很慢，其半衰期在分钟级或小时级，必须对条件进行优化，以降低实现可接受收率所需的时间。在确定含有二硫键蛋白质的折叠条件时，非共价稳定性和二硫化合物稳定性之间的交联（见"稳定天然的具有功能的状态"章节下有关含有二硫键蛋白质的讨论）具有重要的影响，也已表明在一些折叠通路中某些中间体具有非天然的二硫化合物（Gilbert　1994）。这样，如果要遵循这样的通路，在生成和断裂共价二硫键和非共价相互作用中，所涉及的能障必须不能太高。作为氧化还原条件的一种结果，如果中间体中的非天然二硫化合物太强，不能够将其断裂以使其改组，则将不能够形成天然的非共价的相互作用。所以，必须创建一种氧化还原势能，以便使如图 6.10 所示的平衡式大致平衡。相反，要使非共价相互作用能够改组，则如图 6.9 所示的平衡式必须大致平衡，这样以使天然二硫化合物对形成，通过调整变性剂和共溶剂的浓度可以实现这一目标。

限制聚集

去折叠蛋白质的聚集物从本质上要比折叠的、单体的状态稳定，如上所述，形成包含体。在稳定聚集物中，一个主要的因素可能是疏水相互作用，所以，能够降低这种相互作用力量或增加蛋白质链其他部分溶解性的因素将有助于解决由于聚集而引起的低收率的问题。在疏水相互作用中，稳定性对温度所特有的反向依赖性表明，较低的温度应当能够减轻聚集。也已使用了非变性浓度的尿素或盐酸胍，在减轻聚集方面取得了很大的成功，这些浓度通常是靠经验得到的，通过透析将变性剂从变性混合液中除去，通过偏离等电点和（或）降低离子强度增加净电荷而其他因素保持不变也可以降低聚集。

在某些情况下，已表明伴侣蛋白（特别是 GroEL）能够明显地增加体外重折叠蛋白质的收率（Goloubinoff et al. 1989）。这种多聚蛋白质（形状为圆柱状，带一个圆柱状核）能够部分地与折叠蛋白质单体结合，有效地将其从游离的溶液中移开，从而保护这些蛋白质免于聚集，然后在 ATP 的影响下，用第二种伴侣蛋白质（GroES）将蛋白质释放出来。

影响聚集的一个明显因素是蛋白质的浓度（Hlodan et al. 1991；Thatcher and Hitchcock 1994），将去折叠的蛋白质稀释于大体积的缓冲液中应当能够增加折叠分子的比例，尽管回收率的问题也会增加。在较长的一段时间内，将去折叠的蛋白质溶液一滴一滴地加入到 1 倍体积的缓冲液中，在任何给定的时间，都能够降低"黏性"中间体的浓度。当在反胶态分子团（reverse micelle）或凝胶排阻介质中分离蛋白质时，或当蛋白质与结合在离子交换柱上的去折叠蛋白质处于平衡时，从蛋白质中除去变性剂可能会是在较高蛋白质浓度下重折叠的一种方法（Thatcher and Hitchcock 1994）。

应当强调的是，聚集问题是一个动力学问题，取决于在特定工作条件下的速度比率（图 6.7）。尽管一般原理能够为可能的方法提供理论依据，但是，大多要靠对这些原理的经验性应用才能取得成功。

参考文献：Holdan et al. 1991；Pain 1994

作者：Roger H. Pain

6.5 单元　大肠杆菌不溶性（包含体）蛋白质的折叠和纯化

基本方案 1　牛生长激素的折叠和纯化

各步的纯化程度如表 6.3 所示。

表 6.3　重组牛生长激素类似物的纯化[a]

纯化阶段[b]	总蛋白质[c]/mg	特异 BGH 含量[d]/%	总 BGH/mg	收率/%
细胞	5000	7.5	375	100
洗涤过的沉淀（第 3 步）	375	60	225	60
透析上清（第 6 步）	200	75	150	40
DEAE Sepharose 合并液（第 8 步）	131	95	125	33
Sephadex G-100 合并液（第 10 步）	95	99	94	25

a 本总结特异性地指具有生物学活性的 BGH 类似物（δ-9 BGH），在这种类似物中，序列在 N 端被截去 8 个残基，而且第一位的丝氨酸被替换成甘氨酸，使用 δ-1 类似物（天然序列中 N 端的 Ala 被替换成 Met）得到了类似的相对收率，但在大肠杆菌中表达的这种蛋白质的量要比表达 δ-9 BGH 的量低几倍（Wingfield et al. 1987a）。

b 圆括号内的数字是指基本方案 1 的步骤。

c 是用 Bio-Rad Protein Assay 试剂盒测定的，DEAE 和 Sephadex 合并液除外，这两个是用紫外吸收法测定的。

d 为 BGH 的总蛋白质的百分比，是用考马斯亮蓝染色的 SDS 聚丙烯酰胺凝胶的密度计扫描得到的估计值。

材料（带√的项见附录 1）
- 表达 BGH 的大肠杆菌细胞：约 50 g 湿重，来自 1.5 L 发酵液（见第 5.3 单元），在密封的聚乙烯袋中以菌泥的形式−80℃保存
- √BGH 破菌缓冲液 A 和 B，4℃
- √BGH 洗涤缓冲液 A 和 B，4℃

√BGH 提取缓冲液，4℃

√BGH 折叠缓冲液 A 和 B，4℃

- 2 mol/L HCl

- DEAE Sepharose CL-4B 离子交换树脂（Amersham Pharmacia Biotech 公司）

√BGH 柱缓冲液 A 和 B，4℃

- Sephadex G-100 凝胶过滤树脂（Amersham Pharmacia Biotech 公司）

- 捣碎器（如 Waring；容量≥1 L）

- 组织匀浆器（如 Polytron 公司、Brinkmann 公司）

- Beckman J2-21M 离心机和 JA-20 转头（或相当的）

- 超声破碎仪，≥400 W，带隔音箱（Branson 公司或相当的）

- 0.7 μm 玻璃微纤维滤器，4.7 cm 直径（Whatman GF/F）带真空过滤装置（可选）

- Spectra/Por 1 透析袋，40 mm 直径（MWCO 6000～8000；Spectrum 公司）

- 5 cm×50 cm 和 5 cm×100 cm 玻璃层析柱，带可调节的流速接头（Pharmacia Biotech 公司）

- 组分收集器和紫外检测仪

- 搅拌式超滤器，带 Diaflo PM 10 超滤膜（Amicon 公司）

- Millex-GV 0.22 μm 滤器（Millipore 公司）

注意：所有步骤都应当在 4℃进行，除非另有说明。

1. 用捣碎器将约 50 g（湿重）表达 BGH 的大肠杆菌细胞重悬于 250 ml 的破菌缓冲液 A 中，用大容量的磁力搅拌器在 20～25℃搅拌悬液 30 min。

2. 为了降低黏度，用组织匀浆器匀浆，直到检测不到团块，然后 4℃、20 000 g（JA-20 转头为 13 500 r/min）离心 35 min，用组织匀浆器将沉淀重悬于 150 ml BGH 破菌缓冲液 B 中，用高压细胞破碎仪破碎细胞（见第 6.2 单元，第 4 步和第 6 步）。

   用 DNA 酶和 RNA 酶消化也可以降低黏度（见第 6.2 单元第 7 步），将 BGH 破菌缓冲液中的 EDTA 换成 5 mmol/L MgCl₂。

3. 将悬液 20 000 g 离心 40 min，用组织匀浆器将沉淀重悬于 250 ml BGH 洗涤缓冲液 A 中，然后 20 000 g 离心 30 min。用 BGH 洗涤缓冲液 A 重复离心和悬浮一次，再用 BGH 洗涤缓冲液 B 重复一次，弃混浊的上清。如果希望的话，可将沉淀-80℃保存。

4. 将洗涤过的沉淀重悬于 150 ml BGH 提取缓冲液中，简短地超声，以完全分散蛋白质，然后通过 20 000 g 离心 30 min 或在真空下过 0.7 μm 玻璃微纤维滤器来澄清溶液。

   通常情况下，当用盐酸胍提取了蛋白质时，需要加入 DTT，以确保在折叠前蛋白质被完全还原，由于使用这种方法（P.T.W.，未发表的观察）时包含体中 80% 以上的 BGH 已经处于还原状态，只需要相对弱的还原剂谷胱甘肽。

5. 用等体积的 BGH 折叠缓冲液 A 稀释淡黄色的溶液，倒入预先洗涤过的透析袋中，用两三段透析袋，装至仅 3/4 的容量，将溶液对 5 L BGH 折叠缓冲液 A 透析（见附录 3B）12～16 h（或过夜），然后再对 5 L BGH 折叠缓冲液 B 透析 6～8 h（或过夜）。

稀释后，BGH 的浓度不应当超过 1.0～2.0 mg/ml，将 BGH 样品稀释于 4 mol/L 的盐酸胍（溶于水中），在 1 cm 径长的比色杯中测量 A_{280} 和 A_{260}，这样可以估计 BGH 的浓度，用公式 $1.55 A_{280}-0.76 A_{260}$ 来估计总蛋白质浓度（mg/ml）。可假定 BGH 的含量为总蛋白质的 60%，或使用第 3 步洗涤过的沉淀用 SDS-PAGE 密度测量来估计 BGH 的含量。

尿素起共溶剂的作用，在重折叠过程中，能够维持蛋白质的稳定性。所选择的尿素浓度（在本例中为 4 mol/L）应当足够低，以便天然结构形成（见第 6.4 单元），在建立本方法之前，从文献上可以得到尿素对 BGH 去折叠/折叠的特性（Edelhoch and Burger 1966），通过尿素梯度电泳可以快速地确定诱导蛋白质去折叠的尿素浓度（Goldenberg 1989）。

在 SDS 聚丙烯酰胺凝胶（见第 10.1 单元）上，SDS 变性的氧化型 BGH 迁移的速度要比 SDS 变性的还原型 BGH 快，必须加入 20 mmol/L 的碘乙酰胺来淬灭样品中任何的游离巯基，然后加入 SDS 样品缓冲液和还原剂，必须用稀碱重新调整 SDS 处理的样品的 pH。

6. 将轻微混浊的溶液 20 000 g 离心 30 min，弃沉淀，用 2 mol/L HCl 调整上清（300～320 ml）的 pH 至 9.0。

7. 用 DEAE Sepharose CL-4B 装一根 5 cm×50 cm 的柱，柱床高度约为 10 cm，用 BGH 柱缓冲液 A 平衡（见第 8.2 单元）。将第 6 步的样品上样，流速为 60 ml/h，开始收集 15 ml 的组分，以同样的流速用 BGH 柱缓冲液 A 洗脱，继续收集组分，直到洗脱液的 A_{280} 或 A_{260} 接近基线值。用 SDS-PAGE（见第 10.1 单元）分析各组分，合并含 BGH 的组分，可在 4℃保存 1～2 天，或−80℃保存更长的时间。

   在所用的离子交换条件下，BGH 被分离在穿过组分中，在合并的洗脱液中，体积应当为 400～450 ml，BGH 的浓度应当为 0.2～0.3 mg/ml，在 SDS 聚丙烯酰胺凝胶上应当为单一的条带。

8. 用搅拌式超滤器（带 Diaflo PM 10 超滤膜）浓缩至 50～60 ml（即蛋白质浓度为 2～3 mg/ml），将超滤液 20 000 g 离心 15 min，除去任何沉淀的蛋白质。

9. 用 Sephadex G-100 装一根 5 cm×100 cm 的柱，柱床高度为 95 cm，用 BGH 柱缓冲液 B 平衡（见第 8.3 单元），将超滤液上样，流速为 40 ml/h，开始收集 15 ml 的组分，用 BGH 柱缓冲液以同样的流速洗脱，继续进行组分收集，直到洗脱液的 A_{280} 或 A_{260} 接近基线值，用 SDS-PAGE 分析各组分，合并含 BGH 的组分。

   蛋白质洗脱液是一个单一的略微不对称的峰，用凝胶过滤估计的近似分子质量为 30～35 kDa（单体的分子质量约为 22 kDa）。

10. 重复第 8 步，然后用 Millex-GV 0.22 μm 滤器过滤除菌，将纯化后的 BGH 分成小份，−80℃保存。

    进行长期保存时，将第 7 步的合并组分对 0.1 mol/L 的碳酸氢铵（pH 9.2～9.4，用氢氧化铵调整）透析（见附录 3B），将透析物膜除菌、冻干。如果需要不含盐的蛋白质，进行两轮冻干，在第一轮冻干后，单独用水重新溶解蛋白质。

通过紫外吸收可以很方便地确定纯化后的 BGH 的浓度（1 mg/ml 的 BGH 在 1 cm 的石英比色杯中 A_{280} 值为 0.7）。

基本方案 2　人白细胞介素 2 的折叠和纯化

人白细胞介素 2（hIL-2）是一种疏水的、酸稳定性的多肽，其分子质量为 15 kDa。

材料（带√的项见附录 1）

√hIL-2 破菌缓冲液，4℃

- 表达 hIL-2 的大肠杆菌细胞：约 20 g 湿重，来自 3 L 发酵液（见第 5.3 单元），在密封的聚乙烯袋中以菌泥的形式－80℃保存
- 蔗糖
- 溶菌酶（Worthington）
- hIL-2 洗涤缓冲液：0.75 mol/L 盐酸胍/1%（m/V）Tween 20（在使用前现配制），4℃

√ PBS，4℃

- 10% 和 20%（V/V）醋酸，4℃（用冰醋酸新配制）
- Sephadex G-100 凝胶过滤树脂（Amersham Pharmacia Biotech 公司）
- 乙腈（HPLC 级）
- 三氟醋酸（TFA；HPLC 级）

√RP-HPLC 溶剂 A 和 B，室温

- 25 mmol/L 醋酸，4℃
- 组织捣碎器匀浆器（如 Polytron 公司，Brinkmann 公司）
- 30℃水浴
- Sorvall RC-5C 离心机，带 SS-34 转头（或相当的）
- 2.6 cm×100 cm 玻璃层析柱
- Spectra/Por 3 透析袋，直径为 11.5 mm 和 45 mm（MWCO 3500；Spectrum 公司）
- Sterivex-GS 0.22 μm 滤器（Millipore 公司）
- HPLC 系统，带泵、紫外检测仪和组分收集器（Waters）
- 7 mm×250 mm 300 Å 辛基 Aquapore RP-300 半制备柱（Brownlee 柱，Thomson Instrument 公司）

1. 在 250 ml 的烧杯中，往 20 g（湿重）表达 hIL-2 的大肠杆菌细胞中加入 60 ml hIL-2 破菌缓冲液，用 Polytron 公司组织捣碎器匀浆器匀浆，直到检测不到团块。

2. 加入 21 g 蔗糖和 34 mg 溶菌酶，每次加入后都用组织匀浆器充分混合，在 30℃水浴中温育 30 min。

3. 用 100 ml hIL-2 破菌缓冲液稀释，在冰上冷却，将细胞悬液通过高压细胞破碎器两次来破碎细胞（见第 6.2 单元第 4 步和第 6 步），4℃、13 000 g 离心（SS-34 转头为 10 400 r/min）30 min，保存沉淀（约 1.5 g 湿重）。

4. 将沉淀重悬于 30 ml hIL-2 洗涤缓冲液中，13 000 g 离心 30 min，再用 hIL-2 洗涤缓

冲液洗涤一次，再用 30 ml PBS 洗涤一次，立即使用，或−70℃保存。

5. 加入 12.5 ml 20%的醋酸，用组织匀浆器充分混合，4℃、13 000 g 离心 30 min，保留上清。

6. 用 Sephadex G-100 装一根 2.6 cm×100 cm 的柱，柱床高度为 95 cm，用 10%的醋酸平衡。

7. 重复第 5 步，合并两次的清亮上清（总共约 25 ml），立即上样，并按第 8.3 单元所述的方法在 4℃进行凝胶过滤层析，记录 A_{280} 的层析图，合并第三峰的组分。

   柱洗脱液通常有 3 个主峰：第一个峰（空体积）含有聚集物，第二个峰含有二聚体的 hIL-2，第三个峰含有单体的 hIL-2（S. M. L.，未发表资料）。第三个峰含有最高的 hIL-2 生物学活性（Liang et al. 1986；Bottomly et al. 1991）。

8. 使用 45 mm 直径的 Spectra/Por 3 透析袋（MWCO 3500），在 4℃将合并后的组分（约 60 ml）对 5 L Milli-Q 水透析过夜，然后再对 5 L 新鲜的 Milli-Q 水透析 3～4 h。如果要保存，可于−20℃保存。

   透析物的体积应当约为 60 ml，hIL-2 的浓度为 0.2 mg/ml。

9. 用 0.22 μm 滤器过滤透析物，然后加入 30 ml 乙腈 [33%（V/V）的终浓度] 和 0.09 ml TFA [0.1%（V/V）的终浓度]。

10. 根据生产商的说明书准备和测试 HPLC 系统，安装一根 300 Å 辛基 Aquapore RP-300 反相层析柱，用以下梯度程序在室温下进行一次空白运行，根据需要进行重复，以确保基线稳定。

    0 min：0%溶剂 B/100%溶剂 A
    10 min：0%溶剂 B/100%溶剂 A
    60 min：50%溶剂 B/50%溶剂 A
    90 min：50%溶剂 B/50%溶剂 A
    150 min：70%溶剂 B/30%溶剂 A
    160 min：70%溶剂 B/30%溶剂 A
    170 min：100%溶剂 B/0%溶剂 A
    180 min：100%溶剂 B/0%溶剂 A
    190 min：0%溶剂 B/100%溶剂 A
    210 min：0%溶剂 B/100%溶剂 A。

11. 将样品泵入柱中，流速为 4 ml/min，在室温下运行第 10 步中的梯度，流速为 1 ml/min，收集 8 ml 的组分，流速为 1 ml/min，合并正确折叠的 hIL-2 的峰，约在 70 min 时洗脱下来。

12. 使用 11.5 mm 直径的 Spectra/Por 3 透析袋（MWCO 3500），在 4℃将合并后的 hIL-2 组分对 5 L Milli-Q 水或 25 mmol/L 的醋酸透析，用 0.22 μm 滤器过滤纯化后的蛋白质溶液，于−20℃或更低温度保存。

基本方案 3　带组氨酸标签蛋白质的折叠和纯化：HIV-1 整合酶

本方案叙述 HIV-1 整合酶中心核结构域的折叠和纯化，它由 50～212（IN[50−212]）个残基组成，本蛋白质在大肠杆菌中表达，带 N 端组氨酸标签。

材料（带√的项见附录1）

- 表达 HIV-1 整合酶的大肠杆菌细胞：100 g 湿重，来自 3.5 L 发酵液（见第 5.3 单元），在密封的聚乙烯袋中以菌泥的形式－80℃保存

√IN 破菌缓冲液，4℃

- 悬浮缓冲液：IN 破菌缓冲液，不加溶菌酶，4℃

√IN 提取缓冲液，4℃

- 6 cm×60 cm Superdex 200 制备级预装凝胶过滤柱（Amersham Pharmacia Biotech 公司）

√IN 柱缓冲液 A～G，4℃

- Ni-NTA-Sepharose CL-6B MCAC 树脂（Qiagen 公司）
- 6 cm×60 cm Superdex 75 制备级预装凝胶过滤柱（Amersham Pharmacia Biotech 公司）
- 4 mol/L 盐酸胍/5 mmol/L DTT，4℃

√IN 折叠缓冲液，4℃

- 50 mmol/L Tris・Cl（pH 7.5、4℃）/10 mmol/L CHAPS，4℃

√2000 NIH 单位/ml 的凝血酶

- 固定在 Sepharose 6B 上的 p-氨基苯脒（Pierce、Amersham Pharmacia Biotech 公司或 Sigma 公司）
- 9 mol/L 尿素，4℃
- 0.1 mmol/L 4-(2-氨乙基)苯磺酰氟［4-(2-aminoethyl)benzenesulfonyl fluoride］（AEBSF；Boehringer Mannheim 公司或 ICN Biomedicals 公司）
- 捣碎器（如 Waring；≥1 L 的容量）
- 1 L 钢制烧杯
- 超声破碎仪，≥400 W，带隔音箱（Branson 公司或相当的）
- 离心机，带 Beckman J-14 转头（或相当的）
- 组织匀浆器（如 Polytron 公司、Brinkmann 公司）
- 超速离心机，带 Beckman 45Ti 转头（或相当的）
- 5 cm×50 cm 层析柱，带可调节的流速接头
- 梯度标志物
- 超滤器（400 ml 和 2 L 的容量），带 Diaflo PM 10 超滤膜（Amicon 公司）
- 蠕动泵
- Millex-GV 0.22 μm 孔径的滤器（Millipore 公司）
- 28℃水浴
- 1 cm×10 cm～1 cm×20 cm 层析柱

注意：所有的步骤都应当在 4℃进行，除非另有说明。

1. 使用捣碎器，将 100 g（湿重）表达 HIV-1 整合酶的大肠杆菌细胞重悬于 400 ml IN 破菌缓冲液中，在室温（20～25℃）下用磁力搅拌器搅拌 30 min，将黏的悬液倒入一个 1 L 的钢制烧杯（置于冰上）中，满功率超声 20 min，工作状态为 60%（即开

0.6 s，然后关 0.4 s），不时搅拌，确保温度未升到 20℃ 以上。

2. 4℃、30 000 g 离心（J-14 转头为 14 000 r/min）1 h，用 500 ml 悬浮缓冲液重悬沉淀，30 000 g 离心 1 h，使用组织匀浆器将沉淀溶于 40 ml IN 提取缓冲液中，然后 4℃、100 000 g 离心（Ti45 转头为 35 000 r/min）45 min。

3. 用 IN 柱缓冲液 A 平衡一根 6 cm×60 cm Superdex 200 凝胶过滤柱（见第 8.3 单元），将清亮的上清上样，用 IN 柱缓冲液 A 洗脱，流速为 300 ml/h，收集 15 ml 的组分，用 SDS-PAGE（见第 10.1 单元）分析各组分，合并含 IN$^{50-212}$ 的组分，在凝胶过滤之后，在 SDS-PAGE 上的主要带应当是 IN$^{50-212}$，占总蛋白质的 20%～50%。

4. 用 Ni-NTA-Sepharose CL-6B MCAC 树脂填装一根 5 cm×50 cm 的柱，柱床为 5 cm，用 IN 柱缓冲液 B 平衡，流速为 300 ml/h，平衡之后，将 IN$^{50-212}$ 样品上到柱中，用缓冲液 B 洗涤，直到吸收接近基线，然后用 5～10 倍体积（490～980 ml）的 IN 柱缓冲液 C 洗涤。

   加到柱中的样品不应含有 EDTA，如果需要还原剂，应当使用 1 mmol/L 的 2-巯基乙醇，而不要使用 DTT，据报道，Ni-NTA 介质的结合容量为每毫升树脂 5～10 mg 蛋白质。

5. 在梯度混合器的适当的腔内放入 490 ml IN 柱缓冲液 C（pH 6.4）和 490 ml IN 柱缓冲液 D（pH 4.5），使用这种线性梯度洗涤结合的蛋白质（总计 980 ml，或 10 倍柱体积），流速为约 300 ml/h，收集 10 ml 的组分，合并主要峰的（含有 IN$^{50-212}$，约在 pH 5.5 时洗脱下来）组分。

   柱的清洁：用 0.2 mol/L 醋酸/6 mol/L 盐酸胍洗涤二三次，然后用 IN 缓冲液 B 平衡。有关 Ni-NTA 树脂使用的详细情况见生产商的说明书（Qiagen 公司，1992）和第 9.2 单元。

6. 用超滤器（带 Diaflo PM 10 超滤膜）将合并后的组分浓缩至约 40 ml（即 8～10 mg/ml 蛋白质）。

7. 用 IN 柱缓冲液 E 平衡一根 6 cm×60 cm Superdex 75 凝胶过滤柱，上样，合并峰组分，如果希望，分成 10～20 ml 的小份，－80℃ 保存。

   另一种方法是：用超滤法将第 5 步的合并组分浓缩至 ≤1 mg/ml 蛋白质，然后对 IN 柱缓冲液 E 透析（附录 3B）。

8. 用 4 mol/L 盐酸胍/5 mmol/L DTT 稀释第 7 步的合并组分，使蛋白质浓度约为 1 mg/ml，用蠕动泵将 30 ml（或所需的其他体积）的稀释液泵入 1 L 的 IN 折叠缓冲液（终浓度约为 30 μg/ml）中，流速为约 3 ml/h，同时用磁力搅拌器轻轻搅拌（图 6.13）。

   蛋白质浓度的估计：用 1 cm 径长的比色杯测量时，1 mg/ml 折叠的 IN$^{50-212}$（仍然含有组氨酸标签）的 $A_{280}=1.46$，蛋白质折叠通常在低浓度时进行，以避免聚集。

9. 用超滤器（带 Diaflo PM 10 超滤膜）将溶液浓缩到约 1 mg/ml，用 Millex-GV 0.22 μm 滤器过滤浓缩后的溶液（25～30 ml），如果希望，可－80℃ 保存几个月。

10. 用 50 mmol/L Tris·Cl（pH 7.5）/10 mmol/L CHAPS 1∶1 稀释折叠后的蛋白质，往 60 ml 稀释的蛋白质中加入 300 μl 2000 NIH 单位/ml 的凝血酶 [600 NIH 单位；底物/酶的比率约为 0.02%（m/m）]，28℃ 温育 30 min，偶尔混合一下，再

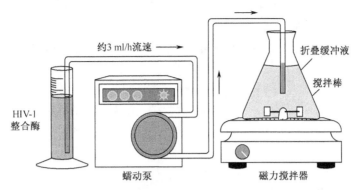

图 6.13 通过稀释到缓冲液中的方法折叠 HIV-1 整合酶的装置。

加入 300 μl 2000 NIH 单位/ml 的凝血酶,温育 30 min,在冰上将溶液冷却至4℃,立即进行第 11 步。

11. 用固定在 Sepharose 6B 上的 p-氨基苯脒装一根 1 cm×20 cm 的柱,用 IN 柱缓冲液 F 平衡。

12. 往 60 ml 凝血酶消化物(第 10 步)中加入 7.5 ml 9 mol/L 的尿素(终浓度为 1 mol/L),上样至平衡好的柱中,流速为 2 ml/min,收集柱穿过液,然后用 IN 柱缓冲液 F 洗涤,直到 A_{280} 接近基线(通常为 1~2 个柱体积)。

   亲和柱的再生:用几个柱体积的 6 mol/L 盐酸胍(溶于水中)洗涤,除去结合的凝血酶;另一种方法是:用 50 mmol/L Tris · Cl(pH 7.8)/10 mmol/L 苯甲脒 · HCl,在天然条件下,可以将凝血酶洗脱下来。

13. 合并穿过液和洗涤组分,加入 0.1 mmol/L AEBSF,用超滤器(带 Diaflo PM 10 超滤膜)浓缩至约 2 mg/ml。

14. 按第 7 步的方法用凝胶过滤纯化蛋白质,但在平衡和洗脱时,用 IN 柱缓冲液 G 代替 IN 柱缓冲液 E,合并含 IN^{50-212} 的组分,用 Millex-GV 0.22 μm 滤器过滤除菌。

   可以对最后的蛋白质溶液进行浓缩,但用超滤法浓缩含 CHAPS 的溶液时,去污剂也将被浓缩,用透析的方法可以慢慢地除去多余的去污剂(见附录 3B;CHAPS 的 CMC 为 8 mmol/L,其胶束大小约为 8 kDa)。

15. 在 1 cm 径长的比色杯中测量蛋白质溶液的 A_{280}。

   天然 IN^{50-212}(组氨酸标签被切掉后)的浓度为 1 mg/ml 时,其 $A_{280}=1.54$。

参考文献:Browning et al. 1986;Goldengerg 1989;Hickman et al. 1994;Liang et al. 1985, 1986;Orsini and Goldberg 1978;Thannhauser et al. 1984;Weir and Sparks 1987;Wetlaufer 1984;Wingfield et al. 1987a, 1987b

作者:Paul T. Wingfield, Ira Palmer and Shu-Mei Liang

6.6 单元 GST 融合蛋白的表达和纯化

可使用 pGEX 载体(图 6.14)在大肠杆菌中高水平地表达与谷胱甘肽 S 转移酶(GST)融合的多肽,这种表达是可诱导型的,且是细胞内表达,用谷胱甘肽-Sepharose 4B 结合物的亲和层析，在非变性条件下，很容易纯化这种 GST 融合蛋白。使用 GST 和重组多肽之间的特异性蛋白酶切割位点，可以从目的蛋白上切下氨基端的 GST 部分，最后，将样品重新上谷胱甘肽-Sepharose 柱，能够除去 GST 部分。

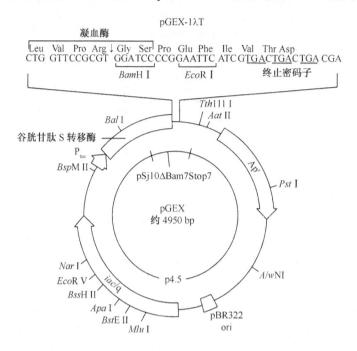

图 6.14 pGEX 载体是质粒表达载体，它将克隆基因与谷胱甘肽 S 转移酶（GST）融合表达。在用异丙基-1-硫代-β-D-吡喃半乳糖苷（IPTG）诱导之前，*lac* 阻抑物基因与 *lac* 启动子（*p*tac）结合，阻抑 GST 融合蛋白的表达，使用如括号内所示的多接头位点（在此所示的 pGEX-1λT 是最常见的，但也有其他的）能够将目的多肽正好插在 GST 基因的后面，在 GST 载体蛋白和目的蛋白之间有蛋白酶切割位点（多接头序列上面的括号），所以能够将 GST 部分除去。在多接头序列的下面和在质粒上标明了限制性内切核酸酶位点，选择载体和适当的克隆位点的一个很重要的考虑是加到靶多肽 N 端的外来残基尽可能少。载体图谱得到了 Amersham Pharmacia Biotech 公司的允许。

基本方案 1　谷胱甘肽 S 转移酶融合蛋白的表达

本方案内容：在振荡培养箱中，制备 1.8 L 转化的大肠杆菌（3 个 2 L 的培养瓶中各装 600 ml），使用更多或更大的培养瓶可以进行中等的规模放大，进一步的规模放大要使用发酵罐来完成（见第 5.3 单元）。

通过 550 nm（OD_{550}）的光密度读数或通过 SDS-PAGE 分析细菌培养物都可以监测培养物的生长，在诱导之后，不要让细胞生长过长的时间，因为会发生细胞裂解，释放出能够降解融合蛋白的蛋白酶，对于鉴定细胞破裂，用显微镜观察细胞是一种很有用的方法。

材料（带√的项见附录 1）

　　√LB 培养基，调 pH 至 7.2

　　√5 mg/ml 氨苄青霉素

- 在 pGEX 载体中表达 GST 目的蛋白融合蛋白的转化大肠杆菌细胞的甘油培养物
√100 mmol/L 异丙基-1-硫代-β-D-吡喃半乳糖苷（IPTG）
- 500 ml 和 2 L 培养瓶
- 紫外/可见光分光光度计
- 大离心杯（如容量为 1 L）
- 低速制冷离心机（如 Beckman J6-B 和 JS-4.2 转头或相当的），4℃

1. 制备 LB 培养基，往 3 个 2 L 的瓶中各加入 600 ml，往两个 500 ml 的瓶中加入各 100 ml，在慢排气（液体）设定下高压灭菌 20～30 min，冷却至室温。

2. 往一个含 100 ml LB 培养基的瓶中加入 1 ml 5mg/ml 的氨苄青霉素，使用接种环接种表达目的 GST 融合蛋白的转化大肠杆菌，用火焰烧所有瓶口，以降低污染的危险。37℃振荡（250～300 r/min）培养过夜，用紫外/可见光分光光度计测量 OD_{550}，从第二个 500 ml 的瓶（无氨苄青霉素）取培养基作为对照（过夜培养物的 OD_{550} 应当约为 1.0）。

3. 在无菌条件下，往每个含 600 ml LB 培养基的 2 L 瓶中加入 6 ml 5mg/ml 的氨苄青霉素（终浓度为 0.1 mmol/L），往每个 2 L 瓶中加入 30 ml 过夜培养物，37℃振荡培养，直到 OD_{550} 达到 0.5～0.7（约 2 h），从每个瓶中取出 1 ml 的样品，留作凝胶分析。

应当靠经验确定每种重组蛋白的最佳生长条件，如果细胞在较低的温度下生长能够将表达的蛋白质由包含体转变为可溶性的组分，必须延长培养时间。

4. 诱导细胞表达：往每个瓶中加入 6 ml 100 mmol/L IPTG（终浓度为 1.0 mmol/L），37℃培养 2.5～3 h。从摇瓶中取培养物，测定最终的 OD_{550}，从每个瓶中取出 1 ml，用于凝胶分析。

5. 将各培养物各倒入一个离心杯中，于 4℃、4000 g 离心 20 min，小心地倒出上清，在每个离心杯中留下 15～50 ml 的上清，在这些剩余的上清中重悬沉淀的细胞。

6. 将悬液移至一个 50 ml 的离心管中，于 4℃、4000 g 离心 20 min，倒掉上清，将其放入−80℃冰箱中冷冻沉淀。

7. 用 SDS-PAGE（见第 10.1 单元）分析诱导前和诱导后的样品，证实诱导蛋白质的表达。

基本方案 2 可溶性 GST 融合蛋白的亲和层析纯化

材料（带√的项见附录1）
- 谷胱甘肽-Sepharose 4B 树脂（Amersham Pharmacia Biotech 公司）
√PBS
√谷胱甘肽缓冲液
√PBS/EDTA/PMSF 缓冲液
- 表达融合蛋白的大肠杆菌培养物沉淀（见基本方案 1 第 6 步）
√裂解缓冲液，冰冷的
√洗涤缓冲液，冰冷的

√PBS/EDTA
- 2.5 cm×8 cm 谷胱甘肽-Sepharose 4B 柱（如 Bio-Rad Econo 公司）
- 蠕动泵
- 超声破碎仪，装有细尖探头（如 Branson 公司）
- 60 ml 离心杯（能够承受 48 000 g 的离心力）
- 高速冷冻离心机（如 Beckman JZ-21M 离心机和 JA-18 转头，或相当的），4℃
- Dounce 匀浆器

注意：除 SDS-PAGE（室温）外，所有步骤都应当在 4℃ 冷室中进行，除非另有说明。

1. 将 20 ml 谷胱甘肽-Sepharose 4B 树脂倒入 2.5 cm×8 cm 的柱中（装柱的细节参见第 8.3 单元），用蠕动泵，用 5～10 倍体积的 PBS 洗涤谷胱甘肽柱，流速为 1.5 ml/min，以除去乙醇贮存溶液。

   树脂的量应当足够纯化 1.8 L 培养物中的融合蛋白，这 1.8 L 培养物中含有 60～120 mg 的融合蛋白。

2. 用 3～5 倍体积的谷胱甘肽缓冲液洗涤柱，流速为 1.5 ml/min，然后用 10 倍体积的 PBS/EDTA/PMSF 洗涤柱，流速为 1.5 ml/min。

   以前用过的柱在贮存过程中可能会被部分氧化，在使用前 24 h 以内应当重新平衡（第 2 步）。

3. 将每 600 ml 培养物的沉淀物重悬于 15 ml 冰冷的裂解缓冲液（25～50 μl 缓冲液/ml 培养物）中，用装有细尖探头的超声破碎仪超声裂解细胞，超声 10 次，每次工作 10 s、间歇 1 min，在超声过程中，要将细胞置于冰上，并防止产生泡沫，否则会使融合蛋白变性，保留裂解物样品（约 100 μl）用于凝胶分析，将其余的裂解物移至一个 60 ml 的离心杯中。

4. 将裂解物于 4℃、48 000 g 离心 20 min，将上清（含可溶性的融合蛋白）倒入一个干净的 50 ml 离心管中。

5. 将沉淀重悬于冰冷的洗涤缓冲液中，体积与第 3 步所用的裂解缓冲液体积相同，用 Dounce 匀浆器重悬沉淀。

6. 用 SDS-PAGE（见第 10.1 单元）分析裂解物、上清和重悬的沉淀物，证实融合蛋白在上清中。

7. 将上清上到一根预平衡过的谷胱甘肽柱（第 2 步）中，流速≤0.1 ml/min（如过夜），收集各组分，用 SDS-PAGE（见第 10.1 单元）分析未结合峰的多个组分，以证实融合蛋白已经结合，而且未超过柱的容量。

   在早期的未结合组分中没有融合蛋白，但在晚期未结合组分中出现融合蛋白，这表明已经超过了柱的容量。

8. 用 5～10 倍体积的 PBS/EDTA/PMSF 洗涤柱，流速为 1.5 ml/min，之后用 10 倍体积的 PBS/EDTA 洗涤柱，流速为 1.5 ml/min，以除去 PMSF。

   如果要用凝血酶或 Xa 因子切割样品（见基本方案 3），必须首先从样品中除去任何的丝氨酸蛋白酶抑制剂（如 PMSF）。

9. 用 5 倍床体积的谷胱甘肽缓冲液从柱上洗脱融合蛋白，流速为 0.3 ml/min，用在线式紫外检测仪或通过各个组分的吸收读数,在 280 nm 处监测融合蛋白的洗脱,用 SDS-PAGE 分析各组分,合并含 GST 融合蛋白(纯度通常>90%)的组分,0~4℃ 保存。

备择方案　用亲和层析从包含体中纯化 GST 融合蛋白

在用尿素或另一种变性剂将包含体溶解之后,再用透析(见第 6.3 单元)的方法复性,通常能够从包含体中纯化谷胱甘肽 S 转移酶(GST)融合蛋白。作为从包含体中纯化蛋白质的一种备选方案,当使用 pGEX 载体时,让细胞在较低的温度下生长通常能够将融合蛋白转变到上清中,而每升的培养物仍然能够产生≥10 mg 的融合蛋白。

附加材料(也见基本方案 2;带√的项见附录 1)

　√U 缓冲液

- Triton X-100

　√PBS/甘油缓冲液

- 低速制冷离心机(如 Beckman J6-B 和 JS-4.2 转头,或相当的)4℃

注意:所有步骤都应当在 4℃ 冷室中进行,除非另有说明。

1. 预平衡谷胱甘肽柱、裂解细胞、分离裂解物的沉淀(含有包含体)和上清(见基本方案 2 第 1~5 步)。
2. 将洗涤过的沉淀于 4℃、48 000 g 离心 20 min,倒掉上清,将每 600 ml 原始培养物的沉淀溶于 12 ml 新配制的 U 缓冲液中,在冰上温育 2 h。
3. 于 4℃、48 000 g 离心 20 min,将上清(含有提取的融合蛋白)小心地移至一支干净的 50 ml 离心管中,加入 Triton X-100,使终浓度为 1%(V/V)。
4. 对 20 倍体积的 PBS/甘油缓冲液透析(见附录 3B)2~3 h,然后对大于 100 倍体积的 PBS/EDTA/PMSF 缓冲液透析过夜。
5. 从透析袋中取出样品,于 4℃、4000 g 离心 20 min,过柱纯化融合蛋白(见基本方案 2 第 7 步~第 9 步)。

基本方案 3　蛋白酶切割融合蛋白溶液以除去 GST 亲和标签

对于每种重组融合蛋白必须凭经验确定最佳的切割条件(如温度、酶-底物比率、温育时间的长度和缓冲液条件)。

材料(带√的项见附录 1)

- 亲和纯化的融合蛋白溶液(见基本方案 2)
- 凝血酶(Sigma 公司),溶于水中,浓度为 0.5 U/μl;或 1 μg/μl 的 Xa 因子(Boehringer Mannheim 公司)
- 0.15 mol/L PMSF,溶于异丙醇中

　√PBS/EDTA/PMSF 缓冲液

- Beckman J6-B 离心机和 JS-4.2 转头(或相当的),4℃

1. 往亲和纯化的融合蛋白溶液中加入适量的凝血酶(pGEX-T 载体)或 Xa 因子

（pGEX-X 载体），在 37℃（凝血酶）或 25℃（Xa 因子）振荡水浴中消化 2～8 h。

对于每种重组融合蛋白必须先凭经验确定适当的酶量，即在试验性的蛋白酶解分析实验中试验大量的条件。

2. 中止制备性消化：加入 1∶500 稀释的 0.15 mol/L PMSF 贮液，37℃温育 15 min（凝血酶）或 25℃温育 30 min（Xa 因子）。

3. 于 4℃对 2 L PBS/EDTA/PMSF 透析（附录 3B）2 次，每次换液至少间隔 4 h。

如果要将样品重新上谷胱甘肽-Sepharose 层析，以除去 GST 部分和未被切割的融合蛋白，则将谷胱甘肽完全除去是很重要的。

当使用 MWCO＜12 000 的透析袋时，由于在透析过程中谷胱甘肽平衡很慢，所以透析条件应当增加到至少换 3 次液，每次使用 2 L 透析缓冲液。

4. 将透析后的样品于 4℃、4000 g 离心 20 min，以除去任何的沉淀物，在 0～4℃将上清移至一个干净的管中，用 SDS-PAGE（见第 10.1 单元）分析。

在谷胱甘肽柱上重新层析可以将切下的目的蛋白与 GST 和未切开的融合蛋白分开。

参考文献：Smith and Johnson 1988

作者：Sandra Harper and David W. Speicher

6.7 单元　硫氧还蛋白融合蛋白的表达和纯化

本单元介绍了一种使用硫氧还蛋白（作为融合伴侣）的基因融合表达系统，硫氧还蛋白是大肠杆菌 *trxA* 基因的表达产物，这种系统对在大肠杆菌胞质中高水平地表达可溶性融合蛋白是特别有用的，在许多情况下，以硫氧还蛋白融合蛋白的形式表达的许多异源蛋白质能够正确地折叠，并表现出完整的生物学活性。硫氧还蛋白基因融合表达载体 pTRXFUS 和 hpTRXFUS 都携带大肠杆菌的 *trxA* 基因（图 6.15），两者都用于高水平地生产在 C 端与硫氧还蛋白融合的融合蛋白。

在长时间的诱导过程中，收集时间点，并从这些时间点分离细胞，这通常是一种好主意，尽管一种特定的融合蛋白在诱导的早期会是可溶性的，但在诱导的晚期，这种融合蛋白会变得不稳定，其细胞内的浓度会超过关键的阈值，在此阈值之上，这种融合蛋白会沉淀并出现在不溶性的组分中。

基本方案　硫氧还蛋白融合蛋白的构建和表达

在本方案中是以大肠杆菌宿主菌 GI724 在 30℃的表达来介绍的，本方案也适用于菌株 GI698 和 GI723（也可购自 Genetics Institute 公司），用于在其他温度的表达，具体参数见表 6.4。

材料（带√的项见附录 1）

- 编码目的序列的 DNA 片段
- 硫氧还蛋白表达载体（图 6.15）：pTRXFUS 或 pALtrxA-781（Genetics Institute 或 Invitrogen 公司）或 hpTRXFUS（Genetics Institute 公司）

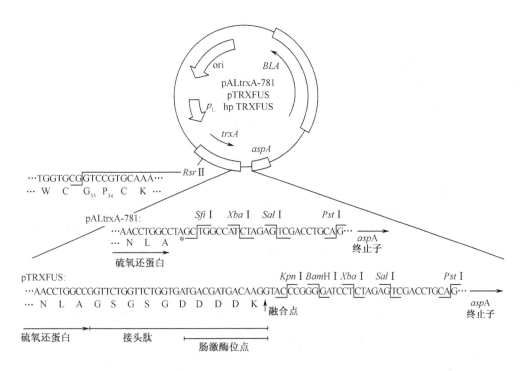

图 6.15 硫氧还蛋白基因融合表达载体 pTRXFUS、hpTRXFUS 和 pALtrxA-781。pALtrxA-781 在 *trxA* 基因的 3′ 端含有多接头序列，pTRXFUS 和 hpTRXFUS 在 *trxA* 基因和多接头之间含有编码一种肽的接头区，这种肽包括肠激酶切割位点，在硫氧还蛋白活性位点环的周围的序列有一个单一的 *Rsr*II 的位点，可用来插入肽编码序列。星号表示翻译终止密码子。缩写：*trxA*，大肠杆菌硫氧还蛋白基因；*BLA*，β-内酰胺酶基因；ori，colE1 复制原点；*p*L，λ 噬菌体主要向左启动子 （bacteriophage λ major leftward promoter）；*asp*A 终止子，大肠杆菌天冬氨酸氨基转移酶转录终止子。

表 6.4 在各种温度下生产硫氧还蛋白融合蛋白的大肠杆菌菌株

菌株	所希望的生产温度/℃	诱导前生长温度/℃	诱导时间/h
GI698	15	25	20
GI698	20	25	18
GI698	25	25	10
GI724	30	30	6
GI724	37	30	4
GI723	37	37	5

- 大肠杆菌菌株 GI724 （Genetics Institute 或 Invitrogen 公司），生长在 LB 培养基中，并制成感受态

√IMC 平板，含 100 μg/ml 氨苄青霉素

√LB 培养基

√CAA/甘油/氨苄青霉素 100 培养基

√IMC 培养基，含 100 μg/ml 氨苄青霉素

√10 mg/ml 色氨酸

√SDS-PAGE 样品缓冲液

- 30℃对流培养箱
- 18 mm×50 mm 培养管
- 滚筒（New Brunswick Scientific 公司）
- 250 ml 培养瓶

1. 使用编码目的序列的 DNA 片段在 pTRXFUS 或 hpTRXFUS 载体 *trxA* 基因的 3′端构建读框正确的融合序列，或在 pALtrxA-781 的独特的 *RsrII* 位点构建插入的短肽。

2. 将含有新硫氧还蛋白融合质粒的连接混合物转化进 GI724 感受细胞，将转化的细胞涂到含 100 μg/ml 氨苄青霉素的 IMC 平板上，在 30℃对流培养箱中培养，直到出现菌落。

   将 GI698、GI723 和 GI724 菌株在 LB 培养基中 37℃生长，可用含 pL 的载体转化这些菌株，在紧接着转化后的短时生长（outgrowth）期间，这些菌株也可以使用 LB 培养基。

   除了在转化期间外，当这 3 种菌株携带 pL 质粒时，不得使用 LB 培养基，因为 LB 培养基含有色氨酸。pL 启动子特别强，在需要之前应当使其处于未诱导状态，以便不会由于表达菌株不希望的遗传选择或重排引起的蛋白质表达而选择到低表达的突变细胞或变异细胞。

3. 将候选菌落在 5 ml 的 CAA/甘油/氨苄青霉素 100 培养基中 30℃生长过夜，制备少量的质粒 DNA，用限制酶图谱检查基因正确地插入到 pTRXFUS 载体中，对候选克隆的质粒 DNA 测序，以验证硫氧还蛋白与目的基因或序列之间的连接区。

4. 在含 100 μg/ml 氨苄青霉素的 IMC 平板上，将含有硫氧还蛋白表达质粒的 GI724 划线，产生单菌落，于 30℃生长 20 h。

   偶尔情况下，在 37℃诱导生长在 GI698 和 GI724 中的 pL 质粒，甚至在不含色氨酸的培养基中，如果在 pL 诱导之前必须在 37℃生长，那么应当使用 GI723 作为宿主菌株，因为 GI723 比 GI698 和 GI724 产生较高水平的 cI 阻抑物，否则，在诱导之前，含有质粒的 GI698 应当在 25℃生长，含有质粒的 GI724 应当在 30℃生长（表 6.4）。

5. 从平板上挑一个新鲜、独立的菌落，用其接种 5 ml 含 100 μg/ml 氨苄青霉素的 IMC 培养基（在 18 mm×150 mm 培养管中），在滚筒上 30℃培养过夜。

6. 在 250 ml 培养瓶中，往 50 ml 含 100 μg/ml 氨苄青霉素的新鲜 IMC 培养基中加入 0.5 ml 过夜培养物，于 30℃剧烈通气的条件下生长，直到 550 nm 处的吸收达到 0.4～0.6 *OD*/ml（约 3.5 h）。

7. 取 1 ml 培养物小份（未诱导细胞），在 550 nm 处测量光密度，于温室、最高转速条件下离心 1 min，收集细胞，用移液器小心地除去所有用过的培养基，将细胞沉淀 −80℃保存。

8. 往剩余的细胞（第 7 步）中加入 0.5 ml 10 mg/ml 的色氨酸（终浓度为 100 μg/ml），诱导 pL，于 37℃培养 4 h，在此培养过程中，每间隔 1 h 取 1 ml 的培养物小份，收集细胞，方法如第 7 步。

9. 在诱导后 4 h，于 4℃条件下，用 Beckman J6 转头 3000 *g* 离心 10 min，从培养物中

收集剩余的细胞，将细胞沉淀－80℃保存。

10. 将诱导间隔（第 7 步和第 8 步）的沉淀重悬于 SDS-PAGE 样品缓冲液中，每 OD_{550} 的细胞加入 200 μl 的 SDS-PAGE 样品缓冲液，70℃加热 5 min，将细胞完全裂解，并使蛋白质完全变性，进行 SDS 聚丙烯酰胺凝胶电泳（见第 10.1 单元），每道上样量相当于 0.15 OD_{550} 的细胞（30 μl），用考马斯亮蓝将胶染色 1 h（见第 10.4 单元），将胶脱色，检查表达情况。

大多数硫氧还蛋白融合蛋白的表达量为总细胞蛋白质的 5%～20%，所希望的融合蛋白应当：①在胶上的迁移率与其分子质量相符；②在诱导前无此蛋白质；③在诱导期间逐渐积累，通常在 37℃诱导后出现最高积累。

辅助方案　硫氧还蛋白融合蛋白的渗透压释放

通过简单的渗透压休克（osmotic shock）法能够从大肠杆菌中释放出硫氧还蛋白和一些硫氧还蛋白融合蛋白，收率较好。

材料

- 诱导后 4 h 培养物的细胞沉淀（见基本方案）
- 20 mmol/L Tris·Cl（pH 8.0）/2.5 mmol/L EDTA/20%（m/V）蔗糖，冰冷的
- 20 mmol/L Tris·Cl（pH 8.0）/2.5 mmol/L EDTA，冰冷的

1. 将诱导后 4 h 培养物的细胞沉淀重悬于冰冷的 20 mmol/L Tris·Cl（pH 8.0）/2.5 mmol/L EDTA/20%蔗糖中，浓度为 5 OD_{550}/ml，在冰上温育 10 min。

2. 于 4℃条件下，最大转速离心 30 s，弃上清，小心地将细胞重悬于等体积冰冷的 20 mmol/L Tris·Cl（pH 8.0）/2.5 mmol/L EDTA 中，在冰上温育 10 min，不时地通过颠倒试管进行混合。

3. 于 4℃条件下，最大转速离心 30 s，保留上清（渗透压休克物），将细胞沉淀重悬于等体积的 20 mmol/L Tris·Cl（pH 8.0）/2.5 mmol/L EDTA 中（截留物）。

4. 在旋转蒸发器内将渗透压休克物和截留物的 100 μl 小份样品冻干，将每种样品溶于 100 μl 的 SDS-PAGE 缓冲液中，取 30 μl 进行 SDS-PAGE（见第 10.1 单元）分析。

对于一些硫氧还蛋白融合蛋白，渗透压休克法是一步实质性的纯化步骤，本步骤可以除去大多数污染的胞质蛋白质和几乎所有的核酸，然而，休克物会含有约一半的细胞延伸因子-Tu（EF-Tu）和大多数的大肠杆菌周质蛋白质。

参考文献：Ausubel et al. 2003；Holmgren 1985；LaVallie et al. 1993a
作者：John McCoy and Edward LaVallie

李慎涛 译　于丽华 校

第7章 重组蛋白的定性

一旦纯化了一种蛋白质，则有必要对蛋白质制备物进行定性。最初和最基本的分析是检查纯度和生物学或酶活性。而要纯化一种蛋白质，首先必须要有一种特定的蛋白质分析方法，通常在纯化的过程中要对蛋白质的纯化进行粗略的测定，即在不同的纯化阶段，对样品进行 SDS-PAGE（见第 10.1 单元）监测。本章的第一单元（见第 7.1 单元）详细介绍了用于对重组蛋白进行更详细定性所用的方法，应当注意的是，所列出的技术和方法并不仅限于重组蛋白，本书其他章节的一些方案也涉及某些方法。第 7.1 单元重点介绍从重组材料中分离蛋白质时通常遇到的污染物或异质性（heterogeneity）的检测和测定方法。

在第 7.2 单元中，介绍了用紫外（UV）吸收光谱法分析蛋白质，本方案介绍了直接（或分批方式）的光谱学测量方法。在这种方法中，只需简单地将纯化后的蛋白质放入石英比色杯中进行分析，数据采集和解释方案能够对蛋白质的均一性进行评估，至少可对蛋白质的纯度进行评估，分批方式的光谱学分析可以与用 SDS-PAGE 的纯度分析互补，前者还可以检测非蛋白质源性的污染物，特别是核酸。

从 cDNA 编码序列可以得知重组蛋白的一级序列，然而，分离得到的重组蛋白的序列可能会与推测的序列不同，这是由于翻译后修饰所造成的。所以，证实其一级序列是很重要的。进行该分析所需的蛋白量取决于蛋白质的用途，对于许多研究者来说，分析可能会包括部分 N 端测序和部分 C 端测序、肽作图、氨基酸分析（见第 3.2 单元）或用质谱测定分子质量（见第 16 章）。另一方面，对于药用蛋白质，通常需要测定完整的结构。

最常见的翻译后修饰是成对的巯基残基氧化形成二硫键，通常使用肽作图的技术来确定哪些巯基残基是成对的（键模式）。这一方法将在第 7.3 单元中介绍，在其他单元详细介绍了 HPLC 方法学（见第 11 章）和凝胶电泳（见第 10 章）的特定细节，在第 16 章将介绍用质谱法进行肽分析。

在第 7.4 单元中介绍了蛋白质构象的有关知识，介绍了横向尿素梯度电泳（transverse urea-gradient gel electrophoresis，UGGE）。通过简单地观察电泳迁移率，就可以监测暴露到线性梯度尿素（通常为 $0 \sim 8$ mol/L）中的蛋白质的去折叠，可以对凝胶模式进行分析，以估计构象的稳定性，并帮助鉴定蛋白质的共价或构象异质性。用于分析蛋白质构象的标准方法有光谱学方法［如圆二色性（见第 7.6 单元）、荧光光谱法（见第 7.7 单元）］和紫外光谱法（见第 7.2 单元）。然而，对于不愿意或不能够购买昂贵和复杂设备的研究人员来说，在第 17.4 单元中介绍的凝胶电泳法也会是一种很有用的选择，尽管其不太灵活或（可能）不够精确。

对于一种已纯化的蛋白质，确定其分子质量和在溶液中的物理同质性（homogeneity）具有十分重要的意义。对于重组蛋白，可以从其 cDNA 编码序列预测其分子质量，并可快速地用质谱（见第 16 章）证实。在溶液中，天然蛋白质分子质量的测定没有这么简单，但使用现代分析型超速离心机，这种测定仍然是一种很常规的方法，第7.5单元简要地介绍了用于测定分子质量和蛋白质流体特性的分析型超速离心法。

圆二色性和荧光光谱法是测定蛋白质构象的常用方法，在第7.6单元中叙述了测定蛋白质圆二色谱的基本方案，在第7.7单元中叙述了测定蛋白质荧光光谱的基本方案。圆二色性和荧光光谱法与大多数其他光谱法相似，需要仔细解释数据，并要对这种方法的不足有足够的理解。

第7.8单元介绍了差示扫描量热法（differential scanning calorimetry，DSC），它是一种用于测量正在经历热变性的蛋白质的热量摄取（热容）的方法。其方法是：改变溶解的蛋白质样品的温度，通过比较蛋白质样品与只含有溶剂的对照比色杯的热量，测量蛋白质样品所产生的热量差异，这种热量差异与蛋白质分子的构象能量有关，在实际应用中，当蛋白质经受热变性时（通常在 $40\sim80\,℃$），通常有热量产生（是一个放热过程），用现代的 DSC 仪器可以很准确地测量这种热量。

凝胶过滤是一种技术上很简单的方法，但却是一种最强大的对重组蛋白进行定性的方法，使用现代自动化的仪器，用分析型的方式，可以在很短的时间内得到有关蛋白质纯度、构象和物理同质性的数据，当与质谱合用时，通常可对凝胶过滤层析图进行全面的解释，以确定所有峰的化学一致性（identity）。第7.9单元详细介绍了联合应用 HPLC 凝胶过滤和质谱分析重组蛋白的方法。

许多蛋白质功能的分析方法（如细胞因子）可能很费时，而且准确性相对较低。当蛋白质的功能取决于其多肽链正确的三维折叠时，证明重组蛋白的构象与真实蛋白质的构象相同应当能够提供更方便的对产物进行定性的方法。尽管在第 7.4、第 7.6 和第7.7单元中所介绍的方法与 X 射线晶体学或 NMR 相比只能提供一般的结构信息，但是，这些方法能够很好地揭示构象和构象的改变，因此这些方法能够提供高度特异的蛋白质"指纹"。这种构象分析会确保蛋白质的化学真实性（authenticity）和同质性，像在第7.1单元～第7.3单元（和本书的其他章节）所叙述的一样。尿素梯度电泳（见第7.4单元）是一种液体技术，能够监测蛋白质的紧密（compactness）程度，用这种方法能够研究蛋白质的去折叠和重折叠，从而能够在蛋白质的稳定性和动力学方面对蛋白质进行定性。近紫外圆二色性能够得到芳香族残基（主要是色氨酸和酪氨酸）环境极性不对称特点的光谱，远紫外圆二色性监测多肽主链的构象，这样，也就能监测其二级结构，主要通过色氨酸和酪氨酸残基的环境极性和其相互作用来确定荧光光谱。这样，这4种技术提供了不同但互补的蛋白质构象指纹，在几个小时内就可以高度准确地测定蛋白质的天然性（nativeness）。为了得到高度准确的天然构象和进行一般的定性，尽可能使用现有的技术是很重要的。

除了证实已定性蛋白质（不论是以前生产的重组蛋白还是真实的蛋白质）样品的折叠构象的天然性以外，结合对蛋白质稳定性的估计，在此介绍的技术能够快速地得到蛋白质结构和动力学的信息。

作者：Paul T. Wingfield and Roger H. Pain

7.1单元　重组蛋白定性概述

研究蛋白质构象和结构的常用方法列于表7.1（非光谱法）和表7.2（光谱法）中，并包含了参考文献。参考文献重点介绍各种技术的具体应用，由于研究材料的复杂性，也列出了几本优秀的教材，它们覆盖了大多数的理论背景（见参考文献）。

表7.1　研究蛋白质结构和构象的非光谱法

方法	得到的信息	备注	参考文献
尿素梯度电泳	大小、形状和去折叠态	所需材料的量取决于凝胶和电泳系统的大小，如果使用抗体，可分析粗样品	Goldenberg 1989
凝胶过滤	大小、形状和分子的相互作用	测定分子半径最常用的方法，如果沉降系数已知，则可以测定 M_r，也可以跟踪构象变化	Ackers 1970, Ptitsyn et al. 1990
超速离心		各种沉降速度测量用于获得有关形状/构象的信息	
沉降速度	形状	检查同质性的有用工具。测定沉降系数（S），S 对蛋白质的构象敏感，样品之间 S 的小差异的检测很困难	Van Holde 1975, Harding 1994a, Ralston 1993
差异沉降	形状	测量沉降系数的很小差异（约 0.01 S），对样品之间很小的构象差异敏感	Van Holde 1975
沉降平衡	分子质量、四级结构和分子的相互作用	直接测定分子质量的首选方法（准确度为±3%），也被广泛地用于研究蛋白质的可逆性自缔合和配基结合	Van Holde 1975, Harding 1994a, Ralston 1993, McRorie and Voelker 1993
可及性（accessibility）分析			
蛋白酶敏感性	构象	蛋白酶对折叠蛋白质的作用取决于切割位点的特异性和可及性，而对于去折叠的蛋白质，只有前者才是重要的	Price and Johnson 1989
化学反应性	构象	除了使用对各种氨基酸侧链特异性的化学试剂（如巯基试剂）外，在原理上与上述的相似	Ballery et al. 1993
^{2}H 和 ^{3}H 交换	构象/动力学	用 HPLC 和 NMR 测量交换反应	Englander and Kallenbach 1984
量热法			
差异扫描	构象、热稳定性	在温度变化的过程中测量热量的摄取（热容），用于研究蛋白质和核酸的热去折叠，在现代仪器中，样品的需要量不大；每次扫描需要 1～2 ml 浓度为0.5～2.0 mg/ml 的样品。在中性 pH 条件下，蛋白质通常被不可逆地变性，为了防止蛋白质变性，通常在酸性 pH 条件下进行分析，或加入低浓度的离液剂	Sturtevant 1987, Cooper and Johnson 1994
等温滴定	分子的相互作用	直接测量双分子相互作用的能量学（包括结合常数），所需的样品量要比差异扫描大	Cooper and Johnson 1994
双分子相互作用分析	分子相互作用	使用 Pharmacia BIAcore 仪器进行双分子相互作用分析，使用表面等离子共振检测双分子相互作用。例如，蛋白质配基与受体的结合、蛋白质与核酸的结合、抗体–抗原的相互作用。为了将一种反应物固定到基质上，需要湿化学	Chaiken et al. 1992, Cunningham and Wells 1993
免疫学分析	构象	抗体对其抗原的亲和力取决于分子间结构的互补性，抗原构象的改变导致与适当抗体的结合亲和力改变，通常使用单克隆抗体	Figuet et al. 1989

表 7.2 研究蛋白质结构和构象的光谱法

方法	得到的信息	备注	参考文献
紫外吸收			
标准的光谱法	二级结构和三级结构	是在大多数实验室中可以使用的方法，现代的仪器具有二极管芯片检测器并用计算机控制	Wetlaufer 1962
差异光谱法	构象改变	处理样品（如使用 pH、温度和去污剂）和非处理样品之间的光谱差异给出相对构象的信息	Donovan 1969, 1973
荧光法		非常灵敏；与其他光谱法相比，所需要的样品较少	
稳态	二级结构和三级结构	内源性荧光主要是由于色氨酸，可以用荧光基团（外源性荧光）标记蛋白质。稳态淬灭研究给出有关暴露于发色团的信息	Chen et al. 1969, Haugland 1994
时间分辨的	构象改变	色氨酸荧光的寿命（衰变时间）在纳秒的范围内，用时间分辨的淬灭和去极化可以研究分子的动力学	Eftink and Ghiron 1981, Varley 1994
圆二色性	构象改变	比较蛋白质整体（或粗略）构象特点最常用的方法之一	
远紫外	二级结构	在180～240 nm 的范围内测量，可最准确地测定 α 螺旋，用各种方法对光谱进行计算机辅助的分析来估计二级结构的含量	Yang et al. 1986, Johnson 1990
近紫外	三级结构	在240～340 nm 的范围内测量，取决于芳香族残基的环境。构象指纹。解释困难，但对于进行比较有用	Strickland 1974
拉曼散射	二级结构	拉曼散射（和红外吸收）被称为振动光谱法（vibrational spectroscopy），对大分子装配物、沉淀物和晶体有用，用拉曼 Amide I 和 III 光谱估计二级结构	Bussian and Sander 1989, Williams 1986
红外吸收	二级结构	使用现代的计算机控制的傅立叶变换红外光谱（FT-IR）仪器；能够在水中测量（也可以测量颗粒状样品）。从 Amide I 光谱测量二级结构，对于 β 片层的估计优于圆二色性	Haris and Chapman 1992, 1994, Surewicz et al. 1993
光散射		直接 M_r 测定（cf. 沉降平衡），对于大的大分子装配物特别有用	
静态光散射	分子质量和形状	传统的光散射，现代的仪器使用激光。样品中一定不能含有粉尘。测定 M_r 时，需要知道折光指数增量（dn/dc），联合使用凝胶过滤和在线式多角度光散射检测器能够得到 M_r 的分布和构象的信息	Harding 1994b
动态光散射	形状和分子质量	也称为光子相关光谱法（photon correlation spectroscopy），测量了平移扩散系数（D），测定 M_r 需要知道沉降系数（S）	Harding 1994b, Phillies 1990
核磁共振			
^{1}H	二级结构；小蛋白质和多肽（＜10 kDa）的三维结构	需要大量的样品，蛋白质必须纯和稳定	Clore and Gronenborn 1992
多维的	二级结构；蛋白质的三维结构（10～30 kDa）	使用最低营养培养基在大肠杆菌中表达，联合使用 ^{15}N、^{13}C 和 ^{2}H 可以一致地标记蛋白质。在确定蛋白质的构象指纹时，二维的 ^{1}H-^{15}N 相关光谱很有用	Clore and Gronenborn 1994
X 射线衍射	原子分辨率水平的三维结构	蛋白质必须结晶，已广泛使用商品晶体筛选试剂盒	McRee 1993, Ducruix and Giege 1992, Hampton Research
扫描透射电子显微镜	分子质量	扫描透射电子显微镜；单个分子的质量测定。对超出沉降平衡质量范围的大颗粒特别有用	Thomas et al. 1994

图 7.1 的任务树是对重组蛋白进行完全定性所建议的路线,一些分析型技术所提供的信息是相互重叠的,为了避免进行多次测试,建议使用高技术方法,如 HPLC、质谱、圆二色性、NMR 和荧光光谱。然而,如果无法使用这些方法,那么用较传统的方法仍然可以得到好的信息,但应当注意,这些传统方法的分辨能力较弱,所以需要几种互补的分析型策略。

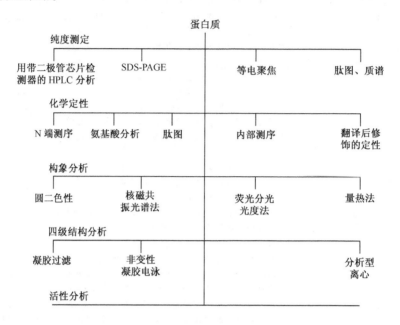

图 7.1　表示对一种重组蛋白进行完全定性所需的 5 个步骤(分支)的任务树形图。第一步是测定蛋白质的纯度,这有许多种方法,方法的选择取决于仪器的可利用性和所希望的纯度,接着是蛋白质的化学定性,第三步和第四步［蛋白质构象(折叠)和结构的测定］所需的特定方法列于表 7.1 和表 7.2 中,最后一步是测定蛋白质的活性,需要根据目的蛋白研制独特的分析方法。

参考文献:Campbell and Dwek 1984;Cantor and Schimmel 1980;Friefelder 1982;Kyte, 1995
作者:Nancy D. Denslow, Paul T. Wingfield and Keith Rose

7.2 单元　用紫外吸收光谱法测定重组蛋白的一致性和纯度
基本方案　用近紫外光谱法分析蛋白质

材料(带√的项见附录 1)
- 去污剂溶液
- 甲醇
- 0.1 mol/L 盐酸

√酸/乙醇清洁液(可选)
- 10 mol/L NaOH(可选)

√4%氧化钬参照溶液
- 参照标准物:与含有蛋白质缓冲液完全一致的缓冲液

- 分析用样品（溶液，如 0.05～1 mg/ml）
- 分光光度计（二极管芯片或常规扫描；双光束或单光束）和紫外（氘）灯（高达约 400 nm）
- 真空动力式比色杯洗涤仪（NSG Precision Cells，Kontes Glass，或相当的）
- 两个原厂配对的人造石英（Suprasil 或相当的）比色杯（Hellma，NSG Precision Cells，或相当的；用于双光束分光光度计）或单个的比色杯（用于单光束）
- 凝胶上样用塑料吸头（Marsh Biomedical Products；Rainin Instruments）
- 电子表格软件（如 Excel、LOTUS-123；可选）

1. 打开分光光度计和紫外灯，预热 20 min，确保仪器波长的交换（cross-over）点（在这一点，光源从氘灯切换至钨灯）设定在≥360 nm。

   只有带可见光吸收发色团的蛋白质（如血红素蛋白和金属蛋白）才需要大于约 400 nm 的波长。

2. 使用真空动力式比色杯洗涤仪洗涤比色杯，短暂地加入去污剂溶液，用水洗涤 3 次或 4 次，每次都要等到水从比色杯中完全耗尽，用甲醇洗涤，使其干燥，用纸巾（Kimwipe）或镜头纸（首选）擦拭比色杯的外壁，用肉眼检查。如果不干净，重复洗涤程序：开始时用 0.1 mol/L 盐酸代替去污剂。如果比色杯还不干净，将其在酸/乙醇清洁液中泡几个小时，如果还不干净，将其在 10 mol/L NaOH 中泡一会儿（20 min）。

   每次使用后都应当立即清洗比色杯，在温和的胃蛋白酶溶液中浸泡过夜，通常可以除去变性的蛋白质。

3. 检查光束的横切面（按仪器使用手册操作），确定正确的高度，比色杯应当与此高度相适应。

   样品体积必须足够大，以便弯月面完全位于光束的上方，如果光束比含有溶液的比色杯部分宽，则应当用吸光膜包裹比色杯壁的剩余部分，为此，已有商品的特制黑色比色杯。

4. 将波长（扫描）范围调整为 240～360 nm，对于二极管芯片分光光度计，使用 10 s 的测量时间。对于常规的扫描分光光度计，使用 1 nm 或 2 nm 的带宽、时间常数（响应时间）≤2 s（中等）、扫描速度≤60 nm/min。将数据点间隔设定为 1 nm（只对扫描仪器）。

5. 在样品架上不放比色杯，测量基线（本底）光谱，将含有 4%氧化钬溶液的密封比色杯插入样品架中，测量并保存光谱，在扫描速度的约 1/2 处收集第二张光谱。

6. 通过计算在 280～290 nm 范围的第一张导数光谱确定准确的峰位置，如果分光光度计具有内置式的导数计算（derivative calculation）能力，选择导数阶 1、多项式次数 2 和一个 5 个数据点的窗口，如果不这样，将光谱转换成 ASCII（文本）格式，输入电子规格中，并计算：

$$FD(\lambda) = \frac{-2[A(\lambda-2)] - A(\lambda-1) + A(\lambda+1) + 2[A(\lambda+2)]}{10 \times k}$$

式中，FD(λ) 是在积分波长 λ 处的第一导数值，A($\lambda+/-n$) 是在波长 $\lambda+n(n=-2$、

−1、1 和 2）处的吸收值，k 是数据点间隔（单位是 nm）。

如果使用 2 nm 的数据点间隔，n 的值加倍。

使用 Excel 电子表格计算导数的操作如下：①将光谱的吸收值拷贝到第一栏（范围通常为 A1：A100）；②输入第一个波长，使用 Edit/Fill/Series 命令，在第二栏（B1：B100）填入相应的波长值；③在第三栏的单元格中输入公式，对应于 A（λ）的吸收值（B3），例如，在上述方程中，使 $k=1$，C3 单元格含有＝(−2×A1−A2＋A4＋2×A5) /10（前两个和最后两个数据点的导数无法计算，因为使用了 5 个数据点的窗口）；④使用 Edit/Copy and Edit/Paste 命令，将此单元格中的内容（公式）拷贝到整个栏（B3：B98）中；⑤使用 Chart Wizard 选项，将所生成的光谱作图。

7. 注意光谱与零线交叉的地方（由正向负改变的标记），并计算这些截距的准确位置：

$$峰的位置(nm)=\lambda+k\frac{|FD(\lambda)|}{|FD(\lambda)|+|FD(\lambda+1)|}$$

式中，λ 是交叉之前的波长，k 是数据点间隔（单位是 nm），$|FD(\lambda)|$ 和 $|FD(\lambda+1)|$ 是在积分波长 λ（交叉点之前）处和在积分波长 λ＋1（交叉点之后）处第一导数的绝对值。

8. 计算使用较慢扫描速度收集的第二张光谱（仅扫描型仪器）的交叉点，如果位置不同，降低时间常数（响应时间）或使用更慢的扫描速度，直到交叉的位置变得不依赖于这些参数。

只有第一张光谱需要测试正确的响应时间，一旦确定了，便可以放心地使用这个设定。在用汞和氘发射线（mercury and deuterium emission line）仔细验证的仪器上，287 nm 的氧化钬的峰在 287.18 nm（1 nm 带宽）和 287.47 nm（2 nm 或 3 nm 带宽）处。商用仪器的这个值会稍有偏差，纠正所观察到的蛋白质波长结果的偏差，二极管芯片仪器通常需要每年校准一次，扫描仪器需要根据使用的情况经常地校准，如果不容易得到氧化钬标准物，作为参考目的，也可以使用色氨酸（单体的氨基酸）或相关的化合物。

9. 通过观察样品架的数目和其在样品室中的位置，验证光束的数目，在双光束分光光度计中，在两个比色杯中用对照标准物进行一次原始的背景（基线）测量，同一个比色杯中，用蛋白质溶液替换缓冲液，得到样品的光谱，如果必要，减去前面测量的背景光谱。在单光束分光光度计中，用参照标准物测量背景，然后用凝胶上样吸头吸掉缓冲液，重新加入样品，测量光谱（使比色杯在同一方向），减去背景光谱（基线），如果在基线处检测到 270～280 nm 的紫外吸收峰，重新清洁比色杯（第 2 步）。

10. 注意，在蛋白质峰处的吸收集中在 275～282 nm，如果在最大值处吸收＞1.0，检查所用仪器的线性范围（按照仪器说明书操作），如果吸收超出此范围，稀释样品，或降低光径，得到新的基线。如果吸收＜0.2，仔细地观察噪音水平，使用更长的采集时间（基线光谱和样品光谱都如此）。如果蛋白质的浓度已知，将样品稀释或浓缩，以使吸收值在 0.2～1.0（在 1 mg/ml 时，大多数蛋白质的 A_{280} 约为 1.1±0.5）。另一种方法是，在 280 nm 处进行预测量。

使用现代的分光光度计，可以准确地测量＜0.01 的值，然而，必须加以小心，以防止出现吸收的假象，因为此时大部分的蛋白质会残留在比色杯的内壁上，可以用以下方法进行检查：小心地将蛋白质溶液移去后，测定空比色杯的光谱。

11. 按所用仪器的正确格式保存光谱，或保存成 ASCII（文本）格式，以便用电子表格进行分析，如果不可行，打印或手工记录吸收值，作为波长的函数。

为了参考，在表 7.3 中列出了紫外吸收性氨基酸、天然配基和核酸的光谱特性，在表 7.4 中列出了作为 DNA 浓度的蛋白质浓度的函数的理论 $R(260/280)$ 值。

表 7.3　紫外吸收性氨基酸、天然配基（辅基）和核酸的光谱特性

发色团	λ^a/nm	ε^b/[cm/(mol/L)]
色氨酸（在天然蛋白质中）	280	5540
酪氨酸（在天然蛋白质中）	280	1480
二硫键（谷胱甘肽）	280	134
N-乙酰-L-色氨酰胺	280	5390
N-乙酰-L-酪氨酰胺	275	1390
N-乙酰-L-酪氨酰胺	280	1185
N-乙酰-L-苯丙氨酸乙酯	257	195
Cu^{2+}（天青蛋白）	781	320
FAD（丙酮酸脱氢酶）	460	1270
Fe^{3+}-血红素（细胞色素 c，还原型）	550	2770
FMN（氨基酸氧化酶）	455	1270
视黄醛-Lys（视紫红质）	498	4200
DNA（天然的，每个碱基）	258	6600
RNA（每个碱基）	258	7400

a 除了酪氨酸、N-乙酰-L-酪氨酰胺和 L-胱氨酸是在 280 nm 以外，所列波长表明最大吸收峰的值。

b 天然蛋白质中的色氨酸和酪氨酸以及氧化型谷胱甘肽（二硫键）在 280 nm 处的摩尔吸收率的值用于计算蛋白质的摩尔消光系数。

表 7.4　在核酸和蛋白质混合物中理论 $R(260/280)$ 值以及％P 和％N^a

％P^b	％N^b	R (260/280)
100	0	0.57
99	1	0.70
98	2	0.81
97	3	0.90
96	4	0.99
95	5	1.06
90	10	1.32
80	20	1.59
60	40	1.81
40	60	1.91
20	80	1.97
0	100	2.00

a 可检测到的 DNA 量可少至 1%，这是由于 DNA 的消光系数的值大约要高 10 倍（即 $E_{0.1\%}$ 在 280 nm 和 260 nm 分别为 10 和 20）。12 种球形蛋白质的 R 平均值为 0.57 ± 0.06，本表的经验方程式是：％$N = (11.6 \times R - 6.32)/(2.16 - R)$（Glasel 1995；进一步的注释见 Manchester 1995）。

b 缩写：％N，样品中 DNA 的百分重量；％P，样品中蛋白质的百分重量。

参考文献：Levine and Federici 1982；Mach et al. 1992；Savitsky and Golay 1964；Steiner et al. 1972；
　　　　　　Weidner et al. 1985；Wetlaufer et al. 1962
作者：Henryk Mach, C. Russell Middaugh and Nancy Denslow

7.3 单元　测定重组蛋白的一致性和结构

基本方案　测定重组蛋白的二硫键模式

　　本方案叙述了测定含有两个分子内二硫键的单体重组蛋白的二硫键模式的一般策略。假如蛋白质的特性有大量的可能性，那么不可能用一种单独的方法来测定二硫键的模式，也无法做到在任何情况下都适用。本方案尽可能地考虑了蛋白质的特性（idiosyncracy）。

注意：所有试剂都应当为分析纯或更好，除另有说明外，所有溶液都应新鲜配制。

警告：当使用碘乙酸、浓甲酸、溴化氰和三氟醋酸时，应当特别小心。

材料（带√的项见附录 1）

- 重组蛋白样品
- √烷基化缓冲液
- 不含氧气的氮气或氩气
- 盐酸胍
- 50 mmol/L 和 2 mol/L 磷酸氢铵
- √2 mg/ml 溴化氰（CNBr），溶于 70%的甲酸中
- √HPLC 溶剂 A 和 B
- 1%甲酸
- 蛋白酶：胃蛋白酶、金黄色葡萄球菌 V8 蛋白酶（内切蛋白酶 Glu-C）和（或）胰蛋白酶（猪；Sigma 公司）
- 0.1 mol/L 磷酸盐缓冲液，pH 7.0
- 冰醋酸（可选）
- 1 mol/L 二硫苏糖醇（DTT）
- √适当 MWCO 值的预处理的透析袋
- 冻干机
- 真空离心机：如 Speedvac（Savant）
- 反相高效液相色谱（RP-HPLC）仪，最好带自动进样器
- 分析型 HPLC 柱：例如，25 cm×4 mm 内径，装有 Nucleosil 5 μm，300 Å C8 颗粒（Macherey-Nagel）
- 制备型 HPLC 柱：例如，Nucleosil（同上），用于纯化高达约 0.2 mg 的蛋白质，或 25 cm×10 mm 内径，用于纯化高达约 1.5 mg 的蛋白质
- 肽质谱设备

1. 为了防止二硫化物的交换，将游离的巯基烷基化：将 0.2～2 mg 的蛋白质溶于约

0.1 mmol/L的烷基化缓冲液中，在氮气或氩气下，于室温（约 22℃）避光温育 30 min，加入固体盐酸胍，至终浓度为 6 mol/L，以暴露被包埋的巯基，再温育 60 min。

当蛋白质中有未配对的半胱氨酸（即序列中的半胱氨酸残基数为奇数）时，应当进行第 1 步和第 2 步。

2. 将样品移至预处理过的透析袋中，在 4℃、避光的条件下，对 50 mmol/L 磷酸氢铵透析（见第 4.1 单元；附录 3B），透析液的体积约为样品体积的 2000 倍以上，在 1 h、2 h 和 4 h 后更换透析液，继续透析过夜（总计约 18 h），用冻干的方法回收蛋白质。

如果已知在除去离液剂后蛋白质不会沉淀，则可以用凝胶过滤的方法代替透析，可更快地回收蛋白质。

3. 根据氨基酸的序列，选择消化条件（CNBr，一种或多种蛋白质水解酶，或两者合用；第 4～6 步），在连续的 Cys 残基之间至少切割一次多肽链。如果蛋白质含有少量间隔的 Met 残基，CNBr 切割通常是一种有用的初始片段化步骤。

当两个相邻的 Cys 残基共同形成一个二硫键时，则无需进行切割。

4. CNBr 处理：将重组蛋白溶于 2 mg/ml CNBr/70% 的甲酸中，浓度为 1 mg/ml，将试管密封，在室温、避光条件下，温育 24 h，在真空离心机中，在高真空下除去溶剂和试剂，进行酶消化。如果分析的复杂性（complexity）很高［即一种大的蛋白质和（或）有许多二硫键］，而且预期的序列表明通过对单个溴化氰片段进行分析会使所遇到的问题简化，则在进行酶消化之间，用 HPLC 溶剂 A 将完全消化物稀释 3 倍以上，并用 RP-HPLC（第 7 步和第 8 步）进行分离。

警告：CNBr 有毒，并且具有挥发性；浓甲酸的腐蚀性很强（详细警告见附录 1 中的配方）。

重要注意事项：在此和整个实验方案中，在使用真空离心机时，要将加热装置关闭，以降低如去酰胺化、氧化和 N 端环化之类的反应的风险。

5. 胃蛋白酶处理：将蛋白质（或蛋白质片段）溶于 1% 甲酸中，浓度约为 1 mg/ml，加入胃蛋白酶，酶/底物的比率为 1：100（m/m），于室温温育 16～24 h。

6. 胰蛋白酶或 V8 蛋白酶处理：将蛋白质（或蛋白质片段）溶于 0.1 mol/L 磷酸盐缓冲液（pH 7.0）中，浓度约为 1 mg/ml，加入酶，酶/底物的比率为 1：100（m/m），于 37℃温育 4 h。如果必要，在进行 HPLC（第 7 步）之前，用醋酸调消化物的 pH 至 3，以终止消化。

7. 用 RT-HPLC 分析消化物，使用每分钟 2% HPLC 溶剂 B 的梯度，直到 100% 的溶剂 B 流速为 0.6 ml/min，在低波长（214 nm）监测，因为许多组分可能不含芳香族残基。

当不再需要本方案中所用的柱子，为了防止柱子变质和检测器阻塞，在停止之前，必须用 5 倍柱体积的乙腈冲洗柱子。

8. 将第 7 步中有适当数目分离良好的片段的消化物进行制备型 HPLC 分离，为了得到最好的结果，对于在分析型 HPLC 上目的蛋白的百分度区间内，使用特别窄的梯度（如 0.2% B/min）。使用较小（如 4 mm 内径）的柱子，上样量为 0.1 mg 消化物时，使用 0.6 ml/min 的流速；上样量为 0.1～0.2 mg 消化物时，使用 1 ml/min 的流速。使用较大（10 mm 内径）的柱子，上样量为 1 mg 消化物时，使用 3 ml/min 的流速；上样量为 1~1.5 mg 消化物时，使用 4 ml/min 的流速。

9. 在真空离心机中干燥收集的组分，将每种组分重新溶于 200 μl HPLC 溶剂 A 中，将其分成小份，将两个分析用量的小份（如果是较大的峰，而且使用了 >0.5 mg 的消化物，每个小份为 10 μl；如果是较小的峰，而且使用了 <0.5 mg 的消化物，每个小份为 30 μl）直接放入自动进样器管中，单独保留其余的样品。

10. 为了鉴定含有二硫键的组分，往第 9 步的两个小份中加入 2 mol/L 的磷酸氢铵至终浓度为 50 mmol/L，往一小份（样品）中加入 1 mol/L DTT 至终浓度为 50 mmol/L（另一个小份作为对照），盖好试管，于 37℃温育 2 h，用几微升醋酸酸化（用 pH 试纸测试空白），搅拌，以释放 CO_2 气泡，用 RT-HPLC 分析样品和对照，使用分析型柱子（第 7 步）和窄的制备梯度（第 8 步），用制备型层析图选择适当的体积和衰减（attenuation）水平。

11. 对样品和对照的层析图进行解释，如果没有二硫键，还原后的样品和对照之间不应当有明显的差异，如果有二硫键，二硫键会将两条肽链保持在一起，或使单条的肽链形成环状，在前一种情况下，在还原之后应当见到两个峰，而在后一种情况下，所能观察到的仅是保留时间出现稍微的漂移（环的开放会使肽链更多地暴露于固定相）。

由于高丝氨酸内酯的开放、N 端 Gln 的环化或甲硫氨酸氧化成其二硫化物，保留时间会发生漂移或结构发生改变，对于这些组分，可用未加 DTT 温育的样品作为对照。影响结果解释的一些因素有：①由于还原作用而释放出的某种成分被早早洗脱下来，而且由于盐和 DTT 峰，很难对其进行检测；②某种成分很短并且没有芳香族残基，这样便不易在层析图上观察到；③由于在最初分离时只使用了一维 HPLC，所以有未还原的成分存在于还原的成分中，当应用 Edman 和 MS 技术进行定性时，可使用还原的成分。

12. 对于含有二硫键的每一种组分，用剩余的未还原组分（第 9 步保留的）的适当部分，重复还原反应（见第 10 步），重复 HPLC 分离，收集还原的成分，将其分成小份，并用质谱和 Edman 降解进行分析（同时分析未还原的组分）。

质谱提供肽成分的分子质量，而 Edman 分析能够给出其 N 端序列。

尽管如果有高效质谱仪时，用快速原子轰击（FAB）质谱也能够得到好的结果，但电喷雾离子化（ESI）质谱最适于这种情况，也可以使用基质辅助的激光解吸/离子化飞行时间质谱（MALDI-TOF-MS）（见第 11.6 单元），使用 MALDI-TOF 所得到的质量精度通常要低于使用 FAB 或 ESI 所得到的质量精度，但是，如果使用反射方式操作飞行时间分析仪，并且仔细地校准（使用内标），则可以得到较好的精度，如果将 MALDI 源连接到傅立叶-变换离子回旋加速器共振（Fourier-transform ion cyclotron resonance）分析仪上，则可以得到很好的精度。

某些肽成分可能会对 Edman 降解不敏感，如若肽的 N 端被封闭。

13. 将第 12 步所鉴定的肽与重组蛋白的已知序列进行比对，解释用质谱法所测定的分子质量。

即使 Edman 降解法也不能提供某种已知肽的序列信息一直到 C 端，N 端起始点应当很清楚，然后才能根据肽的质量推导出 C 端，将 Edman 和 MS 的资料结合起来，通常能够推导出成分肽的二硫键成键模式，从而也可以推导重组蛋白的成键模式。在某些情况下，所鉴定的片段既不能表明一个环中的单个二硫键，也不能表明由一个二硫键保持在一起的两个短的链（如 Rose et al. 1992），在这种情况下，必须再进行几轮片段化、分离和鉴定，以便在 Cys 残基之间切割。

参考文献：Allen 1989；Harris et al. 1993；Righetti et al. 1978；Rose e al. 1992；Schrimsher et al. 1987

作者：Nancy D. Denslow, Keith Rose and Pier Giorgio Righetti

7.4 单元　横向尿素梯度电泳

基本方案

当蛋白质被暴露于高温或化学去污剂时，能够诱导协同去折叠态（cooperative unfolding transition），这可以用尿素梯度凝胶电泳进行分析，在制备凝胶时，将玻璃板旋转 90°，这需要对大多数的标准电泳设备进行稍微的改装（图 7.2），主要需要特制的垫片，以在灌胶的方向上能够适合玻璃板的两侧，并需要一些调整，以在此方向上将玻璃板固定。以下说明假设凝胶的总体积为 40 ml，可在 Aquebogue 制胶槽中制备 5 块 10 cm 宽的凝胶，在制胶时，在左侧和右侧（电泳时的方向）2 cm 分别含有 0 mol/L 和 8 mol/L 的尿素。当制备其他规格的凝胶时，应当将胶的体积进行适当的调整。

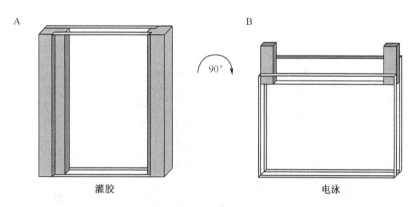

图 7.2　用于制备尿素梯度凝胶的垫片，使用 Bio-Rad Mini-Protean II 电泳装置。A. 装配好的凝胶"三明治"，灌胶的方向，垫片设计成在灌胶时正好与胶的两侧匹配，并且在放入灌胶槽中时，能够保持玻璃板不会滑脱。B. 凝胶聚合以后，将其旋转 90°，将灌胶垫片去掉，在胶的两侧放上小的垫片，以形成单个的样品孔。将垫片制成能够制备 1 mm 厚的胶，可以用单块的塑料压片而成，或将多处粘到一起而成，使用 Mini-Protean II 电泳装置的标准玻璃板。在图中，为了看得清楚，垫片和玻璃板的厚度被夸张。

材料（带√的项见附录 1）
- 凝胶覆盖液：20%（V/V）乙醇/0.002%（m/V）溴酚蓝
  √尿素/丙烯酰胺凝胶溶液，含光聚合催化剂

√10×电泳液

• 蛋白质样品

√酸性或碱性蛋白质样品缓冲液

√考马斯亮蓝 R-250 染色液

• 凝胶冲洗液：50%（*V/V*）甲醇/7.5%（*V/V*）醋酸

• 凝胶脱色液：5%（*V/V*）甲醇/7.5%（*V/V*）醋酸

• 凝胶电泳槽和玻璃板（如 Bio-Rad）

• 灌胶用垫片（Aquebogue）

• 凝胶灌胶盒（Aquebogue）

• 三通道蠕动泵（如 ISCO Tris pump）

• 管

• 20 ml 注射器

• 起动凝胶聚合的光源（如两个 15 W 蓝色荧光灯）

• 空气置换式移液器（air-displacement pipettor）

• 凝胶上样吸头

• 塑料盒

1. 将玻璃板和垫片安装成三明治，将其放入灌胶盒中（图 7.2），将灌胶盒与蠕动连接，将贮液瓶和混合室（图 7.3）安装好。调整泵的位置，让其略高于混合室，但又略低于灌胶盒的入口。

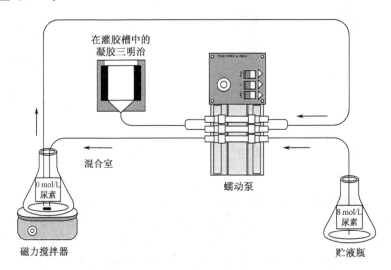

图 7.3 用三通道蠕动泵制备尿素梯度凝胶。凝胶三明治被固定在透明塑料灌胶盒中，盒上有一个凝胶溶液入口，位于玻璃板的下面。含有 0 mol/L 和 8 mol/L 尿素的凝胶溶液分别放在混合室和贮液瓶中。用泵的两个通道将溶液从混合室中泵入灌胶盒中，用泵的单个通道将 8 mol/L 的尿素溶液泵入混合室中，使混合室中的尿素浓度线性地增高。在将溶液泵入灌胶盒之前，盒的底部和其与混合室之间的管内充满凝胶覆盖液，泵到灌胶盒的流速应当约为 2 ml/min。

2. 用吸水泵（water aspirator）将凝胶覆盖液除气 5 min，用覆盖液充满灌胶盒下方 2～4 cm，用一个 20 ml 的注射器吸出覆盖液，使其充满蠕动泵和灌胶盒之间的管，要确保溶液的液面在玻璃板底部以上。

3. 在柔和的灯光下工作，各制备 30 ml 0 mol/L 和 8 mol/L 尿素/丙烯酰胺凝胶溶液，溶液中含有光聚合催化剂，用水泵除气 5 min，然后加入 36 μl TEMED（用于核黄素聚合）或 1.5 ml 2 mmol/L 的亚甲蓝，诱导聚合。

凝胶溶液的 pH 必须足够地远离蛋白质的等电点（pI），以维持显著的净电荷（通常为 5～10 电荷单位），对于等电点特别高或特别低的蛋白质，可能需要分别在低于 pI 或高于 pI 的条件下工作，对于等电点接近中性的蛋白质，可以在酸性或碱性条件下进行电泳，对于每种蛋白质，也需要确定丙烯酰胺的浓度。

4. 在贮液瓶中放入 12 ml 8 mol/L 的尿素凝胶溶液，用一个 20 ml 的注射器将贮液瓶和混合室之间的管充满，在蠕动泵处将管夹住，并暂时将出口放入 8 mol/L 尿素贮液瓶中。

5. 在混合室中放入 8 ml 0 mol/L 的尿素溶液，除去泵与灌胶盒之间的夹子，打开蠕动泵，开始将 0 mol/L 尿素溶液泵入灌胶盒中，流速约为 2 ml/min（每个通道 1 ml/min），当最后的 0 mol/L 尿素溶液刚好进入管中时，关闭泵，不要让空气进入管中。

6. 在混合室中放入 12 ml 0 mol/L 的尿素溶液，将 8 mol/L 尿素溶液的出口放入混合室中，打开磁力搅拌器和蠕动泵，当最后的溶液进入管中时，关闭泵。

随着溶液被泵入灌胶盒中，三角瓶中尿素的浓度会不断地线性增加。

7. 将剩余的 8 mol/L 尿素溶液放入混合室中，打开蠕动泵，当乙醇覆盖液与 0 mol/L 尿素溶液之间的边缘到达凝胶板的顶部时，关闭泵，夹住灌胶盒的入口，并将灌胶盒与泵断开连接。

8. 将胶（仍然在灌胶盒中）放到离光源约 10 cm 处，启动聚合，在胶开始聚合之间，迅速地将凝胶溶液从管中冲洗出来。

9. 当凝胶聚合以后（约 30 min），将其从灌胶盒中取出，除去垫片，将胶装到电泳槽上。

可以用塑料包装膜将尿素梯度凝胶包好，于 4℃ 保存 1～2 天，梯度不会明显改变。

10. 将电泳缓冲液稀释成 1×，充满电泳槽，于 100 V 将凝胶预电泳 30 min，对于带负电荷的蛋白质，将阳极放在凝胶的底部，而对于带正电荷的蛋白质，将负极放在凝胶的底部。

对于一块 1 mm 厚、10 cm 宽的凝胶，尿素分解或聚合过程中所产生的反应性化合物，这些条件通常足以将其除去。

11. 稀释约 50 μg 样品蛋白质，总体积为 60 μl，加入 15 μl 适合于酸性蛋白质或碱性蛋白质的样品缓冲液，用空气置换式移液器（带凝胶上样吸头）将样品均匀地加到凝胶的顶部，在适合于给定蛋白质的电压下，将样品电泳（开始时，最好用 50～100 V，电泳 3～4 h）。

12. 电泳完毕后，关闭电源，卸掉电极，从电泳槽中取出凝胶，拆掉玻璃板，切掉一个角标记凝胶的方向。

13. 将凝胶放入含有约 50 ml 考马斯亮蓝 R-250 染色液的塑料盒中，于室温下轻轻摇动 2 h 以上。

所推荐的染色液的酸浓度很高，对于固定较小的蛋白质（用较温和的染色条件不容易沉淀），这种染色液特别有效，在某些情况下，常用于 SDS 凝胶电泳的染色液 [例如，0.1% （m/V）考马斯亮蓝 R-250/50% （V/V）甲醇/7.5% （V/V）醋酸] 也适合。

14. 将凝胶移入含有凝胶冲洗液的干净塑料盒中，冲洗 ≤5 min，将凝胶移入含有凝胶脱色液的塑料盒中，轻轻摇动，必要时更换凝胶脱色液，直到得到接近透明的背景。

图 7.4 是最简单情况下产生的 S 形曲线，即当天然形式和去折叠形式快速达到平衡，而且部分折叠中间体的种类不很多。

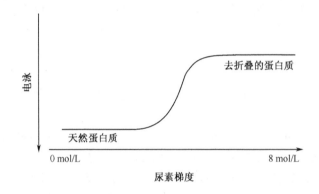

图 7.4 在折叠态和去折叠态之间互变的蛋白质，在尿素梯度凝胶电泳后所产生的去折叠曲线的简图。

参考文献：Creighton 1979；Goldenberg and Creighton 1984
作者：David P. Goldenberg

7.5 单元 分析型超速离心

分析型超速离心是生物化学方法的始祖，已有 70 年的发展和应用历史。最近，大分子相互作用引起了蛋白质科学家和分子生物学家的注意，这一领域正是分析型超速离心所擅长的，从而使这一技术重新得到关注。应用分析型超速离心能够使用两种不同但互补的方法分析样品：沉降速度和沉降平衡（表 7.5），每种方法包括许多适合于对每种成分（从粗混合物到高度纯化的蛋白质）进行定性的技术。沉积速度提供了流体动力学的信息（如大小、形状，而且与扩散测定联合使用时，还能够提供分子质量）。沉积平衡提供了有关分子质量、化学计量、缔合能（association energy）和非理想状态（nonideality）方面的热力学信息。两种沉降方法都可以根据第一定律来理解，因此，对数据进行解释时，不需要标准，不同批次的制备物之间和各个实验室之间，所得到的这些参数（如分子质量和 $s_{20,w}$）的值都应当相同。在这两种方法中，沉降速度能够更好地对样品进行分级分离，特别适合于分析颗粒大小的分布。

表 7.5　分析型超速离心的方法

方法	类别	所得到的信息和注解
速度	直接适用于转运方程	得到单溶质 s（和扩散系数）的现代方法，当与分子质量合用，s 能够得到与蛋白质大小和形态有关的信息（Philo　1994）
	$g(s)$-颗粒大小分布分析	分析分子复杂混合物的强力方法，能够分析缔合系统（Stafford　1992；Stafford　1994）。在整个实验过程中，通过增加引力场，能够对十分复杂的混合物进行分级分离（Mächtle　1988）
	差异沉降	检测由于构象改变所导致的小的沉降差异（0.005%）的灵敏方法（Richards and Schachman　1957）
	活性酶沉降	使用发色分析和在酶沉降过程中监测显色的运动，对不纯酶进行定性的方法（Cohen et al. 1971）
	Van Holde 和 Weischet 外推法	排除扩散效应的图形方法，这样可以改善少分散（paucidisperse）溶液的分辨率（Van Holde and Weischet　1978）
平衡	短柱分析（750 μm，15 μl 样品）	对分子质量、缔合特性和非理想状态（nonideality）进行快速分析时有用（Yphantis　1960；Laue　1992）
	长柱分析（3 mm，110 μl 样品）	比短柱法的准确度要高，对于低分子质量溶质异质性（heterogeneity）的分析有用（Yphantis　1964）
其他	消光系数	将吸收值的反射光学读数结合在一起，以精确地测量消光系数，是对样品同质性（homogeneity）进行检测的灵敏方法
	示踪物沉降	对纯化后的蛋白质之间的相互作用进行定性的灵敏、选择性方法
	扩散系数	在低速度下获得

参考文献：Harding et al. 1992；Schachman 1959；Schuster and Laue 1994；Svedberg and Pederson 1940

作者：Thomas M. Laue

7.6 单元　测定蛋白质的圆二色谱

　　一个分子或一个分子中的原子团要展现圆二（CD）色谱有两个要求，第一要有发色团，即能够吸收辐射的基团，这是依靠在室温时静态（resting state）和基态（ground state）的电子构型（electronic configuration）而实现的。所吸收的能量导致向较高的能量态或激发态（excited state）跃迁，这种态在核的周围电子的分布有所不同，所以会与其环境相互作用，其作用方式与基态不同。在蛋白质中，在近紫外（240～320 nm）区域，Trp、Tyr 和 Phe 是主要的发色团，在远紫外（180～240 nm）区域，肽键是主要的发色团，二硫键和 His 残基是另外的两种发色团，但通常情况下，对 CD 谱的影响不明显。大多数的发色团表现出多种过渡态，其光谱由几条吸收带组成。

　　CD 的第二个要求是发色团应当在光学不对称环境（optically asymmetric environment）中，或与之密切关联。蛋白质的发色团本身并不是手性的，不表现出光学活性。例如，Tyr 的酚基表现出 CD 谱，只是因为它与一个光学不对称的碳原子相连。然而，在一种折叠蛋白质中，当相同的基团堆集在极性不对称的环境中时，或通过酚羟基相互作用时，它表现出不同的 CD 谱，这种 CD 谱是作用于发色团的特定环境因素所特异的。在实际应用中，后一种光谱通常要比游离 Tyr 的光谱更常见，形态也可能不同。当肽键发色团是常规折叠结构的一部分时（像在 α 螺旋和 β 折叠中一样的特异的主链角度和氢键相互作用），它与构象上不对称的结构紧密缔合，即不会与其镜像重叠的结构，所得到的 CD 谱由几个独立的光谱组成，每个独立的光谱对应于各个肽键吸收过渡态。相邻发色团之间的相互作用会进一步影响光谱的强度。

圆二色谱仪的输出单位有两种不同但相关的类型，有关左手和右手圆偏振辐射的吸收差异（$\Delta A = A_{\mathrm{L}} - A_{\mathrm{R}}$）是用吸收单位来测量的，椭圆性（$\theta$）是用分度（mdeg）测量的，这两种单位之间的关系可表达为：$\theta = 33\,000 \times \Delta A$，椭圆性通常用于远紫外测量。由于本质上蛋白质中的每个残基都与肽键有关，所以通过计算平均残基椭圆性可以直接比较不同蛋白质此区域的光谱：

$$[\theta]_{\mathrm{mrw}} = \frac{\theta \times M_{\mathrm{mrw}}}{10 \times c \times l}$$

式中，c 表示蛋白质的浓度（mg/ml）；l 表示比色杯的光程（cm）；M_{mrw} 表示平均残基分子质量（蛋白质分子式重量/残基数，大多数蛋白质在 110～115）；$[\theta]_{\mathrm{mrw}}$ 的度数为 deg cm^2/dmol，量与分子质量无关。例如，对于血清白蛋白（图 7.5），用含有 0.361 mg/ml 蛋白质的溶液，使用 1 mm 光程的比色杯，在 209 nm 处测量的椭圆性为：-61.7 mdeg，如果 $M_{\mathrm{mrw}} = 110$，$[\theta]_{\mathrm{mrw}} = -18.8 \times 10^3$ deg cm^2/dmol。

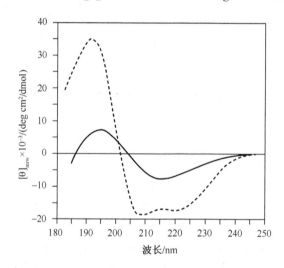

图 7.5　含高含量 α 螺旋（点线）和 β 折叠（实线）结构的蛋白质远紫外 CD 谱的特性。蛋白质浓度是 0.36 mg/ml 的人血清白蛋白和 0.03 mg/ml 的免疫球蛋白 G，光谱是用 1 mm 光程的比色杯测定的，每个光谱是 4 次重复扫描（用 1 nm 的带宽测量，每 1 nm 读椭圆性，平均时间为 5 s，即扫描速度为 12 nm/min）的平滑平均值。

对于小分子（如芳香族氨基酸）和模型化合物，通常使用摩尔差异吸收系数，通过与吸收光谱法进行比较，通过 $\Delta \varepsilon = \Delta A / (c \times l)$ 可以给出量，其中 c 是摩尔浓度，$\Delta \varepsilon$ 的单位是 L/(mol·cm)（或 cm^2/mmol）。然而，在蛋白质的情况下，近紫外 CD 谱是由 Trp、Tyr 和 Phe 的作用构成的，而在各种蛋白质之间，这些氨基酸有所不同，所以，用平均残基椭圆性表示结果时，这种 CD 谱会易于混淆（得不致有用的结果），应当将圆二色性表示为 ΔA，对于某种已知的蛋白质，可能通过计算 $\Delta A / (c \times l)$ 来比较不同的样品，c 的单位为 mg/ml。

由于在文献和软件中所见的单位很多（例如，椭圆性的单位有 mdeg 和 deg，光程的单位有 mm、cm 或 dm），所以必须小心地按机器软件所要求的单位输入实验参数。

基本方案　记录 CD 谱

材料

- 氮气源
- 缓冲液，光学灭活的（参见，如 Schmid　1989）
- 澄清的样品蛋白质溶液（见第 7.7 单元）
- 圆二色谱仪（AVIV Associates，Instruments SA 和 Jasco）：已校准、热稳定后的，并带有适当的石英比色杯

1. 设定圆二色谱仪：按说明书的要求，用氮气清洁光学系统，打开冷却水，最后打开灯。让仪器预热推荐的时间，通常为 30 min，调节恒温系统至所希望的温度。
2. 输入扫描所需要的设置，扫描 A_{280} 约等于 1 的蛋白质溶液的粗略指南见表 7.6，根据样品和分光光度计的不同，设置也有所不同。

表 7.6　扫描 A_{280} 约等于 1 的蛋白质溶液的粗略指南

项目	远紫外	近紫外
比色杯光程/cm	0.01～0.05	1
波长/nm	250～180	340～250
带宽/nm	0.5～1	0.2～0.5
平均时间/s，或	1	1～5
时间常数/s	2～8	8
重复扫描	1～2	2～4
步幅/nm	0.5～1	0.2～0.5
每次扫描所需要的时间/min	70～140	3～37

2a. 设定波长，对于近紫外光谱，从 240～340 nm 扫描，对于远紫外光谱，从 250 nm 一直扫描至 180 nm（只要溶液的吸收允许的话），样品或缓冲液的吸收会决定下限，正如倍增极电压所指示的一样（见第 2e 步）。

2b. 设计波长，对表现出宽 CD 带的蛋白质（包括大多数的远紫外光谱和许多近紫外光谱），可使用宽的设定（2 mm）。对于具有精细结构的带（包括一些近紫外光谱），则需要使用较窄的带宽，以避免窄峰被平滑和峰的强度被减弱。为了使噪音最小，使用不使光谱失真的最大带宽。为了优化带宽设定，在光谱的主要区域的范围内，用一系列狭窄的宽度进行预扫描。

2c. 设定平均时间或时间常数、扫描速度和蓄积（accumulation）数目，使用的时间常数为：500 mdeg 的信号用 0.25 mdeg、100 mdeg 的信号用 0.25～0.5 mdeg、10 mdeg 的信号用 0.5～0.8 mdeg、2 mdeg 的信号用 2～30 mdeg。较快的扫描速度需要较小的时间常数，但这会使噪音增加，扫描速度与时间常数的乘积不应当

超过 0.33 nm。

2d. 设定步幅（单位是 nm），对于远紫外光谱（平滑的，相对来说无什么特点），0.5 nm 的步幅便足够了，对于一些近紫外光谱，建议使用 0.2 nm 或 0.1 nm 的分辨率。

2e. 注意倍增极的电压。

无法预先设定倍增极的电压，但是通过调整蛋白质的浓度和（或）比色杯的光程，可以将其值控制在一定的范围内。倍增极电压的读数表明通过样品的光强度，较高的值表示光强度较弱（即较高的样品吸收），结果使信噪比下降，很高的值表示读数错误。

3. 将比色杯充满，放到比色杯架上，要确保方向在纵向上和旋转向上都可重复，标记比色杯，以便能够重复比色杯在光束中的方向。

作为通用的指南，对于 $A_{280}=1$ 的一种蛋白质溶液，远紫外使用 0.01～0.05 cm 的光程，近紫外使用 1 cm 的光程，这是合适的起始点。如果缓冲液的吸收较高，使用较短光程的比色杯和较高的蛋白质浓度会有所帮助。

对于直角型的比色杯，所需的溶液体积约为 2.5 ml（1 cm 标准比色杯）、1 ml（1 cm 半微量比色杯）、300 μl（0.1 cm 标准比色杯）和 25 μl（0.01 cm 可卸下的比色杯）。圆柱形比色杯所需的体积稍微大一些，取决于型号。

直角型比色杯要优于圆柱形比色杯，它具有较小的样品体积，而且使用商品的比色杯支架可以更好地控制温度。对于较短（<0.1 cm）的光程，目前所用的直角型比色杯是可拆卸的，而硬质的圆柱形比色杯具有长时间防止渗漏的优点。

4. 使用与样品要求一致的比色杯、缓冲液和仪器设定得到基线。

应当将样品进行预扫描，以评定在所要求的波长区域内能否进行有效的测量，或是否有必要调整样品的浓度或比色杯的光程。将波长降低，注意这样一个点，在此点上，光电倍增管的电压超出低光强度对应的值（即吸收值为 1～1.5）。在一系列的低波长观察电压，然后用优质的分光光度计测量同一比色杯的实际吸收值，这会很有帮助。

当记录一系列样品的光谱时，应当至少记录两次缓冲液扫描（在系列的开头和结尾），以检查仪器的漂移，特别是当灯开始老化时。

当对许多样品进行扫描时，一种方便的方法是扫描空气空白对照（即在光路中没有比色杯），并适当地间隔几个样品扫描一次，这样可以省去重新充满比色杯、洗涤和干燥的操作，然后，先扫描空气空白对照，再对装有缓冲液的比色杯进行一次单独扫描（S），这样便能够建立所有蛋白质光谱对溶剂基线的关系，其关系如下：

$$\{ S_{蛋白质} - S_{空气} \} - \{ S_{溶剂} - S_{空气} \} = \{ S_{蛋白质} - S_{溶剂} \}$$

5. 除去缓冲液，用水冲洗比色杯，干燥。用澄清的样品蛋白质溶液充满比色杯，扫描，使用尽可能高但不超过 1.0～1.5 吸收值的蛋白质浓度。

要确定测试无假象（在吸收值较高时，会出现假象），正确的做法是在与测试样品相同的吸收处用无光学活性的分子（如 3-甲基吲哚或一种 DL-氨基酸）进行空白测试，此扫描应当与溶剂空白对照没有区别。

6. 从样品扫描减去基线。

对于近紫外光谱，在 320 nm 以上，以及对于远紫外光谱，在 250 nm 以上，用基线校正后的光谱的椭圆性应当接近于零（图 7.5），如果差异明显，通常说明缓冲液或比色杯有问题，对样品进行定量前，必须要进行校正。

辅助方案　远紫外 CD 谱的解释

当肽键位于蛋白质主链的有规律的刚性构象中时，它表现出强烈的圆二色性带，所以，不同的二级结构（螺旋、折叠片和 β 转角）各表现出特异的光谱（图 7.5），这一点儿都不奇怪。从原理上讲，应当能够对某种特定蛋白质的远紫外光谱去卷积（deconvo lute），从而得到折叠构象中每种形式二级结构的比例。以前是使用聚氨基酸的光谱作为 α 螺旋、β 折叠和无规则卷曲构象的模型，后来证明这些模型不适合于在一般球蛋白中见到的相对短的螺旋、旋扭的分子内 β 折叠和不定期的（在统计学上还远不够无规则）卷曲构象。另一种方法是大多数估计的基础，而且不需要定义参考光谱，这种方法使用 CD 谱数据库（列表见 Yang et al. 1986）和相应的二级结构含量（来自 X 射线结构测定），将这些光谱进行线性组合，得到一张最适合于受试蛋白质实验光谱的组合光谱。两种最常用的算法是 Provencher 和 Glockner 算法（1981）与 Johnson 算法（1990），在 Manning（1989）的文章中详细地评论这两种算法，Greenfield（1996）对所有确定二级结构的主要算法进行了有益的、深入的综述。商用圆二色谱仪的软件中至少包括上述算法中的一种，但有必要独立地安装两种原始的程序，以便能够比较每种算法的结果。从作者和 Greenfield 博士处可以得到程序的拷贝。

有关从 CD 光谱推导二级结构含量的各种方法，已进行了多种尝试来评价其成功率（Yang et al. 1986）。一般结论是：螺旋的含量通常可以很好地估计，而 β 折叠的含量只有在"全 β 折叠"蛋白质中才能很好地估计，在 α 螺旋和 β 折叠混合的蛋白质中，β 折叠含量的估计则有较大的不确定性，β 转角含量的估计也有较大的不确定性。这些问题的原因有：①估计取决于正确的平均残基椭圆性的值，而此值又主要取决于蛋白质浓度的测定。②一般情况下，使用较短的波长扫描才能较好地估计结构，但是，使用商用仪器不可能在 185 nm 以下得到所有蛋白质的可信光谱。例如，由于不能使用适当的缓冲液、较大蛋白质的内在散射以及仪器维护不当而导致的光学仪器性能下降。③在远紫外，芳香族残基和胱氨酸残基影响的程度有不确定性（Chaffontte et al. 1992）。当残基成簇分布时，芳香族残基的影响可能较大，而当两个平面的角度约为 90°时，胱氨酸残基的影响可能较大。④从结构的三维坐标确定二级结构的含量时，所用的标准不同。

参考文献：Bayley 1980；Craig et al. 1989；Greenfield 1996；Johnson 1990；Strickland 1974；Yang et al. 1986

作者：Roger Pain

7.7 单元　测定蛋白质的荧光光谱法

主要通过 Trp 和 Tyr 残基的环境极性和通过其特异的相互作用来测定光谱，加入"淬灭剂"后，荧光强度减弱，这样可以测量这些残基暴露于溶剂中的程度。荧光光谱法十分灵敏，而且所用材料也十分经济，然而，这也意味着溶剂（或比色杯、搅拌棒等）中的痕量荧光杂质很容易被检测到，从而导致光谱解释错误。

蛋白质溶液的澄清

将蛋白质溶液通过蛋白质级别的 0.22 μm 的注射器式滤器（如 Millipore 公司的 Durapore），或在最高转速下、4℃离心 10 min，能够将蛋白质溶液澄清，在澄清以后，应当用紫外吸收法（见第 7.2 单元）准确地测定蛋白质的浓度。澄清是否完全有三个指标，将标准的方法进行改良，以适于光谱定性，便可以得到每个指标。

1. 用优质的分光光度计从 240～350 nm 记录吸收光谱（图 7.6），在 320 nm 以上，芳香族氨基酸残基不吸收，所以在 320～350 nm 的光谱应当只是稍微地高出基线，浊度（turbidity）的出现将导致在此区域内有限的衰减（attenuance），这种衰减随着波长的变短而增大。

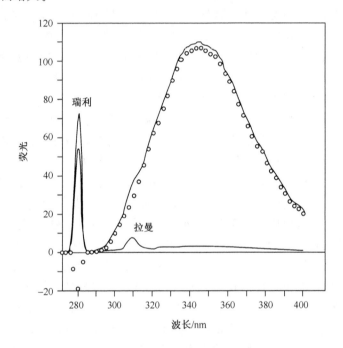

图 7.6　鸡蛋清溶菌酶（EWL）的荧光光谱。在溶剂基线扫描和蛋白质溶液扫描可见到瑞利带的拉曼带（实线），圆圈表示已减去基线的 EWL 的光谱。参数：EWL $A_{280}＝0.05$；$\lambda_{ex}＝280$ nm；激发和发射带宽，2.5 nm；扫描速度，100 nm/min；累加了 5 次扫描。光谱是用 Perkin Elmer LS50B 荧光分光光度计测量的。

2. 从上面的吸收光谱中，测量 A_{max}/A_{min}，A_{min} 是在 240～250 nm 区域的波谷处的吸收值，对于某种给定的蛋白质来说，此比值是特异的。对于已小心地和可重复性地澄清的样品，应当测量此比值。由于波长与散射之间的依赖性很强，所以此比值很灵敏，会随着浊度的增加而急剧下降，可用来对蛋白质溶液的澄清度进行半定量检查。

3. 常规的荧光发射光谱的扫描应当包括瑞利峰（Rayleigh peak）的区域（图 7.6），这可以提供缓冲液或蛋白质溶液浊度的内部指标，峰的高度不应当与相对应的缓冲液空白扫描的溶剂峰有很大的不同，如果溶液中有灰尘或聚集物，峰的高度会明显升高。

清洁比色杯

必须对比色杯进行彻底、可重复性地清洁，即按照生产商的说明书，将其浸泡到适当的比色杯清洁液中，如 Hellmanex II（Hellma）、浓碱液或 RBS-35 去污剂浓缩液（Pierce），50%的硝酸也很有效，但需要特别小心，并需要通风橱。先用 2 mol/L HCl 再用水除去去污剂，最后用大量高质量的蒸馏水冲洗，用带有一小段塑料管的巴斯德吸管吸出，将比色杯干燥。在清洁后，一定不能接触比色杯的面，在光谱测量的过程中，充满、倒空和冲洗都必须使用吸管完成，以避免溢到外面上。必须进行基线扫描（只使用缓冲液），以作为比色杯状态可重复性的常规检查。用蒸馏水装满比色杯，并进行扫描，可以检查比色杯的清洁度，如果未被荧光材料污染，光谱应当是平坦的，将其保存，用作激发波长的高波长（λ_{max}）侧的 Raman 带（图 7.6）。

基本方案　记录荧光发射光谱

材料

- 缓冲液，在 λ_{ex} 和 λ_{max} 区域，低吸收（<0.1）和低荧光（接近零），用 0.22 μm 的滤器过滤
- 已知浓度（在 λ_{max} 吸收值为 0.05～0.1）的澄清的样品蛋白质溶液
- 校准后的荧光分光光度计，带有：
  氙光源、确保低水平散射光的光学装置和恒温比色杯支架（必需）
  双全息光栅和磁力搅拌器（首选）
  模拟检测（analog detection）（此项工作最常用，尽管也可以使用光子计数法）
  比色杯：10 mm×10 mm 石英（所有 4 个面全被抛光，容量为 2～3 ml）或半微量比色杯（约 0.7 ml）

1. 打开分光光度计，让其预热至生产商说明书所规定的时间（通常约为 30 min），将恒温控制器调至所需的温度（正常情况下为 25℃，除非蛋白质的稳定性另有要求），必须准确地控制温度，并用校准过的电温度计测量比色杯内的温度。
2. 设定激发波长（λ_{ex}），将 λ_{ex} 设定到吸收光谱的 λ_{max}（同时激发 Tyr 和 Trp 时，通常为 280 nm；只激发 Trp 时，通常为 295 nm）。
3. 设定激发带宽，激发的狭缝宽度（slit width）（单位是 mm）决定了激发带宽（单位是 nm），通常情况下，当 λ_{ex} 约等于 280 nm 时，设定为 2.5～5 nm，当 λ_{ex} 约等于 295 nm 时，设定为≤2.5 nm。
   带宽决定激发的强度和瑞利峰（会在发射光谱上"见到"）散射光的量，在某些情况下，在确定哪种发色团被激发时，带宽很重要，当在 Trp 存在的情况下测量 Tyr 的影响时，限制带宽特别重要。在 303 nm 处 Tyr 的发射最大值（图 7.7）接近 295 nm 的激发带宽。在这种情况下，瑞利峰的范围（envelope）一定不能与 Tyr 的发射带明显地重叠。

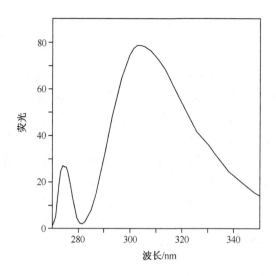

图 7.7　核糖核酸酶（RNase；一种只含有酪氨酸的蛋白质）的荧光光谱。参数：RNase A_{275} = 0.05；λ_{ex} = 275 nm；一次扫描，平滑处理的；其他设定如图 7.6。用同样的参数测量了基线并将其减去，使用 Perkin-Elmer LS50B 测量。

4. 设定发射带宽，正常情况下为 2.5～10 nm。

   由于蛋白质的发射光谱通常较宽，通常可以耐受较大的发射带宽，为了区分 Tyr 荧光和 Trp 荧光以及瑞利散射峰，应当将带宽尽可能地变小。

5. 设定要扫描发射光谱的发射带宽的范围，使用较低的波长（低于 λ_{ex} 约 10 nm），如果必要，使用较高的波长（包括尽可能多的光谱，以便能够整合峰），对于含有和不含有 Trp 的蛋白质，最适值分别为 400 nm 和 300 nm。

6. 设定扫描速度。如果发射带较宽，正如在蛋白质中，扫描速度通常以约 100 nm/min 合适。

7. 用滤过后的样品（缓冲液与溶解蛋白质或透析蛋白质所用的缓冲液相同）装满洁净的比色杯，然后以可重复的方向将比色杯放入分光光度计内，使用适合于样品的仪器设定进行扫描，保存光谱，检查意外的荧光带。

   如果不能预先估计适合于蛋白质样品的设定，那么也可以在测定缓冲液空白对照之前先测定样品，但必须特别小心地除去吸附到比色杯上的任何蛋白质。

   除了拉曼带以外，缓冲液应当得到几乎平坦的低强度基线（图 7.6），在进行一系列的实验时，最好每间隔一定的时间便重新进行基线扫描，以检查比色杯是否有污染。

8. 从分光光度计中取出比色杯，用带保护的巴斯德吸管将其吸空，重新装入浓度已知（在 λ_{ex} 的吸收值为 0.05～0.1）的澄清的蛋白质溶液，让其在比色杯支架上达到所需温度，然后进行扫描并保存光谱。

   如果蛋白质的浓度无法增高和（或）荧光强度很低，可能会需要进行很多次扫描，蛋白质对光降解的灵敏度差异很大，但将蛋白质暴露于紫外辐射中会导致处于光程中的蛋白质分子被破坏，从而引起荧光强度下降。这样，只要能够得到好的信噪比，激发的狭缝宽度应当尽可能得窄。搅拌比色杯中的溶液能够使未被破坏的分子进入光程中，并进一步降低由于辐射损害而引起的明显的假象。

9. 使用仪器的软件从样品光谱中减去基线（图7.6）。

   荧光没有单位，所以，如果要比较不同样品的荧光强度，对于可重复性的浓度和仪器条件，必须特别注意。

10. 纠正近似荧光强度（apparent fluorescence intensity）的内部滤光效应（inner filter effect）。

    在蛋白质溶液达到仪器光学系统能见到其荧光的溶液体积之前，它会吸收一定量的辐射，对于吸收值为0.1的蛋白质溶液，比色杯中心的强度比入射辐射（incident radiation）约低10%，从而使所观察到的荧光强度也相应地下降。同样，由于吸附作用，在出口（exit path）处的荧光强度也会下降，这被作为内部滤光效应。在实际使用中，它意味着：只有在低浓度时（在 λ_{ex} 处的吸收值<0.1），所观察到的荧光强度直接与蛋白质的浓度成正比，用以下近似值可以纠正近似荧光强度（F_{app}）：

$$F_{corr} = F_{app} \text{ antilog}[(A_{ex} + A_{em})/2]$$

    式中，A_{ex} 和 A_{em} 分别为在激发波长和发射波长处的溶液吸收值，如果往溶液中加入在蛋白质吸收和荧光范围内吸收的第三种成分，这种效应会更明显。

11. 如果仪器有软件，用其确定在最大强度波长处荧光强度的值（在 λ_{max} 处的 I_{max}）。

    能够得到考虑了光源强度差异和检测器对波长应答差异的修正光谱，计算这些参数的方法很复杂（Lakowicz 1983），在此方法中，通常使用未修正的光谱，然而，由于这些差异，如果要对光谱进行比较，在获得光谱时，要使用相同的仪器设定（最好是相同的仪器），这样做十分重要。

    为了比较一种蛋白质的不同样品的全部光谱，应当用荧光强度的值除以蛋白质的浓度（即 I_{em}/c），将其标准化。

参考文献：Lakowicz 1999
作者：Roger H. Pain

7.8单元 用差示扫描量热法测量蛋白质的热稳定性

要使用DSC仪器研究生物大分子，必须在以下条件下进行测量：①在生理环境中，即在水溶液中；②蛋白质样品的浓度较低（低至1 mg/ml），以最大程度地降低分子内的相互作用；③小体积，因为分离和纯化蛋白质样品的成本很高。在这样的条件下，蛋白质的部分热容（partial heat capacity）为0.03%～0.5%，是在溶剂99.5%以上热容的背景下测量的。

DSC仪的生产商已预先校准了DSC仪的温度标度和热容，仪器的特性通常不会改变，但是最好每年检查1或2次，其他两种需要进行的校准是电校准（仪器读数器的 y 轴）和温度校准（x 轴），使用仪器自带的系统（见辅助方案1）进行电校准，用碳氢化合物胶囊（见辅助方案2）或脂悬液（见辅助方案3）进行温度校准。

基本方案 差示扫描量热法

材料

• 蛋白质溶液，高纯度［用非变性PAGE和SDS-PAGE（见第10.1单元和见第

10.2 单元）和 MALDI-TOF-MS 或 ESI-MS（见第 16.1 单元）检查]

- 平衡缓冲液（例如，甘氨酸、醋酸钠或醋酸钾、磷酸钠或磷酸钾、二甲砷酸钠、柠檬酸钠；不要使用 Tris，因为它的缓冲能力具有温度依赖性）
- 0.45 μm 的滤器
- 分光光度计和适当光程长度的石英比色杯（取决于所要测定蛋白质的浓度，其清洁方法见辅助方案 4）
- 2 ml 全玻璃注射器（如 Becton Dickinson 2-cc Yale 注射器）
- DSC 仪自带的预切割好的针头
- 差示扫描量热仪（DSC；Calorimetric Science and Microcal），已校准过（见辅助方案 1、2 和 3）

1. 用 0.45 μm 的滤器过滤平衡缓冲液，将蛋白质溶液对过滤后的缓冲液透析，至少换两次液（见第 4.1 单元和附录 3B），对于 MWCO 值为 3500 的膜，每次换液要透析 6 h，对于更高 MWCO 值的膜，可使用较短的透析时间，准确地测定蛋白质的浓度（如用分光光度法）。

2. 用干净的巴斯德吸管或自动移液器将蛋白质溶液从透析袋中移至一个 1.5 ml 的微量离心管中，4℃、12 000～13 000 g 离心 15～20 min。

3. 在蛋白质离心期间，用平衡缓冲液充满两个石英分光光度计比色杯，测定缓冲液/缓冲液光谱，以建立基线。

   在制备蛋白质样品之前，测定几个过夜缓冲液/缓冲液基线，并比较其可重复性，不失为一个好主意。

4. 用平衡缓冲液冲洗一个全玻璃注射器和连接在注射器上的预切割好的针头，冲洗至少 5～7 次。

5. 倒空两个测热比色杯，冲洗参照比色杯时，将注射器充满，排出所有气泡，将针头插入比色杯中，让注射器的推杆靠自身的重量向下滑动，一旦缓冲液到达溢出池（overflow reservoir），马上开始用缓冲液来回冲洗比色杯，冲洗用缓冲液的量至少为 11～15 倍注射器的容积，然后用更多的缓冲液充满比色杯。用同样的冲洗方法冲洗样品比色杯，但将其倒空。从溢出池中移去所有剩余的缓冲液。

   已将针头预先切割至一定的长度，针头尖将正好在比色杯底部的上方，急剧的吹打会将比色杯中的气泡排出。

6. 停止离心，将上清移至注射器中（留下 50～70 μl），移至分光光度计的比色杯中，记录蛋白质的光谱。

7. 按照充满参照比色杯所用的技术（见第 5 步），从分光光度计比色杯中取出蛋白质溶液，移至样品量热比色杯中，加压，维持比色杯的压力≥1.5 atm（约 22 psi），选择扫描参数，开启 DSC 控制程序。

   最重要的参数之一是加热速度。①扫描速度越高，仪器的灵敏度越高，灵敏度的增加与加热速度呈线性相关（在 2℃/min 的加热速度时的灵敏度是在 1℃/min 的加热速度时的灵敏度的 2 倍）。②如果预期的跃迁（transition）很锐利（即在几度内），高加热速度会影响热吸收模式的形态，导致所得到的所有热力学参数出现错误。

③加热速度越高，系统平衡的时间越短，所以，对于慢的去折叠/重新折叠的过程，应当使用慢加热速度。在具体应用中，对于表现出可逆温度诱导的去折叠的小球蛋白，可接受的最大加热速度（在大多数的 DSC 仪上）为 2℃/min，较低的加热速度（0.5～1℃/min）更适合于较大的蛋白质，对于纤维状蛋白（通常表现出很窄的跃迁），0.1～0.25℃/min 的加热速度最合适。

辅助方案 1 　电校准

所有 DSC 仪都有使用电脉冲进行热容校准的能力，使用一种特殊的内在电路（带有精确测量的电阻）进行电校准，加到此电路上的精确电流产生一定量的功率（δW），加到其中一个比色杯上，比色杯加热器会往另一个比色杯上加正好等量的功率，以补偿样品比色杯和参照比色杯之间温度的差异。仪器加热器所产生的功率与近似热容（δC_p）有关，仪器所产生的 y 轴的值是 $\delta C_p = \delta W/(\mathrm{d}T/\mathrm{d}t)$，$\mathrm{d}T/\mathrm{d}t$ 是加热速度。进行电校准时，按照生产商所推荐的方法进行操作。

辅助方案 2 　用碳氢化合物胶囊进行温度校准

可通过熔化熔点已知的纯碳氢化合物来进行温度校准，仪器生产商提供了含有碳氢化合物的胶囊，可将其插入充满水的 DSC 比色杯中（按照生产商所推荐的方法）。

辅助方案 3 　用脂悬液进行温度校准

附加材料（也见基本方案和备择方案；带√的项见附录 1）

- 脂：二棕榈酰磷脂酰胆碱（dipalmitoylphosphatidylcholine，DPPC）或二硬脂酰磷脂酰胆碱（distearoylphosphatidylcholine，DSPC）

√10 mmol/L 的磷酸钠缓冲液，pH 7.0

- 水浴，60℃

1. 在 10 mmol/L 的磷酸钠缓冲液（pH 7.0）中配制 0.5～1 mg/ml 的 DPPC 或 DSPC，60℃加热，然后剧烈涡旋，移至样品量热比色杯中，单用缓冲液充满参照比色杯。
2. 将量热仪的加热速度设定在 0.1～0.25℃/min，如果能够设定仪器的响应时间，则将其设定至最快。
3. 开始扫描，DPPC 在 35.3℃有一宽跃迁（broad transition），在 41.4℃有一锐跃迁（sharp transition）。DSPC 在 51.5℃和 54.9℃有两个跃迁。

辅助方案 4 　DSC 比色杯的维护和清洁

根据量热比色杯的成分（金、铂、钛、钨）、材料的化学耐受性和污染的程度，可使用许多不同的方法。

附加材料（也见基本方案和备择方案）

- 1 mol/L HCl 或 1 mol/L NaOH
- 浓甲酸
- 95%（V/V）乙醇

- 2%（m/V）SDS 或其他去污剂
- 浓硝酸

1. 用 1 注射器体积的 1 mol/L HCl 或 1 mol/L NaOH 冲洗量热样品比色杯，用 20～30 倍注射器体积的蒸馏水冲洗比色杯（见基本方案第 5 步）。用水充满两个比色杯，记录水-水扫描，如果基线未回到其原始位置，接着进行第 2 步。

   重要注意事项：用钨或钛比色杯时，不得使用 NaOH，否则会腐蚀。

2. 用甲酸充满样品比色杯，在室温下静置 10～15 min，用水冲洗比色杯（20～30 倍注射器满容积），记录另一个水-水扫描。如果基线不回到其原始位置，接着进行第 3 步。

3. 用甲酸充满两个比色杯，进行几次扫描，直到 70℃，冲洗，记录水-水扫描。如果基线不回到其原始位置，接着进行第 4 步。

4. 用 95% 乙醇充满两个比色杯，进行几次扫描，直到 70℃，冲洗，记录水-水扫描。如果基线未回到其原始位置，接着进行第 5 步。

5. 用去污剂充满两个比色杯，进行几次扫描，直到仪器所允许的最大温度，用水冲洗每个比色杯（40～50 倍注射器满容积），记录水-水扫描。如果基线未回到其原始位置，接着进行第 6 步。

6. 用硝酸充满两个比色杯，进行几次扫描，直到 70℃，冲洗（20～30 倍注射器容积的水），记录水-水扫描。注意不要将盘子或压力传感器暴露于硝酸雾中，否则会生锈。在比色杯出口和压力传感器出口的顶部盖上湿脱脂棉或 Kimwipe 纸巾。

   如果所有这些处理都不起作用，基线形状和位置改变的另一种可能原因是比色杯的内在热特性的改变，这会随着时间而发生，请咨询仪器生产商。

参考文献：Biltonen and Freire 1978；Kidokoro and Wada 1987；Makhatadze and Privalov 1995；Pace et al. 1995；Privalov 1979，1982；Privalov and Potekhin 1986；Sanchez-Ruiz 1992

作者：George I. Makhatadze

7.9 单元　用 HPLC 凝胶过滤和质谱法对蛋白质进行定性

分析型凝胶过滤用于检测和定量样品中的污染物（包括蛋白质聚集物），可以在溶液中大致测量蛋白质的大小（Stokes 分子半径）。质谱用于测定蛋白质的分子质量，可至几个道尔顿，这能够对错误的序列长度和氨基酸侧链的大多数化学修饰进行检测和鉴定。

注意：所有缓冲液都应当使用 Milli-Q 纯水或同质量的水。

策略设计

选择柱

表 7.7 列出了几种常用的商品预装柱，这些柱的颗粒较小，分辨率良好。柱的分离范围应当涵盖所有要分离的成分，使目的蛋白靠近中点，将两根孔径大小不同的柱子串

联起来，可以增加分离的范围。同样，增加柱子的长度或将两根柱子串联起来，可以增加分辨率。低压凝胶过滤柱的颗粒较软、较大，通常比较便宜，而且蛋白质载量较大，但需要较慢的流速（增加了运行时间），从而使分辨率下降。

表 7.7　HPLC/FPLC 体积排阻层析常用预装柱[a]

柱类型	分离范围/kDa	树脂[b]	颗粒大小/μm	可得规格直径/mm ×长度/mm	供应商[c]
微量分析型					
TSK Super SW2000	5～150	S	4	4.6×300	TH
TSK Super SW3000	10～500	S	4	4.6×300	TH
分析型					
TSK G2000SW$_{XL}$	5～150	S	5	7.8×300	TH
TSK G3000SW$_{XL}$	10～500	S	5	7.8×300	TH
TSK G4000SW$_{XL}$	20～10 000	S	8	7.8×300	TH
TSK G2000SW	5～100	S	10	7.5×300 7.5×600	TH
TSK G3000SW	10～500	S	10	7.5×300 7.5×600	TH
TSK G4000SW	20～7000	S	13	7.5×300 7.5×600	TH
Bio-Sil SEC 125	5～100	S	5	7.8×300	BR
Bio-Sil SEC 250	10～300	S	5	7.8×300	BR
Bio-Sil SEC 400	20～1000	S	5	7.8×300	BR
Protein-Pak 60	1～20	S	10	7.8×300	WA
Protein-Pak 125	2～80	S	10	7.8×300	WA
Protein-Pak 200SW	1～60	S	10	8.0×300	WA
Protein-Pak 300SW	10～300	S	10	8.0×300	WA
Superose 12 HR 10/30	1～3000	CL A	10	10.0×300	APB
Superdex Peptide	0.1～7	CL A/D	13	10.0×300	APB
Superdex 75 HR	3～70	CL A/D	13	10.0×300	APB
Superdex 200 HR	10～600	CL A/D	13	10.0×300	APB
Superose 6 HR	5～5000	CL A	13	10.0×300	APB
制备型					
TSK G2000SW	5～100	S	13	21.5×300 21.5×600	TH
TSK G3000SW	10～500	S	13	21.5×300 21.5×600	TH
TSK G4000SW	20～7000	S	17	21.5×300 21.5×600	TH
TSK G2000SW	5～100	S	20	55.0×300 55.0×600	TH
TSK G3000SW	10～500	S	20	55.0×300 55.0×600	TH
Superdex 30 HiLoad	1～10	CL A/D	34	16.0×600 26.0×600	TH
Superdex 75 HiLoad	3～70	CL A/D	34	16.0×600 26.0×600	TH
Superdex 200 HiLoad	10～600	CL A/D	34	16.0×600 26.0×600	TH

a 生产商报告的资料。

b 缩写：CL A，交联琼脂糖；CL A/D，交联琼脂糖/葡聚糖；S，包核硅（coated silica）。

c 缩写：APB，Amersham Pharmacia Biotech；BR，Bio-Rad；TH，TosoHaas；WA，Waters。

必须要考虑到样品与柱子之间的相互作用，使用硅材料的柱子时，由于样品与未修饰硅烷醇基团的静电相互作用，会出现一些吸附，维持至少生理离子强度通常可以将这种效应降低至最低的程度。一些样品会与不锈钢柱（特别是末端的滤过装置）的金属表面相互作用，常用的缓冲液成分（如氯一类的卤素）会与未完全钝化的不锈钢表面（如在加压螺钉上）反应。对于与不锈钢不相容的样品或缓冲液系统，应当使用玻璃柱。

选择仪器

对于在本节所叙述的柱子，需要等度（一个泵，一种缓冲液）HPLC 或 FPLC、FPLC 系统用于运行需要中等反压（back pressure）（通常为 50～600 psi）的柱子，HPLC 系统用于运行较高反压（通常＞500 psi）的柱子。现在可以购得生物相容性的系统，可以在很大的压力范围内运行，当痕量的金属离子（当使用含有不锈钢组件的系统时，会存在这种情况）会对蛋白质有不利影响时，通常使用这种系统。许多公司销售集成的、计算机控制的系统，这种系统由可靠的泵、上样器、紫外检测仪、组分收集器和用于数据收集和处理的计算机输出系统组成。

选择缓冲液

应当根据蛋白质的稳定性优化凝胶过滤的缓冲液，高度疏水的蛋白质或膜蛋白需要非变性去污剂。在 pH 7.5 以上，硅树脂不稳定，使用卤素时，一般不使用不锈钢柱。缓冲液的类型和强度会影响分辨率和质量回收率（mass recovery），缓冲液的离子强度也十分重要，在高离子强度的缓冲液（＞1 mol/L）中，蛋白质和树脂之间会发生疏水相互作用，而在低离子强度的缓冲液（＜0.1 mol/L）中，又会发生离子的相互作用。柱缓冲液不必与样品缓冲液完全一致，因为凝胶过滤可用于交换缓冲液。但是，应当用柱缓冲液检验样品，以确保不发生沉淀。

使用去污剂

在去污剂存在的情况下，由于去污剂会结合到蛋白质上，所以蛋白质的表观大小可能会增加，这样，适用于水溶性蛋白质的分级分离范围不一定适用于去污剂溶解的蛋白质，而且在去污剂存在的情况下不能够准确地确定蛋白质的大小。

当使用去污剂时，在进行层析之前，应当用去污剂平衡蛋白质样品，低临界胶粒浓度（critical micellar concentration，CMC）的去污剂透析性差，所以可以直接往样品中加入去污剂，或使用脱盐柱更换缓冲液。如果要通过紫外吸收检测蛋白质的洗脱谱，除非去污剂的浓度能保持足够低，以保证吸收信号在紫外检测仪的线性范围内，否则在所选的波长处去污剂不得有吸收。凝胶过滤缓冲液应当含有去污剂，浓度正好在 CMC 以上（即≥4×），以防止膜蛋白缔合。胶束大小（micelle size）也很重要，因为大胶束会比小胶束更能够改变蛋白质的洗脱行为，而且大胶束更难以与蛋白质分开。

基本方案　重组蛋白的 HPLC 分析

材料（带√的项见附录 1）

　√凝胶过滤缓冲液

- 蛋白质标准品（如 Bio-Rad 的凝胶过滤标准品）
- 蛋白质样品
- 0.05％（m/V）叠氮钠或 20％（V/V）的乙醇
- 等度液相层析系统（HPLC 或 FPLC）
- 紫外检测仪、纸带记录仪（strip chart recorder）和计算机（可选）
- 0.2 μm 的滤器
- HPLC 或 FPLC 预装柱（表 7.8）
- 组分收集器（可选）

1. 准备等度液相层析系统（见第 8.3 单元，基本方案 1 第 14～16 步），如果要对峰进行定量，将紫外检测仪设定为纸带记录仪输出和计算机输出。
2. 用 0.2 μm 的滤器过滤凝胶过滤缓冲液，用 3 倍柱体积的凝胶过滤缓冲液平衡柱子，不要超过生产商建议的流速或限压。

   装柱时，必须要在良好的条件下进行，并维持恒温（通常在 4℃，以最大程度地降低蛋白质水解），这可将柱子或整个层析系统放到冷室中来完成，在低温下，必须要降低流速，因为缓冲液的黏度会增加，导致较高的反压。
3. 将蛋白质标准品通过蛋白质相容性的 0.2 μm 滤器，或 10 000 g 离心 10 min，以除去颗粒态物质。用凝胶过滤缓冲液冲洗上样环，将蛋白质标准品上样，以评价柱的性能。
4. 用蛋白质样品重复第 3 步，开始时的样品体积约为柱体积的 5％，总蛋白质浓度为 0.5～1.0 mg/ml。

   为了得到最佳分辨率，样品体积应当不超过总柱体积的 1％，所用检测器的灵敏度决定了蛋白质浓度的下限，上限受多种因素的影响，这些因素包括：样品黏度、在高浓度时样品潜在的非理想行为（如聚集）、相邻峰之间分辨率的递降。
5. 可选：收集洗脱蛋白质的各个组分，用 MALDI-MS（见辅助方案）、SDS-PAGE（见第 10.1 单元）、免疫印迹（见第 10.7 单元）或 N 端测序（见第 11.7 单元）对各个峰进行鉴定。在整个分离过程中都进行收集，所用组分体积应当使一个典型的峰至少收集 4～6 个组分。

   在分析型 HPLC 之后，蛋白质的收率和（或）浓度可能会不足以进行某些分析，在某些情况下，在进行分析之前，可能要合并一些组分和（或）进行浓缩。
6. 在含有 0.05％叠氮钠或 20％乙醇的溶液中保存柱子（也见生产商的推荐）。

辅助方案　重组蛋白的 MALDI-MS 分析

材料（带√的项见附录 1）
- 1～10 μmol/L HPLC 纯化的目的蛋白样品（见基本方案）
- MALDI-MS 相容性缓冲液（如 10 mmol/L 碳酸氢铵，pH 8）
- 分子质量标准品
- √饱和基质溶液
- 样品靶（如金或不锈钢板）

- 基质辅助的激光解吸/离子化（MALDI）质谱仪（Voyager RP，PerSeptive BioSystems）

1. 可选：在 MALDI-MS 相容性缓冲液中透析 HPLC 纯化的目的蛋白样品（见第 4.1 单元和附录 3B），以除去会干扰离子化或结晶的缓冲液成分，应通过透析除去叠氮钠。
2. 用水或 MALDI-MS 缓冲液稀释样品至 $1\sim5\ \mu mol/L$。
3. 选择并配制分子质量标准品，其分子质量涵盖预期的样品分子质量。

   当标准品包含在目的样品中时，所得到的校准才是最准确的（内标），然而，标准品会抑制重组蛋白的离子化，在这种情况下，必须使用外标。
4. 往样品靶上加 $0.5\ \mu l$ 饱和基质溶液，空气干燥，往干燥后的基质上加 $0.5\ \mu l$ 蛋白质样品，让其干燥。另一种方法是：在微量离心管中，将 $2\ \mu l$ 基质与 $2\ \mu l$ 样品混合，加 $1\ \mu l$ 至样品靶上，空气干燥。
5. 将样品靶插入 MALDI 质谱仪中，按照生产商的方法得到质谱，将所得到的分子质量与从重组蛋白氨基酸序列推导的质量进行比较。

   使用外标时，质量差异应当在约 0.1% 内，使用内标时，应当在约 0.03% 内，如果不是这样，或出现另外的峰，蛋白质可能发生了某些修饰（表 7.8）。

表 7.8　重组蛋白谱的解释

问题/改变	说明	典型的质量变化
终止密码子通读	构建体中的终止密码子丢失；翻译一直持续到下一个终止密码子（通常在载体上）	$+50\sim1000$
二硫化物内转	还原剂与重组蛋白中的高活性半胱氨酸之间形成二硫键	$+76$（2-巯基乙醇） $+119$（二硫苏糖醇） $+305$（谷胱甘肽）
二硫化物二聚体	在两个活性半胱氨酸之间形成	2×预期的分子质量
蛋白酶降解	例如，由于污染的蛋白酶，或用于切割融合蛋白的蛋白酶的次级切割位点	大小降低不定
标签序列去除不完全	例如，His 标签（约 6 个组氨酸）或 Flag 序列	增加的质量应当等于所计算的标签序列的质量
翻译后修饰（如糖基化）	只在真核表达系统中；糖基化通常导致峰变宽或多个峰	不定（$+\geqslant300$）
起始甲硫氨酸残基的去除		-131

参考文献：Beavis and Chait 1996；Neue 1997
作者：Gillian E. Begg, Sandra L. Harper and David W. Speicher

张国君　李慎涛 译　蔺晓薇 校

第8章 常规层析分离

本章介绍了一种理性、系统的方案，应用层析方法发现蛋白质和优化蛋白质的分离条件。第一单元讲述了如何设计分离一种新蛋白质的总体策略（见第8.1单元）。其中首要考虑的几个问题包括终产物所要达到的质量水平、原料的特性以及目的蛋白的预期特性。阐述了方案策略的选择，首先从终产物的浓度、缓冲液的组成和pH方面阐述了最终样品需要考虑的问题。关于每种方法会对下一步的选择产生何种影响，讨论了选择性、效能（efficiency）和容量（capacity）的竞争因子（competing factors）。

第二单元讲述了离子交换层析（见第8.2单元），包括批量层析和柱层析方法及优化。

基于凝胶过滤层析的蛋白质分级分离是根据蛋白质分子大小进行分离的方法（见第8.3单元），凝胶过滤也可用于分离不同阶段的蛋白质脱盐处理。例如，在进行离子交换之前，用凝胶过滤对样品进行脱盐会很有价值。当使用标准蛋白质进行校准后，凝胶过滤层析法还可以提供新蛋白质大小的信息。

另一种很有价值的分离方法（特别是对蛋白质分离）是疏水相互作用层析（见第8.4单元），在这种方法中，蛋白质通过暴露在表面的疏水基团与一种基质相互作用，从而实现蛋白质分离。本章对该方法的开始和优化提供了一系列的指导原则。

第8.5单元详尽讨论了HPLC分离方法的优化，内容包括仪器的常规维护保养以及使用高压泵进行分离的标准方法，其后又具体讲述了不同类型的分离机制，这些机制是HPLC方法可以实现的。

作者：Ben M. Dunn

8.1 单元 常规层析概述

目的蛋白的收率和纯度

蛋白质的需要量

在进行蛋白质分离之前，首先要明确目的蛋白的需要量是分析量（≤1 mg）、制备量（≤1 g）、中试量（≤1 kg），还是生产工艺量（>1 kg）。如果原料非常昂贵、不稳定或者难于获得，那么就有必要先小规模摸索和优化分离策略，然后再放大。相反，如果要分离多个样品，像在分析应用中那样，则可先研制大规模的纯化工艺，然后再缩小规模。

原料

一旦分离规模确定下来，就必须清楚地确定所需原料的量，这与目的蛋白在原料中的含量密切相关，目的蛋白在原料中的含量差异很大，某些蛋白质和多肽在天然原料中含量极微少，纯化 1 μg 的蛋白质纯品可能需要许多千克的组织，或者，如果原料是微生物的话，会需要许多升发酵液。另一方面，一些重组蛋白在宿主细胞中的表达水平很高，1 ml 发酵液就可获得毫克级或更高浓度的目的蛋白。无论原料中目的蛋白的含量很高或很低，都是在选择一种纯化策略时必须考虑的主要问题。

纯化方法的收率

如图 8.1 所示，在纯化工艺中，使用尽可能少的步骤，同时在每步中保持尽可能高的收率，这样具有明显的益处。任何纯化步骤的收率都可以表示为总蛋白质、总活性的百分比或比活的变化。每个纯化步骤的收率信息可用来构建一张纯化表（如表 8.1）。

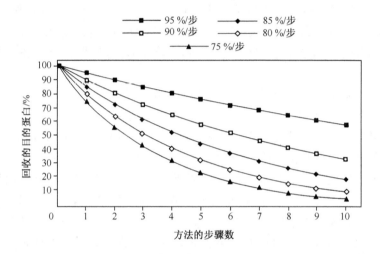

图 8.1　多步蛋白质纯化的理论收率。每条曲线代表一个多步的工艺，每步的百分比收率是已知的。纵坐标是在每步纯化结束时目的蛋白的量占原始量的百分比，横坐标是纯化步骤数。

表 8.1　任意一种酶的纯化表[a]

纯化步骤	总活性/U	总蛋白质/mg	比活/(U/mg)	收率/%总活性	每步收率[b]	纯化倍数[c]
粗匀浆物	200	50 000	0.004	100	-	1.00
12 000 g 上清	180	35 000	0.005	90	90	1.25
（NH₄）₂SO₄组分（20%～50%）	150	25 000	0.006	75	83	1.50
HIC	125	2500	0.05	62.5	83	12.50
AEX	208	29.3	7.1	104	166	1775
凝胶过滤	148	5.9	25.1	74	71	6275

a 缩写：HIC，疏水相互作用层析；AEX，离子交换层析。

b 相对于前一步的百分比活性。

c 比活增高。

蛋白质纯度的评定

蛋白质的纯度需要从其结构和（或）功能两方面来评判，这取决于目的蛋白的性质和目的用途。如果研究的目的是检查目标分子的功能，那么在纯化过程中，必须保持目

· 218 ·

的蛋白的活性，这样，在纯化的每一步都需要对目的蛋白的纯度进行功能性评定（表8.1）。如果研究的目的是检查目标分子的结构，那么必须保持结构的完整性，而功能的保持则可有可无，然而，在这种情况下，需要对结构纯度进行评定。如果要检查目标分子的结构和功能的关系，则需要进行结构纯度和功能纯度的评定。

评定蛋白质纯度的方法必须能计算出样品中目的蛋白的量和杂质的量，这需要两种独立的分析方法：一种计算目的蛋白的量，另一种计算包括杂质在内的总蛋白质的量。例如，对于酶类蛋白质，通常使用动力学分析来评定功能性纯度，在这种方法中，单位时间内底物消耗的量或产物生成的量与酶量成正比，计算样品总的活性，除以总蛋白质量，得到样品的比活，测定总蛋白质量的方法已在第3章中讨论，某个纯化步骤中比活的提高意味着杂蛋白质的去除。

对于结构蛋白质，变性蛋白质（即在纯化过程中功能丧失的蛋白质）和没有功能分析方法的蛋白质，通常必须通过测量结构属性（例如，分子质量、pI、金属离子或辅因子的存在、抗体结合位点的存在）来对其进行评定。在对功能纯度进行评定时，目的蛋白相对于总蛋白质的量的增加意味着纯度增高。

纯化策略的步骤

捕获期

捕获期是从原料中初步纯化目的蛋白的阶段。目标是浓缩目的蛋白，同时尽可能多地除去杂质。离子交换层析（见第8.2单元）和疏水相互作用层析（HIC；见第8.4单元）通常是捕获的最佳层析技术。某些亲和技术也非常有效，包括凝集素亲和层析（见第9.1单元）、染料配基亲和层析（见第9.2单元）、免疫亲和层析（见第9.5单元）和金属螯合亲和层析（MCAC；见第9.4单元）。对于小规模（如蛋白质量<1 g）捕获，亲和层析非常有用。

在捕获期，样品是蛋白质粗提物，其中混杂的细胞碎片会使样品混浊，混杂的DNA会使样品黏稠，在整个纯化过程中，捕获期所处理的样品体积通常是最大的，水通常是最主要的杂质，尤其当样品来自细胞培养液或发酵液时。样品中还可能含有色素、颗粒性物质和一些脂类物质，这些成分很容易堵塞层析柱，或者非特异性地与某些介质结合，一旦这些杂质进入了层析系统，就很难将其去除。样品中还可能含有蛋白酶或其他成分，能破坏目的蛋白或使目的蛋白变性。

适合于捕获的离子交换介质或HIC介质必须能够使稀的、浑浊的或黏稠的样品高通量地流过，为此，可以使用直径40～300 μm的介质。用这种相对较大的胶珠充填的柱子通常在低压下运行，可使用较高的流速，而且不容易被样品中的颗粒物质污染和堵塞。高流速可以减少处理大体积样本所需的时间，这样也就降低了由于降解或变性所导致的产物损失的可能性。

当粗提样品的体积很大（或体积大得超出了现有泵或柱子的有效处理能力）时，可以在捕获期使用批量技术（见第8.2单元）。在使用离子交换层析、HIC或亲和层析对目的蛋白进行批量吸附时，在适当的容器中将层析介质与样品直接混合。无论是柱层析还是批量层析技术，对捕获期，目的蛋白的洗脱通常采用简单的分步梯度洗脱方法，但是，在柱层析技术中，也可以使用连续梯度洗脱，以获得较高的分辨率。对捕获期使用的特定介质的要求和方法学的内容见第8.2单元（离子交换层析）和第8.4单元（HIC）。

中间纯化期

纯化工艺的下一阶段称为中间纯化期，在这个阶段，样品中应当仅存留少量的其他类型的生物分子（如脂质和核酸）。目的蛋白和残留的杂蛋白质具有相同的功能和结构属性，其性质取决于捕获期所用的分离技术。如果捕获期使用的是离子交换技术，那么目的蛋白和杂蛋白质所带的电荷相近；如果使用的是HIC技术，那么二者的疏水性相似；如果使用了亲和层析的方法，那么二者有相近的配基或抗体结合位点；如果使用了超滤或凝胶过滤的方法，那么二者的大小近似。所以在中间纯化期最好选用与捕获期所选择的不同属性对目的蛋白和杂质蛋白质进行分离。联合使用离子交换和HIC技术是非常有效的蛋白质纯化分离策略。在低离子强度下，从HIC介质上洗脱下蛋白质，这种蛋白质适合于直接上样到离子交换柱上，在低的离子强度下，样品结合到离子交换介质上。相反，从离子交换介质上洗脱的样品往往离子强度高，适合直接上样到HIC柱上，在高的离子强度下，样品与HIC介质结合。联合使用阳离子交换和阴离子交换也会非常有效。在中间纯化期，样品体积减少，也能够使用阴性吸附层析（negative adsorption chromatography），这种层析方法是将杂蛋白质结合到柱子上，使目的蛋白穿过。

在中间纯化期所用的层析技术应该根据单一理化性质的细小差异将目的蛋白和杂蛋白质分开。该期的首要目标是高分辨率和高收率，要实现这些目标，应当选用比捕获期所用胶珠直径更小的层析介质，较小胶珠直径的优点是能减小峰宽，从而提高分辨率。在中间纯化期要进一步提高分辨率，通常使用线性梯度来洗脱目的蛋白。

精细分离期

蛋白质分离纯化的最后一个阶段是精细分离期，该阶段的目标是除去目的蛋白的结构和功能异构体以及残留的痕量杂质，以获得适合于预期用途的目的蛋白。在该阶段中，必须要除去的杂蛋白质和结构异构体与目的蛋白的理化性质极其相似，在该阶段使用的层析技术所依据的理化性质不能与捕获期和中间纯化期相同，而且应当使用高分辨率的技术。等点聚焦、凝胶过滤（见第8.3单元）、反相层析（RPC；Corran 1989）和亲和技术（见第9章）都可以在这个阶段使用。对于分离目的蛋白的结构异构体，RPC非常有效，但是，由于在分离过程中使用有机溶剂，通常导致目的蛋白的活性丧失。吸附技术（如等点聚焦和亲和层析）通常需要用特殊的洗脱剂回收目的蛋白，而在使用纯化的目的蛋白之前，必须要将这些洗脱剂除去。凝胶过滤通常不需要特殊的洗脱剂，经常是精细分离期所用的最好技术。

影响层析分辨率的参数

分辨率

分辨率是一个量度，指两种在层析上性质不同的物质的相对分离度，最高分辨率是任何纯化步骤的首要目标。在此主要讨论影响蛋白质样品成分在层析上分成不同组分的主要理论参数，作为判断层析结果的基础。影响分辨率的主要参数包括：选择性、效能和容量，更详细的内容参见 Giddings 和 Keller（1965）、Janson 和 Ryden（1989）。

任何层析分离的结果常常都表示为区带或峰之间的分辨率，这些区带或峰含有在层析上性质不同的样品成分。根据公式 8.1，可以从层析图（图 8.2）确定一步层析所得到的两峰的分辨率（R_s），其中 V_{R1} 和 V_{R2} 分别是峰 1 和峰 2 的洗脱体积，W_{b1} 和 W_{b2} 分别是峰 1 和峰 2 的宽度。如果洗脱流速保持不变，并在固定的时间段收集洗脱组分，V_{R1}、V_{R2}、W_{b1} 和 W_{b2} 可以用时间单位来表示，也可以用体积单位来表示。公式中使用的单位必须统一（时间或体积），以得到一个无因次的值 R_s。

$$R_s = \frac{V_{R2} - V_{R1}}{\frac{1}{2}(W_{b2} + W_{b1})} \qquad (公式\ 8.1)$$

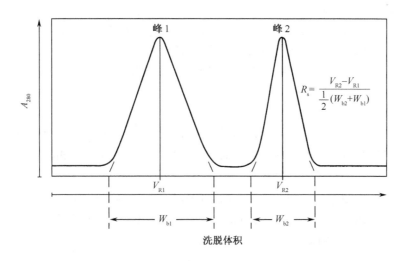

图 8.2　计算两个峰的洗脱体积和峰宽的示意图。横坐标为洗脱体积，纵坐标为 280 nm 的吸收值。V_{R1} 和 V_{R2} 分别是峰 1 和峰 2（在峰最高处测量）的洗脱体积，W_{b1} 和 W_{b2} 分别是峰 1 和峰 2 的宽度（在基线处测量），基线处的峰宽是从峰拐点处所画的切线所截取的基线片段。根据公式 8.1，分辨率（R_s）被定义为两峰最高处洗脱体积之间的距离除以峰宽的平均值。

可使用分辨率的值来确定是否需要对层析方法进一步优化，因为分辨率用数字表示两个峰是否被完全分开。图 8.3 比较了两个分离结果：一个结果是完全分开的峰，另一个结果是未完全分开的峰。应当牢记的是，完全分开的峰并不一定是一种纯的物质，一个单一的峰通常存在多个物质，只是所用的层析技术未将其分开。

在任何层析系统中，能够达到的分辨率与该系统的容量、效能和选择性成正比。要获得成功，必须考虑到和控制好这些参数中的每一个。分辨率的理论表达式为公式 8.2，其中 κ 为两峰的平均容量因子、N 为系统的效能因子、α 为介质的选择性因子。

$$R_s = \frac{1}{4}\left[\frac{k}{1+k}\right](\sqrt{N})\left[\frac{\alpha - 1}{\alpha}\right] \qquad (公式\ 8.2)$$

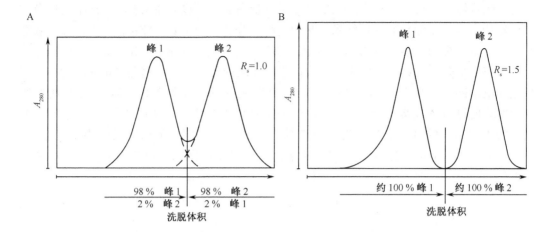

图 8.3　不同分辨率的分离结果。A. 当 $R_s=1.0$ 时，可达到 98% 的纯度，即所收集的峰 1 组分中 98% 是单一蛋白质，另外 2% 是峰 2 所收集的蛋白质的污染；相反，所收集的峰 2 组分中 98% 是单一蛋白质，另外 2% 是峰 1 所收集的蛋白质的污染。B. 完全（基线）分离需要 $R_s>1.5$，在这个值，不同的分离峰能够完全被分开（即每个峰的纯度高于 99.9%）。

容量

容量因子（capacity factor）或保留因子（k）是一个评价样品成分保留的量度。应该注意的是，这个概念不能和柱子的负载容量（loading capacity）相混淆，柱子的负载容量是每毫升凝胶结合样品的毫克数，用峰的面积来表示。层析图上任何一个峰的容量因子都可以计算，例如，在图 8.4 中，峰 2 的保留因子可以用公式 8.3 计算，其中 V_{R2} 是峰 2 的洗脱体积，V_m 是流动相的体积（即总柱床体积）。在公式 8.2 中，k 是 k_1（峰 1）和 k_2（峰 2）的平均值。

$$k_2 = \frac{V_{R2} - V_m}{V_m}$$ 　　　　　　（公式 8.3）

吸附技术（如离子交换、HIC、层析聚焦、RPC 和亲和层析）会具有较高的容量因子，因为实验条件能够被控制，使得单个峰的洗脱体积大于总的柱床体积（V_m，如图 8.4 中峰 2 和峰 3）。然而，在凝胶过滤（是一种非吸附性技术）中，所有的峰都必须在 $V_m \sim V_0$ 的洗脱体积内洗脱下来（如图 8.4 中的峰 1）。

效能

效能因子（N）是一个评价在层析柱上区带变宽（峰宽）的量度。用公式 8.4 可以计算任何给定峰的效能因子，其中 V_R 是洗脱体积（即在最高峰处通过柱子的洗脱液的总体积），W_h 是半高峰宽。

$$N = 5.54 \left[\frac{V_R}{W_h} \right]^2$$ 　　　　　　（公式 8.4）

效能（N）可以表示为：在特定试验条件下，层析柱的理论塔板数（见第 8.3 单元）。效能也通常被定义为：每米层析柱床的塔板数，或术语 H，即相当于理论塔板的高度，H 可以简单的表示为柱长（L）与效能因子（N）的比值，即 $H = L/N$。

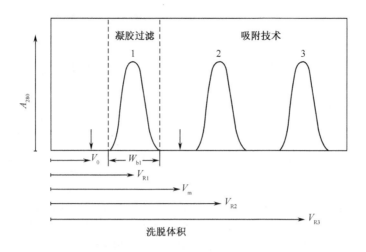

图 8.4　层析图示意图。V_0 为外水体积；$V_{R1} \sim V_{R3}$ 分别为峰 1～峰 3 的洗脱体积；V_m 为流动相的体积；W_{b1} 为峰 1 的峰宽。

在层析床中，区带变宽（即效能降低）的主要原因是扩散，与液流垂直方向的扩散被柱壁阻挡，因此，纵向扩散是导致区带变宽的首要原因。当蛋白质吸附在介质上时，很少或根本不会发生扩散，但是，一旦蛋白质解吸附，扩散就开始了。扩散量与物质通过系统所需要的时间成正比，如果将在流动相、胶珠和系统中可扩散的距离降至最低，那么就可以最大程度地降低由于扩散而导致的效能下降。在实际操作中，可以通过提高介质颗粒大小的均一性、降低胶珠的大小来提高分离的效能，要获得高效能，需要良好的实验技术。装柱不均匀的层析床和层析柱中潴留了空气都会导致沟流现象（channeling）、区带变宽，从而使分辨率降低。系统存在的某些问题也可能导致效能降低，如系统的死体积、形成梯度过程中没有充分地混匀以及流速不稳。

选择性

层析介质的选择性决定了介质分离峰的能力（即它是一个评价在层析图中两峰间的距离的量度，见图 8.5）。用公式 8.5 可以从一张层析图计算选择性因子（α）。

$$\alpha = \frac{k_2}{k_1} = \frac{V_{R2} - V_m}{V_{R1} - V_m} \approx \frac{V_{R2}}{V_{R1}} \qquad (公式 8.5)$$

选择性对分辨率的影响比效能（N）更重要，因为 R_s 直接与选择性成正比，而仅与效能的平方根成正比（结合公式 8.1 和公式 8.2 中的 R_s 见图 8.5）。因此，要将分辨率提高 2 倍，需要将效能提高 4 倍，相比而言，选择性则只需提高 2 倍即可。在实际操作中，选择性只部分地与所用的层析技术有关，但是，通常通过控制试验条件可以控制选择性，例如，流动相的 pH 和离子强度。由于这很容易做到，而且可以预测，所以在柱层析中要获得最高的分辨率，探索选择性比探索效能更为有效，一旦颗粒大小和介质的均一性固定后，效能也就无法改变了。

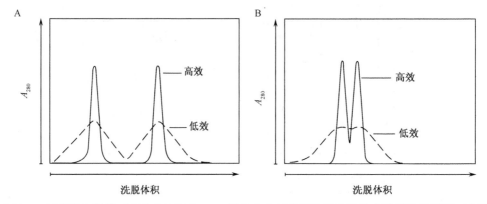

图8.5　选择性和效能对分辨率的影响。A. 用具有良好选择性的实验技术得到的层析图，选用能够得到高效能的实验条件，得到两个窄的、分开的峰（高分辨率）。当实验条件只能提供低效能时，峰加宽，而且重叠部分增多（低分辨率）。B. 用选择性差的实验技术得到的层析图。在这种情况下，即使使用高效能的实验条件，所获得的分辨率依然比 A 图低，如果在低效能的实验条件下操作，分辨率会更差。

参考文献：Corran 1989；Giddings and Keller 1965；Janson and Ryden 1989
作者：Alan Williams

8.2 单元　离子交换层析

策略设计

离子交换介质的选择

离子交换介质选择的标准包括应用的特定要求、样品成分（即目的蛋白和杂质）的 pI 和分子大小以及可使用的仪器（如泵和柱子）。

首先要选择使用阴离子交换还是阳离子交换，这需要知道目的蛋白的 pI 和 pH 稳定性，如果知道目的蛋白的 pI，选用阴离子交换介质时，工作 pH 要高于目的蛋白的 pI，而选用阳离子交换介质时，工作 pH 要低于目的蛋白的 pI。如果不知道目的蛋白的 pI，最好能在正式分离开始之前确定目的蛋白的 pI，可根据经验确定最佳的工作 pH（见辅助方案 1）。由于大多数蛋白质的 pI 低于 pH 7，所以在开始时，理应选择阴离子交换介质和 pH 8.5 的工作 pH，然后对结果进行评价，必要时可对分离条件进行优化。知道蛋白质溶液中杂蛋白质的 pI 和结合特性也非常有用。

缓冲体系的选择

所选择的缓冲体系必须在所希望的 pH 值范围内，阳离子交换首选阴离子缓冲液（如醋酸盐和磷酸盐溶液），而阴离子交换首选阳离子缓冲液（如 Tris·Cl、乙醇胺和哌嗪）。要确保缓冲液中的离子和离子交换介质上的离子电荷一致，这一点非常重要，这样，这些离子才不会结合。在离子交换实验过程中，要保持恒定的缓冲性能和稳定的 pH。表 8.2 中列出了一系列缓冲液，适用于阴离子交换和阳离子交换。缓冲液中包含的一些添加剂

（如去污剂或蛋白质酶抑制剂）也都应该和离子交换介质具有同样的电荷，以防止结合。

表 8.2　用于离子交换层析的缓冲液[a]

pK$_a$(25℃)	pH 范围	缓冲液	工作浓度/(mmol/L)	温度因子[b]
阴离子交换				
4.75	4.5～5.0	N-甲基哌嗪	20	−0.015
5.68	5.0～6.0	哌嗪	20	−0.015
5.96	5.5～6.0	L-组氨酸	20	
6.46	5.8～6.4	bis-Tris	20	−0.017
6.80	6.4～7.3	bis-Tris 丙烷	20	
7.76	7.3～7.7	三乙醇胺	20	−0.02
8.06	7.6～8.5	Tris・Cl	20	−0.028
8.52	8.0～8.5	N-甲基二乙醇胺	50	−0.028
8.88	8.4～8.8	二乙醇胺	20 (pH 8.4)	−0.025
8.64	8.5～9.0	1,3-二氨基丙烷	20	−0.031
9.50	9.0～9.5	乙醇胺	20	−0.029
9.73	9.5～9.8	哌嗪	20	−0.026
10.47	9.8～10.3	1,3-二氨基丙烷	20	−0.026
11.12	10.6～11.6	哌啶	20	−0.031
阳离子交换				
2.00	1.5～2.5	马来酸	20	
2.88	2.4～3.4	丙二酸	20	
3.13	2.6～3.6	柠檬酸	20	−0.0024
3.81	3.6～4.3	乳酸	50	
3.75	3.8～4.3	甲酸	50	+0.0002
4.21	4.3～4.8	琥珀酸	50	−0.0018
4.76	4.8～5.2	乙酸	50	+0.0002
5.68	5.0～6.0	丙二酸	50	
7.20	6.7～7.6	磷酸盐	50	−0.0028
7.55	7.6～8.2	HEPES	50	−0.0140
8.35	8.2～8.7	BICINE	50	−0.0180

a 资料来自 Pharmacia Biotech (1995)。

b 每摄氏度 pK$_a$ 的改变（即 $\partial pK_a/\partial T$）。

批量纯化和柱纯化方法的选择

如果样品的体积很大，超出了实验室现有泵和柱子的负载量，那么在纯化的捕获期采用批量吸附技术（见基本方案 1）比较合适。批量纯化技术非常适合于从很粗制的样品中捕获目的蛋白，在蛋白质纯化的中间纯化期和精细纯化期，需要很高的分辨率，这只能通过柱层析技术来实现。

离子交换介质的容量

在某特定的应用中，所需要的离子交换介质的量取决于在选定的 pH 条件下介质的蛋白质容量（即能够结合到介质上蛋白质的量）。

一定量的介质上能够参与离子交换的带电基团数被称为离子容量或总容量。可是由于离子交换介质是多孔的物质，所以离子交换基团通常广泛分布在胶珠的所有表面，能够结合的蛋白质量取决于样品成分扩散进入胶珠内的能力，这种能力的大小和各成分的分子质量、形状以及介质的孔的结构有关（见第 8.3 单元）。此外，根据蛋白质的形状和表面电荷分布以及介质上交换配基的空间定向的情况，大分子（如蛋白质和核酸）可以与多个离子交换基团结合（或在空间上阻碍了其他分子的结合），判断介质或柱子的有效容量（available capacity）和动态容量（dynamic capacity）需要考虑到这些因素。

有效容量的定义为：在批量纯化工艺中，在一定的 pH、盐浓度和样品浓度下，某种特定蛋白质能够结合到离子交换介质上的量。当将介质装入柱时，能结合的某种特定蛋白质的量取决于这些因素中的许多种，而且还与柱子的尺寸以及流速有关，在既定条件下工作的柱容量被称为动态容量。在离子交换介质中，配基的电荷状态对工作 pH 敏感，这样的离子交换介质被称为弱离子交换剂。弱离子交换剂可用的 pH 范围比强离子交换介质的窄，在强离子交换介质中，配基上用于交换的电荷是恒定的（即对 pH 不敏感）。以 DEAE（二乙胺乙基）或 CM（羧甲基）基团为交换配基的离子交换介质是弱离子交换剂，由于弱离子交换介质的离子载量是可变的，因此在进行预实验时，建议使用强离子交换介质（见辅助方案 1）。一般建议从文献报道的容量的 10％左右开始进行预实验，然后确定自建系统的容量。

溶液的配制

用于离子交换层析的所有水溶液都应当用蒸馏水或去离子水（Milli-Q 纯水或者相当级别的水）配制。用于柱层析的溶液和样品，在使用前都应当过滤、脱气并平衡至适宜的温度。对于要加在缓冲液中的任何添加剂，特别注意，确保其不与柱子结合。如果所选用的添加剂使流动相的黏度增加，那么就应当降低流速。

层析系统

最基本的层析系统（图 8.6）包括缓冲液传输系统（能够形成梯度）、将样品加入

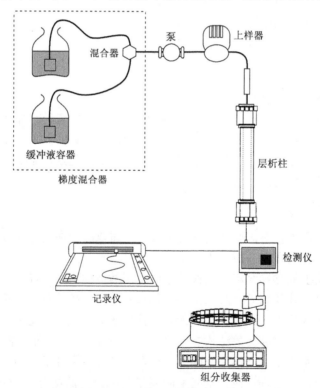

图 8.6　带有梯度混合器的液相层析系统。

系统的装置、柱子本身（用适当的离子交换剂，并正确装填）、在线式紫外检测仪（适于在 280 nm 使用）、记录仪和组分收集器。还可以在系统中加入其他的组件，例如，用于自动化操作的系统控制器以及数据收集系统。在选择适合柱子的设备时，或在选择适合现有设备的柱子时，柱子的工作压力和流速是最重要的参数。

强烈推荐使用预装柱，并在购买前咨询生产商有关正确操作的设备要求。如果要在实验室中自行装柱，那么应当按照生产商的介质装填说明书操作，而且在使用实际样品进行分离之前，要先用有代表性的标准品测试柱效和性能。没有一种装柱方法能够完全适合于各种类型的介质。

放大条件

将离子交换层析的规模放大有两种不同的方法：一种方法使用同样的介质，保持相同的柱床高度，使用较大直径的柱子；另一种方法用不同的介质替换在小规模分离时所用的介质，但这种介质具有相同的带电基团（固定在某种基质上），并具有较高的通量。流速增加所需要的放大倍数为大柱子与小柱子的横截面面积之比。

供应商

离子交换层析的介质由 Amersham Pharmacia Biotech、Bio-Rad、TosoHaas、Waters 和 BioSepra 公司以及其他一些公司提供（联系信息和网址见附录 4）。

基本方案 1 批量吸附和逐步提高盐浓度的梯度洗脱

在此使用的仪器足以处理高达 1.5 L 的样品。

材料（带√的条目见附录 1）

- QAE Sephadex A-25（Amersham Pharmacia Biotech）或相当的阴离子交换凝胶
- √结合缓冲液：20 mmol/L Tris·Cl，pH 7.5
- 待纯化的蛋白质样品
- √洗涤缓冲液：20 mmol/L Tris·Cl，pH 7.5（见附录 1 中的配方）/100 mmol/L NaCl（或根据经验确定的其他缓冲液/盐溶液；见辅助方案 1）
- √洗脱缓冲液：20 mmol/L Tris·Cl，pH 7.5（见附录 1 中的配方）/350 mmol/L NaCl（或根据经验确定的其他缓冲液/盐溶液；见辅助方案 1）
- √再生缓冲液：20 mmol/L Tris·Cl，pH 7.5（见附录 1 中的配方）/2 mol/L NaCl（见辅助方案 5）
- 沸水浴（可选）
- 中等孔径的 500 ml 烧结玻璃过滤漏斗
- 3 个 2000 ml 的带柄烧瓶
- 电导计

1. 在 1 L 结合缓冲液中加入 10 g QAE Sephadex A-25，室温溶胀 2 天，或在沸水浴中溶胀 2 h（溶胀后的胶体积可达约 70 ml）。
2. 将 500 ml 的烧结玻璃过滤漏斗安装在 2000 ml 的带柄烧瓶上，施加负压。轻轻回旋溶胀的凝胶，使之悬浮，迅速将凝胶浆倒入漏斗中，使液面和漏斗边缘平齐，将缓冲液收集到烧瓶中，直到所有的凝胶被收集；当完全去除缓冲液后，解除负压。不要使用磁力搅拌器，否则会将脆弱的胶粒打碎。

3. 在漏斗中加入 200 ml 结合缓冲液，用搅拌棒将凝胶重悬，让重悬后的凝胶静置 5 min，然后施加负压，除去缓冲液。至少重复操作 3 次，以确保充分平衡。

4. 往溶胀的凝胶中加入足量的结合缓冲液（约 100 ml），制成约 50% (V/V) 的凝胶浆，让其在漏斗中静置，直到准备好样品。

5. 将蛋白质样品的 pH 和盐浓度调整至起始的最佳值（见辅助方案 1），在 2000 ml 的烧杯或广口烧瓶中混合凝胶和样品。

6. 每隔 15 min 回旋一下，轻轻地混合样品和凝胶，或在台式摇床上以足够的速度摇动，使凝胶保持悬浮状态，但不能出现泡沫。让其在室温下结合 1～2 h 或在 4℃ 条件下结合 3～4 h，然后按第 2 步的方法通过过滤收集凝胶，保留滤过液进行分析（以确保目的蛋白结合在凝胶上）。

7. 往漏斗中加入 100 ml 结合缓冲液，并用搅拌棒重悬凝胶。让重悬的凝胶静置 5 min，然后施加负压除去缓冲液。重复 3 或 4 次，将所有的洗涤液与第 6 步的滤过液合并。

8. 将玻璃漏斗转移到一个洁净的 2000 ml 的带柄烧瓶上，往漏斗中的凝胶里加入等体积的洗涤缓冲液，用搅拌棒使凝胶悬浮，进行第一步梯度洗脱，让重悬的凝胶静置 5 min，然后施加负压除去缓冲液。保留滤过液，滤过液中会含有在凝胶上结合不牢固的样品成分。

9. 用洗涤缓冲液为空白对照，在 280 nm 处测量滤过液的吸收值。重复第 8 步，直到滤过液在 280 nm 处无明显的吸收为止。合并、保存滤过液。

10. 用等体积的洗脱缓冲液洗脱，重复第 8 步，进行第二次梯度洗脱，保留滤过液，滤过液中会含有在凝胶上结合更牢固些的样品成分，包括目的蛋白。

11. 用洗脱缓冲液为空白对照，在 280 nm 处测量滤过液的吸收值。重复第 10 步，直到滤过液在 280 nm 处无明显的吸收为止，合并、保存滤过液，用于分析和下一步目的蛋白的纯化。

12. 如果需要重新使用凝胶（见辅助方案 4 和 5），将玻璃漏斗转移到一个洁净的 2000 ml 的带柄烧瓶上，往凝胶中加入等体积的再生缓冲液，用搅拌棒重悬凝胶。让重悬的凝胶静置 5 min，然后施加负压除去缓冲液。重复上述操作 5 次，弃掉滤过液。

13. 再用 100 ml 结合缓冲液重复上述操作 5 次。检测最后滤过液的 pH 和电导，以确保凝胶已经平衡好。按辅助方案 5 介绍的方法保存凝胶。

备择方案　基于 pH 的分步梯度洗脱

基于 pH 的分步梯度比基于盐浓度的分步梯度更易于操作，而且重复性也更好。对阴离子交换介质来说，当 pH 降低时，便开始洗脱。对于阳离子交换，洗脱时要升高 pH。根据预实验所得到的结果（见辅助方案 1），选择适合于洗脱 pH 的缓冲液，也可以将基本方案 1 改良成 pH 梯度洗脱，在基本方案 1 的第 10 步和第 11 步中使用这种洗脱缓冲液。当使用 pH 洗脱时，温育时间和缓冲液体积应当增加 20%。

只有在很好地了解了样品的离子交换特性并且通过盐浓度的改变无法达到所需要的分辨率时，才建议使用pH改变进行洗脱。pH洗脱也适合于某些其他情况，如它可为下一步层析上样提供很好的离子/pH环境。在洗脱时，也可以将提高盐浓度和改变pH的方法联合使用。

基本方案2　线性梯度洗脱的柱层析

注意：在使用前，所有的缓冲液、介质和其他系统成分均应当过滤、脱气，并平衡至相同的温度。

材料

- 液相层析系统（FPLC或HPLC）
- 结合缓冲液（见基本方案1和辅助方案1）
- 洗脱缓冲液：含1 mol/L NaCl的结合缓冲液
- RESOURCE Q层析柱（柱床体积1 ml；Amersham Pharmacia Biotech公司）
- 待纯化的蛋白质样品
- 电导计
- 0.22 μm滤器

1. 按照生产商的说明书，准备好液相层析系统，先不安装柱子。

2. 将结合缓冲液和洗脱缓冲液置于梯度器中适合的贮液槽中（图8.7和辅助方案3）。测试系统性能：运行0～100%洗脱缓冲液的一个空白梯度，体积为20 ml，流速恒定在5 ml/min。

3. 检测系统是否漏液，并通过系统记录确定检测仪的稳定性，使用电导计检测梯度形成的准确性。用结合缓冲液清洗系统，以除去所有空气，然后将RESOURCE Q层析柱安装在系统上。

4. 用5倍柱床体积（RESOURCE Q层析柱为5 ml，其他型号的柱子则参考产品说明书）的洗脱缓冲液洗涤柱子，流速为5 ml/min，并检查柱子是否漏液。

   V_c（填充的柱床体积）$=\pi r^2 \times L$，r为柱子的半径，L为柱床的高度（即柱子里填充的介质的高度）。

5. 用5～10倍柱床体积的结合缓冲液平衡柱子，流速5 ml/min。在平衡的最后阶段收集一份洗脱液，检测其pH和电导，如果其pH和盐浓度与结合缓冲液不一致，则继续用结合缓冲液洗柱子，直到柱子完全平衡为止。

6. 将样品的pH和盐浓度调整至辅助方案1所确定的结合条件。在上样前，用0.22 μm的滤器过滤样品，以除去可能堵塞系统或柱子的颗粒物质。

7. 打开进样阀将样品（如25 mg的总蛋白质）注到柱子内，开始收集组分，每份1 ml。上样完成后，用3～5倍柱床体积的结合缓冲液洗涤柱子，流速为5 ml/min，以除去未结合或结合弱的物质。在进行下一个步骤之前，使检测仪的信号回到基线。

8. 关闭进样阀，以减少系统死体积，然后用20倍柱床体积（20 ml）的洗脱缓冲液以0%～100%洗脱缓冲液的线性梯度洗脱。分析各组分中的目的蛋白，将含有目的蛋白的组分合并备用。

9. 用 5 倍柱床体积的洗脱缓冲液洗涤柱子，使柱子再生，再用 5～10 倍柱床体积的结合缓冲液洗涤，重新平衡柱子。

辅助方案 1　用试管预试验确定离子交换层析的起始条件

　　这里介绍的方法针对通过提高盐浓度进行洗脱的阴离子交换，阳离子交换方法与此不同，并在适当的地方进行了标注。可从表 8.2 中选择阳离子交换缓冲液，进行阳离子交换时，可使用 SP Sepharose Fast Flow（Amersham Pharmacia Biotech 公司）或相当的介质。

材料（带√的条目见附录 1）

- 20 mmol/L 哌嗪，pH 5.0、pH 5.5 和 pH 6.0（用 100 mmol/L 的贮液配制）
- 20 mmol/L 1,3-bis［tris（羟甲基）甲基氨基］丙烷（bis-Tris 丙烷）{1,3-bis［tris（hydroxymethl）methylamino］propane（bis-Tris porpane）}，pH 6.5 和 pH 7.0（用 100 mmol/L 的贮液配制）
- √ 20 mmol/L Tris・Cl，pH 7.5、pH 8.0 和 pH 8.5
- Q Sepharose Fast Flow（50% 的凝胶浆，保存在 20% 的乙醇里；Amersham Pharmacia Biotech 公司生产）或相当的保存在适宜缓冲液中的阴离子交换树脂
- 待纯化的蛋白质样品，所含有的目的蛋白和总蛋白质的量已知，并已脱盐（见第 8.3 单元）处理
- 4 mol/L NaCl
- 15 ml 试管
- 离心机，带 15 ml 试管的转头（可选）

1. 为了优化结合的 pH，设置一系列的试管，标号 1～8，内装不同的如下缓冲液：
　　　　管 1：5 ml 20 mmol/L 哌嗪，pH 5.0
　　　　管 2：5 ml 20 mmol/L 哌嗪，pH 5.5
　　　　管 3：5 ml 20 mmol/L 哌嗪，pH 6.0
　　　　管 4：5 ml 20 mmol/L bis-Tris 丙烷，pH 6.5
　　　　管 5：5 ml 20 mmol/L bis-Tris 丙烷，pH 7.0
　　　　管 6：5 ml 20 mmol/L Tris・Cl，pH 7.5
　　　　管 7：5 ml 20 mmol/L Tris・Cl，pH 8.0
　　　　管 8：5 ml 20 mmol/L Tris・Cl，pH 8.5

2. 摇动 Q Sepharose Fast Flow 的瓶子，使凝胶悬浮。往量筒中倒入 25 ml 凝胶浆，让凝胶自然沉降。调整凝胶上面的液体体积，使之与沉降的凝胶体积相等（即制备成 50% 的凝胶浆），再用玻璃搅拌棒悬浮凝胶。各加入 2 ml 凝胶浆至第 1 步的试管中，混匀。让凝胶自然沉降于管底，或在室温下约 5000 g 离心 1 min。

3. 将各管的上清倒掉，重新加入 5 ml 第 1 步所加的缓冲液。轻轻摇动或涡旋，重悬凝胶，然后让各管静置 2 min。重复该步骤 3 次（如果必要，通过离心使凝胶沉降）。倒掉最后的上清，将每管平衡过的凝胶重悬入 1 ml 第 1 步所加的缓冲液中。

4. 设置 8 份完全相同的待纯化的蛋白质，分装在 8 个试管中，标记为 1～8，每管含有

0.1～1 mg 的总蛋白质。调整各管的 pH（用酸或碱滴定，用 pH 试纸检测，或者用预期 pH 的缓冲液 1:1 稀释），以得到 8 种不同的 pH，与第 1 步中的 1～8 号管的 pH 相对应。

5. 将各管蛋白质加入第 3 步中对应的试管中，通过定期回旋轻轻地混合 10 min，让凝胶沉降。取各管上清测量 280 nm 处的吸收，分析目的蛋白。

6. 选择目的蛋白结合量最大（即上清中没有目的蛋白存在）的最低 pH 作为下一步层析分离的结合 pH。选择没有蛋白质结合（即所有蛋白质都在上清中）的最高 pH 作为洗脱 pH。对于阴离子交换，所选择的结合 pH 高出不结合的最高 pH 不得超过 0.5～1 个 pH 单位。对于阳离子交换，所选择的结合 pH 要低于不结合的最低 pH 0.5～1 个 pH 单位。选择不结合的最低 pH 作为洗脱 pH。

7. 为了优化组合和洗脱的盐浓度，设置一系列试管，标号为 1～10。只使用第 6 步所选择的结合缓冲液，按第 1 步至第 3 步进行操作，平衡所有 10 个管中的凝胶。

8. 按第 4 步的方法平衡蛋白质，但使用第 6 步所选择的结合缓冲液。将平衡好的蛋白质加到第 7 步的试管中，轻柔混合 10 min，然后让凝胶沉降。

9. 倒出各管中的上清，弃掉。用 5 ml 结合缓冲液洗涤凝胶 2 次，让凝胶自然沉降，每次加入缓冲液后，都倒掉上清。

10. 往各管中加入 2 ml 结合缓冲液，然后依次加入水和 4 mol/L NaCl，各管的加量以下：

   管 1：1.90 ml 水和 0.10 ml 4 mol/L NaCl（NaCl 终浓度为 0.10 mol/L）
   管 2：1.80 ml 水和 0.20 ml 4 mol/L NaCl（NaCl 终浓度为 0.20 mol/L）
   管 3：1.70 ml 水和 0.30 ml 4 mol/L NaCl（NaCl 终浓度为 0.30 mol/L）
   管 4：1.60 ml 水和 0.40 ml 4 mol/L NaCl（NaCl 终浓度为 0.40 mol/L）
   管 5：1.50 ml 水和 0.50 ml 4 mol/L NaCl（NaCl 终浓度为 0.50 mol/L）
   管 6：1.40 ml 水和 0.60 ml 4 mol/L NaCl（NaCl 终浓度为 0.60 mol/L）
   管 7：1.30 ml 水和 0.70 ml 4 mol/L NaCl（NaCl 终浓度为 0.70 mol/L）
   管 8：1.20 ml 水和 0.80 ml 4 mol/L NaCl（NaCl 终浓度为 0.80 mol/L）
   管 9：1.10 ml 水和 0.90 ml 4 mol/L NaCl（NaCl 终浓度为 0.90 mol/L）
   管 10：1.00 ml 水和 1.00 ml 4 mol/L NaCl（NaCl 终浓度为 1.00 mol/L）

11. 将管内的成分轻轻混合 10 min，然后让凝胶沉降。分析各管上清中的目的蛋白（表明洗脱的情况）。

12. 选择不发生洗脱的最高盐浓度作为能够使目的蛋白结合并可以洗涤掉未结合样品成分的最大盐浓度。选择至少高于无蛋白质结合的盐浓度 0.05 mol/L 的盐浓度作为洗脱用盐浓度。

13. 要确定有效容量（定义见第 8.1 单元），使用第 6 步所选择的 pH 和第 12 步所选择的盐浓度，配制一种缓冲液/盐溶液，设置一套试管，标号为 1～10，只使用这种结合缓冲液，按照第 1～3 步进行操作，重新平衡所有 10 支管中的凝胶。

14. 往各试管中加入小份的样品，得到如下量的目的蛋白：

   管 1：10 mg
   管 2：20 mg

管 3：30 mg

管 4：40 mg

管 5：50 mg

管 6：60 mg

管 7：70 mg

管 8：80 mg

管 9：90 mg

管 10：100 mg

15. 轻轻混合 10 min，然后让凝胶沉降。分析各管上清中的目的蛋白（上清中存在目的蛋白说明超出了有效容量），选择上清中无目的蛋白的最高蛋白质浓度作为有效容量。根据有效容量的 50%，计算出批量纯化所需离子交换介质的量。

辅助方案 2　离子交换柱动态（柱）容量和处理容量的测量

附加材料（见基本方案 2）

- 容量未知的离子交换凝胶和柱子
- 洗脱缓冲液：用单一步骤的盐浓度或 pH（如 2 mol/L NaCl；见辅助方案 1）就能够洗脱目的蛋白

1. 往柱子中填充一定量（压实后的柱床体积约为 1 ml）的离子交换凝胶（见第 8.3 单元）。准备层析系统和柱子（见基本方案 2 第 1~5 步），使用辅助方案 1 所确定的最佳结合条件和洗脱条件。装柱时，流速不要超过常规流速的 75%。

2. 准备蛋白质样品并上样（见基本方案 2 第 6 步和第 7 步）。持续上样，直到记录仪显示 >50% 满标偏转，然后用结合缓冲液洗涤柱子，到记录仪显示满标偏转为零。使用单步提高盐浓度或 pH 的缓冲液洗脱蛋白质，连续收集洗脱液，直到记录仪显示 ≤满标偏转的 2%，然后合并各组分。

3. 分析合并组分中的目的蛋白，根据公式 $A = C_p \times V$ 计算能结合到柱子上的最大蛋白质量，在此式中，C_p 为合并组分的蛋白质浓度（mg/ml），V 为合并组分的体积（ml）。

4. 计算柱（动态）容量（mg/ml），所用公式为：动态容量 $= A/V_c$。

5. 用公式 $Q_{B50} = (C_s \times x)/V_c$ 计算处理容量（breakthrough capacity，Q_{B50}），在此式中，C_s 为原始样品的蛋白质浓度，x 为在达到满标偏转 50% 时柱子的上样体积。

辅助方案 3　梯度形成技术

　　图 8.7 所示类型的梯度混合器在基于重力的层析系统或单泵的层析系统中能够形成线性 pH 或盐梯度。距离柱子最近的容器中装有结合缓冲液，第二个容器中装有等体积的洗脱缓冲液。当打开两个容器之间的阀门时，开始形成梯度。在距离柱子最近的容器中，需要不停地混合，以确保梯度的线性和可重复性。

　　可以使用能够同时提供 3 个或更多个通道的蠕动泵来形成线性梯度或复合梯度。所有通道都使用相同尺寸的管子，一个通道从洗脱缓冲液容器中将洗脱缓冲液泵入结合缓

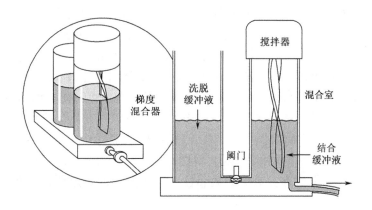

图 8.7　梯度混合器，可形成在离子交换层析中所用的 pH 梯度和盐浓度梯度。

冲液容器中，另外两个通道从结合缓冲液容器中将混合后的缓冲液泵入层析柱中，这样很容易形成线性梯度。在距离柱子最近的容器中，需要不停地混合，以确保梯度的线性和可重复性。

辅助方案 4　离子交换介质的清洗和再生

柱子和介质的常规清洗

　　柱子或者批量使用的介质应该在每次用完后用盐溶液进行清洗，直到离子强度达到≥2 mol/L，以除去通过离子力结合在介质上的物质。

污染物的去除

　　可溶于碱的污染物。用 2～3 倍柱体积的 0.1 mol/L NaOH 洗涤，然后用 2～3 倍柱体积的 Milli-Q 纯化的蒸馏水（或相当级别的水）洗涤，最后再用 2～3 倍柱体积的结合缓冲液洗涤，通常可以除去诸如脂类、蛋白质和核酸这类污染物。有关介质的 pH 稳定性，应查询生产商的操作指南。

　　疏水性污染物。用乙醇溶液（如 70％的乙醇）或非离子型的去污剂洗涤，可以除去脂类和其他的疏水性物质。先用 0～100％梯度的乙醇洗涤，再用 100％～0 梯度的乙醇洗涤，如此反复变换梯度，直到在洗脱液中检测不到污染物为止，这样做通常很有效。

　　金属污染物。金属污染会使离子交换柱的顶部变成蓝色或灰色，用几倍柱体积的 EDTA 饱和的 10 mmol/L HCl（即 pH 2）处理柱子，通常可以除去这种金属污染物。

　　沉淀物杂质。可加入去污剂、尿素和盐酸胍来帮助溶解污染物，可将柱子在 6 mol/L 的尿素中平衡和温育，然后用去离子水和缓冲液洗涤。也可以尝试加入具有降解作用的酶（如蛋白酶和脂肪酶），以降解柱子里的沉淀物。反方向冲洗柱子（即从柱底部到柱顶部）也有利于除去柱床顶部的颗粒物。

辅助方案 5　离子交换介质的保存

　　在保存之前，所有的介质都应当清洗和消毒。如果实验时间较长或长久保存（即室温超过 24 h 或者 4℃超过 48 h)，应当往离子交换剂中加入抑菌剂或抗微生物剂。保存时所选用的抗微生物剂应当不与离子交换剂结合，而且再次使用凝胶时，应当很容易将其除去，叠氮化合物是阴离子化合物，能与阴离子交换介质结合。

用 1 mol/L NaOH 处理 1 h 会使大多数介质中的细菌计数下降 100 倍，同时还有助于溶解死细胞，从而将介质消毒。将消毒后的介质保存在 0.1 mol/L 的 NaOH 中不会在柱子上残留有毒的物质，这是制药业中相当关注的问题。有关介质和柱子在 NaOH 中的稳定性，应查阅生产商的操作指南。硅介质不能耐受高 pH。

在 70% 的乙醇中浸泡 3～4 h 可以对大多数介质消毒，大多数离子交换介质和柱子能够在 20% 的乙醇中长期保存。有关介质和柱子在乙醇中的稳定性，应查阅生产商的操作指南。

适用于阴离子交换介质的有效抗微生物剂包括 0.001% 的苯基汞盐或 0.002% 的洗必泰（溶于弱碱性溶液中）。

适用于阳离子交换介质的有效抗微生物剂是 0.005% 的硫柳汞（溶于弱酸性溶液中）。对阴离子和阳离子交换介质都适用的抗微生物剂是 0.05% 的三氯丁醇（溶于弱酸性溶液中）。

参考文献：Cooper et al. 1985；Karlsson et al. 1998；Pharmacia Biotech 1985，1995
作者：Alan Williams and Verna Frasca

8.3 单元　凝胶过滤层析

策略设计

选择用于脱盐的介质和柱子

排阻极限（exclusion limit）是被介质孔隙所排阻的最小蛋白质分子，在选择脱盐介质时，它是最重要的参数。如果蛋白质能够渗透到介质中，则发生与流速相关的区带变宽（见第 8.1 单元），使分辨率降低。另一个方面，孔径非常小的凝胶通常含有更多介质，这样就具有较小的分离体积。所以，应当选择排阻极限足够小，而又不太小的凝胶。介质颗粒的大小不应当太小，因为柱压下降与颗粒大小的平方成反比。

脱盐柱通常既短又粗，能够容纳大样品体积，而且能够提供较短的处理时间。相比于凝胶过滤层析的其他应用，脱盐时柱子的区带变宽对峰宽的影响有限，所以在大规模脱盐时，使用短柱子（通常约 10 cm 长)，并在高流速下运行。

选择用于蛋白质分级分离的介质和柱子

从生产商发表的"典型分离案例"可以判断一种凝胶是否适合于蛋白质的分级分离，理想的分离是在层析图的第一部分即将目的蛋白洗脱下来，但又不能与外水体积（void volume）太近。据报道，分配系数（见基本方案 3）为 0.2～0.4 的介质可得到最大的分辨率，对应的洗脱体积为外水体积的 1.5～2 倍。长柱床和大孔径的介质可以增加蛋白质峰之间的距离，从而提高系统的分辨率（见第 8.1 单元）。提高分辨率的另一种方法是选用小颗粒的 GF 介质，而且流速也会影响分辨率。在脱盐时，能够处理的最大样品体积取决于填料的柱床体积和孔径体积。因此，在使用 GF 优化蛋白质的分级分离时，需要考虑到很多参数。

选择用于确定分子大小的介质和柱子

在确定分子大小和进行蛋白质分离时，建议使用具有高分辨能力的介质，当分析含有几种不同分子大小的蛋白质样品（如蛋白质酶解物）时，需要有足够分离范围的介质。由于选择性本身限制了其分离的范围，所以使用高选择性的介质不能够获得最佳分离范围。

供应商

Amersham Pharmacia Biotech、Bio-Rad、DuPont、TosoHaas 和 Waters 公司及其他一些公司（联系信息和网址见附录 4）都可提供用于脱盐、蛋白质分级分离和分子大小确定的凝胶过滤介质。

基本方案 1　脱盐（分组分离）

材料（带√的条目见附录 1）

- 对目的蛋白具有适当排阻极限的 GF 介质或 GF 预装柱（见策略设计）

√GF 脱盐缓冲液

- 带色的标准参照物：0.2 mg/ml 蓝色葡聚糖 2000 或 0.2 mg/ml 维生素 B_{12}

√空白标准参照物（void marker）

√总液体体积标准参照物

- 待脱盐的蛋白质样品
- 90℃水浴（可选）
- 布氏漏斗或烧结的玻璃漏斗
- GF 层析柱，带有外延柱（column extension；可选）、可调式接头和缓冲液容器（图 8.8）
- 水平仪
- 蠕动泵（图 8.8）
- 0.22 μm 滤器：缓冲液过滤可用任意的 0.22 μm 滤器；样品过滤必须使用蛋白质相容性的滤器
- 检测仪（可选，图 8.8）
- 记录仪（可选，图 8.8）
- 上样器：上样环（如 Superloop、Amersham Pharmacia Biotech 公司）或注射器
- 组分收集器（可选，图 8.8）

如果 GF 介质是干粉

1a. 根据生产商提供的溶胀系数（swelling factor）和要充填的大概柱床体积，计算所需要的 GF 干介质的量，将计算好量的干胶加入 GF 脱盐缓冲液中，所用缓冲液的量为所计算的最终凝胶体积的 2 倍（即大约柱床体积的 2 倍）。

2a. 用玻璃棒小心地搅拌凝胶悬液，让凝胶于室温溶胀过夜或在 90℃水浴中溶胀 3 h，

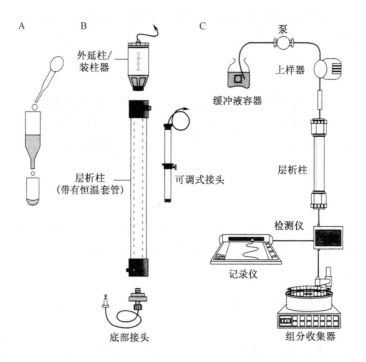

图 8.8　凝胶过滤设备。A. 简单的脱盐装置，用巴斯德吸管制成的开放床柱子。
B. 柱子和附件。C. 全自动系统。图片由 Amersham Pharmacia Biotech 公司提供。

根据需要进行搅拌，保持凝胶处于悬浮状态。不要使用磁力搅拌器，它会将脆弱的凝胶颗粒打碎。

3a. 让凝胶床沉降，然后轻轻地倒出浑浊的溶液，除去凝胶细粒和破碎的胶珠，重复这个步骤（如果必要可进行 4 或 5 次），直到沉降下来的凝胶与上清形成一条界限分明的带，然后用 GF 缓冲液稀释凝胶成 50％的凝胶浆。接着进行第 4 步。

如果 GF 介质是预先溶胀过的

1b. 在布氏漏斗或烧结的玻璃漏斗中，用过量的 GF 缓冲液洗涤凝胶，以除去贮存缓冲液。

2b. 如果凝胶中含有凝胶细粒，按第 3a 步的操作将其除去。

3b. 用 GF 缓冲液稀释凝胶成 50％的凝胶浆。接着进行第 4 步。

4. 检查柱子，要确保洁净，而且保护网（support net）未损坏，如果必要，更换新的保护网。

5. 将层析柱安装在一个稳固的试验架上，用水平仪调整，确保柱子垂直。如果 50％以上的层析柱需要装填料，则在层析柱上加装外延柱，外延柱和柱子合在一起足够装下所有的凝胶浆（即沉降后凝胶体积的 2 倍）。

6. 排出出口管和底部接头内的空气，方法是将 GF 缓冲液注入出口管内（使用注射器或蠕动泵），直到保护网上方的缓冲液达到 0.5 cm 高。关闭柱子的出口。

7. 将 GF 缓冲液注入可调式接头的入口管内，直到护网湿润，同时保持出口向上，以确保空气易于从护网内排出，将可调式接头置于一装有 GF 缓冲液的烧杯中，直到使用时取出。

8. 将第 3a 步或第 3b 步准备好的凝胶浆轻轻回旋，将一根玻璃棒倾斜放在柱子或外延柱的内壁上，沿玻璃棒将全部凝胶浆倒入柱内，用 GF 缓冲液填满剩余的空间，同样小心地沿玻璃棒倒入缓冲液，尽量不要破坏凝胶层。将外延柱用盖子盖好（或在层析柱上安装上部接头）。

9. 在缓冲液容器中装满 GF 缓冲液，放在高于泵的位置。用大内径的管子连接泵和缓冲液容器。

10. 用 GF 缓冲液清洗泵，将泵的出口连接到层析柱或外延柱的入口上。打开层析柱的出口，开启泵，流速为生产商推荐的适合于所用凝胶/层析柱组合的流速。一起泵入缓冲液，直到凝胶床的高度恒定为止（一般需要 1～4 h）。

11. 关闭泵和层析柱出口，取下外延柱，调整柱床高度（只有要除去过多的凝胶时才需要），用刮勺小心地搅动凝胶面的上部，吸去过多的凝胶浆。调整入口接头，使其与柱床表面平齐，避免在保护网下形成气泡。

12. 重新连接泵和层析柱，打开层析柱的出口，重新进行第 10 步的液流条件，维持 1 h，以使柱床高度稳定。重新调整接头，使其与新柱床表面平齐。

13. 用肉眼对光检查填充的柱床是否有裂纹、气泡和颗粒聚集物，按照第 20～23 步，用带色的标准参照物（2 mg/ml 的蓝色葡聚糖 2000 或 0.2 mg/ml 的维生素 B_{12}）进行层析，确定所得到的区带平行、锐利。

14. 计算层析所需的 GF 缓冲液的用量，多加 50%，用 0.22 μm 的滤器过滤。如果必要，可调整 pH，将过滤后的缓冲液加到缓冲液容器内。

15. 按照生产商的说明书，安装 GF 系统，将检测仪和记录仪（如果使用）连接好，但先不连接层析柱。将泵和缓冲液容器连接好，在安装柱子前，用 GF 缓冲液洗泵。

16. 通过上样阀门将泵的出口和层析柱连接起来，用 GF 缓冲液运行系统，流速为要用于蛋白质分离的流速，用组分收集器收集组分，并记录泵的实际流速（如通过称量或用量筒测量所收集的组分来计算实际流速）。

17. 按照第 20～23 步的方法，用空白标准参照物进行层析，根据得到的洗脱体积来确定系统的外水体积（V_0，图 8.9）。

   一般来说，非刚性凝胶（如琼脂糖）的 V_0 为柱床体积的 30%～33%，刚性凝胶（如硅胶）的 V_0 为柱床体积的 36%～40%。

18. 按照第 20～23 步的操作，用总液体体积参照物进行层析，根据所得到的洗脱体积确定系统的总液体体积（V_t）。

   一般来说，对于非刚性凝胶，V_t 为几何柱床体积（$\pi r^2 L$，r 为层析柱的内径）的 85%～95%，对于刚性凝胶，V_t 为几何柱床体积的 70%～80%。

19. 计算层析柱的分离体积（V_i），等于 $V_t - V_0$。

20. 将待脱盐的样品溶于 GF 缓冲液中，用 0.22 μm 的滤器过滤。

21. 打开层析柱的出口，启动泵，让 2 倍体积的 GF 缓冲液流过系统。打开检测仪和记录仪，让基线稳定。

22. 将适量要脱盐的样品加到上样器上，不要超过第 19 步所确定的分离体积。将上样阀门打开到上样位置，在记录纸上作好起始标记（如果没使用记录仪，则启动秒表）。

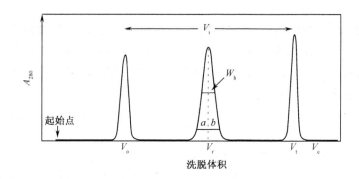

图 8.9 由外水体积 (V_o) 和总液体体积 (V_t) 所决定的凝胶过滤的分离体积 V_i 层析示意图。总柱床体积 (V_c) 等于总液体体积加介质体积。柱效的计算公式为：$N = 5.54 (V_r / W_h)$。在此式中，N 是以理论塔板数表示的柱效，V_r 是峰的洗脱体积，W_h 是半高峰宽。在 10% 峰高处，峰的对称性的计算公式为 b/a，b 是峰尾部的宽度，a 是峰头部的宽度。

23a. 确定洗脱体积：让 GF 缓冲液以适当的流速通过层析系统，在收集组分的同时，用记录仪记录检测仪的反应，得到一幅层析图，计算洗脱体积，洗脱体积等于蛋白质（或其他溶质）从起始点到达峰尖的时间乘以泵的流速（如第 16 步所确定的）。

23b. 蛋白质脱盐：让 GF 缓冲液通过层析柱，用量等于外水体积减去上样体积的一半，收集废液。在层析柱下放一个可容纳 1.5 倍加样体积的容器，然后向层析柱中加入与上样体积等量的 GF 缓冲液，收集脱盐的蛋白质（样品层析图见图 8.10）。

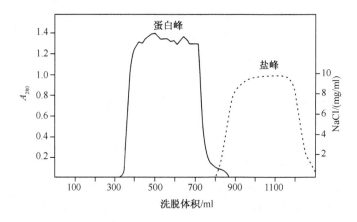

图 8.10 用凝胶过滤进行蛋白质脱盐的层析示意图。使用装填 Sephadex G-25 的 4 cm×85 cm 层析柱。样品是 400 ml 血红蛋白（蛋白峰；实线）和 NaCl（盐峰；虚线）。注意，样品体积接近于填充介质的孔隙体积（即 490 ml），样品体积未做任何修正，从图上计算得到 $V_o = 560 - 200 = 360$ ml，为几何柱体积 (V_c) 的 31%。该图经层析杂志允许后复制。

24. 用超过 1 倍柱体积的含抗菌剂的 GF 缓冲液洗涤层析柱，关闭层析柱的出口，保存层析柱。

基本方案 2 蛋白质分级分离

材料（带√的条目见附录1）

- 对目的蛋白具有适当选择性的 GF 介质或 GF 预装柱（见策略设计）

  √GF 分级分离缓冲液

- 带色的标准参照物：0.2 mg/ml 的蓝色葡聚糖 2000 或者 0.2 mg/ml 的维生素 B_{12}
- 低分子质量标准参照物（如 5 mg/ml 丙酮或者 2 mmol/L NaCl）
- 待分离的蛋白质样品
- GF 层析柱（典型长度为 30～100 cm）

1. 如脱盐方法（见基本方案 1，第 1a～3a 步或第 1b～3b 步）所述，准备 GF 介质，但在标明 GF 缓冲液的地方均使用 GF 分级分离缓冲液。
2. 装柱（见基本方案 1 第 4～12 步），肉眼检查装柱的质量（见基本方案 1 第 13 步），安装和测试系统（见基本方案 1 第 14～16 步）。
3. 用带色的标准参照物（2 mg/ml 的蓝色葡聚糖 2000 或 0.2 mg/ml 的维生素 B_{12}）进行层析，确定所得到的区带平行、锐利。
4. 用低分子质量标准参照物（如 5 mg/ml 丙酮或 2 mol/L NaCl；见基本方案 1 第 20～23 步）进行层析，得到一幅层析图，确定柱效。

   在该步中，上样体积对峰宽的影响很大，并会造成柱效低的假象。对于使用平均颗粒直径为 100 μm、30 μm 和 10 μm 的 GF 介质所装填的层析柱，样品体积分别不应超过柱床体积的 0.9%、0.5% 和 0.4%。

5. 根据公式 $N = 5.54(V_r/W_h)^2$ 计算每根层析柱的理论塔板数，N 为柱子的理论塔板数，V_r 为峰的洗脱（保留）体积，W_h 为半高峰宽。有关这些变量的图形描述见图 8.9；有关柱效的讨论见第 8.1 单元。
6. 根据公式 $A_s = (b/a)$ 计算峰的不对称因子（asymmetry factor），a 为在 10% 峰高处峰前半部分的宽度，b 为在 10% 峰高处峰后半部分的宽度。
7. 将实验获得的柱子塔板数和不对称因子与生产商提供的这些参数的可接受限（acceptance limit）进行比较。
8. 将要分级分离的蛋白质样品溶解、上样、层析分离（见基本方案 1 第 20～23 步），用 HPLC（见第 8.5 单元）或电泳（见第 10.1～10.3 单元）检测所收集组分的纯度。

基本方案 3 测定分子大小

材料（带√的条目见附录1）

- GF 介质或 GF 预装柱（见策略设计）

  √GF 分级分离缓冲液

- 待确定分子大小的蛋白质样品
- GF 层析柱
- 高精度泵

1. 准备凝胶、装柱、安装和测试 GF 系统（见基本方案 1 第 1～16 步），但在标明 GF 缓冲液的地方均使用 GF 分级分离缓冲液。

2. 确定系统的外水体积（V_0）和总液体体积（V_t）（见基本方案 1 第 17、18 步）。

3. 平衡柱子（见备择方案），在平衡过程中，通过对流出液取样和对组分称重，检查流速。

4. 将未知样品上样、洗脱、层析分离（见基本方案 1 第 20～23 步），上样体积与标准品一致。绘制一幅层析图，并计算洗脱体积。通过对流出液取样和对组分称重，检查流速。

5. 根据标准曲线图（calibration graph）（见第 3 步和备择方案），计算未知样品成分的分子大小。

6. 继续用 GF 缓冲液进行层析，直到进行下一次层析。

备择方案　柱校准

在理想状态下，用于柱校准的分子大小标准品应当与所要研究的分子（如球状蛋白质、纤维状蛋白质或肽）具有相同形状和类型，如果达不到这种要求，也可用其他适当的、大小已知的参照物（如葡聚糖）校准柱子。

附加材料（见基本方案 3；带√的条目见附录 1）

　√校准用标准品

- 6 mol/L 盐酸胍
- 在线式折光率检测仪

用天然蛋白质校准

1a. 如基本方案 1 中的第 20～23 步，用蛋白质标准品校准柱子，绘制层析图。

2a. 用洗脱体积（V_r；即层析图上从样品上样起点到特定大小的标准品峰的最高点之间的体积）和分子大小的对数（$\lg R$，R 是校准用标准品的分子半径）作图。如果样品体积不恒定，则在上样一半时设置上样点，校准洗脱体积。

用变性标准品校准

1b. 根据标准变性方案将校准标准品变性。

2b. 如上述第 1a 步和第 2a 步操作，使用在 6 mol/L 盐酸胍中平衡的柱子，参照基本方案 1，用 6 mol/L 盐酸胍代替 GF 缓冲液。

用非蛋白质聚合物标准品校准

1c. 应用在线式折光率检测仪检测，运行系统直到基线稳定。将多种葡聚糖校准标准品（见基本方案 1 第 20～23 步）进行层析（这些校准标准品给出的校准点在目的蛋白的周围），以得到其洗脱体积或分配系数。

2c. 将洗脱体积（V_r）或分配系数（K_D）对葡聚糖黏性半径（viscosity radius）的对数（$\lg R_{vis}$）作图。

葡聚糖黏性半径（R_{vis}）与分子质量（M）的关系如公式：$R_{vis} = 0.271 \times M^{0.498}$。

参考文献：Hagel 1998；Yau et al. 1979

作者：Lars Hagel

8.4 单元　疏水相互作用层析

策略设计

配基类型和替代程度

在 HIC 中常用的配基有两种类型，不同长度的烷基链配基和芳基（通常为苯基）配基。烷基链配基表现出真正的疏水特性。当配基替代水平恒定时，HIC 介质对蛋白质的结合能力随着烷基链长度的增加而增加，即疏水性增强。含有芳基配基的介质表现出芳基相互作用和疏水相互作用的混合型作用。

介质的蛋白质结合能力随着固定化配基替代程度的提高而提高，然而，在高水平的配基替代条件下，介质的表观结合能力（apparent binding capacity）将达到一个平台期，尽管结合的强度仍然会随着替代程度的增加而增加。因此，结合到高替代能力介质上的蛋白质会很难洗脱。

基质的组成

在 HIC 中最常用的两种基质是 4% 和 6% 的交联琼脂糖和合成的共聚物材料。基于琼脂糖的基质和基于共聚物的基质，用相同配基替代，其选择性是不同的。使用任何类型的支持物都能够获得同样的结果，但必须适当地改良吸附和洗脱条件。

在 HIC 中，所用的基质应当用耦联化学的方法准备，在这种基质中，基质和疏水性配基基团间的连接点没有电荷。通过溴化氰化学法附加的配基会带有电荷，在真正的 HIC 中应当避免使用。

颗粒大小 ≤34 μm 的基质被认为是高分辨率的介质，在实际使用中，所有分离应用都使用高分辨率介质也存在一定的缺陷，即整个柱床压力下降与介质颗粒大小的平方成反比。使用颗粒大小 ≥90 μm 的凝胶介质时，可以使用较高的流速，同时柱子的反压较低（如在 1 bar 压力下流速达 400 cm/h）。如果在分离程序中有两步 HIC，通常在纯化的早期使用 90 μm 的基质，纯化的最后阶段使用 34 μm 的基质。

选择柱、泵、检测仪和其他系统组件

装填 HIC 柱时，柱床高度通常为 5～15 cm，但柱床高度可高达 30 cm。对一个优化好的分离方案进行规模放大时，可保持柱高不变，增加柱的直径。粗柱子（内径为 1.6～5.0 cm）适合进行 HIC 层析，为了获得合适的柱床高度，可在层析柱上装配一个或两个可调式接头。

应当选择能够提供 HIC 层析所需流速的泵，流速一般在 100～600 cm/h。由于使用高盐缓冲液，所以建议使用蠕动泵或注射泵，不要使用球型阀门泵。

HIC 层析中，使用能在 280 nm 处检测吸收的检测仪检测蛋白峰，建议使用记录仪和组分收集器。

缓冲液中盐的类型和浓度

往平衡的缓冲液和样品中加入一种盐析盐（即"结晶盐"，它可促进疏水性成分沉

淀，图 8.11)，有利于固定化配基与蛋白质的相互作用。对于某种特定的样品，随着盐浓度的提高，结合到固定化配基上的蛋白质量也相应提高，在达到一定的盐浓度之前，这种提高几乎呈线性。然后通过降低盐浓度将蛋白质从层析柱上洗脱下来，洗脱时可采取分步梯度洗脱或逐步降低盐浓度的线性洗脱（见基本方案 3)。

盐对疏水相互作用的影响可参考阴离子和阳离子的离子促变序列（Hofmeister series；图 8.11)，在 HIC 缓冲液中，最常用的盐有 Na_2SO_4、NaCl 和（NH_4)$_2SO_4$，所有这些盐都有高盐析（结晶）作用。

$$\longleftarrow \text{盐析效果逐渐增强}$$

阴离子 PO_4^{3-}，SO_4^{2-}，CH_3COO^-，Cl^-，Br^-，NO_3^-，ClO_4^-，I^-，SCN^-

阳离子 NH_4^+，Rb^+，K^+，Na^+，Cs^+，Li^+，Mg^{2+}，Ca^{2+}，Ba^{2+}

$$\text{盐溶效果逐渐增强} \longrightarrow$$

图 8.11　离子促变序列，示意一些阴离子和阳离子对促蛋白质沉淀的作用。具有较高盐析作用的离子促进蛋白质与疏水相互作用层析介质的结合，而具有较高盐溶作用的离子促进蛋白质从介质上的洗脱。

缓冲液 pH 的影响

一般情况下，随着 pH 的升高，疏水相互作用相应下降。可能的原因是：pH 升高时，被中和的带电基团增加，从而导致蛋白质的亲水性增加。pH 降低，疏水相互作用增加。因此，在中性 pH 条件下与疏水相互作用介质不结合的蛋白质，在酸性 pH 条件下则能够结合。在优化 HIC 分离的过程中，建议在几种 pH 条件下检查目的蛋白的结合情况。

温度的影响

在室温下建立的工艺在冷室中不能重复（反之亦然)。

蛋白质的洗脱

从 HIC 支持物上解吸蛋白质的最常用方法是降低缓冲液的盐浓度，或单独用水作为洗脱液。低浓度的水溶性乙醇、去污剂和具有盐溶作用的盐（即离液性盐，能够降低疏水性物质的沉淀；图 8.11）减弱蛋白质与配基的相互作用，利用这一原理也可以建立将结合的蛋白质解吸的另一种洗脱方案。乙醇或去污剂的非极性区与结合的蛋白质竞争疏水性配基，从而将蛋白质替代下来。具有盐溶作用的盐能破坏水的结构、降低表面张力，从而削弱疏水相互作用。在洗脱方案中，可使用这些在分离过程中影响选择性的化合物，但是使用这些化合物也存在一定的风险，它们有可能使蛋白质变性或失活。去污剂能有效地清除结合在 HIC 介质上的强疏水性蛋白质，可用于清洗 HIC 介质（见辅助方案)。

高盐缓冲液的配制

高盐浓度有利于蛋白质与 HIC 介质的结合，这样，待分离样品在进入 HIC 柱之前，应当溶于高盐溶液中，可以直接用高盐溶液稀释样品，或通过凝胶过滤进行缓冲液置换（见第 8.3 单元）。要确保任何样品成分在高盐缓冲液中都不沉淀，可以取一小份高盐缓冲液加入样品中，检查有无絮状沉淀出现。

由于硫酸铵会污染重金属（特别是铁），所以应该使用最高级别（通常称为酶级产品）的产品，由于同样的原因，在含有硫酸铵的 HIC 缓冲液中，可能需要加入微摩尔量的 EDTA。在饱和表（Scopes 1996）中，样品可看作零的饱和度或 0 mol/L 的盐。在配制缓冲液之前，必须考虑到将硫酸铵加入水中后会使体积增大，饱和硫酸铵溶液的 pH 约为 5，可用浓氨水调节其 pH。应当取需要量的溶液，先用滤纸过滤，饱和硫酸铵溶液可在 4℃ 条件下保存数周。

供应商

HIC 介质可由 Bio-Rad、Pharmacia Biotech、TosoHaas 公司和其他一些公司（联系方式和网址见附录 4）提供。

注意：疏水相互作用层析中用到的玻璃器皿必需洁净。如果高盐溶液溅出，特别当高盐溶液溅到仪器设备上时，应立即清洁。

基本方案 1　用胶珠≥90 μm 的 HIC 介质装柱

材料

- 适当的 HIC 介质，胶珠大小≥90 μm（见上面的策略设计）
- 装柱溶液：蒸馏水或低离子强度缓冲液（如 20 mmol/L 磷酸钠，pH 7.0）
- 20%（V/V）乙醇
- 带可调式接头的层析柱（见上面的"策略设计"）
- 烧结玻璃漏斗（中或粗级别）
- 水平仪
- 泵（见上面的"策略设计"）

1. 将所有物品平衡至层析运行时所需的温度。
2a. 倾析法洗涤 HIC 介质：让凝胶自然沉降，倾去保存液，加入过量的装柱溶液。重复洗涤几次。
2b. 过滤法清洗 HIC 介质：将凝胶倒入烧结玻璃漏斗中，漏斗连接在吸滤瓶和真空线（vacuum line）上，将保存液过滤除去，放气，用过量的装柱溶液重悬凝胶，重新抽气，除去装柱溶液。重复洗涤几次。
3. 用装柱溶液配制 70% 的凝胶浆（洗过并沉降下来的凝胶），真空脱气 3～5 min，并不断回旋。
4. 垂直安装层析柱。用 20% 的乙醇冲洗柱子底部接头，然后用装柱溶液代替乙醇进行冲洗。关闭出口，在层析柱底部保留几厘米的装柱溶液。

5. 一次性地将凝胶浆倒入层析柱中（沿着玻璃棒或层析柱内壁倒入），避免将气泡引入。

6. 立即用装柱溶液填充层析柱的剩余部分，安装顶部接头，把层析柱连接到泵上。用水平仪检测层析柱是否垂直。

7. 在缓冲液容器中装满装柱溶液，打开层析柱底部，按照生产商建议的流速设定泵的流速，让装柱溶液持续通过层析柱，直到柱床高度恒定为止，然后用 3 倍柱床体积的溶液以相同的流速洗涤层析柱。

8. 在管壁上标记装填好的柱床的水平面，关闭柱子的出口，关闭泵，从泵上卸下入口管。调整接头至凝胶介质的顶部，将接头向下降，使其低于管壁上的标记 3 mm，拧紧接头，重新将入口管连接到泵上。

备择方案　用胶珠≤34 μm 的 HIC 介质装柱

该方案描述了高分辨率 HIC 介质装填程序中的一些变化。

附加材料（见基本方案 1）

- 适当的 HIC 介质，胶珠大小≤34 μm（见上面的策略设计）
- Tween 20
- 可承受 5 bar 压力的层析柱，带可调式接头（见策略设计）
- 压力表

3a. 每 500 ml 凝胶浆加入 250 μl（1 滴）Tween 20。

7a. 在 30 cm/h 的流速下装柱，直到柱床达到一个恒定的高度（或至少 20 min）。关闭泵，然后将接头向下降，至沉降的凝胶床上约 1 cm 处，打开泵，提高流速，直到柱压达到 5.0 bar，在该压力下继续装填 30～60 min。

基本方案 2　测试装填的柱床

层析柱装好后，在使用之前要进行测试，并且在每次使用之前都要重新测试，测试方法是：用与介质无相互作用的低分子质量测试物质［如 1%（V/V）的丙酮］上样，根据测试物质的洗脱体积计算理论塔板数（N）或与之相当的高度（H，有时称为 HETP），同时也计算不对称因子（A_s）。该测试所用的样品体积应当小：90 μm 填料的柱子上样量为柱体积的 2%，34 μm 填料的柱子上样量为柱体积的 0.5%。在评价层析柱的装填情况时，应当尽可能减少上样点到检测仪之间的体积，因此，在评价这一步，在层析系统中应当使用短连接管，尽管后来对未知样品进行层析时会使用较长的连接管。评价柱效时，所用的流速应保持在低速，以最大程度地减小区带的前部和后部区带变宽（见第 8.1 单元）。对于用 90 μm 介质装填的柱子，流速应为 15～30 cm/h，而对于用 34 μm 介质装填的柱子，流速应为 30～60 cm/h。

由于丙酮在 280 nm 处吸收，因此在测试柱效时不需要改变检测仪的波长设定，但需要改变检测仪的灵敏度，以保证峰的大小合适（on-scale），以便能看到峰尖。不应依据大小不合适的（off-scale）峰计算变量 N、H 和 A_s。

使用以下标准层析公式计算理论塔板数（N；见第 8.1 单元中有关柱效的讨论），

然后计算塔板高度。

$$N = 5.54(V_e / W_h)^2$$

最终，
$$H = L / N$$

式中，V_e 为从上样开始到最高峰时的洗脱体积；W_h 为半高峰宽（由记录仪绘制）；L 为装填柱床的长度。

由于塔板数（N）是无因次的，所以 V_e 和 W_h 的度量单位可以用记录纸上的距离（mm）来表示或以洗脱体积（ml）表示。单位的选择以方便研究者为准，但在同一次检测计算中 V_e 和 W_h 的单位应一致。图 8.12 为一幅标记了 V_e 和 W_h 的层析图。

对于 90 μm 的介质来说，好的 H 值介于 0.018～0.027 cm，对于 34 μm 的介质来说，好的 H 值介于 0.0070～0.010 cm。

测试柱效时，另一个标准层析数据分析方法是计算不对称因子 A_s。在记录纸上，在用于计算 H 的同一个峰上，从峰的最高处到基线做一条线，将该峰垂直地分为两部分。用以下公式计算不对称因子：

$$A_s = b / a$$

式中，a 为在 10％峰高处测量的峰前部的宽度；b 为在 10％峰高处测量的峰后部的宽度。图 8.12 的层析图用图形描绘了 a 和 b 的量。

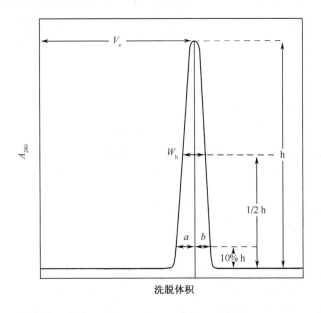

图 8.12　用于计算层析柱塔板数和不对称因子参数的示意层析图。V_e 是蛋白质峰的洗脱体积，h 是峰高，W_h 是半高峰宽，a 是在 10％峰高处测量的峰头部的宽度，b 是在 10％峰高处测量的峰尾部的宽度。

A_s 应尽可能接近 1，但对于一个短柱床的 HIC 柱，合理的 A_s 数值介于 0.80～1.80。峰前边缘的外展（$A_s > 0.80$）表明柱子装得太紧，而峰后边缘的外展（$A_s \geqslant$ 1.80）表明柱子装得太松。重装柱子可以解决这些问题。

基本方案 3　从 HIC 柱上洗脱蛋白质

连续梯度洗脱

在连续梯度中，使用某种类型的梯度混合器（见第 8.2 单元），使盐浓度逐渐地连续上升或下降。在确定初始条件的预实验中，首选简单的线性梯度（梯度类型的定义见第 8.2 单元）。通过特定的分离获得足够经验以后，可设置较为复杂的梯度，以优化特定样品成分之间的分辨率。增加总梯度的体积（即降低梯度的斜率）会改善每个层析成分的分辨率，缺点是会延长层析所需的时间并使所分离的组分稀释。

分步梯度洗脱

在分步梯度洗脱中，一种或多种不连续浓度的特定溶液通过层析柱。分步洗脱的原则是在目的蛋白被洗脱的梯度范围内提供最大的分辨率。分步梯度洗脱是大规模制备型分离的首选洗脱方法，因为与连续梯度洗脱相比，这种方法技术更简单、重现性也更好。在小量分离中，如果目标化合物不会与结合更强的化合物同时洗脱下来，那么分步梯度洗脱也有一定的优势，因为所洗脱的目标化合物浓度较高。使用分步洗脱时，需要注意，如果下一步开始得太早（即在脱尾峰期间开始），可能会出现一个假峰。建议在确定分步梯度洗脱方案之前，先进行几轮连续梯度洗脱以确定样品在介质上的行为特性。洗脱方案的建立包括 3 个阶段：在第一个阶段，先优化一个连续梯度，将所有与凝胶介质结合力小于目的蛋白的化合物洗脱下来，洗脱强度和体积应当足够高，将所有弱结合的污染物全部洗脱下来，但不能高到将目的蛋白洗脱下来的程度；在第二阶段，提高洗脱强度，将目的蛋白以最小的洗脱体积洗脱下来，同时不能洗脱结合力较强的污染物；在第三阶段，再次提高洗脱强度，将结合力最强的污染物洗脱下来。一旦确定了层析图的这 3 个区域，这些梯度的位置就可以被转换成分步梯度洗脱的步骤（即根据在层析图的这些点上的洗脱液的浓度配制溶液，并用于分步洗脱中）。

辅助方案　HIC 柱的再生、清洁和贮存

HIC 柱的再生

HIC 柱的再生有两种常用的程序：第一种程序（用于仅轻度污染的层析柱）比较简单，只是用几倍柱体积的蒸馏水（Milli-Q 纯水或相当级别的水）洗涤柱子即可；第二种程序（用于污染物结合紧密的层析柱）是先用至少两倍柱体积的 6 mol/L 尿素或 6 mol/L 盐酸胍洗涤层析柱，然后用至少 10 倍柱体积的起始缓冲液或贮存缓冲液洗涤柱子。

如果在洗脱方案中用过去污剂，那么应当依次用下列溶液洗涤柱子：1 倍柱体积的蒸馏水；各 1 倍柱体积的 25%、50% 和 95% 的乙醇；2 倍柱体积的正丁醇；1 倍柱体积的 95%、50% 和 25% 的乙醇；最后用 1 倍柱体积的蒸馏水。之后应当用起始缓冲液或贮存缓冲液重新平衡柱子。

HIC 柱的清洁

最好当介质还在层析柱内时进行清洁，这样不必拆柱、重新装柱和重新测试。对于介质的原位清洁，没有一种推荐的单一方案，必须要根据原料流（feed stream）中污染物的情况来设计清洁程序。然而，通常来说，NaOH 是非常有效的清洁剂，可用于溶解变性和沉淀的蛋白质及脂类。

要去除沉淀的蛋白质，一般方法是：用 4 倍柱体积的 0.5～1.0 mol/L 的 NaOH 在低流速（如 40 cm/h）下洗涤柱子，然后用 2～3 倍柱体积的水洗涤。用水洗涤后，可用起始缓冲液平衡层析柱，或保存在贮存缓冲液中。

要去除强结合的疏水性蛋白质、脂类和脂蛋白质，常用方案有两个：第一个方案是用 4～10 倍柱体积的乙醇洗涤柱子，所用乙醇的浓度为 30%～70%，然后用 6～10 倍柱体积的 Milli-Q 纯水或相当级别的水洗涤，可以用 30% 的异丙醇代替 30%～70% 的乙醇。第二个清洁方案是用 1～2 倍柱体积溶于 1 mol/L 乙酸中的 0.5% 的非离子型去污剂（如 Triton X-100）洗涤凝胶介质，然后用 5 倍柱体积 70% 的乙醇除去去污剂，再用 6～10 倍柱体积的蒸馏水洗去乙醇。用水洗涤后，可用起始缓冲液平衡层析柱，或保存在贮存缓冲液中。

HIC 柱的消毒

HIC 柱消毒的一般方法是用 0.5～1.0 mol/L 的 NaOH 处理介质 30～60 min。之后，如果马上要用层析柱，则用至少 10 倍柱体积的起始缓冲液洗涤。如果要保存层析柱，则应当用贮存缓冲液洗涤，直到洗出液的 pH 与贮存缓冲液的原始 pH 相等。如果需要灭菌，则应当遵循生产商的建议对介质进行高压蒸汽灭菌。

HIC 柱的贮存

未使用的介质应储存在封闭的容器中，在 4～25℃ 的条件下保存。介质不应当冷冻，否则会破坏胶珠的结构并产生凝胶细末。用过的介质应贮存在含有适当抑菌剂的溶液（如 0.01 mol/L 的 NaOH 或 20% 的乙醇）中，在 4～8℃ 的条件下保存，不得冷冻。装填好的层析柱应在同样的条件下保存。如需长期保存，介质需要先进行清洁再用贮存缓冲液平衡。在长期保存过程中，让柱内的贮存缓冲液重新循环或用新鲜的贮存缓冲液冲洗柱子，每周至少进行一次，这是防止细菌生长的有效方法。保存层析柱时，可用 20% 的乙醇代替 NaOH。

也可往贮存缓冲液加入其他的抑菌化合物，如 0.002% 的洗必泰［然而，如果与高摩尔浓度的盐（如在 HIC 起始缓冲液中用到的盐）混合，会引起硫酸根离子沉淀］；0.5% 的三氯丁烷（只在弱酸性溶液中有效）；0.005% 的硫柳汞（在弱酸性溶液中有效）；0.001%～0.01% 的苯乙酸汞、硼酸盐或硝酸盐（在弱碱性溶液中有效）和 0.02%～0.05% 的叠氮钠。

参考文献：Ericksson 1989

作者：Robert M. Kennedy

8.5 单元 肽和蛋白质的 HPLC

启动程序

下面为等度洗脱 HPLC 或梯度洗脱 HPLC 所需的常规仪器类型、材料、化学试剂和实验方案。

样品

- 肽或蛋白质样品（4℃保存）

仪器

- 泵
- 梯度混合器
- 带有分析型或制备型流动池的分光光度计
- 上样阀门
- 分析型（10～100 μl）或制备型（500～1000 μl）上样环
- 柱加热器或连接于循环制冷水浴的恒温柱套
- 自动进样器（可选）
- 计算机、打印机和软件，例如，Beckman 公司的 System Gold，Hewlett-Packard 公司的 HP-1090A 液相层析系统，或 Waters 公司的 600/486 HPLC 系统，带附加的数据管理系统和系统自动控制器

化学试剂

- 乙腈（HPLC 级）
- 甲醇（HPLC 级）
- 丙酮（HPLC 级）
- 硫脲或硝酸钠
- Milli-Q 纯水

玻璃器皿

- 两个 1 L 的洗脱瓶
- 两个 1 L 的量筒
- 10 ml 量筒
- 洗瓶
- 在分析之前和在分析过程中，所有要与样品接触的玻璃器皿都应当用 Milli-Q 纯水冲洗 3 次

流动相过滤设备

- 真空泵
- 1 L 的贮液瓶
- 带玻璃滤器和一体化真空连接装置的基座
- 漏斗
- 夹子
- 47 mm 的膜滤器（0.2 μm PTFE）

气体

- 氦气
- 氮气（用于自动进样器）

层析柱

- 见下面相关的章节

HPLC 肽标准品

见下面相关的章节

工具

改锥

- 1/8 in 和 1/4 in 的平头改锥
- Phillips 2 号改锥

扳手

- 12 in 活口扳手（用于高压气罐的调节器）
- 3 个开口扳手（两个 1/4 in×1/16 in；一个 1/2 in×1/16 in），用于旋紧层析柱和阀门
- 两个长齿尖嘴钳（long-jaw needle-nose plier）
- 两个粗齿锉
- 两套六角扳手（米制和非米制）
- 镊子
- 泵密封工具（如果需要）
- 内部钻孔器（inner reamer）
- 特氟隆带
- 手电筒
- 磁性捡拾工具

工作记录

所有操作步骤都需要记录，以便查找故障原因和可重复操作

备用部件

- 无死体积接头
- 1/16 in 内径的套圈（钢制，Rheodyne 公司），长和短的（用于 Rheodyne 阀门）
- 衬套螺母
- 一体化 PEEK 接头
- 管子（钢制，PEEK 生产）
- 层析柱滤器
- 在线式滤器
- 入口滤器
- 保险丝

其他

- 带刻度的 25 μl Hamilton 玻璃注射器
- 1 ml 注射器，带平口针头

- 用于自动进样器的锥形小瓶

样品的配制

1. 用终体积一半的洗脱液 A（弱流动相）溶解样品，如果样品不溶，可加入少量的洗脱液 B（强流动相；一般用量低于总体积的 25%）。少量的强流动相会造成样品提前洗脱，这取决于样品环的大小、层析柱的尺寸和起始流动相的组成。
2. 检查样品是否洁净，如果样品中有不溶性、混浊的或固体的颗粒物，则用 0.2 μm 的 PTFE 滤器过滤，也可以将样品离心，取上清上样。未完全溶解的样品不能上样，否则会堵塞进样器和层析柱。
3. 根据计划的储存时间和用途，将不使用的样品保存在 4℃或−20℃。肽和蛋白质样品在室温条件下会发生降解，可将其分装成小份，在−20℃条件下保存，每次实验取用一份，避免反复冻融样品。

流动相的配制

1. 配制洗脱液 A（弱流动相）和洗脱液 B（强流动相）各 1 L。
2. 用磁力搅拌棒搅拌，或在封口的量筒中摇动（时间取决于体积），将各洗脱液分别混匀。
3. 用 0.2 μm 的 PTFE 滤器过滤洗脱液，先过滤 A，后过滤 B。使用过滤的洗脱液可提高层析柱的使用寿命，并且相当于将洗脱液进行了脱气处理。
4. 将未使用的洗脱液瓶加塞，以防止有机溶剂挥发。

HPLC 仪器的安装

　　层析柱连接或未连接在 HPLC 仪器上都可进行下述步骤。
1. 打开供气旋钮：氮气用于自动进样器（如果有的话），氦气用于洗脱液的脱气。
2. 在 100 ml/min 的流速下，将洗脱液脱气 10 min，然后将流速降至 20 ml/min，在整个实验过程中都可保持该流速。要避免过度鼓泡，以防止洗脱液的成分发生改变。
3. 提前点亮检测仪灯预热。

用洗脱液灌注泵和低压线路

　　层析柱连接或未连接在 HPLC 仪器上都可进行下述步骤。
1. 打开清洗阀门。
2. 设置泵：100%的缓冲液 A，流速为 1 ml/min。在这种设置条件下，洗脱液会绕过层析柱直接流到废液瓶中（应收集所有废液，妥善处理）。
3. 将选择器旋至"prime line"的位置或打开另一个阀门（有一个出口可与注射器相连），灌注所有的管线（具体细节参照生产商的技术手册）。
4. 用注射器（通过打开的阀门）从洗脱液瓶中抽取 20 ml 洗脱液，关闭阀门，将洗脱液从注射器推至废液瓶中。

5. 再次用注射器抽取 10 ml 洗脱液，灌注所有的管线，并将洗脱液留在注射器中。

6. 将选择器旋至"prime pump"的位置，使洗脱液慢慢流过泵。

7. 换用 100% 的缓冲液 B，重复此前的 4 个步骤。

8. 将选择器旋至"operate"的位置，关闭阀门，从仪器上卸下注射器。

9. 关闭清洗阀门（现在洗脱液将会流过层析柱）。该程序能够排出泵头中的气泡并替换溶剂线路中原有的洗脱液（约 20 ml）。

HPLC 系统的准备

层析柱连接或未连接在 HPLC 仪器上都可进行下述步骤。

1. 以 1 ml/min 的流速，用 100% 的缓冲液 A 和 100% 的缓冲液 B（各 5 min）测试泵传输系统，用 10 ml 量筒收集洗脱液。该操作可检测入口阀门和出口阀门的可靠性，这两个阀门会被堵塞或关闭不当（例如，从原洗脱液中析出的盐使其堵塞）。

2. 用洗脱液（如 50% 的 A 和 50% 的 B）冲洗 HPLC 系统，监测检测仪的基线。如果在未连接层析柱的情况下，冲洗 15 min 后出现峰，说明检测池内的压力过低，导致洗脱液脱气，形成循环气泡。在检测仪的出口处使用反压限制器（或限制毛细管），稍微并十分小心地提高反压。必须预先检查每根毛细管是否堵塞，其方法是：将毛细管连接到泵上，这样可以绕过层析柱和检测仪，因为检测池对高压非常敏感（细节请参考生产商的技术手册）。

3. 用 1 ml 平头注射器手动注射洗脱液 B 冲洗进样针端口，以除去上次进样残留的样品。

4. 用甲醇冲洗 Hamilton 玻璃注射器（用于手工上样），然后再用水冲洗。

5. 使用 Hamilton 玻璃注射器，用 3 倍样品环体积的洗脱液 B 冲洗样品环（在"load"位置）。

确定 HPLC 系统的梯度延迟（滞后体积）

层析柱连接或未连接在 HPLC 仪器上都可进行下述步骤。

1. 用接头将进样器和检测仪直接连在一起（相当于柱长为零）。

2. 配制专门的洗脱液 A 和洗脱液 B，各 200 ml，洗脱液 A 为乙腈，洗脱液 B 为乙腈/0.2% 丙酮。

3. 在 10 min 内，运行一个 10%～90% 洗脱液 B 的梯度，流速为 2.0 ml/min，检测波长为 254 nm。进样技术会影响滞后体积的测量值，如果进样以后，阀门仍然停留在"inject"的位置，则滞后体积包括样品环的体积；如果阀门归位至"load"的位置，则滞后体积不包括样品环的体积。当样品环体积 > 100 μl 时，这种影响就会产生误差。在同一根柱子上进行分离时，当样品环从分析型（如样品环体积为 50 μl）变换为半制备型（如样品环体积 ≥ 500 μl）时，需要注意考虑同样的问题。

4. 确定梯度延迟并用图表示结果。滞后体积（V_D）是从泵头到层析柱入口的洗脱液体积（包括混合室的体积），滞后体积值为 2～7 ml，特别是自动进样器对滞后体积的影响很大，应当确定滞后体积的精确度为±0.5 ml。由于同时监测了泵传输体积的准确度，所以测试谱（profile）可用于以后的诊断。在建立方法时，必须要了解梯度延迟，因为用它可以精确地计算 S 和 k_0 的值，在建立分步梯度时（因为各种误差会在此积累），以及在将一台 HPLC 仪器上建立的方法用到另一台 HPLC 仪器上时，确定该值就显得特别重要了。

层析柱的连接

1. 层析柱的入口与进样器相连，出口对准废液收集瓶，用洗脱液 B 冲洗柱子（分析型的柱子，流速为 1 ml/min，冲洗 5 min）。该程序可将柱内可能存在的气泡排出并替换柱内的贮存缓冲液。

2. 将层析柱的出口连接到检测仪上，开始运行，流速为 0.5 ml/min，然后缓慢地将流速提高到 1 ml/min。

3. 先用洗脱液 B 平衡层析柱，直到基线稳定下来，或用 10 倍柱体积（分析型柱子大约为 15 ml，流速为 1 ml/min）平衡柱子，然后用 10 倍柱体积洗脱液 A 平衡柱子。用每种洗脱液平衡时，都要监测压力并记录，因为这可用于以后的诊断。

HPLC 仪器的编程

1. 根据生产商的技术手册，将泵、检测仪、集成模块和自动进样器编程。让仪器自动运行之前，用测试运行的程序测试方法。

2. 为过夜运行程序编写一个结束命令，可在分离结束后自动关闭灯和泵。

上样

1. 将样品环旋至"load"的位置，用洗脱液 A 冲洗，这样可除去洗脱液 B（洗涤样品环时或上次分离时遗留的）。

2. 将样品缓慢地注入样品环中，防止气泡产生。往样品环中注入样品时，速度不宜太快，否则样品会进入废液中。

3. 将阀门快速旋至"inject"的位置，注入样品。

测试 HPLC 系统功能

1. 进行一次空白运行（将洗脱液 A 进样），运行从 100％的洗脱液 A 到 100％的洗脱液 B 的梯度，其他条件与要用于肽或蛋白质分离的条件相同。如果出现峰，就再进行一次空白运行。该程序可将上次分离残留在柱上的肽和蛋白质洗下来。

2. 用硫脲或硝酸钠（或其他任何无相互作用的容质）测量死体积。

3. 用适当的测试混合物（细节见下面）和梯度洗脱的方法测试层析柱的性能。首先，这种测试可以评价柱床的完整性［低完整性会出现断裂峰（split peak）、前置峰（fronting peak）或拖尾峰（tailing peak）］和层析柱的性能（用理论塔板数的术语表示）。其次，如果能够定期进行这种测试，则能够监测柱子在使用寿命期间的性能，并且能够评定不同批次装填的柱子之间的差异。

HP-SEC 的标准操作条件

用高效体积排阻层析（HP-SEC）分离肽和蛋白质的原理是：不同大小的分子（流体力学体积，Stoke 半径）会以不同的程度渗透入有孔的 SEC 分离介质中，所以，根据其分子质量的差异，表现出不同的渗透系数（permeation coefficient）。

层析条件

层析柱：如 TSK-250（TosoHaas；10 μm，300 Å，300 mm 长×7.5 mm 内径）

样品量：<2 mg 肽/蛋白质

样品环的规格：20~200 μl

等度洗脱

洗脱液 A：50 mmol/L KH_2PO_4，pH 6.5，0.1 mol/L KCl

流速：0.5 ml/min

检测波长：214 nm

温度：室温

用于柱测试的肽标准品参考相关文献，如 Mant 和 Hodges（1991）

可按以下步骤建立肽和蛋白质 HP-SEC 分离的方法：

1. 选择最合适平均孔径的吸附剂，装填于适当长度的柱子内。
2. 检查"理想"和"非理想"状态的保留效果。
3. 优化塔板数（调整流速或改用不同长度的柱子）。

HP-NPC 的标准操作条件

在层析系统中，如果固定相的极性大于流动相的极性，这种层析系统则被称为正相液相色谱（normal phase liquid chromatography，NPC）。反相液相色谱（RPC）带有固定化的正烷基配基，溶质与固定相的相互作用基于疏溶剂现象（solvophobic phenomena）。与 RPC 不同，在 NP-LC 中，相互作用是基于吸附作用。NP-HPLC 主要用于分离多环芳香烃（PAH）、芳香杂环化合物、核苷酸和核苷等，很少用于分离在"快速色谱模式"（flash chromatographic mode）中制备的受保护合成肽、去保护小肽以及用于肽合成的受保护氨基酸衍生物。

层析条件

层析柱：如二醇基相、氨丙基相、氰基相层析柱，250 mm 长×4.6 mm 内径

样品量：<2 mg 的肽/蛋白质

样品环的规格：20~200 μl

线性 A→B 梯度

洗脱液 A：0.1% 的 TFA 水溶液

洗脱液 B：0.1% 的 TFA 溶液，溶于 20% 乙腈/80% 水（V/V）溶液中

梯度范围和时间：洗脱液 B 从 0~100%，60 min

流速：1 ml/min

检测波长：214 nm

温度：室温

HP-HIC 的标准操作条件

在高效疏水相互作用层析（HP-HIC）中，通过降低盐浓度进行洗脱，即通过提高洗脱液的水含量来实现洗脱。在 RP-HPLC 中则不同，是通过提高流动相中有机溶剂的含量来增加洗脱液的表面张力。一般情况下，使水结构有序的盐类 [kosmotropic salt、anti-chaotropic salt；即具有摩尔表面张力增加（molal surface tension increment）作用的硫酸铵、硫酸钠或氯化镁] 常用于多肽和蛋白质的 HP-HIC。在 HP-HIC 中，使用疏水性较低、配基密度也较低（约为 RP-HPLC 吸附剂的 1/10）的非极性配基。

层析条件

层析柱：例如，TSK 苯基层析柱（TosoHaas），75 mm 长×7.5 mm 内径，凝胶颗粒为 10 μm

样品量：<2 mg 的肽/蛋白质

样品环的规格：20～200 μl

使用 "hold" 选项时，线性 A→B 梯度为首选的方法

洗脱液 A：0.1 mol/L NaH$_2$PO$_4$，2.0 mol/L（NH$_4$）$_2$SO$_4$，pH 7.0

洗脱液 B：0.1 mol/L NaH$_2$PO$_4$，pH 7.0

梯度速度：5% 洗脱液 B/min

梯度范围和时间：洗脱液 B 从 0～100%，20 min

流速：1 ml/min

检测波长：214 nm

温度：室温

1. 选择盐的类型（使水结构有序的盐）和浓度范围，考虑达到饱和时盐的浓度，将最大浓度设定为低于该值的 20%。
2. 优化梯度条件（梯度运行时间、起始和最终流动相的组成）。
3. 优化条带间距（band spacing）（pH、有机溶剂）。
4. 优化层析柱条件（流速、柱长度）。

HP-IEX 的标准操作条件

在离子交换层析中，可用等度洗脱或梯度洗脱将肽和蛋白质洗脱下来。梯度洗脱通过使用某种盐的线性 A→B 梯度，如在磷酸盐缓冲液中的氯化钠或氯化钾。

层析条件

层析柱：如带有磺酸盐基团的强阳离子交换剂（5 μm，300 Å，75 mm 长×7.5 mm 内径）

样品量：<2 mg 的肽/蛋白质

样品环的规格：20～200 μl

线性 A→B 梯度

洗脱液 A：5 mmol/L KH₂PO₄，pH3.0～7.0

洗脱液 B：5 mmol/L KH₂PO₄/0.5 mol/L KCl，pH3.0～7.0

梯度速度：3.3%洗脱液 B/min

梯度范围和时间：洗脱液 B 从 0～100%，30 min

流速：1 ml/min

检测波长：214 nm

温度：室温

用于柱测试的肽标准品，如文献所述，如 Mant 和 Hodges（1991）

1. 选择阴离子或阳离子交换剂的类型。
2. 优化梯度条件（梯度运行时间、起始和最终流动相的组成）。
3. 优化条带间距（pH、盐的类型）。
4. 优化层析柱条件（流速、柱长度）。

HP-HILIC 的标准操作条件

在亲水相互作用层析（HILIC）中，通过强的亲水物质［如聚（2-羟乙基-天冬氨酸盐）硅土］使肽得到分离。

层析条件

层析柱：如带有聚（2-磺酸乙基天门冬铵）基团的 HILIC PolySulfoethyl A 吸附剂（The Nest Group 生产；5 μm，300 Å，200 mm 长×4.6 mm 内径）

样品量：<2 mg 的肽/蛋白质

样品环的规格：20～200 μl

线性 A→B 梯度

洗脱液 A：20 mmol/L 三乙酰硫酸铵（triethylammonium phosphate）/80%乙腈，pH 3.0

洗脱液 B：用洗脱液 A 配制的 400 mmol/L NaClO₄，pH 3.0

梯度速度：2.5%洗脱液 B/min

梯度范围和时间：洗脱液 B 从 0～100%，90 min

流速：1 ml/min

检测波长：214 nm

温度：30℃

1. 选择最适平均孔径的吸附剂，装填于适当长度的层析柱中。
2. 检测"理想"和"非理想"状态下的保留效果。
3. 通过改变有机溶剂和使水结构有序的/离液的盐添加剂的组成和浓度优化选择性。
4. 优化塔板数（通过调整流速或改变柱子的长度来实现）。

HP-IMAC 的标准操作条件

固相金属螯合亲和层析（IMAC）利用肽和蛋白质特异表面氨基酸的侧链与固定化的过渡态金属离子配位点（coordination site）的亲和力不同进行分离。

层析条件

层析柱：例如，所带 Cu^{2+} 与固相亚氨基二乙酸功能基团螯合了的 HP-IMAC 吸附剂，即 IDA-Cu（II）TSK 凝胶螯合-5PW 层析柱（Toso Haas；5 μm, 300 Å, 100 mm 长 ×4.6 mm 内径或 75 mm 长×8 mm 内径）

样品量：<1 mg 肽/蛋白质

样品环的规格：20~200 μl

线性 A→B 梯度

洗脱液 A：50 mmol/L 乙酸/50 mmol/L MES/50 mmol/L HEPES/80 mmol/L 硫酸钠/2×10^{-6} mol/L Cu^{2+}, pH 8.0；或 1 mmol/L 咪唑/含 0.5 mol/L 氯化钠的 20 mmol/L磷酸钠缓冲液，pH 7.0

洗脱液 B：50 mmol/L 乙酸/50 mmol/L MES/50 mmol/L HEPES/50 mmol/L 乙酸铵/2×10^{-6} mol/L Cu^{2+}, pH 5.5；或含 0.5 mol/L 氯化钠的 20 mmol/L 磷酸钠缓冲液（pH 7.0），并含有 20 mmol/L 梯度的咪唑

梯度速度：5%洗脱液 B/min

梯度范围和时间：洗脱液 B 从 0~100%, 20 min

流速：1 ml/min

检测波长：280 nm

温度：25℃

1. 选择最适平均孔径的吸附剂，装填于适当长度的层析柱中。
2. 检测"理想"和"非理想"状态下的保留效果。
3. 优化选择性，通过改变螯合配基和金属离子 [即临界金属离子（borderline metalion）、硬金属离子或软金属离子] 的类型、pH 以及在上样、洗涤和最终的洗脱阶段选用的缓冲液类型和浓度来实现。
4. 优化塔板数（通过调整流速或改变柱子的长度来实现）。

HP-BAC 的标准操作条件

在生物特异性亲和层析（BAC）中，分离的原理是基于蛋白质或肽与其天然存在的配基（或适当的模拟物）之间生物识别的特性不同，特别是基于其与某特定基团的相对结合亲和性不同。

层析条件

层析柱：用户定制设计的，即环氧丙氧基活化的硅土 [如含有适当的固相配基功能基团的环氧树脂活化的 LiChrosorb 介质（Agilent）（10 μm, 1000 Å, 100 mm 长

×4.6 mm 内径）］

样品量：<2 mg 的肽/蛋白质

样品环的规格：20～200 μl

线性梯度或分步洗脱

平衡洗脱液：具备足够缓冲能力的非变性条件

解吸附洗脱液：与平衡条件不同 pH 的非变性条件，具备足够的缓冲能力，同时含有适当的影响亲和物-亲和类似物（affinant-affinate cognate）相互作用有效解离的竞争物质

梯度速度：根据相互作用的亲和力、HP-BAC 吸附剂的特性和流速进行设定

流速：0.5～1 ml/min

检测波长：214～280 nm

温度：4℃

RP-HPLC 的标准操作条件

对反相层析影响最大的是肽或蛋白质的非极性氨基酸残基与非极性配基之间的疏水相互作用。

层析条件

化学药品

- HPLC 级别的乙腈、2-异丙醇、甲醇或其他紫外吸收在 210 nm 以下的有机溶剂
- 三氟乙酸（TFA；用于蛋白质测序的 TFA 可能会不适合，因为这种 TFA 可能会含有抗氧化剂）
- NaH_2PO_4 或其他适当的盐
- H_3PO_4
- Milli-Q 纯水或其他相当级别的水

流动相的配制

1. 配制洗脱液 A 和 B。例如，洗脱液 A：0.1% 的 TFA 水溶液；洗脱液 B：0.09% 的 TFA 溶液，溶于 60% 乙腈/40% 水（V/V）中。分别用两个不同的量筒量取有机溶剂和水的体积，然后再混合，因为在混合过程中液体体积会缩小。

2. 用表面包有特氟隆的磁力搅拌棒混匀液体或将量筒加塞后振荡混匀，注意不能用石蜡膜封口。

RP-HPLC 固定相的测试

1. 用测试混合物运行一个梯度分离，测试柱子的性能，RP-HPLC 测试混合物样品组成为：0.15%（m/V）二甲基邻苯二甲酸盐、0.15%（m/V）二乙基邻苯二甲酸盐、0.01%（m/V）联苯、0.03%（m/V）三联苯、0.32%（m/V）二辛基邻苯二甲酸盐，溶剂为甲醇。

2. 用于柱测试的肽标准品见文献，如 Mant 和 Hodges（1991）。

用 RP-HPLC 纯化肽

除前面所述的试剂和操作程序外，还需要以下的附加材料：

化学试剂：乙腈、三氟乙酸（TFA）

层析柱：分析型 C18 柱或其他适当的正烷基硅土吸附材料柱（5 μm，300 Å，150 mm 长×4.6 mm 内径）

制备型 C18 柱或其他适当的正烷基硅土吸附材料柱（10 μm，300 Å，300 mm 长×21.5 mm 内径）

仪器：除带自动进样器的分析型 HPLC 仪器以外，需要制备型 HPLC 泵、手动进样器、带有制备型流动池的检测仪和组分收集器。

1. 用分析型 RP-HPLC 分离粗品肽（约 100 μg）：适当的仪器、条件如下：

   层析柱：如 C4、C8、C18 柱（5 μm，300 Å，150 mm 长×4.6 mm 内径）

   样品量：<2 mg 的肽/蛋白质

   样品环的规格：20～200 μl

   线性 A→B 梯度

   洗脱液 A：0.9％TFA 水溶液

   洗脱液 B：0.1％TFA，溶于乙腈/水溶液中

   梯度速度：1％洗脱液 B/min

   例如，对于 60％的乙腈/水溶液：梯度范围和时间：洗脱液 B 从 0～100％，60 min

   流速：1 ml/min

   检测波长：214 nm

   温度：室温

2. 用制备型 RP-HPLC 分离粗品肽（25～100 mg）：适当的仪器、条件如下：

   层析柱：如 C4、C8、C18 柱（10 μm，300 Å，300 mm 长×21.5 mm 内径）

   样品量：<150 mg 的肽/蛋白质

   样品环的规格：1 ml，多次注射进样

   线性 A→B 梯度

   洗脱液 A：0.9％TFA 水溶液

   洗脱液 B：0.1％TFA，溶于乙腈/水溶液中

   梯度速度：0.66％洗脱液 B/min

   例如，对于 60％的乙腈/水溶液：梯度范围和时间：洗脱液 B 从 0～100％，60 min

   流速：7.5 ml/min

   检测波长：254 nm

   温度：室温

为了避免检测仪响应的过载效应（overloading effect），通常选择 230～280 nm 的波长，然而，在此波长范围内，粗品肽溶液中的少量化学净化剂（在 SPPS 操作程序期间使用的）会有强烈的吸收。使用 1 mg 的样品进行制备型分离，在 214 nm 处检测，以准确地检测主要肽产物的保留时间，这样做虽会损失高达 1 mg 的样品，但也是值得的。

3. 收集 HPLC 组分（3～7.5 ml）。

4. 从收集的组分中取 30～50 μl 的小份，用分析型 RP-HPLC 进行分析（第 1 步）。通

常分析一个空白对照、粗品肽溶液、目标组分、目标组分前两个组分和目标组分后两个组分。

5. 冻干所要组分。

6. 将最纯的组分进行离线或在线的 ES-MS 分析（见第 16 章）。

用 RP-HPLC 技术对肽和蛋白质混合物进行脱盐处理

RP-HPLC 可用于肽或蛋白质样品的脱盐，这些样品可以是用提取方法得到的样品，也可是经过 HP-HIC、HP-IMAC、HP-HILIC 或 HP-BAC 分离后得到的样品。将肽或蛋白质样品注射进入一根小的 RP-HPLC 柱中，然后用水溶液洗脱盐分，而肽或蛋白质在柱子的顶部得到浓缩。将盐洗脱之后，进行紫外检测进行监测，用水-乙腈或水-异丙醇流动相洗脱肽或蛋白质。分析型层析柱 [（100～300 mm）长×4 mm 内径] 的上样容量通常约为 8 mg，而半制备型层析柱（30 mm 长×16 mm 内径）的上样容量约为 34 mg。

除了前一部分所述的试剂和方法以外，还需要以下材料、试剂和条件：

层析条件

化学试剂：乙腈、2-异丙醇、三氟乙酸（TFA）

层析柱：如 C4、C8、C18 柱（10 μm，300 Å，300 mm 长×21.5 mm 内径）

样品量：8 mg 肽或蛋白质样品

样品环的规格：1 ml

分步洗脱

洗脱液 A：0.1%TFA 水溶液

洗脱液 B：0.1%TFA，溶于乙腈或 2-异丙醇中

洗脱条件：用 100%洗脱液 A 洗脱 3 min，然后用 100%洗脱液 B 洗脱 3 min

流速：2.5 ml/min

检测波长：230 nm

温度：室温

RP-HPLC 方法的建立

在分离含有组成未知的肽或蛋白质样品的各种组分时，通常先建立一个模型，模型的目标是建立分离条件，使各种成分产生不同的保留时间。目前，尚无一种计算方法可以根据蛋白质或肽的氨基酸序列绝对精确地预测其分离行为。在很多情况下，根本就不知道各组分的性质，而且，当样品上样量过大或体积过大时，都会引起保留时间和峰形的变化。

可以使用不同的分离原理，针对特定的分离达到不同的分离目的，包括：

1. 纯化单一组分还是同时纯化多个组分。

2. 肽或蛋白质样品的脱盐。

3. 在疏水环境中对肽或蛋白质的理化特性进行定性。

4. 在不同吸附剂或流动相条件下，检测蛋白质的去折叠行为。

5. 确定肽类似物家族不同成员之间线性自由能的依赖性，不同洗脱方案的选择和优化。

6. 检测不同的氢键成键溶剂对肽或蛋白质保留行为的影响。

7. 获得大量的经验资料，依靠这些经验资料能够正确地选用不同的吸附剂，或对批次间的差异进行定性。

参考文献：Dolan and Snyder 1989；Glajch and Snyder 1990；Hearn 1991, 2000, 2001；Mant and Hodges 1991；McMaster 1994；Snyder et al. 1988；Vijayalakshmi 2000

作者：Reinhard I. Boysen and Milton T. W. Hearn

朱俊萍 译　李慎涛 校

第9章 亲和层析

本章所讲述的亲和层析是指：利用蛋白质能够作为许多配体结合蛋白（如抗体、酶和凝集素）的配体或其本身就是配体结合蛋白（如作为受体）这一性质来进行蛋白质纯化的各种技术。由于受体-配体的相互作用具有很高的特异性，而且能与目的蛋白结合的受体／配体位点是惟一的，因而利用此法纯化蛋白质，通常只需极少的步骤就可以获得纯的或接近纯的蛋白质。

某些目的蛋白上的受体或配体位点（抗原决定簇和酶的活性位点）通常是有限的，一旦识别，就能为蛋白质的纯化提供强有力的手段；而其他一些受体或配体位点（如能与某些染料或外源凝集素作用的位点）与前者相比，特异性较差，但是仍可以作为从复杂的蛋白质混合液中分离特殊蛋白质的方法。对蛋白质上的受体和（或）配体结合位点的特性通常早已了解（如能与特殊底物或单克隆抗体发生反应），且先于蛋白质原始的生化特性，这既能为蛋白质纯化节省时间，又能促进纯化程序的建立。而其他的结合位点（如能与染料结合或与外源凝集素反应），则通常必须先进行试验性的研究才能决定此种特殊的亲和层析法是否可行。由于每个蛋白质具有多种受体-配体结合位点，因而为了获得高纯度的蛋白质，通常会将几种不同的亲和层析方法结合起来使用。

受体-配体结合位点通常属于蛋白质特有的天然性质，但是，在重组蛋白中，一种很普遍的方法是用基因工程的方法引入特殊结合位点（如金属结合位点），将其加在重组目的蛋白的氨基端或羧基端，对天然蛋白质进行这样的改造，极大地方便了目的蛋白的纯化。如果不希望由于配体结合位点而导致重组蛋白的结构发生改变，那么可在紧邻结合位点的位置加入蛋白酶切割位点，以便在用亲和层析纯化之后，将多余的蛋白质片段去掉（如用凝血酶切割除去多组氨酸镍离子结合位点）。

所有亲和层析都具有以下5个必不可少的步骤：

1. 选择适当的配体。
2. 将配体固定化到支持介质上。
3. 将目的蛋白混合液加样到介质上。
4. 除去非特异性结合的蛋白质。
5. 洗脱纯的目的蛋白。

本章介绍了多种亲和纯化方案，已证实这些方案在蛋白质纯化中非常有用。

第9.1单元介绍了凝集素亲和层析，这种方法常用于糖蛋白的纯化。在这种方案中，蛋白质通过自身的糖链与固定化的凝集素结合，未结合的蛋白质被洗掉，结合的蛋白质被洗脱下来。糖蛋白中的糖链通常非常复杂，足以与大量不同的凝集素反应，这种结合方式对蛋白质的纯化非常有用。本章列出了各种能用来纯化的凝集素，然而，这组庞大的凝集素的潜在分辨能力受限于以下因素：①在天然蛋白质的粗混合液中，大部分或许多糖蛋白具有完全相同或相似的糖基侧链；②凝集素的特异性并非绝对的，但是，如果应用得当的话，凝集素亲和纯化通常能够对目的糖蛋白进行有效的富集。基本方案和备择方案介绍了用于制备型糖蛋白纯化的刀豆球蛋白 A（Con A）或麦胚蛋白（WGA）的使用，这些凝集素很常用，这是由它们的适应性和有效性决定的，使用本节所叙述的方法，可以很容易地将这些凝集素替换成其他的凝集素。

第 9.2 单元介绍了染料亲和层析，这种蛋白质纯化方法的原理是：固定化染料与许多蛋白质上的结合位点具有很高的亲和力。这是一种快速的、通用的方法，特别适合于从粗提取物中获得 10～100 倍纯化的目的蛋白。选择染料配体有两种方案：配体上结合的是不需要的蛋白质（阴性层析）或结合的是目的蛋白（阳性层析），而这两种方案也可以联合应用（串联层析）。辅助方案中提供了选择合适的染料和支持介质的指南。

第 9.3 单元描述的是利用蛋白质与天然配体的相互作用来进行亲和层析，这些配体可能是大分子物质（如蛋白质和核酸）或低分子质量的化合物（如底物、抑制剂和辅因子等）。由于这种相互作用对于特定的蛋白质或蛋白质基团具有特异性，因而只需一步就能高度纯化蛋白质，正是因为这种特异性，所以在本节的方案中没有详细地讨论一种特异性的纯化方案，而主要讨论柱子介质的选择以及将适当配体耦联到介质的方法。

第 9.4 单元介绍了用金属螯合亲和层析（MCAC）纯化重组蛋白的简易方法。用基因工程的方法改造蛋白质，使其氨基端或羧基端含有 6 个连续的组氨酸残基，用含有镍离子（Ni^{2+}）的树脂能够以天然或变性的形式来纯化这种重组蛋白。在策略设计一节中简述了由目的蛋白和组氨酸尾组成融合蛋白的构建技术，方案介绍了带组氨酸尾的融合蛋白的表达、用 MCAC 方法以天然蛋白质的形式进行纯化的方法，以及在变性条件下纯化融合蛋白和随后的复性方法（通过透析或固相复性）。此外，也介绍了纯化产物的分析和树脂的再生。

蛋白质可用作免疫原，产生抗其自身的抗体，并具有非常高的特异性，由此获得的抗血清可用作分析探针来检测各种生物制备物中的目的蛋白。抗血清和其成分免疫球蛋白组分可能会具有非特异的抗体活性，在分析试验中表现为"背景"，这种"背景"是由于蛋白质免疫原不纯或被免疫动物血清内已存在的抗体而造成的，后者可通过比较未免疫血清和免疫血清之间的反应性来控制。制备与目的蛋白反应的单克隆抗体，能够避免抗血清中经常出现不希望的反应发生。第 9.6 单元介绍了使用抗体作为分析探针来检测生物制剂中存在的蛋白质的方法。

第 9.5 单元介绍了用免疫亲和层析分离可溶性的或与膜结合的蛋白质抗原的方法。利用这种技术，通常只需一步就能够将蛋白质纯化 1000 倍或更高。免疫亲和柱最常使用共价连接在固相介质上的单克隆抗体，也成功地使用过多克隆抗体，但通常缺少单步蛋白质纯化所需的特异性。可纯化蛋白质的量完全取决于所用抗体的数量和亲和性。除了介绍总体方法以外，本单元还介绍了多种可用的洗脱条件和将抗体连接到支持介质上的方法。

总之，到目前为止，亲和层析是最有效的蛋白质纯化技术，因为，从理论上说，它的高度选择性能够只用单一的步骤就可从蛋白质粗混合液中纯化目的蛋白，此外，此技术通常能够同时浓缩目的蛋白。

作者：John E. Coligan

9.1单元 凝集素亲和层析

表9.1列出了与25种不同凝集素结合的糖链的名称、糖特异性、洗脱条件和一般类型，供应商包括（未完全列出）E-Y 实验室、Vector 公司、Sigma 公司和 Amersham Pharmacia Biotech 公司。

基本方案　Con A-Sepharose 亲和层析

Con A-Sepharose 层析用于部分纯化末端带甘露糖残基或葡萄糖残基的糖蛋白。

材料（带√的项见附录1）

- 10 mg/ml Con A-Sepharose（Amersham Pharmacia Biotech 公司或 Sigma 公司）

√柱缓冲液

- 0.5 mol/L α-甲基甘露糖，溶于柱缓冲液中
- 蛋白质样品，溶于柱缓冲液中
- 1.5 cm×30 cm 玻璃层析柱或一次性层析柱
- 玻璃棉塞（BioGel P2 或 Sephadex G-10 塞）

表 9.1　用于纯化糖蛋白的凝集素

缩写词（生物和来源）	所需金属离子	糖特异性[b]	洗脱条件	结合时有用
Con A（*Canavalia ensiformis*；刀豆籽）	Ca^{2+}，Mn^{2+}	α-Man＞α-Glc	0.1～0.5 mol/L α-甲基甘露糖	高甘露糖型、杂合型和二天线 N-连接的链
LCA 或 **LCH**（*Lens culinarus*；扁豆籽）	Ca^{2+}，Mn^{2+}	α-Man＞α-Glc	0.1～0.5 mol/L α-甲基甘露糖	在核心区有 Fucα1-6 的二天线和三天线 N-连接的链
PSA（*Pisum sativum*；豌豆）	Ca^{2+}，Mn^{2+}	α-Man	0.1～0.5 mol/L α-甲基甘露糖	与 LCA/LCH 相似
WGA（*Triticum vulgaris*；小麦胚芽）	Ca^{2+}，Mn^{2+}	β-GlcNAc	0.1～0.5 mol/L GlcNAc	带GlcNAc唾液酸末端的链，或 O-GlcNAc簇；琥珀酰化形式选择性结合 GlcNAc＞Sia
RCA（*Ricinus communis*；蓖麻籽）				
RCA-I[a]	—	β-Gal β-GalNAc	0.1～0.5 mol/L Gal 或乳糖	N-连接链上的 Galβ1-4；也能够结合 β-GalNAc
RCA-II[a]	—	β-Gal	0.1～0.5 mol/L Gal	带 β-GalNAc 末端的链
PHA（*Phaseolus vulgaris*；大红豆）				
E₄PHA	—	GalNAc	0.1～0.5 mol/L GalNAc	带二等分 GlcNAcβ1-4 的带 Gal 末端的 N-连接链
L₄PHA	—	GalNAc	0.1～0.5 mol/L GalNAc	三分支和四分支的 N-连接链
GSL-1，**BSL-1**〔*Griffonia*（Bandeiraea）；加纳籽〕	Mg^{2+}，Ca^{2+}	α-Gal α-GalNAc	0.1～0.5 mol/L 蜜二糖	带 α-Gal 残基末端的链
DSA（*Datura stramonium*；曼陀罗籽）	—	Galβ1-4GlcNAc	0.1～0.5 mol/L GlcNAc 或 20 mmol/L N, N', N"-壳三糖	含有聚 N-乙酰乳糖胺链的蛋白质；高度杂合的糖蛋白通常含有各种长度的这种重复序列

缩写词（生物和来源）	所需金属离子	糖特异性[b]	洗脱条件	结合时有用
LEL（Lycopersicon esculentum；番茄肉）	—	β-GlcNAc	0.1～0.5 mol/L β-GlcNAc 或 20 mmol/L 壳二糖或壳三糖	与 DSA 相似；其聚 N-乙酰乳糖胺链较 DSA 长
STL（Solanum tuberosum；马铃薯块茎）	—	β-GlcNAc	0.1～0.5 mol/L GlcNAc 或 20 mmol/L 壳二糖或壳三糖	带聚 N-乙酰乳糖胺链的蛋白质
MAL（Maackia amurensis；山槐籽）	—	Siaα2-3Gal β1-4GlcNAc	0.5 mol/L 乳糖	在 N-连接糖链中，唾液酸与 Gal 形成 α2-3 键；基本的糖与肽对结合有影响
EBL 或 SNA（Sambucus nigra；接骨木树皮）	—	Siaα2-6Gal 或 GalNAc	0.1～0.5 mol/L 乳糖	在 N-糖链和 O-糖链中，以 α2-6 连接唾液酸
LFA（Limax flavus；蛞蝓）	—	Neu5Ac	10 mmol/L Sia	带唾液酸末端的链，与键无关
GNL（Galanthus nivalis；雪花莲球茎）	—	α1-3Man	0.5 mol/L α-MeMan	高甘露糖型链，但不是 Glc
UEA-I（Ulex europaeus；金雀花籽）	—	α-L-Fuc	0.1～0.5 mol/L L-Fuc 或甲基-α-L-Fuc	带 α-Fuc 末端的糖链，特别是在 α1-2 键，但在 α1-3 或 α1-6 键很少见
AAA（Anguilla anguilla；淡水鳗鱼）	—	α-L-Fuc	0.1～0.5 mol/L L-Fuc	与 UEA-I 相似，但可更广泛地与岩藻糖化的寡糖结合
Lotus（Lotus tetragonolobus；四棱豆）	—	α-L-Fuc	0.1～0.5 mol/L L-Fuc	Outer-branch α-Fuc 残基；当 Fuc 与 N-连接链的壳二糖核心连接时，不结合
HPA（Helix promatia；食用蜗牛的蛋白腺）	—	α-GalNAc	0.1～0.5 mol/L GalNAc	带 α-GalNAc 或 GalNAcα-O-Ser/Thr 末端的蛋白质（Tn 抗原）
Jackalin（Artocarpus integrifolia；木菠萝籽）	—	α-Gal	0.1～0.2 mol/L 蜜二糖	只带单条 O-连接链（带 T 抗原 Galβ1-3GalNAcα-O-Ser/Thr）的蛋白质能够结合；不被乳糖抑制；链中的唾液酸不影响结合
VVL 或 VVA（Vicia villosa；毛苕子籽）	—	GalNAc	0.1～0.5 mol/L GalNAc	带 Tn 抗原 GalNAcα-O-Ser/Thr 的蛋白质
SBA（Glycine max；大豆）	—	GalNAc 或 Gal	0.1～0.5 mol/L GalNAc	α 连接或 β 连接的 GalNAc
PNA（Arachis hypogaea；花生）	—	Galβ1-3GalNAc	0.1～0.5 mol/L 乳糖	带 T 抗原的蛋白质，但如果糖链被唾液酸化，则不结合
DBA（Dolicholos biflorus；马豆籽）	—	末端 α-GalNAc	0.1～0.5 mol/L GalNAc	末端 α-GalNAc（A 血型所特异的），不包括在 O-连接链核心内的 α-GalNAc
LBA（Phaseolus lunatus；利马豆）	Mn²⁺, Ca²⁺	末端 α-GalNAc	0.1～0.5 mol/L GalNAc	带 A 血型结构 GalNAcα1-3（Fucα1-2）Gal-的蛋白质

a 警告：RCA-I 和 RCA-II 毒性都极强，致死剂量为 1 分子/个细胞。

b 缩写：Fuc，L-岩藻糖；Gal，D-半乳糖；GalNAc，N-乙酰-D-半乳糖胺；Glc，D-葡萄糖；GlcNAc，N-乙酰-D-葡糖胺；Man，D-甘露糖；Neu5Ac，N-乙酰-D-神经氨酸；Sia，唾液酸。

注意：若被分离的蛋白质能耐受室温的条件，则在室温进行此操作，否则需在冷室中操作，并将所有的溶液预冷以维持低温。

1. 将 50 ml 沉降的 Con A-Sepharose（每毫升填充后的树脂含有 10 mg 凝集素，足以结合约 100 mg 的糖蛋白）轻轻地重悬于 50 ml 柱缓冲液中，制成浆状，如果样品中糖蛋白的量明显少于 50～100 mg，则适当地减少柱子的体积，将浆状树脂除气。

2. 在柱子底部的热压结玻璃或聚丙烯滤器上塞入玻璃棉塞，将除气后的浆状介质倒入柱子中，不断加入介质，直到达到所希望的水平（50 ml 的体积约为 28 cm），用 2～3 倍体积的柱缓冲液洗涤凝胶，以除去结合松弛或降解了的 Con A。

3. 用 2～3 倍柱体积的 0.5 mol/L αMM 溶液（溶于柱缓冲液中）或最高浓度的 αMM 溶液洗涤，再用 5 倍体积以上不含 αMM 的柱缓冲液洗涤，以重新平衡层析柱。

4. 将蛋白质样品缓慢上样，使样品与介质充分结合，但不能破坏介质平面［流速 1 ml/min；约 0.5 ml/(min·cm^2) 面积］，用柱缓冲液洗涤柱子，通过测量 A_{280}，监测穿透液和随后的洗涤组分，直至 A_{280} 值达到基线值。

5. 用适当的特异性分析方法检查穿透液和洗涤组分中是否有目的蛋白（如酶活性或抗体结合检测），要检查凝集素结合的特性，见辅助方案。

6. 可选：为了测定层析柱是否过饱和，可以采用辅助方案中的方法，将少量（1%）的穿透液加到小体积的胶珠中，如果用适当的方法检测到样品结合在胶珠上，表明原始层析柱已过饱和，在这种情况下，用 αMM 溶液洗脱第一次过柱所结合的蛋白质，并重新平衡层析柱，然后将含有多余糖蛋白的穿透液重新上到较大体积的层析柱上。

7. 用 0.5 mol/L αMM（溶于柱缓冲液中）洗脱层析柱，用 A_{280} 和活性（用特异的分析方法）监测洗脱组分，合并峰-活性组分。

8. 为了再次使用层析柱，用 10 倍体积的柱缓冲液洗涤层析柱，或直到 αMM 的浓度小于 20 μg/ml，以此再生层析柱。在含 0.02% 叠氮钠的柱缓冲液中，层析柱于 4℃可长期保存，下次使用前用柱缓冲液重新平衡。

辅助方案　确定凝集素结合和洗脱条件的预实验

注意：保持恒温非常重要，因为温度变化能影响配体的结合和解离。
附加材料（见基本方案）

　　Sepharose 4B（Amersham Pharmacia Biotech 公司）或其他珠状凝胶（如 Sephadex，Amersham Pharmacia Biotech 公司；或 Bio-Gel，Bio-Rad 公司），用作对照。

1. 用柱缓冲液重悬 Con A-Sepharose 介质，制成浓度为 50% 的浆液，将 1 ml 移液器吸头的尖端切去 2～3 mm。每次吸取前都要重悬，用去尖的吸头吸取 200 μl 树脂浆液，加至 7 个微量离心管中，在另一管中（作为无凝集素的对照）加等体积 50% 的 Sepharose 4B 浆液，让凝胶沉降，再观察分配是否精确。

2. 加入蛋白质样品（在 50 μl 柱缓冲液中），让其结合 15 min（不时的摇动试管），1000 g 离心 1 min，吸去上清，并保存以备检测（第 6 步）。

3. 用适当的分析方法（目的蛋白特异性的）检测目的蛋白是否与 Con A-Sepharose 结合，而且与对照珠状凝胶不结合。

4. 加入 1.4 ml 柱缓冲液洗涤胶珠，1000 g 离心 1 min，吸去上清（保留以供分析），再洗涤 2 次。

5. 对于含有 Con A-Sepharose 的 7 管中的每一管，将胶珠分别重悬于 200 μl 含有 0、0.1、0.2、0.4、0.8、1.0 mol/L 或 1.5 mol/L αMM 的柱缓冲液中，往对照管中加入等体积的柱缓冲液或 1.5 mol/L αMM（溶于柱缓冲液中）。

6. 温育 15 min，将胶珠 1000 g 离心 1 min，除去上清，用适当的检测方法对此步的上清和第 2、4 步保存的上清进行分析，以确定蛋白质是否被洗脱下来，以及竞争糖的浓度。如果目的蛋白未被洗脱下来，可以延长温育时间（如 10 h）或提高温育温度。

备择方案　麦胚凝集素(WGA)-Agarose 亲和层析

在用大的层析柱进行层析之前，与用 Con A-Sepharose 层析（见辅助方案）一样，先进行预实验测试目的蛋白与凝集素的结合。用 GlcNAc 溶液代替 αMM。

附加材料（见基本方案，带√的项见附录1）

- 5 mg/ml WGA-Agarose（E-Y 实验室、Pharmacia Biotech 公司或 Sigma 公司）
  √PBS
- 0.1 mol/L N-乙酰-D-葡糖胺（GlcNAc）溶液，溶于 PBS 中
- 蛋白质样品，溶于 PBS 中
- 1.0 cm×10 cm 的玻璃柱或一次性层析柱（或其他长度为直径 10 倍的层析柱）

1. 将 1 体积 WGA-Agarose 凝胶重悬于 2～3 倍体积的 PBS 中，制成浆液（1 ml 胶应当足以结合 1～2 mg 糖蛋白）。

   如果目的蛋白需要去污剂来溶解，可使用 25 mmol/L Tris（pH 7.5）/1% Lubrol PX/0.1%脱氧胆酸钠溶液，在此溶液中 WGA 仍具有活性，也可以使用 Triton X-100 或 Nonidet P-40（终体积浓度为 2%～3%）。

2. 在 1.0 cm×10 cm 玻璃柱底部的滤器上方加入玻璃棉塞，将浆状凝胶倒入柱中。用约两倍柱体积的 PBS 洗涤，再用 1 倍柱体积的含有 0.1 mol/L GlcNAc 的 PBS 洗涤，最后用 5 倍柱体积的 PBS 洗涤。

3. 以 2 ml/（cm² · h）的流速加入约 0.1 倍柱体积的蛋白质样品，然后用 PBS 洗涤层析柱，直至 A_{280} 回到基线。

4. 用 2～3 倍柱体积的 0.1 mol/L GlcNAc（溶于 PBS 中）洗涤层析柱，分析组分中是否含有目的蛋白。若蛋白质未洗脱下来，将柱子关闭、提高 GlcNAc 的浓度（高达 0.25 mol/L）、提高温度或在含有 GlcNAc 的洗脱缓冲液中加入 0.5 mol/L 的氯化钠。

5. 柱子再生，用≥10 倍柱体积的 PBS 洗涤，或洗涤至糖含量低于 20 μg/ml。在含有 0.02%（m/V）叠氮钠的柱缓冲液中 4℃保存。

参考文献：Cummings 1994
作者：Hudson H. Freeze

9.2单元　染料亲和层析

基本方案 1　用层析法选择各成分

用层析的方法能够选择用于阴性或阳性层析的固定化染料和阳性层析中所用的洗脱

液，也可以在微量离心管中混合固定化染料和蛋白质悬液，离心分离，分析上清中的总蛋白质和目的蛋白。

材料

- 要纯化的蛋白质混合液
- 应用液：如 50 mmol/L Tris·Cl 缓冲液，pH 7.5
- 一系列的固定化染料（表 9.2 和辅助方案）
- 适当洗脱试剂（见第 6 步和第 7 步）的浓溶液
- 一次性塑料滤器（≤0.45 μm）
- 一次性小塑料层析管（1 ml 柱床体积）

表 9.2　一些商品化的固定化染料[a]

染料	固定化染料	供应商
活性蓝 2	Affi-Gel blue gel	Bio-Rad
	Blue Sepharose CL-6B	Pharmacia Biotech
	Cibacron blue 3G-A-agarose	ICN Biomedicals, Sigma
	Cibacron blue F3G-A	Pierce
	DyeMatrex blue A gel	Amicon
活性蓝 4	Reactive blue 4-agarose	Sigma
活性蓝 72	Reactive blue 72-agarose	Sigma
活性棕 10	Reactive brown 10-agarose	Sigma
活性绿 5	Reactive green 5-agarose	ICN Biomedicals, Sigma
活性绿 19	DyeMatrex green A gel	Amicon
	Reactive green 19-agarose	Sigma
活性红 120	DyeMatrex red A gel	Amicon
	Reactive red 120-agarose	ICN Biomedicals, Sigma
	Red Sepharose CL-6B	Pharmacia Biotech
活性黄 2	Reactive yellow 2-agarose	ICN Biomedicals, Sigma
	Reactive yellow 3-agarose	Sigma
活性黄 3	DyeMatrex orange A gel	Amicon
活性黄 13	Reactive yellow 13-agarose	Sigma
活性黄 86	Reactive yellow 86-agarose	Sigma

　　a 可从 Affinity Chromatography、Amicon、Wako Pure Chemical 和 Sigma 公司买到筛选试剂盒，盒内装有 5～40 根固定化染料小层析柱。另外，也可以购买诸如表 9.3 中所列的活性染料，并按辅助方案中所述的方法固定化，制备层析柱。

1. 制备粗蛋白质混合液，如果蛋白质混合液是固体的，将其溶于应用液中，如果是悬液或溶液，则用应用液透析（见第 4.1 单元）几个小时，若需要的话，可以离心或过滤（≤0.45 μm），使其澄清。测定总蛋白质量（第 3.4 单元）和 1 ml 蛋白质混合液中目的蛋白的量。
   为了保持蛋白质的完整性，可以改变缓冲液、缓冲液的 pH、缓冲液的温度和添加剂，但一定不得影响固定化染料柱对蛋白质的截留。

2. 取足够体积的各种固定化染料悬液，倒入不同的层析管中，每个层析管柱床体积为 1 ml。如果是粉状的固定化染料，则将约 0.5 g 重悬于应用液中，轻轻搅拌至少 30 min，然后倒入柱子中。

3. 用 2 倍柱床体积的应用液洗涤柱子，让柱子中的溶液自然流干，弃洗涤液。

4. 将等体积的蛋白质混合液（总蛋白质 5～40 mg/ml 柱床体积和 1% 总蛋白质）加到每个固定化染料柱中，收集穿透液，用 2 倍柱床体积应用液洗涤柱子，穿透液收集在同一容器中。测定穿透液总蛋白质的浓度和目的蛋白的浓度。

5. 比较各管穿透液中蛋白质总量和目的蛋白量，对于阴性层析，选择的染料要求穿透液中含有的总蛋白质量最少，而目的蛋白量最多，对于阳性层析，选择染料则要求穿透液中总蛋白质量最多，而目的蛋白量最少。对于阳性层析，通过从所选的固定化染料柱上洗脱蛋白质（第 6 步和第 7 步）来确定洗脱条件。

6. 用 2 倍柱床体积的应用液 [含有测试时所选择的最低浓度的洗脱试剂（如非特异性试剂为 0.1 mol/L NaCl；特异性试剂为 1 μmol/L 底物、辅因子、抑制剂、效应物或配体）] 洗涤所选的固定化染料柱，分管收集穿透液，测定其中的总蛋白质量和目的蛋白量；提高洗脱试剂的浓度（如使用 NaCl 时，每次增加 0.2 mol/L），重复洗涤。

7. 可选：如果要摸索其他的洗脱试剂，则用 2 倍柱床体积的 2 mol/L NaCl 洗涤柱子，然后用 2 倍柱床体积的应用液洗涤，弃掉穿透液。重新加入 1 体积的蛋白质混合液（第 4 步），用 2 倍柱体积的应用液洗涤，弃掉穿透液，用另一种洗脱试剂重复第 6 步。

基本方案 2　阴性层析

材料

- 要纯化的蛋白质混合液
- 应用液，含有 2 mol/L NaCl 和无 NaCl
- 所选的用于阴性层析的固定化染料（见基本方案 1）
- 0.02%（m/V）叠氮钠
- 空层析柱，长度与直径的比≤5（可使用热压结的玻璃漏斗）

1. 配制用于层析的蛋白质混合液（见基本方案 1 第 1 步）。

2. 将所选的固定化染料悬液加入层析柱中，直到柱床体积（ml）为待纯化蛋白质总量（mg）的 5 倍。如果是粉状固定化染料，先将其重悬于应用液中，轻轻搅拌约 1 h，然后倒入柱子中。

3. 用应用液洗涤柱子，直到再没有染料被洗脱下来（1～20 倍柱体积，取决于柱子保存时间的长短）。用肉眼观察染料的洗脱情况或在适当波长下用分光光度计测量。

4. 以≥1 ml/min 的流速将全部蛋白质混合液加至固定化染料柱上，收集穿透液，用 1 倍柱体积的应用液洗涤柱子，将穿透液收集在同一容器中。

5. 检测合并后的穿透液中总蛋白质的浓度和目的蛋白的浓度（目的蛋白产量应大于 80%），若这种方法纯化的量小于基本方案 1 中的结果，则可往柱子中加入更多的固定化染料，将合并后的穿透液重新上样。

6. 柱子再生，用 1 倍柱体积含 2 mol/L NaCl 的应用液洗涤柱子，然后，用 2 倍柱体积的 0.02% 叠氮钠洗涤，将柱子保存于 4℃。

基本方案 3　使用分步洗脱的阳性层析

进行蛋白质的洗脱时，可以用分步洗脱的方式（见下文），也可以使用线性梯度（用梯度混合器制备）的方式。分步洗脱容易操作，但梯度洗脱可获得更高的纯化效果，通过串联层析，可以获得更好的纯化效果，在这种方法中，首先将蛋白质样品通过阴性柱，以除去杂蛋白质（基本方案 2），然后将部分纯化后的穿透液通过阳性柱（基本方案 3），然后用分步洗脱或梯度洗脱的方法洗脱目的蛋白。

材料

- 要纯化的蛋白质混合液
- 适当的应用液
- 固定化染料和所选的用于阳性层析的洗脱液（见基本方案 1）
- 空层析柱，其长度与直径的比率大于 5
- 组分收集器

1. 配制蛋白质样品，选用阳性层析的固定化染料，准备固定化染料柱，将样品过柱，收集穿透液（见基本方案 2 第 1～4 步）。
2. 测定穿透液中总蛋白质的浓度和目的蛋白的浓度，如果大部分（＞70%）目的蛋白被柱子截留，则可弃掉穿透液，如果有大量目的蛋白未被截留，则往柱子中加入更多的固定化染料，并将穿透液重新挂柱。
3. 用选好的阳性层析洗脱液洗涤柱子，流速为≥1 ml/ min，用组分收集器收集，每管 1 ml，测定每管中总蛋白质浓度和目的蛋白的浓度，将含有≥10% 目的蛋白上样量的组分合并。
4. 洗涤，保存柱子（见基本方案 2 第 6 步）。

辅助方案　活性染料的固定化

表 9.3 列出了部分价格适中的染料，而且可通过与层析介质反应而将其固定化，本方案主要针对 100 ml 柱床体积的固定化染料柱的制备。

材料

- 活性染料（表 9.3），钾盐

表 9.3　一些商品化的活性染料

通用名称	比色指数值[b]	一些商品名称	供应商
活性黑 5		Remazol black B	Aldrich，ICN Biomedicals，Sigma
活性蓝 2	61 211	Cibacron blue 3G-A Procion blue H-B	Aldrich，ICN Biomedicals Sigma，Spectrum
活性蓝 4	61 205	Procion blue MX-R	Aldrich，ICN Biomedicals，Sigma
活性蓝 5	61 210	Cibacron brilliant blue BR-P Procion blue H-GR	ICN Biomedicals，Sigma
活性蓝 15	74 459	Cibacron turquoise blue GF-P Procion turquoise H-GF	Aldrich，ICN Biomedicals，Sigma
活性蓝 19		Remazol brilliant blue R	ICN Biomedicals
活性蓝 114		Drimarene brilliant blue K-BL	Sigma

通用名称	比色指数值[b]	一些商品名称	供应商
活性蓝 160		Procion blue HE-RD	Sigma
活性棕 10		Procion brown MX-5BR	ICN Biomedicals, Sigma
活性绿 5		Cibacron brilliant green 4G-A	ICN Biomedicals, Sigma
		Procion green H-4G	
活性绿 19		Procion green HE-4BD	ICN Biomedicals, Sigma
活性橙 14		Procion yellow MX-4R	ICN Biomedicals, Sigma
活性橙 16	17 757	Remazol brilliant orange 3R	Aldrich
活性红 4	18 105	Cibacron brilliant red 3B-A	Aldrich, ICN Biomedicals
		Procion red H-7B	Sigma, Spectrum
活性红 120		Cibacron brilliant red 4G-E	ICN Biomedicals, Sigma
		Procion red HE-3B	
活性紫 5	18 097	Remazol brilliant violet 5R	ICN Biomedicals, Sigma
活性黄 2	18 972	Cibacron brilliant yellow 3G-P	Aldrich, ICN Biomedicals
		Procion yellow H-5G	Sigma, Spectrum
活性黄 3	13 245	Procion yellow H-A	
活性黄 81		Procion yellow HE-3G	Aldrich
活性黄 86		Procion yellow M-8G	ICN Biomedicals, Sigma

a 二氯三嗪型活性染料被表示为 Procion MX 染料；所有其他染料都是一种氯三嗪型染料。

b 数值取自比色指数，英国染色工作者学会（Society of Dyers and Colourists）和美国纺织化学师与印染师协会（American Association of Textile Chemists and Colorists）(1971)。

- KCl 浓溶液
- 活性层析介质：如 Sepharose CL-4B 或 CL-6B（Amersham Pharmacia Biotech 公司）或其他交联琼脂糖
- 4 mol/L 和 1 mol/L NaCl；10 mol/L NaOH，2 mol/L NH₄Cl
- 大玻璃漏斗，0.45 μm 塑料滤器

1. 用钾盐沉淀法除去活性染料中的所有盐、缓冲液或表面活性剂，并用安装在抽滤瓶上的热压结玻璃漏斗过滤沉淀物。往烧杯中放入几克染料，加水配成浓溶液，逐滴加入 KCl 浓溶液，以从溶液中沉淀染料，用 0.45 μm 一次性塑料滤器过滤此悬液，用约 100 ml 的水洗沉淀物，空气干燥。

2. 将 80 g 层析介质悬浮于 280 ml 水中。

3. 将 1.2 g 活性染料溶于 80 ml 水中，将其加入介质悬液中，然后加入 40 ml 4 mol/L NaCl。

4. 如果使用一氯三嗪型活性染料（表 9.3），加入 4 ml 10 mol/L NaOH 溶液，用磁力搅拌器于环境温度下轻轻搅拌 72 h，或于 55～60℃轻轻搅拌 16 h。若用二氯三嗪型活性染料，则用 0.5ml 10 mol/L NaOH 溶液，于环境温度下搅拌 4 h。

5. 用热压结玻璃漏斗过滤此悬液，用大量的水洗涤固体材料（固定化染料），然后用 1 mol/L NaCl 洗涤，再用水洗涤，直到过滤液变清。

6. 将其悬浮于 2 mol/L 的 NH₄Cl（pH 8.5）中，用磁力搅拌器于环境温度下轻轻搅拌 4 h，以彻底清除残余的氯基团，再按第 5 步过滤、洗涤。

7. 以水悬液的形式 4℃保存，或者用热压结玻璃滤器干燥，以干粉的形式保存。

参考文献：Clonis et al. 1987；Scopes 1996

作者：Earle Stellwagen

9.3 单元　天然配体的亲和纯化

对应于产物的特定应用，需要选用合适的生物配体，介质的选择和结合的配体的稳定性决定了其活化方法和耦联方法的选择，最好仔细地摸索多种介质和各种方法。表9.4和表9.5概括了主要的活化方法的化学原理。

表 9.4　活化介质羟基功能所用的部分试剂[a]

活化方法	键的稳定性	反应基团	试剂毒性	活化时间	键的类型	参考文献
2,2,2-三氟乙烷基磺酰氯、磺酰氯	极好	巯基、胺	低	0.1~1.0 h	仲胺	Lawson et al. 1983; Gribnau 1977
溴化氰	差	胺	高	0.1~0.4 h	异脲或亚氨碳酸酯	Axen et al. 1967
双环氧乙烷（环氧化物）	极好	巯基	中	5~18 h	仲胺	Axen et al. 1967
环氧氯丙烷	极好	巯基、胺	中	2~24 h	仲胺	Axen et al. 1967
三嗪	好	胺、巯基、羟基	高	0.5~2 h	三嗪醚	Gribnau 1977; Lily 1976
苯醌	好	胺	低	1~2 h	苯胺酰基	Axen et al. 1967
二乙烯砜	在碱中差，在 pH<7.0 时好	胺	高	0.5~2 h	仲胺	Axen et al. 1967
戊二醛	极好	胺	中	5~18 h	仲胺（？）	Axen et al. 1967
磷酰氯	极好	胺	高	18 h	酰胺	Ngo and Lenhoff 1980
p-硝基苯基氯甲酸酯	好	胺	中	1.0 h	氨基甲酸乙酯	Wilchek and Miron 1982; Drobnik et al. 1982
N-羟基琥珀酰亚氨氯甲酸酯	好	胺	中	1.0 h	氨基甲酸乙酯	Wilchek and Miron 1982; Drobnik et al. 1982
羰二咪唑	好	胺	中		氨基甲酸乙酯	Bethell et al. 1979
1-氰基-4-二甲基氨基吡啶四氟硼酸酯	差	胺	中	20 min	异脲	Kohn and Wilchek 1984
2-氟-1-甲基吡啶甲苯磺酸酯	极好	胺/巯基	中	0.5~1.0 h	仲胺	BioProbe International 1986

a 经学术出版社准许后从 Scouten（1987）复制。

警告：本方案中所用的许多试剂都有害，应当在化学通风橱中进行操作。

基本方案　CNBr 活化

溴化氰（CNBr）常用作活化剂，将蛋白质和其他亲核配体耦联到琼脂糖胶珠上（见第9.5单元）。

警告：CNBr 具有强毒性，并能释放有毒蒸汽，应正确地操作、贮存和废弃。

材料（带√的项见附录1）

- 琼脂糖胶（如 Sepharose CL-4B）

表 9.5 用于切割/修饰和活化聚合介质主链的部分试剂[a]

聚合物	试剂	产生的化学改变	随后所需的活化	试剂的毒性	切割时间/h	结合的蛋白质基团	键的稳定性	参考文献
聚丙烯酰胺	肼	酰胺生成酰肼	亚硝酸产生叠氮化合物	高	1~5	胺	好	Inman and Dintzis 1969
	酸性 pH	酰胺生成羧基	水溶性的碳二亚胺	低	1~20	胺	好	Inman and Dintzis 1969
纤维素、琼脂、糖	高碘酸盐	二醇生成醛	为了稳定性，用硼氢化物将亚胺还原	低	1~20	胺	好（还原后）	Parikh et al. 1974
琼脂糖	酸性 pH	去水半乳糖产生游离的醛	为了稳定性，用硼氢化物将亚胺还原	低	3	胺	好（还原后）	Stults et al. 1983
聚酯	酸性 pH	酯生成羧酸+醇	水溶性的碳二亚胺，Woodward 试剂 K	低	1~5	胺	好	Rozprimova et al. 1978
聚乙烯	浓硝酸	将 CH_2 氧化成 COOH	水溶性的碳二亚胺，Woodward 试剂 K	中等	不定	胺	好	Ngo et al. 1979
聚苯乙烯	浓硝酸	硝酸芳环	用 Zn/HCl 还原，然后重氮化	中等	不定	组氨酸、酪氨酸	相当好	Grubhofer and Schleith 1953
尼龙	肼	酰胺生成酰肼	亚硝酸产生叠氮化合物	高	不定	胺	好	Hornby and Goldstein 1976
	三乙基氧鎓四氟硼酸盐	O-烷基化	无	高？	0.2~0.5	胺	相当好	Hornby and Goldstein 1976

a 经学术出版社准许后从 Scouten (1987) 复制。

- 2 mol/L 和 5 mol/L 磷酸钾，pH 12.1
- 2 mol/L Na₂CO₃

√2 g/ml 的 CNBr，溶于无水乙腈中

- 1 mol/L NaOH
- 0.2 mol/L NaHCO₃，pH 9.0
- 要耦联的样品（1～10 mg/ml 的蛋白质，10～200 mg/ml 的小配体或 0.1～10 mg/ml 的核酸）
- 0.1 mol/L 磷酸钾，pH 7.0
- 抽吸过滤装置
- 滚翻式摇床

1. 用去离子水充分洗涤琼脂糖凝胶，然后用 5 倍体积的 2 mol/L 磷酸钾（pH 12.1）或 2 mol/L 碳酸钠洗涤，以此将琼脂糖凝胶重悬于缓冲液中。

2. 在通风橱中进行，将湿重 10 g 洗涤好的于 0℃保存的琼脂糖凝胶加至 10 ml 冰冷的 5 mol/L 的磷酸钾（pH 12.1）或 2 mol/L 碳酸钠中（同第 1 步），在冰乙酸浴中，慢慢地加入 1 ml 2 g/ml 的 CNBr（溶于无水乙腈中），不断地搅拌，并监测温度（不能超过 10℃），再在 5℃以下维持 5 min，并不停地搅拌。

3. 在通风橱中，将上述溶液倾入抽吸过滤装置内，从过量的反应混合液中过滤出琼脂糖凝胶，立即用 5～10 倍体积的冰水洗涤。

4. 将预冷的蛋白质溶液（1～10 mg/ml）、小配体（10～200 mg/ml）或核酸（0.1～10 mg/ml）加入 10 ml 0.2 mol/L 的 NaHCO₃ 缓冲液（pH 9.0）中，放入密封瓶中，在滚翻式摇床上摇动过夜（小分子于 25℃，蛋白质于 4℃中进行）。

5. 通过抽滤收集凝胶，用 100 ml 0.1 mol/L 磷酸钾缓冲液（pH 7.0）洗涤。

备择方案 1 用对硝基苯基氯甲酸酯活化

附加材料（见基本方案；带√的项见附录 1）

- 30：70 和 70：30（V/V）丙酮/水
- 丙酮，试剂级，室温和冰冷的

√无水丙酮（见无水试剂的配方）

√无水乙腈（见无水试剂的配方），室温 4℃

- 对硝基苯基氯甲酸酯，800 mg 溶于 12 ml 无水乙腈中
- 二甲氨基吡啶
- 5%的乙酸，溶于二氧杂环乙烷中，冰冷的
- 甲醇，冰冷的
- 无水异丙醇，冰冷的
- 0.5 mol/L 和 0.1 mol/L 磷酸钾，pH 7.5
- 0.1 mol/L 乙醇胺，pH 7.5
- 热压结玻璃漏斗
- 抽滤漏斗

1. 将 10 g 湿重的琼脂糖凝胶置于热压结玻璃漏斗中，依次用 100 ml 下列溶液洗涤：30：70（V/V）丙酮/水溶液、70：30（V/V）丙酮/水溶液、100%试剂级的丙酮、无水丙酮和无水乙腈。

2. 将琼脂糖凝胶重悬于 12 ml 4℃预冷的含 800 mg 对硝基苯基氯甲酸酯的无水乙腈中，慢慢地加入 3 当量的二甲氨基吡啶（溶于无水乙腈中），在 0～4℃下，搅拌此混合液约 1 h。

3. 依次用 100 ml 下列预冷的溶液洗涤琼脂糖凝胶珠：试剂级丙酮、5%的乙酸（溶于二氧杂环乙烷中）、甲醇和无水异丙醇，在无水异丙醇中 0～4℃保存，直到使用（干的可保存长达 6～12 个月）。

4. 在抽滤漏斗中，用冰冷的蒸馏水洗涤储存的琼脂糖凝胶（10 g），彻底除去异丙醇，转入 10 ml 0.1 mol/L 磷酸钾缓冲液（pH 7.5）中，此缓冲液含有配体，配体的浓度为 1～10 mg/ml 蛋白质、0.1～10 mg/ml 核酸或 10～50 mg/ml 低分子质量的亲核配体。

5. 将琼脂糖凝胶置于瓶中，盖好瓶子，在滚翻式摇床上 4℃摇动 24～48 h（稳定性的配体可于 25℃摇动 16 h 即可），用 100 ml 0.1 mol/L 磷酸钾缓冲液（pH 7.5）抽滤，以此进行洗涤。

6. 将胶转至 100 ml 0.1 mol/L 的乙醇胺（pH 7.5）（对于稳定的低分子质量配体，可用较高 pH 的试剂）中，在滚翻式摇床上摇动过夜，按第 5 步的方法洗涤。

7. 将少量琼脂糖凝胶样品加入 0.1 mol/L NaOH 中，若出现明亮的黄色，则重复第 6 步操作。

8. 用适当的方法测定固定化配体的活性。

备择方案 2 用 2,2,2-三氟乙烷基磺酰氯活化

附加材料（见基本方案，带√的项见附录 1）

√吡啶（见无水试剂的配方）

- 2,2,2-三氟乙烷基磺酰氯（tresyl chloride）
- 5 mmol/L 和 1 mmol/L 的 HCl
- 蛋白质配体样品（1～10 mg/ml 蛋白质或 10～50 mg/ml 低分子质量亲核配体）
- 0.2 mol/L 磷酸钾，pH 8.0
- 1 mol/L 甘氨酸，pH 8.0

1. 依次用 100 ml 下列冰冷的溶液洗涤 10 g（湿重）琼脂糖凝胶：30：70（V/V）丙酮/水溶液、70：30（V/V）丙酮/水溶液、100%试剂级的丙酮、无水丙酮和无水乙腈。

2. 将胶置于装有 5 ml 无水丙酮和 0.2 ml 嘧啶溶液的瓶中，在冰浴中冷却至 0℃，一边搅拌，一边慢慢地加入 0.25 ml 2,2,2-三氟乙烷基磺酰氯，继续搅拌 10 min。

3. 依次用 100 ml 下列冰冷的溶液洗涤胶，且往丙酮/水混合液的水组分中加入 5 mmol/L 的 HCl，洗涤的溶液依次为：无水乙腈、无水丙酮、100%试剂级的丙酮、70：30（V/V）丙酮/水溶液和 30：70（V/V）丙酮/水溶液。

4. 用 100 ml 冰冷的 1 mmol/L HCl 洗涤胶，将胶置于同样的稀 HCl 溶液中 4℃保存。

5. 将要结合的配体（例如，1～10 mg/ml 蛋白质或 10～50 mg/ml 低分子质量亲核配体）溶于 10 ml 0.2 mol/L 的磷酸钾缓冲液（pH 8.0）中。

6. 用 100 ml 冰冷的 0.2 mol/L 的磷酸盐（pH 8.0）快速冲洗活化的琼脂糖凝胶，并与配体溶液混合，如果使用蛋白质或对温度比较敏感的配体，则于 4℃将混合液摇动过夜（对于较稳定的配体或为了获得较高的产量，可以用较高的温度，如 25℃）。

7. 用 0.2 mol/L 磷酸钾缓冲液（pH 8.0）于上述耦联用的温度下洗涤耦联好的琼脂糖凝胶珠，用 1 mol/L 甘氨酸（pH 8.0）温育过夜，使残留的2,2,2-三氟乙烷基磺酰基团失活。

参考文献：Turkova 1993
作者：William H. Scouten

9.4 单元　金属螯合亲和层析（MCAC）

对于用 MCAC 进行纯化，参见第 6.5 节中 HIV-1 整合酶的纯化实例，在进行大规模制备之前，应当测试蛋白质在细胞中的表达是否以可溶形式存在（见第 6.1 节和第 6.2 节）。

注意：所有与细胞接触的溶液和设备都必须无菌。

策略设计

MCAC 用于纯化那些能够得到其互补 DNA（cDNA）序列的特定蛋白质，选择一种蛋白质表达系统，将 cDNA 插入适当的表达载体中（见第 5.1 单元），cDNA 序列必须在其 N 端或 C 端编码最少 6 个组氨酸，而且在 N 端必须包含有起始甲硫氨酸，在 C 端必须包含终止密码子，这可以用聚合酶链反应（PCR）的方法来实现，使用 5′端含有特定限制性位点的序列作为引物，正确设计的引物以正确的读框插入 cDNA，并使之表达。

PCR 的另一种方法是将 cDNA 亚克隆到已有的载体上，再合成含 6 组氨酸序列的互补寡核苷酸，并带有适当的限制性酶切位点，然后将此寡核苷酸插入亚克隆的 cDNA 中。以正确的读框将寡核苷酸插入 cDNA 的任一末端附近，这一点非常重要。

几家公司（如 Qiagen、Novagen 和 Invitrogen）出售表达系统，使用这些表达系统，能够将 cDNA 直接亚克隆到适当的载体中，这些载体已经包含寡聚组氨酸尾的序列，而且在寡聚组氨酸尾的邻近有蛋白酶切割位点，在纯化后，可以切除此组氨酸尾。已开发了用细菌、酵母、杆状病毒、痘病毒和各种带真核启动子表达组氨酸融合蛋白的载体。在以下的方案中使用的是 Novagen 公司的 pET 载体，它略为修改则即可用于其他载体（图 9.1）。

基本方案　用于纯化可溶性带组氨酸尾融合蛋白的非变性 MCAC

材料（带√的项见附录 1）

- √M9ZB 培养基，含有 50 μg/ml 氨苄青霉素和 25 μg/ml 氯霉素
- 大肠杆菌 BL21（DE3）pLysS 或其他适当的菌株（Novagen），含有表达带组氨酸尾的融合蛋白的 pET 载体

A   5′-GGGNNNNNNATGCATCATCATCATCATCAT ... N₁₅₋₃₀-3′

RE 位点—Met His His His His His His ...

B   5′-GGGNNNNNNTTAATGATGATGATGATGATG ... N₁₅₋₃₀-3′

RE 位点—ENDHis His His His His His ...

图 9.1 在蛋白质末端加入组氨酸尾所需的引物序列,功能(如蛋白质序列)标注在下面。每条引物的5′端包含 3 个鸟嘌呤,以便于在亚克隆之前对 PCR 产物进行限制性内切核酸酶消化。NNNNNN 代表与所选载体相兼容的特定限制性内切核酸酶切位点;$N_{15\sim30}$代表另外 15～30 个核苷酸,它们与 cDNA 第二个密码子开始的序列相匹配;Met 代表起始甲硫氨酸,END 代表终止密码子。A. 用于在氨基端加入组氨酸尾的5′端引物序列,3′端引物应当包含第二个特定限制性内切核酸酶切位点和 cDNA 序列最后 5～10 个密码子(包括终止密码子)。B. 用于羧基端加入组氨酸尾的3′端引物(反义)序列,5′端引物应当包含第二个特定限制性内切核酸酶切位点和 cDNA 序列开始的 5～10 个密码子。

- 0.1 mol/L IPTG,过滤除菌
- NTA 树脂浆液(Qiagen):50%(m/V)NTA 树脂重悬于 20%(V/V)乙醇中
- 100 mmol/L $NiSO_4 \cdot 6H_2O$
- √ MCAC-0、MCAC-20、MCAC-40、MCAC-60、MCAC-80、MCAC-100、MCAC-200 和 MCAC-1000 缓冲液
- √150×蛋白酶抑制剂
- 10%(V/V)Triton X-100
- 1 mol/L $MgCl_2$
- √MCAC-EDTA 缓冲液
- √DNase I 溶液
- 蛋白质分析用染料试剂(Bio-Rad,可选)
- 离心机,带 Beckman JA-20 转头或相当的转头
- 1 cm×10 cm 玻璃柱或聚丙烯柱
- 280 nm 紫外检测器或分光光度计(可选)

1. 用转化了能表达组氨酸融合蛋白的 PET 载体的大肠杆菌 BL21(DE3)pLysS 接种 10 ml M9ZB 培养基/氨苄青霉素/氯霉素,37℃、振荡培养过夜(见第 5.3 节)。用 1 ml 过夜培养物接种 100 ml 新鲜的 M9ZB 培养基/氨苄青霉素/氯霉素,培养至 OD_{600} 达 0.7～1.0。

2. 加入 1 ml 0.1 mol/L IPTG(终浓度 1 mmol/L),37℃培养 1～3 h,延长培养时间可增加表达量,但较短的培养时间表达的可溶性蛋白质较多。

3. 4℃、4400 g(Beckman JA-20 转头为 5000 r/min)离心 10 min,弃上清,将沉淀(湿重约 0.5 g)置于冰上或−70℃冷冻长期保存(用前于冰上解冻)。

4. 柱子的制备,将 0.2 ml NTA 树脂浆液加入 1 cm×10 cm 的柱子中,让其中的液体流尽(但在任何时候都不能让介质变干),再用 1 ml(5 倍柱床体积)去离子水、1 ml 100 mmol/L $NiSO_4 \cdot 6H_2O$ 和 2 ml MCAC-0 缓冲液洗涤柱子(当带有 Ni 离子

时，NTA 树脂变成蓝绿色，而去除 Ni 离子则变白）。

　带电荷的树脂可于 4℃ 保存，若柱子的保存时间超过 1 天，则用 10 倍柱床体积的 20% 乙醇洗涤，在保存之前，加入 1 倍柱床体积的 20% 乙醇，柱子要保持密封，以防蒸发。

5. 以下操作均在冰上或冷室进行，除非另有说明。制备提取物：将沉淀重悬于 5 ml MCAC-0 液中，加入 33 μl 150× 蛋白酶抑制剂，用吸管吹打、超声或匀浆。

6. 加入 0.05 ml 10%（V/V）的 Triton X-100（终浓度为 0.1%，不要使用离子型去污剂），充分混匀，于 −70℃ 冰冻，然后在冰上融化，如此重复 3 次。

7. 加入 0.05 ml 1 mol/L 的 $MgCl_2$（终浓度为 10 mmol/L）和 0.05 ml DNA 酶 I（终浓度为 10 μg/ml），轻轻混匀，于室温培育 10 min。

8. 4℃、27 000 g（Beckman JA-20 转头为 15 000 r/min）离心 15 min，将上清倾入一干净的、置于冰上的容器内（弃沉淀），取 10 μl 上清，−70℃ 冷冻，以便用 SDS-PAGE 分析（见辅助方案 1）。如果希望的话，可将所有提取液于 −70℃ 长期保存（用前在冰上融化）。

9. 将提取液过 Ni^{2+}-NTA 柱，流速为 10~15 ml/h（Ni-NTA 树脂的结合能力为：每毫升压实的树脂可以结合 5~10 mg 带组氨酸标签的蛋白质），收集柱穿透液，取样 10 μl 以用于 SDS-PAGE。

10. 用 5 ml MCAC-0 缓冲液洗柱，流速为 20~30 ml/h，弃穿透液。

11. 依次用 5 ml MCAC-20、MCAC-40、MCAC-60、MCAC-80、MCAC-100、MCAC-200 和 MCAC-1000 缓冲液洗柱，流速为 10~15 ml/h，收集 0.5 ml 的组分，保存于冰上，以用于 SDS-PAGE。

　大多数的蛋白质都在每次洗涤的第 2 个和第 3 个组分中被洗脱下来，在咪唑浓度为 60 mmol/L（MCAC-60）时，大多数带 6 个组氨酸尾的蛋白质仍然结合在树脂上，在咪唑浓度为 100~200 mmol/L（MCAC-100 或 MCAC-200）时被洗脱下来。而带较长组氨酸尾（如 10 个残基）的蛋白质的亲和力较大，需要用更高的咪唑浓度洗脱。对于每种蛋白质，必须确定最佳洗涤条件和洗脱条件。

12. 用 1 ml MCAC-EDTA 缓冲液洗脱柱子，流速为 10~15 ml/h，收集 0.5 ml 的组分（当 Ni 被去除后，柱子的蓝绿色将消失）。重新使用柱子时，按第 4 步方法操作。

13. 分析各组分中的被洗脱下来的蛋白质，方法有：用 280 nm 紫外检测器检测、通过测量各组分的 OD_{280} 进行检测，或者在一片石蜡膜上将 8 μl 收集液与 2 μl 蛋白质分析染料试剂混合来进行检测（含蛋白质则变蓝）。

14. 合并含洗脱蛋白质的组分，取 10 μl 样品，以进行 SDS-PAGE，其余部分分装成小份，保存于 −70℃ 或液氮中，直到准备进行分析和处理（见辅助方案 1）。

备择方案 1　用于纯化不溶性带组氨酸尾的融合蛋白的变性 MCAC

　由于 MCAC 并不要求与 Ni^{2+}-NTA 柱结合的含组氨酸标签的蛋白质为天然的蛋白质，因而，可以用 6 mol/L 胍溶解不可溶的蛋白质，在胍存在下的情况下进行纯化，然后再复性。

附加材料（见基本方案，带√的项见附录 1）

- √ GuMCAC-0、MCAC-20、MCAC-40、MCAC 60、MCAC-100 和 MCAC-500 缓冲液
- √ GuMCAC-EDTA 缓冲液
- 适当的蛋白质最终缓冲液（如用于蛋白质的酶切或长期保存）
- 盐酸胍

1. 制备表达带组氨酸尾融合蛋白的大肠杆菌沉淀物（见基本方案第 1~3 步）。
2. 准备柱子（见基本方案第 4 步），但最后用 2 ml GuMCAC-0 缓冲液洗涤。
3. 以下操作均在冰上或在冷室中进行，除非另有说明。制备提取物时，通过用吸管吹打、超声或匀浆，将沉淀物重悬于 5 ml GuMCAC-0 液中，于 -70℃ 冷冻 10 min，然后在室温融化。
4. 用摇床、旋转混合器或磁力搅拌器将样品轻轻地混合 30 min，4℃、27 000 g（Beckman JA-20 转头为 15 000 r/min）离心 15 min，将上清倒入一干净容器内（弃沉淀），取上清 10 μl 冷冻保存，以进行 SDS-PAGE 分析（见辅助方案 1）。如果希望，可将所有提取液于 -70℃ 长期保存（用前于冰上融化）。
5. 上样和洗柱（见基本方案第 9~11 步），换成下列缓冲液：
   首次用 GuMCAC-0 缓冲液洗涤，流速为 20~30 ml/h
   再分别用 GuMCAC-20、GuMCAC-40、GuMCAC-60、GuMCAC-100 和 GuMCAC-500 缓冲液洗涤，流速为 10~15 ml/h。
6. 用 1 ml GuMCAC-EDTA 缓冲液洗脱，流速为 10~15 ml/h，收集 0.5 ml 的组分。
7. 鉴定含有蛋白质的组分（见基本方案第 13 步），合并。保存 10 μl 样品以进行 SDS-PAGE。如果希望，可将合并后的组分于 -70℃ 长期保存（使用前融化）。
8. 将合并后的组分转移至透析袋中（MWCO 为 12~14 kDa）并密封，于 4℃、用 500 ml 含 4 mol/L 盐酸胍的适当最终缓冲液透析（见附录 3B 和第 4.1 单元）2 h 以上，取出 250 ml 含盐酸胍的缓冲液，加入 250 ml 不含盐酸胍的缓冲液，继续透析 2 h 以上，重复操作。将透析袋移至 500 ml 无盐酸胍的新鲜缓冲液中，透析 2 h 至过夜。
9. 从透析袋中取出样品，分成小份，冻存于 -70℃ 或液氮中，直到进行分析和处理（见辅助方案 1）。如果蛋白质在透析时沉淀，使用固相复性法（见备择方案 2）。

备择方案 2　MCAC 纯化后蛋白质的固相复性

附加材料（见基本方案和备择方案 1）

- 1:1、3:1 和 7:1（V/V）MCAC-20/GuMCAC-20 缓冲液

1. 制备蛋白质提取液，与柱子结合，并用 GuMCAC 缓冲液洗涤（见备择方案 1 第 1~5 步）。
2. 依次用 5 ml 1:1、3:1 和 7:1（V/V）MCAC-20/GuMCAC-20 缓冲液洗涤柱子（始终保持柱子处于液体中，不得让树脂流干）。
3. 用 MCAC 缓冲液洗涤柱子，洗脱蛋白质，分析（见基本方案第 11~14 步）。

辅助方案 1 纯化后蛋白质的分析和处理

材料（带√的项见附录1）

- MCAC 柱纯化后的组分（粗提取液、穿透液、纯化后的蛋白质；见基本方案或备择方案1或2），在冰上融化。
- 适当的蛋白质最终缓冲液（用于蛋白质的酶切或长期保存）

√2×SDS 样品缓冲液

1. 如果必要，将各组分透析（见第4.1单元和附录3B），以除去盐酸胍。
2. 分别取 5 μl 粗提取液、粗穿透液和 10 μl 每步洗涤的第二、第三组分，与等体积的 2×SDS样品缓冲液混合，用 SDS-PAGE（见第 10.1 单元）进行分析，鉴定含有纯化后蛋白质的组分。
3. 将含有纯化后蛋白质的各组分的剩余小份融化，并用适当的蛋白酶解缓冲液透析（见第4.1单元和附录3B），如果希望的话，可进行酶切步骤（见第6.5单元）。如果需要，在酶切后，将蛋白质在适当的贮存缓冲液中透析，并分成小份冻存。

辅助方案 2 NTA 树脂的再生

材料（带√的项见附录1）

- 2.5 ml 使用过的 NTA 树脂（压实后的体积）
- 蛋白质剥脱液（stripping solution）：0.2 mol/L 乙酸/6 mol/L 盐酸胍

√2%（*m/V*）SDS

- 20%、25%、50%、75%和100%（*V/V*）乙醇

√0.1 mol/L EDTA，pH 8.0

1. 依次用下列溶液洗涤树脂（使树脂勿干）

   5 ml 蛋白质剥脱液

   5 ml 水

   7.5 ml 2% SDS

   25%、50%和75%乙醇各 2.5 ml

   12.5 ml 100%乙醇

   75%、50%和25%乙醇各 2.5 ml

   2.5 ml 水

   12.5 ml 0.1 mol/L EDTA，pH 8.0

   7.5 ml 水。

2. 用镍再生树脂，见基本方案第 4 步（起始时加入 1 ml 100 mmol/L $NiSO_4 \cdot 6H_2O$）。长期保存未挂镍的树脂时，加入 2.5 ml 20%乙醇，4℃保存。

参考文献：Hochull 1990
作者：Kevin J. Petty

9.5 单元　免疫亲和层析

注意：所有与抗原有关的操作步骤均应在 4℃冷室中或在冰上进行。

基本方案　可溶性或膜结合抗原的分离

材料（带√的项见附录 1）

- 抗体（Ab）-Sepharose（见辅助方案）
- 活化的、淬灭的（对照）Sepharose，按 Ab-Sepharose 方法制备（见辅助方案），但耦联时不需用 Ab 或采用不相关的 Ab 替代
- 细胞或匀浆的组织

√Tris/盐/叠氮化物（TSA）溶液，冰冷的

√裂解缓冲液，冰冷的

- 5%（m/V）脱氧胆酸钠（Na-DOC；过滤除菌，室温保存）

√洗涤缓冲液

√Tris/Triton/NaCl 缓冲液，pH 8.0 和 9.0，冰冷的

√三乙醇胺溶液，冰冷的

√1 mol/L Tris·Cl，pH 6.7，冰冷的

√柱贮存液，冰冷的

- 层析柱
- 带有快速密封离心管的超高速离心机（Beckman）

1. 制备 Ab-Sepharose 免疫亲和层析柱（5 ml，每毫升压实后的 Sepharose 含 5 mg 抗体），并制备活化的、淬灭的（对照）Sepharose 预柱（压实后的床体积为 5 ml），并将两者连接起来（图 9.2）。

2. 将 50 g 细胞重悬于冰冷的 TSA 溶液中，细胞浓度为 $1\times10^8\sim5\times10^8$ 个/ml，或按 1 体积压实的细胞或匀浆组织加入 1~5 倍体积冰冷的 TSA 溶液，加入等体积冰冷的裂解缓冲液，于 4℃搅拌 1 h。对于糖基磷脂酰肌醇（GPI）锚定的蛋白质（见第 12.3 单元），于 20℃温育 10 min，以充分溶解。

3. 4℃、4000 g 离心 10 min，去除核酸，吸取上清并保存。

4. 纯化膜抗原时，往去核匀浆上清中加入 0.2 倍体积 5% 的 Na-DOC，于 4℃或冰上放置 10 min，然后转移至快速密封离心管中，4℃、100 000 g 离心 1 h，小心取出上清并保存。

5. 按下列方法洗涤两根柱子：

　　　　10 倍柱体积的洗涤缓冲液

　　　　5 倍柱体积的 Tris/Triton/NaCl 缓冲液，pH 8.0

　　　　5 倍柱体积的 Tris/Triton/NaCl 缓冲液，pH 9.0

　　　　5 倍柱体积的三乙醇胺溶液

　　　　5 倍柱体积的洗涤缓冲液

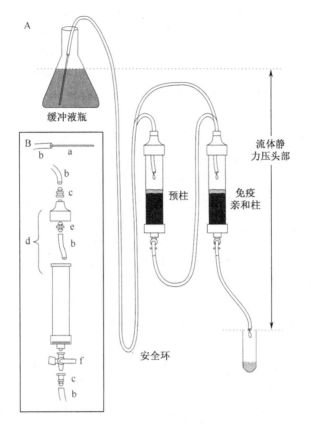

图 9.2　A 图为免疫亲和层析。在样品上样的过程中，两根 Sepharose 柱［一根 Sepharose 预柱（无共价结合的特异性抗体或共价结合了无关的抗体），另一根是免疫亲和柱（含共价结合的抗体）］串联在一起，与装有样品的贮液瓶连接。上完样后，移走预柱，将安全环管道直接连至免疫亲和柱上。液体静力压头部为贮液瓶中液体顶部至免疫亲和柱下端管道顶端的距离。当洗脱贮液瓶流完时，液体面到达安全环处，液体静力压头部变成零，从而可以防止柱子流干。通过升高安全环，可以除去柱床上部残留的液体。冲洗完管道后，将安全环的一端放入另一种洗脱缓冲液的贮液瓶中，便可以开始下一次的洗脱。B 图为免疫亲和柱的示意图。a. 50 μl 一次性毛细吸管。b. 管子：Tygon S-54-HL Microbore，内径0.05 in，或 Tygon R-3603，内径 1/16 in（软管）。c. 阴性 Luer 接头，白色尼龙（Value Plastics 公司），1/16 in。d. Kontes Flex 柱（Kontes Glass 公司）。e. 带倒刺的乳头状接头，聚丙烯，顶部为3/32 in，底部为 1/16 in（Value Plastics 公司，AD 系列）。f. Luer-Lok 两向开关（Kontes Glass 公司）。

6. 将第 3 步或第 4 步的上清（保存一部分用于分析）上样至预柱上，以每小时 5 倍柱体积的流速流过预柱和免疫亲和柱，收集穿过液组分，每个组分的体积为上样上清的 1/100～1/10。

7. 用 5 倍柱体积的洗涤缓冲液洗涤（保留各组分）。关闭两根柱子上的开关，断开预柱和免疫亲和柱。打开免疫亲和柱的开关，让柱子上端的液体流至柱床的水平（不能让树脂流干）。

注意：在更换缓冲液（第 8～12 步）之间，要洗涤免疫亲和柱。关闭开关，除去柱子末端的管帽，用注射器连接贮液瓶管子的出口端，吸走管中的所有缓冲液，再将管子放入另一个装有下一种洗涤缓冲液的贮液瓶中，用注射器吸取贮液瓶中的缓冲液将管子充满，移走注射器。卷曲管子以调节流速，用缓冲液冲洗柱的内壁。打开柱子开关，让缓冲液流至柱床的水平，盖上柱末端的管帽，不要拧紧，让缓冲液流入柱中，直到高出柱床几厘米。将管帽拧紧，开始洗涤或洗脱。

8. 用 5 倍柱体积的洗涤缓冲液洗涤。

9. 用 5 倍柱体积的 Tris/Triton/NaCl 缓冲液（pH 8.0）洗涤。

10. 用 5 倍柱体积的 Tris/Triton/NaCl 缓冲液（pH 9.0）洗涤。检查是否有配体脱落（在此 pH 条件下，一些单克隆抗体会脱落一些配体）。

11. 用 5 倍柱体积的三乙醇胺溶液洗脱抗原，收集 1 倍柱体积的组分至已加入 0.2 倍体积 1 mol/L 的 Tris·Cl（pH 6.7）的管中，以中和所收集的组分。

    如果需要的话，降低三乙醇胺溶液的 pH，以保持配体的功能活性，理想的 pH 条件应该使配体全部脱落，可以通过对洗脱后的柱床样品（约 20 μl Ab-Sepharose）和洗脱液（50 μl）进行 SDS-PAGE 来验证。

12. 用 5 倍柱体积的 TSA 溶液洗涤柱子，再次使用柱子之前，在 TSA 溶液中 4℃保存，防止柱子变干（可在几年的时间内重复使用多次）。

13. 分析各组分中的抗原。用 SDS-PAGE（见第 10.1 单元）和银染（见第 10.4 单元）的方法分析 50 μl 每种洗脱组分，用 Ab-Sepharose 进行免疫沉淀，分析 0.5～1 ml 样品上样液、穿透液和洗涤组分，用银染检测，以确定柱子是否已饱和。

备择方案 1　抗原的低 pH 洗脱

附加材料（见基本方案，带√的项见附录 1）

√磷酸钠缓冲液，pH 6.3

√甘氨酸缓冲液

√1 mol/L Tris·Cl，pH 9.0

1. 准备柱子和裂解物，洗涤柱子（见基本方案第 1～9 步）。

2. 用 5 倍柱体积的磷酸钠缓冲液（pH 6.3）洗涤。

3. 用 5 倍柱体积的甘氨酸洗脱，收集组分至已加入 0.2 倍体积 1 mol/L Tris·Cl（pH 9.0）的管中，立即将各组分混匀。

4. 分析各组分中的抗原（见基本方案第 13 步）。

备择方案 2　抗原的批量纯化

材料（见基本方案）

1. 重悬并离心细胞，纯化膜抗原（见基本方案第 2～4 步）获得无核酸的上清。

2. 于烧瓶中将 Ab-琼脂糖与上清重悬，用旋转混合器温和地摇动 3 h 后停止，让琼脂糖澄清。

3. 将大部分上清吸走，将剩余的上清和 Ab-琼脂糖倾入柱中，打开开关，继续排干柱中的液体直至所有的琼脂糖加入进去，当柱床底部液体排出后，关闭开关。

4. 洗涤免疫亲和柱，洗脱抗原，分析收集的各组分（见基本方案第 8～13 步）。

备择方案 3　辛基 β-D-葡萄糖苷的洗脱

附加材料（见基本方案，带√的项见附录 1）

　　√含 1%辛基 β-D-葡萄糖苷的 TSA 溶液

1. 准备柱子和裂解物，洗涤柱子（见基本方案第 1～9 步）。
2. 用 5 倍柱体积含 1%辛基 β-D-葡萄糖苷的 TSA 溶液洗涤。
3. 用 5 倍柱体积的三乙醇胺溶液洗脱，将溶液中原有的 0.1% Triton X-100 替换成1% 的辛基 β-D-葡萄糖苷，收集 1 倍柱体积的组分至已加入 0.2 倍体积 1 mol/L Tris·Cl （pH 6.7）的管中。
4. 洗涤柱子，分析各组分（见基本方案第 12 步和第 13 步）。

辅助方案　抗体-Sepharose 的制备

警告：CNBr 的毒性很大，且能释放出有毒蒸气，要正确地操作、贮存和废弃。

材料

- 1～30 mg/ml 抗原特异性的单克隆抗体或多克隆抗体
- 0.1 mol/L NaHCO₃/0.5 mol/L NaCl
- Sepharose CL-4B（或 Sepharose CL-2B，用于高分子质量的抗原，Pharmacia Biotech）
- 2 mol/L Na₂CO₃
- √溴化氢（CNBr）/乙腈
- 1 mmol/L 和 0.1 mmol/L HCl，冰冷的
- 0.05 mol/L 甘氨酸（或乙醇胺），pH 8.0
- √Tris/盐水/叠氮化物（TSA）溶液
- 透析袋（MWCO＞10 000）
- 超速离心机
- Whatman 1 号滤纸
- 布氏漏斗
- 锥形瓶
- 吸水泵

1. 用 0.1 mol/L NaHCO₃/0.5 mol/L NaCl 缓冲液于 4℃透析 1～30 mg/ml 的抗体，24 h 内更换 3 次缓冲液，透析用缓冲液的体积为抗体溶液体积的 500 倍。
2. 4℃、100 000 g 离心 1 h，保留上清，取少量上清测量其 A_{280}，确定抗体的浓度 （mg/ml IgG＝A_{280}/1.44）。用 0.1 mol/L NaHCO₃/0.5 mol/L NaCl 缓冲液将其稀释 至 5 mg/ml（或稀释至 Ab-Sepharose 所需的浓度），测量稀释后溶液的 A_{280}，于 4℃ 保存。
3. 让 Sepharose 浆液沉降，然后倒出上清并弃掉，称量出所需量的 Sepharose（假定密

度＝1.0)。

4. 安装过滤装置，将 Whatman 1 号滤纸置于布氏漏斗中，将锥形瓶与吸水泵相连，用 10 倍体积的水洗涤置于过滤装置中的 Sepharose。

5. 将 Sepharose 转移至 50 ml 的烧杯中，加入等体积冰冷的 2 mol/L Na$_2$CO$_3$ 溶液。于冰浴中活化 Sepharose，按 100 ml Sepharose 加入 3.2 ml CNBr/乙腈 (2 g CNBr; 100 ml Sepharose 中加入 2～4 g CNBr，每毫升琼脂糖可以耦联 1～20 mg 抗体)，用巴斯德吸管逐滴加入 CNBr/乙腈，时间不少于 1 min，同时用磁力搅拌棒慢慢地连续搅拌 5 min。

6. 按第 4 步快速过滤 Sepharose，吸至半干 (即直到 Sepharose 块开始破裂并失去光泽)，用 10 倍体积冰冷的 1 mmol/L HCl 洗涤，再用 2 倍体积冰冷的 0.1 mmol/L HCl 洗涤 (均匀地加至 Sepharose 块上)，用足够体积冰冷的 0.1 mmol/L HCl 水化，使 Sepharose 块重新恢复光泽，但 Sepharose 块上又不能有过多的液体。

7. 立即将称量好的 Sepharose 转移至烧杯中，假定密度＝1.0，加入等量体积的抗体 (见第 2 步)，用磁力搅拌棒轻轻地搅拌或在滚翻式摇床上摇动，于室温作用 2 h 或 4℃过夜。

8. 加入 0.05 mol/L 的甘氨酸 (或乙醇胺) (pH 8.0)，使 Sepharose 上剩余的活性基团饱和，让树脂沉降，移走少量上清液，离心除去残留的 Sepharose，测量其 A_{280}，并与第 2 步测得的 A_{280} 比较，以测定耦联的百分率。于 TSA 溶液中保存 Ab-Sepharose。

参考文献：Harlow and Lane 1988；Hjelmeland and Chrambach 1984；Johnson et al. 1985；Wilchek et al. 1984

作者：Timothy A. Springer

9.6 单元 免疫沉淀

用于免疫沉淀的抗原来源可以是未标记的细胞或组织、代谢标记的细胞或外源性标记的细胞 (见第 3.6 单元)、标记细胞或未标记细胞的亚细胞组分 (见第 4 章) 或体外翻译的蛋白质。免疫沉淀也用于分析用其他生化技术 [如凝胶过滤 (见第 8.3 单元)] 分离的蛋白质组分。用一维电泳 (见第 10.1 单元)、双向电泳 (见第 10.3 单元) 或免疫印迹 (见第 10.7 单元) 可以分析免疫沉淀的抗原。

警告：在放射性条件下操作时，要采取适当的防护措施，防止污染实验者和环境。操作实验和处理废物时需在规定的区域，并按当地辐射安全指南操作。

注意：所有溶液均应为冰冷的，所有操作均应在 4℃或在冰上进行。

基本方案 1 用非变性去污剂溶液裂解的细胞悬液进行免疫沉淀

免疫沉淀方案包括几步 (图 9.3)。最常用的方法依赖于免疫球蛋白与金黄色葡萄球菌蛋白 A 或链球菌蛋白 G 结合的特性 (表 9.6)。

这种方法通过改进可适用于不同的实验目的，一些改进包括：用贴壁细胞的免疫沉淀、在变性条件下溶解蛋白质、在无去污剂的条件下分离蛋白质 (即蛋白质在细胞内已

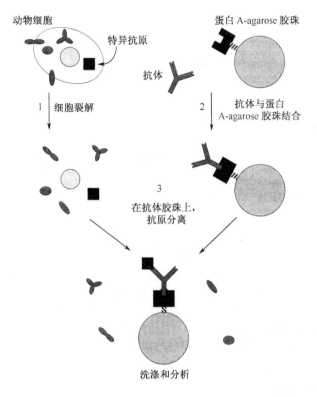

图 9.3　基本方案 1 中免疫沉淀方案各阶段的示意图。1. 细胞裂解：在有或无去污剂存在的条件
下，通过细胞提取溶解抗原，为了增加特异性，可用蛋白 A-agarose 珠对细胞裂解物进行预澄清
（第 12 步，未列出）。2. 抗体固定化：特异性抗体结合至蛋白 A-agarose 珠上。3. 抗原捕捉：溶解
后的抗原在耦联抗体的胶珠上被分离。

经是可溶的）、用玻璃珠对酵母细胞进行免疫沉淀以及使用共价结合在 Sepharose 上单
克隆抗体进行免疫沉淀。

表 9.6　抗体与蛋白 A 和蛋白 G 的结合[a,b,c]

抗体	蛋白 A 结合	蛋白 G 结合[d]
单克隆抗体[e]		
人 IgG1	++	++
人 IgG2	++	++
人 IgG3	－	++
人 IgG4	++	++
小鼠 IgG1	+	++
小鼠 IgG2a	++	++
小鼠 IgG2b	++	++
小鼠 IgG3	++	++
大鼠 IgG1	+	+
大鼠 IgG2a	－	++
大鼠 IgG2b	－	++
大鼠 IgG2c	++	++

抗体	蛋白 A 结合	蛋白 G 结合[d]
多克隆抗体		
小鸡	−	−
驴	−	++
山羊	+	++
豚鼠	++	+
仓鼠	+	++
人	++	++
猴	++	++
小鼠	++	++
家兔	++	++
大鼠	+	+
绵羊	+	++

a ++，中等至强的结合；+，弱结合；−，不结合

b 从 Pierce 公司可以购到耦联在固相介质上的蛋白 A/蛋白 G 杂合分子，它同时具有蛋白 A 和蛋白 G 的特点。

c 资料来自 Harlow 和 Lane (1988)，以及 Amersham Pharmacia Biotech、Pierce 和 Jackson Immunoresearch 公司。

d 天然的蛋白 G 结合多种动物的白蛋白，已用基因工程的方法得到重组的蛋白 G，能够更好地与大鼠、小鼠和豚鼠的 IgG 结合，并能避免与血清白蛋白结合。

e 蛋白 A 除与 IgG 结合外，还可以结合 IgM、IgA 和 IgE 抗体，而蛋白 G 只能结合 IgG 抗体。

材料（带√的项见附录 1）

- 未标记或标记的细胞悬液
- √PBS，冰冷的
- √非变性裂解缓冲液，冰冷的
- 50%（V/V）蛋白 A-Sepharose 胶珠（Sigma 公司、Amersham Pharmacia Biotech 公司）浆液，溶于 PBS［含 0.1%（m/V）BSA 和 0.01%（m/V）叠氮钠（NaN₃）］中
- 特异性多克隆抗体（抗血清或亲和纯化过的免疫球蛋白）或单克隆抗体（腹水、培养物上清或纯化过的免疫球蛋白）
- 与特异性抗体同一类型的对照抗体（例如，免疫前血清或纯化过的与特异性多克隆抗体不相关的免疫球蛋白，与特异性单克隆抗体不相关的腹水、杂交瘤细胞培养物上清或纯化过的免疫球蛋白）
- 10%（m/V）BSA
- √洗涤缓冲液，冰冷的
- 带固定角转子的微量离心机（Eppendorf 5415C 或相当的离心机）
- 试管摇床（能够滚翻式颠倒）
- 与真空阱相连的巴斯德吸管

1. 在 15 ml 或 50 ml 带盖的尖底管中，将含有 $0.5 \times 10^7 \sim 2 \times 10^7$ 个细胞的细胞悬液于 4℃、400 g 离心 5 min，收集细胞（将得到 1 ml 裂解物），将管置于冰上，用与真空阱相连的巴斯德吸管吸取上清。

2. 轻轻敲打管子底部，轻轻地重悬细胞，按步骤 1 用冰冷的 PBS 冲洗细胞 2 次，所用 PBS 的体积与细胞原始培养物的体积相等。

3. 加入 1 ml 冰冷的非变性裂解缓冲液，用旋涡混合器以中等速度轻轻地搅拌 3 s，将悬液冰浴 15～30 min，转移至 1.5 ml 尖底微量离心管中。

4. 4℃、最大转速离心 15 min，使裂解物澄清，如果需要降低背景的话，可以将裂解物 100 000 g 超速离心 1 h。

5. 将上清移至一新的微量离心管中，不能搅动管底的沉淀，并留 20～40 μl 上清于管中（即使只重悬了少量的沉淀物也能导致高的背景），将澄清后的裂解物置于冰上。

6. 在一个 1.5 ml 的尖底微量离心管中，将 30 μl 50% 蛋白 A-Sepharose 胶珠浆液、0.5 ml 冰冷的 PBS 和特异性抗体（选择一个）混合：

　　　　1～5 μl 多克隆抗血清

　　　　1 μg 亲和纯化过的多克隆抗体

　　　　0.2～1 μl 含单克隆抗体的腹水液

　　　　1 μg 纯化的单克隆抗体

　　　　20～100 μl 含单克隆抗体的杂交瘤细胞培养物上清

如果抗体为不能与蛋白 A 结合的种类或亚类，可用蛋白 G 替代。

7. 用适当的对照抗体（选择一种）设立一非特异性的免疫沉淀对照：

　　　　1～5 μl 免疫前血清

　　　　1 μg 纯化的不相关的多克隆抗体

　　　　0.2～1 μl 含不相关单克隆抗体的腹水液

　　　　1 μg 纯化的不相关单克隆抗体

　　　　20～100 μl 含不相关单克隆抗体的杂交瘤细胞培养物上清

不相关抗体中包含的表位应当在细胞裂解液中不存在，且不相关抗体与特异性抗体应来自相同的种属。

8. 将悬液彻底地混合，于 4℃ 在滚翻式摇床上摇动 1 h 以上 [可长达 24 h；加入 0.01% (m/V) Triton X-100 有利于混合]。

9. 4℃、最大转速离心 2 s，用连接到真空泵上的细尖巴斯德吸管吸取上清（含有未结合的抗体）。

10. 往胶珠中加入 1 ml 非变性裂解缓冲液，颠倒 3 或 4 次重悬。

11. 重复第 9 步和第 10 步进行洗涤，然后再重复第 9 步一次。

12. 可选：在微量离心管中，将 1 ml 细胞裂解物（第 5 步）和 30 μl 50% 蛋白 A-Sepharose 胶珠浆液混合，若细胞裂解物已冻融，则在该步之前于 4℃、最大转速离心 15 min。在滚翻式摇床上 4℃ 颠倒摇动 30 min，4℃、最大转速离心 5 min。

13. 往含有结合有特异性抗体胶珠（第 11 步）的管中加入 10 μl 10% 的 BSA，并将所有裂解物（第 5 步或第 12 步）移至此管中，若设立了非特异性免疫沉淀对照，则将裂解物分成两个约 0.4 ml 的小份，一份用于特异性抗体，另一份用于非特异性对照。

14. 4℃ 温育 1～2 h，同时在滚翻式摇床上混合。

15. 4℃、最大转速离心 5 s，用连接到真空阱上的细尖巴斯德吸管吸取上清（含有未结合的蛋白质）。

上清可于4℃保存长达8 h，－70℃保存长达1个月，可用于其他抗原的连续免疫沉淀（sequential immunoprecipitation）或总蛋白质的分析。在再沉淀之前，需重复第12步，以除去在第一次免疫沉淀期间可能解离的抗体。

16. 往胶珠中加入1 ml冰冷的洗涤缓冲液，盖好试管，颠倒3或4次进行重悬。4℃、最大转速离心2 s，吸取上清，留20 μl于胶珠上部，再洗涤胶珠3次，共洗涤30 min，若有必要，可在每次洗涤时将胶珠置于冰上3～5 min。

17. 用1 ml冰冷的PBS再次洗涤胶珠，用巴斯德吸管或带一次性吸头的可调式吸管将上清彻底吸取干净（保留终产物，约15 μl含有结合抗原的沉降胶珠）。

18. 用一维电泳（见第10.1单元）、双向电泳（见第10.3单元）或免疫印迹（见第10.7单元）分析免疫沉淀物。如果必要，可保存于－20℃，直到分析。

表9.7给出了免疫沉淀的问题和解决办法。

表 9.7　免疫沉淀的问题和解决办法

问题	原因	解决办法
无特异性放射性标记的抗原条带		
在长时间的放射性自显影曝光后，胶完全变黑	细胞标记较差：放射标记的前体太少，标记的细胞数太少，标记过程中细胞裂解/丢失，标记混合液中的氨基酸过冷，标记温度错误	用TCA沉淀法检查标记物的掺入；寻找过程的问题并加以解决
只出现非特异性条带	抗原不含有标记所用的氨基酸	用其他放射性标记的氨基酸标记细胞，或用氚化的糖来标记糖蛋白
	表达的抗原水平很低	换成已知抗原表达水平较高的细胞（用其他方法检测时）；转染细胞使其表达水平提高
	蛋白质的周转率（turnover rate）高，用长时间标记法不能很好地标记	使用脉冲标记法
	蛋白质的周转率低，用短时间标记法不能很好地标记	使用长时间标记法
	用溶解细胞的裂解缓冲液提取不到蛋白质	用不同的非变性去污剂或在变性条件下溶解细胞
	抗体不沉淀	鉴定并使用能沉淀抗原的抗体
	表位未暴露在天然抗原中	在变性条件下提取细胞
	抗体不识别变性的抗原	在非变性条件下提取细胞
	抗体不与免疫吸附剂结合	用不同的免疫吸附剂（表9.6）；用中间抗体
	在免疫沉淀过程中，抗原降解	确保加入新配制的蛋白酶抑制剂
高背景的非特异性条带		
胶的分离泳道具有高背景	去污剂不溶性蛋白质的随机遗留物	离心后立即取出上清，在沉淀中留下少量的上清；若又重悬起来，再次离心
所有泳道均有高背景	洗涤不完全	冲洗过程中盖住管子，颠倒多次
	蛋白质的放射性标记较差	优化标记时间的长短，使信噪比最大化
	去污剂不溶性蛋白质去除不完全	将裂解物100 000 g离心1 h
	未标记蛋白质的量不足以淬灭非特异性结合	提高BSA的浓度
	抗体含有聚集物	在抗体与胶珠结合前，用最大转速离心15 min
	抗体溶液中含有非特异性抗体	使用亲和纯化的抗体；用不表达抗原的培养细胞的丙酮提取物吸附抗体；对于酵母细胞，用无效突变的细胞吸附抗体

问题	原因	解决办法
	抗体过多	减少抗体量
	预澄清不完全	用与免疫吸附剂结合的同种属的不相关抗体和免疫球蛋白进行预澄清
	非特异性免疫沉淀的蛋白质	在免疫沉淀前，将细胞裂解液进行分离（如硫酸铵沉淀、凝集素吸附或凝胶过滤）；在洗涤缓冲液中沉淀之后，用0.1% SDS（溶于洗涤缓冲液中）或0.1% SDS/0.1%脱氧胆酸钠洗涤胶珠
在免疫印迹中检测到免疫沉淀抗体		
在免疫印迹中见到完整的免疫球蛋白或重链/轻链	蛋白A耦联物或二级抗体识别免疫沉淀抗体	免疫沉淀时，使用共价耦联在固相介质上的抗体；用不同种属的一级抗体和适当的免疫沉淀一级抗体特异性的二级抗体对印迹进行探查

基本方案 2   免疫沉淀-再捕获

一旦用免疫沉淀分离到一种抗原后，它可以从胶珠上解离下来，可以用首次免疫沉淀所用抗体或用其他不同的抗体进行再次免疫沉淀（再捕获）（图9.4）。当首次免疫沉

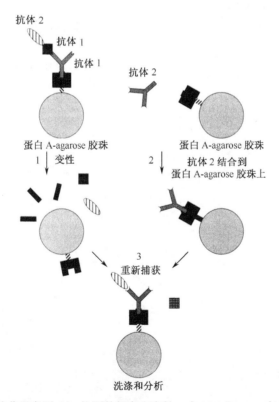

图9.4　免疫沉淀-再捕获示意图。1. 抗原的解离和变性：在SDS和DTT存在下，通过加热使结合在蛋白A-agarose胶珠上的被抗体1免疫沉淀的抗原解离并变性。2. 二级抗体的固定化：将抗体2结合到蛋白A-agarose胶珠上。3. 再捕获：变性后的抗原2（条形椭圆）被结合在蛋白A-agarose胶珠上的抗体2再次捕获。另外，也可以再次使用抗体1进一步纯化最初的抗原（方块）。

淀含有太多的条带而无法进行明确的鉴定时，用相同的抗体就能够鉴定某一特异性抗原，而用不同的抗体则可以分析多蛋白质复合物的亚基组成。此方法的可行性取决于二级抗体识别变性蛋白质的能力。

材料（带√的项见附录1）

√洗脱缓冲液

- 含有结合抗原的胶珠（见基本方案1第2~6步）
- 10%（m/V）BSA

√非变性裂解缓冲液

- 设定在95℃的加热块（Heating block；Eppendorf Thermomixer 5436 或相当的加热装置）

1. 往15 μl含有抗原结合的胶珠中加入50 μl洗脱缓冲液，涡旋混合，室温温育5 min，再于95℃温育5 min，冷却至室温。
2. 加入10 μl 10% BSA，轻轻地涡旋混合。
3. 加入1 ml非变性裂解缓冲液，室温温育10 min。
4. 将裂解物澄清，进行第二次免疫沉淀（见基本方案1第4~18步）。

参考文献：Harlow and Lane 1988

作者：Juan S. Bonifacino, Esteban C. Dell'Angelica and Timothy A. Springer

廖晓萍 译　马静云　李慎涛 校

第 10 章 电泳

对于从事蛋白质研究的科学工作者来说，蛋白质样品的聚丙烯酰胺凝胶电泳是必不可少的分析工具，在某些情况下，也是必不可少的制备性工具。电泳可用于：分离和比较复杂的蛋白质混合物、在分离过程中评估蛋白质的纯度、估计蛋白质的物理特性（如亚基组成、等电点、大小和电荷）。

每种类型的电泳分离都可以在不同大小的凝胶上进行，包括从比邮票稍大些的微型胶（如 Hoefer Pharmacia 公司的 Phast 胶）到比 A4 纸还要大许多的巨型胶（Garrels 1997；Young et al. 1983）。总的来说，小块凝胶电泳、染色和脱色的时间是很短的，样品的消耗也是最少的；相反，大块凝胶耗费较多的试剂、样品和时间，但能够使分辨率提高。因此，建议用小块凝胶进行快速筛选，而当需要最大分辨率时（如对复杂的混合物或含有非常近似成分的样品进行分析时），就应当使用大块凝胶。

最常用的单向凝胶电泳使用去污剂十二烷基磺酸钠（SDS）使蛋白质溶解、变性以及带上大量的负电荷（见第 10.1 单元）。尽管在过去的 40 年间发表了许多单向 SDS 凝胶电泳的方法，但使用最广泛的一种方法是由 Laemmli（1970）首先建立的。SDS 凝胶分离十分稳健，因为绝大多数蛋白质（但不是所有的蛋白质）易溶于 SDS 溶液中。对于大多数蛋白质来说，每微克蛋白质结合 SDS 的量是一定的，这样就使每单位质量蛋白质有一致的电荷密度，这样便可以根据多肽链的分子质量进行分离。

另一种单向电泳使用天然的条件来分离蛋白质，此方法基于蛋白质固有的电荷（见第 10.2 单元）。尽管这种方法的分辨率不如 SDS-PAGE，但由于未使用变性剂，所以特别适用于分离某种特定的具有生物学活性的成分。

双向电泳（见第 10.3 单元）是两种不同电泳方法的正交组合，为了有效地进行分离，可以用这种方式对任何两种电泳技术进行组合。最常用的双向方法将两种高分辨率的方法进行组合：第一向为等电聚焦（根据蛋白质的等电点进行分离），第二向为 SDS-PAGE。每种方法单独能够分辨约 100 种蛋白质条带，将两种方法组合使用时，在一块双向电泳凝胶上就可以分离 1000 多种蛋白质（O'Farrell 1975；Garrels 1979）。双向凝胶电泳一个非常重要的应用是对全细胞或组织提取物进行系统的分析和定量比较，以研究细胞或组织的蛋白质组（或全部的蛋白质谱）。最近几年，这类研究得到越来越多的重视，特别是对于那些全部基因组序列已确定的生物。双向凝胶电泳的其他用途包括：对纯化后的蛋白质［包括重组蛋白（第 7 章）］的纯度和均一性进行评定，以及对某些翻译后修饰进行评价（见第 12 章和第 13 章）。

蛋白质经电泳分离后，通常用常规的染色法（如考马斯亮蓝染色）或更为敏感的银染色法（见第 10.4 单元）进行检测。这些染色方法通过化学交联或变性将蛋白质"固定"在凝胶基质上，从而可以防止蛋白质条带扩散，这样，当需要从凝胶中洗脱或提取蛋白质用于下一步分析时，这种染色方法不适合。

从凝胶中分离蛋白质用于随后的分析时，一种有用的方法是将蛋白质电印迹至惰性支持物上，如聚偏二氟乙烯（PVDF）膜（见第 10.5 单元）。由于 PVDF 膜的多功能性，电印迹已经在很大程度上取代了电洗脱，成为从大多数类型的聚丙烯酰胺凝胶中分离蛋白质的首选方法（LeGendre et al. 1988）。PVDF 膜具有很强的蛋白质结合能力，无论是干膜还是湿膜，都具有良好的操作特点，并具有高度的化学稳定性。因此，PDVF膜与后续分析的许多方法都相容，包括氨基酸分析、原位化学修饰、原位蛋白酶消化和 N 端序列的分析（见第 11 章）。与大多数印迹膜兼容的常规蛋白质染色很多（见第 10.6 单元）。

PVDF 膜具有尺寸稳定性和化学抵抗性，是将多种检测方法联合使用的最佳介质，无论是同一膜上的各泳道，还是用不同检测方法检测后能够重新组装的平行泳道。例如，可在一块凝胶上电泳分离含有相同样品的多条泳道，并用预染蛋白质标准（以指示剪切用此胶转印的膜），每条带可以用不同的方法检测，如蛋白质染色和用不同的抗体进行免疫印迹（见第 10.7 单元）。可以精确地组装分析后的膜，以确定不同方法检测的条带之间的关系。由于 PVDF 膜不会收缩或膨胀，所以对于检测用不同方法检测到的各种成分在迁移方面的细微差别，这种方法特别有价值。

参考文献：Garrels 1979；Laemmli 1970；LeGendre and Matsudaira 1988；O'Farrell 1975；Young et al. 1983

作者：David W. Speicher

10.1 单元　蛋白质的单向 SDS 凝胶电泳

电泳用于分离复杂的蛋白质混合物、研究蛋白质的亚基组成、证实蛋白质样品的均一性以及纯化用于后续研究的蛋白质。在聚丙烯酰胺凝胶电泳（PAGE）中，蛋白质随着通过凝胶基质孔的电场迁移。凝胶孔径的大小和蛋白质的电荷、大小和形状决定了蛋白质的迁移率。

电流和电泳

许多研究人员对有关凝胶电泳过程中的电学参数所知甚少，要知道电泳过程中所用的电压和电流是很危险的，并具有潜在的致死性，这是非常重要的。因此，对安全的考虑必须压倒一切。在确定电泳条件和解决电泳分离时遇到的疑难问题时，具备电学知识和工作经验无疑是很重要的。

安全性考虑

1. 除非电源电压调到零或电源关闭，否则绝对不要插拔高压电极。切记，一次只能用单手拿高压电极，绝不能同时用双手插拔高压电极，否则手和裸露的电线之间的电接触会使致死性电流通过胸部和心脏。有些老式或自制的电泳仪，其香蕉形插头可能会没有绝缘护套，在用手接触的时候仍会与电源连接，仔细地检查所有的电线和连接处，立即更换磨损或裸露的电线。

2. 开始前，电源要处于关闭状态，而且将电源的控制器一直调至零。然后连接电泳槽（一般将红色的高压电极插入电源的红色输出端，黑色的电极插入黑色的输出端），然后打开电源，此时控制器仍设定在零，将电压、电流或功率调到设定值。关闭电源时，程序正好相反：先将电压调为零，等待指针回零，关闭电源，然后从电泳槽上拔下电极，每次只拔一个。

警告：如果在关闭电源之前切断电泳槽与电源的连接，电源内部会储存很大量的电荷，这些电荷会长时间存在于电源中，即使在电源关闭的情况下，它也能通过接口释放电荷，并可能导致电休克。

欧姆定律和电泳

要理解电泳槽与电源是如何连接的，需要理解欧姆定律的基本知识，欧姆定律：电压＝电流×电阻，或者 $V = IR$。在电泳中，凝胶可被看作电阻（R），而电源可被看作电压（V）和电流（I）的来源，大多数电源输出恒流或恒压，有一些也输出恒定的功率：功率＝电压×电流，或者 $VI = I^2R$。

大多数现代的商品电泳仪都用颜色标记来区分阳极或阴极，这样，只需简单地将电源的红色端或阳极端与电泳槽的红色电极连接，此电极一直延伸至电泳槽的下缓冲液槽中，将黑色电极与电源的黑色端或阴极端连接，电泳槽的黑色电极一直延伸至电泳槽的上缓冲液槽中。设计成这种结构是为了进行垂直板凝胶电泳，在电泳过程中，带负电荷的蛋白质或核酸泳动到下缓冲液槽中的阳极（阴离子系统）。

在阴离子系统中，当凝胶与电源连接时，负电荷从阴极（黑色）端流向上缓冲液槽中，通过凝胶进入下缓冲液槽中，下缓冲液槽与阳极（红色）端相连，形成闭合回路。SDS-PAGE 是一种阴离子系统，因为 SDS 带负电荷。偶尔的情况下，也用阳离子系统分离蛋白质。在这些凝胶中，由于凝胶缓冲液的 pH 非常低或加有阳离子去污剂（如十六烷基三甲基溴化铵，CTAB），所以蛋白质带有正电荷，蛋白质向负极（阴极）泳动，极性与 SDS-PAGE 正好相反（下缓冲液槽的红色电极连接到电源的黑色接口）。

大多数 SDS-PAGE 是在恒流条件下进行的，在标准的 Laemmli 系统中，在 SDS-PAGE 期间，凝胶的电阻会增加，如果电流是恒定的，那么电压也会随着电阻的增加而增加。如果有不止一块凝胶直接连接于电源的输出口上，这些凝胶以并联的方式连接，每一块凝胶的电压相同（如果电源上电压是 100 V，则每块凝胶上的电压均为 100 V），而总电流是流过每块凝胶的各电流之和。因此，在恒流的条件下电泳，需要按并联凝胶的数量来提高电源输出的电流。

电源的一套输出接口上可以同时连接多个电泳槽，可以用并联或串联的方式连接凝胶（图 10.1）。当两块或两块以上的凝胶串联于同一个电源输出口时，每一块凝胶的电流是相同的，而电压是相加的。如果一块凝胶在 10 mA 恒流条件下产生 100 V 的电压，则两块完全相同的凝胶串联将产生 200 V（每块 100 V）的电压，以此类推。

凝胶的厚度也影响上述关系，如果凝胶厚度加倍，电流也必须加倍。由于较厚的凝胶需要较大的电流，产热量也较大，必须散热。除非电泳装置配有温度控制装置，否则厚凝胶的电泳速度应当比薄凝胶慢一些。

注意：在整个方案中，均需使用 Milli-Q 纯水或相当品质的水。

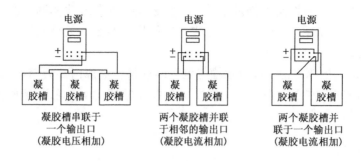

图 10.1　凝胶槽与电源的并联和串联连接。

基本方案　变性（SDS）不连续聚丙烯酰胺凝胶电泳：Laemmli 法

在变性条件下（即在 0.1% SDS 存在的条件下）进行单向凝胶电泳，当蛋白质通过聚丙烯酰胺凝胶电泳基质向阳极泳动时，基于分子的大小来分离蛋白质。灌制凝胶时，先灌注分离胶（有时又称电泳胶），再在其上部灌制积层胶，然后固定在电泳槽上。将蛋白质样品在 SDS 中煮沸，使其溶解，在溶解过程中，加入 2-巯基乙醇（2-ME）或二硫苏糖醇（DTT），以还原二硫键。本方案适用于最大尺寸为 0.75 mm × 14 cm × 14 cm 的垂直板凝胶，对于较厚的凝胶，必须调整积层胶和分离胶的体积以及工作电流。

注意：现在可购得预制凝胶，规格有大型胶和微型胶，使用不同的缓冲系统，有均一胶也有梯度胶。供应商有 Amersham Biosciences 公司、Bio-Rad 公司、Genomic Solutions 公司、Invitrogen 公司、ISC BioExpress 公司、Jule Bio Technologies 公司和 Sigma 公司，另外还有其他公司。

材料（带 √ 的条目见附录 1）

- 分离胶和积层胶溶液（表 10.1）
- 水饱和的异丁醇
- √ 1×Tris·Cl/SDS，pH 8.8（用 4×Tris·Cl/SDS，pH 8.8 稀释）
- 要分析的蛋白质样品
- √ 2×SDS 样品缓冲液
- √ 6×SDS 样品缓冲液（可选）
- 分子质量标准品混合物（如 Bio-Rad 公司、New England Biolabs 公司、Pierce 公司、Sigma 公司和其他公司）
- √ 1×SDS 电泳缓冲液
- 电泳装置，带夹子、玻璃板、灌胶支架和缓冲液槽（如 Bio-Rad 公司、Amersham Pharmacia Biotech 公司）
- 0.75 mm 隔条
- 25 ml 带侧支的三角瓶（凝胶溶液脱气用）
- 有冷阱的真空泵（凝胶溶液脱气用）
- 带有 1、3、5、10、15 或 20 个梳齿的 0.75 mm 塑料梳子

- 25 µl 或 100 µl 注射器，带钝头针头
- 恒流电源

1. 按厂商的说明书，用 2 块干净的玻璃板和 2 个 0.75 mm 的隔条，组装电泳装置的玻璃平板夹层，并将其固定在灌胶支架上。

2. 配制分离胶溶液（表 10.1），对于分子质量为 60～200 kDa 的 SDS 变性蛋白质，使用 5% 的分离胶、16～70 kDa 的 SDS 变性蛋白质用 10% 的分离胶、12～45 kDa 的 SDS 变性蛋白质用 15% 的分离胶。用一根巴斯德吸管，将分离胶溶液沿着一个隔条的边缘加到玻璃板夹层中，直到玻璃板之间溶液的高度约为 11 cm。样品体积少于 10 µl 时（不需灌制积层胶），灌分离胶一直到梳子处，以形成加样孔（第 6 步和第 7 步）。

3. 用另一根巴斯德吸管，先从一侧的隔条边缘，再从另一侧隔条边缘缓慢地往凝胶的顶部加入一层水饱和的异丁醇（厚约 1 cm），让凝胶在室温聚合 30～60 min。

   聚合后，在顶层异丁醇与凝胶界面间可见一清晰的折光线。胶的聚合失败往往是过硫酸铵和（或）TEMED 有问题。加入水时过硫酸铵应该有"劈啪"的声响，如果没有，应该购买新鲜的过硫酸铵。购买小瓶的 TEMED，以便在需要的时候可试用新开封的 TEMED。

4. 倾去异丁醇，用 1×Tris·Cl/SDS（pH 8.8）彻底冲洗。

5. 配制积层胶溶液（表 10.1）。用巴斯德吸管，将积层胶溶液缓缓地沿着一侧隔条边缘加入到玻璃平板夹层中，直到夹层中的溶液高度离玻璃板顶部约 1 cm 高为止。小心不要产生气泡。

6. 插入 0.75 mm 厚的塑料梳子，再补加积层胶溶液填满梳子间的空隙，仍然注意避免产生气泡。让积层胶在室温聚合 30～45 min。

7. 在密封的螺盖微量离心管中，用 2×SDS 样品缓冲液按 1∶1（V/V）的比例稀释蛋白质样品，于 100℃煮沸 3～5 min。如果样品是蛋白质沉淀物，加入 50～100 µl 1× SDS 样品缓冲液溶解；如果样品是蛋白质稀溶液，可考虑用 6×SDS 样品缓冲液（终浓度为 1×），以增加蛋白质的上样量。根据供应商的说明书，用 1×SDS 样品缓冲液溶解蛋白质分子质量标准品混合物。

   用考马斯亮蓝染色时，对于成分复杂的蛋白质混合物，0.8 cm 宽的加样孔的加样体积不超过 20 µl（25～50 µg 总蛋白质）为宜，对于只有一种或几种蛋白质的样品，只需 1～10 µg 的总蛋白质。采用银染时，样品用量可减少 10～100 倍。为了得到均一的条带，配制蛋白质样品时，浓度和等体积要相同。

   在加入 SDS 样品缓冲液前后，要将样品一直置于冰上。含 SDS 样品缓冲液的样品，如未经 100℃加热灭活蛋白酶之前，切勿将其放于室温。

8. 小心拔出塑料梳子，避免撕裂凝胶加样孔，用巴斯德吸管以 1×SDS 电泳缓冲液冲洗加样孔，并充满加样孔。

9. 根据厂商说明书，将灌好的凝胶夹层固定至上层缓冲液槽上，在下层缓冲液槽中加入 1×SDS 电泳缓冲液，然后将凝胶板夹层放入下层缓冲液槽中，往上层缓冲液槽中加入部分 1×SDS 电泳缓冲液至覆盖凝胶加样孔为止。

表 10.1 聚丙烯酰胺分离胶和积层胶配方[a]

分离胶

在一个 25 ml 带侧支的三角瓶中，混匀 30％丙烯酰胺/0.8％甲叉双丙烯酰胺溶液（见附录 1）、4×Tris·Cl/SDS（pH 8.8）（见附录 1）和水，真空脱气约 5 min，加入 10％过硫酸铵和 TEMED，轻轻旋转混匀，立即使用

贮液[b]	分离胶中丙烯酰胺的终浓度[c]/％									
	5	6	7	7.5	8	9	10	12	13	15
30％丙烯酰胺/0.8％甲叉双丙烯酰胺	2.50	3.00	3.50	3.75	4.00	4.50	5.00	6.00	6.50	7.50
4×Tris·Cl/SDS, pH 8.8	3.75	3.75	3.75	3.75	3.75	3.75	3.75	3.75	3.75	3.75
H_2O	8.75	8.25	7.75	7.50	7.25	6.75	6.25	5.25	4.75	3.75
10％（m/V）过硫酸铵[d]	0.05	0.05	0.05	0.05	0.05	0.05	0.05	0.05	0.05	0.05
TEMED	0.01	0.01	0.01	0.01	0.01	0.01	0.01	0.01	0.01	0.01

积层胶（3.9％丙烯酰胺）

在一个 25 ml 带侧支的三角瓶中，混匀 0.65 ml 30％丙烯酰胺/0.8％甲叉双丙烯酰胺、1.25 ml 4×Tris·Cl/SDS（pH 8.8）（见附录 1）和 3.05 ml 水，真空脱气 5～10 min，加入 25 μl 10％过硫酸铵和 5 μl TEMED，轻轻旋转混匀，立即使用

a 本方法配制 15 ml 的分离胶和 5 ml 的积层胶，足够灌制 1 块 0.75 mm×14 cm×14 cm 大小的凝胶。本配方基于 Laemmli（1970）的 SDS（变性）不连续缓冲系统。

b 实验方案中的所有试剂和溶液都必须用 Milli-Q 纯水或同等质量的水配制。

c 体积单位是 ml。分离胶中丙烯酰胺的百分浓度取决于待分离蛋白质的分子大小，见基本方案第 2 步。

d 最好现用现配。

10. 用一个 25 μl 或 100 μl 带钝头针头的注射器，小心地加样，使样品在孔的底部成一薄层，在对照孔中加入分子质量标准品。如有空置的加样孔，加入等体积的 1×SDS 样品缓冲液。

11. 再往上层槽中加入 1×SDS 电泳缓冲液，完全覆盖上层槽的铂电极。此操作必须缓慢小心，以免冲起样品孔中的样品。

12. 连接电源，对于一块 0.75 cm 厚的凝胶，先在 10 mA 恒流下电泳，直到溴酚蓝指示剂进入分离胶，将电流增至 15 mA，继续电泳，直到溴酚蓝到达分离胶底部为止。
    对于一块标准的 16 cm 凝胶板，每 0.75 mm 厚的凝胶在 4 mA 恒流下电泳约需 15 h（即过夜）；每 0.75 mm 厚的凝胶在 15 mA 下电泳只需 4～5 h。两块凝胶或一块 1.5 mm 厚的凝胶电泳，将电流加倍。对于一块 1.5 mm 厚的凝胶，在 30 mA 恒流下电泳，必须用循环水浴将温度控制在 10～20℃，以防止出现"微笑效应"（迁移条带弯曲）。

13. 关闭电源，弃去电极缓冲液，取出固定凝胶夹层的上层缓冲液槽。

14. 确定凝胶方向，以便识别样品孔的顺序，从上层槽中取出凝胶板，放置在一张吸水纸或纸巾上。

15. 沿着隔条的整个长度的方向，小心地从凝胶夹层的边缘将其中一个隔条抽出一半，

并以露出的隔条为杠杆撬开玻璃板，露出凝胶。小心地从下面的玻璃板上取下凝胶，在凝胶的一角上切去一小三角，以便在染色和凝胶干燥后仍能认出加样顺序。凝胶可用考马斯亮蓝染色或银染色（见第 10.4 单元），或将蛋白质电洗脱，也可电转移至膜上（见第 10.5 单元）后再染色（见第 10.6 单元）或进行序列分析、或转移到膜上进行免疫印迹（见第 10.7 单元）。如果蛋白质已用同位素标记，则可用放射自显影检测。图 10.2 是在 7％和 11％凝胶中的分子质量标准品的典型校正曲线。

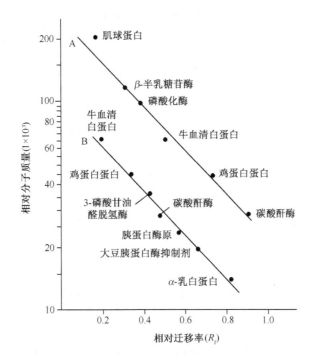

图 10.2 基于 Laemmli 方法（1970）的非梯度变性（SDS）不连续凝胶电泳分离标准蛋白质得到的典型校正曲线。A. 7％聚丙烯酰胺凝胶；B. 11％聚丙烯酰胺凝胶（经 Sigma 公司惠许后引用）。

备择方案 1 在 Tris-Tricine 缓冲液系统中电泳

在传统的 Laemmli 系统中，不能够分离分子质量小于 10～15 kDa 的多肽和蛋白质，因为 SDS 的共迁移影响分辨率。应用本缓冲系统，可使 SDS 和肽得到分离，从而改善分辨率。

附加材料（见基本方案；带 √ 的条目见附录 1）

• 分离胶和积层胶溶液（表 10.2）
√ 2×Tricine 样品缓冲液
• 肽分子质量标准品混合物（如 Sigma 公司）
√ 阴极缓冲液
√ 阳极缓冲液

√ 考马斯亮蓝 G-250 染色液

- 10% (*V/V*) 乙酸
- 散热器

1. 根据表 10.2 中的配方，配制溶液和灌制分离胶与积层胶（见基本方案的第 1～6 步）。

表 10.2 Tricine 肽分离胶和积层胶的配方[a]

分离胶和积层胶

在一个 50 ml 带侧支的三角瓶中，混匀 30% 丙烯酰胺/0.8% 甲叉双丙烯酰胺溶液（见附录 1）、Tris·Cl/SDS (pH 8.45)（见附录 1）和水；只在分离胶中加入甘油，真空脱气 10～15 min；加 10% 过硫酸铵和 TEMED，轻轻旋转混匀，立即使用

贮液[b]	分离胶	积层胶
30% 丙烯酰胺/0.8% 甲叉双丙烯酰胺	9.80 ml	1.62 ml
Tris·Cl/SDS (pH 8.45)	10.00 ml	3.10 ml
H$_2$O	7.03 ml	7.78 ml
甘油	4.00 g (3.17 ml)	—
10% (*m/V*) 过硫酸铵[c]	50 μl	25 μl
TEMED	10 μl	5 μl

　　a 本配方能配制 30 ml 分离胶和 12.5 ml 积层胶，足够灌制两块 0.75 mm×14 cm×14 cm 大小的凝胶。本配方基于 Schagger 和 von Jagow (1987) 的 Tris-tricine 缓冲液系统。
　　b 实验方案中的所有试剂和溶液都必须用 Milli-Q 纯水或同等质量的水配制。
　　c 最好现用现配。

2. 准备样品（见基本方案第 7 步），但用 2×tricine 样品缓冲液代替 2×SDS 样品缓冲液，于 40℃ 加热处理 30～60 min。应用肽分子质量标准品混合物作为对照。
   如果存在蛋白质水解活性的问题，则需要将样品加热到 100℃，维持 3～5 min。
3. 小心地拔出塑料梳子，避免撕裂凝胶加样孔。用阴极缓冲液冲洗并加满加样孔。
4. 在电泳装置的下层缓冲液槽中加入阳极缓冲液，安装电泳装置，并根据厂商说明书固定上层缓冲槽。在上层缓冲液槽中加入部分阴极缓冲液至覆盖加样孔为止。
5. 加样，开始电泳（见基本方案第 10～12 步），但电泳条件是：先在 30 V 恒压下电泳 1 h，接着在 150 V 恒压下电泳 4～5 h。用散热器将电泳缓冲液槽的温度维持在室温水平。
   使用考马斯亮蓝 G-250 作为指示剂，因为它比最小的肽迁移的还快。
6. 取出凝胶（见基本方案第 13～15 步），在考马斯亮蓝 G-250 染色液中，将凝胶中的蛋白质染色 1～2 h，接着用 10% 乙酸脱色，每隔 30 min 换液 1 次，直至背景干净为止（换液 3～5 次）。要得到更高的灵敏度，采用银染的方法（见第 10.4 单元）。

备择方案 2　在梯度凝胶中分离蛋白质

　　聚丙烯酰胺浓度呈梯度增加的凝胶能分辨分子质量范围更宽的蛋白质，蛋白质条带

（特别是低分子质量范围的蛋白质条带）更为清晰。与单一浓度的凝胶不同，梯度凝胶分离蛋白质的方式容易得到 10～200 kDa 分子质量范围的线性图。

附加材料（见基本方案）

- 丙烯酰胺凝胶轻溶液和重溶液（表 10.3 和表 10.4）
- 梯度混合器（30～50 ml，Amersham Pharmacia Biotech SG30 或 SG50；或 30～100 ml，Bio-Rad 385）
- 带有微量移液吸头的聚乙烯管
- 蠕动泵（可选，如 Markson A-13002、A-34040 或 A-34105 微型蠕动泵）
- Whatman 3 MM 滤纸

表 10.3　配制梯度胶的丙烯酰胺凝胶轻溶液[a]

贮液	轻溶液中丙烯酰胺的终浓度[b]/%									
	5	6	7	8	9	10	11	12	13	14
30%丙烯酰胺/ 0.8%甲叉双丙烯酰胺[c]	2.50	3.00	3.50	4.00	4.50	5.00	5.50	6.00	6.50	7.00
4×Tris·Cl/SDS,pH 8.8[c]	3.75	3.75	3.75	3.75	3.75	3.75	3.75	3.75	3.75	3.75
H_2O	8.75	8.25	7.75	7.25	6.75	6.25	5.75	5.25	4.75	4.25
10%（m/V）过硫酸铵[d]	0.05	0.05	0.05	0.05	0.05	0.05	0.05	0.05	0.05	0.05

a 鉴定分子质量≥10 kDa 的蛋白质时，建议使用 5%～20% 的梯度胶；当分辨范围扩展至 10～200 kDa 时，建议用 10%～20% 的梯度胶。

b 体积单位是毫升，不用脱气。加 TEMED 之前，溶液在室温放置（不要超过 1 h）。

c 见附录 1。

d 最好现用现配。

表 10.4　配制梯度胶的丙烯酰胺凝胶重溶液[a]

贮液	重溶液中丙烯酰胺的终浓度[b]/%										
	10	11	12	13	14	15	16	17	18	19	20
30%丙烯酰胺/0.8% 甲叉双丙烯酰胺[c]	5.00	5.50	6.00	6.50	7.00	7.50	8.00	8.50	9.00	9.50	10.0
4×Tris·Cl/SDS,pH 8.8[c]	3.75	3.75	3.75	3.75	3.75	3.75	3.75	3.75	3.75	3.75	3.75
H_2O	5.00	4.50	4.00	3.50	3.00	2.50	2.00	1.50	1.00	0.50	0
蔗糖/g	2.25	2.25	2.25	2.25	2.25	2.25	2.25	2.25	2.25	2.25	2.25
10%（m/V）过硫酸铵[d]	0.05	0.05	0.05	0.05	0.05	0.05	0.05	0.05	0.05	0.05	0.05

a 梯度胶不用脱气。

b 体积单位是毫升（蔗糖除外）。临用前再加入过硫酸铵，不加入 TEMED，丙烯酰胺重溶液也会发生聚合，但较慢。加入过硫酸铵后，将重溶液置于冰上。

c 见附录 1。

d 最好现用现配。

1. 如图 10.3 所示，把磁力搅拌器和梯度混合器安装在铁架台上，聚乙烯管子一端连接到梯度混合器的输出阀上，带有微量移液吸头的另一端置于垂直板凝胶夹层的上方。

如果希望的话，可在梯度混合器和凝胶夹层之间安装一个蠕动泵。在梯度混合器的混合槽（靠输出端）中放入一个小磁力搅拌棒。

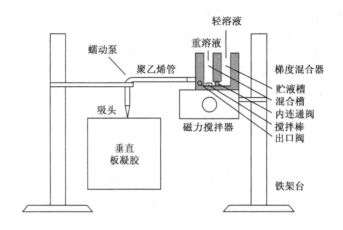

图 10.3　灌制单块梯度胶的装置。蠕动泵并非必需，但可使流
速平稳，更易于控制。

2. 按照表 10.3 和表 10.4 中的配方，配制丙烯酰胺凝胶轻溶液（低浓度）和重溶液（高浓度），但不加入过硫酸铵，将丙烯酰胺重溶液置于冰上。

3. 关闭梯度混合器的输出阀和两液槽间的连通阀，灌制一块 0.75 mm 厚的梯度凝胶时，在贮液槽中加入 7 ml 丙烯酰胺凝胶轻溶液，短暂地打开连通阀，让少量（约 200 μl）丙烯酰胺轻溶液通过阀门流入混合槽中（这样可以除去阀门中的气泡，否则会阻塞液流）。

4. 在混合槽中加入 7 ml 丙烯酰胺凝胶重溶液，往两个液槽中的丙烯酰胺溶液中各加入指定量的 10% 过硫酸铵和约 2.3 μl 的 TEMED，并用一次性吸管加以混匀。

5. 完全打开连通阀，开启磁力搅拌器，调整转速，使混合槽中的液体稍起旋涡即可。
在两个贮液槽平衡时，一些丙烯酰胺重溶液会返流到含有轻溶液的贮液槽中，但这不影响梯度的形成。

6. 打开输出阀，调整流速为 2 ml/min，从夹层顶部加入凝胶液体。将吸头对着夹层的一面，使液体只沿着一块玻璃板流下，重溶液先流入夹层，接着是越来越多的轻溶液。
如果使用蠕动泵，在灌胶前，应先用量筒校准流速。在灌胶过程中，可能会需要调整流速。
如果轻溶液不能很好地流出，很可能在连通阀处有气泡存在。应迅速关闭输出阀，用戴手套的拇指盖住贮液槽的顶部，下压以增加压力，迫使气泡溢出。

7. 当最后的轻溶液流入输出管时，要加倍注意，并调整流速，以确保最后几毫升轻溶液不会过快地流入凝胶夹层而影响梯度形成。

8. 在梯度胶的顶部加入水饱和异丁醇，让凝胶聚合约 1 h。

9. 灌制积层胶，准备样品，加样并进行电泳（见基本方案第 4～15 步），凝胶可用考马斯亮蓝染色或银染色（见第 10.4 单元）。

积层胶聚合后，将整块胶密封于含有 $1 \times$ Tris·Cl/SDS（pH 8.8）的塑料袋中，可保存一周。

10. 将凝胶在 Whatman 3 MM 滤纸或相当的滤纸上进行干燥。

为防止在干燥过程中凝胶皱裂，厚度 >0.75 mm 的梯度胶需特殊的处理。只要真空泵正常工作以及在干燥的开始时冷阱是干的，厚度 $\leqslant 0.75$ mm、丙烯酰胺浓度 $\leqslant 20\%$ 的梯度胶在干燥时不会皱裂。厚度 >0.75 mm 的梯度胶，可在最后一次加脱色液时，加入 3‰（m/V）甘油以防皱裂。另一方法是在 30% 甲醇中放置 3 h 使凝胶脱水收缩，然后在干燥前于蒸馏水中放置 5 min。

辅助方案　灌制多块梯度胶

对于梯度胶来说，灌制完全相同的凝胶特别重要，灌胶技术稍有差别都会导致蛋白质迁移率的差别。图 10.4 是灌制多块梯度胶的装置，灌制好的凝胶可放置 1 周，以确保在这周内每次电泳之间的内在一致性。

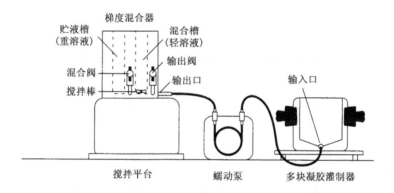

图 10.4　灌制多块梯度胶的装置。灌制多块梯度胶需要蠕动泵和多块凝胶制胶槽，凝胶溶液从制胶槽的底部流入，梯度混合器中梯度胶溶液的量不应超过要灌制量的 4 倍。

附加材料（见基本方案，带 √ 的条目见附录 1）

- 丙烯酰胺凝胶轻溶液和重溶液（表 10.5 和表 10.6）
- √ 封堵液
- 多块凝胶制胶槽（Bio-Rad 公司、Amersham Pharmacia Biotech 公司），带有玻璃平板、隔片、梳子和弹簧夹。
- 14 cm×14 cm 丙烯酸隔板或聚碳酸酯薄片
- 蠕动泵（25 ml/min）
- 500 ml 或 1000 ml 梯度混合器（Bio-Rad 公司、Amersham Pharmacia Biotech 公司）
- 聚乙烯管
- 长剃须刀片、小刀或塑料楔子（Wonder 楔子、Amersham Pharmacia Biotech 公司）
- 可重复密封的塑料袋（可选）

表 10.5 灌制多块梯度胶的丙烯酰胺凝胶轻溶液[a,b]

贮液	轻溶液中丙烯酰胺浓度[c]/%									
	5	6	7	8	9	10	11	12	13	14
30%丙烯酰胺/0.8%甲叉双丙烯酰胺[d]	28	33	39	44	50	55	61	66	72	77
4×Tris·Cl/SDS,pH 8.8[d]	41	41	41	41	41	41	41	41	41	41
H_2O	96	91	85	80	74	69	63	58	52	47
10%（m/V）过硫酸铵[e]	0.55	0.55	0.55	0.55	0.55	0.55	0.55	0.55	0.55	0.55

a 鉴定分子质量≥10 kDa 的蛋白质，建议用 5%～20% 的梯度胶；当范围扩大至 10～200 kDa 时，建议用 10%～20% 的梯度胶。

b 此配方可灌制 10 块 1.5 mm 厚的梯度胶，其中多余的 10 ml 溶液用于弥补在管道系统中的损耗。

c 体积单位是毫升。不用脱气。在加 TEMED 之前，将溶液于室温放置（不能超过 1 h）。

d 见附录 1。

e 最好现用现配。

表 10.6 灌制多块梯度胶的丙烯酰胺凝胶重溶液[a,b]

贮液	重溶液中丙烯酰胺浓度[c]/%										
	10	11	12	13	14	15	16	17	18	19	20
30%丙烯酰胺/0.8%甲叉双丙烯酰胺[d]	55	61	66	72	77	83	88	94	99	105	110
4×Tris·Cl/SDS,pH 8.8[d]	41	41	41	41	41	41	41	41	41	41	41
H_2O	55	50	44	39	33	28	22	17	11	5.5	0
蔗糖/g	25	25	25	25	25	25	25	25	25	25	25
10%（m/V）过硫酸铵[e]	0.55	0.55	0.55	0.55	0.55	0.55	0.55	0.55	0.55	0.55	0.55

a 梯度胶不用脱气。

b 配方中多余的 10 ml 溶液用于弥补在管道系统中的损耗。

c 体积单位是毫升（蔗糖除外）。使用前再加入过硫酸铵，不加 TEMED，丙烯酰胺重溶液聚合较慢。加入过硫酸铵后，把溶液置于冰上。

d 见附录 1。

e 最好现用现配。

1. 根据厂商的说明书安装多块凝胶制胶槽，组装 1.5 mm 的玻璃板夹层，并将它们叠放在灌制槽中，最多可放置 10 个。可用丙烯酸隔板或聚碳酸酯薄片填充多余的空间，以使所有夹层紧紧地固定在位。确保夹层中的隔片与玻璃平板的上下及左右边缘对齐，而整叠夹层的边缘也要平齐。

2. 在制胶槽上放置密封用的前板，并确保与玻璃夹层紧贴。将前板用 4 个弹簧夹固定，并旋紧底部的翼形螺钉。

   若使用 Amersham Pharmacia Biotech 公司的凝胶制胶槽，一定要除去制胶槽底部的三角型填充塞子，它只在制备单个梯度胶时使用。

3. 安装蠕动泵。用量筒和水调整流速，以便在 15～18 min 内流过的液体体积相当于梯度液体积与封堵液体积之和（约 25 ml/min）。

4. 安装梯度混合器。关闭所有阀门，在混合槽中放入一个磁力搅拌棒。将聚乙烯管的一端固定在梯度混合器的输出口，另一端穿过蠕动泵固定在凝胶制胶槽底部的红色输入口上。

5. 配制凝胶溶液（表 10.5 和表 10.6）。在丙烯酰胺重溶液和轻溶液中加入 TEMED（54 μl/165 ml），立即将轻溶液加入混合槽中，稍稍打开混合阀，让管道内充满液体，以排出气泡。再关闭阀门，将重溶液加入贮液槽中。

   由于丙烯酰胺溶液从多块凝胶制胶槽的底部流入（图 10.4），因此，轻溶液先进入，接着是越来越多的重溶液，最后是封堵液。

6. 打开磁力搅拌器和输出阀，开启蠕动泵，然后打开混合阀。

7. 当梯度混合器中的所有丙烯酰胺溶液几乎全流出时，关闭蠕动泵和混合阀。将梯度混合器向输出口侧倾斜，使最后几毫升混合液流出，不要让气泡进入管道内。

8. 在混合槽中加入封堵液，开启蠕动泵。当封堵液充满了凝胶制胶槽的底部并将接近玻璃平板的下端时，关闭蠕动泵，用夹子夹住连于凝胶制胶槽红色输入口处的管子。

9. 用 100 μl 水饱和的异丁醇覆盖每块胶，覆盖液的体积应尽可能相同，以确保凝胶聚合后的高度相同。让凝胶聚合 1～2 h。弃去异丁醇，用 1×Tris·Cl/SDS（pH 8.8）缓冲液冲洗凝胶的表面。

10. 配制足够的积层胶溶液（表 10.1），迅速加入凝胶制胶槽中并充满每个夹层（见基本方案第 5 步），以 45°角插入梳子，避免梳齿下存留空气，让凝胶聚合 2 h。取出梳子，并用 1×SDS 电泳缓冲液冲洗加样孔。

11. 从制胶槽中取出凝胶，用剃须刀片或小刀小心地插进凝胶夹层之间，将每片凝胶分开。塑料楔子（Amersham Pharmacia Biotech 公司的 Wonder 楔子）也很好用。在流水下洗净每块凝胶板的外表面，以去除残余的聚合和未聚合的丙烯酰胺。

12. 如果要保存凝胶，用 1×Tris·Cl/SDS（pH 8.8）缓冲液覆盖，置于可重复密封的塑料袋中，4℃保存可长达 1 周的时间。

参考文献：Hames and Rickwood 1990；Laemmli 1970；Schagger and von Jagow 1987
作者：Sean R. Gallagher

10.2 单元　非变性条件的单向凝胶电泳

在非变性凝胶中，蛋白质的迁移率取决于其大小、形状和固有电荷。非变性凝胶电泳分离蛋白质的装置与变性凝胶所用装置相同（见第 10.1 单元），而且适合于多种尺寸范围（如从 7.3 cm×8.3 cm 的微型胶到 14 cm×16 cm 全长的凝胶）和基质类型（如均一胶和梯度胶）。

基本方案　非变性连续聚丙烯酰胺凝胶电泳

连续电泳系统（配制丙烯酰胺溶液所用的缓冲液与电泳缓冲液相同）分离蛋白质由缓冲液的 pH 所控制。本方案阐述了 4 种类型的缓冲液，可在 pH 3.7 到 pH 10.6 的范围内使用。pH 主要取决于目的蛋白和任何杂蛋白的等电点、蛋白质的迁移率和溶解度，确定应用何种 pH 主要靠经验。预先知道蛋白质的等电点（见第 10.3 单元）可确定在分离条件下蛋白质所带的净电荷（如果凝胶的 pH 小于蛋白质的等电点，蛋白质有带正净电荷；如果凝胶的 pH 大于蛋白质的等电点，蛋白质带负电荷）。

电泳时，应当包含天然蛋白质标准品，这一点很重要。一些厂商提供等电聚焦用的蛋白质标准品，也适用于非变性电泳。也可选择 Sigma 公司的蛋白质标准品试剂盒，在中性 pH、非变性条件下计算分子质量时很有用。

材料（带 √ 的条目见附录 1）

- √ 4× 乙酸凝胶缓冲液，pH 3.7～5.6
- √ 4× 磷酸盐凝胶缓冲液，pH 5.8～8.0
- √ 4× Tris 凝胶缓冲液，pH 7.1～8.9
- √ 4× 甘氨酸凝胶缓冲液，pH 8.6～10.6
- 待分析的蛋白质样品
- 蔗糖
- 迁移指示剂：细胞色素 c（pI 9～10）或溴酚蓝
- 天然蛋白质标准品
- 电泳缓冲液：适当的 4× 凝胶缓冲液，用水稀释为 1×

1. 安装凝胶电泳装置的玻璃板夹层，固定在制胶架上（有关凝胶电泳更详细的内容见第 10.1 单元）。
2. 配制丙烯酰胺溶液（表 10.7～表 10.10），使用前加入过硫酸铵和 TEMED。脱气可加速凝胶聚合，但一般不需要脱气。
3. 灌注凝胶到距离凝胶夹层顶部 2 cm 处，插入梳子，避免产生气泡，让凝胶聚合 1～2 h。
4. 用含有迁移指示剂（阳离子系统，每条泳道 5～10 μg 细胞色素 c；阴离子系统，10 μg/ml 溴酚蓝）的 5%（m/V）蔗糖［溶于水或稀凝胶缓冲液（1～5 mmol/L）中］溶解蛋白质样品。同法配制天然蛋白质标准品。

   对高度富集的样品（如蛋白质标准品）进行考马斯亮蓝染色时，所用浓度为 1～2 mg/ml；对于较复杂的混合物，使用 5～10 mg/ml。银染时，样品的浓度要减少 10～100 倍。以最小体积上样（0.75 mm 和 1.5 mm 厚凝胶的上样量分别为 10 μl 和 20 μl）。
5. 小心地取出梳子，用电泳缓冲液冲洗加样孔，然后用电泳缓冲液充满加样孔。
6. 可选：将凝胶预电泳，以去除所有带电荷的材料（如过硫酸铵）。在 300 V 电压下电泳，直到电流不再下降（约 30 min）。拆开凝胶装置，弃去缓冲液。
7. 仔细地上样使样品在孔底部形成一薄层，样品或蛋白质标准的上样量为每泳道 10 μl（0.75 mm 凝胶）或 20 μl（1.5 mm 凝胶）。在剩余的所有空孔中均加入等量的电泳缓冲液，防止泳道中样品的扩散。

表 10.7　乙酸非变性聚丙烯酰胺凝胶的配方[a]：pH 3.7～5.6[b]

贮液[c]	凝胶中丙烯酰胺的终浓度[d]/%						
	5	7.5	10	12.5	15	17.5	20
30%丙烯酰胺/ 0.8%甲叉双丙烯酰胺	6.7	10	13.3	16.8	20	23.32	26.6
300 mmol/L 亚硫酸钠[e]	0.4	0.4	0.4	0.4	0.4	0.4	0.4
4×乙酸凝胶缓冲液	10	10	10	10	10	10	10
H_2O	22.58	19.28	15.98	12.48	9.28	5.96	2.68
10%（m/V）过硫酸铵[e,f]	0.3	0.3	0.3	0.3	0.3	0.3	0.3
TEMED[f]	0.02	0.02	0.02	0.02	0.02	0.02	0.02

凝胶制备

在一个 75 ml 带侧支的三角瓶中，混匀 30%丙烯酰胺/0.8%甲叉双丙烯酰胺溶液（见附录 1）、300 mmol/L 亚硫酸钠、4×乙酸凝胶缓冲液（见附录 1）和 H_2O。若要加速凝胶聚合，真空脱气约 5 min。加入 10%过硫酸铵和 TEMED。轻轻旋转混匀，立即使用

a 本配方配制 40 ml 凝胶溶液，足够制备 1 块 1.5 mm×14 cm×16 cm 大小的凝胶，或 2 块 0.75 mm×14 cm×16 cm 大小的凝胶。

b 使用未稀释的乙酸代替 4×乙酸凝胶缓冲液，可使 pH 范围延伸至约 2.0（乙酸的 pH），尽管在 pH 2.0 时几乎没有缓冲能力。

c 本方案中的所有试剂和溶液均需用 Milli-Q 纯水或同等质量的水配制。

d 体积单位是毫升。凝胶溶液中丙烯酰胺的百分比浓度取决于待分离蛋白质的分子大小。

e 必须现用现配。在酸性 pH 条件下凝胶的有效聚合，需要使用亚硫酸钠。

f 加入后即开始聚合。

表 10.8　磷酸盐非变性聚丙烯酰胺凝胶的配方[a]：pH 5.8～8.0

贮液[b]	凝胶中丙烯酰胺终浓度[c]/%						
	5	7.5	10	12.5	15	17.5	20
30%丙烯酰胺/ 0.8%甲叉双丙烯酰胺	6.7	10	13.3	16.8	20	23.32	26.6
4×磷酸凝胶缓冲液	10	10	10	10	10	10	10
H_2O	23.08	19.78	16.48	12.98	9.78	6.46	3.18
10%（m/V）过硫酸铵[d,e]	0.2	0.2	0.2	0.2	0.2	0.2	0.2
TEMED[e]	0.02	0.02	0.02	0.02	0.02	0.02	0.02

凝胶制备

在一个 75 ml 带侧支的三角瓶中，混合 30%丙烯酰胺/0.8%甲叉双丙烯酰胺溶液（见附录 1）、4×磷酸凝胶缓冲液（见附录 1）和 H_2O。必要的话，真空脱气 5 min 以加速凝胶聚合。再加 10%过硫酸铵和 TEMED。轻轻旋转混匀，立即使用

a 本配方配制 40 ml 凝胶溶液，足够制备 1 块 1.5 mm×14 cm×16 cm 大小的凝胶，或 2 块 0.75 mm×14 cm×16 cm 大小的凝胶。

b 本方案中的所有试剂和溶液均需用 Milli-Q 纯水或同等质量的水配制。

c 体积单位是毫升。凝胶溶液中丙烯酰胺的百分比浓度取决于待分离蛋白质的分子大小。

d 必须现用现配。

e 加入后即开始聚合。

表 10.9　Tris 非变性聚丙烯酰胺凝胶的配方[a]：pH 7.1~8.9

贮液[b]	凝胶中丙烯酰胺终浓度[c]/%						
	5	7.5	10	12.5	15	17.5	20
30%丙烯酰胺/	6.7	10	13.3	16.8	20	23.32	26.6
0.8%甲叉双丙烯酰胺							
4×Tris 凝胶缓冲液	10	10	10	10	10	10	10
H_2O	23.08	19.78	16.48	12.98	9.78	6.46	3.18
10%（m/V）过硫酸铵[d,e]	0.2	0.2	0.2	0.2	0.2	0.2	0.2
TEMED[e]	0.02	0.02	0.02	0.02	0.02	0.02	0.02

凝胶制备

在一个 75 ml 带侧支的三角瓶中，混合 30%丙烯酰胺/0.8%甲叉双丙烯酰胺溶液（见附录 1）、4×Tris 凝胶缓冲液（见附录 1）和 H_2O。若要加速凝胶聚合，可真空脱气约 5 min。再加 10%过硫酸铵和 TEMED。轻轻旋转混匀，立即使用。

a 本配方配制 40 ml 凝胶溶液，足够制备 1 块 1.5 mm×14 cm×16 cm 大小的凝胶，或 2 块 0.75 mm×14 cm×16 cm 大小的凝胶。

b 本方案中的所有试剂和溶液均需用 Milli-Q 纯水或同等质量的水配制。

c 体积单位是毫升。凝胶溶液中丙烯酰胺的百分比浓度取决于待分离蛋白质的分子大小。

d 必须现用现配。

e 加入后即开始聚合。

表 10.10　甘氨酸非变性聚丙烯酰胺凝胶的配方[a]：pH 8.6~10.6

贮液[b]	凝胶中丙烯酰胺终浓度[c]/%						
	5	7.5	10	12.5	15	17.5	20
30%丙烯酰胺/	6.7	10	13.3	16.8	20	23.32	26.6
0.8%甲叉双丙烯酰胺							
4×甘氨酸凝胶缓冲液	10	10	10	10	10	10	10
H_2O	23.08	19.78	16.48	12.98	9.78	6.46	3.18
10%（m/V）过硫酸铵[d,e]	0.2	0.2	0.2	0.2	0.2	0.2	0.2
TEMED[e]	0.02	0.02	0.02	0.02	0.02	0.02	0.02

凝胶制备

在一个 75 ml 带侧支的三角瓶中，混合 30%丙烯酰胺/0.8%甲叉双丙烯酰胺溶液（见附录 1）、4×甘氨酸凝胶缓冲液（见附录 1）和 H_2O。若想加速凝胶聚合，可真空脱气约 5 min。再加 10%过硫酸铵和 TEMED。轻轻旋转混合，立即使用。

a 本配方配制 40 ml 凝胶溶液，足够制备 1 块 1.5 mm×14 cm×16 cm 大小的凝胶，或 2 块 0.75 mm×14 cm×16 cm 大小的凝胶。

b 本方案中的所有试剂和溶液均需用 Milli-Q 纯水或同等质量的水配制。

c 体积单位是毫升。凝胶溶液中丙烯酰胺的百分比浓度取决于待分离蛋白质的分子大小。

d 必须现用现配。

e 加入后即开始聚合。

8. 安装凝胶电泳装置，在上、下缓冲液槽中加入电泳缓冲液，连通凝胶装置与电源。如果在分离条件下蛋白质带负电荷，应该使用标准的 SDS-PAGE 电极极性（蛋白质向阳极或正极迁移）。如果蛋白质带正电荷，则将电源上的电极对调，以便蛋白质向阴极迁移。

9. 1.5 mm 厚的凝胶，电流设定为 30 mA；0.75 mm 厚的凝胶，则为 15 mA，进行电泳，直到迁移指示剂到达凝胶的底部（标准胶需要 4～6 h，微型胶需要 1～2 h）时，关闭电源，拆开凝胶装置，从玻璃夹层中取出凝胶，根据第 10.4 单元的方法对凝胶染色。

备择方案　非变性不连续电泳和分子质量标准曲线（Ferguson 曲线）的制作

本方法只适合于在中性 pH 条件下带负电荷的蛋白质，但能够为精确校准蛋白质的分子大小提供高分辨率。

材料（带√的条目见附录1）

　　√ 4×Tris·Cl，pH 8.8（1.5 mol/L Tris·Cl）

　　√ 4×Tris·Cl，pH 6.8（0.5 mol/L Tris·Cl）

　　• 目的蛋白样品

　　√ 2×Tris/甘油样品缓冲液

　　• 天然蛋白质标准品（如 Sigma 公司的非变性蛋白质分子质量试剂盒）

　　√ Tris/甘氨酸电泳缓冲液

1. 按照第 10.1 单元所述的方法配制凝胶（见基本方案和表 10.1），但是用 4×Tris·Cl（pH 8.8 和 pH 6.8）代替含 SDS 的缓冲液。制备至少 4 块不同丙烯酰胺浓度（如 5%、7.5%、10%、12.5%）的凝胶，厚度为 0.75～1.5 mm（薄凝胶染色快，分辨率高）。

2. 将等体积的蛋白质样品与 2×Tris/甘油样品缓冲液（终浓度为 1～2 $\mu g/\mu l$）混合，同法准备天然蛋白质标准品。除去梳子，冲洗加样孔，如果用考马斯亮蓝染色，每孔上样 10～20 μl，银染则每孔上样 1～2 μl。

3. 安装凝胶电泳装置，在电泳槽中加入 Tris/甘氨酸电泳缓冲液。连接电源，进行电泳，1.5 mm 厚的凝胶，电流为 30 mA，0.75 mm 厚的凝胶，电流为 15 mA（标准胶需要电泳 4～5 h；微型胶需要电泳 1～2 h）。也可将标准胶在 4～6 mA 的电流下电泳过夜。

4. 当溴酚蓝 R_f 指示剂到达凝胶底部后，关闭电源，拆开电泳装置，从玻璃夹层中取出凝胶。将蛋白质固定和染色（见第 10.4 单元），估计其相对迁移率。

5. 以凝胶浓度（%T）为横坐标，R_f 的对数为纵坐标作图（图 10.5），使用线性回归确定 K_r 的斜率。

6. 以标准品分子质量的对数为横坐标，第 5 步中曲线的 K_r 的对数为纵坐标作图（图 10.6）。用线性回归确定斜率。

7. 从得到的曲线（Ferguson 曲线）估计标准品和未知样品的分子大小。

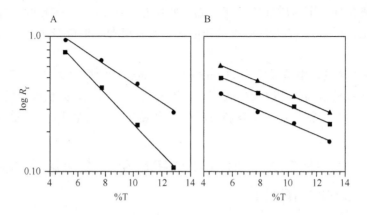

图 10.5　不同凝胶浓度（％T）几种天然蛋白质相对迁移率的影响。在 4 种不同的凝胶浓度测定蛋白质标准品的相对迁移率（R_f），以 R_f 的对数为纵坐标，％T（凝胶中丙烯酰胺和双丙烯酰胺的质量体积百分比）为横坐标作图。本曲线可用于检测异构体和多聚体的蛋白质。A. BSA 单体（方块）和二聚体（圆点）；B. 碳酸酐酶异聚体。

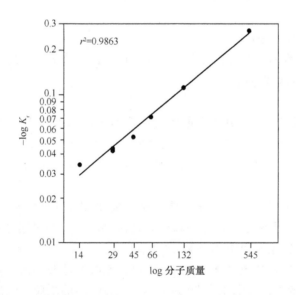

图 10.6　天然蛋白质分子质量标准曲线。以标准品分子质量的对数为横坐标，图 10.5 中曲线斜率（K_r）的对数为纵坐标绘制。

利用线性回归得到的曲线估计标准品的预测大小，可以与厂商提供的实际大小作比较，这样可以表明曲线的精确性。然后，可用未知样品 K_r 值的对数（y 轴）来推测分子质量（x 轴）。

参考文献：Andrews 1986；Schagger 1994b
作者：Sean R. Gallagher

10.3单元 双向凝胶电泳

双向凝胶电泳将两种不同的电泳分离技术在垂直方向上进行组合，可更好地分离复杂的蛋白质混合物。

注意：所有溶液都必须用高纯水（如 Milli-Q 水或同等质量的水）配制。

基本方案 1 应用固相 pH 梯度凝胶条进行等电聚焦

与在可溶性两性电解质中进行的传统电泳不同，本方法使用固相 pH 梯度（immobilized pH gradient，IPG）胶条，在这种胶条中，两性电解质被共价交联到丙烯酰胺介质上。使用两种两性电解质组成不同（而不是丙烯酰胺浓度不同）的溶液灌制梯度凝胶，可得到任何的 pH 范围和曲线形状。

整个实验过程中应戴手套，用镊子操作固相干胶条（Immobiline DryStrip），以防止外源蛋白质污染凝胶和凝胶溶液。用温和的去污剂溶液彻底清洁所有的装置，用 Milli-Q 纯水冲洗加样孔，干燥后再使用。含 10 mol/L 尿素的溶液可片刻加热到 30～40℃，以帮助溶解。

材料（带 √ 的条目见附录1）

- 水化液（表 10.11，在第 1 步新配制，Pharmalytes 和 Ampholine 购自 Hoefer Pharmacia 公司）
- 预制固相干胶条（Hoefer Pharmacia 公司；表 10.12）
- 干胶条覆盖液（Hoefer Pharmacia 公司）
- 蛋白质样品，可冻干后再溶于裂解液中，或者将样品与裂解液按 1:9 稀释。
- √ 裂解液
- 固相干胶条溶胀（reswelling）盘（Hoefer Pharmacia 公司）
- 镊子
- 台式电泳装置（Hoefer Pharmacia 公司 Multiphor II 或等同装置）
- 循环冷却水浴
- 固相干胶条试剂盒（Hoefer Pharmacia 公司），包括：
    - 阳极和阴极电极
    - 样品杯棒和样品杯
    - 托盘
    - 固相干胶条校准器
    - IEF 电极带
    - 点样片
- 玻璃板
- 滤纸
- 电源（最低容量 3000～3500 V）

1. 根据所用干胶条类型，配制适当的水化液（表 10.11）。

表 10.11 用于固相干胶条的水化液[a]

成分	终浓度	干胶条类型		
		3～10L[d]	3～10NL[e]	4～7L[d]
超纯尿素	9 mol/L[b]	2.7 g	2.7 g	2.7 g
CHAPS[c]	2%	0.1 g	0.1 g	0.1 g
Pharmalyte pH 3～10	1:50	100 μl		
Pharmalyte pH 4～6.5			50 μl	100 μl
Pharmalyte pH 8～10.5			25 μl	
Ampholine pH 6～8			25 μl	
DTT	0.3%	75 mg	75 mg	75 mg
溴酚蓝	痕量	几粒	几粒	几粒
Milli-Q 纯水		至 5 ml	至 5 ml	至 5 ml

a 水化液应现用现配,并用 0.2 μm 滤器过滤。使用前,尽量减少溶液在室温放置的时间,以减少尿素的分解。如果使用溶胀盘,11 cm 或 18 cm 的干胶条分别需要约 250 μl 或 400 μl 水化液。

b 通常使用 8～10 mol/L 的尿素浓度,较高的浓度可更好地促进等电聚焦期间蛋白质的溶解度,但同时也增加了尿素结晶的危险性。如果使用 10 mol/L 的尿素,应特别小心,尽量减少蒸发,温度应一直维持在 20℃ 或稍高,以防止尿素结晶。

c 应当凭经验确定最佳的去污剂和去污剂浓度。另一种常用的替代物是 NP-40 (Nonidet P-40),所用去污剂必须是非离子型的或两性离子型的,以避免在等电聚焦期间引起高电流而导致过热。

d 线性梯度。

e 非线性梯度。

表 10.12 商品预制 IPG 凝胶和固相化学制品[a]

名称	用途	可用 pH 范围
Immobiline DryPlate	单向固相 pH 梯度凝胶电泳	pH 4.0～7.0, pH 4.2～4.9, pH 4.5～5.4, pH 5.0～6.0, pH 5.6～6.6
Immobiline Drystrip	双向凝胶中的第一向电泳	
110 mm		pH 4～7L, pH 3～10L
180 mm		pH 4～7L, pH 3～10L[b], pH 3～10NL[c]
Immobiline II	产生固相 pH 梯度凝胶的常用梯度	pK 3.6, pK 4.6, pK 6.2, pK 7.0, pK 8.5, pK 9.3

a 来自 Hoefer Pharmacia 公司。

b 线性梯度,pH 7.0 以上时分辨率最好。

c 非线性梯度,pH 5.0～7.0 时分辨率最好。

2. 移开溶胀盘的保护盖,调节水平脚直到水平泡位于中心,使水化盘水平。对于一块 18 cm 长的胶条,吸取 350～400 μl 的水化液,加至溶胀盘的胶条槽中。加液时,沿着胶条槽的长向移动吸管,使水化液在槽内均匀分布,避免产生气泡。

3. 除去固相干胶条的保护膜,用镊子夹住干胶条,轻轻地将干胶条的凝胶面向下放入准备好的胶条槽中,胶条的尖端朝向胶条槽的斜面端,注意不要使胶条槽中进入气泡。

由于预制的固相干胶板（Immobiline DryPlate）比固相干胶条（Immobiline DryS-trip）有更大的 pH 范围可以选择，因此有时为了方便，也把固相干胶板剪成胶条，以得到较窄的 pH 范围。

4. 用 2～3 ml 干胶条覆盖液覆盖每条干胶条，以防止蒸发和尿素结晶。盖好保护盖，让胶条在室温下水化过夜（约 16 h）。在胶条水化的过程中，完成第 5～8 步。

5. 调好 Multiphor II 电泳仪的水平，并与循环冷却水浴相连接，让其冷却至 15℃，保持 1～2 h（不要冷却至 15℃ 以下）。

6. 吸取约 5 ml 干胶条覆盖液，置于 Multiphor II 冷却板的表面上。将固相干胶条盘放到冷却板上，使红色电极（＋，阳极）朝向上端，靠近冷却管。避免在冷却板和胶条盘之间出现大气泡。

7. 分别将胶条盘上红色和黑色电极连接到 Multiphor II 电泳仪上相应的位置，在胶条盘中加入 10 ml 干胶条覆盖液。将固相干胶条校准器放在油的上部，带槽的一侧向上，防止胶条校准器的上部黏上油。

8. 剪两条 11 cm 长的电极胶条（不管所用干胶条的数量），置于干净的玻璃板上，每条均用 0.5 ml Milli-Q 纯化水浸泡，用 Kimwipe 纸或纸巾吸水，使胶条刚好湿润。

9. 打开溶胀盘的盖子（第 4 步），取出胶条，用滤纸轻轻吸掉塑料衬背上多余的油或水分。如果需要的话，可用一片潮湿的滤纸吸干凝胶的表面（不能让凝胶脱水）。

10. 将胶条移入校准托盘的临近槽中，将每条胶条的圆（酸性）末端对准胶条盘顶部附近，胶条盘位于冷却管附近的红色电极（阳极）处，确保在阳极末端的所有胶条边缘整齐排列。

11. 将湿电极胶条（第 8 步）放在干胶条凝胶面的上面，靠近胶条的阳极和阴极末端。将红色（阳极）和黑色（阴极）电极置于电极胶条的上面，对准各自的末端，向下压。检查胶条没有移动位置。

12. 将样品杯推到样品杯棒上。将样品杯棒置于胶条阳极末端附近，以使小隔片臂（spacer arm）刚好接触电极，样品杯又距离电极最近，但不能接触胶条。
样品杯应朝向最近的电极。胶条的酸性末端常用于上样，然而，对于不同类型的样品，可能需要凭经验确定最佳的上样位置。

13. 在每条胶条上放置一个样品杯，并向下压，以确保杯底部与胶条接触良好。确保胶条的位置没有移动。

14. 在托盘里加入 70～80 ml 干胶条覆盖液（以覆盖胶条），如果油漏到样品杯里，调整样品杯使其不再漏。当油不再漏入样品杯时，往托盘中加入足量的覆盖液，以完全覆盖样品杯（约 150 ml）。

15. 将 100 μl 样品慢慢向下加入每个样品杯中，样品应沉到杯的底部。检查样品是否漏到样品杯外。
在确定蛋白质的上样量时，应考虑到样品的复杂性、在所用的上样浓度和 pH 时样品的溶解度、第二向凝胶的厚度以及所要使用的检测方法等。最终样品中盐的浓度应小于 50 mmol/L，SDS 应小于 0.25%。
在 IPG 胶条中加大上样量的一种可能的方法是将样品直接加到水化液中。

16. 盖好 Multiphor II 电泳仪的盖子，将电极连接到电源上。用恒压将凝胶聚焦，先在

500 V 电泳 2~3 h，接着在 3500 V 电泳 12~16 h（共 40~60 kV·h）。根据样品类型、上样量和每种类型固相干胶条推荐的电压条件（见厂商的说明书），确定最佳的伏时（V·h）。

17. 断开电源，打开电泳仪的盖子，从托盘中移出电极、电极胶条和样品杯棒。用镊子从托盘中夹取胶条。

18. 如果胶条立刻进行第二向电泳，直接进行平衡（见基本方案 2 第 5 步）。也可以将胶条密封在塑料袋中，−80℃保存（可保存至少 2~3 个月）。

    如果在等电聚焦后立即进行第二向电泳，则在等电聚焦结束前应完成基本方案 2 的第 1 步和第 2 步。

基本方案 2   IPG 凝胶的第二向电泳

IPG 凝胶的第二向电泳使用垂直凝胶电泳。第二向凝胶的隔条（spacer）或凝胶装置必须适应于 18 cm 长的固相干胶条，Bio-Rad 公司提供了一个转换工具盒，可将胶宽度从 16 cm 增加到 18 cm，Hoefer Pharmacia 公司提供了 Iso-Dalt 凝胶系统，如果隔条的宽度不足以适应 18 cm 的凝胶，可剪去 IPG 胶条的末端，以适合于第二向电泳，然而，可能会丢失一些碱性或酸性很强的蛋白质。

材料（带 √ 的条目见附录 1）

√ 干胶条平衡液 1 和 2（在第 2 步现用现配）

√ 2%（m/V）琼脂糖

• 固相 IPG 干胶条，带有聚焦的蛋白质（见基本方案 1）

• 沸水浴

• 培养皿

• 台式摇床

• 滤纸

• 玻璃板

1. 安装电泳装置的玻璃板夹层，所用玻璃板的宽度足以适应于 18 cm 长的干胶条（凝胶电泳的细节见第 10.1 单元）。灌注适当丙烯酰胺浓度的分离胶，高度至距离内侧玻璃板顶部下方约 2.5 cm 处，以便能够灌制 2 cm 高的积层胶，立即用水覆盖（将分离胶面压平），让凝胶聚合。移去覆盖的水，用水冲洗凝胶表面，灌注积层胶至玻璃板顶部下方 0.5 cm 处。用水覆盖，让凝胶聚合。

   通常情况下，IPG 胶条不使用积层胶，如果省略积层胶，可灌注分离胶至玻璃板顶部下方 0.5 cm 处。

2. 配制固相干胶条平衡液 1 和 2。

3. 在电泳槽中安装第二向凝胶，在上层槽中不要倒入电泳缓冲液。

4. 在沸水浴中融化 2%（m/V）的琼脂糖，将 1 份 2%琼脂糖与 2 份平衡液 2 混合，在使用前一直放在沸水浴中。

5. 等电聚焦结束后，用镊子从电泳盘上取出 IPG 凝胶，或从 −80℃冰箱取出 IPG 凝胶（见基本方案 1 第 18 步），将每条胶条放置在一个单独的培养皿中，带保护膜的面朝向培养皿壁，加入 15 ml 平衡缓冲液 1，盖上盖子，在台式摇床上摇动 10 min。倒掉平衡液 1，加入 15 ml 平衡缓冲液 2，继续摇动 10 min。

6. 湿润一片滤纸，置于玻璃板上。从平衡液 2 中取出胶条，将每条胶条侧立在滤纸上，以吸去多余的平衡缓冲液，此操作不得超过 10 min。

7. 沿着玻璃板在积层胶上加入少量的 SDS 电极缓冲液，将胶条放在凝胶孔内，胶面朝外，碱性端位于左侧，将干胶条向下压，使其与积层胶紧紧接触。除去过多的缓冲液。

8. 用琼脂糖/平衡缓冲液（第 4 步）覆盖胶条，使其固化。小心地把电泳缓冲液倒入上层槽中，注意不要扰动 IPG 胶条。连接电极，电泳（电泳条件见第 10.1 单元，凝胶染色条件见第 10.4 单元）。

备择方案　对角线凝胶电泳（非还原/还原凝胶）

在非还原条件下，进行第一向电泳分离，然后还原二硫键，再在还原条件下进行第二向电泳分离，使用这种双向凝胶电泳能够分析蛋白质的亚基组成和交联的蛋白质复合物。第一向电泳在非还原条件下进行，使用管状凝胶。建议第一向电泳使用 1.2 mm 的管状胶，第二向电泳使用 1.5 mm 的平板胶。

材料（见基本方案 2；带 √ 的条目见附录 1）

- 铬酸，盛于耐酸容器内
- 分离胶和积层胶溶液（表 10.1）
√ 还原缓冲液
- 1.5%（m/V）琼脂糖，溶于还原缓冲液中（可选）
- 1.2 mm 玻璃凝胶管
- 110℃烤箱
- 10 ml 钝头注射器
- 双向凝胶梳子（可选）

1. 从充满铬酸的容器中取出 1.2 mm 玻璃凝胶管，用高纯水彻底洗涤，在 110℃烤箱内干燥玻璃管至少 1 h，铝箔包裹后，室温保存。

2. 用适当浓度的丙烯酰胺配制分离胶溶液（表 10.1，一支 1.2 mm 内径、12 cm 长的管状凝胶需要小于 200 μl）。用 10 ml 的长钝头注射器吸取胶溶液，充满每个凝胶管至希望的高度。避免产生气泡。用水覆盖，让凝胶聚合。

3. 用 1×SDS 样品缓冲液（见第 10.1 单元）配制样品，但不用还原剂。上样、电泳，直到指示染料接近管底部约 1 cm 处。

4. 用一个 10 ml 的钝头注射器缓慢、小心地将水注入凝胶和凝胶管之间，从凝胶管中挤出凝胶。先从凝胶管的底部开始，然后再从顶部重复操作。让凝胶从玻璃管中滑出到金属或塑料铲上，以便于移动凝胶。

5. 将挤出的凝胶置于含有 5 ml 还原缓冲液的试管中，37℃平衡 15 min，并缓慢摇动。

6. 用分离胶和积层胶灌制 1.5 mm 厚的第二向平板凝胶（见基本方案 2 第 1 步），确保积层胶顶部距离短玻璃板顶部≥5 mm。使用带斜面的平板将便于第一向凝胶的加样。用水完全覆盖积层胶，或插入双向凝胶梳子。

7. 将第一向凝胶加到第二向凝胶上，轻轻地往下压第一向凝胶，使其与积层胶紧密接触，去除凝胶间的所有气泡。如果第一向凝胶固位不好，可用 1.5% （m/V）琼脂糖（溶于还原缓冲液中）封顶。

8. 将电泳缓冲液小心地倒入上层槽中，开始电泳，电压和时间根据所用凝胶的类型决定（见第 10.1 单元）。

9. 当指示染料迁移到距凝胶底部不足 1 cm 时，关闭电源，取出凝胶，染色（见第 10.4 单元）。不含二硫键的蛋白质将形成从凝胶左上角到右下角的一条对角线。含分子内二硫键的蛋白质、或两条或多条多肽链之间形成二硫键的蛋白质将不在这条对角线上。

参考文献：Goverman and Lewis 1991；Hochstrasser et al. 1988；Strahler and Hanash 1991
作者：Sandra Harper, Jacek Mozdzanowski and David Speicher

10.4 单元　利用固定法检测凝胶中的蛋白质

相比较而言，考马斯亮蓝染色快速且价格便宜，而 SYPRO Ruby 和银染则较为昂贵，但是其灵敏度比考马斯亮蓝染色高 10～100 倍。

在实验室中配制凝胶染色溶液时，也可以选用商品的染色试剂盒，很方便。然而，由于试剂常常是专利产品，因此对于不同的蛋白质和凝胶系统来说，这些特定商品的效果可能会有所不同，而且不容易从产品说明中得到预测。为了鉴定某种特定蛋白质的最好的染色试剂盒，可能有必要根据需要购买不同的试剂盒，并加以比较。在表 10.13 中列出了大多数常见类型的配方凝胶染料。

注意：配制所有溶液时，都应当使用高纯度的水，如 Milli-Q 纯水或同等质量的水，除非另有说明。

表 10.13　常用凝胶染色试剂盒

染料类型	特性	主要供应商
考马斯染料		
考马斯亮蓝（CBB）	快速、简单的一步染色和脱色；蛋白质间的一致性良好；线性定量范围约为 2 个数量级	Amersham Pharmacia Biotech 公司、Bio-Rad 公司
胶体考马斯染料[a]	快速、只需配制一种溶液；灵敏度比常规 CBB 高 5～10 倍，脱色剂可选，背景最浅	Bio-Rad 公司、Diversified Biotech 公司、Geno Technologies 公司、ICN Biomedicals 公司、Invitrogen 公司、Pierce 公司、Roche 公司、Sigma 公司
环保型考马斯染料	无害；不用乙醇/酸固定剂或脱色剂；试剂容易废弃处理	Bio-Rad 公司、Invitrogen 公司、Pierce 公司、Roche 公司
快速染料	条带显影常大于 1 h，灵敏度常有些下降	Amresco 公司、Diversified Biotech 公司、ESA 有限公司、Invitrogen 公司、Life Technologies 公司、Pierce 公司

染料类型	特性	主要供应商
银染料		
常规银染料	对大多数蛋白质来说，比 CBB 灵敏约 100 倍；蛋白质之间的染色差异较大；试剂盒包含多种成分，也需要一些试剂盒内未提供的常用试剂；线性定量范围约为 1 个数量级；反应时间和温度细微的差异就会导致条带的深度和背景变化很大	Amersham Pharmacia Biotech 公司、Bio-Rad 公司、ICN Biomedicals 公司、Invitrogen 公司、Pierce 公司、Sigma 公司
质谱兼容性银染料	所用的化学条件比较温和，使蛋白质的修饰最小化；通常比常规银染灵敏度低；用胰酶消化和质谱分析时，干扰较小	Bio-Rad 公司、Invitrogen 公司
快速染料	减少反应步骤和反应时间；总染色时间为 1～2 h	Amersham Pharmacia Biotech 公司、Bio-Rad 公司、Geno Technologies 公司、ICN Biomedicals 公司、Invitrogen 公司、Pierce 公司、Sigma 公司
荧光染料		
SYPRO Ruby[a]	快速、单一的溶液染色；蛋白质之间差异小；与质谱兼容；线性范围大于 3 个数量级；染色的灵敏度主要取决于获取荧光图像所用的方法；与银染灵敏度相当（每条带 1～2 ng）；可用于单向和双向 SDS-PAGE 和 IEF 凝胶；只能购到配方染料	Bio-Rad 公司、Molecular Probes 公司
SYPRO Orange[a]	灵敏度好（每条带 4～8 ng 蛋白质）；适用于单向 SDS-PAGE	Bio-Rad 公司、Molecular Probes 公司
SYPRO Red[a]	灵敏度好（每条带 4～8 ng 蛋白质），适用于单向 SDS-PAGE	Bio-Rad 公司、Molecular Probes 公司
SYPRO Tangerine[a]	灵敏度好（每条带 4～8 ng 蛋白质），适用于单向 SDS-PAGE、印迹	Bio-Rad 公司、Molecular Probes 公司

a 胶体考马斯染料和 SYPRO 染料通常由厂商提供的单一贮备染色试剂所组成，任何其他的固定或脱色步骤需用常规实验室试剂。银染料试剂盒通常包含多种成分，可能也需要补加其他的试剂。

基本方案 1　考马斯亮蓝 R-250 染色

考马斯亮蓝 R-250 可非特异性地结合几乎所有的蛋白质，整个染色过程较为快速、简单，而且价格便宜。检测极限是每条带 $0.3～1~\mu g$ 蛋白质。

材料（带√的条目见附录 1）

- 含有目的蛋白的聚丙烯酰胺凝胶（见第 10.1～10.3 单元）
- √ 考马斯亮蓝 R-250 染色液
- 脱色液：15%(V/V) 甲醇/10%（V/V）乙酸（室温可保存 1 个月）
- 7%（V/V）乙酸（可选）

- 带密闭盖子的玻璃或塑料容器，大小适合于盛放凝胶
- 台式摇床
- 基于蛋白质的脱色材料（可选）：100％白色羊毛纱、纤维素海绵或 Whatman 3 MM 滤纸
- 可重复密封的塑料袋（可选）
- Whatman 3 MM 滤纸（可选）
- 塑料保鲜膜（可选）
- 干胶仪（可选）

1. 从电泳仪内取出聚丙烯酰胺凝胶，放入塑料或玻璃容器中，容器内含有 10 倍凝胶体积的考马斯亮蓝 R-250 染色液。对于 ≤1 mm 厚的凝胶，在台式摇床上缓慢摇动 30～60 min，大于 1 mm 厚的凝胶则摇动 1～3 h。丙烯酰胺浓度较高的凝胶需要较长的染色时间。可将凝胶在染色液中染色过夜，不会有不良效果。

2. 弃去染色液，用去离子水短暂地冲洗凝胶，加入 5～10 倍凝胶体积的脱色液。为了加速脱色过程，可往溶液中加入基于蛋白质的脱色材料（可选）。摇动脱色，直至去除背景染色（长达 24 h，如果使用脱色材料，则只需 2～3 h）。如果需要，可更换脱色液。

3. 为了保存，可将凝胶放入含有 1～2 ml 脱色液或 7％乙酸的热封塑料袋或可重复密封的塑料袋内。室温可保存数周，4℃可保存数月。

4. 为了永久记录，可将凝胶进行扫描或照相（见辅助方案），或按照下述方法在干胶仪上干燥，在干胶仪上放置一块湿的 Whatman 3 MM 滤纸，用水冲洗凝胶后放在滤纸上，用塑料保鲜膜覆盖凝胶，然后再放置一块湿的 Whatman 3 MM 滤纸，在 80℃干燥 1～2 h，或者按照干胶仪说明书操作。另一种方法是，在一个支持架上，用多孔膜将凝胶夹于中间，在工作台上将凝胶于室温干燥过夜。

备择方案 1　快速考马斯亮蓝 G-250 染色

考马斯亮蓝 G-250 染色的灵敏度通常略高于考马斯亮蓝 R-250。

附加材料（见基本方案 1）
- 异丙醇固定液：25％（V/V）异丙醇/10％（V/V）乙酸（室温可保存数月）
- 快速考马斯亮蓝 G-250 染色液：10％（V/V）乙酸/0.006％（m/V）考马斯亮蓝 G-250（Bio-Rad 公司，室温可保存数月）
- 10％（V/V）乙酸

1. 从电泳仪中取出聚丙烯酰胺凝胶，放入塑料或玻璃容器中，容器内含有 10 倍凝胶体积的异丙醇固定液的。对于 1 mm 厚的凝胶，在台式摇床上缓慢摇动 10～15 min；1.5 mm 厚的凝胶则摇动 30～60 min。

2. 弃去固定液，加 5～10 倍凝胶体积的快速考马斯亮蓝 G-250 染色液，1 mm 厚的凝胶，摇动 30～60 min；1.5 mm 厚的凝胶则摇动 2～3 h。

3. 弃去染色液，加入 5～10 倍凝胶体积的 10％乙酸，缓慢摇动，直到在清晰的背景上

出现蓝色的蛋白质条带（1～2 h）。

4. 为了保存，见基本方案 1（第 3 步），但是在塑料袋中加入少量的 10% 乙酸。对凝胶进行扫描或照相，见辅助方案。干燥凝胶，见基本方案 1（第 4 步）。

备择方案 2　酸性考马斯亮蓝 G-250 染色

　　酸性考马斯亮蓝 G-250 染色可同时进行凝胶固定和染色，而且不需要脱色液。检测能力为每条带少至 50～100 ng 的蛋白质。

附加材料（见基本方案 1；带 √ 的条目见附录 1）
√ 酸性考马斯亮蓝 G-250 染色液

1. 从电泳装置上取下聚丙烯酰胺凝胶，如果凝胶中有 SDS，根据凝胶的厚度，在 5～10 倍凝胶体积的去离子水中至少温育 5～15 min。
2. 将凝胶置于含有约 100 ml 酸性考马斯亮蓝 G-250 染色液的容器中，放到台式摇床上，温和地振摇 5 h 至过夜。在 30 min 内即可见到含有大量蛋白质的条带，但是染色时间 ≥5 h 可得到最高的灵敏度。
3. 倒出染色液，加入去离子水，在 2～5 min 内，在清晰的背景上出现亮蓝色的蛋白质条带。
4. 贮存见基本方案 1（第 3 步），但是在塑料袋中加入少量的水；扫描或凝胶成像，见辅助方案；凝胶干燥，见基本方案 1（第 4 步）。

基本方案 2　SYPRO Ruby 染色

　　使用标准 302 nm 的紫外透射仪或有适当激发和发射滤光片的凝胶成像系统（见辅助方案），能观察到 SYPRO Ruby，最大激发和发射波长分别是 450 nm 和 610 nm。SYPRO Ruby 染色法的灵敏度可与大多数银染法相媲美，这取决于所用的成像方法。

材料

- 含有目的蛋白的聚丙烯酰胺凝胶（见第 10.1～10.2 单元）
- 固定液：40%（V/V）甲醇/10%（V/V）乙酸，用水配制。
- SYPRO Ruby 蛋白质凝胶染色液（Molecular Probes 公司）
- 脱色液/洗涤液：2%（V/V）乙酸
- 2%（m/V）甘油（可选）
- 带密闭盖子的玻璃或塑料容器，大小适合于盛放凝胶
- 台式摇床

1. 从电泳装置上取下聚丙烯酰胺凝胶，置于塑料容器中，容器内装有 ≥10 倍凝胶体积的固定液。盖上密闭的盖子，在台式摇床上缓慢、持续地摇动 1 h，固定凝胶。
2. 真空抽吸移去染色液，在 10 倍凝胶体积的 SYPRO Ruby 染色原液中温育凝胶 3 h 至过夜，并轻轻摇动。
3. 将凝胶在 10 倍凝胶体积的脱色液/洗涤液中浸泡 30 min（或过夜）。
4. 获得永久记录的凝胶图像（见辅助方案）。如果希望，凝胶可在脱色液/洗涤液中 4℃

避光保存数天。要保存更长的时间，可把凝胶放入 2% 的甘油中 30 min，然后在干胶仪上干燥。

基本方案 3　银染

银染比考马斯亮蓝染色灵敏 50～100 倍，然而，不同蛋白质间的染色反应差异较大。下述方案基于 ExPASy SWISS-2D 聚丙烯酰胺凝胶的方法，并已对其进行了优化，可在明亮的背景上得到均一的棕褐色斑点，便于图像获取和定量比较。但这种方法不适于应用质谱对蛋白质进行检测。

注意：对于本方案，应当用 PDA（二丙烯酰哌嗪；piperazine-diacrylyl）作为交联剂灌制聚丙烯酰胺凝胶，以使凝胶在碱性 pH 的氨硝酸银（ammoniacal silver nitrate）溶液中更加稳定。凝胶中含有 5 mmol/L 的硫代硫酸钠，以降低凝胶的背景。灌制凝胶见第 10.1～10.3 单元；这些改良见：http：//www.expasy.com。

材料（带 √ 的条目见附录 1）
- 含有目的蛋白的聚丙烯酰胺凝胶（见第 10.1～10.3 单元；见上面的注意事项）
- 固定液 A：40%（V/V）乙醇/10%（V/V）乙酸水溶液。
- 固定液 B：5%（V/V）乙醇/5%（V/V）乙酸水溶液。
- 0.5 mol/L 醋酸钠/1%（V/V）戊二醛
- 0.05%（m/V）2，7-萘二磺酸（2，7-naphthalene disulfonic acid*）
- √ 氨硝酸银溶液
- √ 柠檬酸显影液
- 终止液：5%（m/V）Tris 碱，含 2%（V/V）乙酸
- 带密闭盖子的玻璃或塑料容器，大小适合于盛放凝胶
- 台式摇床
- 可重复密封的塑料袋

警告：氨硝酸银溶液一旦干燥便会发生爆炸，用后随即加入 1 mol/L HCl，使银形成氯化银沉淀，并按照当地的法规进行废弃处理。

1. 从电泳装置上取下聚丙烯酰胺凝胶，置于含有去离子水的玻璃或塑料容器中。在台式摇床上持续、缓慢地摇动 5 min，冲洗凝胶。
   由于氨硝酸银能与皮肤的蛋白质反应，因此，在处理所有材料时，要戴上用去离子水彻底冲洗过的手套。

特别注意：在操作以下所有反应时，均在台式摇床上持续缓慢地摇动。

2. 真空抽吸除去水，按下列顺序进行固定：
   - 在 10～20 倍凝胶体积的固定液 A 中固定 1 h
   - 在 10～20 倍凝胶体积的固定液 B 中固定 2 h 至过夜
   - 用 10～20 倍凝胶体积的去离子水洗涤 5 min
   - 在 5～10 倍凝胶体积的 0.5 mol/L 乙酸钠/1% 戊二醛中固定 30 min

---

*　原文中将 "naphthalene disulfonic acid" 均误为 "napthalene disulfonic acid"，均已更正。——译者注

警告：戊二醛具有刺激性，戴手套并在通风橱中配制溶液。

3. 小心地吸出戊二醛溶液，在 10～20 凝胶体积的去离子水中洗胶 3 次，每次 10 min。

4. 吸去水，在 5～10 倍凝胶体积的 0.5% 2,7-萘二磺酸中温育凝胶 2 次，每次 30 min。

5. 吸去溶液，在 10～20 倍凝胶体积的去离子水中冲洗凝胶 4 次，每次 15 min。

6. 吸去水，将凝胶在 5～10 倍凝胶体积的新鲜配制的氨硝酸银溶液中染色 30 min。

7. 吸去银染色液，将凝胶在 10～20 倍凝胶体积的去离子水中洗涤 4 次，每次 4 min。

8. 吸出水，将凝胶在 5～10 倍凝胶体积的柠檬酸显影液中显影 5～10 min，直到有轻微的背景染色出现，而且条带呈现均一的棕色，注意不要显影过度。当凝胶要用于定量比较时，要使用完全相同的染色条件和显影条件。

9. 快速地除去柠檬酸液，将凝胶在 10～20 凝胶体积的终止液中温育 30 min。

10. 除去终止液，将凝胶在 10～20 倍凝胶体积的去离子水中冲洗≥30 min。

11. 显影后（24 h 以内），马上用平板扫描仪扫描凝胶（见辅助方案）。扫描后，将凝胶置于可密封的塑料袋中，4℃保存。

备择方案 3 非氨盐银染

应用本方法可检测到用其他银染法无法检测到的一些蛋白质。

材料（带√ 的条目见附录 1）
- 含有目的蛋白的聚丙烯酰胺凝胶（见第 10.1～10.3 单元）
- 固定液 A：50%（*V*/*V*）甲醇/10%（*V*/*V*）乙酸（室温可保存 1 个月）
- 固定液 B：5%（*V*/*V*）甲醇/7%（*V*/*V*）乙酸（室温可保存 1 个月）
- 10%（*m*/*V*）戊二醛
- 5 μg/ml 二硫苏糖醇（DTT，每天新鲜配制）
- 0.1%（*m*/*V*）硝酸银
- √ 碳酸盐显影液
- 2.3 mol/L 柠檬酸
- 0.03%（*m*/*V*）碳酸钠（可选）
- 带密闭盖子的玻璃或塑料容器，大小适合于盛放凝胶
- 台式摇床

1. 从电泳装置上取下凝胶，放置在带盖的塑料或玻璃容器中。在台式摇床上摇动，按以下顺序固定凝胶：

　　　　在 5～10 倍凝胶体积的固定液 A 中固定 30 min；
　　　　在 5～10 倍凝胶体积的固定液 B 中固定 30 min；
　　　　在 50 ml 的 10%戊二醛中固定 30 min。

警告：戊二醛具有刺激性。戴手套并在通风橱中进行操作。

2. 倒出戊二醛溶液，加入 5～10 倍凝胶体积的水，摇动 15 min。重复 8 次。

3. 将水倒出，加入 5 倍凝胶体积的 5 μg/ml DTT，摇动 30 min。

4. 将 DTT 倒掉，加入 5 倍凝胶体积的 0.1%硝酸银，摇动 30 min。

5. 倒出硝酸银溶液，将凝胶用水冲洗 1 次（15 s），然后用几毫升碳酸盐显影液快速地

冲洗 2 次。加入 100 ml 碳酸盐显影液，摇动，直至出现理想的条带。

6. 加入 5 ml 2.3 mol/L 柠檬酸，以终止染色反应。摇动 10 min，换用去离子水，摇动 30 min。重复操作 4 次。

7. 要保存凝胶，将凝胶在 5～10 倍凝胶体积的 0.03％碳酸钠溶液中浸泡约 1 h，并摇动，然后置于可密封的塑料袋中，4℃保存。要扫描凝胶或对凝胶照相，见辅助方案。要干燥凝胶，见基本方案 1（第 4 步）。

备择方案 4　快速银染

本方案虽然快速，但可能不如其他方法灵敏，尤其对小分子质量的蛋白质。

材料（带√ 的条目见附录 1）

- 含有目的蛋白的聚丙烯酰胺凝胶（见第 10.1～10.3 单元）
- 50％（V/V）甲醇/12％（V/V）乙酸
- 95％（V/V）乙醇（可选）
- √ 甲醛固定液
- 0.02％（m/V）硫代硫酸钠
- 0.1％（m/V）硝酸银
- √ 硫代硫酸盐显影液
- 50％（V/V）甲醇
- 带密闭盖子的玻璃或塑料容器，大小适合于盛放凝胶
- 台式摇床
- 可重复密封的塑料袋

1. 可选：为了阻止蛋白质扩散和改善背景，将凝胶在 50％甲醇/12％乙酸中固定 1 h 至过夜，在 95％乙醇中洗涤凝胶 3 次，每次 20 min。

2. 将凝胶置于含有 3 倍凝胶体积甲醛固定液的塑料或玻璃容器中，1 mm 厚的凝胶在摇床上摇动 15 min；1.5 mm 厚的凝胶摇动 30 min。

3. 倒出固定液，加入 5～10 倍凝胶体积的水，摇动 5 min。重复 2 次。

4. 将水弃去，加入 3 倍凝胶体积的 0.02％硫代硫酸钠，摇动 1 min。

5. 倒出硫代硫酸钠，加入 5～10 倍凝胶体积的水，摇动 1 min。重复 2 次。

6. 将水倒掉，加入 3 倍凝胶体积的 0.1％硝酸银，摇动 10 min。

7. 除去硝酸银，加入 5～10 凝胶体积的水，摇动 1 min。重复 2 次。

8. 将水倒掉，加入几毫升硫代硫酸盐显影液，直到棕色沉淀形成（30 s）。弃去显影液，加入 3 倍凝胶体积新的硫代硫酸盐显影液，刚好在条带达到合适的强度之前，迅速用水洗涤凝胶，以除去过量的硫代硫酸（避免背景染色）。

9. 加入 50％甲醇/12％乙酸，摇 10 min，终止反应。

10. 为了防止过一段时间后蛋白质条带加深，在摇动下，用 5～10 倍凝胶体积的 50％甲醇洗涤凝胶 30 min。重复 1 次。

11. 将凝胶置于可重复密封的塑料袋中，4℃保存；要长久记录，将凝胶扫描或照相（见辅助方案）；或干燥（见基本方案 1 第 4 步）。

辅助方案 凝胶成像

过去，使用宝丽来（Polaroid）或 35 mm 相机获得凝胶图像，这些传统的方法已经被数码成像技术所取代，数码成像对于定量分析是很重要的，而且便于数据的归档管理和在网络上传输。成像方法的选择取决于可用成像设备的类型、期望的图像质量［分辨率和精度（bit depth）］和所用染色的类型（比色或荧光）。这里简单归纳了获得数字凝胶图像需考虑的主要因素，详细论述见 *CPPS* 的第 10.12 单元。

分辨率、精度和文件大小

使用最高的分辨率和精度未必是最佳的选择，主要是因为这样会使图像文件很大，图像文件太大不仅会占用大量的磁盘空间，而且会使后续分析程序的运行减慢。当设定获得图像的参数时，应该考虑到下游分析软件的要求。

图像的最终用途会决定图像采集时所要求的空间分辨率。中低分辨率应当足以满足实验室笔记本电脑打印、书稿小样的图片和 PowerPoint 图片的使用；当要使用软件程序对凝胶上的条带和斑点进行鉴别和定量时，则通常需要较高的分辨率，对于这些应用，必须捕获到足够的细节，以便能够保留最细微和最高分辨率的特征，以充分发挥定量软件的能力。在某些情况下，所用软件的要求或所用成像系统的局限也会影响空间分辨率。一般来说，在获取双向凝胶图像时，所用空间分辨率能够使最小的斑点得到 15 个以上至 20 个像素；单向凝胶上最细的条带应包含 6～10 个像素。根据成像设备的不同，分辨率会用微米或每英寸的点数（dpi）来表示。微型凝胶的图像为 50 μm 或 100 μm 或 300～600 dpi（42～85 μm），已足以满足大多数的用途。

信号强度分辨率取决于检测设备的分辨力和精度（或报告图像上某一特定点的亮度所用的比特数）。精度定义了信号强度的最大定量分辨率或灰阶单位数。最常用的分辨率是 8 位、12 位或 16 位，8 位分辨率提供 256 的灰阶单位，其最大优点是文件小，这种格式提供非常有限的定量动态范围，这种图像足以满足打印相片和电脑屏幕显示，但不太适合于定量分析。现在，某些成像系统和软件使用 12 位分辨率，提供 4096 灰阶的水平；然而，随着计算机运算速度的加快以及数据存储设备的降价，提供 65 536 灰阶的 16 位分辨率正迅速成为最常用的格式。

最常用的数字成像设备包括平板扫描仪、CCD 相机、冷 CCD 相机和激光扫描仪（见下文）。需要注意的是，对于所有这些方法，要得到最好的结果，所有凝胶必须经过正确地脱色，否则不能获得最佳的信噪比。

平板扫描仪

获取考马斯、胶体考马斯或银染凝胶数字图像的简单、便宜、有效的方法是用平板扫描仪扫描，选择透射模式而不是反射模式，分辨率用 dpi 而不是微米来表示。扫描仪通常可提供更均匀的照度和更可靠的密度分析。

电荷耦合器件（CCD）相机

CCD 相机通常为比色成像或荧光成像提供光源，CCD 相机具有高分辨率和信号强度，它将一个图像分割成许多小的图像元素或像素，这些像素被存储在 CCD 芯片上，然后转化为视频输出。大多数成像设备的分辨率在 $50~\mu m$、$100~\mu m$ 或 $250~\mu m$。价格便宜的 CCD 相机没有使用冷 CCD 芯片，通常可手动调节焦距和图像大小，并且使用的软件较简单，不能够调整不均匀的光源强度和镜头的失真。这类相机可用于拍摄视觉图像，但通常不用于定量比较图像的拍摄。冷 CCD 相机通过降低温度（如 $-30℃$）来降低背景噪音，因此能够较长时间地曝光，在获得荧光或化学发光图像时，可以增加灵敏度。这类相机通常具有固定的焦距和成像尺寸。如果物体尺寸比相机获取图像的尺寸大，可以将其分块成像，然后用软件组合成合成图像，也可用软件纠正光密度的差异。这类相机的另一个特点是，通常使用最大分辨率成像，如果选择低分辨率，会对数据点进行平均。因此，一部具有 $50~\mu m$ 分辨率的冷 CCD 相机设置在 $100~\mu m$ 的分辨率时，会对 4 个数据点进行平均，这将改善信噪比，并将文件大小减小 4 倍。所以，使用这类设备时，对于某些成像应用来说，如果空间分辨率仍然可以满足分析软件的要求（见上文），设置较低的分辨率会有益处。当使用荧光染料（如 SYPRO Ruby）时，使用具有适当激发和发射滤光片的冷 CCD 相机会获得最高的灵敏度。

激光扫描仪

激光扫描仪可以替代 CCD 相机进行荧光成像，基于激光扫描仪的系统用二维的方式将光束发射到样品的每个点上，激发特定的荧光团。灵敏度由信噪比决定，而且要得到低的背景，只有增加光电倍增管的灵敏度才能使灵敏度增加。因此，必须将样品正确地染色，以获得最高灵敏度，而且必须彻底洗涤凝胶，以最大程度地降低背景荧光。由于可用激光波长有限，使激发波长也受到限制，所以，不可能在最佳波长来激发某些荧光团。

参考文献：Goforth 2001；Miller et al. 2001；Patton 2000；Rabilloud 1992；Wilson 1983
作者：Lynn A．Echan and David W．Speicher

10.5 单元 聚丙烯酰胺凝胶电印迹

注意：为了避免可能的人工污染，在操作过程中处理所有材料时都应戴无粉尘的手套，处理膜时应用镊子夹在膜的边缘。为了得到最好的结果，在整个过程中都应使用高质量的水（如 Milli-Q 纯水或同等质量的水）和高纯度的电泳试剂（如 Bio-Rad 公司）。

基本方案 电印迹到 PVDF 膜上

以下方法使用 Bio-Rad 公司的固相板槽转移装置，电极板之间有 7 cm 的空隙，这种装置适合于大小达 14 cm×18 cm 的凝胶，需要约 2.5 L 转移缓冲液。
材料（带 √ 的条目见附录 1）
√ 1×转移缓冲液
- 含有目的蛋白的聚丙烯酰胺凝胶（见第 10.1～10.3 单元）
- 100%甲醇
- 电转仪："固相"平板电极槽转移系统（如 Trans-Blot Cell，Bio-Rad 公司）

- 玻璃皿和托盘
- 凝胶支持片（如多孔聚乙烯片，Curtin Matheson 公司）
- PVDF 转移膜：0.2 μm Trans-Blot 膜（Bio-Rad 公司）或 Immobilon-P 膜（Millipore 公司）
- Whatman 1 号滤纸
- 电源（500 V，300 mA）

1. 用高纯水充分冲洗电转仪，要确保正确地水化或"湿润"多孔聚乙烯片（此片具有疏水性），即在加压的情况下，往多孔聚乙烯片上喷水，或先其浸在甲醇中，然后再浸在高纯水中。

2. 用 1×转移缓冲液充满转移槽，将凝胶盒支架、纤维垫和湿润的聚乙烯片浸入转移缓冲液中，将其放入转移槽中或用一个单独的托盘浸入转移缓冲液中。由于甲醇会蒸发，因此在转印之前，转移缓冲液在转移槽中放置的时间不要超过 2 h。

3. 用剃须刀片从聚丙烯酰胺凝胶上除去积层胶，弃掉。在分离胶的左下角切去一小块（在泳道 1 附近，按凝胶上样顺序从左至右），以便在后续的步骤中标记泳道的方向。

4. 在含有约 250 ml 1×转移缓冲液的玻璃皿中平衡凝胶，0.5 mm 厚的凝胶平衡 1 min；0.75～1 mm 厚的凝胶平衡 5 min；1.5 mm 厚的凝胶平衡 15 min。不要过度平衡，因为这将提取过多的 SDS，降低转移效率。

5. 剪一张比凝胶大 0.5～1 cm 的 PVDF 转移膜。若用于蛋白质测序，使用高截留的 Trans-Blot 膜，若用于低背景免疫检测或染色和从膜上回收蛋白质，则用低截留的 Immobilon-P 膜。

6. 剪一张比 PVDF 膜大约 0.5 cm 的 Whatman 1 号滤纸。

7. 将 PVDF 膜在含有 100%甲醇的干净玻璃皿中湿润 5 s，将膜转移至含有转移缓冲液的托盘中。任何时候都切勿使膜干燥，否则将阻碍蛋白质的转移。

8. 将打开的凝胶支架盒置于干净、平坦的表面上，在其上面放置一个湿润的纤维垫（第 2 步），接着放上凝胶支持片。如果有多孔聚乙烯片，则使用多孔聚乙烯片，因为这种片质地较硬且，便于操作。也可用滤纸代替。如果使用聚乙烯片，将其光面向上（朝向凝胶）。

9. 将凝胶面向下放在支持片上，这样剪去的角刚好在右侧。在凝胶上加 5～10 ml 转移缓冲液。

10. 将浸湿的 PVDF 膜（第 7 步）的两面滑过玻璃托盘的边缘，以除去气泡。重新将膜浸入转移缓冲液中数秒，然后将膜在凝胶上方对准凝胶，让膜的中央接触凝胶，从中心向外慢慢地放下膜，将所有气泡赶到凝胶的边缘。用高纯水冲洗戴手套的手，轻轻地将膜抚平，确保均匀地接触凝胶。检查膜内是否有任何气泡（气泡会阻碍蛋白质的转移）。

11. 用转移缓冲液短暂地湿润滤纸（第 6 步），覆盖在 PVDF 膜上，轻轻地抚平以除去所有气泡。在滤纸上放置另一张纤维垫，关上转移盒。确保转移夹层均合适紧贴，以使凝胶和膜之间接触良好。全部的凝胶夹层如图 10.7 所示。

12. 将安装好的转移盒放入转印槽中，凝胶朝向阴极，膜朝向阳极（图 10.7）。SDS 聚丙烯酰胺凝胶中的蛋白质带负电荷，向阳极迁移。如果转移凝胶中带正电荷的蛋白质，则方向相反。

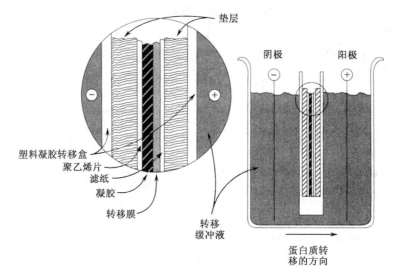

图 10.7 利用转印槽进行电印迹。将含有欲转移蛋白质的聚丙烯酰胺凝胶置于聚乙烯片（或滤纸片）的光面上，在凝胶上覆盖 PVDF 膜，然后再往膜上盖一张滤纸。将滤纸连同凝胶和 PVDF 膜一起夹在两个纤维垫之间，放入塑料凝胶支架盒中，然后整体放入盛有转移缓冲液的槽中。要转印带负电荷的蛋白质，将膜置于凝胶的阳极面，带电荷的蛋白质从凝胶上电转移到膜上。

13. 在转印槽中充满 1×转移缓冲液，使缓冲液完全覆盖电极板，但又不接触电源接头。连接电源，在 200～250 mA 恒流下进行转移（Bio-Rad 公司的带有固相平板电极的 Trans-Blot 电转仪）。0.5 mm 厚的凝胶转移 1 h；0.75～1 mm 厚的凝胶转移 2 h；1.5 mm 的凝胶转移 3 h。

14. 关闭电源，去掉连线。打开转移夹层，取出膜和凝胶。用高纯水彻底冲洗膜 3 次，每次 5 min。

15. 凝胶用考马斯亮蓝或银染色（见第 10.4 单元），以评定转移效率。

16. 将膜染色（见第 10.6 单元）或用于其他的检测方法（如免疫印迹，见第 10.7 单元），要保存染色或未染色的膜，可空气干燥约 30 min，贮存于可重复密封的塑料袋中，室温可保存数周，或 −20℃永久保存。为了后续的检测方法，可重新将膜在 50％或 100％的甲醇中水化。

备择方案 1 用于序列分析的蛋白质电印迹

本方案简要地列出了一些预防措施，能够帮助避免可能发生的蛋白质化学修饰，如 N 端封阻。

附加材料（见基本方案 1）

• 巯基乙酸盐（巯基乙酸钠，Sigma 公司）

• PVDF 转移膜：0.2 μm PVDF 膜（Bio-Rad 公司），ProBlott（Perkin-Elmer 公司），或 Immobilon-P^{SQ}（Millipore 公司）

1. 选择适当的丙烯酰胺浓度，使蛋白质迁移成一条锐利、紧密的条带，R_f 为 0.2～0.8。灌制凝胶（包括积层胶），至少在使用前 24 h（但不要超过 48 h）灌制。凝胶贮存于室温，直至使用，应确保凝胶不脱水（如贮存时将其浸在高纯水中）。
2. 在阴极缓冲液槽的电泳缓冲液中加入巯基乙酸盐，至终浓度为 0.1 mmol/L（每升缓冲液加入 11.4 mg）。
3. 在含有蔗糖或甘油（但不含尿素）的 2×SDS 样品缓冲液或 6×SDS 样品缓冲液（见第 10.1 单元）中溶解样品。加热至 37℃，保持 15 min（避免沸腾）。
4. 转移结束后，用大量水（至少 200 ml）冲洗膜 6 次，每次 5 min，以确保有效地除去 Tris 和甘氨酸。
5. 用氨基黑或丽春红 S 染膜以检测蛋白质（见第 10.6 单元）。转移后，将凝胶也进行适当的染色（见第 10.4 单元），以判断转移效率。

备择方案 2　电印迹至硝酸纤维素膜上

使用硝酸纤维素膜时，缓冲液中可含有适量的 SDS（达 0.1%），然而，操作这种精细的膜时，必须小心，并不得使用高浓度的有机溶剂。

附加材料（见基本方案 1）

　　0.45 μm 硝酸纤维素转移膜（Schleicher&Schuell 公司）

1. 准备转移装置和凝胶（见基本方案 1 第 1～4 步）。
2. 剪一块硝酸纤维素膜，比凝胶稍大些，再剪一块比硝酸纤维素膜稍大些的滤纸。
3. 慢慢地从膜的一角逐渐将膜完全浸入含有 1×转移缓冲液的玻璃皿中，使膜湿润。平衡 15 min。切勿将膜浸入 100% 甲醇中，因为这会使硝酸纤维素膜溶解（转移缓冲液中甲醇的浓度可高达 20%，不会影响膜）。
4. 进行电转移（见基本方案 1 第 8～15 步）。
5. 若要检测膜上的蛋白质，可用水性染色液（如丽春红 S）染色（见第 10.6 单元）。

备择方案 3　在半干系统中的蛋白质电印迹

半干电转移所需的时间比转印槽转移所需的时间短。由于只使用小量的转移缓冲液，因此凝胶中的 SDS 不会被有效地稀释，这样会导致结合不完全及转移量较低，特别是使用 PVDF 膜时。当需要高回收率时，建议不要用此方案。

附加材料（见基本方案 1）

- 半干转移装置
- 聚酯薄膜罩（可选）
- 多孔玻璃纸膜（Hoefer Pharmacia 公司）或透析膜（Bio-Rad 或 Sartorius 公司，可选）

1. 剪一块比凝胶（含有欲被转移的蛋白质）稍大些的转移膜，然后在适当的转移缓冲液中平衡（见基本方案 1 第 7 步）。剪 6 张与转移膜同样大小的滤纸，在转移缓冲液中完全浸湿。

2. 取出凝胶并平衡（见基本方案 1 第 3 步和第 4 步）。

3. 在转移仪的阳极上先放一个聚酯薄膜罩（可选），再放 3 张滤纸，抚平每张滤纸，避免隐藏气泡（气泡会妨碍蛋白质的转移）。

4. 在滤纸的上面放置准备好的转移膜，用试管或巴斯德吸管在膜上轻轻滚动，以挤出所有气泡。

5. 将凝胶放到转移膜的上面，使剪角的边缘位于左侧（图 10.8），用剪刀剪去膜的下角，使其与凝胶一致（以帮助在染色后将凝胶和印迹重新对齐）。除去气泡（见基本方案 1 第 10 步）。

6. 将余下的 3 张滤纸逐张地放在凝胶的上面，每次都挤出所有气泡。

7. 可选：要同时转移多块凝胶时，应预先将一张多孔玻璃纸膜或透析膜在转移缓冲液中平衡 5 min，放置在各个转移层之间（图 10.8），以防止蛋白质迁移到临近的转移膜上。

因为最靠近阳极的凝胶上的蛋白质转移效率更高些，因此，对于诸如蛋白质测序这样的重要应用，建议不要同时转移。

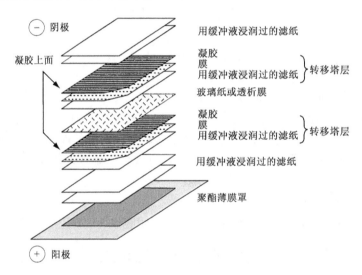

图 10.8 半干转移系统的电印迹。如图所示，在大多数情况下，下面的电极是阳极。直接将聚酯薄膜罩（可选）放置在阳极上，然后放置 3 张用转移缓冲液中浸泡过的滤纸。对于带负电荷的蛋白质，在滤纸上面放置预先平衡过的转移膜，接着放上凝胶和另外 3 张转移湿润的滤纸。如果要同时转移多块凝胶，可在每个塔层之间插入一张多孔玻璃纸或透析膜，以隔开各转移夹层。在装好的转移塔层上放置阴极，应用 $0.8\ mA/cm^2$ 凝胶面积的最大电流进行蛋白质转移。

8. 在转移夹层的顶部连接阴极，将电极连接到电源上。在恒流条件下转移蛋白质，时间不要超过 1 h，电流不要超过 $0.8\ mA/cm^2$ 凝胶表面积。如果在转移过程中夹层的外面变热，则降低电流。

9. 转移结束后，关闭电源，拔掉将凝色，移开阴极及最上面的 3 层滤纸。将转移膜剪去一角，使之与凝胶的剪角一致，也可用软铅笔在转移膜上作标记以标明方向。

10. 进行蛋白质染色（见第 10.6 单元）或免疫检测（见第 10.7 单元），或将膜干燥后贮存于−20℃，以备后用。

参考文献：LeGendre and Matsudaira 1988；Moxdzanowski and Speicher 1992；Towbin et al. 1979
作者：Jeanine A. Ursitti，Jacek Mozdzanowski and David W. Speicher

10.6 单元　检测印迹膜上的蛋白质

将蛋白质从丙烯酰胺凝胶转移到印迹膜［如聚偏氟乙烯（PVDF）、硝酸纤维素或尼龙膜（见第 10.5 单元）］之后，进行染色，PVDF 是首选和比较通用的膜，在此重点介绍；然而，在硝酸纤维素膜上，大多数染料的效果相似，也可用作转印膜使用。表10.14 比较了本单元中所用染料的特性。

在整个实验过程中均需用高纯水（Milli-Q 纯化系统或相当的），所有塑料和玻璃盒在用前必须彻底清洗干净，以避免人为的染色假象。在操作膜时，应当只用镊子夹住其边缘，所有步骤都在室温下进行（除非另有说明），并缓慢搅动。对于时间超过 1 min 的步骤，建议使用定轨摇床。如果在转印后要将 PVDF 膜干燥，则将其在100％甲醇中湿润 5 s 并用水冲洗，之后再染色。染色液、脱色液和洗涤液的量应足以覆盖膜，让膜在液体中自由漂浮。所有溶液均可在室温贮存数月，除非另有说明。

表 10.14　非荧光染料的染色灵敏度和膜的相容性[a]

染料	可检测到的最小量[b]	膜的类型[c]		
		PVDF	硝酸纤维素	尼龙
氨基黑	50 ng	＋	＋	＋
考马斯亮蓝	50 ng	＋	－	＋
丽春红 S	200 ng	＋	＋	＋
胶体金	2 ng	＋	＋	－
胶体银	5 ng	＋	＋	＋
印度墨汁	5 ng	＋	＋	－

　a 荧光染料的灵敏度主要取决于蛋白质的氨基酸组成。

　b 可检测到的最小量取决于凝胶中蛋白质的上样量。印迹膜上的实际量会稍低一些，这是由于在电印迹过程中蛋白质的丢失而造成的。这些值是在一块全尺寸的凝胶（11 cm×16 cm×1.5 mm）上得到的。当使用微型胶（8 cm×11 cm×1 mm）时，灵敏度会增加 2～5 倍，因为蛋白质条被浓缩在较小面积的印迹膜上。

　c ＋说明染色效果良好；－说明膜与染料不相容。

基本方案 1　氨基黑染色

转移的蛋白质（大于 50 ng/条带）在淡蓝色的背景上呈现深蓝色的条带。在测定内部序列时，对于蛋白质测序和蛋白质的原位切割，氨基黑是首选的染料，因为温和的条件使蛋白质提取降到最低。

材料
• PVDF、硝酸纤维素或尼龙膜（见第 10.5 单元）

- 氨基黑 10B 染色液：0.1%（m/V）氨基黑（萘酚蓝黑 10B，Sigma 公司），溶于 10%（V/V）的乙酸中
- 5%（V/V）乙酸
- 塑料盒

1. 将印迹转移膜放在塑料盒中，用水洗涤 3 次，每次 5 min。
2. 用氨基黑 10B 染液染色 1 min。
3. 用 5% 乙酸脱色 2 次，每次 1 min。
4. 用水冲洗 2 次，每次 10 min，然后空气干燥。

基本方案 2　考马斯亮蓝 R-250 染色

除了硝酸纤维素膜（高浓度的有机溶剂能溶解硝酸纤维素膜）以外，考马斯亮蓝 R-250 可用于大多数类型的印迹膜。考马斯亮蓝染色的蛋白质（大于 50 ng/条带）在亮蓝的背景上呈现为深蓝色的条带。

材料
- 印迹转移膜（第 10.5 单元）
- 考马斯亮蓝染色液：0.025%（m/V）考马斯亮蓝 R-250（Bio-Rad 公司），溶于 40% 甲醇/7% 乙酸（V/V）中
- 50% 甲醇/7% 乙酸（V/V）
- 塑料盒

1. 将印迹转移膜放在一干净的塑料盒中，用水洗涤 3 次，每次 5 min。
2. 用考马斯亮蓝染液染膜 5 min。

　　如果 PVDF 膜上的蛋白质要用于 N 端测序，染色液和脱色液中不加乙酸，以使蛋白质提取降到最低。

3. 用 50% 甲醇/7% 乙酸脱色 5～10 min。
4. 用水冲洗数次，然后空气干燥。

基本方案 3　丽春红 S 染色

转移后的蛋白质（大于 200 ng/条带）在粉红色的背景上呈现红色的条带。丽春红 S 染色不仅简单、快速，而且可逆。当印迹膜要再次用于第二种检测方法 [如免疫印迹（见第 10.7 单元）] 时，这种染色方法特别有利。

材料
- 印迹转移膜（见第 10.5 单元）
- 丽春红 S 染色液：0.5%（m/V）丽春红 S（Sigma 公司），溶于 1%（V/V）乙酸中
- 200 μmol/L NaOH/20%（V/V）乙腈
- 塑料盒

1. 将印迹转移膜放在一干净的塑料盒中,用水洗涤 3 次,每次 5 min。
2. 用丽春红 S 染色液染膜 30 s～1 min。
3. 用水脱色数次,每次 30 s～1 min,当背景呈现非常浅的粉色时,停止脱色。空气干燥。如果要提取染色液(第 4～6 步),则不干燥膜。
4. 将印迹影印或照相,以永久保存染色的结果。也可用塑料包装膜或塑料袋覆盖在湿的印迹膜上,用铅笔或钢笔勾画出条带,以此直接在印迹膜上标记目的条带的位置。以适当的压力下压,使膜上形成永久性的压痕。
5. 用 200 $\mu mol/L$ NaOH/20% (V/V) 乙腈提取蛋白质条带中的丽春红 S 染料,作用 1 min。
6. 用水洗膜 3 次,每次 5 min,然后空气干燥。

基本方案 4 胶体金染色

AuroDye(Amersham 公司)是一种在低 pH 缓冲液中的即用型商品胶体金染色液,使用时不得稀释。转移后的蛋白质(大于 2 ng/条带)在粉红色的背景中呈现红色的条带。在染色之前,用 1% KOH 洗膜,然后再用 PBS 冲洗数次,用碱处理膜可获得更强的染色信号(见附录 1)。

材料

- 印迹转移膜(见第 10.5 单元)
- Tween 20 溶液:0.3% (V/V) Tween 20,溶于 PBS 中(每周新鲜配制此溶液,4℃保存)
- AuroDye 胶体金试剂(Amersham 公司,4℃保存)
- 玻璃盒

1. 将印迹转移膜放在玻璃盒中,用水洗涤 3 次,每次 5 min。
2. 用 Tween 20 溶液于 37℃温育膜 30 min,并缓慢摇动。
3. 在室温下,用 Tween 20 溶液洗膜 3 次,每次 5 min。
4. 用水冲洗膜数次。
5. 用 AuroDye 染膜 2～6 h(直到染色合适)。使用足够的染色液,以完全覆盖膜。
6. 用水彻底冲洗膜,然后空气干燥。

基本方案 5 胶体银染色

胶体银比胶体金更为经济,转移后的蛋白质(大于 5 ng/条带)在浅褐色的背景中呈现黑色条带(硝酸纤维素膜),在 PVDF 膜上则为暗背景。

材料

- 印迹转移膜(见第 10.5 单元)
- 40% (m/V) 柠檬酸钠(4℃可保存数月)
- 20% (m/V) 硫酸亚铁($FeSO_4 \cdot 7H_2O$),新鲜配制
- 20% (m/V) 硝酸银(4℃可保存数月)
- 玻璃盒

1. 将印迹转移膜放在玻璃盒中，用水洗涤 3 次，每次 5 min。
2. 在 90 ml 的水中加入 5 ml 40％柠檬酸钠和 4 ml 20％硫酸亚铁，剧烈搅拌，在 1～2 min 的时间内，缓慢地加入 1 ml 20％的硝酸银，形成悬液。
3. 立即用此悬液染膜约 5 min。

   染色悬液应在 30 min 内使用。
4. 用水冲洗膜，然后空气干燥。

基本方案 6　印度墨汁染色

　　转移后的蛋白质（大于 5 ng/条带）在灰色的背景中呈现黑色的条带。用 1％ KOH 处理印迹膜，然后用 PBS 数次冲洗几次，通过短暂的碱处理，可增强灵敏度（见附录 1）。

材料
- 印迹转移膜（见第 10.5 单元）
- Tween 20 溶液：0.3％（V/V）Tween 20，溶于 PBS 中（每周新鲜配制此溶液，4℃保存）
- 印度墨汁溶液：0.1％（V/V）印度墨汁（Pelikan 17 黑），溶于 Tween 20 溶液中（室温可保存 1 个月）
- 塑料盒

1. 将印迹转移膜放在塑料盒中，用水洗涤 3 次，每次 5 min。
2. 用 Tween 20 溶液洗膜 4 次，每次 10 min。
3. 用印度墨汁溶液染膜 2 h 或过夜。
4. 用水冲洗，直到得到合适的背景，然后空气干燥。

基本方案 7　荧光胺标记

　　这种染料很灵敏，可与第二种检测方法［如免疫印迹（见第 10.7 单元）］联合使用。然而，蛋白质被不可逆地修饰，因为荧光胺与所存在的氨基反应。

材料
- 印迹转移膜（见第 10.5 单元）
- 碳酸氢钠溶液：100 mmol/L 碳酸氢钠，溶于 0.3％（V/V）Tween 20（pH 9.0）中（每周新鲜配制此溶液，4℃保存）
- 荧光胺染色液：0.25 荧光胺（Sigma 公司），溶于碳酸氢钠溶液中（每日新鲜配制）
- 塑料盒

1. 将印迹转移膜放在塑料盒中，用水洗涤 3 次，每次 5 min。
2. 用碳酸氢钠溶液洗膜 2 次，每次 10 min。
3. 用荧光胺溶液标记蛋白质条带 15 min，使用足够的染色液，以完全覆盖印迹膜。

4. 用碳酸氢钠溶液洗膜 3 次，每次 5 min。

5. 用水冲洗膜数次。

6. 用紫外灯观察转移后的蛋白质。

参考文献：Moeremans et al. 1985；Vera and Rivas 1988
作者：Sandra Harper and David W. Speicher

10.7 单元　免疫印迹检测

　　蛋白质样品被溶解（通常用 SDS，在某些情况下用还原剂，如二硫苏糖醇或 2-巯基乙醇）、用 SDS-PAGE 分离（见第 10.1 单元和第 10.3 单元）和转移到硝酸纤维素膜、PVDF 膜、或尼龙膜上（见第 10.5 单元）。当使用硝酸纤维素或 PVDF 膜时，可用丽春红 S 可逆染色的方法进行监测（见第 10.6 单元），染色后，可将膜上的蛋白质条带照相和（或）用不褪色墨水（如用 Paper-Mate 笔）标记检测到的蛋白质的位置，然后，可将膜浸在水中 10 min，使之完全脱色，这样便可以用于免疫探测（immuno-probing）。

基本方案　使用直接耦联的第二抗体进行免疫探测

材料（带 √ 的条目见附录 1）
- 带有转印蛋白质的膜（见第 10.5 单元）
- √ 适合于特定的膜和检测方法的封闭缓冲液
- 抗目的蛋白的第一抗体
- √ TTBS 缓冲液（用于硝酸纤维素膜或 PVDF 膜）
- √ TBS 缓冲液（用于中性或带正电荷的尼龙膜）
- 第二抗体耦联物：辣根过氧化物酶（HRP）或碱性磷酸酶（AP）与抗免疫球蛋白抗体的耦联物（Cappel、Vector、Kirkegaard & Perry 或 Sigma 公司，按厂商说明书稀释并分装成 25 μl 的小份，冻存备用）
- 可热密封的塑料袋
- 塑料盒

1. 将膜放入可热密封的塑料袋中，袋中含有 5 ml 封闭液，密封塑料袋。在定轨摇床或平台式摇床上，于室温温育 30～60 min，并摇动。
   通常 2 或 3 张 14 mm×14 cm 大小的膜用 5 ml 缓冲液就足够了。当在不同的第一抗体溶液中处理大量条带时，可用塑料温育托盘代替可热密封的塑料袋。

2. 用封闭液稀释第一抗体，例如，多克隆抗体的稀释度为 1∶100～1∶1000；杂交瘤培养上清液的稀释度为 1∶10～1∶100；含单克隆抗体的小鼠腹水，稀释度应不低于 1∶1000。凭经验确定第一抗体的最佳稀释度。
   使用碱性磷酸酶或发光检测系统时，稀释度可再提高 10～100 倍。第一抗体和第二抗体溶液至少可使用 2 次，但是不建议长期保存（即 4℃保存超过 2 天）。

3. 打开袋子，倾去封闭液。加入稀释的第一抗体，室温下温育 30～60 min，并不断摇动。根据所用耦联物的需要，调整温育时间。

当使用塑料托盘时，将第一抗体和第二抗体的体积增加至 25～50 ml。

4. 戴好手套后，从塑料袋子中取出膜，放在塑料盒中，在摇动下，用 200 ml TTBS（硝酸纤维素膜或 PVDF 膜）或 TBS（尼龙膜）洗涤 4 次，每次 10～15 min。

5. 用封闭液稀释第二抗体耦联物（通常 1∶200～1∶2000 稀释）。将膜放入一新的可密封塑料袋中，加入稀释的第二抗体耦联物，室温温育 30～60 min，并不断摇动。

6. 从塑料袋中取出膜，并按第 4 步的方法洗膜。按适当的显迹方法显影（见辅助方案 1 或 2）。

备择方案　用耦联到第二抗体上的抗生物素蛋白-生物素进行免疫探测

抗生物素蛋白-生物素系统具有极高的灵敏度，因为与每个第二抗体结合的酶有多个。

附加材料（见基本方案）

- Vectastain ABC（HRP，即辣根过氧化物酶）或 ABC-AP（AP，即碱性磷酸酶）试剂盒（Vector 公司），内含试剂 A（抗生物素蛋白）、试剂 B（生物素化的 HRP 或 AP）和生物素化的第二抗体（定购时索要膜免疫检测方案）

1. 在可热密封的塑料袋中，用适当的封闭液平衡膜，在旋转摇床或平台式摇床上不断地摇动。对于硝酸纤维素膜和 PVDF 膜，室温温育 30～60 min；尼龙膜则于 37℃ 温育不少于 2 h。

TTBS 很适合于抗生物素蛋白-生物素系统。使用尼龙膜时，建议使用蛋白质结合剂。脱脂奶粉会干扰免疫分析，因此在封闭时不得使用。

常用塑料托盘代替可热密封的塑料袋，当在不同的第一抗体溶液中处理大量条带时特别适用。

2. 用 TTBS（用于硝酸纤维素膜或 PVDF 膜）或 TBS（用于尼龙膜）配制第一抗体溶液，对于含有第一抗体的血清，稀释度为 1∶100～1∶10 000。使用高灵敏度的抗生物素蛋白-生物素系统时，稀释度为 1∶1000～1∶100 000。使用基于 AP 或发光的检测系统时，可用更高的稀释度。凭经验确定合适的浓度。

3. 打开袋子，倾去封闭液，加入足量的第一抗体溶液覆盖膜。重新密封袋子，于室温温育 30 min，并缓慢摇动。

当使用塑料托盘时，将第一抗体和第二抗体的体积增加至 25～50 ml。

4. 从袋子中取出膜，放入塑料盒中。在 TTBS（硝酸纤维素膜或 PVDF 膜）或 TBS（尼龙膜）中洗膜 3 次，时间超过 15 min。加入足量的 TTBS 或 TBS，以完全覆盖膜。

5. 配制生物素化第二抗体溶液：用 50～100 ml TTBS（硝酸纤维素膜或 PVDF 膜）或 TBS（尼龙膜）稀释 2 滴生物素化的抗体。

6. 将膜移入一新的含有第二抗体溶液的塑料袋中，于室温温育 30 min，并缓慢摇动，然后按第 4 步的方法洗膜。

7. 在膜温育期间，将 2 滴 Vectastain 试剂 A 和 2 滴试剂 B 加入 10 ml TTBS（硝酸纤维素膜或 PVDF 膜）或 TBS（尼龙膜）中，混匀，室温温育 30 min，然后进一步用 TTBS 或 TBS 稀释至 50 ml。

叠氮化合物是过氧化物酶抑制剂，不得使用。酪蛋白、脱脂奶粉、血清和某些品级的牛血清白蛋白会干扰抗生物素蛋白-生物素复合物的形成，因此不能使用。

8. 将膜移入一新的含有 5～10 ml 抗生物素蛋白-生物素-酶溶液的塑料袋中，于室温温育 30 min，并缓慢摇动，按第 4 步的方法洗膜，时间超过 30 min。

使用塑料托盘时，为方便操作，使用 50 ml 液体。

9. 根据适当的显迹方案（见辅助方案 1 或 2）将膜显影。

辅助方案 1   用发色底物显迹

4CN、DAB/NiCl2 和 TAB 是辣根过氧化物酶常用的底物，而碱性磷酸酶建议使用 BCIP/NBT（表 10.15）。

材料

• 用抗体-酶复合物探测的膜（见基本方案或备择方案）
√ TBS
√ 发色显迹溶液（表 10.15）

1. 如果最后是在 TTBS 中洗膜，则用 50 ml PBS 室温洗膜 15 min，以去除 Tween 20。
2. 将膜放入发色显迹溶液中，条带应在 10～30 min 内出现。
3. 用蒸馏水洗膜以终止反应，空气干燥，照相（见第 10.4 单元）留作永久记录。

表 10.15   发色和发光显迹系统[a]

系统	试剂[b]	反应/检测	注释
发色法			
HRP 系统	4CN	氧化产物形成紫色沉淀物	不是很灵敏（Tween 20 抑制反应）；见光很快褪色
	DAB/NiCl2[c]	形成深褐色沉淀物	比 4CN 灵敏，但有潜在的致癌性；结果易于观察
	TMB[d]	形成深紫色染料	比 DAB/NiCl2 更稳定、低毒；也许更灵敏[d]；可用于所有类型的膜
AP 系统	BCIP/NBT	用 NBT 氧化后，BCIP 水解产生靛蓝沉淀物；还原 NBT 沉淀物；形成深蓝灰色染料	比其他 AP-沉淀性底物更灵敏、可靠；注意磷酸盐抑制 AP 活性
发光法			
HRP 系统	鲁米诺/H2O2/对碘酚	氧化的鲁米诺底物发蓝光；对碘酚增加光的强度	非常方便灵敏；检测反应只需几秒到 1 h

系统	试剂[b]	反应/检测	注释
AP 系统	替换成1,2二氧环丁烷磷酸盐（如 AMP-PD、CSPD、Lumigen-PPD、 Lumi-Phos 530[e]）	去磷酸化底物发光	该方案在各种膜上都能得到适当的灵敏度；要获得最高灵敏度和最低背景，参考试剂厂家的说明书

a 缩写：AMPPD 或 Lumigen-PPD，二钠3-(4-甲氧螺 {1, 2-二氧杂环丁烷-3, 2′-三环 [3.3.1.1^{3,7}] -癸烷} -4-基) 苯基磷酸盐；AP，碱性磷酸酶；BCIP，5-溴-4-氯-3-吲哚磷酸盐；4CN，4-氯-1-奈酚；CSPD，AMPPD 在其金刚环上有氯基的取代物；DAB，3, 3′-二氨基联苯胺；HRP，辣根过氧化物酶；NBT，四唑氮蓝；TMB，3,3′, 5,5′-四甲基联苯胺。

b 除 TMB 外，所有试剂的配方及供应商均列于附录 1 中。含有 TMB 的试剂盒可购自 Kirkegaard & Perry、TSI Center for Diagnostic Products、Moss 和 Vector 公司。

c DAB/NiCl$_2$ 不加 Ni^{2+} 也能使用，但灵敏度大为下降。

d 在 10 mmol/L 柠檬酸-EDTA（pH 5.0）缓冲液中，将硝酸纤维素膜用 1% 硫酸葡聚糖处理 10 min，会使 TMB 沉淀在膜上，这样灵敏度明显大于 4CN 或 DAB，等于或优于 BCIP/NBT（McKi mm-Breschkin, 1990）。

e Lumi-Phos 530 含有二氧杂环丁烷、MgCl$_2$、十六烷基三甲溴化胺（CTAB）和荧光增强剂（在 pH 9.6 的缓冲液中）。

辅助方案 2 用发光底物显迹

发光检测要比发色法和放射性同位素法更快速、更灵敏。

附加材料（见辅助方案 1）

√ 50 mmol/L Tris·Cl，pH 7.5（用于辣根过氧化物酶）

√ 二氧杂环丁烷磷酸盐底物缓冲液（用于碱性磷酸酶）

• Nitro-Block 溶液（仅用于碱性磷酸酶反应）：5%（V/V）Nitro-Block（Tropix），溶于二氧杂环丁烷磷酸盐缓冲液中，现用现配

√ 发光显迹溶液（表 10.15）

• 透明的塑料保鲜膜

1. 用底物缓冲液洗膜两次，每次 15 min，以平衡膜。进行整胶印迹时，用 50 ml 底物缓冲液；对蛋白质条带进行印迹时，则使用 5～10 ml/条带。

2. 使用硝酸纤维素膜或 PVDF 膜的碱性磷酸酶反应：在 Nitro-Block 溶液中温育 5 min，然后在底物缓冲液中温育 5 min。进行整胶印迹时，用 50 ml；对蛋白质条带进行印迹时，则使用 5～10 ml/条带。

   在使用 AMPPD、CSPD 或 Lumigen-PPD 的反应中，Nitro-Block 可增强二氧杂环丁烷底物的发光强度。用硝酸纤维素膜时需要 Nitro-Block，使用 PVDF 膜时也建议用该试剂。而使用 Lumi-Phos 530、在尼龙膜上进行碱性磷酸酶反应或在任何一种膜上进行辣根过氧化酶反应时，则不需要使用 Nitro-Block。使用硝酸纤维素膜时，建议不要使用 Lumi-Phos 530。

3. 将膜移入发光显迹溶液中，浸泡 30 s（HRP 反应）至 5 min（AP 反应）。

4. 取出膜，沥干，将膜正面朝下放在一张透明的塑料保鲜膜上，向膜的背面折叠保鲜

膜，用胶带密封，将膜紧密包裹起来。

5. 在暗室中，将膜正面朝下放在感光胶片上，不要移动位置，置于暗盒中，确保牢牢贴紧，曝光几秒钟至几小时。

6. 如果希望，可用 50 ml TBS 溶液洗膜 2 次，每次 15 min，再进行发色显影（见辅助方案 1）。

参考文献：Gillespie and Hudspeth 1991；Harlow and Lane 1988；Schneppenheim et al. 1991

作者：Sean Gallagher

温铭杰 译　李慎涛 校

第11章 化学分析

第 11 章主要介绍决定蛋白质一级结构的方法。尽管这些技术也可用于容易获得的蛋白质,但主要侧重用于对来源有限(皮摩尔,picomole)的蛋白质进行分析。如蛋白质序列分析(第 11.7 单元)用于鉴定蛋白质,也可得到用于设计目的蛋白编码基因的寡核苷酸探针的信息。另外,如果受污染的蛋白质无法测序,而且由于其 N 端被封闭也无法对其进行检测,则可通过 N 端序列分析来评定蛋白质的纯度。

通常情况下,通过对完整蛋白质的 N 端测序来获得蛋白质的一级序列,然而,由于某些原因,蛋白质可能会缺乏游离的 N 端氨基(即它们被封闭),从而难以进行 Edman 降解(Edman degradation)。如果将蛋白质纯化,被封闭的蛋白质仍然不能通过其他方法获得游离 N 端,这种情况下通常需要用酶学和(或)化学方法(分别见第 11.1 单元和第 11.4 单元)将蛋白质分解成片段,然后用反相-高效液相色谱(RP-HPLC,见第 11.6 单元)或其他方法分离单一的蛋白质片段,以获得一级序列数据。即使蛋白质的 N 端未被封闭,与仅进行 N 端测序的方法相比,此方法也可最经济地利用蛋白质,能够从有限量的蛋白质得到较多的序列资料。

由于蛋白质纯化的最后步骤通常是 SDS-PAGE,所以电转印迹(见第 11.5 单元)至固相基质[如聚偏二氟乙烯(polyvinylidene difluoride,PVDF)膜]的方法是高效、无污染(如 SDS)回收蛋白质最简单、最通用的方法。由于从这种固相基质中洗脱蛋白质的效率非常低,所以研制了利用酶学和化学方法消化固相基质上的蛋白质的方法(分别见第 11.2 单元和第 11.5 单元)。在某些情况下,蛋白质在从 SDS-PAGE 胶转移至固相基质过程中会发生丢失,或在固相基质上的消化效率特别低,针对这些情况,已研制出一些特殊的酶解方案,可直接在分离胶(resolving gel)中消化蛋白质(见第 11.3 单元),这些方案适合于处理此类胶中高浓度的 SDS,高浓度的 SDS 通常会抑制酶水解。

正如第 11.6 单元所描述的,对于分离和分析各种切割方法所产生的肽,RP-HPLC 是基本的工具。肽在疏水固相上被分离,用有机溶剂浓度逐渐增加的梯度来洗脱。在一个辅助方案中详述了毛细管 HPLC 系统的构建。

最后,通过这些实验方案获得的数据可以用于确认对已知蛋白质的鉴定,或把蛋白质与已知的基因序列联系起来,或为克隆与蛋白质序列对应的基因提供合成寡聚脱氧核苷酸(引物或探针)的基础。

作者:John E. Coligan

11.1 单元 溶液中蛋白质的酶解
基本方案 非变性条件下的蛋白质消化
材料

- 100 pmol~5 nmol 的蛋白质样品,固体或溶液,不含蛋白酶抑制剂

- 1×和 10×的消化缓冲液（表 11.1）
- 20%（m/V）3-[(3-胆酰胺基丙基)-二甲氨基]-1-丙磺酸盐（CHAPS）、辛基糖苷（octyl glucoside）或 Nonidet P-40（NP-40，Calbiochem 公司）
- 100%（V/V）乙腈
- 1 μg/μl 酶贮液（见辅助方案 1；−20℃保存）
- 溶液 A：0.1%（V/V）三氟醋酸（TFA，Pierce 公司）水溶液
- 溶液 B：0.09%（V/V）TFA，溶于 70%（V/V）乙腈溶液中（Burdick & Jackson 公司）
- 超声浴（Branson 公司）
- Phast Gel 系统（Amersham Biosciences 公司），可选
- HPLC 系统，带有 C18 或 C4 反相柱（4.6 mm 或 2.1 mm，如 Vydac 公司）、UV 检测仪、记录仪
- 汉密尔顿注射器（Hamilton syringes）

1. 将固体蛋白质样品溶于最小体积的 1×消化缓冲液中，如果蛋白质样品已经为溶液，则加入 0.1 倍体积的 10×消化缓冲液。

   蛋白质的终浓度应大于 1 μg/20 μl。如果样品浓度太低，且体积大于 0.5 ml，先将样品浓缩（见第 4.1 单元）。

2. 将样品在 37℃温育 5 min，然后超声 1 min，重复操作，直到样品完全溶解，如果不溶，往消化液中加入 CHAPS（终浓度 2%）、辛基糖苷（终浓度 2%）、NP-40（终浓度 2%）或乙腈（终浓度 20%～40%，表 11.1）。取 1 μl 样品至 pH 试纸上，对于胃蛋白酶，pH 必须为 2.0；对于枯草芽孢杆菌蛋白酶和内切蛋白酶 Lys-C，pH 必须是 7～10.5；对于其他蛋白酶，pH 必须是 8.0～8.5。如果 pH 不合适，加入足够的 10×消化缓冲液，使缓冲强度增加 100 mmol/L（表 11.1），再测 pH。

3. 加入 1 μg/μl 酶贮液，使酶/底物的最终比率为 1：50～1：10（m/m），并且酶的终浓度>1 μg/100 μl。37℃温育，推荐的温育时间见表 11.1。

4. 用 SDS-PAGE（如用 Phast Gel，见第 10.1 单元）分析 0.5～1 μg 消化物，用考马斯亮蓝染色（见第 10.4 单元）确定消化程度。也可以用 RP-HPLC 分析 25～500 pmol 的蛋白质（25～200 pmol 的蛋白质用 2.1 mm 柱，200～500 pmol 的蛋白质用 4.6 mm 柱；见第 11.6 单元），检测用量不要超过样品总量的 10%，将剩余样品置于冰上。

5. 若样品已被消化，可进行制备型 RP-HPLC（第 6 步），若样品未被消化，如果必要，调整 pH，再加入第二份酶液，在 37℃温育的时间比正常的消化时间再加长 30 min，然后检测消化程度，如果样品仍然未被消化，试用另一种酶。如果第二种酶仍无效，则将底物变性（见备择方案 1 和 2）。

   如果不能立即进行 HPLC 分析，在样品反应液中加入 TFA 至终浓度为 2%，并于 −70℃保存，在此条件下可长期保存消化的样品。

6. 如果样品中含有机溶剂，用溶液 A 稀释 5 倍。用洁净的汉密尔顿注射器将剩余的消化样品注入柱中。将 HPLC 编程，使其在 5%溶液 B 下等度（isocratically）运行，

表 11.1 内切蛋白酶活性条件[a,b]

条件	酶									
	T	C	KC	DN	EC	S	H	P	E	PA
非变性										
缓冲液	0.1 mol/L AB	0.1 mol/L AB	0.1 mol/L AB	0.1 mol/L AB	0.05 mol/L AB	0.1 mol/L AB	0.1 mol/L AB/1 mmol/L CaCl₂	0.1 % TFA	0.2 mol/L TC	0.1 mol/L AB/1 mmol/L EDTA
时间	2 h	2 h	2 h	5 h	5 h	1 h	2 h	1 h	18 h	5 h
低/高 pH										
酸	—	—	—	—	—	—	—	+	—	—
NH_4OH	—	—	0.1 mol/L	—	—	1 mol/L	—	—	—	—
离液剂										
尿素	4 mol/L	2 mol/L	8 mol/L	2 mol/L	2 mol/L[c]	8 mol/L[c]	8 mol/L[c]	ND	2 mol/L	8 mol/L[c]
缓冲液	0.1 mol/L AB/+5 mmol/L CaCl₂	0.1 mol/L AB	0.2 mol/L TC	0.1 mol/L AB	0.05 mol/L AB	0.1 mol/L TC	0.1 mol/L AB/+5 mmol/L Ca 0.1 mol/L TC/+5 mmol/L Ca	ND	0.2 mol/L TC	0.1 mol/L AB/1 mmol/L EDTA
时间	15 h	5 h	5 h	5 h	5 h	1 h	2 h		18 h	5 h
Gu·HCl	—	2 mol/L	2 mol/L	1 mol/L	1 mol/L[c]	2 mol/L	—	2 mol/L	2 mol/L	2 mol/L
缓冲液		0.2 mol/L AB	0.2 mol/L TC	0.2 mol/LTC	0.05 mol/L AB	0.1 mol/L AB		12 mmol/L HCl	0.2 mol/L TC/1 mmol/L EDTA	0.1 mol/L AB/1 mmol/L EDTA
时间		24 h	5 h	18 h	18 h	2 h		2 h	18 h	18 h
去污剂[d]										
SDS	<0.1 %	0.1 %[c]	1 %	<0.1 %	0.1 %[c]	1 %	0.1 %[c]	ND	0.1%	—
CHAPS	2 %	1 %	2 %	2 %	2 %	2 %	2 %	ND	1 %	1 %
OG 和 NP-40	2 %	1 %	2 %	2 %	2 %	2 %[c]	2 %	ND	1 %	2 %
有机溶剂[d]										
MeCN	40 %	30 %	40 %	40 %	20 %	40 %	40 %	20 %	40 %	40 %
IPA	40 %	20 %	40 %	40 %	20 %	40 %	40 %	20 %	20 %	40 %
还原剂										
2-ME	—	—	0.5 %	0.1 %	0.5 %	ND	ND	ND	ND	ND

a 所列缓冲液是 1×贮存液;对于实验方案的某些步骤需要准备 10×贮存液。所列添加成分都是在确保蛋白质充分水解条件下的最高浓度。

b 缩略语:C,胰凝乳蛋白酶;DN,内切蛋白酶 Asp N;E,胰肽酶 E;EC,内切蛋白酶 Glu-C;H,脊热菌蛋白酶 Lys-C;P,胃蛋白酶;PA,木瓜蛋白酶;S,枯草芽孢杆菌蛋白酶;T,胰蛋白酶。

其他:—,无活性;+,pH 2.0 时的活性;AB,碳酸氢铵;Gu·HCl,盐酸胍;IPA,异丙醇;2-ME,巯基乙醇;MeCN,乙氰;OG,辛基糖苷;TC,Tris·Cl,pH 8.5;TFA,三氟乙酸。

c 限制性消化。对于 8 mol/L 尿素条件下,加入缓冲液后的实际终浓度是 7.3 mol/L。

d 浓度高于 2 % 的 CHAPS,辛基糖苷和 NP-40,以及浓度高于 40 % 的乙氰和异丙醇没有做检测。

直到基线回到其初始位置。对于 2.1 mm 柱，设定流速为 100 $\mu l/min$，对于 4.6 mm 柱，设定流速为 1 ml/min，运行梯度如下：

在 45 min 内，使溶液 B 的浓度由 5% 升至 50%。

在 25 min 内，使溶液 B 的浓度由 50% 升至 100%。

备择方案 1　尿素或盐酸胍溶液中的蛋白质消化

该方案要求蛋白质的量 $\geqslant$ 200 pmol。

附加材料（见基本方案）

- 6 mol/L 盐酸胍（测序级，Pierce 公司），使用之前新制备（用于固体样品）；或固体盐酸胍（用于液体样品）
- 8 mol/L 尿素（测序级，Pierce 公司；可选），经 Bio-Rad AG 501-X8 混合床树脂（不是蓝色指示剂染料形式）过滤的溶液，可于室温保存数周
- Milli-Q 超纯水或相当的
- 50℃水浴，用于配制盐酸胍

1a. 如果样品为固体：将蛋白质沉淀物溶于最小体积的 6 mol/L 盐酸胍或 8 mol/L 尿素中，将样品在 37℃加热 5 min，然后超声 1 min，重复加热和超声处理，直到蛋白质沉淀物溶解。

1b. 如果样品已经为溶液且不希望出现沉淀：加入固体的盐酸胍，使终浓度为 6 mol/L（盐酸胍 104 mg/100 μl 样品；终体积是 182 μl）。

在任一情况下，起始于足够的浓度以使稀释后的底物浓度大于 1 μg/10 μl（第 2 步），如果样品太稀，先浓缩样品（见第 4.1 单元）。

2. 如果样品在 8 mol/L 尿素溶液中，则于 37℃加热 30 min；若样品在 6 mol/L 盐酸胍溶液中，则于 50℃加热 30 min，然后冷却至室温。加水和适当的 10× 消化缓冲液，使离液剂（chaotropic agent）达到期望的终浓度：

8 mol/L 尿素：只加 0.1 倍体积的 10× 缓冲液（不加水）

4 mol/L 尿素：加入 0.8 倍体积的水和 0.2 倍体积的 10× 缓冲液

2 mol/L 尿素：加入 2.6 倍体积的水和 0.4 倍体积的 10× 缓冲液

2 mol/L 盐酸胍：加入 1.7 倍体积的水和 0.3 倍体积的 10× 缓冲液。

3. 如前所述检测并调整 pH（见基本方案第 2 步），对于盐酸胍，用双倍缓冲强度将 pH 调至弱碱性。

4. 加入 1 $\mu g/\mu l$ 酶贮液，使酶/底物的比率最终为 1∶25～1∶10（m/m），且酶的终浓度 ＞ 1 μg/50 μl，将样品轻轻涡旋混匀，高速离心 10 s，将样品 37℃温育，推荐的温育时间见表 11.1。

5. 用分析型 RP-HPLC（见基本方案第 4 步）来确定消化程度。在有盐酸胍存在情况下，不要用 SDS-PAGE 检测消化情况。如果消化完全，进入第 6 步；若消化不完全，检测并调整 pH，然后重新消化（见基本方案第 5 步）。盐酸胍要维持酶/底物的比率 ＜ 1∶10。

如果不能立即进行 HPLC 分析，样品可于 −70℃长期保存。

6. 将肽还原和烷基化（可选；见辅助方案 2），并用 RP-HPLC 分离（见基本方案第 6 步）。

备择方案 2　SDS 溶液中的蛋白质消化

与最常用蛋白酶所相容的最高 SDS 浓度见表 11.1。

附加材料（见基本方案）

- 含有 1% 或 0.1%（m/V）SDS 的 1× 消化缓冲液（表 11.1）
- 10% 和 1%（m/V）SDS（Bio-Rad 公司）
- 10× 消化缓冲液（不含 SDS）
- 1 mol/L 盐酸胍（测序级，Pierce 公司），用前配制
- 60℃ 和 95℃ 水浴

1a. 如果样品是固体：将蛋白质样品溶于最小体积的 1× 消化缓冲液（含有 1% 或 0.1% SDS）中，将样品在 37℃ 加热 5 min，超声 1 min。如果蛋白质沉淀物不溶解，可将样品于 60℃ 加热 5 min，超声 1 min，重复加热和超声处理，直到蛋白质溶解。

1b. 如果样品已经为溶液：加入 0.1 倍体积 10% 或 1% SDS（终浓度为 1% 或 0.1%）和 0.1 倍体积 10× 消化缓冲液（表 11.1）。样品溶液一定不能含有盐酸胍。

　　底物终浓度应 > 1 μg/10 μl，如果样品浓度太低，先浓缩样品（见第 4.1 单元）。

2. 按上述方法检测和调整 pH（见基本方案第 2 步）。

3. 如果非变性蛋白质是耐蛋白酶的（表 11.2），在 95℃ 加热样品 5 min，使蛋白质变性，冷却样品至室温。

表 11.2　非变性底物的蛋白质水解结果[a,b,c]

底物	#AA	链内二硫键	T	C	KC	DN	EC	S	H	P
细胞色素 c	104	0	+++	+++	+++	+++	−	+++	+++	+++
磷酸丙糖异构酶	248	0	−	−	−	−	−	−	−	−
碳酸酐酶	259	0	−	−	+++	+	+	+++	−	+++
胰蛋白酶抑制剂	56	3	−	−	−	−	−	−	−	−
RNase	124	3	−	−	−	−	−	+++	−	++
溶菌酶	129	4	−	−	−	−	−	+++	−	−
过氧化物歧化酶	151	1	−	−	−	−	−	−	−	−
β-乳球蛋白	162	2	+++	+++	+++	+++	+++	+++	+++	
卵清蛋白	385	1	−	−	−	−	−	+++	−	−
牛血清白蛋白	577	17	+++	−	+++	−	−	+++	−	+++

　　a 在 37℃ 进行消化，酶/底物的比率为 1:25（m/m）；缓冲液的组成和温育时间见表 11.1（顶行），溶菌酶的枯草芽孢杆菌蛋白酶消化物除外，此消化时间为 5 h。用 RP-HPLC 进行分析。

　　b 缩写：#AA，蛋白质的氨基酸长度；C，胰凝乳蛋白酶；DN，莓实假单胞菌（*Pseudomonas fragi*）内切蛋白酶 Asp-N；EC，金黄色葡萄球菌（*Staphylococcus aureus*）V8 内切蛋白酶 Glu-C；H，嗜热菌蛋白酶；KC，无色杆菌（*Achromobacter*）蛋白酶 I 或内切蛋白酶 Lys-C；P，胃蛋白酶；S，枯草芽孢杆菌蛋白酶；T，胰蛋白酶。

　　c 结果：+++，完全消化；++，不完全消化；+，消化很不完全（剩余 50% 以上的底物）；−，没有消化（没有肽，只有底物）。

4. 加入 1 μg/μl 酶贮液，使酶/底物的最终比率为 1∶25～1∶10（如果进行部分消化，其比率为 1∶100～1∶50），且酶的终浓度大于 1 μg/50 μl（如果进行部分消化，酶量可少至 1 μg/200 μl）。轻轻涡旋混匀，并高速离心 10 s。将样品于 37℃温育，推荐的温育时间见表 11.1；如果进行部分消化，温育时间为 15～30 min。

5. 取 0.5～1 μg 消化样品，用 SDS-PAGE（如使用 Phast Gel；也见第 10.1 单元）和考马斯亮蓝染色（见第 10.4 单元）来确定消化程度，不要使用 RP-HPLC。若样品已完全消化或只要求部分消化，进入第 6 步。若样品未完全消化，检测并调整 pH 后进行重新消化（见基本方案第 5 步），此过程中使酶/底物的比率小于 1∶10。

6. 加入 1 倍体积的 1 mol/L 盐酸胍，轻叩管壁使样品混匀，高速离心样品 10 min，将上清转至干净微量离心管中或者直接注入 RP-HPLC 柱中。

   如果不能立即进行 HPLC 分析，样品可于 −70℃长期保存。

7. 将样品还原并烷基化（可选；见辅助方案 2），用 RP-HPLC 分离肽（见基本方案第 6 步）。不要把样品中的不溶物注射到 HPLC 柱上。

辅助方案 1 酶贮液的制备和使用

叙述了在严紧条件下和在非严紧条件下的测试，如果酶在严紧条件下能保持活性状态，就可以用于任何实验。但如果不适用于严紧条件，酶仍可用于非严紧条件下的实验。

材料

- 酶（表 11.3）：
    胰蛋白酶（测序级，Roche Diagnostics 公司或 Promega 公司）
    胰凝乳蛋白酶（测序级，Roche Diagnostics 公司）
    内切蛋白酶 Glu-C（又称 endo Glu-C；测序级，Roche Diagnostics 公司）
    内切蛋白酶 Asp-N（又称 endo Asp-N；测序级，Roche Diagnostics 公司）
    内切蛋白酶 Lys-C（又称 endo Lys-C；Wako Chemicals 公司）
    枯草芽孢杆菌蛋白酶（Sigma 公司）
    嗜热菌蛋白酶（Sigma 公司）
    胃蛋白酶（Sigma 公司）
    胰肽酶（Sigma 公司）
    木瓜蛋白酶（Sigma 公司）
- Milli-Q 超纯水或等质水
- 5 μg/μl 细胞色素 c（Sigma 公司）
- 10×消化缓冲液（表 11.1）
- 5 μg/μl β-乳球蛋白（Sigma 公司），为内切蛋白酶 Glu-C 专用
- 8 mol/L 尿素（测序级，Pierce 公司；可选），经 Bio-Rad AG 501-X8 混合床树脂（不是蓝色指示剂染料形式）过滤的溶液，可于室温保存数周
- 6 mol/L 盐酸胍（测序级，Pierce 公司；可选）
- 5 μg/μl 磷酸丙糖异构酶（Sigma 公司；可选）
- HPLC 系统和 4.6 mm 反相层析柱（见基本方案）

表 11.3　蛋白酶的特异性 [a]

酶	特异性	注释
胰蛋白酶	$P_1 = Arg > Lys$	酶活性在以下位点受到抑制
		$\quad P_2 \ldots \ldots \; P_1 \ldots \; \ldots \downarrow \ldots P_{1'}$
		（1）X …… Arg/Lys … ↓ … Pro
		（2）Asp …… Lys … … ↓ … Asp
		（3）Arg … … Arg … … … ↓ … Arg/His
		在以下位点酶切割效率降低
		（1）X …… Lys … ↓ … Asp/Glu
		（2）X …… Arg … ↓ … Asp
		（3）Arg … … Lys … ↓ … Asn/Glu/His/Phe/Leu
		（4）Asp … Arg … ↓ … Glu/His
		（5）X … Arg/Lys … ↓ … Arg/Lys
		（6）Arg … Arg/Lys … ↓ … X
		（7）Lys …… Lys … ↓ … X
		（8）Lys …… Arg … … … ↓ … His
内切蛋白酶 Lys-C	$P_1 = Lys$	当 $P_{1'} = Pro$ 时酶活性不受抑制
内切蛋白酶 Glu-C	$P_1 = Glu >>> Asp$	当 $P_{1'} = Leu/Phe$ 或 P_1 两边是 Glu/Asp 时酶切割效率降低
		在标准反应条件下，碳酸氢铵强烈抑制酶对 Glu-X 键的酶切活性
		加入更多的酶或延长消化时间可能对 Asp 位点的切割有帮助
		在磷酸缓冲液中，对 Asp-X 键的切割速率可达消化 Glu-X 键的 15%
内切蛋白酶 Asp-N	$P_{1'} = Asp$	—
胰凝乳蛋白酶	$P_1 = Trp > Tyr > Phe >>$ $Leu > Met >> His >>>$ $Asn > Gly$	可能在 Arg/Lys 之后的位点切割，但可能是非特异的，或者是由胰蛋白酶污染造成
		当 $P_{1'} = Pro$ 时酶活性受抑制
		在以下位点酶活性增强
		（1）P_3，$P_{1'}$，$P_{2'}$ 或 $P_{3'} = Arg$（Lys）
		（2）$P_2 = Pro$
		在以下位点酶活性减弱
		（1）P_2，$P_{1'}$ 或 $P_2 = Asp$（Glu）
		（2）P_3 或 $P_{2'} = Pro$
枯草芽孢杆菌蛋白酶	$P_1 =$ 中性或酸性氨基酸	在以下位点酶活性增强
	（特异性不强）	（1）$P_{1'} = Gly$
		（2）$P_2 =$ 大量的疏水氨基酸
嗜热菌蛋白酶	$P_{1'} = Leu/Ile > Phe >$ $Val >> Tyr > Ala$	当 $P_{2'} = Pro$ 时酶活性受抑制，$P_1 = Pro$ 活性不受抑制
		以 Phe/Try/Trp 结尾的片段增加，而 Glu/Asp 结尾的片段减少

酶	特异性	注释
胃蛋白酶	P_1 或 $P_{1'}$＝Phe＞＞ Leu＞＞Trp＞Ala＞ 其他疏水氨基酸	—
弹性蛋白酶	P_1 或 $P_{1'}$＝Ile＞Val＞ Ala Gly/Ser（及其他 中性和非芳香族氨基酸）	—
木瓜蛋白酶	P_2＝疏水氨基酸	非常广谱的特异性；作用范围广泛 以 Lys/Arg 结尾的片段增加

a 切割位点命名法：P_3……P_2……P_1…… ↓ ……$P_{1'}$……$P_{2'}$……$P_{3'}$，箭头所指为切割位点。

溶解蛋白酶

1a. 对于测序级蛋白酶：在装有粉末状蛋白酶的原装小瓶中加入 Milli-Q 超纯水溶解，使酶液终浓度达 1 μg/μl，分装成 5 μl 或 10 μl 的小份，装入 0.5 ml 的微量离心管中，留一小份置于冰上，以在非严紧条件下和在严紧条件下测定酶的活性，把其余的小份放入标记好的 50 ml 离心管中，−20℃可保存长达一年。

1b. 对于购买的超过 1 mg 的蛋白酶：将蛋白酶转入 1.5 ml 的离心管中，用水溶解成终浓度为 5 μg/μl 的酶液，其分成 200 μl 的小份，装入 0.5 ml 离心管中。取一小份稀释成 1 μg/μl，分装成 5 μl 或 10 μl 的小份，装入 0.5 ml 的微量离心管中。如第 1a 步所述，留一小份 1 μg/μl 的酶液置于冰上，以进一步测定酶活性，将其他小份酶液于 −20℃保存。1 μg/μl 的贮液用完后再用 5 μg/μl 的贮液。

特别注意：如果蛋白酶不能马上溶解，轻弹离心管壁，在 37℃加热不超过 5 min。如果蛋白酶仍然不溶解，加入三氟醋酸（TFA）使终浓度为 0.1%（V/V），轻弹离心管壁，在 37℃加热不超过 5 min。

非严紧条件下蛋白酶活性测定

2. 在 0.5 ml 离心管中混合下列组分（总体积 25 μl）：

> 5 μl 5 μg/μl 细胞色素 c（或内切蛋白酶 Glu-C 专用的 β-乳球蛋白）
> 16.5 μl 超纯水
> 2.5 μl 10×消化缓冲液
> 1 μl 1 μg/μl 蛋白酶液

轻轻涡旋离心管混匀，高速离心 10 s，37℃温育，推荐的时间见表 11.1。取 1/4 反应产物（500 pmol）在 RP-HPLC 上用 4.6 mm 的层析柱（见基本方法中第 6 步）进行酶活性分析。每 6 个月或在进行重要实验之前测定酶贮液的活性。

严紧条件下蛋白酶活性测定

3. 制备消化缓冲液如下：

> 胰蛋白酶：4 mol/L 尿素（终浓度）
> 内切蛋白酶 Lys-C、枯草芽孢杆菌蛋白酶或嗜热菌蛋白酶：7.3 mol/L 尿素（终浓度），以细胞色素 c 作底物；或 2 mol/L 盐酸胍，以磷酸丙糖异构酶作底物。

4. 吸取 5 μl 5 μg/μl 的细胞色素 c（2 nmol）或 5 μl 5 μg/μl 的磷酸丙糖异构酶（900 pmol）至 0.5 ml 离心管中，在真空离心蒸发器中干燥。按下列方法将沉淀物溶于 20 μl 8 mol/L 尿素溶液或 10 μl 6 mol/L 盐酸胍溶液中：

> 终浓度为 7.3 mol/L 尿素：加入 2 μl 10×缓冲液
>
> 终浓度为 4 mol/L 尿素：加入 15 μl 水和 4 μl 10×缓冲液
>
> 终浓度为 2 mol/L 盐酸胍：加入 16 μl 水和 3 μl 10×缓冲液

使底物变性（见备择方案 2 第 1～3 步）。

5. 加入 1 μl 1 μg/μl 的酶贮液，轻轻涡旋混匀，高速离心 10 s，于 37℃温育，推荐的时间见表 11.1。取 1/4 细胞色素 c（500 pmol）或 1/2 磷酸丙糖异构酶（450 pmol）的酶切产物，在 RP-HPLC 上用 4.6 mm 层析柱（见基本方案第 6 步）进行酶活性分析。

用于实验的蛋白酶贮液的解冻

6. 从 −20℃冰箱中取出含 1 μg/μl 所用酶贮液的管，置于冰上完全溶解，轻弹管壁使溶液混匀，高速离心 10 s。取所需酶量加入到含有底物（溶于缓冲液中）的管中，如果贮液管剩下的酶不到 5 μl，则丢弃；如果剩余的酶液超过 5 μl，将贮液管重新盖好后，在盖上用黑点标记，放回 −20℃，最多再使用 1 次，第二次解冻后应丢弃。

辅助方案 2　消化混合物中肽的还原和 S-烷基化

附加材料（见基本方案）

- 2-巯基乙醇（2-ME，Bio-Rad 公司）：原液或 10%（V/V）的溶液（使用前用超纯水或相当的水配制）
- 肽消化混合物（见基本方案或备择方案 1 或 2）
- 氩气（预先纯化的），储存在带调节阀并连接在聚乙烯管上的罐中
- 质量验证的 4-乙烯吡啶（Aldrich 公司；−20℃保存）（见 CPPS 第 11.1 单元），原液或 10%（V/V）的溶液（使用前用高纯度的乙醇配制）

1. 为了还原样品，在肽消化混合物中按每 1 nmol 的原始底物蛋白质的量加入 2 μl 的 2-ME，对于蛋白质含量较低的底物（如 100 pmol）加 2 μl 10% 的 2-ME。将一巴斯德吸管连接到一段聚乙烯管上，管的另一端连到氩气罐的调节阀上，调节氩气流量小到用手背微微能感觉到，用这样的氩气流直吹样品 20 s。盖上管盖，轻轻涡旋并稍加离心，于 37℃温育 30 min。如果不需要 S-烷基化（即如果不对蛋白质测序），直接进入第 4 步。

2. 进行效率测试并平衡 HPLC 装置（见基本方案），如果必要，在烷基化前把消化物放在冰上或 −70℃，直到 HPLC 系统就绪。

3. 每 1 nmol 的还原底物蛋白质加 6 μl 的 4-乙烯吡啶，蛋白质量较少时（如 100 pmol），加 6 μl 10% 的 4-乙烯吡啶，用氩气流直吹样品 20 s。盖上管盖，轻轻涡旋并稍加离心，室温温育 30 min。

4. 立即将样品注射到 RP-HPLC 柱中（见基本方法第 6 步），在温育 30 min 后，不要让反应混合物放置的时间超过 15～20 min，也不要把样品保存在 −70℃，否则会严重影响 HPLC 的分析结果。

参考文献：Keil 1991；Riviere et al. 1991
作者：Lise R. Riviere and Paul Tempst

11.2单元　在 PVDF 膜上酶解蛋白质

基本方案　在氢化 Triton X-100 缓冲液中消化结合在 PVDF 膜上的蛋白质

注意：本实验成功的关键是洁净，使用洁净的缓冲液、试管、染色液和脱色液，以及只使用氢化的 Triton X-100。在整个实验过程中，要戴无粉末手套，以防止皮肤角蛋白污染膜。

材料（带√ 项见附录 1）

- 经 SDS 聚丙烯酰胺凝胶电泳的蛋白质样品（见第 10.1 单元～第 10.3 单元）
- PVDF 膜（如 ProBlott 膜、Immobilon P^{sq} 转印膜、Westran 膜）
- Milli-Q 超纯水或相当的水
- 消化缓冲液（表 11.4）

表 11.4　各种酶的消化缓冲液[a]

酶	消化缓冲液	配方	备注
胰蛋白酶或内切蛋白酶 Lys-C	1% RTX-100/10%乙腈/100 mmol/L Tris·Cl（pH 8.0）	100 μl 10% RTX-100 贮液 100 μl 乙腈 300 μl HPLC 等级的水 500 μl 200 mmol/L Tris·Cl（pH 8.0）	RTX-100 能阻止酶与膜的吸附，增加肽的回收率
内切蛋白酶 Glu-C	1% RTX-100/100 mmol/L Tris·Cl（pH 8.0）	100 μl 10% RTX-100 贮液 400 μl HPLC 等级的水 500 μl 200 mmol/L Tris·Cl（pH 8.0）	不含乙腈，因为它降低内切蛋白酶 Glu-C 的消化效率
梭菌蛋白酶	1% RTX-100/10%乙腈/2 mm DTT/1 mmol/L CaCl$_2$/100 mmol/L Tris·Cl（pH 8.0）	100 μl 10% RTX-100 贮液 100 μl 乙腈 45 μl 45 mmol/L DTT 10 μl 100 mmol/L CaCl$_2$ 245 μl HPLC 级的水 500 μl 200 mmol/L Tris·Cl（pH 8.0）	DTT 和 CaCl$_2$ 是梭菌蛋白酶活性所必需的

a Tris·Cl 贮液参看附录 1。缩写：DTT，二硫苏糖醇；RTX-100，氢化 Triton X-100（Tiller et al. 1984）。

√ 0.1 μg/μl 酶液（与所需切割位点相对应的）

- 0.1%（V/V）的三氟醋酸（TFA），溶于 Milli-Q 超纯水或相当质量的水中
- 1%（V/V）的二异丙基氟磷酸（DFP），溶于乙醇中，−20℃至少可保存一个月
- 1.5 ml 微量离心管，不含紫外吸收的污染物，或用 1 ml HPLC 级的甲醇冲洗一

次，接着用 1 ml Milli-Q 超纯水冲洗 2 次。

- 玻璃板
- 镊子
- 超声水浴
- HPLC 样品注射液保存小瓶
- 洁净的探头，如尖头镊子、金属丝或长吸头
- 微量反相 HPLC 装置
- 无盖 1.5 ml 微量离心管和单独的盖子（如 Sarstedt）

警告：DFP 是危险的神经毒素，必须在化学通风橱中戴双层手套操作。应遵循所有关于此类化合物的注意事项。

1. 将聚丙烯酰胺凝胶中的蛋白质样品电转移至 PVDF 膜上（见第 10.5 单元），为了最有效地转移，使用槽式转移系统替代半干转移系统。用丽春红 S 或酰胺黑（也可用染料浓度大于 90% 的印度墨水或考马斯亮蓝）染色 PVDF 膜（见第 10.6 单元）。将膜脱色，直至背景干净至可以清晰地看到蛋白质条带，再用蒸馏水冲洗 3 次脱色后的膜。

2. 从膜上剪下目的蛋白带，放入 1.5 ml 的离心管中，同时从膜上空白处切下与目的蛋白大小相同的条带，与目的蛋白条带一起处理作为阴性对照。于室温下空气干燥结合在膜上的蛋白质，$-20\,℃$ 或 $4\,℃$ 保存。

3. 在一块洁净的玻璃板上滴加约 100 μl 超纯水，将含有蛋白质的膜浸没在水滴中，然后把湿膜移至玻璃板上的干燥处，用干净刀片沿纵长方向把膜切成 1 mm 宽的条，再把这些条切成 1 mm×1 mm 的方块，用镊子小心地把这些膜放入一洁净的 1.5 ml 离心管中。

4. 加入 50 μl 适当的消化缓冲液，刚好将膜碎块覆盖，涡旋 10～20 s，室温温育 5～30 min。在另一个空离心管中加入 50 μl 消化缓冲液作为 HPLC 分析时的 RTX-100 的空白对照（可选）。加入 1 倍体积 0.1 μg/μl 的酶液，使酶与底物的比率约为 1∶10 (m/m)。于 37 ℃ 将样品温育 22～24 h，在 4～6 h 后可再加入另一份酶液。

5. 将膜涡旋 5～10 s 后，在超声水浴中以最大功率超声 5 min，在室温下 4000 r/min (1800 g) 离心 2 min，将上清移至一个 HPLC 样品注射液保存小瓶中，再加 50 μl 的消化缓冲液至含有膜的 1.5 ml 离心管中，重复以上步骤并收集上清。将上清转移至同一个 HPLC 样品注射液保存小瓶中。

6. 将 100 μl 0.1% 的 TFA 加入到样品膜中，涡旋，将上清移至同一个 HPLC 样品注射液保存小瓶中（含前次上清液，总体积 200 μl），将 150 μl 的消化缓冲液加入到 RTX-100 空白对照中使终体积为 200 μl。将样品立刻进行 HPLC 分析来终止反应，或者加入 2 μl 1% 的 DFP 进行终止。

7. 检查上清中是否有碎膜片或颗粒物，以免封闭 HPLC 的管，用一干净探头除去膜碎片。或者于室温下 4000 r/min (1800 g) 离心 2 min，把上清转移至一洁净的 HPLC 样品注射液保存小瓶中，在微量反相 HPLC 装置中分析样品（见第 11.6 单元）。用 1.5 ml 无盖离心管收集层析组分，加盖，于 $-20\,℃$ 保存，直至准备测序时。

参考文献：Aebersold 1993；Best et al. 1994；Fernandez et al. 1994
作者：Joseph Fernandez and Sheenah M. Mische

11.3 单元　测序用蛋白质的胶中消化

在开始本方案描述的酶解之前，先通过氨基酸分析（见 *CPPS* 第 11.3 单元）测定样品中的蛋白质含量将对实验有帮助。通过 SDS-PAGE（见 *CPPS* 第 11.3 单元）分离得到还原和烷基化的蛋白质有助于后续的肽测序反应中半胱氨酸残基的鉴定。

基本方案　在含 Tween 20 的胶中消化蛋白质

材料

- 经 SDS 聚丙烯酰胺凝胶（见第 10.1 单元，胶中包括适当的蛋白质标准）分离的蛋白质样品，用考马斯亮蓝染色（见第 10.4 单元）
- 50%（V/V）的乙腈溶液，溶于 0.2 mol/L 碳酸铵（pH 8.9）中
- 0.1 mg/ml 的经修饰的胰蛋白酶，溶于制造商提供的缓冲液中（Promega 公司；−20℃保存至少两年仍保持稳定）；或者赖氨酰内肽酶（*Achromobacter* 蛋白酶 I；Wako Chemicals 公司），溶于 2 mmol/L Tris·Cl（pH 8.0）中（−20℃保存，不超过两年）
- 0.02%（V/V）的 Tween 20（Sigma 公司），溶于 0.2 mol/L 碳酸铵（pH 8.9）中
- 0.2 mol/L 碳酸铵（pH 8.9）
- 0.1%（V/V）的三氟醋酸（TFA）/60%（V/V）的乙腈
- 2 mol/L 的尿素/0.1 mol/L NH$_4$HCO$_3$
- HPLC 等级的水
- 缓冲液 A：0.06%（V/V）TFA
- 缓冲液 B：0.052%（V/V）TFA，溶于 80% 乙腈中
- 水浴超声破碎仪
- 0.22 μm Ultrafree 滤器（Millipore 公司）
- HPLC 系统（Hewlett Packard 1090M 型或相当的仪器），配备有 250 μl 的上样环的 Vydac C18 柱，2.1 mm×250 mm，孔径 300 Å，粒径 5 μm 的反相 HPLC 层析柱（Separations Group 公司），或相当的柱子，用于 25～250 pmol 的消化肽（更大的量使用 4.6 mm 的层析柱）。
- 带有峰分离器（peak seperator）的组分收集器（如 2150 型，Isco 公司），包含 1.5 ml 无盖离心管和管盖以及 13 mm×100 mm 的试管

1. 从染色的凝胶中切下目的蛋白带，应保证在最小的胶条中含有最多的蛋白质，同时从胶中切取两条对照：一条含有蛋白质标准（阳性对照），另一条与目的蛋白胶条大小相同但不含任何蛋白质（空白阴性对照）。估算胶条的总体积：总体积（mm^3）＝胶条长度×宽度×胶的厚度。

2. 取 10%～15% 的含有蛋白质的凝胶条进行氨基酸分析（见 *CPPS* 第 11.3 单元），凝

胶条中应至少含有 25 pmol 的蛋白质，推荐的最小蛋白质浓度是 0.05 μg/mm^3 胶块（表 11.5）。如果需要，可制备更多的蛋白质，与样品合并。

表 11.5　样品量对凝胶中蛋白质消化的影响[a]

参数	所分析的蛋白质量							
	<50 pmol		51～100 pmol		101～200 pmol		>200 pmol	
	范围	平均值	范围	平均值	范围	平均值	范围	平均值
蛋白质的数目		5		8		20		20
蛋白质分子质								
量/kDa	15～106	69	40～120	72	18～285	71	17～285	58
消化蛋白质的量/pmol	26～49	39	54～100	80	115～181	139	204～850	364
蛋白质密度/(μg/mm^3)	0.03～0.12	0.07	0.02～0.09	0.05	0.02～0.31	0.09	0.05～0.66	0.21
%原始量[b]	2～11.1	5.7	1～37.6	0.6	0.6～68.9	11.7	0.005～50.5	14.4
测序结果								
每个蛋白质测得峰数		1.4		2.0		2.1		2.5
≥4 个残基的肽段/%		88		76		76		80
混合物/%		12		0		12		2
未获得序列的比率/%		0		24		12		18
每个测序肽段								
氨基酸残基数		8.71		10.6		12.0		14.2
总成功率[c]/%		100		88		90		90

a 代表在耶鲁大学的 W. M. Keck 实验室所做的 53 个胶中消化的结果。

b 计算方法：在测序的第一个或第二个循环中，Pth 氨基酸的产量与所消化的蛋白质含量（10%～15% 的凝胶条，通过水解和氨基酸分析所确定的蛋白质量）的比率，由于直接加到测序仪中的纯化肽的原始量通常约为 50%，所以从上述消化物中回收的肽的实际百分率约为上面给出的 % 原始量的 2 倍。

c 判断方法：在一种或两种肽中，与序列≥15 个氨基酸残基一致的能力，或通过数据库搜索，得到足够的序列与数据库中的蛋白质的序列一致的能力；基于这些数据库搜索，从 53 个蛋白质中鉴定了 34 个（64%）。

3. 将每种胶条（样品和对照）切成约 1 mm×2 mm 大小的小块，分别切碎样品胶块和对照胶块，放入 1.5 ml 的微量离心管中，加入约 150 μl 50% 的乙腈（溶于 0.2 mol/L 碳酸铵中），于室温下在摇床上温育 20 min。两个对照与样品平行处理。

4. 取出洗涤缓冲液，保存于一洁净的 1.5 ml 微量离心管中，重复乙腈洗涤过程，合并洗涤缓冲液。将凝胶块冻干，直至其体积减少约 50%。

5. 用 0.02% Tween 20（溶于 0.2 mol/L 的碳酸铵中）将 0.1 mg/ml 经修饰的胰蛋白酶或赖氨酰内肽酶稀释至 33 μg/ml，加入与原胶体积（第 1 步中估算的）大致相等的稀释酶液，如果胶块未被完全浸没，添加 0.02% Tween 20，直至胶块被缓冲液覆盖。将样品于 37℃温育 24 h。

6. 加入 50 μl 的 0.2 mol/L 的碳酸铵溶液，如果必要，补加 0.2 mol/L 的碳酸铵溶液，直至胶块完全被缓冲液浸没，使样品还原和烷基化（见 *CPPS* 第 11.3 单元）。

7. 加入 100 μl 的 0.1% TFA/60% 乙腈，如果必要，加入 TFA/乙腈覆盖胶块，置摇床上（或间歇摇动）于室温下温育 30~40 min，在超声水浴中超声 5 min，取出洗涤缓冲液（含有提取的多肽），移至一洁净的 1.5 ml 微量离心管中，用新配制的 TFA/乙腈进行重复提取，取出洗涤缓冲液，与第一次提取的缓冲液合并，弃去凝胶块。往合并的洗涤缓冲液中加入 100 μl 2 mol/L 尿素/0.1 mol/L 碳酸氢铵。

8. 在旋转蒸发器中冻干样品，直至终体积＜100 μl，用 HPLC 等级的水稀释样品至 110 μl，将样品移至一 0.22 μm 滤器内，以最大转速离心 5 min。

9. 设置 HPLC 系统，并用 98% A 缓冲液/2% B 缓冲液以 0.15 ml/min 的流速平衡 Vydac C18 反相 HPLC 柱，将滤过液（第 8 步）注入层析柱内，按以下梯度用缓冲液 A/缓冲液 B 的混合液洗脱：

0~60 min	2%~37% 缓冲液 B
60~90 min	37%~75% 缓冲液 B
90~105 min	75%~98% 缓冲液 B

10. 用组分收集器将洗脱液收集于 1.5 ml 无盖微量离心管（置于 13 mm×100 mm 的试管上）中，收集完后立即盖好盖子，以免乙腈的蒸发。将洗脱肽于 5~10℃保存。

备择方案 1　在含十二烷基磺酸钠的凝胶中消化蛋白质

附加材料（见基本方案）

- 0.1%（m/V）SDS，溶于 100 mmol/L 的 Tris·Cl（pH 9.0）中
- 尼龙网（109 目）
- DEAE HPLC 预柱（precolumn）或相当的柱

1. 将染色的凝胶置于水中浸泡 1 h，从胶中切下目的蛋白带，同时设置阳性和阴性对照，以便平行处理，估算蛋白质带样品中的蛋白质浓度（见基本方案第 1 步和第 2 步）。将每个胶条切成约 1 mm×2 mm 的胶块，加入足量 0.1% 的 SDS（溶于 100 mmol/L 的 Tris·Cl 中），以正好覆盖样品（约 100 μl），37℃预温育 1 h。

2. 加入一定体积的赖氨酰内肽酶，使酶与蛋白质的比率为 1:10（m/m），并使酶的终浓度不低于 2 $\mu g/ml$，37℃温育 24 h。

3. 将上清移至一洁净的 1.5 ml 微量离心管中，用尼龙网按以下方法破碎胶块：在一个 0.22 μm 滤器的底部切一个洞，用一块 2 in（约 5 cm）见方的尼龙网代替滤膜，然后将改造后的滤器放入一个 1.5 ml 的微量离心管中。将碎胶片置于尼龙网上，以最大转速离心 10~15 min。

4. 从微量离心管中取出滤器，加入 500 μl 0.1% SDS（溶于 100 mmol/L Tris·Cl 中）至管底处碾碎的凝胶中，于室温摇动温育 1 h，将上清移至一个 0.22 μm 滤器中，以最大转速离心 10~15 min，与第 3 步获得的上清合并，冻干，直至体积小于 200 μl，用水稀释至 210 μl。

5. 将蛋白质还原并使其烷基化（见 *CPPS* 第 11.3 单元），在一个 2.1 mm×250 mm 的

Vydac C18 反相 HPLC 柱（配有 DEAE 预柱）上分离烷基化的样品（见基本方案第 9 步和第 10 步）。

备择方案 2　在不含去污剂的凝胶中消化蛋白质

附加材料（见基本方案）

- 0.2 mol/L 碳酸氢铵
- 2 mol/L 尿素/0.1 mol/L 碳酸氢铵

1. 从染色的胶中切下目的蛋白，同时切下阳性和阴性对照胶条，确定蛋白质的浓度（见基本方案第 1 步和第 2 步）。

2. 将胶条切成约 1 mm×2 mm 的胶块，加入足量的 0.2 mol/L 碳酸氢铵，以覆盖全部胶样（约 500 μl）。于室温下，在摇床上（或间歇涡旋）温育 30～60 min，将对照胶条与样品胶条平行处理。

3. 将洗涤缓冲液移至一洁净的 1.5 ml 的微量离心管中，测定 pH，如果 pH 为酸性，往胶块中加入 500 μl 0.2 mol/L 碳酸氢铵，于室温下温育 2 h，2 h 后再测 pH，如果洗涤缓冲液仍为酸性，重复洗涤过程；相反，则直接进入第 4 步。

4. 往胶块中加入足量的 0.2 mol/L 碳酸氢铵，使之完全浸没于溶液中。使蛋白质还原并烷基化（见 *CPPS* 第 11.3 单元）。

5. 往烷基化样品中加入 0.1 mg/ml 修饰的胰蛋白酶或赖氨酰内肽酶，使胰蛋白酶的终浓度分别为 6 μg/ml，或使赖氨酰内肽酶的终浓度为 12 μg/ml，于 37℃ 温育 24 h。

6. 加入 500 μl 2 mol/L 尿素/0.1 mol/L 碳酸氢铵，于室温下在摇床上温育 6 h。

7. 将上清液移至一洁净的 1.5 ml 微量离心管中，冷冻。往胶块中加入 500 μl 0.2 mol/L 碳酸氢铵，于室温下在摇床上温育过夜。将上清合并，冻干，直至体积小于 200 μl，用水稀释至 210 μl。

8. 将上清移至一个 0.22 μm 滤器中，以最大转速离心 10 min。用反相 HPLC 分析肽（见基本方案第 9 步和第 10 步）。

参考文献：Stone and Williams 1993；Williams et al. 1993
作者：Kathryn L. Stone and Kenneth R. Williams

11.4 单元　溶液中蛋白质的化学切割

表 11.6 中列出了一些可以购买到并可作为阳性对照的蛋白质，利用相似的化学反应可以进行固相消化，以切割附着在膜上的蛋白质（见第 11.5 单元）。

警告：在以下方案中所使用的大多数化学试剂都是有毒的，因此，必须要有一个良好的实验室操作规程。所有的步骤和温育过程都应在通风良好的化学通风橱中进行，实验人员应穿适当的保护性工作服，包括防护眼镜和手套。所有的化学废弃物都应按当地的规定进行适当的处理。

表 11.6 在化学切割反应中可用作阳性对照的商品蛋白质[a,b]

蛋白质	切割反应/靶残基	定位[c]
人免疫球蛋白的轻链和重链	CNBr/Met	轻链：第 4 位和第 89 位 Met （共有 214 个氨基酸） 重链：第 82 位、第 265 位和第 459 位 Met （共有 478 个残基）
牛血清白蛋白	BNPS-skatole/Trp	第 134 位和第 212 位 Trp （共有 582 个残基）
人血清转铁蛋白	甲酸/Asp-Pro	第 90～91 位和第 548～549 位 Asp-Pro （共有 679 个残基）
牛脑钙调蛋白	羟胺/Asn-Gly	第 61～62 位和第 97～98 位 Asn-Gly （共有 148 个残基）
兔心脏的 α-肌球蛋白	NTCB/Cys	第 190 位 Cys （共有 284 个残基）

a 到目前为止，SDS-PAGE 是首选的监测反应的分析技术，此外，也可将反应产物电转印到 PVDF 膜上（第 10.5 单元），以进行 N 端序列分析，以评定化学切割反应的效率。

b 缩略语：Asn，天冬酰胺；Asp，天冬氨酸；BNPS-skatole，2-(2′-硝基苯砜)-3-甲基吲哚；CNBr，溴化氰；Cys，半胱氨酸；Gly，甘氨酸；Met，甲硫氨酸；NTCB，2-硝基-5-硫氢碳酸；Pro，脯氨酸；Trp，色氨酸。

c 由于每个位点的切割程度不同，因而导致了片段的非正态分布。对于有 n 个酶切位点的蛋白质（n 个氨基酸不在 C 端），总共存在 $[(n+1)(n+2)]/2$ 个可能的片段，其中有 $(n+1)$ 个片段是完全消化片段，$[n(n+1)]/2$ 是不完全消化片段，包括不完整的、未消化的蛋白质底物（Crimmins et al. 1990）。

基本方案 1 用溴化氰从甲硫氨酸残基的 C 端切割

溴化氰（CNBr）从未被氧化甲硫氨酸残基的 C 端切割蛋白质。

材料

- 88%（V/V）甲酸
- Milli-Q 超纯水或等质水
- 5 mol/L 溴化氰，溶于乙氰中（Aldrich 公司）
- 含 1～50 μg 总蛋白质的冻干样品，存于带盖的 1.5 ml 聚丙烯微量离心管中
- 10 mol/L NaOH
- 铝箔或不透明的容器
- 5 ml 的玻璃管或聚丙烯管

1. 往 1.5 ml 聚丙烯微量离心管中的冻干蛋白质样品中加入 80 μl 88%甲酸、5 μl Milli-Q 超纯水和 5 μl 5 mol/L 溴化氰（溶于乙氰中），加盖后涡旋，直至蛋白质完全溶解。用铝箔包裹样品管或置于不透明容器中，在完全黑暗条件下，于室温下，在化学通风橱中温育 24 h。

2. 为中和未反应的溴化氰，缓慢将反应液转移至 5 ml 玻璃管或聚丙烯管中，管内有 5～10 倍体积的 10 mol/L NaOH，在丢弃用过的吸头之前，先用 10 mol/L NaOH 冲洗。

警告：溴化氰与 NaOH 的反应是一个放热过程，产生热量并使溶液暴沸，因此，要缓慢地加入溴化氰溶液，以减轻剧烈的反应。一旦溴化氰被中和，就可按照卤素化学废弃物的处理程序弃去。

3. 往样品管中加入 10 倍体积的 Milli-Q 超纯水，冻干过夜，或在旋转蒸发器中使样品完全干燥（1～2 h）。将样品重新溶于适当的缓冲液中，以用反向层析（见第 11.6 单元）或体积排阻层析（见第 8.3 单元）对样品进行分离，或者先将样品进行电泳（见第 10.1 单元），然后电印迹至 PVDF 膜上（见第 10.5 单元）。

警告：冻干或干燥蛋白质样品后，将冷阱除霜后，用 10 mol/L NaOH 中和融化物，直至 pH≥7.0，然后按照卤素化学废弃物的处理程序弃去反应物。

一些切割产物很难再次溶解，除非使用离液剂（如 6 mol/L 盐酸胍或 8 mol/L 尿素）或去污剂（如 0.1% SDS 或 1% 十六烷基三甲基溴化氨）。超声有利于溶解，稍微加热（如在 37℃水浴中）也有同样效果。

基本方案 2　用 BNPS-3-甲基吲哚切割色氨酸残基的 C 端

BNPS-3-甲基吲哚（BNPS-skatole）或2-(2′-硝基苯磺酰)-3-甲基-3-溴化吲哚啉[2-(2′-nitrophenylsulfonyl)-3-methyl-3-bromoindolenine]在未被氧化的色氨酸残基的 C 端切割蛋白质。

材料

- 冻干的蛋白质样品，含 1～50 μg 总蛋白质
- Milli-Q 超纯水或等质水
- 稀酸溶液：如 0.1%（*V/V*）三氟醋酸（TFA）或 0.1%（*V/V*）醋酸或甲酸
- 8 mol/L 尿素或 6 mol/L 盐酸胍，可选
- 1 mg/ml BNPS-3-甲基吲哚（Pierce 公司；−20℃干燥保存），溶于冰醋酸（不含醛的；Mallinckrodt Specialty Chemicals 公司）中，使用前配置
- 铝箔或不透明的容器

1. 在 0.5 ml 的微量离心管中，用 Milli-Q 超纯水或稀酸之类的溶剂溶解冻干的蛋白质样品，蛋白质的终浓度为 1 mg/ml。如果需要，可补加离液剂（如 8 mol/L 尿素或 6 mol/L 盐酸胍）助溶。

2. 往 20 μl 的蛋白质溶液中加入 60 μl 1 mg/ml BNPS-3-甲基吲哚，用铝箔覆盖样品管，或用不透明的容器将其扣住，在完全黑暗的条件下，于室温温育 24 h。加长温育时间及提高温度可增加切割的产量。

3. 加入 80 μl Milli-Q 超纯水，于室温下 10 000g 离心 5 min，将上清液移至一洁净的 0.5 ml 微量离心管中，弃沉淀。将样品冻干或干燥，重新溶解以进行分析（见基本方案 1 第 3 步）。

基本方案 3　用甲酸切割天冬氨酸-脯氨酸肽键

甲酸从天冬氨酸-脯氨酸肽键的天冬氨酸残基的 C 端切割蛋白质。

材料

- 70%（V/V）的甲酸溶液，使用前用 88%的甲酸配制
- 冻干的蛋白质样品，含 1～50 μg，存于 0.5 ml 带盖微量离心管中
- Milli-Q 超纯水或等质水

1. 将 50 μl 70%甲酸加入含有冻干蛋白质样品的 0.5 ml 微量离心管中，盖好盖子，充分涡旋混合，在化学通风橱中 37℃温育 48 h，往样品中加入 150 μl Milli-Q 超纯水。
2. 将样品冻干或干燥，重新溶解以备分析（见基本方案 1 第 3 步）。

基本方案 4　用羟胺切割天冬酰胺–甘氨酸肽键

羟胺在天冬酰胺-甘氨酸肽键的天冬酰胺残基的 C 端切割蛋白质。

材料（带√项见附录 1）

- √ 1.8 mol/L 羟胺溶液
- 冻干的蛋白质样品，含 1～50 μg，存于 0.5 ml 带盖微量离心管中
- 10%（V/V）三氟醋酸（TFA）
- 45℃恒温箱或水浴

1. 将 200 μl 1.8 mol/L 羟胺溶液加入含有冻干蛋白质样品的 0.5 ml 微量离心管中，盖好盖子，充分涡旋混合，在化学通风橱中 45℃温育 3 h。
2. 使样品冷却至室温，缓慢地加入 10 μl 10%的三氟醋酸，用反相层析（见第 11.6 单元）或体积排阻层析（见第 8.3 单元）将样品分离或脱盐，脱盐以后，进行电泳（见第 10.1 单元）然后电印迹到聚偏氟乙烯（PVDF）膜（见第 10.5 单元）上对样品进行分析。

基本方案 5　用 NTCB 切割半胱氨酸残基的 N 端

用 2-硝基-5-硫氰苯甲酸（NTCB）将蛋白质修饰后，在碱性条件下，通过环化，能够在半胱氨酸残基处切割蛋白质，只有还原型半胱氨酸才能与 NTCB 反应，所得肽段被封闭，不能用 Edman 化学法进行 N 端序列分析。

材料（带√项见附录 1）

- 蛋白质样品：25～50 pmol 蛋白质，溶于 20 μl 200 mmol/L Tris-醋酸（pH 8）/1 mmol/L EDTA/0.1% SDS 溶液中
- Ekathiol 树脂（Ekagen 公司）或 1 mmol/L 二硫苏糖醇（DTT）
- 氮气
- √ 20 mmol/L NTCB
- 100 mmol/L 硼酸钠，pH 9
- √ 酸化丙酮，pH 3，冰冷的（可选）
- 2 mmol/L NaOH，可选
- 100%（V/V）乙腈
- 50%和 60%（V/V）的乙腈，溶于 0.1%（V/V）三氟醋酸（TFA）中

- 0.1%和 0.5%（V/V）TFA
- 40℃和 50℃水浴
- UltraMicroSpin 柱，G10 或 G25 凝胶过滤介质（AmiKa 公司），可选
- Zip 吸头（填充 C_{18} 的吸头；Millipore 公司）

1. 用 10～20 倍摩尔量的过量 Ekathiol 树脂处理蛋白质样品，或用 1 mmol/L DTT 进行还原，并保证在所有的巯基（包括来自 DTT 的）上都有过量的 NTCB，在氮气中封闭试管，室温摇动 2 h。如果要对二硫键进行定位，则无需这步还原反应。

2. 以最高转速离心 5 min，将含有还原型蛋白质的上清移至另一含有 5 μl 20 mmol/L NTCB（终浓度为 4 mmol/L，摩尔量比总巯基过量约 10 倍）的管中。在氮气中封闭管，40℃温育 20 min。

3a. 用凝胶过滤离心柱纯化样品：在样品中加入 100 μl 蒸馏水或 Milli-Q 超纯水，并加于凝胶过滤 UltraMicroSpin 柱（按厂家说明准备）的顶端，1000 g 离心 5 min，收集上清于 0.5 ml 的微量离心管中。冻干样品至约 20 μl，加入等体积 100 mmol/L 硼酸钠，于 50℃温育 1 h。

3b. 用丙酮沉淀法纯化样品：加入 9 倍体积冰冷的酸化丙酮，−20℃过夜，或在干冰/乙醇浴中放置 30 min，以最高转速离心 5 min，然后小心地吸去上清，避免扰动沉淀。用冰冷的酸化丙酮冲洗沉淀 1 次，再次离心，弃去丙酮，在空气中干燥沉淀。重新溶解样品于 20 μl 100 mmol/L 硼酸钠溶液中，加入 20 μl 水，于 50℃温育 1 h。

    对于蛋白质含量≥1 μg 的样品，丙酮沉淀法的效果很好。

4. 取 1 μl 样品，点于 pH 试纸上，确保 pH 为 9，如果必要，用 2 mmol/L NaOH 调整 pH，涡旋混匀，于 50℃温育 1 h。

5. 在样品温育期间，按说明书准备一个 Zip 吸头，将 Zip 吸头连接于标准移液器的顶端，用 10 μl 100%乙腈润湿 Zip 吸头，用 10 μl 50%乙腈（溶于 0.1% TFA 中）冲洗一次，最后用 10 μl 0.1% TFA 冲洗 2 次，用 0.1% TFA 保湿 Zip 吸头，直至使用。

6. 加入 10 μl 0.5% TFA 溶液（终浓度为 0.1%），立即吸取 10 μl 样品，并来回抽吸样品通过 Zip 吸头中的 C_{18} 反向层析柱基质数次，让样品吸附到 Zip 吸头上。用 10 μl 0.1% TFA 冲洗 Zip 吸头 2 次，用 10 μl 60%乙腈洗脱，或直接用所选基质洗脱。取 1 μl 样品（将洗脱样品与基质对半混合）置于样品板上，用 MALDI-TOF 质谱进行分析（见 CPPS 第 16.2 单元）。

作者：Dan L. Crimmins, Sheenah M. Mische and Nancy D. Denslow

11.5 单元 膜上蛋白质的化学切割

    本单元的方案介绍原位化学切割法，本法适用于非共价结合于 PVDF 膜上的蛋白质。这些操作程序也可以用来分析已经过 Edman 降解反应后结合于 PVDF 膜上的蛋白质样品。一般而言，在对一个蛋白质的靶氨基酸残基预先了解的基础上，来选择化学切割的方法。如果无法获得相关信息，则按以下顺序进行反应。

在任何一个原位切割反应之后，可用 SDS-PAGE（见第 10.1 单元）或双向电泳（见第 10.3 单元）分离所得到的片段，然后从胶上将其洗脱下来，直接进行序列分析，或电转印到 PVDF 膜或其他合适的膜上（见第 10.5 单元），进行膜上序列分析。用任何化学切割方案所得到的切割片段，在从 PVDF 膜上洗脱下来后，也可用反相层析（见第 11.6 单元）或体积排阻层析（见第 8.3 单元）进行纯化。

警告：以下方案中所用的大多数化学物质都是有毒的，因此，务必遵循良好的实验室操作规程。所有的操作步骤和温育都必须在通风良好的化学通风橱中进行，操作人员必须穿适当的防护服，包括防护镜和手套。所有的化学废弃物都要按当地的规定适当地丢弃。

基本方案 1　用溴化氰切割甲硫氨酸残基的 C 端

溴化氰可在未氧化的甲硫氨酸残基的 C 端切割蛋白质。如果认为一个蛋白质的 N 端被封闭，可用原位溴化氰切割来证实 N 端封闭，即在切割反应后，可直接对 PVDF 膜进行测序来证实 N 端封闭。

材料（带√项见附录 1）
- 含有电转印蛋白质样品的 PVDF 干膜（见第 10.5 单元）
- √ 0.25 mol/L 溴化氰，溶于 70％甲酸中
- 10 mol/L NaOH
- Milli-Q 超纯水或同质水
- 铝箔或不透明的容器
- 47℃水浴或恒温箱（可选）
- 5 ml 玻璃管或聚丙烯管

1. 用一洁净的剃须刀片修整含有电转印蛋白质样品的 PVDF 干膜，即沿其长轴进行平行切割，使其形似靶子的头部。将修整后的膜放入一洁净的 0.5 ml 微量离心管中，加入 150 μl 0.25 mol/L 的溴化氰（溶于 70％甲酸中），将管盖好，然后用铝箔完全包裹或置于不透明的容器中，在完全避光的化学通风橱中，室温温育 24～48 h，或 47℃温育 1 h。
2. 按照第 11.4 单元中基本方案 1 的方法，中和并废弃未用的溴化氰。
3. 于旋转蒸发器中将反应混合物（包括膜和溶液）干燥 1～2 h，往干样品中加入 50 μl Milli-Q 超纯水，涡旋，并再次干燥样品。直接在膜上分析多肽序列或先洗脱再分离肽段。

警告：冻干或干燥样品后，将冷阱除霜，并加入 10 mol/L NaOH 中和其成分，直到 pH≥7.0，然后按照卤素化学废弃物的废弃程序将其废弃。

备择方案　用溴化氰切割 Edman 降解法分析过的结合在 PVDF 膜上的蛋白质

这种切割的效果相对较差，通常只能产生少数（1～4 段）能被测序的 N 端。

附加材料（见基本方案 1）
- √ 1 mol/L 溴化氰，溶于 70％甲酸中

- 0.5 mg/ml 邻苯二醛（OPA），溶于丁基氯中（用前配制）
- 凝聚胺（polybrene）预处理的玻璃纤维滤器

1. 如前所述（基本方案 1 第 1 步）修整一含有结合蛋白质样品的 PVDF 干膜，将膜置于凝聚胺预处理的玻璃纤维滤器顶端，往样品中加入 30～42 μl 1 mol/L 溴化氰（溶于 70% 甲酸中），直至滤器和 PVDF 膜达到饱和。

2. 用 Parafilm 膜将湿滤器包裹起来，以防止蒸发（避免 Parafilm 膜和 PVDF 膜间的接触），然后用铝箔包裹，或用不透明容器覆盖，在完全避光的化学通风橱中室温温育 24 h。用洁净的剃须刀片在 Parafilm 膜上切一个孔，并置于旋转蒸发器中，干燥样品 10 min。

3. 用一新制备的凝聚胺预处理的玻璃纤维滤器制备用以序列分析的 PVDF 膜，用 25% 的膜进行 Edman 降解，以确定脯氨酸残基的位置。用 OPA 封闭留在膜上的其他残基，用 Edman 降解法对封闭的膜进行进一步的序列分析。关于调整测序仪程序以优化 OPA 封闭效果的具体细节问题，可参阅 Brauer 等（1984）。有关序列分析方面的详细情况，可参阅 Atherton 等（1993a）。

基本方案 2　BMPS-3-甲基吲哚法切割色氨酸残基的 C 端

BMPS-3-甲基吲哚或2-(2'-硝基苯磺酰)-3-甲基-3 溴化吲哚啉在非氧化色氨酸残基的 C 端切割蛋白质。如果认为蛋白质的 N 端被封闭（因为尽管分析了足量的蛋白质样品，但第一次测序并未得到任何序列），可使用原位 BNPS-3-甲基吲哚切割来证实 N 端封闭，即在切割反应后，直接对结合在 PVDF 膜上的片段进行测序。

材料
- 含有电转印蛋白质样品的 PVDF 干膜（见第 10.5 单元）
- 1 mg/ml BNPS-3-甲基吲哚（Pierce 公司，-20℃ 下保存于干燥器中），溶于 75% 冰醋酸（不含醛，Mallinckrodt Specialty Chemicals 公司）中，用前配制
- Milli-Q 超纯水或等质水
- 铝箔或不透明容器
- 47℃ 水浴或恒温箱

1. 如前所述修整含有电转印蛋白质样品的 PVDF 干膜（见基本方案 1 第 1 步），将修整后的膜置于一洁净的 1.5 ml 微量离心管中，加入 100 μl 1 mg/ml BNPS-3-甲基吲哚。将管盖好，用铝箔包裹，或置于不透明的容器中。在完全避光的条件下 47℃ 温育 1 h，期间偶尔摇动。

2. 将样品的液体部分移至一洁净的 0.5 ml 微量离心管中，保存。往含有 PVDF 膜的管中加 500 μl 超纯水，剧烈涡旋。从膜上吸出水分弃掉，重复洗涤 4 次。在旋转蒸发器中使膜干燥。

3. 往液体样品（第 2 步）中加 100 μl 超纯水，于室温下 10 000 g 离心 5 min，将上清移至一洁净管中，在旋转蒸发器中干燥。往干燥的样品中加 100 μl 超纯水，涡旋 5 min，将所得溶液干燥。通过直接测序或分离肽段来分析样品（包括干膜和液体样品）。

基本方案 3   甲酸切割天冬氨酸–脯氨酸肽键

　　甲酸主要在天冬氨酸–脯氨酸肽键的天冬氨酸残基 C 端切割蛋白质，然而，在酸不稳定肽键处（如天冬氨酸–苏氨酸和天冬氨酸–丝氨酸间的肽键）可能会出现二次切割。

材料
- 含有电转印蛋白质样品的 PVDF 干膜（见第 10.5 单元）
- 88%（*V/V*）甲酸（Fluka 公司）
- 凝聚胺预处理的玻璃纤维滤器
- 45℃恒温箱或水浴

1. 如前所述修整含有电转印蛋白质样品的 PVDF 干膜（见基本方案 1 第 1 步），将修整后的膜和相应的凝聚胺预处理的玻璃纤维滤器放到一片 Parafilm 膜上，Parafilm 膜的大小足以将 PVDF 膜和滤器包裹。往样品中加 88% 甲酸，直到膜和滤器达到饱和。用 Parafilm 膜完全覆盖样品，密封以防蒸发，在化学通风橱中 45℃温育 24 h。
2. 从恒温箱中取出样品，置于化学通风橱中，小心地切开 Parafilm 膜，使 PVDF 膜和滤器暴露于空气中，在旋转蒸发器中干燥样品 5 min。通过直接序列分析或分离肽段来分析样品。

基本方案 4   用羟胺切割天冬酰胺–甘氨酸肽键

　　羟胺从天冬酰胺–甘氨酸肽键中的天冬酰胺残基的 C 端切割蛋白质，如果认为蛋白质的 N 端被封闭，可使用原位羟胺切割来证实 N 端封闭，即在切割反应后，直接对结合在 PVDF 膜上的片段进行测序。

材料（带√项见附录 1）
- 含电转印蛋白质样品的 PVDF 干膜（见第 10.5 单元）
- √ 2 mol/L 羟胺溶液
- Milli-Q 超纯水或等质水
- 45℃恒温箱或水浴

1. 修整含电印迹蛋白质样品的 PVDF 膜（见基本方案 1 第 1 步），将修整后的 PVDF 膜放入一洁净的 1.5 ml 微量离心管中。在化学通风橱中，加入 20～30 μl 2 mol/L 的羟胺溶液，直至膜被湿润。将管盖好，在化学通风橱中，45℃温育 9 h，并不时地搅动。
2. 往样品中加入 1 ml Milli-Q 超纯水，剧烈涡旋，从膜上吸去水、弃掉，重复洗涤 2 次，在旋转蒸发器中或在空气中使膜干燥。用直接序列分析或分离肽段分析样品。

基本方案 5   用 NTCB 切割半胱氨酸的 N 端

　　2-硝基-5-硫氰苯甲酸（NTCB）可在半胱氨酸残基处氰化蛋白质，随后，在碱性 pH 条件下进行切割。切割的机制涉及半胱氨酸的氨基，此氨基被封闭，不能用 N 端 Edman 测序法进行序列分析。

材料（带√项见附录1）

- 含电转印蛋白质样品的 PVDF 干膜（见第 10.5 单元）
- 50%（V/V）乙腈
- √ 还原缓冲液
- √ 10 mmol/L NTCB
- 氮气源
- √ 10 mmol/L MES 缓冲液，pH 5
- √ 50 mmol/L 硼酸钠，pH 9
- 60%（V/V）乙腈/2.5%（V/V）三氟醋酸（TFA）
- α-氰基-4-羟基肉桂酸（CHCA）基质（用于小片段）或其他合适的基质（见 *CPPS* 第 16.2 单元）
- 40℃和 50℃水浴
- 超声破碎仪

1. 将含电印迹蛋白质样品的 PVDF 干膜浸入 50%的乙腈溶液中，用蒸馏水冲洗 2 次，使膜预湿，然后将膜如前所述进行修整（见基本方案 1 第 1 步）。10 min 内洗膜 2 次，每次用 1 ml 蒸馏水。

2. 将修整后的 PVDF 膜放入一洁净的 0.5 ml 微量离心管中，加 50～100 μl 还原缓冲液将膜覆盖，于 50℃温育 1 h。吸去缓冲液，用 0.5 ml 蒸馏水洗膜 2 次。加入 50～100 μl 10 mmol/L NTCB，将氮气充入管中，密封，于 40℃温育 20 min。

3. 从管中将膜取出，用 0.5 ml 10 mmol/L 的 MES 缓冲液冲洗 1 次，再用 0.5 ml 蒸馏水冲洗 3 次。将修整后的膜置于一洁净的离心管中，加 50～100 μl 50 mmol/L 硼酸钠，于 50℃在氮气中温育 1 h。

4. 用 0.5 ml 蒸馏水冲洗膜 2 次，再在 20 μl 60%（V/V）乙腈/2.5%（V/V）三氟醋酸（TFA）溶液中超声处理 30 min。吸出乙腈/三氟醋酸溶液，保存，再用 10 μl 60%（V/V）乙腈/2.5%（V/V）三氟醋酸溶液洗膜，将溶液合并。

5. 将乙腈/三氟醋酸溶液与过量的 α-氰基-4-羟基肉桂酸（CHCA）基质或其他合适的基质混合，为了得到最好的结果，样品浓度应为 1～10 pmol/μl。将样品置于样品板上，用 MALDI-TOF 质谱进行分析。

   α-氰基-4-羟基肉桂酸基质适用于大多数的片段，然而，也可试用其他的基质，如 3,5-二甲氧基-4-羟基桂皮酸（芥子酸）。这一步的详细操作过程参阅 CPPS 第 16.2 单元。

参考文献：Crabb 1994，1995；Fontana and Gross 1986；Marshak 1996，1997

作者：Dan L. Crimmins, Sheenah M. Mische and Nancy D. Denslow

11.6 单元　反相 HPLC 分离肽

基本方案 1　用反相 HPLC 分离 5～500 pmol 的肽

对于 2 mm 的柱，可使用许多较老型号的 HPLC 仪器，但 1 mm 柱需要的流速为

$50 \sim 100 \; \mu l/min$，大多数 HPLC 仪器在此流速下的重复性不好。

材料（带 √ 项见附录 1）

- 流动相 A：0.1%（*V/V*）三氟醋酸（TFA，Pierce 公司），溶于 Milli-Q 超纯水中（蛋白质测序专用的 TFA 在此可能不适用，因为某些厂商在其中添加的抗氧化剂可能产生假相）
- 流动相 B：0.07%～0.1%（*V/V*）TFA，溶于乙腈或 1-丙醇或 2-丙醇（Burdick & Jackson 公司或 Baker 公司；HPLC 级）中
- 肽样品或 HPLC 肽标准品：市售的（如 PE Biosystems 公司）或胰蛋白酶的消化物，贮于聚丙烯管中
- Milli-Q 超纯水或等质水（非蒸馏水）或水缓冲液
- HPLC 系统（如 Hewlett-Packard HP-1090 液相色谱仪、PE Biosystems 170A、Michrom BioResources 超速微量蛋白质分析仪、Beckman System Gold、Waters Alliance 系统）
- C18、C8 或 C4 反相柱，300 Å，1 mm 或 2 mm 内径（如 SynChrom 或 Vydac 公司；也可使用其他许多公司生产的柱子）

√ 检测器流动池

- 双通道纸带记录仪（Kipp & Zonen 公司产品或相当的）
- 无粉尘乳胶手套

1. 配制流动相 A 和 B 并除气，设定合适的浓度梯度，基于预期的峰数和期望的分辨率选择相应的梯度。

  正常梯度（预期峰数 30～60 个）：在 70 min 内，溶剂 B 从 0～70%
  快速梯度（预期峰数少于 30 个）：在 35 min 内，溶剂 B 从 0～70%
  慢速梯度（预期峰数大于 60 个）：在 90～140 min 内，溶剂 B 从 0～70%

2. 对于内径为 2 mm 或 1 mm 的反相柱，HPLC 系统设定的流速分别是 $200 \; \mu l/min$ 或 $100 \; \mu l/min$。将通道 1 和通道 2 的检测器分别设定 0.1 AUFS 和 0.02 AUFS，将通道 1 和通道 2 的纸带记录仪的波长分别设定为 214 nm 和 280 nm。在双通道纸带记录仪上，设定 280 nm 记录笔的灵敏度比 214 nm 记录笔的灵敏度高 5 倍，如果只有一种波长可用，则选 214 nm。

3. 用初始条件平衡柱，使基线稳定。用起始溶剂充满注射环，运行一个空白梯度，此梯度与将用于样品分离的梯度相同。

4. 按下列方法准备上样的肽样品（或 HPLC 肽标准品，当使用新柱或排除问题时）：
  a. 如果样品含有机溶剂，用旋转蒸发器通过蒸发或用 Milli-Q 超纯水或水缓冲液稀释，降低有机溶剂浓度至小于 10%（*V/V*）。
  b. 检查样品体积是否适合样品注射环的容积，如果不适合，或者通过蒸发减少样品体积，或者换成较大的样品环，并适当调整梯度程序，加入适当的延迟。
  c. 上样前离心样品以去除微粒物。

5. 改变注射器至 "load" 位置，用流动相 A 冲洗注射器，注射样品，小心操作以免空气注入样品环中。

6. 准备一试管架 1.5 ml 离心管，以收集峰组分，用标签笔在试管上编号。计算峰收集的延迟时间：流动池出口以后的管体积除以流速。

7. 戴上无粉尘乳胶手套，通过纸带记录仪监测吸光值的变化来收集各峰组分，换管之前留出适当的延迟时间（第 6 步）。

基本方案 2　用反相 HPLC 分离≤5 pmol 的肽

附加材料（见基本方案 1）

- 流动相 B：0.05%～0.1%（V/V）TFA，溶于乙腈中
- 检测器流动池（LC Packings 公司）
- 纸带记录仪（Kipp & Zonen 公司或相当的）
- 毛细管 HPLC 系统（见辅助方案）
- 带刻度 10 μl Hamilton 玻璃注射器
- 内径为 0.25 mm 的特氟隆管（LC Packings 公司）
- 2 块计时表

1. 配制流动相 A 和 B 并除气，设定合适的浓度梯度（见基本方案 1 第 1 步），将检测器设定至 0.1 AUFS，将纸带记录仪的波长设定为 195 nm。

2. 用溶剂 A 平衡 HPLC 系统的毛细管柱，直至基线平稳。用 0.25 mm 内径特氟隆软管将带刻度 10 μl Hamilton 玻璃注射器与流动池出口管连接起来，测量液体达到给定体积所需的时间，并按下式计算流速：流速（μl/min）＝体积/时间。

3. 精确量取从流动池到其出口端的管长度，计算延迟时间：延迟时间（min）＝出口管体积（μl）/流速（μl/min），管内体积见表 11.7。

表 11.7　流动池出口后的管体积

管内径	体积/(μl/cm)
0.075 mm（75 μm）FSC	0.045
0.005 in（127 μm）PEEK	0.127
0.007 in（178 μm）PEEK	0.249

4. 如果必要，调整流速至 3～5 μl/min（见辅助方案第 1 步），运行空白梯度，准备样品，注射上样（见基本方案 1 第 3～5 步）。收集峰至 0.5 ml 微量离心管中，用 2 块计时表计时，一块计时表记录峰开始的时间，另一块计时表记录峰结束的时间。

　　如果按所述方法（辅助方案第 3 步）改良毛细管流动池，则只需 1 块计时表。

辅助方案　毛细管 HPLC 系统的组装

　　毛细管柱要求流速为 3～5 μl/min，在不经改良的情况下，并非所有的 HPLC 系统均能满足这一梯度流速要求，以下是改良的方案。

材料

- 活塞泵或注射器泵式分流器（LC Packings 公司）或实验室组装的分流器：150 cm

长的 FSC 管（内径 50 μm，外径 300 μm；Polymicro Technologies 公司）和 1/16 in 三通管（Valco 公司）；适于毛细管的 0.012 in 内径的套管；适于 0.012 in 内径套管的手紧接头（Upchurch Scientific 公司）或插入 PEEK 手紧螺帽和卡套中的 0.25 mm 内径的特氟隆软管

- HPLC 毛细管泵（PE Biosystems 140-D 型）或活塞泵（见基本方案 1），与 LC Packings 的分流器配套使用；或 HPLC 注射器泵（PE Biosystems models 120A、140A 或 170A 型），与实验室组装分流器配套使用
- 0.005 in 内径的 PEEK 管
- 带 20 μl 样品环的注射器（Rheodyne 公司）
- 在线式预柱滤器（Upchurch Scientific 公司）
- 毛细管流动池（LC Packings 公司）
- 30 cm 长的熔凝硅管（0.025 mm 内径，0.280 mm 外径）和 0.25 mm 内径的特氟隆管套，可选
- 0.32 mm×15 cm C18 毛细管柱（LC Packings 公司，Keystone Scientific 公司，Metachem Technologies 公司，Micro-Tech Scientific 公司或 Michrom BioResources 公司）

1a. 如果用可供流速为 3~5 μl/min 的毛细管泵，接第 3 步。

1b. 如果组装分流器，用 0.012 in 内径的套管或插入 PEEK 手紧螺帽和卡套中的 0.25 mm 内径的特氟隆管，将内径为 50 μm、长 150 cm 的 FSC 软管连接到 Valco 三通管上，用 0.005 in 内径的 PEEK 管将分流器的入口端连接到 HPLC 泵上（图 11.1）。自制的分流器需要无脉动（pulse-free）泵，这种泵能够得到可靠的小于 200 μl/min 的流速。

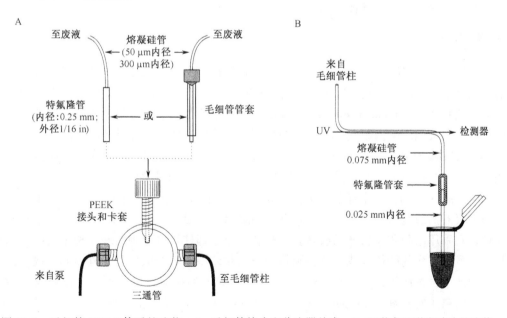

图 11.1 毛细管 HPLC 体系的改装。A. 毛细管接头和分流器总成；B. U 形或 Z 形流动池的改装。

2. 将分流器的出口与注射器相连，用 0.005 in 内径的 PEEK 管将注射器连接至在线式预柱滤器上，安装一个毛细管流动池（图 11.2）。

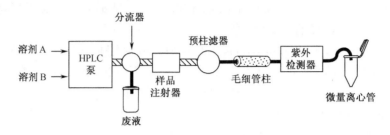

图 11.2 毛细管 HPLC 系统。

3. 可选：改装毛细管流动池（图 11.1B），以减少延迟体积，方法是：小心剪取 0.075 mm 内径的流动池出口管，留下 1～2 cm 管长与 Z 形池连接（用陶瓷管切割器很容易对熔凝硅管进行切割）。用内径 0.25 mm 的特氟隆管套将内径 0.025 mm、长 30 cm 的熔凝硅管与 Z 形池出口处剩余的短管相连接。应该在检测室内建立以上连接，且玻璃毛细管必须紧密接触，以免产生死体积。

4. 用柱附带的 1/16 in PEEK 接头将 0.32 mm×15 cm 的 C18 毛细管柱与样品预过滤装置相连接，用一段内径 0.25 mm 的短特氟隆管（随柱附带）将毛细管柱的出口管（75 μm 内径）与毛细管流动池相连接。如果相邻毛细管之间存在间隙，将显著地降低分辨率。制备用于样品分离的毛细管 HPLC 系统（见基本方案 2）。

参考文献：Davis and Lee 1992；Grossman and Colburn 1992；Mant and Hodges 1991
作者：William J. Henzel and John T. Stults

11.7 单元 N 端序列分析
仪器使用

在过去的 30 年里，N 端蛋白质/肽测序仪器已有了巨大的改进，主要反映在测序仪的灵敏度已从微摩尔（μmol）的样品水平提高到皮摩尔（pmol）的样品水平。根据所用测序仪载体（sequencer support）的类型，可将现代测序仪器分为两类。最常见的测序仪载体是玻璃纤维滤膜（GFF），在这一类仪器中，大部分仪器是由 Applied Biosystems（现在属于 Perkin-Elmer）制造的，包括早期的 470A 型气相测序仪。此类中最新型号为 Procise 系列的 491 型、492 型和 494 型，它们分别配备了 1、2、3 个样品柱（sample cartridge）。多个样品柱能够自动连续地对多个序列样品进行分析，从而大大提高了仪器的通量和灵活性。第二类测序仪是 G1005A 型（Hewlett-Packard 公司）测序仪，它采用双相测序仪样品载体，这种载体由上部柱体（装填有在硅珠上的疏水固定相）和下部亲水的柱体构成，这种独特的样品载体特别适合大体积上样量和（或）污染有缓冲液或试剂而不适合直接上样到 GFF 支持物上的样品。这是首次在市售仪器中引入了使用离子对试剂（ion-pairing reagent）的、具有高度可重复性的 PTH 分析方法。Perkin-Elmer 公司和 Hewlett-Packard 公司都对液体样品柱的设计进行了改良，以适应蛋白质结合到 PVDF 膜上,尽管这两种仪器在硬件设计和软件控制上有很大区别,但总体测序灵敏度和样品通量方面的差别相对不大。

这两种测序仪系统都包括测序分析所需的多组件集成与协调,即一台计算机、测序仪模块和一台精密的在线式 HPLC(用于对每个测序仪循环所得到的 PTH 氨基酸衍生物进行分析,PTH 分析仪)。计算机控制各个环节的整体操作,并对来自 PTH 氨基酸分析仪的数据进行存储和分析。序列分析分为 3 个主要阶段:在样品载体上进行的 Edman 化学反应(测序仪反应);样品转换成稳定的 PTH 衍生物(烧瓶反应);HPLC 分析(PTH 分析仪)。这 3 个阶段中的每一个阶段花费的时间相近(30～40 min),通常 3 个阶段可同时进行以减少样品分析的总时间。因此,第一个氨基酸残基在 PTH 分析仪上被分离的同时,第二个残基也正在烧瓶中进行转化,而第三个残基也正在样品柱上进行衍生和切割。

样品制备

为了确保测序实验成功,必须考虑以下几个方面。

应该对内部肽段测序,还是对完整蛋白质测序?

直到几年前,内部肽链测序(所需样品量＞100 pmol)与 N 端测序(所需样品量＜10 pmol)相比,所需的样品量差别很大,这使得大多数测序实验室仍然先尝试 N 端测序,尽管观察到 50%～80% 的蛋白质处于天然封闭状态,不可能被直接测序。随着蛋白质水解片段制备和分离方法的改进(低皮摩尔范围;见第 11.2 单元、第 11.3 单元、第 1.6 单元),许多测序实验室得到内部序列所需的蛋白质量已降至 10～20 pmol。目前,通常建议首先尝试内部肽段测序法。

将生物学功能与正确的蛋白质匹配(凝胶上正确的蛋白质条带)

3 个重要步骤可以确保正确的蛋白质用以测序:①对预期蛋白质量的数量级进行估计;②考虑到可能的污染物;③设置适当的对照,以检测可能的污染物。

数量级的估计

应该对蛋白质量的数量级进行估计,以确定从一定量的原材料中可分离到多少蛋白质。即使对目的蛋白所知甚少,也应当对蛋白质的可能丰度进行粗略的估计,这可以避免从不可能含有足够目的蛋白的材料中分离蛋白质而浪费精力。同样,如果蛋白质的收率远远超过预期值,所观察到的蛋白质条带很可能是污染物,而不是目的蛋白。

假如测序的最小样品量为 20 pmol,那么分子数为 6×10^{23} 个/mol 或 6×10^{11} 个/pmol$\times$20 pmol$=1.2 \times 10^{13}$ 个被纯化的蛋白质分子。为了在初始样品中得到这个分子数的蛋白质,对于仅含几步高效处理步骤 [如抗体亲和柱层析,紧接着用 SDS-PAGE 和电转印的方法(纯化收率较低可能是由于采用了较复杂的纯化手段)] 的高收率纯化,可以用 1.2×10^{13} 除以总的纯化收率(如纯化率为 25%)。如果总纯化收率为 25%,那么起始组织中必须含有 4.8×10^{13} 个目的蛋白分子。如果从组织培养细胞中纯化目的蛋白,如果知道每个细胞中的拷贝数(表 11.8)的一些情况,则很容易估算出所需细胞的数目。在大多数情况下,对于主要的细胞蛋白质(每个细胞＞100 000 拷贝),只有使用组织培养细胞作为原材料才可行。低丰度蛋白质（每个细胞 100～1000 拷贝）的纯化通常要求大量的固体组织，通常也需要较多的纯化步骤。

表 11.8　获得序列信息所需细胞数量的估计[a]

拷贝/个细胞	所需细胞数	备注
10^6	5×10^7	仅适用丰度最高的蛋白质，包括主要的细胞骨架蛋白和结构蛋白
10^5	5×10^8	高丰度蛋白质，通常在全细胞匀浆物的双向电泳上容易检测到
10^4	5×10^9	通常低于全细胞匀浆物双向电泳的检测极限
$10^2 \sim 10^3$	无实际意义	实例包括许多酶和调节蛋白

a 基于总体纯化收率为 25% 和能够从 20 pmol 目的蛋白中获得肽链信息的测序实验室的分析。

污染物和对照

最常见的 4 类蛋白质污染物为：①主要细胞蛋白质；②纯化过程中用作试剂的蛋白质，如抗体；③来自培养基的蛋白质或血清蛋白质；④皮肤角蛋白。即使在纯化后的组分中污染了非常少量的主要细胞蛋白质（如肌球蛋白和肌动蛋白），这些污染物的量通常也会超过某种纯化回收率很高的低丰度目的蛋白的量。在分离低丰度蛋白质的过程中，防止蛋白质污染物的最好方法就是在相同纯化条件下平行处理一个不含目的蛋白的样品。

避免蛋白质的化学修饰

如果 N 端氨基没有天然地被封闭并打算对完整的蛋白质进行测序（如要绘制蛋白酶酶切位点图谱或已知道 N 端氨基未被封闭时），那么在纯化过程中要避免使用可能与氨基发生反应的试剂，这一点很重要。即使要立即进行水解肽段测序，最好也要避免蛋白质的活性基团发生任何的化学修饰。赖氨酸侧链氨基的修饰会影响胰蛋白酶或内切蛋白酶 Lys-C 的消化，而且，蛋白质上任何活性基团被修饰都会引入异质性（heterogeneity），这会导致蛋白质纯化过程中产量的降低。

在蛋白质纯化过程中最常用的导致蛋白质修饰的试剂是尿素，尿素可迅速分解并形成氰酸盐，从而与氨基发生反应。如果不得不使用尿素，则应注意以下几点：①购买超纯级的尿素（尿素粉末在室温下保持稳定，而尿素溶液不稳定）；②用前配制含尿素的溶液，并在使用过程中使温度尽可能低；③在尿素溶液中加入清除剂，一旦产生氰酸盐，清除剂随即与之反应（如 200 mmol/L Tris · Cl 或 50 mmol/L 甘氨酸）；④尽可能将 pH 保持在 7.0 或更低（若可行），因为氨基在 pH 8.0 时的活性比在 pH 7.0 时强约 10 倍，而且氰酸盐在酸性条件下稳定性较低。

避免吸附性损失

少量的蛋白质和肽吸附在玻璃和塑料表面，通常使用各种方法使这种损失降到最低。吸附性损失在纯化的后期表现尤为突出，这时分离的蛋白质为低皮摩尔数的量（低微克的量）。将这种损失降低至最低程度的最好方法是在纯化的最后步骤中向蛋白质样品中加入去污剂，最好是 SDS；这一点对于纯化蛋白质总浓度小于 0.1 $\mu g/\mu l$ 的样品尤其重要。当然，在大多数情况下，加入 SDS 会使蛋白质的活性不可逆地丧失，如果在监测纯化步骤时保持蛋白质的生物活性至关重要，应当考虑另外的封闭剂，如非离子型去污剂（如 Triton X-100 或 Tween 20）。

最终纯化步骤

对于大多数蛋白质的测序而言，最终纯化步骤首选 SDS-PAGE（见第 10.1 单元）。SDS 凝胶对处理低微克量至亚微克量（低皮摩尔水平）的蛋白质非常理想，具有很高的分辨能力，由于吸附而导致的蛋白质损失可以忽略不计，并可以往样品中加入 SDS 或其他去污剂。SDS-PAGE 后，可将蛋白质电转印至高滞留性的 PVDF 膜上（见第 10.5 单元），用于直接 N 端测序，或用胰蛋白酶、内切蛋白酶 Lys-C 或其他蛋白酶在膜上将蛋白质消化（见第 11.2 单元），获得用于测序的内肽。或者，直接在胶中用蛋白酶消化蛋白质（见第 11.3 单元）。

此方法的局限性在于：①蛋白质在胶上的迁移位置必须已知；②通过所用的凝胶系统，必须将目的蛋白与样品中的其他蛋白质分开；③目的蛋白在样品中所占比例必须足够高，以便使目的蛋白在胶中达到测序所需的量，不至于造成污染蛋白质在胶中的过量。对于复杂的样品而言，在单向电泳凝胶上可能含有多种与目的蛋白具有相同迁移率的蛋白质，通常可采用双向电泳（见第 10.3 单元）进行彻底分离。

用 SDS-PAGE 作为最后一步纯化的一条有用的准则是纯化的蛋白质大于约 6 kDa；从原位蛋白酶消化或其他来源得到的小于 6 kDa 的肽，应当用反相 HPLC（见第 11.6 单元）进行纯化。如果要分离小于 100 pmol 的肽，建议用直径为 1.0 mm 或 2.1 mm 的 C18 柱，并用乙腈和 0.1%（V/V）TFA 作为反相溶剂。

用于测序的蛋白质的量

蛋白质或肽的平均初始序列收率（即在早期测序仪循环中观察到的信号除以测序仪的上样量乘以 100）平均约为 50%（通常在 20%～80%）。由于随着样品量的降低，吸附性损失和人为的 N 端修饰可能增加，如果测序仪的上样量为 1 pmol 蛋白质或肽，可信的初始收率会是 0.1～0.5 pmol，在这个水平，只有少数实验室在仔细优化了序列分析步骤的所有环节以后，才能获得有意义的 N 端序列信息。

举例说明一个仔细优化了测序过程所有环节的实验室，获得内部序列的每一步的收率可能如下：

从主要凝胶条带的回收量占凝胶上样量的比例——90%

电转印效率——70%

胰蛋白酶消化效率和从凝胶或 PVDF 膜上裂解肽段回收率——70%

HPLC 中的回收率——90%

收集管中的回收率——80%

测序仪中的初始收率——50%

此例子的最终累积收率应为：0.9×0.7×0.7×0.9×0.8×0.5＝0.16 或 16%

用于测序的蛋白质量的估计

对分离获得的目的蛋白进行量的估算，无论在 N 端测序还是肽段测序过程中，都有助于对结果进行正确解释。最好是在 N 端测序或肽段测序之前对部分蛋白质或肽段样品进行准确定量。然而不幸的是，当只能得到低皮摩尔量的蛋白质量时，用氨基酸分析法（AAA）来估算蛋白质的浓度，会耗费总样品的大部分，而 AAA 法是测定溶液中、凝胶中或 PVDF 膜上的蛋白质浓度的最可靠的方法（见第 3.2 单元、第 11.3 单元；见 CPPS 第 11.9 单元）。因此，如果对用定量 AAA 法所消耗的样品量无法接受，那么可以通过凝胶中或 PVDF 膜上蛋白质染色的密度比较来估算，即将标准蛋白质按 2 倍稀释配制一系列稀释的标准品。例如，相邻泳道蛋白质的量分别为 2 μg/条带、1 μg/条带、0.5 μg/条带、0.25 μg/条带和 0.125 μg/条带，将目的蛋白的染色密度与标准品的染色密度进行比较，从而可以估算目的蛋白的浓度。如果蛋白质标准品和实验样品在同一凝胶上，可容易地估算出用于测序的目的蛋白的量，其误差可控制在 2～4 倍，但此法存在很大局限性，因不同蛋白质的显色反应有所不同。然而，考马斯亮蓝（凝胶内消化的首选染料，见第 11.3 单元）和酰胺黑（PVDF 膜上消化的首选染料，见第 11.2 单元）所表现出的蛋白质专一性变化比银染小得多。

基质辅助的激光解吸/离子化质谱

如果有质谱仪，在进行序列分析之前，用 MALDI 质谱法（见 CPPS 第 11.6 单元和第 16.2 单元）对所有肽进行预筛选，以便与肽序列分析相互补充，这样是非常有利的。建议将原位胰蛋白酶消化物用 HPLC 分离获得的 10～15 个峰进行质谱分析，应当选择最长的肽（即质量最大的肽）进行测序。测序完成后，如果多肽中的大部分氨基酸（不是所有的氨基酸）残基已被清楚地确认，将测序结果与此前确定的质量进行比较，可以证实残基的确认，能够拓展对测序仪数据的解释。从理论上来讲，HPLC 分离得到的肽经过 MALDI 质谱的预筛也有可能鉴定肽段混合物。而实际上，只有某些混合物可以用这种方法进行检测，因为用这种方法获得的质量信号不是定量的，而且某些肽能够抑制其他肽的信号。

参考文献：Atherton et al. 1993
作者：David F. Reim and David W. Speicher

张富春 译　李慎涛 校

第 12 章 翻译后修饰：糖基化

本章介绍检测和鉴定蛋白质翻译后添加（post-translation addition）到蛋白质上的糖基基团（glycosyl mioiety）的方法。这类添加有两种主要类型：① N-糖基化，可发生在含有 AsnXSer/Thr（这里 X 是除 Pro 以外的任一氨基酸）序列子（sequon）的蛋白质 Asn 侧链；② O-糖基化，首先将一个 N-乙酰半乳糖胺加到折叠蛋白质特定 Ser 和 Thr 侧链的氧原子上，然而，越来越多的资料表明添加 N-乙酰葡萄糖胺也是这类糖基化的一种常见修饰。有资料指出，后一种修饰也许还发挥着重要的调节功能，因为它对蛋白质的修饰作用通常是与磷酸化作用互补的。

第 12.1 单元介绍了几种在培养细胞中抑制 N-糖基化的方法，这些方法可用于对糖蛋白进行分类，检测糖基化在蛋白质构象和功能中的作用。第 12.2 单元介绍了利用内切糖苷酶（endoglycosidase）和糖胺酶（glycosamidase）去除蛋白质中的 N-连接寡糖的方法，对这些酶的敏感性可用于检测 N-连接寡糖的存在，以及它们在生物加工过程实验（bioprocessing experiment）中的成熟阶段。此外，许多膜结合（membrane-bound）蛋白都是通过一个末端糖基磷脂酰肌醇（glycosyl phosphatidyl-inositol，GPI）基团锚定的。第 12.3 单元介绍了确定膜结合蛋白是否为 GPI 锚定的方法。

作者：John E. Coligan

12.1 单元　N-糖基化的抑制

基本方案　N-糖基化的抑制

图 12.1 是 N-连接寡糖组装的早期加工步骤的示意图，显示由每种抑制剂所阻断的酶（衣霉素除外，它影响一个更早期的阶段）。表 12.1 列出了由各种抑制剂所阻断的酶以及它们的作用结果。

警告：要遵守放射性同位素的安全使用与处置规则。

注意：所有的培养基和溶液都应当用 Milli-Q 纯化水（或等纯度水）配制，与细胞接触的所有培养基和器皿都应无菌。细胞培养应在 $37\,^{\circ}\mathrm{C}$、$5\%\ CO_2$ 的湿润培养箱中进行。

材料（带 √ 项见附录 1）

- 培养的细胞系，贴壁型或悬浮型
- 完全培养基
- √ 抑制剂贮液（表 12.2）
- √ 用于配制抑制剂贮液的溶剂
- [³H] 甘露糖（5～20 Ci/mmol）
- √ PBS，冰预冷
- √ 裂解缓冲液
- Sepharose，活化的

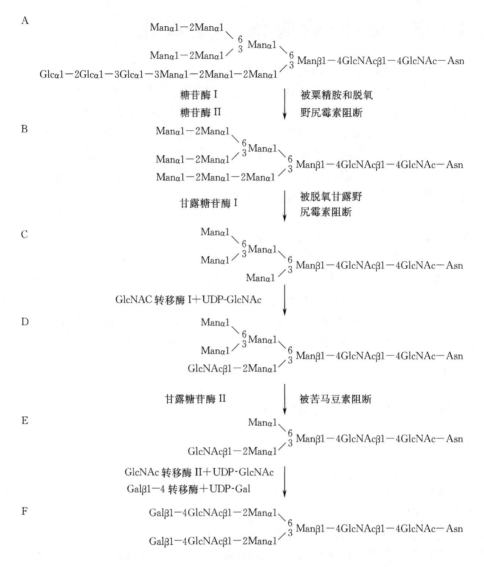

图 12.1 *N*-连接寡糖组装的早期加工中间产物的结构。最初在脂类载体磷酸多萜醇（dolichol phosphate）上组装成结构 A，是一个被衣霉素阻断的过程，然后转移到 Asn 残基上。起始修饰性的糖苷酶 I 和 II 将 A 转换成 B；这两个糖苷酶被粟精胺（castanospermine）和脱氧野尻霉素（deoxynojirimycin）抑制。去糖基化之后，由甘露糖苷酶 I（被脱氧甘露糖野尻霉素抑制）去除外层 4 个甘露糖残基而形成 C，这些甘露糖残基的去除为 *N*-乙酰葡糖胺转移酶 I（GlcNAc transferase I）催化形成 D 提供信号。结构 D（但不是结构 C）是甘露糖苷酶 II 的底物，结果形成 E，E 又可以在一系列酶（如 *N*-乙酰葡糖胺转移酶、半乳糖苷转移酶、唾液酸转移酶）和适当的糖-核苷酸（sugar-nucleotide）供体的作用下进一步延伸为二天线、三天线和四天线结构（唾液酸化的和中性的）。

表 12.1 *N*-连接寡糖合成酶类的抑制剂

抑制剂类型	目标酶	对寡糖结构的作用	有效浓度范围
糖基化抑制剂			
衣霉素 (tunicamycin)	GlcNAc 转移酶	阻止 GlcNAc-PP-多萜醇的组装，从而阻止 $G_3M_9GlcNAc_2$-PP-多萜醇的组装[a]；Asn 残基的糖基化不发生；在 SDS-PAGE 上蛋白质的迁移速度较快，通常显示较小的异质性（heterogeneity）；用 PNGase F 处理后，蛋白质在 SDS-PAGE 上迁移速度不加快	$0.5\sim10\ \mu g/ml$
加工过程抑制剂			
脱氧野尻霉素 (deoxynojirimycin) 粟精胺 (castanospermine)	糖苷酶 I 和（或）糖苷酶 II	阻止第一个葡萄糖残基的去除，从而抑制寡糖链的进一步加工；蛋白质在 SDS-PAGE 上迁移的大小会变大或变小，取决于正常加工的程度；对 endo H[b] 敏感	$0.5\sim20\ mmol/L$ $1\sim50\ \mu g/ml$
脱氧甘露糖野尻霉素 (deoxymannojirimycin)	α-甘露糖苷酶 I	阻止高甘露糖结构 α1-3 臂上的甘露糖残基的去除，因此阻止 GlcNAc 转移酶 I 的活性，进而阻止 α-甘露糖苷酶 II 的活性；蛋白质在 SDS-PAGE 的大小通常较小，这取决于正常寡糖的大小；结构对 endo H[c] 仍然敏感	$1\sim5\ mmol/L$
苦马豆素 (swainsonine)	α-甘露糖苷酶 II	阻止高甘露糖结构 α1-6 臂上的甘露糖残基的去除，阻止 GlcNAc 转移酶 II 和 V 的活性（这两种酶将 GlcNAc 加到 α1-6 甘露糖残基上）；虽然结构对 endo H 消化仍然敏感，但正常情况下，能够将 GlcNAc、半乳糖及唾液酸加到 α1-3 甘露糖上	$1\sim10\ \mu g/ml$

a 缩写：GlcNAc T I、II、V，*N*-乙酰葡糖胺转移酶 I、II、V；PNGase F，肽 *N*-糖苷酶 F。

b 内切糖苷酶 H 不能从蛋白质上切下成熟加工的寡糖结构；而在 α1-6 臂上保留甘露糖残基的结构可以被去除，通常产生的大小差异，可以很容易地用 SDS-PAGE 检测到。

c 内切甘露糖苷酶可以越过这一阻断。

表 12.2 用于系列稀释的抑制剂浓度的范围

抑制剂	贮液	首次稀释所加贮液量/μl	浓度范围（终浓度）
衣霉素	$1\ mg/ml$	80	$0.15\sim10\ \mu g/ml$
苦马豆素	$1\ mg/ml$	80	$0.15\sim10\ \mu g/ml$
脱氧野尻霉素	$400\ mmol/L$	200	$0.15\sim10\ mmol/L$
脱氧甘露糖野尻霉素	$400\ mmol/L$	200	$0.15\sim10\ mmol/L$
粟精胺	$400\ mmol/L$	200	$0.15\sim10\ mmol/L$

√ 0.5 U/ml 内切糖苷酶 H（endo H）和 endo H 消化缓冲液

√ 20%（m/V）SDS

- Sephacryl S-200 柱（见第 8.3 单元），在 25 mmol/L 甲酸铵/0.1% SDS 溶液中校准和平衡
- 25 mmol/L 甲酸铵/0.1%（m/V）SDS
- 24 孔和 100 mm 组织培养板
- 一次性塑料细胞刮或橡胶细胞刮
- 1.5 ml、15 ml 或 50 ml 圆底聚丙烯离心管

确定最佳抑制剂浓度

1. 对于所测试的每一个抑制剂，在一块 24 孔组织培养板上设 15 孔的细胞，即将细胞（贴壁细胞用胰蛋白酶消化法，悬浮细胞用稀释法）传代至各孔中，每孔含终体积为 1.8 ml 的完全培养基，培养 24 h。所用传代比例以到第 3 天（即传代后 48 h）能汇合（但不要过满）为标准。

2. 在细胞培养期间，将抑制剂进行一系列 1∶1（V/V）的稀释，将抑制剂贮液（体积见表 12.2）放入一个无菌的微量离心管中，用完全培养基稀释至 800 μl，取 400 μl 至另一个含有 400 μl 培养基的离心管中，重复稀释至总共 7 管。用配制抑制剂的溶剂设一个相同稀释系列的溶剂作为对照。衣霉素稀释液每天新鲜配制（其他溶液可以在 4℃ 存放）。

3. 从第 2 步的每支管子中各取 200 μl 加到细胞孔中（终体积 2 ml）。剩余的孔只加入 200 μl 完全培养基（零抑制剂对照），培养 24 h。

4. 用 [^{35}S] 甲硫氨酸对细胞进行短期标记（short-term labeling），使用 0.2 mCi/ml 的标记物，每孔的终体积为 1.8 ml（Bonifacino 1998）。

5. 将剩余的 200 μl 各种稀释度的抑制剂（第 2 步）加入到各孔中，培养 4 h。

6. 收获细胞，用 TCA 沉淀（见第 3.4 单元辅助方案 3）测定 ^{35}S 的掺入量。用掺入量对抑制剂浓度作图，通过比较有抑制剂和没有抑制剂所培养细胞的同位素掺入量，确定不抑制蛋白质合成的最大抑制剂浓度，并以此作为以下步骤的最佳浓度。

进行抑制实验

7. 将新的细胞样品分到 100 mm 的含完全培养基的组织培养板上，培养 24 h，吸出培养基（将悬浮细胞离心），加足量的标记培养基，以覆盖细胞（约 5 ml）。按上述测定的最佳浓度加入抑制剂。同时，设一个对照板，只加等量的溶剂（不含抑制剂）。加入 [^{3}H] 甘露糖至 0.02～0.1 mCi/ml，培养 4～12 h。

   细胞应当在葡萄糖浓度大于 200 μmol/L 的条件下标记，以防止聚糖加工过程中发生改变。虽然没有实质性影响，但还是建议将细胞与抑制剂进行 24 h 的预培养，以便有足够比例的聚糖结构发生改变的糖蛋白在细胞表面表达。

8. 将细胞收至冰冷的 PBS 中，若是贴壁细胞，用一次性塑料细胞刮或橡胶细胞刮将细胞刮下，若是悬浮细胞，则用离心的方法。如果抑制剂是衣霉素，用 TCA 沉淀法测 ^{3}H 掺入量，然后接第 13 步操作，如果是其他抑制剂，则接第 9 步～15 步操作。

9. 将细胞重悬于冰冷的 PBS 中，离心，弃上清，洗涤细胞 2 次。将细胞沉淀物重悬于裂解缓冲液（细胞 5×10^7 个/ml）中，4℃ 温育 1 h。

10. 将裂解物于 3000 g、4℃离心 10 min，去除细胞核。将上清于 100 000 g、4℃离心 1 h。保存上清，在几天内使用或−70℃保存（保存时间取决于同位素的半衰期）。

11. 把每个样品分成两等份，加入圆底聚丙烯离心管中，用丙酮沉淀蛋白质（见辅助方案）。

12. 重悬细胞沉淀，每 10^7 个细胞用 20～40 μl 的 endo H 消化缓冲液，沸水中煮 10 min，使内源性水解酶失活，然后按每 100 μl 样品 5 μl endo H 的比例往每对样品管中加入 endo H，均于 37℃温育过夜。

13. 加入 1/10 体积 20%（m/V）SDS，煮沸 3～5 min。每次加一个样品至校准过的 Sephacryl S-200 柱［已用 25 mmol/L 甲酸铵/0.1%（m/V）SDS 平衡过］上，上样体积不超过柱床体积的 5%。收集洗脱液，在 2 次上样之间用 2～4 倍体积的 25 mmol/L 甲酸铵/0.1%（m/V）SDS 洗柱。

14. 用闪烁计数器（scintillation counter）分别测定 4 个样品与糖蛋白［在外水体积（void volume，V_0）洗脱下来的］相关的放射性和与游离寡糖（在 V_0 之后洗脱下来的）相关的放射性。

　　未用 endo H 消化时，所有的放射性（不管是用抑制剂处理过的样品还是没有用抑制剂处理过的样品）都应当在 V_0 中洗脱下来。对于没有用抑制剂处理过的样品，由 endo H 从肽链骨架上切下来的寡糖代表正在高尔基体中加工的不成熟寡糖，以及少量在成熟糖蛋白中发现的对 endo H 敏感的结构。对于用抑制剂处理过的样品，由于抑制剂阻止寡糖被加工成成熟的寡糖结构（图 12.1），所以应当释放较高的放射性，加工不完全的寡糖所含甘露糖残基比加工完全的寡糖要多。从理论上讲，抑制剂处理过的样品经 endo H 消化后，应当释放 100% 的放射性，但在实际实验中，从未有过完全的抑制。

15. 如果希望并且可从用 $[^{35}S]$ 甲硫氨酸进行放射性标记的细胞中纯化和鉴定某种特定的糖蛋白，就可以用 SDS-PAGE（见第 10.1 单元）和放射自显影检测给定抑制剂的效应。

辅助方案　丙酮沉淀

附加材料（见基本方案）

- 100%丙酮（HPLC 或 ACS 级），−20℃

1. 将蛋白质溶液置于冰上，加入 8 倍体积的丙酮（−20℃），轻缓混匀。如果样品的体积太大不便于用 8 倍体积稀释，可以用冻干的方法浓缩，然后重悬成较小的体积。

2. −20℃沉淀过夜，如果蛋白质的量很大，可以将沉淀时间缩短至几小时。样品在丙酮中的时间不要超过 1 天，否则，蛋白质将很难重新溶解。

3. 3000 g、4℃离心 15 min，小心地将试管倒置，倒出丙酮。如果由于去污剂的存在使沉淀呈油性性，可加入 85%（V/V）的丙酮（−20℃）重新提取 1 次，混匀，−20℃温育 1 h 以上，重新离心。

4. 将含有沉淀的试管在离心机上短暂离心，将残留的丙酮浓缩，然后用微量移液器将其丙酮移去。让沉淀干燥，但不要干成粉末状，重悬于适量的目的溶剂中。

参考文献：Bonifacino 1998；Elbein 1987；Hubbard and Ivatt 1981；Kobata and Takasaki 1992；McDowell and Schwarz 1988

作者：Leland D. Powell

12.2单元　*N*-连接寡糖的内切糖苷酶和糖胺酶的释放

此法常与 $[^{35}S]$ 甲硫氨酸脉冲追踪代谢标记（$[^{35}S]$ Met pulse-chase metabolic labeling）方案结合使用，但可用于任何适当标记的蛋白质（如生物素化的蛋白质或 ^{125}I 标记的蛋白质）。这些技术在中等大小（小于 100 kDa）并且碳水化合物含量较低（按重量）的蛋白质中最有效，可观察到 1 kDa 的凝胶迁移率变化。本单元所用到的酶汇总于表 12.3，其切割位点见图 12.2。

表 12.3　本单元所用的酶

酶	用途	检测器
Endo H	高甘露糖型转化为复杂型 *N*-连接的链	高尔基体顺面到高尔基体中间膜囊（*cis* to medial Golgi）
PNGase F	切割 *N*-连接链；几乎所有的 *N*-连接链；仅切割四天线链的酶	高尔基体中间膜囊（medial Golgi）
唾液酸酶	获得唾液酸	高尔基体反面（*trans*-Golgi）和高尔基反面的网状结构（*trans*-Golgi network）

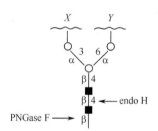

图 12.2　*N*-连接寡糖键对 endo H 和 PNGase 敏感。PNGase F 是一种糖胺酶，能够切割 GlcNAc 和 Asn 之间的键，释放出整个糖链，并将 Asn 转化为 Asp。endo H 切割核心区两个 GlcNAc 残基之间的键，留下一个 GlcNAc 仍然结合在蛋白质上。它作用于高甘露糖型寡糖和杂合型寡糖，但不作用于复杂型寡糖。对于这两种酶，蛋白质的变性也许不会使所有的敏感性键都暴露出来。唾液酸酶在很多 *N*-连接寡糖或 *O*-连接寡糖上切割末端唾液酸残基（没有显示）。*X* 和 *Y* 是未指定的糖残基。

基本方案 1　内切糖苷酶 H 消化

材料（带√ 项见附录 1）

• 免疫沉淀剂：$[^{35}S]$ Met-标记（见第 3.6 单元）的免疫沉淀目的蛋白，结合在约

20 µl 蛋白质 A-Sepharose 珠上（见第 9.6 单元）。

- 0.1 mol/L 巯基乙醇（2-ME）/0.1%（m/V）SDS（超纯电泳级；用前配制）
- 0.5 mol/L 柠檬酸钠，pH 5.5
- 1%（m/V）苯甲基磺酰氟（PMSF），溶于异丙醇中
- 0.5 U/ml 内切糖苷酶 H（天然的或重组的；Sigma、Glyko 或 Boehringer Mann-heim 公司）
- √ 10×SDS 样品缓冲液
- 30～37℃和 90℃水浴

1. 在微量离心管中，往免疫沉淀剂中加入 20～30 µl 0.1 mol/L 的 2-ME/0.1% SDS，充分混合，90℃变性 3～5 min，冷却后于 1000 g 离心 1 s。

2. 在两个洁净的微量离心管中各加入 10 µl 溶解的、变性的蛋白质（上清），按下列顺序加入各试剂，每加入一个试剂后要混匀：

        6 µl 0.5 mol/L 柠檬酸钠，pH 5.5

        20 µl H_2O

        2 µl 1%苯甲基磺酰氟（PMSF）

        1 µl 0.5 U/ml 内切糖苷酶 H（消化管）或 1 µl H_2O（对照管）。

避免含钾缓冲液，它可以引起 SDS 以钾盐形式沉淀。

3. 于 30～37℃温育过夜。

4. 加入 4 µl 10×SDS 样品缓冲液，在 90℃加热 5 min，使 endo H 失活。立即用一维 SDS-PAGE（见第 10.1 单元）和放射自显影进行分析。

在 SDS-PAGE 上，消化后的蛋白质的迁移率增加，表明存在高甘露糖型和（或）杂合型 N-连接寡糖链。

基本方案 2　肽：N-糖苷酶 F 消化

PNGase F 是完全移除 N-连接链的首选酶，也是唯一释放四天线和五天线链的酶。

材料（带 √ 项见附录 1）

- 免疫沉淀剂：[^{35}S] Met-标记（见第 3.6 单元）的免疫沉淀目的蛋白，结合在约 20 µl 蛋白质 A-Sepharose 珠上（见第 9.6 单元）。
- 0.1 mol/L 巯基乙醇（2-ME）/0.1%（m/V）SDS（超纯电泳级；用前配制）
- √ 0.5 mol/L Tris·Cl，pH 8.6（在 37℃测定）
- 10%（m/V）Triton X-100 或 Nonidet P-40（NP-40）
- 200～250 mU/ml 肽：N-糖苷酶 F（PNGase F；Sigma 或 Glyko 公司）
- √ 10×SDS 样品缓冲液
- 30～37℃和 90℃水浴

1. 在微量离心管中，往免疫沉淀剂中加入 20～30 µl 0.1 mol/L 的 2-ME/0.1% SDS，充分混合，90℃变性 3～5 min，冷却后于 1000 g 离心 1 s。

2. 在两个洁净的微量离心管中各加入 10 µl 溶解的、变性的蛋白质（上清），按下列顺

序加入各试剂，每加入一个试剂后要混匀：

> 3 μl 0.5 mol/L Tris·Cl，pH 8.6
>
> 5 μl H₂O
>
> 2 μl 10% NP-40 或 Triton X-100
>
> 5 μl 200～250 mU/ml PNGase F（消化管）或 5 μl 0.5 mol/L Tris·Cl（对照管）。

可以用 pH 7.0 的磷酸钠或 HEPES 缓冲液代替 Tris·Cl，不得使用含钾盐的缓冲液，它可以引起 SDS 沉淀。加入非离子型的去污剂很重要，因为 SDS 可以使 PNGase F 失活。上述两种非离子去污剂中，任何一种重量超过 SDS 10 倍也会使酶稳定。

3. 于 30～37℃ 温育过夜。

4. 加入 2.5 μl 10×SDS 样品缓冲液，于 90℃ 加热 5 min，使 PNGase F 失活，立即用一维 SDS-PAGE（见第 10.1 单元）和放射自显影进行分析。

电泳迁移率的增加表明存在 *N*-连接寡糖链。

辅助方案　估测糖蛋白中 *N*-连接寡糖链的数目

可用 endo H 或 PNGase F 消化估计某一糖蛋白中 *N*-连接寡糖链的数目，即制备一系列部分消化的分子，这些分子仅 *N*-连接糖链不同，通常有 5 个或 6 个点（point）（随着酶的浓度和温育时间而变化）就足够了。[³⁵S] Met 脉冲标记的蛋白质必须在刚合成还未进行任何加工之前使用，用 [³⁵S] Met 脉冲标记蛋白质 10 min，接着就进行消化，是保证除去全部链的最好方法。

1. 将 0.1 mol/L 的 2-ME/0.1% SDS 溶液加入所需免疫沉淀的蛋白质中，每次反应用 20 μl 免疫沉淀剂，以覆盖所需的浓度范围（即 0.01～1 mU/ml PNGase F）或温育时间（如 5～60 min），再加一个不消化的对照，还包括一个在高浓度酶（10 mU/ml）和长温育时间（16 h）的样品，以得到最大去糖基化的数据点（point）。

2. 在 90℃ 变性 3～5 min，冷却，于 1000 g 离心 1 s，将 10 μl 上清分配到适当数目的微量离心管中。

3. 按 endo H（见基本方案 1 第 2 步）或 PNGase F（见基本方案 2 第 2 步）的要求，加入其余的试剂，根据需要，调整酶的浓度。

4. 于 30℃ 温育所需的时间。

5. 加入 0.1 体积的 10×SDS 样品缓冲液，在 90～95℃ 加热 5 min，使酶失活，立即用一维 SDS-PAGE（见第 10.1 单元）和放射自显影进行分析。

最新形成的 *N*-连接链的摩尔质量为 1500～2200，一条链的丢失就足以改变一个蛋白质的迁移速度。

基本方案 3　唾液酸酶（sialidase 或 neuraminidase）消化

材料（带√项见附录 1）

- 免疫沉淀剂：[³⁵S] Met-标记（见第 3.6 单元）的免疫沉淀目的蛋白，结合在约 20 μl 蛋白质 A-Sepharose 珠上（见第 9.6 单元）。

- 0.1 mol/L 巯基乙醇（2-ME）/0.1%（*m/V*）SDS（超纯电泳级；用前配制）

- 10%（*m/V*）Triton X-100 或 Nonidet P-40（NP-40）
- √ 0.5 mol/L 柠檬酸钠，pH 5.0
- 1 IU/ml 的产脲节杆菌（*Arthrobacter ureafaciens*）唾液酸酶（Sigma 或 Glyko 公司）
- √ 10×SDS 样品缓冲液
- 37℃和 90℃水浴

1. 在微量离心管中，往免疫沉淀剂中加入 20～30 μl 0.1 mol/L 的 2-ME/0.1% SDS，充分混合，在 90℃变性 3～5 min，冷却，1000 g 离心 1 s。

  由于唾液酸被暴露在糖链的末端，变性步骤可以省去，而消化可以在蛋白质仍然结合在珠子上时进行。在这种情况下，在下一步骤中也可以省去非离子去污剂。

2. 在两个洁净的微量离心管中各加入 10 μl 溶解的、变性的蛋白质（上清），按下列顺序加入各试剂，每加入一个试剂后要混匀：

  2 μl 10% Triton X-100 或 NP-40（超过 SDS 20 倍）

  4 μl 0.5 mol/L 柠檬酸钠，pH 5.0

  5 μl H_2O

  1 μl 1 IU/ml 的唾液酸酶（消化管）或 1 μl 水（对照管）

3. 于 37℃温育过夜（或短至 2 h）。

4. 加入 2 μl 10×SDS 样品缓冲液，在 90℃加热 5 min，使唾液酸酶失活。如果用 IEF 或 NEPHGE 分析蛋白质，那么用所需的裂解缓冲液代替 SDS 样品缓冲液。

5. 立即用一维 SDS-PAGE（见第 10.1 单元）或二维 IEF/SDS-PAGE 或 NEPHGE/SDS-PAGE（见第 10.3 单元）进行分析，用放射自显影检测。

  唾液酸去除后，用一维凝胶电泳分析时，表观分子质量通常会减少，用二维凝胶电泳分析时，等电点通常会增加。

参考文献：Beckers et al. 1987；Chui et al. 1997；Kornfeld and Kornfeld 1985；Tarentino and Plummer 1994

作者：Hudson H. Freeze

12.3 单元 蛋白质上糖磷脂锚的检测

通过分析目的蛋白的去污剂分离（detergent-partitioning）行为，或用磷酸脂酶 C 处理（该酶在 GPI 膜锚内切割），可以确定 GPI 连接（GPI-linkage）。

基本方案 1 用 Triton X-114 对细胞或膜总蛋白质进行提取和分级分离

材料（带√项见附录 1）
- 细胞、细胞膜组分或其他来源的蛋白质。
- √ TBS，冰冷的
- √ 预处理过的 Triton X-114，冰冷的

- 15 ml 聚丙烯离心管
- 离心机：低速（台式）、配有合适的转子（如 SS-34），4℃和室温

1. 在 15 ml 的离心管中，用冰冷的 TBS 重悬细胞或细胞膜，使蛋白质终浓度≤ 4 mg/ml。所用蛋白质的量为下述检测方法（第5步）所需量的 2～10 倍，以应对蛋白质损失或回收在多个组分中。

2. 加入 1/5 体积预处理过的 Triton X-114 贮液（终浓度约为 2%），在冰上温育15 min，期间不时地混合，提取细胞。

3. 10 000 g（SS-34 转子为 9000 r/min）、4℃离心 10 min，将上清（可溶性蛋白质和去污剂提取的蛋白质）移至一新管中，用冰冷的 TBS 重悬沉淀，冰上保存。

4. 在水浴中将上清加温至 37℃（达到 37℃时，溶液变浑浊），在台式离心机中于室温、1000 g 离心 10 min。分别用不同的管子收集上层相（无去污剂的，含可溶性蛋白质）和下层相（富含去污剂的，含跨膜结构域和 GPI 结构锚定的蛋白质）。

5. 通过活性分析方法、一维 SDS-PAGE 和蛋白质染色（见第 10.1 单元和第 10.4 单元），或用特异性抗体做免疫沉淀（见第 9.6 单元）或免疫印迹（见第 10.7 单元）检测重悬沉淀（第 3 步）和第 4 步各相中的目的蛋白。

备择方案　用 Triton X-114 对所获蛋白质进行分级分离

1. 在 1.5 ml 的微量离心管中，用 1 ml 冰冷的 TBS 稀释或溶解目的蛋白，加入 0.2 ml Triton X-114，混匀。

2. 在 37℃水浴中加温几分钟（直到溶液变浑浊），在台式离心机中以最大速度离心 5 min。

3. 分别收集上层相和下层相，分析各相中的目的蛋白（见基本方案 1 第 5 步）。

基本方案 2　通过完整细胞的 PI-PLC 消化鉴定 GPI 锚定的蛋白质

材料
- 细胞（或膜的制备物）
- Hank 平衡盐溶液（HBSS；如 Life Technologies 公司），缓冲盐溶液或培养基
- 细菌磷脂酰肌醇特异性磷脂酶 C［PI-PLC；如来自苏云金芽孢杆菌（*Bacillus thuringiensis*）；Oxford GlycoSystems 公司］
- 台式离心机及配套离心管

1. 从分散的悬液中获得目的细胞或细胞膜，制备双份样品，各含有 2～10 倍下述检测方法（第 5 步）所需的蛋白质量，以应对蛋白质损失或回收在多个组分中。

2. 用 HBSS、缓冲盐溶液或培养基洗涤双份样品，然后用任一溶液重悬样品，浓度为 0.1～0.5 mg/ml（或酶生产商推荐的其他浓度）。

3. 往一份样品中加入细菌 PI-PLC（按生产商推荐的方法），另一份不加酶，作为对照，于 37℃温育 1 h。

4. 在台式离心机中 1000 g 离心 5 min，将上清移至新管中，备用。用与移走上清体积

相同的缓冲盐溶液重悬沉淀。

5. 用 Triton X-114 去污剂分级分离法（基本方案 1）、一维 SDS-PAGE（见第 10.1 单
元）[考马斯亮蓝染色或银染（见第 10.4 单元）]、免疫沉淀（见第 9.6 单元）或免
疫印迹（见第 10.7 单元）分析上清和沉淀中的目的蛋白。

   用磷脂酶 C 切割 GPI 结构发现一个隐蔽的抗原，叫做交叉反应决定簇（cross-reac-
   ting determinant，CRD）。用磷脂酶 C 溶解后，蛋白质与抗 CRD 抗体（Oxford Gly-
   coSystems 公司）的反应性很明确地指示 GPI 锚的存在。抗 CRD 抗体也可用于免疫
   沉淀或免疫印迹。

参考文献：Brodbeck and Bordier 1988；McConville and Ferguson 1993
作者：Tamara L. Doering，Paul T，Englund and Gerald W. Hart

马　纪译　李慎涛 校

第13章 翻译后修饰：磷酸化和磷酸酶

由核酸序列推测的多肽序列仅能揭示蛋白质的部分含义，而共价修饰往往在决定蛋白质的最终性质上起关键作用。其中某些修饰作用在生物中保持相对恒定状态；在这类修饰中二硫键起着重要作用，它维持着蛋白质折叠结构的稳定，但它在折叠中的精确位置无法从序列中推知。另外的一些修饰（如 N-连接的糖基化，见第12章）也有可能以一种相对静态的方式来影响蛋白质的性质，如通过调控蛋白质（至少一部分）的溶解性、抗原结构以及（偶尔地）与相应的伴侣分子相互作用的能力。在其他一些情况下，翻译后修饰处于一种高度动态的形式，这通常对蛋白质行使功能极其重要，直接调控酶的活性或者调控蛋白质与伴侣分子相互作用的能力。这种修饰通常会在几分钟甚至几秒钟内完成。本章的重点是磷酸化（phosphorylation），磷酸化状态的改变调节着大量多肽的活性，包括转录因子、可溶性酶和细胞表面受体。

在研究磷蛋白（phosphoprotein）的功能方面，检测磷酸化氨基酸的存在以及磷酸化状态的改变是很有必要的。在第13.1单元中，介绍了一种利用无机磷酸盐标记细胞的方法，这通常是确定某种已知的多肽在一种特定类型的细胞中是否被磷酸化的第一步。区分磷酸氨基酸（phosphoaminoacid）的不同种类也很重要，在第13.2单元中，介绍了鉴别磷酸丝氨酸（P-Ser）、磷酸苏氨酸（P-Thr）、磷酸酪氨酸（P-Tyr）的方法，含有磷酸酪氨酸（而不是其他的磷酸氨基酸）的磷蛋白可以用免疫学的方法进行检测，在第13.3单元中介绍了这一高效而方便的技术。激酶反应能够将磷酸残基添加到多肽上，但也必须记住，在调控磷蛋白活性方面，逆反应有着同等重要的作用。同样地，磷酸酶可用来揭示（在分析水平）磷蛋白中磷酸化氨基酸残基的存在，在第13.4单元中介绍了这一方法。

在很多情况下，激酶的活性取决于细胞所处的环境（在此环境下测定的酶活性），也取决于其在细胞中与其他蛋白质的相互作用。在某些情况下，要完全激活目的激酶，需要预先激活细胞表面受体，这也可以决定激酶活性测定的结果或决定该酶活性的生化作用。用纯化的激酶所进行的实验或许不能准确地反映这些真实的状态，或无法得到纯的目的激酶，在这些情况下，利用部分完整的（semi-intact）的细胞或透化处理的（permeabilized）细胞或来自于这些细胞的亚细胞组分来测定激酶的活性会受益匪浅。在第13.5单元中描述了在透化处理细胞中的磷酸化分析，这一方法也适用于完整细胞和细胞器（未在此描述，见 CPPS 第13.8单元）。

生物学功能的精确调控常常需要蛋白质序列中特定氨基酸残基的磷酸化，在第13.6单元中介绍了通过酶解、凝胶电泳、手工测序或质谱法鉴定蛋白质中的磷酸化位点的方法。

作者： Hidde L. Ploegh and Ben M. Dunn

13.1单元 用³²Pi标记培养细胞及制备用于免疫沉淀的细胞裂解物

本方法适用于昆虫、鸟类和哺乳动物细胞，可使用贴壁培养和非贴壁培养。

警告：在操作大剂量的^{32}P时，应时刻戴手套和防护眼镜。在操作含^{32}P的样品时，应使用一块1 in（2.5 cm）厚的树脂玻璃（Plexiglas）防护屏，其高度足以使坐着或舒服地站立时都能从防护屏观察。

基本方案 用³²Pi标记培养细胞及用温和去污剂裂解

材料（带√项见附录1）
- 要标记的细胞培养物
- 标记培养基：无磷酸盐组织培养基（如DMEM），添加正常浓度的血清或经过无磷酸盐缓冲液透析过的血清，37℃
- 500 mCi/ml H₃³²PO₄，溶于HCl中（不含载体，ICN公司）
- √ TBS或PBS，预冷的
- √ 温和裂解缓冲液或RIPA裂解缓冲液
- 固定化金黄色葡萄球菌（Pansorbin，Calbiochem公司），溶于RIPA裂解液中，可选
- 1 in厚的树脂玻璃防护屏（见附录2）
- 带棉塞的、耐悬浮微粒的吸头
- 树脂玻璃盒（见附录2），预热至37℃
- 带棉塞的一次性吸管或一次性一体化移液管
- 螺盖微量离心管
- 橡胶细胞刮
- Sorvall冷冻离心机，带SM-24转子和橡胶适配套管，微量冷冻离心机，或相当的冷冻离心机，4℃（这里指的不是置于低温室中的非冷冻离心机）
- 树脂玻璃片（10×10×1/4 in）或树脂玻璃管架，4℃（见附录2）

注意：所有的细胞培养均在37℃、10% CO₂的湿润培养箱中进行，除非另有说明。

1. 将预标记的细胞培养至亚汇合状态（贴壁细胞）或接近最大密度（非贴壁细胞）。对静止期细胞中的蛋白质磷酸化进行检测时，将细胞培养至亚汇合状态或最大密度。标记前3～18 h更换生长培养基。

2a. 贴壁细胞：吸去生长培养基，用37℃的标记培养基洗涤细胞，吸去培养基。将预热的标记培养基加入培养物中，用量为：0.5～1 ml/35 mm培养皿，1～2 ml/50 mm培养皿，2～4 ml/100 mm培养皿。

2b. 悬浮（非贴壁）细胞：将培养物1800 g温和离心1 min，吸去培养基，用标记培养基重悬细胞，1800 g离心1 min，弃上清。每10⁷个细胞加入2 ml预热的标记培养基，将其转入合适大小的培养皿中。

3. 在树脂玻璃防护屏后进行操作，用微量移液器（用带棉塞的、耐悬浮微粒的吸头）将 ^{32}Pi（$H_3{}^{32}PO_4$）加入上述培养皿中，终浓度为 $0.1 \sim 2$ mCi/ml。

4. 将培养皿放置在一个预热的树脂玻璃盒中，将盒子放入培养箱中，培养 $1 \sim 2$ h（细胞能够在 2 mCi/ml 条件下继续生长 6 h；在 $0.1 \sim 0.5$ mCi/ml 条件下继续生长 18 h）。

贴壁细胞

5a. 在低温室中的树脂玻璃防护屏后进行操作，将培养皿从盒中取出，用一个带棉塞的一次性吸管或一次性一体化移液管（不要用真空吸液器）手工吸去标记培养液，将吸出的培养液按放射性废弃物处理。

6a. 用 $2 \sim 10$ ml 预冷的 TBS 洗涤细胞一次，手工吸去洗涤缓冲液，按放射性废弃物处理。

7a. 向细胞中加入裂解缓冲液，用量为：0.3 ml/35 mm 培养皿，0.6 ml/50 mm 培养皿，1.0 ml/100 mm 培养皿。用橡胶细胞刮刮出细胞，但将裂解液留在培养皿中，在 4℃ 培养 20 min。将裂解液刮到平皿的一侧，用一次性一体化塑料移液管将其转入螺盖微量离心管中。下接第 8 步。

用 RIPA 裂解液可以降低由于非特异性污染造成的背景，而温和裂解液可保持酶的活性或结构；如果要使细胞完全裂解并使蛋白质变性，可用 SDS 裂解（见备择方案）。

悬浮细胞

5b. 在低温室中的树脂玻璃防护屏后进行操作，将培养皿从盒中取出，将细胞转入螺盖微量离心管中，离心收集细胞（1800 g 离心 1 min），除去培养基。

6b. 用少量预冷的 TBS 轻缓地重悬细胞，转入螺盖微量离心管中，收集细胞。

7b. 每 10^7 个细胞加入 $0.5 \sim 1$ ml 裂解缓冲液（第 7a 步），用一次性塑料吸管轻轻地吹打细胞沉淀，使其重悬。在 4℃ 培养 20 min。下接第 8 步。

8. 拧紧离心管盖（如果管中裂解物超过管子总体积的一半，则应将其分成多管），将裂解物 26 000 g（Sorvall SM-24 转子相当于 17 000 r/min）、4℃ 离心 30 min，使其澄清。对于在 RIPA 缓冲液中的黏性裂解物，离心 90 min，或者在离心前向裂解物中加入 50 μl 固定化金黄色葡萄球菌（溶于 RIPA 裂解缓冲液中）。

9. 将上清（裂解液）转入一新离心管中，将含有沉淀的管按放射性废弃物处理。如果沉淀很黏稠，则可用微量移液头将部分黏稠物吸住，将黏稠物从试管中提起，按放射性废弃物处理。

10. 用凝胶电泳（见第 10.1 单元）、免疫沉淀（见第 9.6 单元）或蛋白质纯化分析标记的裂解物，所有的分析步骤都应在 4℃ 条件下进行，并使用适当的防护。

备择方案 在 SDS 中煮沸裂解细胞

附加材料（见基本方案；带 √ 项见附录 1）

    √ SDS 裂解缓冲液

    √ RIPA 校正缓冲液

    √ 免疫沉淀剂洗脱缓冲液

    • 沸水浴

1. 标记并洗涤细胞（见基本方案第 1～5 步）。

2a. 贴壁细胞：加入 SDS 裂解缓冲液，用量为：0.1 ml/35 mm 培养皿，0.25 ml/50 mm 培养皿，0.5 ml/100 mm 培养皿。立即用橡胶细胞刮刮培养皿，将细胞裂解物转入螺盖微量离心管中。

2b. 悬浮细胞：短暂涡旋，使细胞沉淀变松，每 5×10^7 个细胞加 1 ml SDS 裂解液，再次涡旋。

3. 将样品煮沸 2～5 min，然后加入 4 倍体积的 RIPA 校正缓冲液，充分混合。

4. 将裂解物于 26 000 g（Sorvall SM-24 转子相当于 17 000 r/min）、4℃离心 90 min，或在微量冷冻（4℃）离心机中以最大速度离心。另一种方法是：加入 50 μl 固定化金黄色葡萄球菌（溶于 RIPA 裂解缓冲液中），将裂解物于 26 000 g、4℃离心 30 min。

5. 按通用方法进行免疫沉淀，并用免疫沉淀剂洗涤缓冲液进行洗涤。

作者：Bartholomew M. Sefton

13.2 单元　磷酸氨基酸的分析

注意：操作膜时应戴手套并使用平头镊子。

基本方案　利用酸水解和双向电泳法分析磷酸氨基酸

这里描述的电泳条件是针对 HTLE 7000（CBS Scientific 公司）设置的，对于其他型号的电泳设备，可按照厂家说明书操作。必须用 PVDF 膜，尼龙膜或硝酸纤维素膜在 6 mol/L HCl 中将被溶解。

材料（带√项见附录 1）

- ^{32}P 标记的磷蛋白（见第 13.1 单元和第 13.6 单元）
- √印度墨汁溶液，或放射性或发磷光的参照标记物
- 6 mol/L HCl
- √磷酸氨基酸标准品混合物
- √pH 1.9 电泳缓冲液
- √pH 3.5 电泳缓冲液
- 0.25%（m/V）茚三酮（溶于丙酮中），置于氟利昂（气雾剂，气体驱动的）喷雾器中
- PVDF 膜（Immobilon-P；Millipore 公司）
- 螺盖微量离心管
- 110℃恒温箱
- 细长的塑料微量上样枪头
- 20 cm×20 cm×100 μm 纤维素薄层层析玻璃板（EM Sciences 公司）
- 连接在压缩空气源上的塞有脱脂棉的巴斯德吸管
- 大吸印纸：2 张 25 cm×25 cm 的 Whatman 3 MM 滤纸，在边缘将其缝合，并带有 4 个 2 cm 的孔，与薄层层析板上的原点参照
- 玻璃盘或塑料盒

- 薄层电泳仪（如 HTLE 7000 型；CBS Scientific 公司）
- Whatman 3 MM 滤纸
- 风扇
- 小吸印纸：4 cm×25 cm、5 cm×25 cm、10 cm×25 cm 的 Whatman 3 MM 滤纸
- 50～80℃干燥箱
- 投影仪专用透明胶片

1. 将^{32}P 标记的磷蛋白进行制备型 SDS-PAGE（见第 10.1 单元），经电转移将蛋白质转到 PVDF 膜上（见第 10.5 单元），用水洗膜几次，始终让膜保持湿润状态。

2. 定位目的条带：将膜置于 30～50 ml 印度墨汁溶液中，摇动染色 5～10 min（见第 10.6 单元），直到条带显现出来；或者用塑料薄膜将膜包裹起来，加入放射性或发磷光的参照标记物，然后进行放射自显影。

3. 用干净的剃须刀片将含有目的条带的膜切下，膜应当切得尽可能的小。将切下的膜条在甲醇中浸泡 1 min，然后在多于 0.5 ml 的水中浸湿一下。将此膜条置于一个螺盖微量离心管中。

4. 加入足量的 6 mol/L HCl，使膜条淹没，旋紧管盖，在 110℃恒温箱中温育 60 min。

5. 待冷却后，在微量离心机中以最大速度离心 2 min，将液体水解产物转入一新微量离心管中，在旋转蒸发器中干燥（约 2 h）。不要在 NH₄OH（氨水）中同时对水解产物和去封闭的寡核苷酸进行干燥。通过剧烈涡旋，将样品溶于 6～10 μl 水中，然后在微量离心机上以最大速度离心 5 min。

6. 用一个细长的塑料微量上样枪头将 25%～50% 的样品点在 20 cm×20 cm×100 μm 纤维素薄层层析玻璃板的原点上（图 13.1），枪头不要碰触层析板。为防止样品扩散，每次上样 0.25～0.5 μl，并在两次加样之间用一个接在压缩空气上的塞有脱脂棉的巴斯德吸管将样品斑点吹干。

7. 点 1 μl 非放射性的磷酸氨基酸标准品混合物于每个样品的上部，点样方式同第 6 步，每次点 0.25～0.5 μl。

8. 将大吸印纸浸入装有 pH 1.9 电泳缓冲液的大玻璃盘或塑料盒中，短暂淋去吸印纸上多余的缓冲液，然后放置到预先点样的层析板上，使板上的原点处于吸印纸上 4 个孔的中心位置（图 13.1）。轻压吸印纸使其均匀湿润纤维素及浓缩样品，当层析板充分湿润（但不是透湿）时，将吸印纸拿掉，用滤纸吸去多余的缓冲液，并用一吸有缓冲液无尘纸巾将层析板上干燥的区域润湿。在进行电泳之前，使层析板的表面完全干燥。

9. 将薄层层析板置于电泳仪中，并与放置在板左右两端的浸湿的 Whatman 3 MM 滤纸重叠 0.5 cm，如果仪器配有气囊，一定保证处于充气状态。合上盖子，开始电泳，使用 2 倍厚度的 Whatman 3 MM 滤纸和 4 个样品的薄层层析板，在 1.5 kV 电压下电泳 20 min。电泳结束后，取出层析板，用不加热的吹风机快速使其风干（约 20 min）。

10. 将小吸印纸在 pH 3.5 的电泳缓冲液中浸湿，并按照第 8 步中描述的方法（图 13.2）润湿层析板，不要把吸印纸置于磷酸氨基酸之上。

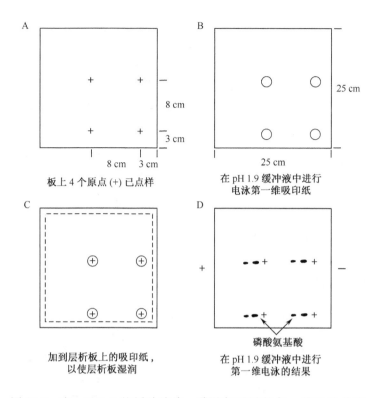

图 13.1　在 pH 1.9 的缓冲液中，磷酸氨基酸的每一维电泳分离。
A. 在一张 20 cm×20 cm 的板上，4 个原点的位置；B. 以 pH 1.9 的电
泳缓冲液润湿层析板的吸印纸；C. 吸印纸在层析板上的位置（层析板
在下面，用虚线表示）；D. 层析板在＋和一电极之间的方向以及磷酸
氨基酸在电泳之后所处的位置。

11. 移去吸印纸，按逆时针方向转动层析板 90°，在 pH 3.5 的电泳缓冲液中，在
    1.3 kV 电压下电泳 16 min。取出层析板，在 50～80℃恒温箱中干燥 20～30 min。
    向层析板上喷施 0.25%（m/V）茚三酮（溶于丙酮中），然后在恒温箱中重新加热
    5～10 min，使磷酸氨基酸标准品显现出来。
12. 将放射性或发磷光的参照标记物置于层析板上，用增感屏在－70℃放射自显影
    1～10 天。将参照标记物和染色后的磷酸氨基酸标记物绘制到一张透明胶片上，将
    其保存，将胶片与膜进行对照，鉴定出放射性磷酸氨基酸（图 13.3）。

备择方案　碱处理以增强点在滤膜上的含磷酸化酪氨酸和磷酸化 苏氨酸的蛋白质的检测

　　因为磷酸苏氨酸和磷酸酪氨酸比 RNA 或磷酸丝氨酸对碱水解更加稳定，因此，在
检测含有磷酸苏氨酸和磷酸酪氨酸的蛋白质时，将凝胶分离的样品进行温和的碱水解，
常常能够增强检测效果，碱水解不影响随后的磷酸氨基酸的分析。从碱水解处理的印迹
膜上可将条带剪下来，并按基本方案中所描述的步骤进行酸水解。

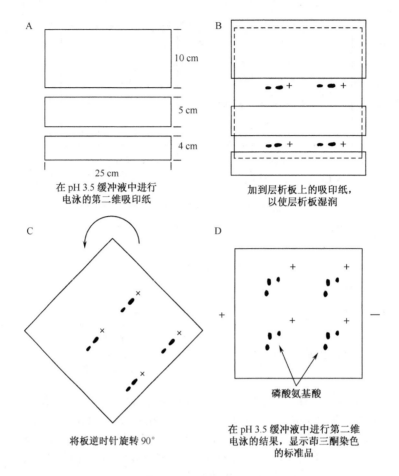

图 13.2　在 pH 3.5 的缓冲液中，磷酸氨基酸的第二维分离。A. 以 pH
3.5 的电泳缓冲液润湿层析板的 3 张 Whatman 3 MM 滤纸；B. 吸印纸在层
析板上的正确位置（层析板在下面，用虚线表示）；C. 在第二维电泳时，
重新定位的层析板的方向；D. 层析板在＋和－电极之间的方向以及磷酸
氨基酸在电泳之后所处的位置。

附加材料（见基本方案；带√ 项见附录 1）

- 1 mol/L KOH
- TN 缓冲液：10 mmol/L Tris・Cl（pH 7.4，室温）/0.15 mol/L NaCl

√ 1 mol/L Tris・Cl，pH 7.0，室温

- 带盖的塑料容器（如 Tupperware 盒）
- 55℃恒温箱或水浴

1. 将放射性标记的磷蛋白进行制备型 SDS-PAGE，将蛋白质电转移至 PVDF 膜上（见
基本方案第 1 步）。洗膜 3 次，每次 2 min，每次用 1 L 水。
2. 将膜置于带盖的塑料容器（如 Tupperware 盒）中，加入足量 1 mol/L KOH，将膜
覆盖，然后在 55℃恒温箱或水浴中温育 120 min。

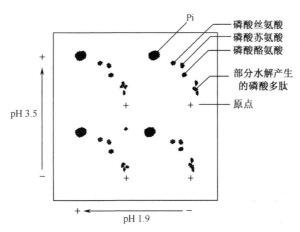

图 13.3　一张假设二维分离的放射自显影图。将 4 个经酸水解及 ^{32}P 标记的样品分别
点在 4 个原点上，每个原点占 1/4 的大小。图上显示了原点、电泳的方向、磷酸丝氨
酸的位置、磷酸苏氨酸的位置和磷酸酪氨酸的位置、Pi 的位置以及右上角的样品中蛋
白质部分水解片段的位置。每一个蛋白质产生不同的部分水解肽片段。

3. 弃 KOH 溶液，在 500 ml TN 缓冲液中洗膜 5 min，然后在 500 ml 1 mol/L Tris · Cl
（pH 7.0）中洗膜 5 min，最后在 500 ml 水中洗膜 2 次，每次 5 min，用塑料薄膜将
膜包裹，在 −70℃，用闪光胶片（flashed film）和增感屏（intensifying screen）放
射自显影过夜。

参考文献：Kamps and Sefton，1989
作者：Bartholomew M．Sefton

13.3单元　用免疫学技术检测磷酸化

注意：操作膜时应戴手套并使用平头镊子。

基本方案　用抗磷酸酪氨酸抗体进行免疫印迹及用 $[^{125}I]$ 蛋白 A 进行检测

材料（带√项见附录 1）

- 蛋白质样品：培养的细胞、组织、裂解物或免疫沉淀物
- √ 2×SDS 样品缓冲液
- 含 100 μmol/L 钒酸钠（sodium vanadate）的转移缓冲液
- √ 封闭缓冲液
- 抗磷酸酪氨酸抗体：2 μg/ml 兔抗磷酸酪氨酸多克隆抗体（UBI 公司）或小鼠抗
  磷酸酪氨酸单克隆抗体［如 py20（Leinco 公司、ICN Biomedicals 公司、Zymed
  公司、Transduction Laboratories 公司）或 4G10（UBI 公司）］，溶于封闭缓冲
  液中。
- TNA 缓冲液：10 mmol/L Tris · Cl（pH 7.4，室温）/0.15 mol/L NaCl/0.01%
  （V/V）叠氮钠，室温保存。

√ NP-40 洗涤溶液：0.05%（V/V）的 Nonidet P-40（NP-40），溶于 TNA 缓冲液中，室温保存
- 0.5 μCi/ml ^{125}I 标记的蛋白 A（30 mCi/mg，ICN 公司），溶于封闭缓冲液中

√ 印度墨汁溶液
- 沸水浴
- 带盖塑料盒（如 Tupperware 盒）
- 吸印纸
- 预闪光胶片（preflashed film）

1. 将培养的细胞、组织、裂解物或免疫沉淀物溶于等体积的 2×SDS 样品缓冲液中，煮沸 5 min。如果样品依然很黏（由于 DNA），用 22 G 的注射针头来回抽打样品 5～10 次，再用 27G 针头重复以上操作（直接进行第 2 步的操作，或在 −20℃ 保存不超过 1 周，或在 −70℃ 无限期储藏。）

   用来免疫沉淀样品的抗体也可用 ^{25}I 标记的蛋白 A 来检测。

2. 将样品进行 SDS-PAGE（见第 10.1 单元），用含 100 μmol/L 钒酸钠的转移缓冲液将蛋白质转到适合进行免疫印迹的膜上（见第 10.5 单元）。

3. 在一个装有 30～50 ml 封闭缓冲液（不含奶粉）的带盖塑料盒中，于室温将膜温育至少 30 min，然后在抗磷酸酪氨酸抗体（15 cm×15 cm 的印迹膜，需 30～50 ml 抗体溶液）中于室温温育 60～120 min，期间偶尔搅动一下。

   封闭缓冲液可重复使用几次，抗体溶液可储存在塑料盒中，于 4℃ 至少可存放一个月，可重复使用 5～10 次。

4. 将膜从盒中取出，用吸印纸吸去多余液体。换一新塑料盒，用 50 ml TNA 缓冲液分 2 次洗膜，每次 10 min，再用 50 ml NP-40 冲洗液分 2 次洗膜 10 min，然后再用 50 ml TNA 缓冲液分 2 次洗膜，每次 5 min。弃掉洗涤液。

5. 在 30～50 ml 0.5 μCi/ml ^{125}I 标记的蛋白 A（溶于封闭缓冲液中）中，于室温将膜温育 60 min，并轻缓搅动。将膜取出，用吸印纸吸去多余液体。按第 4 步的方法洗膜，按放射性废弃物将吸印纸和洗涤液作妥善处理。

   蛋白 A 溶液可于 4℃ 保存至少一个月，可重复使用 3～5 次。

6. 如果希望，可用 30～50 ml 印度墨汁溶液染膜 5～10 min，直至条带显现。用水洗膜以除去多余的墨汁。

7. 用吸印纸吸去多余的水分，将膜用塑料薄膜包裹，加上放射性或荧光参照标记物，并于 −70℃ 用增感屏和预闪光线片进行放射自显影，曝光 18 h 至 10 天。

备择方案　用增强化学发光（ECL）检测结合的抗体

用本方法和基本方法所获结果并不总是一致的，有时会显示数量上的差异。而且，如果分析的是免疫沉淀蛋白，那么二抗对沉淀的抗体染色会很重，使得对与免疫球蛋白的重链和轻链大小近似的蛋白质检测起来比较困难。所有溶液都不能含有叠氮化合物，因为它会干扰化学发光反应。而且，此技术中使用硝酸纤维素膜似乎比 Immobilon-P 膜的效果更佳。因此，在膜操作过程中要格外小心。

附加材料（见基本方案；带√项见附录 1）
- 已知稀释度的标准样品，可选
- √ 不含叠氮化合物的封闭缓冲液
- TN 缓冲液：10 mmol/L Tris·Cl（pH 7.4，室温）/0.15 mol/L NaCl，室温保存
- 0.05%（V/V）的 Nonidet P-40（NP-40），溶于 TN 缓冲液中，室温保存
- 辣根过氧化物酶结合的二抗：抗兔或抗小鼠抗体，用不含叠氮化合物的封闭缓冲液稀释到 1/1000～1/2000 的溶液
- ECL 检测试剂（Amersham Biosciences 公司）或相当的
- 硝酸纤维素膜
- 比膜稍大的塑料容器
- 塑料片保护装置或两张投影仪用透明胶片

注意：做 ELC 的试剂可以购买试剂盒，由 Amersham 公司生产的增强化学发光 Western 印迹检测系统（Enhanced Chemiluminescence Western Blotting Detection System）。

1. 如上所述（见基本方案第 1 步和第 2 步）进行样品制备、电泳和转膜，通常使用硝酸纤维素膜。如果需要对最终的信号定量，则也将已知稀释度的标准样品在同一块胶上电泳，将膜放在一个装有 30～50 ml 不含叠氮化合物的封闭缓冲液的塑料盒中，于室温温育至少 30 min。倒掉缓冲液。
2. 将膜转入 30～50 ml 抗磷酸酪氨酸抗体（多克隆兔血清或鼠单克隆抗体）的溶液中，于室温温育 60～120 min，伴以偶尔搅动。
3. 在一个洁净的塑料盒中，用 50 ml TN 溶液分 2 次洗膜，每次 10 min，然后用 50 ml 0.05% NP-40（溶于 TN 缓冲液中）分 2 次洗膜，每次 10 min，最后用 50 ml TN 溶液分 2 次洗膜，每次 5 min。弃洗涤液，将膜转入 30～50 ml 辣根过氧化物酶结合的二抗（针对一抗）溶液中，室温温育 60 min，并伴以轻缓搅动。
4. 将膜转入一洁净的塑料容器中，并按照第 3 步中的方法洗膜。
5. 在一个比膜稍大的塑料容器中，按生产厂家推荐的方法将 ECL 检测试剂混合。
6. 将膜放入混合好的试剂中，含蛋白质的面朝上，温和搅动 60 s。将膜取出，吸去多余的水分，将膜放入塑料片保护装置内或两张投影仪用透明胶片之间，含蛋白质的面朝上。在暗室中，对 X 线片曝光（15 s～30 min）。

参考文献：Kamps and Sefton 1988；Morla and Wang 1986
作者：Bartholomew M. Sefton

13.4 单元　用酶学技术检测磷酸化

在体外，用一种或多种商品磷酸酶切除蛋白质中的共价修饰会导致底物的功能和活性改变，通常利用细胞提取物和亚细胞组分及部分纯化的蛋白质进行这些研究。

基本方案 1　用非特异性酸性磷酸酶消化磷蛋白

　　马铃薯酸性磷酸酶具有很广的底物特异性，并能水解许多含有磷酸酯键的代谢物。

材料

- ^{32}P 标记或未标记的样品，含有 100～200 μg 总蛋白质
- 50 mmol/L 哌嗪-N，N'-二（2-羟基丙磺酸）（PIPES），pH 6.0
- PIPES/2-ME 或 PIPES/DTT 缓冲液：50 mmol/L PIPES（pH 6.0），含 15 mmol/L 巯基乙醇或 1 mmol/L 二硫苏糖醇（用前配制）
- 马铃薯酸性磷酸酶
- 100 mmol/L 焦磷酸钠或其他通用的磷酸酶抑制剂
- 2×SDS-PAGE 样品缓冲液：50 mmol/L Tris·Cl/0.4 mol/L 甘氨酸（pH 8.3）/0.2%（m/V）SDS
- 适当的透析袋或 Sephadex G-25 柱
- 30℃和 90℃水浴（或加热块）

1. 制备含有 100～200 μg 总蛋白质的 ^{32}P 标记或未标记的样品。如果底物呈微粒状，用 50 mmol/L PIPES 洗涤两三次，去除可溶性的污染物，用同种缓冲液透析（见第 10.1 单元）除去抑制性代谢物，或者如果底物是可溶性蛋白质，用 Sephadex G-25 柱将其脱盐。

2. 于 30℃将样品在 100 μl PIPES/2-ME 或 PIPES/DTT 缓冲液中温育 10 min，加入 5～10 U 马铃薯酸性磷酸酶，于 30℃温育 15 min。如果不能通过代谢标记将 ^{32}P 磷酸盐掺入到蛋白质底物内，则设置一对照，使用≥10 mmol/L 的焦磷酸钠或其他通用的磷酸酶抑制剂，以区分马铃薯酸性磷酸酶引起蛋白质去磷酸化所产生的作用与污染的蛋白酶（在一些商品制剂中会含有这些污染的蛋白酶）所产生的作用。同样，要避免酶浓度过高和温育时间过长。

3. 取 10 μl 样品，加入等体积 2×SDS-PAGE 样品缓冲液，90℃加热 5 min，然后进行 SDS 聚丙烯酰胺凝胶电泳（见第 10.1 单元）。对于放射性标记的样品，用放射自显影或同位素成像仪分析底物蛋白质中放射性标记量的减少；对于未标记的样品，通过免疫印迹分析底物迁移率的改变（见第 10.7 单元）。

4. 加 10 μl 100 mmol/L 焦磷酸钠（终浓度为 10 mmol/L）至剩余的去磷酸反应物中，以终止去磷酸反应。用适当的蛋白质功能分析方法对伴随底物去磷酸化所产生的变化进行定性。

备择方案 1　用非特异性碱性磷酸酶消化磷蛋白

　　碱性磷酸酶具有广泛的 pH 范围，最适区间为 pH 8.0～8.5。

附加材料（见基本方案 1）

- Tris/MgCl$_2$ 或 HEPES/MgCl$_2$ 缓冲液：50 mmol/L Tris·Cl（pH 7.5）或 50 mmol/L N-2-羟乙基哌嗪-N'-2-乙磺酸（HEPES，pH 7.5），含 1 mmol/L MgCl$_2$

- 牛小肠碱性磷酸酶（分子生物学级）

1. 在 100 μl Tris/MgCl$_2$ 或 HEPES/MgCl$_2$ 缓冲液中，于 30℃将含有 100～200 μg 总蛋白质的 ^{32}P 标记或未标记的样品温育 10 min。加入 20～30 U 的牛小肠碱性磷酸酶，于 30℃温育 15 min。
2. 加入等体积的 2×SDS-PAGE 样品缓冲液或其他通用的磷酸酶抑制剂，终止去磷酸化反应。分析底物迁移率和功能的变化（见基本方案 1 第 3 步和第 4 步）。

基本方案 2　用蛋白丝氨酸/苏氨酸磷酸酶消化磷蛋白

蛋白磷酸酶 1、2A 和 2B（分别为 PP1、PP2A 和 PP2B）代表了真核细胞中的 3 种主要的蛋白丝氨酸/苏氨酸磷酸酶类型。

材料
- 含 100 μg 总蛋白质的样品
- Tris/DTT/MnCl$_2$ 缓冲液：50 mmol/L Tris·Cl（pH 7.5）/1 mmol/L 二硫苏糖醇（DTT）/1 mmol/L MnCl$_2$（用前配制）
- 微囊藻素-LR（microcystin-LR）
- 蛋白磷酸酶 2A（PP2A），催化亚基

1. 在 100 μl Tris/DTT/MnCl$_2$ 缓冲液中，将含有 100 μg 总蛋白质的样品于 37℃温育 10 min，用 1 μmol/L 微囊藻素-LR（PP1 和 PP2A 的抑制剂）平行做一个对照反应。加入 0.2～0.5 U 的 PP2A，于 37℃温育 10～30 min。
2. 向样品中加入微囊藻素-LR，至终浓度 1 μmol/L，终止去磷酸化反应。用 SDS-PAGE 或功能分析（见基本方案 1 第 3 步和第 4 步）来分析去磷酸化反应产物。

备择方案 2　用蛋白酪氨酸磷酸酶消化磷蛋白

蛋白酪氨酸磷酸酶 1B（PTP-1B）和 src 同源域蛋白酪氨酸磷酸酶（SH-PTP1 或 SH-PTP2）都是活性很高的磷酸酪氨酸磷酸酶，不含有可检测到的抗磷酸丝氨酸和磷酸苏氨酸的活性。

材料
- ^{32}P 标记或未标记的样品，含 10～100 μg 总蛋白质
- 50 mmol/L 咪唑，pH 7.5
- 蛋白酪氨酸磷酸酶（如 PTP-1B 或 SH-PTP）
- 2×SDS-PAGE 样品缓冲液（见基本方案 1）或 100 mmol/L 钒酸钠

1. 将 ^{32}P 标记或未标记的样品（含有 10～100 μg 总蛋白质，溶于 50 mmol/L 咪唑中）于 37℃温育 10 min，加入 1～5 U 酪氨酸磷酸酶，于 37℃温育 15～30 min。
2. 加入等体积的 2×SDS-PAGE 样品缓冲液或 100 mmol/L 钒酸钠，至终浓度为 0.1 mmol/L，终止去磷酸化反应，然后用凝胶电泳、免疫印迹或功能分析（基本方案 1 第 3 步和第 4 步）的方法分析去磷酸化产物。也可买到重组的 PTP-1B 和

SH-PTP1 与 GST 的融和蛋白，它们能够结合到谷胱甘肽-琼脂糖上，在底物去磷酸化之后，通过离心或过滤，可很方便地将其除去。

作者: Shirish Shenolikar

13.5 单元 用透化处理的策略研究蛋白质的磷酸化

警告: 研究人员应该完全熟悉当地有关 ^{32}P 安全操作和废弃物处置的法规，并有相应的设备处理 ^{32}P 污染物 (见附表 2)。

注意: 本方案中的所有溶液都应该用 Milli-Q 超纯水或与其同质的超纯水配制。

基本方案 在透化处理的细胞中分析蛋白质的磷酸化

透化剂首选链球菌溶血素 O (streptolysin O)，如果试用其他的透化剂 (如皂苷)，则以下的方法仅供参考。本方法也适用于完整细胞和细胞器 (见 CPPS 第 13.8 单元)。

在进行透化研究之前，必须确定胞外 ATP 是否会激活干扰本研究体系的细胞信号转导机制。Stephens 等 (1994) 研制出一种方法，能够在透化作用之前使嗜中性粒细胞胞外 ATP 受体失活。

材料 (带 √ 项见附录 1)

- 一个 60 mm 培养皿的单层培养细胞，刚达到汇合期 (约 1×10^6 细胞)，或同等数量的悬浮培养细胞
- 适合本研究的细胞培养基，以 20 mmol/L HEPES (pH 7.2) 作缓冲液 (仅对单层培养)，预温到 37℃
- √ 胞外缓冲液，37℃
- √ 透化缓冲液，37℃
- √ 60 U/ml 链球菌溶血素 O 工作液，新鲜配置
- √ 10 mmol/L ATP
- 10 mCi/ml [γ-^{32}P] ATP (3000 Ci/mmol，如 DuPont NEN 公司)
- 要进行研究的药物、肽或 Fab′片段
- 适当的受体激动剂
- √ 2× 免疫沉淀裂解缓冲液，冰冷的
- 蛋白酶抑制剂贮液，溶于无水乙醇中 (在 −20℃ 保存 ≤6 个月):
    - 100 mmol/L 苯甲基磺酰氟 (PMSF)
    - 100 mmol/L 苯甲脒 (benzamidine)
    - 1 mg/ml 胃蛋白酶抑制剂 A (pepstatin A)
    - 1 mg/ml 亮抑酶肽 (leupeptin)
    - 1 mg/ml 抗蛋白酶 (antipain)
- 100 mmol/L DTT
- 干冰/乙醇浴
- 37℃ 非循环水浴，含有水平网架 (最好用金属网制成)，有足够的空间容纳实验中的多个细胞培养板

- 50 ml 无菌离心管（仅用于悬浮培养）
- 台式离心机
- 细胞刮
- 螺盖微量离心管

单层培养

1a. 将一 60 mm 培养皿中的细胞培养基换成含有 20 mmol/L HEPES 的相当的培养基，如果所要研究的终产物很难检测，可换成一 100 mm 培养皿，细胞数约 1×10^7。将细胞放回培养箱中，让细胞在新培养基中平衡约 1 h。将所需数量的含有细胞的培养板放入 37℃水浴中，让培养基重新平衡 10 min。

当 HEPES 的浓度超过约 20 mmol/L 时，可对一些细胞产生毒性；在使用 HEPES 缓冲的培养基之前，先测定其可能的细胞毒性。

1b. 吸去培养基，用 10 ml 预热的胞外缓冲液快速冲洗细胞 2 次，小心不要丢失细胞。吸去胞外缓冲液，加入 0.5～2 ml 透化缓冲液，加入 60 U/ml 链球菌溶血素 O 工作液，使终浓度达 0.6 U/ml，并加入 10 mmol/L ATP，使终浓度达 100 μmol/L。下接第 3 步。

悬浮培养

2a. 将悬浮细胞转入 50 ml 无菌离心管中，于室温下，1000 g 离心 5 min，除去上清，用约 40 ml 预热的胞外缓冲液冲洗细胞，离心，除去上清，重洗细胞，并将其重悬于胞外缓冲液中，细胞浓度为 1×10^7 个/ml。在 37℃下，让细胞平衡 15～30 min，并轻轻回荡。如果使用的细胞属于敏感型的（如血小板），用本方法可使其激活，则可缩短平衡时间 5～10 min，并无需搅动。

2b. 往新配制的、预热的透化缓冲液中加入 60 U/ml 链球菌溶血素 O 工作液，至终浓度为 0.6 U/ml。加入 10 mmol/L ATP，使终浓度达 100 μmol/L。再次离心细胞，吸去缓冲液，加入透化溶液，轻轻地使其完全混合。下接第 3 步。

3. 在 37℃温育 1～5 min（最佳时间凭经验来定），使细胞透化。加入 10 mCi/ml [γ-^{32}P] ATP，至终浓度 50～500 μCi/ml，浓度根据所要标记的蛋白质的检测极限而定。根据实验操作的类型，也可将 [γ-^{32}P] ATP 与链球菌溶血素 O 和冷的 ATP 同时在第 2a 步和第 2b 步中加入。

4. 加入药物、肽类或 Fab$'$片段，使其充分作用（这些试剂也可与链球菌溶血素 O 和冷的 ATP 同时加入）。根据需要加入受体激动剂。

在实验的过程中，应当测定由内源 ATP 酶产生的 ^{32}Pi 产物。如果被消耗的 ATP 的浓度 >10%，可在透化缓冲液中加入通用 ATP 酶抑制剂。

此方案的剩余步骤是制备进行免疫沉淀分析所用的细胞，也可进行电泳分析；详见 CPPS 第 13.8 单元。

5a. 单层培养：快速吸去透化缓冲液，并加入 0.75 ml 冰冷的 2× 免疫沉淀裂解缓冲液以终止反应。加入蛋白酶抑制剂和 DTT 至以下终浓度：

PMSF	1 mmol/L
苯甲脒	1 mmol/L

胃蛋白酶抑制剂 A	5 μg/ml
亮抑酶肽	5 μg/ml
抗蛋白酶	5 μg/ml
DTT	1 mmol/L

将培养板在冰上放置 10 min，然后每一个板用一个新细胞刮将细胞碎片从板底刮入缓冲液中。

5b. 悬浮培养：加入等体积冰冷的 2×免疫沉淀裂解缓冲液终止反应，加入蛋白酶抑制剂和 DTT 至第 5a 步中的终浓度，然后将细胞管在冰上放置 10 min。

6. 将裂解物转入螺盖微离心管中，于 4℃在微型离心机中以最大转速离心，将上清转入一新螺盖微离心管中，立即在干冰/乙醇浴中冷冻，−70℃保存，直到使用时。用免疫沉淀（见第 9.6 单元）进行分析，接着进行磷酸肽作图（见第 13.2 单元和第 13.6 单元）分析。

参考文献：Cunningham et al. 1995；Martys et al. 1995；Taylor et al. 1995
作者：A. Nigel Carter

13.6 单元 磷酸肽作图及磷酸化位点的鉴定

这些方案通常适用于完整细胞中已标记过的蛋白质（见第 13.1 单元），而且要进行磷酸氨基酸的分析（见第 13.2 单元）。

基本方案 SDS-PAGE 分离的蛋白质经胰蛋白酶水解后进行磷酸肽作图

材料（带√ 项见附录 1）

- 含[32]P 标记的目的蛋白样品
- 荧光墨水或染料（可从大部分的手工艺品供货店中得到）
- 50 mmol/L 碳酸氢铵，pH 7.3～7.6（新配制溶液的 pH 约为 7.5）和 pH 8.0（新配制溶液过夜后 pH 变为约 8.0，适合于用胰蛋白酶或胰凝乳蛋白酶进行消化，见第 10 步）
- 洗脱缓冲液：0.1%（m/V）SDS/1.0%（V/V）巯基乙醇（2-ME）/50 mmol/L 碳酸氢铵，pH 7.3～7.6
- 2 mg/ml RNA 酶 A（首选，也可用 BSA 或免疫球蛋白），溶于去离子水中（分成小份于−20℃或−70℃保存）
- 100%（m/V）三氯醋酸（TCA），冰冷的
- 96%（V/V）乙醇，冰冷的
- 98%（m/V）甲酸
- 30%（m/m）过氧化氢
- 1 mg/ml TPCK 处理的胰蛋白酶（如 Worthington 公司的产品），溶于去离子水或 0.1 mmol/L HCl 中（分成小份于−70℃或液氮中保存）
- √ 电泳缓冲液：pH 1.9、3.5、4.72、6.5 或 8.9，适合于目的蛋白

√ 绿色标记物染料

√ 层析缓冲液，适合于目的蛋白

- 单面剃须刀片或手术刀片
- 1.7 ml 螺盖微量离心管（Sarstedt 公司）
- 闪烁计数器，适用于契仑科夫计数法（Cerenkov counting）
- 一次性组织研磨棒（Kontes）
- 沸水浴
- 水平摇床
- 台式离心机，带旋翼式转子（swinging-bucket rotor）
- 1.5 ml 微量离心管（Myriad Industries 公司产品或另一种品牌，它不会产生不必要的副反应或在最后的转移步骤中滞留太多的 cpm）
- 以玻璃为背板的 TLC 板（20 cm×20 cm，100 μm 纤维素；EM Science 公司）
- 小容量可调式移液器，带一次性长吸头（用柔性塑料制成，如圆形凝胶上样吸头）
- 装有滤器（用于截留悬浮微粒和颗粒物）的空气管道和 1 ml 注射器或巴斯德吸管，用以聚集气流
- HTLE 7000 电泳仪（CBS Scientific 公司）
- 聚乙烯压片（sheeting）（35 cm×25 cm，CBS Scientific 公司）
- 电泳吸液垫（wick）（20 cm×28 cm 的 Whatman 3 MM 滤纸，按长向折叠形成双倍的厚度，尺寸为 20 cm×14 cm）
- 吸印纸：两层 Whatman 3 MM 滤纸，沿边缘缝在一起，用一锋利打孔器以点样原点为中心打成 1.5 cm 直径的孔
- 风扇，用于干燥 TLC 板
- 65℃ 干燥箱（可选）

1. 将含有 ^{32}P 标记的目的蛋白样品进行 SDS-PAGE（见第 10.1 单元），干胶，用荧光墨汁或染料沿胶的边缘做好标记，然后于 -70℃ 对 X 线片曝光。

2. 将胶周围的荧光标记物与其在胶片上的影像进行仔细的比对，定位目的蛋白在胶上的位置，将胶片与胶订在一起，将此"三明治"置于灯箱上，胶片面朝下，用软芯铅笔或圆珠笔（勿用标签笔）将 ^{32}P 标记的蛋白质带标记在胶的背面。

3. 将胶与胶片分开，用单面剃须刀片将蛋白质条带从各凝胶泳道上切下来，将干胶片背面的纸剥去，并用剃须刀片轻轻刮去残留的纸屑，注意勿将胶刮掉，否则会降低目的蛋白的回收率。将每一片干胶条放入一个 1.7 ml 的螺盖离心管中，在闪烁计数器中通过契仑科夫计数法来确定放射性的量。

4. 在室温下，将每片干胶片置于 500 μl 50 mmol/L 碳酸氢铵（pH 7.3～7.6）中，重新水化 5 min。用一次性组织研磨棒将胶片捣碎，直至在灯下看不到小块的胶。加入 500 μl 洗脱缓冲液，煮沸 2～3 min。通过在摇床上温育，从胶中将蛋白质洗脱下来，室温、至少 4 h（或过夜）或 37℃、至少 90 min。

5. 在带旋翼式转子的台式离心机中，将样品于室温、500 g 离心 5 min。将上清移入一新的 1.5 ml 微量离心管中，保留剩余的胶沉淀物。估算第一次洗脱物的体积，并算

出第二次洗脱要用的体积，以使两次洗脱物总的体积约为 1300 μl。

6. 用算出的洗脱液体积再次洗脱保留的胶沉淀物，将两次的洗脱液合并，保留胶沉淀物。将洗脱液在微量离心机上以最大转速离心 5～10 min，然后将上清转入一新的微量离心管中。如果需要，再次离心以除去所有的胶粒。在弃胶沉淀物之前，用契仑科夫计数法监测洗脱物，以保证 60％～90％的 ^{32}P 标记的蛋白质被提取出来。

7. 将洗脱液置冰上，加入 10 μl 2 mg/ml RNA 酶 A（总量 20 μg），充分混匀并加入 250 μl 冰冷的 100％ TCA，充分混匀，在冰上温育 1 h。于 4℃ 在微量离心机上以最大转速离心 5～10 min，收集沉淀。倒掉上清，于 4℃再离心 3 min，吸去最后残留的 TCA。

8. 加入 500 μl 冰冷的 96％乙醇，颠倒离心管几次，于 4℃在微量离心机上以最大转速离心 5 min，以洗涤 TCA 沉淀，弃上清，并于 4℃再离心 3 min，吸去残余的液体，将蛋白质沉淀空气干燥（勿冻干）。用契仑科夫计数法监测沉淀，以确保大部分 ^{32}P 标记的蛋白质已被回收。在此阶段，样品中的 cpm 可能与洗脱液的 cpm 一样高或略高一些，因为洗脱液中的液体会在某种程度上淬灭 cpm 计数。

9. 在室温下，将 9 份甲酸（formic acid）与 1 份 30％的过氧化氢一起温育 60 min，产生过甲酸（performic acid），置冰上冷却。将 TCA 沉淀重悬于 50 μl 冰冷的过甲酸中，在冰上温育 60 min，使蛋白质氧化。加入 400 μl 去离子水，混匀，置干冰上冷冻。在旋转蒸发器中，在真空下蒸发过甲酸。

在将样品蒸发之前，先将样品稀释，然后冷冻。这一点非常重要，否则，旋转蒸发器中温度的升高可能造成样品的酸水解。

在这一阶段，可取部分样品（消化产物的 5％～10％，≥200 cpm）进行磷酸氨基酸分析，冷冻后，按第 13.2 单元中的方法进行操作。

10. 将蛋白质沉淀重悬于 50 μl 50 mmol/L 碳酸氢铵（pH 8.0）中，加入 10 μl 1 mg/ml TPCK 处理的胰蛋白酶（总量 10 μg），于 37℃消化 3～4 h 或过夜，加入第二份 10 μg 胰蛋白酶，再于 37℃消化 3～4 h 或过夜。

11. 加入 400 μl 去离子水，并在旋转蒸发器中冻干。将沉淀重悬于 400 μl 去离子水中，再次冻干，再重复以上步骤，直到冻干至少 4 次。蛋白质消化物是一层看不见的膜，在此阶段，不应该有可见的沉淀。出现可见的晶体状物质表示有盐存在，应该再次进行几轮冻干将其除去。

12. 将胰蛋白酶消化物重悬于 400 μl 电泳缓冲液或去离子水中，对要在 pH 1.9 或 pH 4.72缓冲液中电泳的样品，分别使用相应的缓冲液重悬，对要在 pH 8.9 条件下电泳的样品，使用去离子水。

电泳的最适 pH 应根据特定的蛋白质来具体决定；pH 3.5 和 pH 6.5 的电泳条件很少用。

13. 在微量离心机中，以最大转速离心 5～10 min，将上清移入一新的微量离心管中。如需要，重复离心，以保证去除了上清中的所有颗粒物。冻干，用契仑科夫计数法测定 ^{32}P 放射性的量。将消化物重悬于至少 5 μl 的电泳缓冲液或去离子水中，在微量离心机中，以最大转速离心 2～5 min。

14. 用特软平头铅笔在一块玻璃背板的 TLC 层析板的纤维素面以小的十字形状来标记

样品和染料原点，确保不会扰动纤维素层（图 13.4）。或者用永久性记号笔在反面进行标记。

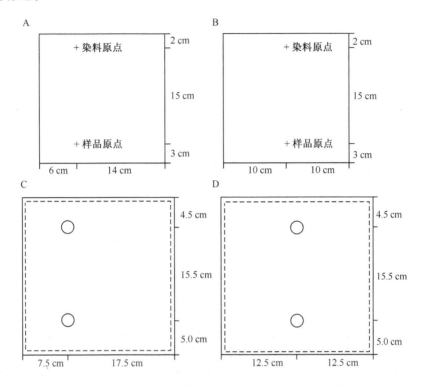

图 13.4　在不同的 pH 条件下用以分离肽的样品原点和染料原点及吸印纸的规格。样品原点和染料原点的位置：A. 在 pH 1.9 和 pH 4.72 时电泳；B. 在 pH 8.9 时电泳。为了标记 TLC 板，将板放在一个与实物大小一致的模板上，然后将其置于一灯箱上，用极软的平头铅笔在纤维素面上标记原点。吸印纸的规格和在 pH 1.9 和 pH 4.72 电泳；C. 在 pH 8.9 电泳；D. 样品原点和染料原点所对应的两个孔的位置。

15. 用带有软塑料长吸头的小容量可调式移液器将 $0.2 \sim 0.5\ \mu l$ 的样品液滴（总计 $\geqslant$ 1000 cpm）点到原点上，在多次点样之间，用装有滤器的空气管道和一个 1 ml 注射器或巴斯德吸管将样品干燥，不要将气嘴或移液器的吸头碰到层析板。在点样的周围出现出一个棕色的环是正常现象。

16. 在层析板的顶部，将 $0.5\ \mu l$ 绿色标记物染料点到染料原点上。

17. 按下述方法用 HTLE 7000 电泳装置进行分离，参见图 13.5 和图 13.6。

　　a. 往缓冲液槽中加入缓冲液至大约 5 cm 深，将一片聚乙烯压片盖在特氟隆盖片（用以保护和绝缘基垫）上，将其边缘向下折在基垫与缓冲液槽之间，以将特氟隆盖片固位（图 13.6）。

　　b. 在电泳缓冲液中润湿电泳吸液垫，将其插入缓冲液槽的孔内，折叠过的一端向上，将吸液垫折叠，盖住基垫上面的聚乙烯压片（不含 TLC 板），将第 2 张聚乙烯压片放在基垫、电泳吸液垫上，其两端的延伸长度覆盖了部分电泳槽。

　　c. 在最上部放上第 2 张特氟隆塑料片和氯丁橡胶垫，盖上仪器，并用两个销子锁定

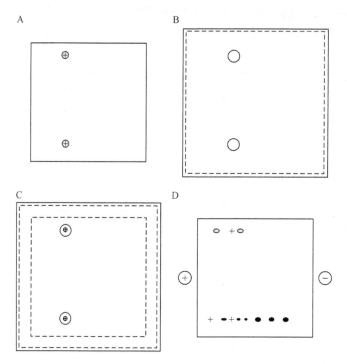

图 13.5　用电泳分离多肽。A. 按正文中所述，分别将样品和染料点在 TLC 板的下部和上部各自的原点上。B. 将吸印纸在电泳缓冲液中短暂吸湿，并用一片 3MM 滤纸将多余液体轻轻吸去。C. 将吸印纸置于 TLC 板的上方使板湿润，并使样品和染料原点位于吸印纸两个孔的中心位置。在样品和染料原点的周围，将吸印纸压到 TLC 板上，以保证电泳缓冲液从吸印纸均匀一致地流向样品和标记物原点，这将使样品和标记物染料在各自的原点上得到浓缩，由此可提高分辨率。吸印纸的剩余部分可用手平压到 TLC 板上，除去吸印纸，检查层析板，板应该呈现出一致的灰色，不应有发亮的缓冲液珠。让多余的缓冲液蒸发掉，或非常小心地用纸巾吸掉。将板放置在电泳仪上，在 1 kV 的电压下电泳 20～30 min。这使得肽在第一维上得到分离（D 图中黑色表示肽）。正极和负极的位置标在 D 图中，进行第二维层析的染料原点也标在 D 图中（左下角 "＋" 标记）。

盖子。调节空气压力至 10 psi 使气囊充气，以挤出电泳吸液垫中多余的缓冲液，维持气压，直到准备开始第一维电泳。

d. 当已准备好开始电泳时，关闭空气压力，打开仪器，去掉氯丁橡胶垫、上部特氟隆片和聚乙烯压片，将电泳吸液垫折回，用纸巾将两张聚乙烯压片擦干。

e. 按图 13.5 所述的方法，润湿含样品的 TLC 板，将其放在基垫上的聚乙烯压片上（图 13.5）（这些吸印纸可重复使用很多次，最好每种缓冲液使用单独的吸印纸）。将电泳吸液垫重新折回到层析板上，每侧各覆盖约 1 cm 的层析板，按上述方法小心地重新组装电泳装置。当聚乙烯塑料压片与 TLC 板接触后，一定要避免聚乙烯塑料片的侧移。用销子将仪器盖锁定，将气囊充气至 10 psi，打开冷却水流，开始电泳。

f. 在 1.0 kV 的电压下电泳 20～30 min，调整原点的位置及电泳时间，以达到最佳分离效果。拆开电泳装置，用风扇（不要放入恒温箱内）使层析板干燥至少 30 min。

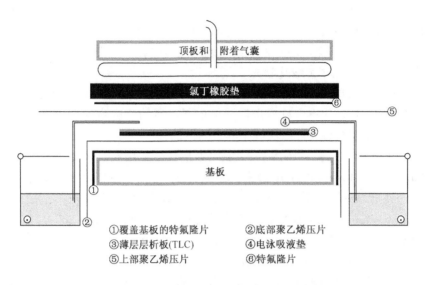

图 13.6　HTLE 7000 电泳系统的准备流程。

①覆盖基板的特氟隆片　②底部聚乙烯压片
③薄层层析板(TLC)　④电泳吸液垫
⑤上部聚乙烯压片　⑥特氟隆片

18. 要进行第二维层析，在层析板的左边缘或右边缘再加一滴（约 0.5 μl）绿色标记染料，与样品原点在同一水平上（图 13.5D），不要加到已经被电泳吸液垫覆盖的区域。将干燥的层析板以几乎垂直的位置放入层析槽中，层析槽内装有适当的层析缓冲液，重新盖好（第一维分离的肽条带应为水平状，并位于缓冲液水平面的上部）。进行层析，直至缓冲液的前沿离层析板顶部 1～2 cm，层析进行当中勿扰动或打开缓冲液槽。

19. 当层析槽打开后，立即取出所有的 TLC 板。让板在通风橱内干燥 1 h 或在 65℃恒温箱中干燥 15 min。如果要将多肽提取进行进一步的分析，则勿使用恒温箱。

20. 沿干燥层析板的边缘用荧光墨水笔进行标记，以后可用这些标记将放射自显影图与 TLC 板进行对比。若要进行放射自显影，于−70℃下，用增感屏将层析板对 X 线片曝光（预闪胶片可得到更高的敏感度），或者使用同位素成像屏获取图像。如需要，可回收肽做进一步的分析（见辅助方案）。

备择方案　固定化蛋白质的水解消化

蛋白质可被转到硝酸纤维素膜或 PVDF 膜上，之后对固定化的蛋白质进行消化。本方法不适于那些转移效率很低的蛋白质。

附加材料（见基本方案；带√ 项见附录1）

- 甲醇

√ 0.5% PVP-360

- 50 mmol/L 碳酸氢铵，pH 8.0

- PVDF 膜（Immobilon P，Millipore 公司）或硝酸纤维素膜（见第 10.7 单元）

- 塑料保鲜膜或聚酯薄膜

1. SDS-PAGE（见第 10.1 单元）分离含有 ^{32}P 标记的目的蛋白样品，然后用标准的湿法或半干蛋白质转移法将蛋白质转移到 PVDF 膜或硝酸纤维素膜上（见第 10.7 单元）。将膜在空气中干燥，用塑料保鲜膜或聚酯薄膜将膜包裹起来，用荧光墨水或染料标记膜的边缘，并对 X 线片曝光。

2. 定位目的蛋白（见基本方案第 2 步），用单面剃须刀片切下膜上相应的条带。将此膜条切成更小的碎片，并将含有特定磷酸标记蛋白质的所有膜碎片放进一个单独的微量离心管中，用契仑科夫计数法确定其放射性的量。

3. 加入 500 μl 甲醇，使膜重新湿润，用去离子水洗涤几次，于 37℃，将膜在 0.5% PVP-360（溶于 100 mmol/L 醋酸中）中温育 30 min。用 1 ml 去离子水洗涤至少 5 次，用 1 ml 50 mmol/L 碳酸氢铵（pH 8.0）洗涤 2 次。

4. 加入足量 50 mmol/L 的碳酸氢铵，完全覆盖膜碎片（通常需要 200～400 μl），然后加入 10 μl 1 mg/ml TPCK 处理的胰蛋白酶（最终 10 μg），于 37℃温育至少 2 h。再加入 10 μl 1 mg/ml TPCK 处理的胰蛋白酶，于 37℃再温育 2 h。

5. 短暂涡旋，在微量离心机上以最大速度短暂离心，将上清转入一新微量离心管中。用 500 μl 去离子水冲洗膜碎片，短暂离心，将冲洗液加入到前面所得的上清中。在旋转蒸发器中冻干，用契仑科夫计数法定量 ^{32}P 标记肽洗脱物的放射性，洗脱物的放射性应达到总放射量的 80%～90%。

6. 在过甲酸中温育，使多肽氧化（见基本方案第 9 步）。加 500 μl 去离子水，冻干，接着在 TLC 板上进行电泳（见基本方案第 12 步～20 步）。

辅助方案 用于微量序列测定或质谱分析的磷酸肽的制备

以下是一个通用的方案，并列出了从完整细胞或体外系统得到质谱分析或微量测序所需的足够材料应当注意的事项。

1. 优化目的蛋白的 ^{32}P 标记。

如果仅能在刺激细胞中见到目的位点，则在刺激后的不同时间段监测磷酸化的状态，确定最佳刺激剂浓度。

如果用的是体外系统，则要确定激酶反应的最佳条件（作用时间、激酶浓度与底物浓度的比例）。在反应液中加入 1 mmol/L 冰冷的 ATP 以使化学计量达到最大值。

2. 计算出要分离 10 pmol 磷酸化物质所需要的细胞数或底物的量。

即使在最佳条件下，体外磷酸化的化学计量通常也不可能大于 25%。在完整细胞中，磷酸化的化学计量可能会更低。由于在分离过程中的损失常常超过预计值，因此，将原料的量估计得多一些是有益无害的。

3. 当计算如何放大反应体系时，应考虑以下几点：

   a. 这些样品的放射性仅用于观察的目的（即决定要分离胶上的哪一条带，从 TLC 板上要分离哪一种磷酸肽，以及要使用哪一个 HPLC 组分进行最终的分析）。这样，材料中的大部分蛋白质可以不被标记，因为在制备型 HPLC 运行时进行分析，每个图上的点（map spot）只需要约 1000 cpm。当从细胞中分离过表达的蛋白质时，如果获得足够的实验材料需要 20 个培养皿的细胞，则只需标记其中的两三个培养皿就足够了。当采用体外系统时，只需用［γ-^{32}P］ATP 进行一个反应来产生标记材料（只包含极少量维持激酶活性所需的未标记 ATP）。为了获得足够的材料进行进一步的分析，可以只用未标记的 ATP 进行另一个激酶反应。为了便于观察，在用 SDS-PAGE 分离之前，将标记的样品与未标记的样品混合。

b. 随着胶量的增加，蛋白质洗脱的效率降低，因此尽量使制备胶的泳道数降到最少，每块丙烯酰胺凝胶上有约 4 个泳道时，可以成功地在一管内提取。

c. 如果在每个洗脱样品中含有大约 20 μg 的底物蛋白质，就没有必要在 TCA 沉淀步骤（见基本方法中的第 7 步）加入载体蛋白，这样可以得到比较纯的样品，尽管在进行 TLC 板电泳时，可以从片段混合物中除去载体蛋白的胰蛋白酶片段。

d. 在基本方法中用 20 μg 胰蛋白酶来消化作图样品，这大大过量，虽然尽快完成消化很重要，但似乎也没必要放大酶量。相反，要考虑将过甲酸消化步骤的几个相同的样品合在一起（在 60 min 的温育结束时，让蛋白质有足够的时间溶解）。在 50 μg 蛋白质中加入 1～5 μg 胰蛋白酶进行消化也并非不合理，将胰蛋白酶的用量减到最小也将使加到每块 TLC 板上的"额外"蛋白质量最低，以保证不会由于上样过量而造成样品产生条斑。

e. 根据要分析的蛋白质总量（即胰蛋白酶和载体蛋白及目的蛋白），确定进行电泳的 TLC 板的数目。尽管一张 TLC 板能分离约 100 μg 蛋白质，但为了保证更好的分离效果，通常一块板上最多上样 60 μg 的蛋白质。

参考文献：Boyle et al. 1991；van der Geer et al. 1993

作者：Jill Meisenhelder, Tony Hunter and Peter van der Geer

兰海燕 译　李慎涛 校

第 14 章　翻译后修饰：特定的应用

蛋白质的氨基酸序列决定着它的结构和功能特性，然而多肽的一级结构并不能完全描述其化学组成，多肽骨架的修饰可能会改变它的胞内定位，也会改变多肽的功能特性。一些修饰出现在多肽刚脱离核糖体的时候，另一些修饰则发生在完整多肽链上；或在同一条多肽链上可发生共翻译修饰和翻译后修饰（co-and post-translational modification），如蛋白质结合的碳水化合物。

从一级结构或 DNA 测序确定的可读框可以推测出许多翻译后修饰，这些修饰包括信号肽酶可能的切割位点（在分泌型或 I 型膜蛋白酶的情况下）；其他蛋白酶（将无活性的前体加工成有活性的多肽，如神经肽前体）的切割位点；N-糖基化的共有序列；C 端被类异戊二烯基团（isoprenoid moieties）修饰并伴有羧甲基化修饰。同样，也确定了某些类型磷酸化事件的共有序列。虽然对于许多这种修饰来说，共有序列确实能反映修饰发生的可能性，但很难定论这些修饰必然会发生，因此，鉴定和定性这些修饰的方法是很必要的。

在蛋白质中，所有天然氨基酸都可以以修饰的形式出现。在本实验指南中，用两个独立的章节介绍了研究最广泛、普遍存在的蛋白质修饰，即糖基化（见第 12 章）和磷酸化（见第 13 章）。本章着重介绍研究其他蛋白质修饰的方法。

二硫键的存在能够稳定蛋白质的结构，并使之能在胞外环境中生存下来。如果没有同源蛋白质［已通过化学分析确定了其二硫键模式，方法见本书其他章节（见第 7.3 单元）］作为参照，就不能够从蛋白质的一级结构推测是否有这种类型的修饰。而且，在指导蛋白质折叠和在高级结构（如同源或异源寡聚体）的形成中，成熟的、具有功能的蛋白质构象是怎样达到的？其一个重要的方面是二硫键的形成。第 14.1 单元介绍了研究活细胞中二硫键形成所用的技术。

用脂类分子修饰蛋白质，能够使蛋白质与膜相互作用。许多蛋白质的功能特性紧密地依赖于这种修饰，因此，确定蛋白质是否发生了酰化（见第 14.2 单元）或异戊二烯化（见第 14.3 单元）十分重要。

氧对蛋白质的作用会导致半胱氨酸、酪氨酸、天冬氨酸和天冬酰胺的修饰，也可以产生新的活性羰基，对这种氧化性损害产物的定量方法见第 14.4 单元。

作者：Hidde L. Ploegh and Ben M. Dunn

14.1 单元　二硫键形成的分析

注意：与活细胞接触的所有试剂和设备都必须无菌，因此，应当使用正确的无菌技术。所有培养都在 37℃、5% CO_2、湿润的培养箱中进行，除非另有说明。

基本方案　在完整单层细胞中分析二硫键的形成

此法测定共翻译二硫键形成和翻译后二硫键形成。

材料（带√项见附录1）

- 贴壁细胞
- 含甲硫氨酸的组织培养基，37℃
- √ 洗涤缓冲液，37℃
- √ 缺失培养基（depletion medium），37℃
- √ 标记培养基（含125～250 μCi/ml [^{35}S] 甲硫氨酸），37℃
- √ 追踪培养基（chase medium），37℃
- √ 终止缓冲液，0℃
- √ 裂解缓冲液，0℃
- 60 mm 组织培养皿，无菌的
- 37℃，5% CO_2 保湿培养箱
- 37℃水浴，带固定培养皿的支架或插件（如可放置 15 ml 和 50 ml 的试管 Unwire 支架，Nalge 公司）
- 放射性废物抽气瓶
- 扁宽的冰盒，带合适的金属盘（如 VWR，Scientific 公司）
- 细胞刮

1. 在含有甲硫氨酸培养基中培养细胞，每块 60 mm 培养皿≥10^6 个贴壁细胞（每个时间点一块培养皿），以便在实验当天细胞会形成亚汇合单层，37℃温育。

2. 设定 37℃水浴，水浴内带固定培养皿的支架或插件，检查水平面，水面要接触组织培养皿底部，但移走盖子时，组织培养皿不会漂浮起来。把收集放射性废物的抽气瓶安排好，使吸管很容易到达水浴中的培养皿。

3. 用 2 ml 洗涤缓冲液冲洗细胞 2 次，吸去洗涤缓冲液，加入 2～2.5 ml 缺失培养基，在 37℃培养箱中温育 15～30 min，以耗尽培养细胞中的甲硫氨酸，从培养箱中取出培养皿，放到 37℃水浴的支架上。

4. 脉冲标记细胞，每次标记一个培养皿：吸去缺失培养基，加入 400 μl 含 50～100 μCi [^{35}S] 甲硫氨酸的标记培养基，在 37℃水浴的支架上温育 1～2 min（即时间等于或短于合成目的蛋白所需的时间，并且足够测定蛋白质）。

零时追踪间隔

5. 加入 2 ml 追踪培养基，将脉冲精确地停止在标记间隔的最后，轻摇混合。

6. 尽快地吸去追踪培养基，将培养皿转移到置于冰盒上的铝盘内，立即加入 2.5 ml 冰冷的终止缓冲液，终止追踪。下接第 9 步。

所有其他追踪间隔

7. 恰好在脉冲标记间隔的最后，加入 2 ml 追踪培养基，开始追踪，轻摇混匀。吸去培养基，再次加入 2 ml 追踪培养基。置 37℃培养箱内（追踪间隔较长时）或 37℃水浴中（追踪间隔较短时），温育所要追踪的间隔时间，这取决于蛋白质折叠和形成二硫

键所需要的时间。（一般来说，第一次追踪时间间隔与脉冲时间相等，接着是其 2 倍，以此类推。）

8. 在追踪间隔的最后，吸去追踪培养基，将培养皿移入置于冰盒上的铝盒内。加入 2.5 ml 冰冷的终止缓冲液，终止追踪（在冰上，细胞在终止缓冲液中放置≤30 min）。下接第 9 步。

9. 除去终止缓冲液，加入 2.5 ml 冰冷的终止缓冲液，尽可能吸干培养皿，加入 600 μl 冰冷的裂解缓冲液，用细胞刮刮培养皿并混合细胞裂解液。

10. 将裂解液移至一作好标记的 1.5 ml 微量离心管中，在微型离心机中，0℃、12 000 r/min 离心 5 min，沉淀细胞核。将上清（核后裂解液）移至一个洁净的 1.5 ml 微量离心管中。

11. 立即用免疫沉淀（见第 9.6 单元）、非还原性和还原性 SDS-PAGE（见第 10.1 单元和第 10.2 单元）分析核后裂解液，或在液氮中快速冷冻，−80℃保存。

备择方案　在悬浮细胞中分析二硫键的形成

在开始实验之前，必须确定温育细胞的最小体积（x μl）、追踪时间点的数目（y）和目的样品的体积（z μl）。

附加材料（见基本方案；带√项见附录1）

- 悬浮细胞
- 10 mCi/ml [^{35}S] 甲硫氨酸（＞1000 Ci/mmoL；Amersham 公司）
√ 浓缩的追踪培养基

注意：在温育过程中，间隔一定的时间轻轻涡旋一下试管，保证细胞处于悬浮状态。

1. 将悬浮细胞（每个时间点约 10^6 个细胞）移至一个无菌的带盖的 50 ml 聚苯乙烯管中，在 20～37℃条件下，500 g（1500 r/min）离心 4 min，将沉淀重悬于 $2y$ ml 的缺失培养基中，再次离心，重悬于 $2y$ ml 的缺失培养基中，37℃温育 15～30 min。

2. 再次离心，将细胞重悬于 x ml 的缺失培养基中，放入水浴中。在脉冲开始时，在每个时间点加入 50～100 μCi 未稀释的 [^{35}S] 甲硫氨酸，涡旋混匀，温育脉冲的时间。

3. 在脉冲的最后，加入≥4 倍体积（$4x$ ml）浓缩的追踪培养基（总体积稍大于 $y \times z$ μl，以补偿蒸发损失），涡旋混匀。

4. 立即收集 z μl 的第一个样本，加入等量的 2× 裂解缓冲液，充分混合，置于冰上。在每次追踪时间点，重复以上操作。

5. 立即用免疫沉淀（见第 9.6 单元）和非还原性和还原性 SDS-PAGE（见第 10.1 单元和第 10.2 单元）分析核后裂解液，或在液氮中快速冷冻，−80℃保存。

参考文献：Braakman et al. 1991；Hebert et al. 1995；Marquardt et al. 1993
作者：Ineke Braakman and Daniel N. Hebert

14.2 单元　蛋白质酰化的分析

注意：与活细胞接触的所有试剂和设备都必须无菌，因此，应当使用正确的无菌技术。

所有培养都在 37℃、5% CO_2、湿润的培养箱中进行，除非另有说明。

基本方案 1　用脂肪酸进行生物合成标记

材料（带√项见附录1）

- 用于培养的细胞
- 适合于细胞的完全组织培养基
- 标记培养基：完全组织培养基，含有相应的透析血清和 5 mmol/L 丙酮酸钠，37℃
- 5～10 μCi/μl[9,10(n)-³H]脂肪酸，如[9,10(n)-³H]棕榈酸或[9,10(n)-³H]豆蔻酸（30～60 Ci/mmoL；Amersham International、American Radiolabeled Chemicals 或 NEN Research Products），溶于乙醇中。
- √ PBS，pH 7.2，冰冷的
- √ 1%（m/V）SDS 或 SDS 样本缓冲液（用于 SDS-PAGE，分别用于贴壁细胞或非贴壁细胞）或 RIPA 裂解缓冲液（用于免疫沉淀）
- √ 5×SDS 样本缓冲液
- 细胞刮
- 80℃水浴

1. 在标记实验前一天，将细胞接种至新配制的完全组织培养基中，接种细胞时，使用两种接种比例。
2. 第二天，以最小体积的 37℃标记培养基替代原有培养基（对于悬浮细胞，离心，重悬细胞，浓度为每毫升 10^6～10^7 个细胞；对于贴壁细胞，选择 70%～80%汇合度的平板，加入培养基，刚好覆盖平皿），温育 1 h。
3. 加入 5～10 μCi/μl 的[9,10(n)-³H]脂肪酸，至终浓度为 50～500 μCi/ml，温育长达 24 h（应通过预实验确定最佳标记量和最佳标记时间）。

贴壁细胞

4a. 将培养皿置于冰上，吸去培养基，用冰冷的 PBS 洗涤细胞 2 次，如果要直接进行 SDS-PAGE，则加入 1% SDS（60 mm 培养皿加入 100 μl；100 mm 培养皿加入 300 μl）裂解细胞。或者如果在 SDS-PAGE 前做免疫沉淀，则加入 1 ml RIPA 裂解缓冲液。

5a. 用细胞刮取出培养皿中裂解的细胞，移至一个 1.5 ml 的离心管中。如果要直接进行 SDS-PAGE，则将 20 μl SDS 裂解液加入到 5 μl 5×SDS 样本缓冲液中，继续进行第 6 步。如果要进行免疫沉淀（见第 9.6 单元），则使用所有的 RIPA 裂解液，然后将免疫沉淀物重悬于 20 μl 1×SDS 样本缓冲液中，继续第 6 步。

非贴壁细胞

4b. 将细胞悬浮液于 4℃、6000 r/min 离心 1 min，沉淀细胞，倒掉上清，洗涤沉淀一次（即将沉淀重悬于 1 ml 冰冷的 PBS 中，再用微型离心机离心）。

5b. 如果要直接进行 SDS-PAGE，则将细胞沉淀重悬于 100 μl（10^6～10^7 个细胞）1×SDS 样品缓冲液（如果要按基本方案 3 所述的方法分析裂解物时，用 1%的 SDS）中，然后接第 6 步；如果要进行免疫沉淀，则加入 1 ml（10^6～10^7 个细胞）RIPA

裂解液，进行免疫沉淀（见第 9.6 单元），将免疫沉淀物重悬于 20 μl 1×SDS 样本缓冲液中，继续第 6 步。

6. 将样品在 80℃温育 3 min，用 SDS-PAGE（见第 10.1 单元，如在小型胶的每泳道加 20 μl 裂解物）分析全细胞裂解物或免疫沉淀物。将剩余的裂解液−20℃保存。

7. 用水杨酸钠（见第 14.3 单元）或 DMSO/PPO 溶液处理胶，使用预闪胶片，于−70℃进行荧光自显影，通常为过夜至 1 个月。

基本方案 2　脂肪酸连接到蛋白质的分析

材料（带√项见附录 1）
- [³H] 脂肪酸标记细胞的裂解物或免疫沉淀物（见基本方案 1）
- 0.2 mol/L KOH，溶于甲醇中
- 甲醇
- 1 mol/L 羟胺·HCl，用 NaOH 调至 pH 7.5
- 1 mol/L Tris·Cl，pH 7.5

1. 在 4 个泳道的每一个中加入 20 μl [³H] 脂肪酸标记细胞的裂解液或免疫沉淀物，进行 SDS 聚丙烯酰胺凝胶电泳，切下 4 个泳道，将每个泳道移入一个 1.5 ml 的管中，管中含有下列溶液：

　　　　0.2 mol/L KOH（溶于甲醇中）
　　　　甲醇
　　　　1 mol/L 羟胺·HCl
　　　　1 mol/L Tris·Cl，pH 7.5

2. 将每个胶条用水洗 3 遍，每次 5 min，用水杨酸钠（见第 14.3 单元）或 DMSO/PPO 溶液处理胶条，使用预闪胶片，于−70℃荧光自显影，通常过夜至一个月。通过光密度测定或闪烁计数对切割进行定量。

　　在用 0.2 mol/L KOH 和 1 mol/L 羟胺·HCl 处理的泳道，通过硫代酸酯将脂肪酸与蛋白质连接的带会消失或大量降低。在用 0.2 mol/L KOH 处理的泳道，氧酯（oxyester）会显著减少或消失；在用 1 mol/L 羟胺·HCl 处理的泳道，氧酯会略微减少。这些处理不会影响酰胺键，所以在所有 4 个泳道中，都会出现带酰胺键脂肪酸的蛋白质。

基本方案 3　细胞提取物中总蛋白质结合的脂肪酸标记的分析

　　本方案用以确定在温育过程中有多少标记物被转换成其他脂肪酸或代谢物，特别是长时间温育标记时，这是一个问题。

材料
- 0.1 mol/L HCl/丙酮，−20℃
- [³H] 脂肪酸标记细胞于 1% SDS 中的裂解物（见基本方案 1）
- 1% SDS（m/V）
- 2∶1（V/V）氯仿/甲醇

- 二乙醚
- 6 mol/L HCl（浓盐酸用水 1 : 1 稀释）
- 己烷
- 5～10 μCi/μl[9,10(n)-^{3}H]脂肪酸标准品（30～60 μCi/mmol；Amersham International、American Radiolabeled Chemicals 或 NEN Research Products），溶于乙醇中
- 9 : 1（V/V）乙腈/乙酸
- EN^{3}HANCE 喷雾剂（NEN Research Products）
- 15 ml 聚丙烯离心管
- Mistral 3000i 台式离心机，带 4 个吊桶式水平转子或同类转子
- 氮气
- 30 ml 厚壁特氟隆容器，上部带气密式螺丝
- 110℃恒温箱
- 薄层层析槽
- RP18 薄层层析板（如 Merck 公司）
- Kodak XAR-5 胶片，预闪光的

1. 在 15 μl 聚苯乙烯试管中，往 100 μl 裂解液中加入 5 倍体积的 0.1 mol/L 盐酸/丙酮，在 −20℃温育≥1 h，以沉淀蛋白质。4℃、1500 g（Mistral 3000i 水平转子为 1000 r/min）离心 10 min，除去上清，将沉淀在空气中慢慢地干燥。

2. 用最小体积的 1% SDS 溶解沉淀，移至一个 1.5 ml 的离心管中，用 5 倍体积的 0.1 mol/L盐酸/丙酮（相对于这个较小的体积）重复第 1 步。

3. 加入 500 μl 2 : 1 氯仿/甲醇，涡旋，4℃、1000 r/min 离心 10 min，除去上清，重复 3 次，直到没有游离标记物被提取到有机溶剂中（通过上清的闪烁计数确定）。

4. 往沉淀中加入 100 μl 乙腈/乙酸，涡旋，4℃、1000 r/min 离心 10 min，倒掉上清，在轻柔的氮气流中干燥沉淀。

5. 将试管放入一个 30 ml 的厚壁特氟隆容器（内含 1 ml 6 mol/L 的 HCl）中，用氮气充满试管和容器。将盖子盖严，在 110℃烤箱中温育 16 h，以从蛋白质上水解下脂肪酸。

6. 用 0.5 ml 己烷提取 2 次，合并提取液，将残留物溶于 0.5 ml 1% SDS 溶液中。测定己烷提取液（含有脂肪酸）和残留物（含有糖和氨基酸）的放射性。

7. 用轻柔的氮气流蒸发己烷提取液，使其正好干燥（勿过分干燥），溶于 2～5 μl 2 : 1 的氯仿/甲醇溶液中。

8. 用 9 : 1 乙腈/乙酸预平衡薄层层析槽 15 min。

9. 将样品点到 RP18 薄层层析板上，用乙醇稀释 1 μl[9,10(n)-^{3}H]脂肪酸标准品，使其放射性强度为 1 μCi/μl，在平行泳道上各点 0.5 μl。在 9 : 1 乙腈/乙酸中展开，将层析板在空气中干燥。

10. 用 EN^{3}HANCE 喷雾剂喷层析板，于 −70℃对预闪的 Kodak XAR-5 胶片曝光过夜。通过与标准品比较鉴定脂肪酸。

基本方案 4　脂肪酸标记一致性的分析

本方案用于鉴定与 SDS 聚丙烯酰胺凝胶上特定蛋白带相关的标记脂肪酸。

材料

- [³H] 脂肪酸标记细胞裂解物（用水杨酸钠处理的，而不是用 DMSO/PPO 处理的；见基本方案 1）的 SDS-PAGE 凝胶

1. 从湿的或干的（荧光自显影的）SDS 聚丙烯酰胺凝胶上切下目的条带。在摇动下，用水洗涤 3 次，每次 5 min，每次用 0.5 ml 水。
2. 将胶块放入 1.5 ml 离心管中，冻干。
3. 水解脂肪酸，用薄层层析鉴定（见基本方案 3 第 5 步～第 10 步）。

参考文献：Casey and Buss 1995
作者：Caroline S. Jackson and Anthony I. Magee

14.3 单元　蛋白质异戊烯化和羧甲基化的分析

注意：与活细胞接触的所有试剂和设备都必须无菌，因此，应当使用正确的无菌技术。所有培养都在 37℃、5% CO₂、湿润的培养箱中进行，除非另有说明。

基本方案 1　培养细胞中蛋白质的异戊烯化

已发现的两个附着在蛋白质上的类异戊烯（prenoid）基团 [法呢基（farnesyl；C15）和香叶基香叶基（geranylgeranyl；C20）] 都来源于利用甲羟戊酸（mevalonic acid）的类异戊二烯生物合成途径的中间体。

材料（带√项见附录 1）

- 细胞
- 适合细胞的完全组织培养基，37℃
- 含有透析血清的完全组织培养基，37℃
- √ 10 mmol/L 洛伐它丁（mevinolin）
- 1 μCi/μl R-[5-³H]甲羟戊酸（10～40 Ci/mmoL；DuPont NEN 或 American Radiolabeled Chemicals）
- √ PBS，pH 7.2，冰冷的
- √ 1×SDS-PAGE 样品缓冲液或 RIPA 裂解缓冲液
- 氮气

1. 在标记实验的前一天，将细胞接种在完全组织培养基中，接种细胞时，使用两种接种比例。实验当天，选择汇合度接近 70% 或 80%（每板 10^6～10^7 个细胞）的培养物，用最小体积的含有透析血清的预热完全组织培养基更换培养基，加入 10 mmol/L 洛伐它丁，至终浓度为 50 μmol/L，预温育≥60 min。
2. 将足够量的1 μCi/μl R-[5-³H]甲羟戊酸移至离心管中，以标记所有的样品，浓度为

$50 \sim 200 \ \mu Ci/ml$。如果必要，在轻缓的氮气流下或在旋转蒸发器中除去有机溶剂，但不要完全干燥甲羟戊酸，也不要让其温度高于室温。往培养基中加入所需浓度（凭经验确定）的部分干燥的 $[^3H]$ 甲羟戊酸，温育 24 h。

3. 将细胞放到冰上，吸去培养基，用冰冷的 PBS 洗涤细胞 2 次。

4a. 直接进行 SDS-PAGE 时：往含有 4×10^6 个细胞的 50 mm 培养皿中加入 0.2 ml $1 \times$ SDS-PAGE 样品缓冲液，用 SDS-PAGE（见第 10.1 单元）分析，小型胶用 25 μl 全细胞裂解物，或标准胶用 50 μl 全细胞裂解物。

4b. 先进行免疫沉淀，再进行 SDS-PAGE 时：往含有 4×10^6 个细胞的 50 mm 培养皿中加入 1 ml RIPA 裂解缓冲液，将全部裂解物进行免疫沉淀（见第 9.6 单元）。将全部免疫沉淀物溶于 25 μl 或 50 μl $1 \times$ SDS-PAGE 样品缓冲液中，用 SDS-PAGE 分析（见第 10.1 单元）。

5. 用水杨酸钠（见基本方案 2 第 4 步）或 DMSO/PPO 溶液处理胶，在 -70℃用预闪光胶片进行荧光自显影，时间通常为 1 周到 1 个月（有时长达 3 个月）。

基本方案 2 培养细胞中蛋白质的羧甲基化

材料（带√ 项见附录 1）

- 细胞
- 适合细胞的完全组织培养基（CM）
- 含有透析血清的无甲硫氨酸组织培养液（MFM）或带有透析血清的 5%（V/V）完全组织培养液（MFM-5% CM）
- 1 $\mu Ci/\mu l$ L-$[^3H$-甲基$]$甲硫氨酸（约 80 Ci/mmoL，Amersham 公司）
- √ PBS，pH 7.2，冰冷的
- √ $1 \times$ SDS-PAGE 样品缓冲液或 RIPA 裂解缓冲液
- 1 mol/L 水杨酸钠或其他水溶性荧光素（如 Enlightening，DuPont NEN 公司；或 Amplify，Amersham 公司）
- √ 放射性墨水
- 1 mol/L NaOH
- 1 mol/L HCl
- 温室或 37℃培养箱
- 60℃干燥箱

1. 在标记实验前一天，将细胞接种至新配制的完全组织培养基中，接种细胞时，使用两种接种比例。实验当天，选择汇合度接近 70% 或 80% 培养物（$10^6 \sim 10^7$ 个细胞）。

2a. 标记时间 ≤8h：用最小体积的 MFM 培养基（如 100 mm 组织培养皿中加 3 ml）更换培养基，温育 1h。往每毫升 MFM 培养液中加入 200 $\mu Ci/\mu l$ L-$[^3H$-甲基$]$甲硫氨酸，温育 8 h。

2b. 标记时间为 8~24 h：用最小体积的 MFM-5% CM（如 100 mm 培养皿中加 3 ml）更换培养基，温育 1 h。往每毫升 MFM-5% CM 中加入 50 $\mu Ci/\mu l$ L-$[^3H$-甲基$]$甲硫氨酸，温育 8~24 h。

3. 吸去培养基，用冰冷的 PBS 洗涤细胞 2 次，进行裂解和电泳（见基本方案 1 第 4a 步或第 4b 步）。

4. 将胶在 1 mol/L 水杨酸钠中浸泡 20 min，立即置于滤纸背衬上，60℃烘干。

5. 使用放射性的墨水，在滤纸上标记，标出胶的比对位置。使用预闪胶片，将胶在 −70℃荧光自显影 1 周至 1 个月。通过比对标记，准确地将胶片和胶对齐，用手术刀切下放射性目的条带，将每块胶条放入单独的 1.5 ml 微量离心管中。

6. 小心地将敞口的试管向下放入闪烁瓶中，瓶内有足够闪烁液，约到试管一半处。往试管中加入足量的 1 mol/L NaOH，覆盖胶条（一般 100～200 μl）。立即盖好闪烁瓶，瓶内的试管敞着口。在 37℃温室或 37℃培养箱中温育过夜。

7. 取出微量离心管，小心不要将管内的内容物洒到闪烁瓶中，重新盖好闪烁瓶，瓶内装有不耐碱的 [³H] 甲醇。

8. 往微量离心管中加入等体积的 1 mol/L HCl，中和 NaOH。将试管里的内容物转入一个新的装有耐碱的 [³H] 甲醇（掺入到肽主链内）的闪烁瓶中，加入闪烁液，体积等于不耐碱样品所用的量（第 7 步）。

9. 在闪烁计数器内，使用氚通道对两份样品进行计数，并计算甲基化的化学计量如下：

$$化学计量 = \frac{不耐碱的 cpm \times 蛋白质中甲硫氨酸残基的数目}{耐碱的 cpm}$$

如果起始甲硫氨酸已被除去 [可从一级序列预测（Aitken 1992）]，则调整计算。

参考文献：Casey 1990；Casey and Buss 1995
作者：Anthony I. Magee

14.4 单元　蛋白质氧化修饰的分析

警告：操作、贮存和丢弃放射性材料时应遵循各种规章制度。

注意：组织的收集和制备必须要在添加抗氧化剂 [如 100 μmol/L 二乙烯三胺五乙酸（diethylenetriaminepentaacetic acid，DTPA）和 1 mmol/L 丁羟甲苯（butylated hydroxytoluene，BHT）] 的缓冲液中进行，对于检测在衰老或氧化应激过程中形成的痕量氧化产物，使用抗氧化剂缓冲液尤为重要。此外，所有的缓冲液必须在使用前用氮气使其沸腾。

基本方案 1　用 2,4-二硝基苯肼对蛋白质羰基进行分光光度定量

蛋白质的羰基能特异性地与 2,4-二硝基苯肼（DNPH）反应，生成蛋白质耦联的腙（protein conjugated hydrazone）（蛋白质-DNP），它在 360 nm 附近处有一个吸收峰。

材料（带√项见附录 1）

√ DNPH 溶液

· 蛋白质溶液

· 2 mol/L HCl

√ 20%（*V/V*）三氯醋酸（TCA）溶液

· 1∶1（*V/V*）乙醇/乙酸乙酯

- 0.2% （m/V）SDS/20 mmol/L Tris・Cl，pH 6.8（各自的成分见配方）
- 3%（m/V）SDS/150 mmol/L 磷酸钠缓冲液，pH 6.8（各自的成分见配方；用于脂蛋白）
- 二喹啉甲酸（bicinchoninic acid）蛋白质分析试剂盒（BCA，Pierce 公司）
- 牛血清白蛋白（BSA）
- 抗 DNP 抗体（Sigma 公司）
- 台式离心机
- Branson 2200 超声破碎仪
- 分光光度计

1. 往 1 ml 的蛋白质溶液中加入 200 μl 的 DNPH，组织样品使用 0.5～1.0 mg/ml 的蛋白质。制备空白对照，即往一个样品中加入 200 μl 不含 DNPH 的 2 mol/L HCl。室温温育 60 min。

2. 加入 1.2 ml 20% TCA 溶液，在冰上温育 10 min。在台式离心机中，室温、750～1000 g 离心 10 min。

3. 加入 3 ml 1∶1（V/V）乙醇/乙酸乙酯，再次离心。在室温下，用 Branson 2200 超声破碎仪满功率超声，直到沉淀被完全打碎。重复洗涤和超声处理 2 次。

4. 将最后的沉淀溶于 1 ml 0.2%（m/V）SDS/20 mmol/L Tris・Cl（pH 6.8）中，脂蛋白用 3%（V/V）SDS/150 mmol/L 磷酸钠缓冲液（pH 6.8）溶解。取 100 μl，用二喹啉甲酸（BCA）蛋白质分析试剂盒分析（见第 3.4 单元）。用 BSA 作为蛋白质标准品。

5. 在分光光度计中扫描样品，波长为 320～450 nm。用 360 nm 附近的峰吸收值计算羰基的含量，用未经 DNPH 处理的蛋白质样品作为空白对照。
   DNPH 的消光系数（ε）是 22 000 $M^{-1} cm^{-1}$。蛋白质羰基的含量(nmol/mg 蛋白质)＝（$A_{360} \times 10^6$/22 000）/mg 蛋白质。

6. 用 SDS-PAGE（见第 10.1 单元）和免疫印迹（用抗 DNP 抗体）（见第 10.7 单元）鉴定特定的羰基化蛋白质。

基本方案 2　用氚标记的硼氢化钠定量蛋白质羰基衍生物

如果蛋白质的浓度是一个限制因素，或所研究的蛋白质（如含有血红素的蛋白质）在 360 nm 附近处有最大吸收值，则不能用 DNPH 来测定蛋白质的羰基。在这种情况下，可使用氚标记的硼氢化钠，它能将蛋白质的羰基转换成蛋白质结合的乙醇基团。

材料（带√ 项见附录 1）
- 蛋白质溶液
√ 3 mol/L Tris・Cl，pH 8.6
√ 0.5 mol/L EDTA，pH 8.0
√ ［^{3}H］硼氢化钠（［^{3}H］NaBH₄）工作液
- 2 mol/L HCl
√ 20%（V/V）三氯醋酸（TCA）溶液，冰冷的
- 1∶1（V/V）乙醇/乙酸乙酯

- 0.5% (*m/V*) SDS/0.1 mol/L NaOH（见 SDS 配方）
- BCA 蛋白质分析试剂盒（Pierce 公司）
- Scintisafe Plus 50%混合液（Fisher Scientific 公司）
- 30%（*V/V*）过氧化氢（H_2O_2）
- 台式离心机
- 闪烁计数器和闪烁瓶

警告：所有的温育要在通风柜中进行，因为在反应过程中会释放出氚气。

1. 配制 1 ml 反应混合液：含有 86 mmol/L Tris·Cl（pH 8.6）、0.86 mmol/L EDTA、50 mmol/L 氚标记的硼氢化钠和 0.5～1.0 mg 蛋白质，37℃温育 30 min。加入 200 μl 2 mol/L HCl，终止反应，同时加入等体积的 20% TCA（终浓度为 10%），在冰上放置 10 min，以沉淀蛋白质。

2. 在台式离心机中，4℃、750～1000 *g* 离心 10 min，用 1:1（*V/V*）乙醇/乙酸乙酯洗涤蛋白质沉淀至少 3 次。将最终沉淀溶于 1 ml 0.5%（*m/V*）SDS/0.1 mol/L NaOH 溶液中，用 BCA 蛋白质试剂盒确定每个样品的蛋白质浓度（见第 3.4 单元）。

3. 确定蛋白质混合物中总巯基的含量：往样品中加入 4 ml Scintisafe Plus 50%混合液，在闪烁计数器中计数。

4. 定量特定蛋白质的巯基含量：用 SDS-PAGE（见第 10.1 单元）分离样品、用考马斯亮蓝染色显带（见第 10.4 单元），切下目的蛋白条带，60℃干燥 2 h，溶于 1 ml 30%的 H_2O_2 溶液中，60℃温育 24 h。加入 4 ml Scintisafe Plus 50%混合液，4℃保持至少 12 h，用闪烁计数器测定掺入的放射性。

基本方案 3　凝胶电泳分析 [^{14}C] 碘乙酰胺标记的蛋白质巯基

以下方法用于鉴定组织样品或蛋白质混合物中由于氧化损害而丢失巯基的特定蛋白质。

材料（带√项见附录 1）
- 蛋白质样品
- √ 1%（*m/V*）SDS/0.6 mmol/L Tris·Cl，pH 8.6（各自的成分见配方）
- 2-巯基乙醇
- 氮气
- 500 mmol/L [^{14}C] 碘乙酰胺，1 μCi/ml（Amersham 公司；如果无色则废弃）
- 500 mmol/L 非放射性标记的碘乙酰胺，新鲜配制
- √ 10%（*V/V*）三氯醋酸（TCA）
- 30%（*V/V*）过氧化氢（可选）
- 干胶器（可选）
- Whatman 3MM 滤纸（可选）
- X 线胶片（可选）
- 闪烁计数器

1. 将蛋白质样品（高达 1 mg）溶于 1 ml 1% SDS/0.6 mol/L Tris・Cl（pH 8.6）中，加入 10 μl 2-巯基乙醇，于室温在氮气中温育 3 h。

2. 避光操作，加入 100 μl 500 mmol/L [^{14}C] 碘乙酰胺，至终浓度为 1 μCi/ml，用 500 mmol/L 非标记的碘乙酰胺稀释 [^{14}C] 碘乙酰胺至适度的放射性水平。37℃避光温育 30 min，并持续地轻轻搅拌。

3. 加入 SDS 样品缓冲液至终浓度为 1×SDS，95℃温育 5 min，用 SDS-PAGE（10%分离胶、4%浓缩凝胶，使用 Laemmli 凝胶系统）分离蛋白质（见第 10.1 单元），将胶在 10% TCA 中固定 1 h，用考马斯亮蓝 R-250 染色，脱色（见第 10.4 单元）。

4a. 对于未知蛋白质样品：在 Whatman 3 MM 滤纸上将胶干燥，于−70℃对 X 线片曝光 2 周的时间。为鉴定目的蛋白，用双向凝胶电泳（见第 10.3 单元）纯化蛋白质，进行 N 端微量测序，然后用计算机进行数据库搜索。

4b. 对于已知目的蛋白：用剃须刀片切下目的蛋白对应的条带，溶于 30%的过氧化氢中，用闪烁计数器计数。

基本方案 4 用质谱定量蛋白质的二酪氨酸残基

材料（带√项见附录 1）

- 组织样品
- *O*，*O'*-二酪氨酸内标，标记的和未标记的（见辅助方案 1）
- 氮气
- 6 mol/L HCl/1%（*V/V*）苯甲酸/1%（*V/V*）苯酚
- 氩气
- √ 10%（*V/V*）TCA 溶液
- 50 mmol/L NaHPO$_4$/100 μmol/L 二乙烯三胺五乙酸（DTPA），pH 7.4
- 0.1%（*V/V*）三氟醋酸溶液
- 25%（*V/V*）甲醇
- 1：3（*V/V*）浓 HCl/正丙醇
- 1：4（*V/V*）五氟丙酸酐（pentafluoropropionic anhydride）/乙酸乙酯
- 乙酸乙酯
- Supelclean SPE 反相 C18 柱（Supelco 公司；也见第 11.6 单元）
- GC/MS：Hewlett-Packard 5890 气相色谱仪（配备 12 m DB-1 毛细管柱），与 Hewlett-Packard 5988A 质谱仪（广质量范围）联用（见第 16 章）。

1. 在氮气中干燥组织样品，加入 50 pmol ^{13}C 标记的 *O*，*O'*-二酪氨酸作为内标。加入 0.5 ml 6 mol/L HCl/1%（*V/V*）苯甲酸/1%（*V/V*）苯酚，在充满氩气的试管内，110℃水解 24 h。

2. 加入 50 μl 10%（*V/V*）TCA 溶液，加到反相 C18 柱上（见第 11.6 单元），将反相柱预先用 12 ml 50 mmol/L NaHPO$_4$/100 μmol/L DTPA（pH 7.4）洗涤，之后用 12 ml 0.1%（*V/V*）TFA 洗涤，用 25%甲醇洗脱氨基酸，并在真空中干燥。

3. 加入 200 μl 1：3（*V/V*）浓 HCl/正丙醇，将氨基酸转换成羧酸酯，在 65℃加热

10 min。

4. 加入 50 μl 1:4（V/V）五氟丙酸酐/乙酸乙酯，制备五氟丙酰衍生物。在 65℃ 加热 10 min，在氮气下干燥，重溶于 50 μl 乙酸乙酯中。

5. 通过 GC/MS 分析 1 μl 溶液。分别将注射器和离子源的温度设定为 250℃ 和 150℃，获得全扫描质谱和选择的离子，并用天然的（authentic）二酪氨酸和同位素标记的二酪氨酸的正丙基七氟丁酰（n-propyl heptafluorobutryl）和正丙基五氟丙酰（n-propyl pentafluoropropionyl）衍生物进行监测，用阴离子化学离子化方式，用甲烷作为反应气体。

   二酪氨酸正丙基七氟丁酰衍生物的质谱在质荷比（m/z）1228（M^-）处有一个小分子离子峰，在质荷比（m/z）1208（M^--HF）和 1030 [M^--CF_3（CF_2）CHO] 处有主要离子峰。用 m/z 1280 定量二酪氨酸。

6. 分析酪氨酸时，用乙酸乙酯稀释氨基酸的衍生物（氨基酸的衍生物：乙酸乙酯的体积比为 1:100）。在质谱分析前，将 1 μl 1:100 的稀释物注入 GC 内，维持初始柱温 120℃、1 min，然后增加到 220℃，升速为 10℃/min。为确保干扰离子不与被分析物一同洗脱下来，监测所有被分析物中酪氨酸和二酪氨酸的两种丰度最高离子的离子流比率，分离完全的（baseline-separate）天然标准品和放射性标记的标准物的保留时间与组织样品被分析物的保留时间完全一致。

   酪氨酸正丙基七氟丁酰衍生物的质谱在 m/z 595（M^--HF）和 417 [M^--CF_3（CF_2）$_2$CHO] 处有主要离子峰。使用 m/z 417 定量酪氨酸。

辅助方案 1　O,O'-二酪氨酸标准品的制备

材料（带 √ 项见附录 1）

- 辣根过氧化物酶（HRP，1 级；Boehringer Mannheim 公司）
- √ 5 mmol/L L-酪氨酸（Sigma）或 [$^{13}C_6$] L-酪氨酸（Cambridge Isotope Laboratories），溶于 0.1 mol/L 硼酸盐缓冲液（pH 9.1）中（缓冲液见配方）
- 30%（V/V）H_2O_2
- 2-巯基乙醇
- 0.01 mol/L NaOH
- √ 20 μmol/L $NaHCO_3$，pH 8.8
- √ 200 μmol/L 硼酸盐缓冲液，pH 8.8
- 浓甲酸和 100 mmol/L 甲酸
- 100 mmol/L NH_4HCO_3
- 2.75 cm×19.5 cm DEAE 纤维素层析柱（Bio-Rad 公司）
- 台式离心机
- 4 cm×34.5 cm BioGel P-2 柱（200-4 目，Bio-Rad 公司）
- 分光光度计

1. 将 10 mg 辣根过氧化物酶（HRP）与 500 ml 5 mmol/L 酪氨酸（溶于 pH 9.1 的 0.1 mol/L 硼酸盐缓冲液中）混合，加入 142 μl 30% 过氧化氢，短暂涡旋，室温温

育 30 min。加入 175 µl 2-巯基乙醇，立刻在液氮中冷冻，并冻干。

2. 将冻干物溶于 250 ml 蒸馏水中，用几滴 0.01 mol/L NaOH 调 pH 至 8.8，上样至用 20 µmol/L NaHCO₃（pH 8.8）预平衡过的 2.75 cm×19.75 cm DEAE 柱上，用 200 µmol/L 的硼酸盐缓冲液（pH 8.8）洗脱（酪氨酸和二酪氨酸将被洗脱在穿过组分中）。

3. 将含有二酪氨酸的溶液合并、冻干，重悬于 20 ml 冷水中，在台式离心机中 1000 g 离心 15 min，用 15 ml 水提取沉淀，合并 2 次的上清，用甲酸调 pH 到 7.0，0℃温育过夜。

4. 4℃、1000 g 离心 10 min，将上清上样到 BioGel P-2 柱（预先用 100 mmol/L NaHCO₃ 平衡过）上，用 100 mmol/L NaHCO₃ 洗脱，流速为 40 ml/h，在 370 nm 处监测二酪氨酸的洗脱。

5. 收集二酪氨酸组分、冻干，溶于 20 ml 100 mmol/L 甲酸中，用浓甲酸调 pH 到 2.5，在室温下，1000 g 离心 10 min，将溶液上样至 BioGel P-2 柱上（预先用 100 mmol/L NaHCO₃ 平衡后过）（如上所述），用 100 mmol/L 甲酸洗脱（收率 20%），将含有二酪氨酸的溶液冻干，-20℃保存。

辅助方案 2　用竞争性 ELISA 分析蛋白质结合的硝基酪氨酸

材料（带 √ 项见附录 1）

　　√ 10 µg/ml 硝基牛血清白蛋白（nitro-BSA；Alexis Biochemicals 公司），溶于平板包被缓冲液中

　　√ ELISA 缓冲液
　　　　平板包被缓冲液
　　　　1×PBS/Tween 20（PBST）
　　　　封闭缓冲液
　　　　1×二乙醇胺（DEA）缓冲液

　・ 蛋白质样品
　・ 一抗：小鼠抗硝基酪氨酸抗体（Upstate Biotechnology 公司）
　・ 二抗：与碱性磷酸酶耦合的兔抗小鼠 IgG
　　√ Tris 缓冲盐水/Tween 20（TBST）
　・ 1 mg/ml 对硝基酚磷酸盐（5 mg 片剂；Sigma 公司），溶于 DEA 缓冲液中
　・ 96 孔 ELISA 平板
　・ 塑料膜
　・ 酶标仪

1. 在分析前一天，用 100 µl 10 µg/ml 硝基牛血清白蛋白（溶于平板包被缓冲液中）包被 96 孔 ELISA 板的孔，不要包被用作空白对照的孔。用塑料膜包裹平板，在 4℃ 下温育过夜。

2. 取每种蛋白质样品（1~10 µg/ml）100 µl，加到 100 µl 一抗（用封闭缓冲液 1∶500 稀释）中，4℃ 温育过夜。取 100 µl 加入到指定的孔中，以同样的方法制备硝基牛血

清白蛋白竞争剂，用于制作标准曲线。

3. 在分析的当天，用 1×PBST 冲洗平板 3 次，往每孔中加入 300 μl 封闭缓冲液，包括空白对照，在室温下温育 60 min，弃去封闭缓冲液。

4. 将 100 μl 各种稀释度的蛋白质样品（第 2 步）加到适当的孔中。在同块平板指定的孔中加入 100 μl 各种稀释度的硝基牛血清白蛋白（第 2 步），以制作标准曲线。在空白对照板中，加入 100 μl 不含抗体的 1×PBST。室温温育 2 h。

5. 用 TBST 冲洗 3 次，往每个样品孔和标准品孔中加 100 μl 二抗（用封闭缓冲液以 1∶1000 的比例稀释）。往空白对照孔中加 100 μl PBST。室温温育 2 h。

6. 用 PBST 冲洗 3 次，往所有的孔中（包括空白对照孔）加 100 μl 1 mg/ml 对硝基酚磷酸盐，用洁净的针除去所有的气泡，温育 30 min。

7. 用 Kimwipe 擦拭纸擦净平板底部，在酶标仪 450 nm 读数。用硝基牛血清白蛋白标准曲线来估算硝基酪氨酸的浓度。蛋白质样品中硝基酪氨酸浓度等于同一读数处的硝基牛血清白蛋白中硝基酪氨酸的浓度。

基本方案 5 异天冬氨酸形成的酶学分析

材料（带√项见附录 1）

- 蛋白质样品
- 0.2 mol/L Bis-Tris 缓冲液（pH 6.0）：将 41.84 g bis-Tris（Sigma 公司）溶于 1 L 水中，用浓 HCl 调 pH 至 6.0
- 10 μmol/L ［³H］甲基-S-腺苷-L-甲硫氨酸（5～15 Ci/mmoL；［³H］SAM；NEN 公司）
- 蛋白质-L-异天冬氨酰-甲基转移酶（PIMT；Promega 公司或从已知原料中纯化而得）
- 异天冬氨酸标准品
- 0.2 mol/L NaOH
- Safety-Solve II 型计数荧光素（Research Products International 公司）
- √ 酸性 SDS-PAGE 缓冲液（可选）
- 30%（V/V）过氧化氢（H_2O_2；可选）
- Scintisafe Plus 50%混合液（Fisher Scientific 公司；可选）
- 海绵塞（Jaece Industries 公司）；切成碎片
- 带附加塞的闪烁瓶

警告：［³H］甲醇可在室温下挥发，所有的反应都在通风柜里进行。

1. 在微量离心管中，用 0.2 mol/L bis-Tris 缓冲液（pH 为 6.0,含有 40 U PIMT）配制蛋白质样品（通常 0.5～1 mg 蛋白质），加入［³H］SAM，至终浓度为 10 μmol/L，总反应体积为 50 μl。同时配制空白（无蛋白质）和异天冬氨浓度已知的标准品溶液。30℃温育 30 min。

2. 在冰上放置 15 min，停止 PIMT 催化的甲基转移反应。在微型离心机上 4℃离心 2 min，重新放回冰上。

3. 加入 50 µl 0.2 mol/L NaOH，以从所分析的蛋白质中释放 [³H] 甲醇，短暂涡旋，短暂离心，立即将 50 µl 移至插在闪烁瓶盖上的海绵块上，把盖子盖在含有 4 ml Safety-Solve 闪烁混合液的闪烁瓶上，在 37℃ 温育正好 60 min，使 [³H] 甲醇扩散到闪烁液中。

4. 移去盖子，换上无海绵插条的新盖子，用闪烁计数器对样品进行计数。

5. 为了鉴定组织样品或蛋白质混合物中哪种蛋白质含有异天冬氨酸残基，将蛋白质样品（第 2 步）与 1 倍体积的 2×酸性 SDS-PAGE 样品缓冲液混合，用酸性 SDS-PAGE 分离（见第 10.1 单元；但在 pH 2.4 时，使用酸性 SDS-PAGE 缓冲液）。切带、处理后按照基本方案 2 的第 4 步所述的方法测定掺入的放射性。

参考文献：Heinecke et al. 1999
作者：Liang-Jun Yan and Rajindar S. Sohal

14.5 单元　蛋白质泛素化的分析

基本方案 1　目的蛋白的免疫沉淀及随后的抗 Ub 免疫印迹

材料（带√项见附录 1）
- 表达目的蛋白的酵母细胞或哺乳动物细胞以及相应的对照细胞
√ PBS
√ RIPA 缓冲液，冰冷的
- *N*-乙基马来酰亚胺（NEM）
√ 蛋白酶抑制剂
- 无菌水
- 无水乙醇，冰冷的
√ SDS 缓冲液
√ Triton 裂解缓冲液，冰冷的
- 蛋白质 A-agarose（Repligen 公司）或蛋白质 G-agarose（Amersham Biosciences 公司）
√ 20%（*m/V*）SDS
√ 2×SDS-PAGE 样品缓冲液
- 封闭缓冲液，如 5%（*m/V*）脱脂奶粉
- 抗 Ub 抗体（Covance Research Products 公司、Zymed Laboratories 公司、Santa Cruz Biotechnology 公司）
- 增强化学发光（ECL）试剂、增强化学荧光（ECF）试剂或 ¹²⁵I 标记的试剂
- 425～600 µm 酸洗玻璃珠（Sigma 公司）
- 旋转蒸发器
- 滚翻式（end-over-end）摇床

哺乳细胞

1a. 将两块 100 mm 平板用 PBS 洗涤一次，其中一块平板含有表达目的蛋白的哺乳动物细胞培养物，另一块含有相对应的对照细胞。

2a. 加入 1 ml 冰冷的 RIPA 缓冲液 [含有新配制的 10 mmol/L N-乙基马来酰亚胺（NEM）和蛋白酶抑制剂]，冰上放置 30 min，裂解细胞。

3a. 将裂解液收集到一个 1.5 ml 的微量离心管中，在微型离心机中，在 4℃下，以最大速度离心 15 min，使之澄清。下接第 4 步。

酵母细胞

1b. 培养两个 10 ml 的培养物，一个是表达目的蛋白的酵母细胞，另一个是相应的对照细胞，使之生长到对数生长期的中期（$OD_{600} = 0.5 \sim 1.0$）。室温、1200 g 离心 5 min，收集细胞。用 10 ml 无菌水洗涤一次，再次离心，将细胞重悬于 1 ml 无菌水中，移入一个 1.5 ml 微量离心管中，室温、最大速离心 10 s。

2b. 将细胞沉淀重悬于 500 μl 冷冻的无水乙醇（内含 50 mmol/L NEM）中，加入约 300 μl 直径为 425～600 μm 的酸洗玻璃珠。室温下持续涡旋 5 min，将液体移入一新管中。用 500 μl 新配的乙醇/NEM 将玻璃珠洗涤 2 次，合并液体（共约1.5 ml）。

3b. 在旋转蒸发器内完全干燥样品，干燥过程中不要加热。往沉淀的蛋白质中加 100 μl SDS 缓冲液，涡旋，在沸水浴中加热 5 min，使其重悬，用 1 ml 冰冷的 Triton 裂解缓冲液 [含有新配制的 10 mmol/L N-乙基马来酰亚胺（NEM）和蛋白酶抑制剂] 稀释。在微型离心机中，4℃、最大转速离心 15 min。下接第 4 步。

4. 将细胞提取物定容，移入新的离心管中。加入适量的抗体，在滚翻式摇床上 4℃温育 1～4 h。

5. 加适量的蛋白质 A-agarose，定量地沉淀抗体-抗原复合物，在 4℃下滚翻摇动 1 h。当使用的抗体不能与蛋白质 A 有效地结合时，用蛋白质 G-agarose 替代蛋白质 A-agarose。

6. 收集免疫沉淀物：在微型离心机中，以最大转速离心小于 5 s，用 1 ml Triton 裂解缓冲液 [含 0.05％ (m/V) SDS] 洗涤胶珠 3 次。

7. 用微量移液器彻底除去胶珠中的洗涤缓冲液，加入 1 倍体积的 2×SDS-PAGE 样品缓冲液，在沸水浴中温育 3 min。用 SDS-PAGE（见第 10.1 单元）分析样品，并转移到 PVDF 膜或硝酸纤维素膜上（见第 10.5 单元）。

对高分子质量的 Ub-耦联物进行免疫印迹转移时，使用低浓度的聚丙烯酰胺凝胶会更有效。

8. 用适当的封闭缓冲液 [如 5％ (m/V) 脱脂奶粉] 封闭非特异性的结合位点，然后将膜与适当稀释的抗 Ub 单克隆抗体一起温育。根据生产商的说明书，用增强化学发光（ECL）试剂、增强化学荧光（ECF）试剂或[125]I 标记的化学试剂显示免疫印迹信号（见第 10.7 单元）。

基本方案 2　从表达 His$_6$-Ub 的细胞中亲和纯化泛素化的蛋白质

材料（带√ 项见附录 1）

• 表达目的蛋白和 6 组氨酸标签 Ub（His$_6$-Ub）的酵母细胞或哺乳动物细胞以及相应的对照细胞

√ PBS

√ 6 mol/L 盐酸胍/100 mmol/L 磷酸钠缓冲液，pH 8.0 和 pH 5.8（缓冲液见配方）

- 1 mol/L 咪唑
- Ni^{2+}-NTA-agarose 胶珠（Qiagen 公司，Clontech 公司）
- √ 蛋白质缓冲液
- √ 10%（V/V）TCA
- √ 2×SDS-PAGE 样品缓冲液
- √ 胍冲洗缓冲液
- √ 尿素洗涤缓冲液，pH 6.0 和 pH 8.0
- √ 2×尿素样品缓冲液
- 探头型超声破碎仪，带微探头
- 滚翻式（end-over-end）摇床
- 一次性层析柱（如 Bio-Rad 公司的 poly-prep）
- 425～600 μm 酸洗玻璃珠（Sigma 公司）

哺乳细胞

1a. 将两块 100 mm 平板用 PBS 洗涤一次，其中一块平板含有表达目的蛋白和带 6 组氨酸标签 Ub 的哺乳细胞，另一块含有相应的对照细胞。在 2 ml 6 mol/L 盐酸胍/100 mmol/L 磷酸钠缓冲液（pH 8.0，含 5 mmol/L 咪唑）中裂解，将提取物收集于 1.5 ml 微量离心管中，用探头型超声破碎仪（设置在能够获得剧烈混合但又不产生泡沫的最小值）短暂处理，降低裂解液的黏度。4℃、14 000 g 离心 15 min 使之澄清。

2a. 每 2 ml 提取物加入 75 μl（沉降后的体积）Ni^{2+}-NTA-agarose 胶珠，在滚翻式摇床上温育 4 h。

3a. 把 agarose 胶珠浆液倒入一次性层析柱中，相继用下列溶液洗涤：
        1 ml 6 mol/L 盐酸胍/100 mmol/L 磷酸钠缓冲液，pH 8.0（不含咪唑）
        2 ml 6 mol/L 盐酸胍/100 mmol/L 磷酸钠缓冲液，pH 5.8
        1 ml 6 mol/L 盐酸胍/100 mmol/L 磷酸钠缓冲液，pH 8.0
        2 ml 6 mol/L 盐酸胍/100 mmol/L 磷酸钠缓冲液（pH 8.0）和蛋白质缓冲液以 1∶1 的比例混合的溶液
        2 ml 6 mol/L 盐酸胍/100 mmol/L 磷酸钠缓冲液（pH 8.0）和蛋白质缓冲液以 1∶3 的比例混合的溶液
        2 ml 蛋白质缓冲液
        1 ml 含有 10 mmol/L 咪唑的蛋白质缓冲液

4a. 在 1 ml 含有 200 mmol/L 咪唑的蛋白质缓冲液中洗脱结合的蛋白质，用 10%（V/V）TCA 沉淀洗脱液，加入 1 倍体积的 2×SDS-PAGE 样品缓冲液，使其重悬，在沸水浴中温育 5 min。SDS-PAGE（见第 10.1 单元）分析，并用抗目的蛋白的抗体进行免疫印迹（见第 10.7 单元）。

酵母细胞

1b. 将两份酵母细胞培养物用水洗涤一次，其中一份表达带 6 组氨酸标签的 Ub，另一份为相应的对照细胞，加入约 300 μl 直径为 425～600 μm 的酸洗玻璃珠，在不含咪唑的胍洗脱缓冲液中涡旋 5 min 裂解。

2b. 4℃、14 000 g 离心 15 min；在一新试管中，每 2.75 mg 总蛋白质加入 50 μl Ni^{2+}-NTA-agarose 胶珠，加入 1 mol/L 咪唑，至终浓度为 10 mmol/L。在滚翻式摇床上 4℃温育 4 h。

3b. 依次用下列溶液洗涤胶珠

        1 ml 含 20 mmol/L 咪唑的胍洗涤缓冲液

        1 ml 含 20 mmol/L 咪唑的尿素冲洗缓冲液（pH 8.0）

        1 ml 含 20 mmol/L 咪唑的尿素冲洗缓冲液（pH 6.0）

        1 ml 含 20 mmol/L 咪唑的尿素冲洗缓冲液（pH 6.0）

4b. 在尿素样品缓冲液中煮沸，以此从胶珠上洗脱下结合的材料。用 SDS-PAGE（见第 10.1 单元）分析样品，并用抗目的蛋白的抗体进行免疫印迹（见第 10.7 单元）。

参考文献：Laney and Hochstrasser 2002；Treier et al. 1994

作者：Jeffrey D. Laney and Mark Hochstrasser

冯晓黎 译　张富春　李慎涛 校

第 15 章　蛋白质的化学修饰

在现代蛋白质科学中，对蛋白质的活性氨基酸侧链进行化学修饰具有很多应用，常见的有：大分子的荧光标记或放射性标记、特定蛋白质（即细胞表面、被包埋的或内部的双分子层）亚细胞定位的鉴定、蛋白质与其他成分（包括其他蛋白质、核酸或固相支持物）的耦联，以及作为结构分析（如氨基酸分析、测序、肽图谱和质谱分析；第 11章）的辅助手段。另一个过去的应用是采用化学试剂对结构和功能的分析，如酶活性位点氨基酸残基的鉴定。在过去的十几年中，很多（但不是全部）这样的方法已被定点诱变分析技术所取代。尽管诱变方法具有强大的能力，但是常常将诱变方法与其他经典方法一起使用才能得到最好的结果。例如，首先采用化学修饰的研究来鉴定参与某种特定生物功能的可能氨基酸，然后采用诱变研究来证实和获得更进一步的信息。

最常见的化学修饰靶位是那些最活跃的氨基酸侧链，主要的化学修饰有氧化、还原、亲核取代（nucleophilic substitution）或亲电取代（electrophilic substitution）。与侧链氨基或羧基反应的化学试剂也可与蛋白质末端的氨基或羧基反应，除非这些基团已经在体内被修饰过。总的来说，蛋白质末端的氨基和羧基比侧链氨基和羧基更活跃。从理论上讲，可利用这种差异来特异性地标记这些末端功能基团。这种特异性的单一位点的标记或添加（attachment）在许多具体应用中都非常有用，包括固相测序和定向地、明确地添加蛋白质用于亲和层析。在具体应用中，对末端残基活性进行选择几乎是不可行的。获得选择性末端基团的修饰需要凭经验来确定适当的反应条件，所以必须严格地控制这些条件。然而，一个更重要的限制因素是：各个活性侧链的微环境可能会变化很大，并且会影响与某个点（一些侧链比末端残基更活跃的点）的反应性。

在氨基酸侧链中的一个最活跃和最频繁被修饰的基团是半胱氨酸的巯基（—SH）（见第 15.1 单元）。在蛋白质中，半胱氨酸既可以还原状态（半胱氨酸或 SH 型）出现，也可以氧化状态出现。以氧化状态出现时，两个半胱氨酸之间形成一个二硫键（胱氨酸或—S-S—型）。二硫键可以在同一多肽链上的两个半胱氨酸之间存在，也可以在两个不同多肽链间存在，它们是许多折叠蛋白质的主要稳定成分，特别是正常情况下存在于氧化环境中蛋白质，如通常见于细胞外部的蛋白质。在大多数蛋白质中，半胱氨酸出现的频率相对较少，它们常常是蛋白质标记或与基质连接（例如，将蛋白质交联到层析介质上，以制备亲和层析柱；或将蛋白质耦联到生物传感芯片上，以研究大分子间的相互作用）的有用位点。用半胱氨酸特异性试剂的反应也可用于区分位于蛋白质表面的半胱氨酸（未还原、未变性）、包埋在蛋白质内部的半胱氨酸（变性、未还原）和位于二硫键内的半胱氨酸残基（还原、变性）。最后，由于半胱氨酸非常活跃，如欲鉴定半胱氨酸，在进行氨基酸分析或序列分析之前，必须将它们转变成稳定的衍生物形式。

氨基的基团特异性修饰（见第 15.2 单元）是早期评价结构与功能关系的有效工具，不过现在它们在其他方面的应用更有价值，特别是，氨基与琥珀酰亚胺酯（succinimi-dyl ester）和异硫氰酸酯（isothiocyanate）的反应可广泛地用于将一些有用的、非天然的、具有功能特性的基团牢固地耦联到蛋白质上。这些基团包括用于检测或回收的生物素、用于生物物理或细胞化学的荧光基团、制备生物耦联剂的交联试剂，或能使蛋白质携带放射性同位素（用于医学影像或抗肿瘤治疗）的金属螯合剂。这些应用需要对产物进行准确的定性，最好采用质谱分析仪进行定性。可用琥珀酐或乙酸酐来改变蛋白质氨基的电荷状态，还原性烷基化不改变电荷状态，但却使伯胺转变成仲胺或叔胺。

15.1 单元　半胱氨酸的修饰

当欲对蛋白质进行变性时，在还原和（或）加入修饰试剂前，将变性剂加入到样品中。这些方案大多数可以调整，以适用于任何含量的蛋白质，从毫克级到微克级的范围。

策略设计

最常用于对半胱氨酸进行修饰的试剂是那些对半胱氨酸的硫和对氧化剂亲核攻击敏感的试剂。选择何种试剂（表 15.1）或选用何种操作方案在一定程度上取决于修饰的目的。强氧化剂（如过甲酸）使巯基转变成磺酸基；而弱氧化剂（如氧）使巯基转变为二硫化物。半胱氨酸残基也可以与其他巯基试剂形成混合的二硫化物。事实上，混合二硫化物的形成是巯基试剂诱导的二硫键还原反应的基础，这常常是半胱氨酸修饰过程的

表 15.1　半胱氨酸修饰的常用试剂

试剂	相对分子质量	反应产物	应用[a]	注释
碘乙酸	186	S-羧甲基半胱氨酸	一般应用	加成物对酸水解不完全稳定；引入负电荷
碘乙酰胺	185	S-羧氨甲基半胱氨酸	一般应用	通过酸水解转变为 S-羧氨甲基半胱氨酸（见碘乙酸）
5-I-AEDANS[b]	434	S-AEDANS-半胱氨酸	引入荧光标记	不干扰 Edman 序列分析
N-乙基马来酰亚胺	125	S-乙基琥珀酰亚胺-半胱氨酸	一般应用	能透过膜；还能与氨基和组氨酸反应；加成物酸分解为琥珀酰半胱氨酸和乙胺
3-溴丙胺	138	S-氨基丙烷基-半胱氨酸	测序和氨基酸分析	加成物稳定，在测序和氨基酸分析中可很好识别；引入一个正电荷
N-(碘乙基)-三氟乙酰胺	267	S-(2-氨基乙基)-半胱氨酸	引入胰蛋白酶切割位点	引入一个正电荷
4-乙烯基吡啶	105	S-吡啶乙基半胱氨酸	测序	引入一个正电荷
丙烯酰胺	71	半胱氨酸-S-β-丙酰胺	测序	PTH 衍生物被很好地被分辨
亚硫酸钠	126	S-硫代半胱氨酸	可逆修饰	引入负电荷；加成物只在中性和酸性 pH 下稳定
过甲酸	—	磺酰半胱氨酸（磺基丙氨酸）	氨基酸分析	在氨基酸分析中定量 Cys；破坏 His、Tyr、Ser、Thr、Met、Trp；引入负电荷
空气（氧）	—	胱氨酸	形成二硫键	慢

　　a 列出的为最常用的试剂，但使用时并不仅限于这些试剂。

　　b N-碘乙基-N'-(5-磺基-1-萘基) 乙二胺。

第一步。半胱氨酸与活性卤素化合物和活性双键的反应都需要游离的巯基阴离子存在。因此，都要将原始存在的任何二硫化物还原成游离的巯基，除非该实验是仅仅对已经存在的巯基的特定修饰。

过去，2-巯基乙醇（2-ME）被广泛地用于切割二硫键，但现在用得更多的试剂是更有效的二硫苏糖醇（DTT）。只需稍稍过量的 DTT 就能得到完全的还原状态，这对于采用昂贵的或放射性的烷基化试剂的反应来说具有积极意义。从审美角度来看，即便 DTT 有一种硫磺味，但也不能与 2-ME 挥发性的恶臭相提并论。

通常在蛋白质变性剂存在的情况下进行蛋白质的化学修饰，如 6 mol/L 的盐酸胍或 8 mol/L 的尿素。一般来说，这两种变性剂可以互相替换，选用何种试剂常常取决于个人的偏好，然而，如果选用尿素，在使用之前，一定要预先用混合床离子交换树脂处理，以除去氰酸离子。另外，如果需要考虑游离氨基的氨甲酰化（carbamylation），在反应完成后，应尽快将尿素除去。而且，选用尿素还是盐酸胍也取决于后续对要修饰的蛋白质使用何种蛋白酶。在对含量非常低的蛋白质进行修饰并欲进行蛋白质水解消化时，这个问题尤其重要。某些蛋白酶在较低浓度的尿素或盐酸胍中依然保持活性，这就没有必要完全除去变性剂了，而改为简单的稀释就足以进行后续的步骤（见第 11.1 单元）。另外，可以在很少或没有变性的情况下进行半胱氨酸的修饰，以研究天然蛋白质中游离巯基的含量或游离巯基的可及性（accessibility）。

基本方案 1　用酰卤试剂（haloacyl reagent）或 *N*-乙基马来酰亚胺对已知大小和组成的蛋白质进行烷基化

采用 *N*-碘乙基-*N'*-(5-磺基-1-萘基) 乙二胺 [*N*-iodoacetyl-*N'*-(5-sulfo-1-naphthyl) ethylenediamine；被称为 IAEDANS] 烷基化修饰，引入一个荧光标记，在层析、SDS-PAGE（见第 10.1 单元）或免疫印迹（见第 10.5 单元）之后，能够用敏感的荧光检测对蛋白质进行检测。如果用 *N*-乙基马来酰亚胺（NEM）作为烷基化剂，反应的 pH 应该降至 7.0。本方案可用于制备适合于氨基酸分析、序列分析和蛋白质水解消化（见第 11.1 单元和第 11.4 单元）的材料。

材料（带√项见附录 1）
- 目的蛋白，冻干的
- √ Tris/胍缓冲液，pH 8.0 或 0.1 mol/L Tris·Cl，pH 8.0
- 50 mmol/L 二硫苏糖醇（DTT；7.7 mg/ml）
- 氮气
- √ 烷基化试剂
- 2-巯基乙醇（2-ME；14.4 mol/L）
- 0.5～2.5 ml 微量离心管

1. 在一个 0.5～2.5 ml 的微量离心管中，用最少体积的 Tris/胍缓冲液（或 0.1 mol/L Tris·Cl，pH 8.0，如果蛋白质不需要变性时）溶解目的蛋白，体积为 50 μl 和 500 μl，蛋白质浓度为≥100 μg/ml。加入 50 mmol/L DTT，使其比预计的二硫化物摩尔数过量 10 倍。充以氮气并将试管密封，在 37 ℃温育 1 h。

为了计算所含二硫化物的量，假定所有半胱氨酸都以二硫化物出现（2 个半胱氨酸＝1 个二硫化物），用此公式计算：nmol 蛋白质二硫化物＝(μg 蛋白质)(nmol 蛋白质/μg 蛋白质)(nmol 二硫化物/nmol 蛋白质)。例如，对于 500 μg 含有 8 个半胱氨酸的 20 kDa 的蛋白质，其二硫化物的量 (500 μg 蛋白质)(1 nmol 蛋白质/25 μg)(4 nmol 二硫化物/nmol 蛋白质)＝80 nmol 蛋白质二硫化物。如果蛋白质的大小和半胱氨酸的数量未知，假定该蛋白质较大（约 100 kDa）并且含有较高的半胱氨酸数（50 个半胱氨酸）。

如果要对小于 50 μg 的蛋白质进行烷基化修饰，不管该蛋白质的大小和半胱氨酸的数量是否已知，在每一操作步骤中都可采用过量的试剂，使用 2 μl 50 mmol/L 的 DTT、6 μl 0.2 mol/L 的烷基化试剂和 2 μl 2-ME。

2. 加入比溶液中总巯基摩尔数过量 5 倍的烷基化剂，充以氮气并将试管密封，在 37 ℃ 避光温育 1 h。对于大量的蛋白质（＞5 mg），监测 pH，并根据需要调整至 8.0。
总巯基包括蛋白质的巯基和还原剂的巯基：(nmol DTT×2 mol SH/mol DTT) ＋ (nmol 蛋白质二硫化物×2 mol SH/mol 二硫化物)。

3. 加入比烷基化剂过量 10 倍以上的 2-ME（按最接近的微升数或方便吸取的体积算），将烷基化的蛋白质进行脱盐（见辅助方案 2）。

基本方案 2　用 N-碘乙基-三氟乙酰胺进行烷基化

通过将半胱氨酸转变为 S-(2-氨基乙基)-半胱氨酸，引入一个伯氨，可得到一个对胰蛋白酶敏感的切割位点。

材料

- 目的蛋白，冻干的
- 0.2 mol/L N-乙基吗啉乙酸酯（pH 8.1）/6 mol/L 盐酸胍
- 50 mmol/L 二硫苏糖醇（DTT，7.7 mg/ml）
- 氮气
- N-碘乙基-三氟乙酰胺（即 Aminoethyl-8 试剂；Pierce Chemical 公司）
- 甲醇
- 2 mol/L 乙酸
- 0.5～2.5 ml 的微量离心管

1. 在一个 0.5～2.5 ml 的微量离心管中，用最少体积的 0.2 mol/L N-乙基吗啉乙酸酯（pH 8.1）/6 mol/L 盐酸胍溶解目的蛋白，加入 50 mmol/L DTT，使其比预计的蛋白质中二硫化物摩尔数过量 10 倍（见基本方案 1 第 1 步）。充以氮气并将试管密封。于室温温育 2 h。

2. 将 Aminoethyl-8 试剂溶于甲醇中，使其比溶液中总的巯基摩尔数过量 25 倍（见基本方案 1 第 2 步），甲醇的终浓度为总反应体积的 10%（V/V）。如果所需的甲醇体积太小而不易操作，可以加入 0.2 mol/L N-乙基吗啉乙酸酯（pH 8.1）/6 mol/L 盐酸胍，以增大样品体积。
Aminoethyl-8 的化学式量（formula weight）是 267 g/mol，在甲醇中的溶解度约为

450 mg/ml。

3. 加入一半的 Aminoethyl-8 试剂/甲醇混合液，在室温下温育 1 h，加入剩余的一半 Aminoethyl-8 溶液，继续在室温下温育 1～1.5 h。用 2 mol/L 乙酸将反应液酸化至约 pH 5.5，对修饰后的蛋白质进行脱盐（见辅助方案 2）。

基本方案 3 用丙烯酰胺进行烷基化

材料（带√项见附录 1）
- 目的蛋白，冻干的
- √ 0.3 mol/L Tris·Cl，pH 8.3
- 50 mmol/L 二硫苏糖醇（DTT，7.7 mg/ml），可选
- 6 mol/L 丙烯酰胺或 9.7 mol/L 二甲基丙烯酰胺（Aldrich 公司）
- 10%（V/V）的 2-巯基乙醇（2-ME），可选
- 0.5～2.5 ml 的微量离心管

警告：丙烯酰胺单体具有神经毒性，当称量丙烯酰胺粉末时应戴口罩，在处理这种溶液时应戴手套。

1. 在一个 0.5～2.5 ml 的微量离心管中，用最少体积（＜100 μl）的 0.3 mol/L (pH 8.3)Tris·Cl 溶解目的蛋白，使蛋白质浓度≥100 μg/ml。如果需要还原状态，加入 50 mmol/L DTT，使其比预计的蛋白质中二硫化物摩尔数过量 10 倍（见基本方案 1 第 1 步）。加入 6 mol/L 丙烯酰胺或 9.7 mol/L 二甲基丙烯酰胺，使终浓度为 2 mol/L。在 37℃温育 2 h。

2. 用 2.5 μl 10% 的 2-巯基乙醇和脱盐来淬灭反应，或用快速技术（如反相 HPLC 或使用 ProSorb 滤芯进行膜吸附）立即脱盐（见辅助方案 2）。

基本方案 4 二硫化物的空气氧化

本方案对于小肽（如用肽合成方法得到的小肽）最为适用。

材料
- 目的蛋白或肽，冻干的
- 0.1 mol/L 碳酸氢铵

1. 将目的蛋白或肽溶于 0.1 mol/L 碳酸氢铵中，使蛋白质或肽的终浓度小于 0.25～0.5 mg/ml，在敞口容器中轻轻搅拌数日。

2. 通过在反向 HPLC 上监测相对于完全还原的原始产物（对于较小的肽更敏感）的洗脱位置的变化来监测氧化的效果。另外一种方法是，用 Ellman 试剂通过比色法监测游离巯基含量的下降（见辅助方案 1）。

3. 对氧化的蛋白质进行脱盐（见辅助方案 2）。

辅助方案 1 比色法定量游离巯基

在各种溶液中，硫代硝基苯甲酸 [thionitrobenzoate，即 5,5′-二硫代-双-(2-硝基苯

甲酸)(Ellman 试剂) 与游离硫基反应所产生的显色物] 的摩尔消光系数见表 15.2。巯基的反应灵敏度在低 nmol/ml 的范围，这对于从天然原料中得到的蛋白质量来说通常不够敏感。然而，对于合成的肽或重组的蛋白质来说是很适合的，这些肽或蛋白质通常可以获得较大的量。

表 15.2　在各种溶液中硫代硝基苯甲酸的摩尔消光系数ᵃ

溶剂	ε_{412}
2% SDS	12 500
0.1 mol/L 磷酸盐（pH 7.27）/1 mmol/L EDTA	14 150
缓冲液中的 6 mol/L 盐酸胍	13 700
6 mol/L 盐酸胍	13 880
8 mol/L 尿素	14 290

a 引自 Pierce Chemical 技术通报，产品号 22582。

材料（带√项见附录 1）

√ 半胱氨酸标准品贮液

• 半胱氨酸含量未知的蛋白质样品

√ 0.1 mol/L 磷酸钠，pH 8.0

• 试剂溶液：4 mg/ml Ellman 试剂（Pierce 公司）/0.1 mol/L 磷酸钠，pH 8.0

• 13 mm×100 mm 透明试管

1. 在单独的 13 mm×100 mm 透明试管中加入不同量的半胱氨酸标准品贮液（如 25 μl、50 μl、100 μl、150 μl、200 μl 和 250 μl），制作半胱氨酸的标准曲线。在一支单独的试管中加入≤250 μl 的蛋白质样品，用 0.1 mol/L（pH 8.0）磷酸钠调整每支试管的体积至 250 μl，往空白管中加入 250 μl 的 0.1 mol/L（pH 8.0）磷酸钠。
   未知样品的半胱氨酸含量应该在标准曲线范围内（37.5～375 nmol）。

2. 往每支管中加入 50 μl 试剂溶液和 2.5 ml 0.1 mol/L（pH 8.0）磷酸钠，混匀，室温温育 15 min。在 412 nm 测定吸收值。

3. 从标准样品和测定样品中减去空白管的 A_{412} 值，用标准品的 A_{412} 值对浓度作图，得到一个标准曲线。用该曲线确定实验样品的游离巯基含量。

辅助方案 2　半胱氨酸修饰后的样品脱盐

这些脱盐方法按照技术复杂程度的升顺序排列。蛋白质的回收率是一个需要关心的问题，因为在透析和层析时会损失少量的蛋白质。目前，对于皮克量蛋白质，最常采用的脱盐技术是 ProSpin 和 ProSorb 滤芯（PE Biosystems 公司）。用该技术脱盐的蛋白质可直接用于测序，或采用窄孔或微孔柱的反相 HPLC（见第 11.6 单元）。理想状况下，脱盐的样品应当冻干并保存在有干燥剂的冰箱中。另外，它们也可以液态冰冻保存。

透析

透析特别适合于大规模（毫克级）的脱盐处理，只需简单地将蛋白质置于适当

MWCO 的透析袋中，以便蛋白质被截留。将透析袋置于含适当缓冲液的大容器中，轻轻搅拌，经过 24～48 h 更换 2 或 3 次缓冲液。透析袋中的缓冲液组成与容器中的一致。透析袋中的溶液体积会增大，所以在装入蛋白质样品时必须在透析袋中留出额外的空间。透析后可接着冻干或真空干燥，以浓缩样品。某些品牌的透析袋在使用前需要特殊处理，有关透析的更多信息可参见第 4.1 单元和附录 3B。

凝胶过滤（体积排阻层析）

像透析一样，这种方法更适合于大规模（毫克级）的脱盐，并且相对便宜。该方法可以采用台式低压层析技术（使用如 Sephadex G-15 或 G-25 树脂这类的介质），也可以采用高效液相层析（HPLC；此方法更适合于微克级的样品）。与使用透析方法一样，用凝胶过滤可以实现缓冲液的更换，但可能会需要随后的样品浓缩。更多信息参见第 4.1 单元和第 8.3 单元。

离心过滤

采用膜滤芯的离心过滤（Amicon 公司，见第 4.1 单元），通过离心使液体穿过适当 MWCO 的膜，将透析的缓冲液更换和浓缩步骤合二为一。蛋白质被截留，可以反复冲洗，最后回收的体积很小。在对同一蛋白质进行常规脱盐时，滤芯可以重复使用，这可以增加蛋白质的回收率，因为非特异结合位点已经饱和。

膜吸附

这种方法适用于随后要进行微测序的样品，因为所得到的含有蛋白质的聚偏氟乙烯（PVDF）膜可以直接置于蛋白质测序仪的反应滤芯上，ProSpin 和 ProSorb 滤芯（PE Biosystems 公司）适用于该程序。ProSpin 采用离心使液体透过 PVDF 膜。ProSorb 是一种最近开发出的技术，已替代了 ProSpin，它采用吸附过程将蛋白质转移至膜上。两种滤芯都只能处理均一的蛋白质溶液，因为 PVDF 膜会结合溶液中的所有蛋白质。

反相 HPLC（RP-HPLC）

对于微量规模的工作，HPLC 系统应设定为适合于窄孔（2 mm）或微孔（1 mm）的操作，因为较大的柱直径更适合于毫克级的蛋白质。最常用的洗脱方法采用两种成分的系统，分别是 0.1%（V/V）的三氟醋酸水溶液（缓冲液 A）和溶于丙酮中的 0.1%（V/V）的三氟醋酸（缓冲液 B）。通过在 210 nm 或 280 nm 的紫外吸收来检测蛋白质。将蛋白质酸化，加到用 100% 的缓冲液 A 平衡过的柱中，然后用 80% 的缓冲液 B 进行等度洗脱，或用缓冲液 B 浓度递增的梯度洗脱。监测柱子的洗脱液，如果必要，合并适当的组分，将洗脱液暴露于氮气或氩气流中，使大部分的三氟醋酸和丙酮相挥发。剩余的主要是水相，将其冻干或真空浓缩。当用窄孔或微孔柱进行分离时，所回收的组分体积足够小（<100 μl），可直接上到蛋白质测序仪的样品支持装置上。

参考文献：Brune 1992；Gerwin 1967；Wynn and Richards 1995

作者：Mark W. Crankshaw and Gregory A. Grant

15.2 单元　氨基的修饰

经典的氨基修饰总结于表 15.3 中，在本单元的结尾提供了氨基修饰遇到的问题及解决办法（表 15.4）。

表 15.3　一些常见的氨基修饰试剂

试剂	应用	试剂结构	修饰氨基的结构[a]	参考文献	相关试剂
乙酸酐	乙酰化作用；使带阳性电荷的氨基变中性	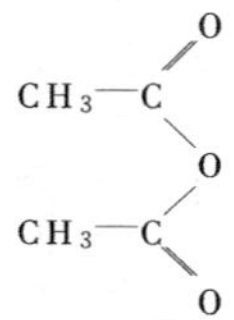	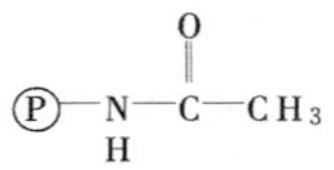	Means and Feeney 1971	乙酰咪唑（主要与酪氨酸的酚基反应，但与氨基有明显的侧链反应）；碘乙酸酐
琥珀酸酐	琥珀酰化作用；使带阳性电荷的氨基变中性	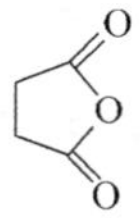	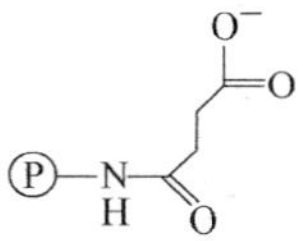	Klotz 1967	马来酸酐，柠檬酸酐；都会在低 pH 下发生逆转，但柠檬酸酐更易发生
2,4,6-三硝基苯磺酸（TNBS）	芳基化（作用）；加入一个发色基团，可用来测定自由氨基	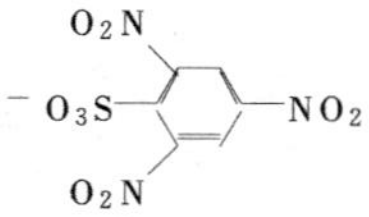	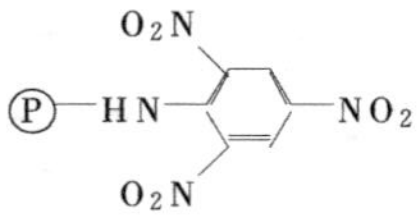	Hirs 1967; Fields 1972	2,4-二硝基苯磺酸（反应非常慢）；2,4-二硝基苯
异硫氰酸荧光素（FITC）	通过对苯（基）硫脲氨基甲酰化加入；使蛋白质耦联一个强的荧光基团	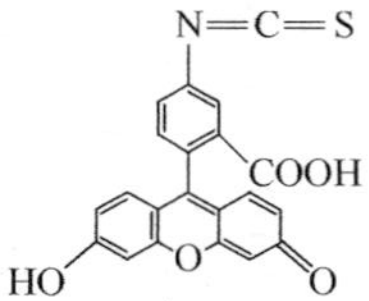	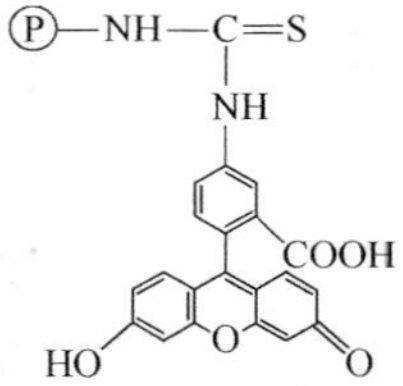	Banks and Paquette 1995	罗丹明异硫氰酸
琥珀酰酯荧光素	是标记荧光素的可选试剂；比 FITC 日益流行	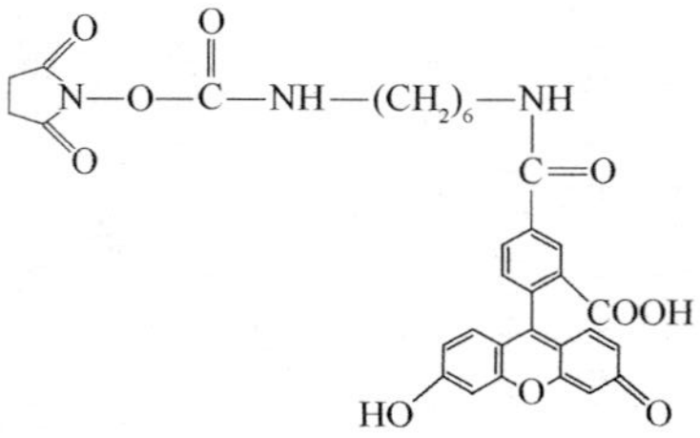	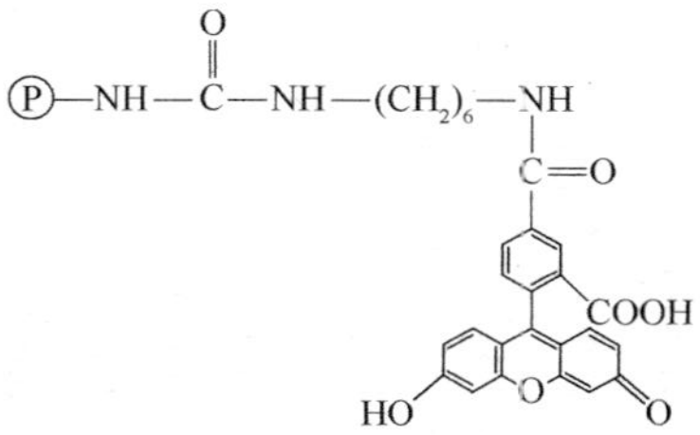	Banks and Paquette 1995	5-羧基四甲基罗丹明琥珀酰酯

426

试剂	应用	试剂结构	修饰氨基的结构ª	参考文献	相关试剂
盐酸甲基亚氨乙酸酯	一种亚氨酯；使氨基修饰为强碱性形式	$H_3C-\overset{OCH_3}{\underset{NH_2^+Cl^-}{C}}$	$\text{P}-\overset{H}{N}-\overset{NH_2^+Cl^-}{\underset{}{C}}-CH_3$	Inman et al. 1983	相关的交联剂在羟链丙链不同（如二甲氧苯丙胺）；间隔链可被硫裂解（如二甲基-3,3'-二硫双丙酸酯）双-（琥珀酰亚胺）辛二酸是更易溶于水的替代物
盐酸二甲基辛二酸酯	交联剂；一种同聚双功能亚氨酯	$Cl^-\ H_2^+N-\overset{O}{C}-(CH_2)_6-\overset{NH_2^+Cl^-}{C}-OCH_3$, H_3CO	$Cl^-\ H_2^+N-\text{P},\ \text{P}-NH-\overset{NH_2^+Cl^-}{C}-(CH_2)_6-NH-\text{P}$	Tae 1983	
琥珀酰亚胺辛二酸	交联剂；一种同聚双功能琥珀酰酯	$N-O-\overset{O}{C}-(CH_2)_6-\overset{O}{C}-O-N$（二琥珀酰亚胺酯）	$\text{P}-NH-\overset{O}{C}-(CH_2)_6-\overset{O}{C}-NH-\text{P}$		
乙醛/NaBH₃CN	烷基化氨基一两次；使氨基维持可质子化	$R-CHO$ $NaBH_3CN$	单烷基化 $\text{P}-\overset{R}{\underset{H}{N}}$；二烷基化 $\text{P}-\overset{R}{\underset{R}{N}}$	Jentoft and Dearborn 1983	
二甲基氨萘磺酰氯（丹磺酰氯）	与氨基反应形成磺胺，在酸水解下依然稳定	$N(CH_3)_2$ 萘$-SO_2Cl$	$N(CH_3)_2$ 萘$-SO_2-NH-\text{P}$		

a P，蛋白质分子。

表 15.4 氨基修饰常遇到的问题和解决办法

问题	可能原因	解决办法
很少或没有获得修饰产物	试剂在加入到蛋白质溶液时已经降解	使用新鲜试剂。对于易水解试剂，在加入蛋白质液前使之最少限度或不要暴露于水溶液中
	反应的 pH 不合适	加入试剂后检查溶液的 pH；在多数情况下，pH 应该在 8～9。监测 pH，必要时进行调整
	试剂与缓冲液反应	如果最初选择的缓冲液中含有伯氨基或仲氨基（如 Tris），更换不含氨基的缓冲液（如 HEPES、碳酸氢钠或硼酸/硼酸钠）
在修饰反应中蛋白质由溶液中析出	修饰产物不溶	确定是改变的离子强度还是加入或多或少的有机溶剂的影响来进行纠正
	当蛋白质的大部分氨基被修饰后变得不溶	如果低水平的修饰就能用，减少修饰试剂的量或反应时间
	溶剂的加入导致沉淀	测定溶剂单独存在时对蛋白质溶解性的影响。如果是溶剂的问题，减少溶剂的加入量或在此改换其他溶剂
蛋白质与荧光试剂的共轭物的可见光吸收光谱不同于自由试剂	当受到照射时，多拷贝的强的荧光基团（如荧光素）与单个蛋白质分子相连接可能获得共振能量转移	扭曲的吸收光谱是多个荧光基团彼此靠近造成的假象。在标记的基团中没有未预计到的化学改变发生。可查阅文献
强修饰的蛋白质谱提示加入较多的修饰试剂并没有被氨基接受	修饰可能出现在其他位点特别是酪氨酰残基而不是在氨基上	用 1 mol/L 盐酸羟胺将修饰过的蛋白质在室温温育 1～5 h 来逆转修饰的酪氨酸，然后检查产物

策略设计

当准备氨基修饰时，需要考虑的关键点是反应条件、所期望的反应程度、试剂加入的方法和分析结果的技术。在 pH < 9 时，ε-氨基大多被质子化，但其非质子化形式才是其化学活性形式：

$$蛋白质\text{-}NH_3^+ \quad \xrightarrow[+H^+]{-H^+} \quad 蛋白质\text{-}NH_2$$

质子化的、不活跃的 ⟶ 非质子化的、活跃的

尽管这样，只需将 pH 设定并维持在使氨基处于非质子化状态，其程度是能够得到合理的反应速率。对于蛋白质氨基与一些重要试剂（如琥珀酰亚胺酯、磺酰卤化物、羧酸酐和异硫氰酸盐）的反应，pH 通常在 8～9。随着非质子化氨基在反应中被消耗，质子化和非质子化氨基间原始的平衡分布持续地得到恢复，以至于所有想要修饰的氨基最终都得到修饰。对于此反应，几乎不必考虑增高温度。对于氨基来说，有很多活性合适的修饰剂，大多数的工作可在 0～22℃进行。

需要修饰的程度取决于所应用的功能。当有可能时，应该先做一个预实验，用各种水平的修饰剂对少量的蛋白质进行一系列的处理，以评价结果。

试剂必须以能保持其活性的方式加入，并且注意蛋白质对提高的有机溶剂和 pH 的敏感性。举例来说，酯类试剂在碱性条件下不稳定，在加入到蛋白质溶液之前，应使之

勿暴露于碱性条件下。

基本方案 1　用琥珀酰亚胺酯进行酰胺化

往蛋白质中加入一个非天然的功能性基团时，最通用和最可靠的方法是使用琥珀酰亚胺酯（succinimidyl ester）试剂。当需要提高或确保试剂的水溶性时，可以用磺基琥珀酰亚胺酯（sulfosuccinimidyl ester）来替代琥珀酰亚胺酯。

材料

- 0.1～10 mmol/L 的琥珀酰亚胺酯试剂，溶于乙腈、二甲基甲酰胺（DMF）或二甲基亚砜（DMSO）中；或 0.1～10 mmol/L 的磺基琥珀酰亚胺酯试剂，溶于水中
- 蛋白质溶液：0.1～2 mmol/L 的蛋白质，溶于 0.1 mol/L 碳酸氢钠中，pH 未调

1. 往蛋白质溶液中加入 0.1～10 mmol/L 的琥珀酰亚胺酯试剂或 0.1～10 mmol/L 的磺基琥珀酰亚胺酯试剂，确保琥珀酰亚胺酯与要修饰的氨基数的摩尔比为 ≥2：1。室温温育 ≥1 h。

   如果试剂已溶于一有机溶液中，应确保蛋白质可溶于含有部分有机溶剂的反应混合物中。

2. 用凝胶过滤层析（见第 8.3 单元）、透析（见第 4.1 单元和附录 3B）或 HPLC（如见第 11.6 单元）从蛋白质中除去多余的试剂和副产物，对于这些方法另外的参考建议见第 15.1 单元。

3. 用质谱（见第 16 章）、紫外-可见光分光光度计（如果修饰的基团具有发色的特点；见第 7.2 单元）或其他适当的方法（根据修饰基团的特性）评估修饰的程度。

基本方案 2　异硫氰酸荧光素的加入

以下方法基于 *Molecular Probes* 所提供的建议，一般而言，适用于使用氨基活性探针的标记。

材料

- 异硫氰酸荧光素（FITC）
- 二甲基甲酰胺（DMF）或二甲基亚砜（DMSO）
- 5～20 mg/ml 的蛋白质溶液，溶于 0.1 mol/L 碳酸氢钠中，pH 9.0（用 NaOH 调 pH）
- 1.5 mol/L 盐酸羟胺，pH 8.5，用前配制
- 含层析介质的凝胶过滤柱（如含 Sephadex G-25 的 PD-10 柱；Amersham Biosciences 公司），用 PBS 平衡

1. 将 FITC 溶于 DMF 或 DMSO 中，浓度为 10 mg/ml，如果必要，短暂地超声或涡旋。在每毫升蛋白质溶液中缓慢地加入 50～100 μl FITC，同时轻轻摇动试管，使之混匀。室温温育 1 h。

2. 往每毫升反应混合液中加入 0.1 ml 1.5 mol/L 盐酸羟胺，终止反应。将反应混合液上到已用 PBS 平衡的凝胶过滤柱上，收集与染料耦合的蛋白质组分。该组分在所有

低分子质量成分之前被洗脱下来。将其-70℃保存或立即使用。

基本方案 3　琥珀酰化

下列条件被推荐作为琥珀酰化的起始条件，如果能得到足够的蛋白质，可通过小规模的平行实验来摸索多种条件。

材料

- 琥珀酸酐
- 1～10 mg/ml 的蛋白质溶液，溶于 0.1 mol/L 碳酸氢钠中，pH 8.3
- 1 mol/L NaOH
- 1 mol/L 盐酸羟胺，pH 7.0，可选
- pH 6～10 的颜色指示的 pH 棒（dye-indicator pH stick）
- 含层析介质的凝胶过滤柱（如含 Sephadex G-25 的 PD-10 柱；Amersham Biosciences 公司）

1a. 对某些氨基的琥珀酰化：计算琥珀酸酐的用量（FW 100.1），其量为 5 倍过量于 Lys 的 ε-氨基的摩尔量：

琥珀酸酐的用量（g）＝mol 蛋白质×Lys 数/mol 蛋白质×5 mol 琥珀酸酐/Lys×100.1 g/mol。

1b. 对所有氨基的琥珀酰化：计算 20 倍过量于氨基的摩尔数。

2. 在轻轻摇动或搅拌下，往 1～10 mg/ml 蛋白质溶液（溶于 0.1 mol/L 碳酸氢钠中）中加入 1/10 量的、计算的固体琥珀酸酐。取 1 μl 反应混合液加到 pH 6～10 颜色指示的 pH 棒的适当位置上，检查反应液的 pH。如果 pH 低于 8，加入少量 1 mol/L NaOH，直到 pH 接近起始值（pH 必须保持在 8.0～9.0）。

3. 每间隔几分钟加入小份的琥珀酸酐，直到加入所有的试剂，持续监测并维持 pH。最后加完后，再温育 15 min。

4. 将反应混合液加到凝胶过滤柱（见第 8.3 单元）上或使用透析（见第 4.1 单元和附录 3B）或渗滤的方法，除去残余的低分子质量反应成分，评估反应是否成功。

当要进行完全的琥珀酰化时，质谱（见第 16 章）是最好的技术，每次琥珀酰化加上 100.1 Da。对于不完全琥珀酰化，等电聚焦（如在 Pharmacia PhastSystem 设备上）会有所帮助，因为每个电荷从正电荷变为负电荷都会使等电点漂移。用三硝基苯磺酸的氨基比色测定也会有用。

5. 可选：用 1 mol/L 盐酸羟胺将修饰过的蛋白质在 20℃温育 1 h，来逆转酪氨酸的修饰。

基本方案 4　还原性甲基化

材料

- 1～10 mg/ml 的蛋白质，溶于 0.1 mol/L 柠檬酸钠中，pH 6.0
- 37%（m/V）甲醛（12.3 mol/L，Aldrich 公司）
- 氰基硼氢化钠（NaBH₃CN，FW 62.84，Aldrich 公司）或 1 mol/L 溶液（ALD 耦

联溶液，Sterogen Bioseparations 公司）

- 甲醇

警告：氰基硼氢化钠是一种剧毒化合物，应遵循在材料安全信息表中推荐的所有预防措施。不要试图去嗅该化合物，要意识到将该化合物暴露在强酸中会释放氰化物气体。

1. 往 $1\sim10$ mg/ml 的蛋白质（溶于 0.1 mol/L 柠檬酸钠中）中加入 37%（m/V）的甲醛，使终浓度为 20 mmol/L。不要超过该浓度，因为甲醛是一种交联剂。

2. 计算在反应液中终浓度为 10 mmol/L 所需要的 1 mol/L 氰基硼氢化钠溶液的体积。将一支试管放到天平上，去皮重，在通风橱中，将接近所需量的氰基硼氢化钠移至管中，在橱中盖好试管，放到天平上称重，将试管重新放回通风橱中，加入甲醇至所需的浓度。

3. 立即将甲醇化的氰基硼氢化钠加到蛋白质溶液中，至终浓度 10 mmol/L。22℃温育 120 min。用透析（见第 4.1 单元和附录 3B）或 HPLC（见第 11.6 单元）将蛋白质与低分子反应物分开。

4. 用质谱（见第 16 章）或氨基酸分析（见第 3.2 单元）确定蛋白质氨基甲基化的程度。

   氨基的单甲基化使蛋白质的分子质量增加 14 Da，双甲基化使蛋白质的分子质量增加 28 Da。

参考文献：Brinkley 1993；Jentoft and Dearborn 1983；Means and Feeney 1971；Tae 983
作者：Kieran F. Geoghegan

李江伟 译　李慎涛 校

第 16 章　质谱

与其他蛋白质和肽的分析方法（如蛋白质测序、氨基酸分析、高效液相色谱肽图）相比，质谱（MS）只是一种辅助的方法。它特别适用于鉴定翻译后修饰（第 12～14 章），而用其他方法是很难区分的。在第 16.1 单元中介绍了肽和蛋白质质谱分析的总体情况，包括样品的离子化方法、基本原理和参数。有关质谱技术的详细介绍，参阅 *CPPS* 的第 16 章。

在本书的第 16.2 单元和第 16.3 单元介绍了用于基质辅助激光解吸离子化（MALDI）分析的样品制备技术，在本书的第 16.2 单元简单地介绍了 MALDI-MS。有关 MALDI-MS 的详细介绍，见 *CPPS* 第 16.2 单元。本书第 16.3 单元介绍了目的蛋白的胶内（in-gel）蛋白酶消化，之后介绍了 MALDI-MS 的指纹图谱（fingerprint mapping）。

使用一种或几种不同的算法，用 MALDI-MS 得到的肽质量对因特网的序列数据库进行搜索（见第 16.4 单元和第 16.5 单元）。当在现有序列数据库中有目的蛋白时，即当分离该蛋白质的物种的全基因组序列已被测定时，这种方法特别有效。当数据库中只有相关的、但不完全相同的蛋白质时，或当指纹图谱搜索结果不确定时，通常需要部分序列信息来鉴定同源蛋白质或搜索表达序列标签（EST）数据库，使用在质量分析仪内进行的片段化，在 MALDI 光谱仪上可以得到这种部分序列信息（见第 16.5 单元）。

在本书中，用于生物分子的其他常用质量分析方法是电喷雾电离质谱（ESI-MS），见第 16.1 单元、第 16.6 单元和第 16.7 单元，其详细情况参阅 *CPPS* 第 16.1 单元、第 16.8 单元和第 16.9 单元。与 MALDI-MS 相比，ESI-MS 对盐和缓冲液的耐受性要差一些，因此，将肽或蛋白质捕获到少量（通常 $<2\ \mu l$）反相树脂上，可以除去这些干扰成分，当用水除去极性成分以后，用几微升高纯度有机溶剂（如乙腈）将肽或蛋白质洗脱下来，然后用硼硅酸盐纳升电喷雾（nanospray）玻璃针以纳升的流速将脱盐后的样品导入 ESI 质谱仪内（见第 16.6 单元），这种样品制备/分析特别适合于对只含有少量数目蛋白质或肽成分的简单样品进行详细的结构研究，如分析翻译后修饰的肽。另一种方法是，使用整合在电喷雾针内的微量毛细管反相柱，通过在线液相色谱（LC），也可以将样品导入 ESI 质谱仪内（见第 16.7 单元），在线反相柱能够浓缩样品、除去污染的缓冲液和盐，并在 MS 分析之前部分地分离肽/蛋白质成分，在分析复杂混合物（如从聚丙烯酰胺凝胶上切下的蛋白质，在经过胶内消化后所得到的胰蛋白酶肽）时，这是首选的方法。当使用无柱后液流分割（stream splitting）的在线纳升毛细管 LC 柱时，可以得到很高的灵敏度。

串联质谱（MS/MS）光谱最常用的用途之一是鉴定聚丙烯酰胺凝胶中或纯化后的大分子复合物中的蛋白质，要使用 SEQUEST 软件对 DNA 和蛋白质序列数据库进行搜索（见第 16.8 单元）。然而，当在要搜索的数据库内有正在研究物种的基因组全部序列时，用 SEQUEST 进行数据库搜索或类似的 MS/MS 光谱匹配算法才最可信。即使在数据库中有关系很近物种的高度同源的蛋白质，也可能会错过确定性的匹配，因为 MS/MS 数据的序列覆盖度（coverage）通常不完整，而且几乎所有的替换都会改变胰蛋白酶肽的质量。通过从头（de novo）肽测序，可以手工解释与数据库中序列不匹配的高质量 MS/MS 光谱（见第 16.9 单元），从头序列解释也可用于定位翻译后修饰的或化学修饰的特定残基，或定位序列已知蛋白质中自然发生的替换。

作者：David W. Speicher

16.1 单元 肽和蛋白质质谱分析综述
在蛋白质结构分析中，为什么质谱是一种必需的工具？

质谱（MS）能够提供肽和蛋白质的准确的分子质量，对于分子质量高达 500 000 Da 的肽和蛋白质也只需要几皮摩尔（在理想情况下，几十飞摩尔）的材料。MS 的准确性通常好于计算的分子质量（表 16.1）。要详细了解 MS，见 *CPPS* 第 16 章。

表 16.1 生物分子分析的主要离子化方法

离子化方法	对缓冲液、盐和去污剂的耐受性	分子质量范围	质量确定的准确性	与在线式 LC/CE-MS 兼容性
电喷离子化（ESI）	对非挥发性缓冲液、碱金属盐、去污剂、用于去除污物的在线式 LC-MS 的耐受性低（≤ 20 mmol/L）	≤150 kDa	至 50 kDa $\pm 0.005\% \sim 0.01\%$ 至 150 kDa $\pm 0.02\% \sim 0.03\%$ 至 25 kDa	是
基质辅助的激光解吸/离子化（MALDI）	对碱金属盐、磷酸盐、尿素等的耐受性高（≥ 50 mmol/L）；能够耐受某些非离子型去污剂；不能耐受 SDS	≥350 kDa	$\pm 0.01\% \sim 0.05\%$ 至 300 kDa $\pm 0.05\% \sim 0.3\%$	否

与其他技术（如 SDS-PAGE、沉降速度和凝胶渗透）不同，质谱提供分子质量的信息不依赖于结构方面的任何修饰（如糖基化和磷酸化）。所观察到的蛋白质或肽的质量与所期望的质量之间的质量差异表明，存在翻译后修饰或蛋白质水解的加工处理，对于确定修饰的结构，质量差异会成为起始点。为了参考，在附录 2 中列出了氨基酸和一些翻译后修饰的质量（附录 2 表 A.2.1～表 A.2.3）。例如，差异为 +42 Da，而且缺失一个游离的 NH_2 端，表明有一个 $\alpha-N$-乙酰基。同样，差异为 +80 Da 表明存在磷酸或硫酸部分，由 162 Da、203 Da、291 Da 或 146 Da 分开的一组分子离子峰表明糖基化形式有差异，分别为己糖、N-乙酰己糖胺、N-乙酰神经氨酸或脱氧己糖。

MS 能够以这么高的准确性确定混合物中肽的分子质量，这是质谱肽图策略的基础。在验证从 DNA 测序或 cDNA 测序推导的蛋白质序列翻译保真度方面，质谱肽图是一种快速、高效的方法。使用通常被称为串联质谱（MS/MS）的方法，质谱法还能够提供肽的氨基酸序列信息；使用 MS/MS，对于由高达 25 个氨基酸残基组成的肽，在飞摩级至皮摩级的水平便可以得到完整的或部分的序列信息。与 Edman 测序不同，即使肽在一个复杂的混合物中，MS 也能够提供这种类型的序列信息，而且，更重要的是，即使肽被修饰了，也同样可以提供序列信息。目前，基于 MS 测序方法的灵敏度和速度超过了基于 Edman 序列分析的方法。

使用二维凝胶电泳（见第 10.3 单元）、免疫沉淀（见第 9.6 单元）和相关的方法，能够通过蛋白质差异显示来研究一个细胞的蛋白质成分（被称为蛋白质组）。通过刺激后蛋白质表达水平的改变可以识别在生理上相关的蛋白质。由于质谱［使用的策略是利用分子质量和（或）部分序列信息来搜索蛋白质数据库］的速度和灵敏度，它已成为鉴定这些蛋白质的主要技术。

什么是 MS？

MS 是一种强有力的分析技术，能够从完整的、天然的分子形成气相的离子，随后确定其分子质量。所有的质谱仪都有三个基本组成：离子源、质量分析仪和检测器。使用特定的离子化方法（表 16.1）在离子源内从样品生成离子，在质量分析仪内将离子分开基于改变比率（m/z），通常使用电子倍增器进行检测。数据系统生成质谱图，它是一张离子丰度对 m/z 的图。离子源、质量分析仪和检测器通常都位于一个高真空的仓［$10^{-8} \sim 10^{-4}$ torr(1 torr＝1.33322×10^{2} Pa)］内，但电喷离子化（ESI）除外，它的离子源位于大气压下（图 16.1）。

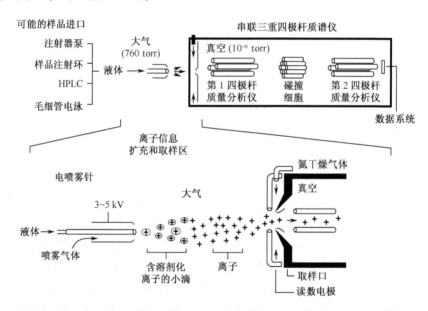

图 16.1　串联三重四极杆质谱仪（上）和电喷雾连接装置（下）的示意图。

什么是串联质谱？

在串联质谱（MS/MS）中，使用质量分析的两个连续阶段，来检测从特定前体离子生成的次级片段离子。第一阶段根据 m/z 来分离目的肽前体离子；第二阶段对所选择前体离子的自发片段化或诱导的片段化所生成的产物离子进行质量分析。对产物离子光谱进行判读能够提供所选肽的序列信息，MS/MS 所提供的信息与 Edman 降解所提供的信息高度互补。

在质谱仪中，肽片段离子主要通过切割相连氨基酸残基对的酰胺键（—CO—NH—）来生成，最常见的片段离子及其名称如图 16.2 所示。表 16.2 中列出了常见低质量片段离子，这些片段离子能够表明存在特定的氨基酸残基。同类型的相邻序列离子之间的质量差异能够定义某种氨基酸，在 20 种常见氨基酸中，16 种有惟一的质量。亮氨酸和异亮氨酸具有完全相同的质量，赖氨酸和谷氨酰胺具有几乎相同的质量。相同片段类型的相邻序列离子之间的质量差异不与某种氨基酸残基的质量相对应时，表明存在翻译后修饰。

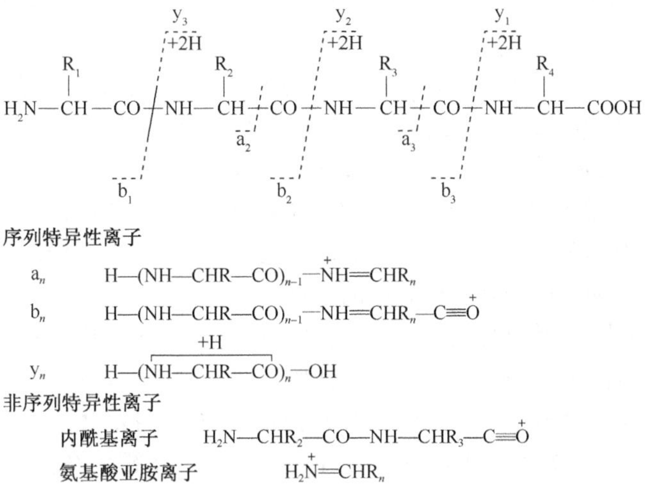

序列特异性离子

a_n H—(NH—CHR—CO)$_{n-1}$—NH=CHR$_n^+$

b_n H—(NH—CHR—CO)$_{n-1}$—NH=CHR$_n$—C≡O$^+$

y_n H—(NH—CHR—CO)$_n$—OH   +H

非序列特异性离子

内酰基离子   H$_2$N—CHR$_2$—CO—NH—CHR$_3$—C≡O$^+$

氨基酸亚胺离子   H$_2$N=CHR$_n^+$

图 16.2　肽片段离子的命名。R 代表各种氨基酸侧链，对于含有 R 基团的非序列特异性离子用单字母氨基酸代码表示。

MS 数据能够定量吗？

在分析肽或蛋白质混合物时，经常遇到的一个问题是相对峰高（或面积）能否定量地表示样品成分的相对溶液浓度。很不幸，这一问题的答案是"否"，除非使用了适当的内部参考标准。由于离子化和解吸效率的不同，在质谱仪内，从一种肽所生成的不同离子的绝对产量可能会相差高达 2 个数量级，这取决于序列、组成和肽的大小。而且，强离子化成分通常会抑制同一样品或层析组分中较弱离子化成分的离子化。在基质辅助的激光解吸/离子化（MALDI；见第 16.2 单元）中，基质本身能够强烈地影响特定样品成分的检测限。用质谱定量

表 16.2　氨基酸常见低质量离子的特征[a]

m/z	氨基酸
70, 87, 100, 112, 129	精氨酸
70 (w/o 87, 100, 和 112)	脯氨酸
72	缬氨酸
84 (w/o 101)	赖氨酸
86	亮氨酸或异亮氨酸
101 (w/o 84)	谷胺酰胺
102	谷氨酸
104	甲硫氨酸
106	吡啶乙基半胱氨酸
110	组氨酸
120	苯丙氨酸
133	脲甲基化的半胱氨酸
134	羧甲基化的半胱氨酸
136	酪氨酸
147	丙烯酰胺修饰的半胱氨酸
159	色氨酸
216	磷酸酪氨酸

a 下画线表示丰度较高的离子；w/o，无。

时，将加在样品中的参考化合物与样品在完全相同条件下分析，用参考化合物的值与特定样品成分的值进行比较，用其相对值进行定量。

样品制备

对于任何类型的质谱分析来说，理想的制备样品方法是反相高效液相色谱（RP-HPLC）。如果由于已知的问题和样品损失而不能使用 RP-HPLC 进行纯化时，那么所使用的清洁方案生成的样品组成应当与 RP-HPLC 纯化的样品的成分尽可能地一致，即样品应当含有最低量的缓冲液、盐、去污剂和除水、有机改性剂和挥发性酸或碱以外的任何其他物质。

用 ESI-MS（图 16.1）所获得资料的质量在很大程度上取决于样品中赋形剂的类型和浓度，如果蛋白质溶解或酶消化需要缓冲液，最好使用挥发性缓冲液，如碳酸氢铵或醋酸铵，浓度≤30 mmol/L。通常情况下，最好不要使用离子型去污剂（表面活性剂），尽管只要表面活性剂的浓度＜0.01％时也有可能得到某些蛋白质的光谱。ESI 对非离子型去污剂的耐受性较好，对于含有某些非离子型去污剂的样品溶液，当去污剂浓度在0.01％～0.1％时，能够得到对分析有用的数据。

对于含有不可接受量缓冲液、盐和去污剂的样品，在进行 ESI-MS 分析之前需要进行纯化，如果样品能够从反相（RP）柱上洗脱下来，那么一些在线式方法既快效率又高。对于水溶性的盐和缓冲液，安装在 HPLC 样品注射阀样品环上的小内径短 RP 滤柱（cartridge）既可以浓缩样品，也可以纯化样品。将截留滤柱放在注射阀的环上，能够将缓冲液和盐洗涤到废液中，而不是进入质谱仪内。将样品水溶液上到截留滤柱上（样品体积不再重要，除非样品成分的疏水性很强）后，用1％～5％的有机溶剂洗涤截留滤柱，盐和缓冲液改道进入废液管中，然后转换阀门将截留滤柱转到溶剂输送泵的线路中，将样品洗脱进入质谱仪内，这时样品含有适当的溶剂。分析稀溶液时，这也是一种很方便的方法。因为截留滤柱对样品进行了预浓缩。

纯化含有阴离子型去污剂和非离子型去污剂的样品，也可以使用同样的方法，然而，去污剂柱的在线式使用需要与 RP 柱串联，因为必须用缓冲液洗脱样品，这样，在样品进入质谱仪之前，必须对其进行脱盐，否则样品不会被截留在柱上，需要用 RP 柱将其截留。

由于 ESI 质谱仪发挥浓度依赖性检测器的作用，所以使用最小内径的柱可以获得最好的灵敏度。在进行离线式清洁时，小内径柱需要使用较低的流速，这意味着要以较少的体积来收集样品，对于量小的样品而言，这可能会很重要，因为在进入下一步分析之前，减少溶剂体积而造成的损失通常很大。笔者发现，0.5～1 mm 内径的柱可以较好地兼顾在线灵敏度和使用柱后液流分离器（post-column flow splitter）来收集组分。

用于 MS 的其他蛋白质纯化方法包括超滤（见第4.1单元）、TCA 沉淀、分子排阻色谱（见第8.3单元）和微量渗析（见第4.1单元）。如果要纯化的蛋白质随后要进行蛋白酶水解，而其最终目标是进行基于 MS 的肽图，适当的方法是 SDS-PAGE（见第10.1单元），之后进行原位酶消化（见第11.3单元）。在 SDS-PAGE 后，也可以将蛋白质印迹到膜上（见第10.5单元），并进行酶消化（见第11.2单元）。如果是要使用MALDI 来记录肽图，可以直接从消化物中取肽样品，或从肽提取物中取肽样品；如果是使用 ESI 来记录肽图，那么在线式 LC-MS 通常是最佳的方法。

尽管 MALDI 能够很好地耐受盐、缓冲液和一些去污剂，但是，通常情况下，样品的纯度越高越好，特别是处理亚皮摩量的蛋白质或低飞摩量的肽时，对于制备用于 MALDI-MS 分析的样品，上述所有方法都可以。

质量测定准确性和质量分辨率的基本原理

单一同位素质量和平均质量

由典型生物分子组成的大多数元素具有一种以上在自然界中存在的同位素，每种具有独特的质量和天然丰度。例如，碳较轻、丰度较高的同位素 ^{12}C，其质量为 12.000 000（通过定义），其天然丰度为 98.9%，而较重的同位素 ^{13}C，质量为 13.003 355，天然丰度为 1.1%（表 16.3）。在质谱仪中，测量会出现大量的、统计学取样的分子，因此，有必要观察所出现的每种元素的所有同位素。一个分子的单一同位素质量是准确质量（accurate mass）[包括小数点后的部分，被称为质量亏损（mass defect）]的总和。随着任何已知元素原子数目的增加，含有一个或多个这种元素较重同位素原子的分子数目的百分比也随着增加，对于生物分子，对同位素峰形影响最大的是 ^{13}C。对于分子质量小于 2000 Da 的肽而言，分辨的同位素簇（resolved isotopic cluster）的第 1 峰（对应所有的 ^{12}C 种类）会最丰，然而，对于分子质量 ≥2500 Da 的肽而言，同位素簇的第 1 峰将不再最丰。

表 16.3 同位素质量和丰度值[a]

同位素	质量[a]	自然丰度[b]/%	同位素	质量[a]	自然丰度[b]/%
^{1}H	1.007 825 035	99.985	^{31}P	30.973 762 0	100
^{2}H	2.014 101 779	0.015	^{32}S	31.972 070 698	95.02
^{12}C	12.000 000 000	98.90	^{33}S	32.971 458 428	0.75
^{13}C	13.003 354 826	1.10	^{34}S	33.967 866 650	4.21
^{14}N	14.003 074 002	99.634	^{36}S	35.967 080 620	0.02
^{15}N	15.000 108 97	0.366	^{35}Cl	34.968 852 728	75.77
^{16}O	15.994 914 63	99.762	^{37}Cl	36.965 902 619	24.23
^{17}O	16.999 131 2	0.038	^{39}K	38.963 707 4	93.2581
^{18}O	17.999 160 3	0.200	^{40}K	39.963 999 2	0.0117
^{19}F	18.998 403 22	100	^{41}K	40.961 825 4	6.7302
^{23}Na	22.989 767 7	100	^{79}Br	78.918 336 1	50.69
^{28}Si	27.976 927 1	92.23	^{81}Br	80.916 289	49.31
^{29}Si	28.976 494 9	4.67	^{127}I	126.904 473	100
^{30}Si	29.973 770 1	3.10			

a 数据引自 Wapstra 和 Audi（1985），在这篇文章中给出了标准误，但在此表中省略了。

b Lide（1995）。

对于蛋白质而言，氮、硫和氧（除碳以外）的重同位素对质量的影响较大，这样，分子离子簇的单一同位素峰似乎消失，在这种情况下，必须使用分子质量的不同定义，当不能够观察一个分子离子的所有 ^{12}C 峰时，就应当使用平均质量。一个分子的平均质量是所出现元素的化学平均质量的总和，元素的化学平均质量是其所有稳定同位素丰度权重质量的总和，由于天然丰度的差异，这些质量的准确性要比单一同位素差。将每种元素的同位素丰度权重总和计算到分子的离子簇中，通过解析这个多项式可以精确地建模一个分子同位素封（isotope envelope）的理论形态。几乎所有的现代质谱仪的数据系统都带有能够进行这些计算的程序，并能够在不同的仪器分辨能力水平上模拟所生成的同位素模式的形态。

分辨率

质谱仪的分辨率是一个对其分离相邻分子质量信号能力的测量单位，质谱分辨率通常被表达为 $m/\Delta m$ 的比率，在这时，$m+\Delta m$ 是在质谱中强度大致相等的相邻两个峰的质量（单位是原子质量或 Da）。目前，有两种分辨率定义被广泛使用。在"10%谷"（10% valley）定义中，两个叠加的、相邻的峰，对它们之间所形成的10%谷的贡献各占5%，这个定义通常用于质量小于 5000 Da 的分子，在某些分析仪上，有可能分辨这两个同位素峰。对于不能分辨的同位素簇，使用"半高全宽"（full-width，half-maximum，FWHM）的定义，通过这个定义，分辨率等于峰的质量（m/z）除以在峰的半高处测量的同位素封的宽度（m/z）。

质量准确度

质量准确度用来表示实验测得的值与理论值之间的质量差异。从定义可知，只有对元素组成已知的化合物（即已知分子质量）才能直接确定质量测定的准确度。对于不知道的样品，通过测量元素组成已知的肽或蛋白质（质量与未知样品相似）的质量，可以大致判断质量测定的准确度。这些测定所用的实验条件就尽可能与分析未知样品所用的条件相同。这一点很重要，对样品进行重复测定可以评定测定的可重复性或精密度，然而，在样品量有限或数据噪音很大的情况下，使用理性的方法，从与未知样品质量和强度相似的已知峰的重复测定来估计精密度。

参考文献：Mann and Wilm 1995；Wang and Chait 1994；Wilm et al. 1996；Zubarev et al. 1995
作者：Steven A. Carr and Roland S. Annan

16.2单元　肽和蛋白质 MALDI 质量分析用样品的制备

在 MALDI-MS（基质辅助的激光解吸/离子化质谱）中，通过激光脉冲的沉积作用，极性生物物质从固体和液体基质中喷射成为质子化或去质子化的离子。游离的双极离子肽或蛋白质必须要掺入到由过量溶剂（基质，表 16.4）组成的结晶性固体溶液中，在所用的辐射波长和激光脉冲强度，优先吸收激光能量调节解吸/离子化。有关 MALDI-MS 的详细讨论，参见 *CPPS* 第 16.2 单元。

表 16.4 基质溶液的组成、pH、去污剂和结晶速度对肽复杂混合物 MALDI-MS 的影响[a]

溶液	pH	相对肽离子强度		
		0.8～2 kDa	2～6 kDa	6～11 kDa
HCCA 溶液的组成				
0.1 mol/L HCl/ACN (2：1)	1.1	＋	＋＋＋	＋＋
1% TFA/ACN (2：1)	1.1	＋	＋＋＋	＋＋
甲酸/水/ACN (1：3：2)	1.1	＋	＋＋	＋＋＋
甲酸/水/IPA (1：3：2)	1.3	＋	＋＋	＋＋＋
0.5% TFA/ACN (2：1)	1.4	＋	＋＋＋	＋＋
甲酸/水/甲醇 (1：3：2)	1.6	＋	＋＋	＋＋＋
0.01 mol/L HCl/ACN (2：1)	1.9	＋＋	＋＋＋	＋＋
甲酸/水/IPA (0.2：3：2)	2.0	＋＋	＋＋＋	＋＋
0.1% TFA/ACN (2：1)	2.0	＋＋	＋＋＋	＋＋
0.1% TFA/甲醇 (2：1)	2.0	＋＋	＋＋＋	＋＋
0.1% TFA/IPA (2：1)	2.1	＋＋	＋＋＋	＋＋
2 mol/L 醋酸/ACN (2：1)	2.3	＋＋	＋＋＋	＋＋
水/ACN (1：1)	2.4	＋＋＋	＋＋	＋
水/ACN (2：1)	2.5	＋＋＋	＋＋	＋
水/IPA (2：1)	2.7	＋＋＋	＋＋	＋
水/乙醇 (2：1)	2.8	＋＋＋	＋＋	＋
水/甲醇 (2：1)	2.9	＋＋＋	＋＋	＋
N-辛基-β-D-糖苷				
单独的水/ACN (2：1)		＋＋＋	＋＋	＋
20 mmol/L 水溶液/ACN (2：1)		＋＋＋	＋＋＋	＋＋＋
结晶速度				
甲酸/水/IPA (1：3：2)				
慢		＋	＋＋＋	ND
干滴法		＋	＋＋＋	ND
快		＋＋＋	＋	ND
水/ACN (2：1)				
慢		＋	＋＋＋	ND
干滴法		＋＋	＋＋	ND
快		＋＋＋	＋	ND

a 肽混合物是一种 11 kDa 蛋白质 Max 的部分 V8 蛋白酶消化物（详细请见 Cohen and Chait 1996），使用干滴法（dried droplet；见基本方案 1）来分析基质组成/pH 和 N-辛基-β-D-糖苷对 MALDI-MS 性能的影响。对于每种基质条件，一个反应水平设定了三种质量范围；＋＋＋表示最高相对离子强度的质量范围；＋＋表示中度的离子强度；＋表示弱或无肽离子。缩写：ACN，乙腈；IPA，异丙醇；ND，未检测；TFA，三氟醋酸。

基本方案 1　干滴法

材料（带√项目见附录 1）

- 100％甲醇
- 0.1％（V/V）三氟醋酸（TFA）
- 目的肽或蛋白质样品：约 1 pmol/μl，溶于 0.1％TFA 中
- √ 肽或蛋白质基质溶液
- √ 肽或蛋白质标准混合物
- 基质辅助的激光解吸/离子化（MALDI）质谱仪

1. 用适当的溶剂清洁样品靶，用水浸湿的 Kimwipe 擦拭，再用 100％甲醇浸湿的 Kimwipe 擦拭，重复几遍。也可以用 0.1％TFA 擦拭，或在 100％甲醇或 0.1％TFA 中超声处理靶，不要使用去污剂。
2. 将 0.5～1 μl 肽或蛋白质样品移至靶上，加 0.5～1 μl 肽或蛋白质基质溶液，上下吹打混合。也可以在微离心管中混合样品和基质溶液，再加到靶上，让其空气干燥。
3. 进行外部校准时，加（如第 2 步）0.5～1 μl 适当的肽或蛋白质标准混合物和 0.5～1 μl 肽或蛋白质基质溶液至与样品邻近的靶上。为了得到最高的精确性，将标准溶液和样品混合，以进行内部校准。凭经验确定最佳的样品/标准品的比率，开始时使用等摩尔的量。

    如果希望，可将靶（和加到上面的样品、基质、标准品）在暗处储存几天。若要储存更长的时间，将其放入封闭容器内，－20℃保存。
4. 将样品靶插入 MALDI 质谱仪内，按制造商推荐的方法进行质量分析。

基本方案 2　快速蒸发法

材料（带√项目见附录 1）

- 100％甲醇
- √ 肽基质/硝酸纤维素溶液
- 目的肽样品：约 1 pmol/μl，溶于 0.1％三氟醋酸中
- 10％（V/V）甲酸，0～4℃
- √ 肽标准品混合物
- 基质辅助的激光解吸/离子化（MALDI）质谱仪

1. 用适当的溶剂清洁样品靶（见基本方案 1 第 1 步）。
2. 快速地吸约 0.5 μl 肽样品基质/硝酸纤维素溶液，加到样品靶上。
3. 将约 0.5 μl 肽样品加到样品靶的基质表面上，让溶剂在室温下蒸发。

    样品应包含小于 30％的有机溶剂且具有酸性 pH，否则的话，在上样前加 0.5 μl 水（稀释溶剂）或 0.5 μl 10％（V/V）甲酸（降低 pH）。
4. 用约 10 μl 冷的 10％（V/V）甲酸冲洗样品，让溶液在样品上停留 10 s，然后用压力空气、真空或小心吸液的方法将其除去，用水重复冲洗步骤。

5. 加肽标准品混合物（见基本方案 1 第 3 步）。

6. 立即将样品靶插入质谱仪内，按制造商推荐的方法进行分析。

辅助方案　HCCA 的纯化/重结晶

纯化过的 HCCA 基质通常比制造商供应的基质能够产生更好的灵敏度。

材料

- α-氰基-4-羟基-反式-肉桂酸（HCCA；Sigma 或 Aldrich 公司）
- 95%（V/V）甲醇：50℃、室温和 4℃
- C 和 E 级 Whatman 玻璃滤器
- 50℃水浴

1. 在室温下，将 7～8 g HCCA 悬浮于 100 ml 95% 的甲醇中，溶解全部呈褐色的碎屑，以便只有嫩黄色的晶体尚未溶解。在真空下，用 C 级 Whatman 玻璃滤器过滤，用 50 ml 95% 的乙醇洗涤剩余的晶体（产生约 50% 未溶解的 HCCA），将晶体干燥，然后从干燥后的残渣中挑出并弃掉任何残留的黑色或褐色的碎屑。

2. 在 50℃（不要超过 50℃）水浴中，在锥形瓶或烧杯中加温 50 ml 95% 的乙醇，为了得到饱和溶液，往乙醇中加入干的 HCCA 晶体，同时涡漩烧瓶，直到再无更多的 HCCA 溶解，并且瓶底的黄色晶体保持不溶。

3. 用 C 级 Whatman 玻璃滤器过滤热溶液，用十分洁净的玻璃烧瓶收集滤过液，冷却至室温，盖好烧瓶，在 -20℃ 放置过夜。如果见到细小的晶体，则加入更多的来自第 1 步的 HCCA 溶液，重复过滤和沉淀。

4. 用 E 级 Whatman 玻璃滤器过滤，用冷的 95% 乙醇轻轻洗涤沉淀物。

5. 用铝箔盖好玻璃滤器内的纯化好的 HCCA 沉淀物，干燥 3～4 h，最好在层流通风橱内进行操作，并移至小玻璃瓶内。0℃ 以下保存（如果不反复冻融，可稳定几年）。

参考文献：Burlingame and Carr 1996；Mann and Talbo 1996；Roepstorff 1997

作者：C. R. Jiménez, L. Huang, Y. Qiu and A. L. Burlingame

16.3 单元　用于 MALD-MS 指纹图蛋白质的凝胶内消化

基本方案

材料

- 含目的蛋白带的染色聚丙烯酰胺凝胶（见第 10.1 单元、第 10.3 单元和第 10.4 单元）
- 25 mmol/L 碳酸氢铵/50%（V/V）乙腈
- 10 mmol/L 二硫苏糖醇（DTT），溶于 25 mmol/L 碳酸氢铵中
- 55 mmol/L 二氯乙酰胺，溶于 25 mmol/L 碳酸氢铵中
- 25 mmol/L 碳酸氢铵，pH 8
- 0.05～0.1 mg/ml 胰岛素（序列级，Promega 公司），溶于 25 mmol/L 碳酸氢铵中，pH 8

- 5%（V/V）三氟醋酸/50%（V/V）乙腈
- 20 mg/ml α-氰-4-羟肉桂酸（HCCA；Sigma 或 Aldrich 公司），溶于 0.1% TFA/50%乙腈中
- 0.65 ml 管（如 PGC Scientific 公司），硅烷化的（附录 3C）
- 真空离心机
- 56℃水浴
- 超声浴
- 基质辅助的激光解吸/离子化（MALDI）质谱仪

1. 戴手套并在层流通风橱中工作，从染色的聚丙烯酰胺凝胶中切下目的蛋白带/斑点，用解剖刀将每个凝胶片切成小颗粒（约 1 mm²），放入一个 0.65 ml 的硅烷化管中，再从凝胶无蛋白质区域切下对照凝胶条，并切碎。

2. 加入约 100 μl 25 mmol/L 碳酸氢铵/50%（V/V）乙腈（或足以浸没凝胶颗粒），旋涡 10 min，使用凝胶上样移液尖除去溶液、弃掉。重复此冲洗/脱水步骤约 3 次，直到凝胶条收缩并变白，在真空离心机中干燥凝胶颗粒约 30 min。

3. 可选（以便最大蛋白质覆盖或当从一维凝胶消化一条带时）：加入足量 10 mmol/L DTT 溶液，以覆盖凝胶颗粒，在 56℃条件下还原 1 h，冷却至室温，用大致相同体积的 55 mmol/L 二氯乙酰胺溶液代替 DTT 溶液。在室温下，于暗处温育 45 min，偶尔旋涡混合一下，以使蛋白质烷基化。用约 100 μl 25 mmol/L 碳酸氢铵（pH 8）冲洗凝胶条（再水化）10 min，同时旋涡，用约 100 μl 25 mmol/L 碳酸氢铵/50%乙腈脱水，重复再水化和脱水。除去液相，在真空离心机中干燥凝胶条。

4. 计算切下凝胶的总体积（长×宽×厚度），在 1 倍体积 0.05～0.1 mg/ml 的胰蛋白酶中旋涡 5 min，使凝胶颗粒再水化，不要加入过多的溶液，要刚好能使凝胶颗粒吸收。如果必要，用最少量的 25 mmol/L 碳酸氢铵覆盖再水化后的凝胶颗粒，以保持它们在整个消化过程中浸没，在 37℃下温育 12～16 h。

5. 加入 2 倍体积的水，旋涡 5 min，然后超声 5 min，进行提取。用凝胶上样移液器尖转移肽溶液至硅烷化管中，用 2 倍体积的 5%TFA/50%乙腈再进行 2 次提取。

6. 在真空离心机中将提取液的体积降低至约 10 μl，用 5%TFA/50%乙腈调整体积至 25 μl。−20℃保存，直到进行 MALDI-MS。也可以加入 100～200 μl 水，在真空离心机中减少体积，如此重复几个循环，来减少挥发性盐的量。

7. 进行 MALDI-MS 分析时，在样品靶上混合 0.5 μl 未分离的消化液和 0.5 μl 20 mg/ml HCCA/0.1%TFA/50%乙腈，空气干燥（见第 16.2 单元）。

参考文献：Cohen and Chait 1996；Fenselau 1997；Jungblut and Thiede 1997；Shevchenko et al. 1996
作者：C. R. Jinénez，L. Huang，Y. Qiu and A. L. Burlingame

16.4 单元　在网上搜索序列数据库：用 MS-Fit 鉴定蛋白质

基本方案

肽指纹质谱图（peptide fingerprint mass mapping）被广泛用于凝胶电泳分离的蛋

白质的初始鉴定，这种方法包括凝胶内酶消化蛋白质以生成肽（见第16.3单元），然后对切割的肽进行质量测定，然后将实验得到的质量值与蛋白质数据库中的理论值进行比较，用酶切割的特异性进行计算。

1. 将由质谱法获得的肽质量输入表格程序中，进入 http://prospector.ucsf.edu，点击 MS-Fit 的链接，然后将数值拷贝并粘贴到 MS-Fit 程序的质量（m/z）窗口内。最好是用 MALDI-TOF-MS 测定的单一同位素肽质量，同时提交使用 ESI-MS 从多电荷离子（m/z）平行得到的附加值和电荷状态（z）。

2. 设定质量允许误差（tolerance），应不小于实验所得质量的精确度。

3. 在数据库中选择匹配某特定蛋白质所需肽的最少数量，以产生一个命中（hit）。

4. 选择用于搜索的蛋白质数据库，选择程序中所列的任何数据库，如 NCBInr（推荐作为第一选择）、Genpept、Swiss Prot（注解最好）、Owl 和 dbEST。

5. 如果知道目的蛋白的来源，则选择物种，执行物种限制性搜索。另一种方法是，指定 "all"，这样可以发现不同物种中高度同源的蛋白质。

6. 选择酶的特异性和要用的 "错过的切割位点"（missed cleavage site）的数目。

7. 可选：选择分子质量（±10 kDa）和 pI 范围，用无分子质量或 pI 限制进行第一次搜索，然后根据搜索的输出结果调整范围。

8. 选择所要搜索的修饰残基的类型。

   a. 指定半胱氨酸残基所希望的修饰，以便所产生的理论质量与那些含有半胱氨酸的肽匹配，这些肽已经被还原，然后用碘乙酸（羧甲基化）、碘乙酰胺（脲甲基化）或 4-乙烯吡啶（吡啶乙基化）烷基化。

   b. 指定在 PAGE 期间可能产生的蛋白质的其他化学修饰，如甲硫氨酸残基的氧化和半胱氨酸残基的丙烯酰胺修饰。

   c. 指定由于已知翻译后修饰所引起的肽质量的改变，如 N 端的谷胺酰胺转换成焦谷氨酸以及丝氨酸、苏氨酸和酪氨酸的磷酸化。

   d. 对于 N 端带甲硫氨酸的任何数据库条目，指定 N 端肽是否是其原始形式，还是其甲硫氨酸被除去，而且次末端的氨基酸被乙酰化。

9. 开始搜索，观看搜索结果，对于搜索结果，同时显示两种评分系统：一种改良的 MOWSE 得分和一种 MS-Fit 等级，得分越高，所匹配的肽质量数目越多，命中越有可能有关联性。点击 MS 消化指标数，显示所匹配肽在整个蛋白质序列中的覆盖率，点击登录号，以链接 NCBI Entrez。

10. 以同源性方式进行交替搜索时，选择允许每个肽替换一个氨基酸的窗口。只有在满足以下一个或多个条件时才可以使用同源性方式：肽质量数据具有特别好的质量准确度（±10 mg/kg 或更好）、使用了窄的完整蛋白质分子质量过滤器和（或）将要保存命中并用 MS-Tag 搜索（见第16.5单元）。

11. 可选：要使用一个搜索程序作为另一个搜索程序（如 MS-Tag；见第16.5单元）的预过滤器时，从第一个程序保存命中（与数据库条目匹配的指标数目），作为一个用户指定的文件，使用第二个程序检索这个文件，以便第二个程序只搜索那些匹配的数据库条目。

参考文献：Burlingame and Carr 1996；Cottrell 1994；Jensen et al. 1996；Jungblut and Thiede 1997
作者：C. R. Jiménez, L. Huang, Y. Qiu and A. L. Burlingame

16.5 单元　在网上搜索序列数据库：用 MS-Tag 鉴定蛋白质

基本方案

　　尽管肽质谱图既快又简单，但是其成功会受到以下因素的影响：胶点中蛋白质的纯度、序列数据库中的错误、在已知蛋白质 MS 图中检测太少种类的肽以便能够得到可信的数据库匹配。在这些情况下，使用源后衰变（post-source decay，PSD）分析或使用串联质谱（见第 16.1 单元）确定的部分氨基酸序列，从 MS-Fit 找到的可能性（见第 16.4 单元）中建立正确的蛋白质鉴定，源后衰变包括含有所选前体离子的部分质量值窗口的片段化产物离子（亚稳定离子）的检测，出现在离子源和反射之间的无场区域（field-free region）。本单元包括分析一个典型 PSD 谱的一些具体问题，有关质谱技术的细节参见 *CPPS* 第 16 章。

1. 进入 http：//prospector.ucsf.edu，点击 MS-Tag 链接，键入母源离子的质量和电荷状态（最好是用 MS 方式检测的质量）。

2. 针对所用的特定仪器，定义母源离子质量允许误差，输入所有片段离子并定义其质量允许误差，此允许误差通常要高于母源离子质量允许误差。

3. 指定输入质量的类型（如全是单一同位素的、全是平均的，或母源离子是单一同位素的而片段离子是平均的）。

4. 指定要搜索的数据库，如果选择核苷酸数据库，还要指定翻译的读框。注意：当靶蛋白质不在目前的蛋白质数据库中但在表达序列标签（EST）数据库中时，能够搜索 MS-Fit 会特别有用。

5. 指定目的蛋白来源的物种、蛋白质分子质量范围、蛋白质消化所用酶的种类、半胱氨酸修饰的类型、最大不匹配片段离子。网页上的其他可选项使用默认参数。

6. 指定搜索方式为一致性（identity）或同源性（homology）。先用一致性方式搜索，如果不成功，再用同源性方式开始搜索。

参考文献：Bateman et al. 1995；Kaufmann et al. 1994；Medzihradszky et al. 1997
作者：C. R. Jiménez, L. Huang, Y. Qiu and A. L. Burlingame

16.6 单元　使用纳升喷雾连接装置将样品直接导入电喷雾离子化质谱仪中

　　有关电喷雾离子化质谱（ESI-MS）的详细讨论，参见 *CPPS* 第 16 章，也可见 http：//www.cityofhope.org/microseq/download.html。在以下的方案中，假设质谱仪装备了三维（*x-y-z*）平移台，用于将电喷雾发射极与喷孔对准。

材料

- 50%（*V/V*）无水乙腈，2%（*V/V*）醋酸样品溶剂

- 适当制备的蛋白质样品（不含缓冲液盐和强酸）
- 纳升喷雾持针器，由下列部件组成：

  Delrin 公制圆形接头（LC 接头；Upchurch 公司）

  1/16 in 外径×0.020 in 内径特氟隆管（Upchurch 公司）

  0.015 in 直径的铂丝（Alfa Aesar 公司）

  Delrin 公制无凸缘的螺母（Upchurch 公司）

  用于 1/16 in 外径管的无凸缘的金属箍（Upchurch 公司）
- 1 mm 外径×0.75 mm 内径×2 cm 长，尖直径为（1±0.5）μm 拉制的硼硅酸玻璃针（如 Protana 公司、New Objective 公司或 World Precision Instruments 公司）
- 移液器和 0.25 mm 外径的凝胶上样移液器尖（Fisher 公司）
- 高压夹子
- 电喷雾质谱仪

1. 用 LC 接头、一段铂丝和一段特氟隆管制造一个纳升喷雾针的持针装置（图 16.3），将圆型接头中心的孔放大至 1/16 in，以便特氟隆管能够完全通过，将铂丝穿过特氟隆管，拧紧螺旋套和金属箍，将铂丝固位，铂丝的一端从特氟隆管中伸出约 2.5 cm，另一端伸出约 1 cm。

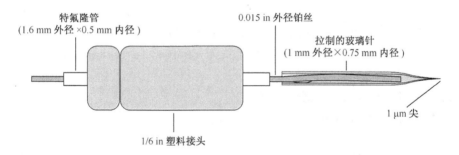

图 16.3　纳升电喷雾针和持针器总成。接头和特氟隆管用于支持金属丝电极，并为安装在 x-y-z 对准器上的夹子提供附着点，金属丝又支持纳升喷雾针，金属丝的另一端用于连接电喷雾高电压电极（通常是弹簧夹）。

2. 用 50%（V/V）无水乙腈/2%（V/V）醋酸样品溶剂和实验室用纸巾擦拭安装装置的铂丝，以除去以前样品的任何污染物。

3. 截取拉制的硼硅酸玻璃针，长度为当放到金属丝上时不触及特氟隆管，要确保电接触良好，因为在分析过程中，样品溶液会被消耗。

4. 取适当制备的蛋白质溶液（即 1~10 μl）至凝胶上样移液器吸头中，将吸头插入电喷雾针中，直到触及锥形的窄处，慢慢地排出液体，同时退移液器，以减少空气进入液体柱的底部的可能性。如果有少量的空气进入锥形处，像甩体温计那样甩针头，将其排出。

5. 滑动 ES 针头，使其位于铂丝的末端上，将持针器安装到 x-y-z 对准器的夹子上，夹上高压夹子。

6. 将 ES 针头尖对准质谱仪孔前方，离喷孔平面约 1 mm，接通 ES 电压（即 500～700 V），在质谱仪的实时显示上监视样品离子的密度，对位置和电压进行优化。

7. 分析结束后，关闭 ES 电压，取下夹子，从 x-y-z 对准器上取下持针器，从铂丝上取下 ES 针头，弃掉（必须将其扔至锐物容器中）。

参考文献：Geromanos et al. 2000；Wilm and Mann 1996
作者：Terry D. Lee, Roger E. Moore and Mary K. Young

16.7 单元　使用微型毛细管液相色谱将样品直接导入电喷雾离子化质谱仪中

有关电喷雾离子化质谱（ESI-MS）的详细讨论，参见 *CPPS* 第 16 章，也可见 http://www.cityofhope.org/microseq/download.html。在以下的方案中，假设具有溶剂传输系统，能够以小于 200 nl/min 的流速传输梯度溶液。

基本方案 1　制作集成式 LC 柱 ES 针头

材料

- 360 μm 外径×150 μm 内径熔凝的硅毛细管（ES 针头，Polymicro Technology 公司）
- 激光微针头拉制仪（如 Sutter Instruments 公司）
- 140 μm 外径×25 μm 内径熔凝的硅毛细管（Polymicro Technology 公司）
- 切割熔凝的硅毛细管的工具
- 低功耗（low-power）解剖显微镜
- GF/A 滤膜（Whatman）

1. 用激光微针头拉制仪从 15 cm 长、360 μm 外径×150 μm 内径熔凝的硅毛细管拉制熔凝的硅针头，口径为 5 μm。第一阶段的设置为：加热，550；加热丝，0；速率，30；延迟，200；拉，0。在第二阶段和后续阶段：将加热降至 500；将速率降至 20；将加热丝升至 5。

2. 制作针头支架时，将一段 140 μm 外径×25 μm 内径熔凝的硅毛细管穿到 150 μm 内径 ES 发射极针头内，一起穿到逐渐变细处，往回撤毛细管，直到针头内剩下约 5 mm，剪掉多余的毛细管，将切下的部分推回到逐渐变细处的底部，用低功耗解剖显微镜观察整个过程。

3. 将一片 GF/A 玻璃纤维滤膜放至一硬表面上，将柱的大口端按到滤膜内，切下一圆片，用一段 140 μm 外径的毛细管将切下圆片推入柱内，再重复此过程 2 次，然后用 140 μm 外径的毛细管将 3 片滤膜压到一起，使其在显微镜下看起来是一片（图 16.4，这是最后产品的草图）。

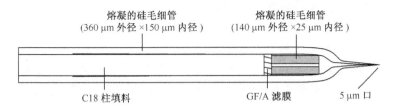

熔凝的硅毛细管
(360 μm 外径 ×150 μm 内径)

熔凝的硅毛细管
(140 μm 外径 ×25 μm 内径)

C18 柱填料

GF/A 滤膜

5 μm 口

图 16.4　柱/ES 针头总成。

基本方案 2　装配 ES 针头

材料

- 5～10 μm 颗粒大小的硅反相层析介质
- 乙腈
- 拉制的熔凝硅毛细管针头，带滤器（柱/ES 针头，见基本方案 1）
- 带过滤头的空柱，360 μm 外径×75 μm 内径，8 μm 出口（可选；可从 New Objective 公司购得）
- 1/16 in×1/32 in 不锈钢减径接头（reducing union）
- 1/32 in 至 0.4 mm 石墨减径箍（reducing ferrule）
- 1/16 in 塞规（gauge plug）
- 装柱器：1/16 in 外径×0.02 in 内径×10 cm 长的不锈钢管，每端都装有永久性的加压螺钉和金属箍
- 1/16 in 不锈钢接头
- 1 ml 一次性注射器和 16 G 钝头针头
- 加压螺钉（compression screw）
- 1.5 ml 微量离心管
- 高压泵

1. 使用 1/32 in 至 0.4 mm 石墨减径箍将 ES 针头加到 1/16 in×1/32 in 不锈钢减径接头的小端，使用 1/16 in 的塞规，以确保针头不会从接头的中心 web 伸出太远。

2. 将装柱器安装到 1/16 in 不锈钢接头，在接头的另一端安装一个带 16 G 钝头针头和加压螺钉的 1 ml 注射器。

3. 在一个 1.5 ml 微量离心管中，准备 5～10 μm 颗粒大小的硅反相层析填料和乙腈的浆状物（比例为 1：10），剧烈搅拌，以确保形成均一的悬液，用 1 ml 注射器将填料浆加到装柱器内（图 16.5A）。

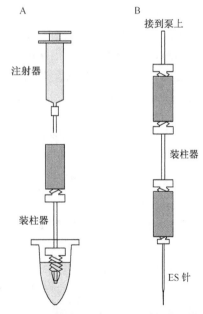

图 16.5　装柱/ES 针总成。A. 用 1 ml 的注射器将填料加到装柱器内。B. 从装柱器的另一端的接头上卸下注射器和接头，从这一端将装柱器连接到高压泵上。

4. 将带有针头的减径接头安装到装柱器的开放端。要确保清除掉接头上附着的任何填料浆（会使接头结合），从装柱器的另一端的接头上除去注射器的接头，从这一端将装柱器连接到高压泵上（图 16.5B）。

5. 在 1 min 的时间内，将泵压力调至 4000 psi，同时用扳手或类似的工具轻轻敲打装柱器的侧壁，以确保填料浆流动均匀。在到达 4000 psi 以后，关闭泵，让压力使柱内液体慢慢沥下。

6. 从泵上卸下装柱器，重新连接到注射器上，从装柱器上卸下减径接头和针头，卸下针头，保存，直到使用。从装柱器内排出未用完的填料，放入离心管内，以再次使用。在重新安装或贮存这些装置之前，对所有的接头要进行彻底清洁。

基本方案 3　微量 ES LC/MS 连接总成的安装和使用

材料

- 缓冲液 A
- 细胞色素 c 胰蛋白酶消化后的混合物测试样品
- 液相色谱（LC）泵
- PEEK 微型 T 形接头（Upchurch 公司）
- PEEK 套管（Upchurch 公司）
- 装好的熔凝硅 ES 针头（见基本方案 2；也可从 New Objective 公司购得）
- 0.025 in 直径的金丝（Alfa Aesar 公司）
- ES 质谱仪和弹簧夹

1. 使用一个 PEEK 套管从 LC 泵将导线连接到微型 T 形接头上，使导线和金属箍的口径不同，在对侧臂上用相同的方式连接 ES 针头，在 T 形接头的第三个臂（上部）上连接 0.025 in 直径的金丝电极，并用弹簧夹夹好 ES 电极，将 T 形接头直接安装到 x-y-z 对准器的夹子上，安装完毕总成的草图如图 16.6 所示。

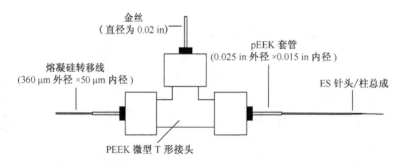

图 16.6　微型 ES LC/MS 连接总成。

2. 用梯度系统的含水成分（缓冲液 A）将柱平衡至最初的条件，将针尖对准质谱仪喷口的前方，离出口平面约 1 mm，增加 ES 电压，直到越过能够喷雾的阈值（通常为 800～1200 V）。

3. 运行几次短的空白梯度，以除去污染物，并确保柱的填料完全湿透，用正常流速

（即 150～200 nl/min）运行一次空白梯度，以确定正常背景离子的水平，并确保在整个梯度过程中能够稳定地喷雾。

4. 分析标准的细胞色素 c 胰蛋白酶消化后的混合物，以确定色谱分辨率是否适当，并确定是否所有成分的离子发射都稳定。

参考文献：Davis and Lee 1998；Davis et al. 1995；Gatlin et al. 1998

作者：Terry D. Lee, Roger E. Moore and Mary K. Young

16.8 单元　用四极杆离子阱质谱和 SEQUEST 数据库匹配鉴定蛋白质

基本方案

对于质谱技术［包括液相色谱/串联质谱（LC/MS/MS）］的详细情况，参见 *CPPS* 第 16 章。

材料

- 用适当酶消化成肽的蛋白质样品（见第 11.1～11.3 单元）
- 毛细管 HPLC 系统（见第 16.7 单元）
- 四极杆离子阱质谱仪（QIT-MS），带最新软件（Thermoquest LCQ with Excaliber, 1.1 版本）
- 用于数据库搜索的快速计算机（Microsoft Windows NT 4.0，带服务包 5 或更高）
- SEQUEST 和 SEQUEST 浏览器软件（版本 26 或更高；Eng et al. 1994；http://fields.scripps.edu/sequest/）
- FASTA 格式的蛋白质或核酸序列数据库

1. 用毛细管 HPLC 系统（见第 16.7 单元）和 QIT-MS 的自动数据分析系统分析蛋白质消化物，使用 "triple-play" 类型的数据分析。在这种分析中，仪器可收集全部的质量范围扫描，直到基线峰超过阈值。这样能够激发对目的峰的高分辨率、窄质量范围扫描（缩放扫描），然后进行 MS/MS 扫描，用动态排除来防止对已经分析过的前体离子进行重新分析。

2. 从 QIT-MS 仪器计算机将数据文件转移至一台单独的快速数据库搜索计算机上，准备用于 SEQUEST 分析的原始数据，在 SEQUEST 浏览器中使用 "Setup Directory and Creat DTA routine" 将原始数据转换成 .dta，放在一个单独的子目录内，以便进行分析。

3. 使用 SEQUEST 浏览器自动扫描程序之一［一种简单的离子计数截留值或 IONQUEST（Yates et al. 1998）］扫描 .dta 文件，或用另一个程序［如 winnow.pl（http://www.cityofhope.org/microseq/download.html）］扫描光谱。如果只有少量的光谱要扫描，使用 "View DTA" 程序手工检查光谱的质量和电荷状态指定的正确性。

4. 进行 SEQUEST 分析，用 SEQUEST 的 Summary 程序算出数据，将结果分组，以产生检查报告和正式报告。

参考文献：Eng et al. 1994；Yates et al. 1998

作者：Roger E. Moore, Mary K. Young and Terry D. Lee

16.9 单元　通过手工解释 MS/MS 谱进行从头肽测序

有关质谱技术的详细讨论，见 *CPPS* 第 16 章。

基本方案　MS/MS 谱的手工解释

肽的低能量碰撞诱导的解离（collision-induced dissociation，CID）通常形成数量有限序列特异性片段离子（图 16.7）。y 型离子包括肽的 C 端，而 b 型离子包括肽的 N 端。20 种常见氨基酸残基的质量见表 16.5（也见附录 2），二肽的质量见表 16.6，与单个残基质量相等的残基质量组合和修饰见表 16.7。

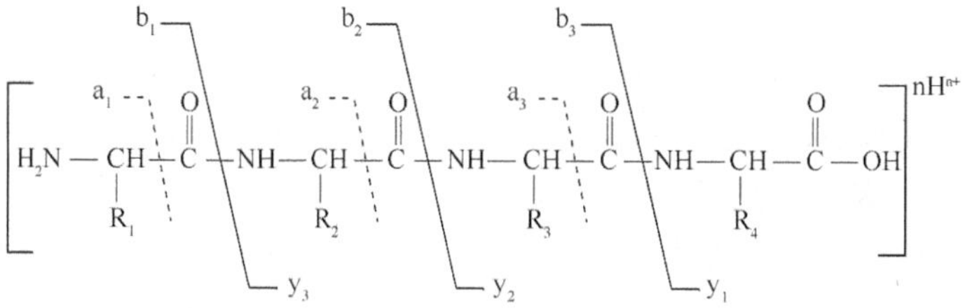

图 16.7　序列特异性片段离子的产生。

表 16.5　氨基酸残基的质量[a]

名称	符号	单一同位素质量[b]	平均质量	亚胺离子质量
甘氨酸	Gly 或 G	57.02	57.5	—
丙氨酸	Ala 或 A	71.04	71.08	—
丝氨酸	Ser 或 S	87.03	87.08	—
脯氨酸	Pro 或 P	97.05	97.12	70
缬氨酸	Val 或 V	99.07	99.13	72
苏氨酸	Thr 或 T	101.05	101.11	—
半胱氨酸	Cys 或 C	103.01	103.14	—
亮氨酸	Leu 或 L	113.08	113.16	86
异亮氨酸	Ile 或 I	113.08	113.16	86
天冬酰胺	Asn 或 N	114.04	114.10	—
天冬氨酸	Asp 或 D	115.03	115.09	—
谷胺酰胺	Gln 或 Q	128.06	128.13	101
赖氨酸	Lys 或 K	128.09	128.17	84
谷氨酸	Glu 或 E	129.04	129.12	102
甲硫氨酸	Met 或 M	131.04	131.20	104
组氨酸	His 或 H	137.06	137.14	110
苯丙氨酸	Phe 或 F	147.07	147.18	120
精氨酸	Arg 或 R	156.10	156.19	70, 112
脲甲基氨酸	Camc	160.03	—	133
酪氨酸	Tyr 或 Y	163.03	163.18	136
色氨酸	Trp 或 W	186.08	186.21	159

a "—" 表示观察不到典型的亚胺离子。

b 据单一同位素质量排列。

表 16.6 二肽质量（MH$^+$）

氨基酸 (质量)	Gly (57)	Ala (71)	Ser (87)	Pro (97)	Val (99)	Thr (101)	Cys (103)	Leu/Ile (113)	Asn (114)	Asp (115)	Gln/Lys (128)	Clu (129)	Met (131)	His (137)	Phe (147)	Arg (156)	Camc (160)	Thr (163)	Trp (186)
Gly (57)	115																		
Ala (71)	129	143																	
Ser (87)	145	159	175																
Pro (97)	155	169	185	195															
Val (99)	157	171	187	197	199														
Thr (101)	159	173	189	199	201	203													
Cys (103)	161	175	191	201	203	205	207												
Leu/Ile (113)	171	185	201	211	213	215	217	227											
Asn (114)	172	186	202	212	214	216	218	228	229										
Asp (115)	173	187	203	213	215	217	219	229	230	213									
Gln/Lys (128)	186	200	216	226	228	230	232	242	243	244	257								
Clu (129)	187	201	217	227	229	231	233	243	244	245	258	259							
Met (131)	189	203	219	229	231	233	235	245	246	247	260	261	263						
His (137)	195	209	225	235	237	239	241	251	252	253	266	267	269	275					
Phe (147)	205	219	235	245	247	249	251	261	262	263	276	277	279	285	295				
Arg (156)	214	228	244	254	256	258	260	270	271	272	285	286	288	294	304	313			
Camc (160)	218	232	248	258	260	262	264	274	275	276	289	290	292	298	308	317	321		
Thr (163)	221	235	251	261	263	265	267	277	278	279	292	293	295	301	311	320	324	327	
Trp (186)	244	258	274	284	286	288	290	300	301	302	315	316	318	324	324	343	347	350	373

表 16.7 与单一残基质量相等的残基质量组合的修饰

二肽或修饰的残基	名义质量	信号残基
Gly-Gly	114	Asn
Gly-Ala	128	Qln/Lys
Val-Gly	156	Arg
Gly-Glu	186	Trp
Ala-Asp	186	Trp
Ser-Val	186	Trp
AcGly	99	Val
AcAla	113	Leu/Ile
AcSer	129	Glu
Met$_{ox}$	147	Phe
AcAsn	156	Arg

材料

- 用胰蛋白酶消化还原型和烷基化的单个蛋白质或蛋白质混合物后得到的肽
- 液相色谱仪，装在串联质谱仪（四极杆离子阱、三重四极杆或杂交四极杆/飞行时间）的微量电喷雾离子源上，流速 <200 nl/min，带 75 μm 内径毛细管反相柱

1. 为了得到最好的结果，用液相色谱仪（装在串联质谱仪的微量电喷雾离子源上，流速 <200 nl/min，带 75 μm 内径毛细管反相柱）分析单个蛋白质或蛋白质混合物胰蛋白酶消化物。

2a. 四极杆离子阱质谱仪：用自动化数据依赖型方式获得 MS/MS 光谱，每次 MS 实验后，进行用户定义数量的 MS/MS 实验（如每次 MS 扫描前 4 个最强烈离子的 MS/MS），用动力学排除法，使得到任何一个已知离子的光谱所需的次数降至最低程度。

对于一种单一蛋白质消化物，通过"缩放扫描"（得到同位素分辨率的慢速、窄质量范围扫描）能够确定前体 m/z 的电荷。对于复杂蛋白质消化物，为了使得到的 MS/MS 光谱数最多，应避免使用缩放扫描。

2b. 三重四极杆或杂交四极杆/TOF 质谱仪：用足够的碰撞能量获得 MS/MS 光谱，在所生成的 MS/MS 光谱中，前体 m/z 约为总离子流的 50%。如果仪器有自动、数据依赖性采集的功能，通常使用一系列的碰撞能量。

以下步骤是基于图 16.8 中的肽而设计的，不同长度的肽会需要第 6~8 步或多或少的重复。

3. 假设来自胰蛋白酶消化物的肽的 C 端是精氨酸或赖氨酸，计算两者的 y_1：

128.09（赖氨酸）+18.01（水）+1.01（加入的质子）=147.11

156.10（精氨酸）+18.01（水）+1.01（加入的质子）=175.21

对于三重四极杆或杂交四极杆/TOF 质谱仪，通常能够观察到这些低质量的离子，

然而，在离子阱质谱仪（图 16.8）上得到的数据中，由于低质量截留值，可能会观察不到低质量的离子。

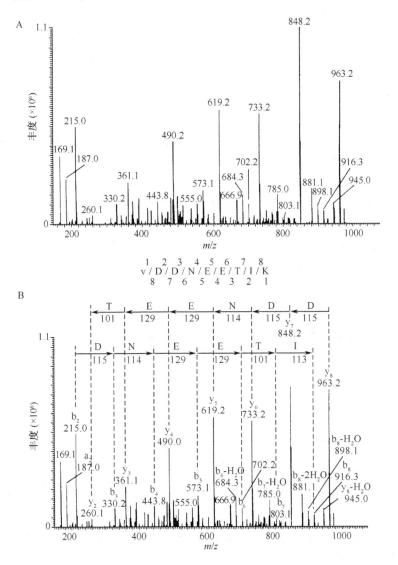

图 16.8　A. 未注解的 MS/MS 谱；B. 注解的 MS/MS 谱，是用离子阱质谱仪（LCQ；ThermoFinnigan 公司）在 m/z 531.5（$MH^+ = 1062.5 = 531.5 \times 2 - 2H + 1$）处记录的双电荷前体离子。

4. 如果未观察到低质量的离子，分别计算可能出现在 C 端的赖氨酸和精氨酸的高质量 b。

a. C 端赖氨酸：在 $MH^+ - 18.01$（水）$- 128.09$（残基质量）搜索相应的 b 离子，在图 16.8 中，这将是：$1062.5 - 18.01 - 128.09 = 916.4$。

b. C 端精氨酸：在 $MH^+ - 18.01$（水）$- 156.1$（残基质量）搜索相应的 b 离子，在图 16.8 中，这将是：$1062.5 - 18.01 - 156.1 = 888.4$。

从光谱看，很清楚 C 端残基是赖氨酸，因为在 m/z 916.3 处观察到了离子。

5. 检查光谱的高质量端，找到由于丢失 N 端残基所形成的 y 型离子，在 MH$^+$ 下面 57～186 Da［分别是最小氨基酸（甘氨酸）和最大氨基酸（色氨酸）残基的质量］会找到这个离子的 m/z 值，见表 16.5。

6. 在高质量端继续检查一系列的 y 型离子，从要鉴定的并且位于 56～186 Da 的下一个相邻的 m/z 减去 N 端残基的 m/z，直到鉴定到一个值粗略地对应于所要确定的氨基酸（表 16.5），它是肽的第二个残基。

7. 用以下方程，在第二个位置上计算一个 y 型离子相应的 b$_2$：

$$MH^+ －推定的 y 离子＋质子＝对应的 b 型离子$$

在图 16.8 中，这个值是：$1062.5－848.2＋1.01＝215.3$，在光谱的 m/z 215.0 处可以找到一个离子。

8. 通过从 y$_7$ 离子，然后从 y$_6$ 离子、y$_5$ 离子、y$_4$ 离子和 y$_3$ 离子计算下一个残基的质量，继续从 N 端建立序列。

9. 使用 b 型或 y 型离子，通过质量差异，确定其余的残基。在图 16.8 中，这个残基是亮氨酸或异亮氨酸（Lxx）。

10. 通过肽的化学衍生（见辅助方案 1 和 2）证实序列，用手工 Edman 降解法确定序列中的第一个和第二个氨基酸。在 MS/MS 分析中，这两个氨基酸会不确定。

辅助方案 1 通过甲基酯化证实新测定的序列

材料

- 样品
- 乙酰氯（acetyl chloride）
- 无水甲醇，冰冷

1. 将适当量的样品冻干。配制 2 mol/L 的甲醇 HCl 溶液：在搅拌下，将 160 ml 乙酰氯一滴一滴地加入到 1 ml 冰冷的无水甲醇中。在使用前，加温至室温，往样品中加入 30～40 μl，在室温下反应 90 min。

2. 冻干或用 Speedvac 蒸发器通过真空离心除去溶剂，重悬酯化的材料，用 LC/MS/MS 分析（见基本方案）。

在上述例子中，甲基酯化后，完整肽的质量会漂移 70 Da（5×14），这表明 4 个酸性残基加到了肽的 C 端。b 型和 y 型离子会漂移 14 的倍数，这是因为序列中有酸性残基（例如，b$_2$ 和 y$_1$ 漂移 14、b$_3$ 和 y$_4$ 漂移 28，以此类推）。

辅助方案 2 通过乙酰化证实新测定的序列

材料

- 样品
- 无水醋酸
- 200 mmol/L 碳酸氢铵，pH 8.5

1. 将适当量的样品上到毛细管柱内（见基本方案），用 3～4 倍柱体积的水洗涤。

2. 在刚好使用前，用 200 mmol/L 碳酸氢铵 （pH 8.5） 配制 1‰ （V/V） 无水醋酸，用 5～10 倍柱体积的该乙酰化试剂洗涤样品。

3. 用 LC/MS/MS 分析衍生化的样品 （见基本方案）。

在上述例子中，乙酰化后，完整肽的质量会漂移 84 Da，这表明肽的一个赖氨酸和 N 端被修饰。所有 b 型和 y 型离子都会漂移 42 Da。

参考文献：Eng et al. 1994；Mann and Wilm 1994
作者：Terri Addona and Karl Clauser

马静云 译　蔺晓薇　李慎涛 校

第 17 章　肽的制备和处理

现代蛋白质科学工作者素质的一个重要组成是具有设计和构建几乎任何序列的肽的能力。肽的用途很广，包括作为激酶、蛋白酶或糖基化酶的底物，或作为生产抗血清的抗原，这种抗血清能够识别含有这种序列的蛋白质。肽本身也具有许多生物学功能，例如，与受体相互作用以模拟细胞功能的改变，或改变细胞之间的相互作用。

在多针（multipin）仪器（见第 17.1 单元）上合成肽，为生产大量相关的肽或覆盖全长蛋白质的一系列肽的装配（如搜索能够被与全长蛋白质结合的抗体所识别的抗原表位）提供了一种方便、低成本的方法。

通常情况下，基因组研究能够发现一种可读框（ORF），并预测可能具有目的活性的蛋白质序列。可以采取的一种步骤是：生产抗体，用抗体作为试剂来鉴定样品中基因的蛋白质产物，通常可使用 10～15 个氨基酸的小肽作为抗原，来刺激抗血清的生成，这需要从由几百个氨基酸组成的 ORF 中挑选最佳序列，并制备耦合物，用其注射动物来产生抗血清（见第 17.2 单元）。

固相肽合成已派生出用于制备肽树枝状高分子（dendrimer，见第 17.3 单元）的方法。这种树枝状高分子可用作免疫原、蛋白质模拟物、用于药物发现的新试剂或新生物材料。在此介绍了用于 Boc 合成和 Fmoc 合成的方法。此外，还介绍了环状肽生成的几种方法，包括赖氨酸和半胱氨酸残基的衍生化作用。

制备具有生物学活性的肽或具有固定构象的肽通常涉及二硫键的生成（见第 17.4 单元）。在此介绍了在含有多个半胱氨酸的肽中实现选择性成键所需的策略和反应，并且强调了在工艺的每一步中肽定性所需的分析技术。

作者：Ben M. Dunn

17.1 单元　在塑料针上合成多种肽

本方法所涉及的决策和方法的流程图如图 17.1 所示。

警告：试剂可能会易燃、有毒和（或）致癌，避免可能会影响合成针的污染源，包括与工作台面的直接接触或暴露于水蒸气中，尽量避免将试剂暴露于空气中。

基本方案　肽的多合成针合成

关键的步骤是正确地将活化的氨基酸溶液分配到每个托盘的适当孔中，为此，使用 Pepmaker 软件生成分配每种氨基酸的孔定位的列表，每种类型的试剂盒（表 17.1）所提供的手册包括试剂盒特异性方法的说明书和提示。

材料（带√的项见附录 1）

　√ 20%（V/V）哌啶/二甲基甲酰胺（DMF）

　• DMF，分析试剂级

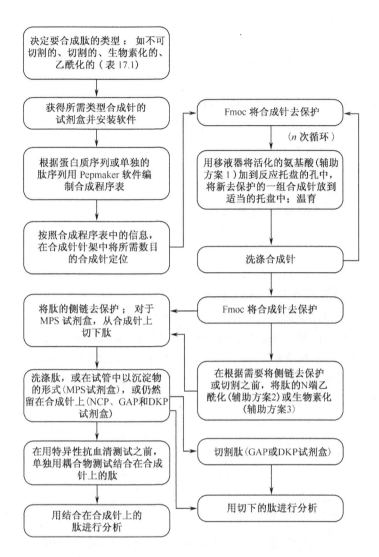

图 17.1 多合成针肽合成的流程图。

表 17.1 用于多合成针肽合成的合成针类型[a]

名称	接头[b]	物理格式[c]	载量	最终的肽形式
NCP	不可切割的	Gear	50 nmol	(N 帽)-PEPTIDE-接头-合成针
MPS	AA 酯	Macrocrown	5 μmol	(N 帽)-PEPTIDE-酸
MPS	Rink 酰胺	Macrocrown	5 μmol	(N 帽)-PEPTIDE-酰胺
DKP	DKP-形式	Gear	1 μmol	(N 帽)-PEPTIDE-DKP
GAP	甘氨酸酯	Gear	1 μmol	(N 帽)-PEPTIDE-甘氨酸-酸

a 缩写：DKP，环缩二氨酸；GAP，甘氨酸酸性肽；MPS，多种肽合成；NCP，不可切割的肽；(N 帽)，游离胺、乙酰基或生物素；PEPTIDE，正在合成肽的序列。

b 肽和合成针上的移植聚合物之间接头的性质：不可切割的接头，β-丙氨酸-六亚甲基二胺；DKP，环缩二氨酸；AA 酯，氨基酸酯；Rink 酰胺，形成 Rink 酰胺的接头。

c 见图 17.2。

- 甲醇，分析试剂级
- 100 mmol/L 活化的 9-芴甲氧羰基（9-fluorenylmethyloxycarbonyl，Fmoc）保护的氨基酸溶液（见辅助方案 1）
- √ 侧链去保护（SCD）溶液
- 酸化甲醇：0.5%（*V/V*）冰醋酸/甲醇
- 1:2:0.003（*V/V/V*）乙醚/石油醚/2-巯基乙醇（2-ME）
- 1:2（*V/V*）乙醚/石油醚
- 0.1 mol/L NaOH
- 0.1 mol/L 醋酸
- √ 0.1 mol/L 磷酸钠缓冲液，pH 8.0
- √ 超声缓冲液
- 液氮
- 所需类型的肽合成起始试剂盒（如 Chiron Technologies 公司），包括：
  Pepmaker 计算机程序和 ELISA 读数和绘图程序
  带有惰性针茎的合成针和齿轮或巨冠（图 17.2）
- 贮存盒或可密封的袋，聚乙烯或聚丙烯（ICN Biomedicals 公司）
- 0.3 ml（与齿轮一起使用）或 1.5 ml（与巨冠一起使用）反应托盘，8×12 矩阵，聚乙烯或聚丙烯（Chiron Technologies、Nunc 或 Beckman 公司）
- 超声破碎仪，输出功率约 500 W
- 可装 96 个 1 ml 聚丙烯管的管架（Bio-Rad 公司）
- 10 ml 带盖的尖底聚丙烯离心管

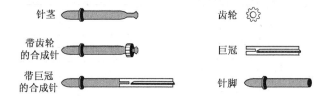

图 17.2　合成针总成的部件。部件为推入配合式（如针脚或针茎推入针架内）或夹片式（如齿轮或巨冠夹到针茎上），所有部件都为耐溶剂塑料制成，或为聚乙烯、聚丙烯，或为这两种单体的共聚物。

1. 根据说明书使用 Pepmaker 计算机软件创建所需的肽序列集，创建打印输出。打印输出表明在每个耦联周期中，需要制备多少量的每种氨基酸溶液、催化剂和活化剂，以及往反应托盘的哪个地方加入每种氨基酸溶液。
   标准微量滴定板的布局为 8×12 的矩阵，8 排被标记为 A～H，12 列被标记为 1～12，然而，Pepmaker 软件使用的命名法是先给出列数，之后是行的数字命名，从 H 开始，写在括号内，即 1(1) 表示 H1 孔、1(2) 表示 G1 孔、2(1) 表示 H2 孔、12(8) 表示 A12 孔。
2. 在顶部标记每个合成针针架模块，字迹要不易擦掉（如合成 1 号、A 模块、合成 1 号、B 模块等），最好用锐利的工具（还要使用墨水）刻入塑料内，将标记朝着模块放，以便将合成针正确地放入氨基酸溶液内，不会颠倒。例如，将 H1 合成针和 H1 孔都放在模块的左下角。

3. 将氨基酸耦联的第一个循环中不需要的合成针移开，放入 4℃的塑料袋中干燥保存，直到需要时才使用。

4. 将合成针放入 20%的哌啶/DMF 浴中，覆盖尖部（巨冠或齿轮），室温静置 20 min。

5. 从浴中取出模块，抖落多余的液体，然后在室温下在 DMF 浴中洗涤合成针（尖要完全淹没）2 min。

6. 抖落多余的 DMF，将模块完全浸入甲醇深浴中，保持 2 min，以洗涤模块的所有表面。重复进行总共 3 次洗涤，每次都使用新鲜的甲醇浴，取出模块，在无酸的通风橱中空气干燥≥30 min。

7. 按照耦联循环的合成程序表所指定的位置，将每种活化的氨基酸溶液分配到反应托盘的适当孔中（齿轮 150 μl，巨冠 450 μl），将合成针放入活化的氨基酸溶液中（确保方向正确）。在带盖的聚乙烯盒内或在可密封的聚乙烯袋内，20～25℃温育≥2 h。

8. 从氨基酸溶液中取出合成针模块，要立即开始下一个循环，将模块放入甲醇浴中，合成针被浸入其高度的一半（针尖完全浸入），搅拌洗涤 5 min，弹去多余的甲醇，空气干燥 2 min，重复用 DMF 洗涤（不要干燥）。

9. 对于氨基酸加成的每一个循环，重复第 4～8 步。按照合成程序表制备 Fmoc 保护的氨基酸溶液。在每一个循环中，将小份活化的氨基酸加到反应托盘的适当孔中（在 24 h 的时间内，往每个合成针上总共可以加 3 种氨基酸）。

10. 重复第 4～6 步，对最终的 Fmoc 氨基酸去保护，然后接着进行第 11 步或第 12 步。

11. 可选：进行 B 细胞或 T 辅助细胞表位筛选时，通过乙酰化对肽的 N 端加帽（见辅助方案 2）。为了在以后能够重新捕获到抗生物素蛋白上，用生物素或长链生物素进行 N 端加帽（见辅助方案 3），进行第 12 步。

12a. 对于 MPS 试剂盒：取 1.5 ml SCD 溶液，加到 10 ml 的尖底聚乙烯管中，完全浸过合成针的带肽部分，将管盖好，在 20～25℃温育 2.5 h。在一个良好的化学通风橱内，用温和的液氮气流或用配有处理腐蚀性气体的旋转蒸发器，将含有切下的肽的 SCD 溶液的体积降至约 0.1 ml，用 8 ml 1∶2∶0.003 乙醚/石油醚/2-ME 沉淀剩余溶液中的肽，倒出并弃掉上清，用 4 ml 1∶2 乙醚/石油醚洗涤沉淀的肽，用温和的液氮气流干燥沉淀物。

12b. 对于 NCP、GAP 或 DKP 试剂盒：取所需体积的 SCD 溶液，加到浴器内，完全浸过合成针的带肽部分，将管盖好，在 20～25℃温育 2.5 h。在酸化甲醇中将合成针洗涤 3 次，以除去 SCD 溶液，进行第 13 步。

13a. 对于 GAP 试剂盒：往一试管架的 96 个 1 ml 的聚乙烯管的每个管中加入 0.7 ml 0.1 mol/L NaOH，将合成针放入溶液中，温育约 1.5 h（如果超声处理可短一些时间），以从合成针上切下肽，切下后，立即用等量 0.1 mol/L 的醋酸中和。

13b. 对于 DKP 试剂盒：在适当的、缓冲性良好的、pH>7 的溶液（如 0.1 mol/L 的磷酸钠或 0.1 mol/L 的 HEPES，pH 8）中温育过夜（16 h），从合成针上切下肽。

13c. 对于 NCP 试剂盒：在超声缓冲液中漂浮模块（合成针侧向下），在 60 ℃条件下，超声 10 min，这样便可以制备用于结合分析的合成针。先用水冲洗合成针，然后于 20～45℃时放入甲醇中（在分析中马上使用），或于空气中干燥（用于贮存，直到在分析中使用）。

辅助方案 1　制备活化的 Fmoc 保护的氨基酸溶液

附加材料（见基本方案）

- 9-芴甲氧羰基（Fmoc）保护的氨基酸，带侧链保护基团（Sigma 公司、Bachem 公司、Novachem 公司或 Chiron Technologies 公司），4℃保存
- 催化剂：1-羟基苯并三唑（1-hydroxybenzotriazole，HOBt）
- 活化剂：二异丙基碳二亚胺（diisopropylcarbodiimide，DIC）
- 二甲基甲酰胺（DMF），不含胺的
- 乙醇，分析试剂级
- 5 ml 或 10 ml 玻璃、聚乙烯或聚丙烯瓶，带惰性（如聚乙烯、特氟隆）盖和衬垫

1. 从 4℃取出 Fmoc 保护的氨基酸，在称重之前，让其恢复至室温。
   在肽合成的过程中，氨基酸的侧链也必须被保护：丁基醚用于丝氨酸、苏氨酸和酪氨酸；丁酯用于天冬氨酸和谷氨酸；叔丁氧羰基（t-Boc）用于赖氨酸、组氨酸和色氨酸；2,2,5,7,8-pentamethylchroman-6-sulfonyl（Pmc）用于精氨酸；三苯甲基（Trt）用于半胱氨酸；如果要使用 benzotriazolyl-*N*-oxytris（dimethylamino）phosphonium hexafluorophosphate（BOP）或 benzotriazol-1-yl-oxytripyrrolidinophosphonium hexafluorophosphate（PyBOP）活化，天冬酰胺和谷氨酰胺应当使用三苯甲基保护。在操作时，BOP 和 PyBOP 需要更加小心，对于一些氨基酸应当使用不同的保护。
2. 根据当前合成循环所需要的量，称取每种氨基酸和 HOBt，放到单独的、大小合适的、干净的、干燥的玻璃、聚乙烯或聚丙烯瓶内，在称取每种试剂后，用乙醇冲洗试剂勺并让其干燥（防止交叉污染）。
3. 计算 DIC 的适当的量。用显示的重量乘以 1.23（根据 DIC 的密度，0.815 g/ml），以 1.23 作为转换系数，从计算的重量得到所需体积的 DIC（单位为微升）。
4. 按合成程序表所示，吸取适当体积纯化（无胺）的 DMF，配制 HOBt 和 DIC 溶液。
5. 往每种氨基酸中加入指定体积的 HOBt/DMF。
6. 往每种氨基酸溶液中加入指定体积的 DIC/DMF，活化每种氨基酸溶液，彻底混合，用于肽合成，弃去多余的氨基酸溶液。

辅助方案 2　肽的 N 端乙酰化

附加材料（见基本方案；带√的项见附录 1）

　√ 乙酰化溶液，使用前配制
- 带已合成肽的合成针（见基本方案）

1. 将新配制的乙酰化溶液加到适当的浴容器内。
2. 将带已合成肽的合成针浸入乙酰化溶液中，室温下温育 90 min。
3. 在甲醇浴中洗涤合成针，空气干燥。

辅助方案 3　肽的 N 端生物素化

附加材料（见基本方案）

- 生物素或长链生物素
- 二甲基酰胺（DMF），无胺
- DIC
- 带已合成肽的合成针（见基本方案）

1. 将生物素溶于无胺的 DMF 中，浓度为 125 mmol/L。
2. 在 1 ml DMF 中溶解 158 mg DIC，配制 10× 的 DIC 溶液（活化剂）。在 1 ml DMF 中溶解 192 mg HOBt，配制 10× 的 HOBt 溶液（催化剂）。
3. 用 10× 活化剂和催化剂浓缩溶液活化生物素（生物素：活化剂：催化剂为 80：10：10）。
4. 将其分配到反应托盘中，150 μl/孔（齿轮）或 450 μl/孔（巨冠）。
5. 将带已合成肽的合成针浸入反应托盘中，温育 ≥2 h，然后用甲醇洗涤合成针。

参考文献：Geysen et al. 1984；Stewart and Young 1984
作者：Stuart J. Rodda

17.2 单元　用于生产识别完整蛋白质的抗体的合成肽

基本方案 1　计算机辅助选择适当的抗原肽序列

　　从当地计算机系统可以得到预测蛋白质亲水性和预测转角和环（loop）的许多算法。这些算法都包括在许多的商业软件包中，如 GCG（遗传学计算机小组）。日内瓦大学的 ExPASy 网站提供免费的多种不同的序列，其网址为：http://expasy.org/tools。

　　以下的方案使用由 Kyte 和 Doolittle（1982）开发的亲/疏水性指数和由 Chou 和 Fasman（1974b）开发的 β 转角二级结构预测方法，可以在 ExPASy 因特网址上的 "Protscale" 工具中找到。

1. 使用选定的算法，计算蛋白质序列的亲/疏水性指数和 β 转角的倾向，使用 7 或 9 的窗口大小，使每个氨基酸的权重相等，用图形或数字的形式（或都用）记录结果。
   窗口的大小决定了在计算位于窗口中心的氨基酸的值时所使用的氨基酸的数目。例如，窗口大小为 9 时，在中心氨基酸的每一侧有 4 个氨基酸。中心氨基酸所计算的值为窗口中每个氨基酸的值的简单平均。
2. 比较两种分析的结果，找出转角倾向高和亲水性高（疏水性低）的序列区域。
3. 检查序列的糖基化位点基序，弃掉含有糖基化位点基序的序列，除非已知该蛋白质不被糖基化。
   在 ExPASy 网站（http://expasy.org/tools）的 "NetOGlc" 工具中可以找到辅助预测哺乳动物脂蛋白黏蛋白型 GalNAc O-糖基化位点的程序。
4. 选择通过本分析所得到的最好的序列，用作抗原肽。在这些序列中，转角倾向的最大阳性值（阳性偏转的峰）与疏水性的最大阴性值（阴性偏转的峰）的位置相对应。在这些分析中得到的值是相互关联的，并取决于每种蛋白质的组成，所以不能够设定一个任意的最小值作为舍弃一个异常峰的阈值，相反，在任何已知的序列中，总是选择幅度最大的峰。此外，蛋白质中间体的氨基端和羧基端区域常常暴露于溶剂中，如果这些区域的性质是亲水的，它们也是可接受的候选者。这样，每种分析会提供几种潜在的序列，要制备多少种肽是个人选择的问题。

备择方案 1　手工检查以选择合适的肽序列

1. 视觉检查蛋白质序列，选择的区域在 10～15 个残基的范围内含有至少 2 或 3 个带电荷的残基（Lys、Arg、His、Asp、Glu），或选择带电荷残基数目最多的序列。
2. 从第 1 步鉴定的序列中，选择一组 Ser、Thr、Asn、Gln、Pro 和 Tyr 含量最高的序列。
3. 使用表 17.2 中的值和 9 个残基的窗口（见基本方案 1 第 1 步），计算所选序列中每个氨基酸的平均亲水性和转角倾向。

表 17.2　氨基酸的疏水指数和 β 转角指数

氨基酸	符号	疏水值[a]	β 转角倾向[b]
精氨酸	Arg（R）	−4.5	0.95
赖氨酸	Lys（K）	−3.9	1.01
天冬氨酸	Asp（D）	−3.5	1.46
谷氨酸	Glu（E）	−3.5	0.74
天冬酰胺	Asn（N）	−3.5	1.56
谷氨酰胺	Gln（Q）	−3.5	0.98
组氨酸	His（H）	−3.2	0.95
脯氨酸	Pro（P）	−1.6	1.52
酪氨酸	Tyr（Y）	−1.3	1.14
色氨酸	Trp（W）	−0.9	0.96
丝氨酸	Ser（S）	−0.8	1.43
苏氨酸	Thr（T）	−0.7	0.96
甘氨酸	Gly（G）	−0.4	1.56
丙氨酸	Ala（A）	1.8	0.66
甲硫氨酸	Met（M）	1.9	0.60
半胱氨酸	Cys（C）	2.5	1.19
苯丙氨酸	Phe（F）	2.8	0.60
亮氨酸	Leu（L）	3.8	0.59
缬氨酸	Val（V）	4.2	0.50
异亮氨酸	Ile（I）	4.5	0.47

a Kyte 和 Doolittle（1982）。

b Chou 和 Fasman（1974b）。

4. 对所选序列的每个氨基酸的值作图。

5. 检查序列的糖基化基序，弃掉含有糖基化位点的序列（见基本方案 1 第 3 步）。

6. 选择最佳序列（见基本方案 1 第 4 步的规则），选择高转角倾向-疏水性比率。

基本方案 2 设计用于耦联到载体蛋白质上的合成肽

1. 选择一个由 10～15 个氨基酸残基组成的序列（应当含有一些带电荷的残基，如 Arg、Lys、His、Glu 和 Asp），用于合成肽。

2a. 如果所选序列内部不含半胱氨酸：在氨基端或羧基端加一个半胱氨酸，以便使用异型双功能交联剂（如 MBS；见基本方案 3）将其耦联到一种载体蛋白质上。

2b. 如果所选序列内部含半胱氨酸：不必加用于 MBS 交联的末端半胱氨酸，相反，使用一种另外的交联方法（见备择方案 3、4 或 5）或合成一种多抗原肽（MAP；见备择方案 2）。

3a. 对于其末端残基在蛋白质肽键内的序列：如果是使用异型双功能交联剂（如 MBS；见基本方案 3）将肽交联起来的，在合成的过程中，分别通过乙酰化和酰胺化修饰氨基末端或羧基末端；如果使用与氨基反应的同型双功能交联剂（如戊二醛；见基本方案 3）进行耦联，则只需要对羧基末端进行酰胺化；如果用 EDC 进行耦联（见备择方案 4），则只需要对氨基末端进行乙酰化。

3b. 对氨基末端或羧基末端连到蛋白质上的序列：

i. 如果序列就是蛋白质的氨基末端或羧基末端序列，而且要用异型双功能交联剂（如 MBS；见基本方案 3）耦联肽，让未参与肽键的末端（和不含另外用于 MBS 交联的半胱氨酸残基的末端）作为游离的氨基末端或羧基末端基团，除非已知这些末端被正常封闭。

ii. 如果序列就是蛋白质的氨基末端序列，而且要用同型双功能交联剂（如戊二醛；见基本方案 3）耦联肽，则对羧基末端进行酰胺化。

iii. 如果序列就是蛋白质的羧基末端序列，而且要用戊二醛（见基本方案 3）耦联肽，让两个末端都处于游离状态。

4. 如果要用 EDC（见备择方案 4）耦联肽，通过乙酰化封闭氨基末端。

备择方案 2 设计一种合成的多抗原肽

1. 选择一条长度在 10～15 个残基的序列（带还原的 Cys 残基）。

2. 使用 four-branch core 合成 MAP。

3. 可选：如果所选序列不是蛋白质的氨基末端，将新的氨基末端乙酰化。

4. 直接使用 MAP 作为抗原。

基本方案 3 使用异型双功能交联剂将合成肽耦联到载体蛋白质上

如果合成肽设计成一侧末端带有半胱氨酸残基（见基本方案 2 第 2a 步），要耦联到钥孔青贝血蓝蛋白（KLH）或其他载体蛋白质上，应当遵循以下步骤，必须小心，以确保半胱氨酸的巯基保持在还原状态。

注意：在本方法中，不得将 Tris 或其他缓冲液与原始的氨基一起使用。

材料（带√的项见附录1）

- 钥孔青贝血蓝蛋白（keyhole limpet hemocyanin，KLH；Pierce 公司，Sigma 公司，Calbiochem 公司或 Boehringer Mannheim 公司）
- √ 0.01 mol/L 磷酸钠缓冲液，pH 7.5
- 10 mg/ml MBS 于新鲜的 *N*, *N*-二甲基甲酰胺（DMF）溶液中
- √ 0.05 mol/L 和 0.1 mol/L 磷酸钠缓冲液，pH 7.0
- 合成的肽，在 N 端或 C 端带还原的半胱氨酸残基
- √ 6 mol/L 盐酸胍
- 平底小玻璃瓶
- 约 0.9 cm×15 cm 凝胶过滤柱，含有 Sephadex G-25 或 G-50（Amersham Pharmacia Biotech 公司）或 Bio-Gel P2 或 P4（Bio-Rad 公司）树脂；或预装的 PD-10 柱（Amersham Pharmacia Biotech 公司）

1. 在一个平底小玻璃瓶中，将 5 mg KLH 溶于约 0.5 ml 的 0.01 mol/L 磷酸钠缓冲液（pH 7.5）中。
2. 加入 100 µl 10 mg/ml MBS/DMF 溶液，在室温下用微型搅拌棒轻轻搅拌 30 min。
3. 在约 0.9 cm×15 cm 的凝胶过滤柱（见第 8.3 单元）上将 MBS 活化的 KLH 与游离的 MBS 分开，用 0.05 mol/L 磷酸钠缓冲液（pH 7.0）平衡和洗脱柱子，收集 0.5 ml 的组分，在 280 nm 处测其吸收。

   洗脱的第一个峰是 KLH-MBS 耦联物，这些组分看起来会有浑浊，第二个峰是未耦联的 MBS。
4. 将 KLH-MBS 耦联物组分合并到另一支管中。
5. 在使用前，将 5 mg 合成的肽溶于 0.01 mol/L 磷酸钠缓冲液（pH 7.0）中，如果肽的溶解度不好，可使用 6 mol/L 盐酸胍。
6. 将肽溶液加到 KLH-MBS 耦联物中，在室温下用微型搅拌棒轻轻搅拌 3 h（耦联可以继续过夜）。
7. 于 4℃对 4 L 蒸馏水透析（附录 3B）过夜，在 24 h 内用于免疫。

辅助方案 1　用 Ellman 试剂分析游离的巯基

　　在 0.1 mol/L 的磷酸钠缓冲液中，硫代硝基苯甲酸盐（thionitrobenzoate；试剂与游离巯基反应生成的有色物质）在 412 nm 处的摩尔消光系数为 14 150（图 17.3）。

材料（带√的项见附录1）

- √ 半胱氨酸标准贮液
- √ 0.1 mol/L 磷酸钠，pH 8.0
- 要分析的肽
- √ Ellman 试剂溶液
- 13 mm×100 mm 玻璃试管

1. 往每支 13 mm×100 mm 玻璃试管中分别加入 25 µl、50 µl、100 µl、150 µl、200 µl

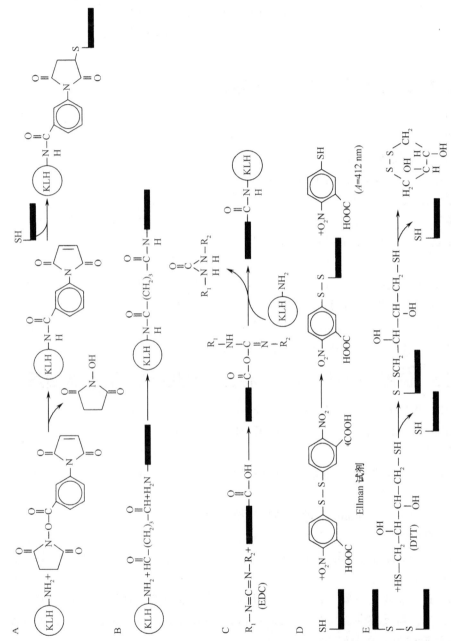

图 17.3 本单元所描述的化学反应图示。A. 与 MBS 的交联；B. 与戊二醛的交联；C. 与 EDC 的交联；D. 游离巯基与 Ellman 试剂反应，生成一种比色物；E. 用 DTT 还原二硫键。缩写：KLH，钥孔青贝血蓝蛋白；MBS，m-maleimidobenzoyl-N-hydroxysuccinimide ester；EDC，1- 乙基 -3-(3- 二甲胺基丙基）碳二亚胺 [1-ethyl-3-(3- di methylaminopropyl) carbodiimide]；DTT，N,N- 二硫苏糖醇。

和 250 μl 半胱氨酸标准贮液，制备半胱氨酸标准曲线，往每支试管中分别加入≤250 μl 的各种要分析的肽，用 0.1 mol/L 磷酸钠（pH 8.0）将每支试管的体积调整到 250 μl，往对照试管中加入 250 μl 0.1 mol/L 磷酸钠（pH 8.0）。

2. 往每支管中加入 50 μl Ellman 试剂溶液和 2.5 ml 0.1 mol/L 磷酸钠（pH 8.0），混合，在室温温育 15 min，然后在 412 nm 处测量吸收值（A_{412}）。

3. 将标准物的值减去空白对照的值以后，用差值作图，得到标准曲线，用此曲线确定肽的游离巯基的含量。

辅助方案 2　还原肽中的半胱氨酸基团

材料（带√的项见附录 1）

- 合成的肽

√ 0.1 mol/L 磷酸钠，pH 8.0

- 1 mol/L 二硫苏糖醇（DTT）水溶液
- 1 mol/L HCl
- 氮气源
- 100 μl 或 250 μl 的聚丙烯管

1. 将 5～10 mg 的肽溶于 0.1 mol/L 磷酸钠（pH 8.0）中，加入 100 μl 1 mol/L DTT，在液体表面上方充满氮气，将管密封，于 37℃温育 1 h。

2. 用 1 mol/L HCl 酸化，用反相 HPLC（见第 11.6 单元）脱盐，合并肽组分，冻干，将冻干物于 4℃保存，直到准备使用时（可达几天）。

备择方案 3　使用同型双功能试剂将合成的肽耦联到载体蛋白质上

附加材料（带√的项见附录 1；见基本方案 3）

- 50 mmol/L 硼酸钠缓冲液，pH 8.0（用 HCl 调 pH）

√ 戊二醛溶液

- 1 mol/L 甘氨酸，溶于 50 mmol/L 硼酸钠缓冲液（pH 8.0）中

1. 将 5 mg KLH 溶于 50 mmol/L 硼酸钠缓冲液（pH 8.0）中。

2. 加入 5 mg 合成的肽。

3. 缓慢地加入 1 ml 新的戊二醛溶液，并在室温下轻轻搅拌，在轻轻搅拌下再反应 2 h（会出现黄色或乳白色）。

4. 加入 0.25 ml 1 mol/L 甘氨酸，以结合未反应的戊二醛（会出现深黄色至褐色）。

5. 于 4℃条件下，将反应混合物对 4 L 50 mmol/L 硼酸钠缓冲液（pH 8.0）透析过夜，然后对水透析过夜，立即使用。

备择方案 4　使用碳二亚胺将合成肽耦联到载体蛋白质上

　　不要使用含有内部 Asp、Glu、Lys、Tyr 或 Cys 残基的肽，而且，为了防止肽形成多聚体，在合成的过程中，应当通过乙酰化来封闭氨基端（见基本方案 2）。

注意：在本方法中，不得使用含氨基或羧基的缓冲液。根据某些报道，也应当避免使用含磷酸基团的缓冲液，选用水作为溶剂是最安全的。

附加材料（见基本方案3）

- 1-乙基-3-(3-二甲基氨丙基）碳二亚胺（EDC；Pierce公司），使用时新配制或干贮并冷冻保存 0.1 mol/L HCl

1. 将 5 mg 合成肽溶于水中，加入 25 mg EDC 并小心地调 pH 至 4.0～5.0（加入少量 0.1 mol/L HCl），在轻轻搅拌下，让其在室温反应 5～10 min。

2. 将 5 mg KLH 溶于水中，并加到第 2 步的溶液中，在轻轻搅拌下，于室温反应 2 h，于 4℃对 4 L 水透析过夜，立即使用。

辅助方案3 肽与载体蛋白质摩尔比率的计算

1. 得到载体蛋白质、肽和肽/载体蛋白质耦联物的氨基酸组成，自动肽合成设备通常都能进行这些水解物的氨基酸组成分析（见第 17.1 单元）。要确保耦联物中不含未耦联的肽（即应当进行充分的透析）。

2. 确定一个比例换算系数（SF），这个 SF 与未耦联载体蛋白质中蛋白质的摩尔数与肽/载体耦联物中蛋白质的摩尔数的比率有关。可以这样完成：比较在载体蛋白质和肽/载体耦联物中出现的≥3 种氨基酸（但在肽中未再出现的）的摩尔比率。例如，如果肽 TGLRDSC（表 17.3）与载体蛋白质耦联，选择 A、K 和 I，计算如下：

$$SF=[（耦联物中 A 的 pmol/载体中 A 的 pmol）+$$
$$（耦联物中 K 的 pmol/载体中 K 的 pmol）+$$
$$（耦联物中 I 的 pmol/载体中 I 的 pmol）]/3$$

对于这些氨基酸，载体蛋白质的收率如下：A＝103 pmol、K＝65 pmol、I＝65 pmol。对于这些同样的氨基酸，肽/载体耦联物的收率：A＝206 pmol、K＝125 pmol、I＝135 pmol。

从这些值可以计算耦联物中载体蛋白质对未耦联载体蛋白质的相对量（SF）如下：(206/103＋125/65＋135/65)/3＝2.0，表明肽/载体耦联物水解物中载体蛋白质是载体蛋白质水解物中载体蛋白质的 2 倍。

3. 从耦联物中氨基酸的摩尔数减去载体中氨基酸的摩尔数，便可以计算耦联物中肽的摩尔数。选择肽中≥3 种氨基酸，载体蛋白质中蛋白质与耦联物中蛋白质的相对量（SF）的计算方法同第 2 步，但也必须考虑以下因素：

$$耦联物中肽的 pmol=[（耦联物中 G 的 pmol－SF×载体中 G 的 pmol）+$$
$$（耦联物中 L 的 pmol－SF×载体中 L 的 pmol）+$$
$$（耦联物中 R 的 pmol－SF×载体中 R 的 pmol）]/3$$

所以，表 17.3 中所举例子的耦联物水解物中的肽量（是使用氨基酸 G、L 和 R 计算的）为：

$$[（215－2×95）+（133－2×55）+（177－2×75）]/3＝25 pmol$$

表 17.3　肽 TGLRDSC 与载体蛋白耦联程度的计算实例

氨基酸	载体蛋白的组成	肽/载体耦联物的组成	耦联物中载体蛋白氨基酸的量	耦联物中肽氨基酸的量
D	80	185	160	25
E	110	222	220	—
G	95	215	190	25
S	65	150	130	20
T	70	163	140	23
H	10	19	20	—
P	25	51	50	—
A	103	206	206	—
M	5	11	10	—
V	60	118	120	—
F	22	45	44	—
L	55	133	110	23
I	65	135	130	—
C	7	22	14	8
Y	13	25	26	—
K	65	125	130	—
R	75	177	150	27
氨基酸的总 pmol	925	2002	1850	151

4. 耦联物水解物中蛋白质的摩尔数计算如下：

$$耦联物中载体蛋白质的 pmol = \frac{载体蛋白质氨基酸的总 pmol}{载体蛋白质的分子质量} \times 110$$

在此式中，载体蛋白质氨基酸的总 pmol＝SF×(载体总氨基酸组成的 pmol 数)，110 是氨基酸的平均分子质量。

在本例中，在耦联物中有 1850 pmol 的载体蛋白质氨基酸；所以，1850 pmol×(110/100 000) ＝2.04 pmol 载体蛋白质（在耦联物中）。

5. 确定肽与载体蛋白质的比率如下：

耦联物中肽的分子数/耦联物中载体蛋白质的分子数＝耦联物中肽的 pmol/耦联物中载体蛋白质的 pmol

使用第 3 步和第 4 步计算的值，结果为：耦联物中 25 pmol 肽/耦联物中 2.04 pmol 载体蛋白质＝耦联物中每分子的载体蛋白质有 12.2 分子的肽。

参考文献：Posnett et al. 1988；Tam，1988；Van Regenmortel et al. 1988
作者：Gregory A. Grant

17.3 单元　作为蛋白质模拟物的肽树枝状高分子的合成和应用

在合成 MAP 系统时，理解直接法和间接法（图 17.4）之间的差别是很必要的。图 17.5 列出了用于制备 cAMP 的一些方法。

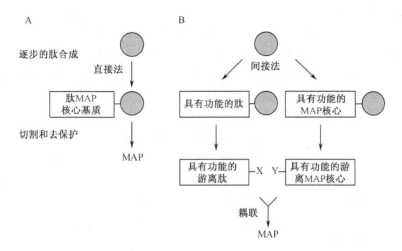

图 17.4 制备 MAP 的直接法（A）和间接法（B）。球形表示固相支持物；MAP 核心基质
为 Lys₂-Lys-Ala-OH 或 Lys₄-Lys₂-Ala-OH；X 代表亲核试剂；Y 代表亲电子试剂。

环形肽[a]	类型[b]	连接位点(x)	反应末端[c]		参考文献
			亲电子试剂	亲核试剂	
	e-e	Cys	$-\overset{O}{\overset{\|}{C}}SH$	Cys	Liu and Tam 1997
	e-e	Cys	$-\overset{O}{\overset{\|}{C}}SH^{d}$	Cys	Zhang and Tam 1997
	e-e	$HO\overset{S}{\diagdown}\diagdown_{-N}\diagdown_{CO}$	$-CO_2CH_2CHO^{e}$	Cys	Botti et al. 1996
-CO₂H	e-s	$CO\diagdown\overset{S}{\diagdown}\diagdown_{HN}\diagdown_{CO}$	$-COCHO^{f}$	Cys	Botti et al. 1996
-CO₂H	e-s	$-CO\text{-}CH=N\text{-}OCH_2CO\text{-}$	$-COCHO^{f}$	$NH_2\text{-}OCH_2CO\text{-}$	Pallin and Tam 1995
H_2N -CO₂H	s-s	$-CO\text{-}CH=N\text{-}OCH_2CO\text{-}$	$-COCHO^{f}$	$NH_2\text{-}OCH_2CO\text{-}$	Pallin and Tam 1996
H_2N -CO₂H	s-s	s-s	Cys	Cys	Tam et al. 1991

图 17.5 从未保护线性肽制备环形肽可用的方法。

a 剪头表示酰胺键的方向；

b 环形肽的类型有 e-e 型（末端接末端）、e-s 型（末端接侧链）和 s-s 型（侧链接侧链）；

c 在线性肽的两侧或侧链上放置了一个亲电子试剂/亲核试剂对（例如，为了形成 e-e 型环形肽，氨基亲核试剂
  为 Cys，羧基亲电子试剂可以是硫酯）；

d R＝(CH₂)₂-CONH₂；

e 来自 C 端甘油酯的高碘酸氧化；

f 来自 Lys 侧链上的 Ser 和 Thr 的高碘酸氧化。

基本方案 1 MAP 系统的直接 Bos 合成

材料

- 合成试剂 ［表 17.4；按 Stewart 和 Young（1984）的方法制备］：

二氯甲烷（DCM）

50%（V/V）三氟醋酸（TFA），溶于 DCM 中（TFA/DCM）

5%（V/V）二异丙基乙胺（DIEA），溶于 DCM 中（DIEA/DCM）

1.0 mol/L N,N'-二环己基碳二亚胺（DCC），溶于 DCM 中（DCC/DCM）

N,N'-二甲基甲酰胺（DMF）

表 17.4 Boc 固相肽合成程序表

反应	叙述	体积/（ml/g 树脂）	循环和时间
1	DCM 洗涤	15	3×1 min
2	50%（V/V）TFA/DCM 预洗涤	15	1×1 min
3	50%（V/V）TFA/DCM 去保护	15	1×20 min
4	DCM 洗涤（5×）	15	5×1 min
5	5%（V/V）DIEA/DCM 预洗涤	15	1×1 min
6	5%（V/V）DIEA/DCM 中和	15	1×5 min
7	DCM 洗涤（5×）	15	5×1
8[a]	Boc-AA（3 eq），溶于 DCM 中	5	1×1 min[b]
9	DCC（3 eq），溶于 DCM 中	1	1×30 min[b]
10	加入 DMF	15	1×30 min
11	DMF 洗涤（2 次）	15	2×1 min
12	DCM 洗涤（2 次）	15	2×1 min
13[c]	茚三酮试验	—	5 min

a 在耦联 Boc-Asn-OH 和 Boc-Gln-OH 时，应当使用 DCC/HOBt 耦联法，以避免未保护侧链氨基的脱水作用。另外也可以使用 Boc-Asn（Trt）-OH 和 Boc-Gln（Trt）-OH，以使降解副反应降低到最小程度。使用 DCC/HOBt 法时，也应当耦联 Boc-Arg（Tos）-OH。

b 在第 10 步反应结束之前，不要沥干。

c 如果茚三酮试验表明耦联反应尚未结束（＞99.5%），重复第 7～13 步反应。

- 0.1 mmol/g Boc-β-Ala-OCH₂-PAM 树脂（Bachem California 公司）
- Boc-Lys（Boc）（Bachem California 公司）
- Boc-氨基酸（Boc-AA），带被保护的侧链基团（Bachem California 公司，Peninsula Laboratories 公司），适于合成所要合成的肽抗原，溶于二氯甲烷（DCM）中
- 10%（V/V）苯硫酚，溶于 DMF；或 10%（V/V）巯基乙醇（2-ME）/5%（V/V）DIEA，溶于 DMF 中
- 对甲酚
- 对硫甲酚
- 甲硫醚（DMS）
- 液体氟化氢（HF），−78℃
- 99：1（V/V）冰冷的二乙醚/2-巯基乙醇（2-ME）
- 10%（V/V）醋酸水溶液
- 自动肽合成仪（如 PE Biosystems 公司）

- 手动反应器皿（Pierce 公司）
- 氟化氢切割仪器（Peptide Institute 公司或 Peninsula Laboratories 公司）
- 50 ml 圆底烧瓶
- 粗孔和细孔带过滤器板的玻璃漏斗
- 50℃水浴

1. 将 0.5 g 0.1 mmol/g Boc-β-Ala-OCH₂-PAM 树脂放到自动肽合成仪的反应容器内，开始合成，使用表 17.4（第 1 步～13 步反应构成一个完整的循环）所列的合成试剂和指导，使用第 2a 步、第 2b 步或第 2c 步替换表中的第 8 步。

2a. 制备带 2 个赖氨酸分支的 MAP 核心介质：在第一个循环的第 8 步反应中，往第 1 步所得到的树脂上耦联 0.15 mmol（52 mg）的 Boc-Lys(Boc)，接着进行第 3 步。

2b. 制备带 4 个赖氨酸分支的 MAP 核心介质：完成第 2a 步后，在第二个循环的第 8 步反应中，往第 2a 步得到的树脂上耦联 0.3 mmol（104 mg）的 Boc-Lys(Boc)，接着进行第 3 步。

2c. 制备带 8 个赖氨酸分支的 MAP 核心介质：完成第 2a 步和第 2b 步后，在第三个循环的第 8 步反应中，往第 2b 步得到的树脂上耦联 0.6 mmol（208 mg）的 Boc-Lys(Boc)，接着进行第 3 步。

3. 通过进行表 17.4 的反应（第 13 步反应为一个循环，每个循环一个氨基酸），在第 2a 步、第 2b 步、第 2c 步制备的 MAP 核心介质上合成肽。如果使用 0.05 mmol 的起始 Boc-β-Ala-OCH₂-PAM 树脂（选择适当的合成肽抗原所需的 Boc-氨基酸），则在表的第 8 步反应中，对于 2 个分支的 MAP 核心介质，使用 0.15 mmol Boc-氨基酸；对于 4 个分支的 MAP 核心介质，使用 0.3 mmol Boc-氨基酸；对于 8 个分支的 MAP 核心介质，使用 0.6 mmol Boc-氨基酸。

为了便于叙述，在本方案中使用了肽抗原 IEDNEYTARQG（IG-11），对于此肽，要合成 IG-11-AMP，所需要的 Boc-氨基酸为 Boc-Gly、Boc-Gln、Boc-Arg（Tos）、Boc-Ala、Boc-Thr（Bzl）、Boc-Tyr（BrZ）、Boc-Glu（OBzl）、Boc-Asn、Boc-Asp（OBzl）和 Boc-Ile，将以 G、Q、R、A、T、Y、E、N、D、E、I 的顺序组装肽链。

4. 肽合成结束后，将树脂移至手动反应容器内，使用 10% 的苯硫酚（溶于 DMF 中；处理 3 次，每次 8 h，每次 5 ml）或 10% 2-ME/5% DIEA（溶于 DMF 中；处理 2 次，每次 30 min，每次 5 ml），用 N^{im}-Dnp 保护基团从肽残基中除去二硝基酚（Dnp）。

5. 用 10 ml 50% 的 TFA/DCM 处理 20 min，除去 N 端的 Boc 基团，用 10 ml 5% 的 TFA/DCM 中和树脂，然后洗涤树脂 5 次，每次用 10 ml DCM（方法同表 17.4 的第 1～4 步反应）。将反应容器放到干燥器内，在真空下干燥树脂，在进行 HF 切割之前，除去 t-丁基保护基团。

6. 在氟化氢切割仪器的反应容器内放入 300～500 mg MAP 树脂，融化对甲酚和对硫甲酚（将瓶放 50℃水浴中），往反应容器内加入 0.75 ml 对甲酚和 0.25 ml 对硫甲酚，一旦此混合液冷却至室温并固化，往反应容器内加入磁力搅拌棒和 6.5 ml DMS，在低速下搅拌 2 min，使其混合，但不要让树脂飞溅到反应容器上。

7. 低 HF 切割：加入—78℃的液体 HF，终体积为 10 ml，对甲酚/对硫甲酚/DMF/HF 的比例为 7.5：2.5：65：25（V/V/V/V），将反应容器浸入冰浴中并搅拌，将混合物平衡至 0℃，将混合物于 0℃剧烈搅拌 2 h，在真空下除去 HF 和 DMS，接着进行第 8 步高速 HF 切割，或按第 9 步的方法完善反应。

8. 高 HF 切割：用 14 ml —78℃液体 HF 重新悬浮混合物，使终体积为 15 ml HF/对甲酚/对硫甲酚，将反应混合物于 0℃搅拌 1 h，用吸水器在 0℃真空下除去 HF。

9. 完善反应：往反应容器内加入 30 ml 冷冻的 99：1 的二乙醚/2-ME，洗涤残留物，以除去对硫甲酚和对甲酚。在 50 ml 圆底烧瓶上，用带过滤器板的玻璃漏斗过滤树脂和沉淀的肽，弃去醚洗涤液（一部分肽在反应容器中，一部分肽在带过滤器板的玻璃漏斗上），用 100 ml 10%的醋酸溶解反应容器和带过滤器板的玻璃漏斗上的粗肽，收集滤过液，将溶液冻干，—70℃保存。

备择方案　直接 Fmoc 固相合成 MAP 系统

材料（带√的项见附录 1）

- Fmoc-Ala-Wang 树脂（预装载 Fmoc-丙氨酸的对烷氧碳酰醇树脂，每克树脂含 0.3～0.5 mmol 的丙氨酸；Bachem California 公司）
- Fmoc 合成试剂
  N, N'-二甲基甲酰胺（DMF）
  20%（V/V）哌啶，溶于 DMF 中
  0.5%（m/V）1-羟基苯并三唑（HOBt），溶于 DMF 中（HOBt/DMF）
- Fmoc-Lys（Fmoc）（Bachem California 公司，Peninsula Laboratories 公司）
- 无水醋酸
- Fmoc-氨基酸（Fmoc-AA），带被保护的侧链基团（Bachem California 公司，Peninsula Laboratories 公司），适宜于合成所希望的肽抗原，溶于 DMT 中
- √ Fmoc 保护基团切割溶液，新鲜研制并预冷至 0℃
- 无水甲基异丁基醚，冰冷的
- 无水二乙醚
- 10%（V/V）醋酸水溶液
- 自动肽合成仪（如 PE Biosystems 公司）
- 手动反应器皿（Pierce 公司）
- 粗孔和细孔带过滤器板的玻璃漏斗

1. 将 0.5 g 0.3～0.5 mmol/g Fmoc-Ala-Wang 树脂放到自动肽合成仪的反应容器内，进行表 17.5 中的第 1～8 步反应（第 1 步～10 步反应构成一个完整的循环）。将 0.055 mmol（0.32 g）的 Fmoc-Lys（Fmoc）耦联到树脂上，在表 17.5 的第 6 步反应中加入 Fmoc-Lys（Fmoc），略去茚三酮试验步骤。

2. 往反应容器内加入 15 ml DCM 和 0.75 ml 无水醋酸，温育 1 h，以中止未反应的胺，按表 17.5 中第 9 步反应的方法用 10 ml DMF 洗涤树脂 5 次（每次 1 min）。

表 17.5　Fmoc 固相肽合成程序表

反应	叙述	体积/(ml/g 树脂)	重复和时间
1	DMF 洗涤	15	2×1 min
2	20% (V/V) Pip/DMF 预洗涤	15	1×3 min
3	20% (V/V) Pip/DMF 去保护	15	1×20 min
4	DCM 洗涤	15	6×1 min
5	0.5% HOBt/DMF 洗涤	12	2×1 min
6[a]	Fmoc-AA (3 eq)，溶于 DMF 中	12	1×1 min[b]
7	HOBt (3 eq)，溶于 DMF 中	1	1×1 min[b]
8	DCC (3 eq)，溶于 DCM 中	1	1×60 min
9	DMF 洗涤	15	5×1 min
10[c]	茚三酮试验	—	5 min

a 适用于所有氨基酸的耦联方法。

b 在第 7 步反应结束之前，不要沥干。

c 如果茚三酮试验表明耦联反应尚未结束（>99.5%），重复第 5~7 步反应。

3a. 制备带 4 个或 8 个分支的 MAP 核心介质：按照表 17.5 中的反应步骤，在第 6 步反应，往第 2 步所得到的树脂上耦联 0.3 mmol（177 mg）的 Fmoc-Lys(Fmoc)，接着进行第 3b 步（带 8 个分支的核心介质）或第 4 步（带 4 个分支的核心介质）。

3b. 制备带 8 个分支的 MAP 核心介质：按照表 17.5 中的反应步骤，在第 6 步反应，往第 3a 步所得到的树脂上耦联 0.6 mmol（354 mg）的 Fmoc-Lys(Fmoc)，在表中的第 6 步反应中加入 Fmoc-Lys(Fmoc)，接着进行第 4 步。

4. 通过进行表 17.5 的反应（10 步反应为一个循环，每个循环一个氨基酸），在第 3a 步或第 3b 步制备的 MAP 核心介质上合成肽，在表中的第 6 步反应中，使用 0.6 mmol 的 Fmoc-氨基酸；对于 4 个分支的 MAP 核心介质，使用 0.6 mmol Fmoc-氨基酸，对于 8 个分支的 MAP 核心介质，使用 0.6 mmol Fmoc-氨基酸。

对于 Fmoc-氨基酸，最常推荐的侧链保护性基团为：Ser、Thr 和 Tyr、异丁基醚（tBu）；Asp 和 Glu、叔丁酯（OtBu）；Asn、Gln、三苯甲基（Trt）酰胺；Arg、2,2,5,7,8-pentamethylchroman-6-sulfonyl（PMC）或 4-methoxy-2,3,6-trimethylhenzenesulfonyl（Mtr）；Lys、tert-butyloxycarbonyl（Boc）；His、N^{im}-三苯甲基（TrT）Trp 和未被保护的 Met；Cys、三苯甲基（Trt）硫醚或 acetamidomethyl（Acm）。以上所有都可以购得。

5. 肽合成结束后，进行表 17.5 中的第 1~4 步反应，用 20% 的哌啶/DMF 除去 N 端氨基上的 Fmoc 基团（最后的耦联）。用 10 ml DMF（3 次，每次 1 min）和 10 ml DCM（3 次，每次 1 min）洗涤树脂。

6. 将肽/树脂混合物加到手动反应容器内，往肽/树脂混合物中加入预冷的切割溶液，比例为每 0.2~0.4 g 的肽/树脂混合物加入 10 ml 的切割溶液，在室温下搅拌混合物 1.5~2 h。

7. 用带粗孔滤板的玻璃漏斗过滤肽/树脂混合物，洗涤树脂 3 次，每次用 5 ml TFA，在真空下将滤过液浓缩至小体积（约 2 ml），用 30～50 ml 冰冷的无水甲基异丁基醚沉淀肽。

8. 用带细孔滤板的玻璃漏斗过滤肽沉淀物，洗涤肽 3 次，每次用 10 ml 无水二乙醚，在真空下干燥粗肽（在玻璃漏斗中），将粗肽溶于 10％的醋酸中，冻干，－70℃保存。

辅助方案 1　茚三酮试验

材料（带 √ 的项见附录 1）

- √ 茚三酮试验试剂：溶液 A/B 混合液和溶液 C
- 60％（V/V）乙醇，溶于水中
- 0.5 mol/L 氯化四乙铵，溶于二氯甲烷（DCM）中
- 10 mm×75 mm 试管
- 100℃加热块
- 含玻璃丝塞的巴斯德吸管

1. 在每个合成循环的末尾（表 17.4 和表 17.5），从反应容器内取出约 10 mg 的湿树脂，在干燥器内真空干燥树脂 1 h。
2. 称取 3～5 mg 的干树脂样品，放入一支 10 mm×75 mm 的试管中，加入 100 μl 溶液 A/B 混合液和 25 μl 溶液 C，在另一支试管中只加入茚三酮试验试剂，不加树脂，混合。
3. 在 100℃加热块中将两支试管加热 10 min，在冷水中冷却试管，往试管中加入 1 ml 60％的乙醇，彻底混合，用含玻璃丝塞的巴斯德吸管过滤。
4. 用 0.2 ml 0.5 mol/L 氯化四乙铵（溶于 DCM 中）冲洗树脂 2 次，合并滤过液，用 60％的乙醇将合并后的滤过液稀释至 2 ml。用试剂作空白对照，测量滤过液样品的 A_{570}。对于常规的监测，使用 $1.5×10^4$ 的有效消光系数。

辅助方案 2　用透析法纯化 MAP 系统

材料

- 粗 MAP 系统（见基本方案或备择方案）
- 0.1 mol/L $NH_4HCO_3/(NH_4)_2CO_3$（pH 8.0），溶于 8 mol/L 和 2 mol/L 的尿素中
- 1 mol/L 醋酸
- 透析袋（如 Spectra/Por 6，MWCO 1000，Spectrum）

1. 将粗 MAP 系统溶于 100 ml 0.1 mol/L $NH_4HCO_3/(NH_4)_2CO_3$（pH 8.0；溶于 8 mol/L 尿素中）中，将肽溶液装于透析袋中。
2. 在室温下，连续用以下溶液各 2 L 透析肽溶液，每种溶液透析 8 h：
   0.1 mol/L $NH_4HCO_3/(NH_4)_2CO_3$（pH 8.0），溶于 8 mol/L 的尿素中
   0.1 mol/L $NH_4HCO_3/(NH_4)_2CO_3$（pH 8.0），溶于 2 mol/L 的尿素中

H₂O

1 mol/L 醋酸

3. 从透析袋中取出肽溶液，冻干，−70℃保存。

辅助方案 3　使用高效凝胶过滤层析纯化 MAP

材料（带√的项见附录 1）

* 10 mg 粗 MAP 系统（见基本方案或备择方案）
* √ 0.1 mol/L 磷酸钾，pH 7.0
* 高效凝胶过滤层析柱（预装的 Bio-Sil TSK 250，300 mm 长×7.5 mm 内径；分离的分子质量：10～30 kDa；Bio-Rad 公司）
* 保护柱（75 mm 长×7.5 mm 内径；Bio-Rad 公司）

1. 将 10 mg 粗 MAP 系统溶于 1 ml 0.1 mol/L 磷酸钾（pH 7.0）中。
2. 安装 HPLC 系统，将 Bio-Sil TSK 柱连接到 Guard 柱上，将紫外检测仪设定在 225 nm，用 0.1 mol/L 磷酸钾（pH 7.0）平衡凝胶过滤柱，流速为 0.5 ml/min。
3. 注入 200 μl 粗 MAP 溶液（来自第 1 步），用 0.5 ml/min 的流速洗脱肽，收集纯化后的 MAP 产物。
4. 重复注入（第 3 步）4 次，纯化所有的材料，合并纯化后的 MAP 产物，将 MAP 组分冻干，−70℃保存。

基本方案 2　末端加到侧链上的 cMAP 的直接合成

在温和的水性条件下转化成醛能够通过四氢噻唑使末端加到侧链的环化（图 17.6）。

材料（带√的项见附录 1）

* Fmoc-Lys［methyltrityl（Mtt）］（Calbiochem-Novabiochem 公司）
* Fmoc-Lys（Fmoc）（Bachem California 公司）
* Fmoc-Cys（StBu）（Calbiochem-Novabiochem 公司）
* 1%（V/V）TFA/5%（V/V）三异丙基硅烷（triisopropylsilane，TIS；Aldrich 公司），溶于 DCM 中
* 切割溶液：92.5∶2.5∶2.5∶2.5（V/V/V/V）三氟醋酸（TFA）/三异丙基硅烷（TIS）（Aldrich 公司）/苯甲硫醚（Aldrich 公司）/H₂O，新鲜配制
* √ 0.01 mol/L 和 10 mmol/L 磷酸钠缓冲液，pH 6.8
* 高碘酸钠（Aldrich 公司）
* Tris（2-carboxyethyl）phosphine hydrochloride（TCEP；Calbiochem-Novabiochem 公司）
* √ 10 mmol/L 醋酸钠缓冲液，pH 4.2
* 70%（V/V）甲酸水溶液

1. 从 Fmoc-Ala-Wang 树脂（0.5 g，0.1 mmol/g）开始手工合成 cMAP 前体，或通过

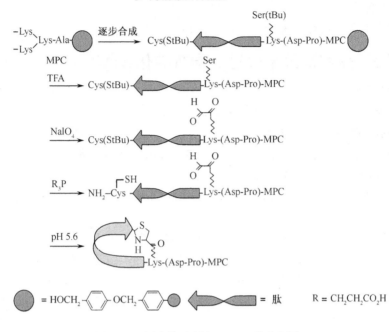

多环抗原肽的自装配

图 17.6　用直接法制备 cMAP 的流程图。

自动肽合成仪，使用合成试剂和表 17.5 所列的方法和备择方案中所叙述的方法，合成 cMAP 前体。

2. 使用备择方案第 6 步所述的方法，用 1% TFA/5% TIS（溶于 DCM 中）除去（在树脂上）Lys 的侧链保护性 4-methyltrityl（Mtt）基团，弃去 TFA/TIS/DCM 溶液，进行表 17.4 中的第 4～7 步反应，中和树脂上的 TFA-胺盐。

3. 按表 17.5 中第 6～9 步反应，用普通氨基酸耦联的方法，如 DCC 和 HOBt 方法将 Fmoc-Ser（tBu）耦联到赖氨酰侧链上。

4. 按备择方案第 5～8 步的方法，用 92.5：2.5：2.5：2.5（V/V/V/V）TFA/TIS/苯甲硫醚/H₂O 将 cMAP 前体去保护，并从树脂上切下。将肽冻干。

5. 将 0.44 μmol 的 cMAP 前体（来自第 4 步）溶于 2 ml 0.01 mol/L 磷酸钠缓冲液（pH 6.8）中，加入 3.52 μmol（0.75 mg）高碘酸钠（溶于 27 μl 水中）。

6. 将溶液搅拌 2 min，然后按第 11.6 单元所述的方法，用半制备型 HPLC 纯化肽，将氧化后的 cMAP 前体冻干。

7. 往将氧化后的 cMAP 溶液中［溶于 1.5 ml 10 mmol/L 醋酸钠缓冲液中（pH 4.2）］加入 17.6 μmol（1.5 mg）TCEP［溶于 47 μl 10 mmol/L 醋酸钠缓冲液中（pH 4.2）］。

8. 将混合物于 22℃搅拌 48 h，通过用 Ellman 试剂分析游离的巯基（见第 17.2 单元）来监测环化的进程，直到所有的巯基化合物被消耗掉。

9. 按第 11.6 单元所述的方法，用半制备型 HPLC 纯化 cMAP。

10. 要检测链内收率，在玻璃试管中加入 0.05 μmol 冻干的 cMAP。加入 0.5 ml 70% 的甲酸，将溶液于 37℃ 温育 48 h，或于 60℃ 温育 24 h，加入 0.5 ml 水，将样品冻干。

11. 用 RP-HPLC（见第 11.6 单元）分离单体的样品。

参考文献：Fields and Noble 1990；Grant 1992；Steward and Young 1984；Tam and Spetzler 1997；
　　　　　　Zhang and Tam 1997
作者：James P. Tam and Jane C. Spetzler

17.4 单元　肽二硫键的形成

基本方案 1　用空气氧化促进二硫键的形成

材料（带 √ 的项见附录 1）
- 多（巯基）肽，已纯化（纯化技术见第 8.5 单元）
- 缓冲液，从中选择：
  √ 0.1～0.2 mol/L Tris·Cl，pH 7.7～8.7
  √ Tris·醋酸盐，pH 7.7～8.7
  √ 0.01 mol/L 磷酸盐缓冲液，pH 7～8
- 0.01 mol/L 碳酸氢铵，pH 8
- 空气或氧气

1. 在 0.01～0.10 mg/ml（0.01～0.1 mmol/L）常用浓度的适当缓冲液中溶解肽底物，在大气中或在通氧气的情况下搅拌液体。
2. 用分析型 HPLC（见第 8.5 单元）监测反应的进程，取出小份样品（如取 20 μl 注满同样大小的 HPLC 注射环）来进行分析。
3. 氧化反应完成后，立即用直接冻干法浓缩肽物质。
4. 用标准方法纯化产物，如制备型 HPLC（见第 8.5 单元）、凝胶过滤（见第 8.3 单元）或离子交换（见第 8.2 单元）层析，视情况而定。

备择方案 1　通过在树脂上空气氧化促进二硫键的形成

材料
- 已保护的肽树脂，用优化的线性 SPPS 链装置制备
- 去保护试剂和溶剂
- 适当的洗涤溶剂
- 0.02～0.175 mol/L 三乙胺，溶于 N-甲基吡咯烷酮（NMP）中
- 空气或氧气
- 适当的肽切割混合液（见第 7.3 单元）和精制用材料
- 配有聚丙烯滤器的 2 ml 塑料注射器（对较大量的树脂使用较大的注射器）

1. 将已保护的肽树脂放入一个配有聚丙烯滤器的 2 ml 塑料注射器，进行一个选择的去保护步骤，在不影响锚定连接的情况下，除去 Cys 上的保护。在去保护完成后，立

即用适当的溶剂彻底洗涤。

2. 在 25℃条件下，用 0.02～0.175 mol/L（2～10 倍量）三乙胺（溶于 NMP 中）温育肽树脂（含有游离巯基化合物），轻轻地往悬液中通入空气或氧气。

3. 可选：取出少量的树脂肽（如 10～20 mg）做最后的切割（反应时间为 5～36 h），用 HPLC 分析评价切割物，以此监测反应进程。

4. 用适当的（不含巯基）肽切割混合液（见第 7.3 单元）从树脂上切割肽。用标准方法纯化产物，如制备型 HPLC（见第 8.5 单元）、凝胶过滤（见第 8.3 单元）或离子交换（见第 8.2 单元）层析，视情况而定。

备择方案 2 活性炭/空气介导的分子内二硫化物的形成

材料（带√的项见附录 1）
- 二（巯基）肽，先前纯化的
- 5%（V/V）NH_4OH 水溶液
- 活性炭
- √ Ellman 试剂

1. 将二（巯基）肽溶于水中，终浓度为 1 mg/ml（约 1 mmol/L）。用 5% NH_4OH 水溶液调 pH 为 7.5～8.0。

2. 将活性炭加入到肽溶液中，炭与肽的比例为 1:1（m/m）。在 25℃条件下，轻轻摇动多相反应混合物。

3. 用 Ellman 分析游离巯基的消失（见第 17.2 单元）来监控反应进程（反应在 2～6 h 完成）。取 70 µl 反应混合物，分别用 0.7 ml 水和 70 µl Ellman 试剂稀释，在 420 nm 测量 2-硝基 5-硫代苯甲酸阴离子（NTB⁻）的吸光率。

4. 反应完成后，立即过滤反应混合物并将滤过液冻干。

基本方案 2 通过铁氰化钾氧化形成分子内二硫化物

由于 $K_3Fe(CN)_6$ 有轻度光敏感性，最好在暗处进行反应。

材料（带√的项见附录 1）
- 多（巯基）肽，先前纯化的
- √ 0.01 mol/L 磷酸盐缓冲液，约 pH 7
- 0.01 mol/L $K_3Fe(CN)_6$ 水溶液
- 10%（V/V）NH_4OH 水溶液
- 50%（V/V）醋酸水溶液
- 硅藻土树脂（Aldtrich 公司）
- AG-3 阴离子交换树脂

1. 将多（巯基）肽溶于 0.01 mol/L 磷酸盐缓冲液（pH 7）中，终浓度为 0.1～1 mg/ml（0.1～1 mmol/L）。

2. 在 25℃，在充氮条件下，将肽溶液慢慢加入到 0.01 mol/L $K_3Fe(CN)_6$ 水溶液中（氧化剂的用量应超过理论计算量的 20%；加入的时间为 6～24 h）。

3. 加入 10% NH₄OH 水溶液，使反应混合物 pH 稳定在 6.8～7.0，反应完成后，用 50%醋酸水溶液调 pH 至 5。

4. 首先通过硅藻土树脂，然后在温和吸力下通过 AG-3 弱碱性阴离子交换树脂，除去亚铁氰化物离子和铁氰化物离子。用标准方法纯化产物，如制备型 HPLC（见第 8.5 单元）、凝胶过滤（见第 8.3 单元）或离子交换（见第 8.2 单元）层析，视情况而定。

备择方案 3　通过铁氰化钾氧化形成分子间或分子内二硫化物

材料见基本方案 2。

1. 将多（巯基）肽溶于 0.01 mol/L 磷酸盐缓冲液（pH 7）中，终浓度为 0.1～1 mg/ml。在 25℃，用 0.01 mol/L K₃Fe(CN)₆ 水溶液滴定肽溶液（30 min 以上），直到出现淡黄色。用 Ellman 分析进行氧化反应（可选；见第 17.2 单元）。

2. 用 50%醋酸水溶液调 pH 至 5，用 AG-3 阴离子交换树脂除去氧化剂。用标准方法纯化产物，如制备型 HPLC（见第 8.5 单元）、凝胶过滤（见第 8.3 单元）或离子交换（见第 8.2 单元）层析，视情况而定。

备择方案 4　通过铁氰化钾氧化在树脂上形成二硫化物

材料

- 已保护的肽树脂，用优化的线性 SPPS 链装置制备
- 二甲基甲酰胺（DMF）
- 0.1～0.5 mol/L K₃Fe(CN)₆ 溶液
- 二氯甲烷（CH₂Cl₂）
- 适当的（不含巯基）肽切割混合液（见第 7.3 单元）和精制用材料
- 配有聚丙烯滤器的 2 ml 塑料注射器（对较大量的树脂使用较大的注射器）

1. 将已保护的肽树脂放入一个配有聚丙烯滤器的 2 ml 塑料注射器内，进行一个选择性的去保护步骤，在不影响锚定键的情况下，除去 Cys 上的保护，用适当的溶剂进行彻底洗涤。在过程的末尾，在 DMF 中溶胀肽-树脂，然后沥干混合物。

2. 在 25℃黑暗条件下，用 0.1～0.5 mol/L K₃Fe(CN)₆ 水溶液与 DMF 的多相混合液（1:1～1:10，V/V）温育溶胀的肽-树脂。温育完成后（反应时间为 12～24 h），立即用水、DMF 和 CH₂Cl₂ 洗涤肽-树脂。

3. 用适当的（不含巯基）肽切割混合液（见第 7.3 单元）和材料从树脂上切割肽。用标准方法纯化产物，如制备型 HPLC（见第 8.5 单元）、凝胶过滤（见第 8.3 单元）或离子交换（见第 8.2 单元）层析，视情况而定。

基本方案 3　在弱酸性 pH 条件下用 DMSO 氧化

材料

- 多（巯基）肽，先前纯化的
- 5%（V/V）醋酸水溶液

- 碳酸铵，$(NH_4)_2CO_3$
- 二甲亚砜（DMSO）
- 0.05%（*V/V*）三氟醋酸（TFA）/5%（*V/V*）乙腈水溶液

1. 将多（巯基）肽溶于 5% 醋酸水溶液中，终浓度为 0.5～1.6 mg/ml（0.5～1.6 mmol/L）。用$(NH_4)_2CO_3$ 调 pH 至 6，加 DMSO 至终浓度为 10%～20%（*V/V*）。
2. 用分析型 HPLC（见第 8.5 单元；反应时间为 6～24 h）监测反应进程，取出一小份进行分析（如取 20 μl 注满同样大小的 HPLC 注射环）。
3. 反应完成后，立即用 0.05% TFA/5% 乙腈水溶液将反应混合物稀释 2 倍。为了去除 DMSO 和纯化产物，再上到制备型反相 HPLC 柱（见第 8.5 单元）上。

备择方案 5　在弱碱性 pH 条件下用 DMSO 氧化

　　假如肽是可溶解性的，在较高的 pH 下用 DMSO 进行氧化通常是有利的，因为本质上较高的收率意味着需要较少的试剂，而且最终的纯化变得相对简单。

材料（带√的项见附录 1）
- 多（巯基）肽，先前纯化的
- √ 0.01 mol/L 磷酸盐缓冲液，pH 7.5
- 二甲亚砜（DMSO）

1. 将多（巯基）肽溶于 0.01 mol/L 磷酸盐缓冲液（pH 7.5）中，至终浓度约 1 mg/ml（约 1 mmol/L）。在 25℃ 条件下加入 DMSO（体积的 1%）。
2. 用分析型 HPLC（见第 8.5 单元；反应时间为 3～7 h）监测反应进程，取出一小份（如取 20 μl 注满同样大小的 HPLC 注射环）进行分析。用冻干法淬灭反应。

基本方案 4　用氧化还原缓冲液氧化

材料（带√的项见附录 1）
- 多（巯基）肽，先前纯化的
- √ 谷胱甘肽氧化还原缓冲液加 1 mmol/L EDTA
- Sephadex G-10 或 G-25 柱

1. 将多（巯基）肽溶于谷胱甘肽氧化还原缓冲液（含 1 mmol/L EDTA）中，肽的终浓度为 0.05～0.1 mg/ml（0.05～0.1 mmol/L），在 25～35℃ 条件下温育溶液。
2. 用分析型 HPLC（见第 8.5 单元；反应时间为 16 h 至 2 天）监测反应进程，取出一小份（如取 20 μl 注满同样大小的 HPLC 注射环）进行分析。反应完成后，立即用直接冻干法浓缩肽物质。
3. 在 Sephadex G-10 或 G-25 柱上用凝胶过滤法或用其他标准方法 [如制备型 HPLC（见第 8.5 单元）或离子交换（见第 8.2 单元）层析，视情况而定] 纯化产物。

基本方案 5　由固相 Ellman 试剂介导的氧化

　　Ellman 试剂 [5,5′-二硫代（2-硝基苯甲酸）]，当可通过两个位点结合到合适的固相支持物（PEG-PS 或交联葡聚糖）上时，是一种有效、温和的氧化剂，能促进分子内二硫桥的形成（Annis et al. 1998；图 17.7）。

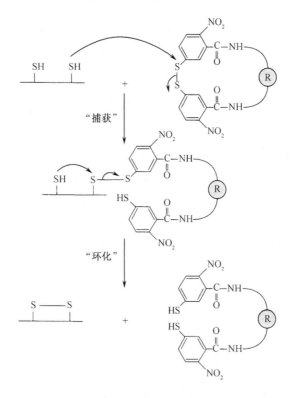

图 17.7　固相 Ellman 试剂介导的分子内二硫键形成的机制。R＝固体支持物。重印得到了了美国化学学会（Annis et al. 1998）的允许。

材料

- 多（巯基）肽，先前纯化的
- 2：1：1（*V/V/V*）适当的缓冲液（pH 2.7～7.0）/乙腈/CH₃OH
- 固相 Ellman 试剂（Annis et al. 1998）
- 二氯甲烷（CH₂Cl₂）
- 二甲基甲酰胺（DMF）
- 带聚丙烯滤器的 50 ml 塑料注射器（对于较大量的树脂使用较大的注射器）
- 隔片或塑料锁帽

1. 将多（巯基）肽溶于 2：1：1（*V/V/V*）缓冲液（pH 2.7～7.0）/乙腈/CH₃OH 混合液中，终浓度约为 1 mg/ml（约 1 mmol/L）。
2. 称取固相 Ellman 试剂（例如，每毫升肽溶液约 50 mg 树脂，0.2 mmol/g，相当于 DTNB 的功能超过巯基 15 倍），放入带聚丙烯滤器的 50 ml 塑料注射器中。
3. 在 CH₂Cl₂ 中溶胀树脂，用 DMF 洗涤，再用 CH₂Cl₂ 洗涤（如果母体支持物是 PEG-PS），然后沥干。

4. 用一个小隔片或塑料锁帽堵塞注射器尖端，将肽底物溶液加到已经含有固相 Ellman 试剂的注射器内，用磁力搅拌器轻轻搅拌反应混合物，或在 25℃条件下在旋转混合器上摇动。

5. 从液相中取出一小份（如取 20μl 注满同样大小的 HPLC 注射环）进行 HPLC 分析（见第 8.5 单元；反应时间为 0.5～30 h），监测反应进程。

6. 氧化反应完成后，立即用正压沥干液相，装入小瓶内，用 2∶1∶1 缓冲液（pH 2.7～7.0）/乙腈/CH₃OH 混合液洗涤，将洗涤液与前步沥出的液相结合。冻干反应混合物，得到氧化肽。

基本方案 6　用碘同时去保护/氧化

　　溶剂的选择是至关重要的，最佳溶剂包括 80%（V/V）醋酸、80%（V/V）甲醇或 80%（V/V）DMF 的水溶液。建议对反应进行监测（如用 HPLC），一旦氧化反应完成，应进行淬灭，以减轻相应磺酸对巯基功能性过度氧化的程度，同时也防止或尽量减少对其他敏感氨基酸侧链的修饰（Tyr、Met、Trp）。

材料

- S-保护的肽（被 S-Acm、S-Xan、S-Tmob 或 S-Trt 保护），先前纯化的
- 80%（V/V）醋酸
- 碘
- 四氯化碳（CCl₄）

1. 将 S-保护的肽溶于 80%醋酸中，终浓度约 2 mg/ml（约 2 mmol/L），在溶液中加入一份固体碘（S-保护的 Cys 的 5 倍当量），在 25℃剧烈混合溶液。

2. 用分析型 HPLC（见第 8.5 单元；反应时间为 10 min～24 h）监测反应进程，取出一小份（如取 20 μl 注满同样大小的 HPLC 注射环）进行分析。

3. 氧化反应完成后，立即用水稀释成 2 倍体积来淬灭反应，用 CCl₄（4～5 倍，每次用等量的体积）提取，以除去碘，保留上部的水相。提取完成后，立即将水相冻干。

4. 用标准方法纯化产物，如制备型 HPLC（见第 8.5 单元）、凝胶过滤（见第 8.3 单元）或离子交换（见第 8.2 单元）层析，视情况而定。

备择方案 6　用碘在树脂上同时进行 S-ACM 去保护/氧化

材料

- S-保护的肽树脂（用 S-Acm、S-Xan、S-Tmob 或 S-Trt 保护，用优化的线性 SPPS 链装置制备）
- 二甲基甲酰胺（DMF）
- 碘
- 适当的肽切割混合液

1. 在 DMF 中溶胀 S-保护的肽树脂，加入固体碘（S-保护的 Cys 的 5～10 倍当量），在 25℃条件下，轻轻搅拌 1～4 h。

2. 沥干，用 DMF 和 CH_2Cl_2 洗涤肽树脂，用适当的肽切割混合液切割肽，不要使用巯基清除剂。

3. 用标准方法纯化产物，如制备型 HPLC（见第 8.5 单元）、凝胶过滤（见第 8.3 单元）或离子交换（见第 8.2 单元）层析，视情况而定。

基本方案 7 用 Tl（III）同时进行 *S*-ACM 去保护/氧化

警告：铊有很强的毒性。

材料

- *S*-保护的肽（用 *S*-Acm、*S*-Xan、*S*-Tmob 或 *S*-Trt 保护），先前纯化的
- 19∶1（*V/V*）三氟醋酸（TFA）/苯甲醚
- 三氟醋酸铊（III）［Tl(tfa)₃］
- 乙醚
- 10～20 ml 螺盖离心管

1. 在 10～20 ml 螺旋帽离心管中，将 *S*-保护的肽溶于 19∶1 TFA/苯甲醚中，终浓度约 1 mg/ml（约 1 mmol/L），冷却至 4℃。

2. 加入固体 Tl(tfa)₃（每个 *S*-保护 Cys 0.6 倍量），4℃下搅拌反应物 5～18 h。

3. 可选：用分析型 HPLC（见第 8.5 单元）监测反应的进程；取出小份样品（例如，取 20 μl，充满同样大小的 HPLC 注射环）进行分析。

4. 在正压氮气流下，尽可能多地蒸发 TFA，加入乙醚（每 1 μmol 肽约 3.5 ml），沉淀肽。

5. 研磨 2 min，在室温条件下，用标准台式临床用离心机 4000 r/min 离心 2 min，收集肽。

6. 倒出乙醚，再重复研磨/离心循环 2 次，以确保完全清除有毒性的 Tl 盐。

备择方案 7 用 Tl（III）在树脂上同时进行 *S*-ACM 去保护/氧化

警告：铊有很强的毒性。

材料

- *S*-保护的肽树脂（用 *S*-Acm、*S*-Tmob 保护，用优化的线性 SPPS 链装置制备）
- 三氟醋酸铊（III）［Tl(tfa)₃］
- 二甲基甲酰胺（DMF）
- 苯甲醚
- 二氯甲烷（CH_2Cl_2）
- 适当的（不含巯基）肽切割混合液（见第 17.3 单元）
- 带聚丙烯滤器的 2 ml 塑料注射器

1. 在带聚丙烯滤器的 2 ml 塑料注射器内，将 *S*-保护的肽树脂在 DMF 中溶胀。

2. 将 Tl(tfa)₃（每个 *S*-保护基团 1.5～2 倍量）加到 19∶1 TFA/苯甲醚（约 0.35 ml/25 mg 树脂）中，在 4℃下轻轻搅拌异质混合物。

3. 可选：对小部分的肽树脂进行切割，进行 HPLC 分析（见第 8.5 单元；反应时间为 1~18 h），以此监测反应的进程。

4. 沥干，然后用 DMF 和 CH_2Cl_2 洗涤肽树脂，以除去多余的 Tl 试剂。

5. 用适当的不含巯基的肽切割混合液（见第 17.3 单元；不要使用巯基清除剂）切割肽。

6. 用标准方法纯化产物，如制备型 HPLC（见第 8.5 单元）、凝胶过滤（见第 8.3 单元）或离子交换（见第 8.2 单元）层析，视情况而定。

基本方案 8　烷基三氯硅烷-亚砜氧化

材料

- S-保护的肽（用 S-Acm、S-tBu、S-Mob 或 S-Meb 保护），先前纯化的
- 三氟醋酸（TFA）
- 二苯亚砜 [Ph(SO)Ph]
- 三氯甲基硅甲烷（CH_3SiCl_3）
- 苯甲醚
- 氟化铵（NH_4F）
- 二乙醚
- Sephadex G-15 柱
- 4 mol/L 醋酸水溶液

1. 将 S-保护的肽溶于 TFA 中，终浓度为 10 μg/ml（1~10 mmol/L）。将 Ph（SO）Ph（10 倍量）、CH_3SiCl_3（100~250 倍量）和苯甲醚（100 倍量）加至溶液中，在 25℃下让反应进行 10~30 min。

2. 加入固体 NH_4F（300 倍量）淬灭反应，用大量过量的无水二乙醚沉淀粗产物。

3. Sephadex G-15 柱上，用凝胶过滤法分离粗产物，用 4 mol/L 醋酸水溶液洗脱。

4. 将肽组分冻干，用标准方法纯化产物，如制备型 HPLC（见第 8.5 单元）、凝胶过滤（见第 8.3 单元）或离子交换（见第 8.2 单元）层析，视情况而定。

参考文献：Albericio et al. 2000；Andreu et al. 1994；Annis et al. 1997；Tam et al. 1991

作者：Lin Chen, Ioana Annis and George Barany

蔺晓薇 译　李慎涛 校

第 18 章　蛋白质互相作用的鉴定

对于许多细胞过程来说，蛋白质相互作用是其本质特征并且及其重要。对于这一重要的课题，近年来已研制了许多新的技术，Phizicky 和 Fields（1995）的综述提供了一个很好的全面的概况。本章叙述了用于检测特定蛋白质相互作用的生物化学、物理学和遗传学方法。姐妹篇第 19 章提供了一系列的补充方法，提供了蛋白质相互作用的定量信息，如结合的力和动力学。

本章先简要概述了蛋白质相互作用的分析，其中包括基本动力学概念和热力学概念（见第 18.1 单元），之后介绍了一种使用最广泛的用于检测蛋白质相互作用的方法——酵母双杂交/相互作用阱系统（见第 18.2 单元）。在这种遗传学方法中，使用转录活性来测量蛋白质-蛋白质相互作用。在第 18.5 单元中，介绍了使用酵母双杂交芯片进行高通量筛选。在这种方法中，使用双杂交分析，用一种由活酵母细胞组成的蛋白质芯片对蛋白质相互作用进行功能筛选。另一种检查蛋白质-蛋白质相互作用的工具是相互作用克隆（也称为表达克隆），基于噬菌体的相互作用克隆（见第 18.3 单元）需要一个编码目的蛋白（诱饵）的基因和一种适当的表达文库（构建在噬菌体表达载体中，如 λgt11）。这种方法直接分离编码相互作用蛋白质的基因，不需要纯化和微量测序，也不需要生产抗体。

在免疫共沉淀（见第 18.4 单元）这种常用的技术中，将无细胞提取物与抗一种蛋白质或一种表位标签的抗体一起温育，共沉淀相关的蛋白质，这样可以分离在完整细胞中可能存在的多蛋白质复合物。

通过 SDS-PAGE 分离之后，将蛋白质固定在一种固体支持膜上，用抗体对其进行探测（probing），这种方法被称为 Western 印迹分析（见第 10.7 单元）。在第 18.6 单元中介绍了这种方法的一种变种，被称为 far western 分析，在这种方法中，用非抗体蛋白质探测 SDS-PAGE 分离的蛋白质，以便鉴定特定的蛋白质-蛋白质相互作用，这种方法对研究用其他方法难以分析（如由于溶解度的问题）的蛋白质之间的相互作用很有用。

闪烁邻近分析法（scintillation proximity assay，SPA；见第 18.7 单元）是一种通用的均相放射分析技术，它依靠放射性原子衰变时释放出的亚原子颗粒之间的相互作用，并以含有固体闪烁体的微球作为分子相互作用的指示。这种方法已用于放射免疫分析、受体结合分析、酶分析和分子相互作用分析。

作者：Paul T. Wingfield

18.1 单元　蛋白质-蛋白质相互作用的分析

基本概念

近些年来，检测和研究蛋白质-蛋白质相互作用的技术越来越容易使用。本单元及随后的几个单元将讨论这些技术。

通俗地讲，蛋白质相互作用通常是指稳定的和瞬时的。当相互作用蛋白质形成复合物时，通常使用的说法是某些相互作用是稳定的。对于蛋白质复合物的成员资格的确定，最通常的是根据可操作性来确定，即在蛋白质与某种试剂（这种试剂对复合物中的另一个成员是特异的）共沉淀之后，根据该蛋白质的检测来确定；但有时也根据在双杂交实验中一种强的并在生物学上似乎可能的相互作用来确定。互相形成这种复合物的蛋白质通常被称为伴侣。相反，"瞬时"这个术语用于表示诸如一种酶和一种蛋白质底物之间的相互作用。

如上述例子所示，蛋白质相互作用的稳定性与其生物学意义之间没有特别的相关，通常认为的稳定和瞬时相互作用也有例外：在共沉淀实验中观察到的一些相互作用没有生物学真实性，而一些酶-底物相互作用可持续数分钟。由于这些原因，用更有效的术语来思考蛋白质相互作用通常更有用。用平衡参数来表述两种蛋白质之间相互作用的力量或亲和力，动力学参数表明了相互作用发生时的速度和相互作用蛋白质分开时的速度。

平衡参数

相互作用的强度可以用平衡解离常数 K_d 或其倒数 K_a（将在下面讨论）来表示。当两种蛋白质 A 和 B 缔合时，K_d 为：

$$K_d = \frac{[A][B]}{[AB]}$$

[AB] 是复合蛋白质的浓度；[A] 和 [B] 是非复合蛋白质的浓度，浓度为摩尔浓度；K_d 也是摩尔浓度。

要记住两种有用的特殊情况：第一，当 A 和 B 的浓度相等时，每种蛋白质各有一半形成 AB 复合物时，此时每种蛋白质的浓度就是 K_d；第二，当 A 的浓度大大地超过 B 的浓度（如 100 倍）时（通常标记为[A]≫[B]）时，当 B 的一半形成 AB 复合物时，此时 A 的浓度接近于 K_d。

在表 18.1 中列出了典型的具有生物学意义的相互作用的 K_d 值。注意，许多有意义的相互作用都很弱。

表 18.1　一些具有生物学意义的相互作用的缔合常数

相互作用	K_d
链霉抗生素蛋白-生物素结合	10^{-14} mol/L
抗体-抗原相互作用（用优质抗体）	$10^{-8} \sim 10^{-10}$ mol/L
DNA 结合蛋白与特异位点	$10^{-8} \sim 10^{-10}$ mol/L
抗体-抗原相互作用（用弱抗体）	10^{-6} mol/L
酶-底物相互作用	$10^{-4} \sim 10^{-10}$ mol/L
DNA 结合的噬菌体阻抑物之间的协同相互作用	10^{-4} mol/L
噬菌体阻抑物与大肠杆菌 RNA 聚合酶之间的协同相互作用	10^{-2} mol/L

另外，可用平衡缔合常数 K_a 来表示亲和力。K_a 可简单地表示为：

$$K_a = \frac{[\text{AB}]}{[\text{A}][\text{B}]}$$

换言之，它是平衡解离常数的倒数：$K_a = 1/K_d$。缔合常数没有 K_d 常用，但它的确在一些分支学科的文献中出现过，如叙述抗体-抗原相互作用时。

当 A 与 B 相互作用时，相互作用的强度与吉布斯自由能（Gibbs free energy）（ΔG）的变化成正比，可表示为：

$$\Delta G = \Delta H - T\Delta S$$

T 为开氏温度；ΔS 为熵（S）的变化；ΔH 为焓（H）的变化；ΔG 的单位是 kcal/mol。相互作用的自由能每增加 1 kcal，K_d 降低约 7 倍。注意，温度能够影响方程中的熵项，随着温度的下降，由焓驱动的反应受到熵损失的影响较小，这通常是有利的。相反，自由能主要来源于熵的有利变化的反应在较低温度时不利，这意味着蛋白质缔合与温度的依赖性通常能够提供这样一个线索：哪一项是引起缔合过程中自由能改变的主要原因。

K_a 与 ΔG 之间的相互关系如下：

$$\Delta G^0 = -RT \ln \frac{[\text{AB}]}{[\text{A}][\text{B}]}$$

$$\Delta G^0 = -RT \ln K_a = -RT \ln\left[\frac{1}{K_d}\right] = -RT \ln K_d$$

ΔG_0 是在标准条件（25℃）下自由能的变化；R 为通用气体常数（1.9872 kcal/mol）；T 为开氏温度（25℃为 289.1 K）。这样，

$$\Delta G^0 = 0.588 \ln K_d$$

而且，由于 $\ln x = 2.303 \log_{10} x$，则 $\Delta G^0 = 1.36 \log_{10} K_d$。例如，

(a) $K_d = 1 \times 10^{-14}$， 则 $\Delta G^0 = -19.04$ kcal/mol

(b) $K_d = 1 \times 10^{-2}$， 则 $\Delta G^0 = -2.72$ kcal/mol

链霉抗生素蛋白-生物素反应（a）要比涉及噬菌体阻抑物的低亲和力相互作用（b）更有利于反应向结合（[AB] 形成）的方向进行（表 18.1）。应当指出的是，上述计算的值是假设反应物 [A][B] 和产物 [AB] 的摩尔比率是 1 mol/L（标准状态）的情况下得出的。

许多（但并不是所有）在生物学上具有重要意义的蛋白质的相互作用似乎大都是由 ΔH 驱动的。例如，溶液中的蛋白质被与其表面残基形成氢键的水分子所包围，当两种蛋白质相互作用时，如果一个氢键的形成产生约 -1 kcal/(mol/L) 的能量，特定的离子接触形成产生约 -2 kcal/(mol/L) 的能量，那么将这些变化的能相加，这样两种键的形成通常产生 -3 kcal/(mol/L) 的能量，这意味着焓的变化使 K_d 降低大于 100 倍。

动力学参数

蛋白质相互作用的上述描述不能作为缔合或解离速度的参考，这些速度需要用动力学参数描述。

解离速度常数 k_{diss} 表示 AB 复合物解离成 A 和 B（AB→A＋B）时的速度。k_{diss} 是一级速度常数（即 k_{diss} 取决于一种蛋白质浓度，本例中是指 AB 复合物的浓度），并由 AB

浓度的下降速度所决定：

$$k_{diss}[A][B] = \frac{-d[AB]}{dt}$$

其单位为时间的倒数（在方程中为 t），通常被表示为 s^{-1}。例如，k_{diss} 为 $10^{-4}/s$ 表示每秒钟每 10^4 个 AB 复合物中有 1 个解离。

同样，缔合速度常数 k_{ass} 表示 A 和 B 缔合形成 AB 复合物（A＋B→AB）时的速度。这是一种二级反应（即其速度取决于 A 和 B 两者的浓度），其速度常数表示为：

$$k_{ass}[A][B] = \frac{+d[AB]}{dt}$$

其单位是浓度的倒数×时间的倒数，通常表示为 mol/L/s。

例如，假设细胞中 A 蛋白质的浓度为 10^{-6} mol/L、注射的 B 蛋白质的核浓度为 10^{-5} mol/L，并且这种抗体-抗原的缔合速度常数为 10^4 mol/L/s，则在注射之后，AB 的浓度将是：

$$\begin{aligned}
[AB] &= [A] \times [B] \times k_{ass} \\
&= (10^{-6}\,mol/L)(10^{-5}\,mol/L)(10^4\,mol/L/s) \\
&= 10^{-7}\,mol/L/s
\end{aligned}$$

也就是说，在混合后的前 1 s，会形成 10^{-7} mol/L 的 AB 复合物。任何一种反应物的浓度每增加 10 倍，形成的产物的速度也增加 10 倍。

注意，在平衡时定义为：

$$\frac{d[AB]}{dt} = 0$$

这样，对于 AB 的相互作用则有：

$$K_d = \frac{k_{diss}}{k_{ass}}$$

平衡相互作用的强度反映了缔合和解离的速度，这具有重要的影响。为了便于理解，可以想象有两对蛋白质，其相互作用的 K_d 相同，A 蛋白和 B 蛋白慢慢地结合到一起，但是，一旦形成了 AB 复合物，则需要很长的时间才能分离；相反，C 蛋白和 D 蛋白快速结合到一起，CD 复合物也快速解离。在两种情况下 AB 和 CD 缔合的动力学差异会很显著。第一种情况是在测量时，本章中所介绍的许多技术（如 pulldown 和免疫共沉淀技术）的成功应用依赖于：在将蛋白质与混合物中的其他蛋白质分开以及在冲洗分离的复合物时，连续步骤中蛋白质要保持缔合状态。无论蛋白质缔合得多么紧，如果在分离和冲洗蛋白质复合物之前蛋白质就解离了，则不能够检测到复合物。并且，如果 AB 和 CD 相互作用具有相同的 K_d，但 CD 解离得较快，那么共沉淀实验会产生 CD 缔合较弱的假象。

第二种情况与生物学作用有关。通过平衡测量，许多生物学现象（如在双杂交实验中蛋白质-蛋白质相互作用所产生的转录表型）似乎都得到了很好的阐述。然而，应当牢记，两种蛋白质缔合所引起的任何生物学过程都需要最短的时间。对于一些酶-底物相互作用，最短的时间会在微秒级，但对于其他的相互作用（如 DNA 复制的起动）可能会以秒来计算。如果复合物的缔合快于最短时间，那么，无论相互作用多么紧，也不会产生生物学过程。如果 AB 和 CD 具有相同的 K_d，但 CD 解离得较快，其缔合可能也不会产生生物学作用。

作者：Roger Brent

18.2 单元 用相互作用阱/双杂交系统鉴定相互作用的蛋白质

　　为了理解一种特定蛋白质的功能，鉴定与其缔合的蛋白质常常会有所帮助，可以通过对从文库中分离出的与目的蛋白特异性相互作用的新蛋白质进行选择或筛选来完成。检测相互作用蛋白质的一种特别有用的方法——双杂交系统或相互作用阱（图 18.1 和图 18.2），使用酵母（作为试管）和报道系统的转录激活来鉴定缔合的蛋白质。也可以使用这种方法来特异性地检测两种预期相互作用的蛋白质之间的复合物形成。

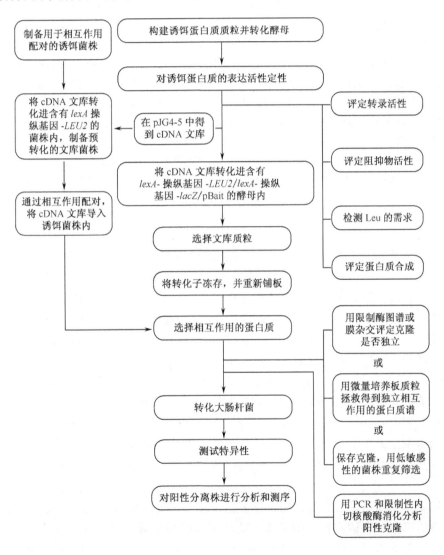

图 18.1　进行相互作用阱的流程图。

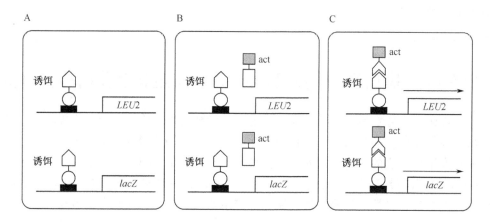

图18.2 相互作用阱。A. 含有两个 LexA 操纵基因响应的报道基因 [一个是整合到染色体上的 LEU2 基因（在 Leu 培养基上生长所需要的），第二个是携带一个 GAL1 启动子-lacZ 融合基因（使酵母在含 Xgal 的培养基上变成蓝色）的质粒] 的一个 EGY48 酵母细胞。细胞也含有组成型表达的嵌合蛋白，是由 LexA 的 DNA 结合结构域与探针或诱饵蛋白融合而成，不能够激活任何一个报道基因。B 和 C. 再用与激活结构域（act）融合的 pJG4-5 cDNA 文库转化含有 EGY48/pSH18-34/pbait 的酵母，并对文库进行诱导。在 B 图中，编码的蛋白质不能与诱饵蛋白特异性地相互作用，两个报道基因未被激活。在 C 图中，表明阳性相互作用，文库编码的蛋白质与诱饵蛋白相互作用，导致两个报道基因激活（箭头），这样便可以在无 Leu 的培养基上生长，并在含有 Xgal 的培养基上变成蓝色。符号：黑矩形，LexA 操纵基因序列；白圆圈，LexA 蛋白；白五边形，诱饵蛋白；白矩形，文库蛋白质；带阴影的方块，激活蛋白。

在这种方法的基本版本（图 18.2）中，使用质粒 pEG202 或一种相关的载体（表 18.2）将探针或诱饵蛋白与异源 DNA 结合蛋白 LexA 融合表达。许多蛋白质（如转录因子、激酶和磷酸酶）都已被成功地用作诱饵蛋白。对诱饵蛋白的主要要求是：在酵母细胞核中要有活性、不能有强的激活转录的内在能力。用表达 LexA 和诱饵蛋白的融合质粒（表 18.2）转化具有双报道系统的酵母，这种报道系统能够通过 LexA 操纵基因对转录激活产生响应。在这样的一个实例中，酵母菌株 EGY48（表 18.3）含有报道质粒 pSH18-34，在这种情况下，LexA 的结合位点位于两个报道基因的上游，在 EGY48 菌株中，染色体 LEU2 基因的上游激活序列（是亮氨酸生物合成通路所必需的）被 LexA 操纵基因（DNA 结合位点）所替换，pSH18-34 含有 LexA 操纵基因-lacZ 融合基因。当将细胞铺在缺乏亮氨酸的培养基上时，这两种报道基因通过选择有活力的细胞而能够选择转录激活，当酵母在含有 Xgal 的培养基上生长时，可以根据颜色来进行鉴别。

在捕获相互作用蛋白质时，用条件表达文库（表 18.4）转化诸如 EGY48/pSH18-34（含有诱饵蛋白表达质粒）的菌株。这种文库使用诱导型酵母 GAL1 启动子来表达蛋白质，所表达的蛋白质是与一种酸性结构域（acid blob）[其功能是作为可移动的转录激活基序（act）] 和其他有用成分融合的蛋白质。将转化子铺到含半乳糖（Gal）的培养基上来诱导文库编码蛋白质的表达。所以，在没有亮氨酸的情况下，含有与诱饵蛋

表 18. 2　相互作用阱的组成成分[a,b]

质粒名称/来源[c]	选择		说明/叙述
	在酵母中	在大肠杆菌中	
LexA 融合质粒			
pEG202[d,e]	HIS3	Ap[r]	含有表达 LexA 的 ADH 启动子,其后是多接头
pJK202[e]	HIS3	Ap[r]	与 pEG202 相同,但在 LexA 和多接头之间整合了核定位序列,用于增强诱饵向核的转位
pNLexA[e]	HIS3	Ap[r]	含有表达多接头的 ADH 启动子,后面是 LexA,与氨基端残基必须保持未封闭的诱饵一起使用
pGildad[d,e]	HIS3	Ap[r]	含有表达与 pEG202 相同的 LexA 和多接头匣的 GAL1 启动子,用于其持续存在对酵母有毒性的诱饵
pEE202I	HIS3	Ap[r]	pEG202 的整合形式,用 KpnI 消化后能够进入 HIS3 中,用于生理筛选需要较低水平的诱饵蛋白表达的情况下
pRFHM1[e,f]（对照）	HIS3	Ap[r]	含有 ADH 启动子,表达与 bicoid 同源结构域整合的 LexA,产生未激活的融合蛋白,用作阻遏分析的阳性对照及激活和相互作用分析的阴性对照
pSH17-4[e,f]（对照）	HIS3	Ap[r]	表达与 GAL4 激活结构域融合的 LexA 的 ADH 启动子,用作转录激活的阳性对照
pMW101[f]	HIS3	Cm[r]	与 pEG202 相同,但改变了抗生素抗性标记物,用于克隆诱饵的基本质粒
pMW103[f]	HIS3	Km[r]	与 pEG202 相同,但改变了抗生素抗性标记物,用于克隆诱饵的基本质粒
pHybLex/Zeo[f,g]	Zeo[r]	Zeo[r]	与相互作用阱和所有其他双杂交系统兼容的诱饵克隆载体,最小的 ADH 启动子表达 LexA,其后是多接头
激活结构域融合质粒			
pJG4-5[c,d,e,f]	TRP1	Ap[r]	含有表达核定位结构域、转录激活结构域、HA 表位标签、克隆位点的 GAL1 启动子,用于表达 cDNA 文库
pJG4-5I	TRP1	Ap[r]	pJG4-5 的整合型,用 Bsu36I（New England Biolabs）消化后可进入 TRP1 内,与 PEE202I 一起使用来研究在生理状态下低蛋白质浓度时发生的相互作用
pYESTrp[g]	TRP1	Ap[r]	含有表达核定位结构域、转录激活结构域、V5 表位标签、多克隆位点的 GAL1 启动子,含有 f1 复制原点和 T7 启动子/侧翼位点,用于表达 cDNA 文库（Invitrogen 公司）
pMW102[f]	TRP1	Km[r]	与 pJG4-5 相同,但改变了抗生素抗性标记物,尚无文库
pMW104[f]	TRP1	Cm[r]	与 pJG4-5 相同,但改变了抗生素抗性标记物,尚无文库
LacZ 报道质粒			
pSH18-34[d,e,f]	URA3	Ap[r]	含有 8 个指导 lacZ 基因转录的 LexA 操纵基因;最敏感的转录激活指示质粒之一
pJK103[e]	URA3	Ap[r]	含有 2 个指导 lacZ 基因转录的 LexA 操纵基因;一种转录激活的中间报道质粒

质粒名称/来源[c]	选择		说明/叙述
	在酵母中	在大肠杆菌中	
pRB1840[e]	URA3	Ap[r]	含有 1 个指导 lacZ 基因转录的 LexA 操纵基因；最严紧的转录激活报道基因
pMW112[f]	URA3	Km[r]	与 pSH18-34 相同，但改变了抗生素抗性标记物
pMW109[f]	URA3	Km[r]	与 pJK103 相同，但改变了抗生素抗性标记物
pMW111[f]	URA3	Km[r]	与 pRB1840 相同，但改变了抗生素抗性标记物
pMW107[f]	URA3	Cm[r]	与 pSH18-34 相同，但改变了抗生素抗性标记物
pMW108[f]	URA3	Cm[r]	与 pJK103 相同，但改变了抗生素抗性标记物
pMW110[f]	URA3	Cm[r]	与 pRB1840 相同，但改变了抗生素抗性标记物
pJK101[e,f]（对照）	URA3	Ap[r]	含有 GAL1 上游激活序列，其后是两个 LexA 操纵基因；用于分析诱饵与操纵基因序列结合的阻抑分析中

a 除标明（pEE202I、pJG4.5I）的外，所有质粒都含有 2 μm 复制起点，以在酵母中维持也含有细菌的复制起点。

b 相互作用阱试剂汇集了许多作者的工作；最初的基本试剂是在 Brent 实验室中研制的（Gyuris et al. 1993）。抗生素抗性标记物改变了的质粒（所有 pMW 质粒）是在 Glaxo in Research Triangle Park, N. C. 构建的（Watson et al. 1996）。具有特殊应用的质粒和菌株是由以下人员研制的：E. Golemis, Fox Chase Cancer Center, Philadelphia, Pa. (pEG202)；J. Kamens, BASF, Worcester, Mass. (pJK202)；cumulative efforts of I. York, Dana-Farber Cancer Center, Boston, Mass. 和 M. Sainz and S. Nottwehr, U. Oregon (pNLexA)；D. A. Shaywitz, MIT Center for Cancer Research, Cambridge, Mass. (pGilda)；R. Buckholz, Glaxo, Research Triangle Park, N. C. (pEE2021, pJG4-51)；J. Gyuris, Mitotix, Cambridge, Mass. (pJG4-5)；S. Hanes, Wadsworth Institute, Albany, N. Y. (pSH17-4)；R. L. Finley, Wayne State University School of Medicine, Detroit, Mich. (pRFHM1)；S. Hanes, Wadsworth Institute, Albany, N. Y. (pSH18-34)；J. Kamens, BASF, Worcester, Mass. (pJK101, pJK103)；R. Brent, The Molecular Sciences Institute, Berkeley, California (pRB1840)。一些特殊的尚未商业化的质粒可从 Brent 实验室［电话：(510) 647-0690、邮箱：brent@molsci.org］或 Golemis 实验室［电话：(215) 728-2860、邮箱：EA_Golemis@fccc.edu］得到。

c 在 www.fccc.edu/research/labs/golemis/InteractionTrapInWork.html 可得到一些质粒的图谱、序列和链接。

d 从 Clontech 和 OriGene 公司可购得质粒；在 Clontech 公司，pEG202 被表示为 pLexA、pJG4-5 被表示为 pB42AD、pSH18-34 被表示为 p8op-LacZ。

e 从 OriGene 公司可购得的质粒和菌株。

f 在 pMW 质粒中，分别用来自 pBC SK（＋）和 pBK-CMV 的四环素抗性基因（Cm[r]）和卡那霉素基因（Km[r]）替换了氨苄青霉素抗性基因（Ap[r]）。Km[r] 和 Cm[r] 或 Ap[r] 质粒的选用取决于个人喜好，在后面的步骤中，使用最新开发的试剂将有利于文库质粒的纯化，免去了通过 KC8 细菌传代的步骤。仍然使用 Ap[r] 作为文库质粒选择的标记物，因为已有的多种文库已经有这种标记物，这些质粒是推荐使用的质粒中最基本的。

g 从 Invitrogen 公司可购到的质粒，是 Hybrid Hunter 试剂盒的组成成分，这种试剂盒也包括所有的阳性和阴性对照（在表中未列出）。

白不发生特异性相互作用的文库蛋白质的酵母细胞将不能生长（图 18.2B），而含有与诱饵蛋白相互作用的文库蛋白质的酵母细胞将在 2～5 天内形成菌落。将细胞在含有 X-gal 的培养基上画线，菌落将变成蓝色（图 18.2C）。可用聚合酶链反应（PCR）来分析相互作用阱阳性菌落的 DNA，以简化筛选，并在筛选时得到大量阳性克隆的情况下，检测富集的克隆。用一系列的检测来分离和定性质粒，以证实其与原始诱饵蛋白相互作用的特异性。对于那些特异的质粒可用于进一步的分析（如测序）。

表 18.3　相互作用阱酵母选择菌株[a]

菌株	有关的基因型	操纵基因数目	说明/叙述
EGY48[b,c,d]	$MAT\alpha\ trp1$、$his3$、$ura3$、$lexAops\text{-}LEU2$	6	$lexA$ 操纵基因指导 $LEU2$ 基因的转录；EGY48 是用于从 cDNA 文库中选择相互作用克隆的基本菌株
EGY191[c]	$MAT\alpha\ trp1$、$his3$、$ura3$、$lexAops\text{-}LEU2$	2	EGY191 提供比 EGY48 更为严谨的选择，使用具有先天转录激活能力的诱饵时，背景较低
L40[c]	$MAT\alpha\ trp1$、$leu2$、$ade2$、$GAL4$、$lexAops\text{-}HIS3$	4	在 L40 由 $GAL1$ 启动子驱动的表达是组成型的（在 EGY 菌中可诱导），选择 HIS 原养型
	$MAT\alpha\ trp1$、$leu2$、$ade2$、$GAL4$、$lexAops\text{-}lacZ$	8	整合的 $lacZ$ 报道基因远没有存在于 EGY 菌株中的 pSH18-34 敏感

a 相互作用阱试剂汇集了许多作者的工作；最初的基本试剂是在 Brent 实验室中研制的（Gyuris et al. 1993）。用于特殊目的的质粒和菌株是由以下人员研制的：E. Golemis, Fox Chase Cancer Center, Philadelphia, Pa.（EGY48、EGY191）；A. B. Vojtek 和 S. M. Hollenberg, Fred Hutchinson Cancer Research Center, Seattle, Wash.（L40）。

b 从 Clontech 公司可购得质粒。

c 从 Invitrogen 公司可购到的质粒，是 Hybrid Hunter 试剂盒的组成成分，这种试剂盒也包括所有的阳性和阴性对照（在表中未列出）。

d 从 OriGene 公司可购得的菌株。

表 18.4　与相互作用阱系统兼容的文库[a,b]

RNA/DNA 来源	载体	独立克隆	插入片段大小（平均）[c]	联系信息
细胞系				
HeLa 细胞（人宫颈癌）	JG	9.6×10^6	0.3～3.5 kb(1.5 kb)	R. Brent, Clontech, Invitrogen, OriGene
HeLa 细胞（人宫颈癌）	Y	3.7×10^6	0.3～1.2 kb	Invitrogen
WI-38 细胞（人肺成纤维细胞），血清饥饿的，cDNA	JG	5.7×10^6	0.3～3.5 kb(1.5 kb)	R. Brent, Clontech, OriGene
Jurkat 细胞（人 T 细胞白血病），对数期生长的，cDNA	JG	4.0×10^6	0.7～2.8 kb(1.5 kb)	R. Brent
Jurkat 细胞（人 T 细胞白血病）	Y	3.2×10^6	0.3～1.2 kb	Invitrogen
Jurkat 细胞（人 T 细胞白血病）	Y	3.0×10^6	0.5～4.0 kb(1.8 kb)	Clontech
Jurkat 细胞（人 T 细胞白血病）	JG	5.7×10^6	(>1.3)	OriGene
Jurkat 细胞（人 T 细胞白血病）	JG	2×10^6	0.7～3.5 kb(1.2 kb)	S. Witte
BeWo 细胞（人胎儿胎盘绒毛膜癌）	Y	5.4×10^6	0.3～0.8 kb	Invitrogen
人淋巴细胞	JG	4.0×10^6	0.4～4.0 kb(2.0 kb)	Clontech
CD4$^+$T 细胞，鼠的，cDNA	JG	$>10^6$	0.3～2.5 kb(>0.5 kb)	R. Brent
中国仓鼠卵巢（CHO）细胞，对数期生长的，cDNA	JG	1.5×10^6	0.3～3.5 kb	R. Brent
A20 细胞（鼠 B 细胞淋巴瘤）	Y	3.11×10^6	0.3～1.2 kb	Invitrogen
人 B 细胞淋巴瘤	JG	—	—	H. Niu
人293 腺病毒感染的（早期和晚期）	JG	—	—	K. Gustin
SKOV3 人 Y 卵巢癌	Y	5.0×10^6	(>1.4 kb)	OriGene
MDBK 细胞，牛肾	JG	5.8×10^6	(>1.2 kb)	OriGene

RNA/DNA 来源	载体	独立克隆	插入片段大小（平均）^{c}	联系信息
细胞系				
MDCK 细胞	JG	—	—	D. Chen
HepG2 细胞系 cDNA	JG	2×10^6	—	M. Melegari
MCF7 乳腺癌细胞，未治疗的	JG	1.0×10^7	（>1.5 kb）	OriGene
MCF7 乳腺癌细胞，雌激素治疗过的	JG	1.0×10^7	（>1.1 kb）	OriGene
MCF7 细胞，血清生长的	JG	1.0×10^7	$0.4 \sim 3.5$ kb	OriGene
LNCAP 前列腺细胞系，未治疗的	JG	2.9×10^6	（>0.8 kb）	OriGene
LNCAP 前列腺细胞系，雌激素治疗过的	JG	4.6×10^6	（>0.9 kb）	OriGene
鼠粗线期精母细胞	JG	—	—	C. Hoog
组织				
人乳腺	Y	9×10^6	$0.4 \sim 1.2$ kb	Invitrogen
人乳腺瘤	Y	8.84×10^6	$0.4 \sim 1.2$ kb	Invitrogen
人肝	JG	$>10^6$	$0.6 \sim 4.0$ kb（>1 kb）	R. Brent
人肝	Y	2.2×10^6	$0.5 \sim 4$ kb（1.3 kb）	Clontech
人肝	JG	3.2×10^6	$0.3 \sim 1.2$ kb	Invitrogen
人肝	JG	1.1×10^7	（>1 kb）	OriGene
人肺	Y	5.9×10^6	$0.4 \sim 1.2$ kb	Invitrogen
人肺瘤	Y	1.9×10^6	$0.4 \sim 1.2$	Invitrogen
人脑	JG	3.5×10^6	$0.5 \sim 4.5$ kb（1.4 kb）	Clontech
人脑	Y	8.9×10^6	$0.3 \sim 1.2$ kb	Invitrogen
人睾丸	Y	6.4×10^6	$0.3 \sim 1.2$ kb	Invitrogen
人睾丸	JG	3.5×10^6	$0.4 \sim 4.5$ kb（1.6 kb）	Clontech
人卵巢	Y	4.6×10^6	$0.3 \sim 1.2$ kb	Invitrogen
人卵巢	JG	4.6×10^6	（>1.3 kb）	OriGene
人卵巢	JG	3.5×10^6	$0.5 \sim 4.0$ kb（1.8 kb）	Clontech
人心脏	JG	3.0×10^6	$0.3 \sim 3.5$ kb（1.3 kb）	Clontech
人胎盘	Y	4.8×10^6	$0.3 \sim 1.2$ kb	Invitrogen
人胎盘	JG	3.5×10^6	$0.3 \sim 4.0$ kb（1.2 kb）	Clontech
人乳腺	JG	3.5×10^6	$0.5 \sim 5$ kb（1.6 kb）	Clontech
人外周血白细胞	JG	1.0×10^7	（>1.3 kb）	OriGene
人肾	JG	3.5×10^6	$0.4 \sim 4.5$ kb（1.6 kb）	Clontech
人胎肾	JG	3.0×10^6	（>1 kb）	OriGene
人脾	Y	1.14×10^7	$0.4 \sim 1.2$ kb	Invitrogen
人前列腺	Y	5.5×10^6	$0.4 \sim 1.2$ kb	Invitrogen

RNA/DNA 来源	载体	独立克隆	插入片段大小（平均）c	联系信息
组织				
人正常前列腺	JG	1.4×10^6	$0.4 \sim 4.5$ kb(1.7 kb)	Clontech
人前列腺	JG	1.4×10^6	（＞1 kb）	OriGene
人前列腺癌	JG	1.1×10^6	（＞0.9 kb）	OriGene
人胎肝	JG	3.5×10^6	$0.3 \sim 4.5$ kb(1.3 kb)	Clontech
人胎肝	Y	2.37×10^6	$0.3 \sim 1.2$ kb	Invitrogen
人胎肝	JG	8.6×10^6	（＞1 kb）	OriGene
人胎脑	JG	3.5×10^6	$0.5 \sim 1.2$ kb(1.5 kb)	R. Brent、Clontech、Invitrogen、OriGene
小鼠脑	JG	6.1×10^6	（＞1 kb）	OriGene
小鼠脑	JG	4.5×10^6	$0.4 \sim 4.5$ kb(1.2 kb)	Clontech
小鼠乳腺，泌乳期	JG	1.0×10^7	$0.4 \sim 3.1$ kb	OriGene
小鼠乳腺，退化期	JG	1.0×10^7	$0.4 \sim 7.0$ kb	OriGene
小鼠乳腺，未交配的	JG	1.0×10^7	$0.4 \sim 5.5$ kb	OriGene
小鼠乳腺，妊娠 12 天	JG	6.3×10^6	$0.4 \sim 5.3$ kb	OriGene
小鼠骨骼肌	JG	7.2×10^6	$0.4 \sim 3.5$ kb	OriGene
大鼠脂肪细胞，9 周龄 Zucker 大鼠	JG	1.0×10^7	$0.4 \sim 5.0$ kb	OriGene
大鼠脑	JG	4.5×10^6	$0.3 \sim 3.4$ kb	OriGene
大鼠脑 (18 天)	JG	—	—	H. Niu
大鼠睾丸	JG	8.0×10^6	（＞1.2 kb）	OriGene
大鼠胸腺	JG	8.2×10^6	（＞1.3 kb）	OriGene
小鼠肝	JG	9.5×10^6	（＞1.4 kb）	OriGene
小鼠脾	JG	1.0×10^7	（＞1 kb）	OriGene
小鼠卵巢	JG	4.0×10^6	（＞1.2 kb）	OriGene
小鼠前列腺	JG	3.7×10^6	$0.3 \sim 4.0$ kb	OriGene
小鼠全胚胎 (19 天)	JG	1.0×10^5	$0.2 \sim 2.5$ kb	OriGene
小鼠胚胎	JG	3.6×10^6	$0.5 \sim 5$ kb(1.7 kb)	Clontech
黑腹果蝇，成年，cDNA	JG	1.8×10^6	（＞1.0 kb）	OriGene
黑腹果蝇，胚胎，cDNA	JG	3.0×10^6	$0.5 \sim 3.0$ kb(1.4 kb)	Clontech
黑腹果蝇，0～12 h 胚胎，cDNA	JG	4.2×10^6	$0.5 \sim 2.5$ kb(1.0 kb)	R. Brent
黑腹果蝇，卵巢，cDNA	JG	3.2×10^6	$0.3 \sim 1.5$ kb(800 bp)	R. Brent
黑腹果蝇，吸盘，cDNA	JG	4.0×10^6	$0.3 \sim 2.1$ kb(900 bp)	R. Brent
黑腹果蝇，头	JG	—	—	M. Rosbash
其他				
合成适体	PJM-1	＞1×10^9	60 bp	R. Brent
酿酒酵母，S288C，基因组的	JG	＞3×10^6	$0.8 \sim 4.0$ kb	R. Brent
酿酒酵母，S288C，基因组的	JG	4.0×10^6	$0.5 \sim 4.0$ kb	OriGene

RNA/DNA 来源	载体	独立克隆	插入片段大小（平均）[c]	联系信息
其他				
海胆卵巢	JG	3.5×10^6	(1.7 kb)	Clontech
秀丽隐杆线虫	JG	3.8×10^6	(>1.2 kb)	OriGene
拟南芥，7 日龄苗	JG	—	—	H. M. Goodman
番茄（*Lycopersicon esculentum*）	JG	8×10^6	—	G. B. Martin
非洲爪蛙胚胎	JG	2.2×10^6	0.3～4 kb(1.0 kb)	Clontech

a 大多数文库是在 pJG4-5 载体或 pYESTrp 载体（在载体栏中为 JG 或 Y）中构建的，肽适体文库是在 pJM-1 载体中构建的。从公共领域可以得到的文库是由下列人员构建的：（1）J. Gyuris；（3）C. Sardet 和 J. Gyuris；（4）W. Kolanus，J. Gyuris，和 B. Seed；（39）D. Krainc；（50～52）R. Finley；（55）P. Watt；（54）P. Colas，B. Cohen，T. Jessen，I. Grishina，J. McCoy 和 R. Brent（Colas et al. 1996）。上述提到的所有文库是与 Roger Brent 实验室一起构建的，可从 Roger Brent 实验室得到，联系方式：（510）647-0690 或 brent@molsci.org。必须与下列人员直接联系：（18）J. Pugh, Fox Chase Cancer Center, Philadelphia, Pa.；（8，9）Vinyaka Prasad, Albert Einstein Medical Center New York, N. Y.；（57，58）Gregory B. Martin, gmartin@dept.agry.purdue.edu；（11）Huifeng Niu, hn34@columbia.edu；（16）Christer Hoog, christer.hoog@cmb.ki.se；（12）Kurt Gustin, kgus@umich.edu；（6）Stephan Witte, Stephan.Witte@nimbus.rz.uni-konstanz.de。

b 在 www.fccc.edu/research/labs/golemis/InteractionTrapInWork.html 可得到与相互作用阱相容文库的最新列表。

c 最初由 Brent 实验室构建的基于 pJG4-5 的文库的插入片段的大小由 Clontech 公司进行了重新估计，现在可从 Clontech 公司购得。

当要使用一个以上的诱饵来筛选单个的文库时，通过相互作用配对来进行相互作用蛋白的捕获，可以保存有意义的时间和资源。在这种方案中，用文库 DNA 转化诸如 EGY48 这样的菌株，收集转化子，分成小份冷冻保存。对于每一次相互作用蛋白捕获，融化一小份转化的 EGY48 文库菌株，与一小份用诱饵蛋白表达质粒（如 pSH18-34）转化的诱饵菌株混合，在 YPD 平板上培养过夜使两种菌株融合，形成二倍体，然后将二倍体暴露于半乳糖中诱导文库编码蛋白质的表达，并选择相互作用蛋白质。这种方法的优点是只需一次高效率的文库转化就可以用于不同诱饵的多重捕获，对于对酵母有一定毒性的诱饵蛋白也很有用，用文库 DNA 可能很难转化表达毒性诱饵的酵母。

双杂交系统的突变体见表 18.5。

表 18.5 双杂交系统突变体[a,b]

系统	DNA 结合结构域	激活结构域	选择	参考文献
双杂交	*GAL4*	*GAL4*	*lacZ* 的激活，*HIS3*	Chien et al. 1991
相互作用阱	*LexA*	*B42*	*LEU2* 的激活，*lacZ*	Gyuris et al. 1993
改良的双杂交	*GAL4*	*GAL4*	*HIS3* 的激活，*lacZ*	Durfee et al. 1993
修改的双杂交	*LexA*	*VP16*	*HIS3* 的激活，*lacZ*	Vojtek et al. 1993
KISS	*GAL4*	*VP16*	*CAT* 的激活，*hyg*[r]	Fearon et al. 1992
意外复制	*GAL4*	*VP16*	T-Ag 的激活，质粒复制	Vasavada et al. 1991

a 缩写：CAT，氯霉素转移酶基因；hyg[r]，潮霉素抗性基因；T-Ag，病毒大 T 抗原。

b 本表的详细内容见 www.fccc.edu/research/labs/golemis/betagal./html。

参考文献：Gyuris et al. 1993

作者：Erica A，Golemis，Ilya Serebriiskii，Russell L，Finley，Jr.，Mikhail G，Kolonin，Jeno Gyurist and Roger Brent

18.3 单元　用基于噬菌体的表达克隆鉴定相互作用的蛋白质

基于噬菌体的相互作用表达克隆是一种简单、快速和强有力的技术，用于鉴定编码与目的蛋白相互作用（被称为诱饵蛋白）的蛋白质的基因。编码诱饵蛋白的基因用来在大肠杆菌中生产重组融合蛋白，融合蛋白也含有一个依赖环腺苷 $3',5'$-磷酸（cAMP）蛋白激酶（蛋白激酶 A，PKA）的识别位点和一个亲和标签，如谷胱甘肽 S 转移酶（GST）。使用 PKA 和 $[\gamma-^{32}P]$ ATP 对 cDNA 进行放射性标记，随后用标记的蛋白质作为探针筛选来源于 λ 噬菌体的 cDNA 表达文库，这种文库表达整合基因编码的 β-半乳糖苷酶融合蛋白。噬菌体裂解细胞，形成噬斑，释放出融合蛋白，这种蛋白质被吸附到硝酸纤维素膜上，可用放射性标记的诱饵蛋白对其进行探测（图 18.3）。这种方法可直接分离编码相互作用蛋白质的基因，而无需进行纯化和测序，也无需制备抗体。

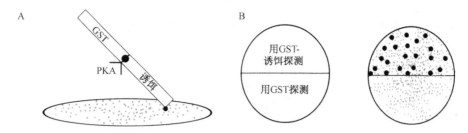

图 18.3　相互作用克隆技术和成功筛选的预期结果的图示。该技术用于鉴定与目的蛋白（诱饵蛋白）缔合的蛋白质。A. 用 IPTG 浸透的硝酸纤维素膜（用椭圆形表示）诱导拟南芥 λgt11 文库内读框正确的 cDNA 插入片段表达 β-半乳糖苷酶融合蛋白。在融合蛋白连接处的 PKA 识别位点，用^{32}P（·）标记的 GST-诱饵融合蛋白对膜进行探测，用放射自显影检测相互作用的蛋白质。B. 在用对照实验确定相互作用对探针诱饵蛋白部分是否特异后，对阳性噬斑第 3 次筛选的放射自显影示意图。膜的上半部分是用 GST-诱饵蛋白探测的，而下半部分只是单独用 GST 来探测的（作为对照）。

策略设计

开始本方法前，必须要做两个很重要的选择：①怎样设计诱饵蛋白；②怎样构建或怎样获得来源于噬菌体的表达文库。

可以购得表达含有 PKA 识别位点的重组融合蛋白的载体。有几个公司出售这些带各种亲和标签的载体，如 GST（Amersham Biosciences 公司）、组氨酸（Novagen 公司）或钙调蛋白结合蛋白（Stratagene 公司）。另外，也可以合成编码 PKA 识别位点（5 个氨基酸的序列 RRASV）的 DNA，将其构建到现有的载体中。

很容易得到来源于 λ 噬菌体的表达文库，这种文库指导多种不同来源 mRNA 的 cDNA 表达。另外，如果要构建用于特定实验目的的文库，必须考虑到以下几点：在第一链合成过程中，使用随机引物或寡（dT）引物合成 cDNA，用这样的 cDNA 制备文库常常会有很大的好处，因为在筛选时可以鉴定到代表同一种蛋白质不同部分的多克隆，分析这些多克隆中的编码区能够提供有用的信息：蛋白质哪段区域与所观察到的相互作用有关，随后可从其他已有的文库中得到全长的 cDNA 克隆。

有许多合适的λ载体可用于cDNA表达文库的构建，使用最广泛的一个是λgt11。但是对这些λ载体也进行了改造，以利于cDNA插入片段的回收，而不需要费时的λ噬菌体DNA制备。这些改良的载体包括：利用*Cre-lox*重组，在表达*Cre*重组酶的宿主菌中，在体内将重组噬菌体转化成质粒DNA（如λZipLox；Life Technologies公司）；使用辅助噬菌体，在体内切下噬菌粒载体（如λZAP载体；Stratagene公司）。大多数现有的λ载体产生cDNA片段，插入β-半乳糖苷酶，因为这些插入片段可被克隆到*lacZ*基因内。然而，一些来源于λ噬菌体的表达载体（如λSCREEN-1）指导与T7 DNA聚合酶启动子融合的蛋白质的表达（基因10在T7启动子的控制下），可以高效表达文库蛋白质。

参考文献：Blanar and Rutter 1992；Huynh et al. 1985

作者：Julie M. Stone

18.4单元　用共沉淀法检测蛋白质-蛋白质相互作用

可以单独使用共沉淀法（图18.4），也可以将其与检测蛋白质-蛋白质相互作用的

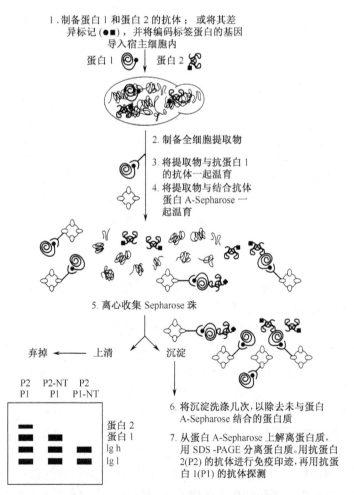

图18.4　差异标记并被导入宿主生物内的两种蛋白质共沉淀的流程图。lg h和lg l
为免疫球蛋白的重链和轻链；NT，无标签。

其他方法［如双杂交和共纯化方法（见第 18.2 单元）、用纯化的蛋白质进行物理缔合试验］一起使用。

基本方案 与蛋白 A-Sepharose 或蛋白 G-Sepharose 共沉淀的蛋白质

材料（带 √ 的项见附录 1）

- 全细胞提取物（见第 5.5～5.8 单元和第 6.2 单元）
- 抗体
- 5 mol/L NaCl
- √ 免疫共沉淀缓冲液，根据目的蛋白的活性需要进行调整
- √ 蛋白 A-Sepharose 或蛋白 G-Sepharose 填料
- √ 2×SDS 样品缓冲液，如果要保存样品，用 1 mmol/L 叠氮钠和无菌贮液配制
- 微型离心机，4℃
- 试管混合振荡机（test tube rotator）
- 20 ml 注射器和 18 G 针头
- Hamilton 注射器

1. 在置于冰上的微量离心管中制备两份样品：

    0.5～1 mg 全细胞提取物

    1 μg 抗体

    5 mol/L NaCl，以配制 100 mmol/L NaCl

    终体积 0.5 ml 的共沉淀缓冲液

    轻轻地颠倒试管几次，在冰上温育 90 min，偶尔颠倒一下。

2. 4℃、最大转速离心 10 min，将上清转至一个新微量离心管中，加入 50 μl 蛋白 A-Sepharose 或蛋白 G-Sepharose 填料（25～30 μl 的胶珠体积），在将其加入到样品中之前，轻轻地悬浮填料，在 4℃ 条件下，将试管轻轻旋转（不要摇动）30～60 min。

3. 在台式离心机中，4℃、1000 r/min 离心 30 s，温和地沉淀 Sepharose，用 1 ml 免疫共沉淀缓冲液洗涤沉淀 3 次。沉淀后，用一个带 18 G 针头的 20 ml 注射器吸掉上清，尽可能将液体吸净，不得接触胶珠，加入 25 μl 2×SDS 样品缓冲液。
    在进行 SDS-PAGE（第 4 步）之前，样品可以在 −80℃ 冻存几个月。

4. 将样品煮沸 5 min，涡旋，沉淀胶珠，用 Hamilton 注射器将洗脱液上到 SDS 聚丙烯酰胺凝胶上，一次上两份样品，以便能够制备双份的印迹。用电泳分离（见第 10.1 单元）。

5. 用抗两种蛋白质中每一种的抗体分别对两份样品进行免疫印迹，并加几份全细胞提取物进行比较，并作为免疫印迹的阳性对照。如果需要，再用抗其他蛋白质的抗体进行印迹探测。

备择方案 GST 融合蛋白的共沉淀

当要研究的蛋白质在 SDS-PAGE 胶中与免疫球蛋白的重链或轻链共迁移时，或当所用的抗体沉淀许多交叉反应的蛋白质时，可以使用本方法。

附加材料（也见基本方案；带√的项见附录1）

√ 谷胱甘肽-agarose 或谷胱甘肽-Sepharose 填料

1. 按上述方法（见基本方案第1步），制备双份样品，省略抗体和温育，4℃、最大转速离心10 min，将上清转至一个新微量离心管中。

2. 加入30 μl 谷胱甘肽-agarose 或谷胱甘肽-Sepharose 填料（25～30 μl 的胶珠体积）。在将其加入到样品中之前，轻轻地悬浮填料，在4℃条件下，将试管轻轻旋转30～60 min。

3. 按上述方法（见基本方案第3～5步）完成沉淀和免疫印迹分析。

参考文献：BioSupplyNet Source Book 1999；Phizicky and Fields 1995

作者：Elaine A. Elion

18.5 单元 用酵母双杂交芯片高通量筛选蛋白质-蛋白质相互作用

注意：为了防止霉菌污染平板，倒平板和转移步骤应当在无菌工作台内进行，或定期用紫外线处理工作面。

基本方案1 蛋白质组规模的酵母蛋白质芯片的制备

本方法介绍用于高密度活芯片的6000种以上酵母蛋白质的克隆和表达。为了进行相互作用筛选，在两种不同的酵母菌株中，将编码目的蛋白的DNA插入到两种不同的载体中，除了MAT基因座不同外，这两种酵母菌株完全相同。克隆激活结构域（AD）融合构建体时，在接合型a（PJ69-4A）的菌株中使用pOAD载体，使用这些转化子来制造芯片。克隆DNA结合结构域（DBD）融合构建体时，在接合型α（PJ69-4α）的菌株中使用pOAD2载体。当DBD菌株和AD菌株接合时，便发生相互作用（见基本方案2），芯片是用一套有顺序的含有AD的菌株制成的，而不是用含有BD[①]的菌株制成的，因为前者通常不会引起转录的自激活。

材料（带√的项见附录1）

- 编码目的蛋白的DNA（如基因组DNA、cDNA文库）
- 扩增蛋白质编码序列的适当引物，用适当的方法（即PAGE，见第10.1单元，或HPLC，见第8.5单元）纯化至最高水平
- 双杂交质粒：pOAD用于AD融合构建体，pOBD2用于DBD融合构建体（Hudson et al. 1997，Cagney et al. 2000）
- *Nco*I 和 *Pvu*II 或其他适当的限制性酶，带缓冲液

√ 液体 YEPD 培养基

- 酿酒酵母宿主菌株：

  PJ69-4A（MATa trp1-901 leu2-3, 112 ura3-52 his3-200 gal4Δ gal80Δ LYS2∷GAL1-HIS3 GAL2-ADE2 met2∷GAL7-lacZ；James et al. 1996），用于克隆AD

---

① 原文似有误，应当为"DBD"。——译者注

融合构建体

PJ69-4α（MATα trp1-901 leu2-3，112 ura3-52 his3-200 gal4Δ gal80Δ LYS2∷
GAL1-HIS3 GAL2-ADE2 met2∷GAL7-lacZ；Uetz et al. 2000），用于克隆 DBD
融合构建体

- 0.1 mol/L 醋酸锂
- 7.75 mg/ml 鲑精 DNA（Sigma 公司），高压灭菌（121℃、15 min），−20℃保存
- √ 96PEG 溶液
- 二甲基亚砜（DMSO）
- √ 35 mm 平板，含固体−Leu（pOAD）和−Trp（OBD2）省却成分培养基（见省却
  成分培养基的配方）
- √ 液体−Leu 省却成分培养基（见省却成分培养基的配方）
- 单孔微孔板（如 OmniTray 公司；Nalge Nunc International 公司），含固体−Leu
  省却成分培养基
- 40%（V/V）甘油
- 250 ml 锥形瓶
- 30℃振荡培养箱
- 8 道移液器（200 μl）和无菌移液槽
- 96 孔和 384 孔微孔板（如 Nalge Nunc International 公司）
- 封板用的塑料胶带
- 42℃培养箱
- 96 孔板离心机
- 无菌牙签
- 384 针复制器（Nalge Nunc International 公司）
- 2 ml 冻存管（如 Nalge Nunc International 公司）

1. 用适当的引物和标准 PCR 条件，逐一扩增编码目的蛋白的 DNA。用琼脂糖凝胶电
   泳（附录 3E）检查扩增的 DNA，证实其大小正确。如果条件允许，对 DNA 进行部
   分或全部测序。

   可使用两步 PCR 法，第一轮反应使用编码目的蛋白的 DNA 5′端和 3′端特异的引物；
   第二轮 PCR 使用与载体有约 50 个核苷酸同源的引物（Hudson et al. 1997, Cagney
   et al. 2000）。在进行第一轮 PCR 时，每个反应必须使用特异性的引物，进行第二轮
   PCR 时，使用常规引物。

   现在可以 PCR 产物或质粒的形式从供应商处购买到许多全长的 ORF。

2. 用 NcoI 和 PvuII 或其他适当的限制酶将双杂交质粒线性化。用胶纯化线性化的质
   粒，并定量（附录 3F）。

3. 对每组 96 份要克隆的 PCR 产物，在两个 250 ml 锥形瓶中各加入 50 ml 液体 YEPD
   培养基，用接种环挑单菌落，分别在每个瓶中接种一种酿酒酵母菌株（PJ69-4A 和
   PJ69-4α），在 30℃振荡培养箱中生长过夜。

4. 将每种培养物移至 50 ml 尖底离心管中，3000 g 室温离心 3 min，除去上清，将沉淀

重悬于 2 ml 0.1 mol/L 醋酸锂中。

5. 往每个50 ml 尖底离心管中加入下列试剂（按顺序加）：
    20 ml 96PEG 溶液
    0.5 ml 鲑精 DNA
    200 ng 线性的 pOAD 或 pOBD2 载体（第 2 步）
    2.5 ml DMSO
剧烈摇动 30 s，之后涡旋 1 min，加入 2 ml 酵母悬液（第 4 步），手摇混合 1 min。将每种混合液倒入无菌移液槽中，用 8 道移液器取 200 μl，加到 96 孔微孔板的各个孔中。设一块 pOAD 载体板，一块 pOAD2 载体板，并包括对照转化的孔（即不加 PCR 产物）。

6. 往每个含有载体的孔中加入 3 μl 每种扩增的 DNA（第 1 步），用塑料胶带将孔封好，涡旋 4 min，42℃温育 30 min。将板子 3000 g 室温离心 7 min，用 8 道移液器吸上清，往每个孔中加入 200 μl 无菌水，用移液器重悬酵母。

7. 分别将 pOAD 和 pOBD2 酵母悬液铺到 35 mm −Leu 和−Trp 平板上，30℃培养2～3 天。如果时间和物力允许，在组装芯片之前，用菌落 PCR 或测序检测克隆，最好是通过免疫印迹（见第 10.7 单元）检测每个菌落或克隆是否表达其同源融合蛋白。

8. 用无菌牙签从−Leu 平板上挑单个的 AD 菌落，移入含液体−Leu 省却成分培养基的 384 孔微孔板的孔中，以加到芯片上。如果能够用 PCR 或测序检测的话，从每块板上挑一个菌落。如果要单独检测的克隆太多，可将一块 AD 板上的两个或多个克隆合并，设置一块含有 YEPD 培养基的完全相同的板，注意每个菌落的位置，最好用可搜索的数据库，将板子 30℃培养过夜，不摇动。

9. 往 YEPD 板中加入等体积的 40%甘油，板子可−80℃长期保存。根据生产商的说明书，用 384 针复制器将克隆从−Leu 省却成分培养基平板上转移至含固体−Leu 省却成分培养基的单孔微孔板上。在芯片上复制每个元素（即在芯片相邻的位置上放两个表达同一种蛋白质的菌落），或者也可以做完全相同的芯片拷贝。4℃可保存长达 3 个月。

  每 4 周（或根据需要）可以从−Leu 拷贝上生产芯片的工作拷贝（生长在 YEPD 培养基上），工作拷贝可用于筛选（见基本方案 2）。冷冻于 YEPD 培养基中的芯片用于恢复克隆。

10. 从−Trp 平板上挑单个的 DBD 菌落，在 20 ml YEPD 培养基中 30℃生长过夜，用 40%甘油 1∶1 稀释，分装于 2 ml 冻存管中，−80℃长期保存。

基本方案 2 用酵母蛋白质芯片对蛋白质相互作用进行手工筛选

  可手工（在此叙述）或使用机器人进行接合步骤。对于大量的诱饵，建议使用机器人筛选。

材料（带√的项见附录1）

- 20%（V/V）漂白剂（约 1%的次氯酸钠）
- 95%（V/V）乙醇
- √ 单孔微孔板（如 OmniTray、Nalge Nunc International），含有固体 YEPD ＋Ade

培养基、YEPD 培养基、－Leu－Trp 省却成分培养基和－His－Leu－Trp＋3AT 省却成分培养基（见每种培养基单独的配方）
- 表达 DBD 融合蛋白的酵母菌株，－80℃冻存（见基本方案 1）
- 含固体 YEPD 培养基的平板
- √ 液体 YEPD 培养基
- 384 针复制器（Nalge Nunc International 公司）
- 30℃培养箱
- 250 ml 锥形瓶

1. 将 384 针复制器灭菌，方法是：将针浸入 20％漂白剂中 20 s、无菌水中 1 s、95％乙醇中 20 s、再在无菌水中 1 s，在每次转移前都要再次除菌，使用无菌针式复制器将一种酵母蛋白质芯片转移到单孔的微孔板（含有固体 YEPD＋Ade 培养基）中，30℃温育过夜，如果未使用复制菌落构建芯片，则使用双份相同的芯片。
2. 将冷冻的表达 DBD 融合蛋白的酵母菌在含固体 YEPD 培养基的平板上画线，30℃培养过夜。在 250 ml 锥形瓶中，用单菌落接种 20 ml 液体 YEPD 培养基，30℃生长过夜。
3. 将 384 针复制器的针浸入 DBD 培养物中，直接放到新的含固体 YEPD 培养基的单孔微孔板上，重复操作直至得到所需数目的板。
4. 用针挑起 AD 芯片，直接转移到 DBD 菌株上，使 384 个 DBD 酵母斑点都收到不同的 AD 酵母细胞，DBD 菌株和 AD 菌株必须接触，在 30℃温育 1～2 天，让其接合。
5. 进行选择时，使用针式工具将菌落转移至含固体－Leu－Trp 省却成分培养基的微孔板上，在 30℃生长 2 天，直到菌落的直径＞1 mm。
6. 用针式工具将菌落转移至含固体－His－Leu－Trp＋3AT 省却成分培养基的微孔板上，在 30℃生长 10 天（如果有很少的或没有背景生长，时间可以更长）。
   应当将表达 DBD 融合蛋白的单倍体菌株能够忍受的最高水平的 3AT 加到－His－Leu－Trp 平板上，以选择双杂交阳性二倍体。
7. 每天检查平板，通过观察明显在背景之上（通过大小判定）并且在两种复制菌落中都出现的生长菌落来对相互作用评分，大多数菌落在 3～4 天内出现。如果含有 6000 个位置的每块芯片都出现 30 个以上的大菌落，那么诱饵是一种随机激活剂，不应当在分析中使用。

参考文献：Uetz et al. 2000
作者：Gerard Cagney and Peter Uetz

18.6 单元　用 far Western 分析鉴定蛋白质的相互作用

在 far Western 印迹中，将一种目的蛋白固定在固体支持膜上，然后用非抗体蛋白质对其探测，以鉴定蛋白质-蛋白质相互作用。这些方法对于检查那些用其他方法难以分析的蛋白质（由于溶解性的问题或由于很难在细胞中表达）之间的相互作用是很有用的。

注意：在对支持膜进行操作时，始终要戴手套或用膜镊子。

基本方案　蛋白质混合物的 far Western 分析

材料（带√的项见附录1）

- 要分析的蛋白质样品
- √ 1×SDS 样品缓冲液
- √ 1×丽春红 S 染色液，可选
- √ 封闭缓冲液 I：0.05%（m/V）Tween 20，溶于 PBS（见 PBS 的配方）中；新鲜配制
- √ 封闭缓冲液 II：将 1 g 牛血清白蛋白（BSA；组分 V）溶于 100 ml PBS（见 PBS 的配方）中；新鲜配制
- √ PBS；pH 7.4
- 克隆入体外表达载体中的编码目的蛋白的 cDNA
- 体外转录/翻译试剂盒（如 Promega 公司）
- 10 mCi/ml [^{35}S]-甲硫氨酸（1000 Ci/mmol）
- √ 探针纯化缓冲液
- √ 探针稀释缓冲液
- 聚偏二氟乙烯（PVDF）膜或硝酸纤维素膜
- 离心式微孔过滤柱（如 Gelman Nanosep、Pall Filtron 或 Millipore Microcon）
- 50 ml 尖底管或热封袋

1. 将要分析的样品重悬于 1×SDS 样品缓冲液中，在 SDS-聚丙烯酰胺凝胶（见第 10.1 单元）上分离，包括适当的阳性和阴性对照。用半干电印迹法（semidry electroblotting）（见第 10.5 单元）将蛋白质转移至 PVDF 膜或硝酸纤维素膜上。

2. 可选：在足以装下印迹的塑料容器内，用约 100 ml 丽春红 S 染色液将膜染色 5 min，使用足量的丽春红 S 染色液以完全覆盖膜，用去离子水洗涤几次，直到蛋白质清晰可见，立即在邻近重要蛋白质带处画上浅铅笔记号，以便以后参考。修剪多余的膜，在水中脱色 5 min，直到红颜色退掉。

3. 在室温下，在 200 ml 封闭缓冲液 I 中轻轻搅动，将印迹封闭 2 h，将液体慢慢倒出，加入 200 ml 封闭缓冲液 II，再封闭，将液体慢慢倒出。在 100 ml PBS 中简短地洗涤膜，立即对印迹进行探测，或用塑料膜包好，4℃可保存长达 2 周的时间。

   要靠经验确定封闭时间，以防止信号变弱，使用高质量的 BSA。

4. 按照生产商的说明书，用 [^{35}S]-甲硫氨酸制备放射性标记的目的蛋白体外翻译探针，[用非程序化翻译（unprogrammed translation）裂解物或翻译一个无关的蛋白质作为探针对照]。用 500 µl 探针纯化缓冲液稀释探针，用微孔过滤柱纯化，取 2 µl 纯化的探针进行 SDS-PAGE 分析，并取 2～5 µl 进行闪烁计数。

   许多探针不需纯化就可以得到很好的信号，但如果不纯化探针，则不可能对结合探针的比例进行定量。

5. 在 50 ml 探针稀释缓冲液中轻轻地搅拌印迹，用探针稀释缓冲液稀释探针，使体积

足以覆盖膜（通常为 3 ml）。将探针加到膜上，室温温育 2 h，在整个结合反应过程中，要旋转转管或搅拌袋。

对于较小的印迹（即≤9 cm×9 cm），50 ml 的尖底管就是一个很方便的温育室，而较大的印迹可使用可热封袋。

6. 将膜移至一个塑料盘中，用 200 ml PBS 洗涤 5 min，重复洗涤，共 4 次。将膜空气干燥（不要用塑料袋覆盖），对 X 线片（放射自显影）或磷屏曝光。

备择方案 1 用免疫印迹检测相互作用的蛋白质

如果可以得到抗相互作用蛋白质的抗体，那么未标记的蛋白质探针照常能够与印迹结合，然后就可以用免疫印迹分析进行检测。当能够得到一种带标签的重组蛋白和抗这种标签的抗体时，这种方法特别有用。

附加材料（见基本方案；带√的项见附录 1）

- 用作探针的重组蛋白或未标记的体外翻译蛋白质
- 5%（m/V）脱脂速溶奶粉，溶于 TBST 中
- 蛋白质探针特异性的一级抗体
- √ TBST
- 碱性磷酸酶（AP）耦联的二级抗体（抗制备特异性抗体的动物的 Ig）
- √ 碱性磷酸酶缓冲液
- √ 显影液
- √ 100 mmol/L EDTA，pH 8.0

1. 制备和封闭印迹（见基本方案，第 1～3 步）。

2. 靠经验确定用于每一种探针的重组蛋白或体外翻译蛋白质的量（通常为 0.5～20 μg/ml 缓冲液）。使用稀释于探针稀释缓冲液中的蛋白质将探针与印迹结合并洗涤（见基本方案，第 5 步和第 6 步）。洗涤后不要让膜干燥。

3. 在定轨摇床上轻轻摇动，在 200 ml 5%脱脂速溶奶粉（溶于 TBST 中）中将印迹温育 1 h，将一级抗体稀释于 5%脱脂速溶奶粉（溶于 TBST 中）中，将印迹置于 5～10 ml 稀释的抗体中，室温温育，并轻轻摇动（以确保均匀覆盖）。将印迹在≥200 ml TBST 中洗涤 10 min，并在定轨摇床上轻轻摇动。重复 2 次。

4. 按照生产商的说明书，将 AP 耦联的二级抗体稀释于 5～10 ml 的 5%脱脂速溶奶粉（溶于 TBST 中）中，将印迹温育 1 h。洗涤印迹 6 次，每次在≥200 ml TBST 中摇动洗涤 5 min。

5. 在 50 ml 碱性磷酸酶缓冲液中简短地冲洗印迹，将印迹在 20 ml 显影液中温育 1～15 min，然后用 100 ml 水冲洗印迹。用 100 ml 100 mmol/L EDTA（pH 8.0）洗涤 5 min，用 100 ml 水冲洗、干燥和进行放射自显影。

备择方案 2 在 far Western 印迹中用肽鉴定特异性的相互作用序列

使用肽能够鉴定特异性的相互作用序列，包括翻译后修饰对蛋白质-蛋白质相互作用的影响。已成功地使用了小至 11 个氨基酸的肽作为 far Western 的靶。

附加材料 (见基本方案；带√的项见附录1)

- 肽
- 0.4% Tween 20/PBS

√ 印度墨汁溶液

- 狭线或斑点印迹仪 (如 Bio-Rad Bio-Dot SF 或 Schleicher & Schuell Minifold II)

1. 将 5 ng～5 μg 肽稀释于终体积为 100～200 μl 的蒸馏水中，按生产商的说明书准备狭线或斑点印迹仪和 PVDF 或硝酸纤维素膜，将肽稀释液加到孔中。准备双份的印迹，一份用于 far Western，另一份用于印度墨汁染色，用真空将肽样品吸过复合管装置并加到支持膜上。

2. 将用于 far Western 的一块印迹封闭、结合、洗涤和放射自显影 (见基本方案第 3～6 步)。

3. 将第二块印迹在 100 ml 0.4% Tween 20/PBS 中室温温育 5 min，并轻轻摇动。重复温育，对印迹染色，方法是：在室温下用 100 ml 印度墨汁溶液温育 15 min 至过夜。用 PBS 洗涤膜 2 h，换 4 次 PBS，将膜干燥并保存。染色是永久性的。

参考文献：Edmonson et al. 1996

作者：Diane G. Edmonson and Sharon Y. R. Dent

18.7 单元　用于研究生物分子相互作用的闪烁邻近分析法 (SPA)

　　闪烁邻近分析法 (SPA) 是一种通用的均相放射分析技术，它不需要分离的步骤，这种方法已用于放射免疫分析、受体结合分析、酶分析和分子相互作用分析，如蛋白质-蛋白质相互作用的研究 (Cook　1996)。SPA 是一种专利技术，可购得 SPA 胶珠和试剂盒 (Amersham Biosciences)。

　　当放射性原子衰变时，它释放出亚原子颗粒 (如 β 颗粒) 和各种形式的电磁辐射 (如 γ 射线) (取决于同位素)。这些颗粒穿过水溶液的距离受到限制，并取决于颗粒的能量。SPA 就是利用这种限制。例如，当一个氚原子 (^{3}H) 衰变时，它释放出一个 β

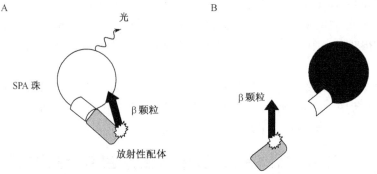

图 18.5　闪烁邻近分析法 (SPA；不按比例)。A. 结合的放射性配体很邻近，刺激胶珠发光；B. 未结合的放射性配体的邻近度不足以刺激发光。

颗粒，如果³H原子在水溶液中离一个合适的闪烁剂分子在 1.5 μm 以内，β 颗粒的能量将足以到达闪烁剂，并激发其发光。如果闪烁剂和³H原子之间的距离＞1.5 μm，那么β 颗粒将没有足够的能量移动所需的距离（图 18.5）。在水溶液中，与水分子的碰撞浪费了 β 颗粒的能量，所以它不能激发闪烁剂。正常情况下，在放射性样品中加入一种闪烁混合液，以确保大多数的³H发射被捕获并转化成光。在 SPA 中，将闪烁剂掺入到小荧光球上，这样构建这些小球或胶珠是为了结合特异性的分子。

SPA 胶珠是由无机物闪烁体〔如硅酸钇（YSi）〕和疏水的高分子材料〔如聚乙烯甲苯（PVT）〕制成的。已研制出一种优化的微球胶珠，是由含有固相闪烁体的 PVT 核心和多羟基外膜构成的，这可使其与液体缓冲液更兼容。将耦联分子（如抗体和链霉抗生物素蛋白）共价连接到外膜上，可用于分析设计的一般连接。表 18.6 列出了可用外膜的范围。这些耦联格式是高亲和力的生物分子介导的连接，在将分析成分连到 SPA 颗粒上时不需要复杂的化学。

表 18.6 闪烁邻近分析法的范围^a

胶珠外膜	说明
抗小鼠（PVT 和 YSi）	与适当的抗体一起使用，用于放射免疫分析、受体结合分析、酶分析
抗兔（PVT 和 YSi）	与适当的抗体一起使用，用于放射免疫分析、受体结合分析、酶分析
抗绵羊（PVT 和 YSi）	与适当的抗体一起使用，用于放射免疫分析、受体结合分析、酶分析
Copper His-tag（PVT 和 YSi）	用于捕获带组氨酸标签的蛋白质
谷胱甘肽（PVT 和 YSi）	结合带 GST 标签的蛋白质
PEI、WGA（PVT）	结合膜。用于受体结合分析
PL（YSi）	结合带负电荷的细胞膜
蛋白 A（PVT 和 YSi）	与适当的抗体一起使用，用于放射免疫分析、受体结合分析、酶分析
链霉抗生物素蛋白（PVT 和 YSi）	用于捕获生物素化的成分。与生物素化的凝集素一起使用，可用于受体分析
WGA（PVT 和 YSi）	结合糖基化的蛋白质和膜组分，用于受体结合分析

a 缩写：GST，谷胱甘肽 S 转移酶；PEI，聚乙烯亚胺；PL，多聚 L-赖氨酸；PVT，聚乙烯甲苯；WGA，麦胚凝集素；YSi，硅酸钇。

氚特别适合于 SPA，因为其 β 颗粒的径长（path length）特别短，在水溶液中只有 1.5 μm，这意味着在正常情况下未结合氚分子所产生的背景低，即使当使用相对较大量的放射性时也低。¹²⁵I 是另一种特别适合 SPA 的同位素，具有极好的特性，¹²⁵I 原子衰变的一种方式是通过一种被称为电子捕获的过程，这类衰变产生两种电子，通过 SPA 可以检测到，这些电子的径长为 1～17.5 μm。

在 SPA 中也可以使用能量更大的 β 放射源，如³³P 和³⁵S。然而，在水溶液中，从这些同位素发射出来的电子的径长都比较长，甚至用未结合的放射性同位素也能够使胶珠的荧光放射增强，这被称为非邻近性效应（NPP）。此外，结合的同位素的发射能够穿过胶珠，这样，从结合的放射性同位素收获的能量较低，在这些情况下，为了鉴别结合的同位素和游离的同位素，通过相对简单的离心或沉降步骤，可以降低 NPP。如果 SPA 胶珠从溶液中沉降下来，游离同位素和胶珠之间的距离增大，这样，从游离放射性同位素发射的电子不能够达到与胶珠上闪烁剂相互作用所需的距离。此外，结合的放射性同位素释放出的能量更大的电子（尽管穿过了其原来的胶珠）现在能够与周围的胶珠相互作用。密集的 YSi 胶珠沉淀所需要的时间≤15 min，PVT 胶珠需要 4～6 h，也可以将分析管或分析板进行温和的离心，通常约为 1000 g、5 min。

参考文献：Cook 1996，Hoffman and Cameron 1992
作者：Neil Cook、Alison Harris、Alison Hopkins and Kelvin Hughes

于丽华 译　李慎涛 校

第 19 章　蛋白质相互作用的定量

蛋白质结构的最高水平是四级结构，是由蛋白质亚基非共价缔合而形成的。通常情况下，缔合的蛋白质亚基具有折叠的结构（或四级结构），尽管在某些情况下，只具有二级结构的去折叠蛋白质能够直接缔合，形成折叠的多亚基复合物（如三聚体的胰高血糖素）。蛋白质复合物变化范围从由完全相同的亚基构成的简单的、对称的同源二聚体到高度复杂的多亚基结构（如病毒衣壳蛋白）。

对于许多的生物学事件和过程，蛋白质-蛋白质相互作用很重要，的确极其重要。分析蛋白质之间的相互作用以及详细分析分子界面（通常是用分离的蛋白质在体外完成的）是理解许多生物学过程的基础。可应用大量的生物化学技术和生物物理技术来研究特定的与蛋白质有关的相互作用，这些信息与用 X 射线晶体学和 NMR 得到的高分辨率结构资料一起，能够用来理解这些相互作用的分子基础。

用来研究蛋白质相互作用的鉴定和定量的方法学已变得十分重要，以至于本书的编辑用两章来介绍这些技术。第 18 章中重点介绍了特定蛋白质相互作用的检测，而本章更关注相互作用的定量（如结合力量和结合速度的测量）。通常使用生物物理技术来对结合进行定量，如凝胶过滤、平衡透析、大区带分析分子排阻层析（SEC）和滴定微量量热法（microcalorimetry），这里只列举了少量几种技术，有关这些技术的讨论见第19.1 单元。

恒温滴定微量量热法（isothermal titration microcalorimetry，ITC）是一种对蛋白质-蛋白质相互作用和蛋白质-配体相互作用进行定性的方法，它是通过测量反应的内热（intrinsic heat）（熵）变化来进行定性的。第 19.2 单元介绍了确定所观察到的结合参数的一种基本方案，这些结合参数包括：蛋白质（配体）与某已知蛋白质的结合、结合亲和力（K_a）的确定和结合的化学计量。第二种方案叙述了确定已知生物化学分子结合参数的方法，这种方案对实验条件要求很严格，但能够更好地理解分子的结合机制。

用不太复杂的设备也能够测量蛋白质的缔合。其中的一种方法是大区带分析凝胶过滤层析。在第 19.3 单元中介绍了这种原始方法的改进方法，这种改良的方法用高效液相层析（HPLC）代替了低压 SEC，可大大地节省时间和材料。

在第 19.4 单元中，联合使用静态光散射和 SEC，能够直接确定分离蛋白质的分子质量，方案叙述了这种二维方法的应用，用于确定蛋白质-蛋白质复合物和蛋白质-碳水化合物复合物的质量。

作者：Paul T. Wingfield

19.1 单元　蛋白质相互作用定量的概述

许多（而且可能是大多数的）蛋白质的生物学功能都涉及与其他蛋白质、核酸或其他非蛋白质配体可逆的相互作用。在许多的细胞过程中，这种相互作用发挥着许多作用。少数的实例为：①贮存或转运主要的代谢产物（如肌红蛋白的 O_2 贮存）；②形成和维持多亚基酶的四级结构；③特异性的结合和识别事件（抗原-抗体、激素-受体、转录因子-启动子）；④大结构（如微管或染色质）的自装配。这样，这种相互作用的定量描述对理解这些蛋白质的功能具有重要的意义。

描述任何结合相互作用的两个基本特性是化学计量（每种反应物有多少摩尔化合形成产物）和结合力量。通常用平衡缔合常数（K_a）或其倒数——解离常数（K_d）来定量地表示结合力量或亲和力，对于反应 $nA + mB \leftrightarrow A_nB_m$，这两个常数被定义为：

$$K_a = \frac{[A_nB_m]}{[A]^n[B]^m}$$

$$K_d = \frac{[A]^n[B]^m}{[A_nB_m]}$$

是选择使用 K_a 还是使用 K_d 主要取决于个人喜好。在上述方程中的浓度术语可以用任何的浓度单位来表示，但摩尔单位通常是首选的。也可以用一个反应的 Gibbs 自由能的变化（ΔG）来描述结合力量，它与平衡常数的关系为：

$$\Delta G = RT \ln(K_d) = -RT \ln(K_a)$$

R 为气体常数，T 为绝对温度。这样的能量变化不是绝对的，但总是与一些参考态有关，为了方便起见，通常用每种反应物的 1 mol/L 溶液（所以平衡常数喜欢用摩尔单位）作为这种参考态。

各种实验方法确定化学计量和（或）K_d 的能力差异很大。其能够测量的值范围也差异很大。表 19.1 总结了每种方法给出信息的类型，以及它能够测量的 K_d 值的大致范围。对于一个已知的系统，通常有几种适合的方法。

表面等离子共振

与其他基于分子质量的方法相比，基于表面等离子共振（surface plasmon resonance，SPR）的传感器有几个独特的特点。首先，在 SPR 中，能够明确地测量缔合和解离事件的动力学，而且这种动力学信息能够提供更好的了解，这是单独用平衡信息所难以得到的。SPR 使用两种完全不同的方法来描述结合的亲和力：在一种方法中，首先确定缔合和解离的速度，然后计算其比率，用这种动力学资料来确定平衡缔合常数；在另一种方法中，将反应液暴露于测量表面很长的时间，以使结合达到平衡，然后分析这种结合信号的量值作为反应物浓度的函数，以得到平衡常数，方法与其他平衡方法相似。

SPR 的另一个明显的不同是：反应物之一与一个表面耦联。从原理上讲，如果这种耦联不产生空间障碍，并且不会对要研究的相互作用的重要残基进行化学修饰，这不应当碍事。然而，耦联能够限制其用于描述蛋白质的自缔合，对于详细的定量研究，首选的耦联是通过一个特定位点和（或）以一种特定的方向的耦联。如果能够使表面上一个以上的分子同时与溶液中单一的被分析物分子相互作用，那么，表面结合可能会与溶液结合有根本的区别。如果不能正确地考虑和处理表面上的多价相互作用，那么用 SPR 所得到的结合常数会差许多个数量级，这样，对于 SPR 实验的设计和解释，反应化学计量的独立知识是很有用的。使用目前的方法（如 *CPPS* 的第 20.2 单元）通常能够避免多价相互作用所产生的这类问题以及 SPR 中大量的其他可能的假象。

表 19.1　一些描述蛋白质相互作用的重要方法的特性

技术 [a]	检测的基础	所测量的结合特性 (和 K_d 的范围)	所需要的最小样品质量或体积 [b]	典型的分析时间 [c]	参考文献	备注
质谱	分子质量的改变	化学计量	0.001 μg; <1 μl	15 min	Loo 1997, Roepstorff 1997, Farmer and Caprioli 1998	不能够检测较弱的相互作用；是一种很有用的离心法的前步骤，特别是对于糖蛋白
化学交联	分子质量的改变	化学计量	5 μl [d]	30 min + 读数	Loster and Josic 1997, Kunkel et al. 1981	是确定四级结构和化学计量的一种有用的和十分简单的方法
SEC 加光散射	溶液质量的改变	化学计量	100 μg(20 kDa); 10 μg(200 kDa); 5 μl	30~60 min	Harding et al. 1992, Wen et al. 1996	能得到真实的质量，与分子形状无关
平衡透析和凝胶渗透、超滤、凝胶层析 (Hummel-Dreyer)	游离配体和结合配体的分离	化学计量 (K_d 10^{-1} ~ 10^{-13} mol/L)	10 μl [d]	15 min~24 h + 读数	Andreu 1985, Kido et al. 1985, Sophianopoulos and Sophianopoulos 1985, Sebille et al. 1990	"低技术"而且通常是劳动密集型的，但仍然很有用，而且实用
大区带分析 SEC	流体动力学大小的改变	化学计量 (K_d 10^{-4}~10^{-13} mol/L)	1000 μl [d]	30~60 min + 读数	Ackers 1973, Valdes and Ackers 1979, Nenortas and Beckett 1994	广范围的能够在线或离线检测的方法，根据自动化程度的不同，可能会是劳动密集型的
微量制备的分析型超速离心 (沉降平衡)	溶液质量的改变	化学计量 (K_d 10^{-3}~10^{-13} mol/L)	100 μl [d]	12~24 h + 读数 (每个转头 4~6 个样品)	Darawshe et al. 1993, 1995	只需要制备性离心机；较少的数据点，比在线式仪器劳动量大；但通过离线检测具有较好的特异性和灵敏度
分光光度法	分光光度特性的改变	摩尔比率化学计量 (可能)、构象改变 (K_d 10^{-5}~10^{-11} mol/L)	—[e]	0.2~2 h	Oberfelder and Lee 1985, Heyduk et al. 1996, van Holde et al. 1998	适用性取决于蛋白质和(或)配体的性质；可能需要发光团标记

技术[a]	检测的基础	所测量的结合特性（和 K_d 的范围）	所需要的最小样品质量或体积[b]	典型的分析时间[c]	参考文献	备注
滴定微量量热法	热量释放和摄取	摩尔比率，ΔH，Δc_p（K_d 10^{-3}~10^{-9} mol/L）	100 μg; 2000 μl	3 h	Bundle and Sigurskjold 1994, Fisher and Singh 1995, Doyle 1997	通用信号；对小分子工作良好；有用的额外热力学信息
沉降平衡（在分析型超速离心中）	溶液质量的改变	化学计量（K_d 10^{-3}~10^{-9} mol/L）	10 μg; 100 μl	12~24 h（9~21个样品）	Rivas and Minton 1993, Laue 1995, Schuster and Toedt 1996	当质量有明显改变时，是一种强有力的方法；使用现代硬件和软件更易于使用
沉降速度（在分析型超速离心中）	沉降系数的改变	化学计量，构象改变（K_d 10^{-3}~10^{-9} mol/L）	10 μg; 400 μl	2~5 h（3~7个样品）	Schuster and Toedt 1996, Lobert et al. 1997, Stafford 1997	较新的软件使得数据分析更快，而且是用户友好型的；对于 K_d，通常没有沉降平衡法好
表面等离子共振	结合到表面的质量改变	化学计量，动力学（K_d 10^{-3}~10^{-13} mol/L）	0.01 μg; 100 μl	15~30 min（1个被分析物，高达4个表面）	Myszka 1997, Schuck 1997, Morton and Myszka 1998	广范围的 K_d；高通量；对污染物很不敏感；有表面交联的潜在问题

a 先列出了主要给出有关化学计量信息的技术，之后是能够对结合亲合力很好地定量的技术，后者的排序大体是按照设备装备的成本和复杂度来排列的。缩写：SEC，分子排阻层析。

b 大致的最小样品质量（检测极限）和最小的样品体积。对于较弱的相互作用，对样品的要求通常是足积的要求，因为必须具有这种体积的溶液，浓度要足够高，以满足相互作用。这些数字会呈数量级地改变，或更取决于所用的仪器和具体的方法。

c 进行本实验所需要的大概时间，对于同时处理一个以上样品的方法，在参数中标明了样品的数目，对于那些单独进行依度读数的方法（如通过 ELISA 或闪烁读数），这一步所用的时间并未包括在内。

d 所需质量取决于检测方法：对于放射性标记、ELISA 或荧光检测，所需的质量会极小。

e 所需的质量和体积取决于检测方法。

512

对于研究蛋白质-配体相互作用和两种不同蛋白质之间的相互作用，SPR 通常是一种很好的工具。SPR 所需的材料量通常很少，特别是结合到测量表面上的成分。

分析型超速离心（沉降平衡和沉降速度）

硬件的改进和自动化使得分析超速离心（如 *CPPS* 第 20.3 单元和第 20.7 单元）得到了广泛的使用，更易于非专业人士使用，并且所需的样品量下降。本方法的主要原理简单、易于理解，其理论和实践是经过许多年才建立起来的。

对于详细地研究复合物的相互作用，沉降平衡有许多优点：①它是一种真正的溶液平衡法；②可覆盖的浓度范围很广（对于蛋白质为 5 $\mu g/ml$～100 mg/ml）；③溶剂选择的范围很广；④可在很广的温度范围（Beckman XL-I 为 0～40℃）内应用。其主要缺点是：对于一个 3 mm 的溶液柱，要达到平衡通常需要 12～24 h，所以通量很低（但可同时做 9～21 个样品），而且在这么长的一段时间内，一些蛋白质不够稳定。使用更短的带干涉光学（interference optics）的溶液柱（小于 1 mm）能够将平衡时间缩短至几小时甚至更短，但所得到的数据点较少，整体准确性较差。对于确定化学计量、观测实验和研究重量平均分子质量的变化（作为配体浓度或不同蛋白质混合比的函数），短柱法是一种特别好的方法。

可使用制备型离心机来进行沉降平衡实验，这种方法要比专用的分析型仪器（Rivas and Minton 1993）有优点。在实验的末期进行组分收集，可以使用任何的离线方法来跟踪浓度的分布，大大扩展了本法可特异性检测的浓度范围，而且能够在检测之前通过电泳或层析对每种成分进行进一步地分离。

沉降速度实验需要仅 2～5 h，这样，本法可用于不稳定的蛋白质。所用蛋白质浓度通常为 10～100 $\mu g/ml$，而过去常用的蛋白质浓度为 2～10 mg/ml。使用这种方法，对于未缔合的单体和紧密缔合的寡聚体或复合物（假设在实验期间几乎没有解离），能够同时确定扩散系数和沉降系数，这样便能够计算出真正的分子质量。然而，在通常情况下，不能分辨单种的蛋白质或复合物，而且对数据进行分析，只能给出整体的重量平均沉降系数，这个系数随着结合或自缔合的发生而改变。当配体的结合与蛋白质的自缔合有关时，对于研究这种配体的结合，后一种方法特别有用。调整重量平均沉降资料得到的 K_d 会很复杂，因为沉降系数取决于形状和构象以及分子质量，这样，通常不可能准确地预测寡聚体或蛋白质-蛋白质复合物的沉降系数，必须对其作为额外的可调节的调整参数来对待。然而，当结合与构象的变化有关时，对构象敏感时，能够使即使很小的要研究的配体结合。使用有限元数值解法（finite-element numerical method）直接模拟和调整一种结合模型可以得到有关动力学和 K_d 的信息。

参考文献：Cantor and Schimmel 1980，Freifelder 1982，Johnson and Frasier 1985，van Holde et al. 1998，Winsor and Sawyer 1995

作者：John S. Philo

19.2 单元　滴定量热法（titration calorimetry）

恒温滴定微量量热法（ITC）适用于大量的生物分子的相互作用。例如，与蛋白质

（包括天然的，未被修饰的蛋白质溶液）、核酸、碳水化合物、脂、小有机分子、金属、离子和质子有关的相互作用。表 19.2 比较了用这两种方法得到的参数，在本单元的末尾（表 19.4）提供了 ITC 的故障排除。

表 19.2　由基本方案 1（观察值）和基本方案 2（生物化学值）确定的结合参数的物理意义的比较

参数 [a]	说明
K_d^{obs}	用单一的 ITC 实验测量的
	可能或不可能与真实的分子亲和力相等
	可能包括来自复杂的副反应（如配体诱导的二聚体化和去折叠）的影响
K_d'	在一定的 pH、温度、离子强度等条件下，特定的分子相互作用所特有的
	反映结合的所有方面，包括构象变化，氢键、范德华相互作用、离子键、水合作用、质子化作用、离子结合等的变化
	已证实不存在聚集和去折叠的副反应
ΔH^{obs}	用单一的 ITC 实验测量的
	由于缓冲液的电离，通常包括假的热量
	会或不会与真实的分子结合 ΔH 相等/接近，取决于缓冲液电离热的相对影响
$\Delta H^{\circ\prime}$	在一定条件下（如对生物化学 K_d 所述），特定的分子相互作用所特有的
	对缓冲液电离热假象和可能伴随的去折叠或聚集副反应进行了纠正
ΔC_p^{obs}	在同一种缓冲液中，在几种温度下用 ITC 实验进行的测量
	会或不会与真实的分子结合 ΔC_p 相等/接近，取决于缓冲液电离热的温度依赖性
$\Delta C_p'$	特定的分子相互作用所特有的，如对生物化学 K_d 所述
	在所研究的温度范围内，对缓冲液的电离热假象进行了纠正
	由于 ΔC_p 的确定需要在各种温度下测量，所以 ΔC_p 可能会包括分子相互作用的性质随着温度而发生的变化，如伴随的质子化程度的变化或部分热去折叠的变化
摩尔结合比率（观察的化学计量）	用单一的 ITC 实验测量的
分子化学计量	只有在两种反应物 100% 有活性并且其浓度已被准确确定的情况下才与 ITC 实验所得到的摩尔比率相等
	否则可以用静态光散射或分析型超速离心直接测量蛋白质–蛋白质相互作用

　　a 观察的参数用上标"obs"表示；生物化学参数用程度符号（°）和单引号（′）表示。

基本方案 1　用恒温滴定微量量热法确定摩尔比率、观察的亲和力（K_d^{obs}）和观察的结合焓的变化（ΔH^{obs}）

　　恒温滴定微量量热法（ITC）所需反应物的量取决于亲和力，在较低的程度上取决于结合焓的变化。对于每个反应来说，这些参数都是一定的，所以 ITC 所需的试剂差异会很大。在研究的开始，可能会需要对这些参数进行假定，然后进行初步的滴定，并根据需要对实验设计进行优化。

　　ITC 可在很广的 pH 范围内使用，在甘油、蔗糖、还原剂或共溶剂（如 1%～10% 的 DMSO）存在的情况下也可以使用。容易蒸发的溶剂会产生蒸发性热噪音，其他一些在实验过程中发生反应的化学品也会产生噪音。与仪器生产商一起检查是否存在可能损坏量热仪比色杯的因素（如强酸或强碱）。

材料

　　• 目的蛋白和配体（反应物）

- 适当的 pH 缓冲液
- 恒温滴定微量量热法（ITC，MicroCal、Calorimetry Sciences、Thermometric AB）
- 微组合 pH 电极
- 紫外/可见光分光光度计
- 除气装置
- 2.5 ml Hamilton 气密式注射器，带长度足以到达样品比色杯底部的钝尖长针头
- 非线性最小平方回归软件（通常由仪器生产商提供）

1. 如果必要，按照生产的说明书或使用一个结合热力学已知的独立反应校准 ITC 仪器。

2. 如果可能，从已知的信息中估计预期的目的蛋白与配体结合相互作用的平衡解离常数（K_d，见第 18.1 单元）。如果办不到，则对亲和力进行假定（第 3b 步）。选择哪种反应物进入比色杯（通常是较贵的那种），哪种进入注射器。由于注射器内的反应物的浓度要高约 20 倍，要确保注射器内的试剂在此浓度下可溶。

   对于有多个配体结合位点的蛋白质，将配体放在注射器内有助于去卷积（deconvolute）异源结合热力学。

   为了检测结合相互作用，反应物的浓度要高于预期的 K_d，比色杯中的试剂应当高出结合反应的 K_d 4～1000 倍。

3a. 如果能够估计预期的 K_d：根据预期的 K_d 计算要用的比色杯试剂的浓度（理想情况下要高出相互作用的 K_d 10～50 倍），对于只涉及一个结合位点的很强的相互作用（$K_d < 100$ nmol/L），使用 $\geqslant 5$ μmol/L 的浓度。在多结合位点的情况下，根据结合位点的当量数来确定相应的浓度（例如，对每个分子有两个结合位点的蛋白质，用 2.5 μmol/L 的浓度或总的结合位点为 5 μmol/L 的浓度）。

3b. 如果无法预期估计 K_d：假定 K_d 为 1 μmol/L 或更小，比色杯反应物浓度使用 5 μmol/L，如果怀疑 K_d 比 1 μmol/L 弱，则按比例地增高比色杯反应物的浓度。

4. 计算注射器内反应物的浓度，使其比色杯反应物的浓度高 20 倍。根据要使用的浓度和体积，计算所需的比色杯反应物和注射器反应物的总量。

5. 选用一种低电离热的 pH 缓冲液（表 19.3），将缓冲液离子化的假象热量降至最低。不得使用大质子电离热的缓冲液（如 Tris）。在滴定的过程中，注射器反应物和比色杯反应物之间的 pH 少许不匹配都会引起大的混合热量。

6. 制备反应物溶液，使 pH 和溶剂成分准确匹配。如果反应物的质量足够大，将反应物对含有所希望的实验溶液条件的缓冲液透析。对于不能进行透析的低分子质量的成分，直接将样品溶解到反应缓冲液中，记录所溶解样品的重量（固体）或体积（液体），并记录最终的溶液体积，以准确地确定反应物的浓度。如果一种反应物的溶解需要加入另外的非水性溶剂（如 DMSO），记录所用溶剂的最终浓度，并往其他反应物中加入相匹配的量。

7. 测量溶解的和透析的样品的 pH，如果偏离大于 0.1 pH 单位，则使用少量的酸或碱进行调整，小心不要使任何的蛋白质反应物变性。最好调整非蛋白质反应物的 pH，使其与透析后蛋白质样品的 pH 匹配。对于小体积的昂贵反应物，通常需要一个微

表 19.3　一些常用恒温滴定微量量热法缓冲液的特性[a]

缓冲液	pKa（25）	ΔH^{ion}（25）[b]/(kcal/mol)	ΔC_p^{ion}/[kcal/（mol·℃）]
二甲砷酸盐	6.3	−0.6[d]	NA
柠檬酸盐（pK3）	6.4	−0.8	−0.060
磷酸盐（pK2）	7.2	0.9	−0.040
PIPES	6.8	2.7[e]	+0.005[e]
MES	6.1	3.7[d]	NA
MOPS	7.2	5.3[d]	NA
HEPES	7.5	5.7[f]	NA
ACES	6.8	7.5[d]	NA
Tricine	8.1	7.7[b]	NA
咪唑	7.1	8.7	+0.005
Tris	8.1	11.4	−0.015

a 25℃时的值，引自 Christensen 等（1976），除非另有说明。这些参数取决于离子强度和其他的溶液条件，假定 ΔC_p^{ion} 不受温度影响，对于离子化 ΔH^{ion} 和 ΔC_p^{ion} 值的详细解释，参阅 Christensen 等（1976）。缩写：ACES，N-(2-乙酰氨基)-2-氨基乙磺酸；MES，2-(N-吗啡啉)乙磺酸；MOPS，3-(N-吗啡啉)乙磺酸；PIPES，哌嗪-N, N-双（2-乙磺酸）。

b 可以根据 Kirchhoff 定律，以温度的函数来计算 ΔH^{ion}：

$$\Delta H^{ion}(T) = \Delta H^{ion}(25) + \Delta C_p^{ion}[T-25]$$

c NA，不可得到。

d 30℃时的值，引自 Murphy 等（1993）。

e 引自 Baker 和 Murphy（1997）。

f 从 dpK_a/dT 计算的值，由 Stoll 和 Blanchard（1990）报道。

组合 pH 电极。

8. 对于蛋白质反应物，通过测量 205nm、210nm 和（或）280 nm 处的吸收，并根据摩尔消光系数计算浓度（见第 3.1 单元和第 3.2 单元），以此确定其浓度。对于非蛋白质的反应物，使用第 6 步记录的重量和体积通过质量或体积分析来确定其浓度。另一种方法是，测量样品的吸收，根据摩尔消光系数（如果有的话）来计算其浓度。在真空下轻轻搅拌 10 min，使反应物脱气。

9. 根据生产商的说明书用缓冲液预清洗量热计比色杯（一些缓冲液将残留在比色杯中）。将样品装入一个 2.5 ml 的 Hamilton 注射器中，将针头放入比色杯的底部，缓慢注入样品，同时上下移动注射器几毫米，以逐出全部气泡（否则气泡会留在比色杯内）。当样品开始从反应比色杯口淌出时，开始移出注射器，同时继续缓慢地注射样品，以便气泡不会进入比色杯内，从比色杯周围的小孔中除去多余的溶液，但要让样品漫过比色杯小孔的顶部。

10. 缓慢地将其他反应溶液抽入量热仪的注射器内（如使用通过软管连接到顶部注入孔的塑料注射器）。当装满注射器时，向下推注射器的推杆，使液体正好位于注入孔的下方。

11. 使用已知浓度的比色杯和注射器反应物，以及有效的量热计反应体积（参考生产商的说明书），计算在 5 次或 6 次注射后达到滴定等价点所需的注射体积（在有效的比色杯体积中，比色杯和注射器反应物使用等摩尔浓度，要考虑到每种反应物所具有的结合位点数）。

12. 将滴定方法编到软件内，每次注射之间间隔 3 min 或 4 min，以达到平衡。进行滴定，使摩尔比率≥2 或 3。对于较弱的结合条件（$C<30$），滴定至较高的摩尔比率，以更好地定义曲率和渐近的混合热量。

13. 按照生产商的说明书开始滴定，用 2~3 倍体积的缓冲液冲洗比色杯，准确地重复以上的滴定程序，将注射器反应物保留在注射器内，但只在量热计比色杯（不是比色杯反应物）中使用缓冲液。

14. 使用仪器生产商提供的非线性最小平方回归软件分析结合数据。如果必要，先从结合数据中减去空白滴定数据来校正数据。

15a. 单位点结合的情况：假定有足够的结合热量信号，而且反应物的浓度与 C 参数特别适合，进行摩尔比率、结合平衡常数（K_d^{obs} 或其倒数）和 ΔH^{obs} 的曲线配合（curve fitting）。对于这些参数中的一些参数，使用原始的估计值，以有助于曲线配合处理，将 C 值大于约 1000 的最适合的结合常数考虑为仪器能力的极限，并且认为可能是不正确的。

15b. 多位点结合的情况：计算（或假定）每种化学计量成分的 K_d^{obs} 和 ΔH^{obs}。对于多于两种类型的结合位点，使用一种连续的结合模型（如 MicroCal、ITC Data Analysis in Oringin Tutorial Guide，Version 5.0）。

16. 要使位于仪器极限的紧结合常数有效，试验其重复性，改变实验条件（温度、pH、盐），使亲和力弱到足以能够可信地测量，或使用一种独立的方法，以使亲和力有效。

表 19.4　恒温滴定量热法的故障判断与排除

问题	可能的原因	解决办法
搅拌开始时基线有噪音	注射器未对齐或弯曲	确定注射器和搅拌装置都位于中心，并密封良好，检查注射器针头是否弯曲，如果弯曲，更换注射器
	样品含有气泡	从比色杯中取出样品，重新装入，避免引入气泡
混合热不能滴定掉	注射器溶液和比色杯溶液之间不匹配	检测两种溶液的 pH，如果需要，进行匹配
观察不到结合	反应物浓度过低	增加比色杯中反应物的浓度，使其高出预期 K_d 至少 4 倍，根据需要调整注射器反应物的浓度
	结合热过小	通过增加或降低几度温度来增大结合热
	结合热过小	将缓冲液换成一种具有不同电离热的缓冲液，以增大耦合质子化作用（如果有的话）的热
	尚未达到当量点	进行滴定至较高的摩尔比率
观察到的结合接近仪器极限	亲和力太大，无法直接测量	增高温度（放热反应）以减弱亲和力，改变其他溶液条件（盐、pH）可能减弱亲和力
非预期的摩尔比率或化学计量值	一种或两种反应物的浓度不正确	更准确地定量浓度
	一种或两种反应物部分失活	重新纯化反应物 评价在反应条件下蛋白质是否折叠

问题	可能的原因	解决办法
结合热与温度呈非线性依赖关系	反应比简单的 A＋B＝AB 平衡更为复杂	评价热稳定性和配体诱导的聚集变化
观察到的结合常数不按照 van't Hoff 模型随温度变化	反应比简单的 A＋B＝AB 平衡更为复杂	评价热稳定性和配体诱导的聚集变化

基本方案 2　用 ITC 确定生物化学结合热力学：$\Delta G^{\circ'}$、$\Delta H^{\circ'}$ 和 $\Delta C_p^{\circ'}$

　　蛋白质-配体相互作用对溶剂成分（如 pH、离子强度、温度、特异的离子和水的活性）高度敏感，因此蛋白质-配体相互作用的结合热力学也取决于所有的这些变量。笔者在此提到的在指定溶液条件下发生的一种蛋白质-配体相互作用的分子结合热力学是这些条件的生物化学结合热力学。与热力学参数一起使用的"'"上标标明它们是指生物化学反应；上标符号（°）在热力学领域是一种惯例，表示标准态浓度单位是摩尔浓度。

　　以下例子适合于简单的配体结合蛋白质的情况，每种蛋白质只有单一的结合位点。具有多个配体结合位点的蛋白质，单独用 ITC 来解析是相当复杂的，在此不予考虑。有关试剂和仪器，见基本方案 1。

1. 测量蛋白质（结合形式和非结合形式）的自缔合状态（见第 19.3 单元和第 19.4 单元），浓度是用 ITC 能够测量其 K_a^{obs}，测量蛋白质的热稳定性（见第 7.6 单元和第 7.8 单元），以确定能够测量结合热力学的最高温度范围。

2. 在蛋白质为其天然折叠结构的温度下测量 K_a^{obs}（见基本方案 1）。如果第一步表明结合配体对聚集状态没有影响，则 $K_a^{obs} = K_a^{\circ'}$。计算结合的 Gibbs 自由能，$\Delta G^{\circ'} = RT \ln K_a^{\circ'}$，$R$ 为气体常数 [1.987 cal/(K·mol)]，T 为开氏温度。

3. 在具有明显不同质子电离热的 3 种或更多种缓冲液中测量 ΔH^{obs}（相差至少几千卡路里；见基本方案 1）。将 ΔH^{obs} 对 pH 缓冲液的电离焓作图，用最小平方回归法调整数据，以确定斜率（在特定 pH 和其他溶液条件下在热力学上与结合耦合的质子数）和截距（$\Delta H^{\circ'}$）。与线性的明显偏差意味着缓冲液中的一种或多种与所研究的蛋白质有特异的相互作用。

4. 在范围至少为 10℃（如果可能，取 20℃ 或 30℃ 的范围）的几种温度，测量与缓冲液相差的结合焓改变（$\Delta H^{\circ'}$），准确的范围将取决于反应物的热稳定性。将 $\Delta H^{\circ'}$ 对温度作图，图的斜率等于结合热能力的变化（$\Delta C_p^{\circ'}$）。与线性的明显偏差意味着结合反应与温度依赖性过程相耦合，这是影响结合焓变化的主要因素。

参考文献：Baker and Murphy 1996，Bhatnagar and Gordon 1995，Bundle and Sigurskjold 1994，Chung et al. 1998，Connelly et al. 1994，Cooper and Johnson 1994，Fisher and Singh 1995，Gomez and Freire 1995，Koslov and Lohman 1998，Lin et al. 1996，Spolar and Record 1994，Wiseman et al. 1989

作者：Michael L. Doyle

19.3 单元　用于测量蛋白质缔合平衡的缩比大区带分析型凝胶过滤层析

　　大区带分析型凝胶过滤层析（AGFC）相对低技术的仪器要求使得本方法实际上在所有生物化学实验室都可以进行。

基本方案　缩比大区带分析型凝胶过滤层析

材料

- 适用于目的蛋白大小或分子质量范围的半可压缩性凝胶过滤树脂（如 Sephacryl S-200，Amersham Bioscences），不与蛋白质被分析物相互作用
- 柱缓冲液（如 50 mmol/L Tris·Cl，pH 7.5，200 mmol/L NaCl，20℃），用 Milli-Q 纯水配制，并用 0.22 μm 膜过滤
- 柱校准标准物（如牛血清白蛋白、鸡卵清蛋白、牛胰核糖核酸酶 A、牛胰糜蛋白酶原 A、甘氨酸和蓝色葡聚糖 2000，Amersham Bioscences）
- 受试蛋白质样品
- 带夹套的分析型玻璃柱，内径为 0.66 cm，10 cm 长（如 Omnifit），带底部和顶部接头（Thomson Instrument；都带由生产商提供的过滤器板）
- 5/16 in 和 1/16 in 内径的 Tygon 管
- 带夹子的环状铁架
- 蠕动泵
- 高效液相色谱（HPLC）系统，包括：
  HPLC 泵（microbore），能够长时间地以（0.152±0.002）ml/min 的速度输送缓冲液
  特氟隆注射器-上样注射仪（Rheodyne model 7125；Thomson Instrument）
  紫外/可见光检测仪和附属的数字式检测仪信号积分仪
- 1/16 in 外径的特氟隆管和 0.25 cm 内径的特氟隆管
- 与柱末端匹配的特氟隆卡套，钻有能够通过 1/16 in 外径的特氟隆管的孔
- 一体式聚合物螺母和卡套
- 零死体积聚合物连接器
- 制冷循环水浴
- 20 μl Hamilton 注射器
- 预称重的 1.5 ml 尖底微离心管

1. 将半压缩性的凝胶过滤树脂在柱缓冲液中交换，在沉降的树脂上方至少有 2 倍体积的柱缓冲液，让树脂沉降，吸掉缓冲液。至少再重复 4 次，加入缓冲液，使沉降的树脂约为 40%，在真空下脱气约 15 min。
2. 使用一小段 5/16 in 的 Tygon 管将两根空的分析型玻璃柱串联起来，将凝胶过滤柱的末端接头（底部）（包括过滤器板）连到出口管（1/16 in 外径、20 in 长的特氟隆

管）上，用两个夹子将柱垂直地安装到一个环状铁架上。

3. 将脱气后的缓冲液加入到柱中，将蠕动泵连到出口管上，从柱内泵出缓冲液，这样便可以将底部柱过滤器板中的气泡除去，从泵上拆下柱出口管，让缓冲液液面自由流下，直到液面恰好与底部柱过滤器板齐平，将柱出口管抬高至装柱器的顶部平面，将管固定至第二个环状铁架上，不要用夹子夹住管子，以提供零点流体静力学排出压力。

4. 往柱子内逐滴地加入树脂浆液，直到装柱器内的液面与柱出口管齐平，让其在零点流体静力学排出压力下沉降 15 min。降低出口管平面，每 15 min 降低 3 cm，以缓慢地增高流体静力学压力，直到树脂完全沉降（约 1 h 45 min）。在出口管下方放一个烧杯来收集废液，最终的柱床应当为直径 0.66 in、长度约 6.8 cm、体积 2.33 ml。

5. 将一个顶部柱接头连接到 HPLC 泵的流路中，让缓冲液流动，直到气泡被从其过滤器板中排除。从柱上快速地除去装柱器和连接管，从顶部柱的顶部取出沉降的树脂，插入顶部接头（带过滤器板），除去足量的树脂，以便将柱过滤器板装入柱内，而且在树脂床和过滤器板之间没有死体积，不得将空气引入柱内。

6. 在柱的两端的每个柱末端连接特氟隆卡套上连接一小段 1/16 in 外径的特氟隆管。使用尽可能短的管，以使死体积最小化。将柱顶部管的另一端连接到特氟隆注射器–上样注射仪上，将柱底部的管连接到紫外/可见光检测仪（放在泵下面）上，使用聚合物一体式螺母和卡套和零死体积的聚合物连接器来进行所有的连接，将带夹套的柱连接到制冷的循环水浴上。将温度调节至实验所需的温度（20～25℃），将缓冲液贮液容器保持在此水浴中。

7. 单独地上样 3 种或 4 种柱校准标准物（用柱缓冲液配制，终浓度为 1～2 mg/ml），用带 20 μl Hamilton 注射器的样品注射环上样 6 s，上样量为 15 μl。对称的峰形表明柱的质量良好，将缓冲液泵过柱子，平衡过夜，流速为 0.152 ml/min。

8. 按上述方法 2 次注射小区带的甘氨酸、蓝色葡聚糖 2000 和校准标准物，校准平衡后的柱。在每个分析中，在已知时间段内收集流出液，收集入预先称重的 1.5 ml 尖底管中，通过称重流出液的重量可以测量流速。在每次运行中，重复几次，以确定流速的平均值和标准差。

9. 按以下所述的方法（见辅助方案 1）对标准物的数据进行分析。根据 Stokes 分子半径对 $erfc^{-1}\sigma$ 的线性图，适宜柱的相关系数 $R^2 \geqslant 0.95$，适宜柱可连续操作 $\leqslant 3$ 周，柱效无明显下降。

10. 用 0.25 cm 内径的特氟隆管制作大区带样品环，使总环体积为 2.7 ml，使用聚合物连接器将其连接到样品环上，在柱缓冲液中配制大区带样品蛋白质，总体积为 3.5 ml,浓度范围为在此浓度之上能够进行蛋白质装配，在水浴中平衡样品约 15 min。

11. 将样品注入样品环中，上样 13.0 min，上样体积为 1.95 ml。对所有的区带进行重复。通过比较推测平台区的吸收（280 nm）与上样前测量的样品的吸收，检查是否到达平台期。

12. 通过测量单波长（通常为 280 nm）的吸收和时间（每秒钟取样 5 个点），得到层析图。分析层析数据（见辅助方案 1），并确定蛋白质装配过程的动能学和化学计量

（见辅助方案 2）。

辅助方案 1 数据分析

小区带洗脱体积和大区带矩心体积的确定

将峰截留时间与测量的流速相乘可以转换成洗脱体积和矩心体积（见基本方案 1 第 8 步）。

测量小区带的洗脱体积（V_e），即在峰尖处的洗脱体积。按下列方法以区带的前边界或后边界的矩点（相当的锐利边界）（Ackers 1975，Valdes and Ackers 1979）来分析大区带的洗脱体积。

使用 MS-DOS 5.0 QBasic（由作者实验室研制），通过从积分器得到的数据的梯形积分确定矩心体积（V_c）。矩心体积的计算程序需要输入 ASCII 格式的 y 轴数据，数据中不得含有文件标题信息。AUTOASCX 文件转换程序（带 PE Nelson 1020 型积分器）将 y 轴的原始数据转换成 ASCII 格式，其他的积分器应当具有相同的功能。矩心计算程序输入 ASCII 格式 y 轴数据的每 5 个数据点。并在数组中保存这些值。由于数据收集设置为每秒钟 5 个数据点，所以数组的指针相当于时间的秒。

在作者的实验室中研发了两种版本的矩心计算程序，索要即可得到，第一种版本的程序需要研究人员用电子制表软件程序来检查 y 轴数据，并输入几个参数；第二种版本的矩心计算程序使用靠经验确定的路线来计算所需要的参数，对于基线不正常的大区带图形不能使用这一程序。

以每秒钟 5 个数据点的速度收集数据会造成很大的 ASCII 输入文件，不便于用电子制表软件观看或用制图程序作图。从作者处可以得到用来减少数据点数量的 QBasic 程序的源代码（ASCII 纯文本文件）。

柱的校准和蛋白质分配系数及 Stokes 分子半径的确定

使用以下方程根据区带的洗脱体积计算蛋白质小区带的分配系数（σ）：

$$\sigma = (V_e - V_o)/V_i \qquad \text{（公式 19.1）}$$

在此方程中，V_o 是柱的有效体积，V_i 是保留体积，V_o 相当于蓝色葡聚糖的小区带的洗脱体积，而 $V_i + V_o$ 是被树脂完全保留的甘氨酸或一些其他小分子的小区带的洗脱体积。使用测量的蛋白质标准物的分配系数和已知的校准标准物的 Stokes 分子半径，并用以下线性方程来校准柱：

$$a = a_o + b_o \, \mathrm{erfc}^{-1} \sigma \qquad \text{（公式 19.2）}$$

在此方程中，α 是分子半径或 Stokes 分子半径（Å），$\mathrm{erfc}^{-1}\sigma$ 是分配系数（$\mathrm{erfc}^{-1}\sigma$ 的值可以从已出版的表中得到；美国政府印刷局 1954）的误差反函数余弧，a_o 和 b_o（分别为截距和斜率）是柱的线性校准常数。使用公式 19.2，通过校准标准物的线性最小平方分析可以确定柱的线性校准常数 a_o 和 b_o。

使用下面的方程计算自缔合蛋白质大区带的权重平均分配系数，用 σ_w 表示；

$$\sigma_w = (V_c - V_o)/V_i \qquad \text{(公式 19.3)}$$

在此方程中，V_c 是大区带的矩心体积或相当于锐利边界的体积，使用校准数据线性最小平方分析确定直线方程，可以使用分配系数来估计相互作用蛋白质（浓度已知的）的表观或平均 Stokes 分子半径。如果蛋白质的形状明显不呈球形，在分子排阻层析中，它会表现出异常的迁移性，通常情况下，其 Stokes 分子半径要比预期的大。

辅助方案 2　蛋白质装配过程的动量学和化学计量的确定

一旦知道了蛋白质的平均大小或分配系数与浓度的依从关系（见辅助方案 1），便可以对数据进行分析，以得到有关装配化学计量和动能学的信息。单体-二聚体的装配过程是最容易分析的，有关使用这种模型进行数据分析的理论和方法将在下面详细叙述，也可以使用其他模型，但必须要在装配的化学计量未知的情况下对其进行测试，这一点很重要（Valdes and Ackers　1979）。

单体-二聚体化学计量模型

对于可逆的自缔合蛋白质单体（M_1），从理论上讲有几种装配步骤，可用表达式 $M_1 + M_1 = M_2$、$M_1 + M_2 = M_3$，一直到 $M_{n-1} + M_1 = M_n$ 来表示。假设一个不连续的装配过程（单体与 n 聚体），单体和 n 聚体混合物的权重平均分配系数（σ_w）可以用单体的权重分配 α 表示为：

$$\sigma_w = \alpha \sigma_1 + (1-\alpha)\sigma_n \qquad \text{(公式 19.4)}$$

在此方程中，$\alpha = C_1/C_T$，C_1 和 C_T 分别是未装配的单体浓度和总的单体浓度，σ_1 和 σ_n 分别是单体和 n 聚体的分配系数，平衡缔合常数（K_{eq}）可以用 α 表示为：

$$K_{eq} = \frac{[M_n]}{[M_1]^n} = \frac{C_T - \alpha C_T}{(\alpha C_T)^n} = \frac{1-\alpha}{\alpha^n C_T^{n-1}} \qquad \text{(公式 19.5)}$$

对公式 19.5 用 α 和 C_T 进行重新排列，得出

$$K_{eq} C_T^{n-1} \alpha^n + \alpha - 1 = 0 \qquad \text{(公式 19.6)}$$

在 $n=2$ 的单体-二聚体的情况下，使用二次方程的解法解公式 19.6 得出

$$\alpha = \frac{-1 + \sqrt{K_{eq}^2 C_T^2 + 4 K_{eq} C_T}}{2 K_{eq} C_T} \qquad \text{(公式 19.7)}$$

使用 $\sigma_n = \sigma_2$ 重新排列公式 19.4 得出

$$\sigma_w = \alpha(\sigma_1 - \sigma_2) + \sigma_2 \qquad \text{(公式 19.8)}$$

合并公式 19.7 和公式 19.8，可以得到用 K_{eq}、C_T、和 σ_1 表达的 σ_w。σ_w 对浓度数据的非线性最小平方分析可以得到平衡常数 K_{eq} 的值，也可以得到单体蛋白质和二聚体蛋白质的分配系数 σ_1 和 σ_2。可用多种商业程序（如 Origin，Microcal）中的任何一种进行本分析，也可以使用 Michael Johnson 博士开发的 NONLIN 程序（Johnson and Faunt　1992）。

单体-二聚体平衡缔合测量数据的调整

氧合血红蛋白是一个过程简单的二聚体-四聚体平衡的蛋白质实例，并且，由于在二聚体-四聚体平衡的浓度条件下，血红蛋白二聚体不再进一步解离成单体，所以适用于单体-二聚体缔合反应的方程也适合于这种装配反应。使用公式 19.7 和公式 19.8，将 σ_w 对血红蛋白二聚体浓度（C_T）数据的分析结果得出了二聚体的分配系数（σ_D）、四聚体的分配系数（σ_T）和平衡缔合常数（K_{eq}）。

$$\sigma_w = \left[\frac{-1+\sqrt{K_{eq}^2 C_T^2 + 4 K_{eq} C_T}}{2 K_{eq} C_T}\right](\sigma_D - \sigma_T) + \sigma_T \qquad \text{（公式 19.9）}$$

使用公式 19.6 计算每种浓度的实验权重平均分配系数，它可能会与权重分配二聚体（f_D）有关，使用以下方程：

$$f_D = (\sigma_w - \sigma_T)/(\sigma_D - \sigma_T) \qquad \text{（公式 19.10）}$$

在此方程中，σ_T 和 σ_D 是通过实验确定的四聚体和二聚体的分配系数，是使用公式 19.9 对层析数据进行非线性最小平方分析所得到的。本数据所确定的二聚体-四聚体缔合的平衡常数和 Gibbs 自由能（K_{eq} 和 ΔG）分别为（1.0 ± 0.2）μmol/L 和（-8.1 ± 0.1）kcal/mol。这与使用标准大区带 AGFC 技术（Ip and Ackers 1977）所确定的值十分吻合。吻合的质量［通过方差的平方根（2%标准误）和分子半径的随机分布来判断］表明，数据与这种模型的一致性很好，正如所预期的那样。如果数据与最适曲线背离很大，则说明用于分析数据的装配模型不正确，应当测试其他可能的模型。

参考文献：Ackers 1975，Nenortas and Beckett 1994，Valdes and Ackers 1979
作者：Dorothy Beckett

19.4 单元 带在线式光散射的分子排阻层析

当将分子排阻层析（SEC）与光散射（LS）一起使用时，这样测量所确定的分子质量不依赖于洗脱位置（而且这样也不依赖于蛋白质的形状）。对于糖蛋白，在分析中如果只使用多肽的消光系数，那么只能确定多肽成分的分子质量。

基本方案 1 使用折射率和光散射计算不含碳水化合物蛋白质的分子质量和自缔合程度（双检测器法）

只有已知蛋白质的折射率（dn/dc，n 是折射率，c 是浓度，单位为 g/ml）时，本法才有效，而糖蛋白、蛋白质耦合物或蛋白质复合物的折射率通常是不真实的。对于不含碳水化合物、脂或耦合物（如聚乙二醇，PEG）的一种蛋白质或蛋白质复合物，dn/dc 是恒定的（约为 0.186 ml/g），而且几乎与其氨基酸的组成无关。详细的讨论见 *CPPS* 第 20.6 单元。

材料（带√的项见附录 1）

√ 柱缓冲液（如 PBS，见第 8.3 单元），如果蛋白质附着在柱上，加入过量的 NaCl，

用 0.22 μm 的膜过滤 (见 PBS 的配方)

- 校准标准物：约 1 mg/ml 的核糖核酸酶 ($M=13\ 600$)、卵清蛋白 ($M=42\ 750$) 和 BSA ($M=66\ 270$)，溶于柱缓冲液中
- 分子质量未知的样品蛋白质溶液，浓度约 1 mg/ml
- 分子排阻层析系统，带在线式光散射、紫外吸收和反射率检测 (SEC-LS/UV/RI)，包括 (按设定的顺序)：

氦除气系统或在线式真空除气系统 (如 Agilent 1100 系列真空除气仪)

高效液相色谱 (HPLC) 泵

样品注射仪

凝胶过滤柱 (见第 8.3 单元)

光散射 (LS) 检测仪 (miniDawn, Wyatt Technology)

紫外吸收检测仪

反射率检测仪 (Agilent 1047A)

1. 设定 SEC-LS/UV/RI 系统，运行足够的缓冲液通过柱，使 LS 和 RI 的基线稳定，将 50~100 μl 的校准标准物注入柱内，可将标准物混合并一起运行，只要它们能够被很好地分辨，从 LS 和 RI 检测器确定峰信号 (高度或宽度)，将 LS/RI 对分子质量作图，并调整数据点至穿过起点的线上，使用方程 $M=K'$(LS/RI) 确定仪器常数 (K')，M 为分子质量。另一种校准方法见备择方案 3。

在线式滤器能够进一步改善 LS 信号。

可以使用 3 种以上的标准物，以产生更准确的线。

2. 注入一种校准标准物的均一性溶液，以得到一窄峰。计算检测仪内的体积，并根据检测仪内的体积对后续的所有 RI 峰进行调整。

3. 将样品蛋白质溶液在最高转速下离心 10 min，以除去聚集物和颗粒。注入样品 (2 种或 3 种不同的浓度)，并确定 LS 和 RI 的信号峰 (高度或宽度)，使用第 1 步的方程计算分子质量。

4. 将一个洗脱峰的 LS 信号标准化，使该峰的 LS/RI 比率变成 1，其他峰的 LS/RI 比率则与自缔合的程度相关。这种计算与分子质量无依赖关系，对于糖基化蛋白质和与其他络合物相耦合的蛋白质，这种计算同样好。

备择方案 1　合用光散射检测器和紫外检测器来计算非糖基化蛋白质的分子质量 (双检测器法)

可以使用紫外吸收检测代替 RI 来监测洗脱，这样可确定峰中的蛋白质浓度。紫外信号为 $UV=K_{UV\alpha}$，K_{UV} 为仪器校准常数，ε 为蛋白质的消光系数 (在 1 cm 的径长中，1 mg/ml 蛋白质的吸光度)。使用同样的假设，即 dn/dc 是常数，通过运行同样的蛋白质标准物 (按基本方案 1 的方法)，使用下列方程可以确定校准常数：

$$M = \frac{K_{UV}}{K_{LS}\left[\dfrac{\mathrm{d}n}{\mathrm{d}c}\right]^2} \times \frac{\varepsilon(\mathrm{LS})}{(\mathrm{UV})}$$

（详细讨论见 *CPPS* 第 20.6 单元。）在作者对核糖核酸酶、卵清蛋白和 BSA 的分析中所用的 ε 分别为 0.706、0.735 和 0.670（Takagi 1985）。这样，如果 ε 是已知的，从 [ε(LS)]/(UV) 对 *M* 的线性图中可以确定 *M*。当 RI 的信噪比率较低时（如当有去污剂时），使用紫外可能会更好。即使蛋白质浓度较低时，也有优势，因为紫外的灵敏度较高。

备择方案 2　用于大蛋白质的分子排阻层析和光散射：DEBYE 分析

使用 Wyatt Dawn 多角光散射检测仪（Wyatt Technologies），能够在多个角度测量从 SEC 柱上洗脱下来的蛋白质的光散射。在这种情况下，需要将其他角度的光散射信号标准化至校准的 90°检测仪，方法是注射窄峰的蛋白质标准物，如卵清蛋白和 BSA。使用用 RI（或紫外）确定的蛋白质浓度，可以构建光散射（或分子质量）的角度依赖性（被称为 Debye 图），从截距可以得到分子质量，从斜率可以得到分子半径（见 *CPPS* 第 7.8 单元和 Wyatt 使用手册）。这种分析只适用于大蛋白质或蛋白质复合物（相对分子质量大于 5×10^7）。

备择方案 3　绝对分子质量校准法

在 Wyatt 等（1988）和 Wyatt（1993）的文献中，可以找到绝对校准法的详细资料。在这种方法中，使用一种纯的溶剂（如甲苯）代替蛋白质标准物来校准光散射。在此简要地叙述 Wyatt Dawn 仪器的使用方法。使用一种纯的溶剂（如甲苯）的 Rayleigh 散射来校准 LS 检测器（90°）。同样也需要使用已知浓度、已知 dn/dc 的溶液（如 NaCl）来校准 RI 检测器。如果在计算中使用紫外检测器，那么也需要计算或测量紫外检测常数。

目前，由生产商提供的分析软件通常每次只能处理两个检测器，尽管能够监测 3 个检测器的信号，对于 dn/dc 值恒定的非糖基化蛋白质，可以使用 RI 或紫外测量蛋白质的浓度，用软件从 LS 计算分子质量。然而，对于糖蛋白，只使用两个检测器不能够独立地确定分子质量和糖基化程度。在这种情况下，三检测器法能够很容易地确定多肽的分子质量，而无需测量整个分子（包括碳水化合物）的 dn/dc。当使用三检测器法时，使用标准蛋白质校准仪器要比绝对校准法容易得多。

基本方案 2　使用光散射和反射率计算不含碳水化合物的蛋白质–蛋白质复合物的化学计量

如果一种蛋白质不含碳水化合物或其他耦合物，可直接使用双检测器法来得到复合物总的多肽分子质量，并推导出其化学计量。这样的复合物可能是共价的，也可能是非共价的，但在后一种情况，可逆相互作用成分的亲和力必须足够高，以维持在层析过程中复合物的完整性。洗脱缓冲液应当与制备蛋白质样品所用的缓冲液一致或相近，这是很重要的，否则，洗脱缓冲液会影响蛋白质之间的结合。可以使用基本方案 1 的方法，但需将两种分子（每种的分子质量都是已知的）在室温下以不同的比率混合、离心、并注射。

备择方案 4　使用光散射和紫外计算糖蛋白的蛋白质-蛋白质相互作用的化学计量

　　如果已知两种蛋白质的 ε，按照备择方案 1，也可以使用紫外代替 RI，对复合物形成进行同样的分析。然而，对于由这些蛋白质形成的复合物，分析就不会这么简单，因为复合物的 ε 值是未知的。为了克服这个问题，必须使用自洽法（self-consistent method），通过假设化学计量以及复合物的分子质量（见备择方案 1）来计算复合物的 ε 值（见 *CPPS* 第 20.6 单元）。如果假设正确，所计算的分子质量应当与根据假设的化学计量所得到的理论分子质量一致。

参考文献：Philo et al. 1993，1996，Wen et al. 1996
作者：Tsutomu Arakawa and Jie Wen

章金刚 译　李慎涛　于丽华 校

第 20 章　肽酶

肽酶，也称蛋白酶，是一个在蛋白质链内切割肽键的酶家族，在生物学中发挥着重要的作用。第 20.1 单元讨论了蛋白酶的生物学重要性、命名法和分类。

多聚泛素化（poly-ubiquitination）通过 26S 蛋白体标记蛋白质的降解，这一发现使细胞内蛋白酶解的领域发生了革命性的变化。在第 20.2 单元中详细介绍了酿酒酵母 26S 和 20S 蛋白质体颗粒的纯化，而在第 20.3 单元中叙述了从牛垂体后叶素中纯化核心 20S 蛋白质体催化复合物。

蛋白酶解领域与蛋白酶抑制剂领域是密不可分的。防止有害蛋白酶解是一个基本的生物学过程，对于丝氨酸蛋白酶家族，已发现有大量的蛋白质可作为内源性的抑制剂。在第 20.4 单元中介绍了几种丝氨酸蛋白酶抑制剂（serpin）的纯化的方法。

近年来，附着新肽酶发现速度的加快，需要分析这些酶活性的新方法。第 20.5 单元叙述了序列特异性肽酶绿色荧光蛋白标记的蛋白质底物的构建和使用方法。

用重组的方法生产、从酶原形式转换成成熟的酶、用亲和方法进行纯化，对于肽酶，特别是产生用于结构-功能分析的突变体，这些都是重要的方法。第 20.6 单元介绍了丝氨酸蛋白酶家族成员生产的特异性方法。

许多蛋白水解酶在细胞内环境中发挥功能。在第 20.7 单元中讨论了肽酶细胞内含量的分析方法，也详细地介绍了研究分泌型蛋白酶或在细胞裂解后得到的酶的一般方法。

已知凋亡（或程序性细胞死亡）与半胱氨酸蛋白酶的 caspase 家族有关。在第 20.8 单元中介绍了 caspase 表达、纯化和功能分析的方法。

作者：Ben M. Dunn

20.1 单元　蛋白酶

蛋白酶的生物学重要性

所有种类生物的生存都需要蛋白酶。例如，生物大部分是由蛋白质组成的，通常需要通过分解已存在的蛋白质分子来得到合成蛋白质的氨基酸单元，也可以说细胞以及多细胞器官的组织的生长和重塑（remodeling）过程需要分解已存在的蛋白质分子，以合成新的蛋白质。

除了蛋白质总体水解成氨基酸以外，还有无数种不十分重要的有限的蛋白酶解。例如，许多新合成的蛋白质分子需要蛋白质水解加工转化成具有生物学活性的形式。病毒通常需要依赖于蛋白酶来将其多聚蛋白片段化。在原核细胞和真核细胞的分泌通路中，分泌型蛋白质需要蛋白质水解除去信号肽，许多蛋白酶本身被合成为酶原，这些酶原无催化活性，随后在生物学上适当的时间和地点通过蛋白酶解而激活。

蛋白酶解能够终止蛋白质的活性，这与蛋白酶解能够激活蛋白质一样容易。

Caspase 通过切割对细胞生命至关重要的酶来介导凋亡。这种方式是一个典型的实例，当然还有许多其他的方式，例如，通过蛋白酶解破坏具有信号功能的蛋白质和多肽，能够将生物学信号局限在适当的时空内。

蛋白酶解能够介导生物之间生命和死亡的相互作用，由于动物是由蛋白质组成的，所以会受到蛋白酶解的侵害，但蛋白酶解也构成了防御系统，如在激发免疫反应的外源蛋白质肽段的识别中。

与蛋白酶的生物学重要性相一致，在所有基因中，已发现约有 2% 的基因编码这些酶。

蛋白酶的命名法

蛋白酶（protease）是描述一种分解蛋白质的酶的术语，从内部切割多肽链生成大片段的酶被称为蛋白水解酶（proteinase）或内肽酶（endopeptidase）；有些酶在靠近多肽链的末端发挥作用，切下一个或几个氨基酸残基的产物，这种酶被称为外肽酶（exopeptidase）。肽酶（peptidase）是国际生物化学和分子生物学联盟命名委员会（Nomenclature Committee of the International Union of Biochemistry and Molecular Biology，NC-IUBMB）推荐的一个词，作为所有蛋白水解酶的一般术语，也可以使用比较熟悉的老术语蛋白酶和蛋白水解酶分别作为肽酶和内肽酶的同义词。

晶体学结构表明，蛋白酶的活性位点通常位于相邻结构域之间的分子表面上的沟（groove）内，沿负责肽键水解的催化机器一侧或两侧上的沟排列的结合位点，其特性决定了底物的特异性。因此，使用概念模型来描述肽酶的特异性。在这种模型中，每个特异性次位点（subsite）能够调节单个氨基酸残基的侧链，它们调节的位点和氨基酸的编号方式如图 20.1 所示。

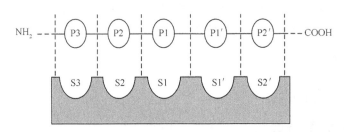

图 20.1　蛋白酶特异性次位点命名法图示。图表明了特异性次位点和底物的互补特性（改编自 Berger and Schechter 1970）和 NC-IUBMB 的建议。本图示为内肽酶的活性位点，表明了在活性位点裂口中，是怎样考虑底物结合位点位于催化基团的任何一侧的。底物被编号为 S1、S2 等，是从催化位点向着 N 端的方向；而向着 C 端的方向，编号为 S1′、S2′等。适合底物（和产物）的残基被给予相应的标识符，用 P 代替 S。

可有效地细分许多蛋白酶的 3 种方式

所催化的蛋白质水解反应的类型

蛋白酶的一级酶学分类是分成外肽酶和内肽酶。外肽酶只在靠近多肽链的一侧末端起作用，在游离 N 端起作用的酶释放出单个的氨基酸残基、二肽或三肽（即分别为氨肽酶、二肽基肽酶和三肽基肽酶）；在游离 C 端起作用的酶释放出单个的氨基酸残基（羧肽酶）或二肽（肽基二肽酶）。其他外肽酶特异性地水解二肽（二肽酶）或除去被异构肽键替换的、环化的，或交联的末端残基（即不是 α 羧基与 α 氨基酸的肽键；ω 肽酶）。内肽酶能够切割多肽链内部的键，根据催化机制（见下面）对其进行分类，有一亚类的内肽酶只作用于比蛋白质小的底物，被称为寡肽酶（oligopeptidase）。

在 EC（酶委员会）系统中，所有的酶被分成 6 类，其中水解酶为第 4 类，而蛋白酶（建议称作肽酶）为第 3.4 亚类。表 20.1 列出了本亚类的 14 种亚亚类。

催化机制的类型

可以根据催化位点的化学特性来分类蛋白水解酶。用这种方式，现代蛋白酶分类体系可以分成 5 类：天冬氨酸型、半胱氨酸型、金属型、丝氨酸型和苏氨酸型蛋白酶（表 20.2）。过去，通常用类型特异性的抑制剂来鉴定活性位点的催化类型。如果一种酶与催化类型已知的蛋白酶具有同源性，则通常可以根据其氨基酸序列进行识别，如果不行，对可能的催化残基进行位点特异性突变可能会有所帮助。

表 20.1　肽酶分类的 EC 系统

亚亚类	肽酶类型
3.4.11	氨肽酶
3.4.13	二肽酶
3.4.14	二肽基肽酶
3.4.15	肽基二肽酶
3.4.16	丝氨酸型羧肽酶
3.4.17	金属羧肽酶
3.4.18	半胱氨酸型羧肽酶
3.4.19	ω 肽酶
3.4.21	丝氨酸内肽酶
3.4.22	半胱氨酸内肽酶
3.4.23	天冬氨酸内肽酶
3.4.24	金属内肽酶
3.4.25	苏氨酸内肽酶
3.4.99	未知类型的内肽酶

表 20.2　蛋白酶的催化类型

类型	实例	典型的抑制剂
天冬氨酸型	胃蛋白酶、组织蛋白酶 E	胃蛋白酶抑制剂
半胱氨酸型	木瓜蛋白酶、组织蛋白酶 K	碘乙酸
金属型	嗜热菌蛋白酶、脊椎动物胶原酶、羧肽酶 A	1,10-二氮菲（phenanthroline）
丝氨酸型	胰蛋白酶、脯氨酰寡肽酶	氟磷酸二异丙酯
苏氨酸型	蛋白酶体	（乳胞素可抑制一些蛋白酶体）
未知型	gpr 内肽酶、IV 型前菌毛肽酶（prepilin type IV peptidase）	上述抑制剂都无效

在丝氨酸型、半胱氨酸型和苏氨酸型蛋白酶中，在催化中，催化位点中心氨基酸侧链上的 —OH 或 —SH 基团起到亲核基团（nucleophile）的作用，形成一种酰基酶中间体。在本单元中，所有的丝氨酸型、半胱氨酸型和苏氨酸型蛋白酶是指"蛋白质-亲核基团"酶。相反，天冬氨酸肽酶和金属肽酶似乎是激活结合水的分子来作为亲核基团，而且在催化中几乎不可能检测到任何的共价中间体，这些酶被叙述为"水-亲核基团"酶。有许多蛋白酶的催化机制尚不清楚。

结构关系

在 MEROPS 系统中，使用结构特性来分类蛋白酶，相信结构特性能够反映进化关系。使用氨基酸序列的相似性来分类家族中关系密切的肽酶，具有共同起源证据的家族类型被一起分类到氏族（clan）中，通过以下方式，围绕着一个基本成员或类型实例（如胃蛋白酶在 A1 家族中）来形成每个蛋白酶家族：首先，已经鉴定了负责蛋白质水解活性的分子部分，被称为"肽酶单元"（http：//www.merops.co.uk），然后加入氨基酸序列与类型实例（或家族中另一个已经存在的成员）肽酶单元具有统计学意义相似性的蛋白酶，建立家族。

每个家族被分配了一个简单的标识符，第一个字母表示它含有的肽酶的催化类型（即 A、C、M、S、T 或 U 表示天冬氨酸型、半胱氨酸型、金属型、丝氨酸型、苏氨酸型或未知型）。家族标识符的最后是一个数字，连续地分配，以在 MEROPS 分类中识别各个家族。亚家族的名称来源于家族名称，是家族名称加上一个连续分配的字母。例如，M10 家族再细分为 M10A、M10B 和 M10C。

尽管不同家族蛋白酶的氨基酸序列无明显的相似性，但是仍然会有证据表明它们具有共同的起源，这可能来自于相似的三级结构或催化氨基酸附近的保守序列基序，表现出这些远缘关系的肽酶家族被一起分类到一个氏族内。在 MEROPS 系统中，一个氏族的标识符的第一个字母是由它所含的催化类型所决定的，其第二个字母（共两个字母）是按字母表连续分配的，可识别一个氏族。少数的氏族含有一个以上类型 C、S 和 T 的家族，在其标识符中使用了字母 P。表 20.3 总结了写作时在 MEROPS 系统中识别的家族和氏族，包括每种蛋白酶的 MEROPS 标识符，它来源于家族标识符，当必要时，补充至 3 个字符，之后是一个小数点和一个三位数的数字。

表 20.3　蛋白酶 MEROPS 分类概述

家族标识符	亚家族名称	蛋白水解酶名称（来源生物）	蛋白水解酶 MEROPS 标识符[a]
蛋白质−亲核基团蛋白水解酶			
催化类型：半胱氨酸			
CA 氏族			
C1	A	木瓜蛋白酶（番木瓜）	C01.001
	B	博来霉素水解（酿酒酵母）	C01.085
C2		钙蛋白酶 2（人）	C02.003
C6		辅助成分蛋白水解酶（马铃薯 Y 病毒）	C06.001
C7		p29 蛋白水解酶（栗疫病菌低毒性病毒）	C07.001
C8		p48 蛋白水解酶（栗疫病菌低毒性病毒）	C08.001
C9		nsP2 蛋白水解酶（辛德比斯病毒）	C09.001
C10		Streptopain（酿脓链球菌）	C10.001
C12		泛素 C 端水解酶 UCH-L1（人）	C12.001
C16		木瓜蛋白酶样内肽酶 1（鼠肝炎病毒）	C16.001

家族标识符	亚家族名称	蛋白水解酶名称（来源生物）	蛋白水解酶 MEROPS 标识符[a]
C21		内肽酶（芜菁黄花叶病毒）	C21.001
C23		内肽酶（苹果茎痘病毒）	C23.001
C27		内肽酶（风疹病毒）	C27.001
C28		前导蛋白水解酶（口蹄疫病毒）	C28.001
C29		木瓜蛋白酶样内肽酶 2（鼠肝炎病毒）	C29.001
C31		PCPα 内肽酶（乳酸脱氢酶增高病毒）	C31.001
C32		PCPβ 内肽酶（Lelystad 病毒）	C32.001
C33		Nsp2 半胱氨酸内肽酶（马动脉炎病毒）	C33.001
C34		推导的木瓜蛋白酶样内肽酶（苹果褪绿叶斑病毒）	C34.001
C35		推导的木瓜蛋白酶样内肽酶（苹果茎沟病毒）	C35.001
C36		木瓜蛋白酶样内肽酶（甜菜坏死黄脉病毒）	C36.001
C39		导肽水解酶 PedD（乳酸片球菌）	C39.002
C41		半胱氨酸蛋白水解酶（戊型肝炎病毒）	C41.001
C42		木瓜蛋白酶样内肽酶（甜菜黄化病毒）	C42.001
C47		Staphopain（金黄色葡萄球菌）	C47.001
CD 氏族			
C11		梭菌蛋白酶（溶组织梭菌）	C11.001
C13		legumain（洋刀豆）	C13.001
C14		caspase-1（褐鼠）	C14.001
C25		gingipain R（牙龈卟啉单胞菌）	C25.001
CE 氏族			
C5		adenain（人 2 型腺病毒）	C05.001
CF 氏族			
C15		焦谷氨酰肽酶 I（解淀粉芽孢杆菌）	C15.001
CG 氏族			
C17		ER-60 蛋白质水解酶（人）	C17.001
CH 氏族			
C46		Hedgehog 蛋白（黑腹果蝇）	C46.001
尚未分配氏族的家族			
C22		半胱氨酸蛋白质水解酶（阴道毛滴虫）	C22.001
C26		γ-谷氨酰水解酶（褐鼠）	C26.001
C40		二肽基肽酶 VI（球形芽孢杆菌）	C40.001
催化类型：丝氨酸			
SB 氏族			
S8	A	枯草芽孢杆菌蛋白酶（地衣芽孢杆菌）	S08.001
	B	Kexin（酿酒酵母）	S08.070

家族标识符	亚家族名称	蛋白水解酶名称（来源生物）	蛋白水解酶 MEROPS 标识符[a]
	C	三肽基肽酶 II（人）	S08.090
SC 氏族			
S9	A	脯氨酰寡肽酶（野猪）	S09.001
	B	二肽基肽酶 IV（人）	S09.003
	C	酰基氨基酰肽酶（人）	S09.004
S10		羧肽酶 C（酿酒酵母）	S10.001
S15		X-Pro 二肽基肽酶（乳酸乳球菌）	S15.001
S28		溶酶体 Pro-X 羧肽酶（人）	S28.001
S33		脯氨酰胺肽酶（淋病奈瑟球菌）	S33.001
S37		PS-10 肽酶（变铅青链霉菌）	S37.001
SE 氏族			
S11		D-Ala-D-Ala 羧肽酶 A（嗜热脂肪芽孢杆菌）	S11.001
S12		D-Ala-D-Ala 羧肽酶 B（链霉菌属某些种）	S12.001
S13		D-Ala-D-Ala 肽酶 C（大肠杆菌）	S13.001
SF 氏族			
S24		Pepressor LexA（大肠杆菌）	S24.001
S26	A	信号肽酶 I（大肠杆菌）	S26.001
	B	信号肽酶（酿酒酵母）	S26.010
S41	A	Tsp 蛋白酶（大肠杆菌）	S41.001
	B	Tricorn 核心蛋白酶（硫磺矿硫化叶菌）	S41.005
SH 氏族			
S21		次晶（形成）蛋白（人巨细胞病毒）	S21.002
SK 氏族			
S14		内肽酶 Clp（大肠杆菌）	S14.001
S49		蛋白酶 IV（大肠杆菌）	S49.001
尚未分配氏族的家族			
S16		内肽酶 La（大肠杆菌）	S16.001
S18		omptin（大肠杆菌）	S18.001
S19		胰凝乳蛋白酶样蛋白酶（粗球孢子菌）	S19.001
S38		胰凝乳蛋白酶样蛋白酶 PrtB（齿垢密螺旋体）	S38.001
A7		sedolisin（假丝酵母某些种 101）	A07.001
混合催化类型			
PA 氏族			
C3	A	picornain 3C（1 型脊髓灰质炎病毒）	C03.001
	B	picornain 2A（1 型脊髓灰质炎病毒）	C03.020
	C	picornain 3C（口蹄疫病毒）	C03.008

家族标识符	亚家族名称	蛋白水解酶名称（来源生物）	蛋白水解酶 MEROPS 标识符[a]
	D	24 kDa 蛋白水解酶（豇豆花叶病毒）	C03.003
	E	picornain 3C（甲型肝炎病毒）	C03.005
C4		NIa 蛋白水解酶（李痘疫病毒；Plum pox Potyvirus）	C04.001
C24		3C 内肽酶（兔出血病毒）	C24.001
C30		picornain 3C 样多聚蛋白内肽酶（鼠肝炎病毒）	C30.001
C37		导肽水解酶（southampton 病毒）	C37.001
C38		推导的导肽水解酶（欧洲防风黄点病毒）	C38.001
S1	A	胰凝乳蛋白酶（牛）	S01.152
	B	谷氨酰内肽酶（金黄色葡萄球菌）	S01.269
	C	protease Do（大肠杆菌）	S01.273
	D	赖氨酰内肽酶（Achromobacter lyticus）	S01.280
	E	streptogrisin A（灰色链霉菌）	S01.261
S3		togavirin（辛德毕斯病毒）	S03.001
S6		IgA1 特异性丝氨酸型脯氨酰内肽酶（淋病奈瑟菌）	S06.001
S7		flavivirin（黄热病病毒）	S07.001
S29		hepacivirin（丙型肝炎病毒）	S29.001
S30		P1 蛋白水解酶（李痘疫病毒）	S30.001
S31		NS3 多聚蛋白肽酶（牛病毒性腹泻病毒）	S31.001
S32		丝氨酸内肽酶（马动脉炎病毒）	S32.001
S35		36 kDa 蛋白酶（苹果茎沟病毒）	S35.001
S43		porin D（绿脓假单胞菌）	S43.001
PB 氏族			
C44		谷氨酰胺 PRPP 酰胺转移酶前体（人）	C44.001
C45		酰基辅酶 A：6-氨基青霉烷酸酰基酰胺转移酶前体（产黄青霉菌）	C45.001
S45		青霉素天冬酰胺酶前体（大肠杆菌）	S45.001
T1	A	古细菌蛋白酶体（嗜酸热原体）	T01.002
	B	HslVU 蛋白酶成分 HslV（大肠杆菌）	T01.006
T2		glycosylasparaginase 前体（人）	T02.001
T3		γ-谷氨酰基转移酶（大肠杆菌）	T03.001
T4		氨肽酶 DmpA（人苍白杆菌）	T04.001
水-亲核基团蛋白酶			
催化类型：天冬氨酸/羧基			
AA 氏族			
A1		胃蛋白酶 A（人）	A01.001
A2		HIV1 retropepsin（1 型人免疫缺陷病毒）	A02.001
A3	A	内肽酶（花椰菜花叶病毒）	A03.001

家族标识符	亚家族名称	蛋白水解酶名称（来源生物）	蛋白水解酶 MEROPS 标识符[a]
	B	杆状病毒推导的蛋白酶（水稻东格鲁杆状病毒）	A03.002
A9		多聚蛋白肽酶（人 spumaretrovirus）	A09.001
A11	A	copia 转座子（黑腹果蝇）	A11.001
	B	SIRE-1 肽酶（大豆）	A11.051
A12		逆转录转座子 bs1 内肽酶（玉米）	A12.001
A13		逆转录转座子肽酶（*Drosophila buzzatii*）	A13.001
A16		Tas 逆转录转座子肽酶（人蛔虫）	A16.001
A17		Pao 逆转录转座子肽酶（家蚕）	A17.001
A18		skippy 逆转录转座子推导的蛋白水解酶（尖孢镰刀菌）	A18.001
AB 氏族			
A6		野田村病毒（nodavirus）内肽酶（兽棚病毒，flock house virus）	A06.001
A21		四病毒（tetravirus）内肽酶（*Nudaurelia capensis* omega virus）	A21.001
尚未分配氏族的家族			
A4		aspergillopepsin II（黑曲霉）	A04.002
A5		thermopsin（嗜酸热硫化叶菌）	A05.001
A8		信号肽酶 II（大肠杆菌）	A08.001
A22		早老素（presenilin）1（人）	A22.001
催化类型：金属			
MA 氏族			
M1		膜内氨酰胺肽酶（人）	M01.001
M2		germinal 肽基二肽酶 A（人）	M02.004
M4		嗜热菌蛋白酶（thermolysin）（嗜热脂肪芽孢杆菌）	M04.001
M5		mycolysin（可可链霉菌）	M05.001
M6		免疫抑制剂 A（苏云金芽孢杆菌）	M06.001
M7		snapalysin（变铅青链霉菌）	M07.001
M8		leishmanolysin（硕大利什曼原虫）	M08.001
M9	A	细菌胶原蛋白酶（溶藻弧菌）	M09.001
	B	细菌胶原蛋白酶（产气荚膜梭菌）	M09.002
M10	A	胶原蛋白酶 1（人）	M10.001
	B	serralysin（黏质沙雷菌）	M10.051
	C	fragilysin（脆弱拟杆菌）	M10.020
M11		gametolysin（莱因哈德衣藻，*Chlamydomonas reinhardtii*）	M11.001
M12	A	astacin（*Astacus fluviatilis*）	M12.001
	B	adamalysin（响尾蛇，*Crotalus adamanteus*）	M12.141
	C	ADAM 10（牛）	M12.210

家族标识符	亚家族名称	蛋白水解酶名称（来源生物）	蛋白水解酶 MEROPS 标识符[a]
M13		neprilysin（人）	M13.001
M30		hyicolysin（猪葡萄球菌）	M30.001
M36		fungalysin（烟曲霉）	M36.001
M48		Ste24p 内肽酶（酿酒酵母）	M48.001
其他 HEXXH 金属肽酶家族			
M3	A	甲拌磷寡肽酶（褐鼠）	M03.001
	B	寡肽酶 F（乳酸乳球菌）	M03.007
M26		IgA1-特异性金属内肽酶（血链球菌）	M26.001
M27		tentoxilysin（破伤风梭菌）	M27.001
M32		羧肽酶 Taq（栖热水生菌）	M32.001
M34		炭疽致死因子（炭疽芽孢杆菌）	M34.001
M35		penicillolysin（橘青霉）	M35.001
M41		FtsH 内肽酶（大肠杆菌）	M41.001
M43		cytophagalysin（噬纤维菌某些种）	M43.001
M50		S2P 蛋白酶（人）	M50.001
M51		孢子形成因子 SpoIVFB（枯草芽孢杆菌）	M51.001
MC 氏族			
M14	A	羧肽酶 A（人）	M14.001
	B	羧肽酶 E（牛）	M14.005
	C	γ-D-谷氨酰-(L)-内消旋-二氨基庚二酸肽酶 I（球形芽孢杆菌）	M14.008
MD 氏族			
M15	A	Zinc D-Ala-D-Ala 羧肽酶（白色链霉菌）	M15.001
	B	VanY D-Ala-D-Ala 羧肽酶（屎肠球菌）	M15.010
	C	细胞内溶素（endolysin）（噬菌体 A118）	M15.020
M45		VanX D-Ala-D-Ala 二肽酶（屎肠球菌）	M45.001
ME 氏族			
M16	A	pitrilysin（大肠杆菌）	M16.001
	B	线粒体导肽水解酶（酿酒酵母）	M16.003
M44		金属内肽酶（痘病毒）	M44.001
MF 氏族			
M17		亮氨酰胺肽酶（牛）	M17.001
MG 氏族			
M24	A	甲二磺酰胺肽酶 I（大肠杆菌）	M24.001
	B	X-Pro 氨肽酶（大肠杆菌）	M24.004
MH 氏族			
M18		氨肽酶 I（酿酒酵母）	M18.001
M20	A	谷氨酸羧肽酶（假单胞菌某些种）	M20.001

家族标识符	业家族名称	蛋白水解酶名称（来源生物）	蛋白水解酶 MEROPS 标识符[a]
	B	Gly-X 羧肽酶（酿酒酵母）	M20.002
M25		X-His 二肽酶（大肠杆菌）	M25.001
M28	A	亮氨酰胺肽酶（溶蛋白弧菌）	M28.002
	B	氨肽酶（灰色链霉菌）	M28.003
	C	IAP 氨肽酶（大肠杆菌）	M28.005
M40		羧肽酶 Ss1（嗜酸热硫化叶菌）	M40.001
M42		谷氨酰胺肽酶（乳酸乳球菌）	M42.001
MJ 氏族			
M38		β天冬氨酰二肽酶（大肠杆菌）	M38.001
MK 氏族			
M22		O-唾液糖蛋白内肽酶（溶血性巴斯德菌）	M22.001
ML 氏族			
M52		HYBD 内肽酶（大肠杆菌）	M52.001
尚未分配氏族的家族			
M19		膜二肽酶（人）	M19.001
M23		β细胞溶素金属内肽酶（*Achromobacter lyticus*）	M23.001
M29		氨肽酶 T（栖热水生菌）	M29.001
M37		溶葡球菌素（溶血性葡萄球菌）	M37.001
M49		二肽基肽酶 III（金属型）（褐鼠）	M49.001
催化类型未知的蛋白酶			
U3		gpr 内肽酶（巨大芽孢杆菌）	U03.001
U4		孢子形成因子 SpoIIGA（枯草芽孢杆菌）	U04.001
U6		胞壁质内肽酶（大肠杆菌）	U06.001
U9		原头蛋白水解酶（T4 噬菌体）	U09.001
U12		IV 型前菌毛肽酶（prepilin）肽酶（大肠杆菌）	U12.001
U28		α天冬氨酰二肽酶（大肠杆菌）	U28.001
U29		心病毒属内肽酶 2A（脑炎心肌炎病毒）	U29.001
U32		蛋白水解酶 C（牙龈卟啉单胞菌）	U32.001
U34		二肽酶 A（瑞士乳酸杆菌）	U34.001
U39		NS2-3 蛋白酶（丙型肝炎病毒）	U39.001
U40		P5 蛋白胞壁质内肽酶（P-6 噬菌体）	U40.001
U43		内肽酶（传染性胰坏死病毒）	U43.001
U44		Npro 内肽酶（猪瘟病毒）	U44.001
U46		PfpI 内肽酶（*Pyrococcus furiosus*）	U46.001
U48		CAAX 异戊二烯蛋白酶 2（酿酒酵母）	U48.001

a MEROPS 标识符是所列特定例子的标识符。

参考文献：Barret et al. 1998，NC-IUBMB 1992，Rawlings and Barret 1999，2000
作者：Alan J. Barrett

20.2单元　酿酒酵母蛋白酶体的纯化和定性

在生长中的细胞中，泛素（Ub）蛋白酶体系统负责大多数胞内蛋白质水解，特别是短命蛋白质的降解。20S蛋白酶体与19S调控复合物缔合，形成26S蛋白酶体，它负责泛素化蛋白质的降解。

基本方案1　用阴离子交换层析和凝胶过滤纯化酵母26S蛋白酶体

材料（带√的项见附录1）
- 酿酒酵母（如pep4）细胞
- √ YEPD或其他适当的培养基
- √ 26 S裂解缓冲液
- 1 mol/L Tris碱
- DEAE Affi-Gel Blue树脂（Bio-Rad公司）
- √ 26S层析缓冲液，含有和不含0、50、100、150和500 mmol/L NaCl
  高分辨率"Q"阴离子交换树脂（如Pharmacia公司的Mono-Q或Resource Q，Bio-Rad公司的Bio-scale Q；见第8.2单元）
- 凝胶过滤树脂，具有高分子质量分辨能力（如Sephacryl S-400HR或Superose 6HR，Amersham/Pharmacia公司；见第8.3单元）
- 高压细胞破碎仪或相当的（见第6.1单元）
- 粗棉布
- 适当规格的层析柱
- FPLC型层析系统
- Centricon 30离心式浓缩管（Amicon公司）

1. 在YEPD或其他适当的培养基中，生长酿酒酵母细胞至$OD>1$，短暂离心（如2000～3000 g、10 min）沉淀细胞，然后将沉淀重悬于2倍体积的26S层析缓冲液中。

2. 使用高压细胞破碎仪或其他适宜裂解大量酵母细胞的设备（不使用珠磨式组织研磨器或超声波破碎仪）裂解细胞。

3. 用1 mol/L Tris碱调提取物的pH至7.4，30 000 g、4℃离心20 min，澄清提取物，用两层粗棉布过滤上清。

4. 将提取物上到DEAE Affi-Gel Blue柱（含有1 mg/ml沉淀的酵母细胞；用不含NaCl的26S层析缓冲液平衡过）上。

5. 使用FPLC型层析系统，用1倍柱体积不含NaCl的26S层析缓冲液冲洗，之后用3倍柱体积含50 mmol/L NaCl的26S层析缓冲液冲洗。

6. 用3倍柱体积含150 mmol/L NaCl的26S层析缓冲液洗脱，收集8～10个组分，使用肽酶活性分析（见辅助方案 1）鉴定含蛋白酶体的组分。

7. 将含蛋白酶体的组分上到高分辨率 "Q" 阴离子交换柱（用含 100 mmol/L NaCl 的 26S 层析缓冲液平衡过，见第 8.2 单元）上，用 26S 层析缓冲液冲洗柱，直到 OD 回复到基线。

8. 用 26S 层析缓冲液洗脱结合的蛋白酶体，使用 $100\sim500$ mmol/L 的 NaCl 线性梯度，10 个柱体积以上，收集 $15\sim20$ 个组分，蛋白酶体在 $300\sim330$ mmol/L NaCl 处被洗下。

9. 通过测试肽酶活性（见辅助方案 1）鉴定含蛋白酶体的组分，用 Centricon 30 离心式浓缩管将含有肽酶活性的组分浓缩至适合上凝胶过滤柱的体积，并将缓冲液换成 26S 层析缓冲液，除去多余的 NaCl（见第 4.1 单元）。

10. 将浓缩后的组分上到具有高分子质量分辨能力的凝胶过滤柱（见第 8.3 单元）上。柱子预先用含 100 mmol/L NaCl 的 26S 层析缓冲液平衡。在含 100 mmol/L NaCl 的 26S 层析缓冲液中等度（isocratically）洗脱蛋白酶体，合并峰组分的前 30%～50%（含较高分子质量型的 26S 蛋白酶体）。如果需要，进行浓缩（见第 4.1 单元）。

表 20.4 提供了本方案的故障排除指导。

表 20.4　酵母蛋白酶体纯化的故障排除指导

问题	可能的原因	解决办法
蛋白酶体纯化收率低	裂解后 pH 下降	裂解后检查并重新检查 pH，用 1 mol/L Tris 碱调 pH 至 7.4
	操作过程过长	快速工作，在裂解后 3 h 内从 Affi-Gel Blue 柱上洗脱
所纯化的蛋白酶体主要是 20S 型，而 26S 型的很少	Mg·ATP 浓度过低	调整缓冲液的 ATP 和 Mg^{2+} 浓度，另外加入 ATP 和 Mg^{2+}
	暴露到高浓度 NaCl 中的时间过长	在离子交换步骤后，立即将含有蛋白酶体的样品换到低盐缓冲液（如 26S 层析缓冲液）中
	样品过稀	每一步后都浓缩样品
	整个操作过程超过 2 天	快速工作，过夜运行凝胶过滤柱（第一天）
最后制备物污染	凝胶过滤步无效	在凝胶过滤步骤，用 S400 代替 Superose 6，或用 Superose 6 代替 S400
	凝胶过滤组分太大	从凝胶过滤步骤收集较小的组分，只合并在 SDS-PAGE 上匀质的组分
	需要额外的纯化步骤	加上额外的纯化步骤，如亲和层析（如果可用）或羟基磷灰石层析

备择方案　用亲和层析纯化酵母 26S 蛋白酶体

将一个蛋白酶体亚基加上表位标签，以此大规模亲和纯化 26S 蛋白酶体会有问题，因为蛋白酶体的分子质量很大（2.5 MDa），而且其亚基数很多（≥64）。但是，对于某种特定的目的，亲和纯化既快、效率又高。例如，镍-NTA 亲和纯化（见第 9.4 单元）可用于快速地从表达带 6 组氨酸表位标签的蛋白酶体的菌株中富集含活性蛋白酶体的提取物。同样，用表位标签免疫纯化（见第 9.5 单元）蛋白酶体能够得到纯度较高的蛋白酶体，然而，某些标签需要的洗脱条件会灭活复合物。

现在能够得到多种酵母菌株，这些菌株单独表达带 6 组氨酸表位的 20S 或 19S 亚基，可以使用镍-NTA 亲和纯化从这些菌株中得到部分纯化的 26S 蛋白酶体，可以使用已发表的标准镍-NTA 亲和纯化方法，直接从澄清的酵母细胞提取物（如使用基本方案 1 第 3 步的离心上清）中纯化，然而，应当注意，在将细胞提取物上柱后，应当使用含 15 mmol/L 咪唑和 100 mmol/L NaCl 的 26S 层析缓冲液（见配方）洗去非特异性结合的蛋白质，然后用含 100 mmol/L 咪唑和 100 mmol/L NaCl 的 26S 层析缓冲液洗脱蛋白酶体。

基本方案 2　用常规层析纯化酵母 20S 蛋白酶体

材料（带√的项见附录 1）

- 酿酒酵母（如 *pep4*）细胞
- √ YEPD 或其他适当的培养基
- √ 20S 裂解缓冲液
- 1 mol/L Tris 碱
- 高容量阴离子树脂（如 Q-Sepharose 或 Q-Fast Flow，Amersham 公司；见第 8.2 单元）
- √ 25 mmol/L Tris·Cl，pH 7.4，含 100 mmol/L、200 mmol/L 和 1 mol/L NaCl
- 1 mol/L MgCl₂
- 羟基磷灰石柱（Bio-Rad 公司，见 *CPPS* 第 8.6 单元）
- √ 40 mmol/L 和 400 mmol/L 磷酸钾缓冲液（pH 7.2）
- 具有高分子质量分辨能力的凝胶（如 Sephacryl S300HR 或 Superose 6HR，Amersham 公司；见第 8.3 单元）
- 高压细胞破碎仪或相当的仪器（见第 6.1 单元）
- 粗棉布
- 适当大小的层析柱
- 梯度混合器（见第 8.2 单元）
- Centricon 30 离心式浓缩管（Amicon 公司）

1. 培养酿酒酵母、裂解细胞，按基本方案 1 第 1～3 步澄清提取物，但在方案的第一步中使用 20S 裂解缓冲液重悬细胞沉淀物。
2. 将提取物上到高容量阴离子柱（如 Q-Sepharose，见第 8.2 单元）上，柱子预先用含 200 mmol/L NaCl 的 25 mmol/L Tris·Cl（pH 7.4）平衡过。
3. 使用含 200～500 mmol/L NaCl 线性梯度（10 个柱体积，见第 8.2 单元）的 25 mmol/L Tris·Cl 洗脱，通过测定肽酶活性（见辅助方案 1）来鉴定含 20S 蛋白酶体的组分，并将其合并。
4. 往样品中加入 1 mol/L MgCl₂，至终浓度为 10 mmol/L（以增强与羟基磷灰石柱的结合），将其上到羟基磷灰石柱上（见 *CPPS* 第 8.6 单元），柱子预先用 40 mmol/L 磷酸钾缓冲液（pH 7.2）平衡过。

5. 用 40~400 mmol/L 磷酸钾缓冲液的线性梯度（20 个柱体积）洗脱，收集 20 个组分（20S 颗粒约在 200 mmol/L 磷酸盐处被洗脱下来），合并组分、浓缩（如使用 Centricon 30 离心式浓缩管），将缓冲液换成含 100 mmol/L NaCl 的 25 mmol/L Tris·Cl（pH 7.4）。

6. 将样品上到具有高分子质量分辨能力的凝胶过滤柱上，用含 100 mmol/L NaCl 的 25 mmol/L Tris·Cl（pH 7.4）等度洗脱，通过筛选肽酶活性或使用非变性凝胶的方法（见辅助方案 5）鉴定含 20S 的组分。

辅助方案 1　26S 和 20S 蛋白酶体肽酶活性的分析

材料（带 √ 的项见附录 1）
- 要分析的蛋白质组分（见基本方案 1 和 2 和备择方案）
- 10 mmol/L *N*-suc-LLVY-AMC（Bachem 或 Sigma），溶于 DMSO 中
- √ 活性缓冲液
- 1%（*m/V*）SDS
- 1 ml 石英比色杯或适当类型的塑料比色杯
- 荧光计，激发波长为 380 nm、发射波长为 440 nm

1. 在含 100 μmol/L（终浓度）*N*-suc-LLVY-AMC 的活性缓冲液中温育要分析的肽组分（从 10 mmol/L 的贮液稀释肽），反应体积为 50~100 μl，反应温度为 30℃。

2. 15 min 后，加入 1 ml 1%（*m/V*）的 SDS 终止反应，在 1 ml 石英比色杯或适当类型的塑料比色杯中测量每个样品和空白对照的荧光值。激发波长为 380 nm、发射波长为 440 nm。
   为了区分 26S 和 20S 蛋白酶体的活性，可以在含很低浓度（如≤0.02%）SDS 的条件下进行分析。然而，在每种情况下，需要确定最佳浓度。在 0.02% SDS 存在的情况下，20S 蛋白酶体的肽酶活性提高几倍，而 26S 蛋白酶体的肽酶活性不受影响，或稍微下降。

辅助方案 2　多聚泛素化溶菌酶的制备

　　26S 蛋白酶体的最终活性测试是测量变种多聚泛素化蛋白质的降解。在体内，这种多聚泛素化蛋白质是这种复合物的实际特异性底物，但不被 20S 蛋白酶体水解。

溶菌酶的化学放射性标记

材料（带 √ 的项见附录 1）
- 10 mg/ml 鸡卵清溶菌酶
- √ 0.5 mol/L 磷酸钾缓冲液，pH 7.6
- 100 mCi/ml Na [^{125}I]（ICN 或 Amersham Pharmacia Biotech 公司）
- 3.6 mg/ml 氯胺 T，溶于 0.5 mol/L 磷酸钾缓冲液（pH 7.6）；使用前新配制
- 10 mg/ml 偏亚硫酸氢钠，溶于 0.5 mol/L 磷酸钾缓冲液（pH 7.6）；使用前新配制

- PD-10 柱（Pharmacia）

√ 20 mmol/L Tris·Cl，pH 7.5/20 mmol/L NaCl/1 mol/L DTT

- γ 计数仪

1. 在一个 1.5 ml 的微离心管中合并以下溶液：

      100 μl 10 mg/ml 溶菌酶（1 mg）

      180 μl 0.5 mol/L 磷酸钾缓冲液

      20 μl 100 mCi/ml Na [^{125}I]（2 mCi）

      100 μl 3.6 mg/ml 氯胺 T（360 μg）

2. 室温下混合 30 s。

3. 加入 100 μl 新配制的偏亚硫酸氢钠 [溶于 0.5 mol/L 磷酸钾缓冲液（pH 7.6）] 终止反应。

4. 将反应物加到用 20 mmol/L Tris·Cl，pH 7.5/20 mmol/L NaCl/1 mol/L DTT 平衡过的 PD-10 柱上，收集约 20 份 0.5 ml 的组分。每个组分取 1 μl，用 γ 计数仪计数，合并有放射性的第一个峰的组分。

泛素化酶的纯化

材料（带 √ 的项见附录 1）

- Ub-Sepharose 柱 [每毫升活化的 CH Sepharose（Pharmacia）使用 10～20 mg Ub，按生产商的说明书进行操作；Ciechanover et al. 1982]

√ Ub-Sepharose 上样缓冲液

- >25 mg/ml 蛋白质组分 II（FII，Hershko et al. 1983），补加 5 mmol/L MgCl$_2$ 和 2 mmol/L ATP

√ Ub-Sepharose 洗涤缓冲液

√ E1/E2 洗脱缓冲液

√ E3 洗脱缓冲液

√ 1 mol/L Tris·Cl，pH 7.2

- 50 mmol/L Tris·Cl，pH 7.2/0.02% NaN$_3$

√ 泛素化酶保存缓冲液

- 超滤设备（如 10000-MWCO Centricon，Amicon）

注意：所有步骤都在室温下进行，除非另有说明。每 100 mg FII 使用约 1 ml 的 Ub-Sepharose。

1. 用 4 倍柱体积的 Ub-Sepharose 上样缓冲液平衡 Ub-Sepharose 柱。

2. 将补加 5 mmol/L MgCl$_2$ 和 2 mmol/L ATP 的 FII 上到柱上，流速为低流速，收集穿过液，重新上柱，或合并 Ub-Sepharose 树脂和 FII，在室温下搅拌。

3. 用 4 倍柱体积的 Ub-Sepharose 上样缓冲液洗涤柱，然后用 4 倍柱体积的 Ub-Sepharose 洗涤缓冲液洗涤柱。

4. 加入 4 倍柱体积的 E1/E2 洗脱缓冲液，在冰上收集洗脱液（应当含有 E1 和 E2），加入 6 倍柱体积的 E3 洗脱缓冲液，在冰上收集组分（应当含有 E3）于含有 1/10 洗脱体积的 1 mol/L Tris·Cl（pH 7.2）（以中和洗脱液）的管中。

5. 用 50 mmol/L Tris·Cl（pH 7.2）/0.02% NaN₃ 洗涤柱子，4℃保存，以便将来使用，可保存几个月。

6. 使用超滤仪器浓缩不同的洗脱液，通过在同一个装置内连续稀释和浓缩，或通过透析（附录 3B）将缓冲液换成泛素化酶保存缓冲液，将酶－80℃保存，可保存几周。

多聚泛素化溶菌酶（Ub 溶菌酶）的合成

材料（带√的项见附录 1）

- ＞ 10^6 cpm/μg $[^{125}I]$ 溶菌酶
- E1 和 E2（即 DTT 洗脱物）：见以上纯化步骤的第 4 步
- E3（即 KCl/pH 9 洗脱物）：见以上纯化步骤的第 4 步
- √ 1 mol/L Tris·Cl，pH 9.0
- 5～10 mg/ml 泛素（建议使用带 6 组氨酸标签的 Ub）
- 0.1 mol/L ATP
- 1 mol/L MgCl₂
- √ 1 mol/L DTT
- PD-10 柱（Pharmacia 公司）
- √ Ni-NTA 柱缓冲液，含和不含 10 mg/ml 溶菌酶
- Ni-NTA 树脂（Qiagen 公司）
- 1 mol/L 咪唑贮液，pH 8
- √ Ub 溶菌酶贮存缓冲液
- 适当大小的层析柱
- γ 计数仪

1. 混合以下溶液，并于 37℃温育 1 h：

　　　50 μg 10^6 cpm/μg $[^{125}I]$ 溶菌酶

　　　≥300 μg E1 和 E2（即 DTT 洗脱物）

　　　≥300 μg E3（即 pH 9/KCl）

　　　100 μl 1 mol/L Tris·Cl，pH 9.0（终浓度为 100 mmol/L）

　　　1～1.5 mg/ml 泛素（如果可能，使用带 6 组氨酸标签的 Ub）

　　　50 μl 0.1mol/L ATP（终浓度为 5 mmol/L）

　　　10 μl 1 mol/L MgCl₂（终浓度为 10 mmol/L）

　　　1 μl 1 mol/L DTT（终浓度为 1 mmol/L）

　　　加水至 1.0 ml。

反应后，保留用于 SDS-PAGE 和放射自显影的小份。

2. 用补加 1 mg/ml 溶菌酶的 Ni-NTA 柱缓冲液平衡 PD-10 柱，将泛素化混合物上到柱子上，收集约 10 个 1 ml 的组分，每个组分取 1 μl，用 γ 计数仪计数，保留一个或两个含放射性峰的组分。

3. 将泛素化混合物（即从 PD-10 柱收集的合并组分）上到约 0.5 ml 用 Ni-NTA 柱缓冲

液平衡过的 Ni-NTA 柱上，用几倍柱体积的 Ni-NTA 柱缓冲液洗涤柱子。

4. 使用 2.5 倍柱体积的含咪唑浓度逐渐增加（即 100、200、300、400 和 500 mmol/L；pH 8，用 1 mol/L 的贮液稀释）的 Ni-NTA 柱缓冲液洗脱结合的蛋白质。

5. 对每个组分进行计数，并使用电泳和放射自显影（见第 10 章）分析 Ub-溶菌酶，将含多聚泛素化溶菌酶的组分对 Ub-溶菌酶贮存缓冲液透析（见附录 3B），分成小份，-80℃保存。

辅助方案 3　放射性标记酪蛋白的制备

材料（带√的项见附录 1）

- 15 mg/ml β-酪蛋白，溶于 H_2O 中
- √ 200 μl 1 mol/L 磷酸钾缓冲液，pH 8
- 250 μCi $[^{14}C]$ 甲醛，装于安瓿中（ICN 公司）
- 200 μl 0.2 mol/L 硼氢化氰钠（NaCNBH₃）
- 小脱盐柱（如 PD-10 柱，Pharmacia 公司）

1. 将 1 ml 15 mg/ml β-酪蛋白和 200 μl 1 mol/L 磷酸钾缓冲液（pH 8）混合，直接加到装有 $[^{14}C]$ 甲醛的安瓿中，立即加入 200 μl 0.2 mol/L 硼氢化氰钠（NaCNBH₃），冰上放置 3 h。

2. 使用一个脱盐柱或透析（见附录 3B）除去未反应的 $[^{14}C]$ 甲醛，并将缓冲液换成所希望的缓冲液。

辅助方案 4　用 26S 蛋白酶体降解蛋白质底物

附加材料（见辅助方案 1，带√的项见附录 1）

- 酶（见基本方案 1 和 2 及备择方案）
- 放射性底物（见辅助方案 2 和 3）
- √ 活性缓冲液
- 载体蛋白质（如 BSA）
- 10% 或 20% TCA
- 适当的测量放射性的仪器

1. 在活性缓冲液中，于 30℃将酶和放射性底物一起温育 30 min，反应结束后，加入 20 μg 载体蛋白质（如 BSA）和 10% 或 20% TCA 至终浓度为 5%，在冰上保持 15 min。

2. 在最高转速下将沉淀的未被消化的蛋白质离心 15 min，回收上清，用适当的仪器进行放射性计数。

辅助方案 5　蛋白酶体的非变性凝胶电泳/胶内肽酶分析

材料（带√的项见附录 1）

- √ 1.5 mm 厚的 4% 聚丙烯酰胺凝胶

- √ 1×非变性凝胶电泳缓冲液，pH 8.1~8.4
- 5×非变性凝胶上样缓冲液：50%甘油，加入少量二甲苯蓝
- 蛋白酶体样品（见基本方案 1 和 2 及备择方案）
- √ 非变性凝胶分析缓冲液
- 电泳设备（见第 10.1 单元）
- 紫外灯
- 照相机和适当的滤光片

注意：所有的设备和试剂必须预冷至 4℃。

1. 制备一块 1.5 mm 厚的 4%聚丙烯酰胺凝胶，将胶装入电泳槽中，使用 1×非变性凝胶电泳缓冲液，放在 4℃。
2. 将 5×非变性凝胶上样缓冲液稀释（1:5 稀释）于蛋白酶体样品中，根据上样孔的大小，将适量的缓冲样品上到凝胶上。
3. 于 4℃、80~100 V 电泳，直到二甲苯蓝染料从胶底部跑出（即 1.5~2 h），小心地从下板上取下凝胶，于 30℃条件下，在 15 ml 非变性凝胶分析缓冲液中温育 15 min。
4. 用紫外灯分析凝胶（蛋白酶体条带发出蓝色荧光，440 nm），用任何照相机（如果需要，装上适当的滤光片）将荧光条带照相。如果希望，将凝胶用考马斯亮蓝染色（见第 10.4 单元）。

参考文献：Coux et al. 1996；Glickman et al. 1998a，1998b；Hershko and Ciechanover 1998；Rock et al. 1994

作者：Michael Glickman and Olivier Coux

20.3 单元　真核生物 20S 蛋白酶体的纯化

20S 蛋白酶体是细胞主要溶酶体外蛋白水解系统（major extralysosomal proteolytic system）的催化核心，20S 蛋白酶体与调节蛋白复合物一起形成 26S 蛋白酶体，26S 蛋白酶体反过来又负责泛素-蛋白质耦联物的识别和降解。

基本方案　从牛脑垂体纯化 20S 蛋白酶体

材料（带√的项见附录 1）
- 冷冻牛脑垂体（Pel-Freez）
- √ 10 mmol/L Tris-EDTA 缓冲液，pH 7.5
- 硫酸铵，超纯级或酶级（enzyme grade）（在加入前将结块弄碎）
- Toyopearl DEAE-650M 阴离子交换树脂（Rohm 和 Haas 公司）
- √ 300 mmol/L Tris-EDTA 缓冲液，pH 7.5（洗脱缓冲液）
- 氮气源
- Ultrogel AcA22 凝胶过滤树脂（BioSepra 公司）
- AcA22 缓冲液：10 mmol/L Tris-EDTA 缓冲液，pH 7.5，含 0.1 mol/L NaCl
- Phenyl-Sepharose 6 Fast Flow（high sub，Amersham Pharmacia Biotech 公司）

- 起始缓冲液：10 mmol/L Tris-EDTA 缓冲液，pH 7.5，含 1 mol/L 硫酸铵
- 捣碎器
- 制冷离心机
- 玻璃棒
- 透析袋（16 mm 直径，3500 MWCO；浸入蒸馏水中并煮沸，然后倒掉，再重复两次）
- 2.5 cm 内径玻璃层析柱（25 cm 长），用于离子交换层析
- 蠕动泵
- Amicon 50 ml 超滤器和 PM 10 超滤膜
- 5 cm×50 cm 玻璃层析柱，用于凝胶过滤层析
- 1 cm 直径的玻璃层析柱（25 cm 长），用于 Phenyl-Sepharose 层析

注意：由于 Ultrogel AcA22 凝胶过滤柱（第 12 步）的平衡需要约 2 天的时间，所以应当在开始纯化方案之前进行。而且也应当知道，Phenyl-Sepharose 柱（第 14 步）必须平衡过夜，所以根据情况安排实验时间表。

1. 称取约 200 g 冷冻牛脑垂体，将脑垂体悬于 500 ml 冰冷的 10 mmol/L Tris-EDTA 缓冲液（pH 7.5）中，倒掉液体，以此除去多余的血液，重复洗涤。

2. 将约一半的脑垂体移至捣碎器中，加入 300 ml 冰冷的 10 mmol/L Tris-EDTA 缓冲液（pH 7.5）。低速匀浆 30 s，然后静置 15 min，再高速匀浆 1 min，静置 15 min，然后再高速匀浆 2 次，每次 1 min，间隔 15 min。将另外一半的脑垂体进行同样的处理，合并匀浆液，测量总体积、总蛋白质和活性，将值记录在纯化程序表（表 20.5）中。保留 1 ml 的小份。

表 20.5 牛脑垂体（200g）的纯化程序表

步骤	体积/ml	蛋白质/（mg/ml）	活性			收率/%
			U/ml	U/mg	总 U	
匀浆物	885	30	0.29	0.01	257	100
上清	1085	12.5	0.27	0.021	293	114
(NH₄)₂SO₄	46	30	5.9	0.20	271	105
DEAE-Toyopearl	44	0.76	2.81	3.70	123	48
AcA22	32	0.52	2.81	5.4	90	35
Phenyl-Sepharose	3[a]	1.6	14.1	8.83	42.3	16.5
二次 AcA22	10	0.38	3.84	10.0	38.4	14.9

a 浓缩和透析后。

3. 将匀浆液于 4℃、15 000 g 离心 30 min，倒出并保留上清，将沉淀物移至捣碎器中，加入 200 ml 冰冷的 10 mmol/L Tris-EDTA 缓冲液（pH 7.5），低速匀浆 30 s，将匀浆物离心。合并 2 次的上清组分，测量总体积、蛋白质含量和活性，记录在表中。

4. 在磁力搅拌器上放一个烧瓶，瓶内放一个磁力搅拌棒，在瓶的周围放好冰，将上清倒入瓶内，调整磁力搅拌器的速度，既要有效地搅拌，又不能产生泡沫，在 30 min

的时间内，往冷却和搅拌的溶液中逐渐地加入硫酸铵，达到 40% 的饱和度（243 g/L），不得使盐的局部浓度过高，再搅拌 30 min。

5. 4℃、20 000 g 离心 30 min，取出上清，测量其体积，在 30 min 的时间内加入硫酸铵，达到 60% 的饱和度（132 g/L），再搅拌 30 min，然后于 4℃、20 000 g 离心 30 min。

6. 弃上清，将沉淀溶于少量（约 40 ml）的 Tris-EDTA 缓冲液（pH 7.5）中，用玻璃棒搅拌，使用 3500 MWCO 的透析膜（见附录 3B），对 7L 冰冷的 10 mmol/L Tris-EDTA 缓冲液（pH 7.5）透析过夜。将透析后的酶于 4℃、15 000 g 离心 10 min，弃沉淀，测量总体积、蛋白质含量和活性，记录于表中。

7. 将 75 ml Toyopearl DEAE-650M 重悬于 500 ml 10 mmol/L Tris-EDTA 缓冲液（pH 7.5）中，测量 pH，让离子交换树脂沉降并弃去缓冲液，洗涤树脂 3 次，每次用 500 ml 10 mmol/L Tris-EDTA 缓冲液（pH 7.5）。如果必要，重复洗涤，直到悬液的 pH 达到 7.5，将交换剂倒入一根 2.5 cm 柱（25 cm 长）中，让缓冲液沥出柱子，不要让柱子流干。

8. 用聚乙烯管将蠕动泵连接到柱子上，将透析后的样品上样，流速为 1 ml/min，让澄清的透析后的酶流过柱子，但不要让柱子流干。

9. 小心地将几毫升 10 mmol/L Tris-EDTA 缓冲液（pH 7.5）加到柱子的顶部，制备缓冲液头部（buffer head），将柱子连接到含 10 mmol/L Tris-EDTA 缓冲液（pH 7.5）的缓冲液瓶中。洗涤柱子，流速为 1 ml/min，直到流出液的吸收（280 nm）达到 0.1。

10. 用 250 ml Tris-EDTA 缓冲液（pH 7.5）和 250 ml 洗脱缓冲液建立线性梯度。以 1 ml/min 的流速洗脱酶，每管收集 6 ml，用缓冲液作空白对照，测量每一管在 280 nm 处的吸收。每隔一管测量酶活性（见辅助方案），约在 0.2 mol/L 洗脱缓冲液处开始洗脱下酶。

11. 合并具有酶活性的组分，用浓缩管（用 PM 10 膜）在氮气流下浓缩至约 8 ml，测量总体积、蛋白质含量和活性，记录于表中。

12. 在 AcA22 缓冲液中制备 Ultrogel AcA22 树脂浆（1∶1），要足够装一根 5 cm × 50 cm 的柱，按照生产商的说明书或任何凝胶过滤层析手册，小心地装柱，用 2 L AcA22 缓冲液平衡柱子，流速为 30 ml/h。

13. 将样品上柱，用 AcA22 缓冲液洗脱，流速同上，收集 8 ml 的组分，用缓冲液作空白对照，测量每一管在 280 nm 处的吸收，每隔一管测量酶活性（见辅助方案），合并具有酶活性的组分，测量合并后的具有酶活性组分的总体积、蛋白质含量和活性，记录于表中。

14. 将 10 ml Phenyl-Sepharose 6 Fast Flow（high sub）重悬于起始缓冲液中，将悬液倒入一根 1 cm 直径的柱中，用起始缓冲液洗涤柱子过夜，流速为 10 ml/h。

15. 往酶溶液中加入硫酸铵，至终浓度为 1 mol/L，将酶上到柱子上，用起始缓冲液洗涤，直到在 280 nm 处的吸收达到基线。用 125 ml 起始缓冲液和 125 ml 10 mmol/L Tris-EDTA 缓冲液（pH 7.5，不含硫酸铵）建立线性梯度，洗脱，流速为 20 ml/h，收集 3 ml 的组分，每隔一管测量酶活性（见辅助方案），用 SDS-PAGE（见第 10.1

单元）检查具有酶活性的组分。

16. 如果希望，可进行第二次 AcA22 凝胶过滤层析（第 12 步和第 13 步），按第 11 步的方法浓缩具有酶活性的样品，测量总体积、蛋白质含量和活性，记录于表中。用 SDS-PAGE（见第 10.1 单元）检查具有酶活性的组分，对 10 mmol/L Tris-EDTA 缓冲液（pH 7.5）透析，分成小份−80℃保存。

辅助方案　分析蛋白酶体催化的切割的酶分析法

注意：所有的温育都在 37℃振荡培养箱中进行。

材料（带√的项见附录 1）

√ 0.05 mol/L Tris·Cl，pH 7.5

- 底物：10 mmol/L N-苄氧羰基-Gly-Gly-Leu-对硝基苯胺（N-benzyloxycarbonyl-Gly-Gly-Leu-p-nitroanilide）（Z-GGL-pNA；Sigma 公司），溶于 DMSO 中
- 酶（如 20S 蛋白酶体层析纯化组分，见基本方案）
- 10%（m/V）三氯醋酸（TCA）
- 0.1%（m/V）NaNO$_2$
- 0.5%（m/V）氨基磺酸铵

√ 0.05% N-(1-萘基）氨茶碱·2HCl（NNEDA）

- 10 mmol/L 对硝基苯胺贮液，溶于甲醇中（新鲜配制）
- 振荡培养箱
- 台式离心机

警告：处理三氯醋酸时要戴手套，将 NaNO$_2$ 和 NNEDA 溶液贮存于避光瓶中，将底物贮液保存于冰箱中。

1. 将 190 μl 0.05 mol/L 的 Tris·Cl（pH 7.5）和 10 μl 10 mmol/L Z-GGL-pNA 混合。制备平行的空白对照，即将 10 μl 10 mmol/L Z-GGL-pNA 底物和 240 μl 0.05 mol/L 的 Tris·Cl（pH 7.5）混合。

2. 往第一支（反应）管中加入 50 μl 酶溶液，开始反应，在 37℃振荡培养箱中将分析管和试剂空白对照都温育 30 min。

3. 往每支管中加入 0.25 μl 10% 的 TCA 终止反应，在台式离心机中 500 r/min 离心 5 min，以除去沉淀的蛋白质。

4. 从每支管中取出 0.25 ml 澄清的上清至一新试管中，加入 0.25 ml 0.1% NaNO$_2$，混合，静置 3 min。

5. 加入 0.25 ml 0.5% 氨基磺酸铵，混合，静置 2 min，加入 0.25 ml 0.05% NNEDA，剧烈混合。

6. 在分光光度计（设定在 540 nm）中测量发色团的吸收（对空白对照），按照第 4 步和第 5 步的方法，用 10～100 nmol 对硝基苯胺在 540 nm 处测量其吸收，绘制标准曲线，从曲线中计算所生成产物的 nmol 数。如果释放的对硝基苯胺量超过了标准曲线的线性部分，使用更少量的样品继续温育，用 0.05 mol/L 的 Tris·Cl（pH 7.5）调整总体积至 250 μl。

参考文献：Arendt and Hochstrasser 1997，Orlowski and Wilk 2000，Wilk and Orlowski 1980
作者：Sherwin wilk and Wei-Er Chen

20.4 单元　丝氨酸蛋白酶抑制剂

丝氨酸蛋白酶抑制剂（serpin）是参与丝氨酸蛋白酶和其他类型蛋白酶调节的蛋白质，表 20.6 是部分丝氨酸蛋白酶抑制剂的列表以及其纯化所需的层析技术。

表 20.6　部分丝氨酸蛋白酶抑制剂的纯化方法

丝氨酸蛋白酶抑制剂	来源	所用介质
α_1-抗胰凝乳蛋白酶	人血浆	Blue Sepharose CL-6B、小牛胸腺 DNA-Sepharose
α_1-抗胰蛋白酶	人血浆	谷胱甘肽 Sepharose、Q Sepharose
抗凝血酶 III	人血浆	肝素 Sepharose
C1 抑制剂	人血浆	DEAE cellulose、Bio-Gel A-5m、concanavalin A Sepharose
CrmA	在大肠杆菌中重组的带 6 组氨酸标签的蛋白质或在人 143 细胞中重组的 GST 融合蛋白[a]	Ni-NTA agarose、DEAE Sepharose 或谷胱甘肽 Sepharose、DEAE Sephacel 谷胱甘肽 Sepharose 并用
肝素辅因子 II	人血浆	肝素 Sepharose、Q Sepharose、Sephacryl S-300 或硫酸葡聚糖、Q Sepharose、肝素 Sepharose、Sephadex G-150
血纤蛋白溶解酶原激活剂抑制剂-1	在大肠杆菌中重组的蛋白质	Sephacryl S-200、羟基磷灰石、肝素 agarose
血纤蛋白溶解酶原激活剂抑制剂-2	人胎盘	DEAE Sepharose、羟基磷灰石、phenyl Sepharose
蛋白酶微管连接蛋白 1	人成纤维细胞	Dextran sulfate Sepharose、PN-1 mAb-Sepharose 或硫酸葡聚糖 Sepharose、DEAE Sepharose 和硫酸葡聚糖 Sepharose 并用
蛋白 C 抑制剂	人血浆	DEAE Sepharose、硫酸葡聚糖 agarose、Ultrogel AcA-44、DEAE-Sephacel
SERP-1	在 BGMK 细胞中重组的蛋白质	MonoQ、Superdex 75

a GST，谷胱甘肽 S 转移酶

基本方案 1　用柱层析纯化人抗凝血酶

材料（带√的项见附录1）
- 12～14 U 冷冻的含柠檬酸盐的人血浆（得自美国红十字会）
- 大豆胰蛋白酶抑制剂
- PEG 8000
- 0.5 mol/L（V/V）苯甲脒溶液（4℃保存可达一周）
- 1 mol/L 氯化钡（$BaCl_2$，4℃可长期保存）

√ TCE 缓冲液，含有和不含 2 mol/L NaCl
- 5.0 cm×20 cm 的 Heparin-Sepharose 柱（Amersham Pharmacia Biotech 公司）
- 32℃水浴
- 4 L 烧杯，洁净的
- 磁力搅拌器和搅拌棒
- 1 L 离心杯
- 制冷离心机
- 组分收集器

1. 在 32℃水浴中，融化 12～14 U（约 3 L）冷冻的含柠檬酸盐的人血浆，融化后立即将其倒入一个洁净的 4 L 烧杯中，加入 10 mg/L 大豆胰蛋白酶抑制剂、33.3 g/L PEG 8000 和 2 ml/L 0.5 mol/L 苯甲脒溶液，于 4℃搅拌血浆 30 min。

2. 将血浆溶液移入 1 L 离心杯中，于 4℃、4000 g 离心 30 min，以除去不溶物，将上清倒入一个洁净的 4 L 烧杯中，弃沉淀。

3. 在搅拌下（1～2 min 以上）缓慢地加入 10% 原始血浆体积的 1 mol/L BaCl₂ 和 2 ml/L 0.5 mol/L 苯甲脒溶液。将溶液在 4℃搅拌 30 min，将溶液移至离心杯中，于 4℃、4000 g 离心 30 min，以除去不溶物，然后将上清倒入一个洁净的 4 L 烧杯中。如果希望，用塑料膜盖好上清，4℃保存过夜。

4. 如果上清冷藏保存过，将其暖至室温，在搅拌下缓慢地加入 100 g/L PEG 8000，于室温下搅拌 30 min。将溶液移至 1 L 的离心杯中，于 4℃、4000 g 离心 30 min，以除去不溶物。

5. 小心地倒出上清，不要影响沉淀，弃上清，将沉淀移至一个洁净的 4 L 烧杯中，重悬于 3 L 含 100 g/L PEG 8000 的 TCE 缓冲液（pH 7.4）中，于室温下搅拌溶液 60 min，以重悬沉淀。

6. 4℃、4000 g 离心 30 min，以除去不溶物，将上清倒入一个洁净的 4 L 烧杯中，弃沉淀物，往上清中加入 150 g/L PEG 8000，于室温下搅拌溶液 60 min，按同前方法离心，得到沉淀，弃上清。

7. 将沉淀重悬于 3 L TCE 缓冲液（pH 7.4）中，上到用 2 L TCE 缓冲液（pH 7.4）预先平衡过的 Heparin-Sepharose 柱上。连续地用 2 L TCE 缓冲液（pH 7.4）、0.25 mol/L NaCl（除去肝素辅因子 II）、0.4 mol/L NaCl（除去纤连蛋白）、0.75 mol/L NaCl（除去任何残留的痕量蛋白质）洗柱。

8. 用含 2 mol/L NaCl 的 TCE 缓冲液（pH 7.4）洗脱 AT，收集 11 ml 的组分。再用 3 L TCE 缓冲液（pH 7.4）过柱，以重新平衡柱子，用于下一次分离。

9. 测量每个组分的 A_{280}（见第 3.1 单元），以确定峰的位置，测量各个组分的活性，以确定比活（见辅助方案）。对有活性的组分进行 10% SDS-PAGE（见第 10.1 单元），以确定纯度。合并适当的组分（见辅助方案），测量 A_{280}、测量活性并进行 10% SDS-PAGE，分成适当的小份、标记、−20℃保存可达 6～12 月。

辅助方案　洗脱组分中抗凝血酶的分析

材料（带√的项见附录1）

- AT 组分（见基本方案1）
- √ HNPN 缓冲液
- √ 凝血酶/肝素溶液
- √ Chromozyme TH/聚凝胺（polybrene）溶液
- √ 用 BSA 包被的微孔板
- 动力学平板读数器（kinetic plate reader，Molecular Devices 公司）

1. 在用 BSA 包被的微孔板的孔中加入 2 μl 每种组分的 AT 和 48 μl HNPN 缓冲液，一个孔单加 50 μl HNPN 缓冲液（为只含凝血酶的对照孔，凝血酶活性为 100%）。
2. 在 $t=0$ s 时，往每个孔中加入 50 μl 凝血酶/肝素溶液；在 $t=30$ s 时，往每个孔中加入 50 μl Chromozyme TH/聚凝胺溶液。将微孔板放入动力学平板读数器内，在 405 nm 监测吸收变化 3 min。
3. 将各组分与单独的凝血酶对照进行比较，用凝血酶对照的百分比来表示样品的活性，将抑制活性与蛋白质 A_{280} 比值最高（即剩余凝血酶活性最低）的样品合并。
4. 将合并后的样品对 4L HNPN 缓冲液透析（见附录 3B）2 次，使用比吸收系数（specific absorption coefficient）值 0.624 mg/ml(cm)（280 nm）和相对分子质量 56 600，确定蛋白质浓度（见第 3.1 单元）。

基本方案 2　在无糖胺聚糖存在的情况下分析抗凝血酶抑制——"递增的抗凝血酶活性"

材料（带√的项见附录1）

- √ HNPN/聚凝胺溶液
- √ Chromozyme TH/聚凝胺溶液
- √ 抗凝血酶（AT）溶液，纯化过的并定性过的（见基本方案 1 和辅助方案）
- √ HNPN 缓冲液
- √ 凝血酶溶液
- 50%（V/V）冰醋酸
- √ 用 BSA 包被的微孔板
- 动力学平板读数器（Molecular Devices 公司）

1. 往 4 个（以进行平均）用 BSA 包被的微孔板的孔中加入 15 μl HNPN/聚凝胺溶液（终浓度为 0.1 mg/ml）和 10 μl AT 溶液（终浓度为 100～200 nmol/L）。此外，往 2 个（以进行平均）孔中加入 15 μl HNPN/聚凝胺溶液（终浓度为 0.1 mg/ml）和 10 μl HNPN 溶液，以制备只含凝血酶的对照（无抑制剂）。
2. 在 $t=0$ s 时，往每个孔中加入 25 μl 凝血酶溶液（终浓度为 1 nmol/L），开始温育 AT 和凝血酶，在 $t=10～90$ min 的不同时间，往每个孔中加入 50 μl Chromozyme TH/

聚凝胺溶液，以开始将剩余的凝血酶与底物解离。

对于已知量的 AT，用 $1 \times 10^5 \sim 2 \times 10^5$ L/(mol·min) 的 k_2 来估计抑制反应的 $t_{1/2}$，选择的时间点应当在此 $t_{1/2}$ 估计值的上下，根据 $t_{1/2} = -\ln\,(0.5)\,/\,k_2\,[I]$ [k_2 为 AT 抑制凝血酶的预期的二级速度常数（列在上面），[I] 为所用 AT 的浓度]，推导所用量的丝氨酸蛋白酶抑制剂获得约 50% 蛋白酶抑制所需要的时间，可以计算出本分析中凝血酶与抑制剂的温育时间。

3. 经过适当的温育时间后，当 A_{405} 达到 0.1～0.15 时，往每个孔中加入50 μl 50%的冰醋酸溶液，在动力学平板读数器读出 A_{405}。

4. 使用方程 $k_2 = -\ln(\alpha)/([I]t)$（$\alpha$ 为加丝氨酸蛋白酶抑制剂反应的 A_{405} 除以不加丝氨酸蛋白酶抑制剂反应的 A_{405} 所测得的残留蛋白酶活性；[I] 为丝氨酸蛋白酶抑制剂的起始浓度；t 为蛋白酶丝氨酸蛋白酶抑制剂的作用时间）计算二级速度常数。

基本方案 3 在糖胺聚糖存在的情况下分析抗凝血酶抑制——"肝素辅因子活性"

材料（带√的项见附录1）

√ 肝素溶液

√ 抗凝血酶（AT）溶液，纯化过的并定性过的（见基本方案 1 和辅助方案）

√ HNPN 缓冲液

√ 凝血酶溶液

√ Chromozyme TH/聚凝胺溶液

• 50%（V/V）冰醋酸

√ 用 BSA 包被的微孔板

• 台式离心机，适合于微孔板

• 动力学平板读数器（Molecular Devices 公司）

1. 往 4 个（以进行平均）用 BSA 包被的微孔板的孔中，加入 15 μl 肝素溶液和 10 μl AT 溶液（终浓度为 5～10 nmol/L）。往 2 个（以进行平均）孔中加入 15 μl 肝素溶液和 10 μl HNPN 溶液，以制备只含凝血酶的对照（无抑制剂）。要绘制肝素标准曲线，在多个孔中加入不同量的肝素（如含 0.01、0.05、0.1、0.2、0.5、1、2、5、10、20、50、100、200、500 和 1000 $\mu g/ml$，作为终浓度）。

2. 在 $t = 0$ s 时，往每个孔中加入 25 μl 凝血酶溶液（终浓度为 0.5～1.0 nmol/L），以开始温育 AT、凝血酶和肝素。

根据 $t_{1/2} = -\ln\,(0.5)\,/\,k_2\,[I]$ [k_2 为在给定肝素浓度下，AT 抑制凝血酶的预期的二级速度常数（列在上面），[I] 为所用 AT 的浓度]，推导在每种不同的肝素浓度用所用的肝素的量获得约 50% 蛋白酶抑制所需要的时间（即对于各种不同的肝素浓度，使用不同的作用时间），可以计算出本分析中凝血酶与抑制剂的温育时间。

3. 在一个给定的时间（确定方法如上所述，通常为 15～45 s）内，往每个孔中加入 50 μl Chromozyme TH/聚凝胺溶液，以将剩余的凝血酶与底物解离。

4. 经过适当的温育时间后，当 A_{405} 达到 0.1～0.15 时，往每个孔中加入 50 μl 50% 的冰醋酸溶液，在读 A_{405} 之前，在台式离心机上将每种反应物 2000 g 离心 10 min，以除去沉淀的肝素，从每个孔中移出 75 μl 分析溶液至一新的微孔板中。

5. 在读数器上读板（A_{405}），使用方程 $k_2 = -\ln (\alpha)/([I]t)$（$\alpha$ 为加丝氨酸蛋白酶抑制剂反应的 A_{405} 除以不加丝氨酸蛋白酶抑制剂反应的 A_{405} 所测得的残留蛋白酶活性；$[I]$ 为丝氨酸蛋白酶抑制剂的起始浓度；t 为蛋白酶丝氨酸蛋白酶抑制剂的作用时间），计算二级速度常数。用二级速度常数对肝素浓度（用肝素浓度的对数）绘制肝素"标准曲线"。

参考文献：Carrell and Travis 1985，Church et al. 1997，Gettins and Olson 1996，Griffith et al. 1985，Potempa et al. 1994，Silverman et al. 2001

作者：Susannah J，Bauman，Herbert C，Whinna and Frank C，Church

20.5 单元 用 GFP 作为报道蛋白分析序列特异性蛋白酶

在重组的序列特异性蛋白酶底物中可以加入绿色荧光蛋白（GFP），作为切割底物分光荧光分析的灵敏性报道蛋白（图 20.2）。

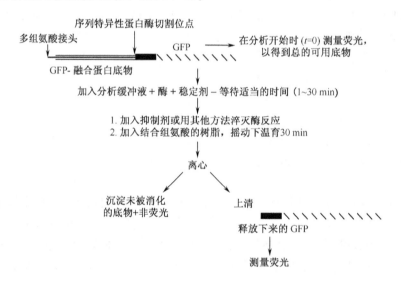

图 20.2 序列特异性蛋白酶荧光分析的流程图。

基本方案 位点特异性蛋白酶的荧光分析

材料（带 √ 的项见附录 1）

• 纯化的底物-GFP 融合蛋白贮液（30 000～60 000 荧光单位，见辅助方案）
• 用于蛋白酶分析的 5× 或 10× 缓冲液贮液
• 用于最佳酶活性添加剂贮液
• 含有序列特异性蛋白酶的提取物
• Milli-Q 水或相当的

√ 5×结合缓冲液，冰冷的
- 洗涤过的金属螯合亲和树脂，如 1∶1 (m/V) Talon 胶珠水悬液（Clontech 公司）
- 序列特异性蛋白酶抑制剂贮液（可选）
- 1.7 ml 微量离心管
- 摇床，4℃
- 分光光度计/荧光平板读数器

1. 取 500 μl 含 25 000 荧光单位（$\lambda_{ex}=484$ nm；$\lambda_{em}=509$ nm）的底物-GFP 融合蛋白，加入到一支 1.7 ml 的微量离心管（置于冰上）中，加入 300 μl 5×缓冲液、添加剂、含序列特异性蛋白酶的提取物和足量的 Milli-Q 水，使终体积为 1500 μl。每个反应和适当的对照都进行双份（即一管不加酶，另一管加煮过的酶）。将管盖好，轻轻混合，在适当的温度下温育。

2. 在 3 个平等间隔的时间点，从反应中取出 450 μl 反应物，在置于冰上的一支 1.7 ml 的微量离心管中混合。管内含有 200 μl 冰冷的 5×结合缓冲液、200 μl Talon 树脂水悬液（水与树脂的比例为 1∶1）和 150 μl 水，于 4℃条件下，在温和的摇床上温育 30 min，以终止反应。

3. 将微量离心管于 4℃、最高转速离心 30 s，使含有未被切下的底物-GFP 融合蛋白的树脂沉降，小心地吸取 800 μl 上清至一支已标记好的 1.7 ml 的微量离心管中。

4. 在分光光度计中，使用 484 nm 的激发波长和 509 nm 的发射波长测量分析反应物的荧光，从每个时间点减去不加酶空白对照的荧光，以确定蛋白质酶解所释放出来的 GFP。

辅助方案　用金属螯合层析纯化底物-GFP 融合蛋白

材料（带√的项见附录 1）
- 用编码带组氨酸标签的底物-GFP 融合蛋白的表达载体转化的大肠杆菌
√ LB 培养基
√ 5×结合缓冲液
- 1∶1 (m/V) Talon 树脂水悬液
√ 洗脱缓冲液
- 酶分析缓冲液
- 26℃旋转式摇床，用于细菌培养
- 15 ml 培养管
- 2 L 烧瓶
- 分光光度计
- 250 ml 离心杯
- 制冷式离心机
- 50 ml 圆底离心管
- 带微量超声探头的超声破碎仪
- 26 ml 聚碳酸酯离心管，用于超速离心

- 超速离心机，带 70 Ti 转头（Beckman 公司）或相当的
- 1 ml 重力流动层析柱

1. 在一个 15 ml 的培养管中，将 5 ml 大肠杆菌培养物于 26℃生长过夜。第二天早晨，在 2 L 的烧瓶中用 5 ml 过夜培养物接种 700 ml 的 LB 培养基，在摇动下（175 r/min）于 26℃生长过夜（通常在 24 h 后达到最大诱导）。

2. 取一小份培养物，直接放入分光光度计内，测量底物-GFP 融合蛋白的水平，将培养物于最高转速离心 1 min，取上清作为分光光度计的空白对照。

3. 当培养物的荧光达到 200～300 U/ml 时，将培养物转移到 250 ml 的离心杯内，于 4℃、4000 g 离心 5 min，收获培养物。

4. 将每 750 ml 培养物的细胞沉淀物重悬于 15 ml 的 5×结合缓冲液中，放入一支 50 ml 的塑料离心管中，将悬液－70℃冷冻，在 30℃水浴中融化冷冻的悬液，重复冻融 5 次。用微量超声探头，在最大功率下超声破碎细胞 15 s，4℃、27 000 g 离心 15 min，澄清裂解物，将上清移入一支 26 ml 的聚碳酸酯离心管中，将上清于 4℃、100 000 g（70 Ti 转头）超速离心 1 h，如果必要，4℃保存过夜。

5. 在 4℃冷室内，将 2 ml 1∶1（m/V）Talon 树脂水悬液倒入一根 1 ml 的重力流动层析柱内，用 5 倍体积的 5×结合缓冲液平衡柱子，将底物上到柱子上，用 5×结合缓冲液洗涤柱子，直到洗脱液变清为止，用洗脱缓冲液从柱子上洗脱结合的底物。

6. 将底物-GFP 融合蛋白对酶分析缓冲液（见附录 3B）透析，4℃保存（浓度应当为 40 000～60 000 荧光单位/ml）。

备择方案　位点特异性蛋白酶的荧光共振能量转移分析

　　另一种基于 GFP 的位点特异性蛋白酶的荧光分析基于两种 GFP 光谱变异体（与蛋白酶目标序列连接的）之间的荧光共振能量转移（见 *CPPS* 第 19.5 单元），对底物进行切割能够将两种 GFP 分开，所以荧光共振能量转移（FRET）不会发生。通过较长波长 GFP 荧光的下降可以确定被切割底物的量，FRET 是两个发色团之间的距离与其偶极矩所形成的角的复合函数。要使 FRET 发生，位于蛋白酶切割位点侧翼的 GFP 要正确定位，这需要底物折叠，这会使底物设计变得复杂起来，限制了这种分析方法的应用。本分析方法的另一个限制是必须测量每种样品的荧光谱，因为蛋白酶活性是根据每种 GFP 的荧光比率确定的。在批量金属螯合层析之后，要确定上清中残留的 GFP 的量，用计算活性的方法要比用直接荧光测量法费时。尽管对于确定位点特异性蛋白酶的活性来说，基于 FRET 的分析方法是一种灵敏的备择方案，但是，测量 GFP 从底物-GFP 融合蛋白中的直接释放更为简单，更适合于多个样品和多种底物的快速分析。

参考文献：Enomoto et al. 1997，Mitra et al. 1996，Pehrson et al. 1999，Tsien 1998
作者：Gautam Sarath and Steven D. Schwartzbach

20.6 单元　活性丝氨酸蛋白酶及其变异体的过表达和从大肠杆菌包含体中的纯化

基本方案 1　微小纤溶酶原及其变异体的过表达和从大肠杆菌包含体中的纯化

材料（带√的项见附录 1）

- √ 2×TY$_{kan/amp}$ 培养基，37℃
- 携带目的构建体的细胞甘油保存物
- √ 500 mmol/L（250×）异丙基-β-D-硫代半乳糖苷（IPTG）
- √ 50 mmol/L Tris·Cl，pH 7.2（裂解缓冲液）
- √ 溶菌酶贮液
- 1 mol/L MgCl$_2$ 贮液
- √ 0.2 mg/ml DNase I 贮液
- √ 洗涤缓冲液 1
- √ 洗涤缓冲液 2
- √ 变性缓冲液，新鲜配制
- 1 mol/L HCl
- √ 透析缓冲液 1，4℃
- √ 复性缓冲液
- √ 透析缓冲液 2，4℃
- 15 ml 培养管
- 1 L、2 L 和 3 L 带有挡板的培养瓶
- 高压细胞破碎仪(Spectronic Instruments 公司)或超声破碎仪(Sonics & Materials 公司)
- 组织匀浆器（如 Potter-Elvejhem，Braun Biotech 公司）
- 颠倒回转仪（end-over-end rotator）
- pH 试纸，0~14 或 4~7（Merck 公司）
- 透析袋，约 3.2 cm 直径（Spectrum Laboratories 公司）
- 0.4 μm 硝酸纤维素膜，裁成适合真空过滤设备的大小（Schleicher & Schuell）或 0.7 μm 玻璃微纤维滤器（Whatman），可选
- 切向流超滤器和膜（Pall Filtron）

1. 对于 6 L 的培养物，在 15 ml 的培养管中，用 100 μl 相应菌甘油保存物接种两支 5 ml 的 2×TY$_{kan/amp}$ 培养基，在 37℃ 恒温摇床中，以 150 r/min 的转速生长 3~5 h，不要将瓶塞盖紧，以利于通气。

2. 将 2 支培养物移入 1 L 的带有挡板的培养瓶中，瓶内装有 300 ml 2×TY$_{kan/amp}$ 培养基，在摇动下 37℃ 培养过夜。将过夜培养物接种于 6 个 2~3 L 的带有挡板的培养瓶中，每个瓶中装有 1 L 2×TY$_{kan/amp}$ 培养基，继续摇动培养，直到在 600 nm 处的吸收

（见第 3.1 单元）达到 0.5～0.8（约 90 min）。

3. 往每个培养瓶中加入 4 ml 500 mmol/L 的 IPTG，使终浓度为 2 mmol/L，再在 37℃ 培养箱中摇动生长 4～6 h。

4. 4℃、6000 g 离心 20 min，收集细胞沉淀物，弃上清。如果要保存，可将细胞沉淀物 在聚乙烯袋中 −80℃ 保存几个月。

5. 将沉淀物重悬于 75 ml 的裂解缓冲液中，加入溶菌酶至 0.25 mg/ml（从贮液 1：10 稀释），在冰上温育 30 min，用高压细胞破碎仪破碎细胞，压力约为 1000 psig（3 次 循环；见第 6.2 单元）。

6. 加入 150 μl 1 mol/L MgCl$_2$（终浓度为 2 mmol/L）和 3.75 ml 0.2 mg/ml DNase I （终浓度为 10 μg/ml），于 25℃ 温育 30 min，以消化 DNA。将裂解物于 4℃、20 000 g 离心 30 min，弃可溶性组分，用不可溶性的沉淀物继续操作，如果希望，沉淀物可 于 −20℃ 保存几个月。

7. 在组织匀浆器的帮助下，将沉淀物重悬于 38 ml 的洗涤缓冲液中，再在室温下温育 30 min，并上下颠倒，于 4℃、20 000 g 离心 30 min，回收包含体，弃上清。

8. 用组织匀浆器匀浆 5 min，将沉淀物重悬于 38 ml 的洗涤缓冲液 2 中，将悬液上下颠 倒 15 min，于 4℃、20 000 g 离心 30 min，弃上清，重复这一重悬和离心过程。

9. 将纯化后的包含体称重，以估计收率并比较不同制备方法的效率。如果要保存，沉 淀物可于 −20℃ 保存几个月。

10. 用组织匀浆器将包含体溶解于 24 ml 变性缓冲液中，并上下颠倒过夜，用 1 mol/L HCl 调 pH 至 5.0，于 4℃、20 000 g 离心 30 min，重复溶解和上下颠倒过夜步骤。

11. 于 4℃，将溶解后的蛋白质在透析袋（直径约 3.2 cm）中对 100 倍体积的透析缓冲 液 1 透析（见附录 3B）24 h，约每 8 h 换液一次，共 3 次。于 4℃、20 000 g 离心 30 min，以除去任何的沉淀物。

12. 在 280 nm 处读吸收，从部分材料中除去盐酸胍（见第 6.3 单元），进行 SDS-PAGE （见第 10.1 单元），以估计制备物中蛋白质的总量和纯度。

13. 确定透析后材料的总体积，将其分成 3 等份，将其中的一份稀释复性，小心地旋转 烧瓶，同时逐滴地加到 100 倍体积的复性缓冲液中，室温下温育 8～24 h，将另外 2 份保存于 4℃，直到使用。

14. 温育后，将第二份加入到复性混合物中，室温下温育 8～24 h。此次温育后，将第 3 份加入到复性混合物中，室温下温育 8～24 h。

15. 将复性混合物于室温、6000 g 离心 90 min，用切向流超滤器浓缩溶液，直到在 280 nm 处的吸收约为 1.0（约 1 mg/ml）。

16. 将浓缩物移至透析膜中，于 4℃ 对 50 倍体积的透析缓冲液 2 透析（见附录 3B） 24 h，每 8 h 换液一次，共换 3 次。

17. 于 4℃、20 000 g 离心 30 min，除去沉淀的蛋白质，用透析缓冲液作空白对照，在 280 nm 处确定其 OD 值，以估计蛋白质的浓度和制备的收率。如果要保存，制备 物可 −80℃ 保存达 6 个月。如果制备物在 SDS-PAGE 上只呈一条带，不需要进行 进一步的纯化。

基本方案 2　微小纤溶酶原的激活及具有催化活性微小纤溶酶的纯化

复性后的微小纤溶酶原蛋白必须具有蛋白水解活性，以便通过亲和层析纯化。

材料（带√的项见附录 1）

- 尿激酶纤溶酶原激活剂（uPA；Sigma 公司）
- CNBr 活化的 Sepharose 4B（Amersham Pharmacia 公司）
- 重组的微小纤溶酶原蛋白（见基本方案 1）
- 5 mol/L NaCl
- 87％甘油
- 苯甲脒-Sepharose 柱（Sigma 公司）
- √ 柱洗涤缓冲液
- √ 洗脱缓冲液 1 或洗脱缓冲液 2
- √ 再生缓冲液
- 颠倒回转仪

1. 将尿激酶纤溶酶原激活剂（uPA）固定到 CNBr 活化的 Sepharose 4B 上（见第 9.3 单元）。

2. 往约 1 mg/ml 的重组微小纤溶酶原蛋白溶液中加入约 1/10 体积的 5 mol/L NaCl，并加入 87％的甘油，使终浓度为 25％。加入 1/10 体积的 uPA-Sepharose 珠，活化 1 倍体积的这种活化混合物，于室温温育过夜，并轻轻地旋转，以悬浮胶珠。在指定的时间，用适当的发色分析（见辅助方案 1 和 2）和还原型 SDS-PAGE 监测酶原前肽的去除。

3. 于 4℃、400 g 离心 15 min，分离 uPA-Sepharose 珠，以终止活化反应，将含有活化蛋白酶的上清上到苯甲脒-Sepharose 柱（已用柱洗涤缓冲液平衡过）上，流速 ≤0.2 ml/min。

   使用后，用尿激酶-Sepharose 贮存液（附录 1）将 uPA-Sepharose 珠进行离心洗涤，用贮存缓冲液配成 50％的悬液，于 4℃可保存几个月。

4. 用 2 倍柱体积的柱洗涤缓冲液洗涤苯甲脒-Sepharose 柱，用 1 倍柱体积的洗脱缓冲液 1 或 2 洗脱，流速为约 1 ml/min。收集洗脱液，直到 280 nm 处的吸收回到基线。洗脱缓冲液 1 可使活性位点质子化，从而使蛋白酶失活，洗脱缓冲液 2 可逆性地封闭活性位点，缓冲液的选择取决于制备物的后续应用。

5. 在再生缓冲液中再生柱子，直到流出液的 pH 与电泳缓冲液的 pH 相等，用 SDS-PAGE（见第 10.1 单元）、OD_{280}（见第 3.1 单元）或 Bradford 分析（见第 3.4 单元）测量纯化蛋白质的总量和其浓度。

辅助方案 1　确定重组微小纤溶酶活性的分析方法

材料（带√的项见附录 1）

- S-2251 发色底物（Chromogenix 公司）
- √ 分析缓冲液

- 1.5 ml 塑料比色杯（Amersham Pharmacia 公司）

1. 将 S-2251 发色底物溶于 Milli-Q 纯水中，配制 3~4 mmol/L 的 S-2251 发色底物贮液，在 316 nm 处测定吸收，用消光系数确定底物的浓度，$\varepsilon = 1.27 \times 10^4$ $mol^{-1} cm^{-1}$。

2. 制备底物-缓冲液混合液：将 S-2251 发色底物贮液稀释于分析缓冲液中，终浓度为 200 $\mu mol/L$，将底物-缓冲液混合液分成 800 μl 的小份，装于 1.5 ml 塑料比色杯中（以便能够同时测量 2 份或 3 份），放入分光光度计 [设定在 405 nm，并将吸收调至基线（自动归零）] 内。

3. 加入 1~5 μl 含有微小纤溶酶的样品，搅拌，开始反应，立即跟踪在 405 nm 处吸收，其随着时间（5~10 min）而升高。曲线图的斜率（dA/min）除以加入到分析中的样品体积（μl），即为溶液中微小纤溶酶活性的相对值。

辅助方案 2　确定活性位点浓度的分析方法

材料（带√的项见附录 1）
- 0.5 $\mu mol/L$ 蛋白酶抑制剂（胰胰蛋白酶抑制剂，BPTI）
- 0.1 mol/L 醋酸，pH 3.0
- 底物-缓冲液混合液（见辅助方案 1 第 2 步）
- 1.5 ml 塑料比色杯

1. 配制 0.5 $\mu mol/L$ 蛋白酶抑制剂水溶液。确定其准确的浓度，最好用氨基酸分析方法（*CPPS* 第 11.9 单元），同时做 3 份。

2. 用 OD_{280}（见第 3.1 单元）或用 Lowry 或 Bradford 分析（见第 3.4 单元）测量蛋白质（酶）的浓度。使用这些信息，将微小纤溶酶溶液稀释于 0.1 mol/L 的醋酸（pH 3.0）中，终浓度为 5.5 $\mu mol/L$。

3. 按表 20.7 所示，制备一系列的酶-抑制剂复合物，同时制备 2 份或 3 份。保持酶浓度恒定，增加 BPTI 的浓度，加入分析缓冲液至终体积为 100 μl，将试管置于冰上。

4. 吸取 800 μl 的缓冲液-底物混合液，加到 1.5 ml 的塑料比色杯中，放入分光光度计 [设定在 405 nm，并将吸收调至基线（自动归零）] 内。加入 100 μl 上面制备的酶-抑制剂复合物，混合，立即跟踪 5~10 min 活性的增加，计算曲线图的斜率（单位为 dA/min）。

表 20.7　微纤溶酶活性位点滴定的肽配置

管号	微纤溶酶体积/μl	微纤溶酶浓度/pmol	BPTI 体积/μl	BPTI 浓度/pmol	分析缓冲液/μl	摩尔比率/（BPTI/微纤溶酶）
1	10	55	76	38	14	0.69
2	10	55	48	24	42	0.44
3	10	55	36	18	54	0.33
4	10	55	24	12	66	0.22
5	10	55	12	6	78	0.11
6	10	55	0	0	90	0

5. 将斜率作图（初始速度对抑制剂的浓度或抑制剂/酶的摩尔比；表 20.7）。通过图的直线部分画一条直线，根据 x 轴推断达到 100% 抑制所需的抑制剂浓度，这种抑制剂浓度与活性微小纤溶酶的浓度相对应，其摩尔比为 1∶1。在进行数据评价时，只使用随抑制剂浓度升高而直线下降的数据点，省去渐近性地接近 x 轴的数据点。

参考文献：Bachman 1994，Parry et al. 2000，Wilharm et al. 1999

作者：Marina A. A. Parry

20.7 单元　在细胞环境中分析蛋白酶

基本方案 1　用细胞渗透性肽底物原位监测细胞内蛋白酶的活性

材料（带√的项见附录 1）

- 高效表达钙蛋白酶 I 或 II 的细胞系或原代培养物，如人成神经细胞瘤 SH-SY5Y 细胞
- 无血清 DMEM 培养基（Sigma 公司），含有 0.8 mmol/L $CaCl_2$
- 40 mmol/L 琥珀酰-Leu-Leu-Val-Tyr-7-氨基-4-甲基香豆素（SLLVY-AMC；Sigma 公司）贮液，溶于 DMSO 中
- 钙通道开启剂（calcium channel opener）：1 μmol/L 刺尾鱼毒素（maitotoxin，MTX）或 10 mmol/L 钙离子载体 A23187（Calbiochem 公司），溶于 DMSO 中
- 无血清细胞培养基，含有 5 mmol/L EDTA
- 钙蛋白酶抑制剂 I（Ac-Leu-Leu-nLeu-CHO；Calbiochem 公司；表 20.8）
- 12 孔板（已进行过组织培养处理；Corning 公司）
- 荧光板读数器（如 Millipore Cytofluor 2300）

表 20.8　与细胞培养环境兼容的选择性蛋白酶抑制剂

蛋白酶	选择的抑制剂
钙蛋白酶 I 和 II	MDL28170、PD150606、钙蛋白酶抑制剂 I
caspase	Cbz-Asp-CH$_2$-DCB、Ac-Asp-Glu-Val-Asp-CHO
组织蛋白酶 B	CA-074
组织蛋白酶 D	抑肽素 A
组织蛋白酶 K	Cbz-Leu-Leu-CH$_2$OMe
组织蛋白酶 L	Boc-Leu-Gly-吖丙啶-2，3-二羧酸-(OEt)$_2$
糜蛋白酶	Cbz-Ile-Glu-Pro-Phe-CO(2)Me、AAPCK
MMP	EDTA、TAPI-1、HS-CH$_2$-(R)-CH[CH$_2$CH(CH$_3$)$_2$]-CO-Phe-Ala-NH$_2$
蛋白酶体	乳胞素（lactacystin）、MG132、PSI
类胰蛋白酶	APC-366、BABIM
APP β 分泌酶	OM-99-2

1. 在 12 孔板中，让人成神经细胞瘤 SH-SY5Y 细胞生长至细胞密度为 1×10^6 个/孔

（80%的满度）。

2. 用无血清培养基洗涤培养孔 3 次，再往每个孔中加入 0.5 ml 含有 0.8 mmol/L CaCl₂ 的无血清培养基。

3. 往每个孔中加入 0.5 ml 无血清培养基（含一定量的 40 mmol/L SLLVY-AMC，使终浓度达到 80 μmol/L）。

4. 加入钙通道开启剂 MTX（1 μmol/L 贮液）至终浓度为 0.1～1 nmol/L，或钙离子载体 A23187（10 mmol/L 贮液）至终浓度为 10 μmol/L。在室温或 37℃ 条件下温育培养板，在阴性对照孔中，使用加入 5 mmol/L EDTA 的培养基。在 10 μmol/L 钙蛋白酶抑制剂 I 存在的条件下，对每种条件做 2 份。

5. 用 Millipore Cytofluor 2300 荧光板读数器测量荧光（缝隙宽度分别设定在 15 nm 和 20 nm，激发波长为 380 nm、发射波长为 420 nm），每 15～30 min 一次，共 120 min。

基本方案 2   通过自溶激活和内源底物蛋白质降解原位监测细胞内蛋白酶活性

材料（带√的项见附录 1）
- 表达目的蛋白酶的细胞类型
- 无血清 DMEM 培养基（Sigma 公司），含有 0.8 mmol/L CaCl₂
- 钙通道开启剂：刺尾鱼毒素（MTX）或钙离子载体 A23187（Calbiochem 公司）
- √ 裂解缓冲液 I
- √ SDS 样品缓冲液
- 4%～20% 聚丙烯酰胺梯度 Tris-甘氨酸小型凝胶（Novex 公司）
- 虹色分子质量标准（Rainbow-colored molecular weight marker）（RPN756, Amersham 公司）
- √ 电泳缓冲液
- √ TBST
- 5%（m/V）的脱脂奶，溶于 TBST 中
- 一级抗体：抗钙蛋白酶 I 单克隆抗体，在 TBST 中 1：500 倍稀释；或抗 α 血影蛋白（spectrin）单克隆抗体，在 TBST 中 1：3000 倍稀释（两种抗体均来自 Chemicon 公司）
- 二级抗体：生物素化的抗小鼠 IgG，在 TBST 中 1：1000 倍稀释
- 碱性磷酸酶耦联的抗生物素蛋白，在 TBST 中 1：3000 倍稀释
- 12 孔板（已进行过组织培养处理，Corning 公司）
- PVDF 膜（Novex 公司），用 100% 甲醇预浸泡过的
- 半干的电转仪（如 Bio-Rad，见第 10.5 单元）

1. 选择表达目的蛋白酶的细胞类型（如人 SH-SY5Y 细胞，表达钙蛋白酶），在 12 孔板中生长至细胞密度为 1×10^6 个/孔（80% 满度）。

2. 用无血清培养基洗涤培养物 3 次，往每个孔中再加入 0.5 ml 无血清培养基。

3. 加入钙通道开启剂 MTX，至终浓度为 $0.1 \sim 1$ nmol/L，或钙离子载体 A23187，至终浓度为 10 μmol/L，每个孔的总体积为 1 ml。在室温或 37℃ 条件下温育培养板 $60 \sim 90$ min。

4. 往每个孔中加入 100 μl 溶解缓冲液 I，以抑制进一步的蛋白酶活性。在 4℃ 下，将每孔中的内容物以最大速度离心 5 min，收集上清（细胞溶解物）。

5. 对样品进行蛋白质分析（见第 3.4 单元），往 $10 \sim 20$ μl 的样品中加入 5 μl SDS 样品缓冲液（蛋白质分析需要 $10 \sim 20$ μg 蛋白质，用水调总体积至 40 μl）。

6. 将蛋白酶样品加到 4% $\sim$ 20% 聚丙烯酰胺梯度 Tris-甘氨酸小型凝胶的上样孔内，在旁边加彩虹色分子质量标准，以便进行后续的分子质量估计。室温条件下，在电泳缓冲液中 125 V 电泳 2.2 h。

7. 用 Tris-甘氨酸缓冲系统（使用半干的电转仪；见第 10.5 单元）在 20 mA 下转移 $1.5 \sim 2$ h，将蛋白质转移到 PVDF 膜上，用 TBST 洗涤膜 4 次。

8. 按以下方法进行免疫印迹法（见第 10.7 单元）：
   a. 用 5%（m/V）的脱脂奶（溶于 TBST 中）封闭印迹 30 min，用 TBST 洗涤膜 4 次。
   b. 用抗钙蛋白酶 I 单克隆抗体（在 TBST 中 1：500 倍稀释）或抗 α 血影蛋白单克隆抗体（在 TBST 中 1：3000 倍稀释）温育 2 h 或过夜，用 TBST 洗涤膜 4 次。
   c. 用生物素化的抗小鼠 IgG（在 TBST 中 1：1000 倍稀释）温育 2 h，用 TBST 洗涤膜 4 次。
   d. 用碱性磷酸酶耦联的抗生物素蛋白（在 TBST 中 1：3000 倍稀释）温育 30 min，用 TBST 洗涤膜 4 次。

9. 用硝基蓝四唑（nitro blue tetrazolium）和 5-溴-4-氯-3-吲哚磷酸盐显影印迹（见第 10.7 单元）。

基本方案 3　监测细胞裂解物反映出的蛋白酶活性水平

材料（带 √ 的项见附录 1）

- 在 12 孔板中生长的人成神经细胞瘤 SH-SY5Y 细胞
- 含 0.8 mmol/L CaCl₂ 的无血清 DMEM 培养基（Sigma 公司）
- 星形孢菌素（staurosporine；Calbiochem 公司）
- √ TBS/EDTA，室温
- √ 裂解缓冲液 II，4℃
- 甘油
- √ caspase-3 底物溶液
- caspase 抑制剂：苯甲氧甲酰-Asp-CH₂OC（＝O）-2,6-二氯苯（Z-D-DCB；Bachem 公司；表 20.8）
- 12 孔板（已进行过组织培养处理；Corning 公司）
- 荧光板读数器（如 Millipore Cytofluor 2300）

1. 用无血清 DMEM 洗涤贴壁的人成神经细胞瘤 SH-SY5Y 细胞（在 12 孔板中）3 次，

将细胞暴露于 0.5 μmol/L 星形孢菌素（也溶于无血清的 DMEM 培养基中）中 0 h、1 h、3 h、6 h 和 24 h，来激发细胞。

2. 用无血清 DMEM 洗涤细胞 3 次，然后用 1 ml 室温的 TBS/EDTA 洗 2 次。

3. 在 4℃条件下，直接在孔的底部（如果用悬浮细胞的话，则将微量离心管中的细胞沉淀物）用裂解缓冲液 II 裂解细胞 60～90 min。

4. 在 4℃条件下，5000 g 离心 5 min，使裂解物变清，保留上清。加入甘油至 50%（V/V），-70℃保存。

5. 为了分析 caspase-3 的活性，根据要分析的酶，在没有或有 caspase 抑制剂（如 10 μmol/L Z-D-DCB 或其他蛋白酶抑制剂）存在的情况下（可选），往 225 μl caspase-3 底物溶液中加入 25 μl 细胞裂解物。

6. 用 Millipore Cytofluor 2300 荧光板读数器或相当的仪器测量荧光（激发波长为 380 nm±15 nm，发射波长为 460 nm±15 nm），每 15～20 min 测量一次，共计 60 min。

基本方案 4　原位监测分泌的蛋白酶活性

材料

- 人肥大细胞或其他表达糜蛋白酶/纤溶酶的细胞，正在培养的
- 无血清 R/MINI 培养基
- 用于肥大细胞活化和去粒的免疫球蛋白，如 IgE
- 1 mol/L HEPES，pH 7.4
- √ 纤溶酶/糜蛋白酶底物溶液
- 丝氨酸蛋白酶抑制剂（见第 20.4 单元；表 20.8）：
- 氟磷酸二异丙酯（适用于两种丝氨酸蛋白酶，Sigma 公司）
- 甲苯磺酰赖氨酸氯甲酮（TLCK，适用于纤溶酶，Sigma 公司）
- 甲苯磺酰苯丙氨酰氯甲酮（TPCK，适用于糜蛋白酶，Sigma 公司）
- 12 孔板（已进行过组织培养处理，Corning 公司）
- 96 孔微量滴定板
- 紫外-可见光分光光度计，带微量滴定板读数器（如 Spectramax，Molecular Devices 公司）

1. 将 0.5×10^{6}～1×10^{6} 个人肥大细胞或其他表达糜蛋白酶/类胰蛋白酶的细胞铺到 12 孔培养板中，每孔用 1 ml 无血清 RPMI 培养基。加入免疫球蛋白（如 10～100 μg/ml IgE），将肥大细胞进行免疫激活和去粒。在 37℃条件下，活化 2 h。

2. 收集 500 μl 细胞条件培养基（含有释放的糜蛋白酶和类胰蛋白酶），在 4℃条件下，10 000 g 离心 10 min，以除去细胞碎片，保留上清，加入 50 μl 1 mol/L HEPES（pH 7.4），使终浓度为 100 mmol/L，4℃保存，或在干冰上快速冻结后于-45℃保存，直到使用。

3. 往含有纤溶酶或糜蛋白酶底物溶液的 96 孔板的每个孔内加入 20～100 μl 的条件培养基，使终体积为 250 μl，保留一些孔作为空白对照，在这些孔中加入丝氨酸蛋白酶抑制剂〔2 mmol/L 氟磷酸二异丙酯（适用于两种丝氨酸蛋白酶）、100 mmol/L TLCK（适用于纤溶酶）、100 mmol/L TPCK（适用于糜蛋白酶）或上面列出的其他纤

溶酶/糜蛋白酶抑制剂]。

4. 用紫外-可见光分光光度计（带微量滴定板读数器）在 405 nm 监测发色团硝基苯胺的释放。

基本方案 5　用酶谱法测量细胞分泌的 MMP 活性

材料（带√的项见附录 1）

- 正在培养的人成纤维细胞
- DMEM 培养基（Sigma 公司），无血清的
- 佛波酯：如豆蔻酰佛波醇乙酯（phorbol-12-myristate-13-acetate），诱导 MMP-2 和 MMP-9
- 100 mmol/L EGTA
- √ 不含 2-巯基乙醇的 SDS 样品缓冲液
- 预制的明胶 PAGE 凝胶（Novex 公司）
- √ 电泳缓冲液
- SDS-PAGE 分子质量标准（宽范围，Bio-Rad 公司）
- 再生缓冲液：2.5%（V/V）Triton X-100/100 mmol/L 甘氨酸，pH 8.3
- 蛋白质水解缓冲液：100 mmol/L 甘氨酸，pH 8.3
- 固定/脱色液：5∶4∶1 甲醇/水/冰醋酸
- 0.25%（m/V）考马斯亮蓝 R-250，溶于固定/脱色液中
- 2.5%（V/V）乙酸

1. 用佛波酯（100 nmol/L 豆蔻酰佛波醇乙酯）活化人成纤维细胞（在 1ml 无血清 DMEM 培养基中）24 h，诱导 MMP-2 和 MMP-9。

2. 往细胞条件培养基中加入 25 μl 100 mmol/L EGTA 贮液，收集 35 μl 培养基样品，以分析 MMP。加入 5 μl SDS 样品缓冲液（总体积 40 μl），在室温或−20℃保存。

3. 在室温条件下，将预制的明胶 PAGE 凝胶在电泳缓冲液中以 125 V 预电泳 15 min，将蛋白酶样品加到凝胶孔内，在旁边加上 SDS-PAGE 分子质量标准，以便后续估计分子质量。在室温条件下，在电泳缓冲液中电泳 2.2 h，电压为 125 V。

4. 从电泳槽中取出凝胶，于 20～25℃下，在再生缓冲液中（换液 2 次）温育 1 h 以上；在 20～25℃下，在蛋白质水解缓冲液中（换液 3 次）温育凝胶 3 h 以上；在环境温度下，在相同的缓冲液中继续温育凝胶 6～24 h。

5. 在蛋白质水解反应结束时，在水中（换 2 次）温育凝胶 1 h 以上，然后在固定/染色液中固定 30 min，用 0.25%（m/V）考马斯亮蓝 R-250（溶于固定/脱色液中）染色 30 min，然后用固定/脱色液脱色（换液几次）2～5 h，将凝胶贮存在 2.5%乙酸中。

参考文献：Oliver et al. 1999, Rosser et al. 1993, Wang 1999, Wang et al. 1996
作者：Kevin K. W. Wang

20.8 单元 caspase 的表达、纯化和定性

有关 caspase 表达和纯化的问题及解决办法见表 20.9。

表 20.9 caspase 表达和纯化中的问题及解决办法

问题	可能的原因	解决办法
不表达	所挑选的菌落太老	重新转化质粒
	不良克隆	试另一个克隆
	构建问题	试体外翻译或用组氨酸标签抗体进行免疫印迹
产量过低	蛋白质毒性太大	试另一个克隆
		优化 IPTG 浓度和（或）在 $OD_{600}=0.9\sim1.1$ 时诱导表达
		使用 pLysS 质粒（Stratagene 公司）
	蛋白质溶解性太差	在 22℃ 表达和（或）使用较低的 IPTG 浓度
纯化后的蛋白质不清亮	太多的树脂	使用较少量的树脂
从树脂中的回收率太差	蛋白质仍然在柱子上	直接往柱子上加更多的洗脱缓冲液
流速太慢	DNA 未被有效地剪切	增加超声时间
	裂解物过浓	往柱上连接 3 cm 的管，以增加流速
在穿过液中检测到 caspase	重悬缓冲液的 pH 太低	用 pH 试纸检测缓冲液和（或）裂解物的 pH
	树脂量不足	将穿过液上另一根柱
	未知	将穿过液重新上同一根柱
在组分中蛋白质沉淀	pH 过于接近等电点（pI）或蛋白质的疏水性过强	将重悬/洗涤/洗脱缓冲液的 pH 降至 7.2～7.4 当从柱上洗脱蛋白质时，稀释蛋白质的浓度或增加总的梯度体积
caspase 未被完全加工	表达效率过低或加工的时间不够	增加表达时间，以便酶原的转换
在滴定过程中，caspase-6 活性丢失	在分析缓冲液中，caspase-6 的半衰期为 30 min	用 Z-VAD-FMK 将培养时间缩短至 10 min
过高估计了 caspase 的浓度	滴定剂-酶反应不完全	使用最高可能的酶浓度 增加与 Z-VAD-FMK 作用的时间
	剩余的酶原过多（酶原可以与滴定剂反应，但不能水解底物）	使用含酶原尽可能少的制剂
过低估计了 caspase 的浓度	仍然剩余一些酶原	增加表达时间，以使酶原能够转换

注意：所有与活细胞接触的试剂和仪器必须是无菌的，因此应当使用无菌。

基本方案 1 caspase 在大肠杆菌中的表达

材料（带√的项见附录 1）

• 新转化的（见第 5.1 单元）携带适当构建体的 BL21（DE3）细胞（Stratagene 公

司），在选择性平板上

√ 含 100 μg/ml 氨苄青霉素（从 50 mg/ml 氨苄青霉素贮液加入）的 2×TY 培养基

• 1 mol/L 1-异丙基-β-D-硫代半乳糖苷（IPTG）贮液

• 金属螯合 Sepharose Fast Flow 树脂（Amersham Pharmacia Biotech 公司）

√ 重悬缓冲液

• 0.1 mol/L NiSO₄，过滤除菌的

√ 洗涤缓冲液

√ 洗脱缓冲液

• 15 ml 培养管

• 定轨摇床（首选速度高达 275 r/min 的）

• 细菌培养瓶（瓶的容积取决于最终培养物的体积）

• 1 L 带挡板的培养瓶

• 1 cm 光径的分光光度计比色杯

• 0.5 L 离心瓶或切向流浓缩系统

• 冷冻离心机，带 Sorvall SLA-3000 和 SM-34 或相等的转子

• 一次性 50 ml 聚丙烯螺盖管

• 超声波破碎仪，带大探头

• 一次性滤器（如 Millipore Stericup 0.45 μm HV Durapore 膜或相当的）

• 层析柱：如 Econo-pac 0.7 cm×5.0 cm（Bio-Rad），带漏斗和流体接头，或相当的装置

• 梯度仪（如 Life Technologies Model 150）

• 蠕动泵（能够提供 1.0～1.5 ml/min 的流速）

• 组分收集器

1. 在 15 ml 培养管内，制备初级培养物，即用新转化的 BL21（DE3）细胞（小到中等大小的菌落）接种 2 ml 2×TY 培养基（含 100 μg/ml 氨苄青霉素），于 37℃下，在定轨摇床内剧烈摇动（225 r/min）温育约 8 h。

2. 在细菌培养瓶内，制备次级培养物，即将初级培养物 100 倍稀释于新鲜的 2×TY 培养基（含 100 μg/ml 氨苄青霉素）中，并按步骤 1 的方法温育约 16 h（过夜），每升终培养物应多加 20 ml，以补偿蒸发。

3. 将次级培养物 50 倍稀释于 2×TY 培养基（含 100 μg/ml 氨苄青霉素）中，装于 1 L 带挡板的培养瓶中（每瓶不多于 0.5 L 培养基），按步骤 1 的方法温育，直到在 600 nm（OD_{600}）处的光密度在 0.5～0.7（2～4 h）。

4. 诱导表达，即往每瓶中加入足量的 1 mol/L IPTG 贮液，以获得合适的终浓度（表 20.10）。于 30℃下，在剧烈振荡（250～275 r/min）下温育适当的时间（表 20.9）。

5. 表达一结束，便将培养物转移至 0.5 L 离心杯中，4℃、3900 g（Sorvall SLA-3000 或相当的转头为 5000 r/min）离心细胞 10 min。

表 20.10　各种 caspase 和中间体的表达参数[a]

caspase	形式	IPTG/（mmol/L）	表达时间/h
casp-3	活性的	0.2	4～6
	酶原	0.5	0.5[b]
	C285A	0.5	4～6
casp-6	活性的	0.02～0.05	16[c]
casp-6	C285A	0.5	4～6
casp-7	活性的	0.2	16[c]
	全长的酶原	0.2	0.5
	酶原 N 肽	0.2	1.5～2
	C285A	0.5	4～6
△DED-casp-8[d]	活性的	0.2	4～6
casp-9[d]	活性的	0.4	3～5
△CARD-casp-9[d]	活性的	0.4	3～5
	C285A	0.4	4～6
casp-10[d]	活性的	0.02～0.05	3～5

a 本表仅提供建议的起始点；实际的参数应当进行优化。

b caspase-3 激活的效率极高，因此不能够得到仍带有 N 肽的酶原形式，除非在处理位点进行突变。

c 要将酶原完全转化成活性酶状态，必须过夜表达。

d 引发剂 caspase 的高 zymogenicity 使这些酶原形式不能表达。

6. 将每升原始培养物的细胞沉淀重悬于 10～20 ml 4℃的重悬缓冲液中，立即纯化或在 50 ml 一次性聚丙烯螺盖管内（每管至多 45 ml）保存于 -20℃（少于 1 周）或 -80℃（1 周以上，可长达 6 个月）。

7. 如果细胞是冷冻的，在温水（小于 37℃）中融化，将悬液（在烧杯中）置于冰浴中，使用超声匀浆器，用最大功率超声处理 2 min（或其他最佳时间），工作周期为 50%（开 0.5 s，然后关 0.5 s）。

8. 将裂解物移至离心管中，4℃、18 000 g（Sorvall SM-34 或相当的转子为 12 000 r/min）离心 30 min。
在进行纯化之前，强烈建议检查 caspase 的活性。在此，可以装配纯化柱（以下的第 10～13 步）。

9. 用 0.45 μm 的一次性滤器过滤上清液，用 5 ml 重悬缓冲液洗涤滤器以增加回收率，将溶液置于冰上。

10. 将 1～5 ml 金属螯合 Sepharose Fast Flow 树脂倒入层析柱（直径 1.0 cm 或更小，如 Econo-Pac 0.7 cm×5.0 cm）中，让液体（乙醇）沥干，每 2～5 mg 重组蛋白使用 1 ml 树脂。

11. 用 5 倍柱床体积的 Milli-Q 水洗涤柱子，以除去乙醇，让其沥干。

12. 每毫升沥干的树脂加入 2 ml 0.1 mol/L NiSO₄ 溶液，让镍溶液通过柱子并沥干。如果使用已经含 Ni²⁺ 的树脂，跳过此步。

13. 用 5 倍柱床体积的 Milli-Q 水洗涤柱子，以除去多余的 NiSO₄。用 5 倍柱床体积的重悬缓冲液平衡柱子，并将其转移到 4℃冷室中。

14. 将漏斗紧密地接到柱子顶部，通过漏斗将第9步的过滤液倒入平衡过的柱子中，让裂解物靠重力通过树脂，用10倍柱床体积的洗涤缓冲液（4℃，至少40 ml）洗涤并沥干，将10 ml重悬缓冲液（4℃）上到柱子内，不要让柱子完全沥干。

    以下步骤可在室温下进行。

15. 当液体还在树脂床顶部时，将调节器装到柱子的入口上，将柱子的出口连接到组分收集器上，在蠕动泵的上游安装梯度混合器，将泵与调节器相连。

16. 用25 ml 0～200 mmol/L咪唑的线性梯度［用重悬缓冲液（无咪唑）和洗脱缓冲液（高咪唑）］洗脱蛋白质，将流速设在1.0～1.5 ml/min，收集1.0～1.5 ml的组分，将洗脱的组分置于冰上。

17. 可选：再往柱子内直接加入5 ml洗脱缓冲液，洗脱任何残留的物质。

18. 用1 cm光径的石英比色杯在280 nm处测量各组分（没有稀释样品）的吸收值，在分析前（越快越好）将各组分4℃保存。

19. 从各组分中取10～20 μl样品，使用适合于小肽的方法（见第10.1单元），用SDS-PAGE进行分析，合并含目的蛋白的组分，分到微量离心管内，−80℃保存（依caspase的不同，可保存4个月至2年）。

基本方案2   caspase酶分析

材料（带√的项见附录1）

    √ 2×caspase缓冲液

- 含caspase的目的样本
- 发色底物或荧光底物（见辅助方案2）
- 96孔平底板（荧光分析时不透光，发色分析时透光）
- 平板读数器（比色的或荧光的），最好带可调式培养箱

1. 在96孔平底板中加入50 μl 2×caspase缓冲液，所加孔数与要测定的样品数量相等，再往两个孔中加入50 μl缓冲液，一个用于测量单加缓冲液（空白对照）的效果，另一个用于确定底物的背景信号。

2. 用Milli-Q水（或相当的）将含caspase的样品的体积调至30 μl，加到适当的含缓冲液的孔内，充分混合，在37℃温育15 min，以进行活化。向背景孔内加30 μl Milli-Q水（或相当的），向空白孔内加50 μl Milli-Q水（或相当的）。

3. 用Milli-Q水配制适当底物的5×溶液（最终分析浓度：pNA底物为200 μmol/L，AFC/AMC底物为100 μmol/L；见辅助方案2）并加热至37℃。

4. 用连续移液管，向每个孔（空白孔除外）中加入20 μl 5×底物，彻底混合。对于pNA底物，在405～410 nm处读样品的吸收；对于荧光底物，使用以下参数：AFC，$\lambda_{EX}=405$ nm，$\lambda_{EX}=500$ nm；AMC，$\lambda_{EX}=380$ nm，$\lambda_{EX}=460$ nm。所有读数都在37℃下进行。

5. 使用pNA/AFC/AMC标准曲线（见辅助方案2），将酶的活性［在分析中为相对荧光单位（rfu）/min或吸收单位/min］转换成水解率［μmol/(L·min)］。使用每个样品信号-时间曲线的直线部分来确定水解率［这样避免了底物耗尽效应（depletion

effect)，这种效应会导致比率测量的错误]。使用无酶样品的比率来纠正在分析条件下底物背景水解所得到的值。

辅助方案 1 重组 caspase 的滴定

本方案能够确定 caspase 均一制备物中活性酶的浓度。由于活性位点滴定剂不是特定的，所以不能用于确定混合物（如细胞提取物）中特定 caspase 的浓度。

附加材料（见基本方案 2；带√的项见附录 1）

√ 10 mmol/L Z-VAD-FMK

- 250 μmol/L pNA-耦联的 caspase 底物（见辅助方案 2），溶于 1×caspase 缓冲液中

√ 2×caspase 缓冲液

1. 应用 Edelhoch 关系式（Edelhoch 1996），或更简单地假定纯度为 80%，且在 280 nm 处的 1 个吸收单位相当于 1 mg/ml 的 caspase，来估计样品中 caspase 的浓度。将足够的样品移至微量离心管内，使估计的 caspase 浓度（在 1×caspase 缓冲液中）为 200 nmol/L。配制的体积比所需体积稍多一些，以补偿泄漏。通常情况下，96 孔板的每 16 孔需要 200 μl（见步骤 4）。在 37℃温育 15 min，以在 caspase 缓冲液中活化。

2. 用 10 mmol/L Z-VAD-FMK 贮液，在 1×caspase 缓冲液中配制这种抑制剂 2/3 的连续稀释度，覆盖 1000 倍浓度范围。2 μmol/L 作为最高浓度（抑制期间终浓度为 1 μmol/L）。

3. 吸取每种稀释度的溶液各 10 μl，加入 96 孔微量滴定板相应的孔内，也包括一个没有抑制剂的样品，作为无抑制对照样品。

4. 将 10 μl 已稀释的酶（见第 1 步）移至每个孔内，彻底混合，37℃温育 30 min（对于 caspase-6，温育 10～15 min）。

5. 用连续吸量管，快速加入 80 μl 250 μmol/L pNA-耦联的底物（稀释于 1×caspase 缓冲液中），彻底混合，收集数据，时间跨度为 30 min 以上（见基本方案 2 第 4 步）。

6. 以相对荧光单位（rfu）或吸收率单位将残余活性（如实测活性）对抑制反应的 Z-VAD-FMK 摩尔浓度（见第 4 步）作图，推断在低滴定剂浓度时曲线的切线，并读 x 轴截距，以确定所分析的活性酶的浓度。用配制酶样品（见第 1 步）的稀释倍数乘以这个值便可得到原始未稀释样品的活性酶浓度。

7. 可选：为了得到更精确的活性酶浓度，使用 16 倍浓缩的 Z-VAD-FMK（范围为最初确定的酶浓度的 0.1～2 倍）重复滴定。

辅助方案 2 caspase 底物的制备

适合于不同 caspase 的首选肽底物列于表 20.11 中。将对硝基苯胺（pNA）耦联的底物（Bachem Bioscience）配制成 20 mmol/L 的贮液 [溶于二甲亚砜（DMSO）中]，将 AFC/AMC 耦联底物（ICN Biochemicals）配制成 10 mmol/L 的贮液 [溶于二甲亚砜（DMSO）中]，底物溶液在 -20℃至少能稳定 1 年。

表 20.11 首选的适合于 caspase 的肽底物[a,b]

caspase	首选底物	caspase	首选底物
caspase-1	Tyr-Val-Ala-Asp	caspase-7	Asp-Glu-Val-Asp
caspase-2	Val-Asp-Val-Ala-Asp[c]	caspase-8	Ile-Glu-Thr-Asp[d]
caspase-3	Asp-Glu-Val-Asp		Asp-Glu-Val-Asp
caspase-4	Tyr-Val-Ala-Asp		Val-Glu-Ile-Asp
caspase-5	Tyr-Val-Ala-Asp	caspase-9	Leu-Glu-His-Asp[d]
caspase-6	Val-Glu-Ile-Asp[d]		Ile-Glu-Thr-Asp
	Asp-Glu-Val-Asp	caspase-10	Ile-Glu-Thr-Asp

a Talanian 等 (1997), Thornberry 等 (1997), Stennicke 等 (2000)。详细情况可参见 Stennicke 和 Salvesen (1999)。在复杂的混合物 (如动物细胞溶解产物) 中,不能用首选底物辨别 caspase 的种类,因为它们不是特异性底物,牢记这点很重要。

b 底物上的 N 端封闭基团既可以是乙酰基-(Ac-),也可以是苯酰氧基碳酰基 (Z-)。

c 尚未很好地确定。

d 第一种底物是首选的,但其他底物也适合。

滴定的绝对准确度取决于滴定剂的纯度和称量滴定剂的准确度,如有条件,使用分析型微量天平。

注意:商品底物的纯度依供应商不同和同一厂商批次不同而有所变化。使用商品底物得到准确、可重复性值的一个简单方法是对它们各自的水解发色团 (pNA) 或荧光团 (AFC/AMC) 进行滴定,方法如下。

1. 使用 pNA/AFC (溶于水中) /AMC (溶于乙醇中) 溶液作为参照,用每种化合物的摩尔消光系数 (ε) 确定浓度:pNA,$\varepsilon_{410\,nm} = 8800$ L/(mol·cm);AFC,$\varepsilon_{380\,nm} = 12\,600$ L/(mol·cm);AMC,$\varepsilon_{354\,nm} = 17800$ L/(mol·cm)。

2. 将已知量的底物 (根据产品标签上标注的量估计) 溶于 DMSO 中,浓度为终浓度的 2 倍 (例如,AFC/AMC 底物,终浓度为 20 mmol/L,而不是 10 mmol/L)。将一小部分与过量的酶混合,以使底物完全水解。

3. 在分析缓冲液中连续稀释 pNA/AFC/AMC 贮液,并与水解底物比较结果,以确定原始贮液中 "可水解的" 底物的实际浓度。

4. 将底物贮液稀释至 0.5 mmol/L 的浓度。

参考文献:Stennicke and Savesen 1999;Stennicke et al. 2000;elanian et al. 1997

作者:Jean-Bermard Denault and Guy S. Salvesen

陈振文 译 李慎涛 于丽华 校

第21章 基于凝胶的蛋白质组分析

也许蛋白质组学目前的最好定义是"以蛋白质为基础,对细胞、组织或整个生物的蛋白质组或确定了的亚蛋白质组,进行任何大规模的系统性分析"。蛋白质组学理所应当成为基因组测序后的下一个研究重点,其能够增强对细胞过程和疾病过程的理解,并且能够增强研发新疗法的能力。然而,蛋白质组学要比基因组测序更为复杂,也更具挑战性,因为基因组是有限的,在细胞的整个生命周期中是静态的,而蛋白质组是不断变化的。此外,高等真核生物的所有蛋白质成分要远远大于基因组中可读框的数量,因为单个的基因通常产生许多不同的蛋白质产物,这些产物具有重要的功能差异,这包括可变剪切的蛋白质和异源的翻译后修饰。

第21.1单元叙述了蛋白质谱(protein profile)的比较,使用差异荧光标记两种不同的样品,然后将其混合,用单块二维胶将其分离,这种方法排除了胶与胶之间的差异,而这种差异在二维胶中是经常发生的,这样便可以改善蛋白质的比较,减少了从两个或更多样品蛋白质谱定量比较所需要跑的胶的数量。第21.2单元叙述了用于蛋白质组分析的激光捕获显微分离技术(laser capture microdissection, LCM)的使用方法。

作者:David Speicher

21.1单元 使用双向差异凝胶电泳(2-D DIGE)确定蛋白质谱

基本方案 用花青染料(CyDye DIGE荧光素)标记蛋白质用于双向电泳

图21.1表明了要对蛋白质谱进行比较的两个样品标记的方法。

材料(带√的项见附录1)

- 蛋白质样品(见辅助方案)
- 蛋白质确定试剂盒(如BioRad公司的DC protein assay,BioRad Laboratories公司;或PlusOne 2-D Quant kit,Amersham Biosciences公司)
- √ 裂解缓冲液(表21.1)
- 蛋白质浓缩试剂盒(如PlusOne 2-D Clean-Up kit,Amersham Biosciences公司;或PerfectFOCUS,Genotech公司),可选
- 0.1 mol/L醋酸铵,溶于甲醇中,冰冷的
- 80%丙酮
- √ 400 pmol/μl CyDye DIGE荧光素
- 10 mmol/L L-赖氨酸(溶于Milli-Q或相当质量的水中)
- √ IPG样品缓冲液
- √ Ampholine样品缓冲液

- 0.5 ml 微量离心管
- 低荧光玻璃胶板
- 凝胶荧光扫描仪（如 ProXPRESS，PE Biosystems 公司；或 Typhoon 9200/9400，Amersham Biosciences 公司）
- 影像分析软件：DeCyder 软件（Amersham Biosciences 公司）是特制的用于 DIGE 的惟一分析软件，能够使用一种 CyDye 标记的影像作为内标，简化了胶与胶之间的分析。也可使用其他的软件包，如 Phoretix 和 Progenesis（Nonlinear Dynamics）、MELANIE（Geneva Bioinformatics S. A.）、AlphaMatch 2D（Alpha Innotech）、PDQuest（Bio Rad Laboratories）、Z3 和 Z4000（Compugen）。

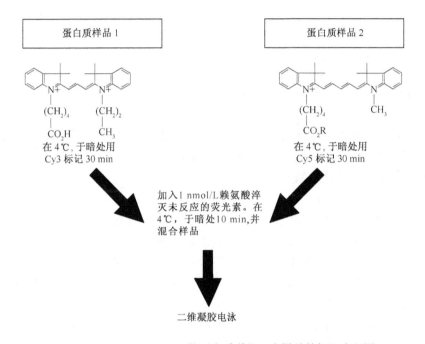

图 21.1 要用 2-D DIGE 比较蛋白质谱的两个样品的标记流程图。

表 21.1 2-D DIGE 样品处理推荐的裂解缓冲液

裂解缓冲液	试剂	浓度
标准的 [a]	CHAPS	4%（m/V）
	尿素	8 mol/L
	Tris · Cl, pH 8.0～9.0	10～30 mmol/L
	醋酸镁	5 mmol/L
含硫脲的 [a]	CHAPS	4%（m/V）
	尿素	7 mol/L
	硫脲	2 mol/L
	Tris/HCl pH 8.0～9.0	10～30 mmol/L

裂解缓冲液	试剂	浓度
	醋酸镁	5 mmol/L
含 ASB14 的[a]	ASB14[b]	2%（m/V）
	尿素	7 mol/L
	硫脲	2 mol/L
	Tris·Cl pH 8.0～9.0	10～30 mmol/L
	醋酸镁	5 mmol/L
含有 SDS 的[c]	SDS	2%（m/V）
	Tris·Cl pH 8.0～9.0	10～30 mmol/L
	醋酸镁	5 mmol/L

a 不要加热含尿素和硫脲的溶液，以有助于溶解。

b 可用 NP40 或 SB3-10 代替 ASB14，前提是在标记前 NP40 的终浓度＜1%，SB3-10 的使用浓度为 2%。

c 在等电聚集能够进行之前，必须将含 SDS 的溶液稀释至终浓度≤0.2%。

1. 在标记之前，确定溶于裂解缓冲液中的所有样品的蛋白质浓度。例如，使用适合于含去污剂样品的试剂盒（如 BioRad DC protein assay 或 PlusOne 2-D Quant kit）。

2. 用适当的裂解缓冲液调整蛋白质溶液的浓度为 5～10 mg/ml，如果必要，使用几种商品试剂盒（如 PlusOne 2-D Clean-Up kit 或 PerfectFOCUS）中的任何一种或按第 3～7 步的方法浓缩蛋白质样品，如果使用试剂盒，可直接进入第 8 步。

3. 记录样品体积（使用这个体积作为后续洗涤步骤的参考），加入 5 倍体积冰冷的 0.1 mol/L 醋酸铵（溶于甲醇中），−20℃放置 12 h 或过夜。

4. 4℃、1400 g 离心 10 min，除去上清，用 5 倍体积 80% 0.1 mol/L 醋酸铵（溶于甲醇中）/20%水洗涤沉淀。

5. 4℃、1400 g 离心 10 min，除去上清，用约 1 倍体积的 80%丙酮洗涤沉淀，短暂地搅动，重复离心。

6. 除去上清，将样品管在超净工作台内敞口放置 15 min，让沉淀干燥。

7. 用较小体积的适当裂解缓冲液（表 21.1）溶解沉淀物，重新测量蛋白质浓度（第 1 步）。

8. 将 50 μg 蛋白质（≤20 μl）加到一个 0.5 ml 的微量离心管中，加入 1 μl（400 pmol）新稀释的荧光素工作液，通过涡旋彻底混合。

   推荐的荧光素/蛋白质比率为 400 pmol∶50 μg。

9. 4℃、12 000 g 离心 30 s，确保试剂位于管底，在暗处置于冰上保持 30 min。

10. 加入 1 μl（或与在第 8 步所用荧光素的体积相同）10 mmol/L L-赖氨酸，淬灭反应，涡旋，4℃、12 000 g 离心 30 s。在暗处置于冰上再保持 10 min，合并要在同一块胶上电泳的差异标记样品。

    如果−70℃保存，标记的蛋白质能够稳定 3 个月。

11. 在通过固定 pH 梯度（IPG）胶条（见第 10.3 单元）或两性电解质管凝胶（见第

10.3 单元）对样品进行等电聚集之前，用等体积的 IPG 样品缓冲液或两性电解质样品缓冲液（无论哪种都可以）稀释样品，在冰上温育 10 min。

12. 使用低荧光玻璃板进行 2D PAGE（见第 10.3 单元），对于与微型胶一起使用的 7 cm IPG 胶条，每块胶使用 5～20 μg 蛋白质；对于 13 cm 的 IPG 胶条，每块胶使用 50～200 μg 蛋白质；对于 24 cm 的 IPG 胶条，每块胶使用 100～500 μg 蛋白质。

13. 使用与 CyDye DIGE 荧光素兼容的系统（如 ProXPRESS 或 Typhoon 9200/9400 系列）扫描凝胶，用 100 μm 像素分辨率获取影像，以精确地确定影像的信息。所有三种荧光素的激发和发射波长见表 21.2。

表 21.2　CyDye DIGE 荧光素的激发和发射波长

	激发最大 λ	发射最大 λ
Cy2	480	530
Cy3	540	590
Cy5	620	680

14. 使用诸如 DeCyder 差异分析软件分析扫描后的影像。

辅助方案　用于 Cy 标记反应的蛋白质的制备

所有样品在提取以后，在进行标记之前，都应当分成小份于−70℃保存。

注意：典型的细胞裂解条件包括将细胞沉淀物重悬于适当的裂解缓冲液中并在冰上温育 30～60 min。典型的细胞洗涤方法是将细胞沉淀物重悬于洗涤溶液（≥2×的细胞沉淀物体积）中，轻轻涡旋，然后重新离心。

材料（带√的项见附录1）

- 培养的细胞、植物细胞提取物、细菌或酵母细胞、果蝇、血清或培养基（分泌的蛋白质）或组织样品
- 洗涤溶液：10 mmol/L Tris·Cl，pH 8.0 和 5 mmol/L 醋酸镁
- √ 裂解缓冲液（表 21.1）
- 用 TE 饱和的酚（Sigma-Aldrich 公司）
- √ 用酚饱和的 TE
- 细胞洗涤缓冲液：如 75 mmol/L PBS
- 0.9% 盐水

培养的细胞

1a. 用适当的溶液洗涤沉淀的细胞，以从生长培养基中除去会干扰标记的任何试剂（如伯胺）。

应当选用不裂解细胞的洗涤溶液，如等渗缓冲液（如 PBS）。在通常情况下，洗涤溶液不应当含有伯胺，尽管可以使用浓度≤10 mmol/L 的 Tris 溶液。

2a. 将细胞在 4℃、12 000g 离心 10 min，用适当的裂解缓冲液裂解。

植物细胞提取物

在用植物总细胞提取物进行制备时，在标记之前，必须除去植物代谢物（如多聚磷酸盐和碳水化合物），实现这一目的的一种成功方法是在酚/水界面沉淀蛋白质。

1b. 往蛋白质提取物的溶液或悬液中加入等体积的用 TE 饱和的酚，冰浴 10 min。在此期间，涡旋 10 次，每次 10 s。

2b. 4℃、1400g 离心 5 min，除去并弃掉上部水层（不要扰动位于界面处的蛋白质可

见层）。

3b. 加入 2 倍体积的酚饱和的 TE，重复涡旋（第 1b 步）和离心（第 2b 步），除去并弃掉水相。

4b. 按基本方案第 3～7 所述的方法沉淀蛋白质，沉淀之后，将沉淀重悬于适当的裂解缓冲液中。

　　适当的缓冲液是能够最有效地溶解目的蛋白的缓冲液，如含去污剂（如 ABS14）的裂解缓冲液在溶解膜关联蛋白质时会更有效。

细菌和酵母细胞

1c. 在细胞洗涤缓冲液中洗涤沉淀的细胞（4℃、12 000 g 离心 10 min），重复洗涤和离心细胞 2 次，将细胞重悬于适当的裂解缓冲液（含蛋白酶抑制剂混合物）中。

2c. 在冰浴上超声细胞 3 次，每次工作时间为 10 s，确保不会由于裂解缓冲液中含有尿素而使样品的温度升高。

3c. 为了得到最好的结果，按基本方案第 3～7 步所述的方法沉淀蛋白质，将沉淀重悬于适当的裂解缓冲液（如果需要，可使用常规浓度的 DNA 酶）中。

果蝇

1d. 将整个果蝇直接匀浆于适当的裂解缓冲液中，为了得到最好的结果，按基本方案第 3～7 步所述的方法沉淀蛋白质，将沉淀重悬于适当的裂解缓冲液中。

　　通常情况下，从单个的果蝇可以提取 100 μg 的蛋白质。从果蝇中提取蛋白质的一种有效方法是将冷冻的果蝇放入一个 1.5～2 ml 的微量离心管中，加入与所用果蝇体积相同的裂解缓冲液，然后可以使用塑料小研棒研磨果蝇。

　　适当的缓冲液是能够最有效地溶解目的蛋白的缓冲液，如含去污剂（如 ABS14）的裂解缓冲液在溶解膜关联蛋白质时会更有效。

血清或培养基（分泌的蛋白质）

1e. 按基本方案第 3～7 步所述的方法沉淀蛋白质，将沉淀重悬于适当的裂解缓冲液中。

组织样品

1f. 用 0.9％的盐水冲洗，在适当的裂解缓冲液（确保 pH 为 8.0～8.8）中匀浆。

　　应当使用足量的组织来制备实验所需的蛋白量，这取决于实验计划和所用的组织类型。通常情况下，在 5 ml 裂解缓冲液中的 0.2 g 组织可以得到 5～10 mg/ml 的浓度，所用的最佳匀浆方法也取决于组织类型和可提供所需量所必需的样品的大小。

备择方案　用质谱技术鉴定 DIGE 胶中的蛋白质

　　蛋白质的 DIGE 标记要与用蛋白酶在胶内将蛋白质消化成肽相兼容，也要与后续的质谱鉴定（如肽质量指纹谱）相兼容，必须使用胶体考马斯（colloidal Coomassie）染料或质谱相容性银染料对凝胶进行后染色，以显现进行斑点切除的蛋白质。使用 DIGE 最低荧光素标记，一块胶中有大多数蛋白质未被标记，这样便不能在 DIGE 影像中显现。荧光素分子使标记蛋白质增加约 500 Da，使得标记与未标记蛋白质在 SDS-PAGE 胶中迁移至不同的位置，这对于低分子质量的蛋白质最有意义，所以，为了挑取足够的蛋白质用于胶内胰蛋白酶消化和质谱鉴定，必须通过总蛋白质染色来显现和鉴定未标记的蛋白质，除非使用带适当荧光检测的全自动系统来切下 GUGE 胶中的目的斑点，或使用能够从扫描影像中输入斑点坐标的系统。

参考文献：Gharbi et al. 2002，Kernec et al. 2001，Tonge et al. 2001，Zhou et al. 2002
作者：Kathryn S. Lilley

21.2单元　用于蛋白质组分析的激光捕获显微分离技术

注意：所有的溶液都应当使用高纯水（Milli-Q 或相当的），化学试剂至少应当是高纯度化学试剂（analar 级或相当的），除非另有说明。

基本方案1　激光捕获显微分离技术（LCM）

注意：建议在分离前后捕获组织的影像并作为记录贮存。
材料（带√的项见附录1）

- OCT 包埋的组织块（见辅助方案1）
- 70% 和 100%（V/V）的乙醇

√ Mayer 苏木精

√ Scott 水

- 1%（m/V）伊红（BDH Chemicals 公司）
- 完全微型蛋白酶抑制剂试剂片（complete mini protease inhibitor tablet，Roche Molecular Biologicals 公司）
- 二甲苯
- 与所要进行的蛋白质分析兼容的增溶缓冲液
- 冷冻切片机（Leica CM1850 或相当的）
- 载玻片，浸入乙醇中清洁
- Arcturus PixCell II 激光捕获显微分离系统
- CapSure LCM 盖或 CapSure HS 盖（Arcturus 公司）
- 保湿室（在移液器头盒的底部内放入湿巾制成）
- 0.5 ml 带安全锁的 Eppendorf 管

1. 从 OCT 包埋的新冷冻的组织切 8 μm 的切片，放到用乙醇浸过的载玻片上，放在干冰上，在样品之间，用乙醇彻底清洁冷冻切片机的刀片以防止污染，在当天使用切片（首选）或 −80℃ 保存。
2. 准备染色液：含 Mayer 苏木精、Scott 水、去离子水和 1% 伊红，加入一片完全微型蛋白酶抑制剂混合物试剂片至含有苏木精和伊红染料的染色缸中。
3. 将载玻片除霜（凭经验确定时间的长度，如 ≤4 min），将切片在 70% 的乙醇中固定 1 min。
4. 将载玻片浸入染色液中，用苏木精和伊红染色，方法如下：

　　　　在 Mayer 苏木精中 30 s
　　　　用 Milli-Q 水冲洗 2 次

在 Scott 水中 10 s

用 Milli-Q 水冲洗

在 1%伊红中 20 s

用 Milli-Q 水冲洗 2 次

5. 切片脱水，将载玻片浸入以下溶液中：

在 70%乙醇中 30 s

在 100%乙醇中 1 min

在二甲苯中 2 次 5 min

6. 让切片干燥并立即将载玻片放到 LCM 仪器的载物台上，使用真空将其定位。

7. 使用微操作臂将 CapSure LCM 盖放到组织切片的上方，定位一个用于分离的区域。

8. 选择分离所需的激光直径（7.5 μm、15 μm 和 30 μm），开始时使用默认设定，首先在未覆盖组织的盖的区域烧灼，以检查激光已聚集，并得到这些设定的激光直径的大概印象，在分离组织之前和在分离期间（如果必要）根据需要进行调整。

9. 打开激光，不时地抬起盖"捕获"组织并检查分离，在 LCM 之后，检查盖的表面，以证实捕获效率。

当盖升起时，应当选择性地去除捕获的组织，可出现两个问题：周围非特异组织的升起，使用"Post-It"标志的黏性边缘（sticky edge）可以解决这一问题；捕获材料的升起效率不足。

10a. 如果要使用非常小体积（≤10 μl）的提取缓冲液：将盖翻转，吸缓冲液至盖的表面，将盖放入保湿室内温育，或将一个带安全锁的 Eppendorff 管倒扣在盖上，以防止蒸发，提取 15～30 min。

10b. 提取体积较大时：将盖插入含有缓冲液的带安全锁的 Eppendorff 管内，将管翻转，小心地彻底混合，确保组织被缓冲液完全覆盖，提取 15～30 min。

11. 涡旋并离心，收集提取液，检查盖的表面，以确保组织溶解。

备择方案　LCM 组织切片的免疫标记

固定剂的选择是至关重要的，对于某些抗体，丙酮可能会很理想，但是在处理的过程中，切片的蛋白质损失会很大，乙醇可以得到较好的回收率，但可能不适合于某些抗体。

附加材料（带√的项见附录 1；见基本方案 1）

　√ TBS

- 丙酮
- 抗目的蛋白的一级抗体
- 金标记的二级抗体（British BioCell International 公司）
- 银染色试剂盒（British BioCell International 公司）

用以下方法替换基本方案 1 的第 1～4 步：

1. 从 OCT 包埋的新冷冻的组织切 8 μm 的切片，放到用乙醇浸过的载玻片上，放在干冰上，在样品之间，用乙醇彻底清洁冷冻切片机的刀片。

2. 将载玻片除霜，将切片在70％的乙醇中或在100％丙酮中固定1 min。

3. 每10 ml TBS加入一片完全微型蛋白酶抑制剂试剂片（蛋白酶抑制剂混合物的终浓度为1×），在含有蛋白酶抑制剂的TBS中将一级抗体（抗目的蛋白的）稀释至适当的浓度，在TBS中用一级抗体温育载玻片5 min。

4. 在含有蛋白酶抑制剂的TBS中将金标记的二级抗体稀释至适当的浓度。

5. 用TBS简短地洗涤载玻片，然后在TBS中用金标记的二级抗体温育载玻片5 min。

6. 在水中简短地洗涤，按生产商说明书进行银染色。

7. 在水中简短地洗涤，然后将载玻片浸入以下溶液中进行复染：

> 在Mayer苏木精中30 s
> 用Milli-Q水冲洗2次
> 在Scott水中10 s
> 用Milli-Q水冲洗

8. 将切片脱水，进行LCM（见基本方案1第5～11步）。

辅助方案1　LCM分析用组织的收集和保存

注意：本方案已成功地用于肾、膀胱、子宫颈和卵巢样品，可能也适合于其他组织，然而，在组织建库的早期应当证实其适用性，如果必要，进行修改。

材料（带√的项见附录1）

- 从患者新得到的目的组织
- √ 运送培养基，冰冷的
- RPMI 1640培养基（Life Technologies公司）
- 完全微型蛋白酶抑制剂试剂片（Roche Molecular Biologicals公司）
- √ PBS，冰冷的
- 等渗（250 mmol/L）蔗糖（在使用前新配制），冰冷的
- OCT包埋培养基（BDH）
- 液氮
- 无菌一次性手术刀
- 冷冻切片机卡盘，在干冰上预冷的

1. 用无菌手术刀从样品上切下组织块，放入冰冷的运送培养基中，切成适当大小（长宽厚各3～5 mm）的所需数目的组织块，用于保存。

2. 在塑料平皿或其他适当的容器（置于冰上）中准备冰冷的PBS，在PBS中简短地洗涤组织块，然后在冰冷的等渗蔗糖中洗涤，使盐含量降至最低。

3. 用纸吸干组织块上多余的液体，将一滴OCT滴到预冷的卡盘上，一旦液滴开始冻结，立即将组织放到OCT上，用一滴OCT覆盖，小心不要产生气泡。一旦完全冷冻，从卡盘上移开包埋后的组织，−80℃保存，或在液氮中保存（可稳定几年）。

辅助方案 2　使用 SYPRO RUBY 染料对 LCM 捕获材料中的蛋白质进行定量

　　本分析方法在纳克范围内灵敏，并能够耐受一些额外的缓冲液成分，如 8 mol/L 的尿素。

材料（带√的项见附录 1）

- √ 10 mmol/L Tris·Cl, pH 8.0
- 10 mmol/L Tris·Cl, pH 8.0/0.1%（m/V）NP-40 [新鲜配制，从 10%（m/V）的贮液加入 NP-40]
- 牛血清白蛋白（BSA）
- LCM 样品（见基本方案 1），溶于 10 mmol/L Tris·Cl, pH 8.0/1% NP-40 中
- SYPRO Ruby 蛋白质斑点染料（Molecular Probes 公司）
- MultiScreen-HA 系列 96 孔板（混合纤维素酯膜；Millipore 公司）
- 荧光板计数仪（BMG FLUOstar 或相当的计数仪，带 280 nm 或 450 nm 激发滤光片和 618 nm 发射滤光片）

1. 用 10 mmol/L Tris·Cl（pH 8.0）将样品稀释 10 倍。
2. 在 10 mmol/L Tris·Cl（pH 8.0）/0.1% NP-40 中配制 BSA 溶液（0～40 ng/ml），绘制标准曲线。
3. 在 96 孔板的每个孔中加入 5 μl 各种标准样品和稀释的样品，温室温育 10 min。
4. 用水洗涤孔 4 次，每次 1 min，每隔一个孔往每个孔中加入 200 μl 水并轻轻泼空。
5. 将 SYPRO Ruby 按 1∶24 稀释于水中，往每个孔中加入 50 μl 稀释后的染色液，将板子在摇动下于暗处温育 15 min，按第 4 步的方法洗涤各孔。
6. 使用荧光板计数仪（280 nm 或 450 nm 激发滤光片，618 nm 发射滤光片）读信号。

基本方案 2　使用免疫印迹分析 LCM 捕获的材料

　　注意：下面所叙述的系统是基于微型胶而建立的，这种微型胶对于快速使用来自 LCM 的少量材料是很理想的，但是，这种方案同样可用于大规格的胶或 2-D 胶。

材料（带√的项见附录 1）

- LCM 捕获的目的细胞（见基本方案 1）
- √ SDS-PAGE 裂解缓冲液
- √ SDS-PAGE 电泳缓冲液
- 低分子质量标准物（Invitrogen MultiMark multicolored standards，或相当的）
- √ Towbin 转移缓冲液
- √ 含 0、1%、5% 和 10%（m/V）脱脂奶粉的 TBST
- 抗目的蛋白的一级抗体
- Envision kit（Dako 公司；可与兔或鼠一级抗体一起使用）
- Super Signal（PerBio 公司）
- 0.5 ml 带安全锁的 Eppendorf 管

- 微型胶系统（BioRad mini-PROTEAN II 和 Mini Trans-Blot cell 或相当的）
- Whatman 滤纸
- Hybond C 超级硝酸纤维素膜（Amersham Pharmacia Biotech 公司）

1. 将含有捕获细胞的盖插入一个 0.5 ml 带安全锁的 Eppendorf 管内，管内有 25 μl SDS-PAGE 裂解缓冲液。

2. 将管翻转，充分混合，确保盖的表面完全被缓冲液覆盖，室温下放置约 30 min，然后简短地离心，收集提取液。

3. 使用微型胶系统，通过一维 SDS-PAGE（见第 10.1 单元）分离蛋白质。所用分离胶的浓度适合于所要分析蛋白质的分子质量，同时要包括分子质量标准物，在 SDS-PAGE 电泳缓冲液中电泳，电压为 125 V。

4. 将胶在 Towbin 转移缓冲液中平衡 30 min。

5. 剪 6 块与胶大小相同的 Whatman 滤纸和硝酸纤维素膜，并用 Towbin 转移缓冲液预浸泡（见第 10.7 单元的免疫印迹的一般原理）。

6. 按照生产商的说明书，制备转胶夹层并安装印迹模件，包括 Bio-Ice 冷却系统。

7. 在室温下，在搅拌下 100 V（160～200 mA）转移 1 h。

8. 在含 10%（m/V）脱脂奶粉的 TBST 中，于室温下封闭 2 h，在定轨振荡器上轻轻振荡。

9. 在含 1%（m/V）脱脂奶粉的 TBST 中，将一级抗体稀释至适当的浓度，将斑点在室温温育 1～2 h（对某些抗体，在 4℃温育过夜）。

10. 用 TBST 洗涤 4 次，每次 5 min，然后在 Envision（1∶100～1∶1000 稀释于含 5% 脱脂奶粉的 TBST 中）中温育 1 h。

11. 用 TBST 洗涤 4 次，每次 5 min，按照生产商的说明书用 Super Signal 显影。

基本方案 3　SELDI 质谱

注意：在使用其中的某些试剂（特别是三氟醋酸）时，需要特别小心。

材料（带√的项见附录 1）
- LCM 捕获的目的细胞（见基本方案 1）
- √ 10 mmol/L Tris·Cl，pH 8.0/0.1%（m/V）NP-40（新鲜配制；从 10% m/V 贮液加入 NP-40）
- √ 20%（V/V）乙腈/0.2%（V/V）三氟醋酸（TFA）
- √ 芥子酸基质溶液，饱和的
- √ 50% 乙腈
- 10 mmol/L HCl
- √ 100 mmol/L 醋酸铵，pH 6.5
- √ 50 mmol/L 硫酸镍
- √ 2×PBS/NaCl

　SlickSeal 低蛋白质结合管（National Scientific Supply 公司）

　NP2、H4、SAX2、WCX2 和（或）IMAC3 蛋白质芯片（Ciphergen 公司）

　SELD 质谱仪（Ciphergen 公司）

保湿室（在移液器头盒的底部内放入湿巾制成）

1. 将含有捕获细胞的盖翻转，将 5 μl 10 mmol/L Tris·Cl，pH 8.0/1% NP-40 直接加到盖的表面，覆盖捕获的材料，4℃ 温育 15 min。

2. 使用一个细移液器头移开溶解的蛋白质，将溶液上下吹打几次。确保最大回收。

3. 将溶解的材料移至 SlickSeal 管中，尽快进行 SELDI 分析，将样品保持于 4℃，或 −80℃ 保存。

准备蛋白质芯片

    下面提供了每种蛋白质芯片各自的准备方法，每块蛋白质芯片上的蛋白质的载量应当标准化，最好通过总蛋白质定量，可以根据细胞数确定载量，尽管这种方法不够准确，并且会影响所产生的蛋白质谱。要根据具体情况具体对待的原则（case-by-case）来确定所载入的准确量，在分析中可见到的峰可少至 50 个细胞，然而，使用较高的蛋白质载量可以得到更为复杂的蛋白质谱，使用 SELDI 生物处理器（bioprocessor）可以载入较大体积的样品，详细情况见 SELDI 用户手册。

注意：当往蛋白质芯片表面加溶液时，应当特别小心，避免用移液器头接触表面。此外，应当戴无粉末手套，因为不慎的粉末污染会产生假峰。由于基质溶液变质，所以应当尽快进行分析，在进行分析之前，要将蛋白质芯片保存在暗处。

对于 NP2 蛋白质芯片（正常相）

4a. 将溶解后的 LCM 样品（来自第 3 步）与等体积的 20% 乙腈/0.2% TFA 混合，加 5 μl 至 NP2 蛋白质芯片的表面，让其干燥。

5a. 将每个样品斑点单独洗涤 3 次，每次洗涤时，用带细尖的微量移液器将 5 μl 水快速上下吹打约 10 次，让其干燥。

6a. 往每个斑点上加 0.35 μl 饱和芥子酸基质溶液，让其干燥，重复该步骤。

7a. 按照生产商的 SELDI 质谱仪说明书用 SELDI 分析每块蛋白质芯片。

对于 H4 蛋白质芯片（疏水的）

4b. 加 5 μl 50% (V/V) 的乙腈预处理 H4 蛋白质芯片的每个样品斑点。

5b. 将溶解后的 LCM 样品（来自第 3 步）与等体积的 20% 乙腈/0.2% TFA 混合。

6b. 从每个样品斑点上除去乙腈，加 5 μl 样品至 H4 蛋白质芯片的表面，小心不要让样品斑点干掉。

7b. 在保湿室中将蛋白质芯片温育 20 min，从保湿室中取出蛋白质芯片，用 10% 乙腈/0.1% TFA 洗涤每个斑点 4 次，前 2 次洗涤：每次用带细尖的微量移液器将 5 μl 10% 乙腈/0.1% TFA 快速上下吹打约 10 次；后 2 次洗涤：让洗涤溶液在样品斑点上停留 5 min。

8b. 除去最后一次的洗涤液，让其干燥，往每个斑点上加 0.35 μl 饱和芥子酸基质溶液，让其干燥，重复该步骤。

9b. 按照生产商的 SELDI 质谱仪说明书用 SELDI 分析每块蛋白质芯片。

对于 SAX2 蛋白质芯片（强阴离子交换）

4c. 往每个样品斑点上加 5 μl 10 mmol/L Tris·Cl (pH 8.0)/1% NP-40 洗涤 SAX2 蛋白质芯片的样品斑点，5 min 后，除去溶液，另加 5 μl 10 mmol/L Tris·Cl，pH 8.0/1% NP-40，再放置 5 min。

5c. 将溶解后的 LCM 样品（来自第 3 步）与等体积的 10 mmol/L Tris·Cl（pH 8.0）/ 1% NP-40 混合，从样品斑点上除去洗涤溶液，往每个样品斑点上加 5 μl 稀释的样品，在保湿室中于室温下温育 30 min。

6c. 取出蛋白质芯片，对每个样品斑点，用 10 mmol/L Tris·Cl（pH 8.0）/1% NP-40 进行 5 次单独的洗涤，之后用水单独洗涤 2 次。对于每次洗涤，用带细尖的微量移液器将 5 μl 液体快速上下吹打约 10 次。

7c. 除去水，当样品斑点仍然湿润时，往每个斑点上加 0.35 μl 饱和芥子酸基质溶液，让其干燥，重复。

8c. 按照生产商的 SELDI 质谱仪说明书用 SELDI 分析每块蛋白质芯片。

对于 WCX2 蛋白质芯片（弱阳离子交换）

4d. 往每个样品斑点表面加 5 μl 10 mmol/L HCl，然后在保湿室中于室温下温育 10 min，以此准备 WCX2 蛋白质芯片的表面。

5d. 除去 HCl，将每个样品用水单独洗涤 3 次，对于每次洗涤，用带细尖的微量移液器将 5 μl 水快速上下吹打约 10 次。

6d. 从每个样品斑点上除去水，更换成 5 μl 100 mmol/L 醋酸铵（pH 6.5），静置 5 min。

7d. 将溶解后的 LCM 样品（来自第 3 步）与等体积的 100 mmol/L 醋酸铵（pH6.5）混合。

8d. 从样品斑点上除去醋酸铵溶液，往每个斑点上加 5 μl 样品，在保湿室中温育 30 min。

9d. 使用同第 6d 步相同的技术，用 100 mmol/L 醋酸铵（pH 6.5）对每个样品斑点单独洗涤 3 次，之后用水洗涤 2 次。

10d. 当样品斑点仍然湿润时，往每个斑点上加 0.35 μl 饱和芥子酸基质溶液，让其干燥，重复该步骤。

11d. 按照生产商的 SELDI 质谱仪说明书用 SELDI 分析每块蛋白质芯片。

对于 IMAC3 蛋白质芯片（固定化金属亲和）

4e. 往每个样品斑点上加 5 μl 50 mmol/L 硫酸镍，室温温育 5 min，除去溶液，重复本过程。

5e. 除去硫酸镍，使用同第 4e 步相同的技术，用 5 μl 1×PBS/NaCl 洗涤 2 次。

6e. 将溶解后的 LCM 样品（来自第 3 步）与等体积的 2×PBS/NaC 混合，往每个样品斑点表面加 5 μl 样品，将蛋白质芯片在保湿室中温育 1 h。

7e. 从每个样品斑点上除去样品溶液，用 1×PBS/NaCl 洗涤 5 次，然后用水洗涤 2 次，对于每次洗涤，用带细尖的微量移液器将 5 μl 液体快速上下吹打约 10 次。

8e. 当样品斑点仍然湿润时，往每个斑点上加 0.35 μl 饱和芥子酸基质溶液，让其干燥，重复该步骤。

9e. 按照生产商的 SELDI 质谱仪说明书用 SELDI 分析每块蛋白质芯片。

参考文献：Conn 2002

作者：Rachel A. Craven and Rosamonde E. Banks

祁雅慧　李慎涛 译　于丽华 校

附录 1 试剂和溶液

本附录包含了本书中所有的试剂和溶液的配方，溶液按字母顺序排列，在括号中列出了溶液所在的单元，这样给出溶液的出处十分重要，因为在不同单元所用的溶液可能名称相同，但配方却不同。常用的溶液（如 Tris·Cl）没有给出交互引用。有些溶液（如 PBS）可能有一种常用的配方，同时也有几种在特定单元中使用的特定配方。如果在附录中未列出某个特定的单元，则使用其常用配方。某些试剂的配方中含有一些在本附录的其他配方中出现过的成分，这些条目用√表示。表 A.1.1 列出了有关酸和碱的摩尔浓度和比重的一般资料。在配制用于蛋白质研究的溶液时，应使用 Milli-Q（Millipore 公司）超纯水或同等质量的水，并使用最高级别的试剂。在大多数情况下，建议用 0.22 μm 的滤器对溶液过滤除菌。

警告：使用有害化学试剂时，要严格按照标准的实验室安全指南和试剂生产商给出的注意事项进行操作。

表 A.1.1 浓酸和浓碱的摩尔浓度和比重

酸/碱	相对分子质量	质量分数/%	mol/L（大约）	配制 1 mol/L 的加入量/ml	比重
酸					
冰醋酸	60.05	99.6	17.4	57.5	1.05
甲酸	46.03	90	23.6	42.4	1.205
		98	25.9	38.5	1.22
盐酸	36.46	36	11.6	85.9	1.18
硝酸	63.01	70	15.7	63.7	1.42
高氯酸	100.46	60	9.2	108.8	1.54
		72	12.2	82.1	1.70
磷酸	98.00	85	14.7	67.8	1.70
硫酸	98.07	98	18.3	54.5	1.835
碱					
氢氧化铵	35.0	28	14.8	67.6	0.90
氢氧化钾	56.11	45	11.6	82.2	1.447
	56.11	50	13.4	74.6	1.51
氢氧化钠	40.0	50	19.1	52.4	1.53

20S 裂解缓冲液（第 20.2 单元）

√25 mmol/L Tris·Cl, pH 7.4

√1 mmol/L EDTA

1 mmol/L NaN₃

于 4℃可保存数周。

26S 层析缓冲液（第 20.2 单元）

10%（*V/V*）甘油

√25 mmol/L Tris·Cl，pH 7.4

10 mmol/L MgCl₂

1 mmol/L ATP

1 mmol/L DTT

现用现配。

26S 裂解缓冲液（第 20.2 单元）

在 26S 层析缓冲液（见配方）中加入 4 mmol/L ATP（用 0.25 mol/L 的贮液）。现用现配。

4×乙酸凝胶缓冲液，pH 3.7～5.6（第 10.2 单元）

11.49 ml 冰醋酸（终浓度 200 mmol/L）

加入 500 ml H₂O

用 1 mol/L NaOH 调 pH 至 3.7～5.6

补加 H₂O 至 1 L

于 4℃可保存 1 个月。

50%（*V/V*）氰化甲烷（第 21.2 单元）

将等量 HPLC 级氰化甲烷和水混合。在耐溶剂性的容器如聚丙烯微量离心管中当天配制。

氰化甲烷（20% *V/V*）/三氟乙酸（0.2% *V/V*）（第 21.2 单元）

200 μl HPLC 级氰化甲烷

798 μl H₂O

2 μl 三氟乙酸（TFA；浓的，测序级）

使用当天准备

用 H₂O 按 1∶1 稀释，即得 10%氰化甲烷/0.1% TFA。

乙酰化溶液（第 17.1 单元）

193 ml 二甲基甲酰胺（DMF）

6 ml 无水醋酸（不需不含胺）

1 ml *N*-乙基二异丙胺

用前即刻配制，用后弃去。

只在乙酰化期间才将合成针暴露于无水醋酸。不要在进行多肽合成地方的附近存放无水乙酸。

酸性考马斯亮蓝 G-250 染色液（第 10.4 单元）

用水配制 0.2%（*m/V*）考马斯亮蓝 G-250（Bio-Rad）染色液。加等体积的 1 mol/L H₂SO₄。充分混匀后放置≥3 h。用 Whatman 1 号滤纸过滤以去除颗粒状物质。重新测量溶液体积，加入 1/9 体积的 10 mol/L KOH。加 100%（*m/V*）三氯乙酸至终浓度为 12%（*m/V*）。考马斯亮蓝的终浓度约为 0.08%（*m/V*）。保持溶液 pH 1.0 以下可保存数月。

乙酸/乙醇清洗液（第 7.2 单元）

在 50 ml 去离子水中加入 50 ml 12 mol/L HCl。再加入 100 ml 乙醇。室温可可保存数月。

警告：绝不可将水或乙醇倾倒入浓酸中，而是将酸倒入水或乙醇中。

酸性 SDS-PAGE 缓冲液（第 14.4 单元）

2×分离胶缓冲液：

0.1 mol/L NaH_2PO_4

√2%（m/V）SDS

6 mol/L 尿素

用 HCl 调 pH 至 2.4

于 4℃可可保存数月。

1×电泳缓冲液：

0.03 mol/L NaH_2PO_4

√0.1%（m/V）SDS

0.2 mol/L 醋酸

用 HCl 调 pH 至 2.4

室温保存长达 1 年。

2×样品缓冲液：

√2%（m/V）SDS

6 mol/L 尿素

10%（V/V）甘油

0.01%（m/V）派洛宁 Y 染料

16.5 mmol/L NaCl

用 HCl 调 pH 至 1.4

于 −20℃保存 1 年。

2×积层胶缓冲液：

√2%（m/V）SDS

6 mol/L 尿素

0.033 mol/L NaCl

用 HCl 调 pH 至 1.4

于 4℃可保存 2 个月。

酸性蛋白样品缓冲液（第 7.4 单元）

50%（m/V）甘油

0.01%（m/V）溴酚蓝

室温保存。

酸化丙酮，pH 3.0（第 11.4 单元）

在 100 ml 丙酮中加 1 滴 0.1 mol/L HCl，混匀，置于 −20℃冰箱冷却≥2 h。

丙烯酰胺/亚甲双丙烯酰胺溶液，30％/0.8％（第**10.1**单元和第**10.2**单元）

混合 30.0 g 丙烯酰胺、0.8 g N，N'-亚甲双丙烯酰胺，加 H_2O 至终体积为 100 ml。用 0.45 μm 滤膜过滤。于密闭棕色玻璃瓶中 4℃可保存 1 个月。

若有氨味出现则废弃。

建议用 2×结晶级的丙烯酰胺和双丙烯酰胺。

警告：丙烯酰胺单体是一种神经毒素。称量丙烯酰胺粉末时戴手套和口罩，操作未聚合的丙烯酰胺时应小心。

丙烯酰胺/亚甲双丙烯酰胺贮液（第**7.4**单元）

30 g 丙烯酰胺（终浓度 30％）

0.8 g N，N'-亚甲双丙烯酰胺（终浓度 0.8％）

加 H_2O 至 100 ml

0.45 μm 滤膜过滤

避光保存于 4℃。

警告：丙烯酰胺和双丙烯酰胺有毒，其粉末应在通风橱中进行操作，无论粉末和溶液都应戴手套操作。

活性缓冲液（第**20.2**单元）

$\sqrt{}$20 mmol/L Tris·Cl, pH 7.5, 30℃

5 mmol/L $MgCl_2$

1 mmol/L ATP

1 mmol/L DTT

新鲜配制。

2％（m/V）琼脂糖（第**10.3**单元）

在 100 ml H_2O 中加入 2 g 琼脂糖。加热搅拌直到溶解。溶液保持100℃附近，取 5 ml溶液加入一个 25 ml 带螺旋帽的玻璃管中，让其凝固。保存于 4℃（保持稳定至少 3 个月）。

碱性磷酸酶缓冲液（第**18.6**单元）

100 ml 1 mol/L Tris·Cl, pH 9.5

20 ml 5 mol/L NaCl

5 ml 1 mol/L $MgCl_2$

加 H_2O 至 1 L

室温可保存 1 年。

碱性磷酸酶底物缓冲液（第**10.7**单元）

100 mmol/L Tris·Cl, pH 9.5

100 mmol/L NaCl

5 mmol/L $MgCl_2$。

烷化剂（第**15.1**单元）

1 g 盐酸胍（终浓度 6 mol/L）

$\sqrt{}$1 ml 0.95 mol/L Tris·Cl, pH 8.0（终浓度 0.5 mol/L）

加入下列任一种烷化剂：

0.2 mol/L 碘乙酸（分子质量 186）

0.2 mol/L 碘乙酰胺（分子质量 185）

0.2 mol/L N-碘乙酰-N'-(5-硫-1-萘基)乙二胺（IAEDANS；FW 434）

0.2 mol/L N-乙基马来酰亚胺（NEM；FW 125）

如果用 N-乙基马来酰亚胺，用 0.95 mol/L Tris·Cl，pH 7.0 来配制缓冲液。

烷化缓冲液，pH 8.0（第 7.3 单元）

√用 6 mol/L HCl 或冰醋酸将 100 mmol/L Tris·Cl pH 调至 8.0

√5 mmol/L EDTA

125 mol/L NaCl

4 mmol/L 碘乙酸

使用前新鲜配制。

碘乙酸浓缩水溶液可保存在 −20℃（保持稳定≥1 个月）。碘乙酸白色结晶应小量购买。盛放其固体和液体的容器都应用铝箔包裹，避免直接光照。

警告：固体碘乙酸及其浓溶液是有腐蚀性的，操作时应戴手套。

αMEM 培养基（第 5.7 单元）

购买最低需求培养基-α（αMEM，可购自 Irvine Scientific 公司、Life Technologies 公司、Sigma 公司、JRH Bioscienses 公司或 HyClone 公司），不含 L-谷氨酰胺，每升溶液加 2.2 g 碳酸氢钠。对于生长培养基，购买含有核糖核苷与脱氧核糖核苷的培养基；对于 DHFR 选择培养基，购买无核苷的培养基。添加聚醚 F-68（BASF）至终浓度 0.05%（m/V）。使用前每升培养基加入 10 ml 200 mmol/L 的 L-谷氨酸贮液（HyClone 公司，保存于 −20℃）。根据实验方案，需要时添加已于 56℃加热灭活 30 min 的经 γ 射线照射过的胎牛血清（FBS；HyClone 公司；保存于 −20℃）。对于 DHFR 选择性培养，使用透析的 FBS（HyClone 公司）以确保无核苷的存在。配制的培养基（无血清）可于 4~8℃保存 1 个月。

氨性硝酸银溶液（第 10.4 单元）

溶液 I：在 10 ml 水中溶解 2 g 硝酸银（新鲜配制）。

溶液 II：混合 53 ml 去离子水，2.8 ml 30% 氢氧化铵，0.265 ml 50%（V/V）NaOH，剧烈搅拌。现用现配。

工作溶液：当溶液 II 在剧烈搅拌时，缓慢将溶液 I 加入。有短暂的棕色沉淀出现；随后溶液变得清晰，补加去离子水至总体积 250 ml。

警告：配制溶液 II 操作强碱溶液时应戴防护眼镜或采取其他适当的防护措施。

100 mmol/L 醋酸铵，pH 6.5（第 10.4 单元）

将 0.77 g 醋酸铵溶于水中

用醋酸调 pH 至 6.5

加 H_2O 至 100 ml

于 4℃可存放 3 个月。

两性电介质样品缓冲液（第 21.1 单元）

9.8 mol/L 尿素

4% Nonidet P-40 （NP-40）

2% 载体两性电解质 （Amersham Bioscienses）

20 mg/ml DTT

若无 DTT 和两性电解质，溶液可于 -20℃ 保存 ≤1 年；使用前加入 DTT 和载体两性电解质。

5 mg/ml 氨苄青霉素 （第 6.6 单元）

500 mg 氨苄青霉素溶于 100 ml H_2O 中

0.22 μm 滤器过滤除菌

于 4℃ 可保存数月。

不要采用高压灭菌；氨苄青霉素在温度大于 50℃ 时即失活。

无水溶剂 （第 9.3 单元）

氰化甲烷：使用商业化无水氰化甲烷，保存前用 4A 分子筛过滤。开启一瓶新的无水溶剂，加入足量的 4A 分子筛以覆盖瓶底达 0.25～0.5 in 的深度。

吡啶：使用一瓶新的无水吡啶，在保存时向其中加入 NaOH 小片。如果使用试剂级纯度吡啶，那么使用前加入 NaOH 小片，之后于 25℃ 放置 2～3 天，期间偶尔摇动一下（每天 1 或 2 次）。

丙酮：在一个 500 ml 丙酮的试剂瓶底部加入 0.5～1 in 的硫酸钙（不是氯化钙）。偶尔摇动混合，维持 4～8 h。用 0.5～1 in 的 4A 分子筛过滤，保存于试剂瓶中。

无水溶剂可通过各种方法制备，最详细的方法是 Vogel （1978） 和 Fieser （1967） 所描述的方法。对于本单元，使用这些方法通常就足够了。丙酮是最难干燥的试剂，不能认为它是完全无水的。

阴离子交换缓冲液，pH 8.5 （第 6.2 单元）

√1 份 1 mol/L Tris·Cl, pH 8.0 （终浓度 50 mmol/L）

19 份水

用 NaOH 调 pH 至 8.5

用前现配。

溶液的电导率为 1.57 mS/cm。

阳极缓冲液 （第 10.1 单元）

121.1 g Tris 碱 （终浓度 0.2 mol/L Tris·Cl）

500 ml H_2O

用浓 HCl 调 pH 至 8.9

用 H_2O 稀释至 5 L

4℃ 保存 1 个月。

1000×抗生素贮液 （第 5.2 单元）

氨苄青霉素：用水配制成 40 g/L 贮液。4℃ 保存 ≤2 周。

氯霉素：用乙醇配制成 30 g/L 贮液。-20℃ 保存 ≤1 年。

卡那霉素：用水配制成 40 g/L 贮液。4℃ 保存 ≤1 年。

四环素：用 70% 乙醇配制成 5 g/L 贮液。-20℃ 避光保存 ≤1 年。

使用前所有贮液需用 0.22 μm 滤器过滤除菌。根据需要，5～10 份分装。

抗凝血酶溶液（第 20.4 单元）

用 HNPN 缓冲液（见配方）配制 500～1000 nmol/L 人抗凝血酶溶液（实验终浓度为10～200 nmol/L）。

分析缓冲液（assay buffer）（第 20.6 单元）

0.1 mol/L HEPES，pH 7.4。

0.1 mol/L NaCl

√1 mmol/L EDTA

1 mg/ml PEG 4000

−20℃保存 6 个月。

10 mmol/L ATP（第 13.5 单元）

20 mmol/L MgCl$_2$ 和 20 mmol/L 磷酸氢二钠 ATP 等体积混合。在持续搅拌下，用 1 mol/L NaOH 调校使溶液 pH 升至 7.4。过滤除菌，分装成小份，−20℃保存 1 年。

抗生物素蛋白缓冲液（第 3.5 单元）

150 mmol/L NaCl

4%（*m/V*）BSA

0.02%（*V/V*）Triton X-100

50 mmol/L 硼酸钠

用 1 mol/L NaOH 调 pH 至 10.0～10.5

4℃保存≤2 月。

碱性蛋白质样品缓冲液（第 7.4 单元）

50%（*m/V*）甘油

0.2%（*m/V*）甲基绿

室温保存。

BCA 试剂 A/B 混合液（第 3.4 单元）

试剂 A：

1 g 4，4′-乙二酸-2，2′-二喹啉，二钠盐（Na$_2$BCA；Pierce 或 Sigma 公司；终浓度 26 mmol/L）

2 g Na$_2$CO$_3$·H$_2$O（终浓度 0.16 mol/L）

160 mg 酒石酸钠（终浓度 7 mmol/L）

0.4 g NaOH（终浓度 0.1 mol/L）

0.95 g NaHCO$_3$（终浓度 0.11 mol/L）

100 ml H$_2$O

用固体 NaOH 或 NaHCO$_3$ 调校 pH 至 11.3±0.2

置于塑料容器中，可室温保存 1～3 周（4℃可保存更长时间）

在中性 pH 时只有 BCA 二钠盐是可溶的；游离酸不易溶，即使是在碱中也不易溶。

试剂 B：

4 g CuSO$_4$·5H$_2$O（终浓度 16 mmol/L）

100 ml H$_2$O

室温可保存数月。

A/B 混合液：

50 体积 BCA 试剂 A

1 体积 BCA 试剂 B

几天后废弃。

BCIP 贮液（第 18.6 单元）

在 10 ml 100%二甲基甲酰胺中溶解 0.5 g 5-溴代-4-氯-3-吲哚磷酸盐（BCIP）。

保存于 4℃或分装后保存于－20℃。溶液变色即丢弃。

BGH 破菌缓冲液 A（第 6.5 单元）

√100 mmol/L Tris·Cl，pH 7.8（4℃时 pH）

√20 mmol/L EDTA

10%（m/V）蔗糖（100 g/L）

200 μg/ml 溶菌酶（200 mg/L）

用时现配。

BGH 破菌缓冲液 B（第 6.5 单元）

√100 mmol/L Tris·Cl，pH 7.8（4℃时 pH）

√10 mmol/L EDTA

0.5 mmol/L 苯甲基磺酰氟（PMSF；用 0.2 mol/L 贮液）

5 mmol/L 苯甲脒（780 mg/L）

用时现配。

BGH 柱缓冲液 A（第 6.5 单元）

在 1 L 水中溶解 3.7 ml 液体乙醇胺游离碱（ethanolamine free base）（分子质量 61.08）或 5.9 g 乙醇胺盐酸盐（分子质量 97.5），用 HCl 或 NaOH 调 pH 至 9.6（终浓度60 mmol/L盐酸乙醇胺）。4℃保存数天。使用前加入 5%（m/V）蔗糖。

乙醇胺是强碱（pK_a＝9.4）。

BGH 柱缓冲液 B（第 6.5 单元）

溶液 A：0.5 mol/L（62 g/L）无水 Na_2HCO_3（分子质量 84）

溶液 B：0.5 mol/L（53 g/L）无水 Na_2CO_3（分子质量 106）

将 52 ml 溶液 A 和 148 ml 溶液 B 混合，用水稀释至 1 L。

0.5 mol/L 贮液可于 4℃保存≥1 个月。

BGH 提取缓冲液（第 6.5 单元）

在 420 ml H_2O 中顺序加入（按说明）：

17.2 ml 150 g/L（2 mol/L）甘氨酸贮液（终浓度 50 mmol/L；4℃保存）

7.8 ml 2 mol/L NaOH

5 mmol/L 还原型谷胱甘肽（GSH）

764 g 盐酸胍（终浓度 8 mol/L）

加 H_2O 至 1 L

使用前即刻配制。

4℃时缓冲液 pH 应为 9.6；如果不是，使用 2 mol/L NaOH 或 2 mol/L HCl 校准。如果用高质量的盐酸胍，溶液应无色而清亮（见附录 3A）。谷胱甘肽可用 0.1 mol/L 谷胱甘肽贮液（见配方）配制或加入固体谷胱甘肽。如果加入固体谷胱甘肽，pH可能需重新校准。

BGH 折叠缓冲液 A（第 6.5 单元）

在 500 ml H_2O 中顺序加入（按说明）：

17.2 ml 2 mol/L 甘氨酸贮液（终浓度为 50 mmol/L；4℃保存）

7.8 ml 2 mol/L NaOH

100 g 蔗糖 [终浓度 10%（m/V）]

√2 ml 0.5 mol/L EDTA（终浓度 1 mmol/L）

√1 mmol/L 还原型谷胱甘肽（GSH）

√0.1 mmol/L 氧化型谷胱甘肽（GSSG）

240 g 尿素（终浓度 4 mol/L）

加 4℃ H_2O 至 1 L

使用前即刻配制。

4℃时缓冲液 pH 应为 9.6；如果不是，使用 2 mol/L NaOH 或 2 mol/L HCl 校准。GSH 和 GSSG 来自 0.1 mol/L 谷胱甘肽贮液（见配方）或固体谷胱甘肽。如果使用固体谷胱甘肽，pH 可能需重新调校。若使用超纯尿素，不必去离子化。

BGH 折叠缓冲液 B（第 6.5 单元）

在 1 L 水中溶解 3.7 ml 液体乙醇胺游离碱（分子质量 61.08）或 5.9 g 乙醇胺盐酸盐（分子质量 97.5），用 HCl 或 NaOH 于 4℃时调校至 pH 9.6（终浓度 60 mmol/L 盐酸乙醇胺）。4℃保存数天。

使用前现加入：

10%（m/V）蔗糖（100 g/L）

√1 mmol/L EDTA

√0.1 mmol/L 还原型谷胱甘肽（GSH）

√0.01 mmol/L 氧化型谷胱甘肽（GSSG）。

GSH 和 GSSG 来自 0.1 mol/L 谷胱甘肽贮液（见配方）或固体谷胱甘肽。如果使用固体谷胱甘肽，pH 可能需重新调校。

乙醇胺是强碱（$pK_a=9.4$）。

BGH 洗涤缓冲液 A（第 6.5 单元）

√100 mmol/L Tris·Cl，pH 7.8（于 4℃定 pH）

√5 mmol/L EDTA

2%（m/V）Triton X-100（20 g/L）

4 mol/L 尿素（240 g/L）

0.5 mmol/L DTT（77 mg/L）

新鲜配制。

若使用超纯级尿素，不必去离子化。

BGH 洗涤缓冲液 B（第 6.5 单元）

√100 mmol/L Tris·Cl，pH 7.8（于 4℃定 pH）

0.5 mmol/L DTT（77 mg/L）

新鲜配制。

加入固体 DTT 更好，但也可以加入 0.2 mol/L 的水溶液贮液（保存≤－20℃；可稳定≥1 个月）。

5×结合缓冲液（第 20.5 单元）

0.25 mol/L NaH$_2$PO$_4$，pH 8.0

0.5 mol/L NaCl

√0.05 mol/L Tris·Cl，pH 8.0

4℃保存达 6 个月。

缩二脲试剂（第 3.4 单元）

1.5 g CuSO$_4$·5H$_2$O（终浓度 6 mmol/L）

6 g 酒石酸钾钠，4 水（C$_4$H$_4$KNaO$_6$·4H$_2$O，罗氏盐；终浓度 21 mmol/L）

300 ml 10%（m/V）NaOH（终浓度 0.75 mol/L）

加煮沸后冷却的 H$_2$O 至 1 L

塑料瓶中保存于室温。

水应事先煮沸后再冷却，以除去 CO$_2$。缩二脲试剂通常可稳定数月。若试剂变暗（由于二价铜的氧化），则应弃去。

警告：废弃试剂和实验样品可放在排气柜中打开的塑料桶内，使水分蒸发，体积减小。盐类，特别是铜盐，应作为有毒废物处理。

封闭缓冲液（第 10.7 单元）

比色检测：

对于硝酸纤维素（nitrocellulous，NC）和聚偏氟乙烯（PVDF）膜，采用 TTBS 缓冲液（见配方）。而中性和阳离子尼龙膜，采用含 10%脱脂奶粉的 TBS 缓冲液（见配方）。含脱脂奶粉的封闭缓冲液用前现配。

发光检测：

对于 NC、PVDF 和中性尼龙膜（如 Pall Biobyne A），采用含 0.2%（m/V）酪蛋白（Hammarsten grade 或 I-Block；Tropix 公司）的 TTBS 缓冲液（见配方）。在加热（65℃）的 TTBS 缓冲液中加入酪蛋白，搅拌 5 min，然后冷却。新鲜配制。

对于阳离子尼龙膜，采用含 6%（m/V）酪蛋白/1%（V/V）聚乙烯基吡咯烷酮（PVP）的 TTBS 缓冲液。在加热（65℃）的 TTBS 缓冲液中加入酪蛋白和 PVP，搅拌 5 min，然后冷却。新鲜配制。

封闭缓冲液（第 13.3 单元）

√10 mmol/L Tris·Cl，室温 pH 7.4

√0.15 mol/L NaCl

5%（m/V）牛血清白蛋白（BSA）

1%（m/V）鸡卵清蛋白

0.01%（m/V）叠氮钠

4℃保存≤6 个月。

0.1 mol/L 硼酸缓冲液，pH 9.1（第 14.4 单元）

    6.184 g 硼酸

    加 H_2O 至 1 L，用 1 mol/L NaOH 调 pH

    室温可保存 2 月。

0.2 mol/L 硼酸缓冲液，pH 8.8（第 14.4 单元）

    12.37 g 硼酸

    加 H_2O 至 1 L，用 1 mol/L NaOH 调 pH

    室温可保存 2 个月。

完全省却成分培养基（C dropout powder）（第 18.5 单元）

    1 g 组氨酸

    1 g 甲硫氨酸

    1 g 精氨酸

    2.5 g 苯丙氨酸

    3 g 赖氨酸

    3 g 酪氨酸

    4 g 色氨酸

    4 g 亮氨酸

    4 g 异亮氨酸

    5 g 谷氨酸

    5 g 天冬氨酸

    7.5 g 缬氨酸

    10 g 苏氨酸

    20 g 丝氨酸

    1 g 腺嘌呤

    1 g 尿嘧啶

    室温保存可达 2 年。

    对于无亮氨酸、色氨酸和组氨酸（Leu、Trp 和 His）的培养基，可不加入这些氨基酸。

CAA

    见酪蛋白水解物。

校准标准（第 8.3 单元）

    分子大小校准标准包括已知分子质量大小的蛋白质、多肽、右旋糖苷和非蛋白分子（如维生素 B_{12}）。其中一些已在试剂盒中应用（如 Amersham Pharmacia Biotech 公司）。蛋白质标准应用 GF 缓冲液（见配方）制备，以判定分子大小。样品注入前应通过可过滤蛋白的滤器过滤。用来校准的蛋白质浓度通常为 $1 \sim 5$ mg/ml。在一种溶液中可混合几种已知的标准物。

碳酸盐显影液（第 10.4 单元）

    0.5 ml 37% （V/V）甲醛

    30 g 碳酸钠 [3% （m/V）]

加 H_2O 至 1 L

每次新鲜配制。

10×酪蛋白水解物（第5.5单元）

配制 20%（m/V）酪蛋白水解物（低盐，Difco 公司），高压灭菌，4℃保存可达 1 年。

2%（m/V）酪蛋白水解物（CAA）（第6.7单元）

20 g 酪蛋白水解物（Difco 公司，特级）

加 H_2O 至 1 L

高压灭菌或 0.45 μm 滤器过滤除菌，室温保存≤2月。

不要使用工业用酪蛋白水解物，因为其含有较高浓度的 NaCl。

酪蛋白水解物（CAA）/甘油/氨苄青霉素 100 培养基（第6.7单元）

√800 ml 2%（m/V）酪蛋白水解物（CAA；终浓度 1.6%）

√100 ml 10×M9 盐（终浓度为 1×）

100 ml 10%（V/V）甘油（灭菌；终浓度为 1%）

1 ml 1 mol/L $MgSO_4$（灭菌；终浓度为 1 mmol/L）

0.1 ml 1 mol/L $CaCl_2$（灭菌；终浓度为 0.1 mmol/L）

1 ml 2%（m/V）维生素 B_1（灭菌；终浓度为 0.002%）

10 ml 10 mg/ml 氨苄青霉素（灭菌；终浓度为 100 μg/ml）

新鲜配制。

2×caspase 缓冲液（第20.8单元）

20 mmol/L 哌嗪-N,N'-双（2-乙磺酸）（PIPES），pH 7.2

200 mmol/L NaCl

20% 蔗糖

0.2%（m/V）3-［3-（胆酰胺基丙基）二甲氨基］-1-丙磺酸盐（CHAPS）

√2 mmol/L EDTA

过滤除菌

室温保存 1 年。

使用当天，用新鲜配制的贮液加入 20 mmol/L DTT 或 40 mmol/L 2-ME

当天用后废弃。

阴极缓冲液（第10.1单元）

12.11 g Tris 碱（终浓度为 0.1 mol/L）

17.92 g 三（羟甲基）甲基甘氨酸（tricine）（终浓度为 0.1 mol/L）

1 g SDS（终浓度为 0.1%）

加 H_2O 至 1 L

不用调 pH

4℃保存 1 个月。

10×阳离子交换缓冲液（第6.2单元）

19.4 g $NaH_2PO_4 \cdot H_2O$

1.4 g $Na_2HPO_4 \cdot 2H_2O$（终浓度为 15 mmol/L 磷酸钠，pH 5.7）

1 mmol/L叠氮钠（从1 mol/L贮液加入）

加 H_2O 至 1 L

4℃保存1个月

用前稀释为1×。

电导率为 0.9 ms/cm。

阳离子交换缓冲液/250 mmol/L NaCl（第6.2单元）

14.61 g NaCl

√100 ml 10×阳离子交换缓冲液

加 H_2O 至 1 L。

示踪培养基（第3.6单元）

√脉冲标记培养基

15 μg/ml 未标记甲硫氨酸

4℃保存2周。

示踪培养基（第14.1单元）

适合于细胞生长的完全组织培养基含有：

20 mmol/L HEPES（钠盐），pH 7.3

5 mmol/L 甲硫氨酸（来自200 mmol/L 贮液）

1 mmol/L 放线菌酮（可选，来自500 mmol/L 贮液）

每日新鲜配制。

示踪培养基中可加入FBS或其他蛋白质，特别是示踪时间过长时。

层析缓冲液（第13.6单元）

异丁酸缓冲液：

1250 ml 异丁酸

38 ml 正丁醇

96 ml 嘧啶

58 ml 乙酸

558 ml 去离子水。

磷酸层析缓冲液：

750 ml 正丁醇

500 ml 嘧啶

150 ml 冰醋酸

600 ml 去离子水。

常规层析缓冲液：

785 ml 正丁醇

607 ml 嘧啶

122 ml 冰醋酸

486 ml 去离子水。

室温均可保存6个月。不要用已氧化颜色变黄的嘧啶。对于特定的蛋白质，应测试这三种缓冲液哪种是适合的。

发色液（第 10.7 单元）

BCIP/NBT 发色液：混合 33 μl NBT 贮液［在 2 ml 70%（V/V）二甲基甲酰胺（DMF）中加入 100 mg NBT，4℃保存＜1 年］和 5 ml 碱性磷酸酶缓冲液（见配方），再加入 17 μl BCIP 贮液（在 2 ml 100% DMF 中加入 100 mg BCIP，4℃保存＜1 年），混匀。室温稳定 1 h。

BCIP/NBT 底物可从 Sigma 公司、Kirkegaard＆Perry 公司、Moss 公司和 Vector 公司购买。

4CN 发色液：在 20 ml 冰冷的甲醇中加入 60 mg 4-氯-1-萘酚（4CN），混匀。室温单独混合 100 ml TBS（见配方）和 60 μl 30%（m/V）H_2O_2，混合两种溶液后，立即使用。

DAB/$NiCl_2$ 发色液：

√5 ml 100 mmol/L Tris·Cl，pH 7.5

100 μl DAB 贮液（40 mg/ml，用水配制，100 μl 分装保存于－20℃）

25 μl $NiCl_2$ 贮液（80 mg/ml，用水配制，100 μl 分装保存于－20℃）

15 μl 3%（m/V）H_2O_2

用前现配。

警告：DAB 是致癌物，操作时应戴手套和口罩，小心操作。

发光 HRP 底物的生产商（4CN 和 DAB/$NiCl_2$）包括 Sigma 公司、Kirkegaard & Peryy 公司、Moss 公司和 Vector 公司。选择合适的发光液并弄清其缩写，参见表10.15。

Chromozyme TH/聚凝胺（polybrene）溶液（第 20.4 单元）

300 μmol/L Chromozyme TH（Boehringer Mannheim 公司；来自 50 mmol/L 贮液，溶于 DMSO 中）

2～4 mg/ml 聚凝胺（来自 200 mg/ml 贮液）

√HNPN 缓冲液

4℃可保存数天。

柠檬酸显影液（第 10.4 单元）

0.05 g 一水柠檬酸［终浓度 0.01%（m/V）］

0.5 ml 甲醛［终浓度 0.1%（m/V）］

加 H_2O 至 500 ml

每次新鲜配制。

Fmoc 保护基团切割溶液（第 17.3 单元）

90 份三氟乙酸（TFA）

6 份茴香硫醚（Aldrich 公司）

3 份 1，2-乙二硫醇（EDT；Aldrich 公司）

1 份苯甲醚

新鲜配制，0℃冷却。

2 g/ml 溴化氰（CNBr），溶于乙腈中（第 9.3 单元）

因为 CNBr 有剧毒且易挥发，因此首选在乙腈中预先制备 CNBr 溶液。基本方案用

3.8 ml 5 mol/L 溶液（Aldrich）代替 1 ml 2 g/ml 的 CNBr 来调节。

为了用固体 CNBr 配制 2 g/ml 的溶液，在冰箱过夜冷却一瓶 25 g 的新鲜 CNBr（倒转保存，因为 CNBr 在顶部会冻干结晶）。取出后转移到通风橱中，小心打开，加入 50 ml 无水乙腈（见配方），0～4℃。用磁力搅拌棒搅拌，直到所有的 CNBr 溶解。0～4℃可保存 2～4 周。

警告：CNBr 毒性很强，应戴手套，并在通风橱中操作。严格按照材料安全数据表（MSDS）进行，所有 CNBr 都应根据 MSDS 上的建议进行处理。由于 CNBr 与空气中的水分反应会生成氰化氢，所以绝不能将其保存在冷室中。

溴化氰（CNBr）/乙腈（第 9.5 单元）

往装有 25 g 溴化氰（警告：CNBr 应是白色结晶，不是黄色）的原包装瓶中加入 50 ml 乙腈，制成 62.5%（m/V）的溶液。将这种溶液置于干燥器中的硅上，于 -20℃ 可保存数周。打开前应将其平衡至室温。

警告：为安全考虑，参见第 9.3 单元的配方。

2 mg/ml 溴化氰（CNBr），溶于 70% 甲酸（第 7.3 单元）

称量一个打开的空小玻璃管或小瓶及其盖子。在化学通风橱中，加入少许的 CNBr 晶体，盖上盖子，重新称量容器。用 70% 甲酸将 CNBr 稀释至 2 mg/ml。现用现配。

购买高质量的试剂，于 4℃ 避光保存。需要时，新鲜配制溶液。否则，污染的游离溴会氧化甲硫氨酸和色氨酸残基，从而导致其在色氨酸处切割，而不在甲硫氨酸处切割。

警告：为安全考虑，见 CNBr 溶于乙腈的（见第 9.3 单元）配方。

0.25 mol/L 和 1 mol/L 溴化氰（CNBr），溶于 70% 甲酸中（第 11.5 单元）

配制 0.25 mol/L CNBr（见基本方案 1）：

160 μl 88% 甲酸

30 μl H_2O

10 μl 5 mol/L 的 CNBr（溶于乙腈中；如 Aldrich）

配制 1 mol/L CNBr（见备择方案）：

80 μl 88% 甲酸

30 μl H_2O

20 μl 5 mol/L 的 CNBr（溶于乙腈中；如 Aldrich）

用前现配。

警告：为安全考虑，见 CNBr 溶于乙腈的（见第 9.3 单元）配方。

免疫共沉淀缓冲液（第 18.4 单元）

√50 mmol/L Tris·Cl，pH 7.5

15 mmol/L EGTA

100 mmol/L NaCl

0.1%（m/V）Triton X-100

保存于 4℃（含 1 mmol/L 叠氮钠可保存达数月）

用前加入：

√1× 蛋白酶抑制剂混合物

1 mmol/L 二硫苏糖醇（DTT）

1 mmol/L 苯甲基磺酰氟（PMSF；用溶于 95% 乙醇的 250 mmol/L 溶液配制）。

若要保持蛋白质活性，溶液中应有二价阳离子，不用 EGTA。

柱缓冲液（第 9.1 单元）

√0.01 mol/L Tris·Cl，pH 7.5

0.15 mol/L NaCl

1 mmol/L $CaCl_2$

1 mmol/L $MnCl_2$

室温可长期保存。

在使用的 1 或 2 天内配制 $MnCl_2$，调好 pH 后才能加入到缓冲液中。如果需要，金属离子的终浓度可减少 10 倍或更多。

如果需要用去污剂溶解蛋白质，无论是 Triton X-100 还是 NP-40，在浓度不超过 2% 时，对于凝集素的影响可以忽略不计。基于葡萄糖苷的去污剂可能会干扰结合。

柱洗涤缓冲液（第 20.6 单元）

√5 mol/L Tris·Cl，pH 7.0

100 mmol/L NaCl

4℃可保存数周。

柱贮存溶液（第 9.5 单元）

用 1 mmol/L EDTA 和 20 μg/ml 庆大霉素或 0.01% 硫柳汞（Aldrich 公司）配制 TSA 溶液（见配方）。

完全 DMEM-10 和 DMEM-20 培养基（第 5.8 单元）

Dulbecco 最低营养培养基，高葡萄糖配方（如 Life Technologies 公司）含有：

√10% 或 20%（V/V）FBS，热灭活的

√2 mmol/L L-谷氨酰胺

1%（V/V）非必须氨基酸

100 U/ml 青霉素

100 μg/ml 硫酸链霉素

过滤除菌，4℃保存不超过 1 个月。

"完全 DMEM-10" 或 "DMEM-20" 表示含有 10% 或 20% 的 FBS。无数字的 DMEM 表示未加血清。

完全 MEM-2.5、MEM-10 或 MEM-20 培养基（第 5.8 单元和第 5.9 单元）

最低营养培养基（MEM）含有：

√2.5%、10% 或 20%（V/V）FBS

0.03% 谷氨酰胺

100 U/ml 青霉素

100 μg/ml 硫酸链霉素

4℃可保存数月。

从下列原始浓度的贮液（用水配制）加入补充物：3% 谷氨酰胺（100×）、20 000 U/ml 青霉素（200×）和 20 mg/ml 链霉素（200×）。将贮液过滤除菌。100× 谷氨酰

胺于 4℃ 可保存 4 个月，200×青霉素/链霉素于 −20℃ 可保存 4 个月。维持细胞生长时，可在完全培养基中加入 10% 的 FBS，促进刚融化的细胞生长则加 20% 的 FBS。

完全 MEM-10 培养基/BrdU 或完全 MEM-20 培养基/BrdU（第 5.8 单元）

√完全 MEM-10 或 MEM-20 培养基

25 μg/ml 5-溴脱氧尿苷（BrdU）

4℃ 可保存数月。

用水配制 5 mg/ml 的 BrdU 贮液（200×），过滤除菌。−20℃ 避光保存。加入 MEM 前将其涡旋。

完全 2×噬斑培养基（第 5.9 单元）

2×噬斑培养基（Life Techologies 公司）含有：

√5% 胎牛血清（FBS）

0.03% 谷氨酰胺

100 U/ml 青霉素

100 μg/ml 链霉素

4℃ 可保存达 3 个月。

添加用的贮液见完全 MEM-2.5 的配方。

转瓶完全培养基-5（第 5.8 单元）

MEM 转瓶培养基

5% 马血清

4℃ 可保存数月。

添加物都在 MEM 转瓶培养基中，不需另外加入。使用马血清是因为它比 FBS 便宜，并不容易使细胞结块。

浓缩示踪培养基（第 14.1 单元）

调整示踪培养基（见配方）成分的浓度，在将其加入悬浮细胞的标记培养基后，使各成分的终浓度为：20 mmol/L HEPES、5 mmol/L 甲硫氨酸、5 mmol/L 放线菌酮（见备择方案）。

考马斯亮蓝 G-250 染色液（第 10.1 单元）

200 ml 乙酸（终浓度为 10%）

1800 ml H_2O

0.5 g 考马斯亮蓝 G-250（终浓度为 0.025%）

混合 1 h，过滤（Whatman 1 号滤纸）

室温可长期保存。

考马斯亮蓝 R-250 染色液（第 7.4 单元）

0.5 g 考马斯亮蓝 R-250 溶于约 400 ml H_2O 中（终浓度为 1 mg/ml）

50 g 三氯乙酸（终浓度 0.61 mol/L）

50 g 5-磺基水杨酸（终浓度 0.39 mol/L）

加 H_2O 至 500 ml

室温保存。

警告：三氯乙酸和 5-磺基水杨酸腐蚀性很强，在操作固体或染色液时应戴手套操作。

考马斯亮蓝 R-250 染色液（第 10.4 单元）

浓贮液：将 24 g 考马斯亮蓝 R-250（Bio-Rad，Pierce 公司）和 600 ml 甲醇混合，加入 120 ml 乙酸。搅拌 2 h 以上，最好过夜。室温可保存数月。

染色液：将 1 L 甲醇和 60 ml 浓贮液混合，加入 800 ml H_2O，再加入 200 ml 浓乙酸。如果出现沉淀，用前用 Whatman 1 号滤纸过滤。室温可保存数月。

最终的染色液大约含 50%（V/V）甲醇、0.1%（m/V）考马斯亮蓝 R-250 和 10%（V/V）乙酸。

考马斯染料试剂（第 3.4 单元）

100 mg 考马斯亮蓝 G-250 [0.01%（m/V）]

50 ml 95% 乙醇（终浓度 5%）

100 ml 85% 磷酸（终浓度 8.5%）

加 H_2O 至 1 L

Whatman 2 号滤纸过滤

室温，于玻璃容器中可保存 1 个月。

考马斯亮蓝 G-250 可购自 Sigma（考马斯亮蓝 G1）、Bio-Rad、Pierce 以及其他公司。也可购到商品考马斯染料试剂（Bio-Rad、Pierce 公司）。当使用商品试剂时，按厂商说明书操作。

耦联缓冲液（第 3.5 单元）

选择下列任一缓冲液：

100 mmol/L $NaHCO_3$，pH 8.5

100 mmol/L Na_2CO，pH 8.5

√100 mmol/L 磷酸钠缓冲液，pH 7.5 或 pH8.0

√100 mmol/L 磷酸钠缓冲液/5 mmol/L EDTA，pH 8.3。

溴化氰

见 CNBr。

CyDye DIGE 荧光素（第 21.1 单元）

贮液：将 CyDye DIGE 荧光粉（Cy2、Cy3、Cy5；Amersham Biosciences 公司）溶于新鲜的二甲基甲酰胺（DMF；保存时间不超过 3 个月）中，浓度为 1 nmol/μl。分成 2 μl 的小份于 −70℃ 保存不超过 2 个月，避免反复冻融。

工作液：稀释贮液至 400 pmol/μl。−20℃ 保存不超过 2 周。

1.5 mmol/L 半胱氨酸标准贮液（第 15.1 单元和第 17.2 单元）

26.34 mg 一水半胱氨酸盐酸盐

√100 ml 0.1 mol/L 磷酸钠，pH 8.0

现用现配。

变性缓冲液（第 20.2 单元）

6 mol/L 盐酸胍

√100 ml Tris·Cl，pH 8.2

√20 mmol/L EDTA

150 mmol/L 氧化型谷胱甘肽

15 mmol/L 还原型谷胱甘肽

使用当天配制。

缺失培养基（第 14.1 单元）

不含甲硫氨酸的组织培养基，含有：

0.026 mol/L 碳酸氢钠（2.2 g/L）

20 mmol/L HEPES, pH 7.3

4℃保存不超过 1 年。

检测仪流动池（第 11.6 单元）

2 mm 的柱子需要内部体积小于 12 μl 的流动池，1 mm 的柱子需要内部体积小于 5 μl 的流动池。许多用于 2 mm 柱子的新式 HPLC 系统所配备的流动池有一小出口管（内径 0.005 in），能够收集流出峰而不会因为混合使分辨率下降。老式 HPLC 只能使用内径为 4.6 mm 的柱子，如 Hewlett-Packard HP-1090，可能需要改动。大多数仪器，只需用内径为 75 μm 的 FSC 管（Polymicro Technologies）或内径为 0.005 in 的 PEEK 管（Upchurch Scientific）连接流动池的出口即可，管子应尽可能地短，以避免混合而降低分辨率，并最大程度地降低反压（反压过大会使流动池破裂）。

去污剂贮液（第 9.5 单元）

用水配制 10% Triton X-100 或 5% 脱氧胆酸钠，用 Millipore 滤器过滤除菌。室温保存（稳定 5 年）。Triton X-100 要避光保存。

可用 NP-40 代替 Triton X-100。

显影液（第 18.6 单元）

加 66 μl NBT 贮液（见配方）于 10 ml 碱性磷酸酶缓冲液（见配方）中，充分混合。加入 33 μl BCIP 贮液（见配方），再次混合。现用现配。

透析缓冲液 1（第 20.6 单元）

6 mol/L 盐酸胍, pH 5.0

√20 mmol/L EDTA

用前现配。

透析缓冲液 2（第 20.6 单元）

√10 mmol/L Tris·Cl

100 mmol/L NaCl

4℃可保存数周。

预处理的透析袋（第 7.3 单元）

取适合于所研究蛋白质的分子质量截留值（molecular weight cut-off，MWCO）的透析袋，将适当长度的透析袋按如下步骤处理，以除去甘油和生产时的残留物。在完好的烧杯中加入 1% 碳酸氢钠溶液，慢慢煮沸，将透析袋放入溶液中，慢慢煮沸 10 min；切勿使液体剧烈沸腾，否则透析袋会突出液面，容易碎。加入蒸馏水冷却，然后用蒸馏水彻底冲洗透析袋的内外。在 0.005% 叠氮钠中 4℃可保存数日。

重要注意事项：小心锋利的东西，如手指甲，特别是吸头，这些东西很容易弄坏透析袋，导致样品完全丢失。

二氧杂环丁烷磷酸盐底物缓冲液（第 10.7 单元）

　　1 mmol/L MgCl

　　0.1 mol/L 二乙醇胺

　　0.02%（*m/V*）叠氮钠（可选）

　　用 HCl 调 pH 至 10，新鲜配制。

DLM 培养基（第 5.3 单元）

　　2.5 g 盐酸腺嘌呤

　　2.2 g L-甘氨酸

　　1.3 g 鸟苷

　　1 g L-丙氨酸

　　1 g L-精氨酸

　　0.8 g L-天冬氨酸

　　0.06 g L-胱氨酸

　　1.3 g L-谷氨酸

　　0.66 g L-谷氨酰胺

　　0.12 g L-组氨酸

　　0.5 g L-异亮氨酸

　　0.5 g L-亮氨酸

　　0.7 g L-赖氨酸

　　0.2 g L-甲硫氨酸

　　0.26 g L-苯丙氨酸

　　0.2 g L-脯氨酸

　　0.2 g 硒代 L-甲硫氨酸

　　4.2 g L-丝氨酸

　　0.46 g L-苏氨酸

　　0.34 g L-酪氨酸

　　0.46 g L-缬氨酸

　　0.34 g L-胸腺嘧啶

　　1 g 尿嘧啶

　　20 g 葡萄糖

　　0.75 g NH_4Cl

　　1.2 g K_2HPO_4

　　0.4 g $MgCl_2 \cdot 6H_2O$

　　√10 ml 痕量元素溶液 1

　　加 H_2O 至 1 L

　　除了 L-天冬氨酸、L-谷氨酸、L-酪氨酸、鸟苷、胸腺嘧啶和尿嘧啶需要先溶于少量的 0.1 mol/L NaOH 中外，其余各成分可逐个地溶于水中，用 0.22 μm 的膜过滤除菌。室温保存。

　　警告：硒代 L-甲硫氨酸有剧毒。

DMEM/F12 用户改良培养基（第 5.7 单元）

DMEM/F12 培养基（1：1 DMEM/F12；如 Life Technologies、JRH Biosciences、HyClone 或 Irvine Scientific 等公司），不含胸腺嘧啶脱氧核苷、次黄嘌呤或 L-谷氨酰胺，含有以下成分（终浓度）：

25 mmol/L HEPES

5 g/L D-葡萄糖

0.11665 g/L $CaCl_2$（无水的）

0.04884 g/L $MgSO_4$（无水的）

0.061 g/L $MgCl_2 \cdot 6H_2O$

2.5 g/L $NaHCO_3$

0.05%（m/V）聚醚 F-68（BASF）

用 NaCl 调渗透压至 280～320 mOsm/kg

4～8℃可保存 1 个月。

用前加入 L-谷氨酰胺至 4 mmol/L。

根据需要添加入 γ 射线照射的、透析的和热灭活的 FBS（见配方）。

本配方（无 L-谷氨酰胺和血清）可从 Life Technologies、JRH Biosciences、HyClone 或 Irvine Scientific 公司订购。

DNA 酶 I 溶液（第 9.4 单元）

1 mg/ml 冻干的 DNA 酶 I（U.S. Biochemical 公司）

50%甘油

1 mmol/L $CaCl_2$

−20℃保存不超过 1 年。

0.2 mg/ml DNA 酶 I 贮液（第 20.6 单元）

0.2 mg/ml 牛胰腺 DNA 酶 I（Roche 公司）

√50 mmol/L Tris·Cl，pH7.2

用 0.22 μm 膜过滤滤器过滤除菌。

分装成 2 ml 的小份，−20℃可保存 6 个月。

DNPH 溶液（第 14.4 单元）

198 mg 2，4-二硝基苯基化（DNPH；分子质量 198.1）溶于 100 ml 2 mol/L HCl 中（DNPH 终浓度为 10 mmol/L）。必要时搅动以完全溶解（可能需要 1～2 h）。室温避光可保存 1 年。

省却成分培养基（第 18.5 单元）

液体培养基：

在 800 ml H_2O 中加入：

1.7 g 不含氨基酸的酵母氮源

5 g 硫酸铵

20 g 葡萄糖

√1.4 g C 省却成分粉

加 H_2O 至 1 L

高压灭菌，4℃可保存 10 个月。

＋3AT 省却成分缺失培养基：

加 3 mmol/L 3-氨基三唑（终浓度）

固体培养基：高压灭菌前加入 16 g 琼脂（如 Difco 和 Becton Dicknson 公司）。冷却至 45℃，倒入适当的平皿中。将平皿包好后于 4℃可保存 6 个月。

干胶条平衡液（第 10.3 单元）

√20 ml 1 mol/L Tris·Cl，pH 6.8（终浓度 50 mmol/L）

72 g 超纯尿素（终浓度 6 mol/L）

60 ml 甘油（终浓度 30%）

2 g 十二烷基硫酸钠（SDS；终浓度 1%）

67 ml Milli-Q 水

溶液 1：每 10 ml 平衡液中加入 50 mg DTT。

溶液 2：每 10 ml 平衡液中加入 0.45 g 碘乙酰胺和几粒溴酚蓝。

用前新鲜配制（终体积 200 ml）。

E1/E2 洗脱液（第 20.2 单元）

√50 mmol/L Tris·Cl，pH 7.5

√0.1 mol/L EDTA

20 mmol/L DTT

100 mmol/L KCl

新鲜配制。

E3 洗脱液（第 20.2 单元）

√50 mmol/L Tris·Cl，pH 9.0

1 mol/L KCl

2 mmol/L DTT

新鲜配制。

ECPM1 培养基（第 5.3 单元）

4 g K_2HPO_4

1 g KH_2PO_4

1 g NH_4Cl

2.4 g K_2SO_4

132 mg $CaCl_2·H_2O$

√10 ml 痕量元素溶液 1

20 g 酪蛋白水解物（酶水解，Difro 公司）

3 g 酵母提取物（Difro 公司）

40 g 甘油

加 H_2O 至 800 ml

混合各成分，倒入发酵罐中，加热灭菌（见第 5.3 单元，基本方案 1，第 5～8 步），在步骤 6 时补水至 1 L。如第 12 步所示，加入 2 ml 1 mol/L $MgCl_2·6H_2O$（用 0.22 μm 膜过滤除菌）。灭菌后，4℃可保存一周。

0.5 mol/L EDTA（乙二胺四乙酸），pH 8.0

将 186.1 g Na_2 EDTA · $2H_2O$ 溶于 700 ml 水中

用 10 mol/L NaOH 调 pH 至 8.0（约需50 ml）

加水至 1 L。

在样品完全溶解之前开始滴定。在这个浓度 EDTA 很难溶（即使是二钠盐），除非将 pH 升至 7～8。

10×电泳缓冲液（第7.4单元）

已成功用于尿素梯度胶的缓冲液含有：

0.5 mol/L 乙酸-Tris，pH 4.0（0.5 mol/L 的乙酸，用 Tris base 调 pH 至 4.0）

0.5 mol/L 咪唑/0.5 mol/L MOPS，pH 约 7.0

0.5 mol/L Tris-乙酸，pH 8.0（0.5 mol/L Tris base，用乙酸调 pH 至 8.0）

0.5 mol/L Tris/0.5 mol/L Bicine，pH 约 8.4

所有缓冲液均室温保存。

10×电泳缓冲液（第13.6单元）

配制每种缓冲液时，应充分混合，并在瓶上记录 pH 和配制日期。如果 pH 偏离大于1/10个 pH 单位，则重新配制缓冲液。不要调 pH，所有缓冲液均室温保存。

pH 1.9 缓冲液：

50 ml 甲酸（88%，*m/V*）

156 ml 冰醋酸

1794 ml 去离子水。

pH 3.5 缓冲液：

100 ml 冰醋酸

10 ml 吡啶

1890 ml 去离子水。

pH 4.72 缓冲液：

100 ml 正丁醇

50 ml 吡啶

50 ml 冰醋酸

1800 ml 去离子水。

pH 6.5 缓冲液：

8 ml 冰醋酸

200 ml 吡啶

1792 ml 去离子水。

pH 8.9 缓冲液：

20 g 碳酸铵

2000 ml 去离子水。

ELISA 缓冲液（第14.4单元）

封闭缓冲液：

0.2%（*m/V*）丙种球蛋白（Sigma 公司）

PBST（见下面）

用 0.45 μm 膜过滤

4℃可保存一周。

1×二乙醇胺（DEA）缓冲液：

24.25 ml 98％二乙醇胺

200 ml Milli-Q 水

0.25 ml 20％叠氮钠

25 mg $MgCl_2 \cdot 6H_2O$

用浓盐酸调 pH 至 9.8

加 Milli-Q 水至 250 ml。

10×磷酸盐缓冲液/Tween 20（PBST）：

80 g NaCl

2 g KH_2PO_4

11.5 g Na_2HPO_4

2 g KCl

5 ml Tween 20

10 ml 20％（m/V）NaN_3

加 Milli-Q 水至 2 L

室温可保存 2 个月。

包被缓冲液：

0.795 g Na_2CO_3

1.465 g $NaHCO_3$

0.5 ml 20％（m/V）NaN_3

加 Milli-Q 水至 500 ml

如果需要，用 1 mol/L NaOH 调 pH 约为 9.6。

Ellman 试剂溶液（第 17.2 单元）

4 mg 5,5′-二硫代-双-（2-硝基苯甲酸）（Ellman 试剂，Pierce 公司）

√1 ml 0.1 mol/L 磷酸钠，pH 8.0

使用前现配。

洗脱缓冲液（第 9.6 单元）

√100 mmol/L Tris·Cl，pH 7.4

1％（m/V）SDS

室温可保存 1 周

10 mmol/L DTT（使用前现加入 DTT 粉）。

洗脱缓冲液（第 20.5 单元）

√1.2 mmol/L Tris·Cl，pH 7.9

60 mmol/L 咪唑

30 mmol/L NaCl

4℃可保存 6 个月。

洗脱缓冲液（第 20.8 单元）

√50 mmol/L Tris·Cl，pH 8.0

200 mmol/L 咪唑（0.005% β-NADH 相当于荧光空白对照，如 Sigma 公司）

100 mmol/L NaCl

过滤除菌（不能高压灭菌）

室温可保存 1 年。

洗脱缓冲液 1（第 20.6 单元）

0.1 mol/L 乙酸，pH 3.0

室温可保存数周。

洗脱缓冲液 2（第 20.6 单元）

√5 mmol/L Tris·Cl，pH 7.0

100 mmol/L NaCl

50 mmol/L 苯甲脒

室温可保存数周。

0.1 μg/μl 酶溶液（第 11.2 单元）

梭菌蛋白酶（clostripain）：将 20 μg 梭菌蛋白酶溶于 200 μl 生产商提供的缓冲液中（测序级，Promega 公司），浓度为 0.1 μg/μl。−20 ℃保存酶溶液（可稳定 1 个月）。

梭菌蛋白酶只切割精氨酸残基。每份酶溶液足以消化 50 μg 蛋白质。

内切蛋白酶 Lys-C：将 3 U 内切蛋白酶 Lys-C（Roche Diagnostics 公司）溶解于 200 μl Milli-Q 纯水中，得到 0.015 U/μl 的工作液。静置约 10 min。分装成 5 μl 的小份，于−20℃保存（可稳定至少 1 个月）。

内切蛋白酶 Lys-C 只切割赖氨酸残基。一小份酶溶液足以消化 5 μg 蛋白质。

内切蛋白酶 Glu-C：在 50 μl Milli-Q 纯水中溶解 50 μg 内切蛋白酶 Glu-C（测序级，Roche Diagnostics 公司），静置约 10 min。分装成 5 μl（即 5 μg）的小份，置于干净的微量离心管中，在旋转蒸发器内干燥，于−20℃保存（可稳定至少 1 个月）。用前将酶重新溶于 50 μl Milli-Q 纯水中，得到 0.1 μg/μl 的工作液。

内切蛋白酶 Glu-C 主要切割谷氨酸，但有时可切割天冬氨酸。每份酶溶液足以消化 50 μg 蛋白质。

胰蛋白酶：将 25 μg 胰蛋白酶（测序级，Roche Diagnostics 公司）溶于 25 μl 0.01% 三氟乙酸（TFA）中，静置约 10 min。分装成 5 μl（即 5 μg）的小份，置于干净的微量离心管中，在旋转蒸发器内干燥，于−20℃保存（可稳定至少 1 个月）。用前将酶重新溶于 50 μl 0.01% TFA 中，得到 0.1 μg/μl 的工作液。

胰蛋白酶主要切割精氨酸和赖氨酸残基。每份酶溶液足以消化 50 μg 蛋白质。

内切糖苷酶 H（Endo H）消化缓冲液（第 12.1 单元）

15 μl 0.5 mol/L 柠檬酸钠，pH 5.5

80 μl 水

1 μl 100 mmol/L 苯甲基磺酰氟（PMSF），溶于乙醇中。

现用现配（PMSF 在水中不稳定）。

这足够 5 μl 0.5 U/ml 的内切糖苷酶 H 所需的缓冲液（100 μl 的消化体系）。PMSF

可抑制蛋白水解，不需要非离子型去污剂。

胞外缓冲液（第 13.5 单元）

110 mmol/L NaCl

10 mmol/L KCl

1 mmol/L $MgCl_2$

1.5 mmol/L $CaCl_2$

30 mmol/L HEPES

10 mmol/L 葡萄糖

过滤除菌，4℃可保存 1 个月。

提取缓冲液（第 6.3 单元）

√50 mmol/L Tris·Cl，pH 7.0

√5 mmol/L EDTA

8 mol/L 盐酸胍（764 g/L；超纯，ICN Biomedicals 公司）

于 4℃保存（至少稳定 1 个月）

用前加入 5 mmol/L DTT（770 mg/L）

如果缓冲液混浊，用 0.45～0.5 μm 的膜过滤（如果使用高纯度的盐酸胍，溶液应是清亮的。）

胚牛血清（FBS）（第 5.8 单元和第 5.9 单元）

购买 FBS（干冰上运输）后，在使用前要一直冷冻保存。一旦融化，4℃可保存3～4 周。如果在这段时间没有使用 FBS，应于无菌条件下分成小份再次冻存，避免反复冻融。－20℃保存不超过 1 年。

热灭活的 FBS 可从商家购买，也可将 FBS 在 56℃水浴中加热 30～60 min 来灭活。

加热可灭活补体蛋白，这样可防止与培养的细胞发生免疫反应。

甲醛固定液（第 10.4 单元）

400 ml 甲醇

0.5 ml 37%（*V/V*）甲醛

加 H_2O 至 1 L

室温保存不超过 1 个月。

凝胶过滤缓冲液（第 6.2 单元）

√1 份 1 mol/L Tris·Cl，pH 8.0（终浓度 100 mmol/L）

9 份水

用 HCl 调 pH 至 7.5

加入 1 mmol/L 叠氮钠（用 1 mol/L 贮液）

用前现配。

凝胶过滤缓冲液（第 6.3 单元）

√50 mmol/L Tris·Cl，pH 7.5

4 mol/L 盐酸胍（382 g/L；超纯级，ICN Biomedical 公司）

4℃保存（至少稳定 1 个月）

用前加入 5 mmol/L DTT（770 mg/L）

如果缓冲液混浊，用 $0.45 \sim 0.5 \mu m$ 的膜过滤（如果使用高纯度的盐酸胍，溶液应是清亮的）。用前脱气。

对于有些蛋白质，可能会需要更高浓度的盐酸胍（可达 8 mol/L）。

凝胶过滤缓冲液（第 7.9 单元）

使用 PBS（见配方）或其他与柱子（参见生产商的建议）和样品兼容的缓冲液。也可以加入蛋白酶抑制剂（如 1 mmol/L EDTA、0.15 mmol/L PMSF）和抑菌剂（0.05% 叠氮钠）。为防止二硫键的形成，还可加入还原剂 [2-巯基乙醇、二硫苏糖醇或三羟乙基膦（TCEP）]。用前脱气。除非加入抗微生物剂（可使用达 1 个月之久），否则需每周新鲜配制。

GF 缓冲液（第 8.3 单元）

用于脱盐：使用挥发性缓冲液（如 0.05 mol/L 氢氧化铵、0.05 mol/L 醋酸、0.05 mol/L 醋酸铵或 0.5 mol/L 碳酸氢铵），除非这一步骤是为了更换缓冲液，使用最终的目的缓冲液。

用于蛋白质分级分离：使用 0.05 mol/L 的磷酸钠或磷酸钾（pKa＝2.1，7.2，12.4；见配方）、0.05 mol/L Tris·Cl（pKa＝8.1；见配方）或 0.05 mol/L 醋酸钠或醋酸钾（pKa＝4.8；见配方）。

这些缓冲液的缓冲能力在 pH 位于 pKa±0.5 的范围内比较适宜。如果蛋白质要冻干，则使用挥发性缓冲液或水更有利。

用于确定分子的大小：使用与蛋白质分级分离相同的缓冲液，但应选择一种避免溶质-基质相互作用的缓冲液。如果要长期使用层析柱，应加入防腐剂抑制细菌生长。要确保缓冲液与检测步骤相容（例如，如果要用质谱检测，应选用低盐的缓冲液）。如果要在变性条件下校准，可用 6 mol/L 盐酸胍作为 GF 缓冲液。作为变性剂，盐酸胍要比尿素效果好（见附录 3A）。

对于所有缓冲液：如果缓冲液要使用较长的时间，应加入抗微生物剂（例如，20% 乙醇、0.02%～0.05% 叠氮钠或 0.002% 洗必泰），调整缓冲液的 pH，用 0.22 μm 的膜过滤，然后重新测 pH，必要时重新进行调整。在长期使用之前，也建议将缓冲液脱气。通常每周配制一次新缓冲液，但如果加入了抗微生物剂，则可保存 1 个月或更长的时间。

酸洗的玻璃珠（第 5.5 单元）

在浓盐酸中将直径 0.45 mm 的玻璃珠（B. Braun 公司）洗涤 16 h，用蒸馏水中彻底冲洗，在 150℃ 以上烤 16 h。室温可长期保存。

0.2 mol/L L-谷氨酰胺（第 3.6 单元和第 5.8 单元）

融化商业化配制的冰冻 L-谷氨酰胺或配制 0.2 mol/L 的 L-谷氨酰胺水溶液。无菌条件下分装成小份，重新冷冻。−20℃ 保存不超过 1 年。

0.15% 戊二醛溶液（第 17.2 单元）

在通风橱中，将 30 μl 25% 戊二醛水溶液加入到 5 ml 50 mmol/L 硼酸钠缓冲液（pH 8.0；用 HCl 调 pH）中。新鲜配制，立即使用。如果戊二醛沉淀，检查一下溶液的 pH，不应该大于 8.0，可以使用稍低些的 pH（pH 7～8）。

谷胱甘肽缓冲液（第 6.6 单元）

50 mmol/L Tris 碱

10 mmol/L 还原型谷胱甘肽（Sigma 公司）

用 6 mol/L HCl 调 pH 至 8.0

用冷 H_2O 定容

每天新鲜配制，4℃保存，直到使用。

谷胱甘肽-agarose 浆液或谷胱甘肽-Sepharose 浆液（第 18.4 单元）

在 30 ml 50 mmol/L Tris·Cl（pH 7.5；见配方）中加入 1.5 g 谷胱甘肽-agarose 或谷胱甘肽-Sepharose 胶珠（如 Pierce 公司、Sigma 公司），在冰上溶胀 1～2 h。通过重力或非常温和的离心（在台式离心机中 1000 r/min 离心 1 min）沉淀胶珠，然后用免疫共沉淀缓冲液（见配方）洗涤 4 次，免疫共沉淀缓冲液中不含蛋白酶抑制剂混合物，而含有 1 mmol/L 叠氮钠。将胶珠重悬于 15 ml 这种缓冲液中，使最终胶浆浓度为 100 mg/ml。4℃保存（可稳定数月）。

谷胱甘肽氧化还原缓冲液（第 17.4 单元）

配制 0.1 mol/L 的 Tris·Cl（见配方）或 Tris·醋酸缓冲液，pH 7.7～8.7。往缓冲液中加入还原型谷胱甘肽（1～10 mmol/L）和氧化型谷胱甘肽（0.1～1.0 mmol/L），还原型和氧化型谷胱甘肽的摩尔比为 10:1。

0.1 mol/L 谷胱甘肽贮液（第 6.5 单元）

还原型谷胱甘肽：在水中溶解还原型谷胱甘肽（GSH），浓度为 30.73 mg/ml，用 NaOH 调 pH 至 7.0。−20℃以下保存（可稳定 1 个月以上）。

氧化型谷胱甘肽：在水中溶解氧化型谷胱甘肽（GSSG），浓度为 61.3 mg/ml，用 NaOH 调 pH 至 7.0。−20℃以下保存（可稳定 1 个月以上）。

20%（V/V）甘油（第 5.2 单元）

在 2.5 ml 的冻存管中分装 1 ml 20%（V/V）的甘油。松松地盖上盖子，高压蒸汽灭菌，然后盖紧盖子。4℃可保存 1 年。

甘氨酸缓冲液（第 9.5 单元）

50 mmol/L 甘氨酸·HCl，pH 2.5

√0.1% Triton X-100（见去污剂贮液配方）

0.15 mol/L NaCl。

4×甘氨酸凝胶缓冲液，pH 8.6～10.6（第 10.2 单元）

15.01 g 甘氨酸（终溶液 200 mmol/L）

加入 500 ml H_2O

用 1 mol/L NaOH 调 pH 至 8.6～10.6

加 H_2O 至 1 L

4℃可保存 1 个月。

绿色标记物染料（第 13.6 单元）

在本单元中，配制含有 5 mg/ml ε-二硝基苯（DNP）(黄色)和 1 mg/ml 二甲苯蓝 FF（蓝色）的电泳缓冲液，pH 4.72（见配方），用去离子水 1:1 稀释。室温可保存 1 年。

6 mol/L 盐酸胍（第 17.2 单元）

    1 g 盐酸胍

    √1 ml 0.05 mol/L 磷酸钠，pH 7.0

    室温可保存数月。

胍洗涤缓冲液（第 14.5 单元）

    6 mol/L 盐酸胍

    √50 mmol/L 磷酸钠缓冲液，pH 8.0

    √10 mmol/L Tris · Cl，pH 8.0

    300 mmol/L NaCl

    5 mmol/L N-乙基顺丁烯二酰亚胺（N-ethylmaleimide，NEM），新鲜溶解

    2 μg/ml 抑肽酶（aprotinin）、亮抑酶肽（leupeptin）和胃蛋白酶抑制剂（pepstatin），用时现用 5 mg/ml 贮液配制

    未加 NEM 或蛋白酶抑制剂的缓冲液，4℃可保存 6 个月。

GuMCAC 缓冲液（第 9.4 单元）

    GuMCAC-0 缓冲液：

    √20 mmol/L Tris · Cl，pH 7.9

    0.5 mol/L NaCl

    10%甘油

    6 mol/L 盐酸胍

    GuMCAC-20、GuMCAC-40、GuMCAC-60、GuMCAC-100 和 GuMCAC-500 缓冲液：在 GuMCAC-0 缓冲液中加入 500 mmol/L 咪唑即为 GuMCAC-500 缓冲液。按照合适的体积比（V/V）混合 GuMCAC-0 和 GuMCAC-500 以制备其他缓冲液（含不同浓度的咪唑）。所有缓冲液于4℃最多可保存 6 个月。

    可使用低盐浓度的缓冲液，但可能导致杂蛋白与树脂之间的非特异性结合。

GuMCAC-EDTA 缓冲液（第 9.4 单元）

    √20 mmol/L Tris · Cl，pH 7.9

    √0.1 mol/L EDTA，pH 8.0

    0.5 mol/L NaCl

    10%甘油

    6 mol/L 盐酸胍

    4℃保存不超过 6 个月。

Hartree-Lowry 试剂 A（第 3.4 单元）

    2 g 酒石酸钾钠 · $4H_2O$（Rochelle 盐，终浓度 7 mmol/L）

    100 g Na_2CO_3（终浓度 0.81 mol/L）

    500 ml 1 mol/L NaOH（终浓度 0.5 mol/L）

    加 H_2O 至 1 L

    在塑料容器中，室温可保存 2～3 个月。

Hartree-Lowry 试剂 B（第 3.4 单元）

    2 g 酒石酸钾钠 · $4H_2O$（Rochelle 盐；终浓度 0.07 mol/L）

1 g CuSO₄·5H₂O（终浓度 0.04 mol/L）

90 ml H₂O

10 ml 1mol/L NaOH

在塑料容器中，室温可保存 2～3 个月。

Hartree-Lowry 试剂 C（第 3.4 单元）

用 15 倍体积的水稀释 1 倍体积的 Folin-Ciocalteau 试剂（Sigma 公司）。每日配制，不调 pH。

HCDM1 培养基（第 5.3 单元）

10 g K₂HPO₄

10 g KH₂PO₄

9 g Na₂HPO₄·2H₂O

1.1 g NH₄Cl

9 g K₂SO₄

√10 ml 痕量元素溶液 2

2 g 酵母提取物

加 H₂O 至 800 ml

加热灭菌（见第 5.3 单元，基本方案 1，第 5～8 步），在第 6 步中加入水至 1 L。加 2 ml 1 mol/L MgCl₂·6H₂O（用 0.22 μm 膜过滤除菌；见第 12 步）。如备择方案 2 所示，添加碳源（葡萄糖）。

肝素溶液（第 20.4 单元）

用 HNPN 缓冲液（见配方）配制 0～3.33 mg/ml 肝素溶液（终浓度 0～1 mg/ml）。4℃可保存 1 周。

hIL-2 破菌缓冲液（第 6.5 单元）

√0.1 mol/L Tris·HCl, pH 7.5（于 4℃定 pH）

√50 mmol/L EDTA

现用现配。

HNPN 缓冲液（第 20.4 单元）

20 mmol/L HEPES, pH 7.4

150 mmol/L NaCl

0.1% PEG8000

0.02%（m/V）NaN₃

室温可保存 1 年。

HNPN/聚凝胺溶液（第 20.4 单元）

√HNPN 缓冲液

0.667 mg/μl 聚凝胺（溴化己二甲铵；Sigma 公司）

新鲜配制。

氧化钬参照溶液（第 7.2 单元）

在一个光学质量级的非荧光熔融石英管（National Insitute of Standards and Technology，标准参考材料目录）中，用 10%（*V/V*）的高氯酸水溶液配制 4%的氧化钬溶液。室温可保存数月。

匀浆缓冲液（第 **7.3** 单元）

√50 mmol/L Tris·HCl，pH 7.5（或其他合适的缓冲液）

√1 mmol/L EDTA

0.1%～1% Tween 80（提取可溶性细胞内蛋白质时不加）

4～8℃可保存 2 周

HPLC 溶剂 A 和 B（第 **7.3** 单元）

溶剂 A：加 1 g HPLC 级三氟乙酸（TFA；Pierce 或 ABI 公司）至 1 L HPLC 级水中（如用 Millipore、Milli-Q 系统纯化的水），混合。在一个全玻璃装置（Millipore 公司）中真空过滤以脱气，也可通入氦气鼓泡搅拌脱气。室温保存，防尘（至少稳定 3 个月）。每次用前脱气。

溶剂 B：加 1 g TFA 至 100 ml HPLC 级水中并混合。用 HPLC 级乙腈稀释至 1 L。按溶剂 A 的方法进行脱气，但如果用真空过滤脱气，应使用耐有机溶剂的滤膜（如 Millipore 公司）。室温保存，防尘（至少稳定 3 个月）。每次用前脱气。

警告：未稀释的 TFA 有很强的腐蚀性；作好眼睛的保护措施（最好是面罩）和戴手套。一旦稀释至 1 g/L，就无危险了。

1.8 mol/L 羟胺溶液（第 **11.4** 单元）

在一个 50 ml 量筒中放入 5 g 羟胺（Fluka 公司），加入 20 ml 5 mol/L NaOH（pH 约为 7.2），如果不溶解，继续加入 NaOH，直至 pH 为 7～8。加入 1 g Na_2CO_3，用 12 mol/L HCl 调 pH 至 9。加入 Milli-Q 水至 40 ml，如果必要，重新调 pH 至 9。现用现配。

2 mol/L 羟胺溶液（第 **11.5** 单元）

称 5.5 g 羟胺·HCl（Fluka 公司），放入一个 100 ml 的烧杯中，缓慢加入 4.5 mol/L LiOH，剧烈搅拌，直到羟胺盐完全溶解。用 4.5 mol/L LiOH 调 pH 至 11.5。加入 Milli-Q 水（或等质水）至 40 ml。现用现配。

用 LiOH 代替 NaOH 是因为 LiOH 易挥发，因此更容易被除去。

IAA

见吲哚-3-丙烯酸。

IMC 培养基（第 **6.7** 单元）

√200 ml 2%（*m/V*）酪蛋白水解物（终浓度为 0.5%）

√100 ml 10×M9 盐（终浓度为 1×）

40 ml 20%（*m/V*）葡萄糖（灭菌；终浓度为 0.5%）

1 ml 1 mol/L $MgSO_4$（无菌的；终浓度为 1 mmol/L）

0.1 ml 1 mol/L $CaCl_2$（无菌的；终浓度为 0.1 mmol/L）

1 ml 2%（*m/V*）维生素 B_1（无菌的；终浓度为 0.002%）

658 ml 玻璃蒸馏水（无菌的）

10 ml 10 mg/ml 氨苄青霉素（无菌的；可选；终浓度为 100 μg/ml）

新鲜配制。

IMC 平板（第 6.7 单元）

15 g 琼脂（Difco 公司）

4 g 酪蛋白水解物（Difco 公司认证的）

858 ml 玻璃蒸馏水（无菌的）

高压灭菌 30 min

在 50℃水浴中冷却，然后加入：

√100 ml 10×M9 盐

40 ml 20%（m/V）葡萄糖（无菌的）

1 ml 1 mol/L MgSO₄（无菌的）

0.1 ml 1 mol/L CaCl₂（无菌的）

1 ml 2%（m/V）维生素 B₁（无菌的）

10 ml 10 mg/ml 氨苄青霉素（无菌的；可选）

充分混合后倒入培养皿中

4℃保存不超过 1 个月。

免疫沉淀洗涤缓冲液（第 13.1 单元）

√RIPA 裂解缓冲液

1 mmol/L DTT，用−20℃保存的 1 mol/L 贮液加入。

IN 破菌缓冲液（第 6.5 单元）

√50 mmol/L Tris·HCl，pH 7.5（于 4℃定 pH）

√5 mmol/L EDTA

5 mmol/L 苯甲脒·HCl（780 mg/L）

5 mmol/L DTT（770 mg/L）

0.1 mg/ml 溶菌酶（100 mg/L）

用前现配。

DTT 最好是固体加入，但是也可用 0.2 mol/L 水贮液加入（30.8 g/L；在−20℃以下保存；至少稳定 1 个月）。

IN 柱缓冲液 A（第 6.5 单元）

√10 mmol/L Tris·HCl，pH 7.5（于 4℃定 pH）

4 mol/L 盐酸胍（382 g/L）

1 mmol/L 2-巯基乙醇（2-ME；0.070 ml/L）

浓 2-ME（14.3 mol/L）应于 4℃保存，每 2～3 个月应新打开一瓶。

IN 柱缓冲液 B（第 6.5 单元）

在 500 ml 水中加入：

√10 ml 1 mol/L Tris·HCl，pH 8.0（于 4℃定 pH，终浓度为 10 mmol/L）

0.73 g NaH₂PO₄·H₂O（单碱的，分子质量 137.99）

13.44 g Na₂HPO₄（二碱的，分子质量 141.96）

0.07 ml 2-巯基乙醇（2-ME，终浓度为 1 mmol/L）

溶解后，接着加入 573.2 g 盐酸胍（终浓度为 6 mol/L）

冷却至 4℃，加 4℃水至 1 L

用 2 mol/L NaOH 或 2 mol/L HCl 于 4℃（如果必要）调 pH 至 8.0

现用现配。

浓 2-ME（14.3 mol/L）应于 4℃保存，每 2 个月或 3 个月应新打开一瓶。

IN 柱缓冲液 C（第 6.5 单元）

用 HCl 调定 IN 柱缓冲液 B（见配方）pH 至 6.4（4℃时）。用前现配。

IN 柱缓冲液 D（第 6.5 单元）

配制 100 mmol/L（13.8 g/L）$NaH_2PO_4 \cdot H_2O$。如果必要，用 2 mol/L NaOH 或 2 mol/L HCl 调 pH 至 4.5。

IN 柱缓冲液 E（第 6.5 单元）

用前配制。配制 IN 柱缓冲液 B（见配方），用 5 mmol/L DTT 代替 2-巯基乙醇。

DTT 最好是固体加入，但是也可从 0.2 mol/L 水贮液加入（30.8 g/L；在 −20℃ 以下保存；至少稳定 1 个月）。

IN 柱缓冲液 F（第 6.5 单元）

√50 mmol/L Tris·HCl，pH 7.5（于 4℃定 pH）

0.25 mol/L NaCl（14.6 g/L）

10 mmol/L 3-[3-(胆酰胺基丙基) 二甲氨基]-1-丙磺酸盐（CHAPS；分子质量 614.9；6.2 g/L）

1 mmol/L DTT（154 mg/L）

√1 mmol/L EDTA

1 mol/L 尿素（60 g/L）

现用现配。

DTT 最好是固体加入，但是也可从 0.2 mol/L 水贮液加入（30.8 g/L；在 −20℃ 以下保存；至少稳定 1 个月）。

IN 柱缓冲液 G（第 6.5 单元）

配制不含尿素的 IN 柱缓冲液 F（见配方）。

IN 提取缓冲液（第 6.5 单元）

√10 mmol/L Tris·HCl，pH 7.5（于 4℃调 pH）

8 mol/L 盐酸胍（764 g/L）

5 mmol/L DTT（770 mg/L）

现用现配。

如果使用高质量的盐酸胍，溶液应是无色清亮的（见附录 3A）

DTT 最好是固体加入，但是也可从 0.2 mol/L 水贮液加入（30.8 g/L；在 −20℃ 以下保存；至少稳定 1 个月）。

IN 折叠缓冲液（第 6.5 单元）

√50 mmol/L Tris·HCl，pH 7.5（于 4℃调 pH）

0.5 mol/L NaCl（29.2 g/L）

10 mmol/L 3-[3-(胆酰胺基丙基) 二甲氨基] 丙磺酸盐（CHAPS；分子质量 614.9；6.2 g/L）

2 mmol/L DTT（308 mg/L）

现用现配。

DTT 最好是固体加入，但是也可从 0.2 mol/L 水贮液加入（30.8 g/L；在 −20℃ 以下保存；至少稳定 1 个月）。

印度墨汁溶液（第 13.2 单元）

√TBS

1 μl/ml 印度墨汁

0.02%（V/V）Tween 20

调 pH 至 6.5

新鲜配制，室温可长期保存。

印度墨汁溶液（第 18.6 单元）

100 μl 印度墨汁（Pelikan 或 Higgans 公司）

√100 ml PBS

0.4% Tween 20

新鲜配制。

400×吲哚-3-丙烯酸（IAA）（第 5.2 单元和第 5.3 单元）

IAA 以粉末状态保存于 4℃。用前在乙醇中新鲜配制 400×IAA 浓溶液（10 g/L）。

抑制剂贮液（第 12.1 单元）

将粟精胺（分子质量 189.2）、1-脱氧甘露野尻霉素（分子质量 199.6）或 1-脱氧野尻霉素（分子质量 163.2）溶于水中，浓度为 400 mmol/L；将苦马豆素（分子质量 173.2）溶于水中，浓度为 1 mg/ml。用 0.2 μm 膜过滤除菌，−20℃ 冻存（长期稳定）。

将衣霉素（分子质量 840）溶于二甲基亚砜（DMSO）、二甲基甲酰胺（DMF）、95% 乙醇或 25 mmol/L NaOH 中，浓度为 1 mg/ml。−20℃ 冻存（稳定约 1 年）。

如果使用 NaOH，贮液保存在盖紧盖的小管中以防止吸收二氧化碳，吸收二氧化碳会降低 pH。衣霉素在中性水溶液中的溶解度小于 1 mg/ml（配制此浓度的溶液会产生可见的沉淀）。

IPG 样品缓冲液（第 21.2 单元）

20 mg/ml DTT

2% IPG 缓冲液或载体两性电解质（Amersham Biosciences 公司）

4% CHAPS

8 mol/L 尿素

新鲜配制。

100×异丙基-β-D-硫代半乳糖吡喃糖苷（IPTG）（第 5.2 单元和第 5.3 单元）

IPTG 以粉末状态保存于 −20℃。用水配制新鲜的 100×IPTG 浓溶液（50 mmol/L，即 11.9 mg/L）。用前过滤除菌。

100 mmol/L 异丙基-β-D-硫代半乳糖吡喃糖苷（IPTG）（第 6.6 单元）

1 g IPTG

42 ml 灭菌水

在无菌管中分装，每份 6 ml

−20℃ 可保存 1 年。

250×异丙基-β-D-硫代半乳糖吡喃糖苷（IPTG）贮液（第 20.6 单元）

将 6 g IPTG 加入水中，至 50 ml（终浓度为 500 mmol/L）。用 0.22 μm 膜过滤除菌，分装成 2 ml 的小份，−20℃可保存 6 个月。

标记培养基（第 14.1 单元）

不含甲硫氨酸的组织培养基，含有：

125～250 μCi/ml ［^{35}S］甲硫氨酸

每次实验前新鲜配制。

LB 培养基

每升：

10 g 胰蛋白胨

5 g 酵母提取物

5 g NaCl

10 ml 1 mol/L NaOH（至 pH 7.0）

加 H_2O 至 1 L

121℃灭菌 30 min

分装至 20 ml 培养管（2 ml/管或 5 ml/管）或摇瓶中。用硬铝盖或铝箔覆盖的脱脂棉塞封口。

使用前应加入适当的抗生素。

LB 培养基有许多不同的配方，但只是 NaOH 的加量不同。尽管本配方的 pH 被调至 7.0 左右，但本培养基的缓冲能力不强，当培养物在培养基生长至接近饱和时，pH 会下降。

LB 平板（第 5.2 单元和第 5.3 单元）

往每升 LB 培养基（见配方）中加入 20 g 琼脂，高压灭菌。冷却至约 50℃后，加入适当的补充物（即抗生素）。在每个无菌的一次性培养皿中倒入 32～40 ml 培养基，每升培养基可制备 25～30 个平板。让琼脂凝固，室温放置 2～3 天，或将平板去盖后倒置于 37℃培养箱或层流通风橱中，放置 30 min，使平板干燥。将干燥的平板包裹在原包装的袋子中，于 4℃保存。含有抗生素的平板保存期有限，分别为：氨苄青霉素 2 周；氯霉素、卡那霉素和四环素 6 周。

10×上样缓冲液（附录 3E）

20%（m/V）Ficoll 400

√0.1 mol/L EDTA

√1%（m/V）SDS

0.25%（m/V）溴酚蓝。

长期标记培养基（第 3.6 单元）

√9 体积脉冲标记培养基

√1 体积示踪培养基（最终 90%不含甲硫氨酸）

4℃可保存 2 周。

发光显迹溶液（第 10.7 单元）

1,2-二氧环丁烷磷酸盐显迹溶液：用 1,2-1,2-二氧环丁烷磷酸盐底物缓冲液

（见配方）配制 0.1 mg/ml AMPPD 或 CSPD（Tropix 公司）或 0.1 mg/ml Lumigen-PDD（Lumigen 公司）底物，用前现配。Lumi-Phos530（Boehringer Mannheim 或 Lumigen 公司）是即用型溶液，可直接加到膜上。

AMPPD 底物的这个浓度（240 μmol/L）是 Tropix 公司建议的最小用量。也可用比 240 μmol/L 低 10 倍的浓度，但需要较长时间的曝光。

鲁米诺（luminol）显迹溶液：

0.5 ml 10×鲁米诺贮液［40 mg 鲁米诺（Sigma 公司）溶于 10 ml 二甲基亚砜（DMSO）中］

0.5 ml 10×对碘苯酚（p-iodophenol）贮液［可选，10 mg（Aldrich 公司）溶于 10 ml DMSO 中］

$\sqrt{}$2.5 ml 100 mmol/L Tris·HCl，pH 7.5

25 μl 3%（m/V）H_2O_2

加 H_2O 至 5 ml

用前配制。

也可使用预混合的鲁米诺底物混合物（Mast Immunosystem、Amershem、DuPont NEN Renaissance 或 Kirkegaard&Perry LumiGLO 公司）。有关合适的发光溶液的选择和缩写的定义，见表 10.15。

对碘苯酚能够增强光的输出。鲁米诺和对碘苯酚贮液可于－20℃保存不超过 6 个月。

冻干缓冲液（第 6.2 单元）

2.2 g $NaH_2PO_4·H_2O$

11.9 g $Na_2HPO_4·2H_2O$（终浓度为25 mmol/L磷酸钠，pH 7.5）

0.5 mmol/L 叠氮钠（用 1 mol/L 贮液加入）

加 H_2O 至 4 L

新鲜配制，立即使用。

裂解缓冲液（第 6.2 单元）

$\sqrt{}$100 mmol/L Tris·HCl，pH 8.0

$\sqrt{}$2 mmol/L EDTA，pH 8.0

5 mmol/L 苯甲脒·HCl（780 mg/L）

现用现配，4℃可保存数天。

溶液的电导为 1.57 mS/cm。

苯甲脒·HCl 是一种水溶性丝氨酸蛋白酶抑制剂。可用 50 μmol/L 4-(2-氨乙基)苯磺酰氟（AEBSF；Perfabloc SC，Boehringer Mannheim 公司）代替，AEBSF 一种水溶性抑制剂，与 PMSF 有相同的活性。

裂解缓冲液（第 6.3 单元）

$\sqrt{}$100 mmol/L Tris·HCl，pH 7.0

$\sqrt{}$5 mmol/L EDTA

5 mmol/L DTT（770 mg/L）

5 mmol/L 苯甲脒·HCl（780 mg/L）

现用现配。

裂解缓冲液（第 6.6 单元）

    50 mmol/L NaCl

    50 mmol/L Tris 碱

    √5 mmol/L EDTA

    1 μg/ml 亮抑酶肽

    1 μg/ml 胃蛋白酶抑制剂

    0.15 mmol/L 苯甲基磺酰氟（PMSF），溶于异丙醇中

    1 mmol/L 二异丙基氟磷酸盐（DFP）

    用 6 mol/L HCl 调 pH 至 8.0

    用冷 H_2O 加至最终体积

    每日新鲜配制。

    警告：DFP 是一种神经毒物。只在化学通风橱中戴双层手套处理纯的 DFP。严格遵守生产商给出的所有注意事项。

裂解缓冲液（第 9.5 单元）

    √TSA 溶液，含有：

    √2% Triton X-100（见去污剂贮液配方）

    5 mmol/L 碘乙酰胺（iodoacetamide）

    抑肽酶（0.2 胰蛋白酶抑制剂 U/ml）

    1 mmol/L PMSF（用 100 mmol/L 贮液加入，纯乙醇配制）。

    重要注意事项：碘乙酰胺是蛋白酶抑制剂，可防止半胱氨酸氧化成二硫键半胱氨酸。对于那些活性需要半胱氨酸的酶，裂解缓冲液中不应加入碘乙酰胺。

裂解缓冲液（第 10.3 单元）

    2.59 g 尿素（超纯）

    1.6 ml H_2O

    0.25 ml 2-巯基乙醇

    0.3 ml 两性电解质

    √1.0 ml 20%（m/V）Triton X-100 溶液

    用前现配。

    所用两性电解质与 IEF 凝胶配制时使用的两性电解质相同。如果需要，在 30℃水浴加热混合物以溶解尿素。

裂解缓冲液（第 12.1 单元）

    √0.01 mol/L Tris·HCl，pH 8.0

    0.14 mol/L NaCl

    0.025% NaN_3

    1% Triton X-100

    1 mmol/L 碘乙酰胺

    抑肽酶（0.2 胰蛋白酶抑制剂 U/ml）

    1 mmol/L 苯甲基磺酰氟（PMSF；用 100 mmol/L 贮液加入，纯乙醇配制）

现用现配。

警告：叠氮钠（NaN₃）有毒，戴手套操作。

裂解缓冲液（第 14.1 单元）

√PBS 或相似的缓冲液，含有：

0.5%（*V/V*）Triton X-100

√1 mmol/L EDTA，pH 6.8（用前用 0.5 mol/L 贮液加入）

20 mmol/L *N*-乙基顺丁烯二酰亚胺（NEM；用前从 1 mol/L 贮液现加入，乙醇配制）

1 mmol/L PMSF（用 200 mmol/L 贮液现用现加，异丙醇配制）

√小肽混合物（每个小肽最终浓度为 10 μg/ml，用前现加）

3 h 内使用。

对于 2× 裂解缓冲液，各试剂浓度加倍。

裂解缓冲液 I（第 20.7 单元）

√50 mmol/L Tris·HCl，pH 7.4

100 mmol/L NaCl

1%（*V/V*）Triton X-100

2.5 mmol/L EGTA

√2.5 mmol/L EDTA

1×蛋白酶抑制剂混合物（Complete mini，Boehringer Mannheim 公司）

4℃可保存 3 个月。

裂解缓冲液 II（第 20.7 单元）

√50 mmol/L Tris·HCl，pH 7.4（4℃时）

150 mmol/L NaCl

1 mmol/L DTT

√5 mmol/L EDTA

5 mmol/L EGTA

1%（*V/V*）Triton X-100

4℃可保存 3 个月。

2× 免疫沉淀裂解缓冲液（第 13.5 单元）

100 mmol/L HEPES

200 mmol/L NaCl

√40 mmol/L EDTA

4 mmol/L EGTA

100 mmol/L NaF

20 mmol/L β-磷酸甘油

2 mmol/L Na₃VO₄

2%（*V/V*）NP-40 或 Triton X-100

过滤除菌，4℃可保存 6 个月。

裂解缓冲液（第 21.1 单元）

表 21.1 列出了一些有用的裂解缓冲液，适合于 DIGE 样品的制备。建议的去污剂

成分如下：

  ASB14 (amidosulfobetaine-14) [182750]，Calbiochem 公司

  CHAPS {3-[(3-胆酰胺基丙基)二甲氨基]-1-丙磺酸盐；Sigma 公司}

  SB3-10 (N-decyl-N, N-dimethyl-3-ammonio-1-propanesulfonate，Sigma 公司)，
<1%

  NP-40 (乙基苯基聚乙二醇；USB)，<1%

  在 DIGE 标记过程中使用的所有裂解缓冲液不应含有以下试剂：

  任何含有伯胺的化合物

  还原剂：>2 mg/ml DTT 或>1 mmol/L TCEP；任何浓度的 2-ME

  缓冲液：>5 mmol/L HEPES、CHES、PIPES；或两性电解质或任何浓度的 IPG
缓冲液

  去污剂：>1% Triton X-100、SDS 或 NP-40

  蛋白酶抑制剂：含有 AEBSF 或>10 mmol/L EDTA 的任何溶液；使用建议浓度的
其他标准蛋白酶抑制剂。

10× 溶菌酶贮液（第 20.6 单元）

  2.5 mg/ml 鸡卵清溶菌酶（Sigma 公司）

  √50 mmol/L Tris·HCl，pH 7.2

  分装成 2 ml 的小份，−20℃可保存 6 个月。

10×M9 培养基（第 9.4 单元）

  30 g Na_2PO_4

  15 g KH_2PO_4

  5 g NH_4Cl

  2.5 g NaCl

  15 mg $CaCl_2$（可选）

  加 H_2O 至 1 L。

  加热搅拌直至溶解，分装到各培养瓶中，松松地盖上盖子，15 lb/in^2 高压灭菌 15
min。待培养瓶冷却至<50℃时，加入想添加的营养物质和（或）抗生素。待培养瓶冷
却至<40℃时，盖紧盖子，室温可长期保存（如果培养基污染则弃掉）。

M9 最低营养培养基（第 5.2 单元）

  6 g Na_2HPO_4

  3 g KH_2PO_4

  1 g NH_4Cl

  0.5 g NaCl

  3 mg $CaCl_2$

  加 H_2O 至 1 L

  121℃高压灭菌 30 min

  分装入 20 ml 培养管（2 ml/管或 5 ml/管）或摇瓶中，用硬铝盖或铝箔覆盖的脱脂
棉塞封口。

  应在使用前加入适当的抗生素。

M9 平板（第 5.2 单元）

在 200 ml（不是 1 L）水中配制 M9 最低培养基（见配方）浓溶液，在 800 ml 水中加入 20 g 琼脂，高压灭菌 15 min，然后加入灭菌的 M9 培养基浓溶液。冷却至约 50℃ 时，加入需要的添加物（即抗生素）。往每个无菌的一次性培养皿中倒入 32～40 ml 的培养基，每升培养基可制备 25～30 个平板。让琼脂凝固。室温放置 2～3 天，或将平板去盖后倒置于 37℃ 培养箱或层流通风橱中，放置 30 min，使平板干燥。将干燥的平板包裹在原包装的袋子中，于 4℃ 保存。含有抗生素的平板保存期有限，分别为：氨苄青霉素 2 周；氯霉素、卡那霉素和四环素 6 周。

10×M9 盐（第 6.7 单元）

60 g Na_2HPO_4（0.42 mol/L）

30 g KH_2PO_4（0.24 mol/L）

5 g NaCl（0.09 mol/L）

10 g NH_4Cl（0.19 mol/L）

加 H_2O 至 1 L

用 NaOH 调 pH 至 7.4

高压灭菌或用 0.45 μm 的膜过滤除菌，室温保存不超过 6 个月。

M9ZB 培养基（第 9.4 单元）

将 10 g 酶水解酪蛋白（*N*-Z-Amine A；Sigme 公司）和 5 g NaCl 溶于 889 ml 水中。高压灭菌，冷却，然后加入 100 ml 10×M9 培养基（见配方）、1 ml 1 mol/L 无菌的 Mg_2SO_4 和 10 ml 40%（*m/V*）的葡萄糖（过滤除菌）。室温保存不超过 1 年。

Mayer 苏木精（第 21.2 单元）

溶液 1：

3 g 苏木精

20 ml 100% 乙醇。

溶液 2（按顺序加入到 850 ml H_2O 中）：

0.3 g 碘化钠

1 g 柠檬酸

50 g 水合氯醛

50 g 硫酸钾铝。

工作液：混合溶液 1 和溶液 2，加入 120 ml 甘油，再次混合。置于深色瓶中，室温可保存数月。使用当天过滤。

MCAC 缓冲液（第 9.4 单元）

MCAC-0 缓冲液：

√20 mmol/L Tris·HCl，pH 7.9

0.5 mol/L NaCl

10% 甘油

1 mmol/L PMSF（苯甲基磺酰氟）

MCAC-20、MCAC-40、MCAC-60、MCAC-80、MCAC-100、MCAC-200 和 MCAC-1000 缓冲液：在 MCAC-0 缓冲液中加入 1000 mmol/L 咪唑即为 MCAC-1000 缓

冲液。按照合适的体积比（V/V）混合 MCAC-0 和 MCAC-1000 以制备其他的缓冲液（含不同浓度咪唑）。所有缓冲液于 4℃最多保存 6 个月。

临用前加入 0.2 mol/L PMSF 贮液，PMSF 贮液溶于无水乙醇中，于室温保存。也可以使用低盐浓度的缓冲液，但可能导致杂蛋白与树脂之间的非特异性结合。

MCAC-EDTA 缓冲液（第 9.4 单元）

√20 mmol/L Tris · HCl，pH 7.9

0.5 mol/L NaCl

10%甘油

√0.1 mol/L EDTA，pH 8.0

1 mmol/L PMSF

4℃保存不超过 6 个月。

临用前加入 0.2 mol/L PMSF 贮液，PMSF 贮液溶于无水乙醇中于室温保存。

10 mmol/L MES 缓冲液，pH 5（第 11.5 单元）

将 976 mg 2-(N-吗啉) 乙烷磺酸（MES；分子质量 195.2）溶于约 470 ml 蒸馏水中。用 HCl 调 pH 至 5。补水至 500 ml。4℃可保存 1 个月。

10 mmol/L 洛伐它丁（mevinolin）（第 14.3 单元）

将 90 mg 洛伐它丁（Merck；Biomol Research Labs 公司）溶于 1.8 ml 乙醇中，加热至 55℃以助于溶解。加入 0.9 ml 0.6 mol/L NaOH 和 18 ml 蒸馏水。室温温育 30 min。用 HCl 调 pH 至 8 并稀释至 10 mmol/L。分装成 500 μl 的小份，−20℃长期保存。

用 BSA 包被的微孔板（第 20.4 单元）

在 96 孔 U 形底的微孔板中，往每孔加入 200 μl 2 mg/ml 的 BSA ［用 HNPN 缓冲液（见配方）配制］。让微孔板于 4℃包被至少过夜的时间。在使用微孔板进行分析之前，移去所有的 BSA/HNPN 溶液。4℃可保存数周。

温和裂解缓冲液（第 13.1 单元）

10 mmol/L 3-[3-（胆酰胺基丙基）二甲氨基] 丙磺酸盐（CHAPS）或 1%（m/m）Nonidet P-40（NP-40）

0.15 mol/L NaCl

√0.01 mol/L磷酸钠，pH 7.2

√2 mmol/L EDTA

50 mmol/L 氟化钠

0.2 mmol/L 钒酸钠，用 0.2 mol/L 贮液（置于塑料瓶中，室温保存）新鲜加入 100 U/ml 抑肽酶（如 Trasylol，Bayer 公司）

未加钒酸钠和抑肽酶的缓冲液可于 4℃保存 1 年。

与 NP-40 相比，CHAPS 是较温和的去污剂，但是会产生沉淀，同时有较高的背景，而且对某些蛋白质的溶解效率降低。

20 μmol/L NaHCO$_3$，pH 8.8（第 14.4 单元）

16.8 mg NaHCO$_3$

加 H$_2$O 至 1 L

用 1 mol/L NaOH 调 pH

用前 1∶10 稀释

室温可保存 2 个月。

0.05% N-（1-萘基）乙二胺·2HCl（NNEDA）（第 20.3 单元）

将 0.5 g NNEDA（Sigma 公司）溶于 50 ml H_2O 中，用 100%乙醇稀释至 1 L。置于深色瓶中，室温保存。

非变性凝胶分析缓冲液（第 20.2 单元）

√20 mmol/L Tris·Cl，pH 7.4

5 mmol/L $MgCl_2$

1 mmol/L ATP

0.1 mmol/L Suc-LLVY-AMC（Bachem 或 Sigma 公司）

新鲜配制。

5× 和 1× 非变性凝胶电泳缓冲液，pH 8.1～8.4（第 20.2 单元）

5× 缓冲液：

0.45 mol/L Tris 碱

0.45 mol/L 硼酸

10 mmol/L $MgCl_2$

4℃可保存 4 周。

1× 缓冲液：用水稀释 5× 缓冲液，并分别加入 1 mol/L DTT 和 0.25 mol/L ATP 至 1 mmol/L。新鲜配制。

NBT 贮液（第 18.6 单元）

将 0.5 g 硝基四氮唑蓝（NBT）溶于 10 ml 70%二甲基甲酰胺中，4℃保存或分成小份，−20℃可保存 6 个月。

Ni-NTA 柱缓冲液（第 20.2 单元）

√50 mmol/L 磷酸钠缓冲液，pH 7.8

300 mmol/L NaCl

15 mmol/L 咪唑

4℃可保存数周。

50 mmol/L 硫酸镍（第 21.2 单元）

1.31 g $NiSO_4$·$6H_2O$

100 ml H_2O

4℃可保存 1 个月。

茚三酮试剂（第 3.4 单元）

溶液 1：

0.2 mol/L 柠檬酸缓冲液，pH 5.0

21 g 水柠檬酸（试剂级；终浓度 0.22 mol/L）

200 ml 1mol/L NaOH（终浓度 0.4 mol/L）

加 H_2O 至 500 ml

4℃保存。

溶液 2：

0.8 g SnCl$_2$ · 2H$_2$O（终浓度 7 mmol/L）

500 ml 0.2 mol/L 柠檬酸缓冲液，pH 5.0（溶液 1；终浓度 0.1 mol/L）。

溶液 3：

20 g 结晶茚三酮 [Sigma 公司；终浓度 4% （m/V）]

500 ml 2-甲氧基乙醇（甲基纤维素溶剂）。

工作液：混合 500 ml 溶液 2 和 500 ml 溶液 3，通入氮气，置于深色瓶中，4℃保存。

甲基溶纤剂（cellosolve）常常形成过氧化物，需要将其除去，如通过在金属锡上回流（reflux）和蒸馏将其去除。也可以直接购买氮保护的甲基溶纤剂（如 Aldrich 公司）。在任何情况下，每次使用溶于甲基溶纤剂中的茚三酮溶液后，都应短暂地通入氮气，以除去其中的空气。

警告：甲基纤溶剂的沸点是 124℃，尽管不易挥发，但有一定的毒性。大量操作时应在化学通风橱中进行。

警告：茚三酮溶液可将任何东西都染成深紫色。在混合和转移茚三酮溶液时，要戴手套和穿工作服。避免溢出。如果皮肤被染，每天用肥皂和水清洗数次，几天后颜色才褪去。

茚三酮试验试剂（第 17.3 单元）

溶液 A：将 40 g 试剂级苯酚溶于 10 ml 100% 的乙醇中。

溶液 B：将 65 g 氰化钾溶于 10 ml 水中，取 2 ml 此溶液，用新蒸馏的吡啶稀释至 100 ml。混合溶液 A 和溶液 B，4℃可长期保存。

溶液 C：将 2.5 g 茚三酮溶于 50 ml 100% 乙醇中。避光可长期保存。

硝基牛血清白蛋白（Nitro-BSA）标准品（第 14.4 单元）

用乙酸调 5 mg/ml BSA 水溶液至 pH 3.5，加入浓硝酸钠（200 mmol/L）至终浓度为 1 mmol/L。在摇床上 37℃温育 24 h。温育后溶液颜色从无色变为浅黄色，这表明硝基酪氨酸存在。用包被缓冲液（见 ELISA 缓冲液配方）过夜透析硝化的 BSA。使用分光光度计在 430 nm 处确定硝基酪氨酸的浓度（ε = 4100 L · cm/mol，pH > 8.5）。4℃可保存 2 个月。

非变性裂解缓冲液（第 9.6 单元）

1% （m/V）Triton X-100（室温避光保存）

√50 mmol/L Tris · HCl，pH 7.4

300 mmol/L NaCl

√5 mmol/L EDTA

0.02% （m/V）叠氮钠

4℃可保存 6 个月。

使用前即刻加入：

10 mmol/L 碘乙酰胺（用碘乙酰胺粉加入）

1 mmol/L PMSF（溶于 100% 乙醇中的 100 mmol/L 贮液可于 −20℃保存 6 个月）

2 μg/ml 亮抑酶肽（leupeptin）（溶于水中的 10 mg/ml 贮液可于 −20℃保存 6 个

月）

也可用 1 mmol/L AEBSF（从 0.1 mol/L 贮液中现加入）代替 PMSF。AEBSF 贮液可于－20℃保存 1 年。

20 mmol/L 和 10 mmol/L NTCB（第 11.4 单元和第 11.5 单元）

称取 9 mg 2-硝基-5-硫氰苯甲酸（NTCB；分子质量 224.2；Sigma 公司），放入干净的试管中。加入 2 ml 200 mmol/L Tris 乙酸（pH 8；见配方），旋涡混匀，即为 20 mmol/L 溶液。现用现配。如果需要，调整为 10 mmol/L 的溶液。

PBS（磷酸盐缓冲液）（第 13.1 单元）

在 800～900 ml H_2O 中溶解以下物质：

8 g 氯化钠（终浓度 136.8 mmol/L）

0.2 g 氯化钾（终浓度 2.5 mmol/L）

0.115 g 磷酸氢二钠（无水的，终浓度 0.8 mmol/L）

0.2 g 磷酸二氢钾（无水的，终浓度 1.47 mmol/L）

0.1 g 氯化钙（无水的；终浓度 0.9 mmol/L）

0.1 g 氯化镁（终浓度 0.5 mmol/L）

加 H_2O 至 1 L

每个玻璃瓶中加入 50 ml 或 100 ml，高压灭菌后，室温可长期保存。

10×PBS（第 18.6 单元）

80 g NaCl

2.2 g KCl

9.9 g Na_2HPO_4

2.0 g K_2HPO_4[①]

加 H_2O 至 1 L

调 pH 至 7.4

10×PBS 可室温长期保存

用前配制成 1×PBS，4℃保存。

PBS，pH 7.3（第 21.2 单元）

1 片 Dulbecco A PBS 片（Oxoid 公司）

加 H_2O 至 100 ml

新鲜配制。

PBS

10×贮液，1 L 中加入：

80 g NaCl

2 g KCl

11.5 g $Na_2HPO_4 \cdot 7H_2O$

2 g KH_2PO_4。

工作液，pH 约 7.3：

---

① 原文有误，应为 KH_2PO_4。——译者注

137 mmol/L NaCl

2.7 mmol/L KCl

4.3 mmol/L $Na_2HPO_4 \cdot 7H_2O$

1.4 mmol/L KH_2PO_4。

PBS/BSA（第 13.5 单元）

溶解 10 mg 牛血清白蛋白（BSA）于 100 ml PBS（见配方）中。使用低蛋白结合膜过滤除菌（如 0.2 μm Millipore GV 滤器），4℃可保存数月。

PBS/EDTA（第 6.6 单元）

√1×PBS

√5 mmol/L EDTA

用 1 mol/L NaOH 调节 pH 至 7.4

用冷水补至终体积

4℃可保存 1 个月。

PBS/EDTA/PMSF 缓冲液（第 6.6 单元）

√1×PBS

√5 mmol/L EDTA

0.15 mmol/L 苯甲基磺酰氟（PMSF），溶于异丙醇中

用 1 mol/L NaOH 调节 pH 至 7.4

用冷水补至终体积

4℃可保存 1 周。

PBS/甘油缓冲液（第 6.6 单元）

√1×PBS

20%（V/V）甘油

1%（V/V）Triton X-100

5 mmol/L 2-巯基乙醇（2-ME）

√5 mmol/L EDTA

0.1 μg/ml 亮抑酶肽（leupeptin）

0.1 μg/ml 胃蛋白酶抑制剂（pepstatin）

0.15 mmol/L 苯甲基磺酰氟（PMSF），溶于异丙醇中

0.1 mmol/L 二乙丙基磺酰氟（DFP）

用 1 mol/L NaOH 调节 pH 至 7.4

用冷水补至终体积

每日新鲜配制。

警告：DFP 有神经毒性。必须在化学通风橱中戴双层手套操作纯 DFP。认真遵守生产商给出的所有注意事项。

2×PBS/NaCl（第 21.2 单元）

2.92 g NaCl

1 片 Dulbecco A PBS（Oxoid 公司）

100 μl 10%（m/V）NP-40（Roche 公司）

加 H_2O 至 50 ml

4℃可保存 1 个月。

96PEG 溶液（第 18.5 单元）

45.6 g 聚乙二醇（平均分子质量 3350，如 Sigma 公司）

6.1 ml 2 mol/L 醋酸锂

√1.14 ml 1 mol/L Tris·Cl，pH 7.5

√232 μl 0.5 mol/L EDTA，pH 8.0

加 H_2O 至 100 ml

室温保存 1 年。

肽基质/硝酸纤维素溶液（第 16.2 单元）

溶解 10 mg 硝酸纤维素和 40 mg/ml α-氰基-4-羟基-反式-苯乙烯酸（HCCA；Sigma 或 Aldrich 公司）于 1 ml 醋酸中。如果需要，涡旋 1～2 min 使其溶解。加入 1 ml 异丙醇（终浓度 20 mg/ml HCCA 和 5 mg/ml 硝酸纤维素）。每次使用前新鲜配制。

肽或蛋白质基质溶液（第 16.2 单元）

肽基质溶液：配制 20 mg/ml α-氰基-4-羟基-反式-苯乙烯酸（HCCA；Sigma 或 Aldrich 公司）于 0.1%（V/V）三氟乙酸（TFA）/50%（V/V）乙腈中或 99：1（V/V）丙酮/水中。也可以配制 20 mg/ml 2,5-二羟基苯甲酸（DHB）于 0.1%（V/V）三氟乙酸/30%（V/V）乙腈中。分成小份保存于 -20℃（稳定数月至数年）。

蛋白质基质溶液：配制 20 mg/ml 芥子酸于 0.1%（V/V）TFA/50%（V/V）乙腈或 99：1（V/V）丙酮/水中。小份分装保存于 -20℃（可稳定数月至数年）。

第 16.2 单元给出了纯化 HCCA 的方法。

肽或蛋白质标准混合物（第 16.2 单元）

肽标准混合物：配制约 1 pmol/μl 已知质量肽的混合物（如缓激肽、蜂毒和 ACTH）于 0.1%（V/V）三氟乙酸（TFA）中。分成小份保存于 -20℃或 -80℃（稳定数年）。

蛋白质标准混合物：配制约 1 pmol/μl 的胰岛素、肌球蛋白和 BSA 于 0.1%（V/V）TFA 中。小份分装保存于 -20℃（可稳定数年）。

透化缓冲液（第 13.5 单元）

120 mmol/L KCl

25 mmol/L $NaHCO_3$

5 mmol/L HEPES

10 mmol/L $MgCl_2$

1 mmol/L KH_2PO_4

1 mmol/L EGTA

300 mmol/L $CaCl_2$

过滤除菌，4℃可保存数月。

pH 1.9 电泳缓冲液（第 13.2 单元）

50 ml 88% 甲酸（终浓度 0.58 mol/L）

156 ml 冰醋酸（终浓度 1.36 mol/L）

1794 ml H_2O

置于密封的瓶子中，室温长期保存。

pH 3.5 电泳缓冲液（第 13.2 单元）

100 ml 冰醋酸（终浓度 0.87 mol/L）

10 ml 嘧啶 [终浓度 0.5% (*V/V*)]

10 ml 100 mmol/L EDTA（终浓度 0.5 mmol/L）

1880 ml H_2O

置于密封的瓶子中，室温长期保存。

磷酸盐缓冲液

见 PBS。

4×磷酸盐凝胶缓冲液，pH 5.8～8.0（第 10.2 单元）

55.2 g $NaH_2PO_4 \cdot H_2O$（终浓度 400 mmol/L 磷酸钠）

加 H_2O 至 500 ml

用 1 mol/L NaOH 调节 pH 至 5.8～8.0

加 H_2O 至 1 L

4℃可保存 1 个月。

磷酸氨基酸标准品混合物（第 13.2 单元）

配制磷酸丝氨酸、磷酸苏氨酸和磷酸酪氨酸（Sigma 公司）水溶液，终浓度分别为 0.3 μg/ml。1 ml 分装，−20℃长期保存。

20% 哌啶/二甲基甲酰胺（DMF）（第 17.1 单元）

配制 20%（*V/V*）最高质量的哌啶溶液于分析试剂级的二甲基甲酰胺（DMF）中。每次合成均新配制溶液（一次合成时溶液可重复应用数次）。置于含有活性分子筛以除湿的黄色瓶中，室温保存。

封堵液（第 10.1 单元）

√0.125 mol/L Tris·HCl，pH 8.8

50%（*m/V*）蔗糖

0.001%（*m/V*）溴酚蓝

4℃可保存 1 个月。

1.5mm 厚的 4% 聚丙烯酰胺凝胶（第 20.2 单元）

√3 ml 5×非变性凝胶电泳缓冲液

1.5 ml 40% 37.5∶1（*V/V*）丙烯酰胺/甲叉双丙烯酰胺

60 μl 0.25 mol/L ATP（终浓度 1 mmol/L）

15 μl 1 mol/L DTT（终浓度 1 mmol/L）

加入 120 μl 10% 过硫酸铵（APS）和 12 μl *N*,*N*,*N'*,*N'*-四甲基二乙胺（TEMED）后凝胶聚合。更详细的说明见第 10.2 单元非变性凝胶的装配。上面的配方可制备一块小胶（15 ml）。不需要积层胶。

10×丽春红 S 染液（第 18.6 单元）

2 g 丽春红 S

30 g 三氯醋酸

30 g 磺基水杨酸

加 H_2O 至 100 ml

室温长期保存

使用前用水稀释成 1×。

醋酸钾缓冲液

溶液 A：11.55 ml 冰醋酸/L（0.2 mol/L）

溶液 B：19.6 g 醋酸钾（$KC_2H_3O_2$）/L（0.2 mol/L）

按照表 A.1.2 所列 pH，混合一定体积的溶液 A 和溶液 B，加 H_2O 至 100 ml。如制备缓冲液的 pH 在表 A.1.2 所列值之间，则先制备最接近的高 pH 缓冲液，再用溶液 A 调 pH。

可配制 5～10 倍浓度的醋酸钾缓冲液。因为醋酸缓冲液具有浓度依赖性的 pH 变化，因此将其稀释至终浓度后再检测缓冲液的 pH。

0.1 mol/L 磷酸钾缓冲液

溶液 A：27.2 g KH_2PO_4/L（0.2 mol/L）

溶液 B：45.6 g $K_2HPO_4 \cdot 3H_2O$/L（0.2 mol/L）

参考表 A.1.3 所列 pH 混合一定体积的溶液 A 和溶液 B，再加 H_2O 至 200 ml。

可配制 5～10 倍浓度的磷酸钾缓冲液。因为磷酸缓冲液具有浓度依赖性的 pH 变化，因此将其稀释至终浓度后再检测 pH。

表 A.1.2　0.1 mol/L 醋酸钠和醋酸钾缓冲液的配制[a]

pH	溶液 A / ml	溶液 B / ml
3.6	46.3	3.7
3.8	44.0	6.0
4.0	41.0	9.0
4.2	36.8	13.2
4.4	30.5	19.5
4.6	25.5	24.5
4.8	20.0	30.0
5.0	14.8	35.2
5.2	10.5	39.5
5.4	8.8	41.2
5.6	4.8	45.2

a 经 CRC（1975）准许后改编。

表 A.1.3　0.1 mol/L 磷酸钠和磷酸钾缓冲液的配制[a]

pH	溶液 A / ml	溶液 B / ml	pH	溶液 A / ml	溶液 B / ml
5.7	93.5	6.5	6.9	45.0	55.0
5.8	92.0	8.0	7.0	39.0	61.0
5.9	90.0	10.0	7.1	33.0	67.0
6.0	87.7	12.3	7.2	28.0	72.0
6.1	85.0	15.0	7.3	23.0	77.0
6.2	81.5	18.5	7.4	19.0	81.0
6.3	77.5	22.5	7.5	16.0	84.0
6.4	73.5	26.5	7.6	13.0	87.0
6.5	68.5	31.5	7.7	10.5	90.5
6.6	62.5	37.5	7.8	8.5	91.5
6.7	56.5	43.5	7.9	7.0	93.0
6.8	51.0	49.0	8.0	5.3	94.7

a 经 CRC（1975）准许后改编。

10×探针稀释缓冲液（第18.6单元）

　　3.0 g BSA

　　10 ml 正常山羊血清

　√10 ml 10×PBS（见本单元的配方）

　　加 H₂O 至 100 ml

　　−20℃长期保存

　　使用前，通过混合 1 份 10×贮液和 9 份 1×PBS 稀释成 1×。

10×探针纯化缓冲液（第18.6单元）

　　400 μl 1 mol/L HEPES，pH 7.4

　　400 μl 1 mol/L 二硫苏糖醇（DTT）

　　9.2 ml H₂O

　　新鲜配制。

5×蛋白酶抑制剂混合物（第5.5单元）

　√20 mmol/L EDTA

　　20 mmol/L EGTA

　　20 mmol/L 苯甲基磺酰氟（PMSF）

　　10 mg/ml 胃蛋白酶抑制剂

　　10 mg/ml 亮抑酶肽

　　10 mg/ml 胰凝乳蛋白酶抑制剂

　　10 mg/ml 抗蛋白酶

　　1 ml 分装，−20℃可保存 1 年。

150×蛋白酶抑制剂混合物（第9.4单元）

　　1.5 体积 2 mg/ml 抑肽酶水溶液

　　1.5 体积 1 mg/ml 亮抑酶肽（leupeptin）水溶液

　　1.5 体积 1 mg/ml 胃蛋白酶抑制剂 A（pepstatin A）的甲醇溶液

　　5.5 体积灭菌水。

　　蛋白酶抑制剂可购自 Sigma 或 U.S. Biochemical 公司。贮液和混合液 −20℃保存，至少稳定 6 个月。

蛋白酶抑制剂混合物（第5.4单元）

　　1 mmol/L 苯甲基磺酰氟（PMSF）

　　5 mmol/L 碘乙酰胺（iodoacetamide）

　　0.2 mmol/L 甲苯黄酰基-L-赖氨酸氯甲基酮（*N*-α-*p*-tosyl-L-lysine chloromethyl ketone，TLCK；新鲜配制）

　　2 mmol/L 苯甲脒·HCl。

　　警告：在化学通风橱中配制贮液。

1000×蛋白酶抑制剂混合物（第18.4单元）

　　依次加入下列试剂：

　　5 mg/ml 胰凝乳蛋白酶抑制剂（chymostatin）

　　5 mg/ml 胃蛋白酶抑制剂 A（pepstatin A）

5 mg/ml 亮抑酶肽（leupeptin）

5 mg/ml 抗蛋白酶（antipain）

溶于 DMSO 中

小份分装，-20℃可保存 1 年。

蛋白酶抑制剂（第 14.5 单元）

对于需要蛋白酶抑制剂的溶液，于使用当天，根据各生产商的指南将蛋白酶抑制剂混合片（Roche Molecular Biochemicals 公司）和 5 mg/ml 胃蛋白酶抑制剂加入二甲基亚砜（DMSO）中至浓度为 10 μg/ml。

蛋白 A-或蛋白 G-Sepharose 填料（第 18.4 单元）

在 30 ml 50 mmol/L Tris·Cl，pH 7.5（见配方）里加入 1.5 g 蛋白 A-或蛋白 G-Sepharose 小颗粒（如 Pierce 公司、Sigma 公司），置于冰上溶胀 1~2 h。通过重力或非常温和的离心（在桌面离心机中 1000 r/min 离心 1 min）以压缩小颗粒，然后用免疫共沉淀缓冲液（见配方）洗 4 次。免疫共沉淀缓冲液中无蛋白酶抑制剂混合物，但含有 1 mmol/L 叠氮钠。在 15 ml 免疫共沉淀缓冲液中重悬琼脂糖颗粒以最终获得 100 mg/ml 的填料。4℃保存（稳定数月）。

蛋白缓冲液（第 14.5 单元）

√50 mmol/L 磷酸钠缓冲液，pH 8.0

100 mmol/L KCl

20%（V/V）甘油

0.2%（V/V）NP-40

4℃可保存 6 个月。

蛋白提取缓冲液（第 5.5 单元）

√50 mmol/L Tris·Cl，pH 7.4

√2 mmol/L EDTA

100 mmol/L NaCl

高压灭菌

室温长期保存

使用前冰上预冷。

脉冲标记培养基（第 3.6 单元）

使用添加 Dulbecco 的改良 Eagle 培养基（DMEM；无非必需氨基酸）或 RPMI 1640，两者均无甲硫氨酸，但含有 10%（V/V）胎牛血清（用盐溶液透析过夜以除去未标记的氨基酸）。加入 25 mmol/L HEPES 缓冲液，pH 7.4（用 NaOH 调节）。4℃可保存 2 周。

在培养基中不能含有用于标记细胞的氨基酸（例如，当用 $[^{35}S]$ 甲硫氨酸时，必须使用无甲硫氨酸的 DMEM 或 RPMI 1640）。缺少特殊氨基酸的培养基可自一些组织培养基生产商处购买，或通过逐个加入氨基酸成分自行配制无特殊氨基酸的培养基，不加用于标记的氨基酸。可购买用于制备该培养基的试剂盒（Life Technologies 公司的 Select-Amine 试剂盒）。

0.5% PVP-360（第 13.6 单元）

　　0.5 g PVP-360（Sigma 公司）

　　575 µl 冰醋酸（终浓度 100 mmol/L）

　　99.4 ml 去离子水

　　室温可保存 1 年。

放射性墨水（第 14.3 单元）

　　便宜的放射性墨水可通过用少量（约 0.1 ml）含有 0.01%（m/V）溴酚蓝的水溶液洗涤旧放射标记的小管制备。

还原缓冲液（第 10.3 单元）

　　0.5 g 二硫苏糖醇（DTT；终浓度 0.05%）

　　0.1 g SDS（终浓度 0.1%）

　　1.51 g Tris 碱（终浓度 125 mmol/L Tris·Cl）

　　用 HCl 调节 pH 至 6.8

　　加 H_2O 至 100 ml

　　每次新鲜配制。

还原缓冲液（第 11.5 单元）

　　969 mg Tris 碱（分子质量 121.1）

　　15 mg EDTA（分子质量 292.2）

　　22.92 g 盐酸胍（分子质量 95.5）

　　31 mg 二硫苏糖醇（DTT，分子质量 154.3）

　　加蒸馏水约 35 ml

　　用醋酸调节 pH 至 8.0

　　加水至 40 ml

　　用前现配制。

复性缓冲液（第 20.6 单元）

　　√50 mmol/L Tris·Cl，pH 8.5

　　√1 mmol/L EDTA

　　0.5 mol/L 精氨酸

　　0.5 mmol/L 半胱氨酸

　　50 mmol/L $CaCl_2$

　　100 mmol/L NaCl

　　1% PEG 4000

　　使用当天配制。

再生缓冲液（第 20.6 单元）

　　√100 mmol/L Tris·Cl，pH 8.5

　　500 mmol/L NaCl

　　4℃可保存数周。

重悬缓冲液（第 5.7 单元）

　　√50 mmol/L Tris·Cl，pH 7.5

√10 mmol/L EDTA

100 μg/ml RNase A

4～8℃可保存 1 周。

重悬缓冲液（第 20.8 单元）

√50 mmol/L Tris·Cl，pH 8.0

100 mmol/L NaCl

高压灭菌或过滤除菌

室温可保存 1 年。

RIPA（放射免疫沉淀分析）缓冲液（第 14.5 单元）

0.15 mol/L NaCl

1%（V/V）NP-40

0.5%（m/V）脱氧胆酸钠

√0.1%（m/V）SDS

√0.05 mol/L Tris·Cl，pH 8.0

4℃可保存 1 年。

RIPA 校正缓冲液（第 13.1 单元）

1.25%（m/m）Nonidet P-40（NP-40）

1.25%（m/V）脱氧胆酸钠

√0.0125 mol/L 磷酸钠，pH 7.2

√2 mmol/L EDTA

0.2 mmol/L 钒酸钠，从 0.2 mol/L 贮液中现加入。贮液置于塑料容器中，室温保存

50 mmol/L 氟化钠

100 U/ml 抑肽酶（如 Trasylol，Bayer 公司）

无氟化钠或抑肽酶的缓冲液可于 4℃保存 1 年。

RIPA 裂解缓冲液（第 13.1、14.2 和 14.3 单元）

1%（V/V）Nonidet P-40（NP-40）

15%（m/V）脱氧胆酸钠

√0.1%（m/V）SDS

0.15 mol/L NaCl

√0.01 mol/L 磷酸钠，pH 7.2

√2 mmol/L EDTA

50 mmol/L 氟化钠

0.2 mmol/L 钒酸钠，从 0.2 mol/L 贮液中现加入。贮液置于塑料容器中，室温保存

100 U/ml 抑肽酶（如 Trasylol；Bayer 公司）

无氟化钠或抑肽酶的缓冲液可于 4℃保存 1 年。

RP-HPLC 溶剂 A、B 和 C（第 6.5 单元）

溶剂 A：配制 0.1%（V/V）乙腈水溶液（均为 HPLC 级；如 Sigma 公司）

溶剂 B：配制 0.1% (*V*/*V*) 三氟乙酸的乙腈溶液（均为 HPLC 级）

溶剂 C：混合 800 ml 乙腈和 1 ml 三氟乙酸（均为 HPLC 级）。用 HPLC 级水稀释至 1 L。

所有溶液均新鲜配制；用前过滤和除去气体。

电泳缓冲液（第 20.7 单元）

√0.2% (*m*/*V*) SDS

25 mmol/L Tris 碱

192 mmol/L 甘氨酸，pH 8.3

室温可保存 1 个月。

饱和基质溶液（第 7.9 单元）

在 33% (*V*/*V*) 乙腈/0.1% (*V*/*V*) 三氟乙酸中配制 10 mg/ml α-氰基-4-羟基肉桂酸（HCCA；对于分子质量小于 20 kDa 的蛋白质）或芥子酸（对于分子质量大于 20 kDa 的蛋白质）。短暂离心以沉淀未溶解的基质。用饱和溶液制备样品。避光，4℃可保存 2 周。

为达到更高的灵敏度，从生产商处购买的 HCCA 可再次纯化（见第 16.2 单元，辅助方案）。

Scott 水（第 21.2 单元）

100 ml 10% (*m*/*V*) 硫酸镁

50 ml 7% (*m*/*V*) 碳酸氢钠

加 H_2O 至 1 L

室温保存可达 6 个月。

20% SDS (*m*/*V*)

20 g SDS（十二烷基硫酸钠）搅拌溶于 100 ml 水中（可能需要稍微加热以使其充分溶解）。0.45 μm 滤器过滤除菌。

SDS 缓冲液（第 14.5 单元）

√1% (*m*/*V*) SDS

45 mmol/L HEPES（钠盐），pH 7.5

室温可保存 1 年。

5×SDS 电泳缓冲液（第 10.1 单元）

15.1 g Tris 碱

72.0 g 甘氨酸

5.0 g SDS

加 H_2O 至 1000 ml

稀释成合适的 1× 或 2× 工作液。

不用调节贮液的 pH，因为当稀释后溶液的 pH 为 8.3。保存于 0～4℃直到使用（可达 1 个月）。

SDS 裂解缓冲液（第 13.1 单元）

√0.5% (*m*/*V*) SDS

√0.05 mol/L Tris·Cl，pH 8.0

1 mmol/L DTT，从保存于－20℃的1 mol/L贮液现加入。

2×SDS-PAGE 裂解缓冲液（第 21.2 单元）

　　√2.0 ml 0.5 mol/L Tris・Cl，pH 6.8

　　1.6 ml 甘氨酸

　　√3.2 ml 10％（m/V）SDS

　　0.8 ml 2-巯基乙醇

　　0.4 ml 0.1％（m/V）溴酚蓝

　　4℃可保存 3 个月。

10×SDS-PAGE 电泳缓冲液（第 21.2 单元）

　　30.3 g Tris 碱

　　144.0 g 甘氨酸

　　10.0 g SDS

　　加 H_2O 至 1 L

　　室温保存

　　用 H_2O 稀释为 1×。

SDS-PAGE 样品缓冲液（第 6.7 单元）

　　15％（V/V）甘油

　　√0.125 mol/L Tris・Cl，pH 6.8

　　√5 mmol/L EDTA

　　2％（m/V）SDS

　　0.1％（m/V）溴酚蓝

　　1％（V/V）2-巯基乙醇（用前现加入）

　　室温长期保存。

2×SDS-PAGE 样品缓冲液（第 14.5 单元）

　　20％（V/V）甘油

　　√4％（m/V）SDS

　　√0.125 mol/L Tris・Cl，pH 6.8

　　0.2 mol/L DTT

　　0.01％溴酚蓝

　　－20℃可保存 6 个月。

SDS 样品缓冲液（第 20.7 单元）

　　√200 mmol/L Tris・Cl，pH 6.8

　　√10％（m/V）SDS

　　20％（m/V）甘油

　　0.004％（m/V）溴酚蓝

　　2 mmol/L 2-巯基乙醇（MMP 分析时不加）

　　－10 ℃可保存 1 年。

2×SDS 样品缓冲液（用于不连续系统）（第 5.2、9.4、10.1、13.3、18.4 和 18.6 单元）

　　√25 ml 4×Tris・Cl/SDS，pH 6.8

20 ml 甘油

4 g SDS

2 ml 2-巯基乙醇或 3.1 g 二硫苏糖醇

1 mg 溴酚蓝

加 H$_2$O 至 100 ml，混合

1 ml 分装，保存于 −70℃。

为避免蛋白质还原为亚基，缓冲液中可不加 2-巯基乙醇或二硫苏糖醇（还原剂），而要防止二硫互换（disulfide interchange），可加入 10 mmol/L 碘乙酰胺。

5×SDS 样品缓冲液（用于不连续系统）（第 14.2 单元）

√3.125 ml 1 mol/L Tris·Cl，pH 6.8

1 g SDS（终浓度 10%）

5 mg 溴酚蓝（终浓度 0.05%）

5 ml 甘油（终浓度 50%）

加 H$_2$O 至 10 ml

室温保存

使用前加入 DTT 至合适浓度（≤20 mmol/L）

用前加温，因为其易于凝固。

6×SDS 样品缓冲液（用于不连续系统）（第 10.1 单元）

√7 ml 4×Tris·Cl/SDS，pH 6.8

3.0 ml 甘油

1 g SDS

0.93 g DTT

1.2 g 溴酚蓝

加 H$_2$O 至 10 ml（如果必要）

室温保存

0.5 ml 分装，保存于 −70℃。

10×SDS 样品缓冲液（第 12.2 单元）

见 2×SDS 样品缓冲液配方，但是增加 5 倍浓度。

侧链去保护（SCD）溶液（第 17.1 单元）

33 份（V/V）三氟乙酸

1 份（V/V）乙二硫醇

2 份（V/V）茴香醚

2 份（V/V）茴香硫醚

2 份（V/V）水

现用现配，不能保存或再用。

饱和芥子酸基质溶液（第 21.2 单元）

按顺序加入：

5 mg 芥子酸基质（Ciphergen 公司）

125 μl HPLC 级乙腈

125 μl 1% （V/V）三氟乙酸（TFA）

彻底涡旋混匀

静置 5 min

最高速度离心 2 min

每天新鲜配制，避光保存。

小肽混合贮液（第 14.1 单元）

10 mg/ml 胰凝乳蛋白酶抑制剂，溶于二甲基亚砜（DMSO）中

10 mg/ml 亮抑酶肽，溶于 DMSO 中

10 mg/ml 抗蛋白酶，溶于 DMSO 中

10 mg/ml 胃蛋白酶抑制剂，溶于 DMSO 中

10 μl 分装，－20℃保存不超过 2 年

使用的终浓度分别为 10 μl/ml。

0.1 mol/L 醋酸钠缓冲液

溶液 A：11.55 ml 冰醋酸/L（0.2 mol/L）

溶液 B：27.2 g 醋酸钠（$NaC_2H_3O_2 \cdot 3H_2O$）/L（0.2 mol/L）

参考表 A.1.2 所列 pH 混合一定体积的溶液 A 和溶液 B，加 H_2O 至 100 ml。（更详细的资料见醋酸钾缓冲液配方。）

50 mmol/L 硼酸钠，pH 9.0（第 11.5 单元）

加 0.765 g 硼酸钠（分子质量 381.4）于 35 ml 蒸馏水中，彻底溶解，用 2 mol/L NaOH 调节 pH 至 9.0。加 H_2O 至 40 ml。现用现配。

［³H］硼氢化钠（［³H］NaBH₄）工作液（第 14.4 单元）

将 5 ml 1 mol/L 非放射标记的硼氢化钠溶于 0.1 mol/L NaOH 中，置于含有［³H］硼氢化钠的新瓶中（放射活性为 222.3 mCi/mmol；NEN Life Science Produces 公司）。100 μl 分装于微离心管（0.5 ml/管）中，－80℃可保存 2 年。

磷酸钠缓冲液，pH 6.3（第 9.5 单元）

√50 mmol/L 磷酸钠缓冲液，pH 6.3（见 0.1 mol/L 配方）

√0.1% Triton X-100（见去污剂贮液配方）

0.5 mol/L NaCl。

0.1 mol/L 磷酸钠缓冲液

溶液 A：27.6 g $NaH_2PO_4 \cdot H_2O$/L（0.2 mol/L）

溶液 B：53.65 g $Na_2HPO_4 \cdot 7H_2O$/L（0.2 mol/L）

按照表 A.1.3 所列 pH 混合一定体积的溶液 A 和溶液 B，加 H_2O 至 200 ml（更详细的资料见磷酸钾缓冲液配方）。

超声缓冲液（第 17.1 单元）

1% （m/V）SDS

√0.1 mol/L 磷酸钠缓冲液，pH 7.2

0.1% （V/V）2-巯基乙醇（2-ME）

室温可保存 1 周。

终止缓冲液（第 14.1 单元）

含 0.9 mmol/L Ca^{2+}/0.5 mmol/L Mg^{2+} 的 PBS（见配方）或 Eagles 平衡盐溶液或其他只含盐的等渗缓冲液，添加 20 mmol/L N-乙基顺丁烯二酰亚胺（NEM）。冰上保存小于 5 h。

60 U/ml 链球菌溶血素 O 工作液（第 13.5 单元）

600 U/ml 贮液：在 PBS（见配方）中制备 600 U/ml 的链球菌溶血素 O 贮液，在液氮中速冻。小份分装，−70℃可保存数月。

60 U/ml 工作液：现用现配，用 PBS/BSA（见配方）将 600 U/ml 的贮液稀释为 60 U/ml。放置于冰上待用。

必须使用高质量的链球菌溶血素，每次使用前都应根据生产商的说明书进行测试准备。

caspase-3 底物溶液（第 20.7 单元）

100 μmol/L 肽底物 Ac-DEVD-AMC（Bachem Bioscience 公司）

100 mmol/L HEPES, pH 7.4

10%（V/V）甘油

√1 mmol/L EDTA

10 mmol/L DTT

新鲜配制。

类胰蛋白酶/糜蛋白酶底物溶液（第 20.7 单元）

配制包含 200 μmol/L 人工底物（Boc）-Phe-Ser-Arg-p-nitroanilide（适用于纤溶酶；可从 Sigma 公司购买）或 succinyl-Ala-Ala-Pro-Phe-p-nitroanilide（适用于糜蛋白酶；可从 Peptides International 公司购买）的 100 mmol/L HEPES 溶液。使用前新配制。

TAE（Tris/乙酸/EDTA）电泳缓冲液（附录 3E）

50× 贮液：

242 g Tris 碱

57.1 ml 冰醋酸

37.2 g Na$_2$EDTA·2H$_2$O

加 H$_2$O 至 1 L。

TBE（Tris/硼酸/EDTA）电泳缓冲液（附录 3E）

10× 贮液：

108 g Tris 碱（890 mmol/L）

55 g 硼酸（890 mmol/L）

√40 ml 0.5 mol/L EDTA, pH 8.0（20 mmol/L）

加 H$_2$O 至 1 L。

TBS（Tris 盐缓冲液）（第 10.7 单元）

√100 mmol/L Tris·Cl, pH 7.5

0.9%（m/V）NaCl

4℃可保存数月。

TBS（第 12.3 单元）

√10 mmol/L Tris・Cl, pH 7.5

150 mmol/L NaCl

室温长期保存。

TBS（第 13.1 单元）

8 g 氯化钠（终浓度 136.8 mmol/L）

0.38 g 氯化钾（终浓度 5.0 mmol/L）

0.1 g 氯化钙（无水的，终浓度 0.9 mmol/L）

0.1 g 六水氯化镁（终浓度 0.5 mmol/L）

0.1 g 磷酸氢二钾（无水，终浓度 0.7 mmol/L）

加 H_2O 至 800～900 ml

√25 ml 1 mol/L Tris・Cl, pH 7.4

加 H_2O 至 1 L

50 ml 或 100 ml 分装入玻璃瓶中，高压灭菌，室温长期保存。

TBS（第 13.2 和 13.3 单元）

溶液 A：

80 g/L NaCl

3.8 g/L KCl

2 g/L Na_2HPO_4

30 g/L Tris 碱

调 pH 至 7.5

过滤除菌，保存于 $-20℃$

溶液 B：

15 g/L $CaCl_2$

10 g/L $MgCl_2$

过滤除菌，保存于 $-20℃$

制备 100 ml TBS：加 10 ml 溶液 A 于 89 ml H_2O 中，边快速搅拌，边逐滴缓慢加入 1 ml 溶液 B。用 0.2 μm 滤器过滤除菌，4℃保存。使用前用灭菌的 10 ml 吸管上下吹吸数次混合。

10×TBS，pH 7.6（第 21.2 单元）

24.2 g Tris 碱

80 g NaCl

溶于水中

用 HCl 调 pH 至 7.6

加 H_2O 至 1 L

室温保存

用 H_2O 稀释成 1×（终浓度 20 mmol/L Tris・Cl 和 140 mmol/L NaCl）。

TBS/EDTA（第 20.7 单元）

√20 mmol/L Tris・Cl, pH 7.4

155 mmol/L NaCl

√1 mmol/L EDTA

4℃可保存 3 个月。

TBST（第 14.4 单元）

√100 mmol/L Tris・Cl，pH 7.5

0.9%（m/V）NaCl

0.1%（V/V）Tween-20

4℃可保存 2 个月。

10×TBST（第 18.6 单元）

90 g NaCl

√100 ml 1 mol/L Tris・Cl，pH 7.5

10 g Tween-20

加 H_2O 至 1 L

室温长期保存。

TBST（第 20.7 单元）

√230 mmol/L Tris・Cl，pH 7.4

150 mmol/L NaCl

0.2% Tween-20

室温可保存 1 个月。

TBST（第 21.2 单元）

√100 ml 10×TBS，pH 7.6（见第 21.2 配方）

1 ml Tween-20

899 ml H_2O。

TCA

见三氯乙酸。

TCE 缓冲液（第 20.4 单元）

√0.05 mol/L Tris・Cl，pH 7.4

0.02 mol/L 柠檬酸

√5.0 mmol/L EDTA

0.02%（m/V）叠氮钠

4℃可保存数月。

TE 缓冲液

√10 mmol/L Tris・Cl，pH 7.4、7.5、8.0，或其他 pH

√1 mmol/L EDTA，pH 8.0。

TE 饱和酚（第 21.1 单元）

制备 100 mmol/L Tris・Cl，pH 8.0（见配方）和 1 mmol/L EDTA（见配方）溶液。逐滴加入苯酚饱和 TE 溶液（Sigma-Aldrich 公司），每加一滴均需旋涡混匀。重复逐滴加入直到看见底部有酚层出现。

硫代硫酸盐显影液（第 10.4 单元）

15 g 碳酸钠

0.5 ml 37% （m/V）甲醛

0.2 ml 1% （m/V）硫代硫酸钠

加 H_2O 至 500 ml

每次新鲜配制。

2000 NIH 单位/ml 凝血酶（第 6.5 单元）

用前立即将每小瓶 1030-NIH-单位的（2100 NIH 单位/ mg）的人血浆凝血酶（Sigma 公司）加入 0.5 ml 水中使其复原，得到含有 50 mmol/L 柠檬酸钠，pH 6.5、0.15 mol/L NaCl 和 2000 NIH 单位/ml 凝血酶。

1 mg/ml 凝血酶在 1cm 光径下比色皿中测得的 A_{280} 为 1.83。冻干保存于 ≤ -20℃。

凝血酶/肝素溶液（第 20.4 单元）

√HNPN 缓冲液含有：

1～2 nmol/L 人 α-凝血酶（终浓度 0.5～1.0 nmol/L）

2.0 mg/ml BSA

1.0 μg/ml 肝素（终浓度 0.5 μg/ml）

新鲜配制。

凝血酶溶液（第 20.4 单元）

√HNPN 缓冲液含有：

1～2 nmol/L 人 α-凝血酶（终浓度 0.5～1.0 nmol/L）

2.0 mg/ml BSA（可选）

新鲜配制。

1×TNE 缓冲液（附录 3F）

0.1 mol/L Tris 碱

√10 mmol/L EDTA

2.0 mol/L NaCl

用浓 HCl 调节 pH 至 7.4。

总液体体积标记物（第 8.3 单元）

确定总液体体积标记物可用 5 mg/ml 丙酮、10 mg/ml 叠氮钠、0.1 mg/ml 胞嘧啶核苷、10 mg/ml 硝酸钠和 2 mol/L 氯化钠。也可采用注入水的反向脉冲。使用氧化氘（重水）务必消除基质与溶液之间存在的相互作用。丙酮和胞嘧啶核苷在 280 nm 紫外吸收检测；叠氮钠和硝酸钠在 254 nm 紫外吸收检测；氯化钠可通过火焰光度法、导电率、钠或氯电极或用硝酸银溶液形成氯化银沉淀来检测；注入水的反向脉冲可通过对缓冲液的吸光度或折射率的测量来检测，或通过流出物的导电率来检测；氧化氘（重水）可用折射率检测器来检测。

Towbin 转移缓冲液（第 21.2 单元）

3.03 g Tris 碱

14.4 g 甘氨酸

200 ml 甲醇

加 H_2O 至 1 L。

微量元素溶液 1（第 5.3 单元）

　　5 g EDTA

　　0.5 g $FeCl_3 \cdot 6H_2O$

　　0.05 g ZnO

　　0.01 g $CuCl_2 \cdot 2H_2O$

　　0.01 g $Co(NO_3)_2 \cdot 6H_2O$

　　0.01 g $(NH_4)_6Mo_7O_{24} \cdot 4H_2O$

　　将 EDTA 溶于 700 ml 水中。分别溶解每种成分，加入足量的 10 mol/L HCl 使其溶解。将各成分逐个加入 EDTA 溶液中。加水至 1 L。用浓 NaOH 调节 pH 至 7.0。高压灭菌，4℃避光保存。

微量元素溶液 2（第 5.3 单元）

　　5 g EDTA

　　6 g $CaCl_2 \cdot 2H_2O$

　　6 g $FeSO_4 \cdot 7H_2O$

　　1.15 g $MnCl_2 \cdot 4H_2O$

　　0.8 g $CoCl_2 \cdot 6H_2O$

　　0.7 g $ZnSO_4 \cdot 7H_2O$

　　0.3 g $CuCl_2 \cdot 2H_2O$

　　0.02 g H_3BO_4

　　0.25 g $(NH_4)_6Mo_7O_{24} \cdot 4H_2O$

　　将 EDTA 溶解于 700 ml 水中。加入足量的 10 mol/L HCl 以分别溶解剩余成分。将各成分逐个加入 EDTA 溶液中。加水至 1 L。用浓 NaOH 调节 pH 至 7.0。高压灭菌，4℃避光保存。

转染缓冲液（第 5.9 单元）

　　0.14 mol/L NaCl

　　5 mmol/L KCl

　　1 mmol/L $Na_2HPO_4 \cdot 2H_2O$

　　0.1%（*m/V*）葡萄糖

　　20 mmol/L HEPES

　　用 0.5 mol/L NaOH 调节 pH 至 7.05。过滤除菌。

　　−20℃长期保存。缓冲液的 pH 很重要，应该介于 7.0 至 7.1 之间。

20×转移缓冲液（第 10.5 单元）

　　20×贮液：

　　200 mmol/L Tris 碱

　　2.0 mol/L 甘氨酸

　　不需调 pH

　　室温保存（稳定至少 1 个月）。

　　1×工作液：

200 ml 20×贮液

400 ml 甲醇

加 H₂O 至 4 L

当天配制，室温保存。

转移培养基（第 21.2 单元）

溶解一片完全性微型蛋白酶抑制剂片（Complete Mini Protease Inhibitor；Boe-hringer Mannheim 公司）于 20 ml RPMI 1640 培养基中。现用现配，冰上保存。

10%（*m/V*）三氯醋酸（TCA）溶液（第 3.6 单元）

通过溶解一瓶新打开的 TCA 于水中制备 100%（*m/V*）TCA 贮液（如溶解 500 g TCA 于足够的水中使终体积为 500 ml）。4℃ 可保存 1 年。稀释配制 10%（*m/V*）的 TCA 溶液，4℃ 可保存 3 个月。

警告：TCA 极具腐蚀性。配制和处理 TCA 溶液时注意保护眼睛，避免皮肤接触。

20%（*V/V*）三氯醋酸（TCA）溶液（第 14.4 和 14.5 单元）

加 227 ml 水至含 500 g TCA 的瓶中配制 TCA 贮液。将 10 ml 贮液加入 40 ml 水中配制 20%（*V/V*）TCA 溶液。必要时用水稀释。室温可保存 1 年。

2×Tricine 样品缓冲液（第 10.1 单元）

√2 ml 4×Tris·Cl/SDS，pH 6.8（终浓度 0.1 mol/L Tris）

2.4 ml（3.0 g）甘油（终浓度 24%）

0.8 g SDS（终浓度 8%）

0.31 g DTT（终浓度 0.2 mol/L）

2 mg 考马斯亮蓝 G-250（终浓度 0.02%）

加 H₂O 至 10 ml 并混合。

三乙醇胺溶液（第 9.5 单元）

50 mmol/L 三乙醇胺，pH 约 11.5

√0.1% Triton X-100（见去污剂贮液配方）

0.15 mol/L NaCl。

可用其他有机溶液如二乙胺代替三乙醇胺。溶液的 pH 应根据不同抗体决定，因为洗脱条件可能改变。

200 mmol/L Tris-乙酸，pH 8（第 11.4 和 11.5 单元）

溶解 969 g Tris 碱（分子质量 121.1）于 35 ml 蒸馏水中。用乙酸调 pH 至 8 并补加 H₂O 至 40 ml。4℃ 可保存 1 个月。

Tris 盐缓冲液

见 TBS。

1 mol/L Tris·Cl〔3（羟甲基）氨基甲烷氯〕

溶解 121 g Tris 碱于 800 ml H₂O 中

用浓 HCl 调节至所需 pH

混合并加 H₂O 至 1 L。

Tris 缓冲液的 pH 随温度变化改变明显，每增加 1℃，pH 下降约 0.028。因此，应在使用时的温度下调节 Tris 缓冲液至所需的 pH。因为 Tris 的 pKa 为 8.08，因此当缓冲液的 pH 低于 7.2 或高于 9.0 时，不应用 Tris 缓冲液。

4×Tris·Cl/SDS，pH 6.8（第 10.1 单元）

溶解 6.05 g Tris 碱于 40 ml H₂O 中（终浓度 0.5 mol/L）。用 1 mol/L HCl 调节 pH 至 6.8。加 H₂O 至 100 ml。用 0.45 μm 滤器过滤，再加入 0.4 g SDS（终浓度 0.4%）。4℃ 可保存 1 个月。

Tris·Cl/SDS，pH 8.45（第 10.1 单元）

溶解 182 g Tris 碱于 300 ml H₂O 中（终浓度 3.0 mol/L）。用 1 mol/L HCl 调节 pH 至 8.45。加 H₂O 至 500 ml。用 0.45 μm 滤器过滤，再加入 1.5 g SDS（终浓度 0.3%）。4℃ 保存可达 1 个月。

4×Tris·Cl/SDS，pH 8.8（第 10.1 单元）

溶解 91 g Tris 碱于 300 ml H₂O 中（终浓度 1.5 mol/L）。用 1 mol/L HCl 调节至 pH 8.8。加 H₂O 至 500 ml。0.45 μm 滤器过滤，再加入 2 g SDS（终浓度 0.4%）。4℃ 可保存 1 个月。

300 mmol/L 和 10 mmol/L Tris-EDTA 缓冲液，pH 7.5（第 20.3 单元）

配制 300 mmol/L Tris 碱（Trizma free base；Sigma 公司）水溶液。使用 EDTA 游离酸（EDTA free acid）调 pH 至 7.5。用水稀释至 10 mmol/L。

4×Tris 凝胶缓冲液，pH 7.1～8.9（第 10.2 单元）

加 24.23 g Tris 碱（终浓度 200 mmol/L Tris·Cl）

至 500 ml H₂O

用 1 mol/L HCl 调 pH 至 7.1～8.9

加 H₂O 至 1 L

4℃ 可保存 1 个月。

2×Tris/甘油样品缓冲液（第 10.2 单元）

√25 ml 0.5 mol/L Tris·Cl，pH 6.8

20 ml 甘油

1 mg 溴酚蓝

加 H₂O 至 100 ml 并混合

1 ml 分装，−70℃ 可保存 6 个月。

Tris/甘氨酸电泳缓冲液（第 10.2 单元）

15.1 g Tris 碱

72.0 g 甘氨酸

加 H₂O 至 5000 ml

4℃ 可保存 1 个月

Tris/胍缓冲液，pH 8.0（第 15.1 单元）

1 g 盐酸胍（终浓度 6 mol/L）

√1 ml 0.19 mol/L Tris·Cl，pH 8.0（终浓度 0.1 mol/L）

25℃ 保存。

对于 N-N-乙基顺丁烯二酰亚胺，使用 Tris·Cl，pH 7.0。

Tris/Triton/NaCl 缓冲液，pH 8.0 和 pH 9.0（第 9.5 单元）

√50 mmol/L Tris·Cl，pH 8.0 和 9.0

√0.1% Triton X-100（见去污剂贮液配方）

0.5 mol/L NaCl。

Triton 裂解缓冲液（第 14.5 单元）

1% Triton X-100

150 mmol/L NaCl

50 mmol/L HEPES（钠盐），pH 7.5

√5 mmol/L Na_2 EDTA

室温可保存 1 年。

20%（*m/V*）Triton X-100 溶液（第 10.3 单元）

3 g Triton X-100

12 ml H_2O

在 37℃ 水浴加温以溶解 Triton X-100

4℃保存（稳定约 2 周）。

预浓缩的 Triton X-114（第 12.3 单元）

在一个 50 ml 的离心管中，溶解 1.5 g Triton X-114 于 50 ml TBS（见配方）中。冰上变冷（溶液将变清亮），接着置于 37℃ 水浴中加温（溶液变得混浊）。室温 1000 *g* 离心 10 min。弃去上层（含有亲水污物），重新溶解下层于等量的冰冷 TBS 中。重复加温并离心 3 次（终浓度约 12% 的去污剂）。日常使用于 4℃ 保存或长期冷冻保存。

10 mg/ml 色氨酸（第 6.7 单元）

加热 500 ml 蒸馏水至 80℃。加入 5 g L-色氨酸，搅拌直至溶解。用 0.45 *μ*m 滤器过滤除菌，4℃ 避光保存不超过 6 个月。

TSA 溶液（第 9.5 单元）

√0.01 mol/L Tris·Cl，pH 8.0（4℃时）

0.14 mol/L NaCl

0.025% NaN_3。

警告：叠氮钠（NaN_3）有毒；戴手套小心操作。

TTBS（Tween 20/TBS）（第 10.7 单元）

√100 mmol/L Tris·Cl，pH 7.5

0.9%（*m/V*）NaCl

0.1%（*V/V*）Tween 20

4℃ 可保存数月。

0.4%（*m/V*）Tween 20/PBS（第 18.6 单元）

0.4 g Tween 20

√100 ml 1×PBS（见第 18.6 单元配方）

室温保存 1 周。

2×TY 培养基（第 20.6 和 20.8 单元）

16 g 胰蛋白胨（终浓度 2% *m/V*）

10 g 酵母提取物（终浓度 1% m/V）

5 g NaCl［终浓度 0.5%（m/V）］

加 H_2O 至 1 L

配制后立即高压灭菌

盖紧盖子，4℃保存数周。

2×TY$_{kan/amp}$ 培养基（第 20.6 单元）

√1 L 2×YT 培养基

100 mg 氨苄青霉素（终浓度 100 $\mu g/ml$）

50 mg 卡那霉素（终浓度 50 $\mu g/ml$）

盖紧盖子，4℃保存数周。

U 缓冲液（第 6.6 单元）

5 mol/L 尿素

50 mmol/L Tris 碱

√5 mmol/L EDTA

5 mmol/L 2-巯基乙醇（2-ME）

1 $\mu g/ml$ 亮抑酶肽

1 $\mu g/ml$ 胃蛋白酶抑制剂

含 0.15 mmol/L 苯甲基磺酰氟（PMSF）的异丙醇溶液

1 mmol/L 二异丙基氟磷酸盐（DFP）

用 6 mol/L HCl 调节 pH 至 8.0

冷 H_2O 加至终体积

当天新鲜配制。

警告：DFP 具有神经毒性，必须在化学通风橱中戴双层手套处理纯 DFP。认真遵守生产商给出的所有注意事项。

Ub-溶菌酶保存缓冲液（第 20.2 单元）

√20 mmol/L Tris·Cl，pH 7.5

5 mmol/L NaCl

20% 甘油

4℃可保存数周。

Ub-Sepharose 上样缓冲液（第 20.2 单元）

√50 mmol/L Tris·Cl，pH 7.5

2 mmol/L ATP

5 mmol/L $MgCl_2$

0.2 mmol/L DTT

新鲜配制。

Ub-Sepharose 洗涤缓冲液（第 20.2 单元）

√50 mmol/L Tris·Cl，pH 7.5

100 mmol/L KCl

√0.1 mmol/L EDTA

4℃可保存数周。

泛素化酶保存缓冲液（第 20.2 单元）

√20 mmol/L Tris·Cl, pH 7.8

1 mmol/L DTT

10%（V/V）甘油

新鲜配制。

尿素/丙烯酰胺凝胶溶液，含光聚合催化剂（第 7.4 单元）

0 mol/L 尿素/15% 丙烯酰胺凝胶溶液，用核黄素-聚合凝胶：

√15 ml 丙烯酰胺/亚甲双丙烯酰胺贮液

√3 ml 10×电泳缓冲液（最终 1×）

3.75 ml 0.04 mg/ml 核黄素（最终 5 μg/ml）

8.25 ml H₂O

凝胶溶液脱气，加入 36μl TEMED 后立即灌制凝胶。

8 mol/L 尿素/10% 丙烯酰胺凝胶溶液，用核黄素-聚合凝胶：

14.4 g 固体尿素

√11 ml 丙烯酰胺/亚甲双丙烯酰胺贮液

√3 ml 10×电泳缓冲液（最终 1×）

3.75 ml 0.04 mg/ml 核黄素（最终 5 μg/ml）

1.2 ml H₂O

凝胶溶液脱气，加入 36μl TEMED 后立即灌制凝胶。

0 mol/L 尿素/11% 丙烯酰胺凝胶溶液，用亚甲基蓝聚合凝胶：

√11 ml 丙烯酰胺/亚甲双丙烯酰胺贮液

√3 ml 10×电泳缓冲液（最终 1×）

1.5 ml 20 mmol/L 对甲苯亚磺酸钠（最终 1 mmol/L）

1.5 ml 1 mmol/L 二苯基氯化碘（最终 50 μmol/L）

11.5 ml H₂O

凝胶溶液脱气，加入 1.5 ml 2 mmol/L 亚甲基蓝（最终 100 μmol/L）后立即灌制凝胶。

8 mol/L 尿素/7% 丙烯酰胺凝胶溶液，用亚甲基蓝聚合凝胶：

14.4 g 固体尿素

√7 ml 丙烯酰胺/亚甲双丙烯酰胺贮液

√3 ml 10×电泳缓冲液（最终 1×）

1.5 ml 20 mmol/L 对甲苯亚磺酸钠（最终 1 mmol/L）

1.5 ml 1 mmol/L 二苯基氯化碘（最终 50 μmol/L）

4.4 ml H₂O

凝胶溶液脱气，加入 1.5 ml 2 mmol/L 亚甲基蓝（最终 100 μmol/L）后立即灌制凝胶。

2×尿素样品缓冲液（第 14.5 单元）

8 mol/L 尿素

√4% （m/V） SDS

√0.125 mol/L Tris·Cl，pH 6.8

0.2 mol/L DTT

0.01% （m/V）溴酚蓝

−20℃可保存 6 个月。

尿素洗涤缓冲液，pH 6.0 或 pH 8.0（第 14.5 单元）

8 mol/L 尿素（固体配制）

√50 mmol/L 磷酸钠缓冲液，pH 6.0 或 pH 8.0

√10 mmol/L Tris·Cl，pH 8.0

300 mmol/L NaCl

5 mmol/L N-乙基顺丁烯二酰亚胺（NEM），用时现从 5 mg/ml 贮液加入抑肽酶、亮抑酶肽和胃蛋白酶抑制剂，终浓度为 2 μg/ml。

当天新鲜配制。

尿激酶-Separose 保存缓冲液（第 20.6 单元）

√100 mmol/L Tris·Cl，pH 8.0

500 mmol/L NaCl

4℃保存可达 6 个月。

死体积标记物（void marker）（第 8.3 单元）

可以用具有合适分子质量大小的蛋白质（不能太大或太小）确定死体积，通过上样一系列分子大小的蛋白质选择出开始渗透过基质的蛋白质，也可应用 2 mg/ml 蓝色葡聚糖和 DNA 等其他物质作为死体积标记物。

洗涤缓冲液（第 6.3 单元）

√100 mmol/L Tris·Cl，pH 7.0

√5 mmol/L EDTA

5 mmol/L DTT（770 mg/L）

2 mol/L 尿素（120 g/L；超纯级，ICN Biomedicals 公司）

2% （m/V） Triton X-100（20 g/L；Calbiochem-Novabiochem 公司）

用前加入 DTT、尿素和 Triton X-100。配制含和不含尿素和 Triton X-100 的溶液。

洗涤缓冲液（第 6.6 单元）

50 mmol/L Tris 碱

√5 mmol/L EDTA

1 μg/ml 亮抑酶肽

1 μg/ml 胃蛋白酶抑制剂

0.15 mmol/L 苯甲基磺酰氟（PMSF）的异丙醇溶液

用 6 mol/L HCl 调节 pH 至 8.0

加冷 H_2O 至终体积

每日新鲜配制。

洗涤缓冲液（第 9.5 单元）

√0.01 mol/L Tris·Cl，pH 8.0（4℃时）

0.14 mol/L NaCl

0.025% NaN$_3$

√0.5% Triton X-100（见去污剂贮液配方）

√0.5% 脱氧胆酸钠（见去污剂贮液配方）。

警告：叠氮钠（NaN$_3$）有毒；戴手套小心操作。

洗涤缓冲液（第 9.6 单元）

0.1%（m/V）Triton X-100（室温避光保存）

√50 mmol/L Tris·Cl，pH 7.4

300 mmol/L NaCl

√5 mmol/L EDTA

0.02% NaN$_3$

4℃可保存 6 个月。

洗涤缓冲液（第 14.1 单元）

含有 0.9 mmol/L Ca^{2+}/0.5 mmol/L Mg^{2+} 的 PBS（见配方）或 Earle 平衡盐溶液，或其他只含有盐的等渗缓冲液。

洗涤缓冲液 1（第 20.6 单元）

√50 mmol/L Tris·Cl，pH 7.5

√60 mmol/L EDTA

1.5 mol/L NaCl

6% Triton X-100

室温可保存数周。

洗涤缓冲液 2（第 20.6 单元）

√50 mmol/L Tris·Cl，pH 7.2

√60 mmol/L EDTA

室温可保存数周。

洗涤缓冲液（第 20.8 单元）

√50 mmol/L Tris·Cl，pH 8.0

500 mmol/L NaCl

高压灭菌或过滤除菌

室温可保存 1 年。

YEPD 培养基（第 18.5 单元和 20.2 单元）

液体培养基：

10 g 酵母提取物（如 Sigma 公司、Difco 公司和 Becton Dickinson 公司）

20 g 蛋白胨（如 US Biological 公司）

20 g 葡萄糖（如 Fisher 公司）

加 H$_2$O 至 1 L

高压灭菌，室温保存可达 3 个月。

固体培养基：高压灭菌前加入 14 g 琼脂（如 Difco 公司和 Becton Dickinson 公司）。冷却至 45℃，倒入合适的平板。包好平板，4℃保存 6 个月。

YEPD＋Ade 培养基（第 18.5 单元）

配制固体 YEPD 培养基（见配方），高压前加入 10 ml 0.2%（m/V）腺嘌呤。

YNB 培养基（第 5.5 单元）

10×贮液：溶解 6.7 g 无氨基酸的酵母氮源（Difco 公司）于 100 ml 蒸馏水中。0.2 μm 滤器过滤除菌。4℃保存 1 年。

工作培养基：500×（0.002 mg/ml）生物素贮液过滤除菌，4℃保存 1 年。加入 10×YNB 贮液和 500×生物素贮液到灭菌蒸馏水中以得到 1×工作液。根据选择载体的需要加入碳源（如葡萄糖或棉子糖）和营养添加物（如下）。4℃保存 1 年。

20 mg/L 硫酸腺嘌呤

20 mg/L L-精氨酸·HCl

100 mg/L L-天（门）冬氨酸

100 mg/L L-谷氨酸

20 mg/L L-组氨酸·HCl

30 mg/L L-异亮氨酸

30 mg/L L-亮氨酸

30 mg/L L-赖氨酸·HCl

20 mg/L L-甲硫氨酸

50 mg/L L-苯丙氨酸

375 mg/L L-丝氨酸

200 mg/L L-苏氨酸

20 mg/L L-色氨酸

30 mg/L L-酪氨酸

20 mg/L L-尿嘧啶

150 mg/L L-缬氨酸

准备 100×贮液营养物，过滤除菌。4℃保存。根据需要的终浓度加入过滤除菌的培养基。

YP 肉汤（第 5.5 单元）

10 g 酵母提取物

20 g 细胞培养蛋白胨

加 H_2O 至 1 L

高压灭菌

室温保存 1 年。

10 mmol/L Z-VAD-FMK（第 20.8 单元）

在 DMSO 中配制 10 mmol/L N-苄氧羰基-缬氨酰-丙氨酰-门冬氨酰氟甲基酮（Z-VAD-FMK；ICN Biochemicals 公司；只使用未甲基化的衍生物）溶液。－20℃至少稳定保存 3 个月，4℃保存 3 天，3 次冻融其活性不损失。复合物的纯度可达 95%，除非另有生产商的数据单表说明。

温铭杰 译 于丽华 李慎涛 校

附录 2　常用的度量制和数据

表 A. 2. 1　20 种常见氨基酸残基的组成和质量[a,b]

名称	组成	单一同位素质量	平均相对分子质量	离子化侧链的 pK_a[c]	在蛋白质中出现的频率/%
丙氨酸（Ala，A）	C_3H_5NO	71.03711	71.0788	—	8.3
精氨酸（Arg，R）	$C_6H_{12}N_4O$	156.10111	156.1876	11.5～12.5（12）	5.7
天冬酰胺（Asn，N）	$C_4H_6N_2O_2$	114.04293	114.1039	—	4.4
天冬氨酸（Asp，D）	$C_4H_5NO_3$	115.02694	115.0886	3.9～4.5（4）	5.3
半胱氨酸（Cys，C）	C_3H_5NOS	103.00919	103.1448	8.3～9.5（9）	1.7
谷氨酸（Glu，E）	$C_5H_7NO_3$	129.04259	129.1155	4.3～4.5（4.5）	6.2
谷氨酰胺（Gln，Q）	$C_5H_8N_2O_2$	128.05858	128.1308	—	4.0
甘氨酸（Gly，G）	C_2H_3NO	57.02146	57.0520	—	7.2
组氨酸（His，H）	$C_6H_7N_3O$	137.05891	137.1412	6.0～7.0（6.3）	2.2
异亮氨酸（Ile，I）	$C_6H_{11}NO$	113.08406	113.1595	—	5.2
亮氨酸（Leu，L）	$C_6H_{11}NO$	113.08406	113.1595	—	9.0
赖氨酸（Lys，K）	$C_6H_{12}N_2O$	128.09496	128.1742	10.4～11.1（10.4）	5.7
甲硫氨酸（Met，M）	C_5H_9NOS	131.04049	131.1986	—	2.4
苯丙氨酸（Phe，F）	C_9H_9NO	147.06841	147.1766	—	3.9
脯氨酸（Pro，P）	C_5H_7NO	97.05276	97.1167	—	5.1
丝氨酸（Ser，S）	$C_3H_5NO_2$	87.03203	87.0782	—	6.9
苏氨酸（Thr，T）	$C_4H_7NO_2$	101.04768	101.1051	—	5.8
色氨酸（Trp，W）	$C_{11}H_{10}N_2O$	186.07931	186.2133	—	1.3
酪氨酸（Tyr，Y）	$C_9H_9NO_2$	163.06333	163.1760	9.7～10.1（10.0）	3.2
缬氨酸（Val，V）	C_5H_9NO	99.06841	99.1326	—	6.6

a 相应的结构见图 A.2.1。

b 正常终止和未修饰的肽或蛋白质的相对分子质量可以这样计算：将适当的氨基酸残基的质量求和，并分别加上 N 端和 C 端的 H 和 OH 的质量。当半胱氨酸相连形成二硫键时，分子中每个二硫键应该减去两个氢原子的相对质量。特别指出的是，单一同位素质量是用元素的最丰同位素的相对原子质量计算的：C＝12.0000000、H＝1.0078250、N＝14.0030740、O＝15.9949146、S＝31.9720718。平均质量是用元素的相对原子质量计算的：C＝12.011、H＝1.00794、N＝14.00674、O＝15.9994、S＝32.066。

c 要根据蛋白质组成确定其大概的等电点，需要用到这些值。末端残基的值取决于残基的一致性：α氨基的 pK_a 为 6.8～8.2（8.0）、α羧基的 pK_a 为 3.2～4.3（3.6）。圆括号中的值是基于 Matthew 等（1978）的值，为确定等电点提供了一个良好的起始点。

A
带可离解质子的氨基酸

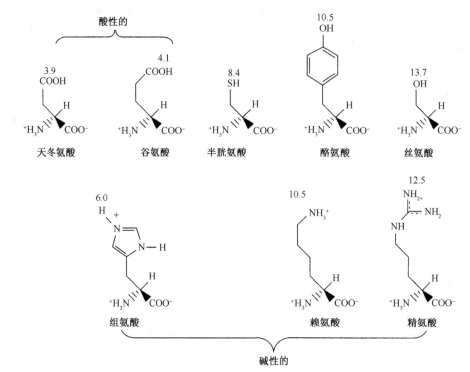

其他带极性侧链的氨基酸

B
非极性氨基酸

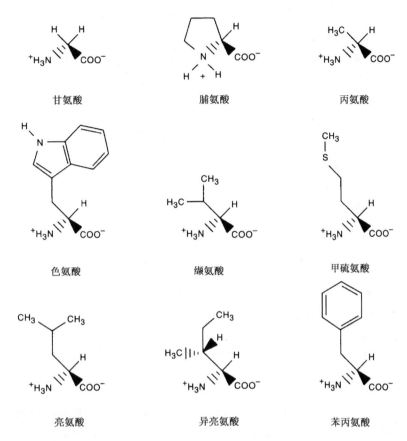

甘氨酸	脯氨酸	丙氨酸
色氨酸	缬氨酸	甲硫氨酸
亮氨酸	异亮氨酸	苯丙氨酸

图 A.2.1　氨基酸示意图。粗略地将氨基酸分为三组：带可离解质子的氨基酸（A）、带极性侧链的氨基酸（A）、非极性氨基酸（B）。这样分组有助于理解酶学和蛋白质折叠的热力学。在该图中，仅保留了表明离子化或立体化学结构的氢原子，其他氢都被省略了。在精氨酸中，使电子移位的正电荷用虚线双键表示。在立体中心，粗体线表示基团从页面向阅读者走来，而虚线表示基团从阅读者走进页面内。带可离解质子的氨基酸通常与酶化学密切相关。酸性和碱性基团可与底物或彼此之间形成盐桥，在依赖于酸/碱催化作用的机制中，它们也能够充当质子的供体/受体。这些氨基酸中的一部分（特别是半胱氨酸、丝氨酸和组氨酸）的极性侧链能够充当亲核试剂。图中表明了游离氨基酸的 pK_a 值，但是当这些基团被埋在蛋白质内时，这些值会明显改变。α氨基的 pK_a 值为 8.7～10.7，而 α羧基的 pK_a 值为 1.8～2.4（表 A.2.1）。带极性侧链的氨基酸（A）可与底物或彼此之间形成氢键。也可以将半胱氨酸、丝氨酸和酪氨酸包括在本组中，因为这些氨基酸的离子化形式通常不起维持蛋白质结构的作用。一般而言，这些氨基酸（和带可离解质子的氨基酸）会出现在蛋白质的表面。半胱氨酸是一个例外，因为它只轻微疏水，而且经常以二硫键的形式被包埋在蛋白质中。非极性氨基酸（B）常见于蛋白质内部或疏水性结合底物的口袋内。它们像钢丝锯片一样彼此相互作用，形成紧密的与氨基酸晶体密度相似的缔合体。脯氨酸很少像想像的那样被包埋，这是由于它主要出现在转角中，而转角常出现在蛋白质的外周。

表 A.2.2　不常见的和被修饰过的氨基酸残基的组成和质量[a]

名称	组成	单一同位素质量	平均质量
羧甲基半胱氨酸（Cme）	$C_5H_7NO_3S$	161.01466	161.1815
羧氨甲基半胱氨酸（Cam）	$C_5H_8N_2O_2S$	160.030650	160.195940
吡啶乙基半胱氨酸（PECys）	$C_{10}H_{12}N_2OS$	208.06703	208.23239
丙烯酰胺修饰的半胱氨酸（AACys）	$C_6H_{10}N_2O_2S$	174.04631	174.22363
磺基丙氨酸［Cys（O₃H）］	$C_3H_5NO_4S$	150.99393	151.1430
脱氢丙氨酸（Dha）	C_3H_3NO	69.02146	69.0630
4-羧基谷氨酸（Gla）	C_4H_5NO	173.03242	173.1253
高丝氨酸（Hse）	$C_4H_7NO_2$	101.04768	101.1051
羟赖氨酸（Hyl）	$C_6H_{12}N_2O_2$	144.08988	144.1736
羟脯氨酸（Hyp）	$C_5H_7NO_2$	113.04768	113.1161
异缬氨酸（Iva）	C_5H_9NO	99.06841	99.1326
正亮氨酸（Nlc）	$C_6H_{11}NO$	113.08406	113.1595
鸟氨酸（Orn）	$C_5H_{10}N_2O$	114.07931	114.1473
焦谷氨酸（Pyr）	$C_5H_5NO_2$	111.03203	111.1002
肌氨酸（Sar）	C_3H_5NO	71.03711	71.0788

a 单一同位素质量是用元素的最丰同位素的原子质量计算的：C＝12.0000000、H＝1.0078250、N＝14.0030740、O＝15.9949146、S＝31.9720718。平均质量是用元素的原子重量计算的：C＝12.011、H＝1.00794、N＝14.00674、O＝15.9994、S＝32.066。

表 A.2.3　肽和蛋白质的某些翻译后修饰引起的质量变化[a]

修饰[b]	单一同位素质量变化	平均质量变化
常见的修饰		
从 Gln 形成吡咯谷氨酸	−17.0265	−17.0306
二硫键（半胱氨酸）形成	−2.0157	−2.0159
从 Gly 形成 C 端酰胺	−0.9840	−0.9847
Asn 和 Gln 的脱酰胺	−0.9840	0.9847
甲基化	14.0157	14.0269
羟基化	15.9949	15.9994
甲硫氨酸的氧化	15.9949	15.9994
单肽键的蛋白质水解	18.0106	18.0153
甲酰化	27.9949	28.0104
乙酰化	42.0106	42.0373
Asp 和 Glu 的羧化	43.9898	44.0098
磷酸化	79.9663	79.9799
硫酸化	79.9568	80.0642
半胱氨酸化（cysteinylation）	119.0041	119.1442
与戊糖糖基化（Ara、Rib、Xyl）	132.0423	132.1161
与脱氧糖糖基化（Fuc、Rha）	146.0579	146.1430
与氨基己糖糖基化（GalN、GlcN）	161.0688	161.1577

修饰[b]	单一同位素质量变化	平均质量变化
与己糖糖基化（Fru、Gal、Glc、Man）	162.0528	162.1424
用硫辛酸修饰（酰胺结合到赖氨酸上）	188.0330	188.3147
与 N-己酰己糖胺糖基化（GalNAc、GlcNAc）	203.0794	203.1950
法尼基化（farnesylation）	204.1878	204.3556
豆蔻酰化	210.1984	210.3598
生物素化（酰胺结合到赖氨酸上）	226.0776	226.2994
用吡哆醛磷酸修饰（Schiff 基结合到赖氨酸上）	231.0297	231.1449
棕榈酰化	238.2297	238.4136
十八烷酰化（stearoylation）	266.2610	266.4674
香叶基香叶基化（geranylgeranlylation）	272.2504	272.4741
与 N-乙酰神经氨酸（唾液酸、NeuAc、NANA、SA）糖基化	291.0954	291.2579
谷胱甘肽化（Glutathionylation）	305.0682	305.3117
与 N-羟乙酰神经氨酸（NeuGe）糖基化	307.0903	307.2573
5′-腺苷化	329.0525	329.2091
用 4′-磷酸泛酰巯基乙胺修饰	339.0780	339.3294
ADP-核糖基化（从 NAD）	541.0611	541.3052
偶然的修饰		
丙烯酰胺	71.0371	71.0788
谷胱甘肽	304.0712	304.3038
2-巯基乙醇	75.9983	76.1192

a 为了得到修饰的肽或蛋白质的相对分子质量，应当用代数方法将从未修饰分子计算的相对分子质量与适当的质量变化相加。

b 更多修饰的列表可从 Delta 质量站点（http://www.mbcf.dfci.harvard.edu/docs/DeltaMass.html）得到。

表 A.2.4 常见碳水化合物结构的质量增加值

糖[b]	链内质量[a]					
	单一同位素的			化学平均的		
	1+	2+	3+	1+	2+	3+
脱氧糖	146.058	73.0	48.7	146.144	73.0	48.7
己糖	162.053	81.0	54.0	162.143	81.1	54.0
己糖胺	161.069	80.5	53.7	161.158	80.6	53.7
N-乙酰己糖胺	203.080	101.6	67.7	203.196	101.6	67.7
N-乙酰神经氨酸	291.095	145.6	97.0	291.259	145.6	97.1
N-羟乙酰神经氨酸	307.090	153.6	102.4	307.257	153.6	102.4
Hex-HexNAc	365.132	182.6	121.7	365.339	182.7	121.8
NeuAc-Hex-HexNAc	656.228	328.1	218.7	656.598	328.3	218.9
(Hex)₃-HexNAc-HexNAc	892.317	446.2	297.4	892.821	446.4	297.6
(Hex)₃-HexNAc-(dHex)HexNAc	1038.375	519.2	346.1	1038.965	519.5	346.3
二天线（1 dHex；0 NeuAc）	1768.640	884.3	589.5	1769.643	884.8	589.9
三天线（1 dHex；0 NeuAc）	2133.772	1066.9	711.3	2134.982	1067.5	711.7
四天线（1 dHex；0 NeuAc）	2498.904	1249.5	833.0	2500.321	1250.2	833.4

a 末端基团质量（单一同位素的为 +18.011，化学平均的为 +18.015）+链内质量=碳水化合物的分子质量。测定的肽的 M_r（附着位点=Asn）-碳水化合物的链内质量。

b 缩写词：dHex，脱氧己糖；Hex，己糖；HexN，己糖胺；HexNAc，N-乙酰己糖胺；NeuAc，N-乙酰神经氨酸。

表 A.2.5　常用去污剂的物理特性[a,b]

去污剂	mp/℃	分子质量/Da		CMC	
		单体	微团	%/（m/V）	M
阴离子的					
SDS	206	288	18 000	0.23	8.0×10^{-3}
胆酸	201	430	4 300	0.60	1.4×10^{-2}
脱氧胆酸	175	432	4 200	0.21	5.0×10^{-3}
阳离子的					
$C_{16}TAB$	230	365	62 000	0.04	1.0×10^{-3}
两性的					
LysoPC	—	495	92 000	0.0004	7.0×10^{-6}
CHAPS	157	615	6 150	0.49	1.4×10^{-3}
Zwittergent 3-14	—	364	30 000	0.011	3.0×10^{-4}
非离子的					
辛基葡萄糖苷	105	292	8 000	0.73	2.3×10^{-2}
毛地黄皂苷	235	1 229	70 000	—	—
$C_{12}E_8$	—	542	65 000	0.005	8.7×10^{-5}
Lubrol PX	—	582	64 000	0.006	1.0×10^{-4}
Triton X-100	—	650	90 000	0.021	3.0×10^{-4}
Nonidet P-40	—	603	90 000	0.017	3.0×10^{-4}
Tween 80	—	1 310	76 000	0.002	1.2×10^{-5}

　　a 经 IRL 出版社允许后重新印刷（见 Jones et al. 1987）。

　　b 缩写词：$C_{16}TAB$，溴化十六碳烷基三甲铵；CMC，临界胶粒浓度；LysoPC，溶血磷脂酰胆碱；mp，熔点；SDS，十二烷基硫酸钠。

表 A.2.6　常用去污剂的化学特性[a,b]

性质	离子去污剂							非离子去污剂						
	SDS	CHO	DOC	C_{16}	LYS	CHA	ZWI	OGL	DIG	C_{12}	LUB	TNX	NP-40	T80
强变性[c]	+	−	−	+	±	−	±		−	−	−	−	−	−
可透析的	+	+	+	+	−	+	±	+	−	−	−	−	−	−
可离子交换的[d]	+	+	+	+										
复合离子	+	+	+	−	−	−	−	−		±	±	±	±	±
强 A_{280}	−	−	−	−	−	−	−	−	−	−	−	+	+	−
分析干涉												±	±	±
冷沉淀物	+	−	+	+										
高成本					+	+	+	+	+	+				
可及性	+	+	+	+	+	+	±	+	±	±	+	+	+	+
毒性														
纯化容易	+	+	+	+	±	+	+							
放射性标记的	+	+	+	+						+	+	+	+	+
确定的成分	+	+	+	+	+	+	+	+	−	−	−	−	−	−
自动氧化	−	−	−	−						+	+	+	+	+

　　a 改编自 IRL 出版社（见 Jones et al. 1987）。

　　b 缩写词：C_{12}，$C_{12}E_8$；C_{16}，溴化十六烷基三甲铵；CHA，CHAPS；CHO，胆酸；DIG，毛地黄皂苷；DOC，脱氧胆酸；LUB，lubrol PX；LYS，溶血磷脂胆碱；NP-40，Nonidet P-40；OGL，辛基葡糖苷；SDS，十二烷基硫酸钠；T80，Tween 80；TNX，Triton X-100；ZWI，Zwittergent 3-14。

　　c 变性是指破坏蛋白质的二级和三级结构。

　　d 离子型去污剂不适合用于离子交换层析（见第 8.2 单元）。

表 A.2.7　度量单位转换表

	转换成	使用乘数
安［培］／平方厘米（A/cm²）	安［培］／平方英寸（A/in²）	6.452
	安［培］／平方米（A/m²）	10⁴
安［培］／平方英寸（A/in²）	安［培］／平方厘米（A/cm²）	0.1550
	安［培］／平方米（A/m²）	1.55×10^3
安［培］小时（A·h）	库仑（C）	3.6×10^3
	法拉第	3.731×10^{-2}
大气压（atm）	巴（bar）	1.01325
	毫米汞柱（mmHg）或托（torr）	760
	吨／平方英尺（ton/ft²）	1.058
巴（bar）	大气压力（atm）	0.9869
	达因／平方厘米（dyn/cm²）	106
	千克／平方米（kg/m²）	1.020×10^4
	磅／平方英尺（lb/ft²）	2089
	磅／平方英寸（lb/in² 或 psi）	14.5
英国热量单位（Btu）	尔格（erg）	1.0550×10^{10}
	克／卡路里（g·cal）	252
	马力-小时（hp·h）	3.931×10^4
	焦耳（J）	1054.80
	千克-卡路里（kg·cal）	0.252
	千克-米（kg·m）	107.5
	千瓦-小时（kW·h）	2.928×10^{-4}
英国热量单位/分钟（Btu/min）	英尺-磅／秒（ft·lb/s）	12.96
	马力（hp）	2.356×10^{-2}
	瓦特（W）	17.57
桶	立方英尺（ft³）	1.2445
	立方英寸（in³）	2150.40
	立方米（m³）	3.524×10^{-2}
	公升	35.24
	夸脱，干燥（dry qt）	32
摄氏温度（℃）	华氏温度（℉）	（℃×9/5）+32
	开氏温标（K）	（℃）+273.15
华氏温度（℉）	摄氏温度（℃）	5/9×（℉-32）
	开氏温标（K）	[5/9×（℉-32）]+273.15
厘米（cm）	英尺（ft）	3.281×10^{-2}
	英寸（in）	0.3937

	转换成	使用乘数
	千米（km）	10^{-5}
	米（m）	10^{-2}
	英里（mile）	6.214×10^{-6}
	毫米（mm）	10.0
	千分之一寸	393.7
	码（yd）	1.094×10^{-2}
厘米/秒（cm/s）	英尺/分钟（ft/min）	1.1969
	英尺/秒（ft/s）	3.281×10^{-2}
	千米/小时（km/h）	3.6×10^{-2}
	米/分钟（m/min）	0.6
	英里/小时（mile/h）	2.237×10^{-2}
	英里/分钟（mile/min）	3.728×10^{-4}
库仑（C）	法拉第	1.036×10^{-5}
库仑/平方厘米（C/cm²）	库仑/平方英寸（C/in²）	64.52
	库仑/平方米（C/m²）	10^4
库仑/平方英寸（C/in²）	库仑/平方厘米（C/cm²）	0.1550
	库仑/平方米（C/m²）	$1.55 \times \times 10^3$
立方厘米（cm³）	立方英尺（ft³）	3.531×10^{-5}
	立方英寸（in³）	6.102×10^{-2}
	立方米（m³）	10^{-6}
	立方码（yd³）	1.308×10^{-6}
	加仑，U.S. 液体	2.642×10^{-4}
	公升	10^{-3}
	品脱（pt），U.S. 液体	2.113×10^{-3}
	夸脱（qt），U.S. 液体	1.057×10^{-3}
天（d）	小时（h）	24.0
	分（min）	1.44×10^3
	秒（s）	8.64×10^4
度（角，°）	分（min）	60.0
	1/4 圆周（quadrant），角	1.111×10^{-2}
	弧度（rad）	1.745×10^{-2}
	秒（s）	3.6×10^4
打兰（dram）	克（g）	1.7718
	格令	27.3437
	盎司，重量（oz）	6.25×10^{-2}
达因（dyn）	焦耳/平方厘米（J/cm²）	10^{-7}
	焦耳/平方米（J/m²）或牛顿（N）	10^{-5}
	千克（kg）	1.020×10^{-6}
	磅（lb）	2.248×10^{-6}

	转换成	使用乘数
法拉第	安培-小时（amp·h）	26.80
	库仑（C）	9.649×10^{-4}
英尺-磅／分钟（ft·lb/min）	英国热量单位／分钟（Btu/min）	1.286×10^{-3}
	英尺-磅／秒（ft·lb/s）	1.667×10^{-2}
	马力（hp）	3.030×10^{-5}
	千克-卡路里／分钟（kg·cal/min）	3.24×10^{-4}
	千瓦（kW）	2.260×10^{-5}
克（g）	分克（dg）	10
	十克（Dg）	0.1
	达因（dyn）	980.7
	颗粒	15.43
	一百公克（hg）	10^{-2}
	千克（kg）	10^{-3}
	微克（μg）	10^{6}
	毫克（mg）	10^{3}
	盎司，重量（oz）	3.527×10^{-2}
	盎司，金衡制	3.215×10^{-2}
	磅（lb）	2.205×10^{-3}
马力（hp）	马力，米制的	1.014
英寸（in）	厘米（cm）	2.54
	英尺（ft）	8.333×10^{-2}
	米（m）	2.540×10^{-2}
	英里（mile）	1.578×10^{-5}
	毫米（mm）	25.4
	码	2.778×10^{-2}
英寸汞（in Hg）	大气压（atm）	3.342×10^{-2}
	千克／平方厘米（kg/cm²）	3.453×10^{-2}
	千克／平方米（kg/m²）	345.3
	磅／平方英尺（lb/ft²）	70.73
	磅／平方英寸（lb/in² 或 psi）	0.4912
焦耳（J）	英国热量单位（Btu）	9.480×10^{-4}
	尔格（erg）	10^{7}
	英尺-磅（ft·lb）	0.7376
	千克-卡路里（kg·cal）	2.389×10^{-4}
	千克-米（kg·m）	0.102
	牛顿-米（N·m）	1
	瓦特-小时（W·h）	2.778×10^{-4}
开氏温标（K）	摄氏温度（℃）	K-273.13

	转换成	使用乘数
	华氏温度（℉）	$[（K-273.13）×9/5］+32$
千磁力线	麦（克斯韦）（Mx）	10^3
千米（km）	厘米（cm）	10^5
	英尺（ft）	3281
	英寸（in）	$3.937×10^4$
	米（m）	10^3
	英里（mile）	0.6214
	码（yd）	1094
千瓦（kW）	英国热量单位/分钟（Btu/min）	56.92
	英尺-磅/分钟（ft·lb/min）	$4.426×10^4$
	马力（hp）	1.341
	千克-卡路里/分钟（kg·cal/min）	14.34
升（L）	蒲式耳（bsh），U.S. 干燥	$2.838×10^{-2}$
	立方厘米（cm³）	10^3
	立方英尺（ft³）	$3.531×10^{-2}$
	立方英寸（in³）	61.02
	立方米（m³）	10^{-3}
	立方码（yd³）	$1.308×10^{-3}$
	加仑，U.S. 液体	0.2642
	加仑，imperial	0.21997
	千升（kL）	10^{-3}
	品脱（pt），U.S. 液体	2.113
	夸脱（qt），U.S. 液体	1.057
麦（克斯韦）（Mx）	韦伯（W）	10^{-8}
微克（μg）	克（g）	10^{-6}
微升（μl）	升（L）	10^{-6}
毫克（mg）	克（g）	10^{-3}
毫克/升（mg/L）	百万分之一（ppm）	1.0
毫米汞（mH）	汞（H）	10^{-3}
毫升（ml）	升（L）	10^{-3}
毫米（mm）	厘米（cm）	0.1
	英尺（ft）	$3.281×10^{-3}$
	英寸（in）	$3.937×10^{-2}$
	千米（km）	10^{-6}
	米（m）	10^{-3}
	英里（mile）	$6.214×10^{-7}$
毫米汞（mmHg）或托（torr）	大气压（atm）	$1.316×10^{-3}$
	千克/平方米（kg/m²）	136

	转换成	使用乘数
	磅 / 平方英尺（lb/ft²）	27.85
	磅 / 平方英寸（lb/in² 或 psi）	0.1934
奈培（Np）	分贝（dB）	8.686
牛顿（N）	达因（dyn）	10^5
	千克力（kgf）	0.10197162
	磅，力量（lb）	4.6246×10^{-2}
欧姆（Ω）	兆欧（MΩ）	10^6
	微欧姆（μΩ）	10^{-6}
盎司，重量（oz）	打兰（dr）	16
	格令（gr）	437.5
	克（g）	28.349527
	磅（lb）	6.25×10^{-2}
	盎司，金衡制（oz）	0.9115
	吨（t），公制的	2.835×10^{-5}
盎司，液体（oz）	立方英寸（in³）	1.805
	升（L）	2.957×10^{-2}
盎司，金衡制（oz）	格令（gr）	480.0
	克（g）	31.103481
	盎司，重量（oz）	1.09714
	磅（lb），金衡制	8.333×10^{-2}
帕（斯卡）（P）	牛顿 / 平方米（N/m²）	1
磅，力量（lb）	牛顿（N）	21.6237
磅 / 平方英尺（lb/ft²）	大气压（atm）	4.725×10^{-4}
	英寸汞（in Hg）	1.414×10^{-2}
	千克 / 平方米（kg/m²）	4.882
	磅 / 平方英寸（lb/in²或 psi）	6.944×10^{-3}
磅 / 平方英寸（lb/in² 或 psi）	大气压（atm）	6.804×10^{-2}
	英寸汞（in Hg）	2.036
	千克 / 平方米（kg/m²）	703.1
	磅 / 平方英尺（lb/ft²）	144.0
	巴（bar）	6.8966×10^{-2}
弧度（rad），角的	度（°）	90.0
	分（min）	5.4×10^3
	弧度（rad）	1.571
	秒（s）	3.24×10^5
夸脱（qt），干燥	立方英寸（in³）	67.20
夸脱（qt），液体	立方厘米（cm³）	946.4

转换成	使用乘数
立方英尺（ft^3）	3.342×10^{-2}
立方英寸（in^3）	57.75
立方米（m^3）	9.464×10^{-4}
立方码（yd^3）	1.238×10^{-3}
加仑	0.25
公升	0.9463

	转换成	使用乘数
弧度（rad）	度（°）	57.30
	分（min）	3438
	弧度（rad）	0.6366
	秒（s）	2.063×10^5
托（torr），见毫米汞（mmHg）		
瓦（W）	英国热量单位／小时（Btu/h）	3.413
	英国热量单位／分钟（Btu/min）	5.688×10^{-2}
	尔格／秒（erg/s）	10^7
韦伯（Wb）	麦（M）	10^8
	千磁力线	10^5

表 A.2.8　国际单位 10 次幂前缀

前缀	倍数	缩写	前缀	倍数	缩写
atto	10^{-18}	a	hecto	10^2	h
femto	10^{-15}	F	kilo	10^3	k
pico	10^{-12}	p	myria	10^4	my
nano	10^{-9}	n	mega	10^6	M
micro	10^{-6}	μ	giga	10^9	G
milli	10^{-3}	m	tera	10^{12}	T
centi	10^{-2}	c	peta	10^{15}	P
deci	10^{-1}	d	exa	10^{18}	E
deca	10^1	da			

表 A.2.9　摄氏/华氏温度转换表[a]

摄氏度/℃	温度	华氏度/℉	摄氏度/℃	温度	华氏度/℉
−17.8	0	32.0	−13.3	8	46.4
−17.2	1	33.8	−12.8	9	48.2
−16.7	2	35.6	−12.2	10	50.0
−16.1	3	37.4	−11.7	11	51.8
−15.6	4	39.2	−11.1	12	53.6
−15.0	5	41.0	−10.6	13	55.4
−14.4	6	42.8	−10.0	14	57.2
−13.9	7	44.6	−9.4	15	59.0

摄氏度/℃	温度	华氏度/℉	摄氏度/℃	温度	华氏度/℉
−8.9	16	60.8	11.1	52	125.6
−8.3	17	62.6	11.7	53	127.4
−7.8	18	64.4	12.2	54	129.2
−7.2	19	66.2	12.8	55	131.0
−6.7	20	68.0	13.3	56	132.8
−6.1	21	69.8	13.9	57	134.6
−5.6	22	71.6	14.4	58	136.4
−5.0	23	73.4	15.0	59	138.2
−4.4	24	75.2	15.6	60	140.0
−3.9	25	77.0	16.1	61	141.8
−3.3	26	78.8	16.7	62	143.6
−2.8	27	80.6	17.2	63	145.4
−2.2	28	82.4	17.8	64	147.2
−1.7	29	84.2	18.3	65	149.0
−1.1	30	86.0	18.9	66	150.8
−0.6	31	87.8	19.4	67	152.6
0.0	32	89.6	20.0	68	154.4
0.6	33	91.4	20.6	69	156.2
1.1	34	93.2	21.1	70	158.0
1.7	35	95.0	21.7	71	159.8
2.2	36	96.8	22.2	72	161.6
2.8	37	98.6	22.8	73	163.4
3.3	38	100.4	23.3	74	165.2
3.9	39	102.2	23.9	75	167.0
4.4	40	104.0	24.4	76	168.8
5.0	41	105.8	25.0	77	170.6
5.6	42	107.6	25.6	78	172.4
6.1	43	109.4	26.1	79	174.2
6.7	44	111.2	26.7	80	176.0
7.2	45	113.0	27.2	81	177.8
7.8	46	114.8	27.8	82	179.6
8.3	47	116.6	28.3	83	181.4
8.9	48	118.4	28.9	84	183.2
9.4	49	120.2	29.4	85	185.0
10.0	50	122.0	30.0	86	186.8
10.6	51	123.8	30.6	87	188.6

摄氏度/℃	温度	华氏度/℉	摄氏度/℃	温度	华氏度/℉
31.1	88	190.4	35.0	95	203.0
31.7	89	192.2	35.6	96	204.8
32.2	90	194.0	36.1	97	206.8
32.8	91	195.8	36.7	98	208.4
33.3	92	197.6	37.2	99	210.2
33.9	93	199.4	37.8	100	212.0
34.4	94	201.2			

a ℉＝（℃×9/5）＋32。

表 A.2.10　放射性转换倍数

放射性的计量

放射性计量的 SI 单位是贝克（Becquerel）：

$$1 \text{ 贝克（Bq）} = 1 \text{ 次分裂/s}$$

最常用的单位是居里（Ci）：

$$1 \text{ Ci} = 3.7 \times 10^{10} \text{ Bq} = 2.22 \times 10^{12} \text{次分裂/分（dpm）}$$

$$1 \text{ 毫居里（mCi）} = 3.7 \times 10^{7} \text{ Bq} = 2.22 \times 10^{9} \text{ dpm}$$

$$1 \text{ 微居里（}\mu\text{Ci）} = 3.7 \times 10^{4} \text{ Bq} = 2.22 \times 10^{6} \text{ dpm}$$

转换倍数：

$$1 \text{ 天} = 1.44 \times 10^{3} \text{ min} = 8.64 \times 10^{4} \text{ s}$$

$$1 \text{ 年} = 5.26 \times 10^{5} \text{ min} = 3.16 \times 10^{7} \text{ s}$$

$$\text{计数/分（cpm）} = \text{dpm} \times \text{（计数效率）}$$

剂量的计量

辐射吸收能量的 SI 单位是戈瑞（Gy）：

$$1 \text{ Gy} = 1 \text{ J/kg}$$

较老的吸收能量单位是拉德和伦琴（R）：

$$1 \text{ rad} = 100 \text{ ergs/g} = 10^{-2} \text{ Gy}$$

$$1 \text{ R} = 0.877r \text{（在空气中）} = 0.93-0.98r \text{（在水和组织中）}$$

辐射剂量的 SI 单位是希沃特（Sv），考虑进了凭经验确定的某种辐射类型的相对生物学效应（RBE）：

$$\text{剂量［Sv］} = \text{RBE} \times \text{剂量［Gy］}$$

$$\text{RBE} = \frac{\text{标准辐射剂量的生物学效应}}{\text{其他辐射剂量的生物学效应}}$$

常见放射性核素的 RBE＝1

较老的剂量单位是雷姆（rem）（人体辐射当量）：

$$1 \text{ 雷姆（rem）} = 0.01 \text{ Sv}$$

表 A. 2. 11　在一个参考日期之后的某个给定时间，计算放射性的衰变系数。

例如，在参考日期，一小瓶含有 1.85 MBq（50 μCi）^{35}S 标记化合物在 33 天后的活性如下：1.85×0.770＝1.42 MBq；50×0.770＝38.5 μCi。

^{125}I　半衰期：60.0天

天	0	2	4	6	8	10	12	14	16	18
0	1.000	0.977	0.955	0.933	0.912	0.891	0.871	0.851	0.831	0.812
20	0.794	0.776	0.758	0.741	0.724	0.707	0.691	0.675	0.660	0.645
40	0.630	0.616	0.602	0.588	0.574	0.561	0.548	0.536	0.524	0.512
60	0.500	0.489	0.477	0.467	0.456	0.445	0.435	0.425	0.416	0.406
80	0.397	0.388	0.379	0.370	0.362	0.354	0.345	0.338	0.330	0.322
100	0.315	0.308	0.301	0.294	0.287	0.281	0.274	0.268	0.262	0.256
120	0.250	0.244	0.239	0.233	0.228	0.223	0.218	0.213	0.208	0.203
140	0.198	0.194	0.189	0.185	0.181	0.177	0.173	0.169	0.165	0.161
160	0.157	0.154	0.150	0.147	0.144	0.140	0.137	0.134	0.131	0.128
180	0.125	0.122	0.119	0.117	0.114	0.111	0.109	0.106	0.104	0.102
200	0.099	0.097	0.095	0.093	0.090	0.088	0.086	0.084	0.082	0.081
220	0.079	0.077	0.075	0.073	0.072	0.070	0.069	0.067	0.065	0.064
240	0.063	0.061	0.060	0.058	0.057	0.056	0.054	0.053	0.052	0.051

^{32}P　半衰期：14.3天

小时	0	12	24	36	48	60	72	84
0	1.000	0.976	0.953	0.930	0.908	0.886	0.865	0.844
4	0.824	0.804	0.785	0.766	0.748	0.730	0.712	0.695
8	0.679	0.662	0.646	0.631	0.616	0.601	0.587	0.573
12	0.559	0.546	0.533	0.520	0.507	0.495	0.483	0.472
16	0.460	0.449	0.439	0.428	0.418	0.408	0.398	0.389
20	0.379	0.370	0.361	0.353	0.344	0.336	0.328	0.320
24	0.312	0.305	0.298	0.291	0.284	0.277	0.270	0.264
28	0.257	0.251	0.245	0.239	0.234	0.228	0.223	0.217
32	0.212	0.207	0.202	0.197	0.192	0.188	0.183	0.179
36	0.175	0.170	0.166	0.162	0.159	0.155	0.151	0.147
40	0.144	0.140	0.137	0.134	0.131	0.127	0.124	0.121
44	0.119	0.116	0.113	0.110	0.108	0.105	0.102	0.100
48	0.098	0.095	0.093	0.091	0.089	0.086	0.084	0.082
52	0.080	0.078	0.077	0.075	0.073	0.071	0.070	0.068

^{131}I　半衰期：8.04天

小时	0	6	12	18	24	30	36	42	48	54	60	66
0	1.000	0.979	0.958	0.937	0.917	0.898	0.879	0.860	0.842	0.824	0.806	0.789
3	0.772	0.756	0.740	0.724	0.708	0.693	0.678	0.664	0.650	0.636	0.622	0.609
6	0.596	0.583	0.571	0.559	0.547	0.533	0.524	0.513	0.502	0.491	0.481	0.470
9	0.460	0.450	0.441	0.431	0.422	0.413	0.405	0.396	0.387	0.379	0.371	0.363
12	0.355	0.348	0.340	0.333	0.326	0.319	0.312	0.306	0.299	0.293	0.286	0.280
15	0.274	0.269	0.263	0.257	0.252	0.246	0.241	0.236	0.231	0.226	0.221	0.216
18	0.212	0.207	0.203	0.199	0.194	0.190	0.186	0.182	0.178	0.175	0.171	0.167
21	0.164	0.160	0.157	0.153	0.150	0.147	0.144	0.141	0.138	0.135	0.132	0.129
24	0.126	0.124	0.121	0.118	0.116	0.113	0.111	0.109	0.106	0.104	0.102	0.100
27	0.098	0.095	0.093	0.091	0.089	0.088	0.086	0.084	0.082	0.080	0.079	0.077
30	0.075	0.074	0.072	0.071	0.069	0.068	0.066	0.065	0.064	0.063	0.061	0.059
33	0.058	0.057	0.056	0.054	0.053	0.052	0.051	0.050	0.049	0.048	0.047	0.046
36	0.045	0.044	0.043	0.042	0.041	0.040	0.039	0.039	0.038	0.037	0.036	0.035

^{35}S　半衰期：87.4天

天	0	1	2	3	4	5	6
0	1.000	0.992	0.984	0.976	0.969	0.961	0.954
1	0.946	0.939	0.931	0.924	0.916	0.909	0.902
2	0.895	0.888	0.881	0.874	0.867	0.860	0.853
3	0.847	0.840	0.833	0.827	0.820	0.814	0.807
4	0.801	0.795	0.788	0.782	0.776	0.770	0.764
5	0.758	0.752	0.746	0.740	0.734	0.728	0.722
6	0.717	0.711	0.705	0.700	0.694	0.689	0.683
7	0.678	0.673	0.667	0.662	0.657	0.652	0.646
8	0.641	0.636	0.631	0.626	0.621	0.616	0.612
9	0.607	0.602	0.597	0.592	0.588	0.583	0.579
10	0.574	0.569	0.565	0.560	0.556	0.552	0.547
11	0.543	0.539	0.534	0.530	0.526	0.522	0.518
12	0.514	0.510	0.506	0.502	0.498	0.494	0.490

^{33}P　半衰期：25.4天

天	0	1	2	3	4	5	6	7	8	9
0	1.000	0.973	0.947	0.921	0.897	0.872	0.849	0.826	0.804	0.782
10	0.761	0.741	0.721	0.701	0.683	0.664	0.646	0.629	0.612	0.595
20	0.579	0.564	0.549	0.534	0.520	0.506	0.492	0.479	0.466	0.453
30	0.441	0.429	0.418	0.406	0.395	0.385	0.374	0.364	0.355	0.345
40	0.336	0.327	0.318	0.309	0.301	0.293	0.285	0.277	0.270	0.263
50	0.256	0.249	0.242	0.236	0.229	0.223	0.217	0.211	0.205	0.200
60	0.195	0.189	0.184	0.179	0.174	0.170	0.165	0.161	0.156	0.152
70	0.148	0.144	0.140	0.136	0.133	0.129	0.126	0.122	0.119	0.116
80	0.113	0.110	0.107	0.104	0.101	0.098	0.096	0.093	0.091	0.088
90	0.086	0.084	0.081	0.079	0.077	0.075	0.073	0.071	0.069	0.067
100	0.065	0.064	0.062	0.060	0.059	0.057	0.055	0.054	0.053	0.051
110	0.050	0.048	0.047	0.046	0.045	0.043	0.042	0.041	0.040	0.039
120	0.038	0.037	0.036	0.035	0.034	0.033	0.032	0.031	0.030	0.030

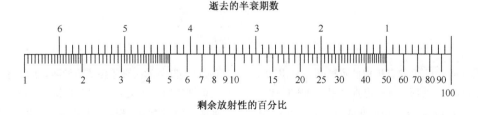

图 A. 2. 2　同位素的放射性损失与逝去的半衰期的关系。

表 A.2.12　常用放射性核素的物理特性[a]

核素	半衰期	射线	最大能量/MeV	发射范围,最大	在100%富集时的大约比活/(Ci/mg)	衰变形成的原子	靶器官
^{3}H	12.43 年	β	0.0186	0.42 cm（空气）	9.6	$^3_2$He	全身
^{14}C	5370 年	β	0.156	21.8 cm（空气）	4.4 mCi/mg	$^{14}_7$N	骨、脂肪
^{32}P[b]	14.3 天	β	1.71	610 cm（空气）	285	$^{33}_{16}$S	骨
				0.8 cm（水）			
				0.76 cm（有机玻璃）			
^{33}P[b]	25.4 天	β	0.249	49 cm	156	$^{33}_{16}$S	骨
^{35}S	87.4 天	β	0.167	24.4 cm（空气）	43	$^{35}_{17}$Cl	睾丸
^{125}I[c]	60 天	γ	0.27~0.035	0.2 mm（铅）	14.2	$^{125}_{52}$Te	甲状腺
^{131}I[c]	8.04 天	β	0.606	165 cm（空气）	123	$^{130}_{54}$Xe	甲状腺
		γ	0.364	2.4 cm（铅）			

a 此表是在 Lederer 等（1967）和 Shleien（1987）资料的基础上编辑的。

b 推荐的屏蔽物是有机玻璃；半值层厚度是 1 cm。

c 推荐的屏蔽物是铅；半值层厚度是 0.02 cm。

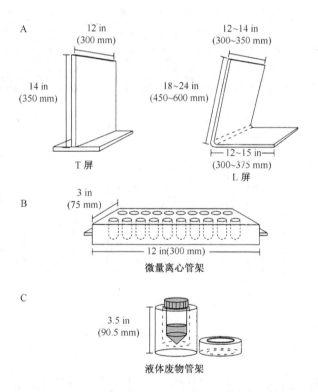

图 A.2.3 　^{32}P 的有机玻璃防护屏。A. 用 0.5 in 厚有机玻璃制成的两种手提式防护屏（L 形和 T 形设计），任何一种都可直接用于屏蔽科技人员免受放射性辐射。将 L 形屏侧面立起，可在一临时工作区域构建一个两侧的罩，可以防护^{32}P 的使用者或其他邻近的工作人员免受辐射。B. 用于装入微量离心管的管架。C. 用于液体废物收集的管架。

表 A. 2. 13　放射性发射的屏蔽[a]

β 放射源

能量（MeV）	降低 50% 强度的质量/(mg/cm²)	降低 50% 强度的厚度/mm			
		水	玻璃	铅	有机玻璃
0.1	1.3	0.013	0.005	0.0011	0.0125
1.0	48	0.48	0.192	0.042	0.38
2.0	130	1.3	0.52	0.115	1.1
5.0	400	4.0	1.6	0.35	4.2

γ 放射源

能量（MeV）	将 γ 射线宽束衰减 10 倍的材料厚度/cm			
	水	铝	铁	铅
0.5	54.6	20.3	6.1	1.8
1.0	70.0	24.4	8.2	3.8
2.0	76.0	32.0	11.0	5.9
3.0	89.0	37.0	12.0	6.4

a 引自 Dawson 等（1986），获许后重印。

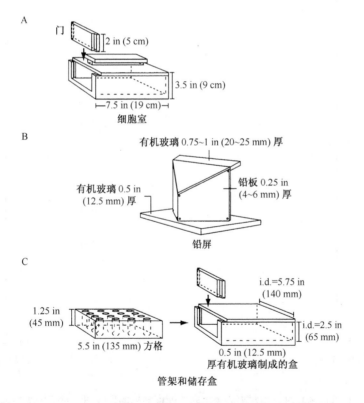

图 A. 2. 4　A. 温育细胞用的盒（"细胞室"）。B. 固定的铅屏。C. 样品储存管架和由 0.5 in 厚有机玻璃制成的盒。缩写：i. d.，内部尺寸。

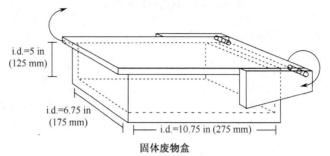

i.d.=5 in
(125 mm)

i.d.=6.75 in
(175 mm)

i.d.=10.75 in (275 mm)

固体废物盒

图 A.2.5　用 0.5 in 厚有机玻璃制成的固体废物收集盒。

缩写：i.d.，内部尺寸。

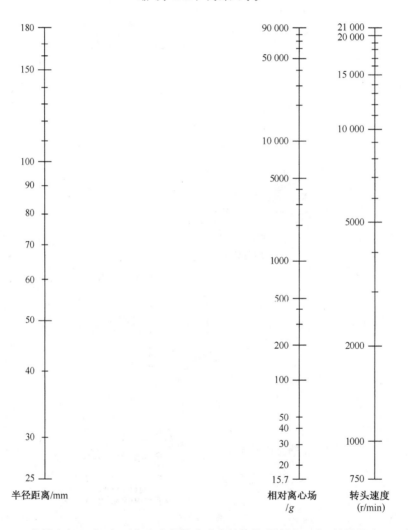

半径距离/mm

相对离心场
/g

转头速度
(r/min)

图 A.2.6　在低速离心时，相对离心力与转头速度转换的列线图。对于较快的离心，使用图 A.2.7。使用以下方程可计算出更精确的转换：$RCF=1.12\ r\left[r/(\min\cdot 1000)\right]^2$，$r$ 为转头的半径。常用转头的旋转半径见表 A.2.14。

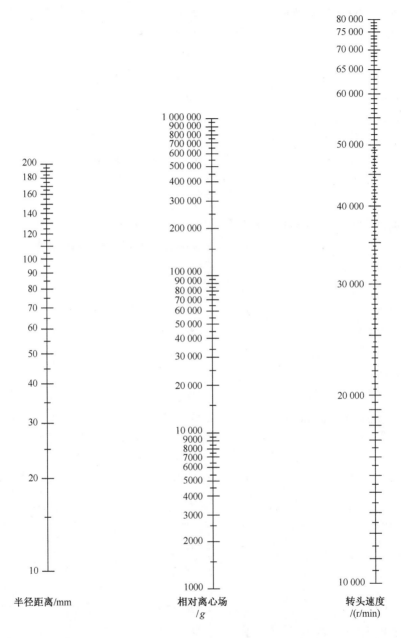

200
180
160
140
120
100
90
80
70
60
50
40
30
20
10

半径距离/mm

1 000 000
900 000
800 000
700 000
600 000
500 000
400 000
300 000
200 000
100 000
90 000
80 000
70 000
60 000
50 000
40 000
30 000
20 000
10 000
9000
8000
7000
6000
5000
4000
3000
2000
1000

相对离心场
/g

80 000
75 000
70 000
65 000
60 000
50 000
40 000
30 000
20 000
10 000

转头速度
/(r/min)

图 A.2.7　在高速离心时，相对离心力与转头速度转换的列线图。对于较慢的离心，使用图 A.2.6。使用以下方程可计算出更精确的转换：$RCF = 1.12$ $r\left[\mathrm{r}/(\mathrm{min} \cdot 1000)\right]^2$，$r$ 为转头的半径。常用转头的旋转半径见表 A.2.14。

表 A. 2. 14　常用转子的最大旋转半径，按离心机型号分类

转子型号[a]	r_{max}/mm	转子型号[a]	r_{max}/mm
GLC-1、GLC-2、GLC-2B、GLC-3、GLC-4、RT-6000B、T-6000、T-6000B 型 Sorvall 离心机		**Sorvall 超速离心机**	
		T-865	91
A/S400	140	T-865.1	87.1
H-1000B	186	T-875	87.1
HL-4 带 50 ml 离心桶	180	T-880	84.7
HL-4 带 100 ml 离心桶	204	T-1270	82
HL-4 带全能托架	163	TFT-80.2	65.5
M 和 A-384（inner row）	91	TFT-80.4	60.1
M 和 A-384（outer row）	121	**Beckman GP 系列离心机**	
SP/X 和 A-500（inner row）	82	GA-10	123
SP/X 和 A-500（outer row）	123	GA-24	123
RC-3、RC-3B、RC-3 C 型号的 Sorvall 离心机		GA-24 带 10 ml 管适配器	108
H-2000B	261	**Beckman L7 和 L8 系列超速离心机**	
H-4000 和 HG-4L	230	SW 25.1	129.2
H-6000A	260	SW 28	161
HL-8 带全能托架	221	SW 28.1	171.3
HL-8 带 50 ml 离心桶	238	SW 30	123
HL-8 带 100 ml 离心桶	247	SW 30.1	123
HL-2 和 HL-2B	166	SW 40 Ti	158.8
LA/S400	140	SW 41 Ti	153.1
RC-2、RC-2B、RC-5、RC-5B、RC-5C 型号的 Sorvall 离心机		SW 50.1	107.3
		SW 55 Ti	108.5
GSA	145	SW 60 Ti	120.3
GS-3	151	SW 65 Ti	89
HB-4	147	Type 15	142.1
HS-4 带 250 ml 离心桶	172	Type 19	133.4
SA-600	129	Type 21	121.5
SE-12	93	Type 25	100.4
SH-80	101	Type 30	104.8
SM-24（inner row）	91	Type 30.2	94.2
SM-24（outer row）	110	Type 35	104
SS-34	107	Type 40	80.8
SV-80	101	Type 40.3	79.5
SV-288	90	Type 42.1	98.6
TZ-28	95	Type 42.2 Ti	104
		Type 45 Ti	103

转子型号[a]	r_{max}/mm	转子型号[a]	r_{max}/mm
Backman L7 和 L8 系列超速离心机		JS-5.2	226
Type 50	70.1	微量培养板托架（6-离心桶转子）	214
Type 50 Ti	80.8	微量培养板托架（4-离心桶转子）	192
Type 50.2 Ti	107.9	**Beckman J2-21 型离心机**	
Type 50.3 Ti	79.5	JA-10	158
Type 50.4 Ti（inner row）	96.4	JA-14	137
Type 50.4 Ti（outer row）	111.4	JA-17	123
Type 55.2 Ti	100.3	JA-18	132
Type 60 Ti	89.9	JA-18.1（25°角）	112
Type 65	77.7	JA-18.1（45°角）	116
Type 70 Ti	91.9	JA-20	108
Type 70.1 Ti	82	JA-20.1	115
Type 75 Ti	79.7	JA-21	102
GH-3.7（离心桶）	204	JCF-Z	89
GH-3.7（微量培养板托架）	168	JCF-Z 带小沉淀物核	81
GH-3.8（离心桶）	204	JE-6B	125
GH-3.8（微量培养板托架）	168	JS-7.5	165
For Beckman TJ-6 系列离心机		JS-13	142
TA-10	123	JS-13.1	140
TA-24	108	JV-20	93
TA-24 带 10 ml 管适配器	123	Type 80 Ti	84.0
TH-4（不锈钢离心桶）	186	VAC 50	86.4
TH-4（100 ml 管固定器）	201	VC 53	78.8
TH-4（微量培养板托架）	165	VTi50	86.6
For Beckman AccuSpin		VTi65	85.4
AA-10	123	VTi65.2	87.9
AA-24	108	VTi80	71.1
AA-24 带 10 ml 管适配器	123	**Beckman Airfuge 超速离心机**	
AH-4	163	A-95	17.6
For Beckman J6 型离心机		A-100/18	14.6
JR-3.2	206	A-100/30	16.5
JS-2.9	265	A-110	14.7
JS-3.0	254	ACR-90（2.4 ml 衬垫）	11.8
JS-4.0	226	ACR-90（3.5 ml 衬垫）	13.4
JS-4.2	254	Batch rotor	14.6
JS-4.2SM	248	EM-90	13.0

转子型号[a]	r_{max}/mm	转子型号[a]	r_{max}/mm
Beckman TL-100 系列超速离心机		**其他离心机和转子[b]**	
TLA-100	38.9	Clay AdamSDynac	———[c]
TLA 100.1	38.9	Fisher Centrific	113
TLA-100.2	38.9	Fisher Marathon 21K 带 4 位置转子	160
TLA-100.3	48.3	IEC 临床离心机，带 4 个旋翼式转子	155
TLA-45	55.1	IEC 通用离心机，型号 HN、HN-SII	
TLS-55	76.4	和 Centra-4	———[c]
TLV-100	35.7		

a Sorvall 离心机和转子是 Du Pont Company Medical Products 的产品，Beckman 离心机是 Beckman Instruments 的产品，IEC 离心机是 International Equipment Co. 的产品，Clay Adams Dynac 离心机是 Becton Dickinson Labwere 的产品，Fisher 离心机是 Fisher Scientific 的产品。

b 这些仪器通常被粗略地划分为"临床"、"台式"或"低速"离心机。

c 这些仪器可使用宽范围的各种旋转半径的圆轴转子，也可以使用固定角转子和旋翼式转子，因此也可以使用各种适配器，能够对不同管数的各种大小的离心管进行离心。例如，常用的 IEC958 圆轴转子根据所选择的圆轴的不同，可以调整半径的范围为 137～181 mm。这样，要得到准确的速度与 RCF 的转换，必须查看所用特定系统的操作手册。

蔺晓薇 译　李慎涛 校

附录 3 常用技术

附录 3A 蛋白质折叠剂的使用

变性剂

盐酸胍

作为蛋白质变性剂，每摩尔的盐酸胍通常比尿素强 1.5～2.5 倍，可从几个供应商处购买到高纯度盐酸胍的晶体或浓缩水溶液（通常为 8 mol/L）。由于盐的溶解是一个吸热过程，当用固体盐配制浓缩溶液时，用家用微波炉加热混合物（在玻璃容器内）是很方便的。当使用最好等级的商品盐酸胍（＞99％纯度）时，6 mol/L 盐酸胍溶液是清澈无色的。用实用等级盐酸胍（通常便宜 80％～90％）配制的浓缩溶液会稍微混浊，颜色呈浅棕色。对于大规模的制备工作，可不必购买高纯度试剂，将实用等级的盐酸胍溶液用 0.45～0.5 μm 膜过滤，然后再用活性炭脱色，便可以将其适当地纯化。其他应用［如折叠试验（特别是那些涉及分光光度监测的实验）］需要较高质量的试剂，在这种情况下，则需要将盐重结晶或购买超纯等级的试剂。

由于盐酸胍具有吸水性，对于重要的研究（如结构分析），应该使用折光计（如 Milton Royd 的 Abbe-3L 折光计）进行精确的摩尔测量。用表 A.3.1 作为数量指导，在容器内称重盐酸胍和水（或缓冲液），得到大致的标示摩尔数。Nozaki（1972）提供了在 25℃时 0.057～8.51 mol/L（增量幅度约为 0.06 mol/L）盐酸胍溶液的折射率表。

表 A.3.1 尿素和盐酸胍溶液的特性

特性	尿素	盐酸胍
分子质量	60.06	95.53
溶解度[a]（25℃）	10.49 mol/L	8.54 mol/L
熔点/℃	133～137	186.5～188.5
A_{260}（6 mol/L 水溶液）	＜0.06	＜0.03

a 在 5℃时的溶解度：尿素约 8 mol/L；盐酸胍≥8 mol/L。

至少就笔者所知，尚未见由于暴露于盐酸胍或商品盐酸胍中的污染物而引起蛋白质特定化学修饰的报道。然而，常见的污染物三聚氰酸二酰胺（ammeline）具有强紫外吸收的特点，会抑制一些酶的活性。

盐酸胍溶液在室温下可稳定几天（用的时间较长时，应 4℃保存），在正常工作 pH 范围（即 pH 2.0～10.5），溶液是稳定的，在碱性 pH（＞11）时，会形成双胍。

尿素

可从许多不同的供应商购买高纯度（>99%）的尿素，价格只约为实用级尿素的2倍。尿素溶液缓慢分解，形成氰酸铵，很容易与各种蛋白质功能基团起反应。在室温、pH>7.0的条件下，温育8 mol/L尿素溶液，7天后该溶液中会含有约4 mmol/L的氰酸盐，在达到平衡时约含有20 mmol/L的氰酸盐。在较高温度时（如100℃时在30 min内便达到平衡）氰酸盐形成较快，因此，保持溶液低温会有益处。氰酸盐容易与蛋白质的氨基、巯基、咪唑、酪氨酰和羧基基团起反应，在碱性pH下，只有与氨基的反应才能形成稳定的产物。α氨基（N端）和ε氨基（赖氨酸侧链）的氨甲酰化形成中性的产物——高瓜氨酸（homocitrulline），因此，每个被修饰后的残基都失去了一个正电荷。

除去氰酸盐的标准方法是去离子作用，使用混合床离子交换树脂（如AG501-X8，Bio-Rad）。当体积小于1 L时，建议使用分批方法（往溶液中加入树脂、温育、然后过滤）。然而，当体积较大时，最好使用柱方法（使用装填在层析柱中的树脂）（见Bio-Rad Bulletin 1825和第8.2单元）。通过确定溶液的电导率能够监测氰酸盐的去除，也可使用简单的特异性分析（Means and Feeney 1971）。详细的纯化方法包括重结晶和去离子作用，见Prakash等（1981）。用HCl酸化至pH 2，然后温育1 h，在此期间，氰酸盐分解为二氧化碳和铵离子，最后用Tris碱中和，这样也可以除去氰酸盐。

对于大多数的应用，建议用超纯尿素配制溶液，并在24 h内使用。应当加入一种清除剂，使其与缓慢形成的氰酸盐反应，为此，可以使用含有伯胺的缓冲液（如Tris和甘氨酸）。应当注意尿素可以增加所测量的水溶液的pH。

与使用盐酸胍一样，可用折光计精确测定溶液的浓度，尽管对于大多数的应用来说，根据重量（表A.3.2）配制的溶液通常是足够精确的。

表 A. 3. 2 尿素和盐酸胍溶液的配制

摩尔浓度	尿素			盐酸胍		
	数量[a]	Vol[b]/ml	浓度[c]/(g/L)	数量[a]	Vol[b]/ml	浓度[c]/(g/L)
1 mol/L	0.63	10.52	60.06	1.03	10.82	95.53
2 mol/L	1.32	11.04	120.12	2.23	11.71	191.06
3 mol/L	2.09	11.61	180.18	3.65	12.76	286.59
4 mol/L	2.93	12.24	240.24	5.36	14.05	382.12
5 mol/L	3.88	12.96	300.30	7.45	15.63	477.65
6 mol/L	4.95	13.76	360.36	10.09	17.63	573.18
7 mol/L	6.16	14.68	420.42	13.51	20.23	668.71
8 mol/L	7.54	15.73	480.48	18.14	23.77	764.24
9 mol/L	9.15	16.95	540.54	—	—	—
10 mol/L	11.02	18.38	600.60	—	—	—

a 给定质量的试剂加入10 g水中，产生标示摩尔浓度的溶液。

b 用溶液的比重［按照Kawahara和Tanford（1966）所叙述的方法计算］确定将标示量的试剂加入10 g水中所产生的最终体积。也可以这样估计体积：假定1 g尿素或盐酸胍增加体积0.763 ml（即微分比容＝0.763）。水的密度在25℃时是0.9971（10 g＝10.029 ml）。

c 试剂的重量是终体积为1 L的水或缓冲液的重量。

硫氰酸胍

硫氰酸胍常用于从免疫亲合柱中洗脱蛋白质，尽管在通常情况下，在重组蛋白的制备性折叠和在蛋白质的构象分析中很少使用，但其有效性比盐酸胍强 2.5～3.5 倍，并且可以得到高纯度的硫氰酸胍（虽然昂贵）。

巯基试剂和氧化改组系统

巯基试剂（还原剂）用于防止蛋白质硫基的氧化，当从包含体中提取蛋白质时，标准的做法是加入一种还原剂，以防止半胱氨酸残基的随机氧化。随后，在有利于天然二硫化物形成的条件下，变性的蛋白质折叠，这个过程（被称为氧化折叠）是使用由低分子质量巯基化合物/二硫化物对（见第 6.4 单元和第 6.5 单元）组成的"氧化改组"（或氧化重建）系统来完成的，用于折叠重组蛋白的常用氧化改组系统是 GSH/GSSG、2-ME/HED 和 DTT/氧化型 DTT（Creighton 1984，Wetlaufler 1984，表 A.3.3）。所有 6 种试剂都可以购得，通常购买后便可以使用，无需进一步纯化。

表 A.3.3　还原型和氧化型巯基试剂[a]

试剂	MW	MP/℃	吸光度[e]/nm [L/(mol·cm)]	$SH^{[f]}pK_a$	$E'o^{[g]}/mV$
GSH	307.33	192～195	260 (5.8)	8.63 (α)	−240
			280 (2.3)	9.45 (β)	
GSSG	612.63	178	250 (342)	—	
			260 (271)		
			280 (111)		
			300 (30)		
2-ME[b]	78.13	—	>260 (≈0，纯品)	9.5	
HED[c]	154.25	25～27	245 λ_{max} (380)	—	
			260 (310)		
			280 (200)		
DTT	154.25	42～44	>270 (=0)	8.3	−330
				9.5	
氧化型 DTT[d]	152.20	132	283 λ_{max} (273)	—	
			310 (110)		

a 缩写词：DTT，二硫苏糖醇；GSH，还原谷胱甘肽（γ-L-谷氨酰-L-半光氨酰甘氨酸，阴离子巯基化合物）；GSSG，氧化型谷胱甘肽；HED，2-羟乙基二硫化物；2-ME，2-巯基乙醇；MP，熔点；MW，分子质量。

b 纯液体是 14.3 mol/L（密度＝1.114 g/ml），沸点为 157～158℃。

c 液体是 8.2 mol/L（密度＝1.261 g/ml）。

d 用高铁氰化物氧化 DTT 能够制备氧化型 DTT（二羟基-1，2-二噻烷）（Cleland 1964），可按照 Creighton (1984) 的方法纯化商品材料。

e 圆括号中的值是在标示波长的摩尔吸光度。

f 在氨基巯基化合物中，胺和巯基化合物的 pK_a 重叠；相应的 pKa 标示为 α 和 β。

g 标准氧化还原电势（pH 7，25℃）；参考巯基化合物-二硫化物对的还原电势：$2RSH = R\text{-}S\text{-}S\text{-}R + 2H^{++} + 2e^{-}$。注意 E'o 越低，还原剂越强，如 DTT 是比 GSH 更好的还原剂。

二硫苏糖醇

二硫苏糖醇（DTT）是首选的蛋白质还原剂，其 pK_a 值为 9.0 和 9.9，其还原能力在 pH 7～9.5 范围明显增加，通过酸化至 pH＜3.0，可以将其淬灭。DTT 非常易溶于水，可配制 0.1～0.2 mol/L 的贮液，4℃可保存一天左右，冷冻可保存更长的时间。对于重要的工作，在使用前应该将固态 DTT 直接加入到溶剂和缓冲液中，得到 1～20 mmol/L 的最终工作浓度。由于 DTT 络合金属离子，在还原缓冲液中通常含 EDTA。通过测量在 283 nm 处吸光度（表 A.3.3）的增加可以监测 DTT 溶液的空气氧化。

2-巯基乙醇

2-巯基乙醇（2-ME）也是常用的蛋白质还原剂，2-ME 是一种挥发性液体，应在 4℃保存，并且在通风橱中吸取。用溶剂稀释 6.99 ml 2-ME 至 1 L，便可配制成 100 mmol/L 的 2-ME 贮液。由于 2-ME 具有较高的 pK_a（表 A.3.3），其还原效力不及 DTT，使用浓度为 5～100 mmol/L。通过测量在 260 nm 处吸光度（表 A.3.3）的增加可以最好地监测 2-ME 的空气氧化。新开瓶的 2-ME 含有 0.1%～6.7%的氧化产物 2-羟乙基二硫化物（HED）。

谷胱甘肽

谷胱甘肽（GSH）和它的氧化形式 GSSG 存在于大多数的细胞中，浓度为1～10 mmol/L。在大肠杆菌中，GSH/GSSG 的比率为 50：1～200：1。本系统的作用是维持细胞质蛋白处于还原状态。在分析蛋白质化学中，GSH 通常不用作还原剂，其主要用途是作为氧化型氧化还原缓冲液的成分。然而，GSH 可用于维持包含体提取液中去折叠的蛋白质处于还原状态（类似于其在体内的作用）。可在水中配制0.1 mol/L的 GSH 贮液，或直接将试剂加到缓冲液中。在任一种情况，都应该用碱调 pH 至所需要的 pH。

参考文献：Jocelyn 1987，Means and Feeney 1971，Nozaki 1972

作者：Paul T. Wingfield

附录 3B　透析

由于透析膜对许多分解纤维素的微生物敏感，操作透析膜时始终要戴手套。

基本方案　大体积透析

本方案叙述范围从 0.1～500 ml 的样品的透析。

材料

- 透析膜（见辅助方案）
- 透析夹（Spectrapor Closures，Spectrum 公司，或相当的）

- 欲透析的含有蛋白质的样品
- 适当的透析缓冲液

1. 从乙醇保存溶液中取出透析膜，用蒸馏水冲洗，用透析夹夹住膜的一端或用双结系住一端（透析夹渗漏的可能性比打结法要低，但无论用哪一种类型的封闭，都应该按照步骤 2 和 3 所叙述的方法仔细检验）。
2. 用水或缓冲液充满膜，将未夹住端关闭，挤压膜，有纤细的液体喷溅表明膜中有一个小孔，丢弃，再试一个新膜。
3. 用含蛋白质的样品更换透析膜中的水或缓冲液，夹住开放端（如果透析浓缩样品或高盐样品，在已夹住的膜内留一些空间），再次挤压，以检查膜和透析夹的完整性。
4. 将透析膜浸入含有大体积目的缓冲液（与样品有关）的烧杯或烧瓶内，在期望的温度下透析至少 3 h，并轻轻搅拌缓冲液。
   透析速度取决于膜孔的大小、样品黏度和膜表面与样品体积的比率，温度对透析速度几乎没有影响，但为了提高蛋白质的稳定性通常选择低温。
5. 按需要更换透析缓冲液（一般更换 2 或 3 次透析缓冲液即可）。
6. 从缓冲液中取出透析膜，垂直拿住，除去上部透析夹外面膜端残留的多余缓冲液，打开上部的透析夹，用巴斯德吸量管取出样品。

备择方案　小体积透析

下面所叙述的方法能够容易地透析 $10 \sim 100 \, \mu l$ 的体积。

附加材料（见基本方案）
- 0.5 ml 微量离心管
- 木塞穿孔器

1. 用木塞穿孔器在 0.5 ml 微量离心管的密封盖上打孔，在盖的内侧一定不要有粗糙的边。将样品放入管内，用一相当厚的透析膜覆盖，然后盖上管盖。
   另一种方法是，将样品放入无盖的微量离心管内，用透析膜覆盖，然后用橡皮筋绑住。少量样品（如 $10 \sim 20 \, \mu l$）会在管边的周围损失掉。
2. 为了使样品与透析膜接触，在台式离心机中以反向的位置轻轻离心微量离心管。
3. 保持管反向，浸入透析缓冲液中，将其锚定，以便使其保持反向和浸入，这很容易做到：即将管插入泡沫聚苯乙烯或泡沫板（如 Fisherbrand 泡沫微量离心管架）内，将反向管放在透析缓冲液表面。
4. 为了让透析缓冲液接触到膜，用弯巴斯德吸量管吹出盖下方所有的气泡。
5. 搅拌透析缓冲液，并在适当的温度下透析至少 3 h（在室温下，并轻轻搅拌），回收样品时，将微离心管从缓冲液中取出，将管正向短暂离心。

辅助方案　透析膜的选择和制备

大多数透析膜由纤维素的衍生物制成，有多种的厚度和孔径大小可供应用。较厚的膜较硬，但限制溶质的流动，达到平衡较慢。孔径的大小由分子质量截留值（MWCO）所限定，即不能穿透膜的最小颗粒的大小。MWCO标志只应该用作非常粗略的指导，MWCO值范围从500～500 000。膜还因清洁、无菌性和价格而有所不同，有薄片形的或袋状的，最便宜的膜为干燥的卷状，含有甘油，以保持其柔韧性，还含有制造时残留的硫化物和痕量的重金属。进行蛋白质透析时，应当购买较清洁的膜或按以下方法进行处理。

附加材料（也见基本方案）

- 10 mmol/L 重碳酸钠
√ 10 mmol/L Na_2EDTA，pH 8.0
- 20%～50%（V/V）乙醇

1. 从卷上取出膜并剪成可用的长度（一般8～12 in）。
2. 将膜湿润，并在大量的 10 mmol/L 重碳酸钠中煮沸几分钟。
3. 在 10 mmol/L Na_2EDTA 中煮几分钟，重复。
4. 在蒸馏水中洗几遍。
5. 4℃保存于 20%～50%的乙醇中，以防止分解纤维素微生物的生长。

参考文献：Craig 1976，McPhie 1971
作者：Louis Zumstein

附录3C 玻璃器具硅烷化
基本方案

玻璃器具硅烷化（硅化）是为了防止溶解物吸附到玻璃表面或增加其疏水性，在处理低浓度的特别"黏"的溶解物（如单链核酸或蛋白质）时尤其重要。

材料

- 氯三甲基硅烷（chlorotrimethylsilane）或二氯二甲基硅烷（dichlorodimethylsilane）
- 真空泵
- 干燥器，配有阀门

1. 在通风橱内，将要硅烷化的玻璃器具或仪器和装有1～3 ml氯三甲基硅烷或二氯二甲基硅烷的烧杯放入干燥器内。
   警告：氯三甲基硅烷和二氯二甲基硅烷蒸气有毒性且高度易燃。
   太大而无法装入干燥器的物品，可用溶于各种易挥发的有机溶剂（如氯仿或庚烷）中的约5%的二氯二甲基硅溶液简要地冲洗，或浸透于其中，以此进行硅烷化。可通过蒸发除掉有机溶剂，使二氯二甲基硅沉积在表面。这种方法特别适用于处理用于变性聚丙烯酰胺测序凝胶的玻璃板。
2. 将干燥器连接到真空泵上，直到硅烷开始沸腾，然后关闭泵连接（维持干燥器内真空）。让干燥器保持真空和关闭，直到液体硅烷挥发掉（1～3 h）。

在温育期间，硅烷将蒸发，沉积在玻璃器具表面并聚合。不要让干燥器连接在真空泵上，这样会吸掉硅烷，极小量沉积并损坏泵。

3. 在通风橱内打开干燥器，敞开几分钟，使硅烷蒸汽散掉。

4. 如果希望的话，烘烤或高压处理玻璃器具或仪器。

高压或用水冲洗会除去由二氯二甲基硅烷产生的二甲基硅氧烷聚合物的活性氯硅烷末端。

警告：如果使用可燃性溶剂，在溶剂完全蒸发掉之前，不要烘烤玻璃器具。

作者：Brian Seed

附录 3D 使用硫酸铵的蛋白质沉淀

基本原理

加入盐（<0.15 mol/L）之后，球蛋白的溶解度增加，这种效应被称作盐溶。在较高盐浓度时，蛋白质的溶解度通常下降，导致沉淀，这种效应被称作盐析。降低蛋白质溶解度的盐还趋向增强天然构象的稳定性。相反，盐溶离子通常是变性剂。盐析机制的基础是优先溶剂化（preferential solvation），这是由于助溶剂（盐）从与蛋白质表面密切关联的水层（水合层）中被排阻的结果。Timasheff 和其同事对这些复杂效应进行了详细的讨论（如 Kita et al. 1994，Timasheff and Arakawa 1997）。值得一提的是，盐引起的水表面张力的增加遵循著名的霍夫迈斯特序列（Hofmeister series）（见 Parsegian 1995 和其中的参考文献）。作为一个近似值，那些促进盐析的盐使水的表面张力升至最高。由于 $(NH_4)_2SO_4$ 的溶解度比任何磷酸盐的溶解度高得多，所以它是盐析的首选试剂。

←沉淀增加（盐析）

阴离子：$PO_4^{3-} > SO_4^{2-} > CH_3COO^- > Cl^- > Br^- > ClO_4^- > SCN^-$

阳离子：$NH_4^+ > Rb^+ > K^+ > Na^+ > Li^+ > Mg^{2+} > Ca^{2+} > Ba^{2+}$

增加离液效应（盐溶）→

常规应用

常规应用如下：

蛋白质浓缩

因为沉淀是由于溶解度降低而不是变性，所以用标准缓冲液可以很容易地使沉淀的蛋白质重新溶解。浓缩后，蛋白质非常适于凝胶过滤（见第 8.3 单元），由此能够更换缓冲液，并除去残留的硫酸铵。另一种方法是，将蛋白质溶于非沉淀浓度的 $(NH_4)_2SO_4$（如 1 mol/L）中，然后加到疏水相互作用介质（见第 8.4 单元）上。

蛋白质纯化

选择性沉淀的具体应用细节见第 4.2 单元。在第 6.2 单元列举了一个纯化白细胞介素 1β 的实例。盐沉淀已被广泛地用于分离膜蛋白（Schagger 1994a）。由于结合的脂和（或）清洁剂，硫酸铵沉淀剂比单一蛋白质沉淀剂密度低。在离心期间，这些沉淀剂常会漂浮在管的顶部，而不沉淀，建议使用甩平式转子（swing-out rotor）。结晶是蛋白质纯化的传统方法。Jakoby（1971）描述了包括在低温下用连续稀释的（NH₄）₂SO₄溶液来提取（NH₄）₂SO₄沉淀的蛋白质的一般方法。

蛋白质结构的折叠和稳定

由于（NH₄）₂SO₄和其他中性盐通过优先的溶剂化而使蛋白质稳定，所以常将蛋白质常贮存于（NH₄）₂SO₄中，这样也抑制细菌生长和污染的蛋白质酶活性。用变性剂（如尿素）去折叠的蛋白质，可通过加入（NH₄）₂SO₄而使其回到天然构象（Wingfield et al. 1991）。

基本定义和计算

基本定义和计算分别如下：

百分（％）饱和度

在给定的温度下，最大溶解度％时溶液中（NH₄）₂SO₄的浓度。例如，在0℃时，100％饱和溶液是 3.9 mol/L。

比容（sp. vol.）

1 g（NH₄）₂SO₄所占的体积（ml/g）＝密度的倒数。在0℃时，如果将706.8 g（NH₄）₂SO₄加入1 L水中，总体积＝1000 ml ＋ 盐的体积（706.8×0.5281 ml）＝1373.26 ml。摩尔浓度＝3.9 mol/L。

按质量加入（NH₄）₂SO₄

以下方程用于计算加到1 L溶液中固体（NH₄）₂SO₄的质量，该溶液的起始饱和度为 S_1，加入（NH₄）₂SO₄后的终饱和度为 S_2：

$$质量(g) = \frac{G_{sat}(S_2 - S_1)}{1 - (PS_2)}$$

G_{sat}是1 L饱和溶液中所含的（NH₄）₂SO₄的克数（表 A.3.4），S_1 和 S_2 是完全饱和度的分数（如20％饱和表示为0.2）；并且

$$P = (\text{sp.vol.} \times G_{sat})/1000$$

例如，在0℃和25℃，P分别等于0.2722和0.2945。

表 A.3.4　硫酸铵溶液的密度和摩尔浓度[a,b]

温度/℃	0	10	20	25
达到饱和溶液，加到1 L水中的（NH₄）₂SO₄/g	706.8	730.5	755.8	766.8
每升饱和溶液的（NH₄）₂SO₄/g	515.35	524.60	536.49	541.80
饱和溶液的摩尔浓度	3.90	3.97	4.06	4.10
密度/（g/ml）	1.2428	1.2436	1.2447	1.2450
饱和溶液的比容/（ml/g）	0.5281	0.5357	0.5414	0.5435

a（NH₄）₂SO₄的分子质量＝132.14。

b 改编自 Dawson 等（1986）。

表 A.3.5 加到 1 L 溶液中的硫酸铵的克数 (0 ℃)

饱和度百分比	起始摩尔度	终摩尔度																				
		0.00	0.20	0.40	0.60	0.80	1.00	1.20	1.40	1.60	1.80	2.00	2.20	2.40	2.60	2.80	3.00	3.20	3.40	3.60	3.80	3.90
0.0	0.00	0.00	26.7	54.0	81.9	111	140	170	202	234	267	302	338	375	413	453	495	539	585	632	682	707
5.1	0.20		0.00	27.0	54.7	83.0	112	142	173	205	238	272	308	344	383	422	464	507	552	599	649	673
10.3	0.40			0.00	27.4	55.4	84.2	114	144	176	209	243	278	314	352	391	432	475	519	566	615	639
15.4	0.60				0.00	27.7	56.2	85.5	116	147	179	213	247	283	321	359	400	442	486	533	581	605
20.5	0.80					0.00	28.1	57.1	87.0	118	150	183	217	252	289	328	368	409	453	499	546	570
25.7	1.00						0.00	28.6	58.1	88.5	120	153	186	221	258	296	335	376	420	465	512	535
30.8	1.20							0.00	29.1	59.1	90.2	122	156	190	226	264	303	343	386	430	477	499
35.9	1.40								0.00	29.6	60.2	91.9	125	159	194	231	270	310	351	395	441	464
41.1	1.60									0.00	30.2	61.4	93.7	127	162	199	236	276	317	360	405	428
46.2	1.80										0.00	30.7	62.6	95.7	130	166	203	242	282	325	369	391
51.3	2.00											0.00	31.3	63.9	97.7	133	170	206	248	290	333	355
56.5	2.20												0.00	32.0	65.2	99.8	136	174	213	254	297	318
61.6	2.40													0.00	32.7	66.7	102	139	178	218	260	281
66.8	2.60														0.00	33.4	68.2	104	142	182	224	244
71.9	2.80															0.00	34.2	69.8	107	146	187	207
77.0	3.00																0.00	35.0	71.5	110	150	169
82.2	3.20																	0.00	35.8	73.2	112	132
87.3	3.40																		0.00	36.7	75.0	94.0
92.4	3.60																			0.00	37.6	56.1
97.6	3.80																				0.00	18.1
100.0	3.90																					0.00

表 A.3.6 往 1 L 溶液中加入 3.8 mol/L 硫酸铵的毫升数 (0 ℃)

起始摩尔度	最终摩尔度																	
	0.00	0.20	0.40	0.60	0.80	1.00	1.20	1.40	1.60	1.80	2.00	2.20	2.40	2.60	2.80	3.00	3.20	3.40
0.00	0.00	55.3	117	185	263	351	452	570	709	875	1077	1330	1655	2088	2693	3600	5111	8134
0.20		0.00	58.4	124	197	281	377	489	621	779	972	1213	1522	1933	2508	3371	4809	7684
0.40			0.00	61.9	132	211	302	408	534	683	866	1094	1387	1777	2322	3140	4503	7228
0.60				0.00	65.9	141	227	327	446	587	760	975	1252	1620	2135	2907	4194	6768
0.80					0.00	70.5	152	246	357	490	652	855	1115	1462	1946	2673	3884	6305
1.00						0.00	75.9	164	268	393	545	735	978	1303	1756	2437	3570	5837
1.20							0.00	82.3	179	295	437	613	840	1143	1565	2199	3255	5366
1.40								0.00	89.7	197	328	492	702	981	1372	1959	2936	4891
1.60									0.00	98.7	219	369	562	819	1179	1718	2616	4412
1.80										0.00	110	247	423	657	984	1475	2294	3931
2.00											0.00	124	282	494	789	1232	1971	3447
2.20												0.00	141	330	593	988	1645	2961
2.40													0.00	165	396	742	1319	2472
2.60														0.00	198	496	991	1981
2.80															0.00	248	662	1489
3.00																0.00	332	994
3.20																	0.00	498
3.40																		0.00

表 A.3.7　往 1 L 溶液中加入固体硫酸铵后终体积的毫升数 (0 ℃)

起始摩尔度	最终摩尔度																				
	0.00	0.20	0.40	0.60	0.80	1.00	1.20	1.40	1.60	1.80	2.00	2.20	2.40	2.60	2.80	3.00	3.20	3.40	3.60	3.80	3.90
0.00	1000	1010	1023	1033	1046	1060	1074	1090	1106	1123	1142	1161	1181	1203	1225	1249	1275	1301	1329	1359	1373
0.20		1000	1011	1023	1035	1049	1063	1079	1095	1112	1130	1149	1169	1191	1213	1237	1262	1288	1316	1345	1359
0.40			1000	1012	1024	1037	1052	1067	1083	1100	1118	1137	1157	1178	1200	1223	1248	1274	1301	1330	1344
0.60				1000	1012	1025	1039	1054	1070	1087	1105	1124	1143	1164	1186	1209	1233	1259	1286	1315	1329
0.80					1000	1013	1027	1042	1057	1074	1091	1110	1129	1150	1172	1194	1218	1244	1271	1299	1313
1.00						1000	1014	1028	1044	1060	1077	1096	1115	1135	1156	1179	1203	1228	1254	1282	1296
1.20							1000	1014	1030	1046	1063	1081	1100	1120	1141	1163	1187	1211	1237	1265	1278
1.40								1000	1015	1031	1048	1065	1084	1104	1125	1147	1170	1194	1220	1247	1260
1.60									1000	1016	1032	1050	1068	1088	1108	1130	1152	1176	1202	1228	1242
1.80										1000	1016	1033	1052	1071	1091	1112	1135	1158	1183	1209	1222
2.00											1000	1017	1035	1054	1073	1094	1116	1140	1164	1190	1203
2.20												1000	1018	1036	1056	1076	1098	1121	1145	1170	1183
2.40													1000	1018	1037	1058	1079	1101	1125	1150	1162
2.60														1000	1019	1039	1060	1082	1105	1129	1142
2.80															1000	1019	1040	1062	1085	1109	1121
3.00																1000	1020	1041	1064	1087	1099
3.20																	1000	1021	1043	1066	1077
3.40																		1000	1022	1044	1055
3.60																			1000	1022	1033
3.80																				1000	1011
3.90																					1000

表A.3.8 往1L溶液中加入3.8 mol/L硫酸铵后终体积的毫升数 (0 ℃)

起始摩尔度	最终摩尔度																	
	0.00	0.20	0.40	0.60	0.80	1.00	1.20	1.40	1.60	1.80	2.00	2.20	2.40	2.60	2.80	3.00	3.20	3.40
0.00	1000	1051	1109	1174	1248	1333	1432	1547	1683	1847	2047	2298	2621	3051	3654	4560	6070	9091
0.20		1000	1055	1117	1187	1268	1362	1471	1601	1757	1947	2186	2493	2902	3476	4337	5773	8646
0.40			1000	1059	1126	1202	1291	1394	1517	1665	1846	2072	2363	2751	3294	4111	5472	8196
0.60				1000	1063	1135	1219	1317	1433	1576	1743	1957	2232	2598	3112	3883	5168	7741
0.80					1000	1068	1147	1239	1348	1479	1640	1841	2099	2444	2927	3652	4862	7282
1.00						1000	1074	1160	1262	1385	1535	1723	1966	2289	2741	3420	4552	6818
1.20							1000	1080	1176	1290	1430	1605	1831	2131	2553	3185	4240	6350
1.40								1000	1088	1194	1324	1486	1694	1973	2363	2948	3924	5878
1.60									1000	1097	1216	1365	1557	1813	2171	2709	3606	5402
1.80										1000	1108	1244	1419	1652	1979	2469	3287	4922
2.00											1000	1122	1280	1491	1785	2227	2965	4441
2.20												1000	1141	1328	1590	1984	2642	3956
2.40													1000	1164	1394	1740	2316	3469
2.60														1000	1198	1494	1989	2979
2.80															1000	1248	1661	2488
3.00																1000	1331	1994
3.20																	1000	1498
3.40																		1000

按体积加入 $(NH_4)_2SO_4$

以下方程用于计算加到 100 ml 溶液 （饱和度从 S_1 增至 S_2）中的饱和 $(NH_4)_2SO_4$ 溶液的体积：

$$体积(ml) = \frac{100(S_2 - S_1)}{1 - S_2}$$

要将 100 ml 0.2 的饱和度溶液升高至 0.70 饱和度，需要 166.67 ml 饱和溶液。

硫酸铵表

表 A.3.5～表 A.3.8 引自 Wood（1976）。表 A.3.5 给出了获得期望浓度需要加入的 $(NH_4)_2SO_4$ 的质量。表 A.3.6 给出了获得期望浓度需要加入的 3.8 mol/L 溶液的体积。表 A.3.7 和表 A.3.8 给出分别加入固体盐或 3.8 mol/L 溶液后的最终体积。$(NH_4)_2SO_4$ 的浓度以摩尔表示（相应的％饱和度标在表 A.3.5 中）。数据对 0℃溶液有效，而且考虑了比容随浓度的变化。对于 25℃溶液的表，见 Green 和 Hughes（1955）。

参考文献：Wood 1976

作者：Paul Wingfield

附录 3E　琼脂糖凝胶电泳

基本方案　在琼脂糖凝胶上分离大的 DNA 片段

本方案用于分离和纯化 0.5～25 kb 的 DNA 片段。

材料（带√的项目见附录 1）

- √ TAE 或 TBE 电泳缓冲液
- √ 溴化乙锭溶液
- 琼脂糖，电泳级
- √ 10×上样缓冲液
- DNA 分子质量标准（图 A.3.1）
- 水平凝胶电泳仪
- 凝胶制胶槽
- 凝胶梳
- 直流电源

1. 如表 A.3.9 所示，将电泳缓冲液和电泳级琼脂糖混合，以此制备凝胶溶液。在微波炉或高压锅内融化，混合，冷却至 55℃，然后加入 0.5 μg/ml 溴化乙锭。倒入密封的凝胶制胶槽中，插入凝胶梳，让其固化。

表 A.3.9　分离各种大小 DNA 片段的适当的琼脂糖浓度

琼脂糖的浓度/%	线性 DNA 片段的有效分离范围/kb
0.5	30～1
0.7	12～0.8
1.0	10～0.5
1.2	7～0.4
1.5	3～0.2

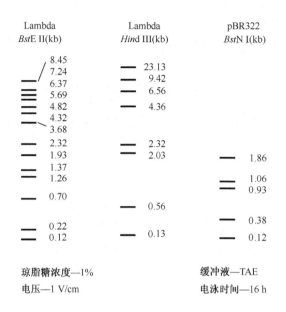

Lambda BstE II(kb)	Lambda Hind III(kb)	pBR322 BstN I(kb)
8.45		
7.24	23.13	
6.37	9.42	
5.69	6.56	
4.82	4.36	
4.32		
3.68		
2.32	2.32	
1.93	2.03	
1.37		1.86
1.26		1.06
		0.93
0.70		
	0.56	
		0.38
0.22		
0.12	0.13	0.12

琼脂糖浓度—1%　　　　　缓冲液—TAE

电压—1 V/cm　　　　　　电泳时间—16 h

图 A.3.1　常用 DNA 分子质量标准的迁移模式和片段大小。

2. 从凝胶制胶槽上取下密封件，并拆下凝胶梳。放入电泳槽内，电泳槽内含有足够的电泳缓冲液，覆盖凝胶约 1 mm。

3. 用适量的 10× 上样缓冲液（最终 1×）制备 DNA 样品，用移液器将样品加到孔中，一定要包括适当的 DNA 分子质量标准（图 A.3.1）。

4. 连接电极，使 DNA 向正极迁移，在 1～10 V/cm 凝胶条件下电泳。

5. 当上样缓冲液中的溴酚蓝染料迁移的距离足以分离 DNA 片段时，关闭电源。

6. 在紫外透射仪上直接拍照染色的凝胶，或如果需要，首先用 0.5 μg/ml 溴化乙锭染色 10～30 min 并在水中脱色 30 min。

辅助方案　微型凝胶和中型凝胶

　　小凝胶（微型凝胶和中型凝胶）一般比较大的凝胶跑得快，常用于快速的分析。由于它们使用较窄的孔和较薄的凝胶，所以它们需要较少量的 DNA 来观察分离的片段。使用微型凝胶和中型凝胶仪器时，要考虑凝胶槽中的缓冲液体积，因为较小的凝胶通常在高电压（大于 10 V/cm）下电泳，电泳缓冲液消耗很快，建议使用较大的缓冲液槽。市场上可以买到灌铸小凝胶的托盘。

参考文献：Sambrook and Russell　2001，Southern　1979

作者：Daniel Voytas

附录 3F　用吸收光谱法进行核酸定量

　　本方法的有效范围为 5 ng/ml～50 μg/ml DNA。

基本方案

材料（带√项目见附录1）

√ 1×TNE 缓冲液

- 要定量的 DNA 样品
- 小牛胸腺 DNA 标准溶液（Sigma、Hoefer、Amersham Pharmacia Biotech）
- 匹配的石英半微量分光光度计比色杯（光路长度为 1 cm）
- 单光束或双光束分光光度计（紫外至可见光）

1. 将 1.0 ml 1×TNE 缓冲液移至石英比色杯内，将比色杯放入单光束或双光束分光光度计内，在 325 nm 处读数（如果必要，测定与蒸馏水与空白对照的读数），把仪器调到零点。对于双光束仪器，在第二个比色杯中测量 DNA 样品或标准，用空白对照作为参照。对于单光束分光光度计，移去空白比色杯，插入含有悬浮于与空白对照同一溶液中的 DNA 样品或标准的比色杯，读数。在 280 nm、260 nm 和 230 nm 时重复此过程。

2. 要确定 DNA 的浓度（C）时，使用 A_{260} 读数和下列公式之一进行计算：

单链 DNA：

$$C(\text{pmol}/\mu l) = \frac{A_{260}}{10 \times S}$$

$$C(\mu g/ml) = \frac{A_{260}}{0.027}$$

双链 DNA：

$$C(\text{pmol}/\mu l) = \frac{A_{260}}{13.2 \times S}$$

$$C(\mu g/ml) = \frac{A_{260}}{0.020}$$

单链 RNA：

$$C(\mu g/ml) = \frac{A_{260}}{0.025}$$

寡核苷酸：

$$C(\text{pmol}/\mu l) = A_{260} \times \frac{100}{1.5N_A + 0.71N_C + 1.20N_G + 0.84N_T}$$

S 是 DNA 的大小（单位为 kb），N 是 A、G、C 或 T 的数目。

这些公式假定使用光路长度为 1 cm 的比色杯和中性 pH，基于 Lambert-Beer 定律，$A = \varepsilon Cl$，其中 l 是光路长度，ε 是消光系数。此处所用的 ε 值是：ssDNA，0.027 ml/($\mu g \cdot cm$)；dsDNA，0.020 ml/($\mu g \cdot cm$)；ssRNA，0.025 ml/($\mu g \cdot cm$)。使用这些计算，1.0 的 A_{260} 表示 50 $\mu g/ml$ dsDNA，约 37 $\mu g/ml$ ssDNA 或约 40 $\mu g/ml$ ssRNA。对于寡核苷酸，浓度用更方便的单位 pmol/ml 表示。寡核苷酸的碱基组成对吸光度有显著的影响，因为总吸光度是每个碱基分光度的总和（表 A.3.10）。

3. 使用 A_{260}/A_{280} 比值和 A_{230} 及 A_{325} 的读数估计核酸样品的纯度（表 A.3.11）。
1.8～1.9 和 1.9～2.0 的比值分别表示高度纯化的 DNA 和 RNA。在 280 nm 处吸收的污染物（如蛋白质）会使该比值降低。在 230 nm 的吸光度表明苯酚和尿素污染，而在 325 nm 处的吸光度提示有微粒污染或比色杯脏。

表 A.3.10　DNA 碱基的摩尔消光系数[a]

碱基	$\varepsilon_{260\ nm}^{1M}$
腺嘌呤	15 200
胞嘧啶	7050
鸟嘌呤	12 010
胸腺嘧啶	8400

a 在 260 nm 处测量，见 Wallace 和 Miyada 1987。

表 A.3.11　纯化后 DNA 的分光光度测量

波长/nm	吸光度[a]	A_{260}/A_{280}	浓度/(μg/ml)
325	0.01	—	—
280	0.28	—	—
260	0.56	2.0	28
230	0.30	—	—

a 悬浮于 1×TNE 缓冲液中的高度纯化的小牛胸腺 DNA 的典型的吸光度读数。

DNA 的浓度约为 25 μg/ml。

作者：Sean Gallagher

蔺晓薇 译　李慎涛 校

附录 4 试剂和设备供货商

　　下面列出了供货商的地址和电话号码，对于本手册中所用的某些特定试剂和设备，建议使用这些供货商的产品，这是因为：①特定品牌质量卓越；②在市场中不易找到。在本表中可能会遗漏某些重要的生物试剂和设备供货商，若需要完整的列表，可参见 *Linscott's Directory of Immunological and Biological Reagents* （Santa Rosa，CA）、*The Biotechnology Directory* （Stockton Press，New York）、*Bio/Technology* 杂志的年度"购买者指南"增刊和因特网上的各站点。

A.C. Daniels
72-80 Akeman Street
Tring, Hertfordshire, HP23 6AJ, UK
(44) 1442 826881
FAX: (44) 1442 826880

A.D. Instruments
5111 Nations Crossing Road #8
Suite 2
Charlotte, NC 28217
(704) 522-8415 FAX: (704) 527-5005
http://www.us.endress.com

A.J. Buck
11407 Cronhill Drive
Owings Mill, MD 21117
(800) 638-8673 FAX: (410) 581-1809
(410) 581-1800
http://www.ajbuck.com

A.M. Systems
131 Business Park Loop
P.O. Box 850
Carlsborg, WA 98324
(800) 426-1306 FAX: (360) 683-3525
(360) 683-8300
http://www.a-msystems.com

Aaron Medical Industries
7100 30th Avenue North
St. Petersburg, FL 33710
(727) 384-2323 FAX: (727) 347-9144
http://www.aaronmed.com

Abbott Laboratories
100 Abbott Park Road
Abbott Park, IL 60064
(800) 323-9100 FAX: (847) 938-7424
http://www.abbott.com

ABCO Dealers
55 Church Street Central Plaza
Lowell, MA 01852
(800) 462-3326 (978) 459-6101
http://www.lomedco.com/abco.htm

Aber Instruments
5 Science Park
Aberystwyth, Wales SY23 3AH, UK
(44) 1970 636300
FAX: (44) 1970 615455
http://www.aber-instruments.co.uk

ABI Biotechnologies
See Perkin-Elmer

ABI Biotechnology
See Apotex

Access Technologies
Subsidiary of Norfolk Medical
7350 N. Ridgeway
Skokie, IL 60076
(877) 674-7131 FAX: (847) 674-7066
(847) 674-7131
http://www.norfolkaccess.com

Accurate Chemical and Scientific
300 Shames Drive
Westbury, NY 11590
(800) 645-6264 FAX: (516) 997-4948
(516) 333-2221
http://www.accuratechemical.com

AccuScan Instruments
5090 Trabue Road
Columbus, OH 43228
(800) 822-1344 FAX: (614) 878-3560
(614) 878-6644
http://www.accuscan-usa.com

AccuStandard
125 Market Street
New Haven, CT 06513
(800) 442-5290 FAX: (877) 786-5287
http://www.accustandard.com

Ace Glass
1430 NW Boulevard
Vineland, NJ 08360
(800) 223-4524 FAX: (800) 543-6752
(609) 692-3333

ACO Pacific
2604 Read Avenue
Belmont, CA 94002
(650) 595-8588 FAX: (650) 591-2891
http://www.acopacific.com

Acros Organic
See Fisher Scientific

Action Scientific
P.O. Box 1369
Carolina Beach, NC 28428
(910) 458-0401 FAX: (910) 458-0407

AD Instruments
1949 Landings Drive
Mountain View, CA 94043
(888) 965-6040 FAX: (650) 965-9293
(650) 965-9292
http://www.adinstruments.com

Adaptive Biosystems
15 Ribocon Way
Progress Park
Luton, Bedsfordshire LU4 9UR, UK
(44)1 582-597676
FAX: (44)1 582-581495
http://www.adaptive.co.uk

Adobe Systems
1585 Charleston Road
P.O. Box 7900
Mountain View, CA 94039
(800) 833-6687 FAX: (415) 961-3769
(415) 961-4400
http://www.adobe.com

Advanced Bioscience Resources
1516 Oak Street, Suite 303
Alameda, CA 94501
(510) 865-5872 FAX: (510) 865-4090

Advanced Biotechnologies
9108 Guilford Road
Columbia, MD 21046
(800) 426-0764 FAX: (301) 497-9773
(301) 470-3220
http://www.abionline.com

Advanced ChemTech
5609 Fern Valley Road
Louisville, KY 40228
(502) 969-0000
http://www.peptide.com

Advanced Machining and Tooling
9850 Businesspark Avenue
San Diego, CA 92131
(858) 530-0751   FAX: (858) 530-0611
http://www.amtmfg.com

Advanced Magnetics
See PerSeptive Biosystems

Advanced Process Supply
See Naz-Dar-KC Chicago

Advanced Separation Technologies
37 Leslie Court
P.O. Box 297
Whippany, NJ 07981
(973) 428-9080   FAX: (973) 428-0152
http://www.astecusa.com

Advanced Targeting Systems
11175-A Flintkote Avenue
San Diego, CA 92121
(877) 889-2288   FAX: (858) 642-1989
(858) 642-1988
http://www.ATSbio.com

Advent Research Materials
Eynsham, Oxford OX29 4JA, UK
(44) 1865-884440
FAX: (44) 1865-84460
http://www.advent-rm.com

Advet
Industrivagen 24
S-972 54 Lulea, Sweden
(46) 0920-211887
FAX: (46) 0920-13773

Aesculap
1000 Gateway Boulevard
South San Francisco, CA 94080
(800) 282-9000
http://www.aesculap.com

Affinity Chromatography
307 Huntingdon Road
Girton, Cambridge CB3 OJX, UK
(44) 1223 277192
FAX: (44) 1223 277502
http://www.affinity-chrom.com

Affinity Sensors
See Labsystems Affinity Sensors

Affymetrix
3380 Central Expressway
Santa Clara, CA 95051
(408) 731-5000   FAX: (408) 481-0422
(800) 362-2447
http://www.affymetrix.com

Agar Scientific
66a Cambridge Road
Stansted CM24 8DA, UK
(44) 1279-813-519
FAX: (44) 1279-815-106
http://www.agarscientific.com

A/G Technology
101 Hampton Avenue
Needham, MA 02494
(800) AGT-2535   FAX: (781) 449-5786
(781) 449-5774
http://www.agtech.com

Agen Biomedical Limited
11 Durbell Street
P.O. Box 391
Acacia Ridge 4110
Brisbane, Australia
61-7-3370-6300   FAX: 61-7-3370-6370
http://www.agen.com

Agilent Technologies
395 Page Mill Road
P.O. Box 10395
Palo Alto, CA 94306
(650) 752-5000
http://www.agilent.com/chem

Agouron Pharmaceuticals
10350 N. Torrey Pines Road
La Jolla, CA 92037
(858) 622-3000   FAX: (858) 622-3298
http://www.agouron.com

Agracetus
8520 University Green
Middleton, WI 53562
(608) 836-7300   FAX: (608) 836-9710
http://www.monsanto.com

AIDS Research and Reference
Reagent Program
U.S. Department of Health and
  Human Services
625 Lofstrand Lane
Rockville, MD 20850
(301) 340-0245   FAX: (301) 340-9245
http://www.aidsreagent.org

AIN Plastics
249 East Sanford Boulevard
P.O. Box 151
Mt. Vernon, NY 10550
(914) 668-6800   FAX: (914) 668-8820
http://www.tincna.com

Air Products and Chemicals
7201 Hamilton Boulevard
Allentown, PA 18195
(800) 345-3148   FAX: (610) 481-4381
(610) 481-6799
http://www.airproducts.com

ALA Scientific Instruments
1100 Shames Drive
Westbury, NY 11590
(516) 997-5780   FAX: (516) 997-0528
http://www.alascience.com

Aladin Enterprises
1255 23rd Avenue
San Francisco, CA 94122
(415) 468-0433   FAX: (415) 468-5607

Aladdin Systems
165 Westridge Drive
Watsonville, CA 95076
(831) 761-6200   FAX: (831) 761-6206
http://www.aladdinsys.com

Alcide
8561 154th Avenue NE
Redmond, WA 98052
(800) 543-2133   FAX: (425) 861-0173
(425) 882-2555
http://www.alcide.com

Aldevron
3233 15th Street, South
Fargo, ND 58104
(877) Pure-DNA   FAX: (701) 280-1642
(701) 297-9256
http://www.aldevron.com

Aldrich Chemical
P.O. Box 2060
Milwaukee, WI 53201
(800) 558-9160   FAX: (800) 962-9591
(414) 273-3850   FAX: (414) 273-4979
http://www.aldrich.sial.com

Alexis Biochemicals
6181 Cornerstone Court East, Suite 103
San Diego, CA 92121
(800) 900-0065   FAX: (858) 658-9224
(858) 658-0065
http://www.alexis-corp.com

Alfa Aesar
30 Bond Street
Ward Hill, MA 10835
(800) 343-0660   FAX: (800) 322-4757
(978) 521-6300   FAX: (978) 521-6350
http://www.alfa.com

Alfa Laval
Avenue de Ble 5 - Bazellaan 5
BE-1140 Brussels, Belgium
32(2) 728 3811
FAX: 32(2) 728 3917 or 32(2) 728 3985
http://www.alfalaval.com

Alice King Chatham Medical Arts
11915-17 Inglewood Avenue
Hawthorne, CA 90250
(310) 970-1834   FAX: (310) 970-0121
(310) 970-1063

Allegiance Healthcare
800-964-5227
http://www.allegiance.net

Allelix Biopharmaceuticals
6850 Gorway Drive
Mississauga, Ontario
L4V 1V7 Canada
(905) 677-0831   FAX: (905) 677-9595
http://www.allelix.com

Allentown Caging Equipment
Route 526, P.O. Box 698
Allentown, NJ 08501
(800) 762-CAGE   FAX: (609) 259-0449
(609) 259-7951
http://www.acecaging.com

Alltech Associates
Applied Science Labs
2051 Waukegan Road
P.O. Box 23
Deerfield, IL 60015
(800) 255-8324   FAX: (847) 948-1078
(847) 948-8600
http://www.alltechweb.com

Alomone Labs
HaMarpeh 5
P.O. Box 4287
Jerusalem 91042, Israel
972-2-587-2202   FAX: 972-2-587-1101
US: (800) 791-3904
FAX: (800) 791-3912
http://www.alomone.com

Alpha Innotech
14743 Catalina Street
San Leandro, CA 94577
(800) 795-5556   FAX: (510) 483-3227
(510) 483-9620
http://www.alphainnotech.com

Altec Plastics
116 B Street
Boston, MA 02127
(800) 477-8196   FAX: (617) 269-8484
(617) 269-1400

Alza
1900 Charleston Road
P.O. Box 7210
Mountain View, CA 94043
(800) 692-2990   FAX: (650) 564-7070
(650) 564-5000
http://www.alza.com

Alzet
c/o Durect Corporation
P.O. Box 530
10240 Bubb Road
Cupertino, CA 95015
(800) 692-2990   (408) 367-4036
FAX: (408) 865-1406
http://www.alzet.com

Amac
160B Larrabee Road
Westbrook, ME 04092
(800) 458-5060   FAX: (207) 854-0116
(207) 854-0426

Amaresco
30175 Solon Industrial Parkway
Solon, Ohio 44139
(800) 366-1313   FAX: (440) 349-1182
(440) 349-1313

Ambion
2130 Woodward Street, Suite 200
Austin, TX 78744
(800) 888-8804   FAX: (512) 651-0190
(512) 651-0200
http://www.ambion.com

American Association of
Blood Banks
College of American Pathologists
325 Waukegan Road
Northfield, IL 60093
(800) 323-4040   FAX: (847) 8166
(847) 832-7000
http://www.cap.org

American Bio-Technologies
See Intracel Corporation

American Bioanalytical
15 Erie Drive
Natick, MA 01760
(800) 443-0600   FAX: (508) 655-2754
(508) 655-4336
http://www.americanbio.com

American Cyanamid
P.O. Box 400
Princeton, NJ 08543
(609) 799-0400   FAX: (609) 275-3502
http://www.cyanamid.com

American HistoLabs
7605-F Airpark Road
Gaithersburg, MD 20879
(301) 330-1200   FAX: (301) 330-6059

American International Chemical
17 Strathmore Road
Natick, MA 01760
(800) 238-0001   (508) 655-5805
http://www.aicma.com

American Laboratory Supply
See American Bioanalytical

American Medical Systems
10700 Bren Road West
Minnetonka, MN 55343
(800) 328-3881   FAX: (612) 930-6654
(612) 933-4666
http://www.visitams.com

American Qualex
920-A Calle Negocio
San Clemente, CA 92673
(949) 492-8298   FAX: (949) 492-6790
http://www.americanqualex.com

American Radiolabeled Chemicals
11624 Bowling Green
St. Louis, MO 63146
(800) 331-6661   FAX: (800) 999-9925
(314) 991-4545   FAX: (314) 991-4692
http://www.arc-inc.com

American Scientific Products
See VWR Scientific Products

American Society for
Histocompatibility and
Immunogenetics
P.O. Box 15804
Lenexa, KS 66285
(913) 541-0009   FAX: (913) 541-0156
http://www.swmed.edu/home_pages/ASHI
/ashi.htm

American Type Culture Collection
(ATCC)
10801 University Boulevard
Manassas, VA 20110
(800) 638-6597   FAX: (703) 365-2750
(703) 365-2700
http://www.atcc.org

Amersham
See Amersham Pharmacia Biotech

Amersham International
Amersham Place
Little Chalfont, Buckinghamshire
HP7 9NA, UK
(44) 1494-544100
FAX: (44) 1494-544350
http://www.apbiotech.com

Amersham Medi-Physics
Also see Nycomed Amersham
3350 North Ridge Avenue
Arlington Heights, IL 60004
(800) 292-8514   FAX: (800) 807-2382
http://www.nycomed-amersham.com

Amersham Pharmacia Biotech
800 Centennial Avenue
P.O. Box 1327
Piscataway, NJ 08855
(800) 526-3593   FAX: (877) 295-8102
(732) 457-8000
http://www.apbiotech.com

Amgen
1 Amgen Center Drive
Thousand Oaks, CA 91320
(800) 926-4369   FAX: (805) 498-9377
(805) 447-5725
http://www.amgen.com

Amicon
Scientific Systems Division
72 Cherry Hill Drive
Beverly, MA 01915
(800) 426-4266   FAX: (978) 777-6204
(978) 777-3622
http://www.amicon.com

Amika
8980F Route 108
Oakland Center
Columbia, MD 21045
(800) 547-6766   FAX: (410) 997-7104
(410) 997-0100
http://www.amika.com

Amoco Performance Products
See BPAmoco

AMPI
See Pacer Scientific

Amrad
576 Swan Street
Richmond, Victoria 3121, Australia
613-9208-4000
FAX: 613-9208-4350
http://www.amrad.com.au

Amresco
30175 Solon Industrial Parkway
Solon, OH 44139
(800) 829-2805   FAX: (440) 349-1182
(440) 349-1199

Anachemia Chemicals
3 Lincoln Boulevard
Rouses Point, NY 12979
(800) 323-1414   FAX: (518) 462-1952
(518) 462-1066
http://www.anachemia.com

Ana-Gen Technologies
4015 Fabian Way
Palo Alto, CA 94303
(800) 654-4671   FAX: (650) 494-3893
(650) 494-3894
http://www.ana-gen.com

Analox Instruments USA
P.O. Box 208
Lunenburg, MA 01462
(978) 582-9368   FAX: (978) 582-9588
http://www.analox.com

Analytical Biological Services
Cornell Business Park 701-4
Wilmington, DE 19801
(800) 391-2391   FAX: (302) 654-8046
(302) 654-4492
http://www.ABSbioreagents.com

Analytical Genetics Testing Center
7808 Cherry Creek S. Drive, Suite 201
Denver, CO 80231
(800) 204-4721   FAX: (303) 750-2171
(303) 750-2023
http://www.geneticid.com

AnaSpec
2149 O'Toole Avenue, Suite F
San Jose, CA 95131
(800) 452-5530   FAX: (408) 452-5059
(408) 452-5055
http://www.anaspec.com

Ancare
2647 Grand Avenue
P.O. Box 814
Bellmore, NY 11710
(800) 645-6379   FAX: (516) 781-4937
(516) 781-0755
http://www.ancare.com

Ancell
243 Third Street North
P.O. Box 87
Bayport, MN 55033
(800) 374-9523   FAX: (651) 439-1940
(651) 439-0835
http://www.ancell.com

Anderson Instruments
500 Technology Court
Smyrna, GA 30082
(800) 241-6898   FAX: (770) 319-5306
(770) 319-9999
http://www.graseby.com

Andreas Hettich
Gartenstrasse 100
Postfach 260
D-78732 Tuttlingen, Germany
(49) 7461 705 0
FAX: (49) 7461 705-122
http://www.hettich-centrifugen.de

Anesthetic Vaporizer Services
10185 Main Street
Clarence, NY 14031
(719) 759-8490
http://www.avapor.com

Animal Identification and
Marking Systems (AIMS)
13 Winchester Avenue
Budd Lake, NJ 07828
(908) 684-9105   FAX: (908) 684-9106
http://www.animalid.com

Annovis
34 Mount Pleasant Drive
Aston, PA 19014
(800) EASY-DNA   FAX: (610) 361-8255
(610) 361-9224
http://www.annovis.com

Apotex
150 Signet Drive
Weston, Ontario
M9L 1T9 Canada
(416) 749-9300   FAX: (416) 749-2646
http://www.apotex.com

Apple Scientific
11711 Chillicothe Road, Unit 2
P.O. Box 778
Chesterland, OH 44026
(440) 729-3056   FAX: (440) 729-0928
http://www.applesci.com

Applied Biosystems
See PE Biosystems

Applied Imaging
2380 Walsh Avenue, Bldg. B
Santa Clara, CA 95051
(800) 634-3622   FAX: (408) 562-0264
(408) 562-0250
http://www.aicorp.com

Applied Photophysics
203-205 Kingston Road
Leatherhead, Surrey, KT22 7PB
UK
(44) 1372-386537

Applied Precision
1040 12th Avenue Northwest
Issaquah, Washington 98027
(425) 557-1000
FAX: (425) 557-1055
http://www.api.com/index.html

Appligene Oncor
Parc d'Innovation
Rue Geiler de Kaysersberg, BP 72
67402 Illkirch Cedex, France
(33) 88 67 22 67
FAX: (33) 88 67 19 45
http://www.oncor.com/prod-app.htm

Applikon
1165 Chess Drive, Suite G
Foster City, CA 94404
(650) 578-1396   FAX: (650) 578-8836
http://www.applikon.com

Appropriate Technical Resources
9157 Whiskey Bottom Road
Laurel, MD 20723
(800) 827-5931   FAX: (410) 792-2837
http://www.atrbiotech.com

APV Gaulin
100 S. CP Avenue
Lake Mills, WI 53551
(888) 278-4321   FAX: (888) 278-5329
http://www.apv.com

Aqualon
See Hercules Aqualon

Aquarium Systems
8141 Tyler Boulevard
Mentor, OH 44060
(800) 822-1100   FAX: (440) 255-8994
(440) 255-1997
http://www.aquariumsystems.com

Aquebogue Machine and Repair Shop
Box 2055
Main Road
Aquebogue, NY 11931
(631) 722-3635   FAX: (631) 722-3106

Archer Daniels Midland
4666 Faries Parkway
Decatur, IL 62525
(217) 424-5200
http://www.admworld.com

Archimica Florida
P.O. Box 1466
Gainesville, FL 32602
(800) 331-6313   FAX: (352) 371-6246
(352) 376-8246
http://www.archimica.com

Arcor Electronics
1845 Oak Street #15
Northfield, IL 60093
(847) 501-4848

Arcturus Engineering
400 Logue Avenue
Mountain View, CA 94043
(888) 446 7911   FAX: (650) 962 3039
(650) 962 3020
http://www.arctur.com

Ardais Corporation
One Ledgemont Center
128 Spring Street
Lexington, MA 02421
(781) 274-6420   (781) 274-6421
http://www.ardais.com

Argonaut Technologies
887 Industrial Road, Suite G
San Carlos, CA 94070
(650) 998-1350   FAX: (650) 598-1359
http://www.argotech.com

Ariad Pharmaceuticals
26 Landsdowne Street
Cambridge, MA 02139
(617) 494-0400   FAX: (617) 494-8144
http://www.ariad.com

Armour Pharmaceuticals
See Rhone-Poulenc Rorer

Aronex Pharmaceuticals
8707 Technology Forest Place
The Woodlands, TX 77381
(281) 367-1666   FAX: (281) 367-1676
http://www.aronex.com

Artisan Industries
73 Pond Street
Waltham, MA 02254
(617) 893-6800
http://www.artisanind.com

ASI Instruments
12900 Ten Mile Road
Warren, MI 48089
(800) 531-1105   FAX: (810) 756-9737
(810) 756-1222
http://www.asi-instruments.com

Aspen Research Laboratories
1700 Buerkle Road
White Bear Lake, MN 55140
(651) 264-6000   FAX: (651) 264-6270
http://www.aspenresearch.com

Associates of Cape Cod
704 Main Street
Falmouth, MA 02540
(800) LAL-TEST   FAX: (508) 540-8680
(508) 540-3444
http://www.acciusa.com

Astra Pharmaceuticals
See AstraZeneca

AstraZeneca
1800 Concord Pike
Wilmington, DE 19850
(302) 886-3000   FAX: (302) 886-2972
http://www.astrazeneca.com

AT Biochem
30 Spring Mill Drive
Malvern, PA 19355
(610) 889-9300   FAX: (610) 889-9304

ATC Diagnostics
See Vysis

ATCC
See American Type Culture Collection

Athens Research and Technology
P.O. Box 5494
Athens, GA 30604
(706) 546-0207   FAX: (706) 546-7395

Atlanta Biologicals
1425-400 Oakbrook Drive
Norcross, GA 30093
(800) 780-7788 or (770) 446-1404
FAX: (800) 780-7374 or (770) 446-1404
http://www.atlantabio.com

Atomergic Chemical
71 Carolyn Boulevard
Farmingdale, NY 11735
(631) 694-9000   FAX: (631) 694-9177
http://www.atomergic.com

Atomic Energy of Canada
2251 Speakman Drive
Mississauga, Ontario
L5K 1B2 Canada
(905) 823-9040   FAX: (905) 823-1290
http://www.aecl.ca

ATR
P.O. Box 460
Laurel, MD 20725
(800) 827-5931   FAX: (410) 792-2837
(301) 470-2799
http://www.atrbiotech.com

Aurora Biosciences
11010 Torreyana Road
San Diego, CA 92121
(858) 404-6600   FAX: (858) 404-6714
http://www.aurorabio.com

Automatic Switch Company
A Division of Emerson Electric
50 Hanover Road
Florham Park, NJ 07932
(800) 937-2726   FAX: (973) 966-2628
(973) 966-2000
http://www.asco.com

Avanti Polar Lipids
700 Industrial Park Drive
Alabaster, AL 35007
(800) 227-0651   FAX: (800) 229-1004
(205) 663-2494   FAX: (205) 663-0756
http://www.avantilipids.com

Aventis
BP 67917
67917 Strasbourg Cedex 9, France
33 (0) 388 99 11 00
FAX: 33 (0) 388 99 11 01
http://www.aventis.com

Aventis Pasteur
1 Discovery Drive
Swiftwater, PA 18370
(800) 822-2463   FAX: (570) 839-0955
(570) 839-7187
http://www.aventispasteur.com/usa

Avery Dennison
150 North Orange Grove Boulevard
Pasadena, CA 91103
(800) 462-8379   FAX: (626) 792-7312
(626) 304-2000
http://www.averydennison.com

Avestin
2450 Don Reid Drive
Ottawa, Ontario
K1H 1E1 Canada
(888) AVESTIN   FAX: (613) 736-8086
(613) 736-0019
http://www.avestin.com

AVIV Instruments
750 Vassar Avenue
Lakewood, NJ 08701
(732) 367-1663   FAX: (732) 370-0032
http://www.avivinst.com

Axon Instruments
1101 Chess Drive
Foster City, CA 94404
(650) 571-9400   FAX: (650) 571-9500
http://www.axon.com

Azon
720 Azon Road
Johnson City, NY 13790
(800) 847-9374   FAX: (800) 635-6042
(607) 797-2368
http://www.azon.com

BAbCO
1223 South 47th Street
Richmond, CA 94804
(800) 92-BABCO   FAX: (510) 412-8940
(510) 412-8930
http://www.babco.com

Bacharach
625 Alpha Drive
Pittsburgh, PA 15238
(800) 736-4666   FAX: (412) 963-2091
(412) 963-2000
http://www.bacharach-inc.com

Bachem Bioscience
3700 Horizon Drive
King of Prussia, PA 19406
(800) 634-3183   FAX: (610) 239-0800
(610) 239-0300
http://www.bachem.com

Bachem California
3132 Kashiwa Street
P.O. Box 3426
Torrance, CA 90510
(800) 422-2436   FAX: (310) 530-1571
(310) 539-4171
http://www.bachem.com

Baekon
18866 Allendale Avenue
Saratoga, CA 95070
(408) 972-8779   FAX: (408) 741-0944

Baker Chemical
See J.T. Baker

Bangs Laboratories
9025 Technology Drive
Fishers, IN 46038
(317) 570-7020   FAX: (317) 570-7034
http://www.bangslabs.com

Bard Parker
See Becton Dickinson

Barnstead/Thermolyne
P.O. Box 797
2555 Kerper Boulevard
Dubuque, IA 52004
(800) 446-6060   FAX: (319) 589-0516
http://www.barnstead.com

Barrskogen
4612 Laverock Place N
Washington, DC 20007
(800) 237-9192 FAX: (301) 464-7347

BAS
See Bioanalytical Systems

BASF
Specialty Products
3000 Continental Drive North
Mt. Olive, NJ 07828
(800) 669-2273 FAX: (973) 426-2610
http://www.basf.com

Baum, W.A.
620 Oak Street
Copiague, NY 11726
(631) 226-3940 FAX: (631) 226-3969
http://www.wabaum.com

Bausch & Lomb
One Bausch & Lomb Place
Rochester, NY 14604
(800) 344-8815 FAX: (716) 338-6007
(716) 338-6000
http://www.bausch.com

Baxter
Fenwal Division
1627 Lake Cook Road
Deerfield, IL 60015
(800) 766-1077 FAX: (800) 395-3291
(847) 940-6599 FAX: (847) 940-5766
http://www.powerfulmedicine.com

Baxter Healthcare
One Baxter Parkway
Deerfield, IL 60015
(800) 777-2298 FAX: (847) 948-3948
(847) 948-2000
http://www.baxter.com

Baxter Scientific Products
See VWR Scientific

Bayer
Agricultural Division
Animal Health Products
12707 Shawnee Mission Pkwy.
Shawnee Mission, KS 66201
(800) 255-6517 FAX: (913) 268-2803
(913) 268-2000
http://www.bayerus.com

Bayer
Diagnostics Division (Order Services)
P.O. Box 2009
Mishiwaka, IN 46546
(800) 248-2637 FAX: (800) 863-6882
(219) 256-3390
http://www.bayer.com

Bayer Diagnostics
511 Benedict Avenue
Tarrytown, NY 10591
(800) 255-3232 FAX: (914) 524-2132
(914) 631-8000
http://www.bayerdiag.com

Bayer Plc
Diagnostics Division
Bayer House, Strawberry Hill
Newbury, Berkshire RG14 1JA, UK
(44) 1635-563000
FAX: (44) 1635-563393
http://www.bayer.co.uk

BD Immunocytometry Systems
2350 Qume Drive
San Jose, CA 95131
(800) 223-8226 FAX: (408) 954-BDIS
http://www.bdfacs.com

BD Labware
Two Oak Park
Bedford, MA 01730
(800) 343-2035 FAX: (800) 743-6200
http://www.bd.com/labware

BD PharMingen
10975 Torreyana Road
San Diego, CA 92121
(800) 848-6227 FAX: (858) 812-8888
(858) 812-8800
http://www.pharmingen.com

BD Transduction Laboratories
133 Venture Court
Lexington, KY 40511
(800) 227-4063 FAX: (606) 259-1413
(606) 259-1550
http://www.translab.com

BDH Chemicals
Broom Road
Poole, Dorset BH12 4NN, UK
(44) 1202-745520
FAX: (44) 1202- 2413720

BDH Chemicals
See Hoefer Scientific Instruments

BDIS
See BD Immunocytometry Systems

Beckman Coulter
4300 North Harbor Boulevard
Fullerton, CA 92834
(800) 233-4685 FAX: (800) 643-4366
(714) 871-4848
http://www.beckman-coulter.com

Beckman Instruments
Spinco Division/Bioproducts Operation
1050 Page Mill Road
Palo Alto, CA 94304
(800) 742-2345 FAX: (415) 859-1550
(415) 857-1150
http://www.beckman-coulter.com

Becton Dickinson Immunocytometry & Cellular Imaging
2350 Qume Drive
San Jose, CA 95131
(800) 223-8226 FAX: (408) 954-2007
(408) 432-9475
http://www.bdfacs.com

Becton Dickinson Labware
1 Becton Drive
Franklin Lakes, NJ 07417
(888) 237-2762 FAX: (800) 847-2220
(201) 847-4222
http://www.bdfacs.com

Becton Dickinson Labware
2 Bridgewater Lane
Lincoln Park, NJ 07035
(800) 235-5953 FAX: (800) 847-2220
(201) 847-4222
http://www.bdfacs.com

Becton Dickinson Primary
Care Diagnostics
7 Loveton Circle
Sparks, MD 21152
(800) 675-0908 FAX: (410) 316-4723
(410) 316-4000
http://www.bdfacs.com

Behringwerke Diagnostika
Hoechster Strasse 70
P-65835 Liederback, Germany
(49) 69-30511 FAX: (49) 69-303-834

Bellco Glass
340 Edrudo Road
Vineland, NJ 08360
(800) 257-7043 FAX: (856) 691-3247
(856) 691-1075
http://www.bellcoglass.com

Bender Biosystems
See Serva

Beral Enterprises
See Garren Scientific

Berkeley Antibody
See BAbCO

Bernsco Surgical Supply
25 Plant Avenue
Hauppague, NY 11788
(800) TIEMANN FAX: (516) 273-6199
(516) 273-0005
http://www.bernsco.com

Beta Medical and Scientific
(Datesand Ltd.)
2 Ferndale Road
Sale, Manchester M33 3GP, UK
(44) 1612 317676
FAX: (44) 1612 313656

Bethesda Research Laboratories (BRL)
See Life Technologies

Biacore
200 Centennial Avenue, Suite 100
Piscataway, NJ 08854
(800) 242-2599 FAX: (732) 885-5669
(732) 885-5618
http://www.biacore.com

Bilaney Consultants
St. Julian's
Sevenoaks, Kent TN15 0RX, UK
(44) 1732 450002
FAX: (44) 1732 450003
http://www.bilaney.com

Binding Site
5889 Oberlin Drive, Suite 101
San Diego, CA 92121
(800) 633-4484   FAX: (619) 453-9189
(619) 453-9177
http://www.bindingsite.co.uk

BIO 101
See Qbiogene

Bio Image
See Genomic Solutions

Bioanalytical Systems
2701 Kent Avenue
West Lafayette, IN 47906
(800) 845-4246   FAX: (765) 497-1102
(765) 463-4527
http://www.bioanalytical.com

Biocell
2001 University Drive
Rancho Dominguez, CA 90220
(800) 222-8382   FAX: (310) 637-3927
(310) 537-3300
http://www.biocell.com

Biocoat
See BD Labware

BioComp Instruments
650 Churchill Road
Fredericton, New Brunswick
E3B 1P6 Canada
(800) 561-4221   FAX: (506) 453-3583
(506) 453-4812
http://131.202.97.21

BioDesign
P.O. Box 1050
Carmel, NY 10512
(914) 454-6610   FAX: (914) 454-6077
http://www.biodesignofny.com

BioDiscovery
4640 Admiralty Way, Suite 710
Marina Del Rey, CA 90292
(310) 306-9310   FAX: (310) 306-9109
http://www.biodiscovery.com

Bioengineering AG
Sagenrainstrasse 7
CH8636 Wald, Switzerland
(41) 55-256-8-111
FAX: (41) 55-256-8-256

Biofluids
Division of Biosource International
1114 Taft Street
Rockville, MD 20850
(800) 972-5200   FAX: (301) 424-3619
(301) 424-4140
http://www.biosource.com

BioFX Laboratories
9633 Liberty Road, Suite S
Randallstown, MD 21133
(800) 445-6447   FAX: (410) 498-6008
(410) 496-6006
http://www.biofx.com

BioGenex Laboratories
4600 Norris Canyon Road
San Ramon, CA 94583
(800) 421-4149   FAX: (925) 275-0580
(925) 275-0550
http://www.biogenex.com

Bioline
2470 Wrondel Way
Reno, NV 89502
(888) 257-5155   FAX: (775) 828-7676
(775) 828-0202
http://www.bioline.com

Bio-Logic Research & Development
1, rue de l-Europe
A.Z. de Font-Ratel
38640 CLAIX, France
(33) 76-98-68-31
FAX: (33) 76-98-69-09

Biological Detection Systems
See Cellomics or Amersham

Biomeda
1166 Triton Drive, Suite E
P.O. Box 8045
Foster City, CA 94404
(800) 341-8787   FAX: (650) 341-2299
(650) 341-8787
http://www.biomeda.com

BioMedic Data Systems
1 Silas Road
Seaford, DE 19973
(800) 526-2637   FAX: (302) 628-4110
(302) 628-4100
http://www.bmds.com

Biomedical Engineering
P.O. Box 980694
Virginia Commonwealth University
Richmond, VA 23298
(804) 828-9829   FAX: (804) 828-1008

Biomedical Research Instruments
12264 Wilkins Avenue
Rockville, MD 20852
(800) 327-9498
(301) 881-7911
http://www.biomedinstr.com

Bio/medical Specialties
P.O. Box 1687
Santa Monica, CA 90406
(800) 269-1158   FAX: (800) 269-1158
(323) 938-7515

BioMerieux
100 Rodolphe Street
Durham, North Carolina 27712
(919) 620-2000
http://www.biomerieux.com

BioMetallics
P.O. Box 2251
Princeton, NJ 08543
(800) 999-1961   FAX: (609) 275-9485
(609) 275-0133
http://www.microplate.com

Biomol Research Laboratories
5100 Campus Drive
Plymouth Meeting, PA 19462
(800) 942-0430   FAX: (610) 941-9252
(610) 941-0430
http://www.biomol.com

Bionique Testing Labs
Fay Brook Drive
RR 1, Box 196
Saranac Lake, NY 12983
(518) 891-2356   FAX: (518) 891-5753
http://www.bionique.com

Biopac Systems
42 Aero Camino
Santa Barbara, CA 93117
(805) 685-0066   FAX: (805) 685-0067
http://www.biopac.com

Bioproducts for Science
See Harlan Bioproducts for Science

Bioptechs
3560 Beck Road
Butler, PA 16002
(877) 548-3235   FAX: (724) 282-0745
(724) 282-7145
http://www.bioptechs.com

BIOQUANT-R&M Biometrics
5611 Ohio Avenue
Nashville, TN 37209
(800) 221-0549 (615) 350-7866
FAX: (615) 350-7282
http://www.bioquant.com

Bio-Rad Laboratories
2000 Alfred Nobel Drive
Hercules, CA 94547
(800) 424-6723   FAX: (800) 879-2289
(510) 741-1000   FAX: (510) 741-5800
http://www.bio-rad.com

Bio-Rad Laboratories
Maylands Avenue
Hemel Hempstead, Herts HP2 7TD, UK
http://www.bio-rad.com

Bioreclamation
492 Richmond Road
East Meadow, NY 11554
(516) 483-1196   FAX: (516) 483-4683
http://www.bioreclamation.com

BioRobotics
3-4 Bennell Court
Comberton, Cambridge CB3 7DS, UK
(44) 1223-264345
FAX: (44) 1223-263933
http://www.biorobotics.co.uk

BIOS Laboratories
See Genaissance Pharmaceuticals

Biosearch Technologies
81 Digital Drive
Novato, CA 94949
(800) GENOME1   FAX: (415) 883-8488
(415) 883-8400
http://www.biosearchtech.com

BioSepra
111 Locke Drive
Marlborough, MA 01752
(800) 752-5277   FAX: (508) 357-7595
(508) 357-7500
http://www.biosepra.com

Bio-Serv
1 8th Street, Suite 1
Frenchtown, NJ 08825
(908) 996-2155   FAX: (908) 996-4123
http://www.bio-serv.com

BioSignal
1744 William Street, Suite 600
Montreal, Quebec
H3J 1R4 Canada
(800) 293-4501   FAX: (514) 937-0777
(514) 937-1010
http://www.biosignal.com

Biosoft
P.O. Box 10938
Ferguson, MO 63135
(314) 524-8029   FAX: (314) 524-8129
http://www.biosoft.com

Biosource International
820 Flynn Road
Camarillo, CA 93012
(800) 242-0607   FAX: (805) 987-3385
(805) 987-0086
http://www.biosource.com

BioSpec Products
P.O. Box 788
Bartlesville, OK 74005
(800) 617-3363   FAX: (918) 336-3363
(918) 336-3363
http://www.biospec.com

Biosure
See Riese Enterprises

Biosym Technologies
See Molecular Simulations

Biosys
21 quai du Clos des Roses
602000 Compiegne, France
(33) 03 4486 2275
FAX: (33) 03 4484 2297

Bio-Tech Research Laboratories
NIAID Repository
Rockville, MD 20850
http://www.niaid.nih.gov/ncn/repos.htm

Biotech Instruments
Biotech House
75A High Street
Kimpton, Hertfordshire SG4 8PU, UK
(44) 1438 832555
FAX: (44) 1438 833040
http://www.biotinst.demon.co.uk

Biotech International
11 Durbell Street
Acacia Ridge, Queensland 4110
Australia
61-7-3370-6396
FAX: 61-7-3370-6370
http://www.avianbiotech.com

Biotech Source
Inland Farm Drive
South Windham, ME 04062
(207) 892-3266   FAX: (207) 892-6774

Bio-Tek Instruments
Highland Industrial Park
P.O. Box 998
Winooski, VT 05404
(800) 451-5172   FAX: (802) 655-7941
(802) 655-4040
http://www.biotek.com

Biotecx Laboratories
6023 South Loop East
Houston, TX 77033
(800) 535-6286   FAX: (713) 643-3143
(713) 643-0606
http://www.biotecx.com

BioTherm
3260 Wilson Boulevard
Arlington, VA 22201
(703) 522-1705   FAX: (703) 522-2606

Bioventures
P.O. Box 2561
848 Scott Street
Murfreesboro, TN 37133
(800) 235-8938   FAX: (615) 896-4837
http://www.bioventures.com

BioWhittaker
8830 Biggs Ford Road
P.O. Box 127
Walkersville, MD 21793
(800) 638-8174   FAX: (301) 845-8338
(301) 898-7025
http://www.biowhittaker.com

Biozyme Laboratories
9939 Hibert Street, Suite 101
San Diego, CA 92131
(800) 423-8199   FAX: (858) 549-0138
(858) 549-4484
http://www.biozyme.com

Bird Products
1100 Bird Center Drive
Palm Springs, CA 92262
(800) 328-4139   FAX: (760) 778-7274
(760) 778-7200
http://www.birdprod.com/bird

B & K Universal
2403 Yale Way
Fremont, CA 94538
(800) USA-MICE   FAX: (510) 490-3036

BLS Ltd.
Zselyi Aladar u. 31
1165 Budapest, Hungary
(36) 1-407-2602   FAX: (36) 1-407-2896
http://www.bls-ltd.com

Blue Sky Research
3047 Orchard Parkway
San Jose, CA 95134
(408) 474-0988   FAX: (408) 474-0989
http://www.blueskyresearch.com

Blumenthal Industries
7 West 36th Street, 13th floor
New York, NY 10018
(212) 719-1251   FAX: (212) 594-8828

BOC Edwards
One Edwards Park
301 Ballardvale Street
Wilmington, MA 01887
(800) 848-9800   FAX: (978) 658-7969
(978) 658-5410
http://www.bocedwards.com

Boehringer Ingelheim
900 Ridgebury Road
P.O. Box 368
Ridgefield, CT 06877
(800) 243-0127   FAX: (203) 798-6234
(203) 798-9988
http://www.boehringer-ingelheim.com

Boehringer Mannheim
Biochemicals Division
See Roche Diagnostics

Boekel Scientific
855 Pennsylvania Boulevard
Feasterville, PA 19053
(800) 336-6929   FAX: (215) 396-8264
(215) 396-8200
http://www.boekelsci.com

Bohdan Automation
1500 McCormack Boulevard
Mundelein, IL 60060
(708) 680-3939   FAX: (708) 680-1199

BPAmoco
4500 McGinnis Ferry Road
Alpharetta, GA 30005
(800) 328-4537   FAX: (770) 772-8213
(770) 772-8200
http://www.bpamoco.com

Brain Research Laboratories
Waban P.O. Box 88
Newton, MA 02468
(888) BRL-5544   FAX: (617) 965-6220
(617) 965-5544
http://www.brainresearchlab.com

Braintree Scientific
P.O. Box 850929
Braintree, MA 02185
(781) 843-1644   FAX: (781) 982-3160
http://www.braintreesci.com

Brandel
8561 Atlas Drive
Gaithersburg, MD 20877
(800) 948-6506   FAX: (301) 869-5570
(301) 948-6506
http://www.brandel.com

Branson Ultrasonics
41 Eagle Road
Danbury, CT 06813
(203) 796-0400   FAX: (203) 796-9838
http://www.plasticsnet.com/branson

B. Braun Biotech
999 Postal Road
Allentown, PA 18103
(800) 258-9000   FAX: (610) 266-9319
(610) 266-6262
http://www.bbraunbiotech.com

B. Braun Biotech International
Schwarzenberg Weg 73-79
P.O. Box 1120
D-34209 Melsungen, Germany
(49) 5661-71-3400
FAX: (49) 5661-71-3702
http://www.bbraunbiotech.com

B. Braun-McGaw
2525 McGaw Avenue
Irvine, CA 92614
(800) BBRAUN-2   (800) 624-2963
http://www.bbraunusa.com

B. Braun Medical
Thorncliffe Park
Sheffield S35 2PW, UK
(44) 114-225-9000
FAX: (44) 114-225-9111
http://www.bbmuk.demon.co.uk

Brenntag
P.O. Box 13788
Reading, PA 19612-3788
(610) 926-4151   FAX: (610) 926-4160
http://www.brenntagnortheast.com

Bresatec
See GeneWorks

Bright/Hacker Instruments
17 Sherwood Lane
Fairfield, NJ 07004
(973) 226-8450   FAX: (973) 808-8281
http://www.hackerinstruments.com

Brinkmann Instruments
Subsidiary of Sybron
1 Cantiague Road
P.O. Box 1019
Westbury, NY 11590
(800) 645-3050   FAX: (516) 334-7521
(516) 334-7500
http://www.brinkmann.com

Bristol-Meyers Squibb
P.O. Box 4500
Princeton, NJ 08543
(800) 631-5244   FAX: (800) 523-2965
http://www.bms.com

Broadley James
19 Thomas
Irvine, CA 92618
(800) 288-2833   FAX: (949) 829-5560
(949) 829-5555
http://www.broadleyjames.com

Brookhaven Instruments
750 Blue Point Road
Holtsville, NY 11742
(631) 758-3200   FAX: (631) 758-3255
http://www.bic.com

Brownlee Labs
See Applied Biosystems
Distributed by Pacer Scientific

Bruel & Kjaer
Division of Spectris Technologies
2815 Colonnades Court
Norcross, GA 30071
(800) 332-2040   FAX: (770) 847-8440
(770) 209-6907
http://www.bkhome.com

Bruker Analytical X-Ray Systems
5465 East Cheryl Parkway
Madison, WI 53711
(800) 234-XRAY   FAX: (608) 276-3006
(608) 276-3000
http://www.bruker-axs.com

Bruker Instruments
19 Fortune Drive
Billerica, MA 01821
(978) 667-9580   FAX: (978) 667-0985
http://www.bruker.com

BTX
Division of Genetronics
11199 Sorrento Valley Road
San Diego, CA 92121
(800) 289-2465   FAX: (858) 597-9594
(858) 597-6006
http://www.genetronics.com/btx

Buchler Instruments
See Baxter Scientific Products

Buckshire
2025 Ridge Road
Perkasie, PA 18944
(215) 257-0116

Burdick and Jackson
Division of Baxter Scientific Products
1953 S. Harvey Street
Muskegon, MI 49442
(800) 368-0050   FAX: (231) 728-8226
(231) 726-3171
http://www.bandj.com/mainframe.htm

Burleigh Instruments
P.O. Box E
Fishers, NY 14453
(716) 924-9355   FAX: (716) 924-9072
http://www.burleigh.com

Burns Veterinary Supply
1900 Diplomat Drive
Farmer's Branch, TX 75234
(800) 92-BURNS   FAX: (972) 243-6841
http://www.burnsvet.com

Burroughs Wellcome
See Glaxo Wellcome

The Butler Company
5600 Blazer Parkway
Dublin, OH 43017
(800) 551-3861   FAX: (614) 761-9096
(614) 761-9095
http://www.wabutler.com

Butterworth Laboratories
54-56 Waldegrave Road
Teddington, Middlesex
TW11 8LG, UK
(44)(0)20-8977-0750
FAX: (44)(0)28-8943-2624
http://www.butterworth-labs.co.uk

Buxco Electronics
95 West Wood Road #2
Sharon, CT 06069
(860) 364-5558   FAX: (860) 364-5116
http://www.buxco.com

C/D/N Isotopes
88 Leacock Street
Pointe-Claire, Quebec
H9R 1H1 Canada
(800) 697-6254   FAX: (514) 697-6148

C.M.A./Microdialysis AB
73 Princeton Street
North Chelmsford, MA 01863
(800) 440-4980   FAX: (978) 251-1950
(978) 251-1940
http://www.microdialysis.com

Calbiochem-Novabiochem
P.O. Box 12087-2087
La Jolla, CA 92039
(800) 854-3417   FAX: (800) 776-0999
(858) 450-9600
http://www.calbiochem.com

California Fine Wire
338 South Fourth Street
Grover Beach, CA 93433
(805) 489-5144   FAX: (805) 489-5352
http://www.calfinewire.com

Calorimetry Sciences
155 West 2050 North
Spanish Fork, UT 84660
(801) 794-2600   FAX: (801) 794-2700
http://www.calscorp.com

Caltag Laboratories
1849 Bayshore Highway, Suite 200
Burlingame, CA 94010
(800) 874-4007   FAX: (650) 652-9030
(650) 652-0468
http://www.caltag.com

Cambridge Electronic Design
Science Park, Milton Road
Cambridge CB4 0FE, UK
44 (0) 1223-420-186
FAX: 44 (0) 1223-420-488
http://www.ced.co.uk

Cambridge Isotope Laboratories
50 Frontage Road
Andover, MA 01810
(800) 322-1174   FAX: (978) 749-2768
(978) 749-8000
http://www.isotope.com

Cambridge Research Biochemicals
See Zeneca/CRB

Cambridge Technology
109 Smith Place
Cambridge, MA 02138
(617) 441-0600   FAX: (617) 497-8800
http://www.camtech.com

Camlab
Nuffield Road
Cambridge CB4 1TH, UK
(44) 122-3424222
FAX: (44) 122-3420856
http://www.camlab.co.uk/home.htm

Campden Instruments
Park Road
Sileby Loughborough
Leicestershire LE12 7TU, UK
(44) 1509-814790
FAX: (44) 1509-816097
http://www.campden-inst.com/home.htm

Cappel Laboratories
See Organon Teknika Cappel

Carl Roth GmgH & Company
Schoemperlenstrasse 1-5
76185 Karlsrube
Germany
(49) 72-156-06164
FAX: (49) 72-156-06264
http://www.carl-roth.de

Carl Zeiss
One Zeiss Drive
Thornwood, NY 10594
(800) 233-2343   FAX: (914) 681-7446
(914) 747-1800
http://www.zeiss.com

Carlo Erba Reagenti
Via Winckelmann 1
20148 Milano
Lombardia, Italy
(39) 0-29-5231
FAX: (39) 0-29-5235-904
http://www.carloerbareagenti.com

Carolina Biological Supply
2700 York Road
Burlington, NC 27215
(800) 334-5551   FAX: (336) 584-76869
(336) 584-0381
http://www.carolina.com

Carolina Fluid Components
9309 Stockport Place
Charlotte, NC 28273
(704) 588-6101   FAX: (704) 588-6115
http://www.cfcsite.com

Cartesian Technologies
17851 Skypark Circle, Suite C
Irvine, CA 92614
(800) 935-8007
http://cartesiantech.com

Cayman Chemical
1180 East Ellsworth Road
Ann Arbor, MI 48108
(800) 364-9897   FAX: (734) 971-3640
(734) 971-3335
http://www.caymanchem.com

CB Sciences
One Washington Street, Suite 404
Dover, NH 03820
(800) 234-1757   FAX: (603) 742-2455
http://www.cbsci.com

CBS Scientific
P.O. Box 856
Del Mar, CA 92014
(800) 243-4959   FAX: (858) 755-0733
(858) 755-4959
http://www.cbssci.com

CCR (Coriell Cell Repository)
See Coriell Institute for Medical Research

CE Instruments
Grand Avenue Parkway
Austin, TX 78728
(800) 876-6711   FAX: (512) 251-1597
http://www.ceinstruments.com

Cedarlane Laboratories
5516 8th Line, R.R. #2
Hornby, Ontario
L0P 1E0 Canada
(905) 878-8891   FAX: (905) 878-7800
http://www.cedarlanelabs.com

CEL Associates
P.O. Box 721854
Houston, TX 77272
(800) 537-9339   FAX: (281) 933-0922
(281) 933-9339
http://www.cel-1.com

Cel-Line Associates
See Erie Scientific

Celite World Minerals
130 Castilian Drive
Santa Barbara, CA 93117
(805) 562-0200   FAX: (805) 562-0299
http://www.worldminerals.com/celite

Cell Genesys
342 Lakeside Drive
Foster City, CA 94404
(650) 425-4400   FAX: (650) 425-4457
http://www.cellgenesys.com

Cell Signaling Technology
166B Cummings Center
Beverly, MA 01915
(877) 616-CELL   FAX: (978) 867-2388
(978) 867-2488
http://www.cellsignal.com

Cell Systems
12815 NE 124th Street, Suite A
Kirkland, WA 98034
(800) 697-1211   FAX: (425) 820-6762
(425) 823-1010

Cellmark Diagnostics
20271 Goldenrod Lane
Germantown, MD 20876
(800) 872-5227   FAX: (301) 428-4877
(301) 428-4980
http://www.cellmark-labs.com

Cellomics
635 William Pitt Way
Pittsburgh, PA 15238
(888) 826-3857   FAX: (412) 826-3850
(412) 826-3600
http://www.cellomics.com

Celltech
216 Bath Road
Slough, Berkshire SL1 4EN, UK
(44) 1753 534655
FAX: (44) 1753 536632
http://www.celltech.co.uk

Cellular Products
872 Main Street
Buffalo, NY 14202
(800) CPI-KITS   FAX: (716) 882-0959
(716) 882-0920
http://www.zeptometrix.com

CEM
P.O. Box 200
Matthews, NC 28106
(800) 726-3331

Centers for Disease Control
1600 Clifton Road NE
Atlanta, GA 30333
(800) 311-3435   FAX: (888) 232-3228
(404) 639-3311
http://www.cdc.gov

CERJ
Centre d'Elevage Roger Janvier
53940 Le Genest Saint Isle
France

Cetus
See Chiron

Chance Propper
Warly, West Midlands B66 1NZ, UK
(44)(0)121-553-5551
FAX: (44)(0)121-525-0139

Charles River Laboratories
251 Ballardvale Street
Wilmington, MA 01887
(800) 522-7287   FAX: (978) 658-7132
(978) 658-6000
http://www.criver.com

Charm Sciences
36 Franklin Street
Malden, MA 02148
(800) 343-2170   FAX: (781) 322-3141
(781) 322-1523
http://www.charm.com

Chase-Walton Elastomers
29 Apsley Street
Hudson, MA 01749
(800) 448-6289   FAX: (978) 562-5178
(978) 568-0202
http://www.chase-walton.com

ChemGenes
Ashland Technology Center
200 Homer Avenue
Ashland, MA 01721
(800) 762-9323   FAX: (508) 881-3443
(508) 881-5200
http://www.chemgenes.com

Chemglass
3861 North Mill Road
Vineland, NJ 08360
(800) 843-1794   FAX: (856) 696-9102
(800) 696-0014
http://www.chemglass.com

Chemicon International
28835 Single Oak Drive
Temecula, CA 92590
(800) 437-7500   FAX: (909) 676-9209
(909) 676-8080
http://www.chemicon.com

Chem-Impex International
935 Dillon Drive
Wood Dale, IL 60191
(800) 869-9290   FAX: (630) 766-2218
(630) 766-2112
http://www.chemimpex.com

Chem Service
P.O. Box 599
West Chester, PA 19381-0599
(610) 692-3026   FAX: (610) 692-8729
http://www.chemservice.com

Chemsyn Laboratories
13605 West 96th Terrace
Lenexa, KS 66215
(913) 541-0525   FAX: (913) 888-3582
http://www.tech.epcorp.com/ChemSyn/
chemsyn.htm

Chemunex USA
1 Deer Park Drive, Suite H-2
Monmouth Junction, NJ 08852
(800) 411-6734
http://www.chemunex.com

Cherwell Scientific Publishing
The Magdalen Centre
Oxford Science Park
Oxford OX44GA, UK
(44)(1) 865-784-800
FAX: (44)(1) 865-784-801
http://www.cherwell.com

ChiRex Cauldron
383 Phoenixville Pike
Malvern, PA 19355
(610) 727-2215   FAX: (610) 727-5762
http://www.chirex.com

Chiron Diagnostics
See Bayer Diagnostics

Chiron Mimotopes Peptide Systems
See Multiple Peptide Systems

Chiron
4560 Horton Street
Emeryville, CA 94608
(800) 244-7668   FAX: (510) 655-9910
(510) 655-8730
http://www.chiron.com

Chrom Tech
P.O. Box 24248
Apple Valley, MN 55124
(800) 822-5242   FAX: (952) 431-6345
http://www.chromtech.com

Chroma Technology
72 Cotton Mill Hill, Unit A-9
Brattleboro, VT 05301
(800) 824-7662   FAX: (802) 257-9400
(802) 257-1800
http://www.chroma.com

Chromatographie
ZAC de Moulin No. 2
91160 Saulx les Chartreux
France
(33) 01-64-54-8969
FAX: (33) 01-69-0988091
http://www.chromatographie.com

Chromogenix
Taljegardsgatan 3
431-53 MIndal, Sweden
(46) 31-706-20-70
FAX: (46) 31-706-20-80
http://www.chromogenix.com

Chrompack USA
c/o Varian USA
2700 Mitchell Drive
Walnut Creek, CA 94598
(800) 526-3687   FAX: (925) 945-2102
(925) 939-2400
http://www.chrompack.com

Chugai Biopharmaceuticals
6275 Nancy Ridge Drive
San Diego, CA 92121
(858) 535-5900   FAX: (858) 546-5973
http://www.chugaibio.com

Ciba-Corning Diagnostics
See Bayer Diagnostics

Ciba-Geigy
See Ciba Specialty Chemicals or
Novartis Biotechnology

Ciba Specialty Chemicals
540 White Plains Road
Tarrytown, NY 10591
(800) 431-1900   FAX: (914) 785-2183
(914) 785-2000
http://www.cibasc.com

Ciba Vision
Division of Novartis AG
11460 Johns Creek Parkway
Duluth, GA 30097
(770) 476-3937
http://www.cvworld.com

Cidex
Advanced Sterilization Products
33 Technology Drive
Irvine, CA 92618
(800) 595-0200   (949) 581-5799
http://www.cidex.com/ASPnew.htm

Cinna Scientific
Subsidiary of Molecular Research Center
5645 Montgomery Road
Cincinnati, OH 45212
(800) 462-9868   FAX: (513) 841-0080
(513) 841-0900
http://www.mrcgene.com

Cistron Biotechnology
10 Bloomfield Avenue
Pine Brook, NJ 07058
(800) 642-0167   FAX: (973) 575-4854
(973) 575-1700
http://www.cistronbio.com

Clark Electromedical Instruments
See Harvard Apparatus

Clay Adam
See Becton Dickinson Primary Care
Diagnostics

CLB (Central Laboratory
of the Netherlands)
Blood Transfusion Service
P.O. Box 9190
1006 AD Amsterdam, The Netherlands
(31) 20-512-9222
FAX: (31) 20-512-3332

Cleveland Scientific
P.O. Box 300
Bath, OH 44210
(800) 952-7315   FAX: (330) 666-2240
http://:www.clevelandscientific.com

Clonetics
Division of BioWhittaker
http://www.clonetics.com
Also see BioWhittaker

Clontech Laboratories
1020 East Meadow Circle
Palo Alto, CA 94303
(800) 662-2566   FAX: (800) 424-1350
(650) 424-8222   FAX: (650) 424-1088
http://www.clontech.com

Closure Medical Corporation
5250 Greens Dairy Road
Raleigh, NC 27616
(919) 876-7800   FAX: (919) 790-1041
http://www.closuremed.com

CMA Microdialysis AB
73 Princeton Street
North Chelmsford, MA 01863
(800) 440-4980   FAX: (978) 251-1950
(978) 251 1940
http://www.microdialysis.com

Cocalico Biologicals
449 Stevens Road
P.O. Box 265
Reamstown, PA 17567
(717) 336-1990   FAX: (717) 336-1993

Coherent Laser
5100 Patrick Henry Drive
Santa Clara, CA 95056
(800) 227-1955   FAX: (408) 764-4800
(408) 764-4000
http://www.cohr.com

Cohu
P.O. Box 85623
San Diego, CA 92186
(858) 277-6700   FAX: (858) 277-0221
http://www.COHU.com/cctv

Cole-Parmer Instrument
625 East Bunker Court
Vernon Hills, IL 60061
(800) 323-4340   FAX: (847) 247-2929
(847) 549-7600
http://www.coleparmer.com

Collaborative Biomedical Products
and **Collaborative Research**
See Becton Dickinson Labware

Collagen Aesthetics
1850 Embarcadero Road
Palo Alto, CA 94303
(650) 856-0200   FAX: (650) 856-0533
http://www.collagen.com

Collagen Corporation
See Collagen Aesthetics

College of American Pathologists
325 Waukegan Road
Northfield, IL 60093
(800) 323-4040   FAX: (847) 832-8000
(847) 446-8800
http://www.cap.org/index.cfm

Colonial Medical Supply
504 Wells Road
Franconia, NH 03580
(603) 823-9911   FAX: (603) 823-8799
http://www.colmedsupply.com

Colorado Serum
4950 York Street
Denver, CO 80216
(800) 525-2065   FAX: (303) 295-1923
http://www.colorado-serum.com

Columbia Diagnostics
8001 Research Way
Springfield, VA 22153
(800) 336-3081   FAX: (703) 569-2353
(703) 569-7511
http://www.columbiadiagnostics.com

Columbus Instruments
950 North Hague Avenue
Columbus, OH 43204
(800) 669-5011   FAX: (614) 276-0529
(614) 276-0861
http://www.columbusinstruments.com

Compu Cyte Corp.
12 Emily Street
Cambridge, MA 02139
(800) 840-1303   FAX: (617) 577-4501
(617) 492-1300
http://www.compucyte.com

Compugen
25 Leek Crescent
Richmond Hill, Ontario
L4B 4B3 Canada
800-387-5045   FAX: (905) 707-2020
(905) 707-2000
http://www.compugen.com/locations.htm

Computer Associates International
One Computer Associates Plaza
Islandia, NY 11749
(631) 342-6000   FAX: (631) 342-6800
http://www.cai.com

Connaught Laboratories
See Aventis Pasteur

Connectix
2955 Campus Drive, Suite 100
San Mateo, CA 94403
(800) 950-5880   FAX: (650) 571-0850
(650) 571-5100
http://www.connectix.com

Contech
99 Hartford Avenue
Providence, RI 02909
(401) 351-4890   FAX: (401) 421-5072
http://www.iol.ie/~burke/contech.html

Continental Laboratory Products
5648 Copley Drive
San Diego, CA 92111
(800) 456-7741   FAX: (858) 279-5465
(858) 279-5000
http://www.conlab.com

ConvaTec
Professional Services
P.O. Box 5254
Princeton, NJ 08543
(800) 422-8811
http://www.convatec.com

Cooper Instruments & Systems
P.O. Box 3048
Warrenton, VA 20188
(800) 344-3921   FAX: (540) 347-4755
(540) 349-4746
http://www.cooperinstruments.com

Cooperative Human Tissue Network
(866) 462-2486
http://www.chtn.ims.nci.nih.gov

Cora Styles Needles 'N Blocks
56 Milton Street
Arlington, MA 02474
(781) 648-6289   FAX: (781) 641-7917

Coriell Cell Repository (CCR)
See Coriell Institute for Medical Research

Coriell Institute for Medical Research
Human Genetic Mutant Repository
401 Haddon Avenue
Camden, NJ 08103
(856) 966-7377   FAX: (856) 964-0254
http://arginine.umdnj.edu

Corion
8 East Forge Parkway
Franklin, MA 02038
(508) 528-4411   FAX: (508) 520-7583
(800) 598-6783
http://www.corion.com

Corning and
Corning Science Products
P.O. Box 5000
Corning, NY 14831
(800) 222-7740   FAX: (607) 974-0345
(607) 974-9000
http://www.corning.com

Costar
See Corning

Coulbourn Instruments
7462 Penn Drive
Allentown, PA 18106
(800) 424-3771   FAX: (610) 391-1333
(610) 395-3771
http://www.coulbourninst.com

Coulter Cytometry
See Beckman Coulter

Covance Research Products
465 Swampbridge Road
Denver, PA 17517
(800) 345-4114   FAX: (717) 336-5344
(717) 336-4921
http://www.covance.com

Coy Laboratory Products
14500 Coy Drive
Grass Lake, MI 49240
(734) 475-2200   FAX: (734) 475-1846
http://www.coylab.com

CPG
3 Borinski Road
Lincoln Park, NJ 07035
(800) 362-2740   FAX: (973) 305-0884
(973) 305-8181
http://www.cpg-biotech.com

CPL Scientific
43 Kingfisher Court
Hambridge Road
Newbury RG14 5SJ, UK
(44) 1635-574902
FAX: (44) 1635-529322
http://www.cplscientific.co.uk

CraMar Technologies
8670 Wolff Court, #160
Westminster, CO 80030
(800) 4-TOMTEC
http://www.cramar.com

Crescent Chemical
1324 Motor Parkway
Hauppauge, NY 11788
(800) 877-3225   FAX: (631) 348-0913
(631) 348-0333
http://www.creschem.com

Crist Instrument
P.O. Box 128
10200 Moxley Road
Damascus, MD 20872
(301) 253-2184   FAX: (301) 253-0069
http://www.cristinstrument.com

Cruachem
See Annovis
http://www.cruachem.com

CS Bio
1300 Industrial Road
San Carlos, CA 94070
(800) 627-2461   FAX: (415) 802-0944
(415) 802-0880
http://www.csbio.com

CS-Chromatographie Service
Am Parir 27
D-52379 Langerwehe, Germany
(49) 2423-40493-0
FAX: (49) 2423-40493-49
http://www.cs-chromatographie.de

Cuno
400 Research Parkway
Meriden, CT 06450
(800) 231-2259   FAX: (203) 238-8716
(203) 237-5541
http://www.cuno.com

Curtin Matheson Scientific
9999 Veterans Memorial Drive
Houston, TX 77038
(800) 392-3353   FAX: (713) 878-3598
(713) 878-3500

CWE
124 Sibley Avenue
Ardmore, PA 19003
(610) 642-7719   FAX: (610) 642-1532
http://www.cwe-inc.com

Cybex Computer Products
4991 Corporate Drive
Huntsville, AL 35805
(800) 932-9239   FAX: (800) 462-9239
http://www.cybex.com

Cygnus Technology
P.O. Box 219
Delaware Water Gap, PA 18327
(570) 424-5701   FAX: (570) 424-5630
http://www.cygnustech.com

Cymbus Biotechnology
Eagle Class, Chandler's Ford
Hampshire SO53 4NF, UK
(44) 1-703-267-676
FAX: (44) 1-703-267-677
http://www.biotech@cymbus.com

Cytogen
600 College Road East
Princeton, NJ 08540
(609) 987-8200   FAX: (609) 987-6450
http://www.cytogen.com

Cytogen Research and Development
89 Bellevue Hill Road
Boston, MA 02132
(617) 325-7774   FAX: (617) 327-2405

CytRx
154 Technology Parkway
Norcross, GA 30092
(800) 345-2987   FAX: (770) 368-0622
(770) 368-9500
http://www.cytrx.com

Dade Behring
Corporate Headquarters
1717 Deerfield Road
Deerfield, IL 60015
(847) 267-5300   FAX: (847) 267-1066
http://www.dadebehring.com

Dagan
2855 Park Avenue
Minneapolis, MN 55407
(612) 827-5959   FAX: (612) 827-6535
http://www.dagan.com

Dako
6392 Via Real
Carpinteria, CA 93013
(800) 235-5763   FAX: (805) 566-6688
(805) 566-6655
http://www.dakousa.com

Dako A/S
42 Produktionsvej
P.O. Box 1359
DK-2600 Glostrup, Denmark
(45) 4492-0044   FAX: (45) 4284-1822

Dakopatts
See Dako A/S

Dalton Chemical Laboratoris
349 Wildcat Road
Toronto, Ontario
M3J 253 Canada
(416) 661-2102   FAX: (416) 661-2108
(800) 567-5060 (in Canada only)
http://www.dalton.com

Damon, IEC
See Thermoquest

Dan Kar Scientific
150 West Street
Wilmington, MA 01887
(800) 942-5542   FAX: (978) 658-0380
(978) 988-9696
http://www.dan-kar.com

DataCell
Falcon Business Park
40 Ivanhoe Road
Finchampstead, Berkshire
RG40 4QQ, UK
(44) 1189 324324
FAX: (44) 1189 324325
http://www.datacell.co.uk
In the US:
(408) 446-3575   FAX: (408) 446-3589
http://www.datacell.com

DataWave Technologies
380 Main Street, Suite 209
Longmont, CO 80501
(800) 736-9283   FAX: (303) 776-8531
(303) 776-8214

Datex-Ohmeda
3030 Ohmeda Drive
Madison, WI 53718
(800) 345-2700   FAX: (608) 222-9147
(608) 221-1551
http://www.us.datex-ohmeda.com

DATU
82 State Street
Geneva, NY 14456
(315) 787-2240   FAX: (315) 787-2397
http://www.nysaes.cornell.edu/datu

David Kopf Instruments
7324 Elmo Street
P.O. Box 636
Tujunga, CA 91043
(818) 352-3274   FAX: (818) 352-3139

Decagon Devices
P.O. Box 835
950 NE Nelson Court
Pullman, WA 99163
(800) 755-2751   FAX: (509) 332-5158
(509) 332-2756
http://www.decagon.com

Decon Labs
890 Country Line Road
Bryn Mawr, PA 19010
(800) 332-6647   FAX: (610) 964-0650
(610) 520-0610
http://www.deconlabs.com

Decon Laboratories
Conway Street
Hove, Sussex BN3 3LY, UK
(44) 1273 739241
FAX: (44) 1273 722088

Degussa
Precious Metals Division
3900 South Clinton Avenue
South Plainfield, NJ 07080
(800) DEGUSSA   FAX: (908) 756-7176
(908) 561-1100
http://www.degussa-huls.com

Deneba Software
1150 NW 72nd Avenue
Miami, FL 33126
(305) 596-5644   FAX: (305) 273-9069
http://www.deneba.com

Deseret Medical
524 West 3615 South
Salt Lake City, UT 84115
(801) 270-8440   FAX: (801) 293-9000

Devcon Plexus
30 Endicott Street
Danvers, MA 01923
(800) 626-7226   FAX: (978) 774-0516
(978) 777-1100
http://www.devcon.com

Developmental Studies Hybridoma Bank
University of Iowa
436 Biology Building
Iowa City, IA 52242
(319) 335-3826   FAX: (319) 335-2077
http://www.uiowa.edu/~dshbwww

DeVilbiss
Division of Sunrise Medical Respiratory
100 DeVilbiss Drive
P.O. Box 635
Somerset, PA 15501
(800) 338-1988   FAX: (814) 443-7572
(814) 443-4881
http://www.sunrisemedical.com

Dharmacon Research
1376 Miners Drive #101
Lafayette, CO 80026
(303) 604-9499   FAX: (303) 604-9680
http://www.dharmacom.com

DiaCheM
Triangle Biomedical
Gardiners Place
West Gillibrands, Lancashire
WN8 9SP, UK
(44) 1695-555581
FAX: (44) 1695-555518
http://www.diachem.co.uk

Diagen
Max-Volmer Strasse 4
D-40724 Hilden, Germany
(49) 2103-892-230
FAX: (49) 2103-892-222

Diagnostic Concepts
6104 Madison Court
Morton Grove, IL 60053
(847) 604-0957

Diagnostic Developments
See DiaCheM

Diagnostic Instruments
6540 Burroughs
Sterling Heights, MI 48314
(810) 731-6000   FAX: (810) 731-6469
http://www.diaginc.com

Diamedix
2140 North Miami Avenue
Miami, FL 33127
(800) 327-4565   FAX: (305) 324-2395
(305) 324-2300

DiaSorin
1990 Industrial Boulevard
Stillwater, MN 55082
(800) 328-1482   FAX: (651) 779-7847
(651) 439-9719
http://www.diasorin.com

Diatome US
321 Morris Road
Fort Washington, PA 19034
(800) 523-5874   FAX: (215) 646-8931
(215) 646-1478
http://www.emsdiasum.com

Difco Laboratories
See Becton Dickinson

Digene
1201 Clopper Road
Gaithersburg, MD 20878
(301) 944-7000   (800) 344-3631
FAX: (301) 944-7121
http://www.digene.com

Digi-Key
701 Brooks Avenue South
Thief River Falls, MN 56701
(800) 344-4539   FAX: (218) 681-3380
(218) 681-6674
http://www.digi-key.com

Digitimer
37 Hydeway
Welwyn Garden City, Hertfordshire
AL7 3BE, UK
(44) 1707-328347
FAX: (44) 1707-373153
http://www.digitimer.com

Dimco-Gray
8200 South Suburban Road
Dayton, OH 45458
(800) 876-8353   FAX: (937) 433-0520
(937) 433-7600
http://www.dimco-gray.com

Dionex
1228 Titan Way
P.O. Box 3603
Sunnyvale, CA 94088
(408) 737-0700   FAX: (408) 730-9403
http://dionex2.promptu.com

Display Systems Biotech
1260 Liberty Way, Suite B
Vista, CA 92083
(800) 697-1111   FAX: (760) 599-9930
(760) 599-0598
http://www.displaysystems.com

Diversified Biotech
1208 VFW Parkway
Boston, MA 02132
(617) 965-8557   FAX: (617) 323-5641
(800) 796-9199
http://www.divbio.com

DNA ProScan
P.O. Box 121585
Nashville, TN 37212
(800) 841-4362   FAX: (615) 292-1436
(615) 298-3524
http://www.dnapro.com

DNAStar
1228 South Park Street
Madison, WI 53715
(608) 258-7420   FAX: (608) 258-7439
http://www.dnastar.com

DNAVIEW
Attn: Charles Brenner
http://www.wco.com
~cbrenner/dnaview.htm

Doall NYC
36-06 48th Avenue
Long Island City, NY 11101
(718) 392-4595   FAX: (718) 392-6115
http://www.doall.com

Dojindo Molecular Technologies
211 Perry Street Parkway, Suite 5
Gaitherbusburg, MD 20877
(877) 987-2667
http://www.dojindo.com

Dolla Eastern
See Doall NYC

Dolan Jenner Industries
678 Andover Street
Lawrence, MA 08143
(978) 681-8000   (978) 682-2500
http://www.dolan-jenner.com

Dow Chemical
Customer Service Center
2040 Willard H. Dow Center
Midland, MI 48674
(800) 232-2436   FAX: (517) 832-1190
(409) 238-9321
http://www.dow.com

Dow Corning
Northern Europe
Meriden Business Park
Copse Drive
Allesley, Coventry CV5 9RG, UK
(44) 1676 528 000
FAX: (44) 1676 528 001

Dow Corning
P.O. Box 994
Midland, MI 48686
(517) 496-4000
http://www.dowcorning.com

Dow Corning (Lubricants)
2200 West Salzburg Road
Auburn, MI 48611
(800) 248-2481   FAX: (517) 496-6974
(517) 496-6000

Dremel
4915 21st Street
Racine, WI 53406
(414) 554-1390
http://www.dremel.com

Drummond Scientific
500 Parkway
P.O. Box 700
Broomall, PA 19008
(800) 523-7480   FAX: (610) 353-6204
(610) 353-0200
http://www.drummondsci.com

Duchefa Biochemie BV
P.O. Box 2281
2002 CG Haarlem, The Netherlands
31-0-23-5319093
FAX: 31-0-23-5318027
http://www.duchefa.com

Duke Scientific
2463 Faber Place
Palo Alto, CA 94303
(800) 334-3883   FAX: (650) 424-1158
(650) 424-1177
http://www.dukescientific.com

Duke University Marine Laboratory
135 Duke Marine Lab Road
Beaufort, NC 28516-9721
(252) 504-7503   FAX: (252) 504-7648
http://www.env.duke.edu/marinelab

DuPont Biotechnology Systems
See NEN Life Science Products

DuPont Medical Products
See NEN Life Science Products

DuPont Merck Pharmaceuticals
331 Treble Cove Road
Billerica, MA 01862
(800) 225-1572   FAX: (508) 436-7501
http://www.dupontmerck.com

DuPont NEN Products
See NEN Life Science Products

Dynal
5 Delaware Drive
Lake Success, NY 11042
(800) 638-9416   FAX: (516) 326-3298
(516) 326-3270
http://www.dynal.net

Dynal AS
Ullernchausen 52,
0379 Oslo, Norway
47-22-06-10-00   FAX: 47-22-50-70-15
http://www.dynal.no

Dynalab
P.O. Box 112
Rochester, NY 14692
(800) 828-6595   FAX: (716) 334-9496
(716) 334-2060
http://www.dynalab.com

Dynarex
1 International Boulevard
Brewster, NY 10509
(888) DYNAREX   FAX: (914) 279-9601
(914) 279-9600
http://www.dynarex.com

Dynatech
See Dynex Technologies

Dynex Technologies
14340 Sullyfield Circle
Chantilly, VA 22021
(800) 336-4543   FAX: (703) 631-7816
(703) 631-7800
http://www.dynextechnologies.com

Dyno Mill
See Willy A. Bachofen

E.S.A.
22 Alpha Road
Chelmsford, MA 01824
(508) 250-7000   FAX: (508) 250-7090

E.W. Wright
760 Durham Road
Guilford, CT 06437
(203) 453-6410   FAX: (203) 458-6901
http://www.ewwright.com

E-Y Laboratories
107 N. Amphlett Boulevard
San Mateo, CA 94401
(800) 821-0044   FAX: (650) 342-2648
(650) 342-3296
http://www.eylabs.com

Eastman Kodak
1001 Lee Road
Rochester, NY 14650
(800) 225-5352   FAX: (800) 879-4979
(716) 722-5780   FAX: (716) 477-8040
http://www.kodak.com

ECACC
See European Collection of Animal Cell
Cultures

EC Apparatus
See Savant/EC Apparatus

Ecogen, SRL
Gensura Laboratories
Ptge. Dos de Maig
9(08041) Barcelona, Spain
(34) 3-450-2601   FAX: (34) 3-456-0607
http://www.ecogen.com

Ecolab
370 North Wabasha Street
St. Paul, MN 55102
(800) 35-CLEAN   FAX: (651) 225-3098
(651) 352-5326
http://www.ecolab.com

ECO PHYSICS
3915 Research Park Drive, Suite A-3
Ann Arbor, MI 48108
(734) 998-1600   FAX: (734) 998-1180
http://www.ecophysics.com

Edge Biosystems
19208 Orbit Drive
Gaithersburg, MD 20879-4149
(800) 326-2685   FAX: (301) 990-0881
(301) 990-2685
http://www.edgebio.com

Edmund Scientific
101 E. Gloucester Pike
Barrington, NJ 08007
(800) 728-6999   FAX: (856) 573-6263
(856) 573-6250
http://www.edsci.com

EG&G
See Perkin-Elmer

Ekagen
969 C Industry Road
San Carlos, CA 94070
(650) 592-4500   FAX: (650) 592-4500

Elcatech
P.O. Box 10935
Winston-Salem, NC 27108
(336) 544-8613   FAX: (336) 777-3623
(910) 777-3624
http://www.elcatech.com

Electron Microscopy Sciences
321 Morris Road
Fort Washington, PA 19034
(800) 523-5874   FAX: (215) 646-8931
(215) 646-1566
http://www.emsdiasum.com

Electron Tubes
100 Forge Way, Unit F
Rockaway, NJ 07866
(800) 521-8382   FAX: (973) 586-9771
(973) 586-9594
http://www.electrontubes.com

Elicay Laboratory Products, (UK) Ltd.
4 Manborough Mews
Crockford Lane
Basingstoke, Hampshire
RG 248NA, England
(256) 811-118   FAX: (256) 811-116
http://www.elkay-uk.co.uk

Eli Lilly
Lilly Corporate Center
Indianapolis, IN 46285
(800) 545-5979   FAX: (317) 276-2095
(317) 276-2000
http://www.lilly.com

ELISA Technologies
See Neogen

Elkins-Sinn
See Wyeth-Ayerst

EMBI
See European Bioinformatics Institute

EM Science
480 Democrat Road
Gibbstown, NJ 08027
(800) 222-0342   FAX: (856) 423-4389
(856) 423-6300
http://www.emscience.com

EM Separations Technology
See R & S Technology

Endogen
30 Commerce Way
Woburn, MA 01801
(800) 487-4885   FAX: (617) 439-0355
(781) 937-0890
http://www.endogen.com

ENGEL-Loter
HSGM Heatcutting Equipment
& Machines
1865 E. Main Street, No. 5
Duncan, SC 29334
(888) 854-HSGM   FAX: (864) 486-8383
(864) 486-8300
http://www.engelgmbh.com

Enzo Diagnostics
60 Executive Boulevard
Farmingdale, NY 11735
(800) 221-7705   FAX: (516) 694-7501
(516) 694-7070
http://www.enzo.com

Enzogenetics
4197 NW Douglas Avenue
Corvallis, OR 97330
(541) 757-0288

The Enzyme Center
See Charm Sciences

Enzyme Systems Products
486 Lindbergh Avenue
Livermore, CA 94550
(888) 449-2664   FAX: (925) 449-1866
(925) 449-2664
http://www.enzymesys.com

Epicentre Technologies
1402 Emil Street
Madison, WI 53713
(800) 284-8474   FAX: (608) 258-3088
(608) 258-3080
http://www.epicentre.com

Erie Scientific
20 Post Road
Portsmouth, NH 03801
(888) ERIE-SCI   FAX: (603) 431-8996
(603) 431-8410
http://www.eriesci.com

ES Industries
701 South Route 73
West Berlin, NJ 08091
(800) 356-6140   FAX: (856) 753-8484
(856) 753-8400
http://www.esind.com

ESA
22 Alpha Road
Chelmsford, MA 01824
(800) 959-5095   FAX: (978) 250-7090
(978) 250-7000
http://www.esainc.com

Ethicon
Route 22, P.O. Box 151
Somerville, NJ 08876
(908) 218-0707
http://www.ethiconinc.com

Ethicon Endo-Surgery
4545 Creek Road
Cincinnati, OH 45242
(800) 766-9534   FAX: (513) 786-7080

Eurogentec
Parc Scientifique du Sart Tilman
4102 Seraing, Belgium
32-4-240-76-76   FAX: 32-4-264-07-88
http://www.eurogentec.com

European Bioinformatics Institute
Wellcome Trust Genomes Campus
Hinxton, Cambridge CB10 1SD, UK
(44) 1223-49444
FAX: (44) 1223-494468

European Collection of Animal
Cell Cultures (ECACC)
Centre for Applied Microbiology &
Research
Salisbury, Wiltshire SP4 0JG, UK
(44) 1980-612 512
FAX: (44) 1980-611 315
http://www.camr.org.uk

Evergreen Scientific
2254 E. 49th Street
P.O. Box 58248
Los Angeles, CA 90058
(800) 421-6261   FAX: (323) 581-2503
(323) 583-1331
http://www.evergreensci.com

Exalpha Biologicals
20 Hampden Street
Boston, MA 02205
(800) 395-1137   FAX: (617) 969-3872
(617) 558-3625
http://www.exalpha.com

Exciton
P.O. Box 31126
Dayton, OH 45437
(937) 252-2989   FAX: (937) 258-3937
http://www.exciton.com

Extrasynthese
ZI Lyon Nord
SA-BP62
69730 Genay, France
(33) 78-98-20-34
FAX: (33) 78-98-19-45

Factor II
1972 Forest Avenue
P.O. Box 1339
Lakeside, AZ 85929
(800) 332-8688   FAX: (520) 537-8066
(520) 537-8387
http://www.factor2.com

Falcon
See Becton Dickinson Labware

Febit AG
Käfertaler Strasse 190
D-68167 Mannheim
Germany
(49) 621-3804-0
FAX: (49) 621-3804-400
http://www.febit.com

Fenwal
See Baxter Healthcare

Filemaker
5201 Patrick Henry Drive
Santa Clara, CA 95054
(408) 987-7000   (800) 325-2747

Fine Science Tools
202-277 Mountain Highway
North Vancouver, British Columbia
V7J 3P2 Canada
(800) 665-5355   FAX: (800) 665 4544
(604) 980-2481   FAX: (604) 987-3299

Fine Science Tools
373-G Vintage Park Drive
Foster City, CA 94404
(800) 521-2109   FAX: (800) 523-2109
(650) 349-1636   FAX: (630) 349-3729

Fine Science Tools
Fahrtgasse 7-13
D-69117 Heidelberg, Germany
(49) 6221 905050
FAX: (49) 6221 600001
http://www.finescience.com

Finn Aqua
AMSCO Finn Aqua Oy
Teollisuustiez, FIN-04300
Tuusula, Finland
358 025851   FAX: 358 0276019

Finnigan
355 River Oaks Parkway
San Jose, CA 95134
(408) 433-4800   FAX: (408) 433-4821
http://www.finnigan.com

Dr. L. Fischer
Lutherstrasse 25A
D-69120 Heidelberg
Germany
(49) 6221-16-0368
http://home.eplus-online.de/
electroporation

Fisher Chemical Company
Fisher Scientific Limited
112 Colonnade Road
Nepean, Ontario K2E 7L6 Canada
(800) 234-7437   FAX: (800) 463-2996
http://www.fisherscientific.com

Fisher Scientific
2000 Park Lane
Pittsburgh, PA 15275
(800) 766-7000   FAX: (800) 926-1166
(412) 562-8300
http://www3.fishersci.com

W.F. Fisher & Son
220 Evans Way, Suite #1
Somerville, NJ 08876
(908) 707-4050   FAX: (908) 707-4099

Fitzco
5600 Pioneer Creek Drive
Maple Plain, MN 55359
(800) 367-8760   FAX: (612) 479-2880
(612) 479-3489
http://www.fitzco.com

5 Prime → 3 Prime
See 2000 Eppendorf-5 Prime
http://www.5prime.com

Flambeau
15981 Valplast Road
Middlefield, Ohio 44062
(800) 232-3474   FAX: (440) 632-1581
(440) 632-1631
http://www.flambeau.com

Fleisch (Rusch)
2450 Meadowbrook Parkway
Duluth, GA 30096
(770) 623-0816   FAX: (770) 623-1829
http://ruschinc.com

Flow Cytometry Standards
P.O. Box 194344
San Juan, PR 00919
(800) 227-8143   FAX: (787) 758-3267
(787) 753-9341
http://www.fcstd.com

Flow Labs
See ICN Biomedicals

Flow-Tech Supply
P.O. Box 1388
Orange, TX 77631
(409) 882-0306   FAX: (409) 882-0254
http://www.flow-tech.com

Fluid Marketing
See Fluid Metering

Fluid Metering
5 Aerial Way, Suite 500
Sayosett, NY 11791
(516) 922-6050   FAX: (516) 624-8261
http://www.fmipump.com

Fluorochrome
1801 Williams, Suite 300
Denver, CO 80264
(303) 394-1000   FAX: (303) 321-1119

Fluka Chemical
See Sigma-Aldrich

FMC BioPolymer
1735 Market Street
Philadelphia, PA 19103
(215) 299-6000   FAX: (215) 299-5809
http://www.fmc.com

FMC BioProducts
191 Thomaston Street
Rockland, ME 04841
(800) 521-0390   FAX: (800) 362-1133
(207) 594-3400   FAX: (207) 594-3426
http://www.bioproducts.com

Forma Scientific
Milcreek Road
P.O. Box 649
Marietta, OH 45750
(800) 848-3080   FAX: (740) 372-6770
(740) 373-4765
http://www.forma.com

Fort Dodge Animal Health
800 5th Street NW
Fort Dodge, IA 50501
(800) 685-5656   FAX: (515) 955-9193
(515) 955-4600
http://www.ahp.com

Fotodyne
950 Walnut Ridge Drive
Hartland, WI 53029
(800) 362-3686   FAX: (800) 362-3642
(262) 369-7000   FAX: (262) 369-7013
http://www.fotodyne.com

Fresenius HemoCare
6675 185th Avenue NE, Suite 100
Redwood, WA 98052
(800) 909-3872
(425) 497-1197
http://www.freseniusht.com

Fresenius Hemotechnology
See Fresenius HemoCare

Fuji Medical Systems
419 West Avenue
P.O. Box 120035
Stamford, CT 06902
(800) 431-1850   FAX: (203) 353-0926
(203) 324-2000
http://www.fujimed.com

Fujisawa USA
Parkway Center North
Deerfield, IL 60015-2548
(847) 317-1088   FAX: (847) 317-7298

Ernest F. Fullam
900 Albany Shaker Road
Latham, NY 12110
(800) 833-4024   FAX: (518) 785-8647
(518) 785-5533
http://www.fullam.com

Gallard-Schlesinger Industries
777 Zechendorf Boulevard
Garden City, NY 11530
(516) 229-4000   FAX: (516) 229-4015
http://www.gallard-schlessinger.com

Gambro
Box 7373
SE 103 91 Stockholm, Sweden
(46) 8 613 65 00
FAX: (46) 8 611 37 31
In the US: **COBE Laboratories**
225 Union Boulevard
Lakewood, CO 80215
(303) 232-6800   FAX: (303) 231-4915
http://www.gambro.com

Garner Glass
177 Indian Hill Boulevard
Claremont, CA 91711
(909) 624-5071   FAX: (909) 625-0173
http://www.garnerglass.com

Garon Plastics
16 Byre Avenue
Somerton Park, South Australia 5044
(08) 8294-5126   FAX: (08) 8376-1487
http://www.apache.airnet.com.au/~garon

Garren Scientific
9400 Lurline Avenue, Unit E
Chatsworth, CA 91311
(800) 342-3725   FAX: (818) 882-3229
(818) 882-6544
http://www.garren-scientific.com

GATC Biotech AG
Jakob-Stadler-Platz 7
D-78467 Constance, Germany
(49) 07531-8160-0
FAX: (49) 07531-8160-81
http://www.gatc-biotech.com

Gaussian
Carnegie Office Park
Building 6, Suite 230
Carnegie, PA 15106
(412) 279-6700   FAX: (412) 279-2118
http://www.gaussian.com

G.C. Electronics/A.R.C. Electronics
431 Second Street
Henderson, KY 42420
(270) 827-8981   FAX: (270) 827-8256
http://www.arcelectronics.com

GDB (Genome Data Base, Curation)
2024 East Monument Street, Suite 1200
Baltimore, MD 21205
(410) 955-9705   FAX: (410) 614-0434
http://www.gdb.org

GDB (Genome Data Base, Home)
Hospital for Sick Children
555 University Avenue
Toronto, Ontario
M5G 1X8 Canada
(416) 813-8744   FAX: (416) 813-8755
http://www.gdb.org

Gelman Sciences
See Pall-Gelman

Gemini BioProducts
5115-M Douglas Fir Road
Calabasas, CA 90403
(818) 591-3530   FAX: (818) 591-7084

Gen Trak
5100 Campus Drive
Plymouth Meeting, PA 19462
(800) 221-7407   FAX: (215) 941-9498
(215) 825-5115
http://www.informagen.com

Genaissance Pharmaceuticals
5 Science Park
New Haven, CT 06511
(800) 678-9487   FAX: (203) 562-9377
(203) 773-1450
http://www.genaissance.com

GENAXIS Biotechnology
Parc Technologique
10 Avenue Ampère
Montigny le Bretoneux
78180 France
(33) 01-30-14-00-20
FAX: (33) 01-30-14-00-15
http://www.genaxis.com

GenBank
National Center for Biotechnology
Information
National Library of Medicine/NIH
Building 38A, Room 8N805
8600 Rockville Pike
Bethesda, MD 20894
(301) 496-2475   FAX: (301) 480-9241
http://www.ncbi.nlm.nih.gov

Gene Codes
640 Avis Drive
Ann Arbor, MI 48108
(800) 497-4939   FAX: (734) 930-0145
(734) 769-7249
http://www.genecodes.com

Genemachines
935 Washington Street
San Carlos, CA 94070
(650) 508-1634   FAX: (650) 508-1644
(877) 855-4363
http://www.genemachines.com

Genentech
1 DNA Way
South San Francisco, CA 94080
(800) 551-2231   FAX: (650) 225-1600
(650) 225-1000
http://www.gene.com

General Scanning/GSI Luminomics
500 Arsenal Street
Watertown, MA 02172
(617) 924-1010   FAX: (617) 924-7327
http://www.genescan.com

General Valve
Division of Parker Hannifin Pneutronics
19 Gloria Lane
Fairfield, NJ 07004
(800) GVC-VALV
FAX: (800) GVC-1-FAX
http://www.pneutronics.com

Genespan
19310 North Creek Parkway, Suite 100
Bothell, WA 98011
(800) 231-2215   FAX: (425) 482-3005
(425) 482-3003
http://www.genespan.com

Gene Therapy Systems
10190 Telesis Court
San Diego, CA 92122
(858) 457-1919   FAX: (858) 623-9494
http://www.genetherapysystems.com

Généthon Human Genome
Research Center
1 bis rue de l'Internationale
91000 Evry, France
(33) 169-472828
FAX: (33) 607-78698
http://www.genethon.fr

Genetic Microsystems
34 Commerce Way
Woburn, MA 01801
(781) 932-9333   FAX: (781) 932-9433
http://www.genticmicro.com

Genetic Mutant Repository
See Coriell Institute for Medical Research

Genetic Research Instrumentation
Gene House
Queenborough Lane
Rayne, Braintree, Essex CM7 8TF, UK
(44) 1376 332900
FAX: (44) 1376 344724
http://www.gri.co.uk

Genetics Computer Group
575 Science Drive
Madison, WI 53711
(608) 231-5200   FAX: (608) 231-5202
http://www.gcg.com

Genetics Institute/American Home Products
87 Cambridge Park Drive
Cambridge, MA 02140
(617) 876-1170   FAX: (617) 876-0388
http://www.genetics.com

Genetix
63-69 Somerford Road
Christchurch, Dorset BH23 3QA, UK
(44) (0) 1202 483900
FAX: (44)(0) 1202 480289
In the US: (877) 436 3849
US FAX: (888) 522 7499
http://www.genetix.co.uk

Gene Tools
One Summerton Way
Philomath, OR 97370
(541) 9292-7840   FAX: (541) 9292-7841
http://www.gene-tools.com

Geneva Bioinformatics (GeneBio) S.A.
25 Avenue de Champel
CH—1206 Geneva, Switzerland
(41) 22-702-9900
FAX: (41) 22-702-9999
http://www.genebio.com

GeneWorks
P.O. Box 11, Rundle Mall
Adelaide, South Australia 5000, Australia
1800 882 555   FAX: (08) 8234 2699
(08) 8234 2644
http://www.geneworks.com

Genome Systems (INCYTE)
4633 World Parkway Circle
St. Louis, MO 63134
(800) 430-0030   FAX: (314) 427-3324
(314) 427-3222
http://www.genomesystems.com

Genomic Solutions
4355 Varsity Drive, Suite E
Ann Arbor, MI 48108
(877) GENOMIC   FAX: (734) 975-4808
(734) 975-4800
http://www.genomicsolutions.com

Genomyx
See Beckman Coulter

Genosys Biotechnologies
1442 Lake Front Circle, Suite 185
The Woodlands, TX 77380
(281) 363-3693   FAX: (281) 363-2212
http://www.genosys.com

Genotech
92 Weldon Parkway
St. Louis, MO 63043
(800) 628-7730   FAX: (314) 991-1504
(314) 991-6034

GENSET
876 Prospect Street, Suite 206
La Jolla, CA 92037
(800) 551-5291   FAX: (619) 551-2041
(619) 515-3061
http://www.genset.fr

Gensia Laboratories Ltd.
19 Hughes
Irvine, CA 92718
(714) 455-4700   FAX: (714) 855-8210

Genta
99 Hayden Avenue, Suite 200
Lexington, MA 02421
(781) 860-5150   FAX: (781) 860-5137
http://www.genta.com

GENTEST
6 Henshaw Street
Woburn, MA 01801
(800) 334-5229   FAX: (888) 242-2226
(781) 935-5115   FAX: (781) 932-6855
http://www.gentest.com

Gentra Systems
15200 25th Avenue N., Suite 104
Minneapolis, MN 55447
(800) 866-3039   FAX: (612) 476-5850
(612) 476-5858
http://www.gentra.com

Genzyme
1 Kendall Square
Cambridge, MA 02139
(617) 252-7500   FAX: (617) 252-7600
http://www.genzyme.com
See also R&D Systems

Genzyme Genetics
One Mountain Road
Framingham, MA 01701
(800) 255-7357   FAX: (508) 872-9080
(508) 872-8400
http://www.genzyme.com

George Tiemann & Co.
25 Plant Avenue
Hauppauge, NY 11788
(516) 273-0005   FAX: (516) 273-6199

GIBCO/BRL
A Division of Life Technologies
1 Kendall Square
Grand Island, NY 14072
(800) 874-4226   FAX: (800) 352-1968
(716) 774-6700
http://www.lifetech.com

Gilmont Instruments
A Division of Barnant Company
28N092 Commercial Avenue
Barrington, IL 60010
(800) 637-3739   FAX: (708) 381-7053
http://barnant.com

Gilson
3000 West Beltline Highway
P.O. Box 620027
Middletown, WI 53562
(800) 445-7661
(608) 836-1551
http://www.gilson.com

Glas-Col Apparatus
P.O. Box 2128
Terre Haute, IN 47802
(800) Glas-Col   FAX: (812) 234-6975
(812) 235-6167
http://www.glascol.com

Glaxo Wellcome
Five Moore Drive
Research Triangle Park, NC 27709
(800) SGL-AXO5   FAX: (919) 248-2386
(919) 248-2100
http://www.glaxowellcome.com

Glen Mills
395 Allwood Road
Clifton, NJ 07012
(973) 777-0777   FAX: (973) 777-0070
http://www.glenmills.com

Glen Research
22825 Davis Drive
Sterling, VA 20166
(800) 327-4536   FAX: (800) 934-2490
(703) 437-6191   FAX: (703) 435-9774
http://www.glenresearch.com

Glo Germ
P.O. Box 189
Moab, UT 84532
(800) 842-6622   FAX: (435) 259-5930
http://www.glogerm.com

Glyco
11 Pimentel Court
Novato, CA 94949
(800) 722-2597   FAX: (415) 382-3511
(415) 884-6799
http://www.glyco.com

Gould Instrument Systems
8333 Rockside Road
Valley View, OH 44125
(216) 328-7000   FAX: (216) 328-7400
http://www.gould13.com

Gralab Instruments
See Dimco-Gray

GraphPad Software
5755 Oberlin Drive #110
San Diego, CA 92121
(800) 388-4723   FAX: (558) 457-8141
(558) 457-3909
http://www.graphpad.com

Graseby Anderson
See Andersen Instruments
http://www.graseby.com

Grass Instrument
A Division of Astro-Med
600 East Greenwich Avenue
W. Warwick, RI 02893
(800) 225-5167   FAX: (877) 472-7749
http://www.grassinstruments.com

Greenacre and Misac Instruments
Misac Systems
27 Port Wood Road
Ware, Hertfordshire SF12 9NJ, UK
(44) 1920 463017
FAX: (44) 1920 465136

Greer Labs
639 Nuway Circle
Lenois, NC 28645
(704) 754-5237
http://greerlabs.com

Greiner
Maybachestrasse 2
Postfach 1162
D-7443 Frickenhausen, Germany
(49) 0 91 31/80 79 0
FAX: (49) 0 91 31/80 79 30
http://www.erlangen.com/greiner

GSI Lumonics
130 Lombard Street
Oxnard, CA 93030
(805) 485-5559   FAX: (805) 485-3310
http://www.gsilumonics.com

GTE Internetworking
150 Cambridge Park Drive
Cambridge, MA 02140
(800) 472-4565   FAX: (508) 694-4861
http://www.bbn.com

GW Instruments
35 Medford Street
Somerville, MA 02143
(617) 625-4096   FAX: (617) 625-1322
http://www.gwinst.com

H & H Woodworking
1002 Garfield Street
Denver, CO 80206
(303) 394-3764

Hacker Instruments
17 Sherwood Lane
P.O. Box 10033
Fairfield , NJ 07004
800-442-2537   FAX: (973) 808-8281
(973) 226-8450
http://www.hackerinstruments.com

Haemenetics
400 Wood Road
Braintree, MA 02184
(800) 225-5297   FAX: (781) 848-7921
(781) 848-7100
http://www.haemenetics.com

Halocarbon Products
P.O. Box 661
River Edge, NJ 07661
(201) 242-8899   FAX: (201) 262-0019
http://halocarbon.com

Hamamatsu Photonic Systems
A Division of Hamamatsu
360 Foothill Road
P.O. Box 6910
Bridgewater, NJ 08807
(908) 231-1116   FAX: (908) 231-0852
http://www.photonicsonline.com

Hamilton Company
4970 Energy Way
P.O. Box 10030
Reno, NV 89520
(800) 648-5950   FAX: (775) 856-7259
(775) 858-3000
http://www.hamiltoncompany.com

Hamilton Thorne Biosciences
100 Cummings Center, Suite 102C
Beverly, MA 01915
http://www.hamiltonthorne.com

Hampton Research
27631 El Lazo Road
Laguna Niguel, CA 92677
(800) 452-3899   FAX: (949) 425-1611
(949) 425-6321
http://www.hamptonresearch.com

Harlan Bioproducts for Science
P.O. Box 29176
Indianapolis, IN 46229
(317) 894-7521   FAX: (317) 894-1840
http://www.hbps.com

Harlan Sera-Lab
Hillcrest, Dodgeford Lane
Belton, Loughborough
Leicester LE12 9TE, UK
(44) 1530 222123
FAX: (44) 1530 224970
http://www.harlan.com

Harlan Teklad
P.O. Box 44220
Madison, WI 53744
(608) 277-2070   FAX: (608) 277-2066
http://www.harlan.com

Harrick Scientific Corporation
88 Broadway
Ossining, NY 10562
(914) 762-0020   FAX: (914) 762-0914
http://www.harricksci.com

Harrison Research
840 Moana Court
Palo Alto, CA 94306
(650) 949-1565   FAX: (650) 948-0493

Harvard Apparatus
84 October Hill Road
Holliston, MA 01746
(800) 272-2775   FAX: (508) 429-5732
(508) 893-8999
http://harvardapparatus.com

Harvard Bioscience
See Harvard Apparatus

Haselton Biologics
See JRH Biosciences

Hazelton Research Products
See Covance Research Products

Health Products
See Pierce Chemical

Heat Systems-Ultrasonics
1938 New Highway
Farmingdale, NY 11735
(800) 645-9846   FAX: (516) 694-9412
(516) 694-9555

Heidenhain Corp
333 East State Parkway
Schaumberg, IL 60173
(847) 490-1191   FAX: (847) 490-3931
http://www.heidenhain.com

HEKA Instruments
33 Valley Rd.
Southboro, MA 01960
(866) 742-0606 FAX: (508) 481-8945
www.heka.com

Hellma Cells
11831 Queens Boulevard
Forest Hills, NY 11375
(718) 544-9166   FAX: (718) 263-6910
http://www.helmaUSA.com

Hellma
Postfach 1163
D-79371 Müllheim/Baden, Germany
(49) 7631-1820
FAX: (49) 7631-13546
http://www.hellma-worldwide.de

Henry Schein
135 Duryea Road, Mail Room 150
Melville, NY 11747
(800) 472-4346   FAX: (516) 843-5652
http://www.henryschein.com

Heraeus Kulzer
4315 South Lafayette Boulevard
South Bend, IN 46614
(800) 343-5336
(219) 291-0661
http://www.kulzer.com

Heraeus Sepatech
See Kendro Laboratory Products

Hercules Aqualon
Aqualon Division
Hercules Research Center, Bldg. 8145
500 Hercules Road
Wilmington, DE 19899
(800) 345-0447   FAX: (302) 995-4787
http://www.herc.com/aqualon/pharma

Heto-Holten A/S
Gydevang 17-19
DK-3450 Allerod, Denmark
(45) 48-16-62-00
FAX: (45) 48-16-62-97
Distributed by ATR

Hettich-Zentrifugen
See Andreas Hettich

Hewlett-Packard
3000 Hanover Street
Mailstop 20B3
Palo Alto, CA 94304
(650) 857-1501   FAX: (650) 857-5518
http://www.hp.com

HGS Hinimoto Plastics
1-10-24 Meguro-Honcho
Megurouko
Tokyo 152, Japan
3-3714-7226   FAX: 3-3714-4657

Hitachi Scientific Instruments
Nissei Sangyo America
8100 N. First Street
San Elsa, CA 95314
(800) 548-9001   FAX: (408) 432-0704
(408) 432-0520
http://www.hii.hitachi.com

Hi-Tech Scientific
Brunel Road
Salisbury, Wiltshire, SP2 7PU
UK
(44) 1722-432320
(800) 344-0724 (US only)
http://www.hi-techsci.co.uk

Hoechst AG
See Aventis Pharmaceutical

Hoefer Scientific Instruments
Division of Amersham-Pharmacia Biotech
800 Centennial Avenue
Piscataway, NJ 08855
(800) 227-4750   FAX: (877) 295-8102
http://www.apbiotech.com

Hoffman-LaRoche
340 Kingsland Street
Nutley, NJ 07110
(800) 526-0189   FAX: (973) 235-9605
(973) 235-5000
http://www.rocheUSA.com

Holborn Surgical and Medical
Instruments
Westwood Industrial Estate
Ramsgate Road
Margate, Kent CT9 4JZ UK
(44) 1843 296666
FAX: (44) 1843 295446

Honeywell
101 Columbia Road
Morristown, NJ 07962
(973) 455-2000   FAX: (973) 455-4807
http://www.honeywell.com

Honeywell Specialty Films
P.O. Box 1039
101 Columbia Road
Morristown, NJ 07962
(800) 934-5679   FAX: (973) 455-6045
http://www.honeywell-specialtyfilms.com

Hood Thermo-Pad Canada
Comp. 20, Site 61A, RR2
Summerland, British Columbia
V0H 1Z0 Canada
(800) 665-9555   FAX: (250) 494-5003
(250) 494-5002
http://www.thermopad.com

Horiba Instruments
17671 Armstrong Avenue
Irvine, CA 92714
(949) 250-4811   FAX: (949) 250-0924
http://www.horiba.com

Hoskins Manufacturing
10776 Hall Road
P.O. Box 218
Hamburg, MI 48139
(810) 231-1900   FAX: (810) 231-4311
http://www.hoskinsmfgco.com

Hosokawa Micron Powder Systems
10 Chatham Road
Summit, NJ 07901
(800) 526-4491   FAX: (908) 273-7432
(908) 273-6360
http://www.hosokawamicron.com

HT Biotechnology
Unit 4
61 Ditton Walk
Cambridge CB5 8QD, UK
(44) 1223-412583

Hugo Sachs Electronik
Postfach 138
7806 March-Hugstetten, Germany
D-79229(49) 7665-92000
FAX: (49) 7665-920090

Human Biologics International
7150 East Camelback Road, Suite 245
Scottsdale, AZ 85251
(480) 990-2005   FAX: (480)-990-2155
http://www.humanbiological.com

Human Genetic Mutant Cell
Repository
See Coriell Institute for Medical Research

HVS Image
P.O. Box 100
Hampton, Middlesex TW12 2YD, UK
FAX: (44) 208 783 1223
In the US: (800) 225-9261
FAX: (888) 483-8033
http://www.hvsimage.com

Hybaid
111-113 Waldegrave Road
Teddington, Middlesex TW11 8LL, UK
(44) 0 1784 42500
FAX: (44) 0 1784 248085
http://www.hybaid.co.uk

Hybaid Instruments
8 East Forge Parkway
Franklin, MA 02028
(888)4-HYBAID   FAX: (508) 541-3041
(508) 541-6918
http://www.hybaid.com

Hybridon
155 Fortune Boulevard
Milford, MA 01757
(508) 482-7500   FAX: (508) 482-7510
http://www.hybridon.com

HyClone Laboratories
1725 South HyClone Road
Logan, UT 84321
(800) HYCLONE   FAX: (800) 533-9450
(801) 753-4584   FAX: (801) 750-0809
http://www.hyclone.com

Hyseq
670 Almanor Avenue
Sunnyvale, CA 94086
(408) 524-8100   FAX: (408) 524-8141
http://www.hyseq.com

IBA GmbH
1508 South Grand Blvd.
St. Louis, MO 63104
(877) 422-4624   FAX: (888) 531-6813
http://www.iba-go.com

IBF Biotechnics
See Sepracor

IBI (International Biotechnologies)
See Eastman Kodak
For technical service (800) 243-2555
(203) 786-5600

ICN Biochemicals
See ICN Biomedicals

ICN Biomedicals
3300 Hyland Avenue
Costa Mesa, CA 92626
(800) 854-0530   FAX: (800) 334-6999
(714) 545-0100   FAX: (714) 641-7275
http://www.icnbiomed.com

ICN Flow and Pharmaceuticals
See ICN Biomedicals

ICN Immunobiochemicals
See ICN Biomedicals

ICN Radiochemicals
See ICN Biomedicals

ICONIX
100 King Street West, Suite 3825
Toronto, Ontario
M5X 1E3 Canada
(416) 410-2411   FAX: (416) 368-3089
http://www.iconix.com

ICRT (Imperial Cancer Research
Technology)
Sardinia House
Sardinia Street
London WC2A 3NL, UK
(44) 1712-421136
FAX: (44) 1718-314991

Idea Scientific Company
P.O. Box 13210
Minneapolis, MN 55414
(800) 433-2535   FAX: (612) 331-4217
http://www.ideascientific.com

IEC
See International Equipment Co.

IITC
23924 Victory Boulevard
Woodland Hills, CA 91367
(888) 414-4482   (818) 710-1556
FAX: (818) 992-5185
http://www.iitcinc.com

IKA Works
2635 N. Chase Parkway, SE
Wilmington, NC 28405
(910) 452-7059   FAX: (910) 452-7693
http://www.ika.net

Ikegami Electronics
37 Brook Avenue
Maywood, NJ 07607
(201) 368-9171   FAX: (201) 569-1626

Ikemoto Scientific Technology
25-11 Hongo
3-chome, Bunkyo-ku
Tokyo 101-0025, Japan
(81) 3-3811-4181
FAX: (81) 3-3811-1960

Imagenetics
See ATC Diagnostics

Imaging Research
c/o Brock University
500 Glenridge Avenue
St. Catharines, Ontario
L2S 3A1 Canada
(905) 688-2040   FAX: (905) 685-5861
http://www.imaging.brocku.ca

Imclone Systems
180 Varick Street
New York, NY 10014
(212) 645-1405   FAX: (212) 645-2054
http://www.imclone.com

IMCO Corporation LTD., AB
P.O. Box 21195
SE-100 31
Stockholm, Sweden
46-8-33-53-09   FAX: 46-8-728-47-76
http://www.imcocorp.se

Imgenex Corporation
11175 Flintkote Avenue
Suite E
San Diego, CA 92121
(888) 723-4363   FAX: (858) 642-0937
(858) 642.0978
http://www.imgenex.com

IMICO
Calle Vivero, No. 5-4a Planta
E-28040, Madrid, Spain
(34) 1-535-3960   FAX: (34) 1-535-2780

Immunex
51 University Street
Seattle, WA 98101
(206) 587-0430   FAX: (206) 587-0606
http://www.immunex.com

Immunochemistry Technologies
9401 James Avenue, South
Suite 155
Bloomington, MN 55431
(800) 829-3194   FAX: (952) 888-8988
(952) 888-8788
http://www.immunochemistry.com

Immunocorp
1582 W. Deere Avenue
Suite C
Irvine, CA 92606
(800) 446-3063
http://www.immunocorp.com

Immunotech
130, av. Delattre de Tassigny
B.P. 177
13276 Marseilles Cedex 9
France
(33) 491-17-27-00
FAX: (33) 491-41-43-58
http://www.immunotech.fr

Imperial Chemical Industries
Imperial Chemical House
Millbank, London SW1P 3JF, UK
(44) 171-834-4444
FAX: (44)171-834-2042
http://www.ici.com

Inceltech
See New Brunswick Scientific

Incstar
See DiaSorin

Incyte
6519 Dumbarton Circle
Fremont, CA 94555
(510) 739-2100   FAX: (510) 739-2200
http://www.incyte.com

Incyte Pharmaceuticals
3160 Porter Drive
Palo Alto, CA 94304
(877) 746-2983   FAX: (650) 855-0572
(650) 855-0555
http://www.incyte.com

Individual Monitoring Systems
6310 Harford Road
Baltimore, MD 21214

Indo Fine Chemical
P.O. Box 473
Somerville, NJ 08876
(888) 463-6346   FAX: (908) 359-1179
(908) 359-6778
http://www.indofinechemical.com

Industrial Acoustics
1160 Commerce Avenue
Bronx, NY 10462
(718) 931-8000   FAX: (718) 863-1138
http://www.industrialacoustics.com

Inex Pharmaceuticals
100-8900 Glenlyon Parkway
Glenlyon Business Park
Burnaby, British Columbia
V5J 5J8 Canada
(604) 419-3200   FAX: (604) 419-3201
http://www.inexpharm.com

Ingold, Mettler, Toledo
261 Ballardvale Street
Wilmington, MA 01887
(800) 352-8763   FAX: (978) 658-0020
(978) 658-7615
http://www.mt.com

Innogenetics N.V.
Technologie Park 6
B-9052 Zwijnaarde
Belgium
(32) 9-329-1329   FAX: (32) 9-245-7623
http://www.innogenetics.com

Innovative Medical Services
1725 Gillespie Way
El Cajon, CA 92020
(619) 596-8600   FAX: (619) 596-8700
http://www.imspure.com

Innovative Research
3025 Harbor Lane N, Suite 300
Plymouth, MN 55447
(612) 519-0105   FAX: (612) 519-0239
http://www.inres.com

Innovative Research of America
2 N. Tamiami Trail, Suite 404
Sarasota, FL 34236
(800) 421-8171   FAX: (800) 643-4345
(941) 365-1406   FAX: (941) 365-1703
http://www.innovrsrch.com

Inotech Biosystems
15713 Crabbs Branch Way, #110
Rockville, MD 20855
(800) 635-4070   FAX: (301) 670-2859
(301) 670-2850
http://www.inotechintl.com

INOVISION
22699 Old Canal Road
Yorba Linda, CA 92887
(714) 998-9600   FAX: (714) 998-9666
http://www.inovision.com

Instech Laboratories
5209 Militia Hill Road
Plymouth Meeting, PA 19462
(800) 443-4227   FAX: (610) 941-0134
(610) 941-0132
http://www.instechlabs.com

Instron
100 Royall Street
Canton, MA 02021
(800) 564-8378   FAX: (781) 575-5725
(781) 575-5000
http://www.instron.com

Instrumentarium
P.O. Box 300
00031 Instrumentarium
Helsinki, Finland
(10) 394-5566
http://www.instrumentarium.fi

Instruments SA
Division Jobin Yvon
16-18 Rue du Canal
91165 Longjumeau, Cedex, France
(33)1 6454-1300
FAX: (33)1 6909-9319
http://www.isainc.com

Instrutech
20 Vanderventer Avenue, Suite 101E
Port Washington, NY 11050
(516) 883-1300   FAX: (516) 883-1558
http://www.instrutech.com

Integrated DNA Technologies
1710 Commercial Park
Coralville, IA 52241
(800) 328-2661   FAX: (319) 626-8444
http://www.idtdna.com

Integrated Genetics
See Genzyme Genetics

Integrated Scientific Imaging Systems
3463 State Street, Suite 431
Santa Barbara, CA 93105
(805) 692-2390   FAX: (805) 692-2391
http://www.imagingsystems.com

Integrated Separation Systems (ISS)
See OWL Separation Systems

IntelliGenetics
See Oxford Molecular Group

Interactiva BioTechnologie
Sedanstrasse 10
D-89077 Ulm, Germany
(49) 731-93579-290
FAX: (49) 731-93579-291
http://www.interactiva.de

Interchim
213 J.F. Kennedy Avenue
B.P. 1140
Montlucon
03103 France
(33) 04-70-03-83-55
FAX: (33) 04-70-03-93-60

Interfocus
14/15 Spring Rise
Falcover Road
Haverhill, Suffolk CB9 7XU, UK
(44) 1440 703460
FAX: (44) 1440 704397
http://www.interfocus.ltd.uk

Intergen
2 Manhattanville Road
Purchase, NY 10577
(800) 431-4505   FAX: (800) 468-7436
(914) 694-1700   FAX: (914) 694-1429
http://www.intergenco.com

Intermountain Scientific
420 N. Keys Drive
Kaysville, UT 84037
(800) 999-2901   FAX: (800) 574-7892
(801) 547-5047   FAX: (801) 547-5051
http://www.bioexpress.com

International Biotechnologies (IBI)
See Eastman Kodak

International Equipment Co. (IEC)
See Thermoquest

International Institute for the
Advancement of Medicine
1232 Mid-Valley Drive
Jessup, PA 18434
(800) 486-IIAM   FAX: (570) 343-6993
(570) 496-3400
http://www.iiam.org

International Light
17 Graf Road
Newburyport, MA 01950
(978) 465-5923   FAX: (978) 462-0759

International Market Supply (I.M.S.)
Dane Mill
Broadhurst Lane
Congleton, Cheshire CW12 1LA, UK
(44) 1260 275469
FAX: (44) 1260 276007

International Marketing Services
See International Marketing Ventures

International Marketing Ventures
6301 Ivy Lane, Suite 408
Greenbelt, MD 20770
(800) 373-0096   FAX: (301) 345-0631
(301) 345-2866
http://www.imvlimited.com

International Products
201 Connecticut Drive
Burlington, NJ 08016
(609) 386-8770   FAX: (609) 386-8438
http://www.mkt@ipcol.com

Intracel Corporation
Bartels Division
2005 Sammamish Road, Suite 107
Issaquah, WA 98027
(800) 542-2281   FAX: (425) 557-1894
(425) 392-2992
http://www.intracel.com

Invitrogen
1600 Faraday Avenue
Carlsbad, CA 92008
(800) 955-6288   FAX: (760) 603-7201
(760) 603-7200
http://www.invitrogen.com

In Vivo Metric
P.O. Box 249
Healdsburg, CA 95448
(707) 433-4819   FAX: (707) 433-2407

IRORI
9640 Towne Center Drive
San Diego, CA 92121
(858) 546-1300   FAX: (858) 546-3083
http://www.irori.com

Irvine Scientific
2511 Daimler Street
Santa Ana, CA 92705
(800) 577-6097   FAX: (949) 261-6522
(949) 261-7800
http://www.irvinesci.com

ISC BioExpress
420 North Kays Drive
Kaysville, UT 84037
(800) 999-2901   FAX: (800) 574-7892
(801) 547-5047
http://www.bioexpress.com

ISCO
P.O. Box 5347
4700 Superior
Lincoln, NE 68505
(800) 228-4373   FAX: (402) 464-0318
(402) 464-0231
http://www.isco.com

Isis Pharmaceuticals
Carlsbad Research Center
2292 Faraday Avenue
Carlsbad, CA 92008
(760) 931-9200
http://www.isip.com

Isolabs
See Wallac

ISS
See Integrated Separation Systems

J & W Scientific
See Agilent Technologies

J.A. Webster
86 Leominster Road
Sterling , MA 01564
(800) 225-7911   FAX: (978) 422-8959
http://www.jawebster.com

J.T. Baker
See Mallinckrodt Baker
222 Red School Lane
Phillipsburg, NJ 08865
(800) JTBAKER   FAX: (908) 859-6974
http://www.jtbaker.com

Jackson ImmunoResearch
Laboratories
P.O. Box 9
872 W. Baltimore Pike
West Grove, PA 19390
(800) 367-5296   FAX: (610) 869-0171
(610) 869-4024
http://www.jacksonimmuno.com

The Jackson Laboratory
600 Maine Street
Bar Harbor, ME 04059
(800) 422-6423   FAX: (207) 288-5079
(207) 288-6000
http://www.jax.org

Jaece Industries
908 Niagara Falls Boulevard
North Tonawanda, NY 14120
(716) 694-2811   FAX: (716) 694-2811
http://www.jaece.com

Jandel Scientific
See SPSS

Janke & Kunkel
See Ika Works

Janssen Life Sciences Products
See Amersham

Janssen Pharmaceutica
1125 Trenton-Harbourton Road
Titusville, NJ 09560
(609) 730-2577   FAX: (609) 730-2116
http://us.janssen.com

Jasco
8649 Commerce Drive
Easton, MD 21601
(800) 333-5272   FAX: (410) 822-7526
(410) 822-1220
http://www.jascoinc.com

Jena Bioscience
Loebstedter Str. 78
07749 Jena, Germany
(49) 3641-464920
FAX: (49) 3641-464991
http://www.jenabioscience.com

Jencons Scientific
800 Bursca Drive, Suite 801
Bridgeville, PA 15017
(800) 846-9959   FAX: (412) 257-8809
(412) 257-8861
http://www.jencons.co.uk

JEOL Instruments
11 Dearborn Road
Peabody, MA 01960
(978) 535-5900   FAX: (978) 536-2205
http://www.jeol.com/index.html

Jewett
750 Grant Street
Buffalo, NY 14213
(800) 879-7767   FAX: (716) 881-6092
(716) 881-0030
http://www.JewettInc.com

John's Scientific
See VWR Scientific

John Weiss and Sons
95 Alston Drive
Bradwell Abbey
Milton Keynes, Buckinghamshire
MK1 4HF UK
(44) 1908-318017
FAX: (44) 1908-318708

Johnson & Johnson Medical
2500 Arbrook Boulevard East
Arlington, TX 76004
(800) 423-4018
http://www.jnjmedical.com

Johnston Matthey Chemicals
Orchard Road
Royston, Hertfordshire SG8 5HE, UK
(44) 1763-253000
FAX: (44) 1763-253466
http://www.chemicals.matthey.com

Jolley Consulting and Research
683 E. Center Street, Unit H
Grayslake, IL 60030
(847) 548-2330   FAX: (847) 548-2984
http://www.jolley.com

Jordan Scientific
See Shelton Scientific

Jorgensen Laboratories
1450 N. Van Buren Avenue
Loveland, CO 80538
(800) 525-5614   FAX: (970) 663-5042
(970) 669-2500
http://www.jorvet.com

**JRH Biosciences and
JR Scientific**
13804 W. 107th Street
Lenexa, KS 66215
(800) 231-3735   FAX: (913) 469-5584
(913) 469-5580

Jule Bio Technologies
25 Science Park, #14, Suite 695
New Haven, CT 06511
(800) 648-1772   FAX: (203) 786-5489
(203) 786-5490
http://hometown.aol.com/precastgel/index.htm

K.R. Anderson
2800 Bowers Avenue
Santa Clara, CA 95051
(800) 538-8712   FAX: (408) 727-2959
(408) 727-2800
http://www.kranderson.com

Kabi Pharmacia Diagnostics
See Pharmacia Diagnostics

Kanthal H.P. Reid
1 Commerce Boulevard
P.O. Box 352440
Palm Coast, FL 32135
(904) 445-2000   FAX: (904) 446-2244
http://www.kanthal.com

Kapak
5305 Parkdale Drive
St. Louis Park, MN 55416
(800) KAPAK-57   FAX: (612) 541-0735
(612) 541-0730
http://www.kapak.com

Karl Hecht
Stettener Str. 22-24
D-97647 Sondheim
Rhön, Germany
(49) 9779-8080   FAX: (49) 9779-80888

Karl Storz
Köningin-Elisabeth Str. 60
D-14059 Berlin, Germany
(49) 30-30 69 09-0
FAX: (49) 30-30 19 452
http://www.karlstorz.de

KaVo EWL
P.O. Box 1320
D-88293 Leutkirch im Allgäu, Germany
(49) 7561-86-0   FAX: (49) 7561-86-371
http://www.kavo.com/english/
startseite.htm

Keithley Instruments
28775 Aurora Road
Cleveland, OH 44139
(800) 552-1115   FAX: (440) 248-6168
(440) 248-0400
http://www.keithley.com

Kemin
2100 Maury Street, Box 70
Des Moines, IA 50301
(515) 266-2111   FAX: (515) 266-8354
http://www.kemin.com

Kemo
3 Brook Court, Blakeney Road
Beckenham, Kent BR3 1HG, UK
(44) 0181 658 3838
FAX: (44) 0181 658 4084
http://www.kemo.com

Kendall
15 Hampshire Street
Mansfield, MA 02048
(800) 962-9888   FAX: (800) 724-1324
http://www.kendallhq.com

Kendro Laboratory Products
31 Pecks Lane
Newtown, CT 06470
(800) 522-SPIN   FAX: (203) 270-2166
(203) 270-2080
http://www.kendro.com

Kendro Laboratory Products
P.O. Box 1220
Am Kalkberg
D-3360 Osterod, Germany
(55) 22-316-213
FAX: (55) 22-316-202
http://www.heraeus-instruments.de

Kent Laboratories
23404 NE 8th Street
Redmond, WA 98053
(425) 868-6200   FAX: (425) 868-6335
http://www.kentlabs.com

Kent Scientific
457 Bantam Road, #16
Litchfield, CT 06759
(888) 572-8887   FAX: (860) 567-4201
(860) 567-5496
http://www.kentscientific.com

Keuffel & Esser
See Azon

Keystone Scientific
Penn Eagle Industrial Park
320 Rolling Ridge Drive
Bellefonte, PA 16823
(800) 437-2999   FAX: (814) 353-2305
(814) 353-2300 Ext 1
http://www.keystonescientific.com

Kimble/Kontes Biotechnology
1022 Spruce Street
P.O. Box 729
Vineland, NJ 08360
(888) 546-2531   FAX: (856) 794-9762
(856) 692-3600
http://www.kimble-kontes.com

Kinematica AG
Luzernerstrasse 147a
CH-6014 Littau-Luzern, Switzerland
(41) 41 2501257   FAX: (41) 41 2501460
http://www.kinematica.ch

Kin-Tek
504 Laurel Street
LaMarque, TX 77568
(800) 326-3627
FAX: (409) 938-3710
http://www.kin-tek.com

Kipp & Zonen
125 Wilbur Place
Bohemia, NY 11716
(800) 645-2065   FAX: (516) 589-2068
(516) 589-2885
http://www.kippzonen.thomasregister.com/
olc/kippzonen

Kirkegaard & Perry Laboratories
2 Cessna Court
Gaithersburg, MD 20879
(800) 638-3167   FAX: (301) 948-0169
(301) 948-7755
http://www.kpl.com

Kodak
See Eastman Kodak

Kontes Glass
See Kimble/Kontes Biotechnology

Kontron Instruments AG
Postfach CH-8010
Zurich, Switzerland
41-1-733-5733   FAX: 41-1-733-5734

David Kopf Instruments
P.O. Box 636
Tujunga, CA 91043
(818) 352-3274   FAX: (818) 352-3139

Kraft Apparatus
See Glas-Col Apparatus

Kramer Scientific Corporation
711 Executive Boulevard
Valley Cottage, NY 10989
(845) 267-5050   FAX: (845) 267-5550

Kulite Semiconductor Products
1 Willow Tree Road
Leonia, NJ 07605
(201) 461-0900   FAX: (201) 461-0990
http://www.kulite.com

Lab-Line Instruments
15th & Bloomingdale Avenues
Melrose Park, IL 60160
(800) LAB-LINE   FAX: (708) 450-5830
FAX: (800) 450-4LAB
http://www.labline.com

Lab Products
742 Sussex Avenue
P.O. Box 639
Seaford, DE 19973
(800) 526-0469   FAX: (302) 628-4309
(302) 628-4300
http://www.labproductsinc.com

LabRepco
101 Witmer Road, Suite 700
Horsham, PA 19044
(800) 521-0754   FAX: (215) 442-9202
http://www.labrepco.com

Lab Safety Supply
P.O. Box 1368
Janesville, WI 53547
(800) 356-0783   FAX: (800) 543-9910
(608) 754-7160   FAX: (608) 754-1806
http://www.labsafety.com

Lab-Tek Products
See Nalge Nunc International

Labconco
8811 Prospect Avenue
Kansas City, MO 64132
(800) 821-5525   FAX: (816) 363-0130
(816) 333-8811
http://www.labconco.com

Labindustries
See Barnstead/Thermolyne

Labnet International
P.O. Box 841
Woodbridge, NJ 07095
(888) LAB-NET1   FAX: (732) 417-1750
(732) 417-0700
http://www.nationallabnet.com

LABO-MODERNE
37 rue Dombasle
Paris
75015 France
(33) 01-45-32-62-54
FAX: (33) 01-45-32-01-09
http://www.labomoderne.com/fr

Laboratory of Immunoregulation
National Institute of Allergy and
Infectious Diseases/NIH
9000 Rockville Pike
Building 10, Room 11B13
Bethesda, MD 20892
(301) 496-1124

Laboratory Supplies
29 Jefry Lane
Hicksville, NY 11801
(516) 681-7711

Labscan Limited
Stillorgan Industrial Park
Stillorgan
Dublin, Ireland
(353) 1-295-2684
FAX: (353) 1-295-2685
http://www.labscan.ie

Labsystems
See Thermo Labsystems

Labsystems Affinity Sensors
Saxon Way, Bar Hill
Cambridge CB3 8SL, UK
44 (0) 1954 789976
FAX: 44 (0) 1954 789417
http://www.affinity-sensors.com

Labtronics
546 Governors Road
Guelph, Ontario
N1K 1E3 Canada
(519) 763-4930   FAX: (519) 836-4431
http://www.labtronics.com

Labtronix Manufacturing
3200 Investment Boulevard
Hayward, CA 94545
(510) 786-3200   FAX: (510) 786-3268
http://www.labtronix.com

Lafayette Instrument
3700 Sagamore Parkway North
P.O. Box 5729
Lafayette, IN 47903
(800) 428-7545   FAX: (765) 423-4111
(765) 423-1505
http://www.lafayetteinstrument.com

Lambert Instruments
Turfweg 4
9313 TH Leutingewolde
The Netherlands
(31) 50-5018461   FAX: (31) 50-5010034
http://www.lambert-instruments.com

Lampire Biological Laboratories
P.O. Box 270
Pipersville, PA 18947
(215) 795-2538   FAX: (215) 795-0237
http://www.lampire.com

Lancaster Synthesis
P.O. Box 1000
Windham, NH 03087
(800) 238-2324   FAX: (603) 889-3326
(603) 889-3306
http://www.lancastersynthesis-us.com

Lancer
140 State Road 419
Winter Springs, FL 32708
(800) 332-1855   FAX: (407) 327-1229
(407) 327-8488
http://www.lancer.com

LaVision GmbH
Gerhard-Gerdes-Str. 3
D-37079
Goettingen, Germany
(49) 551-50549-0
FAX: (49) 551-50549-11
http://www.lavision.de

Lawshe
See Advanced Process Supply

Laxotan
20, rue Leon Blum
26000 Valence, France
(33) 4-75-41-91-91
FAX: (33) 4-75-41-91-99
http://www.latoxan.com

LC Laboratories
165 New Boston Street
Woburn, MA 01801
(781) 937-0777   FAX: (781) 938-5420
http://www.lclaboratories.com

LC Packings
80 Carolina Street
San Francisco, CA 94103
(415) 552-1855   FAX: (415) 552-1859
http://www.lcpackings.com

LC Services
See LC Laboratories

LECO
3000 Lakeview Avenue
St. Joseph, MI 49085
(800) 292-6141   FAX: (616) 982-8977
(616) 985-5496
http://www.leco.com

Lederle Laboratories
See Wyeth-Ayerst

Lee Biomolecular Research
Laboratories
11211 Sorrento Valley Road, Suite M
San Diego, CA 92121
(858) 452-7700

The Lee Company
2 Pettipaug Road
P.O. Box 424
Westbrook, CT 06498
(800) LEE-PLUG   FAX: (860) 399-7058
(860) 399-6281
http://www.theleeco.com

Lee Laboratories
1475 Athens Highway
Grayson, GA 30017
(800) 732-9150   FAX: (770) 979-9570
(770) 972-4450
http://www.leelabs.com

Leica
111 Deer Lake Road
Deerfield, IL 60015
(800) 248-0123   FAX: (847) 405-0147
(847) 405-0123
http://www.leica.com

Leica Microsystems
Imneuenheimer Feld 518
D-69120
Heidelberg, Germany
(49) 6221-41480
FAX: (49) 6221-414833
http://www.leica-microsystems.com

Leinco Technologies
359 Consort Drive
St. Louis, MO 63011
(314) 230-9477   FAX: (314) 527-5545
http://www.leinco.com

Leitz U.S.A.
See Leica

LenderKing Metal Products
8370 Jumpers Hole Road
Millersville, MD 21108
(410) 544-8795   FAX: (410) 544-5069
http://www.lenderking.com

Letica Scientific Instruments
Panlab s.i., c/Loreto 50
08029 Barcelona, Spain
(34) 93-419-0709
FAX: (34) 93-419-7145
http://www.panlab-sl.com

Leybold-Heraeus Trivac DZA
5700 Mellon Road
Export, PA 15632
(412) 327-5700

LI-COR
Biotechnology Division
4308 Progressive Avenue
Lincoln, NE 68504
(800) 645-4267   FAX: (402) 467-0819
(402) 467-0700
http://www.licor.com

Life Science Laboratories
See Adaptive Biosystems

Life Science Resources
Two Corporate Center Drive
Melville, NY 11747
(800) 747-9530   FAX: (516) 844-5114
(516) 844-5085
http://www.astrocam.com

Life Sciences
2900 72nd Street North
St. Petersburg, FL 33710
(800) 237-4323   FAX: (727) 347-2957
(727) 345-9371
http://www.lifesci.com

Life Technologies
9800 Medical Center Drive
P.O. Box 6482
Rockville, MD 20849
(800) 828-6686   FAX: (800) 331-2286
http://www.lifetech.com

Lifecodes
550 West Avenue
Stamford, CT 06902
(800) 543-3263   FAX: (203) 328-9599
(203) 328-9500
http://www.lifecodes.com

Lightnin
135 Mt. Read Boulevard
Rochester, NY 14611
(888) MIX-BEST   FAX: (716) 527-1742
(716) 436-5550
http://www.lightnin-mixers.com

Linear Drives
Luckyn Lane, Pipps Hill
Basildon, Essex SS14 3BW, UK
(44) 1268-287070
FAX: (44) 1268-293344
http://www.lineardrives.com

Linscott's Directory
4877 Grange Road
Santa Rosa, CA 95404
(707) 544-9555   FAX: (415) 389-6025
http://www.linscottsdirectory.co.uk

Linton Instrumentation
Unit 11, Forge Business Center
Upper Rose Lane
Palgrave, Diss, Norfolk IP22 1AP, UK
(44) 1-379-651-344
FAX: (44) 1-379-650-970
http://www.lintoninst.co.uk

List Biological Laboratories
501-B Vandell Way
Campbell, CA 95008
(800) 726-3213   FAX: (408) 866-6364
(408) 866-6363
http://www.listlabs.com

LKB Instruments
See Amersham Pharmacia Biotech

Lloyd Laboratories
604 West Thomas Avenue
Shenandoah, IA 51601
(800) 831-0004   FAX: (712) 246-5245
(712) 246-4000
http://www.lloydinc.com

Loctite
1001 Trout Brook Crossing
Rocky Hill, CT 06067
(860) 571-5100   FAX: (860)571-5465
http://www.loctite.com

Lofstrand Labs
7961 Cessna Avenue
Gaithersburg, MD 20879
(800) 541-0362   FAX: (301) 948-9214
(301) 330-0111
http://www.lofstrand.com

Lomir Biochemical
99 East Main Street
Malone, NY 12953
(877) 425-3604   FAX: (518) 483-8195
(518) 483-7697
http://www.lomir.com

LSL Biolafitte
10 rue de Temara
7810C St.-Germain-en-Laye, France
(33) 1-3061-5260
FAX: (33) 1-3061-5234

Ludl Electronic Products
171 Brady Avenue
Hawthorne, NY 10532
(888) 769-6111   FAX: (914) 769-4759
(914) 769-6111
http://www.ludl.com

Lumigen
24485 W. Ten Mile Road
Southfield, MI 48034
(248) 351-5600   FAX: (248) 351-0518
http://www.lumigen.com

Luminex
12212 Technology Boulevard
Austin, TX 78727
(888) 219-8020   FAX: (512) 258-4173
(512) 219-8020
http://www.luminexcorp.com

LYNX Therapeutics
25861 Industrial Boulevard
Hayward, CA 94545
(510) 670-9300   FAX: (510) 670-9302
http://www.lynxgen.com

Lyphomed
3 Parkway North
Deerfield, IL 60015
(847) 317-8100   FAX: (847) 317-8600

M.E.D. Associates
See Med Associates

Macherey-Nagel
6 South Third Street, #402
Easton, PA 18042
(610) 559-9848   FAX: (610) 559-9878
http://www.macherey-nagel.com

Macherey-Nagel
Valencienner Strasse 11
P.O. Box 101352
D-52313 Dueren, Germany
(49) 2421-969141
FAX: (49) 2421-969199
http://www.macherey-nagel.ch

Mac-Mod Analytical
127 Commons Court
Chadds Ford, PA 19317
800-441-7508   FAX: (610) 358-5993
(610) 358-9696
http://www.mac-mod.com

Mallinckrodt Baker
222 Red School Lane
Phillipsburg, NJ 08865
(800) 582-2537   FAX: (908) 859-6974
(908) 859-2151
http://www.mallbaker.com

Mallinckrodt Chemicals
16305 Swingley Ridge Drive
Chesterfield, MD 63017
(314) 530-2172   FAX: (314) 530-2563
http://www.mallchem.com

Malven Instruments
Enigma Business Park
Grovewood Road
Malven, Worchestershire
WR 141 XZ, United Kingdom

Marinus
1500 Pier C Street
Long Beach, CA 90813
(562) 435-6522   FAX: (562) 495-3120

Markson Science
c/o Whatman Labs Sales
P.O. Box 1359
Hillsboro, OR 97123
(800) 942-8626   FAX: (503) 640-9716
(503) 648-0762

Marsh Biomedical Products
565 Blossom Road
Rochester, NY 14610
(800) 445-2812   FAX: (716) 654-4810
(716) 654-4800
http://www.biomar.com

Marshall Farms USA
5800 Lake Bluff Road
North Rose, NY 14516
(315) 587-2295
e-mail: info@marfarms.com

Martek
6480 Dobbin Road
Columbia, MD 21045
(410) 740-0081   FAX: (410) 740-2985
http://www.martekbio.com

Martin Supply
Distributor of Gerber Scientific
2740 Loch Raven Road
Baltimore, MD 21218
(800) 282-5440   FAX: (410) 366-0134
(410) 366-1696

Mast Immunosystems
630 Clyde Court
Mountain View, CA 94043
(800) 233-MAST   FAX: (650) 969-2745
(650) 961-5501
http://www.mastallergy.com

Matheson Gas Products
P.O. Box 624
959 Route 46 East
Parsippany, NJ 07054
(800) 416-2505   FAX: (973) 257-9393
(973) 257-1100
http://www.mathesongas.com

Mathsoft
1700 Westlake Avenue N., Suite 500
Seattle, WA 98109
(800) 569-0123   FAX: (206) 283-8691
(206) 283-8802
http://www.mathsoft.com

Matreya
500 Tressler Street
Pleasant Gap, PA 16823
(814) 359-5060   FAX: (814) 359-5062
http://www.matreya.com

Matrigel
See Becton Dickinson Labware

Matrix Technologies
22 Friars Drive
Hudson, NH 03051
(800) 345-0206   FAX: (603) 595-0106
(603) 595-0505
http://www.matrixtechcorp.com

MatTek Corp.
200 Homer Avenue
Ashland, Massachusetts 01721
(508) 881-6771   FAX: (508) 879-1532
http://www.mattek.com

Maxim Medical
89 Oxford Road
Oxford OX2 9PD
United Kingdom
44 (0)1865-865943
FAX: 44 (0)1865-865291
http://www.maximmed.com

Mayo Clinic
Section on Engineering
Project #ALA-1, 1982
200 1st Street SW
Rochester, MN 55905
(507) 284-2511   FAX: (507) 284-5988

McGaw
See B. Braun-McGaw

McMaster-Carr
600 County Line Road
Elmhurst, IL 60126
(630) 833-0300   FAX: (630) 834-9427
http://www.mcmaster.com

McNeil Pharmaceutical
See Ortho McNeil Pharmaceutical

MCNC
3021 Cornwallis Road
P.O. Box 12889
Research Triangle Park, NC 27709
(919) 248-1800   FAX: (919) 248-1455
http://www.mcnc.org

MD Industries
5 Revere Drive, Suite 415
Northbrook, IL 60062
(800) 421-8370   FAX: (847) 498-2627
(708) 339-6000
http://www.mdindustries.com

MDS Nordion
447 March Road
P.O. Box 13500
Kanata, Ontario
K2K 1X8 Canada
(800) 465-3666   FAX: (613) 592-6937
(613) 592-2790
http://www.mds.nordion.com

MDS Sciex
71 Four Valley Drive
Concord, Ontario
Canada L4K 4V8
(905) 660-9005   FAX: (905) 660-2600
http://www.sciex.com

Mead Johnson
See Bristol-Meyers Squibb

Med Associates
P.O. Box 319
St. Albans, VT 05478
(802) 527-2343   FAX: (802) 527-5095
http://www.med-associates.com

Medecell
239 Liverpool Road
London N1 1LX, UK
(44) 20-7607-2295
FAX: (44) 20-7700-4156
http://www.medicell.co.uk

Media Cybernetics
8484 Georgia Avenue, Suite 200
Silver Spring, MD 20910
(301) 495-3305   FAX: (301) 495-5964
http://www.mediacy.com

Mediatech
13884 Park Center Road
Herndon, VA 20171
(800) cellgro
(703) 471-5955
http://www.cellgro.com

Medical Systems
See Harvard Apparatus

Medifor
647 Washington Street
Port Townsend, WA 98368
(800) 366-3710   FAX: (360) 385-4402
(360) 385-0722
http://www.medifor.com

MedImmune
35 W. Watkins Mill Road
Gaithersburg, MD 20878
(301) 417-0770   FAX: (301) 527-4207
http://www.medimmune.com

MedProbe AS
P.O. Box 2640
St. Hanshaugen
N-0131 Oslo, Norway
(47) 222 00137   FAX: (47) 222 00189
http://www.medprobe.com

Megazyme
Bray Business Park
Bray, County Wicklow
Ireland
(353) 1-286-1220
FAX: (353) 1-286-1264
http://www.megazyme.com

Melles Griot
4601 Nautilus Court South
Boulder, CO 80301
(800) 326-4363   FAX: (303) 581-0960
(303) 581-0337
http://www.mellesgriot.com

Menzel-Glaser
Postfach 3157
D-38021 Braunschweig, Germany
(49) 531 590080
FAX: (49) 531 509799

E. Merck
Frankfurterstrasse 250
D-64293 Darmstadt 1, Germany
(49) 6151-720

Merck
See EM Science

Merck & Company
Merck National Service Center
P.O. Box 4
West Point, PA 19486
(800) NSC-MERCK
(215) 652-5000
http://www.merck.com

Merck Research Laboratories
See Merck & Company

Merck Sharpe Human Health Division
300 Franklin Square Drive
Somerset, NJ 08873
(800) 637-2579   FAX: (732) 805-3960
(732) 805-0300

Merial Limited
115 Transtech Drive
Athens, GA 30601
(800) MERIAL-1   FAX: (706) 548-0608
(706) 548-9292
http://www.merial.com

Meridian Instruments
P.O. Box 1204
Kent, WA 98035
(253) 854-9914   FAX: (253) 854-9902
http://www.minstrument.com

Meta Systems Group
32 Hammond Road
Belmont, MA 02178
(617) 489-9950   FAX: (617) 489-9952

Metachem Technologies
3547 Voyager Street, Bldg. 102
Torrance, CA 90503
(310) 793-2300   FAX: (310) 793-2304
http://www.metachem.com

Metallhantering
Box 47172
100-74 Stockholm, Sweden
(46) 8-726-9696

MethylGene
7220 Frederick-Banting, Suite 200
Montreal, Quebec
H4S 2A1 Canada
http://www.methylgene.com

Metro Scientific
475 Main Street, Suite 2A
Farmingdale, NY 11735
(800) 788-6247   FAX: (516) 293-8549
(516) 293-9656

Metrowerks
980 Metric Boulevard
Austin, TX 78758
(800) 377-5416
(512) 997-4700
http://www.metrowerks.com

Mettler Instruments
Mettler-Toledo
1900 Polaris Parkway
Columbus, OH 43240
(800) METTLER   FAX: (614) 438-4900
http://www.mt.com

Miami Serpentarium Labs
34879 Washington Loop Road
Punta Gorda, FL 33982
(800) 248-5050   FAX: (813) 639-1811
(813) 639-8888
http://www.miamiserpentarium.com

Michrom BioResources
1945 Industrial Drive
Auburn, CA 95603
(530) 888-6498   FAX: (530) 888-8295
http://www.michrom.com

Mickle Laboratory Engineering
Gomshall, Surrey, UK
(44) 1483-202178

Micra Scientific
A division of Eichrom Industries
8205 S. Cass Ave, Suite 111
Darien, IL 60561
(800) 283-4752   FAX: (630) 963-1928
(630) 963-0320
http://www.micrasci.com

MicroBrightField
74 Hegman Avenue
Colchester, VT 05446
(802) 655-9360   FAX: (802) 655-5245
http://www.microbrightfield.com

Micro Essential Laboratory
4224 Avenue H
Brooklyn, NY 11210
(718) 338-3618   FAX: (718) 692-4491

Micro Filtration Systems
7-3-Chome, Honcho
Nihonbashi, Tokyo, Japan
(81) 3-270-3141

Micro-Metrics
P.O. Box 13804
Atlanta, GA 30324
(770) 986-6015   FAX: (770) 986-9510
http://www.micro-metrics.com

Micro-Tech Scientific
140 South Wolfe Road
Sunnyvale, CA 94086
(408) 730-8324   FAX: (408) 730-3566
http://www.microlc.com

Microbix Biosystems
341 Bering Avenue
Toronto, Ontario
M8Z 3A8 Canada
1-800-794-6694   FAX: 416-234-1626
1-416-234-1624
http://www.microbix.com

MicroCal
22 Industrial Drive East
Northampton, MA 01060
(800) 633-3115   FAX: (413) 586-0149
(413) 586-7720
http://www.microcalorimetry.com

Microfluidics
30 Ossipee Road
P.O. Box 9101
Newton, MA 02164
(800) 370-5452   FAX: (617) 965-1213
(617) 969-5452
http://www.microfluidicscorp.com

Microgon
See Spectrum Laboratories

Microlase Optical Systems
West of Scotland Science Park
Kelvin Campus, Maryhill Road
Glasgow G20 0SP, UK
(44) 141-948-1000
FAX: (44) 141-946-6311
http://www.microlase.co.uk

Micron Instruments
4509 Runway Street
Simi Valley, CA 93063
(800) 638-3770   FAX: (805) 522-4982
(805) 552-4676
http://www.microninstruments.com

Micron Separations
See MSI

Micro Photonics
4949 Liberty Lane, Suite 170
P.O. Box 3129
Allentown, PA 18106
(610) 366-7103   FAX: (610) 366-7105
http://www.microphotonics.com

MicroTech
1420 Conchester Highway
Boothwyn, PA 19061
(610) 459-3514

Midland Certified Reagent Company
3112-A West Cuthbert Avenue
Midland, TX 79701
(800) 247-8766   FAX: (800) 359-5789
(915) 694-7950   FAX: (915) 694-2387
http://www.mcrc.com

Midwest Scientific
280 Vance Road
Valley Park, MO 63088
(800) 227-9997   FAX: (636) 225-9998
(636) 225-9997
http://www.midsci.com

Miles
See Bayer

Miles Laboratories
See Serological

Miles Scientific
See Nunc

Millar Instruments
P.O. Box 230227
6001-A Gulf Freeway
Houston, TX 77023
(713) 923-9171   FAX: (713) 923-7757
http://www.millarinstruments.com

MilliGen/Biosearch
See Millipore

Millipore
80 Ashbury Road
P.O. Box 9125
Bedford, MA 01730
(800) 645-5476   FAX: (781) 533-3110
(781) 533-6000
http://www.millipore.com

Miltenyi Biotec
251 Auburn Ravine Road, Suite 208
Auburn, CA 95603
(800) 367-6227   FAX: (530) 888-8925
(530) 888-8871
http://www.miltenyibiotec.com

Miltex
6 Ohio Drive
Lake Success, NY 11042
(800) 645-8000   FAX: (516) 775-7185
(516) 349-0001

Milton Roy
See Spectronic Instruments

Mini-Instruments
15 Burnham Business Park
Springfield Road
Burnham-on-Crouch, Essex CM0 8TE, UK
(44) 1621-783282
FAX: (44) 1621-783132
http://www.mini-instruments.co.uk

Mini Mitter
P.O. Box 3386
Sunriver, OR 97707
(800) 685-2999   FAX: (541) 593-5604
(541) 593-8639
http://www.minimitter.com

Mirus Corporation
505 S. Rosa Road
Suite 104
Madison, WI 53719
(608) 441-2852   FAX: (608) 441-2849
http://www.genetransfer.com

Misonix
1938 New Highway
Farmingdale, NY 11735
(800) 645-9846   FAX: (516) 694-9412
http://www.misonix.com

Mitutoyo (MTI)
See Dolla Eastern

MJ Research
Waltham, MA 02451
(800) PELTIER   FAX: (617) 923-8080
(617) 923-8000
http://www.mjr.com

Modular Instruments
228 West Gay Street
Westchester, PA 19380
(610) 738-1420   FAX: (610) 738-1421
http://www.mi2.com

Molecular Biology Insights
8685 US Highway 24
Cascade, CO 80809-1333
(800) 747-4362   FAX: (719) 684-7989
(719) 684-7988
http://www.oligo.net

Molecular Biosystems
10030 Barnes Canyon Road
San Diego, CA 92121
(858) 452-0681   FAX: (858) 452-6187
http://www.mobi.com

Molecular Devices
1312 Crossman Avenue
Sunnyvale, CA 94089
(800) 635-5577   FAX: (408) 747-3602
(408) 747-1700
http://www.moldev.com

Molecular Designs
1400 Catalina Street
San Leandro, CA 94577
(510) 895-1313   FAX: (510) 614-3608

Molecular Dynamics
928 East Arques Avenue
Sunnyvale, CA 94086
(800) 333-5703   FAX: (408) 773-1493
(408) 773-1222
http://www.apbiotech.com

Molecular Probes
4849 Pitchford Avenue
Eugene, OR 97402
(800) 438-2209   FAX: (800) 438-0228
(541) 465-8300   FAX: (541) 344-6504
http://www.probes.com

Molecular Research Center
5645 Montgomery Road
Cincinnati, OH 45212
(800) 462-9868   FAX: (513) 841-0080
(513) 841-0900
http://www.mrcgene.com

Molecular Simulations
9685 Scranton Road
San Diego, CA 92121
(800) 756-4674   FAX: (858) 458-0136
(858) 458-9990
http://www.msi.com

Monoject Disposable Syringes & Needles/Syrvet
16200 Walnut Street
Waukee, IA 50263
(800) 727-5203   FAX: (515) 987-5553
(515) 987-5554
http://www.syrvet.com

Monsanto Chemical
800 North Lindbergh Boulevard
St. Louis, MO 63167
(314) 694-1000   FAX: (314) 694-7625
http://www.monsanto.com

Moravek Biochemicals
577 Mercury Lane
Brea, CA 92821
(800) 447-0100   FAX: (714) 990-1824
(714) 990-2018
http://www.moravek.com

Moss
P.O. Box 189
Pasadena, MD 21122
(800) 932-6677   FAX: (410) 768-3971
(410) 768-3442
http://www.mosssubstrates.com

Motion Analysis
3617 Westwind Boulevard
Santa Rosa, CA 95403
(707) 579-6500   FAX: (707) 526-0629
http://www.motionanalysis.com

Mott
Farmington Industrial Park
84 Spring Lane
Farmington, CT 06032
(860) 747-6333   FAX: (860) 747-6739
http://www.mottcorp.com

MSI (Micron Separations)
See Osmonics

Multi Channel Systems
Markwiesenstrasse 55
72770 Reutlingen, Germany
(49) 7121-503010
FAX: (49) 7121-503011
http://www.multichannelsystems.com

Multiple Peptide Systems
3550 General Atomics Court
San Diego, CA 92121
(800) 338-4965   FAX: (800) 654-5592
(858) 455-3710   FAX: (858) 455-3713
http://www.mps-sd.com

Murex Diagnostics
3075 Northwoods Circle
Norcross, GA 30071
(707) 662-0660   FAX: (770) 447-4989

MWG-Biotech
Anzinger Str. 7
D-85560 Ebersberg, Germany
(49) 8092-82890   FAX: (49) 8092-21084
http://www.mwg_biotech.com

Myriad Industries
3454 E Street
San Diego, CA 92102
(800) 999-6777   FAX: (619) 232-4819
(619) 232-6700
http://www.myriadindustries.com

Nacalai Tesque
Nijo Karasuma, Nakagyo-ku
Kyoto 604, Japan
81-75-251-1723
FAX: 81-75-251-1762
http://www.nacalai.co.jp

Nalge Nunc International
Subsidiary of Sybron International
75 Panorama Creek Drive
P.O. Box 20365
Rochester, NY 14602
(800) 625-4327   FAX: (716) 586-8987
(716) 264-9346
http://www.nalgenunc.com

Nanogen
10398 Pacific Center Court
San Diego, CA 92121
(858) 410-4600   FAX: (858) 410-4848
http://www.nanogen.com

Nanoprobes
95 Horse Block Road
Yaphank, NY 11980
(877) 447-6266   FAX: (631) 205-9493
(631) 205-9490
http://www.nanoprobes.com

Narishige USA
1710 Hempstead Turnpike
East Meadow, NY 11554
(800) 445-7914   FAX: (516) 794-0066
(516) 794-8000
http://www.narishige.co.jp

Nasco-Fort Atkinson
P.O. Box 901
901 Janesville Ave.
Fort Atkinson, WI 53538-0901
(800) 558-9595   FAX: (920) 563-8296
http://www.enasco.com

National Bag Company
2233 Old Mill Road
Hudson, OH 44236
(800) 247-6000   FAX: (330) 425-9800
(330) 425-2600
http://www.nationalbag.com

National Band and Tag
Department X 35, Box 72430
Newport, KY 41032
(606) 261-2035   FAX: (800) 261-8247
https://www.nationalband.com

National Biosciences
See Molecular Biology Insights

National Diagnostics
305 Patton Drive
Atlanta, GA 30336
(800) 526-3867   FAX: (404) 699-2077
(404) 699-2121
http://www.nationaldiagnostics.com

National Disease Research Exchange
1880 John F. Kennedy Blvd., 11th Fl.
Philadelphia, PA 19103
(800) 222-6374
http://www.ndri.com

National Institute of Standards and Technology
100 Bureau Drive
Gaithersburg, MD 20899
(301) 975-NIST   FAX: (301) 926-1630
http://www.nist.gov

National Instruments
11500 North Mopac Expressway
Austin, TX 78759
(512) 794-0100   FAX: (512) 683-8411
http://www.ni.com

National Labnet
See Labnet International

National Scientific Instruments
975 Progress Circle
Lawrenceville, GA 300243
(800) 332-3331   FAX: (404) 339-7173
http://www.nationalscientific.com

National Scientific Supply
1111 Francisco Bouldvard East
San Rafael, CA 94901
(800) 525-1779   FAX: (415) 459-2954
(415) 459-6070
http://www.nat-sci.com

Naz-Dar-KC Chicago
Nazdar
1087 N. North Branch Street
Chicago, IL 60622
(800) 736-7636   FAX: (312) 943-8215
(312) 943-8338
http://www.nazdar.com

NB Labs
1918 Avenue A
Denison, TX 75021
(903) 465-2694   FAX: (903) 463-5905
http://www.nblabslarry.com

NEB
See New England Biolabs

NEN Life Science Products
549 Albany Street
Boston, MA 02118
(800) 551-2121   FAX: (617) 451-8185
(617) 350-9075
http://www.nen.com

NEN Research Products, Dupont (UK)
Diagnostics and Biotechnology Systems
Wedgewood Way
Stevenage, Hertfordshire SG1 4QN, UK
44-1438-734831
44-1438-734000
FAX: 44-1438-734836
http://www.dupont.com

Neogen
628 Winchester Road
Lexington, KY 40505
(800) 477-8201   FAX: (606) 255-5532
(606) 254-1221
http://www.neogen.com

Neosystems
380, 11012 Macleod Trail South
Calgary, Alberta
T2J 6A5 Canada
(403) 225-9022   FAX: (403) 225-9025
http://www.neosystems.com

Neuralynx
2434 North Pantano Road
Tucson, AZ 85715
(520) 722-8144   FAX: (520) 722-8163
http://www.neuralynx.com

Neuro Probe
16008 Industrial Drive
Gaithersburg, MD 20877
(301) 417-0014   FAX: (301) 977-5711
http://www.neuroprobe.com

Neurocrine Biosciences
10555 Science Center Drive
San Diego, CA 92121
(619) 658-7600   FAX: (619) 658-7602
http://www.neurocrine.com

Nevtek
HCR03, Box 99
Burnsville, VA 24487
(540) 925-2322   FAX: (540) 925-2323
http://www.nevtek.com

New Brunswick Scientific
44 Talmadge Road
Edison, NJ 08818
(800) 631-5417   FAX: (732) 287-4222
(732) 287-1200
http://www.nbsc.com

New England Biolabs (NEB)
32 Tozer Road
Beverly, MA 01915
(800) 632-5227   FAX: (800) 632-7440
http://www.neb.com

New England Nuclear (NEN)
See NEN Life Science Products

New MBR
Gubelstrasse 48
CH8050 Zurich, Switzerland
(41) 1-313-0703

Newark Electronics
4801 N. Ravenswood Avenue
Chicago, IL 60640
(800) 4-NEWARK   FAX: (773) 907-5339
(773) 784-5100
http://www.newark.com

Newell Rubbermaid
29 E. Stephenson Street
Freeport, IL 61032
(815) 235-4171   FAX: (815) 233-8060
http://www.newellco.com

Newport Biosystems
1860 Trainor Street
Red Bluff, CA 96080
(530) 529-2448   FAX: (530) 529-2648

Newport
1791 Deere Avenue
Irvine, CA 92606
(800) 222-6440   FAX: (949) 253-1800
(949) 253-1462
http://www.newport.com

Nexin Research B.V.
P.O. Box 16
4740 AA Hoeven, The Netherlands
(31) 165-503172
FAX: (31) 165-502291

NIAID
See Bio-Tech Research Laboratories

Nichiryo
230 Route 206
Building 2-2C
Flanders, NJ 07836
(877) 548-6667   FAX: (973) 927-0099
(973) 927-4001
http://www.nichiryo.com

Nichols Institute Diagnostics
33051 Calle Aviador
San Juan Capistrano, CA 92675
(800) 286-4NID   FAX: (949) 240-5273
(949) 728-4610
http://www.nicholsdiag.com

Nichols Scientific Instruments
3334 Brown Station Road
Columbia, MO 65202
(573) 474-5522   FAX: (603) 215-7274
http://home.beseen.com
technology/nsi_technology

Nicolet Biomedical Instruments
5225 Verona Road, Building 2
Madison, WI 53711
(800) 356-0007   FAX: (608) 441-2002
(608) 273-5000
http://nicoletbiomedical.com

N.I.G.M.S. (National Institute of
General Medical Sciences)
See Coriell Institute for Medical Research

Nikon
Science and Technologies Group
1300 Walt Whitman Road
Melville, NY 11747
(516) 547-8500   FAX: (516) 547-4045
http://www.nikonusa.com

Nippon Gene
1-29, Ton-ya-machi
Toyama 930, Japan
(81) 764-51-6548
FAX: (81) 764-51-6547

Noldus Information Technology
751 Miller Drive
Suite E-5
Leesburg, VA 20175
(800) 355-9541   FAX: (703) 771-0441
(703) 771-0440
http://www.noldus.com

Nonlinear Dynamics
See NovoDynamics

Nordion International
See MDS Nordion

North American Biologicals (NABI)
16500 NW 15th Avenue
Miami, FL 33169
(800) 327-7106   (305) 625-5305
http://www.nabi.com

North American Reiss
See Reiss

Northwestern Bottle
24 Walpole Park South
Walpole, MA 02081
(508) 668-8600   FAX: (508) 668-7790

NOVA Biomedical
Nova Biomedical 200
Prospect Street Waltham, MA 02454
(800) 822-0911   FAX: (781) 894-5915
http://www.novabiomedical.com

Novagen
601 Science Drive
Madison, WI 53711
(800) 526-7319   FAX: (608) 238-1388
(608) 238-6110
http://www.novagen.com

Novartis
59 Route 10
East Hanover, NJ 07936
(800)526-0175   FAX: (973) 781-6356
http://www.novartis.com

Novartis Biotechnology
3054 Cornwallis Road
Research Triangle Park, NC 27709
(888) 462-7288   FAX: (919) 541-8585
http://www.novartis.com

Nova Sina AG
Subsidiary of Airflow Lufttechnik GmbH
Kleine Heeg 21
52259 Rheinbach, Germany
(49) 02226 920-0
FAX: (49) 02226 9205-11

Novex/Invitrogen
1600 Faraday
Carlsbad, CA 92008
(800) 955-6288   FAX: (760) 603-7201
http://www.novex.com

Novo Nordisk Biochem
77 Perry Chapel Church Road
Franklington, NC 27525
(800) 879-6686   FAX: (919) 494-3450
(919) 494-3000
http://www.novo.dk

Novo Nordisk BioLabs
See Novo Nordisk Biochem

Novocastra Labs
Balliol Business Park West
Benton Lane
Newcastle-upon-Tyne
Tyne and Wear NE12 8EW, UK
(44) 191-215-0567
FAX: (44) 191-215-1152
http://www.novocastra.co.uk

NovoDynamics
123 North Ashley Street
Suite 210
Ann Arbor, MI 48104
(734) 205-9100   FAX: (734) 205-9101
http://www.novodynamics.com

Novus Biologicals
P.O. Box 802
Littleton, CO 80160
(888) 506-6887   FAX: (303) 730-1966
http://www.novus-biologicals.com/
main.html

NPI Electronic
Hauptstrasse 96
D-71732 Tamm, Germany
(49) 7141-601534
FAX: (49) 7141-601266
http://www.npielectronic.com

NSG Precision Cells
195G Central Avenue
Farmingdale, NY 11735
(516) 249-7474   FAX: (516) 249-8575
http://www.nsgpci.com

Nu Chek Prep
109 West Main
P.O. Box 295
Elysian, MN 56028
(800) 521-7728   FAX: (507) 267-4790
(507) 267-4689

Nuclepore
See Costar

Numonics
101 Commerce Drive
Montgomeryville, PA 18936
(800) 523-6716   FAX: (215) 361-0167
(215) 362-2766
http://www.interactivewhiteboards.com

NYCOMED AS Pharma
c/o Accurate Chemical & Scientific
300 Shames Drive
Westbury, NY 11590
(800) 645-6524   FAX: (516) 997-4948
(516) 333-2221
http://www.accuratechemical.com

Nycomed Amersham
Health Care Division
101 Carnegie Center
Princeton, NJ 08540
(800) 832-4633   FAX: (800) 807-2382
(609) 514-6000
http://www.nycomed-amersham.com

Nyegaard
Herserudsvagen 5254
S-122 06 Lidingo, Sweden
(46) 8-765-2930

Ohmeda Catheter Products
See Datex-Ohmeda

Ohwa Tsusbo
Hiby Dai Building
1-2-2 Uchi Saiwai-cho
Chiyoda-ku
Tokyo 100, Japan
03-3591-7348   FAX: 03-3501-9001

Oligos Etc.
9775 S.W. Commerce Circle, C-6
Wilsonville, OR 97070
(800) 888-2358   FAX: (503) 6822D1635
(503) 6822D1814
http://www.oligoetc.com

Olis Instruments
130 Conway Drive
Bogart, GA 30622
(706) 353-6547   (800) 852-3504
http://www.olisweb.com

Olympus America
2 Corporate Center Drive
Melville, NY 11747
(800) 645-8160   FAX: (516) 844-5959
(516) 844-5000
http://www.olympusamerica.com

Omega Engineering
One Omega Drive
P.O. Box 4047
Stamford, CT 06907
(800) 848-4286   FAX: (203) 359-7700
(203) 359-1660
http://www.omega.com

Omega Optical
3 Grove Street
P.O. Box 573
Brattleboro, VT 05302
(802) 254-2690   FAX: (802) 254-3937
http://www.omegafilters.com

Omnetics Connector Corporation
7260 Commerce Circle
East Minneapolis, MN 55432
(800) 343-0025   (763) 572-0656
Fax: (763) 572-3925
http://www.omnetics.com/main.htm

Omni International
6530 Commerce Court
Warrenton, VA 20187
(800) 776-4431   FAX: (540) 347-5352
(540) 347-5331
http://www.omni-inc.com

Omnion
2010 Energy Drive
P.O. Box 879
East Troy, WI 53120
(262) 642-7200   FAX: (262) 642-7760
http://www.omnion.com

Omnitech Electronics
See AccuScan Instruments

Oncogene Research Products
P.O. Box Box 12087
La Jolla, CA 92039-2087
(800) 662-2616   FAX: (800) 766-0999
http://www.apoptosis.com

Oncogene Science
See OSI Pharmaceuticals

Oncor
See Intergen

Online Instruments
130 Conway Drive, Suites A & B
Bogart, GA 30622
(800) 852-3504   (706) 353-1972
(706) 353-6547
http://www.olisweb.com

Operon Technologies
1000 Atlantic Avenue
Alameda, CA 94501
(800) 688-2248   FAX: (510) 865-5225
(510) 865-8644
http://www.operon.com

Optiscan
P.O. Box 1066
Mount Waverly MDC, Victoria
Australia 3149
61-3-9538 3333   FAX: 61-3-9562 7742
http://www.optiscan.com.au

Optomax
9 Ash Street
P.O. Box 840
Hollis, NH 03049
(603) 465-3385   FAX: (603) 465-2291

Opto-Line Associates
265 Ballardvale Street
Wilmington, MA 01887
(978) 658-7255   FAX: (978) 658-7299
http://www.optoline.com

Orbigen
6827 Nancy Ridge Drive
San Diego, CA 92121
(866) 672-4436   (858) 362-2030
(858) 362-2026
http://www.orbigen.com

Oread BioSaftey
1501 Wakarusa Drive
Lawrence, KS 66047
(800) 447-6501   FAX: (785) 749-1882
(785) 749-0034
http://www.oread.com

Organomation Associates
266 River Road West
Berlin, MA 01503
(888) 978-7300 FAX: (978)838-2786
(978) 838-7300
http://www.organomation.com

Organon
375 Mount Pleasant Avenue
West Orange, NJ 07052
(800) 241-8812 FAX: (973) 325-4589
(973) 325-4500
http://www.organon.com

Organon Teknika (Canada)
30 North Wind Place
Scarborough, Ontario
M1S 3R5 Canada
(416) 754-4344 FAX: (416) 754-4488
http://www.organonteknika.com

Organon Teknika Cappel
100 Akzo Avenue
Durham, NC 27712
(800) 682-2666 FAX: (800) 432-9682
(919) 620-2000 FAX: (919) 620-2107
http://www.organonteknika.com

Oriel Corporation of America
150 Long Beach Boulevard
Stratford, CT 06615
(203) 377-8282 FAX: (203) 378-2457
http://www.oriel.com

OriGene Technologies
6 Taft Court, Suite 300
Rockville, MD 20850
(888) 267-4436 FAX: (301) 340-9254
(301) 340-3188
http://www.origene.com

OriginLab
One Roundhouse Plaza
Northhampton, MA 01060
(800) 969-7720 FAX: (413) 585-0126
http://www.originlab.com

Orion Research
500 Cummings Center
Beverly, MA 01915
(800) 225-1480 FAX: (978) 232-6015
(978) 232-6000
http://www.orionres.com

Ortho Diagnostic Systems
Subsidiary of Johnson & Johnson
1001 U.S. Highway 202
P.O. Box 350
Raritan, NJ 08869
(800) 322-6374 FAX: (908) 218-8582
(908) 218-1300

Ortho McNeil Pharmaceutical
Welsh & McKean Road
Spring House, PA 19477
(800) 682-6532
(215) 628-5000
http://www.orthomcneil.com

Oryza
200 Turnpike Road, Unit 5
Chelmsford, MA 01824
(978) 256-8183 FAX: (978) 256-7434
http://www.oryzalabs.com

OSI Pharmaceuticals
106 Charles Lindbergh Boulevard
Uniondale, NY 11553
(800) 662-2616 FAX: (516) 222-0114
(516) 222-0023
http://www.osip.com

Osmonics
135 Flanders Road
P.O. Box 1046
Westborough, MA 01581
(800) 444-8212 FAX: (508) 366-5840
(508) 366-8212
http://www.osmolabstore.com

Oster Professional Products
150 Cadillac Lane
McMinnville, TN 37110
(931) 668-4121 FAX: (931) 668-4125
http://www.sunbeam.com

Out Patient Services
1260 Holm Road
Petaluma, CA 94954
(800) 648-1666 FAX: (707) 762-7198
(707) 763-1581

OWL Scientific Plastics
See OWL Separation Systems

OWL Separation Systems
55 Heritage Avenue
Portsmouth, NH 03801
(800) 242-5560 FAX: (603) 559-9258
(603) 559-9297
http://www.owlsci.com

Oxford Biochemical Research
P.O. Box 522
Oxford, MI 48371
(800) 692-4633 FAX: (248) 852-4466
http://www.oxfordbiomed.com

Oxford GlycoSystems
See Glyco

Oxford Instruments
Old Station Way
Eynsham
Witney, Oxfordshire OX8 1TL, UK
(44) 1865-881437
FAX: (44) 1865-881944
http://www.oxinst.com

Oxford Labware
See Kendall

Oxford Molecular Group
Oxford Science Park
The Medawar Centre
Oxford OX4 4GA, UK
(44) 1865-784600
FAX: (44) 1865-784601
http://www.oxmol.co.uk

Oxford Molecular Group
2105 South Bascom Avenue, Suite 200
Campbell, CA 95008
(800) 876-9994 FAX: (408) 879-6302
(408) 879-6300
http://www.oxmol.com

OXIS International
6040 North Cutter Circle
Suite 317
Portland, OR 97217
(800) 547-3686 FAX: (503) 283-4058
(503) 283-3911
http://www.oxis.com

Oxoid
800 Proctor Avenue
Ogdensburg, NY 13669
(800) 567-8378 FAX: (613) 226-3728
http://www.oxoid.ca

Oxoid
Wade Road
Basingstoke, Hampshire RG24 8PW, UK
(44) 1256-841144
FAX: (4) 1256-814626
http://www.oxoid.ca

Oxyrase
P.O. Box 1345
Mansfield, OH 44901
(419) 589-8800 FAX: (419) 589-9919
http://www.oxyrase.com

Ozyme
10 Avenue Ampère
Montigny de Bretoneux
78180 France
(33) 13-46-02-424
FAX: (33) 13-46-09-212
http://www.ozyme.fr

PAA Laboratories
2570 Route 724
P.O. Box 435
Parker Ford, PA 19457
(610) 495-9400 FAX: (610) 495-9410
http://www.paa-labs.com

Pacer Scientific
5649 Valley Oak Drive
Los Angeles, CA 90068
(323) 462-0636 FAX: (323) 462-1430
http://www.pacersci.com

Pacific Bio-Marine Labs
P.O. Box 1348
Venice, CA 90294
(310) 677-1056 FAX: (310) 677-1207

Packard Instrument
800 Research Parkway
Meriden, CT 06450
(800) 323-1891 FAX: (203) 639-2172
(203) 238-2351
http://www.packardinst.com

Padgett Instrument
1730 Walnut Street
Kansas City, MO 64108
(816) 842-1029

Pall Filtron
50 Bearfoot Road
Northborough, MA 01532
(800) FILTRON   FAX: (508) 393-1874
(508) 393-1800

Pall-Gelman
25 Harbor Park Drive
Port Washington, NY 11050
(800) 289-6255   FAX: (516) 484-2651
(516) 484-3600
http://www.pall.com

PanVera
545 Science Drive
Madison, WI 53711
(800) 791-1400   FAX: (608) 233-3007
(608) 233-9450
http://www.panvera.com

Parke-Davis
See Warner-Lambert

Parr Instrument
211 53rd Street
Moline, IL 61265
(800) 872-7720   FAX: (309) 762-9453
(309) 762-7716
http://www.parrinst.com

Partec
Otto Hahn Strasse 32
D-48161 Munster, Germany
(49) 2534-8008-0
FAX: (49) 2535-8008-90

PCR
See Archimica Florida

PE Biosystems
850 Lincoln Centre Drive
Foster City, CA 94404
(800) 345-5224 FAX: (650) 638-5884
(650) 638-5800
http://www.pebio.com

Pel-Freez Biologicals
219 N. Arkansas
P.O. Box 68
Rogers, AR 72757
(800) 643-3426   FAX: (501) 636-3562
(501) 636-4361
http://www.pelfreez-bio.com

Pel-Freez Clinical Systems
Subsidiary of Pel-Freez Biologicals
9099 N. Deerbrook Trail
Brown Deer, WI 53223
(800) 558-4511   FAX: (414) 357-4518
(414) 357-4500
http://www.pelfreez-bio.com

Peninsula Laboratories
601 Taylor Way
San Carlos, CA 94070
(800) 650-4442   FAX: (650) 595-4071
(650) 592-5392
http://www.penlabs.com

Pentex
24562 Mando Drive
Laguna Niguel, CA 92677
(800) 382-4667   FAX: (714) 643-2363
http://www.pentex.com

PeproTech
5 Crescent Avenue
P.O. Box 275
Rocky Hill, NJ 08553
(800) 436-9910   FAX: (609) 497-0321
(609) 497-0253
http://www.peprotech.com

Peptide Institute
4-1-2 Ina, Minoh-shi
Osaka 562-8686, Japan
81-727-29-4121   FAX: 81-727-29-4124
http://www.peptide.co.jp

Peptide Laboratory
4175 Lakeside Drive
Richmond, CA 94806
(800) 858-7322   FAX: (510) 262-9127
(510) 262-0800
http://www.peptidelab.com

Peptides International
11621 Electron Drive
Louisville, KY 40299
(800) 777-4779   FAX: (502) 267-1329
(502) 266-8787
http://www.pepnet.com

Perceptive Science Instruments
2525 South Shore Boulevard, Suite 100
League City, TX 77573
(281) 334-3027   FAX: (281) 538-2222
http://www.persci.com

Perimed
4873 Princeton Drive
North Royalton, OH 44133
(440) 877-0537   FAX: (440) 877-0534
http://www.perimed.se

Perkin-Elmer
761 Main Avenue
Norwalk, CT 06859
(800) 762-4002   FAX: (203) 762-6000
(203) 762-1000
http://www.perkin-elmer.com
See also PE Biosystems

PerSeptive Bioresearch Products
See PerSeptive BioSystems

PerSeptive BioSystems
500 Old Connecticut Path
Framingham, MA 01701
(800) 899-5858   FAX: (508) 383-7885
(508) 383-7700
http://www.pbio.com

PerSeptive Diagnostic
See PE Biosystems
(800) 343-1346

Pettersson Elektronik AB
Tallbacksvagen 51
S-756 45 Uppsala, Sweden
(46) 1830-3880   FAX: (46) 1830-3840
http://www.bahnhof.se/~pettersson

Pfanstiehl Laboratories, Inc.
1219 Glen Rock Avenue
Waukegan, IL 60085
(800) 383-0126   FAX: (847) 623-9173
http://www.pfanstiehl.com

PGC Scientifics
7311 Governors Way
Frederick, MD 21704
(800) 424-3300   FAX: (800) 662-1112
(301) 620-7777   FAX: (301) 620-7497
http://www.pgcscientifics.com

Pharmacia Biotech
See Amersham Pharmacia Biotech

Pharmacia Diagnostics
See Wallac

Pharmacia LKB Biotech
See Amersham Pharmacia Biotech

Pharmacia LKB Biotechnology
See Amersham Pharmacia Biotech

Pharmacia LKB Nuclear
See Wallac

Pharmaderm Veterinary Products
60 Baylis Road
Melville, NY 11747
(800) 432-6673
http://www.pharmaderm.com

Pharmed (Norton)
Norton Performance Plastics
See Saint-Gobain Performance Plastics

PharMingen
See BD PharMingen

Phenomex
2320 W. 205th Street
Torrance, CA 90501
(310) 212-0555   FAX: (310) 328-7768
http://www.phenomex.com

PHLS Centre for Applied
Microbiology and Research
See European Collection of Animal
Cell Cultures (ECACC)

Phoenix Flow Systems
11575 Sorrento Valley Road, Suite 208
San Diego, CA 92121
(800) 886-3569   FAX: (619) 259-5268
(619) 453-5095
http://www.phnxflow.com

Phoenix Pharmaceutical
4261 Easton Road, P.O. Box 6457
St. Joseph, MO 64506
(800) 759-3644   FAX: (816) 364-4969
(816) 364-5777
http://www.phoenixpharmaceutical.com

Photometrics
See Roper Scientific

Photon Technology International
1 Deerpark Drive, Suite F
Monmouth Junction, NJ 08852
(732) 329-0910   FAX: (732) 329-9069
http://www.pti-nj.com

Physik Instrumente
Polytec PI
23 Midstate Drive, Suite 212
Auburn, MA 01501
(508) 832-3456   FAX: (508) 832-0506
http://www.polytecpi.com

Physitemp Instruments
154 Huron Avenue
Clifton, NJ 07013
(800) 452-8510   FAX: (973) 779-5954
(973) 779-5577
http://www.physitemp.com

Pico Technology
The Mill House, Cambridge Street
St. Neots, Cambridgeshire
PE19 1QB, UK
(44) 1480-396-395
FAX: (44) 1480-396-296
http://www.picotech.com

Pierce Chemical
P.O. Box 117
3747 Meridian Road
Rockford, IL 61105
(800) 874-3723   FAX: (800) 842-5007
FAX: (815) 968-7316
http://www.piercenet.com

Pierce & Warriner
44, Upper Northgate Street
Chester, Cheshire CH1 4EF, UK
(44) 1244 382 525
FAX: (44) 1244 373 212
http://www.piercenet.com

Pilling Weck Surgical
420 Delaware Drive
Fort Washington, PA 19034
(800) 523-2579   FAX: (800) 332-2308
http://www.pilling-weck.com

PixelVision
A division of Cybex Computer Products
14964 NW Greenbrier Parkway
Beaverton, OR 97006
(503) 629-3210   FAX: (503) 629-3211
http://www.pixelvision.com

P.J. Noyes
P.O. Box 381
89 Bridge Street
Lancaster, NH 03584
(800) 522-2469   FAX: (603) 788-3873
(603) 788-4952
http://www.pjnoyes.com

Plas-Labs
917 E. Chilson Street
Lansing, MI 48906
(800) 866-7527   FAX: (517) 372-2857
(517) 372-7177
http://www.plas-labs.com

Plastics One
6591 Merriman Road, Southwest
P.O. Box 12004
Roanoke, VA 24018
(540) 772-7950   FAX: (540) 989-7519
http://www.plastics1.com

Platt Electric Supply
2757 6th Avenue South
Seattle, WA 98134
(206) 624-4083   FAX: (206) 343-6342
http://www.platt.com

Plexon
6500 Greenville Avenue
Suite 730
Dallas,TX 75206
(214) 369-4957   FAX: (214) 369-1775
http://www.plexoninc.com

Polaroid
784 Memorial Drive
Cambridge, MA 01239
(800) 225-1618   FAX: (800) 832-9003
(781) 386-2000
http://www.polaroid.com

Polyfiltronics
136 Weymouth St.
Rockland, MA 02370
(800) 434-7659   FAX: (781) 878-0822
(781) 878-1133
http://www.polyfiltronics.com

Polylabo Paul Block
Parc Tertiare de la Meinau
10, rue de la Durance
B.P. 36
67023 Strasbourg Cedex 1
Strasbourg, France
33-3-8865-8020
FAX: 33-3-8865-8039

PolyLC
9151 Rumsey Road, Suite 180
Columbia, MD 21045
(410) 992-5400   FAX: (410) 730-8340

Polymer Laboratories
Amherst Research Park
160 Old Farm Road
Amherst, MA 01002
(800) 767-3963   FAX: (413) 253-2476
http://www.polymerlabs.com

Polymicro Technologies
18019 North 25th Avenue
Phoenix, AZ 85023
(602) 375-4100   FAX: (602) 375-4110
http://www.polymicro.com

Polyphenols AS
Hanabryggene Technology Centre
Hanaveien 4-6
4327 Sandnes, Norway
(47) 51-62-0990
FAX: (47) 51-62-51-82
http://www.polyphenols.com

Polysciences
400 Valley Road
Warrington, PA 18976
(800) 523-2575   FAX: (800) 343-3291
http://www.polysciences.com

Polyscientific
70 Cleveland Avenue
Bayshore, NY 11706
(516) 586-0400   FAX: (516) 254-0618

Polytech Products
285 Washington Street
Somerville, MA 02143
(617) 666-5064   FAX: (617) 625-0975

Polytron
8585 Grovemont Circle
Gaithersburg, MD 20877
(301) 208-6597   FAX: (301) 208-8691
http://www.polytron.com

Popper and Sons
300 Denton Avenue
P.O. Box 128
New Hyde Park, NY 11040
(888) 717-7677   FAX: (800) 557-6773
(516) 248-0300   FAX: (516) 747-1188
http://www.popperandsons.com

Porphyrin Products
P.O. Box 31
Logan, UT 84323
(435) 753-1901   FAX: (435) 753-6731
http://www.porphyrin.com

Portex
See SIMS Portex Limited

Powderject Vaccines
585 Science Drive
Madison, WI 53711
(608) 231-3150   FAX: (608) 231-6990
http://www.powderject.com

Praxair
810 Jorie Boulevard
Oak Brook, IL 60521
(800) 621-7100
http://www.praxair.com

Precision Dynamics
13880 Del Sur Street
San Fernando, CA 91340
(800) 847-0670   FAX: (818) 899-4-45
http://www.pdcorp.com

Precision Scientific Laboratory
Equipment
Division of Jouan
170 Marcel Drive
Winchester, VA 22602
(800) 621-8820   FAX: (540) 869-0130
(540) 869-9892
http://www.precisionsci.com

Primary Care Diagnostics
See Becton Dickinson Primary
Care Diagnostics

Primate Products
1755 East Bayshore Road, Suite 28A
Redwood City, CA 94063
(650) 368-0663   FAX: (650) 368-0665
http://www.primateproducts.com

5 Prime → 3 Prime
See 2000 Eppendorf-5 Prime
http://www.5prime.com

Princeton Applied Research
PerkinElmer Instr.: Electrochemistry
801 S. Illinois
Oak Ridge, TN 37830
(800) 366-2741 FAX: (423) 425-1334
(423) 481-2442
http://www.eggpar.com

Princeton Instruments
A division of Roper Scientific
3660 Quakerbridge Road
Trenton, NJ 08619
(609) 587-9797 FAX: (609) 587-1970
http://www.prinst.com

Princeton Separations
P.O. Box 300
Aldephia, NJ 07710
(800) 223-0902 FAX: (732) 431-3768
(732) 431-3338

Prior Scientific
80 Reservoir Park Drive
Rockland, MA 02370
(781) 878-8442 FAX: (781) 878-8736
http://www.prior.com

PRO Scientific
P.O. Box 448
Monroe, CT 06468
(203) 452-9431 FAX: (203) 452-9753
http://www.proscientific.com

Professional Compounding Centers of America
9901 South Wilcrest Drive
Houston, TX 77099
(800) 331-2498 FAX: (281) 933-6227
(281) 933-6948
http://www.pccarx.com

Progen Biotechnik
Maass-Str. 30
69123 Heidelberg, Germany
(49) 6221-8278-0
FAX: (49) 6221-8278-23
http://www.progen.de

Prolabo
A division of Merck Eurolab
54 rue Roger Salengro
94126 Fontenay Sous Bois Cedex
France
33-1-4514-8500
FAX: 33-1-4514-8616
http://www.prolabo.fr

Proligo
2995 Wilderness Place
Boulder, CO 80301
(888) 80-OLIGO FAX: (303) 801-1134
http://www.proligo.com

Promega
2800 Woods Hollow Road
Madison, WI 53711
(800) 356-9526 FAX: (800) 356-1970
(608) 274-4330 FAX: (608) 277-2516
http://www.promega.com

Protein Databases (PDI)
405 Oakwood Road
Huntington Station, NY 11746
(800) 777-6834 FAX: (516) 673-4502
(516) 673-3939

Protein Polymer Technologies
10655 Sorrento Valley Road
San Diego, CA 92121
(619) 558-6064 FAX: (619) 558-6477
http://www.ppti.com

Protein Solutions
391 G Chipeta Way
Salt Lake City, UT 84108
(801) 583-9301 FAX: (801) 583-4463
http://www.proteinsolutions.com

Prozyme
1933 Davis Street, Suite 207
San Leandro, CA 94577
(800) 457-9444 FAX: (510) 638-6919
(510) 638-6900
http://www.prozyme.com

PSI
See Perceptive Science Instruments

Pulmetrics Group
82 Beacon Street
Chestnut Hill, MA 02167
(617) 353-3833 FAX: (617) 353-6766

Purdue Frederick
100 Connecticut Avenue
Norwalk, CT 06850
(800) 633-4741 FAX: (203) 838-1576
(203) 853-0123
http://www.pharma.com

Purina Mills
LabDiet
P. O. Box 66812
St. Louis, MO 63166
(800) 227-8941 FAX: (314) 768-4894
http://www.purina-mills.com

Qbiogene
2251 Rutherford Road
Carlsbad, CA 92008
(800) 424-6101 FAX: (760) 918-9313
http://www.qbiogene.com

Qiagen
28159 Avenue Stanford
Valencia, CA 91355
(800) 426-8157 FAX: (800) 718-2056
http://www.qiagen.com

Quality Biological
7581 Lindbergh Drive
Gaithersburg, MD 20879
(800) 443-9331 FAX: (301) 840-5450
(301) 840-9331
http://www.qualitybiological.com

Quantitative Technologies
P.O. Box 470
Salem Industrial Park, Bldg. 5
Whitehouse, NJ 08888
(908) 534-4445 FAX: 534-1054
http://www.qtionline.com

Quantum Appligene
Parc d'Innovation
Rue Geller de Kayserberg
67402 Illkirch, Cedex, France
(33) 3-8867-5425
FAX: (33) 3-8867-1945
http://www.quantum-appligene.com

Quantum Biotechnologies
See Qbiogene

Quantum Soft
Postfach 6613
CH-8023
Zürich, Switzerland
FAX: 41-1-481-69-51
profit@quansoft.com

Questcor Pharmaceuticals
26118 Research Road
Hayward, CA 94545
(510) 732-5551 FAX: (510) 732-7741
http://www.questcor.com

Quidel
10165 McKellar Court
San Diego, CA 92121
(800) 874-1517 FAX: (858) 546-8955
(858) 552-1100
http://www.quidel.com

R-Biopharm
7950 Old US 27 South
Marshall, MI 49068
(616) 789-3033 FAX: (616) 789-3070
http://www.r-biopharm.com

R. C. Electronics
6464 Hollister Avenue
Santa Barbara, CA 93117
(805) 685-7770 FAX: (805) 685-5853
http://www.rcelectronics.com

R & D Systems
614 McKinley Place NE
Minneapolis, MN 55413
(800) 343-7475 FAX: (612) 379-6580
(612) 379-2956
http://www.rndsystems.com

R & S Technology
350 Columbia Street
Peacedale, RI 02880
(401) 789-5660 FAX: (401) 792-3890
http://www.septech.com

RACAL Health and Safety
See 3M
7305 Executive Way
Frederick, MD 21704
(800) 692-9500 FAX: (301) 695-8200

Radiometer America
811 Sharon Drive
Westlake, OH 44145
(800) 736-0600 FAX: (440) 871-2633
(440) 871-8900
http://www.rameusa.com

Radiometer A/S
The Chemical Reference Laboratory
kandevej 21
DK-2700 Brnshj, Denmark
45-3827-3827   FAX: 45-3827-2727

Radionics
22 Terry Avenue
Burlington, MA 01803
(781) 272-1233   FAX: (781) 272-2428
http://www.radionics.com

Radnoti Glass Technology
227 W. Maple Avenue
Monrovia, CA 91016
(800) 428-I4I6   FAX: (626) 303-2998
(626) 357-8827
http://www.radnoti.com

Rainin Instrument
Rainin Road
P.O. Box 4026
Woburn, MA 01888
(800)-4-RAININ   FAX: (781) 938-1152
(781) 935-3050
http://www.rainin.com

Rank Brothers
56 High Street
Bottisham, Cambridge
CB5 9DA UK
(44) 1223 811369
FAX: (44) 1223 811441
http://www.rankbrothers.com

Rapp Polymere
Ernst-Simon Strasse 9
D 72072 Tübingen, Germany
(49) 7071-763157
FAX: (49) 7071-763158
http://www.rapp-polymere.com

Raven Biological Laboratories
8607 Park Drive
P.O. Box 27261
Omaha, NE 68127
(800) 728-5702   FAX: (402) 593-0995
(402) 593-0781
http://www.ravenlabs.com

Razel Scientific Instruments
100 Research Drive
Stamford, CT 06906
(203) 324-9914   FAX: (203) 324-5568

RBI
See Research Biochemicals

Reagents International
See Biotech Source

Receptor Biology
10000 Virginia Manor Road, Suite 360
Beltsville, MD 20705
(888) 707-4200   FAX: (301) 210-6266
(301) 210-4700
http://www.receptorbiology.com

Regis Technologies
8210 N. Austin Avenue
Morton Grove, IL 60053
(800) 323-8144   FAX: (847) 967-1214
(847) 967-6000
http://www.registech.com

Reichert Ophthalmic Instruments
P.O. Box 123
Buffalo, NY 14240
(716) 686-4500   FAX: (716) 686-4545
http://www.reichert.com

Reiss
1 Polymer Place
P.O. Box 60
Blackstone, VA 23824
(800) 356-2829   FAX: (804) 292-1757
(804) 292-1600
http://www.reissmfg.com

Remel
12076 Santa Fe Trail Drive
P.O. Box 14428
Shawnee Mission, KS 66215
(800) 255-6730   FAX: (800) 621-8251
(913) 888-0939   FAX: (913) 888-5884
http://www.remelinc.com

Reming Bioinstruments
6680 County Route 17
Redfield, NY 13437
(315) 387-3414   FAX: (315) 387-3415

RepliGen
117 Fourth Avenue
Needham, MA 02494
(800) 622-2259   FAX: (781) 453-0048
(781) 449-9560
http://www.repligen.com

Research Biochemicals
1 Strathmore Road
Natick, MA 01760
(800) 736-3690   FAX: (800) 736-2480
(508) 651-8151   FAX: (508) 655-1359
http://www.resbio.com

Research Corporation Technologies
101 N. Wilmot Road, Suite 600
Tucson, AZ 85711
(520) 748-4400   FAX: (520) 748-0025
http://www.rctech.com

Research Diagnostics
Pleasant Hill Road
Flanders, NJ 07836
(800) 631-9384   FAX: (973) 584-0210
(973) 584-7093
http://www.researchd.com

Research Diets
121 Jersey Avenue
New Brunswick, NJ 08901
(877) 486-2486   FAX: (732) 247-2340
(732) 247-2390
http://www.researchdiets.com

Research Genetics
2130 South Memorial Parkway
Huntsville, AL 35801
(800) 533-4363   FAX: (256) 536-9016
(256) 533-4363
http://www.resgen.com

Research Instruments
Kernick Road Pernryn
Cornwall TR10 9DQ, UK
(44) 1326-372-753
FAX: (44) 1326-378-783
http://www.research-instruments.com

Research Organics
4353 E. 49th Street
Cleveland, OH 44125
(800) 321-0570   FAX: (216) 883-1576
(216) 883-8025
http://www.resorg.com

Research Plus
P.O. Box 324
Bayonne, NJ 07002
(800) 341-2296   FAX: (201) 823-9590
(201) 823-3592
http://www.researchplus.com

Research Products International
410 N. Business Center Drive
Mount Prospect, IL 60056
(800) 323-9814   FAX: (847) 635-1177
(847) 635-7330
http://www.rpicorp.com

Research Triangle Institute
P.O. Box 12194
Research Triangle Park, NC 27709
(919) 541-6000   FAX: (919) 541-6515
http://www.rti.org

Restek
110 Benner Circle
Bellefonte, PA 16823
(800) 356-1688   FAX: (814) 353-1309
(814) 353-1300
http://www.restekcorp.com

Rheodyne
P.O. Box 1909
Rohnert Park, CA 94927
(707) 588-2000   FAX: (707) 588-2020
http://www.rheodyne.com

Rhone Merieux
See Merial Limited

Rhone-Poulenc
2 T W Alexander Drive
P.O. Box 12014
Research Triangle Park, NC 08512
(919) 549-2000   FAX: (919) 549-2839
http://www.Rhone-Poulenc.com
Also see Aventis

Rhone-Poulenc Rorer
500 Arcola Road
Collegeville, PA 19426
(800) 727-6737   FAX: (610) 454-8940
(610) 454-8975
http://www.rp-rorer.com

Rhone-Poulenc Rorer
Centre de Recherche de Vitry-Alfortville
13 Quai Jules Guesde, BP14 94403
Vitry Sur Seine, Cedex, France
(33) 145-73-85-11
FAX: (33) 145-73-81-29
http://www.rp-rorer.com

Ribi ImmunoChem Research
563 Old Corvallis Road
Hamilton, MT 59840
(800) 548-7424   FAX: (406) 363-6129
(406) 363-3131
http://www.ribi.com

RiboGene
See Questcor Pharmaceuticals

Ricca Chemical
448 West Fork Drive
Arlington, TX 76012
(888) GO-RICCA   FAX: (800) RICCA-93
(817) 461-5601
http://www.riccachemical.com

Richard-Allan Scientific
225 Parsons Street
Kalamazoo, MI 49007
(800) 522-7270   FAX: (616) 345-3577
(616) 344-2400
http://www.rallansci.com

Richelieu Biotechnologies
11 177 Hamon
Montral, Quebec
H3M 3E4 Canada
(802) 863-2567   FAX: (802) 862-2909
http://www.richelieubio.com

Richter Enterprises
20 Lake Shore Drive
Wayland, MA 01778
(508) 655-7632   FAX: (508) 652-7264
http://www.richter-enterprises.com

Riese Enterprises
BioSure Division
12301 G Loma Rica Drive
Grass Valley, CA 95945
(800) 345-2267   FAX: (916) 273-5097
(916) 273-5095
http://www.biosure.com

Robbins Scientific
1250 Elko Drive
Sunnyvale, CA 94086
(800) 752-8585   FAX: (408) 734-0300
(408) 734-8500
http://www.robsci.com

Roboz Surgical Instruments
9210 Corporate Boulevard, Suite 220
Rockville, MD 20850
(800) 424-2984   FAX: (301) 590-1290
(301) 590-0055

Roche Diagnostics
9115 Hague Road
P.O. Box 50457
Indianapolis, IN 46256
(800) 262-1640   FAX: (317) 845-7120
(317) 845-2000
http://www.roche.com

Roche Molecular Systems
See Roche Diagnostics

Rocklabs
P.O. Box 18-142
Auckland 6, New Zealand
(64) 9-634-7696
FAX: (64) 9-634-7696
http://www.rocklabs.com

Rockland
P.O. Box 316
Gilbertsville, PA 19525
(800) 656-ROCK   FAX: (610) 367-7825
(610) 369-1008
http://www.rockland-inc.com

Rohm
Chemische Fabrik
Kirschenallee
D-64293 Darmstadt, Germany
(49) 6151-1801   FAX: (49) 6151-1802
http://www.roehm.com

Roper Scientific
3440 East Brittania Drive, Suite 100
Tucson, AZ 85706
(520) 889-9933   FAX: (520) 573-1944
http://www.roperscientific.com

Rosetta Inpharmatics
12040 115th Avenue NE
Kirkland, WA 98034
(425) 820-8900   FAX: (425) 820-5757
http://www.rii.com

ROTH-SOCHIEL
3 rue de la Chapelle
Lauterbourg
67630 France
(33) 03-88-94-82-42
FAX: (33) 03-88-54-63-93

Rotronic Instrument
160 E. Main Street
Huntington, NY 11743
(631) 427-3898   FAX: (631) 427-3902
http://www.rotronic-usa.com

Roundy's
23000 Roundy Drive
Pewaukee, WI 53072
(262) 953-7999   FAX: (262) 953-7989
http://www.roundys.com

RS Components
Birchington Road
Weldon Industrial Estate
Corby, Northants NN17 9RS, UK
(44) 1536 201234
FAX: (44) 1536 405678
http://www.rs-components.com

Rubbermaid
See Newell Rubbermaid

SA Instrumentation
1437 Tzena Way
Encinitas, CA 92024
(858) 453-1776   FAX: (800) 266-1776
http://www.sainst.com

Safe Cells
See Bionique Testing Labs

Sage Instruments
240 Airport Boulevard
Freedom, CA 95076
831-761-1000   FAX: 831-761-1008
http://www.sageinst.com

Sage Laboratories
11 Huron Drive
Natick, MA 01760
(508) 653-0844   FAX: 508-653-5671
http://www.sagelabs.com

Saint-Gobain Performance Plastics
P.O. Box 3660
Akron, OH 44309
(330) 798-9240   FAX: (330) 798-6968
http://www.nortonplastics.com

San Diego Instruments
7758 Arjons Drive
San Diego, CA 92126
(858) 530-2600   FAX: (858) 530-2646
http://www.sd-inst.com

Sandown Scientific
Beards Lodge
25 Oldfield Road
Hampden, Middlesex TW12 2AJ, UK
(44) 2089 793300
FAX: (44) 2089 793311
http://www.sandownsci.com

Sandoz Pharmaceuticals
See Novartis

Sanofi Recherche
Centre de Montpellier
371 Rue du Professor Blayac
34184 Montpellier, Cedex 04
France
(33) 67-10-67-10
FAX: (33) 67-10-67-67

Sanofi Winthrop Pharmaceuticals
90 Park Avenue
New York, NY 10016
(800) 223-5511   FAX: (800) 933-3243
(212) 551-4000
http://www.sanofi-synthelabo.com/us

Santa Cruz Biotechnology
2161 Delaware Avenue
Santa Cruz, CA 95060
(800) 457-3801   FAX: (831) 457-3801
(831) 457-3800
http://www.scbt.com

Sarasep
(800) 605-0267   FAX: (408) 432-3231
(408) 432-3230
http://www.transgenomic.com

Sarstedt
P.O. Box 468
Newton, NC 28658
(800) 257-5101   FAX: (828) 465-4003
(828) 465-4000
http://www.sarstedt.com

Sartorius
131 Heartsland Boulevard
Edgewood, NY 11717
(800) 368-7178   FAX: (516) 254-4253
http://www.sartorius.com

SAS Institute
Pacific Telesis Center
One Montgomery Street
San Francisco, CA 94104
(415) 421-2227   FAX: (415) 421-1213
http://www.sas.com

Savant/EC Apparatus
A ThermoQuest company
100 Colin Drive
Holbrook, NY 11741
(800) 634-8886   FAX: (516) 244-0606
(516) 244-2929
http://www.savec.com

Savillex
6133 Baker Road
Minnetonka, MN 55345
(612) 935-5427

Scanalytics
Division of CSP
8550 Lee Highway, Suite 400
Fairfax, VA 22031
(800) 325-3110   FAX: (703) 208-1960
(703) 208-2230
http://www.scanalytics.com

Schering Laboratories
See Schering-Plough

Schering-Plough
1 Giralda Farms
Madison, NJ 07940
(800) 222-7579   FAX: (973) 822-7048
(973) 822-7000
http://www.schering-plough.com

Schleicher & Schuell
10 Optical Avenue
Keene, NH 03431
(800) 245-4024   FAX: (603) 357-3627
(603) 352-3810
http://www.s-und-s.de/english-index.html

Science Technology Centre
1250 Herzberg Laboratories
Carleton University
1125 Colonel Bay Drive
Ottawa, Ontario
K1S 5B6 Canada
(613) 520-4442   FAX: (613) 520-4445
http://www.carleton.ca/universities/stc

Scientific Instruments
200 Saw Mill River Road
Hawthorne, NY 10532
(800) 431-1956   FAX: (914) 769-5473
(914) 769-5700
http://www.scientificinstruments.com

Scientific Solutions
9323 Hamilton
Mentor, OH 44060
(440) 357-1400   FAX: (440) 357-1416
http://www.labmaster.com

Scion
82 Worman's Mill Court, Suite H
Frederick, MD 21701
(301) 695-7870   FAX: (301) 695-0035
http://www.scioncorp.com

Scott Specialty Gases
6141 Easton Road
P.O. Box 310
Plumsteadville, PA 18949
(800) 21-SCOTT   FAX: (215) 766-2476
(215) 766-8861
http://www.scottgas.com

Scripps Clinic and Research
Foundation
Instrumentation and Design Lab
10666 N. Torrey Pines Road
La Jolla, CA 92037
(800) 992-9962   FAX: (858) 554-8986
(858) 455-9100
http://www.scrippsclinic.com

SDI Sensor Devices
407 Pilot Court, 400A
Waukesha, WI 53188
(414) 524-1000   FAX: (414) 524-1009

Sefar America
111 Calumet Street
Depew, NY 14043
(716) 683-4050   FAX: (716) 683-4053
http://www.sefaramerica.com

Seikagaku America
Division of Associates of Cape Cod
704 Main Street
Falmouth, MA 02540
(800) 237-4512   FAX: (508) 540-8680
(508) 540-3444
http://www.seikagaku.com

Sellas Medizinische Gerate
Hagener Str. 393
Gevelsberg-Vogelsang, 58285
Germany
(49) 23-326-1225

Sensor Medics
22705 Savi Ranch Parkway
Yorba Linda, CA 92887
(800) 231-2466   FAX: (714) 283-8439
(714) 283-2228
http://www.sensormedics.com

Sensor Systems LLC
2800 Anvil Street, North
Saint Petersburg, FL 33710
(800) 688-2181   FAX: (727) 347-3881
(727) 347-2181
http://www.vsensors.com

SenSym/Foxboro ICT
1804 McCarthy Boulevard
Milpitas, CA 95035
(800) 392-9934   FAX: (408) 954-9458
(408) 954-6700
http://www.sensym.com

Separations Group
See Vydac

Sepracor
111 Locke Drive
Marlboro, MA 01752
(877)-SEPRACOR   (508) 357-7300
http://www.sepracor.com

Sera-Lab
See Harlan Sera-Lab

Sermeter
925 Seton Court, #7
Wheeling, IL 60090
(847) 537-4747

Serological
195 W. Birch Street
Kankakee, IL 60901
(800) 227-9412   FAX: (815) 937-8285
(815) 937-8270

Seromed Biochrom
Leonorenstrasse 2-6
D-12247 Berlin, Germany
(49) 030-779-9060

Serotec
22 Bankside
Station Approach
Kidlington, Oxford OX5 1JE, UK
(44) 1865-852722
FAX: (44) 1865-373899
In the US: (800) 265-7376
http://www.serotec.co.uk

Serva Biochemicals
Distributed by Crescent Chemical

S.F. Medical Pharmlast
See Chase-Walton Elastomers

SGE
2007 Kramer Lane
Austin, TX 78758
(800) 945-6154   FAX: (512) 836-9159
(512) 837-7190
http://www.sge.com

Shandon/Lipshaw
171 Industry Drive
Pittsburgh, PA 15275
(800) 245-6212   FAX: (412) 788-1138
(412) 788-1133
http://www.shandon.com

Sharpoint
P.O. Box 2212
Taichung, Taiwan
Republic of China
(886) 4-3206320
FAX: (886) 4-3289879
http://www.sharpoint.com.tw

Shelton Scientific
230 Longhill Crossroads
Shelton, CT 06484
(800) 222-2092   FAX: (203) 929-2175
(203) 929-8999
http://www.sheltonscientific.com

Sherwood-Davis & Geck
See Kendall

Sherwood Medical
See Kendall

Shimadzu Scientific Instruments
7102 Riverwood Drive
Columbia, MD 21046
(800) 477-1227   FAX: (410) 381-1222
(410) 381-1227
http://www.ssi.shimadzu.com

Sialomed
See Amika

Siemens Analytical X-Ray Systems
See Bruker Analytical X-Ray Systems

Sievers Instruments
Subsidiary of Ionics
6060 Spine Road
Boulder, CO 80301
(800) 255-6964   FAX: (303) 444-6272
(303) 444-2009
http://www.sieversinst.com

SIFCO
970 East 46th Street
Cleveland, OH 44103
(216) 881-8600   FAX: (216) 432-6281
http://www.sifco.com

Sigma-Aldrich
3050 Spruce Street
St. Louis, MO 63103
(800) 358-5287   FAX: (800) 962-9591
(800) 325-3101   FAX: (800) 325-5052
http://www.sigma-aldrich.com

Sigma-Aldrich Canada
2149 Winston Park Drive
Oakville, Ontario
L6H 6J8 Canada
(800) 5652D1400   FAX: (800)
2652D3858
http://www.sigma-aldrich.com

Silenus/Amrad
34 Wadhurst Drive
Boronia, Victoria 3155 Australia
(613)9887-3909   FAX: (613)9887-3912
http://www.amrad.com.au

Silicon Genetics
2601 Spring Street
Redwood City, CA 94063
(866) SIG SOFT   FAX: (650) 365 1735
(650) 367 9600
http://www.sigenetics.com

SIMS Deltec
1265 Grey Fox Road
St. Paul, Minnesota 55112
(800) 426-2448   FAX: (615) 628-7459
http://www.deltec.com

SIMS Portex
10 Bowman Drive
Keene, NH 03431
(800) 258-5361   FAX: (603) 352-3703
(603) 352-3812
http://www.simsmed.com

SIMS Portex Limited
Hythe, Kent CT21 6JL, UK
(44)1303-260551
FAX: (44)1303-266761
http://www.portex.com

Siris Laboratories
See Biosearch Technologies

Skatron Instruments
See Molecular Devices

SLM Instruments
See Spectronic Instruments

SLM-AMINCO Instruments
See Spectronic Instruments

Small Parts
13980 NW 58th Court
P.O. Box 4650
Miami Lakes, FL 33014
(800) 220-4242   FAX: (800) 423-9009
(305) 558-1038   FAX: (305) 558-0509
http://www.smallparts.com

Smith & Nephew
11775 Starkey Road
P.O. Box 1970
Largo, FL 33779
(800) 876-1261
http://www.smith-nephew.com

SmithKline Beecham
1 Franklin Plaza, #1800
Philadelphia, PA 19102
(215) 751-4000   FAX: (215) 751-4992
http://www.sb.com

Solid Phase Sciences
See Biosearch Technologies

SOMA Scientific Instruments
5319 University Drive, PMB #366
Irvine, CA 92612
(949) 854-0220   FAX: (949) 854-0223
http://somascientific.com

Somatix Therapy
See Cell Genesys

Sonics & Materials
53 Church Hill Road
Newtown, CT 06470
(800) 745-1105   FAX: (203) 270-4610
(203) 270-4600
http://www.sonicsandmaterials.com

Sonosep Biotech
See Triton Environmental Consultants

Sorvall
See Kendro Laboratory Products

Southern Biotechnology Associates
P.O. Box 26221
Birmingham, AL 35260
(800) 722-2255   FAX: (205) 945-8768
(205) 945-1774
http://SouthernBiotech.com

SPAFAS
190 Route 165
Preston, CT 06365
(800) SPAFAS-1   FAX: (860) 889-1991
(860) 889-1389
http://www.spafas.com

Specialty Media
Division of Cell & Molecular Technologies
580 Marshall Street
Phillipsburg, NJ 08865
(800) 543-6029   FAX: (908) 387-1670
(908) 454-7774
http://www.specialtymedia.com

Spectra Physics
See Thermo Separation Products

Spectramed
See BOC Edwards

SpectraSource Instruments
31324 Via Colinas, Suite 114
Westlake Village, CA 91362
(818) 707-2655   FAX: (818) 707-9035
http://www.spectrasource.com

Spectronic Instruments
820 Linden Avenue
Rochester, NY 14625
(800) 654-9955   FAX: (716) 248-4014
(716) 248-4000
http://www.spectronic.com

Spectrum Medical Industries
See Spectrum Laboratories

Spectrum Laboratories
18617 Broadwick Street
Rancho Dominguez, CA 90220
(800) 634-3300   FAX: (800) 445-7330
(310) 885-4601   FAX: (310) 885-4666
http://www.spectrumlabs.com

Spherotech
1840 Industrial Drive, Suite 270
Libertyville, IL 60048
(800) 368-0822   FAX: (847) 680-8927
(847) 680-8922
http://www.spherotech.com

SPSS
233 S. Wacker Drive, 11th floor
Chicago, IL 60606
(800) 521-1337   FAX: (800) 841-0064
http://www.spss.com

SS White Burs
1145 Towbin Avenue
Lakewood, NJ 08701
(732) 905-1100   FAX: (732) 905-0987
http://www.sswhiteburs.com

Stag Instruments
16 Monument Industrial Park
Chalgrove, Oxon OX44 7RW, UK
(44) 1865-891116
FAX: (44) 1865-890562

Standard Reference Materials
Program
National Institute of Standards and
Technology
Building 202, Room 204
Gaithersburg, MD 20899
(301) 975-6776   FAX: (301) 948-3730

Starna Cells
P.O. Box 1919
Atascandero, CA 93423
(805) 466-8855   FAX: (805) 461-1575
(800) 228-4482
http://www.starnacells.com

Starplex Scientific
50 Steinway
Etobieoke, Ontario
M9W 6Y3 Canada
(800) 665-0954   FAX: (416) 674-6067
(416) 674-7474
http://www.starplexscientific.com

State Laboratory Institute of
Massachusetts
305 South Street
Jamaica Plain, MA 02130
(617) 522-3700   FAX: (617) 522-8735
http://www.state.ma.us/dph

Stedim Labs
1910 Mark Court, Suite 110
Concord, CA 94520
(800) 914-6644   FAX: (925) 689-6988
(925) 689-6650
http://www.stedim.com

Steinel America
9051 Lyndale Avenue
Bloomington, MN 55420
(800) 852 4343   FAX: (952) 888-5132
http://www.steinelamerica.com

Stem Cell Technologies
777 West Broadway, Suite 808
Vancouver, British Columbia
V5Z 4J7 Canada
(800) 667-0322   FAX: (800) 567-2899
(604) 877-0713   FAX: (604) 877-0704
http://www.stemcell.com

Stephens Scientific
107 Riverdale Road
Riverdale, NJ 07457
(800) 831-8099   FAX: (201) 831-8009
(201) 831-9800

Steraloids
P.O. Box 689
Newport, RI 02840
(401) 848-5422   FAX: (401) 848-5638
http://www.steraloids.com

Sterling Medical
2091 Springdale Road, Ste. 2
Cherry Hill, NJ 08003
(800) 229-0900   FAX: (800) 229-7854
http://www.sterlingmedical.com

Sterling Winthrop
90 Park Avenue
New York, NY 10016
(212) 907-2000   FAX: (212) 907-3626

Sternberger Monoclonals
10 Burwood Court
Lutherville, MD 21093
(410) 821-8505   FAX: (410) 821-8506
http://www.sternbergermonoclonals.com

Stoelting
502 Highway 67
Kiel, WI 53042
(920) 894-2293   FAX: (920) 894-7029
http://www.stoelting.com

Stovall Lifescience
206-G South Westgate Drive
Greensboro, NC 27407
(800) 852-0102   FAX: (336) 852-3507
http://www.slscience.com

Stratagene
11011 N. Torrey Pines Road
La Jolla, CA 92037
(800) 424-5444   FAX: (888) 267-4010
(858) 535-5400
http://www.stratagene.com

Strategic Applications
530A N. Milwaukee Avenue
Libertyville, IL 60048
(847) 680-9385   FAX: (847) 680-9837

Strem Chemicals
7 Mulliken Way
Newburyport, MA 01950
(800) 647-8736   FAX: (800) 517-8736
(978) 462-3191   FAX: (978) 465-3104
http://www.strem.com

StressGen Biotechnologies
Biochemicals Division
120-4243 Glanford Avenue
Victoria, British Columbia
V8Z 4B9 Canada
(800) 661-4978   FAX: (250) 744-2877
(250) 744-2811
http://www.stressgen.com

Structure Probe/SPI Supplies
(Epon-Araldite)
P.O. Box 656
West Chester, PA 19381
(800) 242-4774   FAX: (610) 436-5755
http://www.2spi.com

Süd-Chemie Performance Packaging
101 Christine Drive
Belen, NM 87002
(800) 989-3374   FAX: (505) 864-9296
http://www.uniteddesiccants.com

Sumitomo Chemical
Sumitomo Building
5-33, Kitahama 4-chome
Chuo-ku, Osaka 541-8550, Japan
(81) 6-6220-3891
FAX: (81)-6-6220-3345
http://www.sumitomo-chem.co.jp

Sun Box
19217 Orbit Drive
Gaithersburg, MD 20879
(800) 548-3968   FAX: (301) 977-2281
(301) 869-5980
http://www.sunboxco.com

Sunbrokers
See Sun International

Sun International
3700 Highway 421 North
Wilmington, NC 28401
(800) LAB-VIAL   FAX: (800) 231-7861
http://www.autosamplervial.com

Sunox
1111 Franklin Boulevard, Unit 6
Cambridge, Ontario
N1R 8B5 Canada
(519) 624-4413   FAX: (519) 624-8378
http://www.sunox.ca

Supelco
See Sigma-Aldrich

SuperArray
P.O. Box 34494
Bethesda, MD 20827
(888) 503-3187   FAX: (301) 765-9859
(301) 765-9888
http://www.superarray.com

Surface Measurement Systems
3 Warple Mews, Warple Way
London W3 ORF, UK
(44) 20-8749-4900
FAX: (44) 20-8749-6749
http://www.smsuk.co.uk/index.htm

SurgiVet
N7 W22025 Johnson Road, Suite A
Waukesha, WI 53186
(262) 513-8500   (888) 745-6562
FAX: (262) 513-9069
http://www.surgivet.com

Sutter Instruments
51 Digital Drive
Novato, CA 94949
(415) 883-0128   FAX: (415) 883-0572
http://www.sutter.com

Swiss Precision Instruments
1555 Mittel Boulevard, Suite F
Wooddale, IL 60191
(800) 221-0198   FAX: (800) 842-5164

Synaptosoft
3098 Anderson Place
Decatur, GA 30033
(770) 939-4366   FAX: 770-939-9478
http://www.synaptosoft.com

SynChrom
See Micra Scientific

Synergy Software
2457 Perkiomen Avenue
Reading, PA 19606
(800) 876-8376   FAX: (610) 370-0548
(610) 779-0522
http://www.synergy.com

Synteni
See Incyte

Synthetics Industry
Lumite Division
2100A Atlantic Highway
Gainesville, GA 30501
(404) 532-9756   FAX: (404) 531-1347

Systat
See SPSS

Systems Planning and Analysis (SPA)
2000 N. Beauregard Street
Suite 400
Alexandria, VA 22311
(703) 931-3500
http://www.spa-inc.net

3M Bioapplications
3M Center
Building 270-15-01
St. Paul, MN 55144
(800) 257-7459   FAX: (651) 737-5645
(651) 736-4946

**T Cell Diagnostics and
T Cell Sciences**
38 Sidney Street
Cambridge, MA 02139
(617) 621-1400

TAAB Laboratory Equipment
3 Minerva House
Calleva Park
Aldermaston, Berkshire RG7 8NA, UK
(44) 118 9817775
FAX: (44) 118 9817881

Taconic
273 Hover Avenue
Germantown, NY 12526
(800) TAC-ONIC   FAX: (518) 537-7287
(518) 537-6208
http://www.taconic.com

Tago
See Biosource International

TaKaRa Biochemical
719 Alliston Way
Berkeley, CA 94710
(800) 544-9899   FAX: (510) 649-8933
(510) 649-9895
http://www.takara.co.jp/english

Takara Shuzo
Biomedical Group Division
Seta 3-4-1
Otsu Shiga 520-21, Japan
(81) 75-241-5100
FAX: (81) 77-543-9254
http://www.Takara.co.jp/english

Takeda Chemical Products
101 Takeda Drive
Wilmington, NC 28401
(800) 825-3328   FAX: (800) 825-0333
(910) 762-8666   FAX: (910) 762-6846
http://takeda-usa.com

TAO Biomedical
73 Manassas Court
Laurel Springs, NJ 08021
(609) 782-8622   FAX: (609) 782-8622

Tecan US
P.O. Box 13953
Research Triangle Park, NC 27709
(800) 33-TECAN   FAX: (919) 361-5201
(919) 361-5208
http://www.tecan-us.com

Techne
University Park Plaza
743 Alexander Road
Princeton, NJ 08540
(800) 225-9243   FAX: (609) 987-8177
(609) 452-9275
http://www.techneusa.com

Technical Manufacturing
15 Centennial Drive
Peabody, MA 01960
(978) 532-6330   FAX: (978) 531-8682
http://www.techmfg.com

Technical Products International
5918 Evergreen
St. Louis, MO 63134
(800) 729-4451   FAX: (314) 522-6360
(314) 522-8671
http://www.vibratome.com

Technicon
See Organon Teknika Cappel

Techno-Aide
P.O. Box 90763
Nashville, TN 37209
(800) 251-2629   FAX: (800) 554-6275
(615) 350-7030
http://www.techno-aid.com

Ted Pella
4595 Mountain Lakes Boulevard
P.O. Box 492477
Redding, CA 96049
(800) 237-3526   FAX: (530) 243-3761
(530) 243-2200
http://www.tedpella.com

Tekmar-Dohrmann
P.O. Box 429576
Cincinnati, OH 45242
(800) 543-4461   FAX: (800) 841-5262
(513) 247-7000   FAX: (513) 247-7050

Tektronix
142000 S.W. Karl Braun Drive
Beaverton, OR 97077
(800) 621-1966   FAX: (503) 627-7995
(503) 627-7999
http://www.tek.com

Tel-Test
P.O. Box 1421
Friendswood, TX 77546
(800) 631-0600   FAX: (281)482-1070
(281)482-2672
http://www.isotex-diag.com

TeleChem International
524 East Weddell Drive, Suite 3
Sunnyvale, CA 94089
(408) 744-1331   FAX: (408) 744-1711
http://www.gst.net/~telechem

Terrachem
Mallaustrasse 57
D-68219 Mannheim, Germany
0621-876797-0   FAX: 0621-876797-19
http://www.terrachem.de

Terumo Medical
2101 Cottontail Lane
Somerset, NJ 08873
(800) 283-7866   FAX: (732) 302-3083
(732) 302-4900
http://www.terumomedical.com

Tetko
333 South Highland Manor
Briarcliff, NY 10510
(800) 289-8385   FAX: (914) 941-1017
(914) 941-7767
http://www.tetko.com

TetraLink
4240 Ridge Lea Road
Suite 29
Amherst, NY 14226
(800) 747-5170   FAX: (800) 747-5171
http://www.tetra-link.com

TEVA Pharmaceuticals USA
1090 Horsham Road
P.O. Box 1090
North Wales, PA 19454
(215) 591-3000   FAX: (215) 721-9669
http://www.tevapharmusa.com

Texas Fluorescence Labs
9503 Capitol View Drive
Austin, TX 78747
(512) 280-5223   FAX: (512) 280-4997
http://www.teflabs.com

The Nest Group
45 Valley Road
Southborough, MA 01772
(800) 347-6378   FAX: (508) 485-5736
(508) 481-6223
http://world.std.com/~nestgrp

ThermoCare
P.O. Box 6069
Incline Village, NV 89450
(800) 262-4020
(775) 831-1201

Thermo Labsystems
8 East Forge Parkway
Franklin, MA 02038
(800) 522-7763   FAX: (508) 520-2229
(508) 520-0009
http://www.finnpipette.com

Thermometric
Spjutvagen 5A
S-175 61 Jarfalla, Sweden
(46) 8-564-72-200

Thermoquest
IEC Division
300 Second Avenue
Needham Heights, MA 02194
(800) 843-1113   FAX: (781) 444-6743
(781) 449-0800
http://www.thermoquest.com

Thermo Separation Products
Thermoquest
355 River Oaks Parkway
San Jose, CA 95134
(800) 538-7067   FAX: (408) 526-9810
(408) 526-1100
http://www.thermoquest.com

Thermo Shandon
171 Industry Drive
Pittsburgh, PA 15275
(800) 547-7429   FAX: (412) 899-4045
http://www.thermoshandon.com

Thermo Spectronic
820 Linden Avenue
Rochester, NY 14625
(585) 248-4000   FAX: (585) 248-4200
http://www.thermo.com

Thomas Scientific
99 High Hill Road at I-295
Swedesboro, NJ 08085
(800) 345-2100   FAX: (800) 345-5232
(856) 467-2000   FAX: (856) 467-3087
http://www.wheatonsci.com/html/nt/
Thomas.html

Thomson Instrument
354 Tyler Road
Clearbrook, VA 22624
(800) 842-4752   FAX: (540) 667-6878
(800) 541-4792   FAX: (760) 757-9367
http://www.hplc.com

Thorn EMI
See Electron Tubes

Thorlabs
435 Route 206
Newton, NJ 07860
(973) 579-7227   FAX: (973) 383-8406
http://www.thorlabs.com

Tiemann
See Bernsco Surgical Supply

Timberline Instruments
1880 South Flatiron Court, H-2
P.O. Box 20356
Boulder, CO 80308
(800) 777-5996   FAX: (303) 440-8786
(303) 440-8779
http://www.timberlineinstruments.com

TissueInformatics
711 Bingham Street, Suite 202
Pittsburgh, PA 15203
(418) 488-1100   FAX: (418) 488-6172
http://www.tissueinformatics.com

Tissue-Tek
A Division of Sakura Finetek USA
1750 West 214th Street
Torrance, CA 90501
(800) 725-8723   FAX: (310) 972-7888
(310) 972-7800
http://www.sakuraus.com

Tocris Cookson
114 Holloway Road, Suite 200
Ballwin, MO 63011
(800) 421-3701   FAX: (800) 483-1993
(636) 207-7651   FAX: (636) 207-7683
http://www.tocris.com

Tocris Cookson
Northpoint, Fourth Way
Avonmouth, Bristol BS11 8TA, UK
(44) 117-982-6551
FAX: (44) 117-982-6552
http://www.tocris.com

Tomtec
See CraMar Technologies

TopoGen
P.O. Box 20607
Columbus, OH 43220
(800) TOPOGEN
FAX: (800) ADD-TOPO
(614) 451-5810   FAX: (614) 451-5811
http://www.topogen.com

Toray Industries, Japan
Toray Building 2-1
Nihonbash-Muromach
2-Chome, Chuo-Ku
Tokyo, Japan 103-8666
(03) 3245-5115   FAX: (03) 3245-5555
http://www.toray.co.jp

Toray Industries, U.S.A.
600 Third Avenue
New York, NY 10016
(212) 697-8150   FAX: (212) 972-4279
http://www.toray.com

Toronto Research Chemicals
2 Brisbane Road
North York, Ontario
M3J 2J8 Canada
(416) 665-9696   FAX: (416) 665-4439
http://www.trc-canada.com

TosoHaas
156 Keystone Drive
Montgomeryville, PA 18036
(800) 366-4875   FAX: (215) 283-5035
(215) 283-5000
http://www.tosohaas.com

Towhill
647 Summer Street
Boston, MA 02210
(617) 542-6636   FAX: (617) 464-0804

Toxin Technology
7165 Curtiss Avenue
Sarasota, FL 34231
(941) 925-2032   FAX: (9413) 925-2130
http://www.toxintechnology.com

Toyo Soda
See TosoHaas

Trace Analytical
3517-A Edison Way
Menlo Park, CA 94025
(650) 364-6895   FAX: (650) 364-6897
http://www.traceanalytical.com

Transduction Laboratories
See BD Transduction Laboratories

Transgenomic
2032 Concourse Drive
San Jose, CA 95131
(408) 432-3230   FAX: (408) 432-3231
http://www.transgenomic.com

Transonic Systems
34 Dutch Mill Road
Ithaca, NY 14850
(800) 353-3569   FAX: (607) 257-7256
http://www.transonic.com

Travenol Lab
See Baxter Healthcare

Tree Star Software
20 Winding Way
San Carlos, CA 94070
800-366-6045
http://www.treestar.com

Trevigen
8405 Helgerman Court
Gaithersburg, MD 20877
(800) TREVIGEN   FAX: (301) 216-2801
(301) 216-2800
http://www.trevigen.com

Trilink Biotechnologies
6310 Nancy Ridge Drive
San Diego, CA 92121
(800) 863-6801   FAX: (858) 546-0020
http://www.trilink.biotech.com

Tripos Associates
1699 South Hanley Road, Suite 303
St. Louis, MO 63144
(800) 323-2960   FAX: (314) 647-9241
(314) 647-1099
http://www.tripos.com

Triton Environmental Consultants
120-13511 Commerce Parkway
Richmond, British Columbia
V6V 2L1 Canada
(604) 279-2093   FAX: (604) 279-2047
http://www.triton-env.com

Tropix
47 Wiggins Avenue
Bedford, MA 01730
(800) 542-2369   FAX: (617) 275-8581
(617) 271-0045
http://www.tropix.com

TSI Center for Diagnostic Products
See Intergen

2000 Eppendorf-5 Prime
5603 Arapahoe Avenue
Boulder, CO 80303
(800) 533-5703   FAX: (303) 440-0835
(303) 440-3705

Tyler Research
10328 73rd Avenue
Edmonton, Alberta
T6E 6N5 Canada
(403) 448-1249   FAX: (403) 433-0479

UBI
See Upstate Biotechnology

Ugo Basile Biological Research Apparatus
Via G. Borghi 43
21025 Comerio, Varese, Italy
(39) 332 744 574
FAX: (39) 332 745 488
http://www.ugobasile.com

UltraPIX
See Life Science Resources

Ultrasonic Power
239 East Stephenson Street
Freeport, IL 61032
(815) 235-6020   FAX: (815) 232-2150
http://www.upcorp.com

Ultrasound Advice
23 Aberdeen Road
London N52UG, UK
(44) 020-7359-1718
FAX: (44) 020-7359-3650
http://www.ultrasoundadvice.co.uk

UNELKO
14641 N. 74th Street
Scottsdale, AZ 85260
(480) 991-7272   FAX: (480)483-7674
http://www.unelko.com

Unifab Corp.
5260 Lovers Lane
Kalamazoo, MI 49002
(800) 648-9569   FAX: (616) 382-2825
(616) 382-2803

Union Carbide
10235 West Little York Road, Suite 300
Houston, TX 77040
(800) 568-4000   FAX: (713) 849-7021
(713) 849-7000
http://www.unioncarbide.com

United Desiccants
See Süd-Chemie Performance Packaging

United States Biochemical
See USB

**United States Biological
(US Biological)**
P.O. Box 261
Swampscott, MA 01907
(800) 520-3011   FAX: (781) 639-1768
http://www.usbio.net

Universal Imaging
502 Brandywine Parkway
West Chester, PA 19380
(610) 344-9410   FAX: (610) 344-6515
http://www.image1.com

Upchurch Scientific
619 West Oak Street
P.O. Box 1529
Oak Harbor, WA 98277
(800) 426-0191   FAX: (800) 359-3460
(360) 679-2528   FAX: (360) 679-3830
http://www.upchurch.com

Upjohn
Pharmacia & Upjohn
http://www.pnu.com

Upstate Biotechnology (UBI)
1100 Winter Street, Suite 2300
Waltham, MA 02451
(800) 233-3991   FAX: (781) 890-7738
(781) 890-8845
http://www.upstatebiotech.com

USA/Scientific
346 SW 57th Avenue
P.O. Box 3565
Ocala, FL 34478
(800) LAB-TIPS   FAX: (352) 351-2057
(3524) 237-6288
http://www.usascientific.com

USB
26111 Miles Road
P.O. Box 22400
Cleveland, OH 44122
(800) 321-9322   FAX: (800) 535-0898
FAX: (216) 464-5075
http://www.usbweb.com

USCI Bard
Bard Interventional Products
129 Concord Road
Billerica, MA 01821
(800) 225-1332   FAX: (978) 262-4805
http://www.bardinterventional.com

UVP (Ultraviolet Products)
2066 W. 11th Street
Upland, CA 91786
(800) 452-6788   FAX: (909) 946-3597
(909) 946-3197
http://www.uvp.com

V & P Scientific
9823 Pacific Heights Boulevard, Suite T
San Diego, CA 92121
(800) 455-0644   FAX: (858) 455-0703
(858) 455-0643
http://www.vp-scientific.com

Valco Instruments
P.O. Box 55603
Houston, TX 77255
(800) FOR-VICI   FAX: (713) 688-8106
(713) 688-9345
http://www.vici.com

Valpey Fisher
75 South Street
Hopkin, MA 01748
(508) 435-6831   FAX: (508) 435-5289
http://www.valpeyfisher.com

Value Plastics
3325 Timberline Road
Fort Collins, CO 80525
(800) 404-LUER   FAX: (970) 223-0953
(970) 223-8306
http://www.valueplastics.com

Vangard International
P.O. Box 308
3535 Rt. 66, Bldg. #4
Neptune, NJ 07754
(800) 922-0784   FAX: (732) 922-0557
(732) 922-4900
http://www.vangard1.com

Varian Analytical Instruments
2700 Mitchell Drive
Walnut Creek, CA 94598
(800) 926-3000   FAX: (925) 945-2102
(925) 939-2400
http://www.varianinc.com

Varian Associates
3050 Hansen Way
Palo Alto, CA 94304
(800) 544-4636   FAX: (650) 424-5358
(650) 493-4000
http://www.varian.com

Vector Core Laboratory/
National Gene Vector Labs
University of Michigan
3560 E MSRB II
1150 West Medical Center Drive
Ann Arbor, MI 48109
(734) 936-5843   FAX: (734) 764-3596

Vector Laboratories
30 Ingold Road
Burlingame, CA 94010
(800) 227-6666   FAX: (650) 697-0339
(650) 697-3600
http://www.vectorlabs.com

Vedco
2121 S.E. Bush Road
St. Joseph, MO 64504
(888) 708-3326   FAX: (816) 238-1837
(816) 238-8840
http://database.vedco.com

Ventana Medical Systems
3865 North Business Center Drive
Tucson, AZ 85705
(800) 227-2155   FAX: (520) 887-2558
(520) 887-2155
http://www.ventanamed.com

Verity Software House
P.O. Box 247
45A Augusta Road
Topsham, ME 04086
(207) 729-6767   FAX: (207) 729-5443
http://www.vsh.com

Vernitron
See Sensor Systems LLC

Vertex Pharmaceuticals
130 Waverly Street
Cambridge, MA 02139
(617) 577-6000   FAX: (617) 577-6680
http://www.vpharm.com

Vetamac
Route 7, Box 208
Frankfort, IN 46041
(317) 379-3621

Vet Drug
Unit 8
Lakeside Industrial Estate
Colnbrook, Slough SL3 0ED, UK

Vetus Animal Health
See Burns Veterinary Supply

Viamed
15 Station Road
Cross Hills, Keighley
W. Yorkshire BD20 7DT, UK
(44) 1-535-634-542
FAX: (44) 1-535-635-582
http://www.viamed.co.uk

Vical
9373 Town Center Drive, Suite 100
San Diego, CA 92121
(858) 646-1100   FAX: (858) 646-1150
http://www.vical.com

Victor Medical
2349 North Watney Way, Suite D
Fairfield, CA 94533
(800) 888-8908   FAX: (707) 425-6459
(707) 425-0294

Virion Systems
9610 Medical Center Drive, Suite 100
Rockville, MD 20850
(301) 309-1844   FAX: (301) 309-0471
http://www.radix.net/~virion

VirTis Company
815 Route 208
Gardiner, NY 12525
(800) 765-6198   FAX: (914) 255-5338
(914) 255-5000
http://www.virtis.com

Visible Genetics
700 Bay Street, Suite 1000
Toronto, Ontario
M5G 1Z6 Canada
(888) 463-6844   (416) 813-3272
http://www.visgen.com

Vitrocom
8 Morris Avenue
Mountain Lakes, NJ 07046
(973) 402-1443   FAX: (973) 402-1445

VTI
7650 W. 26th Avenue
Hialeah, FL 33106
(305) 828-4700   FAX: (305) 828-0299
http://www.vticorp.com

VWR Scientific Products
200 Center Square Road
Bridgeport, NJ 08014
(800) 932-5000   FAX: (609) 467-5499
(609) 467-2600
http://www.vwrsp.com

Vydac
17434 Mojave Street
P.O. Box 867
Hesperia, CA 92345
(800) 247-0924   FAX: (760) 244-1984
(760) 244-6107
http://www.vydac.com

Vysis
3100 Woodcreek Drive
Downers Grove, IL 60515
(800) 553-7042   FAX: (630) 271-7138
(630) 271-7000
http://www.vysis.com

W&H Dentalwerk Bürmoos
P.O. Box 1
A-5111 Bürmoos, Austria
(43) 6274-6236-0
FAX: (43) 6274-6236-55
http://www.wnhdent.com

Wako BioProducts
See Wako Chemicals USA

Wako Chemicals USA
1600 Bellwood Road
Richmond, VA 23237
(800) 992-9256   FAX: (804) 271-7791
(804) 271-7677
http://www.wakousa.com

Wako Pure Chemicals
1-2, Doshomachi 3-chome
Chuo-ku, Osaka 540-8605, Japan
81-6-6203-3741   FAX: 81-6-6222-1203
http://www.wako-chem.co.jp/egaiyo/
index.htm

Wallac
See Perkin-Elmer

Wallac
A Division of Perkin-Elmer
3985 Eastern Road
Norton, OH 44203
(800) 321-9632   FAX: (330) 825-8520
(330) 825-4525
http://www.wallac.com

Waring Products
283 Main Street
New Hartford, CT 06057
(800) 348-7195   FAX: (860) 738-9203
(860) 379-0731
http://www.waringproducts.com

Warner Instrument
1141 Dixwell Avenue
Hamden, CT 06514
(800) 599-4203   FAX: (203) 776-1278
(203) 776-0664
http://www.warnerinstrument.com

Warner-Lambert
Parke-Davis
201 Tabor Road
Morris Plains, NJ 07950
(973) 540-2000   FAX: (973) 540-3761
http://www.warner-lambert.com

Washington University Machine Shop
615 South Taylor
St. Louis, MO 63310
(314) 362-6186   FAX: (314) 362-6184

Waters Chromatography
34 Maple Street
Milford, MA 01757
(800) 252-HPLC   FAX: (508) 478-1990
(508) 478-2000
http://www.waters.com

Watlow
12001 Lackland Road
St. Louis, MO 63146
(314) 426-7431   FAX: (314) 447-8770
http://www.watlow.com

Watson-Marlow
220 Ballardvale Street
Wilmington, MA 01887
(978) 658-6168   FAX: (978) 988 0828
http://www.watson-marlow.co.uk

Waukesha Fluid Handling
611 Sugar Creek Road
Delavan, WI 53115
(800) 252-5200   FAX: (800) 252-5012
(414) 728-1900   FAX: (414) 728-4608
http://www.waukesha-cb.com

WaveMetrics
P.O. Box 2088
Lake Oswego, OR 97035
(503) 620-3001   FAX: (503) 620-6754
http://www.wavemetrics.com

Weather Measure
P.O. Box 41257
Sacramento, CA 95641
(916) 481-7565

Weber Scientific
2732 Kuser Road
Hamilton, NJ 08691
(800) FAT-TEST   FAX: (609) 584-8388
(609) 584-7677
http://www.weberscientific.com

Weck, Edward & Company
1 Weck Drive
Research Triangle Park, NC 27709
(919) 544-8000

Wellcome Diagnostics
See Burroughs Wellcome

Wellington Laboratories
398 Laird Road
Guelph, Ontario
N1G 3X7 Canada
(800) 578-6985   FAX: (519) 822-2849
http://www.well-labs.com

Wesbart Engineering
Daux Road
Billingshurst, West Sussex
RH14 9EZ, UK
(44) 1-403-782738
FAX: (44) 1-403-784180
http://www.wesbart.co.uk

Whatman
9 Bridewell Place
Clifton, NJ 07014
(800) 631-7290   FAX: (973) 773-3991
(973) 773-5800
http://www.whatman.com

Wheaton Science Products
1501 North 10th Street
Millville, NJ 08332
(800) 225-1437   FAX: (800) 368-3108
(856) 825-1100   FAX: (856) 825-1368
http://www.algroupwheaton.com

Whittaker Bioproducts
See BioWhittaker

Wild Heerbrugg
Juerg Dedual Gaebrisstrasse 8 CH
9056 Gais, Switzerland
(41) 71-793-2723
FAX: (41) 71-726-5957
http://www.homepage.swissonline.net/
dedual/wild_heerbrugg

Willy A. Bachofen
AG Maschinenfabrik
Utengasse 15/17
CH4005 Basel, Switzerland
(41) 61-681-5151
FAX: (41) 61-681-5058
http://www.wab.ch

Winthrop
See Sterling Winthrop

Wolfram Research
100 Trade Center Drive
Champaign, IL 61820
(800) 965-3726   FAX: (217) 398-0747
(217) 398-0700
http://www.wolfram.com

World Health Organization
Microbiology and Immunology Support
20 Avenue Appia
1211 Geneva 27, Switzerland
(41-22) 791-2602
FAX: (41-22) 791-0746
http://www.who.org

World Precision Instruments
175 Sarasota Center Boulevard
International Trade Center
Sarasota, FL 34240
(941) 371-1003   FAX: (941) 377-5428
http://www.wpiinc.com

Worthington Biochemical
Halls Mill Road
Freehold, NJ 07728
(800) 445-9603   FAX: (800) 368-3108
(732) 462-3838   FAX: (732) 308-4453
http://www.worthington-biochem.com

WPI
See World Precision Instruments

Wyeth-Ayerst
2 Esterbrook Lane
Cherry Hill, NJ 08003
(800) 568-9938   FAX: (858) 424-8747
(858) 424-3700

Wyeth-Ayerst Laboratories
P.O. Box 1773
Paoli, PA 19301
(800) 666-7248   FAX: (610) 889-9669
(610) 644-8000
http://www.ahp.com

Xenotech
3800 Cambridge Street
Kansas City, KS 66103
(913) 588-7930   FAX: (913) 588-7572
http://www.xenotechllc.com

Xeragon
19300 Germantown Road
Germantown, MD 20874
(240) 686-7860   FAX: (240)686-7861
http://www.xeragon.com

Xillix Technologies
300-13775 Commerce Parkway
Richmond, British Columbia
V6V 2V4 Canada
(800) 665-2236   FAX: (604) 278-3356
(604) 278-5000
http://www.xillix.com

Xomed Surgical Products
6743 Southpoint Drive N
Jacksonville, FL 32216
(800) 874-5797   FAX: (800) 678-3995
(904) 296-9600   FAX: (904) 296-9666
http://www.xomed.com

Yakult Honsha
1-19, Higashi-Shinbashi 1-chome
Minato-ku Tokyo 105-8660, Japan
81-3-3574-8960

Yamasa Shoyu
23-8 Nihonbashi Kakigaracho
1-chome, Chuoku
Tokyo, 103 Japan
(81) 3-479 22 0095
FAX: (81) 3-479 22 3435

Yeast Genetic Stock Center
See ATCC

Yellow Spring Instruments
See YSI

YMC
YMC Karasuma-Gojo Building
284 Daigo-Cho, Karasuma Nisihiirr
Gojo-dori Shimogyo-ku
Kyoto, 600-8106, Japan
(81) 75-342-4567
FAX: (81) 75-342-4568
http://www.ymc.co.jp

YSI
1725-1700 Brannum Lane
Yellow Springs, OH 45387
(800) 765-9744   FAX: (937) 767-9353
(937) 767-7241
http://www.ysi.com

Zeneca/CRB
See AstraZeneca
(800) 327-0125   FAX: (800) 321-4745

Zivic-Miller Laboratories
178 Toll Gate Road
Zelienople, PA 16063
(800) 422-LABS   FAX: (724) 452-4506
(800) MBM-RATS   FAX: (724) 452-5200
http://zivicmiller.com

Zymark
Zymark Center
Hopkinton, MA 01748
(508) 435-9500   FAX: (508) 435-3439
http://www.zymark.com

Zymed Laboratories
458 Carlton Court
South San Francisco, CA 94080
(800) 874-4494   FAX: (650) 871-4499
(650) 871-4494
http://www.zymed.com

Zymo Research
625 W. Katella Avenue, Suite 30
Orange, CA 92867
(888) 882-9682   FAX: (714) 288-9643
(714) 288-9682
http://www.zymor.com

Zynaxis Cell Science
See ChiRex Cauldron

李慎涛 译   蔺晓薇 校

参 考 文 献

Ackers, G.K. 1970. Analytical gel chromatography of proteins. *Adv. Protein Chem.* 24:342-443.

Ackers, G.K. 1973. Studies of protein ligand binding by gel permeation techniques. *Methods Enzymol.* 27:441-455.

Ackers, G.K. 1975. Molecular sieve methods of analysis. *In* The Proteins, Vol. 1 (H. Neurath, R.L. Hill, and C. Roeder, eds.) pp. 1-94. Academic Press, New York.

Aebersold, R. 1993. Internal amino acid sequence analysis of proteins after in situ protease digestion on nitrocellulose. *In* A Practical Guide to Protein and Peptide Purification for Microsequencing, 2nd ed. (P. Matsudaira, ed.) pp. 105-154. Academic Press, New York.

Aitken, A. 1992. Structure determination of acylated proteins. *In* Lipid Modifications of Proteins: A Practical Approach (N.M. Hooper and A.J. Turner, eds.) pp. 63-88. IRL Press, Oxford.

Aitken, A. 1996. Protein chemistry methods, post-translational modification, consensus sequences. *In* Protein LabFax (N.C. Price, ed.) pp. 253-285. BIOS Scientific Publishers, Oxford.

Albericio, F., Annis, I., Royo, M., and Barany, G. 2000. Preparation and handling of peptides containing methionine and cysteine. *In* Fmoc Solid Phase Peptide Synthesis: A Practical Approach (W.C. Chan and P.D. White, eds.) pp. 77-114. Oxford University Press, Oxford.

Allen, G. 1989. Specific cleavage of the protein in sequencing of proteins and peptides. *In* Laboratory Techniques in Biochemistry and Molecular Biology, 2nd ed. (R.H. Burdon and P.H. van Knippenberg, eds.) pp. 73-104. Elsevier Science Publishing, New York.

Allen, S., Naim, H.Y., and Bullied, N.J. 1995. Intracellular folding of tissue-type plasminogen-activator—effects of disulfide bond formation on N-linked glycosylation and secretion. *J. Biol. Chem.* 270:4797-4804.

Altschul, S.F., Boguski, M.S., Gish, W., and Wootton, J.C. 1994. Issues in searching molecular sequence databases. *Nature Genet.* 6:119-129.

Altschul, S.F., Madden, T.L., Schaffer, A.A., Zhang, J., Zhang, Z., Miller, W., and Lipman, D.J. 1997. Gapped BLAST and PSI-BLAST: A new generation of protein database search programs. *Nucl. Acids Res.* 25:3389-3402.

Amersham Pharmacia Biotech. 2001. The Recombinant Protein Handbook. Amersham Pharmacia Biotech Web site: *www.amersham biosciences.com.* (Also see Pharmacia Biotech, 1994.)

Anchordoquy, T.J. and Carpenter, J.F. 1996. Polymers protect lactate dehydrogenase during freeze-drying by inhibiting dissociation in the frozen state. *Arch. Biochem. Biophys.* 332:231-238.

Andreu, D., Albericio, F., Sole, N.A., Munson, M.C., Ferrer, M., and Barany, G. 1994. Formation of disulfide bonds in synthetic peptides and proteins. *In* Methods in Molecular Biology, Vol. 35: Peptide Synthesis Protocols (M.W. Pennington and B.M. Dunn, eds.) pp. 91-169. Humana Press, Totowa, N.J.

Andreu, J.M. 1985. Measurement of protein-ligand interactions by gel chromatography. *Methods Enzymol.* 117:346-354.

Andrews, A.T. 1986. Electrophoresis: Theory, Techniques and Biochemical and Clinical Applications, 2nd ed. Oxford University Press, New York.

Anfinsen, C.B. 1967. The formation of the tertiary structure of proteins. *Harvey Lect.* 61:95-116.

Anfinsen, C.B. 1973. Principles that govern the folding of protein chains. *Science* 181:223-230.

Annis, I., Hargittai, B., and Barany, G. 1997. Disulfide bond formation in peptides. *Methods Enzymol.* 289:198-221.

Annis, I., Chen, L., and Barany, G. 1998. Novel solid-phase reagents for facile formation of intramolecular disulfide bridges in peptides under mild conditions. *J. Am. Chem. Soc.* 120:7226-7238.

Arendt, C.S. and Hochstrasser, M. 1997. Identification of the yeast 20S proteasome catalytic centers and subunit interactions required for active-site formation. *Proc. Natl. Acad. Sci. U.S.A.* 94:7156-7161.

Arking, D.E., Krebsova, A., Macek, M. Sr., Arking, A., Mian, I.S., Fried, L., Hamosh, A., Dey, S., McIntosh, I., and Dietz, H.C. 2002. Association of human aging with a functional variant of klotho. *Proc. Natl. Acad. Sci. U.S.A.* 99:856-861.

Atassi, M.Z. and Habeeb, A.F.S.A. 1972. Reaction of proteins with citraconic anhydride. *Methods Enzymol.* 25:546-553.

Atherton, D., Fernandez, J., DeMott, M., Andrews, L., and Mische, S.M. 1993. Routine protein sequence analysis below ten picomoles: One sequencing facility's approach. *In* Techniques in Protein Chemistry (R.H. Angeletti, ed.) pp. 409-418. Academic Press, San Diego.

Ausubel, F.M., Brent, R., Kingston, R.F., Moore, D.D., Seidman, J.G., Smith, J.A., and Struhl, K. (eds.) 2003. Current Protocols in Molecular Biology. John Wiley & Sons, Hoboken, N.J.

Axen, R., Porath, J., and Ernback, S. 1967. Chemical coupling of peptides and proteins to polysaccharides by means of cyanogen halides. *Nature* 214:1302-1304.

Bachman, F. 1994. Fibrinolysis. *In* Haemostasis and Thrombosis (A.L. Bloom, C.D. Forbes, D.P. Thomas, and E.G.D. Tuddenham, eds.) pp. 549-625. Churchill Livingstone, London.

Bacik, I., Cox, J.H., Anderson, R., Yewdell, J.W., and Bennink, J.R. 1994. TAP (transporter associated with antigen processing)-independent presentation of endogenously synthesized peptides is enhanced by endoplasmic reticulum insertion sequences located at the amino- but not carboxyl-terminus of the peptide. *J. Immunol.* 152:381-387.

Bairoch, A. and Apweiler, R. 1999. The SwissProt protein sequence data bank and its supplement TrEMBL in 1999. *Nucl. Acids Res.* 27:49-54.

Baker, B.M. and Murphy, K.P. 1996. Evaluation of linked protonation effects in protein binding reactions using isothermal titration calorimetry. *Biophys. J.* 71:2049-2055.

Baker, B.M. and Murphy, K.P. 1997. Dissecting the energetics of protein-protein interactions: The binding of ovomucoid third domain to elastase. *J. Mol. Biol.* 268:557-569.

Ballery, N., Desmadril, M., Minard, P., and Yon, J.M. 1993. Characterization of an intermediate in the folding pathway of phosphoglycerate kinase: Chemical reactivity of genetically introduced cysteinyl residues during the folding process. *Biochemistry* 32:708-714.

Baneyx, F. 1999. Recombinant protein expression in *Escherichia coli. Curr. Opin. Biotechnol.* 10:411-421.

Banks, P.R. and Paquette, D.M. 1995. Comparison of three common amine-reactive fluorescent probes used for conjugation to biomolecules by capillary zone electrophoresis. *Bioconjugate Chem.* 6:447-458.

Barrett, A.J., Rawlings, N.D., and Woessner, J.F. (eds.). 1998. Handbook of Proteolytic Enzymes. Academic Press, London.

Bateman, R.H., Green, M.R., Scott, G., and Clayton, E. 1995. A combined magnetic sector time-of-flight mass spectrometer for structural determination studies by tandem mass spectrometry. *Rapid Commun. Mass Spectrom.* 9:1227-1233.

Bayley, P. M. 1980. Circular dichroism and optical rotation. *In* An Introduction to Spectroscopy for Biochemists (S.B.Brown, ed.) pp. 148-235. Academic Press, London.

Beavis, R.C. and Chait, B.T. 1996. Matrix-assisted laser desorption ionization mass-spectrometry of proteins. *Methods Enzymol.* 270:519-551.

Beckers, C.J.M., Keller, D.S., and Balch, W.E. 1987. Semi-intact cells permeable to macromolecules: Use in reconstitution of protein transport from the endoplasmic reticulum to the Golgi complex. *Cell* 50:523-534.

Berger, A. and Schechter, I. 1970. Mapping the active site of papain with the aid of peptide substrates and inhibitors. *Philos. Trans. R. Soc. Lond. Ser. B Biol. Sci.* 257:249-264.

Bernstein, F.C., Koetzle, T.F., Williams, G.J.B., Meyer, E.F., Brice, M.D., Rodgers, J.R., Kennard, O., Shimanouchi, T., and Tasumi, M. 1977. The protein data bank: A computer based archival file for macromolecular structures. *J. Mol. Biol.* 112:535-542.

Best, S., Reim, D.F., Mozdzanowski, J., and Speicher, D.W. 1994. High sensitivity sequence analysis using in situ proteolysis on high retention PVDF membranes and a biphasic reaction column sequencer. *In* Techniques in Protein Chemistry V (J. Crabb, ed.) pp. 205-213. Academic Press, New York.

Bethell, G.S., Ayers, J.S., Hancock, W.S., and Hearn, M.T.W. 1979. A novel method of activation of cross-linked agaroses with 1,1'-carbonyldiimidazole which gives a matrix for affinity chromatography devoid of additional charged groups. *J. Biol. Chem.* 254:2572-2574.

Beyer, R.E. 1983. A rapid biuret assay for protein of whole fatty tissues. *Anal. Biochem.* 129:483-485.

Bhatnagar, R.S. and Gordon, J.I. 1995. Thermodynamic studies of myristoyl-CoA-protein *n*-myristoyltransferase using isothermal titration calorimetry. *Methods Enzymol.* 250:467-486.

Bibi, E. and Beja, O. 1994. Membrane topology of multidrug resistant protein expressed in *E. coli. J. Biol. Chem.* 31:19910-19915.

Billy, E., Brondani, V., Zhang, H., Muller, U., and Filipowicz, W. 2001. Specific interference with gene expression induced by long, double-stranded RNA in mouse embryonal teratocarcinoma cell lines. *Proc. Natl. Acad. Sci. U.S.A.* 98:14428-14433.

Biltonen, R.L. and Freire, E. 1978. Thermodynamic characterization of conformational states of biological macromolecules using differential scanning calorimetry. *Crit. Rev. Biochem.* 5:85-124.

BioProbe International. 1986. U.S. Patent 4,582,875.

BioSupplyNet Source Book. 1999. BioSupplyNet, Plainview, N.Y., and Cold Spring Harbor Laboratory Press, Cold Spring Harbor, N.Y.

Blanar, M.A. and Rutter, W.J. 1992. Interaction cloning: Identification of a helix-loop-helix zipper protein that interacts with c-Fos. *Science* 256:1014-1018.

Blasco, R. and Moss, B. 1995. Selection of recombinant vaccinia viruses on the basis of plaque formation. *Gene* 158:157-162.

Bonifacino, J.S. 1998. Metabolic labeling with amino acids. *In* Current Protocols in Cell Biology (J.S. Bonifacino, M. Dasso, J.B. Harford, J. Lippincott-Schwartz, and K.M. Yamada, eds.) pp. 7.1.1-7.1.10. John Wiley & Sons, New York.

Botti, P., Pallin, T.D., and Tam, J.P. 1996. Cyclic peptides from linear unprotected peptide precursors through thiazolidine formation. *J. Am. Chem. Soc.* 118:10018-10024.

Bottomly, K., Davis, C.S., and Lipsky, P.E. 1991. Measurement of human and murine interleukin-2 and interleukin-4. *In* Current Protocols in Immunology (J.E. Coligan, A.M. Kruisbeek, D.H. Marguiles, E.M. Shevach, and W. Strober, eds.) pp. 6.3.1-6.3.12. John Wiley & Sons, New York.

Bowden, G.A., Paredes, A.M., and Georgiou, G. 1991. Structure and morphology of protein inclusion bodies in *E. coli. Biotechnology* 9:725-730.

Boyle, W.J., van der Geer, P., and Hunter, T. 1991. Phosphopeptide mapping and phosphoamino acid analysis by two-dimensional separation on thin-layer cellulose plates. *Methods Enzymol.* 201:110-148.

Braakman, I., Hoover-Litty, H., Wagner, K.R., and Helenius, A. 1991. Folding of influenza hemagglutinin in the endoplasmic reticulum. *J. Cell Biol.* 114:401-411.

Bradford, M.M. 1976. A rapid and sensitive method for quantitation of microgram quantities of protein utilizing the principle of protein-dye binding. *Anal. Biochem.* 72:248-254.

Bradley, M.K. 1990. Overexpression of proteins in eukaryotes. *Methods Enzymol.* 182:112-143.

Brauer, A.W., Oman, C.L., and Margolies, M.N. 1984. Use of *o*-phthalaldehyde to reduce background during automated Edman degradation. *Anal. Biochem.* 137:134-142.

Brewer, S.J. and Sassenfeld, H.M. 1985. The purification of recombinant proteins using C-terminal poly-arginine fusions. *Trends Biotechnol.* 3:119-122.

Brinkley, M. 1993. A brief survey of methods for preparing protein conjugates with dyes, haptens, and cross-linking reagents. *In* Perspectives in Bioconjugate Chemistry (C.F. Meares, ed.) pp. 59-70. American Chemical Society, Washington, D.C.

Brodbeck, U. and Bordier, C. (eds.) 1988. Post-translational Modifications of Proteins by Lipids: A Laboratory Manual. Springer-Verlag, New York.

Browning, J.L., Mattaliano, R.J., Chow, E.P., Liang, S.-M., Allet, B., Rosa, J., and Smart, J.E. 1986. Disulfide scrambling of interleukin-2: HPLC resolution of the three possible isomers. *Anal. Biochem.* 155:123-128.

Brune, D.C. 1992. Alkylation of cysteine with acrylamide for protein sequence analysis. *Anal. Biochem.* 207:285-290.

Bundle, D.R. and Sigurskjold, B.W. 1994. Determination of accurate thermodynamics of binding by titration microcalorimetry. *Methods Enzymol.* 247:288-305.

Burgess, R.R. and Jendrisak, J.J. 1975. A procedure for the rapid, large-scale purification of *E. coli* DNA-dependent RNA polymerase involving polymin P precipitation and DNA-cellulose chromatography. *J. Biol. Chem.* 14:4634-4638.

Burlingame, A.L. and Carr, S. (eds.) 1996. Mass Spectrometry in the Biological Sciences. Humana Press, Totawa, N.J.

Bussian, B.M. and Sander, C. 1989. How to determine protein secondary structure in solution by Raman spectroscopy: Practical guide and test case DNase I. *Biochemistry* 28:4271-4277.

Butler, M. (ed.). 1991. Mammalian Cell Biotechnology, IRL Press, Oxford.

Butler, P.J.G. and Hartley, B.S. 1972. Maleylation of amino groups. *Methods Enzymol.* 25:191-199.

Cagney, G., Uetz, P., and Fields, S. 2000. High-throughput screening for protein-protein interactions using two-hybrid assay. *Methods Enzymol.* 328:3-14.

Campbell, I.D. and Dwek, R.A. 1984. Biological Spectroscopy. Benjamin/Cummings Company, Menlo Park, Calif.

Cantor, C.R. and Schimmel, P.R. 1980. Biophysical Chemistry. Part II: Techniques for the Study of Biological Structure and Function. W.H. Freeman, San Francisco.

Carpenter, J.F. and Chang, B.S. 1996. Lyophilization of protein pharmaceuticals. *In* Biotechnology and Biopharmaceutical Manufacturing, Processing and Preservation (K. Avis and V. Wu, eds.) pp. 199-263. Intepharm Press, Buffalo Grove, Ill.

Carpenter, J.F., Pikal, M.J., Chang, B.S., and Randolph, T.W. 1997. Rational design of stable lyophilized protein formulations: Some practical advice. *Pharm. Res.* 14:969-975.

Carrell, R.W. and Travis, J. 1985. α1-Antitrypsin and the serpins: Variations and countervariations. *Trends Biochem. Sci.* 10:20-24.

Carroll, M.W. and Moss, B. 1995. *E. coli* β-glucuronidase (GUS) as a marker for recombinant vaccinia viruses. *BioTechniques* 19:352-355.

Casey, P. (ed.) 1990. Covalent Modification of Proteins by Lipids. *Methods*, Vol. 1.

Casey, P.J. and Buss (eds.), J.E. 1995. Lipid Modification of Proteins. *Methods Enzymol.*, Vol. 250.

CASP (Critical Assessment of Techniques for Protein Structure Prediction). 1995. Protein structure prediction issue. *Proteins Struct. Funct. Genet.* 23:295-462.

CASP. 1997. Protein structure prediction issue. *Proteins Struct. Funct. Genet.* 29:1-230.

CASP. 1999. Protein structure prediction issue. *Proteins Struct. Funct. Genet.* 37:1-237.

Chaffotte, A.F., Guillou, Y., and Goldberg, M.E. 1992. Kinetic resolution of peptide bond and side chain far-UV circular dichroism during the folding of hen egg white lysozyme. *Biochemistry* 31:9694-9702.

Chaiken, I., Rose, S., and Karlsson, R. 1992. Analysis of macromolecular interactions using immobilized ligands. *Anal. Biochem.* 201:197-210.

Chakrabarti, S., Brechling, K., and Moss, B. 1985. Vaccinia virus expression vector: Coexpression of β-galatosidase provides visual screening of recombinant virus plaques. *Mol. Cell. Biol.* 5:3403-3409.

Chakrabarti, S., Sisler, J.R., and Moss, B. 1997. Compact, synthetic, vaccinia virus early/late promoter for protein expression. *BioTechniques* 23:1094-1097.

Chang, B.S., Kendrick, B.S., and Carpenter, J.F. 1996. Surface-induced denaturation of proteins during freezing and its inhibition by surfactants. *J. Pharm. Sci.* 85:1325-1330.

Chen, R.F., Endelhoch, H., and Steiner, R.F. 1969. Fluorescence of proteins. *In* Physical Principles and Techniques of Protein Chemistry (S.J. Leach, ed.) pp. 171-244. Academic Press, New York.

Cheo, D., Brasch, M.A., Temple, G.F., Hartley, J.L., and Byrd, D. 2001. Use of multiple recombination sites with unique specificity in recombinational cloning. International Patent Application Number WO 01/42509 A1.

Chien, C.-T., Bartel, P.L., Sternglanz, R., and Fields, S. 1991. The two-hybrid system: A method to identify and clone genes for proteins that interact with a protein of interest. *Proc. Natl. Acad. Sci. U.S.A.* 88:9578-9582.

Chou, P.Y. 1989. Prediction of protein structural class from amino acid compositions. *In* Prediction of Protein Structure and the Principles of Protein Conformation (G.D. Fasman, ed.) pp. 549-586. Plenum, New York.

Chou, P.Y. and Fasman, G.D. 1974a. Conformational parameters for amino acids in helical, β sheet and random coil regions calculated from proteins. *Biochemistry* 13:211-222.

Chou, P.Y. and Fasman, G.D. 1974b. Prediction of protein conformation. *Biochemistry* 13:223-245.

Chou, P.Y. and Fasman, G.D. 1977. β-turns in proteins. *J. Mol. Biol.* 115:135-175.

Chou, P.Y. and Fasman, G.D. 1978a. Empirical predictions of protein conformation. *Annu. Rev. Biochem.* 47:251-276.

Chou, P.Y. and Fasman, G.D. 1978b. Prediction of the secondary structure of proteins from their amino acid sequence. *Adv. Enzymol.* 47:45-148.

Christensen, J.J., Hansen, L.D., and Izatt, R.M. (eds.) 1976. Handbook of Proton Ionization Heats and Related Thermodynamic Quantities. John Wiley & Sons, New York.

Chui, D., Oh-Eda, M., Liao, Y.-F., Panneerselvam, K., Lal, A., Marek, K.W., Freeze, H.H., Moremen, K.W., Fukuda, M.N., and Marth, J.D. 1997. Alpha-mannosidase-II deficiency results in dyserythropoiesis and unveils an alternate pathway in oligosaccharide biosynthesis. *Cell* 90:157-167.

Chung, E., Henriques, D., Renzoni, D., Zvelebil, M., Bradshaw, J.M., Waksman, G., Robinson, C.V., and Ladbury, J.E. 1998. Mass spectrometric and thermodynamic studies reveal the role of water molecules in complexes formed between SH2 domains and tyrosyl phosphopeptides. *Structure* 6:1141-1151.

Church, F.C., Cunningham, D.D., Ginsburg, D., Hoffman, M., Stone, S.R., and Tollefsen, D.M. 1997. Chemistry and biology of serpins. *Adv. Exp. Med. Biol.* 425:358.

Ciechanover, A., Elias, S., Heller, H., and Hershko, A. 1982. "Covalent affinity" purification of ubiquitin-activating enzyme. *J. Biol. Chem.* 257:2537-2542.

Cleland, J.L., Powell, M.F., and Shire, S.J. 1993. The development of stable protein formulations: A close look at protein aggregation, deamidation, and oxidation. *Crit. Rev. Ther. Drug Carrier Syst.* 10:307-377.

Cleland, W.W. 1964. Dithiothreitol, a new protective reagent for SH groups. *Biochemistry* 3:480-482.

Clonis, Y.D., Atkinson, T., Bruton, C.J., and Lowe, C.R. 1987. Reactive Dyes in Protein and Enzyme Technology. Macmillan, New York.

Clore, G.M. and Gronenborn, A.M. 1992. Methods of structural analysis of proteins. Part 2, Nuclear magnetic resonance. *In* Protein Engineering: A Practical Approach (A.R. Rees, M.J.E. Sternberg, and R. Wetzel, eds.) pp. 33-56. IRL Press, Oxford.

Clore, G.M. and Gronenborn, A.M. 1994. Multidimensional heteronuclear nuclear magnetic resonance of proteins. *Methods Enzymol.* 239:349-363.

Cohen, S.L. and Chait, B.T. 1996. Influence of matrix solution conditions on the MALDI-MS analysis of peptides and proteins. *Anal. Chem.* 68:31-37.

Colas, P., Cohen, B., Jessen, T., Grishina, I., McCoy, J., and Brent, R. 1996. Genetic selection of peptide aptamers that recognize and inhibit cyclin-dependent kinase 2. *Nature* 380:548-550.

Cole, P.A. 1996. Chaperone-assisted protein expression. *Structure* 4:239-242.

Conn, P.M. (ed.). 2002. Laser capture microscopy and microdissection. *Methods Enzymol.* Vol. 356.

Connelly, P.R., Aldape, R.A., Bruzzese, F.J., Chambers, S.P., Fitzgibbon, M.J., Fleming, M.A., Itoh, S., Livingston, D.J., Navia,

M.A., Thomson, J.A., and Wilson, K.P. 1994. Enthalpy of hydrogen bond formation in a protein-ligand binding reaction. *Proc. Natl. Acad. Sci. U.S.A.* 91:1964-1968.

Conradt, H.S., Hofer, B., and Hauser, H. 1990. Expression of human glycoproteins in recombinant mammalian cells: Towards genetic engineering of N- and O-glycoproteins. *Trends Glycos. Glycotech.* 2:168-181.

Cook, N.D. 1996. Scintillation proximity assay: A versatile high-throughput screening technology. *Drug Discov. Today* 1:287-294.

Cooper, A. and Johnson, C.M. 1994. Microcalorimetry; differential scanning calorimetry; and isothermal titration calorimetry. *Methods Mol. Biol.* 22:109-150.

Cooper, E.H., Turner, R., Webb, J.R., Lindblom, H., and Fagerstam, L. 1985. Fast liquid protein chromatography scale-up procedures for the preparation of low molecular weight proteins from urine. *J. Chromatogr.* 327:269-277.

Cornelis, P. 2000. Expressing genes in different *Escherichia coli* compartments. *Curr. Opin. Biotechnol.* 11:450-454.

Corran, P.H. 1989. Reversed-phase chromatography of proteins. *In* HPLC of Macromolecules: A Practical Approach (R.W.A. Oliver, ed.) pp. 127-156. IRL Press, Oxford.

Costantino, H.R., Langer, R., and Klibanov, A.M. 1994. Solid-phase aggregation of proteins under pharmaceutically relevant conditions. *J. Pharm. Sci.* 83:1662-1669.

Cottrell, J.S. 1994. Protein identification by peptide mass fingerprinting. *Pept. Res.* 7:115-123.

Coux, O., Tanaka, K., and Goldberg, A.L. 1996. Structure and functions of the 20S and 26S proteasomes. *Annu. Rev. Biochem.* 65:801-847.

Crabb, J. (ed.) 1994, 1995. Techniques in Protein Chemistry, Vols. V and VI. Academic Press, San Diego.

Craig, L.C. 1967. Techniques for the study of peptides and proteins by dialysis and diffusion. *Methods Enzymol.* 11:870-905.

Craig, S., Schmeissner, U., Wingfield, P., and Pain, R.H. 1987. Conformation, stability and folding of interleukin-1β. *Biochemistry* 26:3570-3576.

Craig, S., Pain, R.H., Schmeissner, U., Virden, R., and Wingfield, P.T. 1989. Determination of the contributions of individual aromatic residues to the CD spectrum of IL-1β using site directed mutagenesis. *Int. J. Peptide Protein Res.* 33: 256-262.

CRC (Chemical Rubber Company). 1975. CRC Handbook of Biochemistry and Molecular Biology, Physical and Chemical Data, 3rd ed., Vol. 1. CRC Press, Boca Raton, Fla.

Cregg, J.M., Tschopp, J.F., Stillman, C., Siegel, R., Akong, M., Craig, W.S., Buckholz, R.G., Madden, K.R., Kellaris, P.A., Davies, G.R., Smiley, B.L., Cruze, J., Torregrossa, R.,

Velicelebi, G., and Thill, G.P. 1987. High-level expression and efficient assembly of hepatitis B surface antigen in the methylotrophic yeast *Pichia pastoris*. *Bio/Technology* 5:479-485.

Creighton, T.E. 1979. Electrophoretic analysis of the unfolding of proteins by urea. *J. Mol. Biol.* 129:235-264.

Creighton, T.E. 1984. Disulfide bond formation in proteins. *Methods Enzymol.* 107:305-329.

Creighton, T.E. 1993. Proteins: Structures and Molecular Properties, 2nd ed., pp. 292-296. Freeman, New York.

Crimmins, D.L., McCourt, D.W., Thoma, R.S., Scott, M.G., Macke, K., and Schwartz, S.D. 1990. In situ chemical cleavage of proteins immobilized to glass fiber and polyvinylidenedifluoride membranes: Cleavage at tryptophan residues with (2-(2′-nitrophenylsulfonyl)-3-methyl-3-bromoindolenine to obtain internal amino acid sequence. *Anal. Biochem.* 187:27-38.

Cummings, R.D. 1994. Use of lectins in analysis of glycoconjugates. *Methods Enzymol.* 230:66-86.

Cunningham, B.C. and Wells, J.A. 1993. Comparison of a structural and functional epitope. *J. Mol. Biol.* 234:554-563.

Cunningham, E., Thomas, G.M., Ball, A., Hiles, I., and Cockcroft, S. 1995. Phosphatidylinositol transfer protein dictates the rate of inositol triphosphate production by promoting the synthesis of PIP2. *Curr. Biol.* 5:775-783.

Dalbøge, H., Dahl, H.H.M., Pedersen, J., Hansen, J.W., and Christensen, T. 1987. A novel enzymatic method for production of authentic hGH from an *Escherichia coli*-produced hGH precursor. *Bio/Technology* 5:161-164.

Dan, I., Ong, S.E., Watanabe, N.M., Blagoev, B., Nielsen, M.M., Kajikawa, E., Kristiansen, T.Z., Mann, M., and Pandey, A. 2001. Cloning of MASK, a novel member of mammalian germinal center kinase-III subfamily, with apoptosis-inducing properties. *J. Biol. Chem.* 276:32115-32121.

Darawshe, S., Rivas, G., and Minton, A.P. 1993. Rapid and accurate microfractionation of the contents of small centrifuge tubes: Application in the measurement of molecular weight of proteins via sedimentation equilibrium. *Anal. Biochem.* 209:130-135.

Darawshe, S., Merezhinskaya, N., and Minton, A.P. 1995. PhosphorImager enhancement of sedimentation equilibrium-quantitative polyacrylamide gel electrophoresis: A highly sensitive technique for quantitation of equilibrium gradients of individual components in mixtures. *Anal. Biochem.* 229:8-14.

Davis, M.T. and Lee, T.D. 1992. Analysis of peptide mixtures by capillary high performance liquid chromatography: A practical guide to small-scale separations. *Protein Sci.* 1:935-944.

Davis, M.T. and Lee, T.D. 1998. Rapid protein identification using a microscale electrospray LC/MS system on an ion trap mass spectrometer. *J. Am. Soc. Mass Spectrom.* 9:194-201.

Davis, M.T., Stahl, D.C., and Lee, T.D. 1995. Low flow high-performance liquid chromatography solvent delivery system designed for tandem capillary liquid chromatography mass spectrometry. *J. Am. Soc. Mass Spectrom.* 6:571-577.

Davison, A.J. and Moss, B. 1990. New vaccinia virus recombination plasmids incorporating a synthetic late promoter for high level expression of foreign proteins. *Nucl. Acids Res.* 18:4285-4286.

Dawson, R.M.C., Elliot, D.C., Elliott, W.H., and Jones, K.M. (eds.) 1986. Data for Biochemical Research, 3rd ed. Oxford Science Publishers, Clarendon Press, Oxford.

De Bernardez Clark, E., Schwartz, E., and Rudolph, R. 1999. Inhibition of aggregation side reactions during in-vitro protein folding. *Methods Enzymol.* 309:217-236.

DePaz, R.A., Barnett, C.C., Dale, D.A., Carpenter, J.F., Gaertner, A.L., and Randolph, T.W. 2000. The excluding effects of sucrose on a protein chemical degradation pathway: Methionine oxidation in subtilisin. *Arch. Biochem. Biophys.* 384:123-132.

Deutscher, M.P. (ed.) 1990. Guide to protein purification. *Methods Enzymol.* 182:1-894.

Dolan, J.W. and Snyder, L.R. 1989. Troubleshooting LC Systems, pp. 1-515. Humana Press, Clifton, N.J.

Doms, R.W., Lamb, R.A., Rose, J.K., and Helinius, A. 1993. Folding and assembly of viral membranes. *Virology* 193:545-562.

Donovan, J.W. 1969. Ultraviolet absorption. *In* Physical Principals and Techniques of Protein Chemistry, Part A (S.J. Leach, ed.) pp. 101-170. Academic Press, New York.

Donovan, J.W. 1973. Ultraviolet difference spectroscopy—new techniques and applications. *Methods Enzymol.* 27:497-548.

Doyle, M.L. 1997. Characterization of binding interactions by isothermal titration calorimetry. *Curr. Opin. Biotechnol.* 8:31-35.

Drobnik, J., Labsky, J., Kudwasarova, H., Saudek, V., and Svec, F. 1982. The activation of hydroxy groups of carriers with 4-nitrophenyl and *N*-hydroxysuccinimide chloroformates. *Biotechnol. Bioeng.* 24:487-493.

Ducruix, A. and Giege, R. (eds.). 1992. Crystallization of Nucleic Acids and Proteins: A Practical Approach. IRL Press, Oxford.

Durfee, T. Becherer, K., Chen, P.L., Yeh, S.H., Yang, Y., Kilburn, A.E., Lee, W.H., and Elledge, S.J. 1993. The retinoblastoma protein associates with the protein phosphatase type 1 catalytic subunit. *Genes & Dev.* 7:555-569.

Earl, P., Koenig, S., and Moss, B. 1990. Biological and immunological properties of human immunodeficiency virus type 1 envelope glycoprotein: Analysis of proteins with truncations and deletions expressed by recombinant vaccinia viruses. *J. Virol.* 65:31-41.

Edelhoch, H. 1967. Spectroscopic determination of tryptophan and tyrosine in proteins. *Biochemistry* 6:1948-1954.

Edelhoch, H. and Burger, H.G. 1966. The properties of bovine growth hormone. II. Effects of urea. *J. Biol. Chem.* 241:458-463.

Edmondson, D.G., Smith, M.M., and Roth, S.Y. 1996. Repression domain of the yeast global repressor Tup1 interacts directly with histones H3 and H4. *Genes Dev.* 10:1247-1259.

Eftink, M.R. and Ghiron, C.A. 1981. Fluorescence quenching studies with proteins. *Anal. Biochem.* 114:199-227.

Eisenberg, D. 1984. Three-dimensional structure of membrane and surface proteins. *Annu. Rev. Biochem.* 53:595-623.

Elbein, A.D. 1987. Inhibitors of the biosynthesis and processing of N-linked oligosaccharide chains. *Annu. Rev. Biochem.* 56:497-534.

Ellis, R.J. 1994. Role of chaperones in protein folding. *Curr. Opin. Struct. Biol.* 4:117-122.

Ellis, R.J. and Hart, F.U. 1999. Principles of protein folding in the cellular environment. *Curr. Opin. Struct. Biol.* 9:102-110.

Eng, J.K., McCormack, A.L., and Yates, J.R. III. 1994. An approach to correlate tandem mass spectral data of peptides with amino acid sequences in a protein database. *J. Am. Soc. Mass Spectrom.* 5:976-989.

Englander, S.W. and Kallenbach, N.R. 1984. Hydrogen exchange and structural dynamics of proteins and nucleic acids. *Q. Rev. Biophys.* 16:521-655.

Engleman, D.M., Steitz, T.A., and Goldman, A. 1986. Identifying nonpolar transbilayer helices in amino acid sequences of membrane proteins. *Annu. Rev. Biophys. Chem.* 15:321-353.

Enomoto, T., Sulli, C., and Schwartzbach, S.D. 1997. A soluble chloroplast protease processes the *Euglena* polyprotein precursor to the light harvesting chlorophyll a/b binding protein of photosystem II. *Plant Cell Physiol.* 38:743-746.

Ericksson, K.-O. 1989. Hydrophobic interaction chromatography. *In* Protein Purification: Principles, High Resolution Methods and Applications. (J.-C. Janson and L. Ryden, eds.) pp. 207-226. VCH Publishers, New York.

Farmer, T.B. and Caprioli, R.M. 1998. Determination of protein-protein interactions by matrix-assisted laser desorption/ionization mass spectrometry. *J. Mass Spectrom.* 33:697-704.

Fearon, E.R., Finkel, T., Gillison, M.L., Kennedy, S.P., Casella, J.F., Tomaselli, G.F., Morrow, J.S., and Dang, C.V. 1992. Karyoplasic interaction selection strategy: A general strategy to detect protein-protein interactions in mammalian cells. *Proc. Natl. Acad. Sci. U.S.A.* 89:7958-7962.

Fenselau, C. 1997. MALDI-MS and strategies for protein analysis. *Anal. Chem.* 69:661A-665A.

Fernandez, J.M. and Hoeffler, J.P. (eds.) 1999. Gene Expression Systems: Using Nature for the Art of Expression. Academic Press, San Diego.

Fernandez, J., Andrews, L., and Mische, S.M. 1994. A one-step enzymatic digestion procedure for PVDF-bound proteins that does not require PVP-40. *In* Techniques in Protein Chemistry V (J. Crabb, ed.) pp. 215-222. Academic Press, New York.

Fersht, A.R. and Serrone, L. 1993. Principles of protein stability derived from protein engineering experiments. *Curr. Opin. Struct. Biol.* 3:75-83.

Fields, R. 1972. The rapid determination of amino groups with TNBS. *Methods Enzymol.* 25:464-468.

Fields, G.B. and Noble, R. 1990. Solid phase peptide synthesis utilizing 9-fluorenylmethoxycarbonyl amino acids. *Int. J. Pept. Protein Res.* 35:161-214.

Fieser, L.F. and Fieser, M. 1967. Reagents for Organic Synthesis. John Wiley & Sons, New York.

Figuet, B., Djavadi-Ohaniance, L., and Goldberg, M.E. 1989. Immunological analysis of protein conformation. *In* Protein Structure: A Practical Approach (T.E. Creighton, ed.) pp. 287-310. IRL Press, Oxford.

Finley, R.L., Zhang, H., Zhong, J., and Stanyon, C.A. 2002. Regulated expression of proteins in yeast using the MAL61-62 promoter and a mating scheme to increase dynamic range. *Gene* 285:49-57.

Fiser, A. and Sali, A. 2002. Comparative protein structure modeling with Modeller: A practical approach. *Methods Enzymol.* In press.

Fish, W.W., Mann, K.G., and Tanford, C. 1969. The estimation of polypeptide chain molecular weights by gel filtration in 6 M guanidine hydrochloride. *J. Biol. Chem.* 244:4989-4994.

Fisher, H.F. and Singh, N. 1995. Calorimetric methods for interpreting protein-ligand interactions. *Methods Enzymol.* 259:194-221.

Fontana, A. and Gross, E. 1986. Fragmentation of polypeptides by chemical methods. *In* Practical Protein Chemistry: A Handbook (A. Darbre, ed.) pp. 68-120. John Wiley & Sons, Chichester, U.K. and New York.

Fraker, P.J. and Speck, J.C. Jr. 1978. Protein and cell membrane iodinations with a sparingly soluble chloroamide, 1,3,4,6-tetrachloro-3α,6α-diphenylglycoluril. *Biochem. Biophys. Res. Commun.* 80:849-857.

Freifelder, D. 1982. Physical Biochemistry: Applications to Biochemistry and Molecular Biology. W.H. Freeman, New York.

Freshney, R.I. (ed.). 1992. Animal Cell Culture, 2nd ed. IRL Press, Oxford.

Garnier, J. and Robson, B. 1989. The GOR method for predicting secondary structure in proteins. *In* Prediction of Protein Structure and the Principles of Protein Conformation (G.D. Fasman, ed.) pp. 417-466. Plenum, New York.

Garrels, J.I. 1979. Two-dimensional gel electrophoresis and computer analysis of proteins synthesized by cloned cell lines. *J. Biol. Chem.* 54:7961-7977.

Gatlin, C.L., Kleemann, G.R., Hays, L.G., Link, A.J., and Yates, J.R. III. 1998. Protein identification at the low femtomole level from silver stained gels using a new fritless electrospray interface for liquid chromatography-microspray and nanospray mass spectrometry. *Anal. Biochem.* 263:93-101.

Georgiou, G. and Valax, P. 1999. Isolating inclusion bodies from bacteria. *Methods Enzymol.* 309:48-58.

Geromanos, S., Freckleton, G., and Tempst, P. 2000. Tuning of an electrospray ionization source for maximum peptide-ion transmission into a mass spectrometer. *Anal. Chem.* 72:777-790.

Gerwin, B.I. 1967. Properties of the single sulfhydryl group of streptococcal proteinase. A comparison of the rates of alkylation by chloroacetic acid and chloroacetamide. *J. Biol. Chem.* 242:251.

Gething, M.J. and Sambrook, J. 1992. Protein folding in the cell. *Nature* 335:33-45.

Gettins, P. and Olson, S.T. 1996. Serpins: Structure, Function and Biology, 1st ed. R.G. Landes, Austin, Tex.

Geysen, H.M., Meloen, R.H., and Barteling, S.J. 1984. Use of peptide synthesis to probe viral antigens for epitopes to a resolution of a single amino acid. *Proc. Natl. Acad. Sci. U.S.A.* 81:3998-4002.

Geysen, H.M., Rodda, S.J., Mason, T.J., Tribbick, G., and Schoofs, P.G. 1987. Strategies for epitope analysis using peptide synthesis. *J. Immunol. Methods* 102:259-274.

Gharbi, S., Gaffney, P., Yang, A., Zvelebil, M.J., Cramer, R., Waterfield, M.D., and Timms, J.F. 2001. Evaluation of two-dimensional differential gel electrophoresis for proteomic expression analysis of a model breast cancer cell system. *Mol. Cell. Prot.* 1:91-98.

Giddings, J.C. and Keller, R.A. (eds.) 1965. Dynamics of Chromatography, Part 1: Principles and Theory. Marcel Dekker, New York.

Gilbert, H.F. 1994. The formation of native disulfide bonds. *In* Mechanisms of Protein Folding (R.H. Pain, ed.) pp. 109-111. Oxford University Press, Oxford.

Gilbert, H.F. 1995. Thiol/disulfide exchange equilibria and disulfide bond stability. *Methods Enzymol.* 251:8-28.

Gill, S.C. and von Hippel, P.H. 1989. Calculation of protein extinction coefficients from amino acid sequence data. *Anal. Biochem.* 182:319-326.

Gillespie, P.G. and Hudspeth, A.J. 1991. Chemiluminescence detection of proteins from single cells. *Proc. Natl. Acad. Sci. U.S.A.* 88:2563-2567.

Glajch, J.L. and Snyder, L.R. 1990. Computer Assisted Method Development for High-Performance Liquid Chromatography, pp. 1-682. Elsevier Science Publishers, Amsterdam.

Glasel, J.A. 1995. Validity of nucleic acid purities monitored by 260 nm/280 nm absorbance ratios. *BioTechniques* 18:62-63.

Glickman, M.H., Rubin, D.M., Coux, O., Wefes, I., Pfeifer, G., Cjeka, Z., Baumeister, W., Fried, V.A., and Finley, D. 1998a. A subcomplex of the proteasome regulatory particle required for ubiquitin-conjugate degradation and related to the COP9-signalosome and eIF3. *Cell* 94:615-623.

Glickman, M.H., Rubin, D.M., Fried, V.A., and Finley, D. 1998b. The regulatory particle of the *Saccharomyces cerevisiae* proteasome. *Mol. Cell. Biol.* 18:3149-3162.

Goeddel, D.V. (ed.) 1990. Gene expression technology. *Methods Enzymol.* 185.

Goforth, S. 2001. Exposing gel documentation systems. *The Scientist.* 15:28.

Goldberg, M.E., Rudolph, R., and Jaenicke, R. 1991. A kinetic study of the competition between renaturation and aggregation during the refolding of denatured-reduced egg white lysozyme. *Biochemistry* 30:2790-2797.

Goldenberg, D.P. 1989. Analysis of protein conformation by gel electrophoresis. *In* Protein Structure: A Practical Approach (T.E. Creighton, ed.) pp. 225-250. IRL Press, Oxford.

Goldenberg, D.P. and Creighton, T.E. 1984. Gel electrophoresis in studies of protein conformation and folding. *Anal. Biochem.* 138:1-18.

Goloubinoff, P., Christeller, J.T., Gatenby, A.A., and Lorimer, G.H. 1989. Reconstitution of active dimeric ribulose bisphosphate carboxylase from an unfolded state depends on two chaperone proteins and ATP. *Nature* 342:884-889.

Gomes, M.D., Lecker, S.H., Jagoe, R.T., Navon, A., and Goldberg, A.L. 2001. Atrogin-1, a muscle-specific F-box protein highly expressed during muscle atrophy. *Proc. Natl. Acad. Sci. U.S.A.* 98:14440-14445.

Gomez, J. and Freire, E. 1995. Thermodynamic mapping of the inhibitor site of the aspartic protease endothiapepsin. *J. Mol. Biol.* 252:337-350.

Goverman, J. and Lewis, K. 1991. Separation of disulfide-bonded polypeptides using two-dimensional diagonal gel electrophoresis. *Methods* 3:125-127.

Grant, G.A. (ed.) 1992. Synthetic Peptides—A User's Guide. W.H. Freeman, New York.

Green, A.A. and Hughes, W.L. 1955. Protein solubility on the basis of solubility in aqueous solutions of salts and organic solvents. *Methods Enzymol.* 1:67-90.

Greenfield, N.J. 1996. Methods to estimate the conformation of proteins and polypeptides from circular dichroism data. *Anal. Biochem.* 235:1-10.

Greer, J. 1990. Comparative modeling methods: Application to the family of the mammalian serine proteases. *Proteins* 7:317-334.

Gribnau, T.C.J. 1977. Coupling of effector-molecules to solid supports. Ph.D. Thesis, University of Nijmegen, Nijmegen, The Netherlands.

Griffith, M.J., Noyes, C.M., and Church, F.C. 1985. Reactive site peptide structural similarity between heparin cofactor II and antithrombin III. *J. Biol. Chem.* 260:2218-2225.

Grossman, P.D. and Colburn, J.C. (eds.) 1992. Capillary Electrophoresis—Theory and Practice. Academic Press, San Diego.

Grubhofer, N. and Schleith, L. 1953. Modifizierte Ionenaustauscher als spezifische Adsorbentien. *Naturwissenschaften* 40:508.

Guex, N. and Peitsch, M.C. 1997. SwissModel and SwissPdbViewer: An environment for comparative protein modeling. *Electrophoresis* 18:2714-2723.

Guex, N., Diemand, A., and Peitsch, M.C. 1999. Protein modeling for all. *Trends Biochem. Sci.* 24:364-367.

Gyuris, J., Golemis, E.A., Chertkov, H., and Brent, R. 1993. Cdi1, a human G1- and S-phase protein phosphatase that associates with Cdk2. *Cell* 75:791-803.

Haase-Pettingell, C.A. and King, J. 1988. Formation of aggregates from a thermolabile in vivo folding intermediate in P22 tail spike maturation. *J. Biol. Chem.* 263:4977-4983.

Hagel, L. 1998. Gel filtration. *In* Protein Purification: Principles, High Resolution Methods, and Applications, 2nd ed. (J.-C. Janson and L. Ryden, eds.) pp. 19-144. John Wiley & Sons, New York.

Hames, B.D. and Rickwood, D. (eds.) 1990. Gel Electrophoresis of Proteins: A Practical Approach, 2nd ed. Oxford University Press, New York.

Hampton Research Macromolecular Crystallization Reagent Kits: Crystal Screen I and II. Hampton Research, Aliso Viejo, Calif.

Han, K.K. and Martinage, A. 1992. Post-translational chemical modification(s) of proteins. *Int. J. Biochem.* 24:19-28.

Harding, S.E. 1994a. Sedimentation velocity; sedimentation equilibrium. *Methods Mol. Biol.* 22:61-84.

Harding, S.E. 1994b. Classical light scattering; dynamic light scattering. *Methods Mol. Biol.* 22:85-108.

Harding, S.E., Rowe, A.J., and Horton, J.C. 1992. Analytical Ultracentrifugation in Biochemistry and Polymer Science. Royal Society of Chemistry, Cambridge.

Haris, P.I. and Chapman, D. 1992. Does Fourier-transform infrared spectroscopy provide useful information on protein structures? *Trends Biochem. Sci.* 17:328-333.

Haris, P.I. and Chapman, D. 1994. Analysis of polypeptide and protein structures using Fourier-transform infrared spectroscopy. *Methods Mol. Biol.* 22:183-202.

Harlow, E. and Lane, D. 1988. Antibodies: A Laboratory Manual. Cold Spring Harbor Laboratory Press, Cold Spring Harbor, N.Y.

Harris, R.J., Murnane, A.A., Utter, S.L., Wagner, K.L., Cox, E.T., Polastri, G.D., Helder, J.C., and Sliwkowski, M.B. 1993. Assessing genetic heterogeneity in production cell lines: Detection by peptide mapping of a low level Tyr to Gln sequence variant in a recombinant antibody. *Bio/Technology* 11:1293-1297.

Hartley, J.L., Temple, G.F., and Brasch, M.A. 2000. DNA cloning using in vitro site-specific recombination. *Genome Res.* 10:1788-1795.

Hartree, E.F. 1972. Determination of protein: A modification of the Lowry method that gives a linear photometric response. *Anal. Biochem.* 48:422-427.

Haugland, R.P. 1994. Handbook of Fluorescent Probes and Research Chemicals, 5th ed. Molecular Probes, Eugene, Ore.

Hearn, M.T.W. 1991. HPLC of Peptides, Proteins and Polynucleotides: Fundamental Principles and Contemporary Applications, pp. 1-776. VCH Publishers, Deerfield Beach, Fla.

Hearn, M.T.W. 2000. Physicochemical factors in polypeptide and protein purification by high-performance liquid chromatography: Current status and future challenges. *In* Handbook of Bioseparation (S. Ahuja, ed.) pp. 1-652. Academic Press, New York.

Hearn, M.T.W. 2001. RPC and HIC of peptides and proteins. *In* HPLC of Biological Macromolecules. Methods and Applications (K.M. Gooding and F.E. Regnier, eds.). Marcel Dekker, New York.

Hebert, D.N., Foellmer, B., and Helenius, A. 1995. Glucose trimming and reglycosylation determine glycoprotein association with calnexin in the endoplasmic reticulum. *Cell* 81:425-433.

Heinecke, J.W, Hsu, F.F, Crowley, J.R, Hazen, S.L., Leeuwenburgh, C., Mueller, D.M., Rasmussen, J.E., and Turk, J. 1999. Detecting oxidative modification of biomolecules with isotope dilution mass spectrometry: Sensitive and quantitative assays for oxidized amino acids in proteins and tissues. *Methods Enzymol.* 300:124-144.

Heller, M., Carpenter, J.F., and Randolph, T.W. 1996. Effect of phase separating systems on lyophilized hemoglobin. *J. Pharm. Sci.* 85:1358-1362.

Heppel, L.A. 1967. Selective release of enzymes from bacteria. *Science* 156:1451-1455.

Hershko, A. and Ciechanover, A. 1998. The ubiquitin system. *Annu. Rev. Biochem.* 67:425-479.

Heyduk, T., Ma, Y., Tang, H., and Ebright, R.H. 1996. Fluorescence anisotropy: Rapid, quantitative assay for protein-DNA and protein-protein interaction. *Methods Enzymol.* 274:492-503.

Hickman, A., Palmer, I., Engelman, A., Craigie, R., and Wingfield, P. 1994. Biophysical and enzymatic properties of the catalytic domain of HIV-1 integrase. *J. Biol. Chem.* 269:29279-29287.

Hirs, C.H.W. 1967. Reactions with reactive aryl halides. *Methods Enzymol.* 11:548-555.

Hirschberg, C.B. and Snider, M.D. 1987. Topography of glycosylation in the rough endoplasmic reticulum and Golgi apparatus. *Annu. Rev. Biochem.* 56:63-89.

Hjelmeland, J.M. and Chrambach, A. 1984. Solubilization of functional membrane proteins. *Methods Enzymol.* 104:305-318.

Hlodan, R. and Hartl, F.U. 1994. How the protein folds in the cell. *In* Mechanisms of Protein Folding (R.H. Pain, ed.) pp. 194-228. Oxford University Press, Oxford.

Hlodan, R., Craig, S., and Pain, R.H. 1991. Protein folding and its implications for the production of recombinant proteins. *Biotechnol. & Genet. Eng. Rev.* 9:47-88.

Hochstrasser, D.F., Harrington, M.C., Hochstrasser, A.C., Miller, M.J., and Merril, C.R. 1988. Methods for increasing the resolution of two-dimensional protein electrophoresis. *Anal. Biochem.* 173:424-435.

Hochull, E. 1990. Purification of recombinant proteins with metal chelate adsorbent. *In* Genetic Engineering, Principles and Practice, Vol. 12 (J. Setlow, ed.) pp. 87-98. Plenum, New York.

Hoffman, R. and Cameron, L. 1992. Characterization of a scintillation proximity assay to detect modulators of transforming growth factor α (TGFα) binding. *Anal. Biochem.* 203:70-75.

Holmberg, S.K., Mikko, S., Boswell, T., Zoorob, R., and Larhammar, D. 2002. Pharmacological characterization of cloned chicken neuropeptide Y receptors Y1 and Y5. *J. Neurochem.* 81:462-471.

Holmgren, A. 1985. Thioredoxin. *Ann. Rev. Biochem.* 54:237-271.

Hopp, T.P. 1989. Use of hydrophilicity plotting procedures to identify protein antigenic segments and other interaction sites. *Methods Enzymol.* 178:571-585.

Hopp, T.P. and Woods, K.R. 1981. Prediction of protein antigenic determinants from amino acid sequences. *Proc. Natl. Acad. Sci. U.S.A.* 78:3824-3828.

Hornby, W.E. and Goldstein, L. 1976. Immobilization of enzymes on nylon. *Methods Enzymol.* 44:118-134.

Hovorka, S.W., Hong, J., Cleland, J.L., and Schoneich, C. 2001. Metal-catalyzed oxidation of human growth hormone: Modulation by solvent-induced changes of protein conformation. *J. Pharm. Sci.* 90:58-69.

Hubbard, S.C. and Ivatt, R.J. 1981. Synthesis and processing of asparagine-linked oligosaccharides. *Annu. Rev. Biochem.* 50:555-583.

Hudson, J.R., Dawson, E.P., Rushing, K.L., Jackson, C.H., Lockshon, D., Conover, D., Lanciault, C., Harris, J.R., Simmons, S.J., Rothstein, R., and Fields, S. 1997. The complete set of predicted genes from *Saccharomyces cerevisiae* in a readily usable form. *Genome Res.* 7:1169-1173.

Hurd, P.J. and Hornby, D.P. 1996. Expression systems and fusion proteins. *In* Proteins LabFax (N.C. Price, ed.) pp. 109-117. BIOS Scientific Publishers, Oxford, U.K.

Hurtley, S.M. and Helenius, A. 1989. Protein oligomerization in the endoplasmic reticulum. *Annu. Rev. Cell Biol.* 5:277-307.

Huynh, T.V., Young, R.A., and Davis, R.W. 1985. Constructing and screening cDNA libraries in λgt10 and λgt11. *In* DNA Cloning: A Practical Approach (D.M. Glover, ed.) pp. 49-78. IRL Press, Oxford.

Hwang, C., Sinskey, A.J., and Lodish, H.F. 1992. Oxidized redox state of glutathione in the endoplasmic reticulum. *Science* 257:1496-1502.

Inman, J.K. and Dintzis, H.M. 1969. The derivatization of cross-linked polyacrylamide beads. Controlled introduction of functional groups for the preparation of special-purpose, biochemical adsorbents. *Biochemistry* 8:4074-4082.

Inman, J.K., Perham, R.N., DuBois, G.C., and Appella, E. 1983. Amidination. *Methods Enzymol.* 91:559-569.

Ip, S.H.C. and Ackers, G.K. 1977. Thermodynamic studies on subunit association constants for oxygenated and unliganded hemoglobins. *J. Biol. Chem.* 252:82-87.

Iwai, T., Inaba, N., Naundorf, A., Zhang, Y., Gotoh, M., Iwasaki, H., Kudo, T., Togayachi, A., Ishizuka, Y., Nakanishi, H., and Narimatsu, H. 2002. Molecular cloning and characterization of a novel UDP-GlcNAc:GalNAc-peptide β1,3-N-acetylglucosaminyltransferase (β3Gn-T6), an enzyme synthesizing the core 3 structure of O-glycans. *J. Biol. Chem.* 277:12802-12809.

Jaenicke, R. 2000. Stability and stabilization of globular proteins in solution. *J. Biotech.* 79:193-203.

Jakoby, W.B. 1971. Crystallization as a purification technique. *Methods Enzymol.* 22:248-252.

James, P., Halladay, J., and Craig, E.A. 1996. Genomic libraries and a host strain designed for highly efficient two-hybrid selection in yeast. *Genetics* 144:1425-1436.

Janson, J.-C. and Ryden, L. (eds.) 1989. Protein Purification: Principles, High Resolution Methods, and Applications. VCH Publishers, New York.

Janson, J.-C. and Ryden, L.G. (eds.) 1998. Protein Purification: Principles, High Resolution Methods, and Applications, 2nd ed. VCH Publishers, New York.

Jenkins, N., Parekh, R.B., and James, D.C. 1996. Getting the glycosylation right: Implications for the biotechnology industry. *Nature Biotechnol.* 14:975-981.

Jensen, O.N., Podtelejnikov, A., and Mann, M. 1996. Delayed extraction improves specificity in database searches by matrix-assisted laser desorption/ionization peptide maps. *Rapid Commun. Mass Spectrom.* 10:1371-1378.

Jentoft, N. and Dearborn, D.G. 1983. Protein labeling by reductive alkylation. *Methods Enzymol.* 91:570-579.

Jocelyn, P.C. 1987. Chemical reduction of disulfides. *Methods Enzymol.* 143:246-264.

Johnson, W.C. 1990. Protein secondary structure and circular dichroism: A practical guide. *Proteins Struct. Funct. Genet.* 7:205-214.

Johnson, B.H. and Hecht, M.H. 1994. Recombinant proteins can be isolated from *E. coli* by repeated cycles of freezing and thawing. *Biotechnology* 12:1357-1360.

Johnson, M.L. and Faunt, L.M. 1992. Parameter estimation by least squares methods. *Methods Enzymol.* 210:1-36.

Johnson, M.L. and Frasier, S.G. 1985. Nonlinear least-squares analysis. *Methods Enzymol.* 117:301-342.

Johnson, P., Williams, A.F., and Woollett, G.R. 1985. Purification of membrane glycoproteins with monoclonal antibody affinity columns. *In* Hybridoma Technology in the Biosciences and Medicine (T.A. Springer, ed.) pp. 163-175. Plenum, New York.

Jones, O.T., Earnest, J.P., and McNamee, M.G. 1987. Solubilization and reconstitution of membrane proteins. *In* Biological Membranes: A Practical Approach (J. Findlay and W.H. Evans, eds.) pp. 142-143. IRL Press, Oxford.

Jungblut, P. and Thiede, B. 1997. Protein identification from 2-DE gels by MALDI mass spectrometry. *Mass Spectrom. Rev.* 16:145-162.

Kamps, M.P. and Sefton, B.M. 1988. Identification of multiple novel polypeptide substrates of the v-src, v-yes, v-fps, v-ros, and v-erb-B oncogenic tyrosine protein kinases utilizing antisera against phosphotyrosine. *Oncogene* 2:305-315.

Kamps, M.P. and Sefton, B.M. 1989. Acid and base hydrolysis of phosphoproteins bound to Immobilon facilitates the analysis of phosphoamino acids in gel-fractionated proteins. *Anal. Biochem.* 176:22-27.

Karlsson, E., Ryden, L., and Brewer, J. 1998. Ion exchange chromatography. *In* Protein Purification: Principles, High Resolution Methods and Applications, 2nd ed. (J.C. Janson and L. Ryden, eds.) pp. 145-205. John Wiley & Sons, New York.

Kaufman, R.J. 1990a. Use of recombinant DNA technology for engineering mammalian cells to produce proteins. *In* Large-Scale Mammalian Cell Culture Technology (A.J. Lubiniecki, ed.) pp. 15-69. Marcel Dekker, New York.

Kaufman, R.J. 1990b. Selection and coamplification of heterologous genes in mammalian cells. *Methods Enzymol.* 185:537-566.

Kaufman, R.J., Wasley, L.C., Furie, B.C., Furie, B., and Schoemaker, C. 1986. Expression, purification and characterization of recombinant γ-carboxylated factor IX synthesized in Chinese hamster ovary cells. *J. Biol. Chem.* 261:9622-9628.

Kaufmann, R., Kirsch, D., and Spengler, B. 1994. Sequencing of peptides in a time-of-flight mass spectrometer—evaluation of post-source decay following matrix-assisted laser desorption ionisation (MALDI). *Int. J. Mass Spectrom. Ion Process.* 355-385.

Kawahara, K. and Tanford, C. 1966. Viscosity and density of aqueous solutions of urea and guanidine hydrochloride. *J. Biol. Chem.* 241:3228-3232.

Keil, B. 1991. Specificity of Proteolysis. Springer-Verlag, Heidelberg.

Kendrick, B.S., Carpenter, J.F., Cleland, J.L., and Randolph, T.W. 1998. A transient expansion of the native state precedes aggregation of recombinant human interferon-γ. *Proc. Natl. Acad. Sci. U.S.A.* 95:14142-14146.

Kernec, F., Unlu, M., Labeikovsky, W., Minden, J.S., and Koretsky, A.P. 2001. Changes in mitochondrial proteome from mouse hearts deficient in creatine kinase. *Physiol. Genom.* 6:117-128.

Kido, H., Vita, A., and Horecker, B.L. 1985. Ligand binding to proteins by equilibrium gel penetration. *Methods Enzymol.* 117:342-346.

Kidokoro, S. and Wada, A. 1987. Determination of thermodynamic functions from scanning calorimetry data. *Biopolymers* 26:213-229.

Kim, Y.-S., Wall, J.S., Meyer, J., Murphy, C., Randolph, T.W., Manning, M.C., Solomon, A., and Carpenter, J.F. 2000. Thermodynamic modulation of light chain amyloid fibril formation. *J. Biol. Chem.* 275:1570-1574.

King, L.A. and Possee, R.D. 1992. The baculovirus expression system. A laboratory guide. Chapman & Hall, London.

Kita, Y., Arakawa, T., Lin, T.-Y., and Timasheff, S. 1994. Contribution of the surface free energy perturbations to protein-solvent interactions. *Biochemistry* 33:15178-15189.

Klotz, I.M. 1967. Succinylation. *Methods Enzymol.* 11:576-580.

Kobata, A. and Takasaki, S. 1992. Structure and biosynthesis of cell surface carbohydrates. *In* Cell Surface Carbohydrates and Cell Development (M. Fukuda, ed.) pp. 1-24. CRC Press, Boca Raton, Fla.

Kohn, J. and Wilchek, M. 1984. The use of cyanogen bromide and other novel cyanylating agents for the activation of polysaccharide resins. *Appl. Biochem. Biotechnol.* 9:285-305.

Kornfeld, R. and Kornfeld, S. 1985. Assembly of asparagine-linked oligosaccharides. *Annu. Rev. Biochem.* 54:631-664.

Kosky, A.A., Razzaq, U.O., Treuheit, M.J., and Brems, D.N. 1999. The effects of α-helix on the stability of Asn residues: Deamidation rates in peptides of varying helicity. *Protein Sci.* 8:2519-2523.

Koslov, A.G. and Lohman, T.M. 1998. Calorimetric studies of *E. coli* SSB protein-single stranded DNA interactions: Effects of monovalent salts on binding enthalpy *J. Mol. Biol.* 278:999-1014.

Kossiakoff, A.A. 1988. Tertiary structure is a principal determinant to protein deamidation. *Science* 240:191-194.

Kriegler, M. 1990. Gene Transfer and Expression, A Laboratory Manual. Stockton Press, New York.

Kunkel, G.R., Mehrabian, M., and Martinson, H.G. 1981. Contact-site cross-linking agents. *Mol.Cell. Biochem.* 34:3-13.

Kyte, J. 1995. Structure in Protein Chemistry. Garland Publishing, New York.

Kyte, J. and Doolittle, R.F. 1982. A simple method for displaying the hydropathic character of a protein. *J. Mol. Biol.* 157:105-132.

Laemmli, U.K. 1970. Cleavage of structural proteins during the assembly of the head of bacteriophage T4. *Nature* 227:680-685.

Lakowicz, J.R. 1999. Principles of Fluorescence Spectroscopy, 2nd ed. Plenum Press, New York.

Laney, J.D. and Hochstrasser, M. 2002. Assaying protein ubiquitination in *Saccharomyces cerevisiae*. *Methods Enzymol.* 351:248-257.

Lao, G., Polayes, D., Xia, J.L., Bloom, F.R., Levine, F., and Mansbridge, J. 2001. Overexpression of trehalose synthase and accumulation of intracellular trehalose in 293H and 293FTetR:Hyg cells. *Cryobiology* 43:106-113.

Lapanje, S., Skerjane, J., Glavnik, S., and Zibret, S. 1978. Thermodynamic studies of the interactions of guanidinium chloride and urea with some oligoglycines and oligolysines. *J. Chem. Thermodynam.* 10:425-433.

Laue, T.M. 1995. Sedimentation equilibrium as thermodynamic tool. *Methods Enzymol.* 259:427-452.

LaVallie, E.R., DiBlasio, E.A., Kovacic, S., Grant, K.L., Schendel, P.F., and McCoy, J.M. 1993a. A thioredoxin gene fusion system that circumvents inclusion body formation in the *E. coli* cytoplasm. *Bio/Technology* 11:187-193.

LaVallie, E.R., Rehemtulla, A., Racie, L.A., DiBlasio, E.A., Ferenz, C., Grant, K.L., Light, A., and McCoy, J.M. 1993b. Cloning and functional expression of a cDNA encoding the catalytic subunit of bovine enterokinase. *J. Biol. Chem.* 268:23311-23317.

Lawson, T.G., Regnier, F.E., and Weith, H.L. 1983. Separation of synthetic oligonucleotides on columns of macro particulate silica coated with crosslinked polyethylene imine. *Anal. Biochem.* 133:85-93.

Lederer, C.M., Hollander, J.M., and Perlman, I. (eds.) 1967. Table of Radioisotopes, 6th ed. John Wiley & Sons, New York.

LeGendre, N. and Matsudaira, P. 1988. Direct protein microsequencing from Immobilon-P transfer membrane. *BioTechniques* 6:154-159.

Levine, R.L. and Federici, M.M. 1982. Quantitation of aromatic residues in proteins: Model compounds for second-derivative spectroscopy. *Biochemistry* 21:2600-2606.

Liang, S.-M., Allet, B., Rose, K., Hirschi, M., Liang, C.-M., and Thatcher, D.R. 1985. Characterization of human interleukin 2 derived from *Escherichia coli*. *Biochem. J.* 229:429-439.

Liang, S.-M., Thatcher, D., Liang, C.-M., and Allet, B. 1986. Studies of structure activity relationships of human interleukin-2. *J. Biol. Chem.* 261:334-337.

Lide, D.R. (ed.). 1995. CRC Handbook of Chemistry and Physics, 75th ed. CRC Press, Boca Raton, Fla.

Lilie, H., Schwartz, E. and Rudolph, R. 1998 Advances in refolding of proteins produced in *E. coli. Curr. Opin. Biotechnol.* 9:497-501.

Lily, M.D. 1976. Enzymes immobilized to cellulose. *Methods Enzymol.* 44:46-53.

Lin, L.-N., Li, J., Brandts, J.F., and Weiss, R.M. 1994. The serine receptor of bacterial chemotaxis exhibits half-site saturation for serine binding. *Biochemistry* 33:6564-6570.

Lindsay, C.D. and Pain, R.H. 1991. Refolding and assembly of penicillin acylase, an enzyme composed of two polypeptide chains that result from proteolytic activation. *Biochemistry* 30:9034-9040.

Liu, C.-F. and Tam, J.P. 1997. Synthesis of a symmetric branched peptide: Assembly of a cyclic peptide on a small tetraacetate template. *Chem. Commun.* 1619-1620.

Liu, Q., Li, M.Z., Leibham, D., Cortez, D., and Elledge, S.J. 1998. The univector

plasmid-fusion system, a method for rapid construction of recombinant DNA without restriction enzymes. *Curr. Biol.* 8:1300-1309.

Liu, J., Yao, F., Wu, R., Morgan, M., Thorburn, A., Finley, R.L. Jr., and Chen, Y.Q. 2002. Mediation of the DCC apoptotic signal by DIP13 alpha. *J. Biol. Chem.* 19:26281-26285.

Lobert, S., Boyd, C.A., and Correia, J.J. 1997. Divalent cation and ionic strength effects on vinca alkaloid-induced tubulin self-association. *Biophys. J.* 72:416-427.

Lohman, T.M., Overman, L.B., Ferrari, M.E., and Kozlov, A.G. 1996. A highly salt-dependent enthalpy change for *Escherichia coli* SSB protein-nucleic acid binding due to ion-protein interactions. *Biochemistry* 35:5272-5279.

Lomas, D.A., Evans, D.L., Stone, S.R., Chang, W.-S.W., and Carrell, R.W. 1993. Effect of the Z mutation on the physical and inhibitory properties of α,-antitrypsin. *Biochemistry* 32:500-508.

London, J., Skrzynia, C., and Goldberg, M.E. 1974. Renaturation of *Escherichia coli* tryptophanase after exposure to 8 M urea. *Eur. J. Biochem.* 47:409-415.

Loo, J.A. 1997. Studying noncovalent protein complexes by electrospray ionization mass spectrometry. *Mass Spectrom. Rev.* 16:1-23.

Loster, K. and Josic, D. 1997. Analysis of protein aggregates by combination of cross-linking reactions and chromatographic separations. *J. Chromatogr. B. Biomed. Sci. Appl.* 699:439-461.

Lowry, O.H., Rosebrough, N.J., Farr, A.L., and Randall, R.J. 1951. Protein measurement with the Folin phenol reagent. *J. Biol. Chem.* 193:265-275.

Lundeberg, J., Wahlberg, J., and Uhlen, M. 1990. Affinity purification of specific DNA fragments using a *lac* repressor fusion protein. *Genet. Anal. Techn. Appl.* 7:47-52.

Mach, H., Middaugh, C.R., and Lewis, R.V. 1992. Statistical determination of the average values of the extinction coeficients of tryptophan and tyrosine in native proteins. *Anal. Biochem.* 200:74-80.

Mackett, M., Smith, G.L., and Moss, B. 1984. General method for production and selection of infectious vaccinia virus recombinants expressing foreign genes. *J. Virol.* 49:857-864.

Makhatadze, G.I. and Privalov, P.L. 1995. Energetics of protein structure. *Adv. Protein. Chem.* 47:307-425.

Manchester, K.L. 1995. Value of A_{260}/A_{280} ratios of measurement of purity of nucleic acids. *BioTechniques* 19:208-210.

Mann, K.G. and Fish, W.W. 1972. Protein polypeptide chain molecular weights by gel chromatography in guanidinium chloride. *Methods Enzymol.* 26:28-42.

Mann, M. and Talbo, G. 1996. Developments in matrix-assisted laser desorption/ionization mass spectrometry. *Curr. Opin. Biotechnol.* 7:11-19.

Mann, M. and Wilm, M. 1994. Error tolerant identification of peptides in sequence databases by peptide sequence tags. *Anal. Chem.* 66:4390-4399.

Mann, M. and Wilm, M. 1995. Electrospray mass spectrometry for protein characterization. *Trends Biochem. Sci.* 20:219-224.

Manning, M.C. 1989. Underlying assumptions in the estimation of secondary structure content in proteins by circular dichroism spectroscopy—a critical review. *J. Pharmacol. Biomed. Anal.* 7:1103-1119.

Manning, M.C., Patel, K., and Borchardt, R.T. 1989. Stability of protein pharmaceuticals. *Pharm. Res.* 6:903-918.

Mant, C.T. and Hodges, R.S. 1991. High-Performance Liquid Chromatography of Peptides and Proteins: Separation, Analysis and Conformation. CRC Press, Boca Raton, Fla.

Markwell, M.A.K. 1982. A new solid-state reagent to iodinate proteins: Conditions for the efficient labeling of antiserum. *Anal. Biochem.* 125:427-432.

Marquardt, T., Hebert, D.N., and Helenius, A. 1993. Post-translational folding of influenza hemagglutinin in isolated endoplasmic reticulum-derived microsomes. *J. Biol. Chem.* 268:19618-19625.

Marshak, D. 1996, 1997. Techniques in Protein Chemistry, Vols. VII and VIII. Academic Press, San Diego.

Marston, F.A.O. and Hartley, D.L. 1990. Solubilization of protein aggregates. *Methods Enzymol.* 182:264-276.

Marti-Renom, M.A., Stuart, A., Fiser, A., Sanchez, R., Melo, F., and Sali, A. 2000. Comparative protein structure modeling of genes and genomes. *Annu. Rev. Biophys. Biomol. Struct.* 29:291-325.

Martys, J.L., Shevell, T., and McGraw, T.E. 1995. Studies of transferrin recycling reconstituted in streptolysin O-permeabilized Chinese hamster ovary cells. *J. Biol. Chem.* 270:25976-25984.

Matthew, J.B., Friend, S.H., Botelho, L.H., Lehman, L.D., Hanania, G.I., and Gurd, F.R. 1978. Discrete charge calculations of potentiometric titrations for globular proteins: Sperm whale myoglobin, hemoglobin alpha chain, cytochrome c. *Biochem. Biophys. Res. Commun.* 81:416-421.

McConville, M.J. and Ferguson, M.A.J. 1993. The structure, biosynthesis, and function of glycosylated phosphatidylinositols in parasitic protozoa and higher eukaryotes. *Biochem. J.* 294:305-324.

McDowell, W. and Schwarz, R.T. 1988. Dissecting glycoprotein biosynthesis by the use of specific inhibitors. *Biochimie* 70:1535-1549.

McKimm-Breschkin, J.L. 1990. The use of tetramethylbenzidine for solid phase immunoassays. *J. Immunol. Methods* 135:277-280.

McMaster, M.C. 1994. HPLC: A Practical User's Guide, pp. 1-211. VCH Publishers, New York.

McNeil, B. and Harvey, L.M. (eds.) 1990. Fermentation: A Practical Approach. IRL Press, Oxford.

McPhie, P. 1971. Dialysis. *Methods Enzymol.* 22:23-32.

McRee, D.E. 1993. Practical Protein Crystallography. Academic Press, San Diego.

McRorie, D.K. and Voelker, P.J. 1993. Self-associating systems in the analytical ultracentrifuge. Vol. II, Analytical Ultracentrifugation Series. Beckman Instruments, Fullerton, Calif.

Means, G.E. and Feeney, R.E. 1971. Chemical Modification of Proteins. Holden-Day, San Francisco.

Medzihradszky, K.F., Maltby, D.A., Qiu, Y., Yu, Z., and Burlingame, A.L. 1997. Protein sequence and structural studies employing matrix-assisted laser desorption ionization—high energy collision-induced dissociation. *Int. J. Mass Spectrom. Ion Process.* 160:357-369.

Miller, M.D., Acey, R.A., Lee, L.Y.T., and Edwards, A.J. 2001. Digital imaging considerations for gel electrophoresis analysis systems. *Electrophoresis* 22:791-800.

Mitchinson, C. and Pain, R.H. 1985. Effects of sulfate and urea on the stability and reversible unfolding of β-lactamase from *Staphylococcus aureus*. *J. Mol. Biol.* 184:331-342.

Mitra, R.D., Silva, C.M., and Youvan, D.C. 1996. Fluorescence resonance energy transfer between blue-emitting and re-shifted excitation derivatives of the green fluorescent protein. *Gene* 173:13-17.

Moeremans, M., Daneels, G., and De Mey, J. 1985. Sensitive colloidal metal (gold or silver) staining of protein blots on nitrocellulose membranes. *Anal. Biochem.* 145:315-321.

Morla, A. and Wang, J.Y.J. 1986. Protein tyrosine phosphorylation in the cell cycle of BALB/c 3T3 fibroblasts. *Proc. Natl. Acad. Sci. U.S.A.* 83:8191-8195.

Morton, T.A. and Myszka, D.G. 1998. Kinetic analysis of macromolecular interactions using surface plasmon resonance biosensors. *Methods Enzymol.* 295:268-294.

Moss, B. 1996. Genetically engineered pox viruses for recombinant gene expression, vaccination, and safety. *Proc. Natl. Acad. Sci. U.S.A.* 93:11341-11348.

Mozdzanowski, J. and Speicher, D.W. 1992. Microsequence analysis of electroblotted proteins. I. Comparison of electroblotting recoveries using different types of PVDF membranes. *Anal. Biochem.* 207:11-18.

Murphy, C.I. and Piwnica-Worms, H. 1994a. Preparation of insect cell cultures and baculovirus stocks. *In* Current Protocols in Molecular Biology (F.M. Ausubel, R. Brent, R.E. Kingston, D.D. Moore, J.G. Seidman, J.A. Smith, and K. Struhl, eds.) pp. 16.10.1-16.10.8. John Wiley & Sons, New York.

Murphy, C.I. and Piwnica-Worms, H. 1994b. Generation of recombinant baculoviruses and analysis of recombinant protein expression. *In* Current Protocols in Molecular Biology (F.M. Ausubel, R. Brent, R.E. Kingston, D.D. Moore, J.G. Seidman, J.A. Smith, and K. Struhl, eds.) pp. 16.11.1-16.11.19. John Wiley & Sons, New York.

Murphy, K.P., Xie, D., Garcia, K.C., Amzel, L.M., and Freire, E. 1993. Structural energetics of peptide recognition: Angiotensin II/antibody binding. *Proteins Struct. Funct. Genet.* 15:113-120.

Myszka, D.G. 1997. Kinetic analysis of macromolecular interactions using surface plasmon resonance biosensors. *Curr. Opin. Biotechnol.* 8:50-57.

Nall, B.T. 1994. Proline isomerization as a rate-limiting step. *In* Mechanisms of Protein Folding (R.H. Pain, ed.) pp. 80-103. Oxford University Press, Oxford.

NC-IUBMB (Nomenclature Committee of the International Union of Biochemistry and Molecular Biology). 1992. Enzyme Nomenclature 1992. Recommendations of the Nomenclature Committee of the International Union of Biochemistry and Molecular Biology on the Nomenclature and Classification of Enzymes. Academic Press, Orlando, Fla.

Nenortas, E. and Beckett, D. 1994. Reduced-scale large-zone analytical gel filtration chromatography for measurement of protein association equilibria. *Anal. Biochem.* 222:366-373.

Neue, U.D. 1997. HPLC Columns: Theory, Technology, and Practice. John Wiley & Sons, New York.

Neurath, H. 1989. Proteolytic processing and physiological regulation. *Trends Biochem. Sci.* 14:268-271.

Ngo, T.T. and Lenhoff, H.M. 1980. Immobilization of enzymes through activated peptide bonds of protein supports. *J. Appl. Biochem.* 2:373-379.

Ngo, T.T., Laidler, K.J., and Yam, C.F. 1979. Kinetics of acetylcholinesterase immobilized on polyethylene tubing. *Can. J. Biochem.* 57:1200-1203.

Nilsson, J., Stahl, S., Lundeberg, J., Uhlen, M., and Nygren, P.-A. 1997. Affinity fusion strategies for detection, purification, and immobilization of recombinant proteins. *Protein Expr. Purif.* 11:1-16.

Novotny, J. and Auffray, C. 1984. A program for prediction of protein secondary structure from nucleotide sequence data: Application to histocompatability antigens. *Nucl. Acids Res.* 12:243-255.

Nozaki, Y. 1972. The preparation of guanidine hydrochoride. *Methods Enzymol.* 26:43-50.

Oberfelder, R.W. and Lee, J.C. 1985. Measurement of ligand-protein interaction by electrophoretic and spectroscopic techniques. *Methods Enzymol.* 117:381-399.

O'Farrell, P.H. 1975. High resolution two-dimensional electrophoresis of proteins. *J. Biol. Chem.* 250:4007-4021.

Okamoto, M., Nakai, M., Nakayama, C., Yanagi, H., Matsui, H., Noguchi, H., Namiki, M., Sakai, J., Kadota, K., and Fukui, M. 1991. Purification and characterization of three forms of differently glycosylated recombinant human granulocyte macrophage colony stimulating factor. *Arch. Biochem. Biophys.* 286:562-568.

Oliver, G.W., Stetler-Stevenson, W.G., and Kleiner, D.E. 1999. Zymography, casein zymography and reverse zymography: Activity assays for proteases and their inhibitors. *In* Proteolytic Enzymes: Tools and Targets (E.E. Sterchi and W. Stocker, eds.) Unit 5, pp. 63-76. Springer-Verlag, Heidelberg, Germany.

O'Reilly, D., Miller, L.K., and Luckow, V.A. 1994. Baculovirus expression vectors: A laboratory manual. Oxford University Press, New York.

Orlowski, M. and Wilk, S. 2000. Catalytic activities of the 20S proteasome, a multicatalytic proteinase complex. *Arch. Biochem. Biophys.* 383:1-16.

Orsini, G. and Goldberg, M.E. 1978. The renaturation of reduced chymotrypsin A in guanidine HCl. *J. Biol. Chem.* 253:3453-3458.

Ozols, J. 1990. Amino acid analysis. *Methods Enzymol.* 182:587-601.

Pace, C.N. and Schmid, F.X. 1997. How to determine the molar absorbance coefficient of a protein. *In* Protein Structure: A Practical Approach (T.E. Creighton, ed.) pp. 253-259. IRL Press, Oxford.

Pace, C.N., Vajdos, F., Fee, L., Grimsley, G., and Gray, T. 1995. How to measure and predict the molar absorption coefficient of a protein. *Protein Sci.* 4:2411-2423.

Pain, R.H. (ed.) 1994. Mechanisms of Protein Folding. Oxford University Press, Oxford.

Pallin, D.T. and Tam, J.P. 1995. Cyclisation of totally unprotected peptides in aqueous solution by oxime formation. *Chem. Commun.* 2021-2022.

Pallin, D.T. and Tam, J.P. 1996. Assembly of cyclic peptide dendrimers from linear building blocks in aqueous solution. *Chem. Commun.* 11:1345-1346.

Parikh, I., March, S., and Cuatrecasas, P. 1974. Topics in the methodology of substitution reactions with agarose. *Methods Enzymol.* 34:70-102.

Parry, M.A., Zhang, X.C., and Bode, I. 2000. Molecular mechanisms of plasminogen activation: Bacterial cofactors provide clues. *Trends Biochem. Sci.* 25:53-59.

Parsegian, V.A. 1995. Hopes for Hofmeister. *Nature* 378:335-336.

Patel, K. and Borchardt, R.T. 1990a. Chemical pathways of peptide degradation. III. Effect of primary sequence on the pathways of deamidation of asparaginyl residues in hexapeptides. *Pharm. Res.* 7:787-793.

Patel, K. and Borchardt, R.T. 1990b. Chemical pathways of peptide degradation. II. Kinetics of deamidation of an asparaginyl residue in a model hexapeptide. *Pharm. Res.* 7:703-711.

Patton, W.F. 2000. A thousand points of light: The application of fluorescence detection technologies to two-dimensional gel electrophoresis and proteins. *Electrophoresis* 21:1123-1144.

Pehrson, J.C., Weatherman, A., Markwell, J., Sarath, G., and Schwartzbach, S.D. 1999. The use of GFP for the facile analysis of sequence-specific proteases. *BioTechniques* 27:28-32.

Pepinsky, B.R. 1991. Selective precipitation of proteins from guanidine hydrochloride-containing solutions with ethanol. *Anal. Biochem.* 195:177-181.

Persson, M., Bergstrand, M.G., Bulow, L., and Mosbach, K. 1988. Enzyme purification by genetically attached polycysteine and polyphenylalanine tags. *Anal. Biochem.* 172:330-337.

Petsch, D. and Anspach, F.B. 2000. Endotoxin removal from protein solutions. *J. Biotechnol.* 76:97-119.

Pharmacia Biotech. 1985. FPLC Ion Exchange and Chromatofocusing: Principles and Methods. Pharmacia Biotech AB, Uppsala, Sweden.

Pharmacia Biotech. 1994. The Recombinant Protein Handbook (18-1105-02). Pharmacia Biotech, Piscataway, N.J. (Also see Amersham Pharmacia Biotech, 2001.)

Pharmacia Biotech. 1995. Ion-Exchange Chromatography: Principles and Methods. Pharmacia Biotech AB, Uppsala, Sweden.

Phillies, G.D. 1990. Quasielastic light scattering. *Anal. Chem.* 62:1049-1057.

Philo, J.S., Rosenfeld, R., Arakawa, T., Wen, J., and Narhi, L.O. 1993. Comparison of solution properties of human and rat ciliary neurotrophic factor. *Biochemistry* 32:10812-10818.

Philo, J.S., Aoki, K.H., Arakawa, T., Narhi, L.O., and Wen, J. 1996. Dimerization of the extracellular domain of the erythropoietin (EPO) receptor by EPO: One high-affinity and one low-affinity interaction. *Biochemistry* 35:1681-1691.

Phizicky, E.M. and Fields, S. 1995. Protein-protein interactions: Methods for detection and analysis. *Microbiol. Rev.* 59:94-123.

Piccini, A., Perkus, M.E., and Paoletti, E. 1987. Vaccinia virus as an expression vector. *Methods Enzymol.* 153:545-563.

Pohl, T. 1990. Concentration of proteins and removal of solutes. *Methods Enzymol.* 182:68-83.

Posnett, D.N., McGrath, H., and Tam, J.P. 1988. A novel method for producing anti-peptide antibodies. Production of site-specific antibodies to the T-cell antigen beta-chain. *J. Biol. Chem.* 263:1719-1725.

Potempa, J., Korzus, E., and Travis, J.T. 1994. The serpin superfamily of proteinase inhibitors: Structure, function, and regulation. *J. Biol. Chem.* 269:15957-15960.

Prakash, V., Loucheux, C., Scheufele, S., Gorbunoff, M.J., and Timasheff, S.N. 1981. Interactions of proteins with solvent components in 8 M urea. *Arch. Biochem. Biophys.* 210:455-464.

Presta, L.G. and Rose, G.D. 1988. Helix signal in proteins. *Science* 240:1632-1641.

Price, N.A. and Johnson, C.M. 1989. Proteinases as probes of conformation of soluble proteins. *In* Proteolytic Enzymes: A Practical Approach (R.J. Beynon and J.S. Bond, eds.) pp. 163-179. IRL Press, Oxford.

Privalov, P.L. 1979. Stability of proteins: Small globular proteins. *Adv. Protein Chem.* 33:167-241.

Privalov, P.L. 1982. Stability of proteins: Proteins which do not present a single cooperative system. *Adv. Protein. Chem.* 35:1-104.

Privalov, P.L. and Potekhin, S.A. 1986. Scanning microcalorimetry in studying temperature-induced changes in proteins. *Methods Enzymol.* 131:4-51.

Provencher, S.W. and Glockner, J. 1981. Estimation of globular protein secondary structure from circular dichroism. *Biochemistry* 20:33-37.

Ptitsyn, O.B., Pain, R.H., Semisotnov, G.V., Zerovnik, E., and Razgulyaev, O.I. 1990. Evidence for a molten globule state as a general intermediate in protein folding. *FEBS Lett.* 262:20-24.

Qiagen. 1992. The QIAexpressionist, 2nd ed. Qiagen, Chatsworth, Calif.

Rabilloud, T. 1992. A comparison between low background silver diammine and silver nitrate protein stains. *Electrophoresis* 13:429-439.

Rai, M. and Padh, H. 2001. Expression systems for the production of heterologous proteins. *Current Sci.* 80:1121-1128.

Ralston, G. 1993. Introduction to analytical ultracentrifugation. Vol. 1, Analytical Ultracentrifugation Series. Beckman Instruments, Fullerton, Calif.

Rawlings, N.D. and Barrett, A.J. 1999. *MEROPS*: The peptidase database. *Nucl. Acids Res.* 27:325-331.

Rawlings, N.D. and Barrett, A.J. 2000. *MEROPS*: The peptidase database. *Nucl. Acids Res.* 28:323-325.

Remaut, E., Marmenout, A., Simons, G., and Fiers, W. 1987. Expression of heterologous

unfused proteins in *Escherichia coli.*
Methods Enzymol. 153:416-431.

Richardson, J.S. and Richardson, D.C. 1988.
Amino acid preferences for specific loca-
tions at the ends of α-helices. *Science*
240:1648-1652.

Righetti, P.G., Krishnamoorthy, R., Gianazza, E.,
and Labie, D. 1978. Protein titration curves by
combined isoelectric focusing-electrophore-
sis with hemoglobin mutants as models. *J.
Chromatogr.* 166:455-460.

Rivas, G. and Minton, A.P. 1993. New develop-
ments in the study of biomolecular associa-
tions via sedimentation equilibrium. *Trends.
Biochem. Sci.* 18:284-287.

Riviere, L.R., Fleming, M., Elicone, C., and
Tempst, P. 1991. Study and applications of
the effects of detergents and chaotropes on
enzymatic proteolysis. *In* Techniques in Pro-
tein Chemistry II (J.J. Villafranca, ed.) pp.
171-179. Academic Press, San Diego.

Rock, K.L., Gramm, C., Rothstein, L., Clark, K.,
Stein, R., Dick, L., Hwang, D., and
Goldberg, A.L. 1994. Inhibitors of the
proteasome block the degradation of most
cell proteins and the generation of peptides
presented on MHC class 1 molecules. *Cell*
78:761-771.

Roder, H. and Elove, G.A. 1994. Early stages of
protein folding. *In* Mechanisms of Protein
Folding (R.H. Pain, ed.) pp. 37-40. Oxford
University Press, Oxford.

Roepstorff, P. 1997. Mass spectrometry in pro-
tein studies from genome to function. *Curr.
Opin. Biotechnol.* 8:6-13.

Romanos, M.A., Scorer, C.A., and Clare, J.J.
1995. Expression of cloned genes in yeast. *In*
DNA Cloning 2, Expression Systems: A
Practical Approach (D.M. Glover and B.D.
Hames, eds.) pp. 123-167. IRL Press, Ox-
ford.

Rose, K., Turcatti, G., Graber, P., Pochon, S.,
Regamey, P.-O., Jansen, K.U., Magnenat, E.,
Aubonney, N., and Bonnefoy, J.-Y. 1992.
Partial characterization of natural and re-
combinant human soluble CD23. *Biochem.
J.* 286:819-824.

Rosenberg, S.A., Grimm, E.A., McCrogan, M.,
Doyle, M., Kawasaki, E., and Koths, K.
1984. Biological activity of recombinant hu-
man interleukin-2 produced in *E. coli. Sci-
ence* 223:1412-1415.

Rosser, B.G., Powers, S.P., and Gores, G.J. 1993.
Calpain activity increases in hepatocytes fol-
lowing addition of ATP: Demonstration by a
novel fluorescent approach. *J. Biol. Chem.*
268:23593-23600.

Rost, B. and Sander, C. 1993a. Improved predic-
tion of protein secondary structure by use of
sequence profiles and neural networks. *Proc.
Natl. Acad. Sci. U.S.A.* 90:7558-7562.

Rost, B. and Sander, C. 1993b. Prediction of pro-
tein structure at better than 70% accuracy. *J.
Mol. Biol.* 232:584-599.

Rothman, M.E. 1994. Mechanisms of
intracellular protein transport. *Nature*
372:55-63.

Rothstein, F. 1994. Differential precipitation of
proteins. *In* Protein Purification Process En-
gineering (R.G. Harrison, ed.) pp. 115-208.
Marcel Dekker, New York.

Rozprimova, L., Franek, F., and Kubanek, V.
1978. Utilization of powder polyester in
making insoluble antigens and pure antibod-
ies. *Czech Epidemiol. Mikrobiol. Immunol.*
27:335-341.

Ruldolph, R. 1989. Renaturation of recombi-
nant, disulfide-bonded proteins from "inclu-
sion bodies." *In* Modern Methods in Protein
and Nucleic Acid Research: Review Articles
(H. Tschesche, ed.) pp. 149-171. Walter de
Gruyter, Berlin.

Rudolph, R., Bohm, G., Lilie, H., and Jaenicke,
R. 1997. Folding proteins. *In* Protein Func-
tion: A Practical Approach, 2nd ed. (T.E.
Creighton, ed.) pp. 57-99. IRL Press, Ox-
ford.

Sali, A. and Overington, J.P. 1994. Derivation of
rules for comparative protein modeling from
a database of protein structure alignments.
Protein Sci. 3:1582-1596.

Sambrook, J. and Russell, D. 2001. Molecular
Cloning: A Laboratory Manual, 3rd ed. Cold
Spring Harbor Laboratory Press, Cold
Spring Harbor, New York.

Sanchez-Ruiz, J.M. 1992. Theoretical analysis
of Lumry-Eyring models in differential
scanning calorimetry. *Biophys. J.*
61:921-935.

Savage, M.D., Mattson, G., Desai, S., Nielander,
G.W., Morgensen, S., and Conklin, E.J.
1992. Avidin-Biotin Chemistry: A Hand-
book. Pierce Chemical Co., Rockford, Ill.

Savitzky, A. and Golay, M.J.E. 1964. Smoothing
and differentiation of data by simplified least
squares procedures. *Anal. Chem.*
36:1627-1639.

Schachman, H.K. 1959. Ultracentrifugation in
Biochemistry. Academic Press, New York.

Schagger, H. 1994a. Chromatographic tech-
niques and basic operations in membrane
protein purification. *In* A Practical Guide to
Membrane Protein Purification (G. von
Jagow and H. Schagger, eds.) pp. 23-57. Ac-
ademic Press, San Diego.

Schagger, H. 1994b. Native gel electrophoresis.
In A Practical Guide to Membrane Protein
Purification (G. von Jagow and H. Schagger,
eds.) pp. 81-104. Academic Press, San
Diego.

Schagger, H. and von Jagow, G. 1987.
Tricine-sodium dodecyl sulfate-poly-
acrylamide gel electrophoresis for the sepa-
ration of proteins in the range from 1 to 100
kDa. *Anal. Biochem.* 166:368-379.

Schatz, P.J. 1993. Use of peptide libraries to map
the substrate specificity of a peptide-modify-
ing enzyme: A 13 residue consensus peptide
specifies biotinylation in *Escherichia coli.
Bio/Technology* 11:1138-1143.

Schmid, F.X. 1989. Spectral methods of charac-
terizing protein conformation and
conformational changes. *In* Protein Struc-
ture (T.E. Creighton, ed.) pp. 251-285. IRL
Press, Oxford.

Schmid, F.X. 1997. Optical spectroscopy to
characterize protein conformation and
conformational changes. *In* Protein Struc-
ture: A Practical Approach (T.E. Creighton,
ed.) pp. 261-297. IRL Press, Oxford.

Schneppenheim, R., Budde, U., Dahlmann, N.,
and Rautenberg, P. 1991. Luminography—a
new, highly sensitive visualization method
for electrophoresis. *Electrophoresis*
12:367-372.

Schrimsher, J.L., Rose, K., Simona, M.G., and
Wingfield, P.T. 1987. Characterization of hu-
man and mouse granulocyte-macrophage-
colony-stimulating factors derived from
Escherichia coli. Biochem. J. 247:195-199.

Schuck, P. 1997. Reliable determination of bind-
ing affinity and kinetics using surface
plasmon resonance biosensors. *Curr. Opin.
Biotechnol.* 8:498-502.

Schuster, T.M. and Laue, T.M. 1994. Modern
Analytical Ultracentrifugation: Acquisition
and Interpretation of Data for Biological and
Synthetic Polymer Systems. Birkhauser,
Boston.

Schuster, T.M. and Toedt, J.M. 1996. New revo-
lutions in the evolution of analytical ultra-
centrifugation. *Curr. Opin. Structur. Biol.*
6:650-658.

Scopes, R.K. 1974. Measurement of protein by
spectrophotometry at 205 nm. *Anal.
Biochem.* 59:277-282.

Scopes, R.K. 1987. Protein Purification: Princi-
ples and Practice, 2nd ed., pp. 45-54.
Springer-Verlag, New York.

Scopes, R.K. 1996. Protein Purification: Princi-
ples and Practice, 3rd ed. Springer-Verlag,
New York and Heidelberg, Germany.

Scouten, W.H. 1987. Immobilization techniques
for enzymes. *Methods Enzymol.* 135:30-65.

Sebille, B., Zini, R., Madjar, C.V., Thuaud, N.,
and Tillement, J.P. 1990. Separation proce-
dures used to reveal and follow drug-protein
binding. *J. Chromatogr.* 531:51-77.

Sedmak, J.J. and Grossberg, S.E. 1977. A rapid,
sensitive, versatile assay for protein using
Coomassie Brilliant blue G250. *Anal.
Biochem.* 79:544-552.

Senderoff, R.I., Kontor, K.M., Kreilgaard, L.,
Chang, J.J., Patel, S., Krakover, J.,
Heffernan, J.K., Snell, L.B., and Rosenberg,
G.B. 1998. Consideration of conformational
transitions and racemization during process
development of recombinant glucagon-like
peptide-1. *J. Pharm. Sci.* 87:183-189.

Sherman, F., Stewart, J.W., and Tsunasawa, S.
1985. Methionine or not methionine at the
beginning of a protein. *Bioessays* 3:27-31.

Shevchenko, A., Wilm, M., Vorm, O., and Mann,
M. 1996. Mass spectrometric sequencing of

proteins from silver-stained polyacrylamide gels. *Anal. Chem.* 68:850-858.

Shleien, B. (ed.) 1987. Radiation Safety for Users of Radioisotopes in Research and Academic Institutions. Nuclear Lectern Associates, Olney, Md.

Silverman, G.A., Bird, P.I., Carrell, R.W., Church, F.C., Coughlin, P.B., Gettins, P.G., Irving, J.A., Lomas, D.A., Luke, C.J., Moyer, R.W., Pemberton, P.A., Remold-O'Donnell, E., Salvesen, G.S., Travis, J., and Whisstock, J.C. 2001. The serpins are an expanding superfamily of structurally similar but functionally diverse proteins. Evolution, mechanism of inhibition, novel functions, and a revised nomenclature. *J. Biol. Chem.* 276:33293-33296.

Simpson, R.J. and Nice, E.C. 1989. Strategies for the purification of subnanomole amounts of proteins and polypeptides for microsequence analysis. *In* The Use of HPLC in Receptor Biochemistry (A.R. Kerlavage, ed.) pp. 210-244. Alan R. Liss, New York.

Smith, D.B. and Johnson, K.S. 1988. Single-step purification of polypeptides expressed in *Escherichia coli* as fusions with glutathione-*S*-transferase. *Gene* 67:31-40.

Smith, P.K., Krohn, R.I., Hermanson, G.T., Mallia, A.K., Gartner, F.H., Provenzano, M.D., Fujimoto, E.K., Goeke, N.M., Olson, B.J., and Klenk, D.C. 1985. Measurement of protein using bicinchoninic acid. *Anal. Biochem.* 150:76-85.

Snyder, L.R., Glajch, J.L., and Kirkland, J.J. 1988. Practical HPLC Method Development. Wiley Interscience, New York.

Society of Dyers and Colourists and American Association of Textile Chemists and Colorists. 1971. Colour Index, 3rd ed. Society of Dyers and Colourists, Bradford, England, and American Association of Textile Chemists and Colorists, Research Triangle Park, N.C.

Sophianopoulos, A.J. and Sophianopoulos, J.A. 1985. Ultrafiltration in ligand-binding studies. *Methods Enzymol.* 117:354-370.

Southern, E. 1979. Gel electrophoresis of restriction fragments. *Methods Enzymol.* 68:152-176.

Spolar, R.S. and Record, M.T. Jr. 1994. Coupling of local folding to site-specific binding of proteins to DNA. *Science* 263:777-784.

Stafford, W.F. III. 1997. Sedimentation velocity spins a new weave for an old fabric. *Curr. Opin. Biotechnol.* 8:14-24.

Stahl, S.J. and Murray, K. 1989. Immunogenicity of peptide fusions to hepatitis B virus core antigen. *Proc. Natl. Acad. Sci. U.S.A.* 86:6283-6287.

Stahl, S.J., Wingfield, P.T., Kaufman, J.D., Pannell, L.K., Cioce, V., Sakata, H., Taylor, W.G., Rubin, J.S., and Bottaro, D.P. 1997. Functional and biophysical characterization of recombinant human growth factor

isoforms produced in *Escherichia coli*. *Biochem. J.* 326:763-772.

Steiner, J., Termonia, Y., and Deltour, J. 1972. Comments on smoothing and differentiation of data by simplified least squares procedure. *Anal. Chem.* 44:1906-1909.

Stennicke, H.R. and Salvesen, G.S. 1999. Caspases: Preparation and characterization. *Methods* 17:313-319.

Stennicke, H.R., Renatus, M., Meldal, M., and Salvesen, G.S. 2000. Internally quenched fluorescent peptide substrates disclose the subsite preferences of human caspases 1, 3, 6, 7 and 8. *Biochem. J.* 350:563-568.

Stephens, L.R., Jackson, T., and Hawkins, P.T. 1994. Synthesis of phosphatidylinositol-3,4,5-trisphosphate in permeabilized neutrophils regulated by receptors and G-proteins. *J. Biol. Chem.* 268:17162-17172.

Stewart, J.M. and Young, J.D. 1984. Solid Phase Peptide Synthesis, 2nd ed. Pierce Chemical Co., Rockford, Ill.

Stoll, V.S. and Blanchard, J.S. 1990. Buffers: Principle and practice. *Methods Enzymol.* 182:24-38.

Stone, K.L. and Williams, K.R. 1993. Enzymatic digestion of proteins and HPLC peptide isolation. *In* A Practical Guide to Protein and Peptide Purification for Microsequencing, 2nd ed. (P. Matsudaira, ed.) pp. 43-69. Academic Press, San Diego.

Stoscheck, C.M. 1990. Quantitation of protein. *Methods Enzymol.* 182:50-68.

Strahler, J.R. and Hanash, S.M. 1991. Immobilized pH gradients: Analytical and preparative use. *Methods* 3:109-114.

Strickland, E.H. 1974. Aromatic contributions to circular dichroism spectra of proteins. *Crit. Rev. Biochem.* 2:113-175.

Studier, F.W. and Moffat, B.A. 1986. Use of bacteriophage T7 RNA polymerase to direct selective high level expression of cloned genes. *J. Mol. Biol.* 189:113-130.

Stults, N.L., Lin, P., Hardy, M., Lee, Y.G., Uchida, Y., Tsukada, Y., and Sugimori, T. 1983. Immobilization of proteins on partially hydrolyzed agarose beads. *Anal. Biochem.* 135:392-400.

Stultz, C.M., White, J.V., and Smith, T.F. 1993. Structural analysis based on state-space modeling. *Protein Sci.* 2:305-314.

Sturtevant, J.M. 1987. Biochemical applications of differential scanning calorimetry. *Ann. Rev. Phys. Chem.* 38:463-488.

Summers, M.D. and Smith, G.E. 1987. A manual of methods for baculovirus vectors and insect cell culture procedures. Texas Agricultural Experimental Station Bulletin No. 1555. College Station, Tex.

Surewicz, W.K., Mantsch, H.H., and Chapman, D. 1993. Determination of protein secondary structure by Fourier transform infrared spectroscopy: A critical assessment. *Biochemistry* 32:389-393.

Sutter, G., Wyatt, L.S., Foley, P.L., Bennink, J.R., and Moss, B. 1994. A recombinant vector derived from the host range-restricted and highly attenuated MVA strain of vaccinia virus stimulates protective immunity in mice to influenza virus. *Vaccine* 12:1032-1040.

Svedberg, T. and Pederson, K.O. 1940. The Ultracentrifuge. Clarendon Press, Oxford.

Tae, H.J. 1983. Bifunctional reagents. *Methods Enzymol.* 91:580-609.

Takagi, T. 1985. Determination of protein molecular weight by gel permeation chromatography equipped with low-angle laser light scattering photometer. *In* Progress in HPLC, Vol. 1 (Paryez et al., eds.) pp. 27-41. VNU Science Press, Utrecht, The Netherlands.

Talanian, R.V., Quinlan, C., Trautz, S., Hackett, M.C., Mankovich, J.A., Banach, D., Ghayur, T., Brady, K.D., and Wong, W.W. 1997. Substrate specificities of caspase family proteases. *J. Biol. Chem.* 272:9677-9682.

Tam, J.P. 1988. High density multiple antigen peptide system for preparation of anti-peptide antibodies. *Methods Enzymol.* 168:7-15.

Tam, J.P. and Spetzler, J.C. 1997. Multiple antigen peptide system. *Methods Enzymol.* 289:612-637.

Tam, J.P., Wu, C.-R., Liu, W., and Zhang, J.-W. 1991. Disulfide bond formation in peptides by dimethyl sulfoxide: Scope and applications. *J. Am. Chem. Soc.* 113:6657-6662.

Tarentino, A.L. and Plummer, T.H. Jr. 1994. Enzymatic deglycosylation of asparagine-linked glycans: Purification, properties, and specificity of oligosaccharide-cleaving enzymes from *Flavobacterium meningosepticum*. *Methods Enzymol.* 230:44-57.

Taylor, J.A., Karas, J.L., Ram, M.K., Green, O.M., and Seidel-Dugan, C. 1995. Activation of the high-affinity immunoglobulin E receptor Fc ε RI in RBL-2H3 cells is inhibited by Syk SH2 domains. *Mol. Cell. Biol.* 15:4149-4157.

Thannhauser, T.W., Konishi, Y., and Scheraga, H.A. 1984. Sensitive quanititative analysis of disulfides in polypeptides and proteins. *Anal. Biochem.* 138:181-188.

Thatcher, D. and Hitchcock, A. 1994. Protein folding in biotechnology. *In* Mechanisms of Protein Folding (R.H. Pain, ed.) pp. 242-250. Oxford University Press, Oxford.

Thomas, D., Schultz, P., Steven, A.C., and Wall, J.S. 1994. Mass analysis of biological macromolecular complexes by STEM. *Biol. Cell* 80:181-192.

Thornberry, N.A., Rano, T.A., Peterson, E.P., Rasper, D.M., Timkey, T., Garcia-Calvo, M., Houtzager, V.M., Nordstrom, P.A., Roy, S., Vaillancourt, J.P., Chapman, K.T., and Nicholson, D.W. 1997. A combinatorial approach defines specificities of members of the caspase family and granzyme B: Functional relationships established for key mediators of apoptosis. *J. Biol. Chem.* 272:17907-17911.

Tiller, G.E., Mueller, T.J., Dockter, M.E., and Struve, W.G. 1984. Hydrogenation of Triton X-100 eliminates its fluorescence and ultraviolet light absorbance while preserving its detergent properties. *Anal. Biochem.* 141:262-266.

Timasheff, S.N. 1998. Control of protein stability and reactions by weakly interacting cosolvents: The simplicity of the complicated. *Adv. Prot. Chem.* 51:355-432.

Timasheff, S.N. and Arakawa, T. 1997. Stabilization of protein structure by solvents. *In* Protein Structure: A Practical Approach, 2nd ed. (T.E. Creighton, ed.) pp. 349-363. IRL Press, Oxford.

Tokashiki, M. and Takamatsu, H. 1993. Perfusion culture apparatus for suspended mammalian cells. *Cytotechnology* 13:149-159.

Tonge, R., Shaw, J., Middleton, B., Rowlinson, R., Rayner, S., Young, J., Pognan, F., Hawkins, E., Currie, I., and Davison, M. 2001. Validation and development of fluorescence two dimensional differential gel electrophoresis proteomics technology. *Proteomics* 1:377-396.

Towbin, H., Staehelin, T., and Gordon, J. 1979. Electrophoretic transfer of proteins from polyacrylamide gels to nitrocellulose sheets: Procedure and some applications. *Proc. Natl. Acad. Sci. U.S.A.* 76:4350-4354.

Treier, M., Staszewski, L.M., and Bohmann, D. 1994. Ubiquitin-dependent c-Jun degradation in vivo is mediated by delta domain. *Cell* 78:787-798.

Tsang, T.C., Harris, D.T., Akporiaye, E.T., Chu, R.S., Brailey, J., Liu, F., Vasanwala, F.H., Schluter, S.F., and Hersch, E.M. 1997. Mammalian expression vector with two multiple cloning sites for expression of two foreign genes. *BioTechniques* 22:68.

Tsien, R.Y. 1998. The green fluorescent protein. *Annu. Rev. Biochem.* 67:509-544.

Tsomides, T.J. and Eisen, H.N. 1993. Stoichiometric labeling of peptides by iodination on tyrosyl or histidyl residues. *Anal. Biochem.* 210:129-135.

Turkova, J. 1993. Bioaffinity Chromatography, 2nd ed. Elsevier, Amsterdam.

Uetz, P., Giot, L., Cagney, G., Mansfield, T., Judson, R., Knight, J., Lockshon, D., Narayan, V., Srinivasan, M., Pochart, P., Qureshi-Emili, A., Li, Y., Godwin, B., Conover, D., Kalbfleisch, T., Vijayadamodar, G., Yang, M., Johnston, M., Fields, S., and Rothberg, J. 2000. A comprehensive analysis of protein-protein interactions in *Saccharomyces cerevisiae*. *Nature* 403:623-627.

U.S. Government Printing Office. 1954. Tables of the Error Function and Its Derivative. N.B.S. Applied Mathematics Series 41, U.S. Government Printing Office. Washington, D.C.

Valdes, R.J. and Ackers, G.K. 1979. Study of protein subunit association equilibria by elu-

tion gel chromatography. *Methods Enzymol.* 61:125-412.

van der Geer, P., Luo, K. Sefton, B.M., and Hunter, T. 1993. Phosphopeptide mapping and phosphoamino acid analysis on cellulose thin-layer plates. *In* Protein Phosphorylation: A Practical Approach (D.G. Hardie, ed.) pp. 97-126. IRL Press, Oxford.

van Holde, K.E. 1975. Sedimentation analysis of proteins. *In* The Proteins, 3rd ed., Vol. 1 (H. Neurath, ed.) pp. 225-291. Academic Press, New York.

van Holde, K.E., Johnson, W.C. Jr., and Ho, P.S. 1998. Principles of Physical Biochemistry. Prentice-Hall, Upper Saddle River, N.J.

Van Regenmortel, M.H.V., Briand, J.P., Muller, S., and Plaue, S. 1988. Synthetic polypeptides as antigens. *In* Laboratory Techniques in Biochemistry and Molecular Biology, Vol. 19 (R.H. Burdon and P.H. van Knippenberg, eds.). Elsevier/North-Holland, Amsterdam.

Varley, P.G. 1994. Fluorescence spectroscopy. *Methods Mol. Biol.* 22:203-218.

Vasavada, H.A., Ganguly, S., Germino, F.J., Wang, Z.X., and Weissman, S.M. 1991. A contingent replication assay for the detection of protein-protein interactions in animal cells. *Proc. Natl. Acad. Sci. U.S.A.* 88:10686-10690.

Vera, J.C. and Rivas, C. 1988. Fluorescent labeling of nitrocellulose-bound proteins at the nanogram level without changes in immunoreactivity. *Anal. Biochem.* 173:399-404.

Vijayalakshmi, M.A. 2000. Theory and Practice of Biochromatography, pp. 1-721. Harwood Academic Publishers.

Vogel, A. 1978. Textbook of Practical Organic Chemistry, 4th ed. Longman, New York.

Vojtek, A.B., Hollenberg, S.M., and Cooper, J.A. 1993. Mammalian Ras interacts directly with the serine/threonine kinase Raf. *Cell* 74:205-214.

Volkin, D.B., Mach, H., and Middaugh, C.R. 1997. Degradative covalent reactions important to protein stability. *Mol. Biotechnol.* 8:105-122.

von Jagow, G., Link, T.A., and Schägger, H. 1994. Purification strategies for membrane proteins. *In* A Practical Guide to Membrane Protein Purification (G. von Jagow and H. Schägger, eds.) pp. 3-21. Academic Press, San Diego.

Wallace, R.B. and Miyada, C.G. 1987. Oligonucleotide probes for the screening of recombinant DNA libraries. *Methods Enzymol.* 152:432-442.

Wang, K.K.W. 1999. Detection of proteolytic enzymes using protein substrates. *In* Proteolytic Enzymes: Tools and Targets (E.E. Sterchi and W. Stocker, eds.) Unit 4, pp. 49-62. Springer-Verlag, Heidelberg, Germany.

Wang, K.K.W., Hajimohammadreza, I., Raser, K.J., and Nath, R. 1996. Maitotoxin induces calpain activation in SH-SY5Y neuroblastoma cells and cerebrocortical cultures. *Arch. Biochem. Biophys.* 331:208-214.

Wang, R. and Chait, B.T. 1994. High-accuracy mass measurement as a tool for studying proteins. *Curr. Opin. Biotechnol.* 5:77-84.

Wang, Y., Bruenn, J.A., Queener, S.F., and Cody, V. 2001. Isolation of rat dihydrofolate reductase gene and characterization of recombinant enzyme. *Antimicrob. Agents Chemother.* 45:2517-2523.

Wapstra, A.H. and Audi, G. 1985. The 1983 atomic mass revolution. I. Atomic mass table. *Nucl. Phys.* A432:1-54.

Watson, M.A., Buckholz, R., and Weiner, M.P. 1996. Vectors encoding alternative antibiotic resistance for use in the yeast two-hybrid system. *BioTechniques* 21:255-259.

Webb, J.N., Webb, S.D., Cleland, J.L., Carpenter, J.F., and Randolph, T.W. 2001. Partial molar volume, surface area, and hydration changes for equilibrium unfolding and formation of aggregation transition state: High-pressure and cosolute studies on recombinant human IFN-γ. *Proc. Natl. Acad. Sci. U.S.A.* 98:7259-7264.

Weidner, V.R., Mavrodineanu, R., Mielenz, K.D., Velapoldi, R.A., Eckerle, K.L., and Adams, B. 1985. Spectral transmittance characteristics of holmium oxide in perchloric acid solution. *J. Res. Natl. Bur. Stand.* 90:115-125.

Weir, M.P. and Sparks, J., 1987. Purification and renaturation of recombinant human interleukin-2. *Biochem. J.* 245:85-91.

Weisberg, R.A. and Landy, A. 1983. Site-specific recombination in phage lambda. *In* Lambda II (R.W. Hendrix, J.W. Roberts, F.W. Stahl, and R.A. Weisberg, eds.) pp. 211-250. Cold Spring Harbor Laboratory Press, Cold Spring Harbor, N.Y.

Wen, J., Arakawa, T., and Philo, J.S. 1996. Size-exclusion chromatography with on-line light-scattering, absorbance, and refractive index detectors for studying proteins and their interactions. *Anal. Biochem.* 240:155-166.

Wetlaufer, D.B. 1962. Ultraviolet spectra of proteins and amino acids. *Adv. Protein Chem.* 17:303-390.

Wetlaufer, D.B. 1984. Nonenzymatic formation and isomerization of protein disulfides. *Methods Enzymol.* 107:301-304.

Wilchek, M. and Bayer, E.A. (eds.) 1990. Avidin-biotin technology. *Methods Enzymol.* 184:1-746.

Wilchek, M. and Miron, T. 1982. Immobilizations of enzymes and affinity ligands onto agarose via stable and uncharged carbamate linkages. *Biochem. Int.* 4:629-635.

Wilchek, M., Miron, T., and Kohn, J. 1984. Affinity chromatography. *Methods Enzymol.* 104:3-55.

Wilharm, E., Parry, M.A., Friebel, R., Tschesche, H., Matschiner, G., Sommerhoff, C.P., and Jenne, D.E. 1999. Generation of catalytically active granzyme K from *Escherichia coli* inclusion bodies and identification of efficient granzyme K inhibitors in human plasma. *J. Biol. Chem.* 274:27331-27337.

Wilk, S. and Orlowski, M. 1980. Cation-sensitive neutral endopeptidase: Isolation and purification of the bovine pituitary enzyme. *J. Neurochem.* 35:1172-1182.

Williams, R.W. 1986. Protein secondary structure analysis using Raman amide I and III spectra. *Methods Enzymol.* 130:311-331.

Williams, K.R., Kobayashi, R., Lane, W., and Tempst, P. 1993. Internal amino acid sequencing: Observations from four different laboratories. *ABRF News* 4:7-12.

Wilm, M. and Mann, M. 1996. Analytical properties of the nanoelectrospray ion source. *Anal Chem.* 68:1-8.

Wilm, M., Shevchenko, A., Houthaeve, T., Breit, S., Schweigerer, L., Fotsis, T., and Mann, M. 1996. Femtomole sequencing of proteins from acrylamide gels by nano-electrospray mass spectrometry. *Nature* 379:466-469.

Wilson, C. 1983. Staining of proteins on gels: Comparison of dyes and procedures. *Methods Enzymol.* 91:236-247.

Wingfield, P., Payton, M., Tavernier, J., Barnes, M., Shaw, A., Rose, K., Simona, M.G., Demczuk, S., Williamson, K., and Dayer, J.M. 1986. Purification and characterization of human interleukin-1β expressed in recombinant *Escherichia coli*. *Eur. J. Biochem.* 160:491-497.

Wingfield, P.T., Graber, P., Buell, G., Rose, K., Simona, M., and Burleigh, B.D. 1987a. Preparation and characterization of bovine growth hormones produced in recombinant *Escherichia coli*. *Biochem. J.* 243:929-839.

Wingfield, P.T., Graber, P., Rose, K., Simona, M.G., and Hughes, G.J. 1987b. Chromatofocusing of N-terminally processed forms of proteins: Isolation and characterization of two forms of interleukin-1β and bovine growth hormone. *J. Chromatogr.* 387:291-300.

Wingfield, P.T., Stahl, S.J., Payton. M.A., Vankatesan, S., Misra, M., and Steven, A.C. 1991. HIV-1 Rev expressed in recombinant *Escherichia coli*: Purification, polymerization and conformational properties. *Biochemistry* 30:7527-7534.

Wingfield, P.T., Stahl, S.J., Kaufman, J., Zlotnick, A., Hyde, C.C., Gronenborn, A.M., and Clore, G.M. 1997. The extracellular domain of immunodeficiency virus gp41 protein: Expression in *Escherichia coli*, purification and crystallization. *Protein Sci.* 6:1653-1660.

Winzor, D.J. and Sawyer, W.H. 1995. Quantitative Characterization of Ligand Binding. John Wiley & Sons, New York.

Wiseman, T., Williston, S., Brandts, J.F., and Lin, L.-N. 1989. Rapid measurement of binding constants and heats of binding using a new titration calorimeter. *Anal. Biochem.* 179:131-137.

Wood, W.I. 1976. Tables for the preparation of ammonium sulfate solutions. *Anal. Biochem.* 73:250-257.

Wyatt, P.J. 1993. Light-scattering and the absolute characterization of macromolecules. *Anal. Chim. Acta* 272:1-40.

Wyatt, P.J., Jackson, C., and Wyatt, G.K. 1988. Absolute GPC determinations of molecular weights and sizes from light scattering. *Am. Lab.* 20:86-89.

Wyatt, L.S., Shors, S.T., Murphy, B.R., and Moss, B. 1996. Development of a replication-deficient recombinant vaccinia virus vaccine effective against parainfluenza virus 3 infection in an animal model. *Vaccine* 14:1451-1458.

Wynn, R. and Richards, F.M. 1995. Chemical modification of protein thiols: Formation of mixed disulfides. *Methods Enzymol.* 251:351-356.

Xu, Y., Xu, D., and Uberbacher, E.C. 1998. An efficient computational method for globally optimal threading. *J. Comp. Biol.* 5:597-614.

Yang, J.T., Wu, C.-S., and Martinez, H. 1986. Calculation of protein conformation from circular dichroism. *Methods Enzymol.* 130:208-297.

Yarranton, G.T. 1992. High-level expression in *Escherichia coli*. *In* Transgenesis: Applications of Gene Transfer (J.A.H. Murray, ed.) pp. 1-29. John Wiley & Sons, New York.

Yarranton, G.T. and Mountain, A. 1992. Expression of proteins in prokaryotic systems—Principles and case studies. *In* Protein Engineering: A Practical Approach (A.R. Rees, M.J.E. Sternberg, and R. Wetzel, eds.) pp. 303-324. IRL Press, Oxford.

Yates, J.R. III, Morgan, S.F., Gatlin, C.L., Griffin, P.R., and Eng, J.K. 1998. Method to compare collision-induced dissociation spectra of peptides: Potential for library searching and subtractive analysis. *Anal. Chem.* 70:3557-3565.

Yau, W.W., Kirkland, J.J., and Bly, D.D. 1979. Modern Size-Exclusion Liquid Chromatography, Practice of Gel Permeation and Gel Filtration Chromatography. John Wiley & Sons, New York.

Young, D.A., Voris, B.P., Maytin, E.V., and Colbert, R.A. 1983. Very high resolution two-dimensional electrophoretic separation of proteins on giant gels. *Methods Enzymol.* 91:190-214.

Zhang, L. and Tam, J.P. 1997. Synthesis and application of unprotected cyclic peptides as building blocks for peptide dendrimers. *J. Am. Chem. Soc.* 119:2363-2370.

Zhang, Y., Olsen, D.R., Nguyen, K.B., Olson, P.S., Rhodes, E.T., and Mascarenhas, D. 1998. Expressoin of eukaryotic proteins in soluble form in *Escherichia coli*. *Protein Expr. Purif.* 12:159-165.

Zhou, G., Hongmei, L., DeCamp, D., Chen, S., Shu, H., Gong, Y., Flaig, M., Gillespie, J.W., Hu, N., Taylor, P.R., Emmert-Buck, M.R., Liotta, L.A., Petracoin, E.F., and Zhao, Y. 2002. 2D Differential in-gel electrophoresis for the identification of esophageal scans cell cancer-specific protein markers. *Mol. Cell. Prot.* 1:117-124.

Zubarev, R.A., Demirev, P.A., Hakansson, P., and Sundqvist, B.U.R. 1995. Approaches and limits for accurate mass characterization of large biomolecules. *Anal. Chem.* 67:3793-3798.

索引